TRADUÇÃO DA 10ª EDIÇÃO NORTE-AMERICANA

EQUAÇÕES DIFERENCIAIS
com Aplicações em Modelagem

Dados Internacionais de Catalogação na Publicação (CIP)
(Câmara Brasileira do Livro, SP, Brasil)

Zill, Dennis G.
   Equações Diferenciais com aplicações em modelagem / Dennis G. Zill ; tradução Márcio Koji Umezawa ; revisão técnica Ricardo Miranda Martins, Juliana Gaiba Oliveira. — 3. ed. — São Paulo : Cengage Learning, 2018.

   1. reimpr. da 3. ed. de 2016.
   Título original: A first course in differential equations with modeling applications.
   10. ed. norte-americana.
   Bibliografia.
   ISBN 978-85-221-2389-6

   1. Equações diferenciais I. Título.

15-11227   CDD-515.35

Índice para catálogo sistemático:

1. Equações diferenciais : Matemática   515.35

TRADUÇÃO DA 10ª EDIÇÃO NORTE-AMERICANA

EQUAÇÕES DIFERENCIAIS
com Aplicações em Modelagem

DENNIS G. ZILL
Loyola Marymount University

Tradução
MÁRCIO KOJI UMEZAWA

Revisão Técnica
RICARDO MIRANDA MARTINS
Bacharel em Matemática pela Universidade Federal de Viçosa (UFV), mestre em Matemática pela Universidade Estadual de Campinas (Unicamp), doutor em Matemática pela Unicamp. Atualmente, é professor do Instituto de Matemática, Estatística e Computação Científica da Universidade Estadual de Campinas (IMECC/Unicamp).

JULIANA GAIBA OLIVEIRA
Bacharel e licenciada em Matemática pela UFV, mestre em Matemática pela Unicamp, doutoranda em Matemática Aplicada na Unicamp e professora da Pontifícia Universidade Católica de Campinas (PUC-Campinas).

CENGAGE

Austrália • Brasil • México • Cingapura • Reino Unido • Estados Unidos

Equações diferenciais com aplicações em modelagem - Tradução da 10ª edição norte-americana
3ª edição brasileira

Dennis G. Zill

Gerente editorial: Noelma Brocanelli

Editora de desenvolvimento: Viviane Akemi Uemura

Supervisora de produção gráfica: Fabiana Alencar Albuquerque

Título original: A first course in differential equations with modeling applications – 10th edition
(ISBN 13: 978-1-133-49245-0;
 ISBN 10: 1-133-49245-2)

Tradução da 1ª edição: Cyro de Carvalho Patarra

Tradução da 2ª edição: Heitor Honda Federico

Tradução desta edição: Márcio Koji Umezawa

Revisão técnica da 1ª edição: Antônio Luiz Pereira

Revisão técnica da 2ª edição: Luiza Maria Oliveira da Silva

Revisão técnica desta edição: Ricardo Miranda Martins e Juliana Gaiba Oliveira

Revisão: Mayra Clara Albuquerque Venâncio dos Santos

Diagramação e indexação: Casa Editorial Maluhy & Co.

Capa: BuonoDisegno

Imagem da capa: Boat Rungchamrussopa/Shutterstock

Especialista em direitos autorais: Jenis Oh

Editora de aquisições: Guacira Simonelli

© 2013, 2009, 2005 Cengage Learning
© 2016 Cengage Learning Edições Ltda.

Todos os direitos reservados. Nenhuma parte deste livro poderá ser reproduzida, sejam quais forem os meios empregados, sem a permissão por escrito da Editora. Aos infratores aplicam-se as sanções previstas nos artigos 102, 104, 106, 107 da Lei no 9.610, de 19 de fevereiro de 1998.

Esta editora empenhou-se em contatar os responsáveis pelos direitos autorais de todas as imagens e de outros materiais utilizados neste livro. Se porventura for constatada a omissão involuntária na identificação de algum deles, dispomo-nos a efetuar, futuramente, os possíveis acertos.

A editora não se responsabiliza pelo funcionamento dos links contidos neste livro que possam estar suspensos.

Para informações sobre nossos produtos, entre em contato pelo telefone **0800 11 19 39**

Para permissão de uso de material desta obra, envie seu pedido para **direitosautorais@cengage.com**

© 2016 Cengage Learning. Todos os direitos reservados.

ISBN 13: 978-85-221-2389-6
ISBN 10: 85-221-2389-6

Cengage Learning
Condomínio E-Business Park
Rua Werner Siemens, 111 – Prédio 11 – Torre A
Conjunto 12 – Lapa de Baixo
CEP 05069-900 – São Paulo – SP
Tel.: (11) 3665-9900 – Fax: (11) 3665-9901
SAC: 0800 11 19 39

Para suas soluções de curso e aprendizado, visite
www.cengage.com

Impresso no Brasil
Printed in Brazil
1. reimpr. – 2018

SUMÁRIO

PREFÁCIO ix

CAPÍTULO 1 – INTRODUÇÃO ÀS EQUAÇÕES DIFERENCIAIS 1

1.1 – Definições e terminologia 2
1.2 – Problemas de valor inicial 13
1.3 – Equações diferenciais como modelos matemáticos 21
Revisão do Capítulo 1 34

CAPÍTULO 2 – EQUAÇÕES DIFERENCIAIS DE PRIMEIRA ORDEM 37

2.1 – Curvas integrais sem solução 38
    2.1.1 – Campos direcionais 38
    2.1.2 – EDs autônomas de primeira ordem 40
2.2 – Variáveis separáveis 49
2.3 – Equações lineares 58
2.4 – Equações exatas 67
2.5 – Soluções por substituição 75
2.6 – Um método numérico 80
Revisão do Capítulo 2 85

CAPÍTULO 3 – MODELAGEM COM EQUAÇÕES DIFERENCIAIS DE PRIMEIRA ORDEM 89

3.1 – Equações lineares 90
3.2 – Modelos não lineares 102
3.3 – Sistemas de equações lineares e não lineares 114
Revisão do Capítulo 3 121

CAPÍTULO 4 – EQUAÇÕES DIFERENCIAIS DE ORDEM SUPERIOR 125

4.1 – Teoria preliminar: equações lineares 126
    4.1.1 – Problemas de valor inicial e problemas de contorno 126
    4.1.2 – Equações homogêneas 128
    4.1.3 – Equações não homogêneas 133
4.2 – Redução de ordem 138
4.3 – Equações lineares homogêneas com coeficientes constantes 141
4.4 – Coeficientes a determinar – abordagem da superposição 148
4.5 – Coeficientes a determinar – abordagem do anulador 157
4.6 – Variação de parâmetros 165

4.7 – Equação de Cauchy-Euler   171

4.8 – Funções de Green   178

    4.8.1 – Problemas de valor inicial   179

    4.8.2 – Problemas de valor de contorno   185

4.9 – Resolução de sistemas de equações lineares por eliminação   189

4.10 – Equações diferenciais não lineares   195

Revisão do Capítulo 4   200

CAPÍTULO 5 – MODELAGEM COM EQUAÇÕES DIFERENCIAIS DE ORDEM SUPERIOR   203

5.1 – Equações lineares: problemas de valor inicial   204

    5.1.1 – Sistemas massa-mola: movimento livre não amortecido   204

    5.1.2 – Sistemas massa-mola: movimento livre amortecido   208

    5.1.3 – Sistemas massa-mola: movimento forçado   211

    5.1.4 – Circuito em série análogo   214

5.2 – Equações lineares: problemas de contorno   221

5.3 – Modelos não lineares   230

Revisão do Capítulo 5   241

CAPÍTULO 6 – SOLUÇÕES EM SÉRIE PARA EQUAÇÕES LINEARES   245

6.1 – Revisão de séries de potências   246

6.2 – Soluções em torno de pontos ordinários   252

6.3 – Soluções em torno de pontos singulares   261

6.4 – Funções especiais   271

Revisão do Capítulo 6   285

CAPÍTULO 7 – A TRANSFORMADA DE LAPLACE   287

7.1 – Definição da transformada de Laplace   288

7.2 – Transformada inversa e transformada de derivadas   296

    7.2.1 – Transformada inversa   296

    7.2.2 – Transformada das derivadas   298

7.3 – Propriedades operacionais I   304

    7.3.1 – Translação sobre o eixo s 304

    7.3.2 – Translação sobre o eixo t 308

7.4 – Propriedades operacionais II   317

    7.4.1 – Derivadas de uma transformada   317

    7.4.2 – Transformadas integrais   319

    7.4.3 – Transformada de uma função periódica   323

7.5 – Função delta de Dirac   329

7.6 – Sistemas de equações lineares   332

Revisão do Capítulo 7   338

CAPÍTULO 8 – SISTEMAS DE EQUAÇÕES DIFERENCIAIS LINEARES DE PRIMEIRA ORDEM   343

8.1 – Teoria preliminar   344

8.2 – Sistemas lineares homogêneos com coeficientes constantes   351

     8.2.1 – Autovalores reais distintos   352

     8.2.2 – Autovalores repetidos   355

     8.2.3 – Autovalores complexos   359

8.3 – Sistemas lineares não homogêneos   365

     8.3.1 – Coeficientes indeterminados   366

     8.3.2 – Variação de parâmetros   368

8.4 – Exponencial de matriz   372

Revisão do Capítulo 8   377

CAPÍTULO 9 – SOLUÇÕES NUMÉRICAS DE EQUAÇÕES DIFERENCIAIS ORDINÁRIAS   379

9.1 – Método de Euler e análise de erro   380

9.2 – Métodos de Runge-Kutta   385

9.3 – Métodos de passos múltiplos   391

9.4 – Equações de ordem superior e sistemas   393

9.5 – Problemas de valor de contorno de segunda ordem   398

Revisão do Capítulo 9   402

APÊNDICE I – FUNÇÃO GAMA   403

Exercícios do Apêndice I   404

APÊNDICE II – INTRODUÇÃO ÀS MATRIZES   405

II.1 – Definição e teoria básicas   405

II.2 – Eliminação gaussiana e eliminação de Gauss-Jordan   412

II.3 – O problema de autovalores   416

Exercícios do Apêndice II   419

APÊNDICE III – TRANSFORMADA DE LAPLACE   423

TABELA DE INTEGRAIS   427

REVISÃO DE DIFERENCIAÇÃO   429

ÍNDICE REMISSIVO   431

RESPOSTAS SELECIONADAS DE PROBLEMAS ÍMPARES   RESP-1

PREFÁCIO

PARA O ALUNO

Autores de livros vivem com a esperança de que algumas pessoas realmente leiam suas obras. Ao contrário do que você possivelmente acredita, quase a totalidade do que é escrito em um livro de matemática de um curso de ensino superior típico é escrito para você aluno, e não para o professor. Verdade seja dita, os tópicos abordados no texto são escolhidos de forma a serem atraentes para os professores, pois são eles que tomam a decisão de usar ou não o livro em seus cursos, mas tudo o que é escrito é feito pensando no aluno. Assim, eu gostaria de te encorajar – não, na verdade eu gostaria de *pedir* – para que você leia este livro! Mas não o leia como você leria um romance; não o leia rápido e não pule nenhuma parte. Pense neste livro como um livro de exercícios. Digo isso, pois acredito que livros de matemática devem ser sempre lidos com lápis e papel à mão, pois, muito possivelmente, você terá que trabalhar o seu caminho através dos exemplos e discussões: Antes de tentar qualquer um dos exercícios, trabalhe *todos* os exemplos da seção; os exemplos são construídos para ilustrar o que eu considero como os mais importantes aspectos da seção e, portanto, refletem os procedimentos necessários para resolver a maior parte dos problemas de cada conjunto de exercícios. Eu peço aos meus alunos para cobrir a solução quando analisam um exemplo; copie-o em um pedaço de papel e não olhe para a solução no livro. Tente trabalhá-lo, então compare seus resultados com a solução dada, e, se necessário, resolva quaisquer diferenças. Eu tenho tentado incluir quase todos os passos importantes em cada exemplo, mas se algo não está claro – e aqui mais uma vez nos valemos do lápis e papel, você deve sempre tentar preencher os espaços em branco e passagens faltantes. Isso pode não ser fácil, mas é parte do processo de aprendizado. O acúmulo de fatos seguido da vagarosa assimilação do entendimento simples não pode ser atingido sem esforço.

Concluindo, desejo-lhe boa sorte e sucesso. Espero que goste do texto e do curso que está prestes a embarcar – como um aluno de graduação em matemática este ano foi um dos meus preferidos porque eu gostava de matemática com uma conexão para o mundo real. Se você tiver quaisquer comentários, ou se encontrar algum erro ao ler ou trabalhar o texto, ou ainda se você chegar a uma boa ideia para melhorá-lo, sinta-se livre para contatar a editora: sac.brasil@cengage.com.

PARA O PROFESSOR

No caso de você estar examinando este livro pela primeira vez, *Equações Diferenciais com Aplicações em Modelagem, décima edição*, destina-se tanto a um curso de um semestre quanto a um curso de um trimestre em equações diferenciais ordinárias. A versão mais longa do livro texto, *Differential Equations with Boundary-Value Problems, Eighth Edition*, pode ser usado tanto para um curso de um semestre ou um curso de dois semestres cobrindo equações diferenciais ordinárias e parciais. Este livro inclui seis capítulos adicionais que cobrem sistemas autônomos de equações diferenciais, estabilidade, séries de Fourier, transformadas de Fourier, equações diferenciais parciais lineares e problemas de valor de contorno e métodos numéricos para equações diferenciais parciais. Para um curso de um semestre, presumo que os alunos tenham concluído com êxito, pelo menos, dois semestres de cálculo. Como você está lendo este texto, sem dúvida, você já analisou o sumário com os tópicos que são abordados. Você não vai encontrar um "programa sugerido " neste prefácio; Eu não vou fingir ser tão sábio para dizer o que outros professores devem ensinar. Eu sinto que há muito material aqui para escolher e para montar um curso a seu gosto. O livro estabelece um equilíbrio razoável entre os enfoques analíticos, qualitativos e quantitativos para o estudo de equações diferenciais. Quanto a minha "filosofia subjacente" é esta: Um livro de graduação deve ser escrito com a compreensão do aluno mantido firmemente em mente, o que significa que, para mim, o material deve ser apresentado de forma direta, legível e útil, enquanto mantém o nível teórico consistente com a noção de um " primeiro curso".

Para aqueles que estão familiarizados com as edições anteriores, gostaria de mencionar algumas das melhorias introduzidas nesta edição.

- Oito novos projetos aparecem no início do livro. Cada projeto inclui um conjunto de problemas relacionados e uma correspondência do material do projeto com uma seção no texto.

- Muitos conjuntos de exercícios foram atualizados pela adição de novos problemas – em especial os problemas para dicussão – para melhor testar e desafiar os alunos. Da mesma forma, alguns conjuntos de exercício foram melhorados através do envio de alguns problemas para revisão.

- Exemplos adicionais foram adicionados a várias secções.

- Vários instrutores tiveram tempo para me enviar e-mails expressando suas preocupações sobre a minha abordagem para as equações diferenciais lineares de primeira ordem. Em resposta, a Seção 2.3, Equações Lineares, foi reescrita com a intenção de simplificar a discussão.

- Esta edição contém uma nova seção sobre funções de Green no Capítulo 4 para aqueles que têm tempo extra em seu curso para considerar esta elegante aplicação da variação de parâmetros na solução de problemas de valor inicial e de valor de contorno. A Seção 4.8 é opcional e seu conteúdo não afeta qualquer outra seção.

- A Seção 5.1 inclui agora uma discussão sobre como usar ambas as formas trigonométricas

$$y = A \operatorname{sen}(\omega t + \phi) \quad \text{e} \quad y = A \cos(\omega t - \phi)$$

na descrição do movimento harmônico simples.

- A pedido dos usuários das edições anteriores, uma nova seção sobre revisão de séries de potência foi adicionada ao Capítulo 6. Além disso, grande parte deste capítulo foi reescrito para melhorar a clareza. Em particular, a discussão das funções de Bessel modificadas e as funções de Bessel esféricas na Seção 6.4 foi bastante expandida.

AGRADECIMENTOS

Gostaria de destacar algumas pessoas para um reconhecimento especial. Muito obrigado a Molly Taylor (editora patrocinadora sênior), Shaylin Walsh Hogan (assistente editorial) e Alex Gontar (assistente editorial) para orquestrar o desenvolvimento desta edição e os materiais que o compõem. Alison Eigel Zade (gerente de projetos de conteúdo) ofereceu a desenvoltura, conhecimento e paciência necessária para um processo de produção contínua. Ed Dionne (gerente de projetos, MPS) trabalhou incansavelmente para fornecer serviços de edição de alto nível. E, finalmente, agradeço Scott Brown por suas habilidades superiores como revisor acurado. Mais uma vez, um especialmente sincero obrigado a Leslie Lahr, editor de desenvolvimento, por seu apoio, ouvido simpático, vontade de comunicar, sugestões e por obter e organizar os excelentes projetos que aparecem antes do texto principal. Além disso, dirijo a minha mais sincera apreciação aos indivíduos que arrumaram tempo livre em suas agendas ocupadas para enviar um projeto:

Ivan Kramer, *University of Maryland—Baltimore County*
Tom LaFaro, *Gustavus Adolphus College*
Jo Gascoigne, *Fisheries Consultant*
C. J. Knickerbocker, *Sensis Corporation*
Kevin Cooper, *Washington State University*
Gilbert N. Lewis, *Michigan Technological University*
Michael Olinick, *Middlebury College*

Concluindo, no passar dos anos estes livros foram aperfeiçoados em um incontável número de aspectos por meio de sugestões e críticas de revisores. Assim, é justo concluir com o reconhecimento da minha dívida às seguintes pessoas maravilhosas por compartilharem experiências em suas áreas de especialidade.

REVISORES DE EDIÇÕES PASSADAS

William Atherton, *Cleveland State University*
Philip Bacon, *University of Florida*
Bruce Bayly, *University of Arizona*
William H. Beyer, *University of Akron*
R.G. Bradshaw, *Clarkson College University*
James Draper, *University of Florida*
James M. Edmondson, *Santa Barbara City College*
John H. Ellison, *Grove City College*
Raymond Fabec, *Louisiana State University*
Donna Farrior, *University of Tulsa*
Robert E. Fennell, *Clemson University*
W.E. Fitzgibbon, *University of Houston*
Harvey J. Fletcher, *Brigham Young University*
Paul J. Gormley, *Villanova*
Layachi Hadji, *University of Alabama*
Ruben Hayrapetyan, *Kettering University*
Terry Herdman, *Virginia Polytechnic Institute and State University*
Zdzislaw Jackiewicz, *Arizona State University*
S.K. Jain, *Ohio University*
Anthony J. John, *Southeastern Massachusetts University*
David C. Johnson, *University of Kentucky-Lexington*
Harry L. Johnson, *V.P.I & S.U.*
Kenneth R. Johnson, *North Dakota State University*
Joseph Kazimir, *East Los Angeles College*
J. Keener, *University of Arizona*
Steve B. Khlief, *Tennessee Technological University (retired)*
C.J. Knickerbocker, *Sensis Corporation*
Carlon A. Krantz, *Kean College of New Jersey*
Thomas G. Kudzma, *University of Lowell*
Alexandra Kurepa, *North Carolina A&T State University*
G.E. Latta, *University of Virginia*
Cecelia Laurie, *University of Alabama*
James R. McKinney, *California Polytechnic State University*

James L. Meek, *University of Arkansas*
Gary H. Meisters, *University of Nebraska-Lincoln*
Stephen J. Merrill, *Marquette University*
Vivien Miller, *Mississippi State University*
Gerald Mueller, *Columbus State Community College*
Philip S. Mulry, *Colgate University*
C.J. Neugebauer, *Purdue University*
Tyre A. Newton, *Washington State University*
Brian M. O'Connor, *Tennessee Technological University*
J.K. Oddson, *University of California-Riverside*
Carol S. O'Dell, *Ohio Northern University*
A. Peressini, *University of Illinois, Urbana-Champaign*
J. Perryman, *University of Texas at Arlington*
Joseph H. Phillips, *Sacramento City College*
Jacek Polewczak, *California State University Northridge*
Nancy J. Poxon, *California State University-Sacramento*
Robert Pruitt, *San Jose State University*
K. Rager, *Metropolitan State College*
F.B. Reis, *Northeastern University*
Brian Rodrigues, *California State Polytechnic University*
Tom Roe, *South Dakota State University*
Kimmo I. Rosenthal, *Union College*
Barbara Shabell, *California Polytechnic State University*
Seenith Sivasundaram, *Embry-Riddle Aeronautical University*
Don E. Soash, *Hillsborough Community College*
F.W. Stallard, *Georgia Institute of Technology*
Gregory Stein, *The Cooper Union*
M.B. Tamburro, *Georgia Institute of Technology*
Patrick Ward, *Illinois Central College*
Warren S. Wright, *Loyola Marymount University*
Jianping Zhu, *University of Akron*
Jan Zijlstra, *Middle Tennessee State University*
Jay Zimmerman, *Towson University*

REVISORES DESTA EDIÇÃO

Bernard Brooks, *Rochester Institute of Technology*
Allen Brown, *Wabash Valley College*
Helmut Knaust, *The University of Texas at El Paso*
Mulatu Lemma, *Savannah State University*
George Moss, *Union University*
Martin Nakashima, *California State Polytechnic University — Pomona*
Bruce O'Neill, *Milwaukee School of Engineering*

DENNIS G. ZILL
Los Angeles

PROJETO PARA A SEÇÃO 3.1

A AIDS é uma doença invariavelmente fatal?
por Ivan Kramer

Este ensaio vai enfrentar e responder à pergunta: a síndrome da imunodeficiência adquirida (AIDS), que é a etapa final da infecção pelo vírus da imunodeficiência humana (HIV), é uma doença invariavelmente fatal?

Assim como outros vírus, o HIV não tem nenhum metabolismo e não pode se reproduzir fora de uma célula viva. A informação genética do vírus está contida em duas cadeias idênticas de RNA. Para se reproduzir, o HIV deve usar o aparelho reprodutivo da célula que invade e infecta para produzir cópias exatas do RNA viral. Uma vez que penetra uma célula, o HIV transcreve seu RNA em DNA usando uma enzima (transcriptase reversa) contida no vírus. O DNA viral de cadeia dupla migra para o núcleo da célula invadida e é inserido no genoma da célula com a ajuda de uma outra enzima viral (integrase). O DNA viral e o DNA da célula invadida são então integrados, e a célula é infectada. Quando a célula infectada é estimulada a se reproduzir, o DNA proviral é transcrito em DNA viral e novas partículas virais são sintetizadas. Uma vez que medicamentos antirretrovirais, como a zidovudina inibem a enzima da transcriptase reversa do HIV e param a cadeia de síntese do DNA pró-viral em laboratório, estas drogas, geralmente administradas em combinação, diminuem a progressão para AIDS nas pessoas que estão infectadas com o HIV (hospedeiros).

O que faz com que a infecção por HIV seja tão perigosa é o fato de ele enfraquece mortalmente o sistema imunológico do hospedeiro através da ligação à molécula CD4 na superfície de células essenciais para a defesa contra doenças, incluindo os linfócitos T4 e uma subpopulação células exterminadoras naturais. Linfócitos T auxiliares (linfócitos CD4+ ou linfócitos T4) são sem dúvida as células mais importantes do sistema imunológico, uma vez que organizam a defesa do organismo contra antígenos. A modelagem sugere que a infecção pelo HIV de células exterminadoras naturais *torna impossível, até mesmo para a moderna terapia antirretroviral, eliminar o vírus* [1]. Além da molécula CD4, um vírion precisa, ao menos, de um de um punhado de moléculas correceptoras (por exemplo, CCR5 e CXCR4) na superfície da célula-alvo, a fim de ser capaz de se ligar a ela, penetrar sua membrana, e infectá-la. Na verdade, em cerca de 1% dos caucasianos faltam moléculas correceptoras e, portanto, estão completamente imunes à infecção por HIV.

Celula infectada com HIV
Thomas Deerinck, NCMIR/Photo Researchers, Inc.

Uma vez estabelecida a infecção, a doença entra na fase de infecção aguda, com duração de algumas semanas, seguido por um período de incubação, que pode durar duas décadas ou mais! Apesar da densidade de linfócitos T auxiliares de um hospedeiro se manter de forma praticamente estática durante o período de incubação, literalmente bilhões de linfócitos T4 infectados e partículas de HIV são destruídas – e substituídas – diariamente. Isto é claramente uma guerra de exaustão, uma em que o sistema imunológico invariavelmente perde.

Uma análise do modelo da dinâmica fundamental que ocorre durante o período de incubação até causar invariavelmente a AIDS é a seguinte [1]. Como o HIV sofre mutações rapidamente, a sua capacidade de infectar linfócitos T4 em contato (sua infecciosidade), eventualmente, aumenta e a taxa de linfócitos T4 sendo infectados aumenta. Assim, o sistema imunológico deve aumentar a taxa de destruição dos linfócitos T4 infectados, bem como a taxa de produção de novos, não infectadas, para substituí-las. Chega um ponto, no entanto, em que a taxa de produção de linfócitos T4 atinge seu limite máximo possível e qualquer aumento adicional na infectividade do HIV deve necessariamente causar uma queda na densidade dos T4, levando à AIDS. Notavelmente, cerca de 5% dos hospedeiros não mostram nenhum sinal de deterioração do sistema imunológico nos primeiros dez anos da infecção; esses hospedeiros, chamados *não progressores de longo prazo*, foram inicialmente entendidos como possivelmente imunes ao desenvolvimento da AIDS, mas a modelagem sugere que estes hospedeiros também irão desenvolver AIDS, eventualmente, **[1]**.

Em mais de 95% dos hospedeiros, o sistema imunológico perde gradualmente sua longa batalha com o vírus. A densidade de linfócitos T4 no sangue periférico de hospedeiros começa a cair do nível normal (entre 250 a 2500 células/mm^3) para zero, indicando o fim do período de incubação. O hospedeiro atinge a fase AIDS da infecção *ou* quando uma das mais de vinte infecções oportunistas características da AIDS se desenvolve (AIDS clínica) *ou* quando a densidade de células T4 cai abaixo de 250 células/mm^3 (uma definição adicional de AIDS promulgada pelo CDC em 1987). A infecção por HIV atingiu agora seu estágio potencialmente fatal.

Para modelar a capacidade de sobrevivência com a AIDS, o tempo t em que um hospedeiro desenvolve AIDS será denotado por $t = 0$. Um possível modelo de sobrevivência para um grupo de pacientes de AIDS postula que a AIDS não é uma doença fatal para uma fração do grupo, denotado por S_i, a ser chamado de *fração imortal* aqui. Para a parte restante do grupo, a probabilidade de morrer por unidade de tempo no instante t será assumido como sendo uma constante k, onde, naturalmente, k deve ser positivo. Assim, a fração de sobrevivência $S(t)$ para este modelo será uma solução da equação diferencial linear de primeira ordem

$$\frac{dS(t)}{dt} = -k[S(t) - S_i]. \tag{1}$$

Usando o método do fator integrante discutido na Seção 2.3, vemos que a solução da equação (1) para a fração de sobrevivência é dada por

$$S(t) = S_i + [1 - S_i]e^{-kt}. \tag{2}$$

Em vez do parâmetro k aparecer em (2), dois novos parâmetros podem ser definidos para um hospedeiro para o qual a AIDS é fatal: o *tempo médio de sobrevivência* T_{aver} e a *meia-vida de sobrevivência* $T_{1/2}$, dada por $T_{1/2} = \ln(2)/k$. A meia-vida de sobrevivência, definida como ao tempo necessário para que metade do grupo morra, é completamente análogo à meia-vida num decaimento nuclear radioativo. Veja o Problema 8 no Exercício 3.1. Em termos desses parâmetros toda a dependência temporal em (2) pode ser escrita como

$$e^{-kt} = e^{-t/T_{aver}} = 2^{-t/T_{1/2}} \tag{3}$$

Usando um programa de mínimos quadrados para ajustar a função fração de sobrevivência em (2) para os dados reais de sobrevivência para os 159 moradores Maryland que desenvolveram AIDS em 1985, produzem um valor de fração imortal de $S_i = 0,0665$ e um valor da meia-vida de sobrevivência de $T_{1/2} = 0,666$ anos, com o tempo médio de sobrevivência sendo de $T_{aver} = 0,960$ anos **[2]**. Veja a Figura 1. Assim, apenas cerca de 10% dos moradores de Maryland que desenvolveram AIDS em 1985 sobreviveram a três anos com essa condição. A curva de sobrevivência da AIDS de Maryland em 1985 é praticamente idêntica às de 1983 e 1984. A primeira droga antirretroviral encontrada para ser eficaz contra o HIV foi a zidovudina (anteriormente conhecida como AZT). Uma vez que a zidovudina não

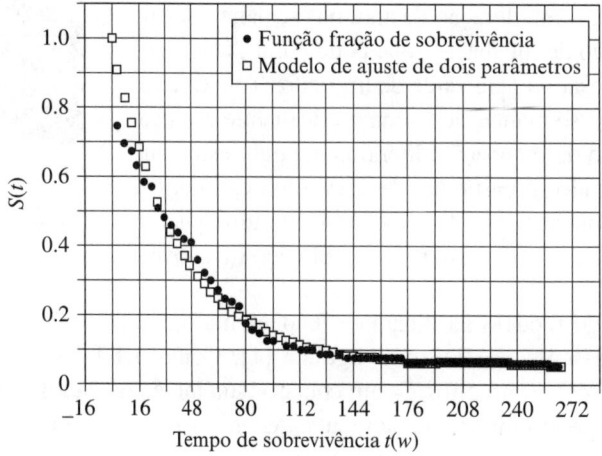

Figura 1 Curva da fração de sobrevivência $S(t)$.

teve um impacto conhecido sobre a infecção por HIV antes de 1985 e não era uma terapia comum antes de 1987, é razoável concluir que a sobrevivência de pacientes de AIDS em Maryland no ano de 1985 não foi significativamente influenciada pelo tratamento com zidovudina.

O valor pequeno, mas não nulo da fração imortal S_i obtida a partir dos dados de Maryland é provavelmente um artifício do método que Maryland e outros estados usaram para determinar a capacidade de sobrevivência dos seus cidadãos. Moradores com AIDS que mudaram seu nome e, em seguida, morreram ou que morreram no exterior ainda seriam contados como vivos pelo Departamento de Saúde e Higiene Mental de Maryland. Assim, o valor da fração imortal $S_i = 0{,}0665$ (6,65%) obtido a partir dos dados de Maryland é claramente um limite superior de seu valor verdadeiro, que é provavelmente zero.

Dados detalhados sobre a capacidade de sobrevivência dos 1415 hospedeiros infectados pelo HIV tratados com zidovudina cujas densidades de linfócitos T4 caiu para abaixo dos valores normais foram publicadas por Easterbrook et al. em 1993 [3]. Como suas densidades de linfócitos T4 caíram para zero, essas pessoas desenvolveram AIDS clínico e começaram a morrer. Os sobreviventes mais longevos desta doença viveram para ver suas densidades T4 caírem para abaixo de 10 células/mm³. Se o tempo t_0 for redefinido para identificar o momento em que a densidade de linfócitos T4 de um hospedeiro cai para abaixo de 10 células/mm³, então a sobrevivência de tais hospedeiros fora determinada por Easterbrook sendo de 0,470, 0,316, e 0,178 no decorrer de um ano, 1,5 anos e 2 anos, respectivamente.

Um ajuste de mínimos quadrados da função fração de sobrevivência em (2) para os dados de Easterbrook para hospedeiros infectados pelo HIV com densidades de linfócitos T4 na faixa de 0-10 células/mm³ produzem um valor da fração imortal de $S_i = 0$ e uma meia-vida de sobrevivência $T_{1/2} = 0{,}878$ anos [4]; equivalentemente, o tempo médio de sobrevivência será de $T_{aver} = 1{,}27$ ano. Estes resultados mostram claramente que a zidovudina não é eficaz em parar a replicação de todas as cepas do HIV, uma vez que aqueles que recebem esta droga, eventualmente, morrem a quase a mesma taxa daqueles que não a receberam. Na verdade, a pequena diferença de 2,5 meses entre a meia-vida de sobrevivência para 1993 hospedeiros com densidades de linfócitos T4 abaixo de 10 células/mm³ em tratamento com zidovudine ($T_{1/2} = 0{,}878$ anos) e daqueles 1985 moradores de Maryland infectados que não tomaram zidovudina ($T_{1/2} = 0{,}666$ anos) pode ser inteiramente devido à melhoria na hospitalização e a melhorias no tratamento de infecções oportunistas associadas com a AIDS através dos anos. Assim, a capacidade inicial da zidovudina de prolongar a capacidade de sobrevivência de doentes com HIV em última análise, desaparece e a infecção retoma a sua progressão. O tratamento com zidovudina foi estimado para prolongar a capacidade de sobrevivência de um paciente infectado por HIV por cerca 5 ou 6 meses em média [4].

Finalmente, colocando os resultados da modelagem acima em ambos os conjuntos de dados conjuntamente, encontramos que o valor da fracção imortal cai para algum lugar dentro do intervalo $0 < S_i < 0{,}0665$ e o tempo médio de sobrevivência cai para dentro da faixa de 0,960 anos $< T_{aver} < 1{,}27$ anos. Assim, a percentagem de pessoas para quem a AIDS não é uma doença fatal é inferior a 6,65% e pode ser zero. Estes resultados estão de acordo com um estudo de 1989 sobre casos de AIDS associados à hemofilia nos EUA que descobriu que a mediana do tempo de sobrevida após o diagnóstico de AIDS foi de 11,7 meses [5]. Um estudo mais recente e abrangente de hemofílicos com AIDS clínica utilizando o modelo em (2) constata que a fração imortal foi de $S_i = 0$ e o tempo médio de sobrevivência para aqueles entre 16 e 69 anos de idade variaram entre 3 a 30 meses, dependendo da condição definidora da AIDS [6]. **Embora transplantes de medula óssea usando células-tronco de doadores homozigotos para eliminação do CCR5 delta32** *poderá* **levar à cura, até o presente momento resultados clínicos mostram consistentemente que a AIDS é uma doença invariavelmente fatal.**

PROBLEMAS RELACIONADOS

1. Suponha que a fração do grupo de pacientes com AIDS que sobrevive a um tempo t após o diagnóstico de AIDS é dada por $S(t) = \exp(-kt)$. Mostre que o tempo de sobrevivência médio T_{aver} após o diagnóstico de AIDS para um membro deste grupo é dado por $T_{aver} = 1/k$.

2. A fração de um grupo de pacientes com AIDS que sobrevive um tempo t após o diagnóstico de AIDS é dado por $S(t) = exp(-kt)$. Suponha que a sobrevida média de um grupo de hemofílicos diagnosticados com AIDS antes de 1986 foi considerado em $T_{aver} = 6.4$ meses. Que fração do grupo sobreviveu 5 anos após o diagnóstico de AIDS?

3. A fração de um grupo de pacientes de AIDS que sobrevive a um tempo t após o diagnóstico de AIDS é dado por $S(t) = \exp(-kt)$. O tempo que leva para $S(t)$ alcançar o valor de 0,5 é definido como a meia-vida de sobrevivência e denotado por $T_{1/2}$.
   (a) Mostre que $S(t)$ pode ser escrito na forma $S(t) = 2^{-t/T_{1/2}}$.

(b) Mostre que $T_{1/2} = T_{aver} \ln(2)$, onde T_{aver} é o tempo médio de sobrevivência definido no problema (1). Assim, é sempre verdade que $T_{1/2} < T_{aver}$.

4. Cerca de 10% dos pacientes com câncer do pulmão ficam curados da doença, ou seja, eles sobrevivem 5 anos após o diagnóstico sem nenhuma evidência de que o câncer voltou. Apenas 14% de pacientes com câncer de pulmão sobrevivem 5 anos após o diagnóstico. Assuma que a fração dos pacientes com câncer de pulmão *incuráveis* que sobrevivem a um tempo t após o diagnóstico é dado por $\exp(-kt)$. Encontre uma expressão para a fração $S(t)$ de pacientes com câncer de pulmão que sobrevivem a um tempo t após serem diagnosticados com a doença. Certifique-se de determinar os valores de todas as constantes em sua resposta. Que fração dos pacientes com câncer de pulmão sobrevivem dois anos com a doença?

REFERÊNCIAS

1. Kramer, Ivan. What triggers *transient* AIDS in the acute phase of HIV infection and *chronic* AIDS at the end of the incubation period? *Computational and Mathematical Methods in Medicine,* Vol. 8, No. 2, June 2007: 125–151.
2. Kramer, Ivan. Is AIDS an invariable fatal disease?: A model analysis of AIDS survival curves. *Mathematical and Computer Modelling* 15, no. 9, 1991: 1–19.
3. Easterbrook, Philippa J., Emani Javad, Moyle, Graham, Gazzard, Brian G. Progressive CD4 cell depletion and death in zidovudine-treated patients. *JAIDS,* Aug. 6, 1993, No. 8: 927–929.
4. Kramer, Ivan. The impact of zidovudine (AZT) therapy on the survivability of those with progressive HIV infection. *Mathematical and Computer Modelling,* Vol. 23, No. 3, Feb. 1996: 1–14.
5. Stehr-Green, J. K., Holman, R. C., Mahoney, M. A. Survival analysis of hemophilia-associated AIDS cases in the US. *Am J Public Health,* Jul. 1989, 79 (7): 832–835.
6. Gail, Mitchel H., Tan, Wai-Yuan, Pee, David, Goedert, James J. Survival after AIDS diagnosis in a cohort of hemophilia patients. *JAIDS,* Aug. 15, 1997, Vol. 15, No. 5: 363–369.

SOBRE O AUTOR

Ivan Kramer obteve um bacharel em Física e Matemática pela The City College of New York em 1961 e um PhD pela Universidade da Califórnia, em Berkeley, na área de física teórica de partículas em 1967. Atualmente é professor associado de física na Universidade de Maryland, Baltimore County. Dr. Kramer foi Diretor de Projetos para o AIDS/HIV Case Projections em Maryland, pelo qual recebeu uma bolsa do AIDS Administration do Departamento de Saúde e Higiene de Maryland em 1990. Além de seus muitos artigos publicados sobre infecção por HIV e AIDS, seus atuais interesses de pesquisa incluem modelos de mutação de canceres, doença de Alzheimer e esquizofrenia.

Cortesia de Ivan Kramer

PROJETO PARA A SEÇÃO 3.2

O Efeito Allee
por Jo Gascoigne

Os cinco principais belgas mais famosos incluem, ao que parece, um ciclista, um cantor punk, o inventor do saxofone, o criador de Tintin e Audrey Hepburn. Pierre François Verhulst não está na lista, embora devesse estar. Ele teve uma vida bastante curta, morrendo com 45 anos, mas conseguiu incluir alguma emoção — ele foi deportado de Roma tentando persuadir o Papa de que os Estados Pontifícios precisavam de uma constituição escrita. Talvez o Papa saiba o que é melhor, mesmo depois de tomar aulas de boa governança de um belga...

Afora deste episódio, Pierre Verhulst (1804-1849) era um matemático que se preocupou, entre outras coisas, com a dinâmica de populações naturais – peixes, coelhos, ranúnculos, bactérias ou o que quer que seja. (eu sou inclinada em favor de peixes, portanto, vamos pensar em peixes a partir de agora). Teorizações a respeito do crescimento de populações naturais até aquele ponto tinham sido relativamente limitadas, embora os cientistas haviam chegado à conclusão óbvia de que a taxa de crescimento de uma população (dN/dt, onde $N(t)$ é o tamanho da população no instante t) dependia de (i) a taxa de natalidade b e (ii) a taxa de mortalidade m, ambas as quais variariam em proporção direta com o tamanho da população N:

Dra. Jo com Queenie; Queenie está na esquerda

Cortesia de Jo Gasoigne

$$\frac{dN}{dt} = bN - mN. \tag{1}$$

Após combinar b e m em um único parâmetro r, chamado de **taxa intrínseca de recursos naturais** — ou o mais habitual entre biólogos, sem o tempo de enrolar suas línguas, apenas r — a equação (1) torna-se

$$\frac{dN}{dt} = rN. \tag{2}$$

Este modelo de crescimento populacional tem um problema, que deve estar claro para você — se não, trace o gráfico de dN/dt para valores crescentes de N. É uma curva de crescimento exponencial simples, sugerindo que todos nós vamos acabar nos afogando em peixes. Claramente, no final algo terá de intervir e retardar dN/dt. A perspicácia de Pierre Verhulst foi que este *algo* era a capacidade do meio ambiente, em outras palavras,

Quantos peixes um ecossistema comporta realmente?

Ele formulou uma equação diferencial para a população $N(t)$ que inclui tanto r quanto a **capacidade de carga** K:

$$\frac{dN}{dt} = rN\left(1 - \frac{N}{K}\right), \quad r > 0. \tag{3}$$

A equação (3) é chamada de **equação logística** e ela forma até hoje a base de grande parte da ciência da dinâmica populacional moderna. Espera-se que fique claro que o termo $(1 - N/K)$, que é a contribuição de Verhulst à equação (2), seja $(1 - N/K) \approx 0$ quando $N \approx K$, levando a um crescimento exponencial, $(1 - N/K) \to 0$ quando $N \to K$, daí, fazendo com que a curva de crescimento de $N(t)$ se aproxime da assíntota horizontal $N(t) = K$. Assim, o tamanho da população não poderá exceder a capacidade de carga do ambiente.

A equação logística (3) dá a taxa de crescimento global da população, mas a ecologia é mais fácil de conceituar se considerarmos a taxa de crescimento *per capita* — isto é, a taxa de crescimento da população pelo número de indivíduos na população — alguma medida de quão "bem" cada indivíduo está fazendo na população. Para obter a taxa de crescimento *per capita*, basta dividir cada lado da equação (3) por N:

$$\frac{1}{N}\frac{dN}{dt} = r\left(1 - \frac{N}{K}\right) = r - \frac{r}{K}N.$$

Esta segunda versão de (3) mostra imediatamente (ou trace o gráfico) que esta relação é uma linha reta com um valor máximo de $\frac{1}{N}\frac{dN}{dt}$ para $N = 0$ (assumindo que tamanhos negativos de população não são relevantes) e $dN/dt = 0$ para $N = K$.

Humm, espere um minuto... "um valor máximo de $\frac{1}{N}\frac{dN}{dt}$ para $N = 0$?!" Cada tubarão se dá melhor na população quando existem... zero tubarões? Aqui está uma falha clara do modelo logístico. (Note que é agora um *modelo* — quando se apresenta apenas uma relação entre duas variáveis dN/dt e N, é apenas uma equação. Quando usamos esta equação para tentar analisar como as populações podem funcionar, ela se torna um modelo).

A suposição por trás do modelo logístico é que conforme o tamanho da população diminui, indivíduos têm melhor desempenho (medido pela taxa de crescimento *per capita* da população). Este pressuposto, em certa medida subjacente a todas as nossas ideias sobre a gestão sustentável dos recursos naturais — uma população de peixes não podem ser pescada indefinidamente a menos que assumamos que, quando a população é reduzida em tamanho, ele tem a capacidade de crescer de volta para onde estava antes.

Esta suposição está mais ou menos razoável para as populações, como muitas populações de peixes sujeitas a pesca comercial, que são mantidos em 50% ou mesmo 20% de K. Mas para as populações bastante escassas ou em vias de extinção, a ideia de que os indivíduos continuam a ter melhor desempenho conforme a população fica menor fica arriscada. A população de bacalhau dos Grandes Bancos no Canadá, que foi pescado para baixo de 1% ou talvez até 0,1% de K, tem sido protegido desde o início dos anos 1990 e ainda tem que mostrar sinais convincentes de recuperação.

Warder Clyde Allee (1885-1955) era um ecologista americano da Universidade de Chicago no início do século 20, que fez experimentos em peixes dourados, ofiuroides, tenébrios e, em verdade, quase tudo que teve o azar de cruzar seu caminho. Allee mostrou que, de fato, indivíduos de uma população podem fazer pior quando a população se torna muito pequena ou muito escassa.* Há numerosas razões ecológicas do porque disso — por exemplo, eles podem não encontrar um parceiro adequado, podem precisar de grandes grupos para encontrar alimento, expressam comportamento social ou, no caso dos peixinhos dourados, eles podem alterar a química da água a seu favor. Como resultado do trabalho de Allee, uma população onde a taxa de crescimento *per capita* declína a um nível baixo de população é dito que apresenta um **efeito Allee**. O debate ainda está aberto com relação a se o bacalhau dos Grandes Bancos está sofrendo de um efeito Allee, mas existem alguns mecanismos possíveis — fêmeas podem não estar sendo capazes de encontrar um possível companheiro ou um companheiro do tamanho certo, ou talvez o bacalhau adulto costumava comer o peixe que come o bacalhau jovem. Por outro lado, não há nada que um bacalhau adulto goste mais do que um lanche de bacalhau bebê — eles não são peixes com hábitos alimentares muito exigentes — assim estes argumentos podem não se comparar. Por enquanto sabemos muito pouco, exceto que ainda não há bacalhau.

Efeitos Allee podem ser modelados de diversas maneiras. Um dos modelos matemáticos mais simples, uma variação da equação logística, é:

$$\frac{dN}{dt} = rN\left(1 - \frac{N}{K}\right)\left(\frac{N}{A} - 1\right). \tag{4}$$

onde A é chamado o **limiar Allee**. O valor $N(t) = A$ é o tamanho da população abaixo da qual a taxa de crescimento da população se torna negativo devido a um efeito Allee — situado num valor de N em algum lugar entre $N = 0$ e $N = K$, isto é, $0 < A < K$, dependendo das espécies (mas para a maioria das espécies bem mais próximo de 0 do que de K, felizmente).

A equação (4) não é tão simples de resolver para $N(t)$ como (3), mas não precisamos resolvê-la para ganhar algumas ideias sobre sua dinâmica. Se você trabalhar ao longo dos Problemas 2 e 3, você vai ver que as consequências da equação (4) podem ser desastrosas para as populações ameaçadas.

---

* O tamanho da população e a densidade populacional são matematicamente intercambiáveis, assumindo uma área fixa em que a população viva (embora possam não ser necessariamente intercambiáveis para os indivíduos em questão).

PROBLEMAS RELACIONADOS

1. (a) A equação logística (3) pode ser resolvida explicitamente para $N(t)$ usando a técnica das frações parciais. Faça isso e trace o gráfico de $N(t)$ como uma função de t para $0 \leq t \leq 10$. Valores apropriados para r, K e $N(0)$ são $r = 1$, $K = 1$, $N(0) = 0{,}01$ (peixes por mero cúbico de água do mar, digamos). O gráfico de $N(t)$ é chamado de **curva de crescimento sigmoidal**.

   (b) O valor de r pode nos dizer muito sobre a ecologia de uma espécie — sardinhas, onde as fêmeas amadurecem em menos de um ano e tem milhões de ovos, têm um elevado r, enquanto tubarões, onde as fêmeas dão a luz a apenas alguns filhotes vivos a cada ano, tem um r baixo. Brinque com r e veja como isso afeta a forma da curva. *Pergunta*: Se uma área marinha protegida é implementada no lugar para interromper a pesca excessiva, qual espécie vai se recuperar mais rápido — sardinhas ou tubarões?

Tubarões-cobre e tubarões baleeiros bronze alimentando-se de uma bola de sardinhas na costa leste da África do Sul

Doug Perrine/Getty Images

2. Encontre o equilíbrio populacional para o modelo (4). [*Sugestão*: A população está em equilíbrio quando $dN/dt = 0$, isto é, a população não está nem crescendo nem encolhendo. Você deve encontrar três valores de N para os quais a população está em equilíbrio.]

3. Equilíbrios populacionais podem ser estáveis ou instáveis. Se, quando uma população desvia um pouco do seu valor de equilíbrio (como populações inevitavelmente fazem), ela tende a regressar à estabilidade, isto é um equilíbrio estável; Se, no entanto, quando a população se desviar do equilíbrio tender a divergir dele cada vez mais, este é um equilíbrio instável. Pense numa bola no bolso de uma mesa de snooker contra uma bola equilibrada num taco de sinuca. Equilíbrios instáveis são uma característica dos modelos de efeito Allee, tais como (4). Use um retrato de fase da equação autônoma (4) para determinar se os equilíbrios diferentes de zero que você achou no Problema 2 são estáveis ou instáveis. [*Sugestão*: Veja a Seção 2.1 do texto.]

4. Discuta as consequências do resultado acima para uma população $N(t)$ flutuando perto de um limiar Allee.

REFERÊNCIAS

1. Courchamp, F., Berec L., and Gascoigne, J. 2008. *Allee Effects in Ecology and Conservation*. Oxford University Press.
2. Hastings, A. 1997. *Population Biology—Concepts and Models*. Springer-Verlag, New York.

SOBRE A AUTORA

Após se formar em Zoologia, Jo Gascoigne pensou que seu primeiro emprego, de conservação na África Oriental, seria sobre leões e elefantes — mas acabou sendo sobre peixes. Apesar da enorme decepção inicial, ela acabou amando-os — tanto, em verdade, que ela passou a completar um doutorado em biologia de conservação marinha no College of William and Mary, em Williamsburg, Virginia, onde estudou lagostas e conchas do Caribe e também passou 10 dias vivendo debaixo d'água no habitat Aquarius na Flórida. Depois de se formar, ela voltou para sua terra natal, a Inglaterra, e estudou a matemática de bancos de mexilhões na Universidade de Bangor, em Wales, antes de se tornar uma consultora independente em gestão de pesca. Ela agora trabalha para promover ambientes de pesca sustentáveis. Quando você comprar frutos do mar, faça boas escolhas e ajude o mar!

Cortesia de Jo Gascoigne

PROJETO PARA A SEÇÃO 3.3

Dinâmica da população de lobos
por C. J. Knickerbocker

No início de 1995, depois de muita controvérsia, debate público e uma ausência de 70 anos, lobos cinzentos foram reintroduzidos no Parque Nacional de Yellowstone e Central Idaho. Durante esta ausência de 70 anos, mudanças significativas foram registradas nas populações de outros predadores e presas que residem no parque. Por exemplo, as populações de alces e coiotes tinham subido na ausência de influência do grande lobo cinzento. Com a reintrodução do lobo em 1995, prevíamos mudanças na população tanto de predadores quanto de presas no ecossistema do parque de Yellowstone conforme o sucesso da população de lobos está dependente de como ele influencia e é influenciado pelas outras espécies no ecossistema.

Para este estudo, vamos examinar como a população de alces (presas) tem sido influenciada pelos lobos (predadores). Estudos recentes demonstraram que a população de alces foi impactado negativamente pela reintrodução dos lobos. A população de alces caiu de cerca de 18.000 em 1995 para cerca de 7.000 em 2009. Este artigo coloca a questão se os lobos poderiam produzir tal efeito e, em caso afirmativo, a população de alces poderá desaparecer?

Um lobo cinza na natureza
Damien Richard/Shutterstock.com

Vamos começar com uma visão mais detalhada sobre as alterações na população de alces independentemente dos lobos. Nos 10 anos anteriores a introdução de lobos, de 1985 a 1995, um estudo sugeriu que a população de alces aumentou em 40% a partir de 13.000 em 1985 para 18.000 em 1995. Usando o modelo de equação diferencial mais simples para dinâmica populacional, podemos determinar a taxa de crescimento para alces (representado pela variável r) antes da reintrodução dos lobos.

$$\frac{dE}{dt} = rE, \quad E(0) = 13{,}0, E(10) = 18{,}0 \tag{1}$$

Nesta equação, $E(t)$ representa a população de alces (em milhares) onde t é medido em anos desde 1985. A solução, que é deixada como um exercício para o leitor, encontra a taxa de crescimento de nascimentos/falecimentos combinada r sendo de aproximadamente 0,0325, o que leva a:

$$E(t) = 13{,}0 e^{0{,}0325t}$$

Em 1995, 21 lobos foram inicialmente liberados e seus números subiram. Em 2007, os biólogos estimaram o número de lobos em cerca de 171.

Para estudar a interação entre os alces e populações de lobos, vamos considerar o seguinte o modelo predador-presa para a interação entre os alces e lobos dentro do ecossistema de Yellowstone:

$$\frac{dE}{dt} = 0{,}0325E - 0{,}8EW$$

$$\frac{dW}{dt} = -0{,}6W + 0{,}05EW$$

$$E(0) = 18{,}0, W(0) = 0{,}021$$

onde $E(t)$ é a população de alces e $W(t)$ é a população de lobos. Todas as populações são medidas em milhares de animais. A variável t representa o tempo medido em anos a partir de 1995. Assim, a partir das condições iniciais, temos 18.000 alces e 21 lobos no ano de 1995. O leitor vai notar que estimamos a taxa de crescimento para o alce sendo igual a estimada anteriormente, $r = 0{,}0325$.

Antes de tentarmos resolver o modelo (2), uma análise qualitativa do sistema pode produzir uma série de propriedades interessantes das soluções. A primeira equação mostra que a taxa de crescimento dos alces é impactado positivamente pelo tamanho o rebanho (0,0325E). Isto pode ser interpretado como a probabilidade de procriação crescendo com o número de alces. Por outro lado, o termo não-linear (0,8EW) tem um impacto negativo sobre a taxa de crescimento dos alces visto que ele mede a interação entre predador e presa. A segunda equação, $dW/dt = -0,6W + 0,05EW$, mostra que a população de lobos tem um efeito negativo sobre o seu próprio crescimento que pode ser interpretado como mais lobos criam mais competição por alimento. Mas, a interação entre os alces e os lobos (0,05OE) tem um impacto positivo uma vez que os lobos estão encontrando mais alimento.

Uma vez que não pode ser encontrada uma solução analítica para o problema de valor inicial (2), precisamos confiar na tecnologia para encontrar soluções aproximadas. Por exemplo, a seguir está um conjunto de instruções para encontrar uma solução numérica do problema de valor inicial usando o sistema álgebra computacional MAPLE.

```
e1 := diff(e(t),t)- 0.0325 * e(t) + 0.8 * e(t)*w(t) :
e2 := diff(w(t),t) +  0.6 * w(t) - 0.05 * e(t)*w(t) :
sys := {e1,e2} :
ic := {e(0) = 18.0, w(0) = 0.021} :
ivp := sys union ic :
H:= dsolve(ivp,{e(t), w(t)} ,numeric) :
```

Os gráficos das Figuras 1 e 2 mostram as populações de ambas as espécies, entre 1995 e 2009. Como previsto por numerosos estudos, a reintrodução de lobos em Yellowstone levaram a um declínio na população de alces. Neste modelo, vemos a população declínando de 18.000 em 1995 para cerca de 7.000 em 2009. Em contraste, a população de lobos aumentou de uma contagem inicial de 21 em 1995 para um pico de aproximadamente 180 em 2004.

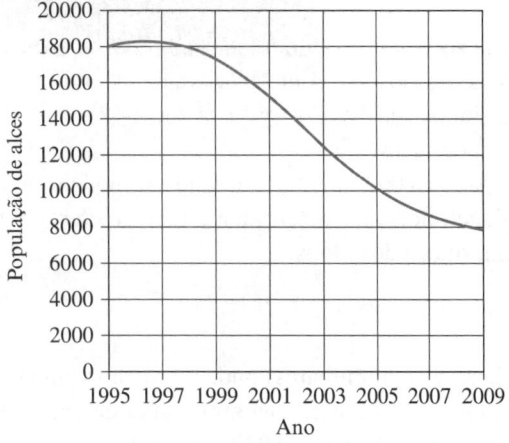

Figura 1 População de alces

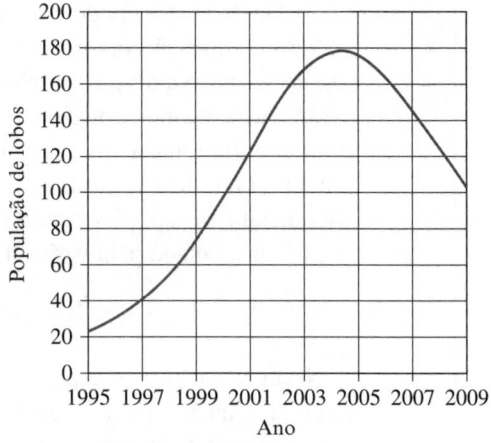

Figura 2 População de lobos

O leitor atento vai notar que o modelo também mostra um declínio na população de lobos depois de 2004. Como podemos interpretar isso? Com o declínio da população de alces ao longo dos primeiros 10 anos, havia menos comida para os lobos e, portanto, sua população começa a declinar.

A Figura 3, a seguir, mostra o comportamento a longo prazo de ambas as populações. A interpretação deste gráfico é deixado como um exercício para o leitor.

Informações sobre a reintrodução de lobos no Parque Yellowstone e Central Idaho pode ser encontrado na internet. Por exemplo, leia o comunicado de imprensa de 23 de Novembro de 1994 do US Fish and Wildlife Service, sobre a libertação de lobos no Parque Nacional Yellowstone.

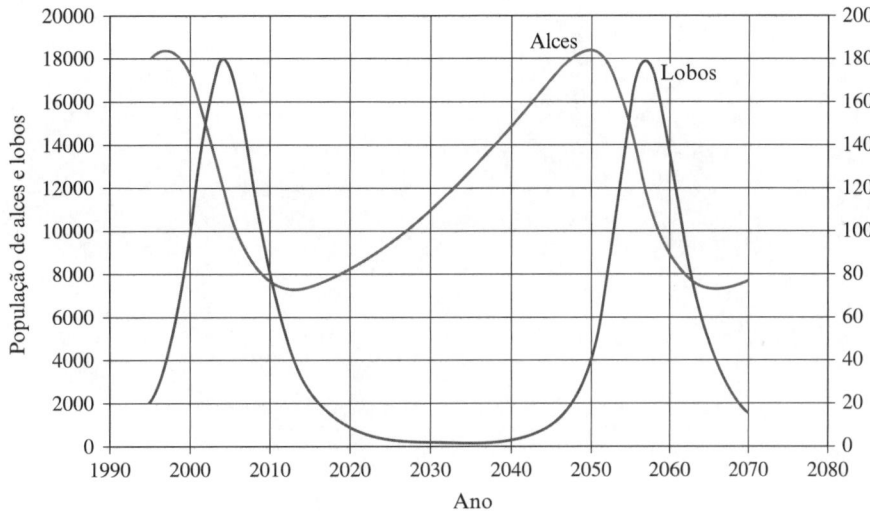

Figura 3 Comportamento de longo prazo das populações

PROBLEMAS RELACIONADOS

1. Resolva o problema de valor inicial pré-lobos (1) pela resolução da equação diferencial e aplicando a condição inicial. Em seguida, aplique a condição terminal para encontrar a taxa de crescimento.

2. Os biólogos têm debatido se a diminuição dos alces de 18.000 em 1995 para 7.000 em 2009 deve-se a reintrodução dos lobos. Que outros fatores podem explicar o decréscimo na população de alces?

3. Considere as mudanças a longo prazo nas populações de lobos e alces. Estas mudanças cíclicas são razoáveis? Porque é que existe uma defasagem entre o momento em que os alces começam a diminuir e a população de lobos começa a declinar? Os valores mínimos para a população de lobos são realistas? Trace o gráfico da população de alces pela população de lobos e interprete os resultados.

4. O que o problema de valor inicial (1) nos diz sobre o crescimento da população de alces sem a influência dos lobos? Encontrar um modelo semelhante para a introdução de coelhos para a Austrália em 1859 e o impacto da introdução de uma presa na população em um ambiente sem uma população de predadores naturais.

SOBRE O AUTOR

C. J. Knickerbocker
Professor de Matemática e Ciência da Computação (aposentado)
Universidade de St. Lawrence
Engenheiro Chefe de Pesquisa
Sensis Corporation

CJ Knickerbocker recebeu seu PhD em matemática pela Universidade de Clarkson em 1984. Até 2008 ele era um professor de matemática e ciência da computação na Universidade St. Lawrence, onde ele escreveu numerosos artigos em uma variedade de tópicos, incluindo equações diferenciais parciais não-lineares, teoria dos grafos, física aplicada e psicologia. Ele também atuou como consultor para editoras, empresas de software e agências governamentais. Atualmente, Dr. Knickerbocker é o engenheiro chefe de pesquisa para a Sensis Corporation, onde ele estuda a segurança dos aeroportos e eficiência.

Cortesia de C. J. Knickerbocker

PROJETO PARA A SEÇÃO 5.1

Bungee Jumping
por Kevin Cooper

Suponha que você não tem bom senso. Suponha que você está em pé sobre uma ponte acima do desfiladeiro do Rio Malad. Suponha que você pretenda pular dessa ponte. Você não deseja suicidar-se. Em vez disso, você pretende anexar uma corda elástica aos seus pés para mergulhar graciosamente no vazio, e ser puxado para trás suavemente pelo cabo antes de bater no rio, que está a 174 pés abaixo. Você trouxe vários cabos diferentes para serem afixados aos seus pés, incluindo vários cabos padrão de *bungee jump*, uma corda de escalada e um cabo de aço. Você precisa escolher a rigidez e o comprimento do cabo, de modo a evitar o desconforto associado a um pouso na água inesperado. Você não está intimidado com esta tarefa, porque você sabe a matemática!

Cada um dos cabos que você trouxe será amarrado de modo a ter 100 pés de comprimento quando pendurado a partir da ponte. Chame a posição na parte inferior do cabo de 0 e meça a posição de seus pés abaixo daquele "comprimento natural" por $x(t)$, onde x aumenta conforme você vai para baixo e é uma função do tempo t. Veja a Figura 1. Então, no momento em que você salta, $x(0) = -100$, enquanto que no momento em que o seu corpo de seis pés de altura bate a cabeça na água primeiro, $x(t) = 174 - 100 - 6 = 68$. Observe que a distância aumenta conforme você cai e para que sua velocidade é positiva enquanto você cai e negativa quando você retorna. Note também que você pretende mergulhar, assim sua cabeça estará seis pés abaixo da extremidade da corda quando ele te pára.

Bungee jumping de uma ponte
Sean Nel/Shutterstock.com

Você sabe que a aceleração devida à gravidade é uma constante, denominado g, de modo que a força puxando para baixo seu corpo é mg. Você sabe que quando você pular da ponte a resistência do ar vai aumentar proporcionalmente à sua velocidade, proporcionando uma força no sentido oposto ao seu movimento de aproximadamente βv, onde β é uma constante e v é a sua velocidade. Finalmente, você sabe que a lei de Hooke descreve a ação de molas dizendo que a corda elástica acabará por exercer uma força sobre você proporcional à distância deslocada de seu comprimento natural. Assim, você sabe que a força do cabo puxando você de volta da destruição pode ser expressa como

$$b(x) = \begin{cases} 0 & x \leq 0 \\ -kx & x > 0 \end{cases}$$

O número k é chamado de *constante da mola* e é o local onde a rigidez do cabo que você usa influencia a equação. Por exemplo, se você usou o cabo de aço, então k será muito grande, dando uma tremenda força de parada muito de repente conforme você passa o comprimento natural do cabo. Isso pode levar ao desconforto, lesão, ou mesmo um Prêmio Darwin. Você quer escolher o cabo com um valor de k grande o suficiente para pará-lo acima ou apenas tocando a água, mas não muito de repente. Consequentemente, você está interessado em encontrar a distância de queda abaixo do comprimento natural do cabo como uma função da constante de mola. Para fazer isso, você deve resolver a equação diferencial que nós derivamos em palavras acima: A força mx'' em seu corpo é dada por

$$mx'' = mg + b(x) - bx.$$

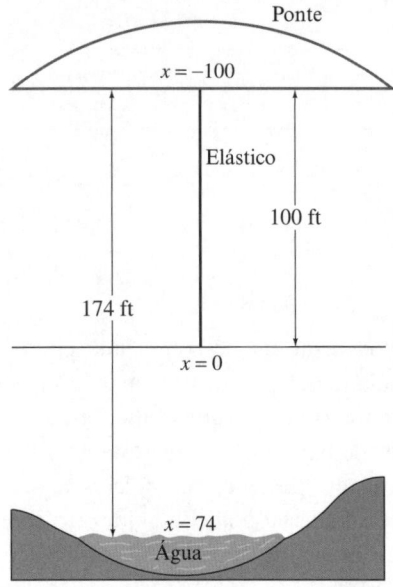

Figura 1 Configuração da corda elástica

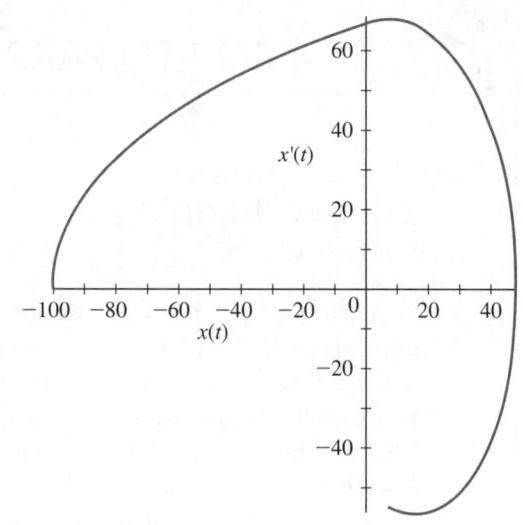

Figura 2 Um exemplo de gráfico de $x(t)$ por $x(t)$ para um *bungee jump*

Aqui mg é o seu peso, 160 lb., e x' é a taxa de mudança de sua posição abaixo do equilíbrio com respeito ao tempo; ou seja, a sua velocidade. A constante β para a resistência do ar depende de uma série de coisas, incluindo se você usar seu colante rosa de Spandex ou o seu shorts de skatista e camiseta XXG, mas você sabe que o valor hoje é aproximadamente 1,0.

Esta é uma equação diferencial não-linear, mas dentro dela há duas equações diferenciais lineares, lutando para sair. Vamos trabalhar com tais equações mais extensivamente em capítulos posteriores, mas já sabemos como resolver tais equações de nossa experiência passada. Quando $x < 0$, a equação é $mx'' = mg - \beta x$, enquanto que, depois de passar o comprimento natural do cabo ela é $mx'' = mg - kx - \beta x$. Vamos resolvê-las separadamente, e, em seguida, juntar as peças das soluções quando $x(t) = 0$.

No Problema 1 você encontrou uma expressão para a sua posição t segundos após pisar fora da ponte, antes da corda elástica começar a puxá-lo de volta. Observe que isso não depende do valor de k, porque a corda elástica está caindo junto com você quando está acima de $x(t) = 0$. Quando você passa o comprimento natural da corda elástica, ele começa a te puxar para trás, assim a equação diferencial muda. Denote por t_1 o primeiro instante na qual $x(t_1) = 0$ e denote por v_1 sua velocidade naquele momento. Assim, podemos descrever o movimento para $x(t) > 0$ usando o problema $x'' = g - kx - \beta x'$, $x(t_1) = 0$, $x'(t_1) = v_1$. Uma ilustração da solução para este problema no espaço de fase pode ser visto na Figura 2.

O resultado será uma expressão para a sua posição conforme o cabo te puxe. Tudo o que temos a fazer é descobrir o tempo t_2 quando você para de ir para baixo. Quando você parar de ir para baixo, sua velocidade será zero, ou seja, $x'(t_2) = 0$.

Como você pode ver, saber um pouco de matemática é uma coisa perigosa. Lembramos que a suposição de que o arrasto devido à resistência do ar é linear se aplica somente para baixas velocidades. Pelo tempo em que você mergulha após o comprimento natural do cabo, esta aproximação é apenas uma ilusão, assim sua quilometragem atual pode variar. Além disso, molas se comportam de forma não linear em grandes oscilações, assim a lei de Hooke é apenas uma aproximação. Não confie em sua vida a uma aproximação feita por um homem que está morto há 200 anos. Deixe o *bungee jumping* para os profissionais.

PROBLEMAS RELACIONADOS

1. Resolva a equação $mx'' + \beta x' = mg$ para $x(t)$, dado que você pisa fora da ponte — não pula, não mergulha! Pisar fora significa $x(0) = -100$, $x(0) = 0$. Você também pode usar $mg = 160, \beta = 1$ e $g = 32$.

2. Utilize a solução do Problema 1 para calcular a duração do tempo t_1 em que você cai em queda livre (o tempo que leva a percorrer o comprimento natural do cabo: 100 pés).

3. Calcule a derivada da solução que você encontrou no Problema 1 e avalie-a no instante que você encontrou no Problema 2. Chame-o o resultado de v_1. Você encontrou sua velocidade de descida quando você passa do ponto onde o cabo começa a puxar.

4. Resolva o problema de valor inicial

$$mx'' + \beta x' + kx = mg, \quad x(t_1) = 0, \quad x'(t_1) = v_1.$$

Por enquanto, você pode usar o valor $k = 14$, mas eventualmente você vai precisar substituí-lo pelos valores reais das cordas que você trouxe. A solução $x(t)$ representa a posição de seus pés abaixo do comprimento natural do cabo depois de começar a puxar para trás.

5. Calcule a derivada da expressão que você encontrou no Problema 4 e resolva para o valor de t onde ele é zero. Este instante é t_2. Tenha cuidado para que o instante que você calcule seja maior do que o t_1 — há diversos instantes em que o movimento pára na parte de cima e de baixo de seus saltos! Depois de encontrar t_2, substitua-o de volta na solução que você encontrou para o Problema 4 para encontrar sua posição mais baixa.

6. Você trouxe uma corda elástica suave com $k = 8,5$, um cabo mais rígido com $k = 10,7$ e uma corda de escalada para o qual $k = 16,4$. Qual dessas, se houver, você pode usar com segurança sob as condições dadas?

7. Você tem uma corda elástica para o qual você ainda não determinou a constante da mola. Para fazê-lo, você suspendeu um peso de 10 libras a partir da extremidade do cabo de 100 pés causando o esticamento do cabo em 1,2 pés. Qual é o valor k para este cabo? Você pode negligenciar a massa do próprio cabo.

SOBRE O AUTOR

Kevin Cooper, PhD, Universidade Estadual do Colorado, é o Coordenador de Informática para Matemática na Universidade do Estado de Washington, Pullman, Washington. Seu principal interesse é a análise numérica e ele tem artigos e um livro escrito nessa área. Dr. Cooper também dedica um tempo considerável para a criação de componentes de software matemático, como o *Dynasys*, um programa para analisar sistemas dinâmicos numericamente.

Cortesia de Kevin Cooper

PROJETO PARA A SEÇÃO 5.3

O Colapso da Ponte Suspensa Tacoma Narrows
por Gilbert N. Lewis

No verão de 1940, a Ponte Suspensa Tacoma Narrows no Estado de Washington foi concluída e aberta ao tráfego. Quase imediatamente, observadores notaram que o vento soprando em toda a estrada geravam, às vezes, grandes vibrações verticais no leito da estrada. A ponte se tornou uma atração turística, com pessoas vindo para assistir, e talvez andar sobre a ponte ondulatória. Finalmente, em 7 de Novembro de 1940, durante uma forte tempestade, as oscilações aumentaram para além de qualquer observação anterior e a ponte foi evacuada. Logo, as oscilações verticais tornaram-se rotacionais, conforme observado por quem estava olhando a estrada. Toda a extensão acabou por ser abalada pelas grandes vibrações e a ponte desabou. A Figura 1 mostra uma imagem da ponte durante o colapso. Veja **[1]** e **[2]** para interessantes e por vezes, bem-humoradas anedotas associadas com a ponte. Ou, faça uma pesquisa na Internet com as palavras-chave "Desastre da Ponte Tacoma", para localizar e visualizar alguns vídeos interessantes do colapso da ponte.

Colapso da ponte Tacoma Narrows
AP Photo

A ponte Tacoma Narrows reconstruída (1950) e a nova ponte paralela (2009)
Sir Armstrong/Shutterstock.com

O célebre engenheiro von Karman foi convidado a determinar a causa do colapso. Ele e seus co-autores **[3]** alegaram que o vento que sopra perpendicularmente a faixa de rodagem separaram-se em vórtices (redemoinhos de vento) alternadamente acima e abaixo do leito da estrada, estabelecendo, assim, uma força periódica vertical agindo na ponte. Foi esta força que causou as oscilações. Outros ainda levantaram a hipótese de que a frequência desta função forçante combinava exatamente com a frequência natural da ponte, conduzindo assim à ressonância, grandes oscilações e destruição. Por quase 50 anos, a ressonância foi apontada como a causa do colapso da ponte, embora o grupo de Von Karman negara isso, afirmando que "é muito improvável que a ressonância com vórtices alternados desempenharam um papel importante nas oscilações de pontes suspensas" **[3]**.

Como podemos ver a partir da equação (31) na Seção 5.1.3, a ressonância é um fenômeno linear. Além disso, para que ressonância ocorra, deve haver uma correspondência exata entre a frequência da função forçante e a frequência natural da ponte. Além disso, absolutamente nenhum amortecimento deve existir no sistema. Não é se estranhar, então, que a ressonância não seja a culpada no colapso.

Se a ressonância não causou o colapso da ponte, o que a provocou? Uma pesquisa recente fornece uma explicação alternativa para o colapso da ponte de Tacoma Narrows. Lazer e McKenna **[4]** afirmam que efeitos não lineares e não ressonância linear, foram os principais fatores que levaram às grandes oscilações da ponte (veja **[5]** para uma boa resenha do artigo). A teoria envolve equações diferenciais parciais. No entanto, um modelo simplificado, levando a uma equação diferencial ordinária não linear, pode ser construído.

O desenvolvimento do modelo abaixo não é exatamente o mesmo que o de Lazer e McKenna mas resulta numa equação diferencial semelhante. Este exemplo mostra outra forma na qual as amplitudes de oscilação podem aumentar.

Considere um único cabo vertical da ponte suspensa. Nós assumimos que ele atua como uma mola, mas com características distintas de tensão e compressão e sem amortecimento. Quando esticada, o cabo funciona como uma mola com constante de Hooke b, enquanto que, quando comprimido, ele age como uma mola com uma constante de Hooke diferente, a. Nós assumimos que o cabo em compressão exerce uma força menor no leito da estrada do que quando esticado na mesma distância, de modo que $0 < a < b$. A deflexão vertical (direção positiva para baixo) do leito da pista ligado a este cabo será designada por $y(t)$, em que t representa o tempo, e $y = 0$ representa a posição de equilíbrio da estrada. À medida que o leito da estrada oscila sob a influência de uma força vertical aplicada (devido aos vórtices de Von Karman), o cabo fornece uma força restauradora para cima igual a by quando $y > 0$ e uma força restauradora descendente igual a ay quando $y < 0$. Esta mudança na constante da Lei de Hooke em $y = 0$ fornece a não linearidade à equação diferencial. Somos assim levados a considerar a equação diferencial derivada da segunda lei do movimento de Newton

$$my'' + f(y) = g(t),$$

onde $f(y)$ é uma função não linear dada por

$$f(y) = \begin{cases} by & \text{se} \quad y \geq 0 \\ ay & \text{se} \quad y < 0 \end{cases},$$

$g(t)$ é a força aplicada e m é a massa da secção da pista. Note que a equação diferencial é linear em qualquer intervalo na qual y não mude de sinal.

Agora, vamos ver como uma solução típica deste problema se parece. Vamos assumir que $m = 1$ kg, $b = 4$ N/m, $a = 1$ N/m e $g(t) = \text{sen}(4t)$ N. Note que a frequência da função forçante é maior do que as frequências naturais do cabo tanto em tensão e compressão, de modo que não esperamos a ocorrência de ressonância. Nós também atribuimos os seguintes valores iniciais para y: $y(0) = 0$, $y'(0) = 0{,}01$, de modo que o leito da estrada começa na posição de equilíbrio com uma pequena velocidade para baixo.

Por causa da velocidade inicial para baixo e a força aplicada positiva, $y(t)$ irá aumentar inicialmente e tornar-se positivo. Portanto, em primeiro lugar resolveremos este problema de valor inicial

$$y'' + 4y = \text{sen}(4t), \quad y(0) = 0, \quad y'(0) = 0{,}01. \tag{1}$$

A solução da equação em (1), de acordo com o Teorema 4.1.6, é a soma da solução complementar, $y_c(t)$ e da solução particular, $y_p(t)$. É fácil de ver que $y_c(t) = c_1 \cos(2t) + c_2 \text{sen}(2t)$ (equação (9), Seção 4.3) e $y_p(t) = -\frac{1}{12}\text{sen}(4t)$ (Tabela 4.4.1, Seção 4.4). Assim,

$$y(t) = c_1 \cos(2t) + c_2 \text{sen}(2t) - \frac{1}{12}\text{sen}(4t). \tag{2}$$

As condições iniciais nos dão

$$y(0) = 0 = c_1,$$

$$y(0) = 0{,}01 = 2c_2 - \frac{1}{3},$$

de modo que $c_2 = (0{,}01 + \frac{1}{3})/2$. Por conseguinte, (2) se torna

$$y(t) = \frac{1}{2}\left(0{,}01 + \frac{1}{3}\right)\text{sen}(2t) - \frac{1}{12}\text{sen}(4t)$$

$$= \text{sen}(2t)\left[\frac{1}{2}\left(0{,}01 + \frac{1}{3}\right) - \frac{1}{6}\cos(2t)\right].$$

Note que o primeiro valor positivo de t para o qual $y(t)$ é novamente igual a zero é $t = \frac{\pi}{2}$. Neste ponto, $y'(\frac{\pi}{2}) = -(0{,}01 + \frac{2}{3})$. Portanto, a equação (3) se mantém entre $[0, \pi/2]$.

Após $t = \frac{\pi}{2}$, y se torna negativo, por isso devemos resolver agora o novo problema

$$y'' + y = \text{sen}(4t), \quad y\left(\frac{\pi}{2}\right) = 0, \quad y'\left(\frac{\pi}{2}\right) = -\left(0{,}01 + \frac{2}{3}\right). \tag{3}$$

Procedendo como acima, a solução de (4) é

$$y(t) = \left(0{,}01 + \frac{2}{5}\right)\cos t - \frac{1}{15}\operatorname{sen}(4t)$$
$$= \cos t\left[\left(0{,}01 + \frac{2}{5}\right) - \frac{4}{15}\operatorname{sen} t \cos(2t)\right].$$

O próximo valor positivo de t após $t = \frac{\pi}{2}$ na qual $y(t) = 0$ é $t = \frac{3\pi}{2}$ no ponto em que $y'\left(\frac{3\pi}{2}\right) = 0{,}01 + \frac{2}{15}$, de modo que a equação (5) se mantém entre $[\pi/2, 3\pi/2]$.

Neste ponto, a solução percorreu um ciclo no intervalo de tempo $[0, \frac{3\pi}{2}]$. Durante este ciclo, a secção da faixa de rodagem começou no equilíbrio com velocidade positiva, tornou-se positiva, voltou à posição de equilíbrio com velocidade negativa, tornou-se negativa, e, finalmente, voltou para a posição de equilíbrio com velocidade positiva. Este padrão continua por tempo indeterminado, com cada ciclo abrangendo $\frac{3\pi}{2}$ unidades de tempo. A solução para o ciclo seguinte é

$$y(t) = \operatorname{sen}(2t)\left[-\frac{1}{2}\left(0{,}01 + \frac{7}{15}\right) - \frac{1}{6}\cos(2t)\right] \quad \text{em} \quad [3\pi/2, 2\pi],$$
$$y(t) = \operatorname{sen} t\left[-\left(0{,}01 + \frac{8}{15}\right) - \frac{4}{15}\cos t \cos(2t)\right] \quad \text{em} \quad [2\pi, 3\pi]. \tag{4}$$

É elucidativo observar que a velocidade no início do segundo ciclo é $(0{,}01 + \frac{2}{15})$, enquanto que no início do terceiro ciclo é $(0{,}01 + \frac{4}{15})$. Na verdade, a velocidade no início de cada ciclo é $\frac{2}{15}$ maior do que no início do ciclo anterior. Não será surpreendente então, que a amplitude das oscilações aumentem ao longo do tempo, uma vez que a amplitude (de um termo) da solução durante qualquer ciclo é diretamente relacionado com a velocidade no início do ciclo. Veja a Figura 2 para um gráfico da **função de deflexão** no intervalo $[0, 3\pi]$. Note-se que a deflexão máxima em $[3\pi/2, 2\pi]$ é maior do que a deflexão máxima em $[0, \pi/2]$, enquanto que a deflexão máxima em $[2\pi, 3\pi]$ é maior do que a deflexão máxima em $[\pi/2, 3\pi/2]$.

Deve ser lembrado que o modelo apresentado aqui é um modelo unidimensional muito simplificado que pode não levar em conta todas as complexas interações de pontes reais. O leitor deve consultar os cálculos de Lazer e McKenna [4] para um modelo mais completo. Mais recentemente, McKenna [6] refinou esse modelo para fornecer um ponto de vista diferente das oscilações de torção observadas na ponte Tacoma.

Pesquisas sobre o comportamento de pontes sob forças continua. É provável que os modelos serão aperfeiçoados ao longo do tempo e novas ideias serão adquiridas com as pesquisas. No entanto, deve ficar claro neste ponto que as grandes oscilações que causaram a destruição da Ponte Suspensa Tacoma Narrows não eram o resultado de ressonância.

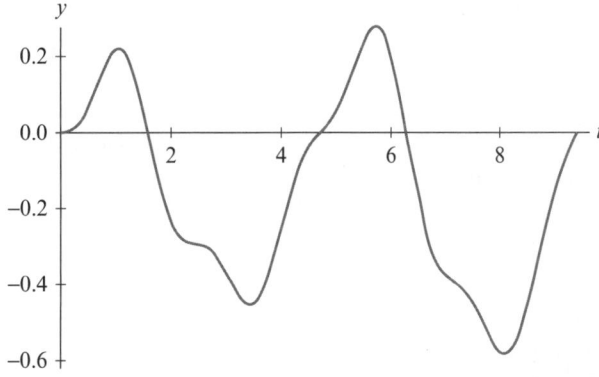

Figura 2 Gráfico da função de deflexão $y(t)$

PROBLEMAS RELACIONADOS

1. Resolva os seguintes problemas e trace o gráfico das soluções para $0 \le t \le 6\pi$. Note que a ressonância ocorre no primeiro problema, mas não no segundo.
    (a) $y'' + y = -\cos t$, $y(0) = 0$, $y'(0) = 0$.
    (b) $y'' + y = \cos(2t)$, $y(0) = 0$, $y'(0) = 0$.

2. Resolva o problema de valor inicial $y'' + f(y) = \text{sen}(4t)$, $y(0) = 0$, $y'(0) = 1$, onde

$$f(y) = \begin{cases} by & \text{se} \quad y \geq 0 \\ ay & \text{se} \quad y < 0 \end{cases},$$

e

(a) $b = 1$, $a = 4$, (Compare sua resposta com o exemplo deste projeto.)
(b) $b = 64$, $a = 4$,
(c) $b = 36$, $a = 25$.

Note que, na parte (a), a condição $b > a$ do texto não está satisfeita. Trace o gráfico das soluções. O que acontece em cada caso quando t aumenta? O que aconteceria em cada caso se a segunda condição inicial for substituída com $y'(0) = 0{,}01$? Você pode obter alguma conclusão semelhante à do texto em relação a solução de longo prazo?

3. Qual seria o efeito da adição de amortecimento ($+cy'$, onde $c > 0$) no sistema? Como um engenheiro de design de pontes poderia incorporar mais amortecimento na ponte? Resolva o problema $y'' + cy' + f(y) = \text{sen}(4t)$, $y(0) = 0$, $y'(0) = 1$, onde

$$f(y) = \begin{cases} 4y & \text{se} \quad y \geq 0 \\ y & \text{se} \quad y < 0 \end{cases},$$

e

(a) $c = 0{,}01$
(b) $c = 0{,}1$
(c) $c = 0{,}5$

REFERÊNCIAS

1. Lewis, G. N., "Tacoma Narrows Suspension Bridge Collapse" in *A First Course in Differential Equations*, Dennis G. Zill, 253–256. Boston: PWS-Kent, 1993.
2. Braun, M., *Differential Equations and Their Applications*, 167–169. New York: Springer-Verlag, 1978.
3. Amman, O. H., T. von Karman, and G. B. Woodruff, *The Failure of the Tacoma Narrows Bridge*. Washington D.C.: Federal Works Agency, 1941.
4. Lazer, A. C., and P. J. McKenna. Large amplitude periodic oscillations in suspension bridges: Some new connections with nonlinear analysis. *SIAM Review* 32 (December 1990): 537–578.
5. Peterson, I., Rock and roll bridge. *Science News* 137 (1991): 344–346.
6. McKenna, P. J., Large torsional oscillations in suspension bridges revisited: Fixing an old approximation. *American Mathematical Monthly* 106 (1999):1–18.

SOBRE O AUTOR

Dr. Gilbert N. Lewis é professor emérito da Universidade Tecnológica de Michigan, onde ele ensinou e fez pesquisas em Matemática Aplicada e Equações Diferenciais por 34 anos. Ele recebeu seu diploma de bacharel da Universidade de Brown e seu mestrado e doutorado da Universidade de Wisconsin-Milwaukee. Seus hobbies incluem viagens, comida e vinho, pesca e observação de pássaros, as atividades que ele pretende continuar na aposentadoria.

Cortesia de Gilbert N. Lewis

PROJETO PARA A SEÇÃO 7.3

Assassinato na lanchonete Mayfair
por Tom LoFaro

Amanhecer na lanchonete Mayfair. O brilho âmbar dos postes misturado com o violento flash vermelho das viaturas policiais começa a desaparecer com o surgimento de uma fornalha solar alaranjada. A Detetive Daphne Marlow sai da lanchonete segurando uma xícara de café quente em uma mão e um resumo das provas da cena do crime na outra. Tomando um assento no pára-choque de seu bronzeado LTD, Detective Marlow começa a avaliar as provas.

Às 5h30 da manhã o corpo de um Joe D. Wood foi encontrado na câmara fria no porão da lanchonete. Às 6h o legista chegou e determinou que a temperatura central do corpo do cadáver era de 85 graus Fahrenheit. Trinta minutos mais tarde, o médico legista mediu novamente a temperatura corporal. Desta vez, a leitura foi de 84 graus Fahrenheit. O termostato dentro da geladeira marca 50 graus Fahrenheit.

A lanchonete Mayfair na Filadélfia
©Ronald C. Saari

Daphne pega um bloco amarelo desbotado e uma calculadora manchada de ketchup do banco da frente de seu Cruiser e começa a calcular. Ela sabe que a Lei Resfriamento de Newton diz que a taxa em que um objeto resfria é proporcional à diferença entre a temperatura T do corpo no instante t e a temperatura T_m do ambiente em torno do corpo. Ela anota a equação

$$\frac{dT}{dt} = k(T - T_m), \quad t > 0, \tag{1}$$

onde k é uma constante de proporcionalidade, T e T_m são medidos em graus Fahrenheit e t é o tempo medido em horas. Como Daphne quer investigar o passado usando valores positivos de tempo, ela decide corresponder t_0 com 6h e assim, por exemplo, $t = 4$ é 2h. Após alguns rabiscos em seu bloco amarelo, Daphne percebe que, com esta convenção de tempo a constante k em (1) vai passar a ser *positiva*. Ela anota um lembrete para si mesma que 6h30 é agora $t = -1/2$.

Como o amanhecer fresco e silencioso abre caminho para a manhã úmida de verão, Daphne começa a suar e se pergunta em voz alta: "Mas e se o cadáver foi transferido para a geladeira em uma débil tentativa de esconder o corpo? Como isso muda minha estimativa?" Ela entra novamente no restaurante e encontra o termostato manchado de gordura acima da caixa registradora vazia. Ele marca 70 graus Fahrenheit.

"Mas e quando o corpo foi movido?" Daphne pergunta. Ela decide deixar esta questão sem resposta por agora, simplesmente deixando h denotar o número de horas que o corpo ficou no refrigerador antes das 6h. Por exemplo, se $h = 6$, então o corpo foi movido à meia-noite.

Daphne vira uma página em seu bloco de notas e começa a calcular. À medida que o arrefecimento rápido do café começa a fazer o seu trabalho, ela percebe que o caminho para modelar a variação da temperatura ambiental causada pelo movimento é com a função degrau unitário $\mathcal{U}(t)$. Ela escreve

$$T_m(t) = 50 + 20\mathcal{U}(t - h) \tag{2}$$

e abaixo dele a equação diferencial

$$\frac{dT}{dt} = k(T - T_m(t)). \tag{3}$$

A blusa de poliéster manchado de mostarda de Daphne começa a escorrer suor sob o clarão de um sol do meio da manhã. Drenado do calor e do exercício mental, ela aciona seu Cruiser e se dirige ao

Café da Boodle para outra xícara de café e um prato amontoando de scrapples e ovos fritos. Ela se instala na cabine de couro falso. O intenso ar condicionado conspira com a blusa encharcada de suor causam arrepios em sua pele resfriando rapidamente. O frio intenso serve como um lembrete horrível da tragédia que ocorreu mais cedo no Mayfair.

Enquanto Daphne espera seu café da manhã, ela recupera seu bloco legal e rapidamente analisa seus cálculos. Ela, então, constrói cuidadosamente uma tabela que relaciona o tempo de refrigeração h ao tempo da morte enquanto come seus *scrapples* e ovos.

Empurrando para longe o prato vazio, Daphne pega seu telefone celular para checar com sua parceira Marie. "Algum suspeito?" Daphne pergunta.

"Sim", ela responde: "temos três deles. A primeira é a ex-mulher do falecido Mr. Wood, uma dançarina com o nome de Twinkles. Ela foi vista no Mayfair entre 5 e 6h aos gritos com Wood".

"Quando ela foi embora?"

"Uma testemunha disse que ela saiu com pressa um pouco depois das seis. O segundo suspeito é um apostador do sul da Filadélfia que atende pelo nome de Slim. Slim estava em torno das 22h da noite passada tendo uma conversa sussurrada com Joe. Ninguém ouviu a conversa, mas testemunhas dizem que havia um monte de gestos de mão, como se Slim estivesse chateado ou algo assim".

"Será que ninguém o viu sair?"

"Sim. Ele saiu silênciosamente em torno das 23h. O terceiro suspeito é o cozinheiro."

"O cozinheiro?"

"Sim, o cozinheiro. Atende pelo nome do Shorty. O caixa diz que ouviu Joe e Shorty discutindo sobre a maneira correta de apresentar um prato de escalope de vitela. Ela disse que Shorty tirou uma pausa longa incomum às 22h30. Ele arrancou bufando quando o restaurante fechou às 2h. Acho que isso explica por que o lugar estava uma bagunça."

"Ótimo trabalho, parceira. Eu acho que sei quem devo trazer para interrogatório."

PROBLEMAS RELACIONADOS

1. Resolva a equação (1), que modela o cenário em que Joe Wood é morto no refrigerador. Use esta solução para estimar o instante da morte (lembre-se que a temperatura normal de um corpo vivo é de 98,6 graus Fahrenheit).

2. Resolva a equação diferencial (3) usando transformadas de Laplace. Sua solução $T(t)$ vai depender tanto de t quanto de h. (Use o valor de k encontrado no Problema 1.)

3. (SAC) Complete a tabela de Daphne. Em particular, explique por grandes valores de h dão a mesma hora da morte.

h	hora em que o corpo foi movido	hora da morte
12	6h	
11		
10		
9		
8		
7		
6		
5		
4		
3		
2		

4. Quem Daphne quer interrogar e por quê?

   Ainda está curioso? O processo de mudança de temperatura em um corpo morto é conhecido como *algor mortis* (*rigor mortis* é o processo de endurecimento do corpo) e, embora não seja perfeitamente descrito pela Lei de resfriamento de Newton, este tópico é coberto em muitos textos de medicina legal. Na realidade, o arrefecimento de um corpo morto é determinada mais do que apenas pela Lei de Newton. Em particular, os processos químicos no corpo continuam por várias horas após a morte. Estes processos químicos geram calor e assim uma temperatura corporal aproximadamente constante pode ser mantida durante este período, antes do decaimento exponencial devido à lei de resfriamento de Newton começar.

Uma equação linear, conhecida como a *equação de Glaister*, é por vezes usado para se obter uma estimativa preliminar do tempo t desde a morte. A equação de Glaister é

$$t = \frac{98{,}4 - T_0}{1{,}5} \qquad (4)$$

onde T_0 é a temperatura medida do corpo (aqui foi usado 98,4 °F para a temperatura normal do corpo vivo ao invés de 98,6 °F). Embora não temos todas as ferramentas para derivar essa equação exatamente (o 1,5 grau por hora foi determinado experimentalmente), podemos derivar uma equação semelhante via aproximação linear.

Use a equação (1) com uma condição inicial de $T(0) = T_0$ para calcular a equação da linha tangente à solução através do ponto $(0, T_0)$. Não utilize valores de T_m ou k encontrados no Problema 1. Basta deixá-los como parâmetros. Em seguida, faça $T = 98{,}4$ e resolva para t para obter

$$t = \frac{98{,}4 - T_0}{k(T_0 - T_m)}. \qquad (5)$$

SOBRE O AUTOR

Tom Lofaro é um professor e chefe do Departamento de Matemática e Ciência da Computação na Gustavus Adolphus College, em St. Peter, Minnesota. Ele esteve envolvido no desenvolvimento de projetos de modelagem diferencial por mais de 10 anos, inclusive sendo um investigador principal do projeto IDEA financiados pela NSF (http://www.sci.wsu.edu/idea/) e um contribuinte para o CODEE's ODE Architect (Wiley and Sons). Interesses não acadêmicos do Dr. Lofaro incluem a pesca com mosca e treinar jovens jogadores de futebol. Sua filha mais velha (12 anos de idade) aspira ser um antropóloga forense bem como a Detetive Daphne Marlow.

Corsesia de Tom LoFaro

PROJETO PARA A SEÇÃO 8.2

Abalo de terremotos em edifícios de vários andares
por Gilbert N. Lewis

Grandes terremotos normalmente têm um efeito devastador sobre edifícios. Por exemplo, o famoso terremoto de 1906 em San Francisco destruiu grande parte da cidade. Mais recentemente, aquela área foi atingida pelo terremoto de Loma Prieta que muitas pessoas nos Estados Unidos e em outros lugares experimentaram em segunda mão, enquanto observavam na televisão o jogo da Major League Baseball World Series que estava ocorrendo em San Francisco em 1989.

Neste projeto, tentaremos modelar o efeito de um terremoto em uma construção de vários andares e, em seguida, resolver e interpretar a matemática. Represente por x_i o deslocamento horizontal do i-ésimo andar no equilíbrio. Aqui, a posição de equilíbrio será um ponto fixo no solo, de modo que $x_0 = 0$. Durante um terremoto, o solo se move horizontalmente, de modo que cada andar pode ser considerado estando deslocado relativamente ao solo. Assumimos que o i-ésimo andar do edifício tem uma massa m_i e que andares sucessivos são ligados através de uma ligação elástica cujo efeito se assemelha ao de uma mola. Normalmente, os elementos estruturais em grandes edifícios são feitos de aço, um material altamente elástico. Cada um desses conectores fornece uma força de restauração quando os pisos são deslocados relativamente um ao outro. Nós assumimos que vale a Lei de Hooke, com constante de proporcionalidade k_i entre o i-ésimo e o $(i + 1)$-ésimo andares. Isto é, a força restauradora entre aqueles dois andares é

$$F = k_i(x_{i+1} - x_i),$$

onde $x_{i+1} - x_i$ é o deslocamento (shift) do $(i + 1)$-ésimo andar em relação ao i-ésimo andar. Assumimos também uma reação similar entre o primeiro andar e o térreo, com constante de proporcionalidade k_0. A Figura 1 mostra um modelo do edifício, enquanto que a Figura 2 mostra as forças que atuam sobre o i-ésimo andar.

Prédio de apartamentos colapsado em San Francisco em 18 de outubro de 1989, um dia após o grande terremoto de Loma Prieta

s76/ZUMA Press/Newscom

Figura 1 Andares do prédio

Figura 2 Forças no i-ésimo andar

Podemos aplicar a segunda lei de movimento de Newton (Seção 5.1), $F = ma$, para cada piso do edifício para chegar ao seguinte sistema de equações diferenciais lineares.

$$m_1 \frac{d^2 x_1}{dt^2} = -k_0 x_1 + k_1(x_2 - x_1)$$

$$m_2 \frac{d^2 x_2}{dt^2} = -k_1(x_2 - x_1) + k_2(x_3 - x_2)$$

$$\vdots \qquad \vdots$$

$$m_n \frac{d^2 x_n}{dt^2} = -k_{n-1}(x_n - x_{n-1}).$$

Como um exemplo simples, considere um edifício de dois andares, com cada andar tendo massa $m = 5000$ kg e cada força constante de restauração tendo um valor de $k = 10000$ kg/s^2. Então, as equações diferenciais são

$$\frac{d^2 x_1}{dt^2} = -4x_1 + 2x_2$$

$$\frac{d^2 x_2}{dt^2} = 2x_1 - 2x_2.$$

A solução pelos métodos da Seção 8.2 é

$$x_1(t) = 2c_1 \cos \omega_1 t + 2c_2 \operatorname{sen} \omega_1 t + 2c_3 \cos \omega_2 t + 2c_4 \operatorname{sen} \omega_2 t,$$

$$x_2(t) = (4 - \omega_1^2)c_1 \cos \omega_1 t + (4 - \omega_1^2)c_2 \operatorname{sen} \omega_1 t + (4 - \omega_2^2)c_3 \cos \omega_2 t$$
$$+ (4 - \omega_2^2)c_4 \operatorname{sen} \omega_2 t,$$

onde $\omega_1 = \sqrt{3 + \sqrt{5}} = 2{,}288$, e $\omega_2 = \sqrt{3 - \sqrt{5}} = 0{,}874$. Suponha agora que as seguintes condições iniciais foram aplicadas: $x_1(0) = 0$, $x_1'(0) = 0{,}2$, $x_2(0) = 0$, $x_2'(0) = 0$. Estes correspondem a um edifício na posição de equilíbrio com o primeiro andar sendo dada uma velocidade horizontal de 0,2 m/s. A solução do problema de valor inicial é

$$x_1(t) = 2c_2 \operatorname{sen} \omega_1 t + 2c_4 \operatorname{sen} \omega_2 t,$$

$$x_2(t) = (4 - \omega_1^2)c_2 \operatorname{sen} \omega_1 t + (4 - \omega_2^2)c_4 \operatorname{sen} \omega_2 t,$$

onde $c_2 = (4 - \omega_2^2)0{,}1/[(\omega_1^2 - \omega_2^2)\omega_1] = 0{,}0317 = c_4$. Veja as Figuras 3 e 4 para os gráficos de $x_1(t)$ e $x_2(t)$. Note que inicialmente x_1 se move para a direita, mas é retardado pelo arrasto de x_2, enquanto x_2 está inicialmente em repouso, mas acelera devido à atração de x_1, ultrapassando x_1 em menos de um segundo. Ele continua para a direita, eventualmente puxando x_1 ao longo da marca de dois segundos. Nesse ponto, o arrasto de x_1 abrandou x_2 para uma parada, depois do qual x_2 se move para a esquerda, passando o ponto de equilíbrio em 3,2 segundos e continua se movendo para a esquerda, arrastando x_1 junto com ele. Este movimento de vai-e-vem continua. Não há amortecimento no sistema, de modo que o comportamento oscilatório continua para sempre.

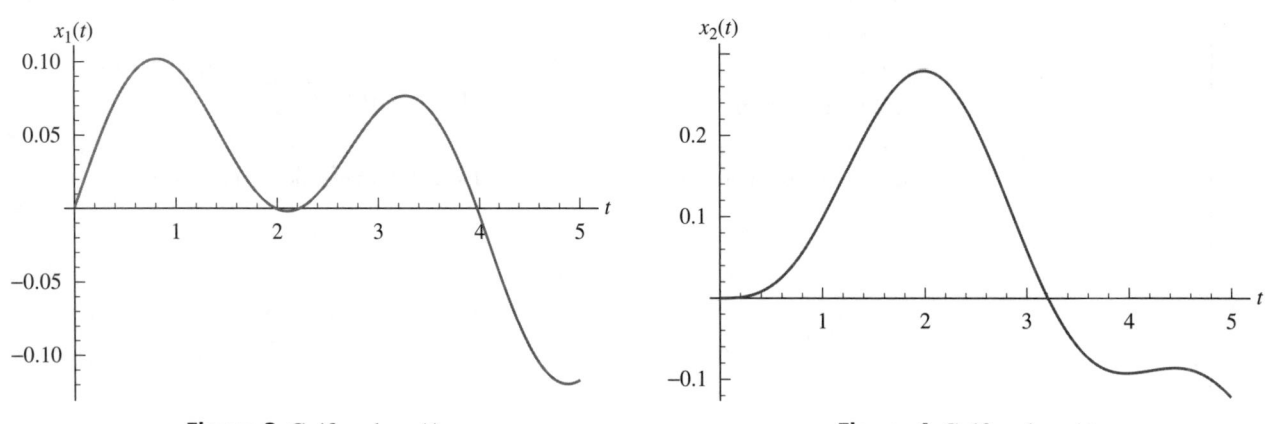

Figura 3 Gráfico de $x_1(t)$

Figura 4 Gráfico de $x_2(t)$

Se uma força de oscilação horizontal de frequência ω_1 ou ω_2 for aplicada, temos uma situação análoga à ressonância discutido na Seção 5.1.3. Neste caso, é esperada a ocorrência de grandes oscilações do edifício, possivelmente causando um grande dano se o sismo durar um período de tempo apreciável.

Vamos definir as seguintes matrizes e vetores:

$$\mathbf{M} = \begin{pmatrix} m_1 & 0 & 0 & \cdots & 0 \\ 0 & m_2 & 0 & \cdots & 0 \\ \vdots & & & & \vdots \\ 1 & 0 & 0 & \cdots & m_n \end{pmatrix},$$

$$\mathbf{K} = \begin{pmatrix} -(k_0+k_1) & k_1 & 0 & 0 & \cdots & 0 & 0 & 0 \\ k_1 & -(k_1+k_2) & k_2 & 0 & \cdots & 0 & 0 & 0 \\ 0 & k_2 & -(k_2+k_3) & k_3 & \cdots & 0 & 0 & 0 \\ \vdots & & & & & & & \vdots \\ 0 & 0 & 0 & 0 & \cdots & k_{n-2} & -(k_{n-2}+k_{n-1}) & k_{n-1} \\ 0 & 0 & 0 & 0 & \cdots & 0 & k_{n-1} & -kn-1 \end{pmatrix}$$

$$\mathbf{X}(t) = \begin{pmatrix} x_1(t) \\ x_2(t) \\ \vdots \\ x_n(t) \end{pmatrix}$$

Em seguida, o sistema de equações diferenciais pode ser escrito na forma matricial

$$\mathbf{M}\frac{d^2\mathbf{X}}{dt^2} = \mathbf{KX} \quad \text{ou} \quad \mathbf{MX}'' = \mathbf{KX}.$$

Note que a matriz $\mathbf{M}$ é uma matriz diagonal com a massa do i-ésimo andar sendo o i-ésimo elemento da diagonal. A matriz $\mathbf{M}$ tem uma inversa dada por

$$\mathbf{M}^{-1} = \begin{pmatrix} m_1^{-1} & 0 & 0 & \cdots & 0 \\ 0 & m_2^{-1} & 0 & \cdots & 0 \\ \vdots & & & & \vdots \\ 0 & 0 & 0 & 0 & m_n^{-1} \end{pmatrix}.$$

Podemos, portanto, representar a equação diferencial matricial por

$$\mathbf{X}'' = (\mathbf{M}^{-1}\mathbf{K})\mathbf{X} \quad \text{ou} \quad \mathbf{X}'' = \mathbf{AX}$$

Onde $\mathbf{A} = \mathbf{M}^{-1}\mathbf{K}$, a matriz $\mathbf{M}$ é chamado de **matriz de massa** e a matriz de $\mathbf{K}$ é a **matriz de rigidez**.

Os autovalores da matriz $\mathbf{A}$ revelam a estabilidade do edifício durante um sismo. Os autovalores de $\mathbf{A}$ são negativos e distintos. No primeiro exemplo, os autovalores são $-3 + \sqrt{5} = -0{,}764$ e $-3 - \sqrt{5} = -5{,}236$. As frequências naturais do edifício são as raízes quadradas dos negativos dos autovalores. Se λ_i for o i-ésimo autovalor, então $\omega_i = \sqrt{-\lambda_i}$ é a i-ésima frequência, para $i = 1, 2, \ldots, n$. Durante um terremoto, uma grande força horizontal é aplicada no primeiro andar. Se esta for oscilatória por natureza, digamos da forma $\mathbf{F}(t) = \mathbf{G}\cos\gamma t$, em seguida, grandes deslocamentos podem se desenvolver no edifício, especialmente se a frequência γ do termo forçante está próximo de uma das frequências naturais da construção. Isso lembra o fenômeno de ressonância estudado na Seção 5.1.3.

Como outro exemplo, suponha que temos um edifício de 10 andares, onde cada andar tem uma massa de 10000 kg, e cada valor de k_i é 5000 kg/s². Então

$$\mathbf{A} = \mathbf{M}^{-1}\mathbf{K} = \begin{pmatrix} -1 & 0{,}5 & 0 & 0 & 0 & 0 & 0 & 0 & 0 & 0 \\ 0{,}5 & -1 & 0{,}5 & 0 & 0 & 0 & 0 & 0 & 0 & 0 \\ 0 & 0{,}5 & -1 & 0{,}5 & 0 & 0 & 0 & 0 & 0 & 0 \\ 0 & 0 & 0{,}5 & -1 & 0{,}5 & 0 & 0 & 0 & 0 & 0 \\ 0 & 0 & 0 & 0{,}5 & -1 & 0{,}5 & 0 & 0 & 0 & 0 \\ 0 & 0 & 0 & 0 & 0{,}5 & -1 & 0{,}5 & 0 & 0 & 0 \\ 0 & 0 & 0 & 0 & 0 & 0{,}5 & -1 & 0{,}5 & 0 & 0 \\ 0 & 0 & 0 & 0 & 0 & 0 & 0{,}5 & -1 & 0{,}5 & 0 \\ 0 & 0 & 0 & 0 & 0 & 0 & 0 & 0{,}5 & -1 & 0{,}5 \\ 0 & 0 & 0 & 0 & 0 & 0 & 0 & 0 & 0{,}5 & -0{,}5 \end{pmatrix}$$

Os autovalores **A** são facilmente encontrados usando o *Mathematica* ou outro pacote computacional similar. Tais valores são −1,956, −1,826, −1,623, −1,365, −1,075, −0,777, −0,5, −0,267, −0,099 e −0,011, com frequências correspondentes a 1,399, 1,351, 1,274, 1,168, 1,037, 0,881, 0,707, 0,517, 0,315 e 0,105 e períodos de oscilação ($2\pi/\omega$) 4,491, 4,651, 4,932, 5,379, 6,059, 7,132, 8,887, 12,153, 19,947 e 59,840. Durante um sismo típico, cujo período pode estar na faixa de 2 a 3 segundos, esta construção não parece estar em qualquer perigo de desenvolver ressonância. No entanto, se os valores de k forem 10 vezes maiores (multiplique **A** por 10), então, por exemplo, o sexto período ficará em 2,253 segundos, enquanto que do quinto ao sétimo estariam todos na faixa de 2–3 segundos. Tal construção é mais propensa a sofrer danos em um terremoto típico de período 2–3 segundos.

PROBLEMAS RELACIONADOS

1. Considere um edifício de três andares com os mesmos valores de m e k, como no primeiro exemplo. Anote o sistema correspondente de equações diferenciais. Quais são as matrizes **M**, **K**, e **A**? Encontre os autovalores para **A**. Qual faixa de frequências de um terremoto colocaria o edifício em perigo de destruição?

2. Considere um edifício de três andares com os mesmos valores de m e k, como no segundo exemplo. Anote o sistema correspondente de equações diferenciais. Quais são as matrizes **M**, **K**, e **A**? Encontre os autovalores para **A**. Qual faixa de frequências de um terremoto colocaria o edifício em perigo de destruição?

3. Considere o edifício mais alto em seu campus. Assuma valores razoáveis para a massa de cada andar e para as constantes de proporcionalidade entre os andares. Se você tiver dificuldades para checar esses valores, use os dos problemas exemplo. Encontre as matrizes **M**, **K**, e **A** e ache os autovalores **A** e as frequências e os períodos de oscilação. O seu edifício está a salvo de um terremoto período-2 de tamanho modesto? E se você multiplicar a matriz **K** por 10 (isto é, fazendo o edifício mais rígido)? O que você tem que multiplicar à matriz **K** a fim de colocar o seu edifício na zona de perigo?

4. Resolva o problema de terremoto para o prédio de três andares do Problema 1:

$$\mathbf{MX}'' = \mathbf{KX} + \mathbf{F}(t),$$

onde $\mathbf{F}(t) = \mathbf{G}\cos\gamma t$, $\mathbf{G} = E\mathbf{B}$, $\mathbf{B} = \begin{bmatrix} 1 & 0 & 0 \end{bmatrix}^T$, $e = 10.000$ libras é a amplitude da força do terremoto atuando no nível do solo e $\gamma = 3$ é a frequência do terremoto (a frequência típica do terremoto). Veja a Seção 8.3 para o método de resolução de equações diferenciais matriciais não homogêneas. Use condições iniciais para um edifício em repouso.

PROJETO PARA A SEÇÃO 8.3

Modelando corridas armamentistas
por Michael Olinick

Os últimos cem anos têm visto numerosas, perigosas, desestabilizadoras e dispendiosas corridas armamentistas. A eclosão da Primeira Guerra Mundial atingiu o clímax de um rápido acúmulo de armamentos entre potências europeias rivais. Houve um acúmulo mútuo de armas convencionais semelhante antes da II Guerra Mundial. Os Estados Unidos e a União Soviética envolveram-se em uma onerosa corrida armamentista nuclear durante os quarenta anos da Guerra Fria. O armazenamento de armas cada vez mais mortíferas é comum hoje em muitas partes do mundo, incluindo o Oriente Médio o subcontinente indiano e a península coreana.

O meteorologista e educador britânico Lewis F. Richardson (1881–1953) desenvolveu vários modelos matemáticos para analisar a dinâmica de corridas armamentistas, a evolução ao longo do tempo do processo de interação entre países na sua aquisição de armas. Os modelos de corrida armamentista geralmente assumem que cada nação ajusta seu acúmulo de armas dependendo de algum modo do tamanho de seu próprio arsenal e o nível de armamento das outras nações.

O modelo primário de Richardson de uma corrida armamentista entre dois países é baseado no *medo mútuo*: Uma nação é estimulada a aumentar seu arsenal de armas a uma taxa proporcional ao nível das despesas de armamento de seu rival. O modelo de Richardson leva em conta as restrições internas dentro de uma nação que diminuem o acúmulo

Armas e munições recuperadas durante as operações militares contra militantes do Taliban no Waziristão do Sul em outubro de 2009
NICOLAS ASFOURI/AFP/Getty Images/Newscom

de armas: quanto mais uma nação gasta com armas, mais difícil é fazer com que hajam maiores incrementos, porque se torna cada vez mais difícil desviar recursos da sociedade de necessidades básicas, como alimentos e habitação, por armas. Richardson também incluiu em seu modelo outros fatores conduzindo ou retardando uma corrida armamentista que são independentes dos níveis de gastos em armas.

A estrutura matemática deste modelo é um sistema vinculado de duas equações diferenciais lineares de primeira ordem. Se x e y representam a quantidade de riquezas que estão sendo gastas em armas pelos dois países no instante t, então o modelo tem a forma

$$\frac{dx}{dt} = ay - mx + r$$

$$\frac{dy}{dt} = bx - ny + s$$

onde a, b, m, e n são constantes positivas, enquanto que r e s são constantes que podem ser positivas ou negativas. As constantes a e b medem o medo mútuo; as constantes m e n representam fatores de proporcionalidade para os "freios internos" por novos aumentos de armas. Valores positivos para r e s correspondem a fatores subjacentes de má vontade ou de desconfiança que persistem mesmo se as despesas de armas cairem para zero. Valores negativos para r e s indicam uma contribuição baseada na boa vontade.

O comportamento dinâmico desse sistema de equações diferenciais depende dos tamanhos relativos de ab e mn juntamente com os sinais de r e s. Embora o modelo seja relativamente simples, permite-nos considerar vários desfechos a longo prazo. É possível que duas nações possam mover-se simultaneamente na direção do desarmamento mútuo, com x e y cada um se aproximando de zero. Um ciclo vicioso de aumentos ilimitados em x e y é outro cenário possível. Uma terceira eventualidade é aquele que as despesas de armas se aproximam assintoticamente de um ponto estável (x^*, y^*) independentemente do nível inicial de gastos de armas. Em outros casos, o resultado final depende do ponto de partida. A Figura 1 mostra uma situação possível com quatro níveis iniciais diferentes, cada um dos quais leva a um "resultado estável", a intersecção das nullclines $dx/dt = 0$ e $dy/dt = 0$.

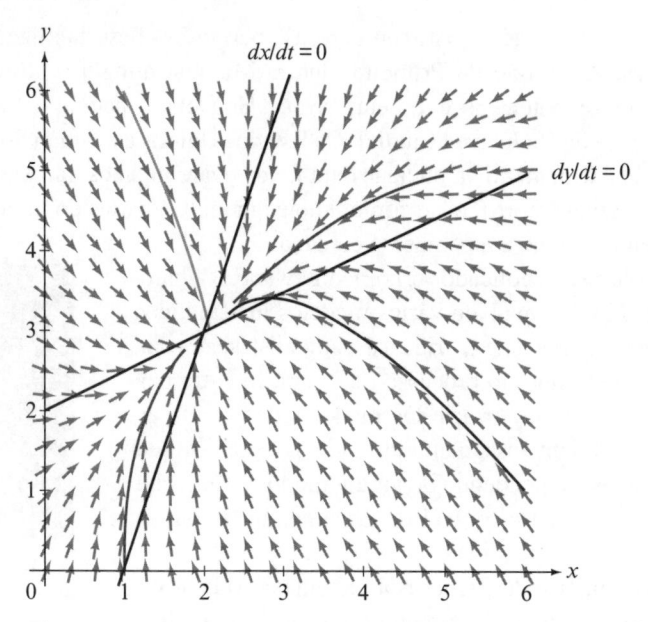

Figura 1 Gastos aproximando-se de um ponto estável

Embora no "mundo real" as corridas armamentistas raramente coincididem exatamente com o modelo de Richardson, seu trabalho pioneiro levou a muitas aplicações frutíferas de modelos de equações diferenciais para problemas nas relações internacionais e ciência política. Como dito por dois prestigiados pesquisadores na nota de campo em [3], "O modelo de corrida armamentista de Richardson constitui um dos modelos mais importantes do fenômeno da corrida armamentista e, ao mesmo tempo, um dos modelos formais mais influentes em toda a literatura de relações internacionais."

Corridas armamentistas não se limitam a interação entre estados nacionais. Eles podem ocorrer entre um governo e um grupo terrorista paramilitar dentro de suas fronteiras, como, por exemplo, os Tigres Tâmeis no Sri Lanka, o Sendero Luminoso no Peru ou o Taliban no Afeganistão. Fenômenos armamentistas também foram observadas entre gangues urbanas rivais e entre as agências de aplicação da lei e o crime organizado.

As "armas" não precisam nem mesmo ser armas. Faculdades têm se engajado em "corridas armamentistas de comodidades", muitas vezes gastando milhões de dólares em dormitórios mais luxuosos, modernas instalações esportivas, opções de refeições epicuristas e semelhantes para serem mais competitivos na atração de estudantes. Os biólogos identificaram a possibilidade de corridas armamentistas evolucionárias entre e dentro das espécies como uma adaptação de uma linhagem podendo alterar a pressão de seleção sobre outra linhagem, dando origem a uma contra-adaptação. De modo geral, os pressupostos representados em um modelo do tipo Richardson também caracterizam muitas competições em que cada lado percebe uma necessidade de permanecer à frente do outro, em alguma medida importante mutuamente.

PROBLEMAS RELACIONADOS

1. (a) Ao substituir as soluções propostas nas equações diferenciais, mostre que a solução do modelo de Richardson específico para armas

$$\frac{dx}{dt} = y - 3x + 3$$

$$\frac{dy}{dt} = 2x - 4y + 8$$

com condições iniciais $x(0) = 12$, $y(0) = 15$ é

$$x(t) = \frac{32}{3}e^{-2t} - \frac{2}{3}e^{-5t} + 2$$

$$y(t) = \frac{32}{3}e^{-2t} + \frac{4}{3}e^{-5t} + 3$$

Qual é o comportamento a longo prazo desta corrida armamentista?

Para o modelo de corrida armamentista de Richardson (a) com condições iniciais arbitrárias $x(0) = A$, $y(0) = B$, mostre que a solução é dada por

$$x(t) = Ce^{-5t} + De^{-2t} + 2$$

$$y(t) = -2Ce^{-5t} + De^{-2t} + 3$$

onde

$$C = (A - B + 1)/3$$

$$D = (2A + B - 7)/3$$

Mostre que este resultado implica que o comportamento qualitativo a longo prazo de tal corrida armamentista é o mesmo ($x(t) \to 2$, $y(t) \to 3$), não importa quais sejam os valores iniciais de x e y.

2. O comportamento qualitativo de longo prazo de um modelo de corrida armamentista de Richardson pode, em alguns casos, depender das condições iniciais. Considere, por exemplo, o sistema

$$\frac{dx}{dt} = 3y - 2x - 10$$

$$\frac{dy}{dt} = 4x - 3y - 10$$

Para cada uma das condições iniciais dadas abaixo, verifique que a solução proposta funciona e discuta o comportamento a longo prazo:

(a) $x(0) = 1$, $y(0) = 1$: $x(t) = 10 - 9e^t$, $y(t) = 10 - 9e^t$
(b) $x(0) = 1$, $y(0) = 22$: $x(t) = 10 - 9e^{-6t}$, $y(t) = 10 + 12e^{-6t}$
(c) $x(0) = 1$, $y(0) = 29$: $x(t) = -12e^{-6t} + 3e^t + 10$, $y(t) = 16e^{-6t} + 3e^t + 10$
(d) $x(0) = 10$, $y(0) = 10$: $x(t) = 10$, $y(t) = 10$ para qualquer t

3. (a) Como uma possível alternativa ao modelo de Richardson, considere um *modelo de ajustamento de estoques* para uma corrida armamentista. A suposição aqui é que cada país estabelece um nível desejado de despesas de armamento para si e, em seguida, muda o seu estoque de armas proporcionalmente à diferença entre o nível atual e o desejado. Mostre que esta suposição pode ser representada pelo sistema de equações diferenciais

$$\frac{dx}{dt} = a(x^* - x)$$

$$\frac{dx}{dt} = b(y^* - y)$$

onde x^* e y^* são os níveis constantes desejados e a, b são constantes positivas. Como x e y evoluem ao longo do tempo sob tal modelo?

(b) Generalize o modelo de ajustamento (a) para uma forma mais realista, em que o nível desejado para cada país dependa dos níveis de ambos os países. Em particular, suponha que x^* tem a forma $x^* = c + dy$ onde c e d são constantes positivas e que y^* tem um formato similar. Mostre que, nestas hipóteses, o modelo de ajustamento de estoques é equivalente a um modelo de Richardson.

4. Estenda o modelo de Richardson para três nações, derivando um sistema de equações diferenciais lineares se os três têm medo mutuo: cada um é estimulado a se armar pelos gastos dos outros dois. Como as equações podem mudar se duas das nações são aliados próximos não ameaçadas pelo acúmulo de armamento um do outro, mas com medo dos armamentos do terceiro. Investigue o comportamento a longo prazo de tais corridas armamentistas.

5. No mundo real, uma corrida armamentista descontrolada é impossível, já que há um limite absoluto para a quantidade que qualquer país pode gastar em armas; *p. e.*, produto nacional bruto menos alguma quantia para a sobrevivência. Modifique o modelo de Richardson para incorporar essa ideia e analise a dinâmica de uma corrida armamentista regido por essas novas equações diferenciais.

REFERÊNCIAS

1. Richardson, Lewis F., *Arms and Insecurity: A Mathematical Study of the Causes and Origins of War.* Pittsburgh: Boxwood Press, 1960.
2. Olinick, Michael, *An Introduction to Mathematical Models in the Social and Life Sciences.* Reading, MA: Addison-Wesley, 1978.
3. Intriligator, Michael D., and Dagobert L. Brito, "Richardsonian Arms Race Models" in Manus I. Midlarsky, ed., *Handbook of War Studies.* Boston: Unwin Hyman, 1989.

SOBRE O AUTOR

Após obter um bacharel em matemática e filosofia na Universidade de Michigan e um mestrado e doutorado pela Universidade de Wisconsin (Madison), **Michael Olinick** transferiu-se do Centro-Oeste para a Nova Inglaterra, onde ele ingressou na Middlebury College em 1970 e agora atua como professor de Matemática. Dr. Olinick manteve cargos de visitante na University College Nairobi, Universidade da Califórnia em Berkeley, Universidade Wesleyan e na Universidade de Lancaster na Grã-Bretanha. Ele é o autor ou co-autor de uma série de livros sobre cálculo de uma e de múltiplas variáveis, modelagem matemática, probabilidade, topologia, e os princípios e práticas da matemática. Ele desenvolve atualmente um novo livro sobre modelos matemáticos em ciências humanas, ciências sociais e da vida.

Cortesia de Michael Olinick

1 INTRODUÇÃO ÀS EQUAÇÕES DIFERENCIAIS

1.1 Definições e terminologia
1.2 Problemas de valor inicial
1.3 Equações diferenciais como modelos matemáticos
Revisão do Capítulo 1

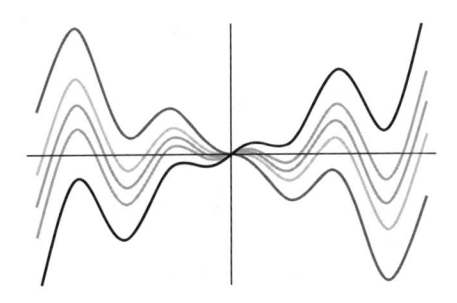

As palavras *equação* e *diferencial* sugerem certamente algum tipo de equação que envolve derivadas $y', y'', \ldots$. Da mesma forma que em um curso de álgebra e trigonometria, nos quais um bom tempo é gasto na resolução de equações como $x^2 + 5x + 4 = 0$ para a incógnita x, neste curso uma de nossas tarefas será resolver equações diferenciais como $y'' + 2y' + y = 0$ para a desconhecida função $y = \phi(x)$.

O parágrafo acima nos fala algo, mas não tudo, sobre o curso que você está prestes a começar. No decorrer do curso, você verá que há mais no estudo de equações diferenciais que tão somente o domínio de métodos idealizados por alguém para resolvê-las.

Mas, em primeiro lugar, para ler, estudar e familiarizar-se com esse assunto tão especializado é necessário entender a terminologia, o jargão dessa disciplina. Esta é a motivação das duas primeiras seções deste capítulo. Na última seção, discutimos brevemente a relação entre equações diferenciais e o mundo real. Questões práticas como

a velocidade de disseminação de uma doença ou a velocidade de uma mudança em uma população

envolvem conceitos de taxas de variação ou derivadas. E, da mesma forma, explicações ou *modelos matemáticos* – sobre fenômenos, experimentos, observações ou teorias podem ser descritos por equações diferenciais.

1.1 DEFINIÇÕES E TERMINOLOGIA

IMPORTANTE REVISAR
- Definição de derivada
- Regras de derivação
- Derivada como taxa de variação
- Primeira derivada e funções crescentes e decrescentes
- Segunda derivada e concavidade

INTRODUÇÃO

Você aprendeu, em cálculo, que a derivada dy/dx de uma função $y = \phi(x)$ é em si uma outra função $\phi'(x)$ encontrada por uma regra apropriada. A função exponencial $y = e^{0,1x^2}$ é diferenciável no intervalo $(-\infty, \infty)$, e pela regra da cadeia a a sua primeira derivada é $dy/dx = 0,2xe^{0,1x^2}$. Se substituirmos $e^{0,1x^2}$ no lado direito da derivada pelo símbolo y, obteremos

$$\frac{dy}{dx} = 0,2xy. \tag{1}$$

Imagine agora que um amigo simplesmente passasse a você a equação (1) – você não faz ideia de como ela foi construída – e perguntasse: qual é a função representada por y? Você está à frente de um dos problemas básicos deste curso: como resolver essa equação para a desconhecida função $y = \phi(x)$? O problema é mais ou menos equivalente ao familiar problema inverso do cálculo diferencial:

Como resolvemos uma equação diferencial proposta para a função $y = \phi(x)$?

EQUAÇÃO DIFERENCIAL

A equação construída em (1) é chamada de **equação diferencial**. Antes de prosseguir, consideremos uma definição mais precisa desse conceito.

DEFINIÇÃO 1.1.1 Equação diferencial

Uma equação que contém as derivadas (ou diferenciais) de uma ou mais funções não conhecidas (ou variáveis dependentes), em relação a uma ou mais variáveis independentes é chamada de **equação diferencial (ED)**.

Para poder discuti-las melhor, classificaremos as equações diferenciais de acordo com o **tipo**, **ordem** e **linearidade**.

CLASSIFICAÇÃO POR TIPO

Se uma equação diferencial contiver somente derivadas ordinárias de uma ou mais funções não conhecidas com relação a uma única variável independente, ela será chamada de **equação diferencial ordinária (EDO)**. Uma equação envolvendo derivadas parciais de uma ou várias funções de duas ou mais variáveis independentes é chamada de **equação diferencial parcial (EDP)**. Nosso primeiro exemplo ilustra cada tipo de equação diferencial.

EXEMPLO 1 Tipos de Equações Diferenciais

(a) As equações

Uma EDO pode conter mais de uma variável dependente
↓ ↓

$$\frac{dy}{dx} + 5y = e^x, \quad \frac{d^2y}{dx^2} - \frac{dy}{dx} + 6y = 0 \quad \text{e} \quad \frac{dx}{dt} + \frac{dy}{dt} = 2x + y \tag{2}$$

são equações diferenciais ordinárias.

(b) As seguintes equações são equações diferenciais parciais*

$$\frac{\partial^2 u}{\partial x^2} + \frac{\partial^2 u}{\partial y^2} = 0, \quad \frac{\partial^2 u}{\partial x^2} = \frac{\partial^2 u}{\partial t^2} - 2\frac{\partial u}{\partial t} \quad \text{e} \quad \frac{\partial u}{\partial y} = -\frac{\partial v}{\partial x} \tag{3}$$

Note que na terceira equação que há duas funções desconhecidas e duas variáveis independentes na EDP. Isso significa que u e v devem ser funções de duas ou mais variáveis independentes.

NOTAÇÃO

As derivadas ordinárias serão escritas ao longo deste texto com a **notação de Leibniz** dy/dx, d^2y/dx^2, d^3y/dx^3,... ou com a **notação linha** y', y'', y''', ... Usando a última notação, podemos escrever as duas primeiras equações diferenciais em (2) um pouco mais compactamente como $y' + 5y = e^x$ e $y'' - y' + 6y = 0$. Na realidade, a notação linha é usada somente para denotar as três primeiras derivadas; a quarta derivada é escrita como $y^{(4)}$, em vez de y''''. Em geral, a n-ésima derivada é escrita como $d^n y/dx^n$ ou $y^{(n)}$. Embora seja menos conveniente para escrever e imprimir, a notação de Leibniz tem, sobre a notação linha, a vantagem de explicitar claramente as variáveis dependentes e independentes. Por exemplo, na equação

$$\underbrace{\frac{d^2 x}{dt^2}}_{\text{variável independente}} + 16x = 0 \quad \text{(Função desconhecida ou variável dependente)}$$

vê-se imediatamente que o símbolo x representa uma variável dependente e t, uma variável independente. Você deve também estar ciente de que a **notação ponto de Newton** (depreciativamente conhecida por notação "sujeira de mosca") é às vezes usada em Física e Engenharia para denotar derivadas em relação ao tempo. Assim, a equação diferencial $d^2 s/dt^2 = -32$ torna-se $\ddot{s} = -32$. Derivadas parciais são frequentemente denotadas por uma **notação em subscrito** indicando as variáveis independentes. Por exemplo, com a notação em subscrito, a segunda equação em (3) torna-se $u_{xx} = u_{tt} - 2u_t$.

CLASSIFICAÇÃO POR ORDEM

A **ordem de uma equação diferencial** (EDO ou EDP) é a ordem da maior derivada na equação. Por exemplo,

$$\underbrace{\frac{d^2 y}{dx^2}}_{\text{segunda ordem}} + 5\underbrace{\left(\frac{dy}{dx}\right)^3}_{\text{primeira ordem}} - 4y = e^x$$

é uma equação diferencial ordinária de segunda ordem. No Exemplo 1, a primeira e a terceira equações em (2) são EDPs de primeira ordem, enquanto que em (3) as duas primeiras equações são EDPs de segunda ordem. Equações diferenciais parciais de primeira ordem são eventualmente escritas na forma diferencial $M(x,y)dx + N(x,y)dy = 0$. Por exemplo, se nós assumirmos que y denota a variável dependente em $(y - x)dx + 4xdy = 0$, então $y' = dy/dx$, logo dividindo pela diferencial dx, nós obtemos a forma alternativa $4xy' + y = x$.

Em símbolos, podemos expressar uma equação diferencial ordinária de ordem n em uma variável dependente na forma geral

$$F(x, y, y', \ldots, y^{(n)}) = 0, \tag{4}$$

onde F é uma função de valores reais de $n + 2$ variáveis, $x, y, y', \ldots, y^{(n)}$, e onde $y^{(n)} = d^n y/dx^n$. Por razões práticas e teóricas, daqui em diante também consideraremos que sempre é possível resolver uma equação diferencial ordinária dada na forma (4), de forma única, para que a derivada mais alta $y^{(n)}$ se escreva em termos das $n + 1$ variáveis remanescentes. A equação diferencial

$$\frac{d^n y}{dx^n} = f(x, y, y', \ldots, y^{(n-1)}), \tag{5}$$

---

* Com exceção desta seção introdutória, somente equações diferenciais ordinárias são consideradas nesta edição. A palavra equação e a abreviação ED referem-se somente a EDOs.

onde f é uma função contínua de valores reais, é conhecida por **forma normal** de (4). Assim, quando servir aos nossos propósitos, usaremos a forma normal

$$\frac{dy}{dx} = f(x, y) \quad \text{e} \quad \frac{d^2y}{dx^2} = f(x, y, y')$$

para representar equações diferenciais ordinárias gerais de primeira e segunda ordem. Por exemplo, a forma normal da equação de primeira ordem $4xy' + y = x$ é $y' = (x - y)/4x$; a forma normal da equação de segunda ordem $y'' - y' + 6y = 0$ é $y'' = y' - 6y$. Veja (iv) nas "Observações", no fim desta seção.

CLASSIFICAÇÃO POR LINEARIDADE

Dizemos que uma equação diferencial ordinária de ordem n (4) é **linear** se F for linear em $y, y', \ldots, y^{(n-1)}$. Isso significa que uma EDO de n-ésima ordem é linear quando (4) for $a_n(x)y^{(n)} + a_{n-1}(x)y^{(n-1)} + \cdots + a_1(x)y' + a_0(x)y - g(x) = 0$ ou

$$a_n(x)\frac{d^n y}{dx^n} + a_{n-1}(x)\frac{d^{n-1} y}{dx^{n-1}} + \cdots + a_1(x)\frac{dy}{dx} + a_0(x)y = g(x) \tag{6}$$

Dois casos especiais observados de (6) são a equação diferencial linear de primeira e segunda ordem

$$a_1(x)\frac{dy}{dx} + a_0(x)y = g(x) \quad \text{e} \quad a_2(x)\frac{d^2 y}{dx^2} + a_1(x)\frac{dy}{dx} + a_0(x)y = g(x). \tag{7}$$

Da equação (6), em seu lado esquerdo, podemos, no caso da adição de EDOs lineares, observar duas propriedades:
- A variável dependente y e todas as suas derivadas $y', y'', \ldots y^n$ são do primeiro grau, ou seja, a potência de cada termo envolvendo y é um.
- Os coeficientes $a_0, a_1, \ldots, a_n$ de $y, y', \ldots, y^{(n)}$ dependem quando muito da variável independente x.

Uma equação diferencial ordinária **não linear** é simplesmente uma que não é linear. Funções não lineares da variável dependente ou de suas derivadas, como sen y ou e^y, não podem aparecer em uma equação linear.

EXEMPLO 2 EDOs linear e não linear

(a) As equações

$$(y - x)dx + 4xy\,dy = 0, \quad y'' - 2y' + y = 0, \quad x^3\frac{d^3 y}{dx^3} + x\frac{dy}{dx} - 5y = e^x$$

são, respectivamente, equações diferenciais ordinárias *lineares* de primeira, segunda e terceira ordem. Acabamos de demonstrar que a primeira equação é linear na variável y escrevendo-a na forma alternativa $4xy' + y = x$.

(b) As equações

termo não linear: coeficiente depende de y ↓
termo não linear: função não linear de y ↓
termo não linear: potência diferente de 1 ↓

$$(1 - y)y' + 2y = e^x, \quad \frac{d^2 y}{dx^2} + \text{sen } y = 0 \quad \text{e} \quad \frac{d^4 y}{dx^4} + y^2 = 0$$

são exemplos de equações diferenciais ordinárias não lineares de primeira, segunda e quarta ordem, respectivamente.

SOLUÇÕES

Conforme afirmado anteriormente, uma das metas deste curso é resolver ou encontrar soluções para equações diferenciais. Na definição a seguir vamos considerar o conceito de solução de uma equação diferencial ordinária.

DEFINIÇÃO 1.1.2 Solução de uma EDO

Toda função ϕ, definida em um intervalo I que tem pelo menos n derivadas contínuas em I, as quais quando substituídas em uma equação diferencial ordinária de ordem n reduzem a equação a uma identidade, é denominada uma **solução** da equação diferencial no intervalo.

Em outras palavras, uma solução de uma equação diferencial ordinária de ordem n (4) é uma função ϕ que tem pelo menos n derivadas e para a qual

$$F(x, \phi(x), \phi'(x), \ldots, \phi^{(n)}(x)) = 0 \quad \text{para todo } x \text{ em } I.$$

Dizemos que ϕ *satisfaz* a equação diferencial em I. Para nossos propósitos, vamos supor também que uma solução ϕ seja uma função de valores reais. Em nossa discussão introdutória, vimos que $y = e^{0,1x^2}$ é uma solução de $dy/dx = 0{,}2xy$ no intervalo $(-\infty, \infty)$.

Ocasionalmente, será conveniente denotar uma solução pelo símbolo alternativo $y(x)$.

INTERVALOS DE DEFINIÇÃO

Você não pode pensar em *solução* de uma equação diferencial ordinária sem, simultaneamente, pensar em *intervalo*. O intervalo I na Definição 1.1.2 é alternativamente conhecido por **intervalo de definição**, **intervalo de existência**, **intervalo de validade** ou **domínio** da solução e pode ser um intervalo aberto (a, b), um intervalo fechado $[a, b]$, um intervalo infinito (a, ∞), e assim por diante.

EXEMPLO 3 **Verificação de uma solução**

Verifique se a função indicada é uma solução da equação diferencial dada no intervalo $(-\infty, \infty)$.

(a) $dy/dx = xy^{1/2}$; $y = \frac{1}{16}x^4$

(b) $y'' - 2y' + y = 0$; $y = xe^x$

SOLUÇÃO

Uma maneira de verificar se a função dada é uma solução é observar, depois de substituir, se ambos os lados da equação são iguais para cada x no intervalo.

(a) Como

$$\text{lado esquerdo:} \quad \frac{dy}{dx} = \frac{1}{16}(4 \cdot x^3) = \frac{1}{4}x^3$$

$$\text{lado direito:} \quad xy^{1/2} = x \cdot \left(\frac{1}{16}x^4\right)^{1/2} = x \cdot \left(\frac{1}{4}x^2\right) = \frac{1}{4}x^3$$

vemos que ambos os lados são iguais para cada número real x. Note que $y^{1/2} = \frac{1}{4}x^2$ é, por definição, a raiz quadrada não negativa de $\frac{1}{16}x^4$.

(b) Das derivadas $y' = xe^x + e^x$ e $y'' = xe^x + 2e^x$, temos, para cada número real x,

$$\text{lado esquerdo:} \quad y'' - 2y' + y = (xe^x + 2e^x) - 2(xe^x + e^x) + xe^x = 0$$

$$\text{lado direito:} \quad 0.\qquad\blacksquare$$

Observe ainda que, no Exemplo 3, cada equação diferencial tem a solução constante $y = 0$, $-\infty < x < \infty$. A solução de uma equação diferencial identicamente nula no intervalo I é chamada de **solução trivial**.

CURVA INTEGRAL

O gráfico de uma solução ϕ de uma EDO é chamado de **curva integral**. Uma vez que ϕ é uma função diferenciável, ela é contínua no seu intervalo de definição I. Assim, pode haver uma diferença entre o gráfico da *função* ϕ e o gráfico da *solução* ϕ. Posto de outra forma, o domínio da função ϕ não precisa ser igual ao intervalo I de definição (ou domínio) da solução ϕ. O Exemplo 4 ilustra a diferença.

EXEMPLO 4 **Função *versus* solução**

O domínio de $y = 1/x$, considerado simplesmente como uma *função*, é o conjunto de todos os números reais x, exceto 0. Ao fazer o gráfico de $y = 1/x$, plotamos os pontos no plano xy correspondentes a uma amostragem criteriosa de números tomados em seu domínio. A função racional $y = 1/x$ é descontínua em zero e seu gráfico, em uma vizinhança da origem, é apresentado na Figura 1.1.1(a). A função $y = 1/x$ não é diferenciável em $x = 0$, uma vez que o eixo y (cuja equação é $x = 0$) é uma assíntota vertical do gráfico.

Entretanto, $y = 1/x$ é também uma solução da equação diferencial linear de primeira ordem $xy' + y = 0$. (Verifique.) Mas quando afirmamos que $y = 1/x$ é uma *solução* dessa ED, queremos dizer que é uma função definida em um intervalo I no qual é diferenciável e satisfaz a equação. Em outras palavras, $y = 1/x$ é uma solução da ED em *qualquer* intervalo que não contenha 0, como $(-3, -1)$, $(\frac{1}{2}, 10)$, $(-\infty, 0)$ ou $(0, \infty)$. Como a curva integral definida por $y = 1/x$ nos intervalos $-3 < x < -1$ e $\frac{1}{2} < x < 10$ é formada por segmentos, ou partes, da curva integral definida por $y = 1/x$ em $-\infty < x < 0$ e $0 < x < \infty$, respectivamente, faz sentido tomar o intervalo I tão grande quanto possível. Portanto, tomamos I como sendo $(-\infty, 0)$ ou $(0, \infty)$. A curva integral em $(0, \infty)$ é apresentada na Figura 1.1.1(b). ∎

(a) Função $y = 1/x$, $x \neq 0$. **(b)** Solução $y = 1/x$, $(0, \infty)$.

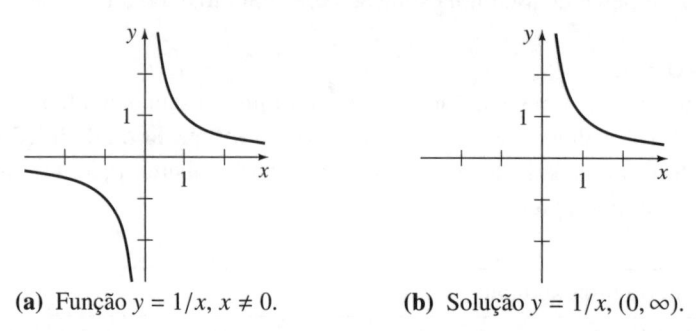

FIGURA 1.1.1 No Exemplo 4 a função $y = 1/x$ não é a mesma como a solução $y = 1/x$.

SOLUÇÕES EXPLÍCITAS E IMPLÍCITAS

Você deve estar familiarizado com os termos *função explícita* e *função implícita* do seu estudo de cálculo. Uma solução na qual a variável dependente é expressa somente em termos da variável independente e das constantes é chamada de **solução explícita**. Para nossos propósitos, vamos pensar que uma solução explícita seja da forma $y = \phi(x)$, que pode ser manipulada, calculada e diferenciada por meio das regras padrão. Acabamos de ver nos dois últimos exemplos que $y = \frac{1}{16}x^4$, $y = xe^x$ e $y = 1/x$ são, por sua vez, soluções explícitas de $dy/dx = xy^{1/2}$, $y'' - 2y' + y = 0$ e $xy' + y = 0$. Além disso, a solução trivial $y = 0$ é uma solução explícita de todas as três equações. Quando, de fato, formos resolver uma equação diferencial ordinária, veremos que os métodos de solução nem sempre nos levam diretamente a uma solução explícita $y = \phi(x)$. Isso é particularmente verdadeiro quando tentamos resolver equações diferenciais não lineares de primeira ordem. Em geral temos de nos contentar com uma relação ou expressão $G(x, y) = 0$, que define implicitamente uma solução ϕ.

DEFINIÇÃO 1.1.3 Solução implícita de uma EDO

Dizemos que uma relação $G(x, y) = 0$ é uma solução implícita de uma equação diferencial ordinária (4), em um intervalo I, quando existe pelo menos uma função ϕ que satisfaça a relação, bem como a equação diferencial em I.

Está além do escopo deste curso investigar as condições sob as quais a relação $G(x, y) = 0$ define uma função diferenciável ϕ. Assim, vamos supor que, se a implementação formal de um método de solução levar a uma relação $G(x, y) = 0$, haverá pelo menos uma função ϕ que satisfaça tanto a relação (isto é, $G(x, \phi(x)) = 0$) quanto a equação diferencial em um intervalo I. Se a solução implícita $G(x, y) = 0$ for bem simples, poderemos resolver y em termos de x e obter uma ou mais soluções explícitas. Veja (i) nas "Observações".

EXEMPLO 5 Verificação de uma solução implícita

A relação $x^2 + y^2 = 25$ é uma solução implícita da equação diferencial

$$\frac{dy}{dx} = -\frac{x}{y} \tag{8}$$

no intervalo $-5 < x < 5$. Por diferenciação implícita, obtemos

$$\frac{d}{dx}x^2 + \frac{d}{dx}y^2 = \frac{d}{dx}25 \quad \text{ou} \quad 2x + 2y\frac{dy}{dx} = 0.$$

Resolvendo a última equação para o símbolo dy/dx obtemos (8). Além disso, resolvendo $x^2 + y^2 = 25$ para y em termos de x, obtemos $y = \pm\sqrt{25-x^2}$. As duas funções, $y = \phi_1(x) = \sqrt{25-x^2}$ e $y = \phi_2(x) = -\sqrt{25-x^2}$ satisfazem a relação (isto é, $x^2 + \phi_1^2 = 25$ e $x^2 + \phi_2^2 = 25$) e são soluções explícitas definidas no intervalo $-5 < x < 5$. As curvas integrais apresentadas nas Figuras 1.1.2(b) e (c) são partes do gráfico da solução implícita apresentada na Figura 1.1.2(a). ∎

(a) solução implícita
$x^2 + y^2 = 25$

(b) solução explícita
$y_1 = \sqrt{25-x^2}$, $-5 < x < 5$

(c) solução explícita
$y_2 = -\sqrt{25-x^2}$, $-5 < x < 5$

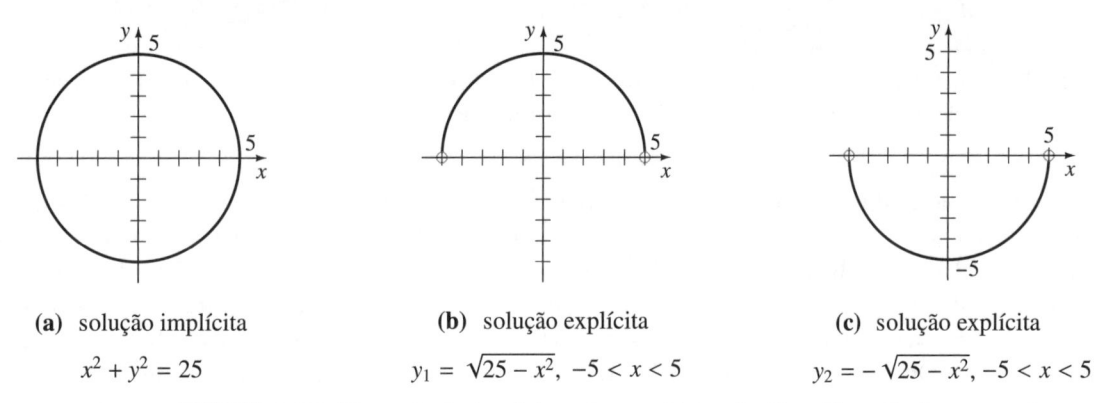

FIGURA 1.1.2 Uma solução implícita e duas explícitas de (8) no Exemplo 5

Toda relação da forma $x^2 + y^2 - c = 0$ satisfaz (8) *formalmente* para toda constante c. Porém, deve ser entendido que a relação tem que fazer sentido no conjunto de números reais; dessa forma, por exemplo, se $c = -25$, não podemos dizer que $x^2 + y^2 + 25 = 0$ é uma solução implícita da equação. (Por que não?)

Uma vez que uma solução explícita e uma implícita são facilmente diferenciadas, não nos estenderemos sobre este ponto dizendo: "eis aqui uma solução explícita (implícita)".

FAMÍLIA DE SOLUÇÕES

O estudo de equações diferenciais é análogo ao de cálculo integral. Em alguns textos, a solução ϕ é às vezes chamada de **integral** da equação e seu gráfico é chamado de curva integral. Em cálculo, quando computamos uma antiderivada ou integral indefinida, usamos uma única constante de integração c. Da mesma forma, quando estivermos resolvendo uma equação diferencial de primeira ordem $F(x, y, y') = 0$, obteremos *usualmente* uma solução contendo uma única constante arbitrária ou um parâmetro c. Uma solução contendo uma constante arbitrária representa um conjunto $G(x, y, c) = 0$ de soluções chamado **família de soluções a um parâmetro**. Quando estivermos resolvendo uma equação diferencial de ordem $n F(x, y, y', \ldots, y^{(n)}) = 0$, procuraremos uma **família de soluções a n parâmetros** $G(x, y, c_1, c_2, \ldots, c_n) = 0$. Isso significa que uma única equação diferencial tem um número infinito de soluções correspondentes ao número ilimitado de opções dos parâmetros. A solução de uma equação diferencial que não dependa de parâmetros arbitrários é chamada **solução particular**.

EXEMPLO 6 Soluções Particulares

(a) a família a um parâmetro $y = cx - x\cos x$ é uma solução explícita da equação linear de primeira ordem

$$xy' - y = x^2 \operatorname{sen} x$$

no intervalo $(-\infty, \infty)$. (Verifique.) A Figura 1.1.3, mostra os gráficos de algumas soluções particulares desta família para várias escolhas de c. A solução $y = -x\cos x$, o gráfico azul na figura é a solução particular correspondente a $c = 0$.

(b) A família a dois parâmetros $y = c_1 e^x + c_2 x e^x$ é uma solução explícita da equação linear de segunda ordem

$$y'' - 2y' + y = 0$$

na parte (b) do Exemplo 3. (Verifique.) Na Figura 1.1.4 nós havíamos mostrado sete dos "duplos infinitos" das soluções na família. As curvas de solução são os gráficos de uma solução particular $y = 5xe^x$ ($c_l = 0$, $c_2 = 5$), $y = 3e^x$ ($c_l = 3$, $c_2 = 0$) e $y = 5e^x - 2xe^x$ ($c_1 = 5$, $c_2 = 2$), respectivamente.

FIGURA 1.1.3 Algumas soluções de ED na parte (a) do Exemplo 6

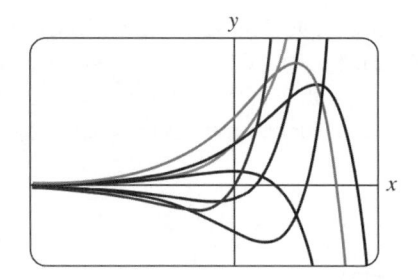

FIGURA 1.1.4 Algumas soluções de ED na parte (b) do Exemplo 6

Às vezes, uma equação diferencial tem uma solução que não é membro de uma família de soluções da equação – isto é, uma solução que não pode ser obtida atribuindo valores particulares aos parâmetros na família de soluções. Tal solução extra é chamada **solução singular**. Por exemplo, vimos que $y = \frac{1}{16}x^4$ e $y = 0$ são soluções da equação diferencial $dy/dx = xy^{1/2}$ em $(-\infty, \infty)$. Na Seção 2.2, vamos demonstrar, de fato, resolvendo-a, que a equação diferencial $dy/dx = xy^{1/2}$ tem uma família de soluções a um parâmetro $y = (\frac{1}{4}x^2 + c)^2$. Quando $c = 0$, a solução particular resultante é $y = \frac{1}{16}x^4$. Observe, porém, que a solução trivial $y = 0$ é uma solução singular, uma vez que não é um membro da família $y = (\frac{1}{4}x^2 + c)^2$; não há nenhuma forma de atribuir um valor à constante c para obter $y = 0$.

Em todos os exemplos precedentes, usamos x e y para denotar, respectivamente, as variáveis independente e dependente. Mas você deve se acostumar a ver e a trabalhar com outros símbolos para denotar essas variáveis. Por exemplo, podemos denotar a variável independente usando t e a dependente, x.

EXEMPLO 7 Usando símbolos diferentes

As funções $x = c_1 \cos 4t$ e $x = c_2 \,\text{sen}\, 4t$, onde c_1 e c_2 são constantes arbitrárias ou parâmetros e são ambas soluções da equação diferencial linear

$$x'' + 16x = 0.$$

Para $x = c_1 \cos 4t$, as duas primeiras derivadas em relação a t são $x' = -4c_1 \,\text{sen}\, 4t$ e $x'' = -16c_1 \cos 4t$. Substituindo x'' e x, obtemos

$$x'' + 16x = -16c_1 \cos 4t + 16(c_1 \cos 4t) = 0.$$

Da mesma forma, para $x = c_2 \,\text{sen}\, 4t$, temos $x'' = -16c_2 \,\text{sen}\, 4t$ e, portanto,

$$x'' + 16x = -16c_2 \,\text{sen}\, 4t + 16(c_2 \,\text{sen}\, 4t) = 0.$$

Por fim, é fácil constatar que a combinação linear de soluções, ou a família a dois parâmetros $x = c_1 \cos 4t + c_2 \,\text{sen}\, 4t$, é também uma solução da equação diferencial. ∎

O exemplo seguinte mostra que uma solução de uma equação diferencial pode ser uma função definida por partes.

EXEMPLO 8 Uma solução definida por partes

A família a um parâmetro dos monômios de quarto grau $y = cx^4$ é uma solução explícita da equação linear de primeira ordem

$$xy' - 4y = 0$$

no intervalo $(-\infty, \infty)$. (Verifique.) As soluções mostradas nas curvas azul e vermelha da Figura 1.1.5(a) são os gráficos de $y = x^4$ e $y = -x^4$ e correspondem às escolhas $c = 1$ e $c = -1$, respectivamente.

A função diferenciável por partes definida

$$y = \begin{cases} -x^4, & x < 0 \\ x^4, & x > 0 \end{cases}$$

também é uma solução particular da equação, mas não pode ser obtida a partir da família $y = cx^4$ por meio de uma escolha de c; a solução é construída da família, escolhendo-se $c = -1$ para $x < 0$ e $c = 1$ para $x \geq 0$. Veja a Figura 1.1.4(b). ∎

(a) duas soluções explícitas **(b)** solução definida por partes

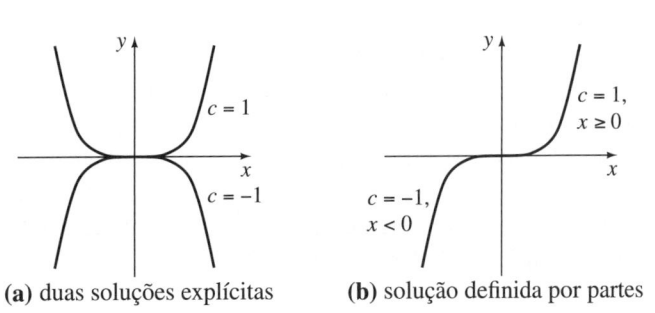

FIGURA 1.1.5 Algumas soluções de $xy' - 4y = 0$.

SISTEMAS DE EQUAÇÕES DIFERENCIAIS

Até agora discutimos uma única equação diferencial contendo uma função desconhecida. Mas, frequentemente na teoria, bem como em muitas aplicações, devemos lidar com sistemas de equações diferenciais. Em um **sistema de equações diferenciais ordinárias**, duas ou mais equações envolvem as derivadas de duas ou mais funções desconhecidas de uma única variável independente. Por exemplo, se x e y denotarem variáveis dependentes e t denotar a variável independente, um sistema de duas equações diferenciais de primeira ordem será dado por

$$\frac{dx}{dt} = f(t, x, y) \qquad \frac{dy}{dt} = g(t, x, y). \tag{9}$$

Uma **solução** de um sistema como (9) é um par de funções diferenciáveis $x = \phi_1(t)$, $y = \phi_2(t)$, definidas em um intervalo comum I, que satisfazem cada equação do sistema nesse intervalo.

OBSERVAÇÕES

(i) Algumas palavras finais sobre soluções implícitas de equações diferenciais são necessárias. No Exemplo 3 foi possível resolver a relação $x^2 + y^2 = 25$ para y em termos de x a fim de obter duas soluções explícitas, $\phi_1(x) = \sqrt{25 - x^2}$ e $\phi_2(x) = -\sqrt{25 - x^2}$, da equação diferencial (8). Mas não tire muitas conclusões desse exemplo. A menos que seja simples, importante ou que seja solicitado, normalmente não existe necessidade de encontrar a solução implícita $G(x, y) = 0$ para y explicitamente em termos de x. Também não interprete erroneamente a segunda sentença da Definição 1.1.3. Uma solução implícita $G(x, y) = 0$ pode perfeitamente definir uma função diferenciável ϕ que seja uma solução da ED, ainda que não possamos resolver $G(x, y) = 0$ usando métodos analíticos ou algébricos. A curva integral de ϕ pode ser um pedaço, ou parte, do gráfico de $G(x, y) = 0$. Veja os problemas 45 e 46 nos Exercícios 1.1. Leia também a discussão que se segue ao Exemplo 4 na Seção 2.2.

(ii) Apesar da busca de uma solução ter sido enfatizada nesta seção, o leitor deve saber que uma ED não possui necessariamente uma solução. Veja o problema 39 nos Exercícios 1.1. A questão da existência de uma solução será abordada na próxima seção.

(iii) Na forma diferencial $M(x, y)dx + N(x, y)dy = 0$, pode não ser óbvio se uma EDO de primeira ordem é linear ou não, uma vez que nada nessa fórmula nos diz qual dos símbolos denota a variável dependente. Veja os problemas 9 e 10 nos Exercícios 1.1.

(iv) Pode parecer pouco importante supor que $F(x, y, y', \ldots, y^{(n)}) = 0$ possa ser resolvida para $y^{(n)}$, mas devemos ter cuidado neste caso. Há exceções e certamente há alguns problemas ligados a essa hipótese. Veja os problemas 52 e 53 nos Exercícios 1.1.

(v) Você pode encontrar as palavras "soluções em forma fechada" em textos de ED ou em cursos sobre equações diferenciais. Traduzindo, essa frase em geral se refere a soluções explícitas que são expressas em termos de *funções elementares* (ou familiares): combinações finitas de potências inteiras de x, raízes, funções exponenciais e logarítmicas e funções trigonométricas diretas e inversas.

(vi) Se *toda* solução de uma equação diferencial ordinária de ordem n $F(x, y, y', \ldots, y^{(n)}) = 0$ em um intervalo I puder ser obtida de uma família a n parâmetros $G(x, y, c_1, c_2, \ldots, c_n) = 0$ por meio de uma escolha apropriada dos parâmetros $c_i, i = 1, 2, \ldots, n$, dizemos que a família é a **solução geral** da equação diferencial. Na resolução de equações diferenciais lineares devemos impor restrições relativamente simples aos coeficientes da equação; com essas restrições, podemos nos assegurar não somente de que há uma solução em um intervalo, mas também de que uma família de soluções produz todas as soluções possíveis. EDOs não lineares, com exceção de algumas de primeira ordem, em geral são difíceis ou impossíveis de ser resolvidas em termos de funções elementares. Além disso, obter uma família de soluções para uma equação não linear não significa que essa família contém todas as soluções. Do ponto de vista prático, então, a designação "solução geral" aplica-se tão somente às EDOs. O leitor não deve preocupar-se com esse conceito neste momento, mas manter as palavras "solução geral" em mente para que este assunto seja novamente abordado na Seção 2.3 e no Capítulo 4.

EXERCÍCIOS 1.1

As respostas aos problemas ímpares estão no final do livro.

Nos problemas 1-8 afirma-se a ordem de uma dada equação diferencial ordinária. Determine se a equação é linear ou não linear através de (6).

1. $(1 - x)y'' - 4xy' + 5y = \cos x$

2. $\dfrac{d^2u}{dr^2} + \dfrac{du}{dr} + u = \cos(r + u)$

3. $t^5 y^{(4)} - t^3 y'' + 6y = 0$

4. $x\dfrac{d^3y}{dx^3} - \left(\dfrac{dy}{dx}\right)^4 + y = 0$

5. $\dfrac{d^2y}{dx^2} = \sqrt{1 + \left(\dfrac{dy}{dx}\right)^2}$

6. $\ddot{x} - \left(1 - \dfrac{\dot{x}^2}{3}\right)\dot{x} + x = 0$

7. $(\operatorname{sen}\theta)y''' - (\cos\theta)y' = 2$

8. $\dfrac{d^2R}{dt^2} = -\dfrac{k}{R^2}$

Nos problemas 9 e 10 determine se a equação diferencial de primeira ordem dada é linear na variável dependente indicada através da primeira equação diferencial dada em (7).

9. $(y^2 - 1)dx + x\,dy = 0$; em y; em x

10. $u\,dv + (v + uv - ue^u)du = 0$; em v; em u

Nos problemas 11-14, verifique que a função indicada é uma solução explícita da equação diferencial dada. Admita um intervalo de definição apropriado I.

11. $2y' + y = 0$; $y = e^{-x/2}$

12. $y'' + y = \operatorname{tg} x$; $y = -(\cos x)\ln(\sec x + \operatorname{tg} x)$

13. $y'' - 6y' + 13y = 0$; $y = e^{3x}\cos 2x$

14. $\dfrac{dy}{dx} + 20y = 24$; $y = \dfrac{6}{5} - \dfrac{6}{5}e^{-20t}$

Nos problemas 15-18 verifica-se que a função indicada $y = \phi(x)$ é uma solução explícita da equação diferencial de primeira ordem dada. Faça como apresentado no Exemplo 2, considerando ϕ simplesmente como uma *função*, apresente seu domínio. Depois, considerando ϕ como a *solução* da equação diferencial, determine ao menos um intervalo I da definição.

15. $(y - x)y' = y - x + 8$; $y = x + 4\sqrt{x + 2}$

16. $2y' = y^3 \cos x$; $y = (1 - \operatorname{sen} x)^{-1/2}$

17. $y' = 2xy^2$; $y = 1/(4 - x^2)$

18. $y' = 25 + y^2$; $y = 5\operatorname{tg} 5x$

Nos problemas 19 e 20, verifique que a expressão indicada é uma solução implícita da equação diferencial dada. Encontre pelo menos uma solução explícita $y = \phi(x)$ em cada caso. Use um programa de criação de gráficos para obter os gráficos das soluções explícitas. Encontre o intervalo de definição I de cada solução ϕ.

19. $\dfrac{dX}{dt} = (X - 1)(1 - 2X)$; $\ln\left(\dfrac{2X-1}{X-1}\right) = t$

20. $2xy\,dx + (x^2 - y)dy = 0$; $-2x^2y + y^2 = 1$

Nos problemas 21-24, verifique que a família de funções indicada é uma solução da equação diferencial dada. Admita um intervalo de definição I apropriado para cada solução.

21. $\dfrac{dP}{dt} = P(1 - P)$; $P = \dfrac{c_1 e^t}{1 + c_1 e^t}$

22. $x^3 \dfrac{d^3y}{dx^3} + 2x^2 \dfrac{d^2y}{dx^2} - x\dfrac{dy}{dx} + y = 12x^2$;

$y = c_1 x^{-1} + c_2 x + c_3 x \ln x + 4x^2$

23. $\dfrac{d^2y}{dx^2} - 4\dfrac{dy}{dx} + 4y = 0$; $y = c_1 e^{2x} + c_2 x e^{2x}$

24. $\dfrac{dy}{dx} + 2xy = 1$; $y = e^{-x^2}\int_0^x e^{t^2}\,dt + c_1 e^{-x^2}$

25. Verifique que a função definida por partes

$$y = \begin{cases} -x^2, & x < 0 \\ x^2, & x \geq 0 \end{cases}$$

é a solução de $xy' - 2y = 0$ no intervalo $(-\infty, \infty)$.

26. No Exemplo 5, vimos que $y = \phi_1(x) = \sqrt{25 - x^2}$ e $y = \phi_2(x) = -\sqrt{25 - x^2}$ são soluções da equação diferencial $dy/dx = -x/y$ no intervalo $(-5, 5)$. Explique por que a função definida por partes

$$y = \begin{cases} \sqrt{25 - x^2}, & -5 < x < 0 \\ -\sqrt{25 - x^2}, & 0 \leq x < 5 \end{cases}$$

não é uma solução da equação diferencial no intervalo $(-5, 5)$.

Nos problemas 27-30 encontre os valores de m de forma que a função $y = e^{mx}$ seja a solução da equação diferencial dada.

27. $y' + 2y = 0$

28. $5y' = 2y$

29. $y'' - 5y' + 6y = 0$

30. $2y'' + 7y' - 4y = 0$

Nos problemas 31 e 32 encontre os valores de m de forma que a função $y = x^m$ seja solução da equação diferencial dada.

31. $xy'' + 2y' = 0$

32. $x^2 y'' - 7xy' + 15y = 0$

Nos problemas 33-36, use o conceito de que $y = c$, $-\infty < x < \infty$ é uma função constante se e somente se $y' = 0$ para determinar se a dada equação diferencial possui soluções constantes.

33. $3xy' + 5y = 10$

34. $y'' + 4y' + 6y = 10$

35. $(y - 1)y' = 1$

36. $y' = y^2 + 2y - 3$

Nos problemas 37 e 38, observe que o par de funções dado é uma solução do sistema de equações diferenciais dado no intervalo $(-\infty, \infty)$.

37. $\dfrac{dx}{dt} = x + 3y$

$\dfrac{dy}{dt} = 5x + 3y$;

$x = e^{-2t} + 3e^{6t}$,

$y = -e^{-2t} + 5e^{6t}$

38. $\dfrac{d^2x}{dt^2} = 4y + e^t$

$\dfrac{d^2y}{dt^2} = 4x - e^t$;

$x = \cos 2t + \operatorname{sen} 2t + \tfrac{1}{5} e^t$,

$y = -\cos 2t - \operatorname{sen} 2t - \tfrac{1}{5} e^t$

PROBLEMAS PARA DISCUSSÃO

39. Construa uma equação diferencial para a qual não haja nenhuma solução real.

40. Construa uma equação diferencial que você acredite ter somente a solução trivial $y = 0$. Explique seu raciocínio.

41. Que função você conhece do cálculo que é igual à sua derivada? Cuja derivada primeira seja k vezes ela mesma? Escreva cada resposta na forma de uma equação diferencial de primeira ordem com uma solução.

42. Que função ou funções você conhece do cálculo cuja derivada segunda seja igual a ela mesma? Cuja derivada segunda seja o negativo dela mesma? Escreva cada resposta na forma de uma equação diferencial de segunda ordem com uma solução.

43. Dado que $y = \operatorname{sen} x$ é uma solução explícita da equação de primeira ordem $\dfrac{dy}{dx} = \sqrt{1 - y^2}$, encontre o intervalo I da definição. [*Dica: I não é* o intervalo $(-\infty, \infty)$.]

44. Discuta por que é intuitivo supor que a equação diferencial linear $y'' + 2y' + 4y = 5\operatorname{sen} t$ tem uma solução da forma $y = A\operatorname{sen} t + B\cos t$, em que A e B são constantes. Em seguida, encontre as constantes A e B para as quais $y = A\operatorname{sen} t + B\cos t$ é uma solução particular da ED.

Nos problemas 45 e 46, a figura representa o gráfico de uma solução implícita $G(x,y) = 0$ da equação diferencial $dy/dx = f(x,y)$. Em cada caso, a relação $G(x,y) = 0$ define implicitamente várias soluções da ED. Reproduza cuidadosamente cada figura em uma folha. Use lápis coloridos para marcar segmentos, ou partes, em cada gráfico que correspondam a gráficos de soluções. Tenha em mente que uma solução ϕ deve ser uma função diferenciável. Use a curva integral para estimar o intervalo de definição I de cada solução ϕ.

45.

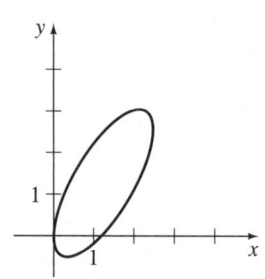

FIGURA 1.1.6 Gráfico para o Problema 45.

46.

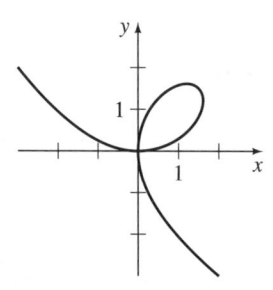

FIGURA 1.1.7 Gráfico para o Problema 46.

47. Os gráficos dos membros da família a um parâmetro $x^3 + y^3 = 3cxy$ são chamados **fólios de Descartes**. Observe que essa família é uma solução implícita da equação diferencial de primeira ordem

$$\frac{dy}{dx} = \frac{y(y^3 - 2x^3)}{x(2y^3 - x^3)}.$$

48. O gráfico na Figura 1.1.7 é um membro da família de fólios do Problema 47 correspondente a $c = 1$. Discuta como a equação diferencial no Problema 47 pode ajudá-lo a encontrar pontos no gráfico de $x^3 + y^3 = 3xy$ para os quais a reta tangente é vertical. Como o conhecimento de onde uma reta tangente é vertical pode ajudá-lo a determinar um intervalo I de definição de uma solução ϕ de ED? Leve a termo suas ideias e compare com suas estimativas dos intervalos no Problema 46.

49. No Exemplo 5, o maior intervalo I no qual as soluções explícitas $y = \phi_1(x)$ e $y = \phi_2(x)$ são definidas é o intervalo aberto $(-5, 5)$. Por que o intervalo I não pode ser definido como o intervalo fechado $[-5, 5]$?

50. No Problema 21, uma família de soluções com um único parâmetro da ED $P' = P(1 - P)$ é dada. Alguma das curvas das soluções passa pelo ponto $(0, 3)$? Alguma das curvas das soluções passa pelo ponto $(0, 1)$?

51. Discuta e ilustre com exemplos como resolver equações diferenciais da forma $dy/dx = f(x)$ e $d^2y/dx^2 = f(x)$.

52. A equação diferencial $x(y')^2 - 4y' - 12x^3 = 0$ tem a forma geral dada em (4). Determine se a equação pode ser colocada na forma normal $dy/dx = f(x,y)$.

53. A forma normal (5) de uma equação diferencial de ordem n será equivalente a (4) todas as vezes que ambas tiverem exatamente as mesmas soluções. Construa uma equação diferencial de primeira ordem na qual $F(x, y, y') = 0$ não seja equivalente à forma normal $dy/dx = f(x,y)$.

54. Ache uma equação diferencial linear de segunda ordem $F(x, y, y', y'') = 0$ para a qual $y = c_1x + c_2x^2$ seja uma família a dois parâmetros de soluções. Assegure-se de que sua equação não contenha os parâmetros arbitrários c_1 e c_2.

Informações qualitativas sobre a solução de uma equação diferencial podem ser frequentemente obtidas na própria equação. Antes de trabalhar nos problemas 55 a 58, relembre o significado geométrico das derivadas dy/dx e d^2y/dx^2.

55. Considere a equação diferencial $dy/dx = e^{-x^2}$.

a) Explique por que a solução da ED necessariamente é uma função crescente em qualquer intervalo do eixo x.

b) Quais são os limites $\lim\limits_{x \to -\infty} dy/dx$ e $\lim\limits_{x \to \infty} dy/dx$? O que isto implica a respeito da curva da solução quando $x \to \pm\infty$?

c) Determine um intervalo no qual a solução $y = \phi(x)$ tem concavidade para baixo e um intervalo no qual a curva tem concavidade para cima.

d) Esboce o gráfico da solução $y = \phi(x)$ da equação diferencial na qual a forma é sugerida nas partes (a) a (c).

56. Considere a equação diferencial $dy/dx = 5 - y$.

a) Através de inspeção ou pelo método sugerido nos problemas 33-36, encontre uma solução da ED constante.

b) Usando apenas a equação diferencial, encontre intervalos no eixo y em que uma solução não constante $y = \phi(x)$ é crescente. Encontre intervalos no eixo y em que $y = \phi(x)$ é decrescente.

57. Suponha que $y = \phi(x)$ seja uma solução da equação diferencial $dy/dx = y(a - by)$, onde a e b são constantes positivas.

a) Através de inspeção ou pelo método sugerido nos problemas 33-36, encontre duas soluções da ED constantes.

b) Usando somente a equação diferencial, encontre intervalos no eixo y nos quais uma solução não constante $y = \phi(x)$ seja crescente. Encontre intervalos nos quais $y = \phi(x)$ seja decrescente.

c) Usando somente a equação diferencial, explique por que $y = a/2b$ é a coordenada y de um ponto de inflexão do gráfico de uma solução não constante $y = \phi(x)$.

d) No mesmo sistema de eixos coordenados, esboce os gráficos das duas soluções constantes encontrados no item (a). Essas soluções constantes dividem o plano xy em três regiões. Em cada região, esboce o gráfico de uma solução não constante $y = \phi(x)$ cujo aspecto seja sugerido pelos resultados nos itens (b) e (c).

58. Considere a equação diferencial $y' = y^2 + 4$.

a) Explique por que não existe uma solução constante para a ED.

b) Descreva o gráfico de uma solução $y = \phi(x)$. Por exemplo, a curva de uma solução pode ter algum máximo relativo?

c) Explique por que $y = 0$ é a coordenada y de um ponto de inflexão da curva de uma solução.

d) Esboce o gráfico de uma solução $y = \phi(x)$ de uma equação diferencial com a forma sugerida nas partes (a) a (c).

TAREFAS PARA O LABORATÓRIO DE INFORMÁTICA

Nos problemas 59 e 60, use um SAC (Sistema Algébrico Computacional) para computar todas as derivadas e fazer as simplificações necessárias à constatação de que a função indicada é uma solução particular da equação diferencial dada.

59. $y^{(4)} - 20y''' + 158y'' - 580y' + 841y = 0$;

$y = xe^{5x}\cos 2x$

60. $x^3 y''' + 2x^2 y'' + 20xy' - 78y = 0$;

$y = 20\dfrac{\cos(5\ln x)}{x} - 3\dfrac{\operatorname{sen}(5\ln x)}{x}$

1.2 PROBLEMAS DE VALOR INICIAL

IMPORTANTE REVISAR
- Forma normal de uma ED
- Solução de um ED
- Família de soluções

INTRODUÇÃO

Frequentemente nos interessamos por problemas em que procuramos uma solução $y(x)$ para uma equação diferencial de modo que $y(x)$ satisfaça determinadas condições de contorno, isto é, as condições impostas a uma função desconhecida $y(x)$ e suas derivadas no ponto x_0. Em algum intervalo I contendo x_0, o problema de resolver uma equação diferencial de n-ésima ordem sujeita a n condições de contorno especificadas em x_0:

$$\text{Resolver:} \quad \frac{d^n y}{dx^n} = f(x, y, y', \ldots, y^{(n-1)}) \tag{1}$$
$$\text{Sujeita a:} \quad y(x_0) = y_0, \quad y'(x_0) = y_1, \ldots, \quad y^{(n-1)}(x_0) = y_{n-1}$$

onde $y_0, y_1, \ldots, y_{n-1}$ são constantes reais especificadas, é chamado de **problema de valor inicial (PVI)**. Os valores de $y(x)$ e suas $n-1$ derivadas em um único ponto x_0: $y(x_0) = y_0, y'(x_0) = y_1, \ldots, y^{(n-1)}(x_0) = y_{n-1}$ são chamados de **condições iniciais**.

Resolver um problema de valor inicial de ordem n como (1) em geral envolve o uso de uma família a n parâmetros de soluções da equação diferencial dada e, em seguida, usando as n condições iniciais de x_0 para determinar as n constantes na família. A solução particular resultante é definida em algum intervalo I contendo o ponto inicial x_0.

INTERPRETAÇÃO GEOMÉTRICA DO PVI

Os casos $n = 1$ e $n = 2$ em (1),

$$\text{Resolver:} \quad \frac{dy}{dx} = f(x, y)$$
$$\text{Sujeita a:} \quad y(x_0) = y_0 \tag{2}$$

e

$$\text{Resolver:} \quad \frac{d^2y}{dx^2} = f(x, y, y')$$
$$\text{Sujeita a:} \quad y(x_0) = y_0, \quad y'(x_0) = y_1 \tag{3}$$

são problemas de valor inicial de **primeira** e **segunda ordem**, respectivamente. Esses dois problemas são fáceis de ser interpretados em termos geométricos. Em (2), procuramos uma solução da equação diferencial $y' = f(x,y)$ em um intervalo I contendo x_0 de tal forma que o seu gráfico passe pelo ponto (x_0, y_0) prescrito. Uma solução é apresentada em negrito na Figura 1.2.1. Em (3), queremos encontrar uma solução $y(x)$ da equação diferencial $y'' = f(x,y,y')$ em um intervalo I contendo x_0 de forma que o gráfico não somente passe por um ponto (x_0, y_0), mas também o faça de tal forma que a inclinação da curva nesse ponto seja y_1. Uma curva para a solução é apresentada na Figura 1.1.2. O termo *condição inicial* vem de sistemas físicos em que a variável independente é o tempo t e em que $y(t_0) = y_0$ e $y'(t_0) = y_1$ representam, respectivamente, a posição e a velocidade de um objeto no instante inicial t_0.

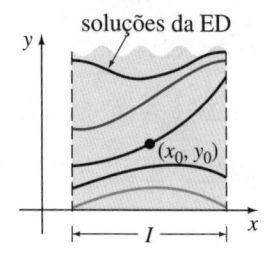

FIGURA 1.2.1 PVI de primeira ordem.

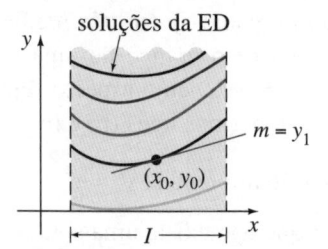

FIGURA 1.2.2 PVI de segunda ordem.

EXEMPLO 1 Dois PVI de primeira ordem

(a) No Problema 41 da seção Exercícios 1.1 solicitou-se deduzir que $y = ce^x$ é uma família de soluções de um parâmetro da equação de primeira ordem $y' = y$. Todas as soluções nesta família são definidas no intervalo $(-\infty, \infty)$. Se impusermos uma condição inicial, digamos, $y(0) = 3$, então substituindo $x = 0$ e $y = 3$ na família determinamos a constante $3 = ce^0 = c$. Assim, $y = 3e^x$ é uma solução do PVI

$$y' = y, \quad y(0) = 3.$$

(b) Se exigirmos agora que a solução da equação diferencial passe pelo ponto $(1, -2)$ em vez de $(0, 3)$, então $y(1) = -2$ dará lugar a $-2 = ce$ ou $c = -2e^{-1}$. Neste caso, a função $y = -2e^{x-1}$ é uma solução do problema de valor inicial

$$y' = y, \quad y(1) = -2.$$

Os gráficos dessas duas funções são apresentados na Figura 1.2.3. ∎

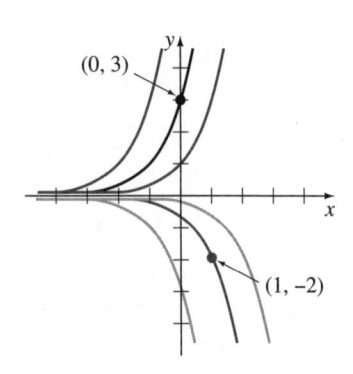

FIGURA 1.2.3 Curva de Soluções de dois PVIs no Exemplo 1.

O próximo exemplo ilustra outro problema de valor inicial de primeira ordem. Neste exemplo percebemos como o intervalo I da definição da solução $y(x)$ depende da condição inicial $y(x_0) = y_0$.

EXEMPLO 2 Intervalo I da definição da solução

O Problema 4 dos Exercícios 2.2 mostra que uma família de soluções de um parâmetro da equação diferencial de primeira ordem $y' + 2xy^2 = 0$ é $y = 1/(x^2 + c)$, se imposta a condição inicial $y(0) = -1$, então substituindo $x = 0$ e $y = -1$ para a família de soluções, temos $-1 = 1/c$ ou $c = -1$. Assim, temos $y = 1/(x^2 - 1)$. Vamos agora destacar as três seguintes considerações:

- Considerando como uma *função*, o domínio de $y = 1/(x^2 - 1)$ é o conjunto de números reais x para os quais $y(x)$ é definida; esse é o conjunto de todos os números reais exceto $x = -1$ e $x = 1$. Veja a Figura 1.2.4(a).
- Considerando como uma *solução da equação diferencial* $y' + 2xy^2 = 0$, o intervalo I da definição de $y = 1/(x^2 - 1)$ pode ser tomado como qualquer intervalo no qual $y(x)$ é definido e diferenciável. Como pode ser constatado na Figura 1.2.4(a), o maior intervalo no qual $y = 1/(x^2 - 1)$ é uma solução é $(-\infty, -1)$, $(-1, 1)$ e $(1, \infty)$.
- Considerando como uma *solução para o problema de valor inicial* $y' + 2xy^2 = 0$, $y(0) = -1$, o intervalo I da definição de $y = 1/(x^2 - 1)$ pode ser tomado como qualquer intervalo no qual $y(x)$ é definido, diferenciável e contenha o ponto inicial $x = 0$; o maior intervalo para o qual isto é verdade é $(-1, 1)$. Veja a curva em negrito na Figura 1.2.4(b).

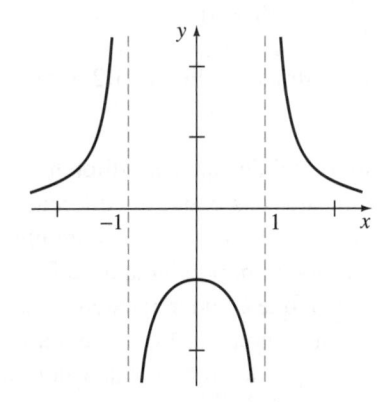

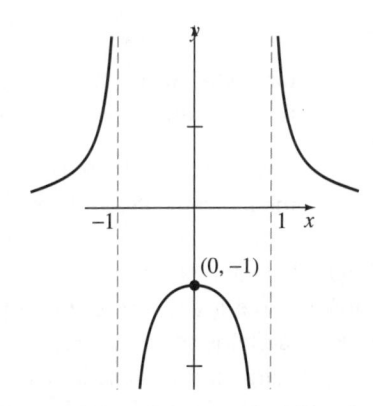

(a) função definida para todo x exceto $x = \pm 1$ **(b)** solução definida no intervalo contendo $x = 0$

FIGURA 1.2.4 Gráficos da função e solução do PVI no Exemplo 2.

Veja os problemas 3-6 nos Exercícios 1.2 para a continuação do Exemplo 2.

EXEMPLO 3 PVI de segunda ordem

No Exemplo 7 da Seção 1.1 vimos que $x = c_1 \cos 4t + c_2 \operatorname{sen} 4t$ é uma família a dois parâmetros de soluções de $x'' + 16x = 0$. Ache uma solução do problema de valor inicial

$$x'' + 16x = 0, \quad x\left(\frac{\pi}{2}\right) = -2, \quad x'\left(\frac{\pi}{2}\right) = 1. \quad (4)$$

SOLUÇÃO
Primeiramente vamos aplicar $x(\pi/2) = -2$ à família dada de soluções: $c_1 \cos 2\pi + c_2 \operatorname{sen} 2\pi = -2$. Uma vez que $\cos 2\pi = 1$ e $\operatorname{sen} 2\pi = 0$, verificamos que $c_1 = -2$. Em seguida, aplicamos $x'(\pi/2) = 1$ à família a um parâmetro $x(t) = -2 \cos 4t + c_2 \operatorname{sen} 4t$. Diferenciando-a e fazendo-se $t = \pi/2$ e $x' = 1$, obtemos $8 \operatorname{sen} 2\pi + 4c_2 \cos 2\pi - 1$, de onde vemos que $c_2 = \frac{1}{4}$. Logo, $x = -2 \cos 4t + \frac{1}{4} \operatorname{sen} 4t$ é uma solução de (4).

EXISTÊNCIA E UNICIDADE
Duas questões fundamentais surgem ao considerar um problema de valor inicial:
A solução desse problema existe?
Se existir, é única?

Para o problema de valor inicial de primeira ordem (2),

Existência $\begin{cases} \textit{A equação diferencial } dy/dx = f(x, y) \textit{ tem solução?} \\ \textit{Alguma curva integral passa pelo ponto } (x_0, y_0)? \end{cases}$

Unicidade $\begin{cases} \textit{Quando podemos estar certos de que existe precisamente} \\ \textit{uma curva integral passando pelo ponto } (x_0, y_0)? \end{cases}$

Observe que, nos exemplos 1 e 3, a frase "*uma* solução" é usada no lugar de "*a* solução" do problema. O artigo indefinido "uma" é deliberadamente usado para sugerir a possibilidade de que possa haver outras soluções. Até agora não foi demonstrado que há uma única solução para cada problema. O exemplo seguinte apresenta um problema de valor inicial com duas soluções.

EXEMPLO 4 Um PVI pode ter várias soluções

Cada uma das funções $y = 0$ e $y = \frac{1}{16}x^4$ satisfaz a equação diferencial $dy/dx = xy^{1/2}$ e a condição inicial $y(0) = 0$; portanto, o problema de valor inicial

$$\frac{dy}{dx} = xy^{1/2}, \quad y(0) = 0$$

tem pelo menos duas soluções. Conforme ilustrado na Figura 1.2.5, os gráficos das duas funções passam pelo mesmo ponto $(0, 0)$. ∎

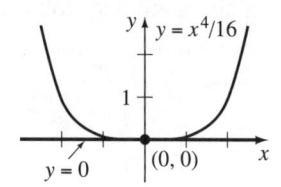

FIGURA 1.2.5 Duas curvas de soluções do mesmo PVI no Exemplo 4.

Dentro dos limites seguros de um curso formal de equações diferenciais, podemos ficar moderadamente confiantes de que a maior parte das equações diferenciais terá soluções e que as soluções do problema de valor inicial serão *provavelmente* únicas. A vida real, porém, não é tão idílica. Portanto, é desejável saber, antes de tentar resolver um problema de valor inicial, se há uma solução e, quando houver, se é a única solução do problema. Uma vez que estudaremos equações diferenciais de primeira ordem nos dois capítulos seguintes, vamos enunciar aqui, sem demonstração, um teorema simples, que dá condições suficientes para garantir a existência e a unicidade de uma solução do problema de valor inicial de primeira ordem da forma apresentada em (2). No Capítulo 4 abordaremos a questão da existência e unicidade de um problema de valor inicial de segunda ordem.

TEOREMA 1.2.1 Existência de uma única solução

Seja R uma região retangular no plano xy definida por $a \leq x \leq b$, $c \leq y \leq d$ que contém o ponto (x_0, y_0). Se $f(x, y)$ e $\partial f/\partial y$ são contínuas em R, então existe algum intervalo $I_0 : x_0 - h < x < x_0 + h$, $h > 0$, contido em $a \leq x \leq b$, e uma única função $y(x)$, definida em I_0, que é uma solução do problema de valor inicial (2).

O resultado precedente é um dos teoremas de existência e unicidade mais populares de equações lineares de primeira ordem, pois os critérios de continuidade de $f(x, y)$ e $\partial f/\partial y$ são relativamente fáceis de ser verificados. A geometria do Teorema 1.2.1 está ilustrada na Figura 1.2.6.

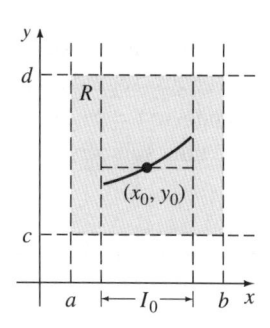

FIGURA 1.2.6 Região R retangular.

EXEMPLO 5 Revisão do Exemplo 4

Vimos no Exemplo 4 que a equação diferencial $dy/dx = xy^{1/2}$ tem pelo menos duas soluções cujos gráficos passam por $(0, 0)$. Uma análise das funções

$$f(x, y) = xy^{1/2} \quad \text{e} \quad \frac{\partial f}{\partial y} = \frac{x}{2y^{1/2}}$$

mostra que elas são contínuas no semiplano superior definido por $y > 0$. Assim, o Teorema 1.2.1 nos possibilita concluir que em qualquer ponto (x_0, y_0), $y_0 > 0$ no semiplano superior há algum intervalo centrado em x_0, no qual a equação diferencial dada tem uma única solução. Logo, por exemplo, mesmo sem resolvê-la, sabemos que existe algum intervalo centrado em 2 no qual o problema de valor inicial $dy/dx = xy^{1/2}$, $y(2) = 1$ tem uma única solução. ∎

No Exemplo 1, o Teorema 1.2.1 garante que não há outra solução para os problemas de valor inicial $y' = y$, $y(0) = 3$ e $y' = y$, $y(1) = -2$ diferente de $y = 3e^x$ e $y = -2e^{x-1}$, respectivamente. Isso se justifica pelo fato de $f(x, y) = y$ e $\partial f/\partial y = 1$ serem funções contínuas em todo o plano xy. É possível mostrar ainda que o intervalo I no qual cada solução é definida é $(-\infty, \infty)$.

INTERVALO DE EXISTÊNCIA/UNICIDADE

Suponha que $y(x)$ represente uma solução do problema de valor inicial (2). Os três conjuntos seguintes da reta real podem não ser os mesmos: o domínio da função $y(x)$, o intervalo I sobre o qual a solução está definida ou existe, e o intervalo I_0 de existência e unicidade. O Exemplo 2 da Seção 1.1 ilustra a diferença entre o domínio de uma função e o intervalo I de definição. Vamos supor agora que (x_0, y_0) seja um ponto no interior da região retangular R no Teorema 1.2.1. Ocorre que a continuidade da função $f(x, y)$ em R por si própria é suficiente para garantir a existência de pelo menos uma solução de $dy/dx = f(x, y)$, $y(x_0) = y_0$ definida em algum intervalo I. Considera-se geralmente como intervalo I de definição para esse problema de valor inicial o maior intervalo contendo x_0, sobre o qual a solução $y(x)$ está definida e pode ser diferenciada. O intervalo I depende de $f(x, y)$ e da condição inicial $y(x_0) = y_0$. Veja os problemas 31 a 34 nos Exercícios 1.2. A condição extra de continuidade da primeira derivada parcial $\partial f/\partial y$ em R possibilita-nos afirmar que a solução não somente existe em algum intervalo I_0 contendo x_0, mas também é a *única* solução que satisfaz $y(x_0) = y_0$. Contudo, o Teorema 1.2.1 não dá nenhuma indicação do tamanho dos intervalos I e I_0; *o intervalo I de definição não necessita ser tão grande quanto a região R, e o intervalo I_0 de existência e unicidade pode não ser tão grande quanto I*. O número $h > 0$, que define o intervalo I_0: $x_0 - h < x < x_0 + h$, pode ser bem pequeno; portanto, é melhor pensar que a solução $y(x)$ é *única em um sentido local* – isto é, uma solução definida nas proximidades do ponto (x_0, y_0). Veja o Problema 50 nos Exercícios 1.2.

> **OBSERVAÇÕES**
>
> **(i)** As condições no Teorema 1.2.1 são suficientes, mas não necessárias. Isto significa que quando $f(x, y)$ e $\partial f/\partial y$ são contínuas em uma região retangular R, deve-se sempre concluir que há uma única solução para (2) quando (x_0, y_0) for um ponto interior de R. Porém, se as condições dadas na hipótese do Teorema 1.2.1 não forem satisfeitas, qualquer coisa pode ocorrer: o Problema (2) *pode* ainda ter uma solução, e essa solução *pode* ser única, ou (2) pode ter várias soluções ou ainda não ter nenhuma solução. Uma releitura do Exemplo 5 revela que as hipóteses do Teorema 1.2.1 não estão satisfeitas sobre a reta $y = 0$ para a equação diferencial $dy/dx = xy^{1/2}$. Portanto, não é surpreendente, como vimos no Exemplo 4 desta seção, que haja duas soluções definidas em um intervalo comum $-h < x < h$ satisfazendo $y(0) = 0$. Entretanto, as hipóteses do Teorema 1.2.1 não se aplicam à reta $y = 1$ para a equação diferencial $dy/dx = |y - 1|$. Não obstante, pode ser provado que a solução do problema de valor inicial $dy/dx = |y - 1|$, $y(0) = 1$ é única. Você pode conjecturar qual é essa solução?
>
> **(ii)** Encorajamos você a ler, pensar sobre, trabalhar e por fim ter em mente o Problema 49 nos Exercícios 1.2.
>
> **(iii)** Condições iniciais são determinadas num único ponto x_0. Mas nós estamos interessados em resolver equações diferenciais que são sujeitas a condições especificadas em $y(x)$ ou suas derivadas em dois pontos distintos x_0 e x_1. Condições tais que
>
> $$y(1) = 0, \quad y(5) = 0 \quad \text{ou} \quad y(\pi/2) = 0, \quad y'(\pi) = 1$$
>
> são chamadas **condições de contorno**. Uma equação diferencial com condições de contorno é chamada **problema de valor de contorno (PVC)**. Por exemplo
>
> $$y'' + \lambda y = 0, \quad y'(0) = 0, \quad y'(\pi) = 0$$
>
> é um problema de valor de contorno. Veja os Problemas 39-44 nos Exercícios 1.2

Quando nós começarmos a resolver equações diferenciais no Capítulo 2 nós vamos resolver somente equações de primeira ordem e problemas de valor inicial de primeira ordem. A descrição matemática de muitos problemas em ciência e engenharia envolvem PVIs de segunda ordem ou PVCs de dois pontos. Nós examinaremos alguns desses problemas nos Capítulos 4 e 5.

EXERCÍCIOS 1.2

As respostas aos problemas ímpares estão no final do livro.

Nos problemas 1 e 2, leve em conta que $y = 1/(1+c_1 e^{-x})$ é uma família a um parâmetro de soluções da ED de primeira ordem $y' = y - y^2$. Encontre a solução para o problema de valor inicial que consiste na equação diferencial e na condição inicial dada igual do enunciado abaixo.

1. $y(0) = -\frac{1}{3}$ **2.** $y(-1) = 2$

Nos problemas 3-6, $y = 1/(x^2 + c)$ é uma família a um parâmetro de soluções da ED de primeira ordem $y' + 2xy^2 = 0$. [Encontre a solução de primeira ordem PVI consistindo nessa equação diferencial e na condição inicial dada.] Indique o maior intervalo I para o qual a solução é definida.

3. $y(2) = \frac{1}{3}$ **5.** $y(0) = 1$

4. $y(-2) = \frac{1}{2}$ **6.** $y\left(\frac{1}{2}\right) = -4$

Nos problemas 7-10, use o fato de que $x = c_1 \cos t + c_2 \sin t$ é uma família a dois parâmetros de soluções de $x'' + x = 0$. Encontre uma solução para a PVI de segunda ordem consistindo nesta equação diferencial e nas condições iniciais dadas.

7. $x(0) = -1, \quad x'(0) = 8$

8. $x(\pi/2) = 0, \quad x'(\pi/2) = 1$

9. $x(\pi/6) = 1/2, \quad x'(\pi/6) = 0$

10. $x(\pi/4) = \sqrt{2}, \quad x'(\pi/4) = 2\sqrt{2}$

Nos problemas 11-14, $y = c_1 e^x + c_2 e^{-x}$ é uma família a dois parâmetros de soluções da ED de segunda ordem $y'' - y = 0$. Encontre uma solução para o problema de valor inicial que consiste na equação diferencial e nas condições iniciais dadas.

11. $y(0) = 1, \quad y'(0) = 2$

12. $y(1) = 0, \quad y'(1) = e$

13. $y(-1) = 5, \quad y'(-1) = -5$

14. $y(0) = 0, \quad y'(0) = 0$

Nos problemas 15 e 16 determine, por inspeção, pelo menos duas soluções do PVI de primeira ordem dado.

15. $y' = 3y^{2/3}, \quad y(0) = 0$

16. $xy' = 2y, \quad y(0) = 0$

Nos problemas 17-24, determine uma região do plano xy na qual a equação diferencial dada tenha uma única solução cujo gráfico passe pelo ponto (x_0, y_0) nessa região.

17. $\dfrac{dy}{dx} = y^{2/3}$

18. $\dfrac{dy}{dx} = \sqrt{xy}$

19. $x\dfrac{dy}{dx} = y$

20. $\dfrac{dy}{dx} - y = x$

21. $(4 - y^2)y' = x^2$

22. $(1 + y^3)y' = x^2$

23. $(x^2 + y^2)y' = y^2$

24. $(y - x)y' = y + x$

Nos problemas 25-28, determine se o Teorema 1.2.1 garante que a equação diferencial $y' = \sqrt{y^2 - 9}$ tem uma única solução que passa pelo ponto dado.

25. $(1, 4)$ **27.** $(2, -3)$

26. $(5, 3)$ **28.** $(-1, 1)$

29. a) Determine, por inspeção, uma família a um parâmetro de soluções da equação diferencial $xy' = y$. Verifique que cada membro da família é uma solução do problema de valor inicial $xy' = y, y(0) = 0$.

b) Explique o item (a) determinando uma região R no plano xy para a qual a equação diferencial $xy' = y$ teria uma única solução que passasse por um ponto (x_0, y_0) em R.

c) Verifique que a função definida por partes

$$y = \begin{cases} 0, & x < 0 \\ x, & x \geq 0 \end{cases}$$

satisfaz a condição $y(0) = 0$. Determine se essa função é também uma solução do problema de valor inicial dado no item (a).

30. a) Verifique que $y = \text{tg}(x + c)$ é uma família a um parâmetro de soluções da equação diferencial $y' = 1 + y^2$.

b) Uma vez que $f(x, y) = 1 + y^2$ e $\partial f / \partial y = 2y$ são contínuas, a região R do Teorema 1.2.1 pode ser tomada como o plano xy. Use a família de soluções do item (a) para encontrar uma solução explícita do problema de valor inicial de primeira ordem $y' = 1 + y^2$, $y(0) = 0$. Mesmo estando $x_0 = 0$ no intervalo $-2 < x < 2$, explique por que a solução não está definida nesse intervalo.

c) Determine o maior intervalo I de definição da solução do problema de valor inicial do item (b).

31. a) Verifique que $y = -1/(x + c)$ é uma família a um parâmetro de soluções da equação diferencial $y' = y^2$.

b) Uma vez que $f(x, y) = y^2$ e $\partial f / \partial y = 2y$ são contínuas, a região R no Teorema 1.2.1 pode ser tomada como todo o plano xy. Ache uma solução da família no item (a) que satisfaça $y(0) = 1$. Então, ache uma solução da família no item (a) que satisfaça $y(0) = -1$. Determine o maior intervalo I de definição da solução de cada problema de valor inicial.

c) Determine o maior intervalo I de definição para o problema de valor inicial $y' = y^2$, $y(0) = 0$.

32. a) Mostre que uma solução da família na parte (a) do Problema 31 que satisfaz $y' = y^2$, $y(1) = 1$, é $y = 1/(2 - x)$.

b) Mostre que uma solução da família na parte (a) do Problema 31 que satisfaz $y' = y^2$, $y(3) = -1$, é $y = 1/(2 - x)$.

c) As soluções das partes (a) e (b) são as mesmas?

33. a) Verifique que $3x^2 - y^2 = c$ é uma família de soluções da equação diferencial $y \, dy/dx = 3x$.

b) Esboce à mão o gráfico da solução implícita de $3x^2 - y^2 = 3$. Ache todas as soluções explícitas $y = \phi(x)$ da ED do item (a) definidas por essa relação. Dê o intervalo I de definição de cada solução explícita.

c) O ponto $(-2, 3)$ está sobre o gráfico de $3x^2 - y^2 = 3$, mas qual das soluções explícitas no item (b) satisfaz $y(-2) = 3$?

34. a) Use a família de soluções do item (a) do Problema 33 para encontrar uma solução implícita do problema de valor inicial $y \, dy/dx = 3x$, $y(2) = -4$. Então, esboce à mão o gráfico da solução explícita desse problema e dê o seu intervalo I de definição.

b) Existe alguma solução explícita de $y \, dy/dx = 3x$ que passe pela origem?

Nos problemas 35-38 o gráfico de um membro da família de soluções de uma equação diferencial de segunda ordem $d^2y/dx^2 = f(x, y, y')$ é dada. Encontre a curva integral com pelo menos um par das condições iniciais indicadas.

a) $y(1) = 1, y'(1) = -2$ d) $y(0) = -1, y'(0) = 2$

b) $y(-1) = 0, y'(-1) = -4$ e) $y(0) = -1, y'(0) = 0$

c) $y(1) = 1, y'(1) = 2$ f) $y(0) = 4, y'(0) = -2$

35.

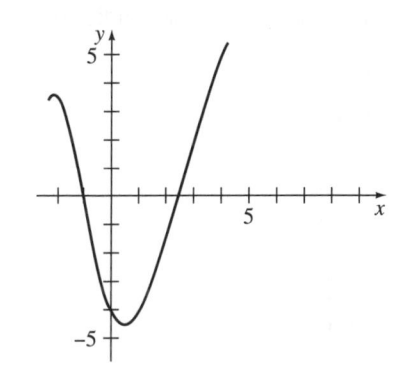

FIGURA 1.2.7 Gráfico para o Problema 35.

36.

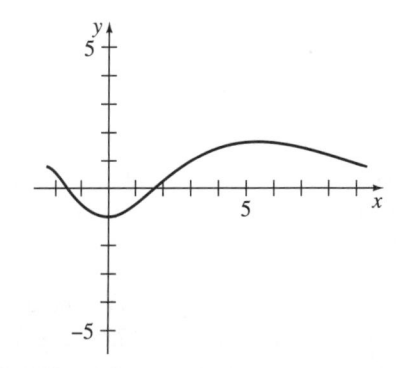

FIGURA 1.2.8 Gráfico para o Problema 36.

37.

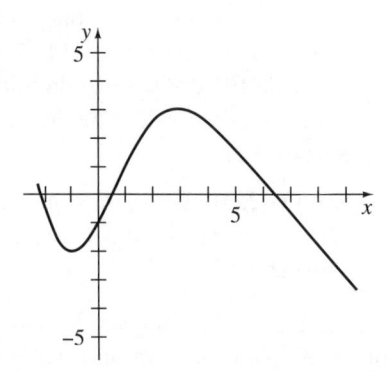

FIGURA 1.2.9 Gráfico para o Problema 37.

38.

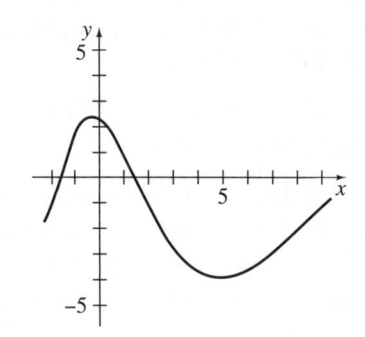

FIGURA 1.2.10 Gráfico para o Problema 38.

Nos Problemas 39-44, $y = c_1 \cos 2x + c_2 \sin 2x$ é uma família de soluções com dois parâmetros da ED de segunda ordem $y'' + 4y = 0$. Se possível, encontre uma solução da equação diferencial que satisfaça as condições de contorno dadas. As condições especificadas em dois pontos distintos são chamadas condições de contorno.

39. $y(0) = 0,\ y(\pi/4) = 3$

40. $y(0) = 0,\ y(\pi) = 0$

41. $y'(0) = 0,\ y'(\pi/6) = 0$

42. $y(0) = 1,\ y'(\pi) = 5$

43. $y(0) = 0,\ y(\pi) = 2$

44. $y'(\pi/2) = 1,\ y'(\pi) = 0$

PROBLEMAS PARA DISCUSSÃO

Nos problemas 45 e 46 use o Problema 51 no Exercício 1.1 e (2) e (3) desta seção.

45. Encontre uma solução para a função $y = f(x)$ para a qual o gráfico em cada ponto (x, y) tenha a inclinação dada por $8e^{2x} + 6x$ e tenha a intersecção em y $(0, 9)$.

46. Encontre uma função $y = f(x)$ para a qual a segunda derivada seja $y'' = 12x - 2$ em cada ponto (x, y) em seu gráfico e $y = -x + 5$ seja tangente ao gráfico no ponto correspondente a $x = 1$.

47. Considere o problema de valor inicial $y' = x - 2y$, $y(0) = \frac{1}{2}$. Determine qual das duas curvas mostradas na Figura 1.2.11 é a única curva integral plausível. Explique o seu raciocínio.

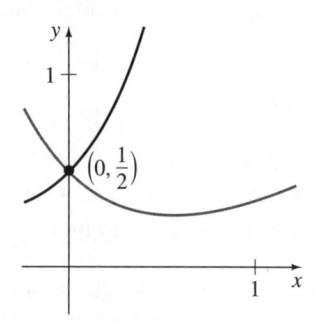

FIGURA 1.2.11 Gráfico para o Problema 47.

48. Determine um valor plausível de x_0 para o qual o gráfico da solução do problema de valor inicial $y' + 2y = 3x - 6$, $y(x_0) = 0$ seja tangente ao eixo x em $(x_0, 0)$. Explique seu raciocínio.

49. Suponha que a equação diferencial de primeira ordem $dy/dx = f(x, y)$ tenha uma família a um parâmetro de soluções e que $f(x, y)$ satisfaça as hipóteses do Teorema 1.2.1 em alguma região retangular R do plano xy. Discuta por que duas curvas integrais diferentes não podem se interceptar ou ser tangentes uma à outra em um ponto (x_0, y_0) em R.

50. As funções

$$y(x) = \frac{1}{16}x^4, \quad -\infty < x < \infty \quad \text{e}$$

$$y(x) = \begin{cases} 0, & x < 0 \\ \frac{1}{16}x^4, & x \geq 0 \end{cases}$$

possuem o mesmo domínio mas são claramente diferentes. Veja as figuras 1.2.12(a) e 1.2.12(b), respectivamente. Mostre que ambas as funções são soluções do problema de valor inicial $dy/dx = xy^{1/2}$, $y(2) = 1$ no intervalo $(-\infty, \infty)$. Resolva a aparente contradição entre esse fato e a última sentença no Exemplo 5.

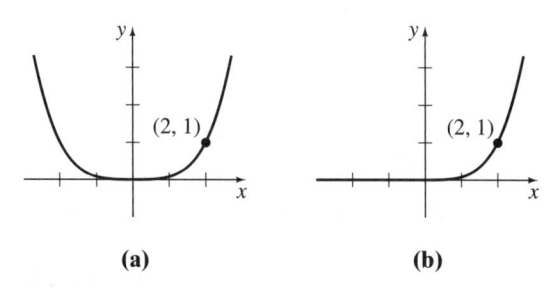

(a)   (b)

FIGURA 1.2.12 Duas soluções do PVI no Problema 50.

MODELO MATEMÁTICO

51. Crescimento populacional. Iniciando na próxima seção, veremos que equações diferenciais podem ser usadas para descrever ou *modelar* diversos sistemas físicos. Neste problema supomos que o modelo de crescimento populacional para uma pequena comunidade é dado pelo problema de valor inicial

$$\frac{dP}{dt} = 0{,}15P(t) + 20, \quad P(0) = 100,$$

onde P é o número de indivíduos na comunidade no instante t, medido em anos. Qual é a taxa de crescimento da população em $t = 0$? Qual a taxa de crescimento quando a população atinge 500 indivíduos?

1.3 EQUAÇÕES DIFERENCIAIS COMO MODELOS MATEMÁTICOS

IMPORTANTE REVISAR
- Unidades de medida para peso, massa e densidade
- Segunda lei de Newton
- Lei de Hooke
- Leis de Kirchhoff
- Princípio de Arquimedes

INTRODUÇÃO
Nesta seção, introduzimos a noção de equações diferenciais como um modelo matemático e discutimos alguns modelos específicos em biologia, química e física. Uma vez estudados alguns métodos de resolução de EDs nos capítulos 2 e 4, retornaremos e resolveremos alguns destes modelos nos capítulos 3 e 5.

MODELOS MATEMÁTICOS

É frequentemente desejável descrever o comportamento de algum sistema ou fenômeno da vida real em termos matemáticos, quer sejam eles físicos, sociológicos ou mesmo econômicos. A descrição matemática de um sistema ou fenômeno, chamada de **modelo matemático**, é construída levando-se em consideração determinadas metas. Por exemplo, talvez queiramos compreender os mecanismos de um determinado ecossistema por meio do estudo do crescimento de populações de animais nesse sistema ou datar fósseis por meio da análise do decaimento radioativo de uma substância que esteja no fóssil ou no estrato no qual foi descoberto.

A construção de um modelo matemático de um sistema começa com

(i) a identificação das variáveis responsáveis pela variação do sistema. Podemos a princípio optar por não incorporar todas essas variáveis no modelo. Nessa etapa, estamos especificando o **nível de resolução** do modelo.

A seguir,

(ii) elaboramos um conjunto de hipóteses razoáveis ou pressuposições sobre o sistema que estamos tentando descrever. Essas hipóteses deverão incluir também quaisquer leis empíricas aplicáveis ao sistema.

Para alguns propósitos, pode ser perfeitamente razoável nos contentarmos com um modelo de baixa resolução. Por exemplo, você provavelmente já sabe que, nos cursos básicos de Física, a força retardadora do atrito com o ar é às vezes ignorada na modelagem do movimento de um corpo em queda nas proximidades da superfície da Terra, mas se você for um cientista cujo trabalho é predizer precisamente o percurso de um projétil de longo alcance, terá de levar em conta a resistência do ar e outros fatores, como a curvatura da Terra.

Como as hipóteses sobre um sistema envolvem frequentemente *uma taxa de variação* de uma ou mais variáveis, a descrição matemática de todas essas hipóteses pode ser uma ou mais equações envolvendo *derivadas*. Em outras palavras, o modelo matemático pode ser uma equação diferencial ou um sistema de equações diferenciais.

Depois de formular um modelo matemático, que é uma equação diferencial ou um sistema de equações diferenciais, estaremos de frente para o problema nada insignificante de tentar resolvê-lo. *Se* pudermos resolvê-lo, julgaremos o modelo razoável se suas soluções forem consistentes com dados experimentais ou fatos conhecidos sobre o comportamento do sistema. Porém, se as predições obtidas pela solução forem pobres, poderemos elevar o nível de resolução do modelo ou levantar hipóteses alternativas sobre o mecanismo de mudança no sistema. As etapas do processo de modelagem são então repetidas, conforme disposto no diagrama da Figura 1.3.1.

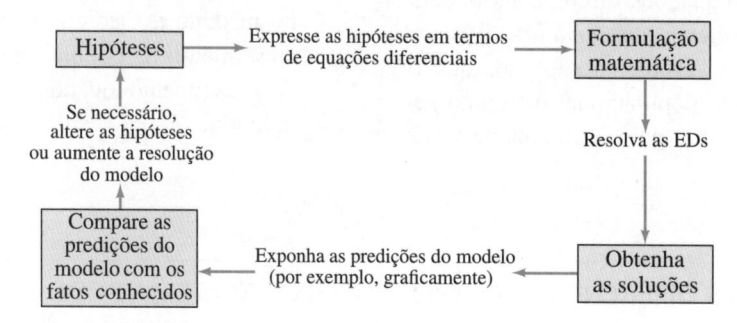

FIGURA 1.3.1 Etapas no processo de modelagem com equações diferenciais

Naturalmente, aumentando a resolução aumentaremos a complexidade do modelo matemático e, assim, a probabilidade de não conseguirmos obter uma solução explícita.

Um modelo matemático de um sistema físico frequentemente envolve a variável tempo t. Uma solução do modelo oferece então o **estado do sistema**; em outras palavras, os valores da variável (ou variáveis) para valores apropriados de t descrevem o sistema no passado, presente e futuro.

DINÂMICA POPULACIONAL

Uma das primeiras tentativas de modelagem do **crescimento populacional** humano por meio da matemática foi feita pelo economista inglês Thomas Malthus, em 1798. Basicamente, a ideia por trás do modelo malthusiano é a hipótese de que a taxa segundo a qual a população de um país cresce em um determinado instante é proporcional[†] à população total do país naquele instante. Em outras palavras, quanto mais pessoas houver em um instante t, mais pessoas existirão no futuro. Em termos matemáticos, se $P(t)$ for a população total no instante t, então essa hipótese pode ser expressa por

$$\frac{dP}{dt} \propto P \quad \text{ou} \quad \frac{dP}{dt} = kP, \tag{1}$$

onde k é uma constante de proporcionalidade. Esse modelo simples, embora não leve em conta muitos fatores que podem influenciar a população humana tanto em seu crescimento quanto em seu declínio (imigração e emigração, por exemplo), não obstante mostrou-se razoavelmente preciso na previsão da população dos Estados Unidos entre os anos de 1790 e 1860. As populações que crescem à taxa descrita por (1) são raras; entretanto, (1) é ainda usada para modelar *o crescimento de pequenas populações em um curto intervalo de tempo* (crescimento de bactérias em uma placa de Petri, por exemplo).

DECAIMENTO RADIOATIVO

O núcleo de um átomo consiste em combinações de prótons e nêutrons. Muitas dessas combinações são instáveis – isto é, os átomos decaem ou transmutam em átomos de outra substância. Esses núcleos são chamados de radioativos. Por exemplo, ao longo do tempo, o altamente radioativo elemento rádio, Ra-226, transmuta-se no gás radônio radioativo, Rn-222. Para modelar o fenômeno de **decaimento radioativo**, supõe-se que a taxa de dA/dt segundo a qual o núcleo de uma substância decai é proporcional à quantidade (mais precisamente, ao número de núcleos) $A(t)$ de substância remanescente no instante t:

$$\frac{dA}{dt} \propto A \quad \text{ou} \quad \frac{dA}{dt} = kA. \tag{2}$$

Naturalmente, as equações (1) e (2) são exatamente iguais; a diferença reside apenas na interpretação dos símbolos e nas constantes de proporcionalidade. Para o crescimento, conforme esperamos em (1), $k > 0$, e para o decaimento, como em (2), $k < 0$.

O modelo (1) para o crescimento também pode ser visto como a equação $dS/dt = rS$, que descreve o crescimento do capital S quando uma taxa anual de juros r é composta continuamente. O modelo (2) para o decaimento também ocorre em aplicações biológicas, como a determinação da meia-vida de uma droga – o tempo necessário para que

---

[†] Se duas quantidades u e v forem proporcionais, escrevemos $u \propto v$. Isso significa que uma quantidade é um múltiplo constante da outra: $u = kv$.

50% de uma droga seja eliminada de um corpo por excreção ou metabolismo. Em química, o modelo de decaimento (2) aparece na descrição matemática de uma reação química de primeira ordem. A questão é que:

Uma única equação diferencial pode servir como um modelo matemático para vários fenômenos diferentes.

Modelos matemáticos são frequentemente acompanhados por determinadas condições laterais. Por exemplo, em (1) e (2), esperaríamos conhecer, por sua vez, a população inicial P_0 e a quantidade inicial da substância radioativa A_0. Se considerarmos $t = 0$ como instante inicial, saberemos que $P(0) = P_0$ e $A(0) = A_0$. Em outras palavras, um modelo matemático pode consistir ou em um problema de valor inicial ou, como veremos posteriormente na Seção 5.2, em um problema de contorno.

LEI DE NEWTON DO ESFRIAMENTO/AQUECIMENTO

De acordo com a lei empírica de Newton do esfriamento/aquecimento, a taxa segundo a qual a temperatura de um corpo varia é proporcional à diferença entre a temperatura do corpo e a temperatura do meio que o rodeia, denominada temperatura ambiente. Se $T(t)$ representar a temperatura de um corpo no instante t, T_m a temperatura do meio que o rodeia e dT/dt a taxa segundo a qual a temperatura do corpo varia, a lei de Newton do esfriamento/aquecimento é convertida na sentença matemática

$$\frac{dT}{dt} \propto T - T_m \quad \text{ou} \quad \frac{dT}{dt} = k(T - T_m), \tag{3}$$

onde k é uma constante de proporcionalidade. Em ambos os casos, esfriamento ou aquecimento, se T_m for uma constante, é lógico que $k < 0$.

DISSEMINAÇÃO DE UMA DOENÇA

Uma doença contagiosa – por exemplo, o vírus de gripe – espalha-se em uma comunidade por meio do contato entre as pessoas. Seja $x(t)$ o número de pessoas que contraíram a doença e $y(t)$ o número de pessoas que ainda não foram expostas. É razoável supor que a taxa dx/dt segundo a qual a doença se espalha seja proporcional ao número de encontros ou *interações* entre esses dois grupos de pessoas. Se supusermos que o número de interações é conjuntamente proporcional a $x(t)$ e a $y(t)$ – isto é, proporcional ao produto xy –, então

$$\frac{dx}{dt} = kxy, \tag{4}$$

onde k é a constante de proporcionalidade usual. Suponha que uma pequena comunidade tenha uma população fixa de n pessoas. Se uma pessoa infectada for introduzida na comunidade, pode-se argumentar que $x(t)$ e $y(t)$ estão relacionados por $x + y = n + 1$. Usando essa última equação para eliminar y em (4), obtemos o modelo

$$\frac{dx}{dt} = kx(n + 1 - x). \tag{5}$$

Uma condição inicial óbvia que acompanha a equação (5) é $x(0) = 1$.

REAÇÕES QUÍMICAS

A desintegração de uma substância radioativa, governada pela equação diferencial (1), é chamada de **reação de primeira ordem**. Em química, algumas reações seguem essa mesma lei empírica: se as moléculas da substância A decompuserem-se em moléculas menores, é natural a hipótese de que a taxa segundo a qual essa decomposição se dá é proporcional à quantidade da primeira substância ainda não convertida; isto é, se $X(t)$ for a quantidade de substância A remanescente em qualquer instante, $dX/dt = kX$, onde k é uma constante negativa, já que X é decrescente. Um exemplo de reação química de primeira ordem é a conversão de t-cloreto butílico, $(CH_3)_3CCl$, em t-álcool butílico, $(CH_3)_3COH$:

$$(CH_3)_3CCl + NaOH \rightarrow (CH_3)_3COH + NaCl.$$

Somente a concentração do t-cloreto butílico controla a taxa de reação. Mas na reação

$$CH_3Cl + NaOH \rightarrow CH_3OH + NaCl$$

uma molécula de hidróxido de sódio, $NaOH$, é consumida para cada molécula de cloreto metílico, CH_3Cl, formando, assim, uma molécula de álcool metílico, CH_3OH, e uma molécula de cloreto de sódio, $NaCl$. Nesse caso, a taxa segundo a qual a reação se processa é proporcional ao produto das concentrações remanescentes de CH_3Cl e $NaOH$.

Para descrever essa segunda reação em geral, vamos supor que *uma* molécula de uma substância A combine-se com *uma* molécula de uma substância B para formar *uma* molécula de uma substância C. Se denotarmos por X a quantidade de substância C formada no intervalo de tempo t e se α e β representarem, por sua vez, a quantidade das substâncias A e B em $t = 0$ (a quantidade inicial), as quantidades instantâneas de A e B que não foram convertidas em C serão $\alpha - X$ e $\beta - X$, respectivamente. Assim, a taxa de formação de C é dada por

$$\frac{dX}{dt} = k(\alpha - X)(\beta - X), \qquad (6)$$

onde k é uma constante de proporcionalidade. Uma reação cujo modelo é a equação (6) é chamada de **reação de segunda ordem**.

MISTURAS

A mistura de duas soluções salinas com concentrações diferentes dá origem a uma equação diferencial de primeira ordem para a quantidade de sal contida na mistura. Vamos supor que um grande tanque de mistura contenha 300 galões de salmoura (isto é, água na qual foi dissolvida uma determinada quantidade de libras de sal). Uma outra salmoura é bombeada para dentro do tanque a uma taxa de três galões por minuto; a concentração de sal nessa segunda salmoura é de 2 libras por galão. Quando a solução no tanque estiver bem misturada, ela será bombeada para fora à mesma taxa em que a segunda salmoura entrar. Veja a Figura 1.3.2. Se $A(t)$ denotar a quantidade de sal (medida em libras) no tanque no instante t, a taxa segundo a qual $A(t)$ varia será uma taxa líquida:

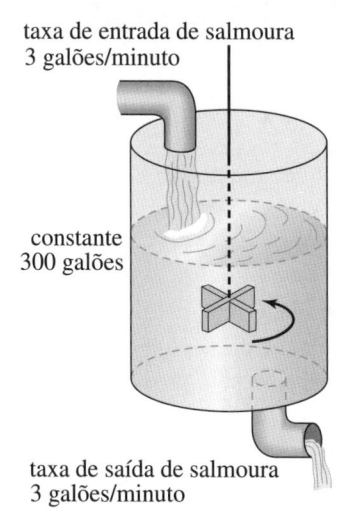

$$\frac{dA}{dt} = (\text{taxa de entrada de sal}) - (\text{taxa de saída de sal}) = R_e - R_s. \qquad (7)$$

A taxa de entrada R_e do sal no tanque é produto da concentração de sal no fluxo de entrada de fluido. Perceba que R_e é medido em libras por minuto:

$$R_e = (3 \text{ gal/min}) \cdot (2 \text{ lb/gal}) = 6 \text{ lb/min}$$

FIGURA 1.3.2 Misturador.

Uma vez que a solução está sendo bombeada para fora e para dentro do tanque à mesma taxa, o número de galões de salmoura no tanque no instante t é constante e igual a 300 galões. Assim, a concentração de sal no tanque assim como no fluxo de saída é de $A(t)/300$ lb/gal, e a taxa de saída de sal R_S é

$$R_S = (3 \text{ gal/min}) \cdot \left(\frac{A(t)}{300} \text{ lb/gal}\right) = \frac{A(t)}{100} \text{ lb/min}$$

A variação líquida (7) torna-se então

$$\frac{dA}{dt} = 6 - \frac{A}{100} \quad \text{ou} \quad \frac{dA}{dt} + \frac{1}{100}A = 6. \qquad (8)$$

Se r_e e r_s denotam as taxas de entrada e saída das soluções salinas,[‡] então existem três possibilidades: $r_e = r_s$, $r_e > r_s$, e $r_e < r_s$. Na análise que leva a (8), supomos que $r_e = r_s$. Nestes últimos dois casos, o número de galões de solução salina no tanque é ou crescente ($r_e > r_s$) ou decrescente ($r_e < r_s$) com a taxa líquida $r_e - r_s$. Veja os problemas 10-12 nos Exercícios 1.3.

DRENANDO UM TANQUE

Em hidrodinâmica, a **lei de Torricelli** estabelece que a velocidade v do fluxo de água em um buraco com bordas na base de um tanque cheio até a uma altura h é igual à velocidade que um corpo (no caso, uma gota d'água) adquiriria em queda livre de uma altura h – isto é, $v = \sqrt{2gh}$, onde g é a aceleração devida à gravidade. Essa última expressão

---
[‡] Não confunda estes símbolos com R_e e R_s, que são as taxas de entrada e saída do *sal*.

origina-se de igualar a energia cinética $\frac{1}{2}mv^2$ com a energia potencial mgh e resolver para v. Suponha que um tanque cheio d'água seja drenado por meio de um buraco sob a influência da gravidade. Gostaríamos de encontrar a altura h de água remanescente no tanque no instante t. Considere o tanque mostrado na Figura 1.3.3. Se a área do buraco for A_h (em pés quadrados) e a velocidade de saída da água do tanque for $v = \sqrt{2gh}$ (em pés/s), o volume de saída de água do tanque por segundo é $A_h \sqrt{2gh}$ (em pés cúbicos/s). Assim, se $V(t)$ denotar o volume de água no tanque no instante t,

$$\frac{dV}{dt} = -A_h \sqrt{2gh}, \qquad (9)$$

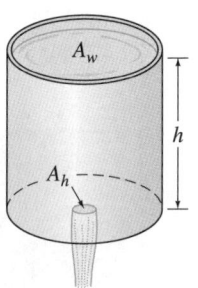

FIGURA 1.3.3 Tanque de dreno.

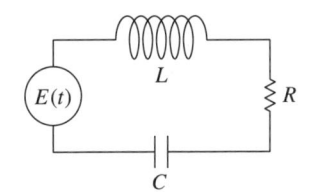

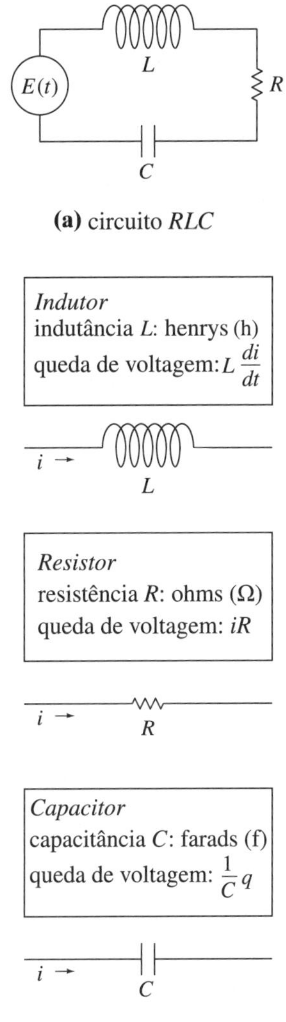

onde o sinal de subtração indica que V está decrescendo. Observe aqui que estamos ignorando a possibilidade de atrito no buraco que possa causar uma redução na taxa de fluxo. Agora, se o tanque for tal que o volume de água em qualquer instante t possa ser escrito como $V(t) = A_w h$, onde A_w (em pés quadrados) é a área *constante* da superfície superior de água (veja a Figura 1.3.3), então $dV/dt = A_w dh/dt$. Substituindo essa última expressão em (9), obtemos a equação diferencial desejada para a altura de água no instante t:

$$\frac{dh}{dt} = -\frac{A_h}{A_w} \sqrt{2gh}. \qquad (10)$$

É interessante notar que (10) permanece válida mesmo quando A_w não for constante. Nesse caso, devemos expressar a superfície superior da água como uma função de h – isto é, $A_w = A(h)$. Veja o Problema 14 nos Exercícios 1.3.

CIRCUITO EM SÉRIE

Considere o circuito em série de malha simples mostrado na Figura 1.3.4(a), contendo um indutor, resistor e capacitor. A corrente no circuito depois que a chave é fechada é denotada por $i(t)$; a carga em um capacitor no instante t é denotada por $q(t)$. As letras L, C e R são conhecidas como indutância, capacitância e resistência, respectivamente, e em geral são constantes. Agora, de acordo com a **segunda lei de Kirchhoff**, a voltagem aplicada $E(t)$ em uma malha fechada deve ser igual à soma das quedas de voltagem na malha. A Figura 1.3.4(b) mostra os símbolos e as fórmulas para a respectiva queda de voltagem em um indutor, um capacitor e um resistor. Uma vez que a corrente $i(t)$ está relacionada com a carga $q(t)$ no capacitor por $i = dq/dt$, adicionando-se as três quedas de voltagem

$$\text{indutor} \qquad \text{resistor} \qquad \text{capacitor}$$
$$L\frac{di}{dt} = L\frac{d^2q}{dt^2}, \quad iR = R\frac{dq}{dt} \quad \text{e} \quad \frac{1}{C}q$$

e equacionando-se a soma das voltagens aplicadas, obtém-se uma equação diferencial de segunda ordem

$$L\frac{d^2q}{dt^2} + R\frac{dq}{dt} + \frac{1}{C}q = E(t). \qquad (11)$$

Examinaremos detalhadamente uma equação diferencial análoga a (11) na Seção 5.1.

(a) circuito *RLC*

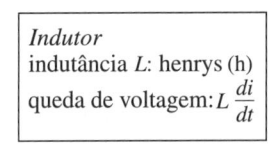

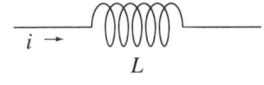

Indutor
indutância L: henrys (h)
queda de voltagem: $L\frac{di}{dt}$

Resistor
resistência R: ohms (Ω)
queda de voltagem: iR

Capacitor
capacitância C: farads (f)
queda de voltagem: $\frac{1}{C}q$

(b)

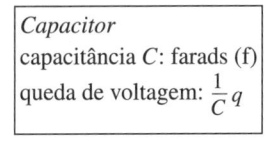

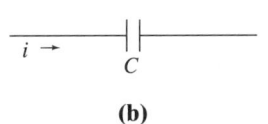

FIGURA 1.3.4 Símbolos, unidades e tensões. Corrente $i(t)$ e carga $q(t)$ são medidas em amperes (A) e coulombs (C), respectivamente.

CORPOS EM QUEDA

Para construir um modelo matemático do movimento de um corpo em um campo de força, em geral iniciamos com as leis de movimento formuladas pelo matemático inglês **Isaac Newton** (1643-1727). Relembre da física elementar que a **primeira lei de movimento de Newton** diz que um corpo irá permanecer em repouso ou continuará a se mover com velocidade constante a não ser que sofra a ação de uma força externa. Neste caso isso equivale a dizer que quando a soma das forças $F = \sum F_k$ – isto é, a força *líquida* ou resultante – agindo no corpo é zero, então a aceleração a do corpo é zero. A **segunda lei do movimento de Newton** indica que, quando a força líquida que age sobre o corpo for diferente de zero, essa força líquida será proporcional à sua aceleração a ou, mais precisamente, $F = ma$, onde m é a massa do corpo.

Suponha agora que uma pedra seja jogada para cima do topo de um prédio, conforme ilustrado na Figura 1.3.5. Qual é a posição $s(t)$ da pedra em relação ao chão no instante t? A aceleração da pedra é a derivada segunda d^2s/dt^2. Se assumirmos como positiva a direção para cima e que nenhuma outra força além da gravidade age sobre a pedra, obteremos a segunda lei de Newton

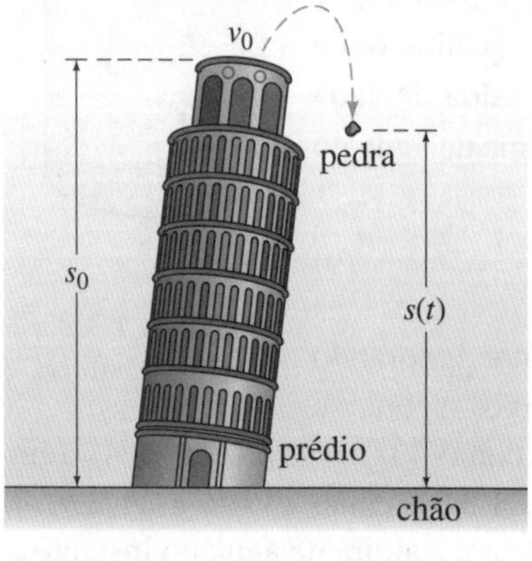

$$m\frac{d^2s}{dt^2} = -mg \quad \text{ou} \quad \frac{d^2s}{dt^2} = -g. \tag{12}$$

Em outras palavras, a força líquida é simplesmente o peso $F = F_1 = -W$ da pedra próximo à superfície da Terra. Lembre-se de que a magnitude do peso é $W = mg$, onde m é a massa do corpo e g é a aceleração devida à gravidade. O sinal de subtração foi usado em (12), pois o peso da pedra é uma força dirigida para baixo, oposta à direção positiva. Se a altura do prédio é s_0 e a velocidade inicial da pedra é v_0, então s é determinada, com base no problema de valor inicial de segunda ordem

$$\frac{d^2s}{dt^2} = -g, \quad s(0) = s_0, \quad s'(0) = v_0. \tag{13}$$

FIGURA 1.3.5 Posição da pedra medida a partir do nível do chão.

Embora não estejamos enfatizando a resolução das equações obtidas, observe que (13) pode ser resolvida integrando-se a constante $-g$ duas vezes em relação a t. As condições iniciais determinam as duas constantes de integração. Você poderá reconhecer a solução de (13), da física elementar, como a fórmula $s(t) = -\frac{1}{2}gt^2 + v_0t + s_0$.

CORPOS EM QUEDA E RESISTÊNCIA DO AR

Antes do famoso experimento do matemático e físico italiano **Galileu Galilei** (1564-1642) na torre inclinada de Pisa, era amplamente aceito que objetos pesados em queda livre, como uma bala de canhão, caía com maior aceleração que objetos leves, como uma pena. Obviamente, uma bala de canhão e uma pena quando soltas simultaneamente de uma mesma altura *irão* cair em diferentes velocidades, mas não porque uma bala de canhão é mais pesada. A diferença nas velocidades é devida à resistência do ar. A força de resistência do ar foi ignorada no modelo dado em (13). Sob algumas circunstâncias, um corpo em queda com massa m, como uma pena com baixa densidade e formato irregular, encontra uma resistência do ar proporcional à sua velocidade instantânea v. Se, nessas circunstâncias, tomarmos a direção positiva como orientada para baixo, a força líquida que age sobre a massa será dada por $F = F_1 + F_2 = mg - kv$, onde o peso $F_1 = mg$ do corpo é a força que age na direção positiva e a resistência do ar $F_2 = -kv$ é uma força chamada **amortecimento viscoso** que age na direção oposta ou para cima. Veja a Figura 1.3.6. Agora, como v está relacionado com a aceleração a através de $a = dv/dt$, a segunda lei de Newton torna-se $F = ma = m\,dv/dt$. Substituindo a força líquida nessa forma da segunda lei de Newton, obtemos a equação diferencial de primeira ordem para a velocidade $v(t)$ do corpo no instante t,

$$m\frac{dv}{dt} = mg - kv. \tag{14}$$

FIGURA 1.3.6 Corpo em queda com massa m.

Aqui, k é uma constante de proporcionalidade positiva. Se $s(t)$ for a distância do corpo em queda no instante t a partir do ponto inicial, então $v = ds/dt$ e $a = dv/dt = d^2s/dt^2$. Em termos de s, (14) é uma equação diferencial de segunda ordem

$$m\frac{d^2s}{dt^2} = mg - k\frac{ds}{dt} \quad \text{ou} \quad m\frac{d^2s}{dt^2} + k\frac{ds}{dt} = mg. \tag{15}$$

CABOS SUSPENSOS

Suponha um cabo flexível, fio ou corda grossa suspenso entre dois suportes verticais. Exemplos reais desta situação podem ser um dos cabos de suporte de uma ponte suspensa, como na Figura 1.3.7(a), ou um longo cabo de telefonia ancorado entre dois postes, como na Figura 1.3.7(b). Nosso objetivo é construir um modelo matemático que descreva a forma assumida pelo cabo, fio ou corda, nas condições citadas.

(a) cabos da ponte suspensos

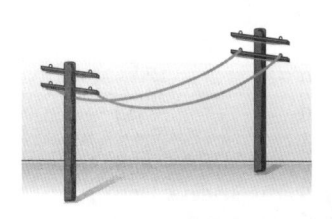

(b) cabos de telefone

FIGURA 1.3.7 Cabos suspensos entre suportes verticais.

Para começar, vamos examinar somente uma parte ou elemento do cabo entre o ponto mais baixo P_1 e um ponto arbitrário P_2. Como indicado na Figura 1.3.8, este elemento do cabo é a curva em um sistema de coordenadas retangular com o eixo y escolhido de forma a passar pelo ponto mais baixo P_1 na curva e o eixo x escolhido a unidades abaixo dos pontos P_1 e P_2. Seja $T_1 = |\mathbf{T}_1|$, $T_2 = |\mathbf{T}_2|$, e $W = |\mathbf{W}|$ a magnitude destes três vetores. Agora a tensão $\mathbf{T}_2$ pode ser solucionada em termos de um componente vertical e um horizontal (quantidades escalares) $T_2 \cos\theta$ e $T_2 \sen\theta$.

Por conta do equilíbrio estático podemos escrever

$$T_1 = T_2 \cos\theta \quad \text{e} \quad W = T_2 \sen\theta.$$

Dividindo a última equação pela primeira, eliminamos T_2 e obtemos tg $\theta = W/T_1$. No entanto, como $dy/dx = $ tg θ, determinamos que

$$\frac{dy}{dx} = \frac{W}{T_1}. \qquad (16)$$

FIGURA 1.3.8 Elemento do cabo.

Esta equação diferencial de primeira ordem simples serve como modelo tanto para a forma de um cabo flexível como um cabo telefônico pendurado sobre seu próprio peso quanto para os cabos que suportam as pistas de uma ponte pênsil. Voltaremos à equação (16) nos Exercícios 2.2 e na Seção 5.3.

O QUE VEM PELA FRENTE

Ao longo deste texto, você verá três tipos diferentes de abordagem, ou análise, das equações diferenciais. Por séculos, as equações diferenciais têm em geral se originado dos esforços de um cientista ou engenheiro para descrever algum fenômeno físico ou para traduzir uma lei empírica ou experimental em termos matemáticos. Consequentemente, cientistas, engenheiros e matemáticos muitas vezes gastam muitos anos da própria vida tentando encontrar as soluções de uma ED. Com a solução em mãos, segue-se então o estudo de suas propriedades. Esse tipo de estudo sobre soluções é chamado de *abordagem analítica das equações diferenciais*. Assim que compreenderam que soluções explícitas são, na melhor das hipóteses, difíceis e, na pior, impossíveis de obter, os matemáticos entenderam que a própria equação diferencial poderia ser uma fonte valiosa de informações. É possível, em alguns casos, obter diretamente da equação diferencial respostas para perguntas como: de fato, há uma solução para a ED? Se houver uma que satisfaça uma condição inicial, ela será a única solução? Quais são algumas das propriedades das soluções desconhecidas? O que pode ser dito acerca da geometria das curvas integrais? Essa abordagem é chamada *análise qualitativa*. Finalmente, se uma equação diferencial não puder ser resolvida por métodos analíticos, ainda que provada a existência de solução, a indagação lógica seguinte será: podemos de alguma forma aproximar os valores de uma solução desconhecida? Agora, entramos nos domínios da *análise numérica*. Uma resposta afirmativa para a última questão origina-se do fato de uma equação diferencial poder ser usada como fundamento para a construção de algoritmos muito precisos de aproximação. No Capítulo 2, começamos com considerações qualitativas das EDOs de

(a) analítica (b) qualitativa (c) numérica

FIGURA 1.3.9 Diferentes abordagens ao estudo das equações diferenciais.

primeira ordem, então examinamos os estratagemas analíticos para a resolução de alguns tipos especiais de equação de primeira ordem e concluímos com uma introdução a um método numérico elementar. Veja a Figura 1.3.9.

> **OBSERVAÇÕES**
>
> Todos os exemplos nesta seção descreveram um sistema dinâmico – um sistema que varia ou evolui ao longo do tempo t. Tendo em vista que o estudo de sistemas dinâmicos é um ramo em voga na matemática atual, mencionaremos ocasionalmente a terminologia desse ramo na discussão em pauta.
>
> Em termos mais precisos, um **sistema dinâmico** consiste em um conjunto de variáveis dependentes do tempo, chamadas de **variáveis de estado**, com uma regra que nos possibilita determinar (sem ambiguidade) o estado do sistema (o qual pode ser um estado passado, presente ou futuro) em termos de um estado prescrito em algum instante t_0. Sistemas dinâmicos são classificados como sistemas discretos no tempo ou contínuos no tempo. Neste curso, estamos interessados somente em sistemas dinâmicos contínuos no tempo – sistemas nos quais *todas* as variáveis estão definidas em um intervalo contínuo de tempo. A regra ou o modelo matemático em um sistema dinâmico contínuo no tempo é uma equação diferencial ou um sistema de equações diferenciais. O **estado do sistema** no instante t é o valor da variável de estado naquele instante; o estado do sistema no instante t_0 é especificado pelas condições iniciais que acompanham o modelo matemático. A solução do problema de valor inicial é denominada **resposta do sistema**. Por exemplo, no caso da desintegração radioativa, a regra é $dA/dt = kA$. Se a quantidade de substância radioativa em algum instante t_0 for conhecida, digamos $A(t_0) = A_0$, então, resolvendo a equação descobrimos que a resposta do sistema para $t \geq t_0$ é $A(t) = A_0 e^{(t-t_0)}$ (veja a Seção 3.1). A resposta $A(t)$ é a única variável de estado para esse sistema. No caso da pedra jogada do topo de um prédio, a resposta do sistema – a solução da equação diferencial $d^2s/dt^2 = -g$, sujeita ao estado inicial $s(0) = s_0$, $s'(0) = v_0$ – é a função $s(t) = -\frac{1}{2}gt^2 + v_0 t + s_0$, $0 \leq t \leq T$, onde T representa o instante no qual a pedra atinge o solo. As variáveis de estado são $s(t)$ e $s'(t)$, as quais são, respectivamente, a posição vertical da pedra acima do solo e a respectiva velocidade no instante t. A aceleração $s''(t)$ não é uma variável de estado, uma vez que precisamos saber somente a posição e a velocidade iniciais no instante t_0 para determinar unicamente a posição da pedra $s(t)$ e a velocidade $s'(t) = v(t)$ em qualquer instante no intervalo $t_0 \leq t \leq T$. A aceleração $s''(t) = a(t)$ é, naturalmente, dada pela equação diferencial $s''(t) = -g$, $0 < t < T$.
>
> Um último ponto: nem todo sistema estudado neste texto é um sistema dinâmico. Vamos examinar também alguns sistemas estáticos nos quais o modelo é uma equação diferencial.

EXERCÍCIOS 1.3

As respostas aos problemas ímpares estão no final do livro.

DINÂMICA POPULACIONAL

1. Sob as mesmas hipóteses subjacentes ao modelo em (1), determine a equação diferencial que governa o crescimento populacional $P(t)$ de um país quando os indivíduos têm autorização para imigrar a uma taxa constante $r > 0$. Qual é a equação diferencial quando os indivíduos têm autorização para emigrar a uma taxa constante $r > 0$?

2. O modelo populacional dado em (1) não leva em conta a mortalidade; a taxa de crescimento é igual à taxa de natalidade. Em um outro modelo de variação populacional de uma comunidade supõe-se que a taxa segundo a qual a população varia é uma taxa líquida – isto é, a diferença entre a taxa de natalidade e a taxa de mortalidade na comunidade. Determine um modelo para uma equação diferencial que governe a evolução da população $P(t)$, se as taxas de natalidade e mortalidade forem proporcionais à população presente no instante $t > 0$.

3. Usando o conceito de taxa líquida introduzido no Problema 2, determine uma equação diferencial que governe a evolução da população $P(t)$, se a taxa de natalidade for proporcional à população presente no instante t, mas a de mortalidade for proporcional ao quadrado da população presente no instante t.

4. Modifique o modelo do Problema 3 para a taxa líquida com a qual a população $P(t)$ de um certo tipo de peixe muda supondo que a sua pesca é feita a uma taxa constante $h > 0$.

LEI DE NEWTON DO ESFRIAMENTO/AQUECIMENTO

5. Uma xícara de café esfria de acordo com a lei do esfriamento de Newton (3). Use os dados do gráfico de temperatura $T(t)$ da Figura 1.3.10 para estimar as constantes T_m, T_0 e k em um modelo da forma de um problema de valor inicial de primeira ordem: $dT/dt = k(T - T_m)$, $T(0) = T_0$.

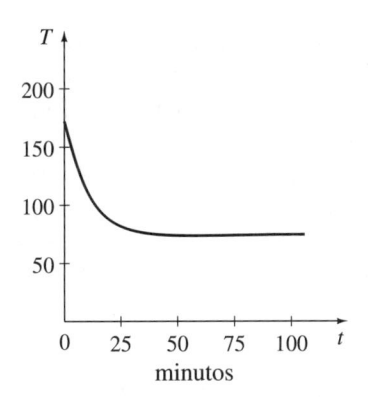

FIGURA 1.3.10 Curva de resfriamento do Problema 5.

6. A temperatura ambiente T_m em (3) pode ser uma função do tempo t. Suponha que em um ambiente artificialmente controlado, $T_m(t)$ é periódica com uma fase de 24 horas, conforme ilustrado na Figura 1.3.11. Construa um modelo matemático para a temperatura $T(t)$ de um corpo dentro desse ambiente.

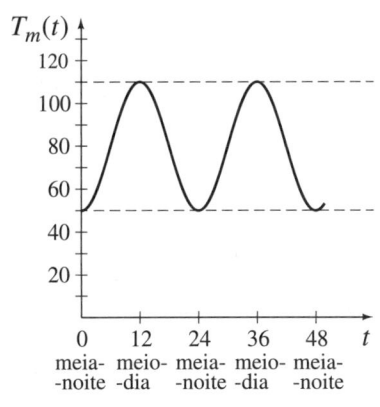

FIGURA 1.3.11 Temperatura ambiente do Problema 6.

PROPAGAÇÃO DE UMA DOENÇA OU DE UMA TECNOLOGIA

7. Suponha que um estudante portador de um vírus da gripe retorne para um *campus* universitário fechado com mil estudantes. Determine a equação diferencial que descreve o número de pessoas $x(t)$ que contrairão a gripe, se a taxa segundo a qual a doença se espalha for proporcional ao número de interações entre os estudantes gripados e os estudantes que ainda não foram expostos ao vírus.

8. No momento $t = 0$ uma inovação tecnológica é introduzida em uma comunidade com uma população fixa de n indivíduos. Determine a equação diferencial que descreve o número de pessoas $x(t)$ que adotaram a inovação no instante t, se for suposto que a taxa segundo a qual a inovação se espalha na comunidade é conjuntamente proporcional ao número de pessoas que a adotaram e ao número de pessoas que não a adotaram.

MISTURAS

9. Suponha que um grande tanque para misturas contenha inicialmente 300 galões de água, no qual foram dissolvidas 50 libras de sal. Água pura é bombeada para dentro do tanque a uma taxa de 3 gal/min, e quando a solução está bem misturada ela é bombeada para fora segundo a mesma taxa. Determine uma equação diferencial para a quantidade de sal $A(t)$ no tanque no instante $t > 0$. Qual é o $A(0)$?

10. Suponha que um grande tanque para misturas contenha inicialmente 300 galões de água, no qual foram dissolvidas 50 libras de sal. Uma outra solução de sal é bombeada para dentro do tanque a uma taxa de 3 gal/min, e então, quando a solução está bem misturada, é bombeada para fora a uma taxa menor de 2 gal/min. Se a concentração da solução que entra for de 2 lb/gal, determine uma equação diferencial para a quantidade de sal $A(t)$ no tanque, no instante $t > 0$.

11. Qual é a equação diferencial no Problema 10, se a solução bem misturada é bombeada a uma taxa mais rápida que 3,5 gal/min?

12. Generalize o modelo dado pela equação (8) na página 23 supondo que o tanque grande contém inicialmente N_0 galões de solução salina, r_e e r_s são as taxas de entrada e saída, respectivamente (medidas em galões por minuto), c_e é a concentração de sal no fluxo de entrada, $c(t)$ é a concentração de sal no tanque assim como no fluxo de saída em um instante t qualquer (medido em libras de sal por galão), e $A(t)$ é a quantidade de sal no tanque em um instante $t > 0$ qualquer.

DRENANDO UM TANQUE

13. Suponha que a água esteja saindo de um tanque por um buraco circular em sua base de área A_h. Quando a água vaza pelo buraco, o atrito e a contração da corrente nas proximidades do buraco reduzem o volume de água que está vazando do tanque por segundo para $cA_h\sqrt{2gh}$, onde c ($0 < c < 1$) é uma

constante empírica. Determine uma equação diferencial para a altura h de água no instante t para um tanque cúbico, como na Figura 1.3.12. O raio do buraco é 2 pol. e $g = 32$ pés/s².

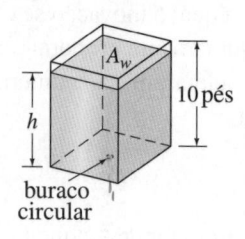

FIGURA 1.3.12 Tanque cúbico do Problema 13.

14. Um tanque com formato de cone circular reto é mostrado na Figura 1.3.13. Dele vaza água por um buraco circular na base. Determine uma equação diferencial para a altura h de água no instante $t > 0$. O raio do buraco é 2 pol, $g = 32$ pés/s² e o fator atrito/contração introduzido no Problema 13 é $c = 0{,}6$.

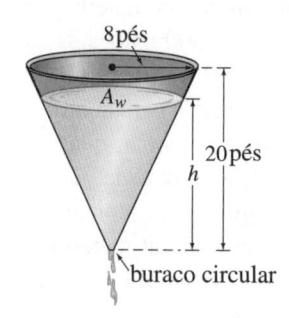

FIGURA 1.3.13 Tanque cônico do Problema 14.

CIRCUITOS EM SÉRIE

15. Um circuito em série contém um resistor e um indutor conforme a Figura 1.3.14. Determine uma equação diferencial para a corrente $i(t)$ se a resistência for R, a indutância for L e a voltagem aplicada for $E(t)$.

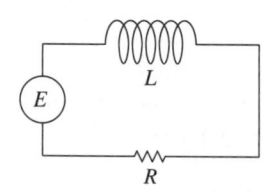

FIGURA 1.3.14 Circuito RL em série do Problema 15.

16. Um circuito em série contém um resistor e um capacitor conforme a Figura 1.3.15. Determine uma equação diferencial para a carga $q(t)$ no capacitor, se a resistência for R, a capacitância for C e a voltagem aplicada for $E(t)$.

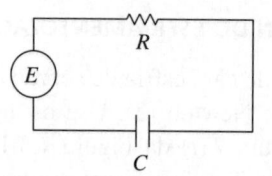

FIGURA 1.3.15 Circuito RC em série do Problema 16.

CORPOS EM QUEDA E RESISTÊNCIA DO AR

17. Para um movimento em alta velocidade no ar – tal como o paraquedista mostrado na Figura 1.3.16, caindo antes de abrir o paraquedas –, a resistência do ar está próxima de uma potência da velocidade instantânea. Determine uma equação diferencial para a velocidade $v(t)$ de um corpo em queda com massa m, se a resistência do ar for proporcional ao quadrado de sua velocidade instantânea.

FIGURA 1.3.16 Resistência do ar proporcional ao quadrado da velocidade do Problema 17.

SEGUNDA LEI DE NEWTON E PRINCÍPIO DE ARQUIMEDES

18.

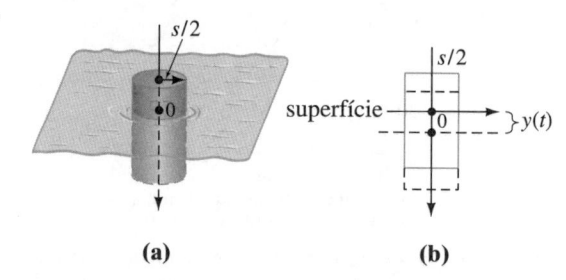

FIGURA 1.3.17 Movimento do barril flutuante do Problema 18.

Um barril cilíndrico de s pés de diâmetro e w libras de peso está flutuando na água, como mostrado na Figura 1.3.17(a). Depois de afundado, o barril movimenta-se para cima e para baixo ao longo de uma reta vertical. Usando a Figura 1.3.17(b), determine uma equação diferencial para o deslocamento vertical $y(t)$, se a origem for tomada sobre o eixo vertical na superfície da água quando o barril estiver em repouso. Use o **princípio de Arquimedes**: todo corpo flutuando sofre a ação de uma força da água sobre si mesmo, que é igual ao peso da água deslocada. Suponha que o sentido seja positivo para baixo, a densidade da água seja de 62,4 lb/pés^3 e que não haja resistência entre o barril e a água.

SEGUNDA LEI DE NEWTON E LEI DE HOOKE

19. Depois que uma massa m é presa a uma mola, essa é estendida s unidades e então chega ao repouso na posição de equilíbrio como mostrada na Figura 1.3.18(b). Depois de colocada em movimento, seja $x(t)$ a distância do sistema massa/mola à posição de equilíbrio. Como indicado na Figura 1.3.18(c), suponha que o sentido para baixo seja positivo, o movimento se dê em uma reta vertical que passa pelo centro de gravidade da massa e as únicas forças que agem sobre o sistema sejam o peso da massa e a força restauradora da mola esticada. Use a **lei de Hooke**: a força restauradora de uma mola é proporcional à sua elongação total. Determine uma equação diferencial para o deslocamento $x(t)$ no instante $t > 0$.

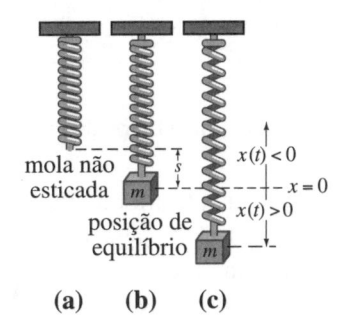

FIGURA 1.3.18 Sistema massa/mola do Problema 19.

20. No Problema 19, qual é a equação diferencial para o deslocamento $x(t)$, se o movimento tiver lugar em um meio que exerce sobre o sistema massa/mola uma força amortecedora proporcional à velocidade instantânea da massa e age no sentido oposto ao do movimento?

SEGUNDA LEI DE NEWTON E MOVIMENTO DE FOGUETES

Quando a massa m de um corpo muda com o tempo, a segunda lei de movimento de Newton fica

$$F = \frac{d}{dt}(mv), \qquad (1)$$

onde F é a força líquida atuando no corpo e mv é seu momento. Use (17) nos Problemas 21 e 22.

21. Um pequeno foguete de um estágio é lançado verticalmente como mostrado na Figura 1.3.19. Uma vez lançado, o foguete consome seu combustível e assim sua massa total $m(t)$ varia com o tempo $t > 0$. Se assumirmos que a direção positiva é para cima, a resistência do ar é proporcional à velocidade instantânea v do foguete e R é um empurrão para cima ou força gerada pelo sistema de propulsão, construa um modelo matemático para a velocidade $v(t)$ do foguete. [*Sugestão*: Veja (14) na seção 1.3.]

FIGURA 1.3.19 Foguete de um estágio do Problema 21.

22. No Problema 21, a massa $m(t)$ é a soma de três diferentes massas: $m(t) = m_p + m_v + m_f(t)$, onde m_p é a massa constante de carga, m_v é a massa constante do veículo e $m_f(t)$ é a quantidade variável de combustível.

a) Mostre que a taxa com que a massa total $m(t)$ do foguete muda é a mesma taxa com que a massa $m_f(t)$ do combustível muda.

b) Se o foguete consome seu combustível numa taxa constante λ, ache $m(t)$. Então reescreva a equação diferencial no Problema 21 em termos de λ e da massa inicial total $m(0) = m_0$.

c) Sob o pressuposto do item (b), mostre que o tempo de queima $t_b > 0$ do foguete, ou o tempo na qual todo o combustível é consumido é $t_b = m_f(0)/\lambda$, onde $m_f(0)$ é a massa inicial de combustível.

SEGUNDA LEI DE NEWTON E LEI DA GRAVITAÇÃO UNIVERSAL

23. Pela **lei da gravitação universal de Newton**, a aceleração de um corpo em queda livre, tal como o satélite da Figura 1.3.20, caindo de uma grande distância, não é a constante g. Em vez disso, a aceleração a é inversamente proporcional ao quadrado da distância ao centro da Terra: $a = k/r^2$, onde k é a constante de proporcionalidade. Leve em consideração o fato de que na superfície da Terra $r = R$ e $a = g$, determine k. Supondo que o sentido positivo seja para cima, use a segunda lei de Newton e sua lei da gravitação universal para encontrar uma equação diferencial para a distância r.

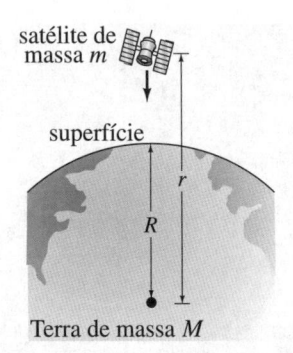

FIGURA 1.3.20 Satélite do Problema 23.

24. Suponha que um buraco tenha sido feito através do centro da Terra, atravessando-a de ponta a ponta, e uma bola de boliche com massa m seja jogada no buraco, conforme mostra a Figura 1.3.21. Construa um modelo matemático que descreva o movimento da bola. Em um dado instante t, seja r a distância do centro da Terra até a massa m, M a massa da Terra, M_r a massa da parte da Terra dentro de uma esfera de raio r e δ, a densidade constante da Terra.

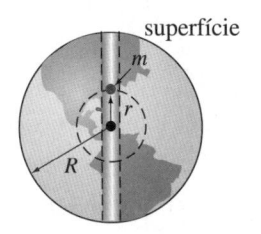

FIGURA 1.3.21 Orifício através da Terra do Problema 24.

MODELOS MATEMÁTICOS ADICIONAIS

25. **Teoria de aprendizagem** Na teoria de aprendizagem, supõe-se que a taxa segundo a qual um assunto é memorizado é proporcional à quantidade a ser memorizada. Suponha que M denote a quantidade total de um assunto a ser memorizado e $A(t)$ a quantidade memorizada no instante $t > 0$. Determine uma equação diferencial para a quantidade $A(t)$.

26. **Esquecimento** No Problema 23, suponha que a taxa segundo a qual o assunto é *esquecido* seja proporcional à quantidade memorizada no instante $t > 0$. Determine uma equação diferencial para $A(t)$, levando em conta o esquecimento.

27. **Injeção de um medicamento** Uma droga é injetada na corrente sanguínea de um paciente a uma taxa constante de r gramas por segundo. Simultaneamente, a droga é removida a uma taxa proporcional à quantidade $x(t)$ de droga presente no instante t. Determine uma equação diferencial que governe a quantidade $x(t)$.

28. **Tratriz** Uma pessoa P, começando na origem, move-se no sentido positivo do eixo x, puxando um peso ao longo da curva C, chamada de **tratriz**, conforme mostra a Figura 1.3.22. O peso, inicialmente localizado sobre o eixo y em $(0, s)$, é puxado por uma corda de comprimento constante s, a qual é mantida esticada durante todo o movimento. Determine uma equação diferencial da trajetória do peso. Suponha que a corda seja sempre tangente a C.

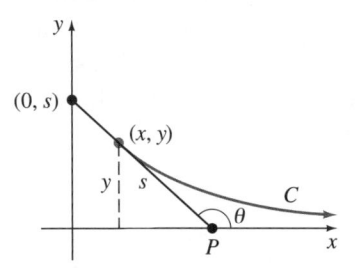

FIGURA 1.3.22 Curva tratriz do Problema 28.

29. **Superfície reflexiva** Conforme ilustrado na Figura 1.3.23, raios de luz atingem uma curva plana C de tal maneira que todos os raios L paralelos ao eixo x são refletidos para um único ponto O (situado na origem). Supondo que o ângulo de incidência seja igual ao ângulo de reflexão, determine uma equação diferencial que descreva o formato da curva C. O formato da curva C é importante na construção de telescópios, antenas de satélites, faróis de automóveis, coletores solares etc. [*Sugestão*: Uma inspeção da Figura 1.3.23 mostra que podemos escrever $\phi = 2\theta$. Por quê? Use agora uma identidade trigonométrica apropriada.]

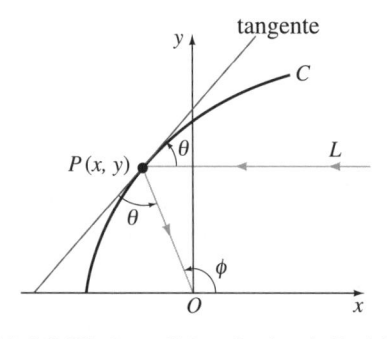

FIGURA 1.3.23 Superfície reflexiva do Problema 29.

PROBLEMAS PARA DISCUSSÃO

30. Releia o Problema 41 nos Exercícios 1.1 e dê uma solução explícita $P(t)$ para a Equação (1). Ache uma família a um parâmetro de soluções de (1).

31. Releia a sentença que se segue à Equação (3). Supondo que T_m seja uma constante positiva, forneça as razões de por que devemos esperar $k < 0$ em (3) tanto no caso de esfriamento como no de aquecimento. Você pode, primeiramente, interpretar, digamos, $T(t) > T_m$ graficamente.

32. Releia a discussão anterior à Equação (8). Supondo que o tanque contenha inicialmente, digamos, 50 lb de sal, é evidente que $A(t)$ deve ser uma função crescente, pois o sal está sendo adicionado ao tanque continuamente para $t > 0$. Discuta como você poderia determinar com base na ED, sem resolvê-la, o número de libras de sal no tanque após um longo período.

33. **Modelo populacional** A equação diferencial $\dfrac{dP}{dt} = (k\cos t)P$, onde k é uma constante positiva, é um modelo de população humana $P(t)$ de uma determinada comunidade. Discuta uma interpretação para a solução dessa equação. Em outras palavras, que tipo de população você imagina que a equação diferencial descreve?

34. **Fluido rotacional** Como mostrado na Figura 1.3.24(a), um cilindro circular preenchido com fluido é rotacionado com uma velocidade angular constante ω em torno de um eixo y vertical posicionado no seu centro. O fluido forma uma superfície de revolução S. Para identificar S, primeiramente estabelecemos um sistema de coordenadas consistido de um plano vertical determinado pelo eixo y e um eixo x desenhado perpendicularmente ao eixo y de modo que o ponto de intercecção dos eixos (origem) é localizado no ponto mais baixo da superfície S. Então procuramos uma função $y = f(x)$ que represente a curva C da intersecção da superfície S e a coordenada vertical do plano. Definamos o ponto $P(x, y)$ como a posição de uma partícula do fluido de massa m no plano coordenado. Veja a Figura 1.3.24(b).

   a) Em P existe uma força de reação de magnitude F causada por outras partículas do fluido, que é normal à superfície S. De acordo com a lei de Newton, a magnitude da força líquida agindo em uma partícula é $m\omega^2 x$. Qual é esta força? Use a Figura 1.3.24(b) para discutir a natureza e a origem das equações.

   $$F\cos\theta = mg, \quad F\,\text{sen}\,\theta = m\omega^2 x.$$

   b) Use a parte (a) para encontrar a equação diferencial de primeira ordem que define a função $y = f(x)$.

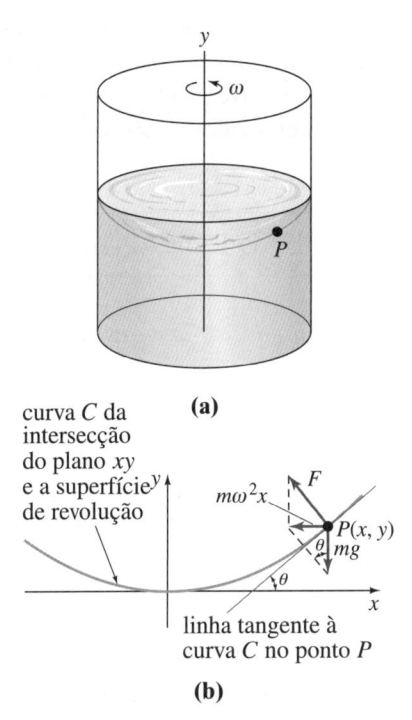

FIGURA 1.3.24 Fluido rotacional do Problema 34.

35. **Corpo em queda** No Problema 23, suponha que $r = R + s$, onde s é a distância da superfície da Terra ao corpo em queda. O que acontecerá com a equação diferencial obtida no Problema 23 quando s for muito pequeno, comparado a R? [Sugestão: Pense nas séries binomiais para

$$(R + s)^{-2} = R^{-2}(1 + s/R)^{-2}.]$$

36. Em meteorologia, o termo *virga* refere-se aos pingos de chuva ou partículas de gelo que se evaporam antes de atingir o solo. Suponha que uma gota de chuva comum tenha a forma esférica. Começando em algum instante, o qual designaremos por $t = 0$, a gota de chuva de raio r_0 cai, do repouso, de uma nuvem e começa a evaporar-se.

   a) Supõe-se que uma gota de chuva evapora de tal forma que seu formato permaneça esférico; portanto, também faz sentido supor que a taxa segundo a qual a gota de chuva se evapora (isto é, a taxa segundo a qual a gota perde massa) seja proporcional à área de sua superfície. Mostre que essa última hipótese implica que a taxa segundo a qual o raio r da gota de chuva decresce é uma constante. Ache $r(t)$. [*Sugestão*: Veja o Problema 51 nos Exercícios 1.1.]

   b) Se o sentido positivo for para baixo, construa um modelo matemático para a velocidade v de uma gota de chuva caindo no instante $t > 0$. Ignore a resistência do ar. [*Sugestão*: Use a forma da segunda lei de Newton dada em (17).]

37. O "problema do removedor de neve" é um clássico e aparece em diversos textos sobre equações diferenciais. Mas, provavelmente, ele se tornou famoso por meio de Ralph Palmer Agnew.

Um dia, começou a nevar pesada e constantemente. Um removedor de neve começou a trabalhar ao meio-dia, percorrendo 2 milhas na primeira hora e 1 milha na segunda hora. Quando começou a nevar?

38. Releia a Seção 1.3 e classifique cada modelo matemático como linear ou não linear.

REVISÃO DO CAPÍTULO 1

As respostas aos problemas ímpares estão no final do livro.

Nos problemas 1 e 2, preencha os espaços em branco e depois escreva o resultado como uma equação diferencial linear de primeira ordem sem o símbolo c_1, da forma $dy/dx = f(x, y)$. Os símbolos c_1 e k representam constantes.

1. $\dfrac{d}{dx} c_1 e^{10x} =$ _____

2. $\dfrac{d}{dx}(5 + c_1 e^{-2x}) =$ _____

Nos problemas 3 e 4, preencha os espaços em branco e depois escreva o resultado como uma equação diferencial linear de segunda ordem sem os símbolos c_1 e c_2, da forma $F(y, y'') = 0$. Os símbolos c_1, c_2 e k representam constantes.

3. $\dfrac{d^2}{dx^2}(c_1 \cos kx + c_2 \operatorname{sen} kx) =$ _____

4. $\left(\dfrac{d^2}{dx^2} c_1 \cosh kx + c_2 \operatorname{senh} kx\right) =$ _____

Nos problemas 5 e 6, calcule y', y'' e combine estas derivadas com y com uma equação linear de segunda ordem sem os símbolos c_1 e c_2, da forma $F(y, y', y'') = 0$. Os símbolos c_1 e c_2 representam constantes.

5. $y = c_1 e^x + c_2 x e^x$

6. $y = c_1 e^x \cos x + c_2 e^x \operatorname{sen} x$

Nos problemas 7-12, associe cada uma das equações diferenciais com uma ou mais das seguintes soluções: **(a)** $y = 0$, **(b)** $y = 2$, **(c)** $y = 2x$, **(d)** $y = 2x^2$.

7. $xy' = 2y$

8. $y' = 2$

9. $y' = 2y - 4$

10. $xy' = y$

11. $y'' + 9y = 18$

12. $xy'' - y' = 0$

Nos problemas 13 e 14, determine, por inspeção, pelo menos uma solução da equação diferencial dada.

13. $y'' = y'$

14. $y' = y(y - 3)$

Nos problemas 15 e 16, interprete cada afirmativa como uma equação diferencial.

15. Sobre o gráfico de $y = \phi(x)$, a inclinação da reta tangente em um ponto $P(x, y)$ é o quadrado da distância de $P(x, y)$ à origem.

16. Sobre o gráfico de $y = \phi(x)$, a taxa segundo a qual a inclinação varia em relação a x em um ponto $P(x, y)$ é o negativo da inclinação da reta tangente em $P(x, y)$.

17. a) Dê o domínio da função $y = x^{2/3}$.

    b) Dê o intervalo I de definição sobre o qual $y = x^{2/3}$ é uma solução da equação diferencial $3xy' - 2y = 0$.

18. a) Observe que a família a um parâmetro $y^2 - 2y = x^2 - x + c$ é uma solução implícita da equação diferencial $(2y - 2)y' = 2x - 1$.

    b) Encontre um membro da família de um parâmetro da parte (a) que satisfaça a condição inicial $y(0) = 1$.

    c) Use seu resultado do item (b) para encontrar uma *função* explícita $y = \phi(x)$ que satisfaça $y(0) = 1$. Dê o domínio de ϕ. A função $y = \phi(x)$ é uma *solução* do problema de valor inicial? Se afirmativo, dê o seu intervalo I de definição; caso contrário, explique.

19. Dado que $y = x - 2/x$ é uma solução da ED $xy' + y = 2x$, encontre x_0 e o maior intervalo I para o qual $y(x)$ é uma solução do PVI de primeira ordem $xy' + y = 2x$, $y(x_0) = 1$.

20. Suponha que $y(x)$ denote a solução do PVI de primeira ordem $y' = x^2 + y^2$, $y(1) = -1$ e que $y(x)$ possuía pelo menos uma segunda derivada em $x = 1$, nas proximidades de $x = 1$. Use a ED para determinar se $y(x)$ é crescente ou decrescente e se o gráfico $y(x)$ tem concavidade para cima ou para baixo.

21. Uma equação diferencial pode ter mais de uma família de soluções.

   a) Plote diferentes membros das famílias $y = \phi_1(x) = x^2 + c_1$ e $y = \phi_2(x) = -x^2 + c_2$.

   b) Verifique que $y = \phi_1(x)$ e $y = \phi_2(x)$ são duas soluções da equação diferencial não linear de primeira ordem $(y')^2 = 4x^2$.

   c) Construa uma função definida por partes que seja uma solução da ED não linear do item (b), mas não seja um membro da outra família de soluções do item (a).

22. Qual é a inclinação da reta tangente ao gráfico da solução de $y' = 6\sqrt{y} + 5x^3$ que passa por $(-1, 4)$?

Nos problemas 23-26, verifique que a função indicada é uma solução particular da equação diferencial dada. Dê um intervalo de definição I para cada solução.

23. $y'' + y = 2\cos x - 2\operatorname{sen} x$; $\quad y = x\operatorname{sen} x + x\cos x$

24. $y'' + y = \sec x$; $\quad y = x\operatorname{sen} x + (\cos x)\ln(\cos x)$

25. $x^2 y'' + xy' + y = 0$; $\quad y = \operatorname{sen}(\ln x)$

26. $x^2 y'' + xy' + y = \sec(\ln x)$;
$y = \cos(\ln x)\ln(\cos(\ln x)) + (\ln x)\operatorname{sen}(\ln x)$

Nos problemas 27-30 verifique que a expressão indicada é uma solução implícita da equação diferencial dada.

27. $x\frac{dy}{dx} + y = \frac{1}{y^2}$; $\quad x^3 y^3 = x^3 + 1$

28. $\left(\frac{dy}{dx}\right)^2 + 1 = \frac{1}{y^2}$; $\quad (x - 5)^2 + y^2 = 1$

29. $y'' = 2y(y')^3$; $\quad y^3 + 3y = 1 - 3x$

30. $(1 - xy)y' = y^2$; $\quad y = e^{xy}$

Nos Problemas 31-34, $y = c_1 e^{3x} + c_2 e^{-x} - 2x$ é uma família de dois parâmetros da ED de segunda ordem $y'' - 2y' - 3y = 6x + 4$. Encontre uma solução para o PVI de segunda ordem consistindo desta equação diferencial e as condições iniciais dadas.

31. $y(0) = 0$, $y'(0) = 0$

32. $y(0) = 1$, $y'(0) = -3$

33. $y(1) = 4$, $y'(1) = -2$

34. $y(-1) = 0$, $y'(-1) = 1$

35. O gráfico de uma solução do problema de valor inicial de segunda ordem $d^2 y/dx^2 = f(x, y, y')$, $y(2) = y_0$, $y'(2) = y_1$ é dado na Figura 1.R.1. Use o gráfico para estimar os valores de y_0 e y_1.

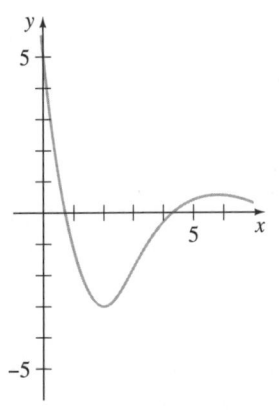

FIGURA 1.R.1 Gráfico para o Problema 35.

36. Um tanque com a forma de um cilindro circular reto com raio de 2 pés e altura de 10 pés está na vertical sobre uma das bases. Se o tanque estiver inicialmente cheio de água e ela vaza por um buraco circular em sua base inferior com raio de $\frac{1}{2}$ pol, determine a equação diferencial para a altura h da água em um instante $t > 0$. Ignore o atrito e a contração da água no buraco.

37. O número de camundongos campestres em um certo pasto é dado pela função $200 - 10t$, em que t é dado pelo número de anos. Determine a equação diferencial que governa uma população de corujas que se alimentam dos camundongos se a taxa de crescimento da população de corujas é proporcional à diferença entre o número de corujas em um dado instante t e o número de camundongos no mesmo instante $t > 0$.

38. Suponha que $dA/dt = -0{,}0004332 A(t)$ represente um modelo matemático para a desintegração radioativa do rádio-226, em que $A(t)$ é a quantidade de rádio (medida em gramas) restantes em um dado instante t (medido em anos). Quanto da amostra de rádio resta em um dado instante t quando a amostra está sofrendo desintegração a uma taxa de $0{,}002$ g/ano?

2 EQUAÇÕES DIFERENCIAIS DE PRIMEIRA ORDEM

2.1 Curvas integrais sem solução
  2.1.1 Campos direcionais
  2.1.2 EDs autônomas de primeira ordem
2.2 Equações separáveis
2.3 Equações lineares
2.4 Equações exatas
2.5 Soluções por substituição
2.6 Um método numérico
Revisão do Capítulo 2

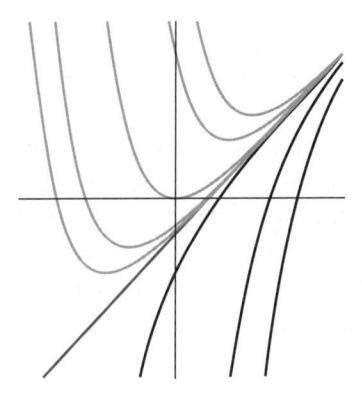

A história da matemática está repleta de pessoas que dedicaram grande parte de suas vidas para resolver equações – no início equações algébricas e depois, ao final, equações diferenciais. Nas Seções 2.2-2.5 vamos estudar alguns dos métodos analíticos mais importantes para resolver EDs de primeira ordem. Entretanto, antes de começar a resolver alguma coisa, você deve estar ciente de dois fatos: é possível para uma equação diferencial não ter soluções, e uma equação diferencial pode possuir soluções, ainda que possa não existir nenhum um método analítico para resolvê-la. Nas Seções 2.1 e 2.6 não resolveremos EDs, mas sim mostraremos como recolher informação referente a soluções diretamente da equação. Na Seção 2.1, veremos como EDs fornecem informações qualitativas sobre os gráficos que nos permitem esboçar aproximações de curvas soluções. Na Seção 2.6, usamos a equação diferencial para a construir um procedimento chamado método numérico para aproximar soluções.

2.1 CURVAS INTEGRAIS SEM SOLUÇÃO

MATERIAL ABORDADO
- A primeira derivada como a inclinação de uma reta tangente
- O sinal algébrico da primeira derivada indica se a função é crescente ou decrescente

INTRODUÇÃO
Vamos imaginar por um momento que temos uma equação diferencial de primeira ordem na forma normal $dy/dx = f(x, y)$; além disso, não podemos encontrar nem inventar um método para resolvê-la analiticamente. Essa situação não é tão ruim quanto parece, pois a equação diferencial em si pode, em alguns casos, fornecer informações a respeito do comportamento de suas soluções.

Começamos nosso estudo de equações diferenciais de primeira ordem com duas formas qualitativas de análise de uma ED. Ambas as formas possibilitam a determinação aproximada da curva que uma solução deve apresentar sem realmente determinar uma solução.

2.1.1 CAMPOS DIRECIONAIS

ALGUMAS QUESTÕES FUNDAMENTAIS
Vimos na Seção 1.2 que, sempre que $f(x, y)$ e $\partial f/\partial y$ satisfazem determinadas condições de continuidade, questões qualitativas sobre a existência e a unicidade de soluções podem ser respondidas. Nesta seção veremos que outras questões qualitativas sobre propriedades da solução – Como uma solução se comporta nas proximidades de um determinado ponto? Como uma solução se comporta quando $x \to \infty$? – podem frequentemente ser respondidas quando a função f depende somente da variável y. Vamos começar, porém, com um conceito simples de cálculo:

A derivada dy/dx de uma função diferenciável $y = y(x)$ dá as inclinações das retas tangentes em pontos sobre seu gráfico.

INCLINAÇÃO
Como uma solução $y = y(x)$ de uma equação diferencial de primeira ordem

$$\frac{dy}{dx} = f(x, y) \tag{1}$$

é necessariamente uma função diferenciável em seu intervalo de definição I, ela deve também ser contínua em I. Assim, a curva integral correspondente em I não deve ter interrupções e deve ter uma reta tangente em cada ponto $(x, y(x))$. A função f em sua forma normal é chamada de função inclinação ou taxa de variação. A inclinação da reta tangente em $(x, y(x))$ sobre uma curva integral é o valor de sua primeira derivada dy/dx nesse ponto e sabemos de (1)

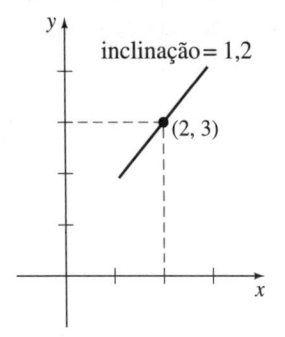

(a) Elemento linear em um ponto

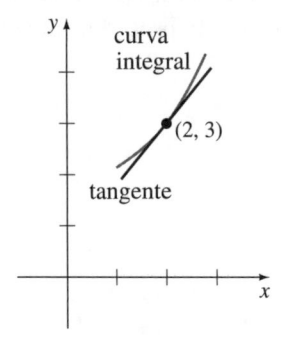

(b) O elemento linear é uma tangente à curva integral que passa pelo ponto

FIGURA 2.1.1 Uma curva solução é tangente ao elemento linear em (2,3).

que este é o valor da função inclinação: $f(x, y(x))$. Suponha agora que (x, y) represente qualquer ponto em uma região do plano xy sobre o qual a função f está definida. O valor $f(x, y)$ que a função atribui ao ponto representa a inclinação de uma reta ou, como iremos pensar, um segmento de reta denominado **elemento linear**. Por exemplo, consideremos a equação $dy/dx = 0{,}2xy$, onde $f(x, y) = 0{,}2xy$. No ponto, digamos, $(2, 3)$, a inclinação de um elemento linear é $f(2, 3) = 1{,}2$. A Figura 2.1.1(a) mostra um segmento de reta com inclinação 1,2 passando por $(2, 3)$. Conforme mostrado na Figura 2.1.1(b), *se* uma curva integral também passar pelo ponto $(2, 3)$, fará isso tangenciando esse segmento de reta; em outras palavras, o elemento linear é uma miniatura da reta tangente nesse ponto.

CAMPO DE DIREÇÕES

Se sistematicamente calcularmos f sobre uma malha retangular de pontos (x, y) no plano xy e em cada ponto (x, y) desenharmos um elemento linear com a inclinação $f(x, y)$, a coleção de todos os elementos lineares será chamada de **campo de direções** ou **campo de inclinações** da equação diferencial $dy/dx = f(x, y)$. Visualmente, o campo de direções sugere a aparência ou forma de uma família de curvas integrais da equação diferencial e, consequentemente, pode ser possível vislumbrar determinados aspectos qualitativos das soluções – por exemplo, regiões no plano nas quais uma solução exibe um comportamento não usual. Uma única curva integral que atravessa um campo de direções deve acompanhar o padrão de fluxo do campo; ela é tangente a um elemento linear quando intercepta um ponto da malha. A Figura 2.1.2 apresenta um campo direcional gerado computacionalmente de uma equação diferencial $dy/dx = \text{sen}(x + y)$ em uma região do plano xy. Note como as três curvas soluções apresentadas seguem o fluxo do campo.

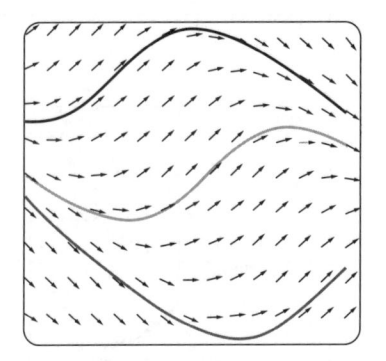

FIGURA 2.1.2 Curvas solução seguindo o fluxo de um campo direcional.

EXEMPLO 1 Campo direcional

O campo direcional para a equação diferencial $dy/dx = 0{,}2xy$ apresentada na Figura 2.1.3(a) foi obtido através de um programa de computador no qual um malha de pontos 5×5 (mh, nh), m e n inteiros, foi definida fazendo $-5 \le m \le 5$, $-5 \le n \le 5$, e $h = 1$. Na Figura 2.1.3(a), observe que em qualquer ponto ao longo do eixo $x(y = 0)$ e do eixo $y(x = 0)$ as inclinações são $f(x, 0) = 0$ e $f(0, y) = 0$, respectivamente, de tal forma que os elementos lineares são horizontais. Além disso, observe no primeiro quadrante que, para um valor fixo de x, os valores de $f(x, y) = 0{,}2xy$ crescem à medida que y cresce; da mesma forma, para um valor fixo de y, os valores de $f(x, y) = 0{,}2xy$ aumentam à medida que x aumenta. Isso significa que, quando x e y aumentam, os elementos lineares ficam quase verticais e têm inclinação positiva ($f(x, y) = 0{,}2xy > 0$ para $x > 0$, $y > 0$). No segundo quadrante, $|f(x, y)|$ aumenta à medida que $|x|$ e y aumentam e, portanto, os elementos lineares novamente ficam quase verticais, mas têm inclinação negativa ($f(x, y) = 0{,}2xy < 0$ para $x < 0$, $y > 0$). Lendo da esquerda para a direita, imagine uma curva integral que começa em um ponto no segundo quadrante, move-se abruptamente para baixo, torna-se achatada quando passa pelo eixo y e então se move abruptamente para cima à medida que entra no primeiro quadrante – em outras palavras, tem um

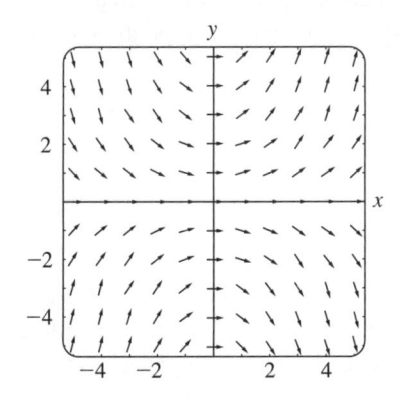

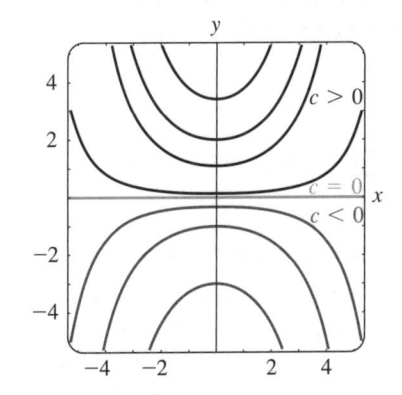

(a) Campo direcional para $dy/dx = 0{,}2xy$

(b) Algumas curvas integrais na família $y = ce^{0{,}1x^2}$

FIGURA 2.1.3 Campo direcional e curvas solução no Exemplo 1.

formato côncavo para cima semelhante a uma ferradura. Disso tudo pode-se presumir que $y \to \infty$ quando $x \to \pm\infty$. Agora, no terceiro e quarto quadrante, uma vez que $f(x,y) = 0{,}2xy > 0$ e $f(x,y) = 0{,}2xy < 0$, respectivamente, a situação é inversa; uma curva integral cresce e depois decresce à medida que vamos da esquerda para a direita. Vimos em (1) da Seção 1.1 que $y = e^{0{,}1x^2}$ é uma solução explícita da equação diferencial $dy/dx = 0{,}2xy$; você deve observar que a família a um parâmetro de soluções da mesma equação é dada por $y = ce^{0{,}1x^2}$. Alguns gráficos representativos de membros dessa família são apresentados na Figura 2.1.3(a) para permitir a comparação com a Figura 2.1.3(b). ∎

EXEMPLO 2   Campo direcional

Use um campo direcional para esboçar uma curva integral aproximada para o problema de valor inicial $dy/dx = \operatorname{sen} y$, $y(0) = -\tfrac{3}{2}$.

SOLUÇÃO

Antes de prosseguir, lembre-se de que, da continuidade de $f(x,y) = \operatorname{sen} y$ e $\partial f/\partial y = \cos y$, o Teorema 1.2.1 garante a existência de uma única curva integral que passa por cada ponto (x_0, y_0) especificado no plano. A seguir, aplicamos nosso software novamente para uma região retangular 5×5 e especificamos (em decorrência da condição inicial) pontos na região com separação vertical e horizontal de $\tfrac{1}{2}$ unidade – isto é, nos pontos definidos por (mh, nh), $h = \tfrac{1}{2}$, m e n inteiros tais que $-10 \le m \le 10$, $-10 \le n \le 10$. O resultado é mostrado na Figura 2.1.4. Como o lado direito de $dy/dx = \operatorname{sen} y$ é zero em $y = 0$ e em $y = -\pi$, os elementos lineares são horizontais em todos os pontos cuja segunda coordenada é $y = 0$ ou $y = -\pi$. Faz sentido então que uma curva integral que passa pelo ponto inicial $(0, -\tfrac{3}{2})$ tenha a forma mostrada na figura. ∎

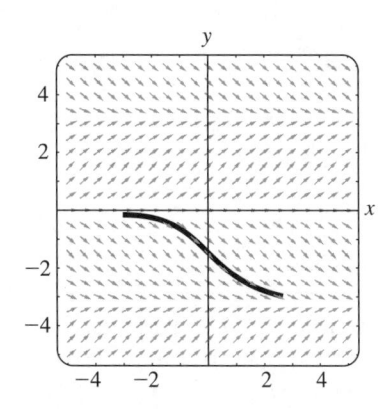

FIGURA 2.1.4 O campo direcional para o Exemplo 2.

CRESCENTE/DECRESCENTE

A interpretação da derivada dy/dx como uma função que dá a inclinação exerce um papel chave na construção de um campo direcional. Uma outra propriedade reveladora da derivada primeira será usada a seguir; isto é, se $dy/dx > 0$ (ou $dy/dx < 0$) para todo x em um intervalo I, uma função diferenciável $y = y(x)$ é crescente (ou decrescente) em I.

OBSERVAÇÕES

Esboçar um campo direcional à mão é bastante simples, mas consome muita energia; é provavelmente uma dessas tarefas cuja execução podemos justificar uma ou duas vezes na vida, mas de forma geral é bem mais eficiente realizar esse trabalho através de um programa de computador. Antes das calculadoras, PCs e programas, o **método das isóclinas** foi usado para facilitar o esboço do campo direcional. Para a ED $dy/dx = f(x,y)$, qualquer elemento da família das curvas $f(x,y) = c$, c constante, é chamada de **isóclina**. Elementos lineares desenhados através de pontos em uma isóclina específica, digamos $f(x,y) = c_1$, têm a mesma inclinação c_1. No Problema 15 nos Exercícios 2.1 há dois casos para o esboço à mão de um campo direcional.

2.1.2   EDs AUTÔNOMAS DE PRIMEIRA ORDEM

EDs AUTONÔMAS DE PRIMEIRA ORDEM

Na Seção 1.1, dividimos as classes de equações diferenciais ordinárias em dois tipos: lineares e não lineares. Vamos agora considerar brevemente um outro tipo de classificação das equações diferenciais ordinárias, de particular importância em sua investigação qualitativa. Uma equação diferencial na qual a variável independente não aparece explicitamente é chamada de **autônoma**. Se o símbolo x representar uma variável independente, uma equação diferencial de primeira ordem autônoma poderá ser escrita como $F(y, y') = 0$ ou, na forma normal, como

$$\frac{dy}{dx} = f(y). \tag{2}$$

Vamos supor aqui que a função f em (2) e sua derivada f' são funções contínuas de y em algum intervalo I. As equações de primeira ordem

$$\frac{dy}{dx} = 1 + y^2 \overset{f(y)}{} \quad \text{e} \quad \frac{dy}{dx} = 0{,}2xy \overset{f(x,y)}{}$$

são, respectivamente, autônoma e não autônoma.

Muitas equações diferenciais encontradas em aplicações, como equações que são modelos de leis físicas que não variam no tempo, são autônomas. Como já vimos na Seção 1.3, em um contexto prático, outros símbolos que não y e x são usados rotineiramente para representar as variáveis dependente e independente. Por exemplo, se t representar o tempo, o exame de

$$\frac{dA}{dt} = kA, \quad \frac{dx}{dt} = kx(n+1-x), \quad \frac{dT}{dt} = k(T - T_m) \quad \text{e} \quad \frac{dA}{dt} = 6 - \frac{1}{100}A$$

onde k, n e T_m são constantes, mostra que cada equação é independente do tempo. Realmente, *todas* as equações diferenciais de primeira ordem introduzidas na Seção 1.3 são independentes no tempo e, portanto, autônomas.

PONTOS CRÍTICOS

Os zeros da função f em (2) são de especial importância. Dizemos que um número real c é um ponto crítico da equação diferencial autônoma (2) se for um zero de f – isto é, se $f(c) = 0$. Um ponto crítico é também chamado de **ponto de equilíbrio** ou **ponto estacionário**. Observe agora que, se substituirmos $y(x) = c$ em (2), ambos os lados da equação serão iguais a zero. Isso quer dizer que:

Se c for um ponto crítico de (2), então $y(x) = c$ é uma solução constante da equação autônoma.

Uma solução constante $y(x) = c$ de (2) é chamada de **solução de equilíbrio**; os equilíbrios são as *únicas* soluções constantes de (2).

Conforme mencionado anteriormente, podemos dizer quando uma solução não constante $y = y(x)$ de (2) é crescente ou decrescente determinando o sinal algébrico da derivada dy/dx; no caso (2) fazemos isso identificando os intervalos sobre o eixo y nos quais $f(y)$ é positiva ou negativa.

EXEMPLO 3   Uma equação diferencial autônoma

A equação diferencial

$$\frac{dP}{dt} = P(a - bP),$$

em que a e b são positivos e constantes, tem a forma normal $dP/dt = f(P)$, que é (2) com t e P no lugar de x e y, respectivamente, e portanto é autônoma. De $f(P) = P(a - bP) = 0$ vemos que 0 e a/b são pontos críticos da equação e, portanto, as soluções de equilíbrio são $P(t) = 0$ e $P(t) = a/b$. Colocando os pontos críticos sobre uma reta vertical, dividimos essa reta em três intervalos definidos como: $-\infty < P < 0$, $0 < P < a/b$ e $a/b < P < \infty$. As setas sobre a reta mostrada na Figura 2.1.5 indicam o sinal algébrico de $f(P) = P(a - bP)$ nesses intervalos e também se uma solução não constante $P(t)$ é crescente ou decrescente no intervalo. A tabela a seguir explica a figura.

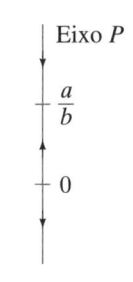

Eixo P

$\dfrac{a}{b}$

0

FIGURA 2.1.5
Retrato de fase da ED no Exemplo 3.

Intervalo	Sinal de $f(P)$	$P(t)$	Seta
$(-\infty, 0)$	subtração	decrescente	aponta para baixo
$(0, a/b)$	adição	crescente	aponta para cima
$(a/b, \infty)$	subtração	decrescente	aponta para baixo

■

A Figura 2.1.5 é chamada de **retrato de fase unidimensional** ou simplesmente de **retrato de fase** da equação diferencial $dP/dt = P(a - bP)$. A reta vertical é chamada de **reta de fase**.

CURVAS INTEGRAIS

Sem resolver uma equação diferencial autônoma, podemos geralmente dizer muita coisa sobre suas curvas integrais. Uma vez que a função f em (2) não depende da variável x, podemos considerar f definida para $-\infty < x < \infty$ ou para $0 \leq x < \infty$. Além disso, como f e sua derivada f' são funções contínuas de x em algum intervalo I do eixo y, o resultado fundamental do Teorema 1.2.1 é válido em alguma faixa horizontal ou região R no plano xy correspondente a I; portanto, por qualquer ponto (x_0, y_0) em R passa uma única curva integral de (2). Veja a Figura 2.1.6(a). A título de discussão, vamos supor que (2) tenha exatamente dois pontos críticos, c_1 e c_2, e que $c_1 < c_2$. Os gráficos das soluções de equilíbrio $y(x) = c_1$ e $y(x) = c_2$ são retas horizontais que dividem a região R em três sub-regiões, R_1, R_2 e R_3, conforme ilustrado na Figura 2.1.6(b). Sem prova, seguem algumas conclusões que podem ser tiradas sobre uma solução não constante $y(x)$ de (2):

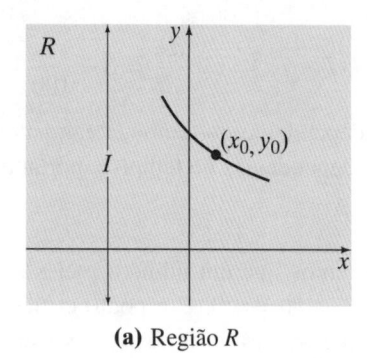

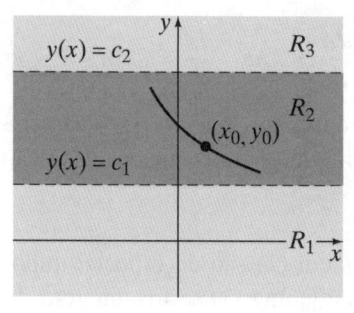

(a) Região R

(b) Sub-regiões R_1, R_2 e R_3 de R

FIGURA 2.1.6 Linhas $y(c) = c_1$ e $y(x) = c_2$ dividem R em três sub-regiões horizontais.

- Se (x_0, y_0) estiverem em uma sub-região R_i, $i = 1, 2, 3$ e $y(x)$ for uma solução cujo gráfico passa por esse ponto, $y(x)$ permanecerá na sub-região para todo x. Conforme ilustrado na Figura 2.1.6(b), a solução $y(x)$ em R_2 está limitada abaixo por c_1 e acima por c_2; isto é, $c_1 < y(x) < c_2$ para todo x. A curva integral fica dentro de R_2 para todo x, pois o gráfico de uma solução não constante de (2) não pode cruzar os gráficos de cada uma das soluções de equilíbrio, $y(x) = c_1$ ou $y(x) = c_2$. Veja o Problema 33 nos Exercícios 2.1.

- Pela continuidade de f, devemos ter ou $f(y) > 0$ ou $f(y) < 0$ para todo x em uma sub-região R_i, $i = 1, 2, 3$. Em outras palavras, $f(y)$ não pode mudar de sinal em uma sub-região. Veja o Problema 33 nos Exercícios 2.1.

- Uma vez que $dy/dx = f(y(x))$ é ou positiva ou negativa em uma sub-região, a solução $y(x)$ é estritamente monotônica – isto é, $y(x)$ é ou crescente ou decrescente em uma sub-região R_i, $i = 1, 2, 3$. Portanto $y(x)$ não pode ser oscilatória nem ter um extremo relativo (máximo ou mínimo). Veja o Problema 33 nos Exercícios 2.1.

- Se $y(x)$ é *limitada superiormente* por um ponto crítico c_1 (como na sub-região R_1 em que $y(x) < c_1$ para todo x), então um gráfico de $y(x)$ deve aproximar um gráfico da solução de equilíbrio $y(x) < c_1$ para $x \to \infty$ ou para $x \to -\infty$. Se $y(x)$ é dita *limitada* – isto é, limitada tanto acima como abaixo por dois pontos críticos consecutivos (como na sub-região R_2 em que $c_1 < y(x) < c_2$ para todo x) – então o gráfico de $y(x)$ deve aproximar os gráficos das soluções de equilíbrio $y(x) = c_1$ e $y(x) = c_2$, um para $x \to \infty$ e a outra para $x \to -\infty$. Se $y(x)$ é *limitada inferiormente* por um ponto crítico (como na sub-região R_3 em que $c_2 < y(x)$ para todo x), então o gráfico de $y(x)$ deve aproximar o gráfico da solução de equilíbrio $y(x) = c_2$ para $x \to \infty$ ou $x \to -\infty$. Veja o Problema 34 nos Exercícios 2.1.

Levando em consideração os fatos anteriores, vamos reexaminar a equação diferencial do Exemplo 3.

EXEMPLO 4 Exemplo 3 revisado

Os três intervalos determinados no eixo P – ou na reta de fase – pelos pontos críticos $P = 0$ e $P = a/b$ correspondem agora no plano tP a três sub-regiões:

$$R_1: -\infty < P < 0, \quad R_2: 0 < P < a/b \quad \text{e} \quad R_3: a/b < P < \infty,$$

onde $-\infty < t < \infty$. O retrato de fase na Figura 2.1.7 nos diz que $P(t)$ é decrescente em R_1, crescente em R_2 e decrescente em R_3. Se $P(0) = P_0$ for um valor inicial, então em R_1, R_2 e R_3 temos, respectivamente, o seguinte:

(i) Para $P_0 < 0$, $P(t)$ é limitada superiormente. Como $P(t)$ é decrescente, $P(t)$ decresce sem limitação para t crescente e $P(t) \to 0$ quando $t \to -\infty$. Isto significa que no eixo t negativo, o gráfico da solução de equilíbrio $P(t) = 0$ é uma assíntota horizontal para uma curva integral.

(ii) Para $0 < P_0 < a/b$, $P(t)$ é limitada. Como $P(t)$ é crescente, $P(t) \to a/b$ quando $t \to \infty$ e $P(t) \to 0$ quando $t \to -\infty$. Os gráficos das duas soluções de equilíbrio $P(t) = 0$ e $P(t) = a/b$ são linhas horizontais que são assíntotas horizontais para toda curva integral que comece nessa sub-região.

(iii) Para $P_0 > a/b$, $P(t)$ é limitada abaixo. Como $P(t)$ é decrescente, $P(t) \to a/b$ quando $t \to \infty$. O gráfico da solução de equilíbrio $P(t) = a/b$ é uma assíntota horizontal da curva solução.

Na Figura 2.1.7, a linha de fase é o eixo P no plano tP. A título de clarificação, a linha de fase original da Figura 2.1.5 é reproduzida na esquerda do plano em que as sub-regiões R_1, R_2 e R_3 são sombreadas. Os gráficos das soluções de equilíbrio $P = a/b$ e $P = 0$ (o eixo t) são mostrados na figura com linhas tracejadas; as curvas cheias representam gráficos típicos de $P(t)$, ilustrando os três casos que acabamos de discutir. ∎

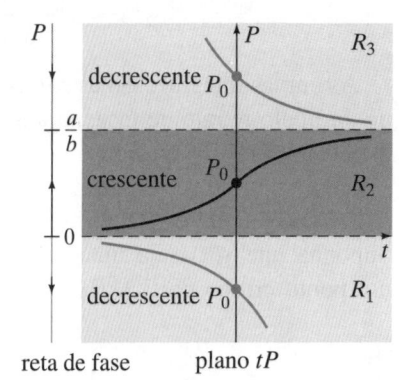

FIGURA 2.1.7 Gráfico das fases e curvas solução no Exemplo 4.

Em uma sub-região tal como R_1 no Exemplo 4, onde $P(t)$ é decrescente e ilimitada inferiormente, devemos ter necessariamente $P(t) \to -\infty$. *Não interprete essa última afirmativa como se $P(t) \to -\infty$ quando $t \to \infty$;* poderíamos ter $P(t) \to -\infty$ quando $t \to T$, onde $T > 0$ é um número finito que depende da condição inicial $P(t_0) = P_0$. Pensando em termos dinâmicos, $P(t)$ poderia "explodir" em tempo finito; pensando graficamente, $P(t)$ poderia ter uma assíntota vertical em $t = T > 0$. Uma observação similar é válida para a sub-região R_3.

A equação diferencial $dy/dx = \operatorname{sen} y$ do Exemplo 2 é autônoma e tem um número infinito de pontos críticos, uma vez que $\operatorname{sen} y = 0$ em $y = n\pi$, n inteiro. Além disso, como a solução $y(x)$ que passa por $(0, -\tfrac{3}{2})$ é limitada superiormente e inferiormente por dois pontos críticos consecutivos $(-\pi < y(x) < 0)$ e é decrescente ($\operatorname{sen} y < 0$ para $-\pi < y < 0$), o gráfico de $y(x)$ deve aproximar os gráficos das soluções equilíbrio na forma de assíntotas horizontais; $y(x) \to -\pi$ quando $x \to \infty$ e $y(x) \to 0$ quando $x \to -\infty$.

EXEMPLO 5 Curvas integrais de uma ED autônoma

A equação autônoma $dy/dx = (y - 1)^2$ tem $y = 1$ como único ponto crítico. Do retrato de fase na Figura 2.1.8(a) concluímos que uma solução $y(x)$ é uma função crescente nas sub-regiões do plano xy definidas pelas desigualdades $-\infty < y < 1$ e $1 < y < \infty$. Para uma condição inicial $y(0) = y_0 < 1$, uma solução $y(x)$ é crescente e limitada superiormente por 1 e, portanto, $y(x) \to 1$ quando $x \to \infty$; para $y(0) = y_0 > 1$, uma solução $y(x)$ é crescente e ilimitada.

(a) reta de fase   (b) plano xy, $y(0) < 1$ (c) plano xy, $y(0) > 1$

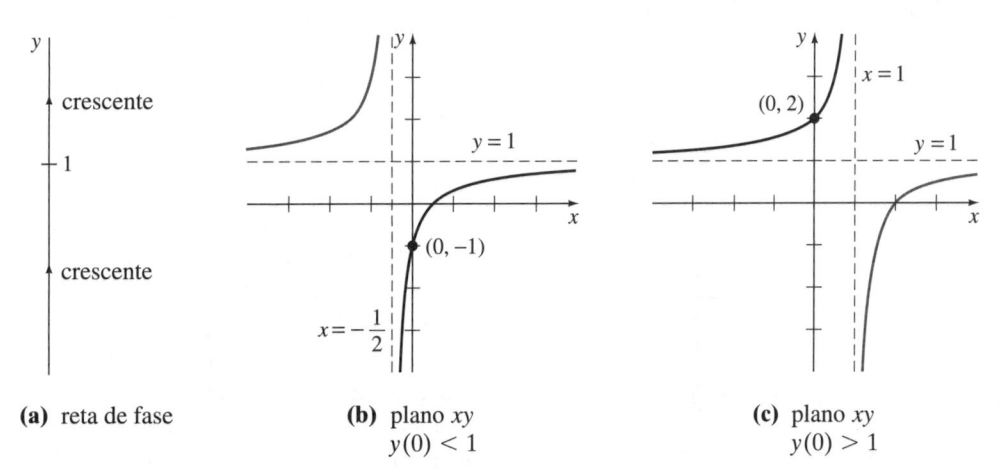

FIGURA 2.1.8 Comportamento de soluções nas proximidades de $y = 1$ no Exemplo 5.

Agora, $y(x) = 1 - 1/(x + c)$ é uma família a um parâmetro de soluções da equação diferencial. (Veja o Problema 10 nos Exercícios 2.2.) Uma dada condição inicial determina um valor para c. Para as condições iniciais, digamos, $y(0) = -1 < 1$ e $y(0) = 2 > 1$, encontramos, por sua vez, $y(x) = 1 - 1/(x + \frac{1}{2})$ e $y(x) = 1 - 1/(x - 1)$. Conforme mostrado nas figuras 2.1.8(b) e 2.1.8(c), o gráfico de cada uma dessas *funções* tem uma assíntota vertical. Mas tenha em mente que as *soluções* dos problemas de valor inicial

$$\frac{dy}{dx} = (y - 1)^2, \quad y(0) = -1 \quad \text{e} \quad \frac{dy}{dx} = (y - 1)^2, \quad y(0) = 2$$

são funções definidas em intervalos especiais. Elas são, respectivamente,

$$y(x) = 1 - \frac{1}{x + \frac{1}{2}}, \quad -\frac{1}{2} < x < \infty \quad \text{e} \quad y(x) = 1 - \frac{1}{x - 1}, \quad -\infty < x < 1.$$

As curvas integrais são as partes dos gráficos nas figuras 2.1.8(b) e 2.1.8(c) mostradas em linha preta. Conforme predito pelo retrato de fase, para a solução na Figura 2.1.8(b), $y(x) \to 1$ quando $x \to \infty$; para a solução na Figura 2.1.8(c), $y(x) \to \infty$ quando $x \to 1$ pela esquerda. ∎

ATRATORES E REPULSORES

Suponha que $y(x)$ seja uma solução não constante da equação diferencial autônoma dada em (1) e que c seja um ponto crítico da ED. Existem basicamente três tipos de comportamento que $y(x)$ pode apresentar perto de c.

Na Figura 2.1.9, temos colocado c em quatro linhas de fase verticais. Quando ambas as pontas de seta de cada lado do ponto c apontam para c, como na Figura 2.1.9(a), todas as soluções de $y(x)$ de (1) que partem de um ponto inicial de $R(x_0, y_0)$ suficientemente perto de c exibem o comportamento assintótico $\lim_{x \to \infty} y(x) = c$. Por esta razão, o ponto crítico c é dito **assintoticamente estável**. Usando uma analogia física, uma solução que comece perto de c é similar a uma partícula carregada que, ao longo do tempo, é atraída por outra de carga oposta, como um **atrator**. Quando ambas as pontas de seta de cada lado do ponto c apontam *para longe* de c, como na Figura 2.1.9(b), todas as soluções $y(x)$ de (1) que começam a partir de um ponto inicial (x_0, y_0) afastam-se de c conforme x aumenta. Neste caso, o ponto crítico c é dito **instável**. Um ponto crítico instável é também chamado **repulsor**, por razões óbvias. O ponto crítico c ilustrado nas Figuras 2.1.9(c) e 2.1.9(d) não é atrator nem repulsor. Mas, uma vez que c exibe características de um atrator e de um repulsor – isto é, uma solução começando em um ponto inicial (x_0, y_0) suficientemente próximo de c é atraída para c por um lado e repelida pelo outro –, dizemos que este ponto crítico c é **semiestável**. No Exemplo 3, o ponto crítico a/b é assintoticamente estável (atrator) e o ponto crítico 0 é instável (repulsor). O ponto crítico 1 no Exemplo 5 é semiestável.

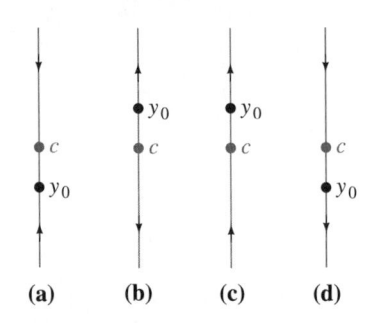

FIGURA 2.1.9 O ponto crítico c é um atrator em (a), um repelidor em (b) e um semiestável em (c) e (d).

EDs AUTÔNOMAS DE CAMPOS DIRECIONAIS

Se uma equação diferencial de primeira ordem é autônoma, então temos do lado direito da sua forma normal, $dy/dx = f(y)$, a inclinação dos elementos lineares através dos pontos usados para construir um campo direcional para a ED, que dependem exclusivamente da coordenada y destes pontos. Dito de outra forma, elementos lineares que passam pelos pontos em todas as linhas *horizontais* devem ter todos a mesma inclinação; no caso da linha *vertical*, a inclinação dos elementos lineares, é claro, variam. Esses fatos são evidentes a partir de inspeção das faixas horizontal e vertical mostradas na Figura 2.1.10, que exibe um campo direcional para a equação autônoma $dy/dx = 2(y - 1)$. Os elementos horizontais destacados na Figura 2.1.10 possuem inclinação nula porque eles correspondem ao gráfico da solução de equilíbrio $y = 1$.

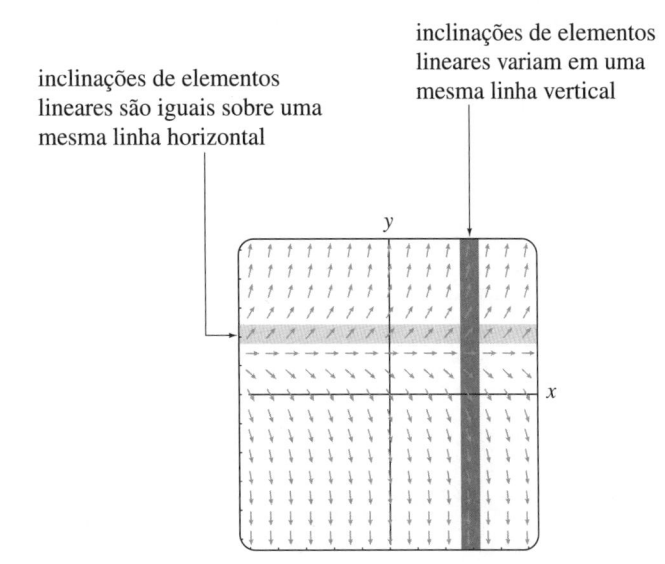

FIGURA 2.1.10 Campo direcional para uma ED autônoma.

PROPRIEDADE DE TRANSLAÇÃO

Você pode lembrar da matemática pré-cálculo que o gráfico de uma função $y = f(x - k)$, onde k é uma constante, é o gráfico de $y = f(x)$ rigidamente transladada ou movida horizontalmente ao longo do eixo x por uma quantidade $|k|$; a translação é para a direita se $k > 0$ e para a esquerda se $k < 0$. Verifica-se que sob as condições estipuladas para (2), as curvas de solução de uma ED de primeira ordem autônoma são relacionadas pelo conceito de translação. Para ver isso, considere a equação diferencial $dy/dx = y(3 - y)$, que é um caso especial de uma equação autônoma considerada nos Exemplos 3 e 4. Porque $y = 0$ e $y = 3$ são soluções de equilíbrio da ED, seus gráficos dividem o plano xy em três subregiões R_1, R_2 e R_3:

$$R_1: -\infty < y < 0, \quad R_2: 0 < y < 3, \quad \text{e} \quad R_3: 3 < y < \infty.$$

Na Figura 2.1.11 nós sobrepomos na direção do campo da ED seis curvas de solução. A figura mostra que todas as curvas de solução de mesma cor, que são, curvas de solução dispostas em uma subregião particular R_i, parecem todas iguais. Isto não é coincidência, mas uma consequência natural do fato de que elementos lineares passando ao longo de pontos de qualquer linha horizontal são paralelos. Dito isso, a seguinte **propriedade de translação** de uma ED autônoma deve fazer sentido:

Se $y(x)$ é uma solução de uma equação diferencial autônoma $dy/dx = f(y)$, então $y_1(x) = y(x - k)$, k uma constante, é também uma solução.

Assim, se $y(x)$ é uma solução do problema de valor inicial $dy/dx = f(y)$, $y(0) = y_0$, então $y_1(x) = y(x - x_0)$ é uma solução do PVI $dy/dx = f(y)$, $y(x_0) = y_0$. Por exemplo, é fácil verificar que $y(x) = e^x$, $-\infty < x < \infty$, é uma solução do PVI $dy/dx = y$, $y(0) = 1$ e assim uma solução $y_1(x)$ de, digamos, $dy/dx = y$, $y(5) = 1$ é $y(x) = e^x$ transladada 5 unidades para a direita:

$$y_1(x) = y(x - 5) = e^{x-5}, -\infty < x < \infty.$$

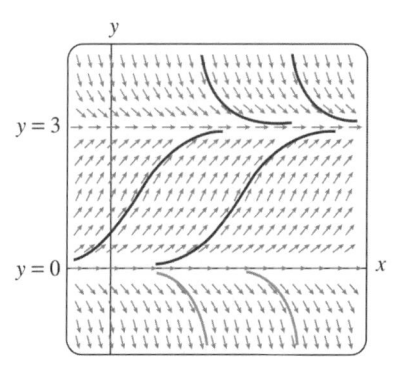

FIGURA 2.1.11 Curvas de solução transladadas de uma ED autônoma

EXERCÍCIOS 2.1

As respostas aos problemas ímpares estão no final do livro.

CAMPOS DIRECIONAIS

Nos problemas 1-4 reproduza o seguinte campo direcional gerado por computador. A seguir, esboce manualmente, uma curva solução aproximada que passe por cada ponto indicado. Use lápis de diferentes cores para cada curva solução.

1. $\dfrac{dy}{dx} = x^2 - y^2$

   a) $y(-2) = 1$ c) $y(0) = 2$
   b) $y(3) = 0$ d) $y(0) = 0$

2. $\dfrac{dy}{dx} = (\operatorname{sen} x) \cos y$

   a) $y(0) = 1$ c) $y(3) = 3$
   b) $y(1) = 0$ d) $y(0) = -5/2$

3. $\dfrac{dy}{dx} = 1 - xy$

   a) $y(0) = 0$ c) $y(2) = 2$
   b) $y(-1) = 0$ d) $y(0) = -4$

4. $\dfrac{dy}{dx} = e^{-0,01xy^2}$

   a) $y(-6) = 0$ c) $y(0) = -4$
   b) $y(0) = 1$ d) $y(8) = -4$

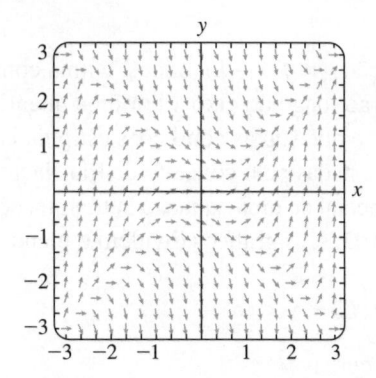

FIGURA 2.1.12 Campo direcional para o Problema 1.

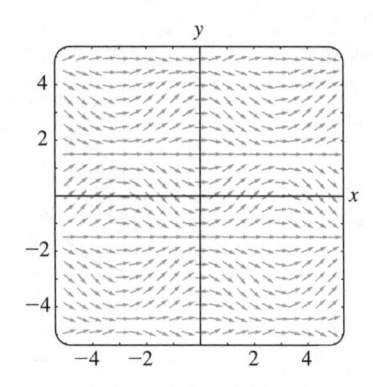

FIGURA 2.1.13 Campo direcional para o Problema 2.

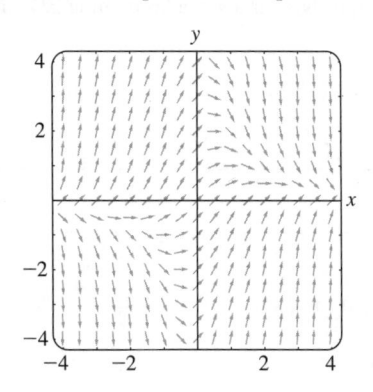

FIGURA 2.1.14 Campo direcional para o Problema 3.

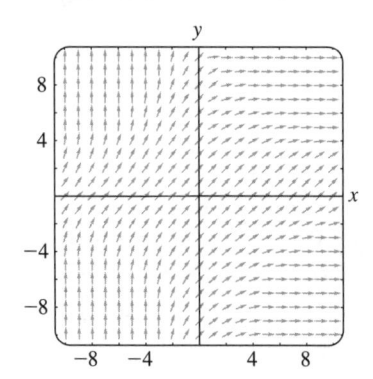

FIGURA 2.1.15 Campo direcional para o Problema 4.

Nos problemas 5-12, use um software para obter um campo direcional para a equação diferencial dada. Esboce à mão uma curva integral aproximada que passe por cada um dos pontos dados.

5. $y' = x$
 a) $y(0) = 0$
 b) $y(0) = -3$

6. $\dfrac{dy}{dx} = \dfrac{1}{y}$
 a) $y(0) = 1$
 b) $y(-2) = -1$

7. $y\dfrac{dy}{dx} = -x$
 a) $y(1) = 1$
 b) $y(0) = 4$

8. $\dfrac{dy}{dx} = xe^y$
 a) $y(0) = -2$
 b) $y(1) = 2,5$

9. $\dfrac{dy}{dx} = 0{,}2x^2 + y$

 a) $y(0) = \dfrac{1}{2}$
 b) $y(2) = -1$

10. $y' = x + y$
 a) $y(-2) = 2$
 b) $y(1) = -3$

11. $y' = y - \cos\dfrac{\pi}{2}x$
 a) $y(2) = 2$
 b) $y(-1) = 0$

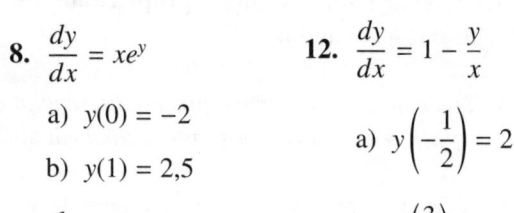

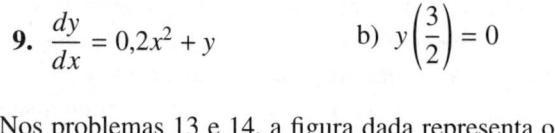

12. $\dfrac{dy}{dx} = 1 - \dfrac{y}{x}$
 a) $y\left(-\dfrac{1}{2}\right) = 2$
 b) $y\left(\dfrac{3}{2}\right) = 0$

Nos problemas 13 e 14, a figura dada representa o gráfico de $f(y)$ e $f(x)$, respectivamente. Esboce à mão um campo direcional sobre uma malha apropriada para $dy/dx = f(y)$ (Problema 13) e, em seguida, para $dy/dx = f(x)$ (Problema 14).

13.

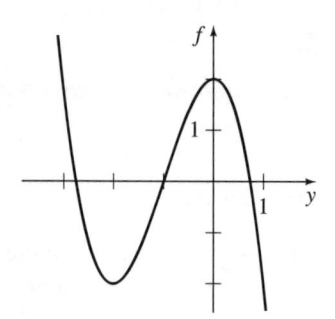

FIGURA 2.1.16 Gráfico para o Problema 13.

14.

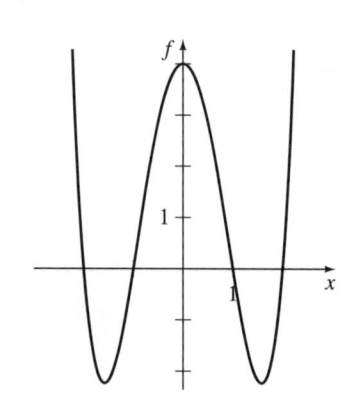

FIGURA 2.1.17 Gráfico para o Problema 14.

15. Nas partes (a) e (b) esboce as curvas de **isóclinas** $f(x,y) = c$ (veja as Observações na página 40) para a dada equação diferencial usando os valores indicados de c. Construa um campo direcional sobre uma malha desenhando cuidadosamente elementos lineares com a inclinação apropriada nos pontos escolhidos em cada curva de isóclina. Para cada caso, use este campo direcional para esboçar uma curva solução aproximada para o PVI consistindo da ED e das condições iniciais $y(0) = 1$.

   a) $dy/dx = x + y$; sendo c inteiro e $-5 \leq c \leq 5$

   b) $dy/dx = x^2 + y^2$; $c = 1, c = \frac{1}{4}, c = \frac{9}{4}, c = 4$

PROBLEMAS PARA DISCUSSÃO

16. a) Considere o campo direcional da equação diferencial $dy/dx = x(y-4)^2 - 2$, mas não use o computador para obtê-lo. Descreva as inclinações dos elementos lineares sobre as retas $x = 0$, $y = 3$, $y = 4$ e $y = 5$.

    b) Considere o problema de valor inicial $dy/dx = x(y-4)^2 - 2$, $y(0) = y_0$, onde $y_0 < 4$. É possível uma solução $y(x) \to \infty$ quando $x \to \infty$? Discuta com base nas informações do item (a).

17. Para a equação diferencial de primeira ordem $dy/dx = f(x,y)$ uma curva no plano definida por $f(x,y) = 0$ é chamada de **nuliclinal**, uma vez que um elemento linear em um ponto sobre a curva tem inclinação zero. Use um software para obter um campo direcional sobre os pontos de uma malha retangular para $dy/dx = x^2 - 2y$ e, então, sobreponha o gráfico da nuliclínica $y = \frac{1}{2}x^2$ sobre o campo direcional. Discuta o comportamento das curvas integrais nas regiões definidas por $y < \frac{1}{2}x^2$ e por $y > \frac{1}{2}x^2$. Esboce algumas curvas integrais aproximadas. Tente generalizar suas observações.

18. a) Identifique as nuliclínicas (veja Problema 17) nos Problemas 1, 2 e 3. Com um lápis colorido, circule qualquer elemento linear nas Figuras 2.1.12, 2.1.13 e 2.1.14 que você considere poder ser um elemento linear em um ponto em uma nuliclínica.

    b) Quais são as nuliclínicas de uma ED de primeira ordem autônoma?

EDs AUTÔNOMAS DE PRIMEIRA ORDEM

19. Considere a equação diferencial de primeira ordem autônoma $dy/dx = y - y^3$ e a condição inicial $y(0) = y_0$. Esboce à mão o gráfico de uma solução típica $y(x)$ quando y_0 tiver os valores dados.

    a) $y_0 > 1$ c) $-1 < y_0 < 0$
    b) $0 < y_0 < 1$ d) $y_0 < -1$

20. Considere a equação diferencial de primeira ordem autônoma $dy/dx = y^2 - y^4$ e a condição inicial $y(0) = y_0$. Esboce à mão o gráfico de uma solução típica $y(x)$ quando y_0 tiver os valores dados.

    a) $y_0 > 1$
    b) $0 < y_0 < 1$
    c) $-1 < y_0 < 0$
    d) $y_0 < -1$

Nos Problemas 21–28, encontre os pontos críticos e o retrato de fase da equação diferencial autônoma de primeira ordem dada. Classifique cada ponto crítico como assintoticamente estável, instável ou semiestável. Esboce à mão curvas integrais típicas nas regiões do plano xy determinadas pelos gráficos das soluções de equilíbrio.

21. $\dfrac{dy}{dx} = y^2 - 3y$ 25. $\dfrac{dy}{dx} = y^2(4 - y^2)$

22. $\dfrac{dy}{dx} = y^2 - y^3$ 26. $\dfrac{dy}{dx} = y(2 - y)(4 - y)$

23. $\dfrac{dy}{dx} = (y - 2)^4$ 27. $\dfrac{dy}{dx} = y \ln(y + 2)$

24. $\dfrac{dy}{dx} = 10 + 3y - y^2$ 28. $\dfrac{dy}{dx} = \dfrac{ye^y - 9y}{e^y}$

Nos Problemas 29 e 30, considere a equação diferencial autônoma $dy/dx = f(y)$, onde o gráfico de f é dado. Use o gráfico para localizar os pontos críticos de cada equação diferencial. Esboce um retrato de fase de cada equação diferencial. Esboce à mão uma curva integral típica nas sub-regiões do plano xy determinadas pelos gráficos das soluções de equilíbrio.

29.

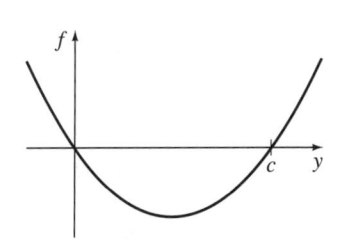

FIGURA 2.1.18 Gráfico para o Problema 29

30.

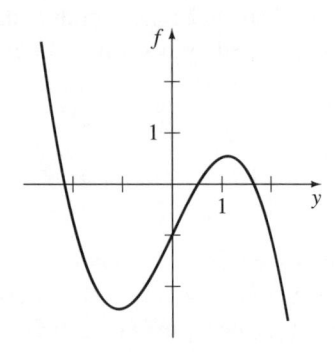

FIGURA 2.1.19 Gráfico para o Problema 30

PROBLEMAS PARA DISCUSSÃO

31. Considere a ED autônoma $dy/dx = (2/\pi)y - \operatorname{sen} y$. Determine os pontos críticos da equação. Discuta uma forma de obter um gráfico de fase da equação. Classifique os pontos críticos como assintoticamente estáveis, instáveis ou semiestáveis.

32. Um ponto crítico c de uma equação diferencial autônoma de primeira ordem é chamado de **isolado** se houver algum intervalo aberto que contenha c mas não contenha nenhum outro ponto crítico. Pode haver uma equação autônoma da forma dada em (1) para a qual *todo* ponto crítico é não isolado? Discuta, mas não se aprofunde.

33. Suponha que $y(x)$ seja uma solução não constante de uma equação diferencial autônoma $dy/dx = f(x)$ e c um ponto crítico da equação diferencial. Discuta por que o gráfico de $y(x)$ não pode cruzar o gráfico da solução de equilíbrio $y = c$. Por que $f(y)$ não pode mudar de sinal em uma das sub-regiões discutidas na página 42? Por que $y(x)$ não pode ser oscilatória ou ter um extremo relativo (máximo ou mínimo)?

34. Suponha que $y(x)$ seja uma solução da equação autônoma $dy/dx = f(y)$ que é limitada acima e abaixo por dois pontos críticos consecutivos $c_1 < c_2$, como na sub-região R_2 da Figura 2.1.6(b). Se $f(y) > 0$ na região, então $\lim_{x \to \infty} y(x) = c_2$. Discuta por que não pode haver um número $L < c_2$ tal que $\lim_{x \to \infty} y(x) = L$. Como parte de sua discussão, considere o que acontece com $y'(x)$ quando $x \to \infty$.

35. Usando a equação autônoma (2), discuta como é possível obter informações sobre a localização de pontos de inflexão de uma curva integral.

36. Considere a equação diferencial autônoma $dy/dx = y^2 - y - 6$. Use as suas ideias do Problema 35 para encontrar intervalos sobre o eixo y para os quais as curvas integrais são côncavas para cima e intervalos para os quais as curvas integrais são côncavas para baixo. Discuta por que *toda* curva integral de um problema de valor inicial da forma $dy/dx = y^2 - y - 6$, $y(0) = y_0$, onde $-2 < y_0 < 3$, tem um ponto de inflexão com a mesma coordenada y. Qual é essa coordenada y? Esboce cuidadosamente a curva integral para a qual $y(0) = -1$. Repita para $y(2) = 2$.

37. Suponha que a ED autônoma em (2) não possua pontos críticos. Discuta o comportamento das soluções.

MODELOS MATEMÁTICOS

38. **Modelo populacional** A equação diferencial no Exemplo 3 é um modelo populacional bem conhecido. Suponha que a ED seja alterada para
$$\frac{dP}{dt} = P(aP - b),$$
em que a e b sejam constantes positivas. Discuta o que acontece com a população P conforme o tempo t aumenta.

39. **Modelo populacional** Outro modelo populacional é dado por:
$$\frac{dP}{dt} = kP - h,$$
em que h e k são constantes positivas. Para que valores iniciais $P(0) = P_0$ este modelo prediz que a população será extinta?

40. **Velocidade terminal** Na Seção 1.3 vimos uma equação diferencial autônoma
$$m\frac{dv}{dt} = mg - kv,$$
onde k é uma constante de proporcionalidade positiva e g, a aceleração devida à gravidade, governa a velocidade v de um corpo de massa m caindo sob a influência da gravidade. Como o termo $-kv$ representa a resistência do ar, a velocidade de um corpo em queda de uma grande altura não aumenta ilimitadamente à medida que o tempo aumenta. Use um retrato de fase da equação diferencial para encontrar a velocidade limite ou final do corpo. Explique seu raciocínio.

41. Suponha que o modelo no Problema 40 seja modificado de forma que a resistência do ar seja proporcional a v^2, isto é,
$$m\frac{dv}{dt} = mg - kv^2.$$

Veja o Problema 17 nos Exercícios 1.3. Use o retrato de fase para encontrar a velocidade terminal do corpo. Explique seu raciocínio.

42. **Reações químicas** Quando determinados tipos de substância química são combinados, a taxa segundo a qual um novo composto é formado é governada pela equação diferencial autônoma

$$\frac{dX}{dt} = k(\alpha - X)(\beta - X),$$

onde $k > 0$ é uma constante de proporcionalidade e $\beta > \alpha > 0$. Aqui, $X(t)$ denota a quantidade em gramas do novo composto formada no tempo t.

a) Com base no retrato de fase da equação diferencial, pode-se predizer o comportamento de X quando $t \to \infty$?

b) Considere o caso em que $\alpha = \beta$. Qual será o comportamento de X quando $t \to \infty$, se $X(0) < \alpha$? Com base no retrato de fase da equação diferencial, você pode predizer o comportamento de X quando $t \to \infty$, se $X(0) > \alpha$?

c) Verifique que uma solução explícita da equação diferencial quando $k = 1$ e $\alpha = \beta$ é $X(t) = \alpha - 1/(t+c)$. Ache uma solução que satisfaça $X(0) = \alpha/2$. Ache uma solução que satisfaça $X(0) = 2\alpha$. Faça um gráfico dessas duas soluções. O comportamento das soluções quando $t \to \infty$ está de acordo com suas respostas no item (b)?

2.2 VARIÁVEIS SEPARÁVEIS

MATERIAL ABORDADO

- Fórmulas de integração básicas (veja no final do livro)
- Técnicas de integração: integração por partes e decomposição em frações parciais
- Veja também o *Manual de Recursos Estudantis*

INTRODUÇÃO

Iniciamos nosso estudo de como resolver equações diferenciais com a mais simples de todas as equações diferenciais: equações de primeira ordem com variáveis separáveis. Como o método nesta seção e muitas técnicas para resolver equações diferenciais envolvem a integração, você deve refrescar sua memória sobre fórmulas importantes (como $\int du/u$) e técnicas (como a integração por partes), consultando um texto sobre cálculo.

SOLUÇÃO POR INTEGRAÇÃO

Considere a equação diferencial de primeira ordem $dy/dx = f(x,y)$. Quando f não depende da variável y, isto é, $f(x,y) = g(x)$, a equação diferencial

$$\frac{dy}{dx} = g(x) \tag{1}$$

pode ser resolvida por integração. Se $g(x)$ é uma função contínua, então integrando ambos os lados de (1) resulta em $y = \int g(x)dx = G(x) + c$, em que $G(x)$ é a antiderivada (integral indefinida) de $g(x)$. Por exemplo, se $dy/dx = 1 + e^{2x}$, então sua solução é $y = \int (1 + e^{2x})dx$ ou $y = x + \frac{1}{2}e^{2x} + c$.

UMA DEFINIÇÃO

A Equação (1), bem como seu método de resolução, é apenas um caso especial de quando f em $dy/dx = f(x,y)$ é produto de uma função de x por uma função de y.

DEFINIÇÃO 2.2.1 **Equação separável**

Uma equação diferencial de primeira ordem da forma

$$\frac{dy}{dx} = g(x)h(y)$$

é chamada de **separável** ou de **variáveis separáveis**.

Por exemplo, as equações

$$\frac{dy}{dx} = y^2 x e^{3x+4y} \quad \text{e} \quad \frac{dy}{dx} = y + \operatorname{sen} x$$

são, respectivamente, separável e não separável. Na primeira equação, podemos fatorar $f(x,y) = y^2 x e^{3x+4y}$ como

$$f(x,y) = y^2 x e^{3x+4y} = \underbrace{(xe^{3x})}_{g(x)} \underbrace{(y^2 e^{4y})}_{h(y)},$$

mas na segunda equação não há como expressar $y + \operatorname{sen} x$ como um produto de uma função de x por uma função de y.

Observe que, dividindo pela função $h(y)$, podemos escrever uma equação separável $dy/dx = g(x)h(y)$ como

$$p(y)\frac{dy}{dx} = g(x), \tag{2}$$

onde, por conveniência, denotamos $1/h(y)$ por $p(y)$. Nessa última forma podemos ver imediatamente que (2) reduz-se a (1) quando $h(y) = 1$.

Agora, se $y = \phi(x)$ representa uma solução de (2), devemos ter $p(\phi(x))\phi'(x) = g(x)$ e, portanto,

$$\int p(\phi(x))\phi'(x)dx = \int g(x)dx. \tag{3}$$

Mas $dy = \phi'(x)dx$ e, portanto, (3) é o mesmo que

$$\int p(y)dy = \int g(x)dx \quad \text{ou} \quad H(y) = G(x) + c, \tag{4}$$

onde $H(y)$ e $G(x)$ são antiderivadas de $p(y) = 1/h(y)$ e $g(x)$, respectivamente.

MÉTODO DE RESOLUÇÃO
A Equação (4) indica o procedimento para resolver equações separáveis. Uma família de soluções a um parâmetro, em geral dada implicitamente, é obtida integrando-se ambos os lados de $p(y)dy = g(x)dx$.

NOTA
Não há necessidade de usar duas constantes na integração de uma equação separável, pois se escrevermos $H(y) + c_1 = G(x) + c_2$, a diferença $c_2 - c_1$ poderá ser substituída por uma única constante c, como em (4).

Em várias ocasiões, ao longo dos capítulos que se seguem, renomearemos constantes de forma conveniente para uma dada equação. Por exemplo, múltiplos de constantes ou combinações de constantes podem algumas vezes ser substituídos por uma única constante.

EXEMPLO 1 **Resolvendo uma ED separável**

Resolva $(1 + x)dy - ydx = 0$.

SOLUÇÃO
Dividindo por $(1 + x)y$, podemos escrever $dy/y = dx/(1 + x)$, da qual segue que

$$\int \frac{dy}{y} = \int \frac{dx}{1 + x}$$

$$\ln|y| = \ln|1 + x| + c_1$$

$$y = e^{\ln|1+x|+c_1} = e^{\ln|1+x|} \cdot e^{c_1} \quad \leftarrow \text{leis dos expoentes}$$

$$= |1 + x|e^{c_1} \quad \leftarrow \begin{cases} |1 + x| = 1 + x, & x \geq -1 \\ |1 + x| = -(1 + x), & x < -1 \end{cases}$$

$$= \pm e^{c_1}(1 + x).$$

Renomeando $\pm e^{c_1}$ como c, obtemos $y = c(1 + x)$.

SOLUÇÃO ALTERNATIVA

Uma vez que cada integral resulta em logaritmo, uma escolha judiciosa da constante de integração é $\ln|c|$ em vez de c. Reescrevendo a segunda linha da solução como $\ln|y| = \ln|1 + x| + \ln|c|$, podemos combinar os termos no lado direito usando as propriedades de logaritmo. De $\ln|y| = \ln|c(1 + x)|$ obtemos imediatamente $y = c(1 + x)$. Mesmo que as integrais indefinidas não sejam *todas* logaritmos, pode ainda ser vantajoso usar $\ln|c|$. Porém, nenhuma regra geral pode ser dada. ■

Na Seção 1.1, vimos que uma curva integral pode ser somente um segmento ou um arco do gráfico de uma solução implícita $G(x, y) = 0$.

EXEMPLO 2   Curva integral

Resolva o problema de valor inicial $\dfrac{dy}{dx} = -\dfrac{x}{y}$, $y(4) = -3$.

SOLUÇÃO

Reescrevendo a equação como $y\,dy = -x\,dx$, obtemos

$$\int y\,dy = -\int x\,dx \quad \text{e} \quad \frac{y^2}{2} = -\frac{x^2}{2} + c_1$$

Podemos escrever o resultado da integração como $x^2 + y^2 = c^2$ substituindo a constante $2c_1$ por c_2. Essa solução da equação diferencial representa uma família de círculos concêntricos centrados na origem.

Agora, quando $x = 4$, $y = -3$; logo, $16 + 9 = 25 = c^2$. Assim, o problema de valor inicial determina o círculo $x^2 + y^2 = 25$ com raio 5. Por sua simplicidade, podemos, a partir dessa solução implícita, encontrar uma solução explícita que satisfaça a condição inicial. Vimos essa solução como sendo $y = \phi_2(x)$ ou $y = -\sqrt{25 - x^2}$, $-5 < x < 5$ no Exemplo 3 da Seção 1.1. A curva integral é o gráfico de uma *função* diferenciável. Nesse caso, a curva integral é o semicírculo inferior, mostrado em preto na Figura 2.2.1, contendo o ponto $(4, -3)$. ■

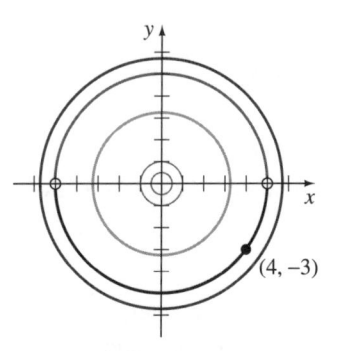

FIGURA 2.2.1 Curva solução para o PVI no Exemplo 2.

PERDENDO UMA SOLUÇÃO

Devemos ter cuidado quando estivermos separando variáveis, uma vez que os divisores podem se anular em um ponto. Especificamente, se r for um zero da função $h(y)$, substituir $y = r$ em $dy/dx = g(x)h(y)$ torna nulo ambos os lados; em outras palavras, $y = r$ é uma solução constante na equação diferencial. Mas, depois que as variáveis são separadas, o lado esquerdo de $\frac{dy}{h(y)} = g(x)dx$ fica indefinido em r. Consequentemente, $y = r$ pode não aparecer na família de soluções obtidas após a integração e simplificação. Lembre-se de que essa solução é chamada de solução singular.

EXEMPLO 3   Perdendo uma solução

Resolva $\dfrac{dy}{dx} = y^2 - 4$.

SOLUÇÃO

Vamos pôr a equação na forma

$$\frac{dy}{y^2 - 4} = dx \quad \text{ou} \quad \left[\frac{\frac{1}{4}}{y - 2} - \frac{\frac{1}{4}}{y + 2}\right]dy = dx. \tag{5}$$

A segunda equação em (5) resulta do uso de frações parciais no lado esquerdo da primeira equação. Integrando e usando as propriedades dos logaritmos, obtemos

$$\frac{1}{4}\ln|y - 2| - \frac{1}{4}\ln|y + 2| = x + c_1 \quad \text{ou} \quad \ln\left|\frac{y - 2}{y + 2}\right| = 4x + c_2 \quad \text{ou} \quad \frac{y - 2}{y + 2} = \pm e^{4x + c_2}.$$

Substituímos aqui $4c_1$ por c_2. Finalmente, depois de substituir $\pm e^{c_2}$ por c e resolvendo para y a última equação, obtemos a família de soluções a um parâmetro

$$y = 2\frac{1 + ce^{4x}}{1 - ce^{4x}}. \qquad (6)$$

Se fatorarmos o lado direito da equação diferencial como $dy/dx = (y-2)(y+2)$, saberemos, com base na discussão sobre pontos críticos na Seção 2.1, que $y = 2$ e $y = -2$ são duas soluções constantes (soluções de equilíbrio). A solução $y = 2$ é um membro da família de soluções definida por (6) que corresponde ao valor $c = 0$. Porém, $y = -2$ é uma solução singular e não pode ser obtida a partir de (6) para nenhum valor do parâmetro c. Essa última solução foi perdida no início do processo de solução. A inspeção de (5) indica claramente que precisamos omitir $y = \pm 2$ nessas etapas. ∎

EXEMPLO 4   Um problema de valor inicial

Resolva $(e^{2y} - y)\cos x \dfrac{dy}{dx} = e^y \operatorname{sen} 2x$, $y(0) = 0$.

SOLUÇÃO
Dividindo a equação por $e^y \cos x$ temos

$$\frac{e^{2y} - y}{e^y} dy = \frac{\operatorname{sen} 2x}{\cos x} dx.$$

Antes de integrar, usamos a divisão termo a termo, no lado esquerdo, e a identidade trigonométrica $\operatorname{sen} 2x = 2 \operatorname{sen} x \cos x$ no lado direito. Então

$$\text{integração por partes} \;\rightarrow\; \int (e^y - ye^{-y}) dy = 2 \int \operatorname{sen} x \, dx$$

resulta em

$$e^y + ye^{-y} + e^{-y} = -2 \cos x + c. \qquad (7)$$

A condição inicial $y = 0$ quando $x = 0$ implica $c = 4$. Assim, a solução do problema de valor inicial é

$$e^y + ye^{-y} + e^{-y} = 4 - 2 \cos x. \qquad (8) \quad \blacksquare$$

USO DE COMPUTADORES
A subseção "Observações" no fim da Seção 1.1 menciona que pode ser difícil usar uma solução implícita $G(x, y) = 0$ para encontrar uma solução explícita $y = \phi(x)$. A Equação (8) mostra que a tarefa de resolver y em termos de x pode apresentar mais problemas que tão somente o enfadonho trabalho com símbolos – algumas vezes é simplesmente impossível executá-la! Soluções implícitas como (8) são um tanto quanto frustrantes; nem o gráfico da equação nem um intervalo sobre o qual está definida uma solução que satisfaz $y(0) = 0$ são evidentes. O problema de "ver" o aspecto de uma solução implícita pode ser resolvido em alguns casos por meio de tecnologia. Um procedimento* possível é usar a opção "*contour plot*" de um Sistema de Álgebra Computadorizado (SAC). Lembre-se do cálculo de várias variáveis que, para uma função de duas variáveis $z = G(x, y)$, as curvas bidimensionais definidas por $G(x, y) = c$, onde c é uma constante, são chamadas de curvas de nível da função. Com a ajuda de um SAC, algumas das curvas de nível da função $G(x, y) = e^y + ye^{-y} + e^{-y} + 2 \cos x$ foram reproduzidas na Figura 2.2.2. A família de soluções definidas por (7) são as curvas de nível $G(x, y) = c$. A Figura 2.2.3 ilustra a curva de nível $G(x, y) = 4$, que é a solução particular (8), em cor cinza. A outra curva na Figura 2.2.3 é a curva de nível $G(x, y) = 2$, que é o membro da família $G(x, y) = c$ que satisfaz $y(\pi/2) = 0$.

---

* Na Seção 2.6, discutiremos outros procedimentos baseados no conceito de uma resolução numérica.

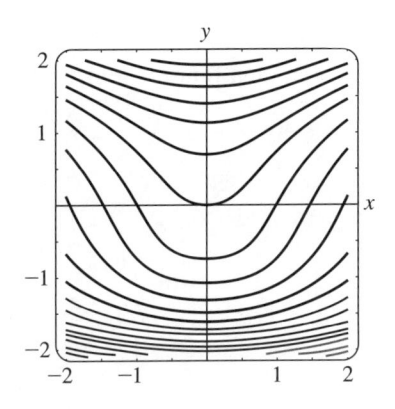

FIGURA 2.2.2 Curvas de nível de
$G(x,y) = e^y + ye^{-y} + e^{-y} + 2\cos x$.

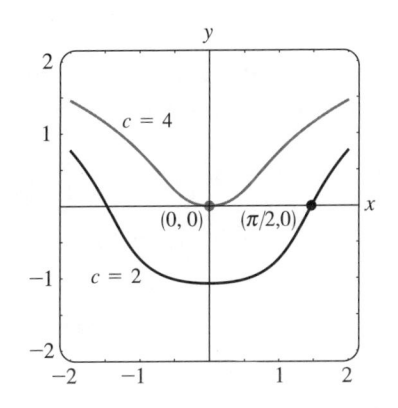

FIGURA 2.2.3 Curvas de nível $c = 2$ e $c = 4$.

Se uma condição inicial conduzir a uma solução particular que determine um valor específico do parâmetro c em uma família de soluções da equação diferencial de primeira ordem, haverá uma tendência natural na maioria dos estudantes (e professores) de se descontrair e ficar contente. Porém, uma solução de um problema de valor inicial pode não ser única. Vimos no Exemplo 4 da Seção 1.2 que o problema de valor inicial

$$\frac{dy}{dx} = xy^{1/2}, \quad y(0) = 0 \qquad (9)$$

tem pelo menos duas soluções, $y = 0$ e $y = \frac{1}{16}x^4$. Estamos agora aptos a resolver essa equação. Separando as variáveis e integrando $y^{-1/2}dy = x\,dx$, obtemos

$$2y^{1/2} = \frac{x^2}{2} + c_1 \quad \text{ou} \quad y = \left(\frac{x^2}{4} + c\right)^2, \quad c \geq 0$$

FIGURA 2.2.4 Soluções da função definida por partes de (9).

Quando $x = 0$, $y = 0$ e, portanto, necessariamente $c = 0$. Dessa forma, $y = \frac{1}{16}x^4$. A solução trivial $y = 0$ foi perdida quando dividimos por $y^{1/2}$. Além disso, o problema de valor inicial (9) tem um número infinito de soluções, uma vez que, para cada escolha do parâmetro $a \geq 0$, a função definida por partes

$$y = \begin{cases} 0, & x < a \\ \frac{(x^2 - a^2)^2}{16}, & x \geq a \end{cases}$$

satisfaz a equação diferencial, bem como a condição inicial. Veja a Figura 2.2.4.

SOLUÇÕES DEFINIDAS POR INTEGRAIS

Se g é uma função contínua em um intervalo aberto I contendo a, então para todo x em I,

$$\frac{d}{dx}\int_a^x g(t)dt = g(x).$$

Você deve se lembrar que o resultado acima é uma das duas formas do teorema fundamental do cálculo. Em outras palavras, $\int_a^x g(t)\,dt$ é uma antiderivada da função g. Há momentos em que essa forma é conveniente para resolver EDs. Por exemplo, se g é contínua em um intervalo I com x_0 e x, então uma solução do problema de valor inicial simples $dy/dx = g(x)$, $y(x_0) = y_0$ que é definido em I é dada por

$$y(x) = y_0 + \int_{x_0}^x g(t)dt.$$

Você deve verificar que $y(x)$, definida dessa forma, satisfaz a condição inicial. Uma vez que uma antiderivada de uma função contínua g nem sempre pode ser expressa em termos de funções elementares, isso pode ser o melhor que podemos fazer para obter uma solução explícita de um PVI. O exemplo a seguir ilustra essa ideia.

EXEMPLO 5 Um problema de valor inicial

Resolva $\dfrac{dy}{dx} = e^{-x^2}$, $y(3) = 5$.

SOLUÇÃO

A função $g(x) = e^{-x^2}$ é contínua em $(-\infty, \infty)$, mas a sua antiderivada não é uma função elementar. Usando t como variável auxiliar de integração, podemos escrever

$$\int_3^x \frac{dy}{dt}\, dt = \int_3^x e^{-t^2}\, dt$$

$$y(t)\big]_3^x = \int_3^x e^{-t^2}\, dt$$

$$y(x) - y(3) = \int_3^x e^{-t^2}\, dt$$

$$y(x) = y(3) + \int_3^x e^{-t^2}\, dt.$$

Usando a condição inicial $y(3) = 5$, podemos obter a solução

$$y(x) = 5 + \int_3^x e^{-t^2}\, dt.$$

O procedimento demonstrado no Exemplo 5 funciona igualmente bem em equações separáveis $dy/dx = g(x)f(y)$, nas quais, digamos, $f(y)$ possui uma antiderivada elementar mas $g(x)$ não possui uma antiderivada elementar. Veja os Problemas 29 e 30 nos Exercícios 2.2. ∎

OBSERVAÇÕES

(i) Como já vimos no Exemplo 5, algumas funções simples não possuem uma antiderivada que seja uma função elementar. Integrais desses tipos de funções são chamadas não elementares. Por exemplo, $\int_3^x e^{-t^2} dt$ e $\int \operatorname{sen} x^2\, dx$ são integrais **não elementares**. Vamos rever esse conceito novamente na Seção 2.3.

(ii) Em alguns dos exemplos precedentes, vimos que a constante na família de soluções a um parâmetro de uma equação diferencial de primeira ordem pode ser renomeada quando for conveniente. Da mesma forma, não é raro que dois indivíduos, resolvendo corretamente a mesma equação, cheguem a expressões diferentes para suas respostas. Por exemplo, por separação de variáveis podemos mostrar que duas famílias de soluções a um parâmetro para a ED $(1 + y^2)dx + (1 + x^2)dy = 0$ são

$$\operatorname{arctg} x + \operatorname{arctg} y = c \quad \text{ou} \quad \frac{x+y}{1-xy} = c.$$

À medida que você percorrer as várias seções que se seguem, tenha em mente que as famílias de soluções podem ser equivalentes no sentido de que uma família pode ser obtida da outra renomeando-se a constante ou aplicando-se álgebra e trigonometria. Veja os Problemas 27 e 28 nos Exercícios 2.2.

EXERCÍCIOS 2.2

As respostas aos problemas ímpares estão no final do livro.

Nos Problemas 1-22, resolva, por separação de variáveis, as equações diferenciais dadas.

1. $\dfrac{dy}{dx} = \operatorname{sen} 5x$

2. $e^x y \dfrac{dy}{dx} = e^{-y} + e^{-2x-y}$

3. $dx + e^{3x} dy = 0$

4. $\dfrac{dy}{dx} + 2xy^2 = 0$

5. $x \dfrac{dy}{dx} = 4y$

6. $\dfrac{dy}{dx} = \left(\dfrac{2y+3}{4x+5}\right)^2$

7. $\dfrac{dy}{dx} = e^{3x+2y}$

8. $\dfrac{dy}{dx} = (x+1)^2$

9. $y \ln x \dfrac{dx}{dy} = \left(\dfrac{y+1}{x}\right)^2$

10. $dy - (y-1)^2 dx = 0$

11. $\operatorname{cossec} y\, dx + \sec^2 x\, dy = 0$

12. $x(1+y^2)^{1/2} dx = y(1+x^2)^{1/2} dy$

13. $(e^y + 1)^2 e^{-y} dx + (e^x + 1)^3 e^{-x} dy = 0$

14. $\operatorname{sen} 3x\, dx + 2y \cos^3 3x\, dy = 0$

15. $\dfrac{dS}{dr} = kS$

16. $\dfrac{dN}{dt} + N = Nte^{t+2}$

17. $\dfrac{dP}{dt} = P - P^2$

18. $\dfrac{dQ}{dt} = k(Q - 70)$

19. $\dfrac{dy}{dx} = \dfrac{xy + 3x - y - 3}{xy - 2x + 4y - 8}$

20. $(e^x + e^{-x}) \dfrac{dy}{dx} = y^2$

21. $\dfrac{dy}{dx} = x\sqrt{1-y^2}$

22. $\dfrac{dy}{dx} = \dfrac{xy + 2y - x - 2}{xy - 3y + x - 3}$

Nos Problemas 23-28, encontre uma solução explícita para o problema de valor inicial dado.

23. $\dfrac{dx}{dt} = 4(x^2 + 1), \; x(\pi/4) = 1$

24. $\dfrac{dy}{dx} = \dfrac{y^2 - 1}{x^2 - 1}, \; y(2) = 2$

25. $x^2 \dfrac{dy}{dx} = y - xy, \; y(-1) = -1$

26. $\dfrac{dy}{dt} + 2y = 1, \; y(0) = \dfrac{5}{2}$

27. $\sqrt{1-y^2}\, dx - \sqrt{1-x^2}\, dy = 0, \; y(0) = \dfrac{\sqrt{3}}{2}$

28. $(1 + x^4) dy + x(1 + 4y^2) dx = 0, \; y(1) = 0$

Nos Problemas 29 e 30, faça como no Exemplo 5 e encontre uma solução explícita para o problema de valor inicial dado.

29. $\dfrac{dy}{dx} = y e^{-x^2}, \; y(4) = 1$

30. $\dfrac{dy}{dx} = y^2 \operatorname{sen} x^2, \; y(-2) = \dfrac{1}{3}$

Nos Problemas 31-34 encontre uma solução explícita do problema de valor inicial. Determine o intervalo exato de definição I por métodos analíticos. Use um software gráfico para gerar o gráfico da solução.

31. $\dfrac{dy}{dx} = \dfrac{2x+1}{2y}, \quad y(-2) = -1$

32. $(2y-2) \dfrac{dy}{dx} = 3x^2 + 4x + 2, \quad y(1) = -2$

33. $e^y dx - e^{-x} dy = 0, \quad y(0) = 0$

34. $\operatorname{sen} x\, dx + y\, dy = 0, \quad y(0) = 1$

35. a) Ache uma solução para o problema de valor inicial que consista na equação diferencial dada no Exemplo 3 e nas condições iniciais $y(0) = 2$, $y(0) = -2$ e $y(\tfrac{1}{4}) = 1$.

    b) Ache a solução da equação diferencial dada no Exemplo 4 quando, na solução do *lado esquerdo*, $\ln c_1$ for usado como constante de integração e $4 \ln c_1$ for substituído por $\ln c$. Resolva então o mesmo problema de valor inicial dado no item (a).

36. Ache uma solução de $x \dfrac{dy}{dx} = y^2 - y$ que passe pelos pontos indicados.
    a) $(0, 1)$ b) $(0, 0)$ c) $(\tfrac{1}{2}, \tfrac{1}{2})$ d) $(2, \tfrac{1}{4})$

37. Ache uma solução singular para o Problema 21. Faça o mesmo com o Problema 22.

38. Mostre que uma solução implícita de
    $$2x \operatorname{sen}^2 y\, dx - (x^2 + 10) \cos y\, dy = 0$$
    é dada por $\ln(x^2 + 10) + \operatorname{cossec} y = c$. Ache as soluções constantes, se houver, que foram perdidas na solução da equação diferencial.

Frequentemente, uma pequena mudança nas condições iniciais ou na própria equação corresponde a uma mudança radical na forma das soluções. Nos Problemas 35-38, ache uma solução explícita do problema de valor inicial dado. Use um software gráfico para traçar o gráfico de cada solução. Compare cada curva integral em uma vizinhança de $(0, 1)$.

39. $\dfrac{dy}{dx} = (y-1)^2, \quad y(0) = 1$

40. $\dfrac{dy}{dx} = (y-1)^2$, $y(0) = 1{,}01$

41. $\dfrac{dy}{dx} = (y-1)^2 + 0{,}01$, $y(0) = 1$

42. $\dfrac{dy}{dx} = (y-1)^2 - 0{,}01$, $y(0) = 1$

43. Toda equação de primeira ordem autônoma $dy/dx = f(y)$ é separável. Ache soluções explícitas $y_1(x), y_2(x), y_3(x), y_4(x)$ da equação diferencial $dy/dx = y - y^3$ que satisfaça, respectivamente, as condições iniciais $y_1(0) = 2$, $y_2(0) = \tfrac{1}{2}$, $y_3(0) = -\tfrac{1}{2}$ e $y_4(0) = -2$. Use um software gráfico para traçar cada solução. Compare esses gráficos com os que foram preditos no Problema 19 dos Exercícios 2.1. Dê o intervalo exato de definição para cada solução.

44. a) A equação diferencial de primeira ordem autônoma $dy/dx = 1/(y-3)$ não tem pontos críticos; não obstante, coloque três na reta de fase e obtenha um retrato de fase da equação. Compute d^2y/dx^2 para determinar onde as curvas integrais são côncavas para cima e côncavas para baixo (veja os problemas 35 e 36 nos Exercícios 2.1). Use o retrato de fase e a concavidade para esboçar, à mão, algumas curvas integrais típicas.

   b) Ache soluções explícitas, $y_1(x), y_2(x), y_3(x)$ e $y_4(x)$, da equação diferencial no item (a), que satisfaçam, respectivamente, as condições iniciais $y_1(0) = 4$, $y_2(0) = 2$, $y_3(1) = 2$ e $y_4(-1) = 4$. Faça o gráfico de cada solução e compare-o com os esboços do item (a). Dê o intervalo exato de definição de cada solução.

Nos Problemas 45-50 use uma técnica de integração ou uma substituição para encontrar uma solução explícita da equação diferencial dada ou problema de valor inicial.

45. $\dfrac{dy}{dx} = \dfrac{1}{1 + \operatorname{sen} x}$

46. $\dfrac{dy}{dx} = \dfrac{\operatorname{sen} \sqrt{x}}{\sqrt{y}}$

47. $(\sqrt{x} + x)\dfrac{dy}{dx} = \sqrt{y} + y$

48. $\dfrac{dy}{dx} = y^{2/3} - y$

49. $\dfrac{dy}{dx} = \dfrac{e^{\sqrt{x}}}{y}$, $y(1) = 4$

50. $\dfrac{dy}{dx} = \dfrac{x\,\operatorname{tg}^{-1} x}{y}$, $y(0) = 3$

PROBLEMAS PARA DISCUSSÃO

51. a) Explique por que o intervalo de definição da solução explícita $y = \phi_2(x)$ do problema de valor inicial dado no Exemplo 2 é o intervalo *aberto* $(-5, 5)$.

   b) Alguma solução da equação diferencial pode cruzar o eixo x? Você acha que $x^2 + y^2 = 1$ é uma solução implícita do problema de valor inicial $dy/dx = -x/y$, $y(1) = 0$?

52. a) Se $a > 0$, discuta as diferenças, se houver, entre as soluções dos problemas de valor inicial que consistem na equação diferencial $dy/dx = x/y$ e em cada uma das condições iniciais $y(a) = a$, $y(a) = -a$, $y(-a) = a$ e $y(-a) = -a$.

   b) O problema de valor inicial $dy/dx = x/y$, $y(0) = 0$ tem uma solução?

   c) Resolva $dy/dx = x/y$, $y(1) = 2$ e dê o intervalo exato I de definição de sua solução.

53. Nos Problemas 43 e 44, vimos que toda equação diferencial de primeira ordem autônoma $dy/dx = f(y)$ é separável. Esse fato ajuda na solução do problema de valor inicial $\dfrac{dy}{dx} = \sqrt{1 + y^2}\,\operatorname{sen}^2 y$, $y(0) = \tfrac{1}{2}$? Discuta. Esboce à mão uma curva integral plausível do problema.

54. (a) Resolva os dois problemas de valor inicial:

$$\dfrac{dy}{dx} = y, \quad y(0) = 1$$

e

$$\dfrac{dy}{dx} = y + \dfrac{y}{x \ln x}, \quad y(e) = 1$$

Mostre que há mais de 1,65 milhões de dígitos na coordenada y no ponto de intersecção das duas curvas de solução da parte (a).

55. Ache uma função cujo quadrado mais o quadrado de sua derivada seja 1.

56. a) A equação diferencial do Problema 27 é equivalente à forma normal

$$\dfrac{dy}{dx} = \sqrt{\dfrac{1 - y^2}{1 - x^2}}$$

na região quadrada do plano xy definida por $|x| < 1$, $|y| < 1$. Mas a quantidade sob o radical é negativa também nas regiões definidas por $|x| > 1$, $|y| > 1$. Esboce todas as regiões no plano xy para as quais essa equação diferencial tem soluções reais.

   b) Resolva a ED do item (a) nas regiões definidas por $|x| > 1$, $|y| > 1$. Encontre então uma solução implícita e uma explícita da equação diferencial sujeita a $y(2) = 2$.

MODELO MATEMÁTICO

57. Ponte pênsil Em (16) na Seção 1.3, vimos que o modelo matemático para a forma de um cabo flexível preso entre dois suportes verticais é:

$$\frac{dy}{dx} = \frac{W}{T_1} \qquad (10)$$

em que W denota a porção da carga total vertical entre os pontos P_1 e P_2 mostrados na Figura 1.3.7. A ED (10) é separável dentro das seguintes condições que descrevem uma ponte pênsil.

Vamos supor que os eixos x e y são como os apresentados na Figura 2.2.5 – isto é, o eixo x percorre o leito horizontal da estrada, e o eixo y passa por $(0, a)$ que é o ponto mais baixo em um dos cabos sobre a extensão da ponte, coincidindo com o intervalo $[-L/2, L/2]$. No caso de uma ponte pênsil, a suposição usual é que a carga vertical (10) é apenas distribuída ao longo do eixo horizontal. Em outras palavras, presume-se que o peso de todos os cabos é insignificante em comparação com o peso do leito da estrada e que o peso por unidade de comprimento do leito (digamos, libras por pé horizontal) é uma constante ρ. Use essas informações para descrever e solucionar um problema de valor inicial apropriado no qual a forma (uma curva com equação $y = \phi(x)$) de cada um dos dois cabos em uma ponte pênsil é determinado. Expresse a sua solução do PVI em termos de h e o comprimento L. Veja a Figura 2.2.5.

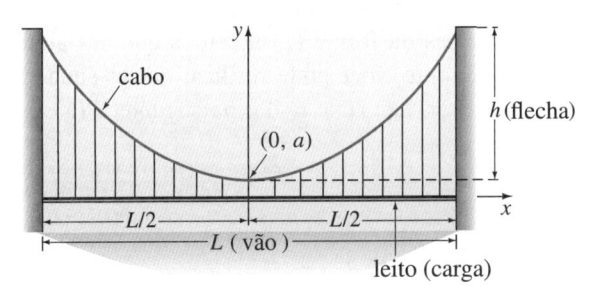

FIGURA 2.2.5 Forma do cabo no Problema 57.

TAREFAS PARA O LABORATÓRIO DE INFORMÁTICA

58. a) Use um SAC e o conceito de curvas de nível para traçar gráficos representativos de membros da família de soluções da equação diferencial

$$\frac{dy}{dx} = -\frac{8x - 5}{3y^2 + 1}.$$

Experimente diferentes curvas de nível bem como várias regiões retangulares definidas por $a \leq x \leq b, c \leq y \leq d$.

b) Em eixos coordenados separados, trace os gráficos das soluções particulares correspondentes às condições iniciais $y(0) = -1$, $y(0) = 2$, $y(-1) = 4$ e $y(-1) = -3$.

59. a) Encontre uma solução implícita do PVI

$$(2y + 2)dy - (4x^3 + 6x)dx = 0, \quad y(0) = -3.$$

b) Use a parte (a) para encontrar uma solução explícita $y = \phi(x)$ do PVI.

c) Considere sua resposta ao item (b) como uma *função* somente. Use um programa gráfico ou um gráfico SAC para esboçar o gráfico dessa função e, em seguida, use o gráfico para estimar o seu domínio.

d) Com a ajuda de um sistema para solucionar raízes de uma aplicação SAC, determine o maior intervalo aproximado I de definição da *solução* $y = \phi(x)$ da parte (b). Use um programa gráfico ou um gráfico do SAC para esboçar a curva solução para o PVI nesse intervalo.

60. a) Use um SAC e o conceito de curvas de nível para plotar gráficos representativos de membros da família de soluções da equação diferencial

$$\frac{dy}{dx} = \frac{x(1 - x)}{y(-2 + y)}.$$

Experimente várias curvas de nível bem como várias regiões retangulares no plano xy, até que o resultado assemelhe-se à Figura 2.2.6.

b) Em eixos coordenados separados trace o gráfico da solução implícita correspondente à condição inicial $y(0) = \frac{3}{2}$. Use lápis de cor para marcar o segmento do gráfico que corresponde à curva integral de uma solução ϕ que satisfaça a condição inicial. Com a ajuda de um aplicativo que determine raízes, encontre aproximadamente o maior intervalo I de definição da solução ϕ. [*Sugestão:* Ache primeiramente os pontos sobre a curva do item (a) em que a tangente é vertical.]

c) Repita o item (b) para a condição inicial $y(0) = -2$.

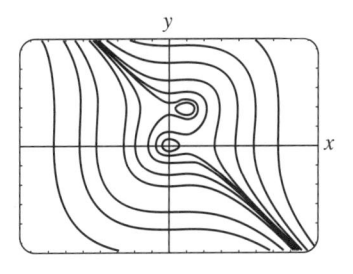

FIGURA 2.2.6 Curvas de nível para o Problema 60.

2.3 EQUAÇÕES LINEARES

MATERIAL ABORDADO
- Revisão da definição de EDs lineares em (6) e (7) da Seção 1.1

INTRODUÇÃO
Continuamos nossa busca de soluções para EDs de primeira ordem examinando, a seguir, equações lineares. Equações diferenciais lineares constituem uma família de equações diferenciais especialmente "amistosas", uma vez que, dada uma equação linear, seja de primeira ordem ou de ordem superior, há sempre uma boa possibilidade de encontrarmos algum tipo de solução que podemos examinar.

DEFINIÇÃO
A forma de uma ED de primeira ordem linear é dada em (7) na Seção 1.1. Esta forma, no caso de $n = 1$ em (6) desta seção, é reproduzida aqui por questões de conveniência.

DEFINIÇÃO 2.3.1   Equação linear

Uma equação diferencial de primeira ordem da forma

$$a_1(x)\frac{dy}{dx} + a_0(x)y = g(x) \qquad (1)$$

é chamada de **equação linear** na variável dependente y.

FORMA PADRÃO
Dividindo ambos os lados de (1) pelo coeficiente dominante $a_1(x)$, obtemos uma forma mais conveniente, a **forma padrão**, de uma equação linear:

$$\frac{dy}{dx} + P(x)y = f(x). \qquad (2)$$

Procuramos uma solução de (2) em um intervalo I no qual as funções P e f são contínuas.

Antes de examinarmos um procedimento geral para resolver equações da forma (2) notemos que em algumas circunstâncias (2) pode ser resolvido por separação de variáveis. Por exemplo, você pode verificar que as equações

Nós comparamos cada equação com (2). Na primeira equação $P(x) = 2x$, $f(x) = 0$ e na segunda $P(x) = -1$, $f(x) = 5$.

$$\frac{dy}{dx} + 2xy = 0 \quad \text{e} \quad \frac{dy}{dx} = y + 5$$

Igualamos cada equação com (2). Na primeira $P(x) = 2x, f(x) = 0$ e na segunda $P(x) = -1, f(x) = 5.$

são ambos lineares e separáveis, mas esta equação linear

$$\frac{dy}{dx} + y = x$$

não é separável.

MÉTODO DE RESOLUÇÃO
O método para resolver (2) depende do extraordinário fato de que o *lado esquerdo* da equação pode ser transformado na forma de uma derivada exata de um produto pela multiplicação de ambos os lados de (2) por uma função especial $\mu(x)$. É relativamente fácil encontrar a função $\mu(x)$ porque nós queremos

$$\frac{d}{dx}\underbrace{[\mu(x)y]}_{\text{produto}} = \underbrace{\mu\frac{dy}{dx} + \frac{d\mu}{dx}y}_{\text{regra do produto}} = \underbrace{\mu\frac{dy}{dx} + \mu Py}_{\substack{\text{lado esquerdo de}\\ \text{(2) multiplicada}\\ \text{por } \mu(x)}}$$

estes devem ser iguais

A igualdade prova que

$$\frac{d\mu}{dx} = \mu P.$$

A última equação pode ser resolvida por separação de variáveis. Integrando

$$\frac{d\mu}{\mu} = P dx \quad \text{e resolvendo} \quad \ln|\mu(x)| = \int P(x)dx + c_1$$

nos dá $\mu(x) = c_2 e^{\int P(x)dx}$ (veja nos Exercícios 2.3 o Problema 50). Mesmo existindo infinitas escolhas de $\mu(x)$ (todos múltiplos constantes de $e^{\int P(x)dx}$), todos produzem o mesmo resultado desejado. Daqui podemos simplificar nossa vida escolhendo $c_2 = 1$. A função

$$\mu(x) = e^{\int P(x)dx} \tag{3}$$

é chamada um **fator integrante** para a equação (2).

Aqui está o que fizemos até agora: multiplicamos ambos os lados de (2) por (3) e, por construção, o lado esquerdo da equação é a derivada do produto do fator de integração e y:

$$e^{\int P(x)dx}\frac{dy}{dx} + P(x)e^{\int P(x)dx}y = e^{\int P(x)dx}f(x)$$

$$\frac{d}{dx}\left[e^{\int P(x)dx}y\right] = e^{\int P(x)dx}f(x).$$

Finalmente, descobrimos porque (3) é chamado um fator de *integração*. Nós podemos integrar ambos os lados da última equação,

$$e^{\int P(x)dx}y = \int e^{\int P(x)dx}f(x) + c$$

e resolver para y. O resultado é uma família de um parâmetro de soluções de (2):

$$y = e^{-\int P(x)dx}\int e^{\int P(x)dx}f(x)dx + ce^{-\int P(x)dx}. \tag{4}$$

Enfatizamos que você **não deve memorizar** a fórmula (4). Os procedimentos a seguir devem ser trabalhados um de cada vez.

RESOLVENDO UMA EQUAÇÃO LINEAR DE PRIMEIRA ORDEM

(i) Ponha a equação linear dada por (1) na forma padrão (2).

(ii) Da forma padrão da equação, identifique $P(x)$ e então encontre o fator de integração $e^{\int P(x)dx}$. Nenhuma constante precisa ser utilizada na resolução da integral indefinida $\int P(x)dx$.

(iii) Multiplique ambos os lados da equação na forma padrão pelo fator de integração. O lado esquerdo da equação resultante será automaticamente a derivada do produto do fator de integração $e^{\int P(x)dx}$ e y:

$$\frac{d}{dx}\left[e^{\int P(x)dx}y\right] = e^{\int P(x)dx}f(x).$$

(iv) Integre ambos os lados dessa última equação e resolva para y.

EXEMPLO 1   Resolvendo uma equação linear

Resolva $\dfrac{dy}{dx} - 3y = 0$.

SOLUÇÃO
Essa equação linear pode ser resolvida por separação de variáveis. Alternativamente, uma vez que a equação diferencial já está na forma padrão (2), identificamos que $P(x) = -3$ e, portanto, o fator integrante é $e^{\int(-3)dx} = e^{-3x}$. Multiplicamos então a equação dada por esse fator e observamos que

$$e^{-3x}\frac{dy}{dx} - 3e^{-3x}y = 0 \quad \text{é o mesmo que} \quad \frac{d}{dx}[e^{-3x}y] = 0.$$

Integrando a última equação

$$\int \frac{d}{dx}[e^{-3xy}]dx = \int 0\, dx$$

produz-se $e^{-3x}y = c$ ou $y = ce^{3x}$, $-\infty < x < \infty$. ∎

EXEMPLO 2 Resolvendo uma equação linear

Resolva $\dfrac{dy}{dx} - 3y = 6$.

SOLUÇÃO

Esta equaçao linear, como a do Exemplo 1, também está na forma padrão com $P(x) = -3$. Assim, o fator de integração é novamente e^{-3x}. Dessa vez multiplicando a equaçao dada por este fator teremos

$$e^{-3x}\frac{dy}{dx} - 3e^{-3x}y = 6e^{-3x} \quad \text{e ainda} \quad \frac{d}{dx}[e^{-3x}y] = 6e^{-3x}.$$

Integrando a última equação,

$$\int \frac{d}{dx}[e^{-3x}y]dx = 6\int e^{-3x}dx \quad \text{fornece} \quad e^{-3x}y = -6\left(\frac{e^{-3x}}{3}\right) + c,$$

ou $y = -2 + ce^{3x}$, $-\infty < x < \infty$. ∎

Quando a_1, a_0 e g em (1) forem constantes, a equação diferencial é autônoma. No Exemplo 2, você pode verificar, com base na forma normal $dy/dx = 3(y + 2)$, que -2 é um ponto crítico e é instável (um repulsor). Assim, uma curva integral com um ponto inicial acima ou abaixo do gráfico da solução de equilíbrio $y = -2$ afasta-se cada vez mais dessa reta horizontal à medida que x aumenta. A Figura 2.3.1, obtida com a ajuda de um software, mostra o gráfico de $y = -2$, bem como algumas outras curvas integrais.

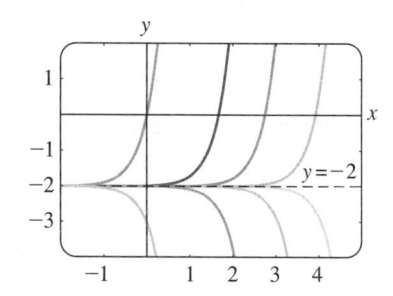

FIGURA 2.3.1 Curvas de soluções da ED no Exemplo 2

SOLUÇÃO GERAL

Suponha novamente que as funções P e f em (2) sejam contínuas em um intervalo comum I. Nas etapas que levaram a (4), mostramos que, se (2) for uma solução em I, ela será necessariamente da forma dada em (4). Inversamente, verificar que toda função da forma dada em (4) é uma solução da equação diferencial (2) em I é um exercício de diferenciação imediato. Em outras palavras, (4) é uma família de soluções a um parâmetro da equação (2) e *toda solução de* (2) *definida em I é um membro dessa família.* Chamamos (4), portanto, de **solução geral** da equação diferencial no intervalo I. (Veja "Observações" no fim da Seção 1.1.) Escrevendo (2) na forma normal $y' = F(x, y)$, podemos identificar $F(x, y) = -P(x)y + f(x)$ e $\partial F/\partial y = -P(x)$. Da continuidade de P e f no intervalo I, vemos que F e $\partial F/\partial y$ são também contínuas em I. O Teorema 1.2.1 justifica, então, concluir que há uma única solução para o problema de valor inicial

$$\frac{dy}{dx} + P(x)y = f(x), \quad y(x_0) = y_0 \tag{5}$$

definida em *algum* intervalo I_0 que contém x_0. Mas, quando x estiver em I, determinar uma solução de (5) reduz-se a encontrar um valor apropriado de c em (4) – isto é, a cada x_0 em I corresponde um c distinto. Em outras palavras, o intervalo I_0 de existência e unicidade no Teorema 1.2.1 para o problema de valor inicial (5) é todo o intervalo I.

EXEMPLO 3 Solução geral

Resolva $x\dfrac{dy}{dx} - 4y = x^6 e^x$.

SOLUÇÃO
Dividindo por x, a forma padrão da ED dada é

$$\frac{dy}{dx} - \frac{4}{x}y = x^5 e^x. \tag{6}$$

Com base nessa forma, identificamos $P(x) = -4/x$ e $f(x) = x^5 e^x$ e observamos ainda que P e f são contínuas em $(0, \infty)$. Portanto, o fator integrante é

$$e^{-4\int dx/x} = e^{-4\ln x} = e^{\ln x^{-4}} = x^{-4}.$$

podemos usar $\ln x$ em vez de $\ln |x|$, uma vez que $x > 0$

Usamos aqui a identidade básica $b^{\log_b N} = N$, $N > 0$. Agora multiplicamos (6) por x^{-4} e reescrevemos

$$x^{-4}\frac{dy}{dx} - 4x^{-5}y = xe^x \quad \text{como} \quad \frac{d}{dx}[x^{-4}y] = xe^x.$$

Integrando por partes, segue que a solução geral definida no intervalo $(0, \infty)$ é $x^{-4}y = xe^x - e^x + c$ ou $y = x^5 e^x - x^4 e^x + cx^4$. ∎

No caso de você estar estranhando por que o intervalo $(0, \infty)$ é importante no Exemplo 3, leia o parágrafo a seguir e também o parágrafo após o Exemplo 4.

Exceto no caso em que o coeficiente dominante é 1, a transformação da equação (1) na forma padrão (2) requer uma divisão por $a_1(x)$. Os valores de x para os quais $a_1(x) = 0$ são chamados **pontos singulares** da equação. Os pontos singulares são potencialmente problemáticos. Especificamente, em (2), se $P(x)$ (formado pela divisão de $a_0(x)$ por $a_1(x)$) for descontínua em um ponto, a descontinuidade poderá ser transportada para as soluções da equação diferencial.

EXEMPLO 4 Solução geral

Ache a solução geral de $(x^2 - 9)\dfrac{dy}{dx} + xy = 0$.

SOLUÇÃO
Escrevemos a equação diferencial na forma padrão

$$\frac{dy}{dx} + \frac{x}{x^2 - 9}y = 0 \tag{7}$$

e identificamos $P(x) = x/(x^2 - 9)$. Embora P seja contínua em $(-\infty, -3)$, $(-3, 3)$ e $(3, \infty)$, vamos resolver a equação no primeiro e no terceiro intervalos. Neles, o fator integrante é

$$e^{\int x dx/(x^2-9)} = e^{\frac{1}{2}\int 2x dx/(x^2-9)} = e^{\frac{1}{2}\ln|x^2-9|} = \sqrt{x^2-9}.$$

Depois que multiplicarmos a forma padrão (7) por esse fator, obteremos

$$\frac{d}{dx}\left[\sqrt{x^2-9}\,y\right] = 0.$$

Integrando ambos os lados da última equação, obteremos $\sqrt{x^2-9}\,y = c$. Assim, para $x > 3$ ou $x < -3$, a solução geral da equação é

$$y = \frac{c}{\sqrt{x^2-9}}.$$

Observe no exemplo precedente que $x = 3$ e $x = -3$ são pontos singulares da equação e que toda função na solução geral $y = c/\sqrt{x^2-9}$ é descontínua nesses pontos. Por outro lado, $x = 0$ é um ponto singular da equação diferencial no Exemplo 3, mas a solução geral $y = x^5 e^x - x^4 e^x + cx^4$ é notável, pois toda função nessa família a um parâmetro é contínua em $x = 0$ e está definida no intervalo $(-\infty, \infty)$ e não somente em $(0, \infty)$, conforme mencionado na solução. Porém, a família $y = x^5 e^x - x^4 e^x + cx^4$ definida em $(-\infty, \infty)$ não pode ser considerada a solução geral da ED, uma vez que o ponto singular $x = 0$ ainda causa um problema. Veja o Problema 45 e 46 nos Exercícios 2.3. ∎

EXEMPLO 5 Um problema de valor inicial

Resolva $\dfrac{dy}{dx} + y = x$, $y(0) = 4$.

SOLUÇÃO
A equação está na forma padrão; $P(x) = 1$ e $f(x) = x$ são contínuas em $(-\infty, \infty)$. O fator integrante é $e^{\int dx} = e^x$, portanto, integrando

$$\frac{d}{dx}[e^x y] = xe^x$$

obtemos $e^x y = xe^x - e^x + c$. Resolvendo essa última equação para y, obtemos a solução geral $y = x - 1 + ce^{-x}$. Mas da condição inicial sabemos que $y = 4$ quando $x = 0$. Substituindo esses valores na solução geral, obtemos $c = 5$. Logo, a solução do problema é

$$y = x - 1 + 5e^{-x}, \quad -\infty < x < \infty. \tag{8}$$

A Figura 2.3.2, obtida com a ajuda de um software, mostra os gráficos de soluções representativas na família a um parâmetro $y = x - 1 + ce^{-x}$. Nessa solução geral, identificamos $y_c = ce^{-x}$ e $y_p = x - 1$. É interessante observar que à medida que x cresce, o gráfico de *todos* os membros da família (em cinza) aproximam-se do gráfico da solução particular É interessante observar que conforme x cresce, os gráficos de todos os membros desta família se aproximam do gráfico da solução $y = x - 1$. A última solução corresponde a $c = 0$ na família e é mostrada em destaque na Figura 2.3.2. Esse comportamento assintótico das soluções é devido ao fato de que a contribuição de ce^{-x}, $c \neq 0$, se torna desprezível para valores crescentes de x. Dizemos que ce^{-x} é um **termo transiente**, desde $e^{-x} \to 0$ até $x \to \infty$. Embora esse comportamento não seja uma característica de todas as soluções gerais de equações lineares (veja o Exemplo 2), a noção de transiente frequentemente é importante em problemas práticos. ∎

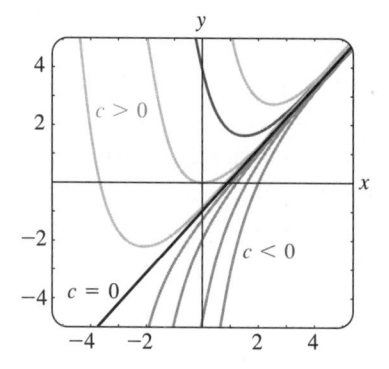

FIGURA 2.3.2 Algumas soluções de $y' + y = x$.

COEFICIENTES DESCONTÍNUOS
Em aplicações, os coeficientes $P(x)$ e $f(x)$ em (2) podem ser contínuos por partes. No próximo exemplo, $f(x)$ é contínua por partes em $[0, \infty)$ com uma única descontinuidade, ou seja, um salto (finito) em $x = 1$. Resolvemos o problema em duas partes que correspondem aos dois intervalos em que f é definida. Em seguida, é possível juntar as duas soluções em $x = 1$ para que $y(x)$ seja contínua em $[0, \infty)$.

EXEMPLO 6 Um problema de valor inicial

Resolva $\dfrac{dy}{dx} + y = f(x)$, $y(0) = 0$ onde $f(x) = \begin{cases} 1, & 0 \leq x \leq 1, \\ 0, & x > 1. \end{cases}$

SOLUÇÃO
O gráfico da função descontínua f é mostrado na Figura 2.3.3. Resolvemos a ED para $y(x)$ em primeiro lugar para o intervalo $[0, 1]$ e, em seguida, para o intervalo $(1, \infty)$. Para $0 \leq x \leq 1$ temos

$$\frac{dy}{dx} + y = 1 \quad \text{ou, equivalentemente,} \quad \frac{d}{dx}[e^x y] = e^x.$$

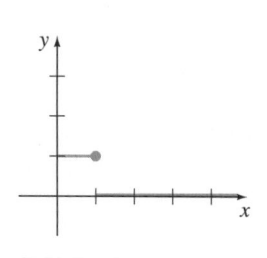

FIGURA 2.3.3 $f(x)$ descontínua no Exemplo 6.

Integrando essa última equação e resolvendo para y, obtemos $y = 1 + c_1 e^{-x}$. Uma vez que $y(0) = 0$, devemos ter $c_1 = -1$ e, portanto, $y = 1 - e^{-x}$, $0 \leq x \leq 1$. Para $x > 1$, a equação

$$\frac{dy}{dx} + y = 0$$

leva a $y = c_2 e^{-x}$. Logo, podemos escrever

$$y = \begin{cases} 1 - e^{-x}, & 0 \le x \le 1 \\ c_2 e^{-x}, & x > 1. \end{cases}$$

Usando a definição de continuidade em um dado ponto, é possível determinar c_2 de forma que a função seja contínua em $x = 1$. O requisito de que $\lim_{x \to 1^+} y(x) = y(1)$ implica que $c_2 e^{-1} = 1 - e^{-1}$ ou $c_2 = e - 1$. Conforme mostra a Figura 2.3.4, a função

$$y = \begin{cases} 1 - e^{-x}, & 0 \le x \le 1 \\ (e - 1)e^{-x}, & x > 1 \end{cases} \qquad (9)$$

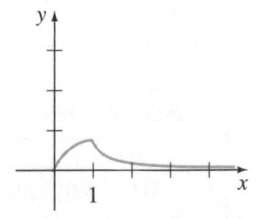

FIGURA 2.3.4 Gráfico de (9) no Exemplo 6.

é contínua em $(0, \infty)$. ∎

Vale a pena pensar sobre (9) e na Figura 2.3.4 por um instante; você deve ler e responder o Problema 48 nos Exercícios 2.3.

FUNÇÕES DEFINIDAS POR INTEGRAIS

Ao final da Seção 2.2 discutimos o fato de que algumas funções contínuas simples não têm antiderivadas que sejam funções elementares, e as integrais desse tipo de função são chamadas de **não elementares**. Por exemplo, você pode ter visto em cálculo que $\int e^{-x^2} dx$ e $\int \text{sen } x^2 dx$ são integrais não elementares. Em matemática aplicada, algumas funções importantes são *definidas* em termos de integrais não elementares. Duas dessas funções são a **função erro** e a **função erro complementar**:

$$\text{erf}(x) = \frac{2}{\sqrt{\pi}} \int_0^x e^{-t^2} dt \quad \text{e} \quad \text{erfc}(x) = \frac{2}{\sqrt{\pi}} \int_x^\infty e^{-t^2} dt. \qquad (10)$$

A partir do resultado† $\int_0^\infty e^{-t^2} dt = \sqrt{\pi}/2$ podemos escrever $(2/\sqrt{\pi}) \int_0^\infty e^{-t^2} dt = 1$. Então, a partir de $\int_x^\infty = \int_0^x + \int_x^\infty$, segue-se de (10) que as funções $\text{erfc}(x)$ e $\text{erf}(x)$ estão relacionadas por $\text{erf}(x) + \text{erfc}(x) = 1$. Dada sua importância em probabilidade, estatística e equações diferenciais parciais aplicadas, a função erro foi tabulada detalhadamente. Observe que $\text{erf}(0) = 0$ é um valor funcional óbvio. Valores de $\text{erf}(x)$ podem também ser encontrados por meio de um SAC.

EXEMPLO 7   Função erro

Resolva o problema de valor inicial $\dfrac{dy}{dx} - 2xy = 2$, $y(0) = 1$.

SOLUÇÃO
Como a equação já está na forma padrão, vemos que o fator integrante é $e^{-x^2} dx$ e, portanto, de

$$\frac{d}{dt}[e^{-x^2} y] = 2e^{-x^2}, \text{ obtemos } y = 2e^{x^2} \int_0^x e^{-t^2} dt + c e^{x^2}. \qquad (11)$$

Aplicando $y(0) = 1$ à última expressão, obtemos $c = 1$. Logo, a solução do problema é

$$y = 2e^{x^2} \int_0^x e^{-t^2} dt + e^{x^2} \quad \text{ou} \quad y = e^{x^2}[1 + \sqrt{\pi}\, \text{erf}(x)].$$

O gráfico dessa solução em $(-\infty, \infty)$, mostrado em preto na Figura 2.3.5 entre outros membros da família definida em (11), foi obtido com a ajuda de um SAC. ∎

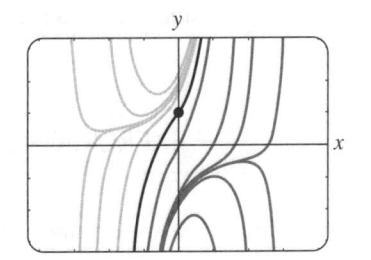

FIGURA 2.3.5 Curvas de solução da ED no Exemplo 7.

---
† Este resultado é normalmente provado no terceiro semestre dos cursos de cálculo.

USO DE COMPUTADORES

Os SAC *Mathematica* e *Maple* são capazes de produzir soluções implícitas e explícitas para alguns tipos de equações diferenciais usando seus comandos *dsolve*.[‡]

OBSERVAÇÕES

(i) A equação diferencial linear de primeira ordem

$$a_1(x)\frac{dy}{dx} + a_0(x)y = 0$$

é chamada de **homogênea**, enquanto que a equação

$$a_1(x)\frac{dy}{dx} + a_0(x)y = g(x)$$

com $g(x)$ não identicamente nulo é chamado **não homogênea**. Por exemplo, a equação linear $xy' + y = 0$ e $xy' + y = e^x$ são, respectivamente, homogênea e não homogênea. Como pode ser visto neste exemplo a solução trivial $y = 0$ é sempre uma solução da ED homogênea linear. Guarde estes termos na sua mente porque eles se tornarão importantes quando nós estudarmos equações diferenciais lineares de ordem superior no Capítulo 4.

(ii) Ocasionalmente, uma equação diferencial de primeira ordem não é linear em uma variável, mas o é na outra. Por exemplo, a equação diferencial

$$\frac{dy}{dx} = \frac{1}{x + y^2}$$

não é linear na variável y. Mas sua recíproca

$$\frac{dx}{dy} = x + y^2 \quad \text{ou} \quad \frac{dx}{dy} - x = y^2$$

é linear na variável x. Observe que, usando o fator integrante $e^{\int(-1)dy} = e^{-y}$ e integrando por partes, obtemos uma solução implícita para a segunda equação: $x = -y^2 - 2y - 2 + ce^y$. Esta equação é uma solução implícita da primeira equação.

(iii) Os matemáticos "adotaram" como suas determinadas palavras da engenharia, as quais consideraram apropriadamente descritivas. A palavra *transiente*, usada anteriormente, é um desses termos. Em discussões futuras, as palavras *entrada* e *saída* vão ser empregadas ocasionalmente. A função f em (2) é chamada de **entrada** ou **função forçante**; a solução da equação diferencial para uma dada *entrada* é chamada de **saída** ou **resposta**.

(iv) O termo **funções especiais** mencionado em conjunto com a função de erro também se aplica à **função integral do seno** e à **integral do seno de Fresnel** introduzido nos Problemas 55 e 56 nos Exercícios 2.3. "Funções especiais" é, na verdade, um ramo bem definido da matemática. Mais funções especiais são estudadas na Seção 6.4.

EXERCÍCIOS 2.3

As respostas aos problemas ímpares estão no final do livro.

Nos Problemas 1-24, ache a solução geral da equação diferencial dada. Dê o maior intervalo I sobre o qual a solução geral está definida. Determine se há termos transientes na solução geral.

1. $\dfrac{dy}{dx} = 5y$

[‡] Alguns comandos têm a mesma grafia, mas em *Mathematica* comandos começam com uma letra maiúscula (**Dsolve**), enquanto no *Maple* comandos do mesmo tipo começam com uma letra minúscula (**dsolve**). Ao discutir a sintaxe comum aos dois programas, escreveremos, por exemplo, *dsolve*.

2. $y' + 2xy = x^3$

3. $\dfrac{dy}{dx} + y = e^{3x}$

4. $\dfrac{dy}{dx} + 2y = 0$

5. $y' + 3x^2 y = x^2$

6. $3\dfrac{dy}{dx} + 12y = 4$

7. $x^2 y' + xy = 1$

8. $x\dfrac{dy}{dx} + 2y = 3$

9. $x\dfrac{dy}{dx} - y = x^2 \operatorname{sen} x$

10. $y' = 2y + x^2 + 5$

11. $x\dfrac{dy}{dx} + 4y = x^3 - x$

12. $(1 + x)\dfrac{dy}{dx} - xy = x + x^2$

13. $x^2 y' + x(x + 2)y = e^x$

14. $xy' + (1 + x)y = e^{-x} \operatorname{sen} 2x$

15. $y\,dx - 4(x + y^6)\,dy = 0$

16. $y\,dx = (ye^y - 2x)\,dy$

17. $\cos x \dfrac{dy}{dx} + (\operatorname{sen} x)y = 1$

18. $\cos^2 x \operatorname{sen} x \dfrac{dy}{dx} + (\cos^3 x)y = 1$

19. $(x + 1)\dfrac{dy}{dx} + (x + 2)y = 2xe^{-x}$

20. $(x + 2)^2 \dfrac{dy}{dx} = 5 - 8y - 4xy$

21. $\dfrac{dr}{d\theta} + r \sec \theta = \cos \theta$

22. $\dfrac{dP}{dt} + 2tP = P + 4t - 2$

23. $x\dfrac{dy}{dx} + (3x + 1)y = e^{-3x}$

24. $(x^2 - 1)\dfrac{dy}{dx} + 2y = (x + 1)^2$

Nos Problemas 25-36, resolva o problema de valor inicial dado. Dê o maior intervalo I sobre o qual a solução está definida.

25. $\dfrac{dy}{dx}x + 5y, \quad y(0) = 3$

26. $\dfrac{dy}{dx} = 2x - 3y, \quad y(0) = \tfrac{1}{3}$

27. $xy' + y = e^x, y(1) = 2$

28. $y\dfrac{dx}{dy} - x = 2y^2, y(1) = 5$

29. $L\dfrac{di}{dt} + Ri = E, i(0) = i_0;\ L, R, E\ \text{e}\ i_0\ \text{constantes}$

30. $\dfrac{dT}{dt} = k(T - T_m), T(0) = T_0;\ k,\ T_m\ \text{e}\ T_0\ \text{constantes}$

31. $x\dfrac{dy}{dx} + y = 4x + 1, \quad y(1) = 8$

32. $y' + 4xy = x^3 e^{x^2}, \quad y(0) = -1$

33. $(x + 1)\dfrac{dy}{dx} + y = \ln x, y(1) = 10$

34. $x(x + 1)\dfrac{dy}{dx} + xy = 1, \quad y(e) = 1$

35. $y' - (\operatorname{sen} x)y = 2 \operatorname{sen} x, \quad y(\pi/2) = 1$

36. $y' + (\operatorname{tg} x)y = \cos^2 x, y(0) = -1$

Nos Problemas 37-40, proceda como no Exemplo 6 para resolver o problema de valor inicial dado. Use um software gráfico para representar a função contínua $y(x)$.

37. $\dfrac{dy}{dx} + 2y = f(x)$, onde

$f(x) = \begin{cases} 1, & 0 \leq x \leq 3 \\ 0, & x > 3, \end{cases}, y(0) = 0$

38. $\dfrac{dy}{dx} + y = f(x)$, onde

$f(x) = \begin{cases} 1, & 0 \leq x \leq 1 \\ -1, & x > 1 \end{cases}, y(0) = 1$

39. $\dfrac{dy}{dx} + 2xy = f(x)$, onde

$f(x) = \begin{cases} x, & 0 \leq x < 1 \\ 0, & x \geq 1 \end{cases}, y(0) = 2$

40. $(1 + x^2)\dfrac{dy}{dx} + 2xy = f(x)$, onde

$f(x) = \begin{cases} x, & 0 \leq x \leq 1 \\ -x, & x \geq 1 \end{cases}, y(0) = 0$

41. Proceda de forma análoga ao Exemplo 6 para resolver o problema de valor inicial $y' + P(x)y = 4x$, $y(0) = 3$, onde

$$P(x) = \begin{cases} 2, & 0 \leq x \leq 1 \\ -2/x, & x > 1 \end{cases}$$

Use um software para traçar a função contínua $y(x)$.

42. Considere o problema de valor inicial $y' + e^x y = f(x)$, $y(0) = 1$. Expresse a solução do PVI para $x > 0$ como uma integral não elementar quando $f(x) = 1$. Qual é a solução quando $f(x) = 0$? E quando $f(x) = e^x$?

43. Expresse a solução do problema de valor inicial $y' - 2xy = 1$, $y(1) = 1$ em termos de erf(x).

PROBLEMAS PARA DISCUSSÃO

44. Releia o segundo parágrafo após o Exemplo 2. Construa uma equação diferencial linear de primeira ordem para a qual todas as soluções não constantes se aproximam da assíntota horizontal $y = 4$ quando $x \to \infty$.

45. Releia o Exemplo 3 e discuta, com base no Teorema 1.2.1, a existência e unicidade de uma solução do problema de valor inicial que consiste em $xy' - 4y = x^6 e^x$ e na condição inicial dada.

a) $y(0) = 0$

b) $y(0) = y_0$, $y_0 > 0$

c) $y(x_0) = y_0$, $x_0 > 0$, $y_0 > 0$

46. Releia o Exemplo 4 e então encontre a solução geral da equação diferencial no intervalo $(-3, 3)$.

47. Releia a discussão imediatamente após o Exemplo 5. Construa uma equação diferencial linear de primeira ordem para a qual todas as soluções são assintóticas à reta $y = 3x - 5$ quando $x \to \infty$.

48. Releia o Exemplo 6 e discuta por que é tecnicamente incorreto dizer que a função em (9) é uma "solução" do PVI no intervalo $[0, \infty)$.

49. a) Construa uma equação diferencial linear de primeira ordem da forma $xy' + a_0(x)y = g(x)$ para a qual $y_c = c/x^3$ e $y_p = x^3$. Dê um intervalo no qual $y = x^3 + c/x^3$ seja a solução geral da ED.

b) Dê uma condição inicial $y(x_0) = y_0$ para a ED encontrada no item (a) de tal forma que a solução do PVI seja $y = x^3 - 1/x^3$. Faça o mesmo para a solução $y = x^3 + 2/x^3$. Dê um intervalo I de definição de cada uma dessas soluções. Faça o gráfico das curvas integrais. Existe um problema de valor inicial cuja solução esteja definida em $(-\infty, \infty)$?

c) Cada um dos PVIs encontrados no item (b) é único? Isto é, pode haver mais de um PVI para o qual, digamos, $y = x^3 - 1/x^3$, x em algum intervalo I, seja a solução?

50. Na determinação do fator integrante (3) não usamos uma constante de integração no cálculo de $\int P(x)dx$. Explique por que o uso de $\int P(x)dx + c$ não tem nenhum efeito sobre a solução de (2).

51. Suponha que $P(x)$ seja contínuo em algum intervalo I e que a seja um número em I. O que pode ser dito sobre a solução do problema de valor inicial $y' + P(x)y = 0$, $y(a) = 0$?

MODELOS MATEMÁTICOS

52. Série de desintegrações radioativas O seguinte sistema de equações diferenciais é encontrado no estudo da desintegração de um tipo especial de série de elementos radioativos:

$$\frac{dx}{dt} = -\lambda_1 x$$
$$\frac{dy}{dt} = \lambda_1 x - \lambda_2 y,$$

onde λ_1 e λ_2 são constantes. Discuta como resolver o sistema sujeito à condição social $x(0) = x_0$, $y(0) = y_0$. Leve a cabo as suas ideias.

53. Marca-passo cardíaco Um marca-passo cardíaco consiste em uma chave, uma bateria de tensão constante E_0, um capacitor com capacitância constante C, e o coração como um resistor com resistência constante R. Quando a chave é fechada, o capacitor se carrega; quando a chave é aberta, o capacitor se descarrega, enviando um estímulo elétrico para o coração. Durante o tempo em que o coração é estimulado, a tensão E em todo o coração satisfaz a equação diferencial linear

$$\frac{dE}{dt} = -\frac{1}{RC}E.$$

Resolva a ED sujeita a $E(4) = E_0$.

TAREFAS PARA O LABORATÓRIO DE INFORMÁTICA

54. a) Expresse a solução do problema de valor inicial $y' - 2xy = -1$, $y(0) = \sqrt{\pi}/2$ em termos de erfc(x).

b) Use tabelas ou um computador para calcular $y(2)$. Use um SAC para obter a curva integral do PVI em $(-\infty, \infty)$.

55. a) A **função seno integral** é definida por $\text{Se}(x) = \int_0^x \frac{\operatorname{sen} t}{t} dt$, onde o integrando é definido como sendo 1 em $t = 0$. Expresse a solução $y(x)$ do problema de valor inicial $x^3 y' + 2x^2 y = 10 \operatorname{sen} x$, $y(1) = 0$ em termos de $\text{Se}(x)$.

b) Use um SAC para traçar a curva integral do PVI para $x > 0$.

c) Use um SAC para encontrar o valor do máximo absoluto da solução $y(x)$ para $x > 0$.

56. a) A **integral do seno de Fresnel** é definida por $S(x) = \int_0^x \operatorname{sen}\left(\pi t^2/2\right) dt$. Expresse a solução $y(x)$ do problema de valor inicial $y' - (\operatorname{sen} x^2) y = 0$, $y(0) = 5$ em termos de $S(x)$.

b) Use um SAC para traçar a curva integral do PVI em $(-\infty, \infty)$.

c) Sabe-se que $S(x) \to \frac{1}{2}$ quando $x \to \infty$ e $S(x) \to -\frac{1}{2}$ quando $x \to -\infty$. Ao que tende $y(x)$ quando $x \to \infty$? E quando $x \to -\infty$?

d) Use um SAC para encontrar os valores máximo e mínimo absolutos da solução $y(x)$.

2.4 EQUAÇÕES EXATAS

MATERIAL ABORDADO
- Cálculo multivariado
- Integral e derivada parcial
- Derivadas de funções de duas variáveis

INTRODUÇÃO

Embora a simples equação de primeira ordem

$$y\, dx + x\, dy = 0$$

seja separável, podemos resolvê-la de uma forma alternativa ao reconhecer que a expressão do lado esquerdo da igualdade é o diferencial da função $f(x, y) = xy$, ou seja,

$$dy = y\, dx + x\, d(xy)$$

Nesta seção, vamos examinar as equações de primeira ordem na forma diferencial $M(x, y)dx + N(x, y)dy = 0$. Através da aplicação de um teste simples para M e N, podemos determinar se $M(x, y)dx + N(x, y)dy$ é uma diferencial de uma função $f(x, y)$. Se a resposta for sim, nós podemos construir f pela integração parcial.

DIFERENCIAL DE UMA FUNÇÃO DE DUAS VARIÁVEIS

Se $z = f(x, y)$ é uma função de duas variáveis com derivadas parciais primeiras contínuas em uma região R do plano xy, sua diferencial (também chamada de diferencial total) é

$$dz = \frac{\partial f}{\partial x} dx + \frac{\partial f}{\partial y} dy. \tag{1}$$

No caso especial quando $f(x, y) = c$, em que c é uma constante, então (1) implica em

$$\frac{\partial f}{\partial x} dx + \frac{\partial f}{\partial y} dy = 0. \tag{2}$$

Em outras palavras, dada uma família de curvas a um parâmetro $f(x, y) = c$, podemos gerar uma equação diferencial de primeira ordem computando a diferencial em ambos os lados da igualdade. Por exemplo, se $x^2 - 5xy + y^3 = c$, então (2) dá a ED de primeira ordem

$$(2x - 5y)dx + (-5x + 3y^2)dy = 0. \tag{3}$$

DEFINIÇÃO

Obviamente, nem toda ED de primeira ordem escrita na forma diferencial $M(x,y)dx + N(x,y)dy = 0$ corresponde ao diferencial de $f(x,y) = c$. Assim, para nossos propósitos é mais importante irmos para o exemplo acima, ou seja, se nos é dada uma ED de primeira ordem, como (3), podemos de alguma maneira reconhecer que a expressão diferencial $(2x - 5y)dx + (-5x + 3y^2)dy$ é o diferencial de $d(x^2 - 5xy + y^3)$? Se houver, então uma solução implícita de (3) é $x^2 - 5xy + y^3 = c$. Nós responderemos a essa questão após a definição seguinte.

DEFINIÇÃO 2.4.1 Equação exata

Uma expressão diferencial $M(x,y)dx + N(x,y)dy$ é uma **diferencial exata** em uma região R do plano xy se corresponde à diferencial de alguma função $f(x,y)$ definida em R. Uma equação diferencial de primeira ordem da forma

$$M(x,y)dx + N(x,y)dy = 0$$

é chamada de **equação exata** se a expressão à esquerda for uma diferencial exata.

Por exemplo, $x^2 y^3 dx + x^3 y^2 dy = 0$ é uma equação exata, pois o lado esquerdo da equação é uma diferencial exata:

$$d\left(\frac{1}{3}x^3 y^3\right) = x^2 y^3 dx + x^3 y^2 dy.$$

Note que se nós fizermos as identificações $M(x,y) = x^2 y^3$ e $N(x,y) = x^3 y^2$, então $\partial M/\partial y = 3x^2 y^2 = \partial N/\partial x$. O Teorema 2.4.1 mostra que a igualdade dessas derivadas parciais $\partial M/\partial y$ e $\partial N/\partial x$ não é uma coincidência.

TEOREMA 2.4.1 Critério para diferencial exata

Sejam $M(x,y)$ e $N(x,y)$ contínuas e com derivadas parciais de primeira ordem contínuas em uma região R definida por $a < x < b$ e $c < y < d$. Então uma condição necessária e suficiente para que $M(x,y)dx + N(x,y)dy$ seja uma diferencial exata é

$$\frac{\partial M}{\partial y} = \frac{\partial N}{\partial x}. \tag{4}$$

PROVA DA NECESSIDADE

Para simplificar, vamos supor que $M(x,y)$ e $N(x,y)$ tenham derivadas parciais de primeira ordem contínuas para todo (x,y). Se a expressão $M(x,y)dx + N(x,y)dy$ for exata, haverá alguma função f tal que, para todo x em R,

$$M(x,y)dx + N(x,y)dy = \frac{\partial f}{\partial x}dx + \frac{\partial f}{\partial y}dy.$$

Logo,

$$M(x,y) = \frac{\partial f}{\partial x}, \quad N(x,y) = \frac{\partial f}{\partial y},$$

e

$$\frac{\partial M}{\partial y} = \frac{\partial}{\partial y}\left(\frac{\partial f}{\partial x}\right) = \frac{\partial^2 f}{\partial y\, \partial x} = \frac{\partial}{\partial x}\left(\frac{\partial f}{\partial y}\right) = \frac{\partial N}{\partial x}.$$

A igualdade das derivadas parciais mistas é uma consequência da continuidade das derivadas parciais primeiras de $M(x,y)$ e $N(x,y)$.

A parte da suficiência do Teorema 2.4.1 consiste em mostrar que há uma função f para a qual $\partial f/\partial x = M(x,y)$ e $\partial f/\partial y = N(x,y)$ sempre que (4) for válida. A construção da função f na verdade reflete um procedimento básico na resolução de equações exatas.

MÉTODO DE RESOLUÇÃO

Dada uma equação na forma diferencial $M(x,y)dx + N(x,y)dy = 0$, determine se a igualdade em (4) é verdadeira. Se for, então existe uma função f para a qual

$$\frac{\partial f}{\partial x} = M(x,y).$$

Podemos encontrar f integrando $M(x,y)$ em relação a x e mantendo y constante:

$$f(x,y) = \int M(x,y)dx + g(y), \tag{5}$$

onde a função arbitrária $g(y)$ é a "constante" de integração. Diferenciando agora (5) em relação a y e supondo $\partial f/\partial y = N(x,y)$:

$$\frac{\partial f}{\partial y} = \frac{\partial}{\partial y}\int M(x,y)dx + g'(y) = N(x,y).$$

Isso dá

$$g'(y) = N(x,y) - \frac{\partial}{\partial y}\int M(x,y)dx. \tag{6}$$

Finalmente, integramos (6) em relação a y e substituímos o resultado em (5). A solução implícita da equação é $f(x,y) = c$.

Algumas observações se fazem necessárias. Primeiramente, é importante entender que a expressão $N(x,y) - (\partial/\partial y)\int M(x,y)dx$ em (6) é independente de x, pois

$$\frac{\partial}{\partial x}\left[N(x,y) - \frac{\partial}{\partial y}\int M(x,y)dx\right] = \frac{\partial N}{\partial x} - \frac{\partial}{\partial y}\left(\frac{\partial}{\partial x}\int M(x,y)dx\right)$$
$$= \frac{\partial N}{\partial x} - \frac{\partial M}{\partial y} = 0.$$

Em segundo lugar, poderíamos também ter começado todo o processo supondo que $\partial f/\partial y = N(x,y)$. Depois de integrar N em relação a y e diferenciar esse resultado, encontraríamos os análogos de (5) e (6), respectivamente,

$$f(x,y) = \int N(x,y)dy + h(x) \quad \text{e} \quad h'(x) = M(x,y) - \frac{\partial}{\partial x}\int N(x,y)dy.$$

Em ambos os casos, *nenhuma dessas fórmulas deve ser memorizada*.

EXEMPLO 1 Resolvendo uma ED exata

Resolva $2xy\,dx + (x^2 - 1)dy = 0$.

SOLUÇÃO

Sendo $M(x,y) = 2xy$ e $N(x,y) = x^2 - 1$, temos

$$\frac{\partial M}{\partial y} = 2x = \frac{\partial N}{\partial x}.$$

Assim, a equação é exata e, portanto, pelo Teorema 2.4.1, há uma função $f(x,y)$ tal que

$$\frac{\partial f}{\partial x} = 2xy \quad \text{e} \quad \frac{\partial f}{\partial y} = x^2 - 1.$$

Da primeira dessas equações, depois de integrar, obtemos

$$f(x,y) = x^2y + g(y).$$

Computando a derivada parcial da última expressão em relação a y e igualando a $N(x,y)$, obtemos

$$\frac{\partial f}{\partial y} = x^2 + g'(y) = x^2 - 1. \qquad \leftarrow N(x,y)$$

Segue que $g'(y) = -1$ e $g(y) = -y$. Logo $f(x,y) = x^2y - y$ e, portanto, a solução da equação na forma implícita é $x^2y - y = c$. Pode-se ver facilmente que a forma explícita de solução é $y = c/(1 - x^2)$, que está definida em todo intervalo que não contenha $x = 1$ nem $x = -1$. ■

NOTA

A solução da ED do Exemplo 1 *não* é $f(x,y) = x^2y - y$ e sim $f(x,y) = c$. Se for usada uma constante na integração de $g'(y)$, poderemos escrever a solução como $f(x,y) = 0$. Observe também que a equação poderia ter sido resolvida por separação de variáveis.

EXEMPLO 2   Resolvendo uma ED exata

Resolva $(e^{2y} - y\cos xy)dx + (2xe^{2y} - x\cos xy + 2y)dy = 0$.

SOLUÇÃO
A equação é exata, pois

$$\frac{\partial M}{\partial y} = 2e^{2y} + xy\,\text{sen}\,xy - \cos xy = \frac{\partial N}{\partial x}.$$

Portanto, existe uma função $f(x,y)$ para a qual

$$M(x,y) = \frac{\partial f}{\partial x} \quad \text{e} \quad N(x,y) = \frac{\partial f}{\partial y}.$$

Agora, para variar um pouco, vamos começar supondo que $\partial f/\partial y = N(x,y)$, isto é,

$$\frac{\partial f}{\partial y} = 2xe^{2y} - x\cos xy + 2y$$

$$f(x,y) = 2x\int e^{2y}\,dy - x\int \cos xy\,dy + 2\int y\,dy.$$

Lembre-se, a razão pela qual x pode vir para fora do símbolo $\int$ é que, na integração em relação a y, x deve ser tratada como uma constante ordinária. Segue que

$$f(x,y) = xe^{2y} - \text{sen}\,xy + y^2 + h(x)$$

$$\frac{\partial f}{\partial x} = e^{2y} - y\cos xy + h'(x) = e^{2y} - y\cos xy, \qquad \leftarrow M(x,y)$$

e, portanto, $h'(x) = 0$ ou $h(x) = c$. Assim, uma família de soluções é

$$xe^{2y} - \text{sen}\,xy + y^2 + c = 0. \qquad\blacksquare$$

EXEMPLO 3   Um problema de valor inicial

Resolva $\dfrac{dy}{dx} = \dfrac{xy^2 - \cos x\,\text{sen}\,x}{y(1 - x^2)}$, $y(0) = 2$.

SOLUÇÃO
Escrevendo a equação na forma

$$(\cos x\,\text{sen}\,x - xy^2)dx + y(1 - x^2)dy = 0,$$

vemos que a equação é exata, pois

$$\frac{\partial M}{\partial y} = -2xy = \frac{\partial N}{\partial x}.$$

Agora

$$\frac{\partial f}{\partial y} = y(1 - x^2)$$

$$f(x,y) = \frac{y^2}{2}(1 - x^2) + h(x)$$

$$\frac{\partial f}{\partial x} = -xy^2 + h'(x) = \cos x\,\text{sen}\,x - xy^2.$$

A última equação implica que $h'(x) = \cos x \,\text{sen}\, x$. Integrando, obtemos

$$h(x) = -\int (\cos x)(-\text{sen}\, x dx) = -\frac{1}{2}\cos^2 x.$$

Assim,

$$\frac{y^2}{2}(1-x^2) - \frac{1}{2}\cos^2 x = c_1 \quad \text{ou} \quad y^2(1-x^2) - \cos^2 x = c \quad (7)$$

onde $2c_1$ foi substituído por c. A condição inicial $y = 2$ quando $x = 0$ exige que $4(1) - \cos^2(0) = c$ e, portanto, $c = 3$. Uma solução implícita do problema é, então, $y^2(1-x^2) - \cos^2 x = 3$.

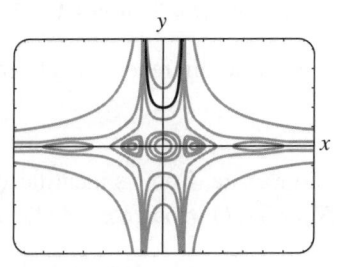

FIGURA 2.4.1 Curvas de solução da ED no Exemplo 3.

A curva integral do PVI está em preto na Figura 2.4.1; ela é parte de uma interessante família de curvas. Os gráficos dos membros da família de soluções a um parâmetro dada em (7) podem ser obtidos de várias maneiras, duas das quais são: usando um software para fazer o gráfico das curvas de nível (conforme discutido na Seção 2.2) e usando um recurso gráfico para fazer cuidadosamente o gráfico das funções explícitas obtidas para vários valores de c resolvendo $y^2 = (c + \cos^2 x)/(1 - x^2)$, para obter y em termos de x. ∎

FATORES INTEGRANTES

Lembre-se, da Seção 2.3, de que o lado esquerdo da equação linear $y' + P(x)y = f(x)$ pode ser transformado em uma derivada quando multiplicamos a equação por um fator integrante. A mesma ideia básica funciona algumas vezes para uma equação diferencial não exata $M(x, y)dx + N(x, y)dy = 0$. Ou seja, é possível, algumas vezes, encontrar um **fator integrante** $\mu(x, y)$ de tal forma que, quando multiplicado por ele, o lado esquerdo de

$$\mu(x, y)M(x, y)dx + \mu(x, y)N(x, y)dy = 0 \quad (8)$$

torne-se uma diferencial exata. Na tentativa de encontrar μ, consideremos o critério (4) para uma diferencial ser exata. A Equação (8) será exata se e somente se $(\mu M)_y = (\mu N)_x$, onde os subscritos denotam derivadas parciais. Pela regra da diferenciação do produto, a última equação é igual a $\mu M_y + \mu_y M = \mu N_x + \mu_x N$ ou

$$\mu_x N - \mu_y M = (M_y - N_x)\mu. \quad (9)$$

Embora M, N, M_y e N_x sejam funções conhecidas de x e y, a dificuldade para determinar $\mu(x, y)$ com base em (9) é que precisamos resolver uma equação diferencial parcial. Como não estamos preparados para isso, vamos fazer uma hipótese simplificadora. Suponha que μ seja uma função de uma variável; por exemplo, digamos que μ dependa somente de x. Nesse caso, $\mu_x = du/dx$ e $\mu_y = 0$, então, (9) pode ser escrita como

$$\frac{d\mu}{dx} = \frac{M_y - N_x}{N}\mu. \quad (10)$$

Continuamos em um impasse se o quociente $(M_y - N_x)/N$ depender tanto de x quanto de y. Contudo, se depois de terem sido feitas todas as simplificações algébricas óbvias, o quociente $(M_y - N_x)/N$ resultar em uma função dependente somente da variável x, (10) será uma equação diferencial ordinária de primeira ordem. Podemos finalmente determinar μ, pois (10) é *separável* bem como *linear*. Segue então das Seções 2.2 ou 2.3 que $\mu(x) = e^{\int ((M_y - N_x)/N)dx}$. Analogamente, segue de (9) que se μ depender somente da variável y, então

$$\frac{d\mu}{dy} = \frac{N_x - M_y}{M}\mu. \quad (11)$$

Nesse caso, se $(N_x - M_y)/M$ for uma função somente de y, então poderemos resolver (11) para μ.

Vamos resumir os resultados para a equação diferencial

$$M(x, y)dx + N(x, y)dy = 0 \quad (12)$$

- Se $(M_y - N_x)/N$ for uma função somente de x, então um fator integrante para a Equação (12) será

$$\mu(x) = e^{\int \frac{M_y - N_x}{N} dx}. \quad (13)$$

- Se $(N_x - M_y)/M$ for uma função somente de y, então um fator integrante para (12) será

$$\mu(y) = e^{\int \frac{N_x - M_y}{M} dy}. \quad (14)$$

EXEMPLO 4 Uma ED não exata transformada em exata

A equação diferencial não linear de primeira ordem

$$xy\,dx + (2x^2 + 3y^2 - 20)\,dy = 0$$

não é exata. Com as identificações $M = xy$, $N = 2x^2 + 3y^2 - 20$, podemos encontrar as derivadas parciais $M_y = x$ e $N_x = 4x$. O quociente em (13) não nos leva a lugar algum, pois

$$\frac{M_y - N_x}{N} = \frac{x - 4x}{2x^2 + 3y^2 - 20} = \frac{-3x}{2x^2 + 3y^2 - 20}$$

depende de x e de y. Porém, (14) resulta em um quociente que depende somente de y:

$$\frac{N_x - M_y}{M} = \frac{4x - x}{xy} = \frac{3x}{xy} = \frac{3}{y}.$$

O fator integrante é então $e^{\int 3dy/y} = e^{3\ln y} = e^{\ln y^3} = y^3$. Depois que multiplicarmos a ED dada por $\mu(y) = y^3$, a equação resultante será

$$xy^4 dx + (2x^2y^3 + 3y^5 - 20y^3)dy = 0.$$

Você deve verificar que a última equação é agora exata, bem como mostrar, usando o método desta seção, que uma família de soluções é

$$\frac{1}{2}x^2y^4 + \frac{1}{2}y^6 - 5y^4 = c.$$ ∎

OBSERVAÇÕES

(i) Quando estiver testando uma equação para verificar se é exata ou não, verifique se ela é precisamente da forma $M(x,y)dx + N(x,y)dy = 0$. Às vezes, uma equação diferencial está escrita como $G(x,y)dx = H(x,y)dy$. Nesse caso, primeiramente reescrevemos a equação como $G(x,y)dx - H(x,y)dy = 0$ e então identificamos $M(x,y) = G(x,y)$ e $N(x,y) = -H(x,y)$ antes de usar (4).

(ii) Em alguns textos sobre equações diferenciais, o estudo de equações exatas precede o de EDs lineares. Nesse caso, o método para encontrar os fatores integrantes que acabamos de discutir pode ser usado para obter um fator integrante para $y' + P(x)y = f(x)$. Reescrevendo a última equação na forma diferencial $(P(x)y - f(x))dx + dy = 0$, vemos que

$$\frac{M_y - N_x}{N} = P(x).$$

De (13) chegamos ao fator integrante já familiar $e^{\int P(x)dx}$, usado na Seção 2.3.

EXERCÍCIOS 2.4

As respostas aos problemas ímpares estão no final do livro.

Nos Problemas 1-20, determine se a equação diferencial dada é exata. Se for, resolva-a.

1. $(2x - 1)dx + (3y + 7)dy = 0$
2. $(2x + y)dx - (x + 6y)dy = 0$
3. $(5x + 4y)dx + (4x - 8y^3)dy = 0$
4. $(\text{sen } y - y \text{ sen } x)dx + (\cos x + x \cos y - y)dy = 0$
5. $(2xy^2 - 3)dx + (2x^2y + 4)dy = 0$
6. $\left(2y - \frac{1}{x} + \cos 3x\right)\frac{dy}{dx} + \frac{y}{x^2} - 4x^3 + 3y \text{ sen } 3x = 0$
7. $(x^2 - y^2)dx + (x^2 - 2xy)dy = 0$
8. $\left(1 + \ln x + \frac{y}{x}\right)dx = (1 - \ln x)dy$
9. $(x - y^3 + y^2 \text{ sen } x)dx = (3xy^2 + 2y \cos x)dy$
10. $(x^3 + y^3)dx + 3xy^2 dy = 0$

11. $(y\ln y - e^{-xy})dx + \left(\dfrac{1}{y} + x\ln y\right)dy = 0$

12. $(3x^2y + e^y)dx + (x^3 + xe^y - 2y)dy = 0$

13. $x\dfrac{dy}{dx} = 2xe^x - y + 6x^2$

14. $\left(1 - \dfrac{3}{y} + x\right)\dfrac{dy}{dx} + y = \dfrac{3}{x} - 1$

15. $\left(x^2y^3 - \dfrac{1}{1+9x^2}\right)\dfrac{dx}{dy} + x^3y^2 = 0$

16. $(5y - 2x)y' - 2y = 0$

17. $(\text{tg } x - \text{sen } x \text{ sen } y)dx + \cos x \cos y \, dy = 0$

18. $(2y \text{ sen } x \cos x - y + 2y^2 e^{xy^2})dx = (x - \text{sen}^2 x - 4xye^{xy^2})dy$

19. $(4t^3y - 15t^2 - y)dt + (t^4 + 3y^2 - t)dy = 0$

20. $\left(\dfrac{1}{t} + \dfrac{1}{t^2} - \dfrac{y}{t^2 + y^2}\right)dt + \left(ye^y + \dfrac{t}{t^2 + y^2}\right)dy = 0$

Nos Problemas 21-26, resolva os problemas de valor inicial dados.

21. $(x + y)^2 dx + (2xy + x^2 - 1)dy = 0$, $y(1) = 1$

22. $(e^x + y)dx + (2 + x + ye^y)dy = 0$, $y(0) = 1$

23. $(4y + 2t - 5)dt + (6y + 4t - 1)dy = 0$, $y(-1) = 2$

24. $\left(\dfrac{3y^2 - t^2}{y^5}\right)\dfrac{dy}{dt} + \dfrac{t}{2y^4} = 0$, $y(1) = 1$

25. $(y^2 \cos x - 3x^2y - 2x)dx + (2y \text{ sen } x - x^3 + \ln y)dy = 0$, $y(0) = e$

26. $\left(\dfrac{1}{1+y^2} + \cos x - 2xy\right)\dfrac{dy}{dx} = y(y + \text{sen } x)$, $y(0) = 1$

Nos Problemas 27 e 28, ache o valor de k tal que a equação diferencial dada seja exata.

27. $(y^3 + kxy^4 - 2x)dx + (3xy^2 + 20x^2y^3)dy = 0$

28. $(6xy^3 + \cos y)dx + (2kx^2y^2 - x \text{ sen } y)dy = 0$

Nos Problemas 29 e 30, verifique que a equação diferencial dada não é exata. Multiplique a equação diferencial pelo fator integrante $\mu(x, y)$ indicado e verifique que a nova equação é exata. Resolva-a.

29. $(-xy \text{ sen } x + 2y\cos x)dx + 2x\cos x \, dy = 0$; $\mu(x,y) = xy$

30. $(x^2 + 2xy - y^2)dx + (y^2 + 2xy - x^2)dy = 0$; $\mu(x,y) = (x+y)^{-2}$

Nos Problemas 31-36, resolva a equação diferencial dada encontrando, como no Exemplo 4, um fator integrante apropriado.

31. $(2y^2 + 3x)dx + 2xy\,dy = 0$

32. $y(x + y + 1)dx + (x + 2y)dy = 0$

33. $6xy\,dx + (4y + 9x^2)dy = 0$

34. $\cos x\,dx + \left(1 + \dfrac{2}{y}\right) \text{sen } x\,dy = 0$

35. $(10 - 6y + e^{-3x})dx - 2dy = 0$

36. $(y^2 + xy^3)dx + (5y^2 - xy + y^3 \text{ sen } y)dy = 0$

Nos Problemas 37 e 38, resolva o problema de valor inicial dado encontrando, como no Exemplo 4, um fator integrante apropriado.

37. $x\,dx + (x^2y + 4y)dy = 0$, $y(4) = 0$

38. $(x^2 + y^2 - 5)dx = (y + xy)dy$, $y(0) = 1$

39. a) Mostre que uma família de soluções a um parâmetro da equação

$$(4xy + 3x^2)dx + (2y + 2x^2)dy = 0$$

é $x^3 + 2x^2y + y^2 = c$.

b) Mostre que as condições iniciais $y(0) = -2$ e $y(1) = 1$ determinam a mesma solução implícita.

c) Ache soluções explícitas $y_1(x)$ e $y_2(x)$ da equação diferencial do item (a) tal que $y_1(0) = -2$ e $y_2(1) = 1$. Use um software para traçar os gráficos de $y_1(x)$ e $y_2(x)$.

PROBLEMAS PARA DISCUSSÃO

40. Considere o conceito de fator integrante, introduzido nos Problemas 29-38. As duas equações $Mdx + Ndy = 0$ e $\mu Mdx + \mu Ndy = 0$ são necessariamente equivalentes no sentido de que uma solução de uma é também uma solução da outra? Discuta.

41. Releia o Exemplo 3 e então discuta por que podemos concluir que o intervalo de definição da solução explícita do PVI (a curva preta na Figura 2.4.1) é $(-1, 1)$.

42. Discuta como as funções $M(x, y)$ e $N(x, y)$ podem ser encontradas de forma que cada equação diferencial seja exata. Leve a cabo suas ideias.

a) $M(x, y)dx + \left(xe^{xy} + 2xy + \dfrac{1}{x}\right)dy = 0$

b) $\left(x^{-1/2}y^{1/2} + \dfrac{x}{x^2 + y}\right)dx + N(x, y)dy = 0$

43. As equações diferenciais são resolvidas algumas vezes por meio de uma ideia engenhosa. Eis um pequeno exercício de engenhosidade: embora a equação diferencial

$$(x - \sqrt{x^2 + y^2})dx + y\, dy = 0$$

não seja exata, mostre como o rearranjo

$$(x\, dx + y\, dy)/\sqrt{x^2 + y^2} = dx$$

e a observação de que

$$\frac{1}{2}d(x^2 + y^2) = x\, dx + y\, dy$$

podem levar a uma solução.

44. Falso ou verdadeiro: toda equação separável de primeira ordem $dy/dx = g(x)h(y)$ é exata.

MODELO MATEMÁTICO

45. Corrente em queda Uma porção de uma corrente uniforme de 8 pés de comprimento é ligeiramente enrolada ao redor de uma estaca na borda de uma plataforma horizontal elevada, e o restante da corrente fica em repouso ao longo da borda da plataforma. Veja a Figura 2.4.2. Suponha que o comprimento da corrente não enrolada é de 3 pés, pesando 2 lb/pé, e que o sentido positivo é descendente. Iniciando em $t = 0$ segundos, o peso da porção que pende faz com que a corrente na plataforma passe a se desenrolar suavemente até cair no chão. Se $x(t)$ denota o comprimento da corrente pendendo sobre a mesa no momento $t > 0$, então sua velocidade é $v = dx/dt$. Quando todas as forças de resistência são ignoradas, podemos representar a situação por um modelo matemático relacionando v e x, dado por

$$xv\frac{dv}{dx} + v^2 = 32x.$$

a) Reescreva o modelo na forma diferencial. Faça como nos Problemas 31-36 e resolva a ED de v em função de x, encontrando uma constante de integração adequada. Encontre uma solução explícita $v(x)$.

b) Determine a velocidade com que a corrente deixa a plataforma.

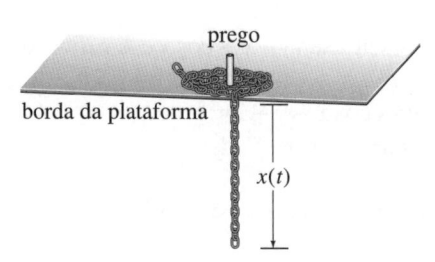

FIGURA 2.4.2 Corrente desenrolando do Problema 45.

TAREFAS PARA O LABORATÓRIO DE INFORMÁTICA

46. Linhas de fluxo

a) A solução da equação diferencial

$$\frac{2xy}{(x^2 + y^2)^2}dx + \left[1 + \frac{y^2 - x^2}{(x^2 + y^2)^2}\right]dy = 0$$

é uma família de curvas que podem ser interpretadas como linhas de fluxo ou escoamento de um fluido em torno de um objeto circular cujo limite é descrito pela equação $x^2 + y^2 = 1$. Resolva esta ED e analise a solução $f(x, y) = c$ para $c = 0$.

b) Use um SAC para traçar as linhas de corrente para $c = 0, \pm 0{,}2, \pm 0{,}4, \pm 0{,}6$, e $\pm 0{,}8$ de três maneiras diferentes. Primeiro, use o determinador de curvas de nível de um SAC. Em segundo lugar, resolva x em termos da variável y. Trace as duas funções y resultantes para os valores dados de c e, em seguida, combine os gráficos. Em terceiro, use o SAC para encontrar uma equação cúbica para y, em termos de x.

2.5 SOLUÇÕES POR SUBSTITUIÇÃO

MATERIAL ABORDADO
- Técnicas de integração
- Separação de variáveis
- Solução de EDs lineares

INTRODUÇÃO
Normalmente resolvemos uma equação diferencial reconhecendo-a como um certo tipo de equação (separável, linear ou exata) para então executar um procedimento, consistindo de passos matemáticos específicos que determinam a solução da equação. No entanto, não é incomum sermos surpreendidos por uma equação diferencial porque ela não se enquadra em nenhuma das classes de equações que sabemos como resolver. Os procedimentos desta seção podem ser úteis nesse tipo de situação.

SUBSTITUIÇÕES
Frequentemente, o primeiro passo na resolução de uma equação diferencial consiste em transformá-la em uma outra equação diferencial por meio de uma **substituição**. Por exemplo, vamos supor que queiramos transformar a equação de primeira ordem $dy/dx = f(x, y)$ usando a substituição $y = g(x, u)$, onde u deve ser vista como uma função da variável x. Se g tiver derivadas parciais, então pela regra da cadeia

$$\frac{dy}{dx} = \frac{\partial g}{\partial x}\frac{dx}{dx} + \frac{\partial g}{\partial u}\frac{du}{dx} \quad \text{leva a} \quad \frac{dy}{dx} = g_x(x, u) + g_u(x, u)\frac{du}{dx}.$$

Se substituirmos dy/dx pela derivada anterior e y em $f(x, y)$ por $g(x, u)$, a ED $dy/dx = f(x, y)$ se transforma em $g_x(x, u) + g_u(x, u)\frac{du}{dx} = f(x, g(x, u))$, a qual, resolvida para du/dx, tem a forma $\frac{du}{dx} = F(x, u)$. Se pudermos determinar uma solução $u = \phi(x)$ dessa última equação, então uma solução da equação diferencial original será $y = g(x, \phi(x))$.

Na discussão a seguir examinamos três diferentes tipos de equações diferenciais que podem ser resolvidas por meio de substituições.

EQUAÇÕES HOMOGÊNEAS
Se uma função f tiver a propriedade $f(tx, ty) = t^\alpha f(x, y)$ para algum número real α, então f será chamada de **função homogênea** de grau α. Por exemplo, $f(x, y) = x^3 + y^3$ é uma função homogênea de grau 3, pois

$$f(tx, ty) = (tx)^3 + (ty)^3 = t^3(x^3 + y^3) = t^3 f(x, y),$$

enquanto $f(x, y) = x^3 + y^3 + 1$ não é homogênea. Diz-se que uma ED de primeira ordem na forma diferencial

$$M(x, y)dx + N(x, y)dy = 0 \tag{1}$$

é **homogênea**[§] se ambos os coeficientes M e N forem funções homogêneas de grau idêntico. Em outras palavras, (1) será homogênea se

$$M(tx, ty) = t^\alpha M(x, y) \quad \text{e} \quad N(tx, ty) = t^\alpha N(x, y).$$

Além disso, se M e N são funções homogêneas de grau α, também podemos escrever

$$M(x, y) = x^\alpha M(1, u) \quad \text{e} \quad N(x, y) = x^\alpha N(1, u), \quad \text{onde } u = y/x, \tag{2}$$

e

$$M(x, y) = y^\alpha M(v, 1) \quad \text{e} \quad N(x, y) = y^\alpha N(v, 1), \quad \text{onde } v = x/y. \tag{3}$$

[§] Aqui a palavra "homogênea" não tem o mesmo significado daquele dado nas Observações no final da Seção 2.3. Lembre-se de que uma equação linear de primeira ordem $a_1(x)y' + a_0(x)y = g(x)$ é homogênea quando $g(x) = 0$.

Veja o Problema 31 nos Exercícios 2.5. As propriedades (2) e (3) sugerem as substituições que podem ser usadas para resolver uma equação diferencial homogênea. Especificamente, *qualquer uma* das substituições $y = ux$ ou $x = vy$, onde u e v são novas variáveis dependentes, reduzirá uma equação homogênea a uma equação diferencial de primeira ordem *separável*. Para mostrar isso, observe que, como consequência de (2), uma equação homogênea $M(x, y)dx + N(x, y)dy = 0$ pode ser reescrita como

$$x^\alpha M(1, u)dx + x^\alpha N(1, u)dy = 0 \quad \text{ou} \quad M(1, u)dx + N(1, u)dy = 0,$$

onde $u = y/x$ ou $y = ux$. Substituindo a diferencial $dy = u\,dx + x\,du$ na última equação e juntando os termos, obtemos uma ED separável nas variáveis u e x:

$$M(1, u)dx + N(1, u)[u\,dx + x\,du] = 0$$
$$[M(1, u) + uN(1, u)]dx + xN(1, u)du = 0$$

ou

$$\frac{dx}{x} + \frac{N(1, u)du}{M(1, u) + uN(1, u)} = 0.$$

Neste ponto, vamos oferecer o mesmo conselho dado nas seções precedentes: não memorize nada aqui (especialmente a última fórmula), em vez disso, *refaça o procedimento a cada vez*. A prova de que as substituições $x = vy$ e $dx = v\,dy + y\,dv$ também levam a uma equação separável segue de forma análoga a (3).

EXEMPLO 1   Resolvendo uma ED homogênea

Resolva $(x^2 + y^2)dx + (x^2 - xy)dy = 0$.

SOLUÇÃO

Uma inspeção de $M(x, y) = x^2 + y^2$ e $N(x, y) = x^2 - xy$ mostra que esses coeficientes são funções homogêneas de grau 2. Se fizermos $y = ux$, então $dy = u\,dx + x\,du$, assim, após a substituição, a equação dada torna-se

$$(x^2 + u^2x^2)dx + (x^2 - ux^2)[u\,dx + x\,du] = 0$$
$$x^2(1 + u)dx + x^3(1 - u)du = 0$$
$$\frac{1 - u}{1 + u}du + \frac{dx}{x} = 0$$
$$\left[-1 + \frac{2}{1 + u}\right]du + \frac{dx}{x} = 0. \quad \leftarrow \text{divisão}$$

Após a integração, a última linha resulta em

$$-u + 2\ln|1 + u| + \ln|x| = \ln|c|$$
$$-\frac{y}{x} + 2\ln\left|1 + \frac{y}{x}\right| + \ln|x| = \ln|c|. \quad \leftarrow \text{substituindo novamente } u = y/x$$

Usando as propriedades dos logaritmos, podemos escrever a solução precedente como

$$\ln\left|\frac{(x + y)^2}{cx}\right| = \frac{y}{x} \quad \text{ou} \quad (x + y)^2 = cxe^{y/x}. \quad \blacksquare$$

Embora possamos usar qualquer uma das substituições indicadas para equações diferenciais homogêneas, na prática tentamos $x = vy$ sempre que a função $M(x, y)$ for mais simples que $N(x, y)$. Pode ser também que, depois de usar uma substituição, seja difícil ou impossível calcular na forma fechada as integrais encontradas; trocar a substituição pode resultar em um problema mais simples.

EQUAÇÃO DE BERNOULLI

A equação diferencial

$$\frac{dy}{dx} + P(x)y = f(x)y^n, \quad (4)$$

onde n é um número real qualquer, é chamada de **equação de Bernoulli**. Observe que para $n = 0$ e $n = 1$, a equação (4) é linear. Para $n \neq 0$ e $n \neq 1$, a substituição $u = y^{1-n}$ reduz qualquer equação da forma (4) a uma equação linear.

EXEMPLO 2   **Resolvendo uma ED de Bernoulli**

Resolva $x\dfrac{dy}{dx} + y = x^2 y^2$.

SOLUÇÃO

Primeiramente, reescrevemos a equação como

$$\frac{dy}{dx} + \frac{1}{x}y = xy^2$$

dividindo ambos os membros por x. Com $n = 2$, temos $u = y^{-1}$ ou $y = u^{-1}$. Então substituímos

$$\frac{dy}{dx} = \frac{dy}{du}\frac{du}{dx} = -u^{-2}\frac{du}{dx} \quad \leftarrow \text{regra da cadeia}$$

na equação dada e simplificamos. O resultado é

$$\frac{du}{dx} - \frac{1}{x}u = -x.$$

O fator integrante para essa equação linear em, digamos, $(0, \infty)$ é

$$e^{-\int dx/x} = e^{-\ln x} = e^{\ln x^{-1}} = x^{-1}.$$

Integrando

$$\frac{d}{dx}[x^{-1}u] = -1$$

obtemos $x^{-1}u = -x + c$ ou $u = -x^2 + cx$. Como $u = y^{-1}$, temos $y = 1/u$. Assim, uma solução da equação dada é $y = 1/(-x^2 + cx)$. ∎

Observe que não obtivemos a solução geral da equação diferencial não linear original do Exemplo 2, uma vez que $y = 0$ é uma solução singular da equação.

REDUÇÃO A VARIÁVEIS SEPARÁVEIS

Uma equação diferencial da forma

$$\frac{dy}{dx} = f(Ax + By + C) \quad (5)$$

pode sempre ser reduzida a uma equação com variáveis separáveis por meio da substituição $u = Ax + By + C$, $B \neq 0$. O Exemplo 3 ilustra a técnica.

EXEMPLO 3   **Um problema de valor inicial**

Resolva $\dfrac{dy}{dx} = (-2x + y)^2 - 7$, $y(0) = 0$.

SOLUÇÃO

Se fizermos $u = -2x + y$, então $du/dx = -2 + dy/dx$. Assim, a equação diferencial é transformada em

$$\frac{du}{dx} + 2 = u^2 - 7 \quad \text{ou} \quad \frac{du}{dx} = u^2 - 9.$$

A última equação é separável. Usando frações parciais

$$\frac{du}{(u-3)(u+3)} = dx \quad \text{ou} \quad \frac{1}{6}\left[\frac{1}{u-3} - \frac{1}{u+3}\right]du = dx$$

e posteriormente integrando, obtemos

$$\frac{1}{6}\ln\left|\frac{u-3}{u+3}\right| = x + c_1 \quad \text{ou} \quad \frac{u-3}{u+3} = e^{6x+6c_1} = ce^{6x}. \quad \leftarrow \text{substitua } e^{6c_1} \text{ por } c$$

Resolvendo a última equação para u e então substituindo outra vez, obtemos a solução

$$u = \frac{3(1+ce^{6x})}{1-ce^{6x}} \quad \text{ou} \quad y = 2x + \frac{3(1+ce^{6x})}{1-ce^{6x}}. \tag{6}$$

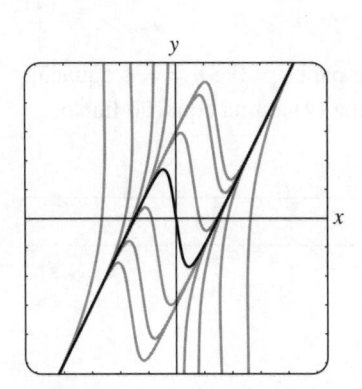

FIGURA 2.5.1 Soluções da ED no Exemplo 3

Finalmente, aplicando a condição inicial $y(0) = 0$ à última equação em (6), obtemos $c = -1$. A Figura 2.5.1, obtida com a ajuda de um software, mostra o gráfico da solução particular

$$y = 2x + \frac{3(1+ce^{6x})}{1-e^{6x}}$$

em preto, com alguns gráficos de outros membros da família de soluções (6). ∎

EXERCÍCIOS 2.5

As respostas aos problemas ímpares estão no final do livro.

Cada ED nos Problemas 1-14 é homogênea.

Nos Problemas 1-10, resolva a equação diferencial dada por meio de uma substituição apropriada.

1. $(x-y)dx + x\,dy = 0$
2. $(x+y)dx + x\,dy = 0$
3. $x\,dx + (y-2x)dy = 0$
4. $y\,dx = 2(x+y)dy$
5. $(y^2 + yx)dx - x^2 dy = 0$
6. $(y^2 + yx)dx + x^2 dy = 0$
7. $\dfrac{dy}{dx} = \dfrac{y-x}{y+x}$
8. $\dfrac{dy}{dx} = \dfrac{x+3y}{3x+y}$
9. $-y\,dx + (x + \sqrt{xy})dy = 0$
10. $x\dfrac{dy}{dx} = y + \sqrt{x^2 - y^2}, \quad x > 0$

Nos Problemas 11-14, resolva o problema de valor inicial dado.

11. $xy^2\dfrac{dy}{dx} = y^3 - x^3, \quad y(1) = 2$
12. $(x^2 + 2y^2)\dfrac{dx}{dy} = xy, \quad y(-1) = 1$
13. $(x + ye^{y/x})dx - xe^{y/x}dy = 0, \quad y(1) = 0$
14. $y\,dx + x(\ln x - \ln y - 1)dy = 0, \quad y(1) = e$

Cada ED nos Problemas 15-22 é uma equação de Bernoulli.

Nos Problemas 15-20, resolva a equação diferencial dada por meio de uma substituição apropriada.

15. $x\dfrac{dy}{dx} + y = \dfrac{1}{y^2}$
16. $\dfrac{dy}{dx} - y = e^x y^2$
17. $\dfrac{dy}{dx} = y(xy^3 - 1)$
18. $x\dfrac{dy}{dx} - (1+x)y = xy^2$

19. $t^2 \dfrac{dy}{dt} + y^2 = ty$

20. $3(1 + t^2)\dfrac{dy}{dt} = 2ty(y^3 - 1)$

Nos Problemas 21 e 22, resolva o problema de valor inicial dado.

21. $x^2 \dfrac{dy}{dx} - 2xy = 3y^4, \quad y(1) = \dfrac{1}{2}$

22. $y^{1/2} \dfrac{dy}{dx} + y^{3/2} = 1, \quad y(0) = 4$

Cada ED nos Problemas 23-30 é da forma dada em (5).

Nos Problemas 23-28, resolva a equação diferencial dada por meio de uma substituição apropriada.

23. $\dfrac{dy}{dx} = (x + y + 1)^2$

24. $\dfrac{dy}{dx} = \dfrac{1 - x - y}{x + y}$

25. $\dfrac{dy}{dx} = \operatorname{tg}^2(x + y)$

26. $\dfrac{dy}{dx} = \operatorname{sen}(x + y)$

27. $\dfrac{dy}{dx} = 2 + \sqrt{y - 2x + 3}$

28. $\dfrac{dy}{dx} = 1 + e^{y-x+5}$

Nos Problemas 29 e 30, resolva o problema de valor inicial dado.

29. $\dfrac{dy}{dx} = \cos(x + y), \quad y(0) = \pi/4$

30. $\dfrac{dy}{dx} = \dfrac{3x + 2y}{3x + 2y + 2}, \quad y(-1) = -1$

PROBLEMAS PARA DISCUSSÃO

31. Explique por que é sempre possível expressar qualquer equação diferencial homogênea $M(x, y)dx + N(x, y)dy = 0$ na forma

$$\dfrac{dy}{dx} = F\left(\dfrac{y}{x}\right).$$

Você pode começar provando que

$M(x, y) = x^\alpha M(1, y/x)$ e $N(x, y) = x^\alpha N(1, y/x).$

32. Coloque a equação diferencial homogênea

$$(5x^2 - 2y^2)dx - xy\,dy = 0$$

na forma descrita no Problema 31.

33. a) Determine duas soluções singulares da ED no Problema 10.

b) Se a condição inicial $y(5) = 0$ é como descrita no Problema 10, então qual é o maior intervalo I no qual a solução é definida? Use um software para traçar o gráfico da curva solução para o PVI.

34. No Exemplo 3, a solução $y(x)$ torna-se ilimitada quando $x \to \pm\infty$. Não obstante, $y(x)$ é assintótica a uma curva quando $x \to -\infty$ e a uma curva diferente quando $x \to \infty$. Quais são as equações dessas curvas?

35. A equação diferencial $dy/dx = P(x) + Q(x)y + R(x)y^2$ é conhecida como **equação de Ricatti**.

a) Uma equação de Ricatti pode ser resolvida por meio de duas substituições em sequência *desde que* conheçamos uma solução particular y_1 da equação. Mostre que a substituição $y = y_1 + u$ reduz a equação de Ricatti para uma equação de Bernoulli (4) com $n = 2$. A equação de Bernoulli pode então ser reduzida para uma equação linear pela substituição $w = u^{-1}$.

b) Ache uma família de soluções a um parâmetro para a equação diferencial

$$\dfrac{dy}{dx} = -\dfrac{4}{x^2} - \dfrac{1}{x}y + y^2,$$

onde $y_1 = 2/x$ é uma solução conhecida da equação.

36. Encontre uma substituição apropriada para resolver

$$xy' = y\ln(xy).$$

MODELOS MATEMÁTICOS

37. Corrente caindo No Problema 45 dos Exercícios 2.4 vimos que um modelo matemático para a velocidade v de uma corrente escorregando da borda de uma plataforma horizontal é

$$xv\dfrac{dv}{dx} + v^2 = 32x.$$

Neste problema foi solicitado que a ED fosse resolvida convertendo-a em uma equação exata através de um fator de integração. Agora, resolva a ED usando o fato de que ela é uma equação de Bernoulli.

38. Crescimento populacional No estudo de dinâmicas de populações, um dos modelos mais famosos para uma população que cresce mas tem limitações é a **equação de logística**

$$\frac{dP}{dt} = P(a - bP),$$

em que a e b são constantes positivas. Apesar de retornarmos a essa equação para resolvê-la por um método diferente na Seção 3.2, resolva a ED levando em conta o fato de que ela é uma equação de Bernoulli.

2.6 UM MÉTODO NUMÉRICO

INTRODUÇÃO

Uma equação diferencial de primeira ordem $dy/dx = f(x, y)$ é uma fonte de informação. Começamos este capítulo observando que poderíamos reunir informações *qualitativas* de uma ED de primeira ordem sobre as suas soluções, antes mesmo de tentar resolvê-la. Em seguida, nas Seções 2.2-2.5 examinamos EDs de primeira ordem *analiticamente* – isto é, desenvolvemos alguns procedimentos para a obtenção de soluções explícitas e implícitas. Porém, uma equação diferencial pode possuir uma solução que talvez não sejamos capazes de obter analiticamente. Então, para completar o quadro dos diferentes tipos de análises de equações diferenciais, concluímos este capítulo com um método pelo qual podemos resolver a equação diferencial *numericamente* – isto significa que a ED é utilizada como base para um algoritmo aproximar a solução desconhecida.

Nesta seção vamos desenvolver apenas o mais simples dos métodos numéricos – um método que utiliza a ideia de que uma linha tangente pode ser usada para aproximar os valores de uma função nas proximidades do ponto de tangência. Um tratamento mais extenso de métodos numéricos para equações diferenciais ordinárias é dado no Capítulo 9.

USANDO A RETA TANGENTE

Admitamos que um problema de valor inicial de primeira ordem

$$y' = f(x, y), \qquad y(x_0) = y_0 \tag{1}$$

possui uma solução. Uma forma de aproximar esta solução é usando retas tangentes. Por exemplo, vamos denotar por $y(x)$ a solução desconhecida do problema de valor inicial $y' = 0,1\sqrt{y} + 0,4x^2$, $y(2) = 4$. A equação diferencial não linear não pode ser resolvida diretamente pelos métodos considerados nas Seções 2.2, 2.4 e 2.5, mas ainda podemos encontrar valores numéricos aproximados da solução desconhecida $y(x)$. Especificamente, suponha que queiramos saber o valor de $y(2,5)$. O PVI tem uma solução e, como o fluxo do campo direcional na Figura 2.6.1(a) sugere, uma curva integral deve ter um aspecto similar ao da curva mostrada em cinza.

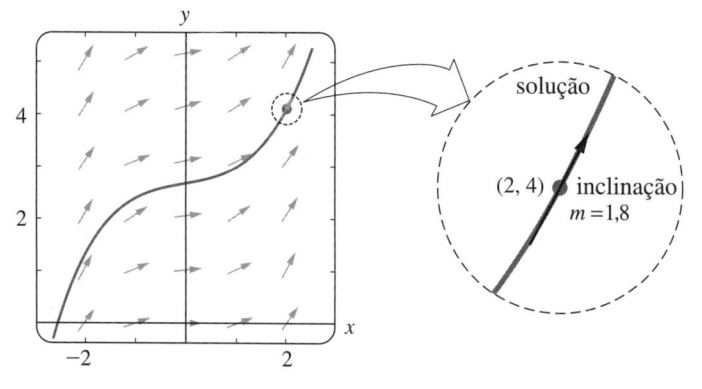

(a) campo direcional para $y \geq 0$ **(b)** elemento linear em $(2, 4)$

FIGURA 2.6.1 Ampliação da vizinhança em torno do ponto $(2, 4)$.

O campo direcional foi gerado com elementos lineares, passando por pontos de uma malha com coordenadas inteiras. Na medida em que a curva integral passa pelo ponto inicial $(2, 4)$, o elemento linear nesse ponto é uma reta tangente com inclinação dada por $f(2,4) = 0{,}1\sqrt{4} + 0{,}4(2)^2 = 1{,}8$. Como é óbvio na Figura 2.6.1(a) e na ampliação na Figura 2.6.1(b), quando x está próximo de 2, os pontos sobre a curva integral estão próximos dos pontos da reta tangente (o elemento linear). Usando o ponto $(2, 4)$ e a inclinação $f(2,4) = 1{,}8$ encontramos uma equação da reta tangente na forma ponto-inclinação $y = L(x)$, onde $L(x) = 1{,}8x + 0{,}4$. Essa última equação, chamada de **linearização** de $y(x)$ em $x = 2$, pode ser usada para aproximar $y(x)$ dentro de uma pequena vizinhança de $x = 2$. Se $y_1 = L(x_1)$ denota o valor da coordenada y sobre a reta tangente e $y(x_1)$ a coordenada y sobre a curva integral correspondente à coordenada $x = x_1$, que está próxima de $x = 2$, então $y(x_1) \approx y_1$. Se escolhermos, digamos, $x_1 = 2{,}1$, então $y_1 = L(2{,}1) = 1{,}8(2{,}1) + 0{,}4 = 4{,}18$ e, portanto, $y(2{,}1) \approx 4{,}18$.

MÉTODO DE EULER

Para generalizar o procedimento que acabamos de ilustrar, vamos usar a linearização da solução desconhecida $y(x)$ de (1) em $x = x_0$:

$$L(x) = y_0 + f(x_0, y_0)(x - x_0). \quad (2)$$

O gráfico dessa linearização é uma reta tangente ao gráfico de $y = y(x)$ no ponto (x_0, y_0). Seja agora h um incremento positivo sobre o eixo x, como mostrado na Figura 2.6.2. Então, substituindo x por $x_1 = x_0 + h$ em (2), obtemos

$$L(x_1) = y_0 + f(x_0, y_0)(x_0 + h - x_0) \quad \text{ou} \quad y_1 = y_0 + hf(x_1, y_1),$$

onde $y_1 = L(x_1)$. O ponto (x_1, y_1) sobre a reta tangente é uma aproximação do ponto $(x_1, y(x_1))$ sobre a curva integral. Naturalmente, a precisão da aproximação $L(x_1) \approx y(x_1)$ ou $y_1 \approx y(x_1)$ depende muito do tamanho do incremento h. Usualmente, é necessário escolher um **tamanho de passo** "razoavelmente pequeno". Repetimos agora o processo usando uma segunda "reta tangente" em (x_1, y_1)[¶]. Identificando o novo ponto inicial como (x_1, y_1) com (x_0, y_0) na discussão anterior, obtemos uma aproximação $y_2 \approx y(x_2)$ correspondente a dois passos de comprimento h a partir de x_0; isto é, $x_2 = x_1 + h = x_0 + 2h$ e

$$y(x_2) = y(x_0 + 2h) = y(x_1 + h) \approx y_2 = y_1 + hf(x_1, y_1).$$

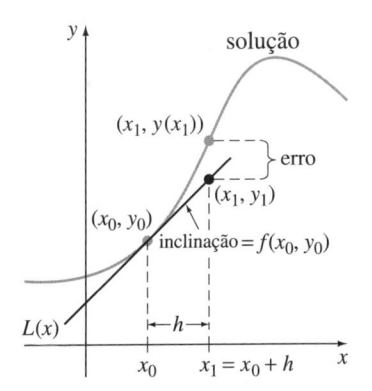

FIGURA 2.6.2 Aproximando $y(x_1)$ através de uma reta tangente.

Continuando dessa maneira, vemos que $y_1, y_2, y_3, \ldots$ podem ser definidos recursivamente pela fórmula geral

$$y_{n+1} = y_n + hf(x_n, y_n), \quad (3)$$

onde $x_n = x_0 + nh$, $n = 0, 1, 2, \ldots$. Esse procedimento de usar "retas tangentes" sucessivas é chamado de **método de Euler**.

EXEMPLO 1   **Método de Euler**

Considere o problema de valor inicial $y' = 0{,}1\sqrt{y} + 0{,}4x^2$, $y(2) = 4$. Use o método de Euler para obter uma aproximação de $y(2{,}5)$ usando primeiro $h = 0{,}1$ e, depois, $h = 0{,}05$.

SOLUÇÃO

Com a identificação $f(x, y) = 0{,}1\sqrt{y} + 0{,}4x^2$, (3) torna-se

$$y_{n+1} = y_n + h(0{,}1\sqrt{y_n} + 0{,}4x_n^2).$$

Então, para $h = 0{,}1$, $x_0 = 2$, $y_0 = 4$ e $n = 0$, temos

$$y_1 = y_0 + h(0{,}1\sqrt{y_0} + 0{,}4x_0^2) = 4 + 0{,}1(0{,}1\sqrt{4} + 0{,}4(2)^2) = 4{,}18$$

[¶] Essa não é de fato uma reta tangente, uma vez que (x_1, y_1) está sobre a primeira reta tangente, e não sobre a curva integral.

que, como já vimos, é uma estimativa do valor de $y(2,1)$. Contudo, se usarmos o passo de tamanho menor $h = 0,05$, atingimos $x = 2,1$ em dois passos. De

$$y_1 = 4 + 0,05(0,1\sqrt{4} + 0,4(2)^2) = 4,09$$

$$y_2 = 4,09 + 0,05(0,1\sqrt{4,09} + 0,4(2,05)^2) = 4,18416187$$

temos $y_1 \approx y(2,05)$ e $y_2 \approx y(2,1)$. O restante dos cálculos foram feitos usando software; os resultados estão resumidos nas Tabelas 2.6.1 e 2.6.2, em que cada entrada foi arredondada para quatro casas decimais. Vemos nas Tabelas 2.6.1 e 2.6.2 que são necessários cinco passos com $h = 0,1$ e dez passos com $h = 0,05$, respectivamente, para chegarmos a $x = 2,5$. Intuitivamente, esperamos que $y_{10} = 5,0997$ correspondente a $h = 0,05$ seja uma aproximação melhor de $y(2,5)$ do que o valor $y_5 = 5,0768$ correspondente a $h = 0.1$.

Tabela 2.6.1 $h = 0,1$

x_n	y_n
2,00	4,0000
2,10	4,1800
2,20	4,3768
2,30	4,5914
2,40	4,8244
2,50	5,0768

Tabela 2.6.2 $h = 0,05$

x_n	y_n
2,00	4,0000
2,05	4,0900
2,10	4,1842
2,15	4,2826
2,20	4,3854
2,25	4,4927
2,30	4,6045
2,35	4,7210
2,40	4,8423
2,45	4,9686
2,50	5,0997

No Exemplo 2, aplicaremos o método de Euler a uma equação diferencial cuja solução já foi encontrada. Faremos isso para comparar os valores das aproximações y_n em cada passo com os valores verdadeiros da solução $y(x_n)$ do problema de valor inicial.

EXEMPLO 2 Comparação entre valores exatos e aproximados

Considere o problema de valor inicial $y' = 0,2xy$, $y(1) = 1$. Use o método de Euler para obter uma aproximação de $y(1,5)$ usando primeiramente $h = 0,1$ e, depois, $h = 0,05$.

SOLUÇÃO
Fazendo a identificação $f(x, y) = 0,2xy$, (3) torna-se

$$y_{n+1} = y_n + h(0,2x_ny_n),$$

onde $x_0 = 1$ e $y_0 = 1$. Novamente com a ajuda de um software, obtemos os valores nas Tabelas 2.6.3 e 2.6.4.

Tabela 2.6.3 $h = 0,1$

x_n	y_n	Valor exato	Erro abs.	Erro % relativo
1,00	1,0000	1,0000	0,0000	0,00
1,10	1,0200	1,0212	0,0012	0,12
1,20	1,0424	1,0450	0,0025	0,24
1,30	1,0675	1,0714	0,0040	0,37
1,40	1,0952	1,1008	0,0055	0,50
1,50	1,1259	1,1331	0,0073	0,64

Tabela 2.6.4 $h = 0{,}05$

x_n	y_n	Valor exato	Erro abs.	Erro % relativo
1,00	1,0000	1,0000	0,0000	0,00
1,05	1,0100	1,0103	0,0003	0,03
1,10	1,0206	1,0212	0,0006	0,06
1,15	1,0318	1,0328	0,0009	0,09
1,20	1,0437	1,0450	0,0013	0,12
1,25	1,0562	1,0579	0,0016	0,16
1,30	1,0694	1,0714	0,0020	0,19
1,35	1,0833	1,0857	0,0024	0,22
1,40	1,0980	1,1008	0,0028	0,25
1,45	1,1133	1,1166	0,0032	0,29
1,50	1,1295	1,1331	0,0037	0,32

No Exemplo 1, os valores exatos foram calculados através da solução conhecida $y = e^{0{,}1(x^2-1)}$. (Verifique.) O **erro absoluto** é definido como

$$|\,valor\ real - aproximação\,|.$$

O **erro relativo** e o **erro percentual relativo** são, respectivamente,

$$\frac{erro\ absoluto}{|\,valor\ real\,|} \quad \text{e} \quad \frac{erro\ absoluto}{|\,valor\ real\,|} \times 100.$$

É evidente, pelas Tabelas 2.6.3 e 2.6.4, que a precisão das aproximações aumenta à medida que decresce o tamanho do passo. Também vemos que, embora o erro percentual relativo cresça a cada passo, ele não parece ser tão ruim. Mas você não deve se deixar enganar por um exemplo. Se simplesmente mudarmos o coeficiente à direita da ED do Exemplo 2 de 0,2 para 2, então em $x_n = 1{,}5$ o erro percentual relativo crescerá sensivelmente. Veja o Problema 4 nos Exercícios 2.6.

UMA ADVERTÊNCIA

O método de Euler é somente uma dentre muitas maneiras pelas quais uma solução de uma equação diferencial pode ser aproximada. Embora atraente por sua simplicidade, *o método de Euler raras vezes é usado em cálculos importantes.* Ele foi introduzido aqui apenas para dar a você uma primeira noção dos métodos numéricos. Daremos mais detalhes no Capítulo 9, ao discutir métodos numéricos significativamente mais precisos, especialmente o **método de Runge-Kutta de quarta ordem**, referido como o **método RK4**.

SOLUCIONADORES NUMÉRICOS

Independentemente de podermos realmente encontrar uma solução explícita ou implícita, se existe uma solução da equação diferencial, essa solução representa uma curva suave no plano cartesiano. A ideia básica por trás de *qualquer* método numérico para equações diferenciais ordinárias de primeira ordem é aproximar de alguma forma os valores y de uma solução para valores pré-selecionados de x. Começamos em um ponto inicial especificado (x_0, y_0) sobre uma curva integral e seguimos calculando passo a passo uma sequência de pontos $(x_1, y_1), (x_2, y_2), \ldots, (x_n, y_n)$ cujas segundas coordenadas em y_i aproximam as segundas coordenadas $y, y(x_i)$ dos pontos $(x_1, y(x_1)), (x_2, y(x_2)), \ldots, (x_n, y(x_n))$ que estão sobre o gráfico da solução usualmente desconhecida $y(x)$. Tomando as coordenadas x suficientemente próximas (isto é, para valores suficientemente pequenos de h) e juntando os pontos $(x_1, y_1), (x_2, y_2), \ldots, (x_n, y_n)$ por segmentos de reta, obtemos uma curva poligonal cujas características qualitativas, esperamos, estão próximas daquelas da curva integral exata.

Desenhar curvas é um trabalho bem adequado para um computador. Um programa de computador escrito com o objetivo de implementar um método numérico ou dar a representação visual de uma aproximação da curva integral que se ajuste aos dados produzidos por esse método é chamado de **solucionador numérico** ou **solucionador de EDOs**. Há vários solucionadores numéricos

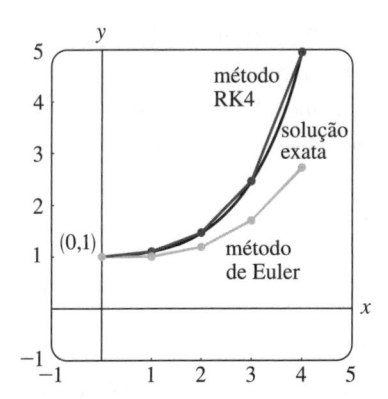

FIGURA 2.6.3 Comparação de métodos numéricos.

disponíveis comercialmente, em geral integrados a um pacote de software maior, como um SAC, ou então como um pacote dedicado. Alguns pacotes simplesmente plotam a aproximação numérica gerada, enquanto outros geram dados numéricos, bem como as aproximações correspondentes ou curvas integrais numéricas. A título de ilustração da natureza poligonal dos gráficos produzidos por um solucionador numérico, os dois gráficos poligonais em cinza na Figura 2.6.3 são curvas integrais numéricas do problema de valor inicial $y' = 0{,}2xy$, $y(0) = 1$ no intervalo $[0, 4]$ obtidas pelos métodos de Euler e de Runge-Kutta usando um passo de tamanho $h = 1$. A curva suave em preto é o gráfico da solução exata $y = e^{0{,}1x^2}$ do PVI. Observe na Figura 2.6.3 que, mesmo com um passo de tamanho ridiculamente grande como $h = 1$, o método de Runge-Kutta produz "uma curva integral" mais próxima da solução exata. A curva integral numérica obtida pelo método de Runge-Kutta não será distinguível da curva integral exata no intervalo $[0, 4]$ quando o passo de tamanho mais usual $h = 0{,}1$ for usado.

USANDO UM SOLUCIONADOR NUMÉRICO

Para usar um solucionador numérico, não é necessário conhecer vários métodos numéricos. Um solucionador requer usualmente que a equação diferencial esteja expressa na forma normal $dy/dx = f(x, y)$. Os solucionadores numéricos que geram somente curvas requerem em geral que você forneça $f(x, y)$ e os dados iniciais x_0 e y_0 e especifique o método numérico desejado. Se a ideia for aproximar o valor numérico de $y(a)$, o solucionador pode requerer adicionalmente que você dê um valor para h ou, equivalentemente, o número de passos que deseja de $x = x_0$ a $x = a$. Por exemplo, se quisermos aproximar $y(4)$ para o PVI ilustrado na Figura 2.6.3, então, começando em $x = 0$, seriam necessárias quatro etapas para atingir $x = 4$ com $h = 1$; 40 etapas é equivalente a um passo de tamanho $h = 0{,}1$. Não vamos nos aprofundar nos vários problemas que podem ser encontrados na tentativa de aproximar quantidades matemáticas, mas você deve pelo menos estar consciente do fato de que um solucionador numérico talvez não funcione nas proximidades de determinados pontos ou dê uma imagem incompleta ou enganosa quando aplicado a algumas equações diferenciais na forma normal. A Figura 2.6.4 ilustra o gráfico obtido com a aplicação do método de Euler a um determinado problema de valor inicial de primeira ordem $dy/dx = f(x, y)$, $y(0) = 1$. Resultados equivalentes foram obtidos usando três solucionadores numéricos comerciais diferentes, mas o gráfico dificilmente pode ser considerado uma curva integral plausível. (Por quê?) Muitos recursos estão disponíveis quando um solucionador numérico apresenta problemas; três dos mais óbvios são diminuir o passo, usar um outro método numérico e experimentar um solucionador numérico diferente.

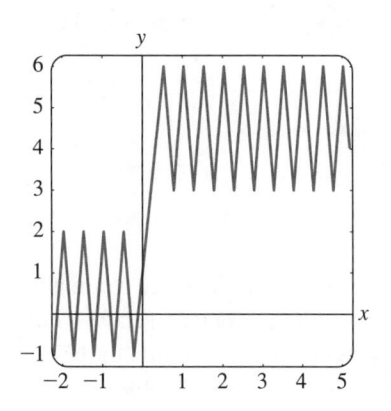

FIGURA 2.6.4 Uma curva solução numérica que não é útil.

EXERCÍCIOS 2.6

As respostas aos problemas ímpares estão no final do livro.

Nos Problemas 1 e 2, use o método de Euler para obter uma aproximação do valor indicado com quatro casas decimais. Execute à mão a recursão dada em (3) usando primeiro $h = 0{,}1$ e depois $h = 0{,}05$.

1. $y' = 2x - 3y + 1$, $y(1) = 5$; $y(1{,}2)$

2. $y' = x + y^2$, $y(0) = 0$; $y(0{,}2)$

Nos Problemas 3 e 4, use o método de Euler para obter uma aproximação do valor indicado com quatro casas decimais. Use primeiro $h = 0{,}1$ e depois $h = 0{,}05$. Ache uma solução explícita para cada problema de valor inicial e construa tabelas similares às Tabelas 2.6.3 e 2.6.4.

3. $y' = y$, $y(0) = 1$; $y(1{,}0)$

4. $y' = 2xy$, $y(1) = 1$; $y(1{,}5)$

Nos Problemas 5-10, use um solucionador numérico e o método de Euler para obter uma aproximação do valor indicado, com quatro casas decimais. Use primeiro $h = 0{,}1$ e depois $h = 0{,}05$.

5. $y' = e^{-y}$, $y(0) = 0$; $y(0{,}5)$

6. $y' = x^2 + y^2$, $y(0) = 1$; $y(0{,}5)$

7. $y' = (x - y)^2$, $y(0) = 0{,}5$; $y(0{,}5)$

8. $y' = xy + \sqrt{y}$, $y(0) = 1$; $y(0{,}5)$

9. $y' = xy^2 - \dfrac{y}{x}$, $y(1) = 1$; $y(1{,}5)$

10. $y' = y - y^2$, $y(0) = 0{,}5$; $y(0{,}5)$

Nos Problemas 11 e 12, use um solucionador numérico para fazer o gráfico da curva integral do problema de valor inicial dado. Use primeiro o método de Euler e depois o método de Runge-Kutta de quarta ordem. Em cada caso, use $h = 0{,}25$. Sobreponha as curvas integrais nos mesmos eixos coordenados. Se possível, use uma cor diferente para cada curva. Repita, usando $h = 0{,}1$ e $h = 0{,}05$.

11. $y' = 2(\cos x)y$, $y(0) = 1$

12. $y' = y(10 - 2y)$, $y(0) = 1$

PROBLEMAS PARA DISCUSSÃO

13. Use um solucionador numérico e o método de Euler para aproximar $y(1{,}0)$, onde $y(x)$ é a solução de $y' = 2xy^2$, $y(0) = 1$. Use primeiro $h = 0{,}1$ e depois $h = 0{,}05$. Repita, usando o método de Runge-Kutta de quarta ordem. Discuta o que pode causar a grande diferença nas aproximações de $y(1{,}0)$.

TAREFAS PARA O LABORATÓRIO DE INFORMÁTICA

14. a) Use um solucionador numérico e o método de Runge-Kutta de quarta ordem para fazer o gráfico da curva integral do problema de valor inicial $y' = -2xy + 1$, $y(0) = 0$.

b) Resolva o problema de valor inicial usando um dos procedimentos analíticos desenvolvidos no começo deste capítulo.

c) Use a solução analítica $y(x)$ encontrada no item (b) e um SAC para encontrar as coordenadas de todos os extremos relativos.

REVISÃO DO CAPÍTULO 2

As respostas aos problemas ímpares estão no final do livro.

Responda os Problemas 1-12 sem consultar o texto. Preencha os espaços em branco ou responda se é verdadeiro ou falso.

1. A ED linear $y' - ky = A$, onde k e A são constantes, é autônoma. O ponto crítico _____ da equação é um _____ (atrator ou repulsor) para $k > 0$ e um _____ (atrator ou repulsor) para $k < 0$.

2. O problema de valor inicial
$$x\frac{dy}{dx} - 4y = 0, \quad y(0) = k$$
tem um número infinito de soluções para $k = $ ____ e nenhuma solução para $k = $ ____.

3. A ED linear $y' + k_1 y = k_2$, em que k_1 e k_2 são constantes não nulas, sempre possui uma solução constante _____.

4. A ED linear $a_1(x)y' + a_2(x)y = 0$ também é separável. _____.

5. Um exemplo de equação diferencial de terceira ordem na forma normal é _____.

6. A ED de primeira ordem $\dfrac{dr}{d\theta} = r\theta + r + \theta + 1$ não é separável. _____

7. Qualquer ED autônoma $dy/dx = f(y)$ é separável. _____

8. Através de inspeção, duas soluções da equação diferencial $y' + |y| = 2$ são _____.

9. Se $y' = e^x y$, então $y = $ _____.

10. Se uma função diferenciável $y(x)$ satisfaz $y' = |x|$, $y(-1) = 2$, então $y(x) = $ _____.

11. $y = e^{\cos x} \int_0^x t e^{-\cos t}\,dt$ é uma solução da equação diferencial linear de primeira ordem _____.

12. Um exemplo de uma ED autônoma linear de primeira ordem com um único ponto crítico -3 é _____, enquanto que uma ED não linear autônoma de primeira ordem com um único ponto crítico -3 é _____.

Nos Problemas 13 e 14, construa uma equação diferencial de primeira ordem autônoma $dy/dx = f(y)$ cujo retrato de fase seja consistente com a figura dada.

13.

FIGURA 2.R.1 Gráfico para o Problema 13.

14.

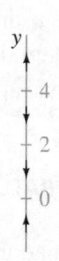

FIGURA 2.R.2 Gráfico para o Problema 14.

15. O número zero é um ponto crítico da equação diferencial autônoma $dx/dt = x^n$, onde n é um inteiro positivo. Para que valores de n o zero é assintoticamente estável? Semiestável? Instável? Repita para a equação diferencial $dx/dt = -x^n$.

16. Considere a equação diferencial

$$\frac{dP}{dt} = f(P), \quad \text{onde} \quad f(P) = -0{,}5P^3 - 1{,}7P + 3{,}4.$$

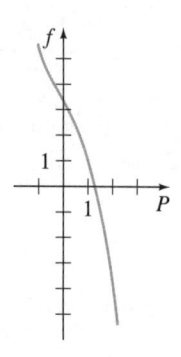

FIGURA 2.R.3 Gráfico para o Problema 16.

A função $f(P)$ tem um zero real, conforme mostrado na Figura 2.R.3. Sem tentar resolver a equação, estime o valor de $\lim_{t\to\infty} P(t)$.

17. A Figura 2.R.4 é uma parte do campo direcional de uma equação diferencial $dy/dx = f(x, y)$. Esboce, à mão, duas curvas integrais diferentes – uma que seja tangente ao elemento linear mostrado em preto e outra tangente ao elemento linear mostrado em cinza.

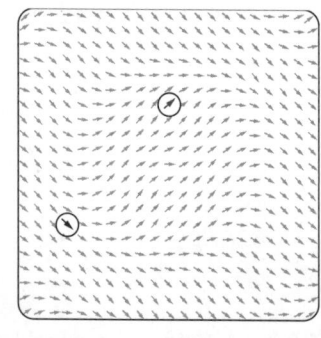

FIGURA 2.R.4 Parte de um campo direcional para o Problema 17.

18. Classifique cada uma das equações diferenciais como separável, exata, linear, homogênea ou de Bernoulli. Algumas equações podem ser de mais de um tipo. Não as resolva.

a) $\dfrac{dy}{dx} = \dfrac{x - y}{x}$

b) $\dfrac{dy}{dx} = \dfrac{1}{y - x}$

c) $(x + 1)\dfrac{dy}{dx} = -y + 10$

d) $\dfrac{dy}{dx} = \dfrac{1}{x(x - y)}$

e) $\dfrac{dy}{dx} = \dfrac{y^2 + y}{x^2 + x}$

f) $\dfrac{dy}{dx} = 5y + y^2$

g) $y\, dx = (y - xy^2)dy$

h) $x\dfrac{dy}{dx} = ye^{x/y} - x$

i) $xy\, y' + y^2 = 2x$

j) $2xy\, y' + y^2 = 2x^2$

k) $y\, dx + x\, dy = 0$

l) $\left(x^2 + \dfrac{2y}{x}\right)dx = (3 - \ln x^2)dy$

m) $\dfrac{dy}{dx} = \dfrac{x}{y} + \dfrac{y}{x} + 1$

n) $\dfrac{y}{x^2}\dfrac{dy}{dx} + e^{2x^3 + y^2} = 0$

Nos Problemas 19-26, resolva a equação diferencial dada.

19. $(y^2 + 1)dx = y\sec^2 x\, dy$

20. $y(\ln x - \ln y)dx = (x\ln x - x\ln y - y)dy$

21. $(6x + 1)y^2\dfrac{dy}{dx} + 3x^2 + 2y^3 = 0$

22. $\dfrac{dx}{dy} = -\dfrac{4y^2 + 6xy}{3y^2 + 2x}$

23. $t\dfrac{dQ}{dt} + Q = t^4\ln t$

24. $(2x + y + 1)y' = 1$

25. $(x^2 + 4)dy = (2x - 8xy)dx$

26. $(2r^2\cos\theta\,\text{sen}\,\theta + r\cos\theta)d\theta$
$+ (4r + \text{sen}\,\theta - 2r\cos^2\theta)dr = 0$

Nos Problemas 27 e 28, resolva o problema de valor inicial dado e dê o maior intervalo I sobre o qual a solução está definida.

27. $\operatorname{sen} x \dfrac{dy}{dx} + (\cos x)y = 0,\ y\left(\dfrac{7\pi}{6}\right) = -2$

28. $\dfrac{dy}{dx} + 2(t+1)y^2 = 0,\ y(0) = -\dfrac{1}{8}$

29. a) Sem resolver, explique por que o problema de valor inicial
$$\dfrac{dy}{dx} = \sqrt{y},\quad y(x_0) = y_0$$
não tem nenhuma solução para $y_0 < 0$.

b) Resolva o problema de valor inicial do item (a) para $y_0 > 0$ e encontre o maior intervalo I no qual a solução está definida.

30. a) Ache uma solução implícita do problema de valor inicial
$$\dfrac{dy}{dx} = \dfrac{y^2 - x^2}{xy},\quad y(1) = -\sqrt{2}.$$

b) Ache uma solução explícita do problema do item (a) e dê o maior intervalo I sobre o qual a solução está definida. Um software pode ser útil aqui.

31. Os gráficos de alguns membros de uma família de soluções para uma equação diferencial de primeira ordem $dy/dx = f(x, y)$ são mostrados na Figura 2.R.5. Os gráficos de duas soluções implícitas, uma que passa pelo ponto $(1, -1)$ e outra que passa por $(-1, 3)$ estão em preto. Reproduza a figura em uma folha de papel. Com lápis de cor, trace as curvas integrais para as soluções $y = y_1(x)$ e $y = y_2(x)$ definidas pelas soluções implícitas tais que $y_1(1) = -1$ e $y_2(-1) = 3$, respectivamente. Estime os intervalos nos quais as soluções $y = y_1(x)$ e $y = y_2(x)$ estão definidas.

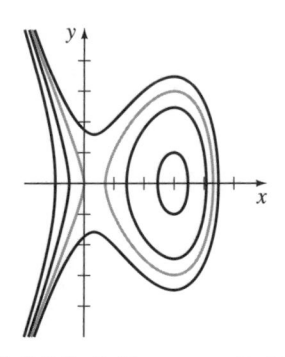

FIGURA 2.R.5 Gráfico para o Problema 31.

32. Use o método de Euler com passo de tamanho $h = 0{,}1$ para aproximar $y(1{,}2)$, onde $y(x)$ é uma solução do problema de valor inicial $y' = 1 + x\sqrt{y}$, $y(1) = 9$.

Nos Problemas 33 e 34, cada figura representa uma parte de um campo direcional de uma equação diferencial de primeira ordem autônoma $dy/dx = f(y)$. Reproduza a figura numa folha de papel em separado e, em seguida, complete o campo direcional sobre a malha. Os pontos da malha são (mh, nh), em que $h = \tfrac{1}{2}$, m e n inteiros, $-7 \le m \le 7$, $-7 \le n \le 7$. Em cada campo direcional, esboce, manualmente, uma curva solução aproximada que passe por cada um dos pontos marcados. Discuta: Parece que a ED possui pontos críticos do intervalo $-3{,}5 \le y \le 3{,}5$? Se assim for, classifique os pontos críticos como assintoticamente estáveis, instáveis ou semiestáveis.

33.

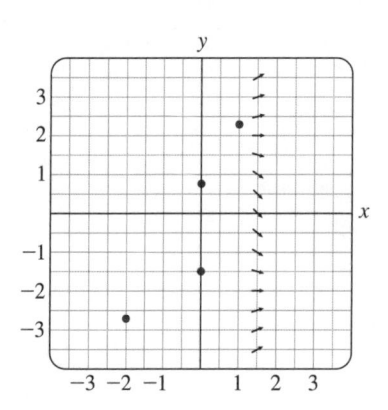

FIGURA 2.R.6 Campo direcional para o Problema 33.

34.

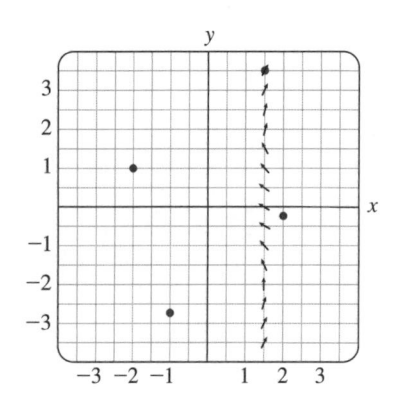

FIGURA 2.R.7 Campo direcional para o Problema 34.

3 MODELAGEM COM EQUAÇÕES DIFERENCIAIS DE PRIMEIRA ORDEM

3.1 Equações lineares
3.2 Modelos não lineares
3.3 Sistemas de equações lineares e não lineares
Revisão do Capítulo 3

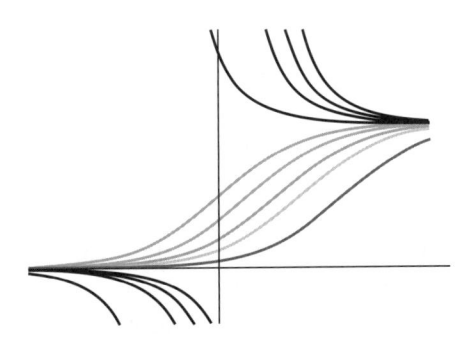

Na Seção 1.3, vimos como uma equação diferencial de primeira ordem pode ser usada como um modelo matemático no estudo do crescimento de uma população, desintegração radioativa, juros compostos, resfriamento de corpos, misturas, reações químicas, drenagem de fluido de um reservatório, velocidade de um corpo em queda e corrente de um circuito em série. Usando os métodos do Capítulo 2, agora somos capazes de resolver algumas das equações lineares na Seção 3.1 e EDs não lineares na Seção 3.2 que comumente aparecem nessas aplicações. O capítulo termina com o próximo passo natural: na Seção 3.3, examinamos como sistemas de EDs de primeira ordem podem ser usados como modelos matemáticos para modelo físicos com variáveis acopladas (por exemplo, redes elétricas e uma população de predadores, como raposas interagindo com uma população de presas como coelhos).

3.1 EQUAÇÕES LINEARES

ASSUNTOS ANALISADOS
- Um equação diferencial como um modelo matemático na Seção 1.3
- Releia "Resolvendo uma equação linear de primeira ordem" na página 59 na Seção 2.3

INTRODUÇÃO
Nesta seção resolvemos alguns modelos lineares de primeira ordem que foram apresentados na Seção 1.3.

CRESCIMENTO E DECAIMENTO
O problema de valor inicial

$$\frac{dx}{dt} = kx, \quad x(t_0) = x_0, \tag{1}$$

onde k é uma constante de proporcionalidade, serve como modelo para diversos fenômenos envolvendo **crescimento** ou **decaimento**. Vimos na Seção 1.3 que, em aplicações biológicas, a taxa de crescimento de determinadas populações (bactérias, animais pequenos) em curtos períodos é proporcional à população presente no instante t. Conhecendo a população em algum instante inicial arbitrário t_0, podemos usar a solução de (1) para predizer a população no futuro – isto é, em instantes $t > t_0$. A constante de proporcionalidade k em (1) pode ser determinada com base na solução do problema de valor inicial, usando uma medida de x em um instante $t_1 > t_0$. Em física e química, (1) é vista como uma *reação de primeira ordem* – isto é, uma reação cuja taxa ou velocidade dx/dt é diretamente proporcional à quantidade x de uma substância não transformada ou remanescente no instante t. A decomposição ou decaimento do U-238 (urânio) por radioatividade em Th-234 (tório) é uma reação de primeira ordem.

EXEMPLO 1   Crescimento de bactérias

Uma cultura tem inicialmente P_0 bactérias. Em $t = 1h$, o número medido de bactérias é de $\frac{3}{2}P_0$. Se a taxa de crescimento for proporcional ao número de bactérias $P(t)$ presente no instante t, determine o tempo necessário para triplicar o número de bactérias.

SOLUÇÃO
Em primeiro lugar, resolvemos a equação diferencial em (1), substituindo o símbolo x por P. Tomando $t_0 = 0$, a condição inicial é $P(0) = P_0$. Usamos então a observação empírica de que $P(1) = \frac{3}{2}P_0$ para determinar a constante de proporcionalidade k.

Observe que a equação diferencial $dP/dt = kP$ é ao mesmo tempo separável e linear. Colocando-a na forma padrão de uma ED linear de primeira ordem,

$$\frac{dP}{dt} - kP = 0,$$

podemos ver por inspeção que o fator integrante é e^{-kt}. Multiplicando ambos os lados da equação por esse termo e integrando, obtemos

$$\frac{d}{dt}[e^{-kt}P] = 0 \quad \text{e} \quad e^{-kt}P = c.$$

Portanto $P(t) = ce^{kt}$. Em $t = 0$, segue que $P_0 = ce^0 = c$, então $P(t) = P_0 e^{kt}$. Em $t = 1$ temos $\frac{3}{2}P_0 = P_0 e^k$ ou $e^k = \frac{3}{2}$. Da última equação, obtemos $k = \ln\frac{3}{2} = 0{,}4055$ e, portanto, $P(t) = P_0 e^{0,4055t}$. Para encontrar o instante no qual o número de bactérias triplicou, resolvemos $3P_0 = P_0 e^{0,4055t}$ para t. Segue que $0{,}4055t = \ln 3$ ou

$$t = \frac{\ln 3}{0{,}4055} \approx 2{,}71\text{h}.$$

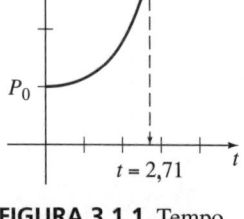

Veja a Figura 3.1.1.

FIGURA 3.1.1 Tempo em que uma população triplica no Exemplo 1.

Observe que, no Exemplo 1, o número de bactérias presentes no instante $t = 0$, P_0, não desempenha nenhum papel na determinação do tempo necessário para triplicar seu número na cultura. O tempo necessário para uma população inicial de, digamos, cem ou 1 milhão de bactérias triplicar é de aproximadamente 2,71 horas.

Conforme mostrado na Figura 3.1.2, a função exponencial e^{kt} cresce à medida que t cresce para $k > 0$ e decresce à medida que t cresce para $k < 0$. Assim, problemas que descrevem crescimento (populações, bactérias ou até mesmo capital) são caracterizados por um valor positivo de k, enquanto problemas que envolvem decaimento (como na desintegração radioativa) dão lugar a um valor negativo de k. Dessa forma, dizemos que k é ou uma **constante de crescimento** ($k > 0$) ou uma **constante de decaimento** ($k < 0$).

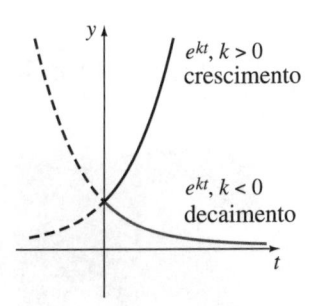

FIGURA 3.1.2 Crescimento ($k > 0$) e decaimento ($k < 0$).

MEIA-VIDA

Em física, a **meia-vida** é uma medida da estabilidade de uma substância radioativa. A meia-vida é simplesmente o tempo necessário para a metade dos átomos em uma quantidade inicial A_0 desintegrar-se ou transformar-se em átomos de um outro elemento. Quanto maior for a meia-vida de uma substância, mais estável ela será. Por exemplo, a meia-vida do rádio altamente radioativo, Ra-226, é mais ou menos 1.700 anos. Em 1.700 anos, a metade de uma dada quantidade de Ra-226 é transformada em radônio, Rn-222. O isótopo de urânio que ocorre mais frequentemente, U-238, tem uma meia-vida de aproximadamente 4,5 bilhões de anos. Em cerca de 4,5 bilhões de anos, a metade de uma quantidade de U-238 é transformada em chumbo, Pb-206.

EXEMPLO 2 A meia-vida do plutônio

Um reator regenerador converte urânio 238 relativamente estável no isótopo plutônio 239. Depois de 15 anos determinou-se que 0,043% da quantidade inicial A_0 de plutônio desintegrou-se. Ache a meia-vida desse isótopo, se a taxa de desintegração for proporcional à quantidade remanescente.

SOLUÇÃO

Seja $A(t)$ a quantidade de plutônio remanescente no instante t. Como no Exemplo 1, a solução do problema de valor inicial

$$\frac{dA}{dt} = kA, \quad A(0) = A_0$$

é $A(t) = A_0 e^{kt}$. Se 0,043% dos átomos de A_0 tiverem se desintegrado, restarão 99,957% de substância. Para encontrar a constante de decaimento k, usamos $0{,}99957 A_0 = A(15)$, isto é, $0{,}99957 A_0 = A_0 e^{15k}$. Resolvendo para k, temos $k = \frac{1}{15} \ln 0{,}99957 = -0{,}00002867$. Logo, $A(t) = A_0 e^{-0,00002867 t}$. Agora, a meia-vida corresponde ao valor do tempo no qual $A(t) = \frac{1}{2} A_0$. Resolvendo para t, obtemos $\frac{1}{2} A_0 = A_0 e^{-0,00002867 t}$ ou $\frac{1}{2} = e^{-0,00002867 t}$. A última equação fornece

$$t = \frac{\ln 2}{0,00002867} \approx 24.180 \text{ anos.}$$

DATAÇÃO POR CARBONO

Por volta de 1950, uma equipe de cientistas da Universidade de Chicago liderada pelo químico Willard Libby inventou um método de utilizar o carbono radioativo como um meio de determinar a idade aproximada de materiais carbonáceos fossilizados. A teoria da **datação por carbono** baseia-se no fato de que o radioisótopo carbono-14 é produzido na atmosfera pela ação da radiação cósmica sobre o nitrogênio-14. A razão da quantidade de C-14 em relação ao C-12 comum na atmosfera parece ser uma constante e, consequentemente, a quantidade proporcional de isótopo presente em todos os organismos vivos é a mesma na atmosfera. Quando um organismo morre, a absorção de C-14, por meio da respiração, alimentação ou fotossíntese, cessa. Comparando a quantidade proporcional de C-14 presente, digamos, em um fóssil com a razão constante encontrada na atmosfera, é possível obter uma estimativa razoável da idade do fóssil. O método baseia-se no conhecimento da meia-vida do C-14. Libby calculou que o valor da meia-vida do C-14 era de aproximadamente 5.600 anos, mas hoje o valor aceito comumente da meia-vida é de aproximadamente 5.730 anos. Por seu trabalho, Libby ganhou o Prêmio Nobel de química em 1960. O método de Libby tem sido usado para datar móveis de madeira em túmulos egípcios, o tecido de linho que envolvia os pergaminhos do Mar Morto e o tecido do enigmático sudário de Turim. Veja a Figura 3.1.3 e o Problema 12 nos Exercícios 3.1.

EXEMPLO 3 Idade de um fóssil

Um osso fossilizado foi encontrado contendo 0,1% de seu conteúdo original de C-14. Estime a idade do fóssil.

SOLUÇÃO

O ponto de partida é novamente $A(t) = A_0 e^{kt}$. Para determinar o valor da constante de decaimento k usamos o fato de que $\frac{1}{2}A_0 = A(5730)$ ou $\frac{1}{2}A_0 = A_0 e^{5730k}$. A última equação implica $5730k = \ln\frac{1}{2} = -\ln 2$ e assim nós obtemos $k = -(\ln 2)/5730 = -0{,}00012097$. Entretanto $A(t) = A_0 e^{0{,}00012097t}$. Com $A(t) = 0{,}001 A_0$ nós temos $0{,}001 A_0 = A_0 e^{-0{,}00012097t}$ e $-0{,}00012097t = \ln(0{,}001) = -\ln 1000$. Assim

$$t = \frac{\ln 1000}{0{,}00012097} \approx 57.100 \text{ anos}.$$

A idade encontrada no Exemplo 3 está realmente no limite da precisão para esse método. A técnica usual do carbono 14 está limitada a cerca de 10 meias-vidas do isótopo, ou cerca de 60.000 anos. Uma das razões dessa limitação é que a análise química necessária para obter uma medida precisa do C-14 remanescente torna-se de alguma forma muito grande em torno do ponto $0{,}001 A_0$. Além disso, essa análise requer a destruição de uma amostra muito grande do espécime. Se essa medida for obtida indiretamente, com base na radioatividade real do espécime, será muito difícil distinguir entre a radiação do fóssil e a radiação normal de fundo.[*] Porém, recentemente, o uso de um acelerador de partículas possibilitou aos cientistas separar diretamente o C-14 do estável C-12. Quando o valor preciso da razão de C-14 para C-12 é computado, a precisão do método pode ser estendida para 70 a 100 mil anos. Outras técnicas com isótopos, como o uso do potássio-40 e do argônio-40, podem determinar idades de vários milhões de anos. Métodos não isotópicos baseados no uso de aminoácidos são também possíveis algumas vezes. ∎

FIGURA 3.1.3 Uma página do Evangelho de Judas.

LEI DO ESFRIAMENTO/AQUECIMENTO DE NEWTON

Na Equação (3) da Seção 1.3, vimos que a formulação matemática da lei empírica de Newton do resfriamento/aquecimento de um objeto é dada pela equação diferencial linear de primeira ordem

$$\frac{dT}{dt} = k(T - T_m), \qquad (2)$$

onde k é uma constante de proporcionalidade, $T(t)$ é a temperatura do objeto para $t > 0$ e T_m é a temperatura ambiente – isto é, a temperatura do meio em torno do objeto. No Exemplo 4, supomos que T_m seja constante.

EXEMPLO 4 Esfriamento de um bolo

Quando um bolo é tirado do forno, sua temperatura é 300 °F. Três minutos mais tarde, sua temperatura é 200 °F. Quanto tempo levará para o bolo resfriar até a temperatura ambiente de 70 °F?

SOLUÇÃO

Vamos fazer em (2) a identificação $T_m = 70$. Precisamos então resolver o problema de valor inicial

$$\frac{dT}{dt} = k(T - 70), \quad T(0) = 300 \qquad (3)$$

e determinar o valor de k de tal forma que $T(3) = 200$.

A Equação (3) é ao mesmo tempo linear e separável. Se separarmos as variáveis,

$$\frac{dT}{T - 70} = k\,dt,$$

temos $\ln|T - 70| = kt + c_1$ e, portanto, $T = 70 + c_2 e^{kt}$. Quando $t = 0$, $T = 300$ e, portanto, $300 = 70 + c_2$ resulta em $c_2 = 230$. Dessa forma, $T = 70 + 230 e^{kt}$. Finalmente, a medição $T(3) = 200$ leva a $e^{3k} = \frac{13}{23}$ ou $k = \frac{1}{3}\ln\frac{13}{23} = -0{,}19018$.

---

[*] O número de desintegrações por minuto por grama de carbono é registrado com um contador Geiger. O nível mais baixo para o qual a detecção é possível é cerca de 0,1 desintegração por minuto por grama.

CAPÍTULO 3 MODELAGEM COM EQUAÇÕES DIFERENCIAIS DE PRIMEIRA ORDEM • 93

Assim,
$$T(t) = 70 + 230e^{-0,19018t}. \qquad (4)$$

Observamos que (4) não fornece uma solução finita para $T(t) = 70$, uma vez que $\lim_{t\to\infty} T(t) = 70$. Intuitivamente, porém, esperamos que o bolo atinja a temperatura ambiente após um período razoavelmente longo. Qual é o significado de "longo"? Naturalmente, não deveríamos interromper o raciocínio pelo fato de o modelo (3) não estar inteiramente de acordo com nossa intuição física. As partes (a) e (b) da Figura 3.1.4 mostram claramente que o bolo terá aproximadamente a temperatura ambiente em mais ou menos meia hora.

A temperatura ambiente em (2) não é necessariamente constante e pode ser descrita por uma função $T_m(t)$ em que t é um dado instante de tempo. Veja o problema 18 nos Exercícios 3.1. ∎

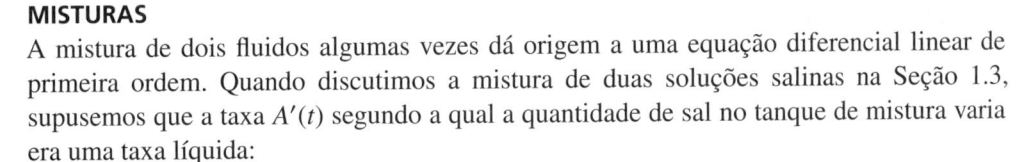

MISTURAS

A mistura de dois fluidos algumas vezes dá origem a uma equação diferencial linear de primeira ordem. Quando discutimos a mistura de duas soluções salinas na Seção 1.3, supusemos que a taxa $A'(t)$ segundo a qual a quantidade de sal no tanque de mistura varia era uma taxa líquida:

$$\frac{dA}{dt} = \text{(taxa de entrada do sal)} - \text{(taxa de saída do sal)} = R_e - R_s. \qquad (5)$$

No Exemplo 5, vamos resolver a Equação (8) da Seção 1.3.

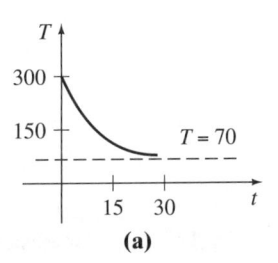

(a)

$T(t)$	t (min)
75°	20,1
74°	21,3
73°	22,8
72°	24,9
71°	28,6
70,5°	32,3

(b)

FIGURA 3.1.4 Temperatura do resfriamento do bolo no Exemplo 4.

EXEMPLO 5 Mistura de duas soluções salinas

Lembre-se de que o tanque considerado na Seção 1.3 era grande e continha inicialmente 300 galões de salmoura. O sal entrava e saía do tanque; a salmoura era bombeada para dentro do tanque a uma taxa de 3 gal/min, misturava-se com a solução que estava dentro e era bombeada para fora a uma taxa de 3 gal/min. A concentração da solução de entrada era de 2 lb/gal. Portanto, o sal entrava no tanque a uma taxa de $R_e = (2 \text{ lb/gal}) \cdot (3 \text{ gal/min}) = 6$ lb/min e deixava o tanque a uma taxa de $R_s = (3 \text{ gal/min}) \cdot (A/300 \text{ lb/gal}) = A/100$ lb/min. A partir desses dados e de (5), obtemos a Equação (8) da Seção 1.3. Vamos colocar agora a seguinte questão: se 50 libras de sal fossem dissolvidas inicialmente em 300 galões, quanto sal haveria no tanque após um longo período?

SOLUÇÃO
Para encontrar a quantidade de sal $A(t)$ contido no tanque no instante t, resolvemos o problema de valor inicial

$$\frac{dA}{dt} = 6 - \frac{1}{100}A, \quad A(0) = 50.$$

Observe aqui que a condição lateral é a quantidade inicial de sal, $A(0) = 50$, dentro do tanque e *não* a quantidade inicial de líquido no tanque. Agora, uma vez que o fator integrante da equação diferencial linear é $e^{t/100}$, podemos escrever a equação como

$$\frac{d}{dt}[e^{t/100}A] = 6e^{t/100}.$$

Integrando a última equação e resolvendo-a para encontrar A, obtemos a solução geral $A = 600 + ce^{-t/100}$. Quando $t = 0$ e $A = 50$, obtemos $c = -550$. Assim, a quantidade de sal no tanque em qualquer instante t é dada por

$$A(t) = 600 - 550e^{-t/100}. \qquad (6)$$

A solução (6) foi usada para construir a tabela na Figura 3.1.5(b). Além disso, podemos observar de (6) e da Figura 3.1.5(a) que $A \to 600$ quando $t \to \infty$. Naturalmente, isto é o que esperaríamos intuitivamente; durante um longo período, o número de libras de sal na solução deve ser (300 gal) (2 lb/gal) = 600 lb. ∎

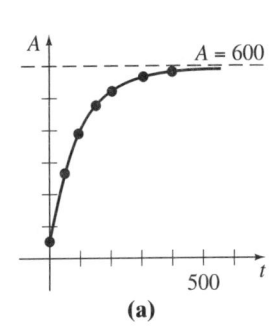

(a)

t (min)	A (lb)
50	266,41
100	397,67
150	477,27
200	525,57
300	572,62
400	589,93

(b)

FIGURA 3.1.5 Libras de sal dentro do tanque no Exemplo 5.

No Exemplo 5, supusemos que a taxa segundo a qual a solução era bombeada para dentro era igual à taxa segundo a qual ela era bombeada para fora. No entanto, isto não precisa ser assim; a mistura salina poderia ser bombeada para fora a uma taxa r_s maior ou menor que a taxa r_e, a qual a solução salina é bombeada para dentro. O próximo exemplo mostra o caso na qual a mistura é bombeada numa taxa *menor* que a da solução salina é bombeada para dentro do tanque.

EXEMPLO 6 Revisão do Exemplo 5

Por exemplo, se a solução bem misturada no Exemplo 5 for bombeada para fora a uma taxa menor, digamos, de $r_s = 2$ gal/min, o líquido acumulará no tanque a uma taxa de $r_e - r_s = (3 - 2)$ gal/min $= 1$ gal/min. Após t minutos,

$$(1 \text{gal/min}) \cdot (t \text{ min}) = t \text{ gal}$$

irão acumular, assim o tanque conterá $300 + t$ galões de salmoura. A concentração no fluxo de saída é então $c(t) = A/(300 + t)$, e a taxa de saída de sal é $R_s = c(t) \cdot r_s$, ou

$$R_s = \left(\frac{A}{300 + t} \text{ lb/gal}\right) \cdot (2 \text{ gal/min}) = \frac{2A}{300 + t} \text{ lb/min}.$$

Portanto a equação (5) torna-se

$$\frac{dA}{dt} = 6 - \frac{2A}{300 + t} \quad \text{ou} \quad \frac{dA}{dt} + \frac{2}{300 + t}A = 6.$$

O fator de integração para a última equação será

$$e^{\int 2dt/(300+t)} = e^{2\ln(300+t)} = e^{\ln(300+t)^2} = (300 + t)^2$$

e assim, após multiplicarmos pelo fator a equação é posta na forma

$$\frac{d}{dt}[(300 + t)^2 A] = 6(300 + t)^2.$$

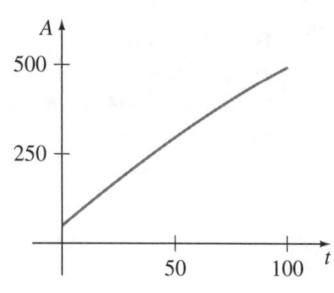

FIGURA 3.1.6 Gráfico de $A(t)$ do Exemplo 6.

Integrando a última equação obtemos $(300 + t)^2 A = 2(300 + t)^3 + c$. Aplicando a condição inicial $A(0) = 50$ e resolvendo para A produzimos a solução $A(t) = 600 + 2t - (4.95 \times 10^7)(300 + t)^{-2}$. Como mostrado na Figura 3.1.6, não inesperadamente, o sal acumula-se no tanque ao longo do tempo, isto é, $A \to \infty$ com $t \to \infty$.

CIRCUITO EM SÉRIE

Para um circuito em série contendo apenas um resistor e um indutor, a segunda lei de Kirchhoff estabelece que a soma das quedas de voltagem no indutor ($L(di/dt)$) e no resistor (iR) é igual à voltagem aplicada no circuito ($E(t)$). Veja a Figura 3.1.7.

Obtemos, assim, a equação diferencial linear para a corrente $i(t)$,

$$L\frac{di}{dt} + Ri = E(t), \tag{7}$$

onde L e R são constantes conhecidas como a indutância e a resistência, respectivamente. A corrente $i(t)$ é também chamada de **resposta** do sistema.

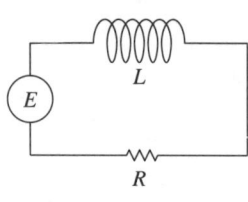

FIGURA 3.1.7 Circuito em série LR.

A queda de voltagem em um capacitor com capacitância C é dada por $q(t)/C$, onde q é a carga no capacitor. Assim, para o circuito em série mostrado na Figura 3.1.8, a segunda lei de Kirchhoff nos dá

$$Ri + \frac{1}{C}q = E(t). \tag{8}$$

Mas a corrente i e a carga q estão relacionadas por $i = dq/dt$; dessa forma, (8) transforma-se na equação diferencial linear

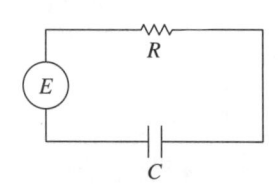

FIGURA 3.1.8 Circuito em série RC.

$$R\frac{dq}{dt} + \frac{1}{C}q = E(t). \tag{9}$$

EXEMPLO 7 Circuito em série

Uma bateria de 12 volts é conectada a um circuito em série no qual a indutância é 1/2 henry e a resistência é 10 ohms. Determine a corrente i se a corrente inicial for 0.

SOLUÇÃO

De (7) vemos que é necessário resolver

$$\frac{1}{2}\frac{di}{dt} + 10i = 12,$$

sujeita a $i(0) = 0$. Em primeiro lugar, multiplicamos a equação diferencial por 2 e, usando o fator integrante, e^{20t}, obtemos

$$\frac{d}{dt}[e^{20t}i] = 24e^{20t}.$$

Integrando cada lado da última equação e resolvendo-a, obtemos $i(t) = \frac{6}{5} + ce^{-20t}$. Como $i(0) = 0$, temos que $0 = \frac{6}{5} + c$ ou $c = -\frac{6}{5}$. Assim, a resposta é $i(t) = \frac{6}{5} - \frac{6}{5}e^{-20t}$. ∎

De (4) da Seção 2.3 podemos escrever uma solução geral de (7):

$$i(t) = \frac{e^{-(R/L)t}}{L}\int e^{(R/L)t}E(t)dt + ce^{-(R/L)t}. \tag{10}$$

Em particular, quando $E(t) = E_0$ for uma constante, (10) vai se tornar

$$i(t) = \frac{E_0}{R} + ce^{-(R/L)t}. \tag{11}$$

Observe que, quando $t \to \infty$, o segundo termo da Equação (11) tende a zero. Tal termo é usualmente chamado de **termo transiente**; qualquer termo remanescente é chamado de parte permanente da solução. Nesse caso, E_0/R é também chamada de **corrente permanente ou estacionária**; para grandes valores do tempo t, a corrente no circuito parece ser governada simplesmente pela lei de Ohm ($E = iR$).

OBSERVAÇÕES

A solução $P(t) = P_0 e^{0,4055t}$ do problema de valor inicial no Exemplo 1 descreve a população de uma colônia de bactérias em um instante qualquer $t > 0$. Naturalmente, $P(t)$ é uma função contínua que assume *todos* os números reais no intervalo $P_0 \leq P < \infty$. Porém, uma vez que estamos tratando de uma população, o bom senso nos diz que P pode assumir somente valores inteiros positivos. Além disso, não esperamos que a população cresça continuamente – isto é, a todo segundo ou microssegundo e assim por diante – como é previsto por nossa solução; pode haver intervalos de tempo $[t_1, t_2]$ durante os quais não há nenhum crescimento. Talvez, então, o gráfico mostrado na Figura 3.1.9(a) seja uma descrição mais realista de P do que o gráfico de uma função exponencial. Usar uma função contínua para descrever um fenômeno discreto é, muitas vezes, mais uma questão de conveniência do que de precisão. Porém, para alguns propósitos, podemos ficar satisfeitos se nosso modelo descrever o sistema com aproximação razoável quando visto macroscopicamente no tempo, como nas Figuras 3.1.9(b) e (c), em vez de microscopicamente, como na Figura 3.1.9(a).

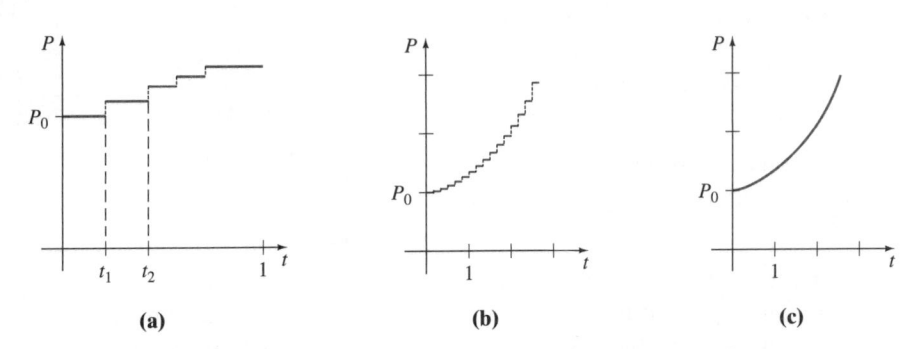

FIGURA 3.1.9 O crescimento populacional é um processo discreto.

EXERCÍCIOS 3.1

As respostas aos problemas ímpares estão no final do livro.

CRESCIMENTO E DECAIMENTO

1. Sabe-se que a população de uma comunidade cresce a uma taxa proporcional ao número de pessoas presentes no instante t. Se a população inicial dobrou em cinco anos, quanto levará para triplicar? E para quadruplicar?

2. Inicialmente, havia 100 miligramas de uma substância radioativa. Após seis horas, a massa decresceu 3%. Supondo que a taxa de decaimento é proporcional à quantidade de substância no instante t, determine a quantidade remanescente após 24 horas.

3. A população de uma cidade cresce a uma taxa proporcional à população presente em um instante t. A população inicial de 500 indivíduos cresce 15% em 10 anos. Qual será a população em 30 anos? Qual é o crescimento populacional em $t = 30$?

4. Sabe-se que a população da comunidade no Problema 1 é de 10 mil após três anos. Qual era a população inicial P_0? Qual será a população em 10 anos? Qual é o crescimento populacional em $t = 10$?

5. O isótopo radioativo de chumbo, Pb-209, decai a uma taxa proporcional à quantidade presente no instante t e tem uma meia-vida de 3,3 horas. Se houver 1 grama de chumbo inicialmente, quanto tempo levará para que 90% do chumbo decaia?

6. A população de bactérias em uma cultura cresce a uma taxa proporcional ao número de bactérias presentes no instante t. Após três horas, observou-se a existência de 400 bactérias. Após 10 horas, 2 mil bactérias. Qual era o número inicial de bactérias?

7. Determine a meia-vida da substância radioativa descrita no Problema 6.

8. a) Considere o problema de valor inicial $dA/dt = kA$, $A(0) = A_0$ como um modelo de decaimento de uma substância radioativa. Mostre que, em geral, a meia-vida T da substância é $T = -(\ln 2)/k$.

   b) Mostre que a solução do problema de valor inicial no item (a) pode ser escrita como $A(t) = A_0 2^{-t/T}$.

   c) Se uma substância radioativa tem a meia-vida T dada no item (a), quanto tempo levará para uma quantidade inicial A_0 da substância decair para $\frac{1}{8}A_0$?

9. Quando um feixe de luz vertical passa por um meio transparente, a taxa segundo a qual sua intensidade I decresce é proporcional a $I(t)$, onde t representa a espessura do meio (em pés). Em água do mar limpa, a intensidade 3 pés abaixo da superfície é 25% da intensidade inicial I_0 do feixe incidente. Qual é a intensidade do feixe 15 pés abaixo da superfície?

10. Quando juros são compostos continuamente, o valor em dinheiro cresce a uma taxa proporcional à quantia S presente no instante t – isto é, $dS/dt = rS$, onde r é a taxa de juros anual.

    a) Determine a quantia acumulada ao fim de cinco anos quando R$ 5.000 for depositado em uma poupança com rendimento de $5\frac{3}{4}\%$ de juros anuais compostos continuamente.

    b) Em quantos anos a quantia inicial depositada dobrará?

    c) Use uma calculadora para comparar a quantia obtida no item (a) com a quantia $S = 5.000(1 + \frac{1}{4}(0,0575))^{5(4)}$ acumulada quando os juros são compostos trimestralmente.

DATAÇÃO POR CARBONO

11. Arqueologistas usaram pedaços de madeira queimada ou carvão encontrados em um sítio para datar pinturas pré-históricas e desenhos nas paredes e no teto de uma caverna em Lascaux, França. Veja a Figura 3.1.10. Use as informações da página 91 para determinar a idade aproximada de um pedaço de madeira queimado, se tivesse sido descoberto que 85,5% do C-14 encontrado em árvores vivas da mesma espécie havia decaído.

FIGURA 3.1.10 Pintura na caverna de Lascaux do Problema 11.

12. O sudário de Turim mostra a imagem, em negativo, do corpo de um homem que aparentemente foi crucificado, e que muitos acreditam ser de Jesus de Nazaré. Veja a Figura 3.1.11. Em 1988, o Vaticano deu a permissão para datar por carbono o sudário. Três

laboratórios científicos e independentes analisaram o tecido e concluíram que o sudário tinha aproximadamente 660 anos[†], idade consistente com seu aparecimento histórico. Usando essa idade, determine a porcentagem da quantidade original de C-14 remanescente no tecido em 1988.

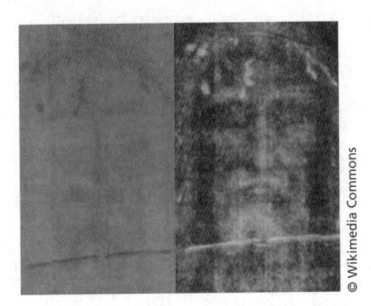

FIGURA 3.1.11 Sudário de Turim no Problema 12.

LEI DO ESFRIAMENTO/AQUECIMENTO DE NEWTON

13. Um termômetro é removido de uma sala onde a temperatura ambiente é de 70 °F e levado para fora, onde a temperatura é de 10 °F. Após meio minuto, o termômetro indica 50 °F. Qual será a leitura no termômetro em $t = 1$ min? Quanto tempo levará para o termômetro atingir 15 °F?

14. Um termômetro é levado para fora de um quarto, onde a temperatura ambiente é 5 °F. Após 1 minuto, o termômetro marca 55 °F, e após 5 minutos, 30 °F. Qual era a temperatura inicial interna do quarto?

15. Uma pequena barra de metal, cuja temperatura inicial é de 20 °C, é colocada em um grande recipiente com água fervendo. Quanto tempo levará para a barra atingir 90 °C se sabemos que sua temperatura aumenta 2° em 1 segundo? Quanto tempo levará para a barra atingir 98 °C?

16. Dois grandes recipientes A e B, de mesmo tamanho, são preenchidos com fluidos diferentes. Os fluidos nos recipientes A e B são mantidos em 0 °C e 100 °C, respectivamente. Uma pequena barra metálica, cuja temperatura inicial é de 100 °C, é colocada dentro do recipiente A. Após 1 minuto a temperatura da barra é de 90 °C. Após 2 minutos, a barra é removida e imediatamente transferida para o outro recipiente. Depois de um minuto no recipiente B a temperatura da barra sobe 10 °C. Quanto tempo, medidos a partir do início de todo o processo, a barra vai levar para chegar a 99,9 °C?

17. Um termômetro marcando 70 °F é colocado em um forno pré-aquecido a uma temperatura constante. Através de uma janela na porta do forno, um observador verifica que o termômetro marca 110 °F após 1/2 min e 145 °F após 1 min. Qual é a temperatura do forno?

18. Em $t = 0$ um tubo de ensaio selado contendo um produto químico é imerso em um banho líquido. A temperatura inicial da substância química no tubo de ensaio é de 80 °F. O banho de líquido tem uma temperatura controlada (medida em graus Fahrenheit) dada por $T_m(t) = 100 - 40e^{-0,1t}$, $t \geq 0$, em que t é medido em minutos.

    a) Suponha que $k = -0,1$ em (2). Antes de resolver o PVI, descreva em palavras como você espera que a temperatura $T(t)$ do produto químico dentro do tubo de ensaio se comporte no curto prazo. E no longo prazo?

    b) Resolva o problema de valor inicial. Use um software para traçar o gráfico de $T(t)$ em intervalos de tempo de vários comprimentos. Será que os gráficos estão em acordo com suas previsões na parte (a)?

19. Um corpo foi encontrado dentro de uma sala fechada de uma casa onde a temperatura era constante em 70 °F. No instante da descoberta a temperatura do núcleo do corpo foi medido e era 85 °F. Uma hora depois, uma segunda medição mostrou que a temperatura do núcleo do corpo era 80 °F. Suponha que o momento da morte corresponde a $t = 0$ e que a temperatura naquele momento era 98,6 °F. Determine quantas horas se passaram antes da descoberta do corpo. [*Sugestão*: Faça $t_1 > 0$ denotar o instante em que o corpo foi descoberto.]

20. A taxa na qual um corpo esfria depende também da sua área de superfície exposta S. Se S é uma constante, uma modificação de (2) é

    $$\frac{dT}{dt} = kS(T - T_m),$$

    em que $k < 0$ e T_m é uma constante. Suponha que duas xícaras A e B são enchidas de café ao mesmo tempo. Inicialmente, a temperatura do café é 150 °F. A superfície exposta do café no copo B é o dobro da área da superfície do café na xícara A. Após 30 minutos, a temperatura do café no copo A é 100 °F. Se $T_m = 70$ °F, então qual é a temperatura do café no copo B depois de 30 min?

[†] Alguns eruditos discordaram dessa descoberta. Para mais informações sobre esse fascinante mistério, veja a *home page* Shroud of Turin no site http://www.shroud.com.

MISTURAS

21. Um tanque contém 200 litros de fluido no qual foram dissolvidos 30 gramas de sal. Uma salmoura contendo 1 grama de sal por litro é então bombeada para dentro do tanque a uma taxa de 4 L/min; a solução bem misturada é bombeada para fora à mesma taxa. Ache o número $A(t)$ de gramas de sal no tanque no instante t.

22. Resolva o Problema 21 supondo que seja bombeada água pura para dentro do tanque.

23. Um grande tanque é enchido completamente com 500 galões de água pura. Uma salmoura contendo 2 libras por galão é bombeada para dentro do tanque a uma taxa de 5 gal/min. A solução bem misturada é bombeada para fora à mesma taxa. Ache a quantidade $A(t)$ de libras de sal no tanque no instante t.

24. No Problema 23, qual é a concentração de $c(t)$ do sal no tanque no instante t? Em $t = 5$ min? Qual é a concentração de sal no tanque depois de um longo período tempo, ou seja, $t \to \infty$? Em que instante a concentração de sal no tanque será igual a metade do valor desta limitação?

25. Resolva o Problema 23 sob a hipótese de que a solução é bombeada para fora a uma taxa de 10 gal/min. Quando o tanque ficará vazio?

26. Determine a quantidade de sal no tanque no instante t no Exemplo 5, se a concentração de sal na entrada é variável e dada por $c_e(t) = 2+\text{sen}(t/4)$ lb/gal. Sem utilizar gráficos, descreva como a curva da solução do PVI seria. Em seguida, use um software para traçar o gráfico da solução no intervalo [0,300]. Repita o procedimento para o intervalo [0,600] e compare o gráfico com o apresentado na Figura 3.1.15(a).

27. Um grande tanque está parcialmente cheio com 100 galões de um fluido no qual foram dissolvidas 10 libras de sal. Uma salmoura contendo $\frac{1}{2}$ libra de sal por galão é bombeada para dentro do tanque a uma taxa de 6 gal/min. A solução bem misturada é então bombeada para fora a uma taxa de 4 gal/min. Ache a quantidade de libras de sal no tanque após 30 minutos.

28. No Exemplo 5, o tamanho do tanque contendo a mistura de sal não foi dado. Suponha, como na discussão do Exemplo 5, que a taxa na qual salmoura é bombeada para o reservatório é de 3 gal/min, mas que a solução misturada é bombeada para fora a uma taxa de 2 gal/min. É claro que, uma vez que a salmoura está se acumulando no tanque a uma taxa de 1 gal/min, qualquer tanque finito deve, mais cedo ou mais tarde, derramar. Suponha agora que o tanque tenha uma tampa aberta e uma capacidade total de 400 galões.

a) Quando o tanque transbordará?

b) No instante em que estiver transbordando, qual será a quantidade de libras de sal no tanque?

c) Suponha que, embora o tanque esteja transbordando, a solução salina continue a ser bombeada para dentro a uma taxa de 3 gal/min e a solução bem misturada continue a ser bombeada para fora a uma taxa de 2 gal/min. Crie um método para determinar a quantidade de libras de sal no tanque no instante $t = 150$ min.

d) Determine a quantidade de libras de sal no tanque quando $t \to \infty$. Sua resposta está de acordo com a sua intuição?

e) Use um software para obter o gráfico de $A(t)$ no intervalo [0,500).

CIRCUITOS EM SÉRIE

29. Uma força eletromotriz de 30 volts é aplicada a um circuito em série LR no qual a indutância é de 0,1 henry e a resistência é de 50 ohms. Ache a corrente $i(t)$ se $i(0) = 0$. Determine a corrente quando $t \to \infty$.

30. Resolva a Equação (7) supondo que $E(t) = E_0 \,\text{sen}\, \omega t$ e $i(0) = i_0$.

31. Uma força eletromotriz de 100 volts é aplicada a um circuito em série RC no qual a resistência é de 200 ohms e a capacitância é 10^{-6} farads. Ache a carga $q(t)$ no capacitor se $q(0) = 0$. Ache a corrente $i(t)$.

32. Uma força eletromotriz de 200 volts é aplicada a um circuito em série RC no qual a resistência é de 1.000 ohms e a capacitância é 5×10^{-6} farads. Ache a carga $q(t)$ no capacitor se $i(0) = 0,4$. Determine a carga e a corrente em $t = 0,005$ s. Determine a carga quando $t \to \infty$.

33. Uma força eletromotriz

$$E(t) = \begin{cases} 120, & 0 \le t \le 20 \\ 0, & t > 20 \end{cases}$$

é aplicada em um circuito em série LR no qual a indutância é de 20 henrys e a resistência é de 2 ohms. Ache a corrente $i(t)$ se $i(0) = 0$.

34. Suponha que um circuito em série RC tenha um resistor variável. Se a resistência no instante t for $R = k_1 + k_2 t$, onde k_1 e k_2 são constantes positivas conhecidas, então (9) torna-se

$$(k_1 + k_2 t)\frac{dq}{dt} + \frac{1}{C}q = E(t).$$

Se $E(t) = E_0$ e $q(0) = q_0$, onde E_0 e q_0 são constantes, mostre que

$$q(t) = E_0 C + (q_0 - E_0 C)\left(\frac{k_1}{k_1 + k_2 t}\right)^{1/Ck_2}.$$

MODELOS LINEARES VARIADOS

35. Resistência do ar Em (14) da Seção 1.3 vimos que uma equação diferencial governando a velocidade v de uma massa em queda sujeita à resistência do ar proporcional à velocidade instantânea é

$$m\frac{dv}{dt} = mg - kv,$$

onde $k > 0$ é uma constante de proporcionalidade. O sentido positivo é para baixo.

a) Resolva a equação sujeita à condição inicial $v(0) = v_0$.

b) Use a solução do item (a) para determinar a velocidade limite ou terminal da massa. Vimos como a velocidade terminal é determinada sem resolver a ED no Problema 40, nos Exercícios 2.1.

c) Se a distância s, medida do ponto onde a massa foi abandonada até o solo, estiver relacionada com a velocidade por $ds/dt = v(t)$, ache uma expressão explícita para $s(t)$, se $s(0) = 0$.

36. Quão Alto? – Sem Resistência do Ar Suponha que uma pequena bala de canhão, de 16 libras, seja atirada verticalmente para cima, conforme ilustrado na Figura 3.1.12, a uma velocidade inicial $v_0 = 300$ pés/s. A resposta à questão "qual é a altura atingida pela bala?" depende de se levar ou não em consideração a resistência do ar.

a) Suponha que a resistência do ar seja ignorada. Se o sentido positivo for para cima, então o modelo governando o movimento da bala é dado por $d^2 s/dt^2 = -g$ (Equação (12) da Seção 1.3). Como $ds/dt = v(t)$, a última equação diferencial é o mesmo que $dv/dt = -g$, em que tomamos $g = 32$ pés/s^2. Encontre a velocidade da bala $v(t)$ no instante t.

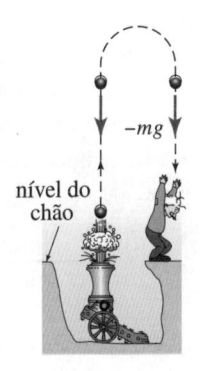

FIGURA 3.1.12 Encontre a altura máxima da bala de canhão no Problema 36.

b) Use o resultado obtido na parte (a) para determinar a altura $s(t)$ da bala medida a partir do solo. Ache a altura máxima atingida pela bala.

37. Quão Alto? – Resistência do Ar Linear Repita o Problema 36, mas agora suponha que a resistência do ar seja proporcional à velocidade instantânea. É claro que a altura máxima atingida pela bala deve ser *menor* que a obtida no item (b) do Problema 36. Mostre isso supondo que a constante de proporcionalidade seja $k = 0{,}0025$. [*Sugestão*: Você terá de modificar ligeiramente a ED do Problema 35.]

38. Paraquedismo Uma paraquedista pesa 125 libras e seu paraquedas e equipamento, juntos, pesam 35 libras. Depois de saltar do avião, a uma altura de 15 mil pés, ela espera 15 segundos e abre o paraquedas. Suponha que a constante de proporcionalidade no modelo do Problema 35 tenha o valor $k = 0{,}5$ durante a queda livre e $k = 10$ depois que o paraquedas é aberto. Suponha que sua velocidade inicial depois de saltar do avião seja zero. Qual é sua velocidade e que distância ela percorreu 20 segundos depois de ter saltado do avião? Veja a Figura 3.1.13. Compare a velocidade após 20 segundos com a velocidade terminal. Quanto tempo leva para ela atingir o solo? [*Sugestão:* Pense em termos de dois PVIs distintos.]

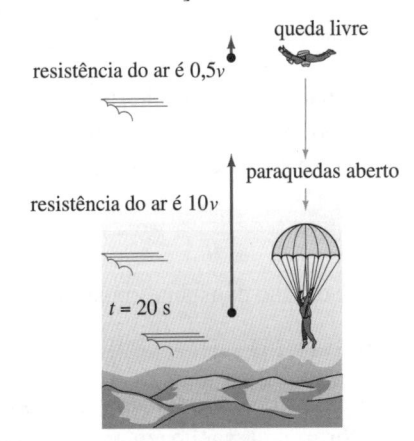

FIGURA 3.1.13 Encontre o tempo para alcançar o chão no Problema 38.

39. **Evaporamento da gota de chuva** À medida que uma gota de chuva cai, ela se evapora, mantendo sua forma esférica. Supondo ainda que a taxa segundo a qual a gota evapora é proporcional à área de sua superfície e que a resistência do ar é desprezível, a velocidade $v(t)$ da gota de chuva é dada por

$$\frac{dv}{dt} + \frac{3(k/\rho)}{(k/\rho)t + r_0} v = g.$$

Aqui, ρ é a densidade da água, r_0 é o raio da gota em $t = 0$, $k < 0$ é a constante de proporcionalidade e o sentido positivo é considerado para baixo.

a) Determine $v(t)$, se a gota cair do repouso.

b) Leia novamente o Problema 36 nos Exercícios 1.3 e mostre que o raio da gota no instante t é $r(t) = (k/\rho)t + r_0$.

c) Se $r_0 = 0{,}01$ pés e se $r = 0{,}007$ pés, dez segundos depois que a gota cai de uma nuvem, determine o tempo no qual a gota se evapora completamente.

40. **Flutuação populacional** A equação diferencial $dP/dt = (k \cos t)P$, onde k é uma constante positiva, é um modelo matemático para a população $P(t)$ que sofre flutuações sazonais anuais. Resolva a equação sujeita a $P(0) = P_0$. Use um programa para obter o gráfico de solução para diferentes escolhas de P_0.

41. **Modelo populacional** Em um modelo de variação populacional $P(t)$ de uma comunidade, supõe-se que

$$\frac{dP}{dt} = \frac{dB}{dt} - \frac{dD}{dt},$$

onde dB/dt e dD/dt são as taxas de natalidade e mortalidade, respectivamente.

a) Resolva a equação, supondo $dB/dt = k_1 P$ e $dD/dt = k_2 P$.

b) Analise os casos $k_1 > k_2$, $k_1 = k_2$ e $k_1 < k_2$.

42. **Pesca-constante** Determine um modelo que descreva a população de pescado cuja pesca ocorra em uma taxa constante dada por

$$\frac{dP}{dt} = kP - h,$$

em que k e h são constantes positivas.

a) Resolva a ED sujeita a $P(0) = P_0$.

b) Descreva o comportamento da população $P(t)$ conforme o passar do tempo em três casos: $P_0 > h/k$, $P_0 = h/k$ e $0 < P_0 < h/k$.

c) Use os resultados da parte (b) para determinar se a população de peixes jamais se extingue em um tempo finito, ou seja, se existe um tempo $T > 0$ tal que $P(T) = 0$. Se a população se extingue, em seguida, encontre T.

43. **Difusão de uma droga** A taxa segundo a qual uma droga se difunde no fluxo sanguíneo é dada por

$$\frac{dx}{dt} = r - kx,$$

onde r e k são constantes positivas. A função $x(t)$ descreve a concentração da droga no fluxo sanguíneo no instante t.

a) Uma vez que a ED é autônoma, use o conceito de retrato de fase da Seção 2.1 para encontrar o valor limite de $x(t)$ quando $t \to \infty$.

b) Resolva a ED sujeita a $x(0) = 0$. Esboce o gráfico de $x(t)$ e verifique sua predição no item (a). Em que instante a concentração é a metade do valor limite?

44. **Memorização** Quando o esquecimento é levado em conta, a taxa de memorização de um determinado tópico é dada por

$$\frac{dA}{dt} = k_1(M - A) - k_2 A,$$

onde $k_1 > 0$, $k_2 > 0$, $A(t)$ é a quantidade a ser memorizada no tempo t, M é a quantidade total a ser memorizada e $M - A$ é a quantidade que resta para ser memorizada.

a) Uma vez que a ED é autônoma, use o conceito de retrato de fase da Seção 2.1 para encontrar o valor limite de $A(t)$ quando $t \to \infty$. Interprete o resultado.

b) Resolva a equação para determinar $A(t)$, sujeita a $A(0) = 0$. Esboce o gráfico de $A(t)$ e verifique a sua predição no item (a).

45. **Marca-passo cardíaco** Um marca-passo cardíaco, mostrado na Figura 3.1.14, consiste de uma chave, uma bateria, um capacitor, e o coração como um resistor. Quando a chave S esteja em P, o capacitor se carrega, quando S esteja em Q, o capacitor descarrega, enviando um estímulo elétrico para o coração. No Problema 53 nos Exercícios 2.3 vimos que, durante esse tempo em que o estímulo elétrico é aplicado para o coração, a tensão E através do coração satisfaz a ED linear

$$\frac{dE}{dt} = -\frac{1}{RC} E.$$

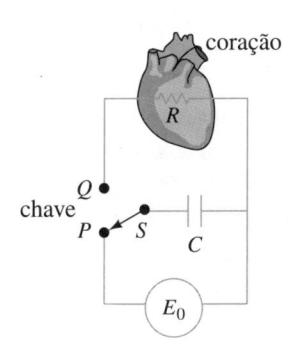

FIGURA 3.1.14 Modelo de um marca-passo no Problema 45.

a) Vamos supor que, durante o intervalo de tempo t_1, $0 < t < t_1$, a chave S esteja na posição P mostrada na Figura 3.1.14 e o capacitor esteja sendo carregado. Quando a chave é movida para a posição Q no instante t_1 o capacitor descarrega, enviando um impulso para o coração durante o intervalo de tempo t_2: $t_1 \leq t < t_1 + t_2$. Assim, durante o processo inicial de carregamento/descarregamento $0 < t < t_1 + t_2$, a tensão para o coração é realmente modelada pela equação diferencial definida por partes

$$\frac{dE}{dt} = \begin{cases} 0, & 0 \leq t < t_1 \\ -\frac{1}{RC}E, & t_1 \leq t < t_1 + t_2 \end{cases}$$

Movendo S entre P e Q, o carregamento e descarregamento em intervalos de tempo t_1 e t_2 é repetido indefinidamente. Suponha $t_1 = 4$ s, $t_2 = 2$ s, $E_0 = 12$ V, e $E(0) = 0$, $E(4) = 12$, $E(6) = 0$, $E(10) = 12$, $E(12) = 0$ e assim por diante. Resolva $E(t)$ para $0 \leq t \leq 24$.

b) Suponha a título de ilustração que $R = C = 1$. Use uma ferramenta gráfica para determinar a curva para o PVI na parte (a) para $0 \leq t \leq 24$.

46. **Caixa deslizante**

a) Uma caixa de massa m desliza por um plano inclinado de ângulo θ com a horizontal, como mostrado na Figura 3.1.15. Encontre uma equação diferencial para a velocidade $v(t)$ da caixa no instante t em cada um dos três casos seguintes:

i) Ausência de atrito e resistência do ar

ii) Com atrito e ausência de resistência do ar

iii) Com atrito e resistência do ar

Nos casos (ii) e (iii), use o fato de que a força de atrito que se opõe ao movimento da caixa é μN, onde μ é o coeficiente de atrito de deslizamento e N é o componente normal do peso da caixa. No caso (iii) assuma que a resistência do ar é proporcional à velocidade instantânea.

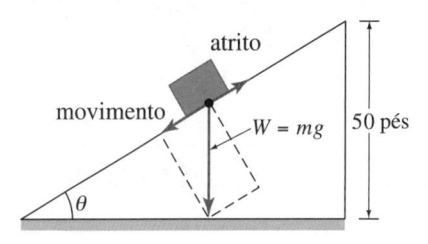

FIGURA 3.1.15 Caixa deslizando sobre um plano inclinado no Problema 46.

b) Na parte (a), suponha que a caixa pesa 96 libras, que o ângulo de inclinação do plano é de $u = 30°$, que o coeficiente de atrito de deslizamento é de $\mu = \sqrt{3}/4$ e que a força de retardamento adicional devido à resistência do ar é numericamente igual a $\frac{1}{4}v$. Resolva a equação diferencial em cada um dos três casos, assumindo que a caixa começa a partir do repouso no ponto mais alto 50 pés acima do solo.

47. **Caixa deslizante – continuação**

a) No Problema 46, suponha $s(t)$ como a distância medida até o plano inclinado do ponto mais alto. Use $ds/dt = v(t)$ e a solução para cada um dos três casos na parte (b) do Problema 46 para encontrar o tempo que a caixa leva para deslizar o plano inclinado completamente. Um aplicativo para a determinação de raízes de um SAC pode ser útil aqui.

b) No caso onde há atrito ($\mu \neq 0$), mas sem resistência do ar, explique por que a caixa não irá escorregar no plano a partir do *repouso* do ponto mais alto em relação ao solo quando o ângulo de inclinação θ satisfaz $\theta \leq \mu$.

c) A caixa escorrega no plano quando tg $\theta \leq m$ e velocidade inicial $v(0) = v_0 > 0$. Suponha que $\mu = \sqrt{3}/4$ e $u = 23°$. Verifique que tg $\theta \leq m$. Qual será o deslocamento da caixa no plano se $v_0 = 1$ pés/s?

d) Sendo $\mu = \sqrt{3}/4$ e $\theta = 23°$, estime a menor velocidade inicial v_0 que a caixa deve ter para, iniciando do ponto mais alto (50 pés acima do chão), escorregar completamente no plano inclinado. Encontre ainda o tempo total deste movimento.

48. Tudo o que sobe...

a) É bem sabido que o modelo no qual a resistência do ar é ignorada (item (a) do Problema 36) prediz que o tempo t_a que uma bala de canhão leva para atingir sua altura máxima é igual ao tempo t_d que a bala leva para cair de sua altura máxima ao solo. Além disso, a magnitude da velocidade de impacto v_i será igual à velocidade inicial v_0 da bala de canhão. Verifique esses resultados.

b) Então, usando o modelo do Problema 37, que leva em conta a resistência do ar, compare os valores de t_a com t_d e o valor da magnitude de v_i com v_0. Um aplicativo para encontrar raízes de um SAC (ou uma calculadora gráfica) pode ser muito útil aqui.

3.2 MODELOS NÃO LINEARES

ASSUNTOS ANALISADOS

- As Equações (5), (6) e (10) da Seção 1.3 e os Problemas 7, 8, 13, 14 e 17 dos Exercícios 1.3
- Separação de variáveis na Seção 2.2

INTRODUÇÃO

Terminamos nosso estudo de sistemas com uma única equação diferencial de primeira ordem examinando alguns modelos não lineares.

DINÂMICA POPULACIONAL

Se $P(t)$ denota o tamanho da população no instante t, o modelo de crescimento exponencial começa com a hipótese de que $dP/dt = kP$ para algum $k > 0$. Nesse modelo, supõe-se que a **taxa de crescimento relativa** ou **específica**, definida por

$$\frac{dP/dt}{P}, \qquad (1)$$

seja uma constante k. Casos reais de crescimento exponencial por um longo período são difíceis de encontrar, pois os recursos limitados do meio ambiente vão em algum momento restringir o crescimento da população. Para outros modelos, espera-se que (1) possa decrescer à medida que a população P cresce.

A hipótese de que a taxa de crescimento (ou decaimento) de uma população depende somente do número de indivíduos presentes e não de um mecanismo dependente do tempo, como os fenômenos sazonais (veja o Problema 33 nos Exercícios 1.3), pode ser escrita como

$$\frac{dP/dt}{P} = f(P) \quad \text{ou} \quad \frac{dP}{dt} = Pf(P). \qquad (2)$$

A equação diferencial em (2), largamente usada em modelos de população de animais, é chamada de **hipótese da dependência da densidade**.

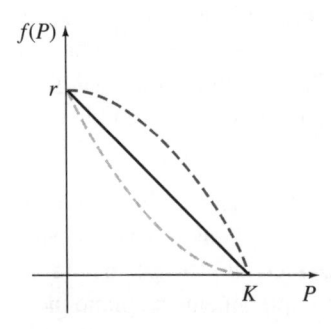

FIGURA 3.2.1 A suposição mais simples para $f(P)$ é uma linha reta.

EQUAÇÃO LOGÍSTICA

Suponha que um determinado meio ambiente seja capaz de sustentar não mais que um número fixo K de indivíduos em sua população. A quantidade K é chamada de **capacidade de suporte** do meio ambiente. Logo, para a função f em (2), temos $f(K) = 0$ e estabelecemos simplesmente $f(0) = r$. A Figura 3.2.1 mostra três funções f que satisfazem essas duas condições. A hipótese mais simples possível é a de que $f(P)$ é linear – isto é, $f(P) = c_1 P + c_2$. Se usarmos as condições $f(0) = r$ e $f(K) = 0$, resulta que $c_2 = r$ e $c_1 = -r/K$ e, assim, f assume a forma $f(P) = r - (r/K)P$. A Equação (2) torna-se então

$$\frac{dP}{dt} = P\left(r - \frac{r}{K}P\right). \qquad (3)$$

Renomeando as constantes, a equação não linear (3) é a mesma que

$$\frac{dP}{dt} = P(a - bP). \tag{4}$$

Por volta de 1840, o matemático e biólogo belga P. F. Verhulst (1804–1849) interessou-se por modelos matemáticos para predizer a população humana de vários países. Uma das equações estudadas por ele foi a (4), onde $a > 0$ e $b > 0$. A Equação (4) ficou conhecida como **equação logística** e sua solução é chamada de **função logística**. O gráfico dessa função é chamado de **curva logística**.

A equação diferencial linear $dP/dt = kP$ não fornece um modelo preciso para populações quando estas são muito grandes. Em casos de superpopulação, considerando os efeitos prejudiciais sobre o meio ambiente, como poluição e alta demanda (e competição) por alimento e combustível, pode haver um efeito inibidor no crescimento populacional. Como podemos ver, a solução de (4) é limitada quando $t \to \infty$. Se reescrevermos (4) como $dP/dt = aP - bP^2$, o termo não linear $-bP^2$, $b > 0$ pode ser interpretado como um termo de "inibição" ou "competição". Em muitas aplicações, a constante positiva a é muito maior que b.

As curvas logísticas mostraram-se bem precisas na predição dos padrões de crescimento, em um espaço limitado, de determinados tipos de bactéria, protozoário, pulga-d'água (*Daphnia*) e mosca-da-fruta (*Drosophila*).

SOLUÇÃO DA EQUAÇÃO LOGÍSTICA

Um método de resolução de (4) é a separação de variáveis. Decompondo o lado esquerdo de $dP/P(a - bP) = dt$ em frações parciais e integrando, obtemos

$$\left(\frac{1/a}{P} + \frac{b/a}{a - bP} \right) dP = dt$$

$$\frac{1}{a} \ln |P| - \frac{1}{a} \ln |a - bP| = t + c$$

$$\ln \left| \frac{P}{a - bP} \right| = at + ac$$

$$\frac{P}{a - bP} = c_1 e^{at}.$$

Segue da última equação que

$$P(t) = \frac{ac_1 e^{at}}{1 + bc_1 e^{at}} = \frac{ac_1}{bc_1 + e^{-at}}.$$

Se $P(0) = P_0$, $P_0 \neq a/b$, obtemos $c_1 = P_0/(a - bP_0)$ e, assim, depois de substituirmos e simplificarmos, a solução torna-se

$$P(t) = \frac{aP_0}{bP_0 + (a - bP_0)e^{-at}}. \tag{5}$$

GRÁFICOS DE P(t)

O aspecto básico do gráfico da função logística $P(t)$ pode ser obtido sem muito esforço. Embora a variável t usualmente represente o tempo e poucas vezes estejamos interessados em aplicações nas quais $t < 0$, há algum interesse em incluir esse intervalo quando apresentamos os vários gráficos de P. De (5), vemos que

$$P(t) = \frac{aP_0}{bP_0} = \frac{a}{b}, \text{ quando } t \to \infty \quad \text{e} \quad P(t) \to 0, \text{ quando } t \to -\infty.$$

A reta tracejada $P = a/2b$, mostrada na Figura 3.2.2, corresponde à ordenada de um ponto de inflexão da curva logística. Para mostrar isso, diferenciamos (4) pela regra do produto:

$$\frac{d^2P}{dt^2} = P\left(-b\frac{dP}{dt}\right) + (a - bP)\frac{dP}{dt} = \frac{dP}{dt}(a - 2bP)$$

$$= P(a - bP)(a - 2bP)$$

$$= 2b^2 P \left(P - \frac{a}{b}\right)\left(P - \frac{a}{2b}\right).$$

Do cálculo, lembramos que os pontos em que $d^2P/dt^2 = 0$ são possíveis pontos de inflexão, mas $P = 0$ e $P = a/b$ podem obviamente ser eliminados. Logo, $P = a/2b$ é o único valor de ordenada possível no qual a concavidade do gráfico pode mudar. Para $0 < P < a/2b$, implica que $P'' > 0$, e $a/2b < P < a/b$ implica que $P'' < 0$. Assim, quando lemos da esquerda para a direita, o gráfico muda de côncavo para cima para côncavo para baixo no ponto correspondente a $P = a/2b$. Quando o valor inicial satisfaz $0 < P_0 < a/2b$, o gráfico de $P(t)$ assume a forma de um S, conforme vemos na Figura 3.2.2(a). Para $a/2b < P_0 < a/b$, o gráfico ainda tem a forma de um S, mas o ponto de inflexão ocorre em um valor negativo de t, conforme mostra a Figura 3.2.2(b).

Já tínhamos visto a Equação (4) em (5) da Seção 1.3, na forma $dx/dt = kx(n+1-x), k > 0$. Essa equação diferencial oferece um modelo razoável para descrever a disseminação de uma epidemia que se inicia quando um indivíduo infectado é introduzido em uma população fixa. A solução $x(t)$ representa o número de indivíduos infectados pela doença no instante t.

EXEMPLO 1   Crescimento logístico

Suponha que um estudante portador de um vírus da gripe retorne para um *campus* isolado de mil estudantes. Supondo que a taxa segundo a qual o vírus se espalha seja proporcional não somente ao número x de estudantes infectados, mas também ao número de estudantes não infectados, determine o número de infectados após seis dias se for observado que após quatro dias $x(4) = 50$.

SOLUÇÃO

Supondo que ninguém deixe o *campus* durante a disseminação da doença, precisamos resolver o problema de valor inicial

$$\frac{dx}{dt} = kx(1.000 - x), \quad x(0) = 1.$$

Fazendo as identificações $a = 1.000k$ e $b = k$, obtemos imediatamente de (5) que

$$x(t) = \frac{1.000k}{k + 999ke^{-1.000kt}} = \frac{1.000}{1 + 999e^{-1.000kt}}.$$

Usando agora a informação de que $x(4) = 50$, determinamos k de

$$50 = \frac{1.000}{1 + 999e^{-4.000k}}.$$

Encontramos $-1.000k = \frac{1}{4} \ln \frac{19}{999} = -0,9906$. Assim,

$$x(t) = \frac{1.000}{1 + 999e^{-0,9906t}}.$$

Finalmente,

$$x(6) = \frac{1.000}{1 + 999ke^{-5,9436}} = 276 \text{ estudantes.}$$

Outros valores calculados de $x(t)$ são apresentados na tabela da Figura 3.2.3(b). Note que o número de estudantes infectados $x(t)$ se aproxima de 1000 conforme t cresce. ∎

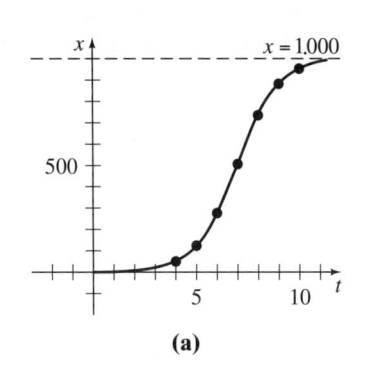

t (dias)	x (número de infectados)
4	50 (observado)
5	124
6	276
7	507
8	735
9	882
10	953

(b)

FIGURA 3.2.3 Número de estudantes infectados no Exemplo 1

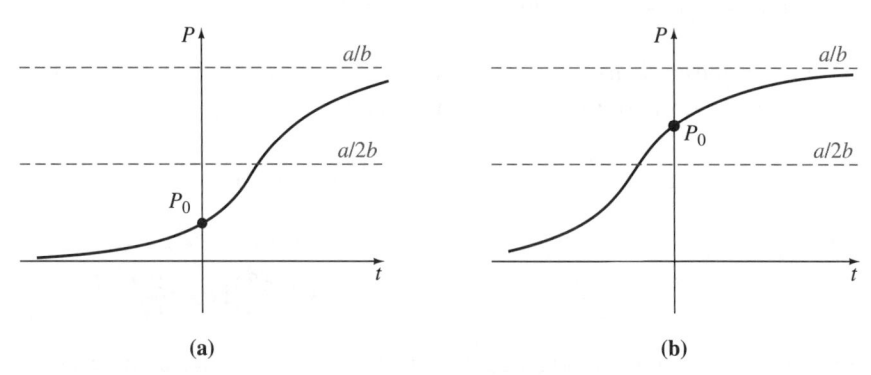

FIGURA 3.2.2 Curvas logísticas para diferentes condições iniciais.

MODIFICAÇÕES DA EQUAÇÃO LOGÍSTICA

Há muitas variações da equação logística. Por exemplo, as equações diferenciais

$$\frac{dP}{dt} = P(a - bP) - h \quad \text{e} \quad \frac{dP}{dt} = P(a - bP) + h \tag{6}$$

poderiam servir, por sua vez, como modelos para a população em um local de pesca em que os peixes são **pescados** ou **repostos** a uma taxa h. Se $h > 0$ for uma constante, as EDs em (6) podem ser rapidamente analisadas qualitativamente ou resolvidas analiticamente por separação de variáveis. As equações em (6) podem servir também como modelo de populações humanas que diminuem em decorrência de emigração ou aumentam em decorrência de imigração, respectivamente. A taxa h em (6) pode ser uma função do tempo t ou poderia ser dependente da população; por exemplo, a pesca poderia ser feita periodicamente ou a uma taxa proporcional à população no instante t. Nesse último caso, o modelo seria $P' = P(a - bP) - cP$, $c > 0$. A população humana de uma comunidade poderia variar em virtude da imigração de tal maneira que a contribuição devida à imigração fosse grande quando a população P da comunidade fosse por sua vez pequena, mas pequena quando P fosse grande; o modelo razoável nesse caso seria então $P' = P(a - bP) + ce^{-kP}$, $c > 0, k > 0$. Veja o Problema 24 nos Exercícios 3.2. Uma outra equação da forma dada em (2),

$$\frac{dP}{dt} = P(a - b \ln P), \tag{7}$$

é uma modificação da equação logística conhecida como **equação diferencial de Gompertz**, devido ao matemático Benjamin Gompertz (1779-1865). Essa ED é usada algumas vezes como modelo no estudo de crescimento ou declínio de populações, crescimento de tumores malignos e determinado tipo de predição atuarial. Veja o Problema 8 nos Exercícios 3.2.

REAÇÕES QUÍMICAS

Suponha que a gramas de uma substância química A sejam combinados com b gramas de uma substância B. Se $X(t)$ for o número de gramas da substância química C formada e ela for constituída por M partes de A e N partes de B, então o número de gramas da substância química A e o de B que restam no instante t são, respectivamente,

$$a - \frac{M}{M+N}X \quad \text{e} \quad b - \frac{N}{M+N}X.$$

A lei de ação das massas estabelece que, quando não há mudanças de temperatura, a taxa segundo a qual as duas substâncias reagem é proporcional ao produto da quantidade de A e de B não transformada (remanescente) no instante t:

$$\frac{dX}{dt} \propto \left(a - \frac{M}{M+N}X\right)\left(b - \frac{N}{M+N}X\right). \tag{8}$$

Pondo em evidência o primeiro fator $M/(M + N)$ e o segundo $N/(M + N)$ e introduzindo uma constante de proporcionalidade $k > 0$, (8) ficará na forma

$$\frac{dX}{dt} = k(\alpha - X)(\beta - X), \tag{9}$$

onde $\alpha = a(M + N)/M$ e $\beta = b(M + N)/N$. Lembre-se de (6) da Seção 1.3 que uma reação química governada pela equação diferencial não linear (9) é chamada de **reação de segunda ordem**.

EXEMPLO 2 Reação química de segunda ordem

Um composto C é formado quando duas substâncias químicas, A e B, são combinadas. A reação resultante entre as duas substâncias químicas é tal que, para cada grama de A, quatro gramas de B serão usados. É observado que 30 gramas do composto C formam-se em 10 minutos. Determine a quantidade de C em qualquer instante, se a taxa de reação for proporcional à quantidade de A e B remanescentes e se inicialmente houver 50 gramas de A e 32 gramas de B. Quanto do composto C será formado em 15 minutos? Interprete a solução quando $t \to \infty$.

SOLUÇÃO

Seja $X(t)$ o número de gramas do composto C em qualquer instante t. Claramente, $X(0) = 0$ g e $X(10) = 30$ g.

Se, por exemplo, houvesse 2 gramas do composto C, deveríamos usar, digamos, a gramas de A e b gramas de B de tal forma que $a + b = 2$ e $b = 4a$. Assim, precisamos usar $a = \frac{2}{5} = 2(\frac{1}{5})$ g da substância A e $b = \frac{8}{5} = 2(\frac{4}{5})$ g de B. Em geral, para X g de C, precisamos usar

$$\frac{1}{5}X \text{ g de } A \quad \text{e} \quad \frac{4}{5}X \text{ g de } B.$$

As quantidades remanescentes de A e B em qualquer instante são então

$$50 - \frac{1}{5}X \quad \text{e} \quad 32 - \frac{4}{5}X,$$

respectivamente.

Sabemos agora que a taxa segundo a qual o composto C é formado satisfaz

$$\frac{dX}{dt} \propto \left(50 - \frac{1}{5}X\right)\left(32 - \frac{4}{5}X\right).$$

Para simplificar a álgebra subsequente, fatoramos $\frac{1}{5}$ do primeiro termo e $\frac{4}{5}$ do segundo e então introduzimos a constante de proporcionalidade:

$$\frac{dX}{dt} = k(250 - X)(40 - X).$$

Por separação de variáveis e frações parciais, podemos escrever

$$-\frac{1/210}{250 - X}dX + \frac{1/210}{40 - X}dX = k\,dt.$$

Integrando, obtemos

$$\ln\frac{250 - X}{40 - X} = 210kt + c_1 \quad \text{ou} \quad \frac{250 - X}{40 - X} = c_2 e^{210kt}. \tag{10}$$

Quando $t = 0$, $X = 0$; assim, segue agora que $c_2 = \frac{25}{4}$. Usando $X = 30$ g em $t = 10$, obtemos $210k = \frac{1}{10}\ln\frac{88}{25} = 0{,}1258$. Com essas informações, resolvemos a última equação em (10) para determinar X:

$$X(t) = 1.000\frac{1 - e^{-0,1258t}}{25 - 4e^{-0,1258t}}. \tag{11}$$

De (11) encontramos $X(15) = 34{,}78$ gramas. O comportamento de X como uma função do tempo é mostrado na Figura 3.2.4. Fica claro, com base na tabela e (11) que $X \to 40$ quando $t \to \infty$. Isso significa que foram formados 40 gramas do composto C, sobrando

$$50 - \frac{1}{5}(40) = 42 \text{ g de } A \quad \text{e} \quad 32 - \frac{4}{5}(40) = 0 \text{ g de } B. \qquad \blacksquare$$

FIGURA 3.2.4 $X(t)$ começa em 0 e tende a 40 conforme t cresce.

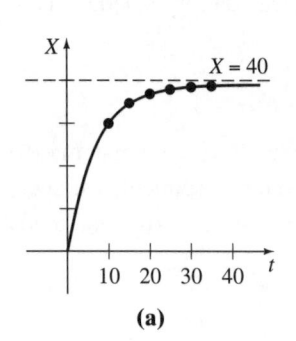

t (min)	X (g)
10	30 (medido)
15	34,78
20	37,25
25	38,54
30	39,22
35	39,59

(b)

OBSERVAÇÕES

A integral indefinida $\int du/(a^2 - u^2)$ pode ser calculada em termos do logaritmo, da inversa da tangente hiperbólica ou da inversa da cotangente hiperbólica. Por exemplo, dos dois resultados

$$\int \frac{du}{a^2 - u^2} = \frac{1}{a}\tgh^{-1}\frac{u}{a} + c, \quad |u| < a \tag{12}$$

$$\int \frac{du}{a^2 - u^2} = \frac{1}{2a}\ln\left|\frac{a + u}{a - u}\right| + c, \quad |u| \neq a, \tag{13}$$

(12) pode ser conveniente para os Problemas 15 e 26 dos Exercícios 3.2, enquanto (13) pode ser preferível no Problema 27.

EXERCÍCIOS 3.2

As respostas aos problemas ímpares estão no final do livro.

EQUAÇÃO LOGÍSTICA

1. O número $N(t)$ de supermercados em todo o país que usam um sistema de caixa computadorizado é descrito pelo problema de valor inicial

$$\frac{dN}{dt} = N(1 - 0{,}0005N), \quad N(0) = 1.$$

   a) Use o conceito de retrato de fase da Seção 2.1 para prever quantos supermercados adotarão esse novo procedimento a longo prazo. Esboce à mão uma curva integral do problema de valor inicial dado.

   b) Resolva o problema de valor inicial e use um programa de computador para verificar a curva integral do item (a). Qual é a previsão do número de supermercados que adotarão essa nova tecnologia quando $t = 10$?

2. O número $N(t)$ de pessoas em uma comunidade expostas a um determinado anúncio é dado pela equação logística. Inicialmente, $N(0) = 500$, e foi observado que $N(1) = 1.000$. Prevê-se que o número máximo de pessoas na comunidade que verão o anúncio será 50 mil. Determine $N(t)$ em qualquer tempo.

3. O modelo de população $P(t)$ suburbana de uma grande cidade é dado pelo problema de valor inicial

$$\frac{dP}{dt} = P(10^{-1} - 10^{-7}P), \quad P(0) = 5.000,$$

   onde t é medido em meses. Qual é o valor limite da população? Em que instante a população será igual à metade desse valor limite?

4. a) Dados do censo dos Estados Unidos entre 1790 e 1950 são apresentados na Tabela 3.2.1. Construa um modelo logístico de população usando os dados de 1790, 1850 e 1910.

Tabela 3.2.1

Anos	População (em milhões)
1790	3,929
1800	5,308
1810	7,240
1820	9,638
1830	12,866
1840	17,069
1850	23,192
1860	31,433
1870	38,558
1880	50,156
1890	62,948
1900	75,996
1910	91,972
1920	105,711
1930	122,755
1940	131,669
1950	150,697

   b) Construa uma tabela comparando o censo populacional atual com o previsto pelo modelo no item (a). Calcule o erro e o erro percentual de cada par de entradas.

MODIFICAÇÃO DE UMA EQUAÇÃO LOGÍSTICA

5. a) Se um número constante h de peixes é removido de um pesqueiro por unidade de tempo, então um modelo para a população $P(t)$ do pesqueiro em um instante de tempo t é dado por

$$\frac{dP}{dt} = P(a - bP) - h, \quad P(0) = P_0,$$

   em que a, b, h e P_0 são constantes positivas. Suponha que $a = 5$, $b = 1$ e $h = 4$. Uma vez que a ED é autônoma, utilize o conceito de fase da Seção 2.1 para esboçar curvas solução representativas dos três casos $P_0 > 4$, $1 < P_0 < 4$ e $0 < P_0 < 1$. Determine o comportamento a longo prazo da população em cada caso.

   b) Resolva o PVI da parte (a). Verifique os resultados do seu gráfico de fases na parte (a) usando um software para determinar um gráfico de $P(t)$ com condições iniciais tomadas de cada um dos três intervalos dados.

   c) Use os resultados dos itens (a) e (b) para determinar se a população de peixes é extinta em um tempo finito. Em caso positivo, encontre este tempo.

6. Estude o modelo de coleta no Problema 5 qualitativa e analiticamente para o caso $a = 5$, $b = 1$, $h = \frac{25}{4}$. Determine se a população torna-se extinta em um tempo finito. Se assim for, encontre o instante em que isto ocorre.

7. Repita o Problema 6 para o caso $a = 5$, $b = 1$, $h = 7$.

8. a) Suponha $a = b = 1$ na equação diferencial de Gompertz (7). Uma vez que a ED é autônoma, use o conceito de retrato de fase da Seção 2.1 para esboçar curvas integrais representativas correspondentes aos casos $P_0 > e$ e $0 < P_0 < e$.

   b) Suponha em (7) que $a = 1$ e $b = -1$. Use um novo retrato de fase para esboçar curvas integrais representativas, correspondentes aos casos $P_0 > e^{-1}$ e $0 < P_0 < e^{-1}$.

   c) Ache uma solução explícita da Equação (7), sujeita a $P(0) = P_0$.

REAÇÕES QUÍMICAS

9. Duas substâncias químicas, A e B, são combinadas para formar uma substância química C. A taxa ou velocidade de reação é proporcional ao produto da quantidade instantânea de A e B não convertida na substância C. Inicialmente, há 40 g de A e 50 g de B, e para cada grama de B são usados 2 g de A. É observado que em 5 minutos são formados 10 g de C. Quanto será formado em 20 minutos? Qual será a quantidade limite de C após um longo período? Quanto resta das substâncias A e B após um longo período?

10. Resolva o Problema 9, se estão presentes inicialmente 100 g da substância química A. Em que instante estará formada metade da substância C?

MODELOS NÃO LINEARES VARIADOS

11. **Vazamento em um tanque cilíndrico** Um tanque com a forma de um cilindro circular reto está em pé sobre uma extremidade e deixa vazar água por um orifício circular em sua base. Como vimos em (10) da Seção 1.3, quando são ignorados o atrito e a contração da água no orifício, a altura h da água no tanque é descrita por

$$\frac{dh}{dt} = -\frac{A_h}{A_w}\sqrt{2gh},$$

onde A_w e A_h são as áreas das seções transversais da água e do orifício, respectivamente.

   a) Resolva a ED se o valor inicial da altura da água é H. Manualmente, esboce o gráfico $h(t)$ e informe seu intervalo I de definição dos termos dos símbolos A_w, A_h e H. Use $g = 32$ pés/s^2.

   b) Suponha que o tanque tenha 10 pés de altura e um raio de 2 pés e que o orifício circular tenha um raio de 1/2 polegada. Se o tanque estiver cheio inicialmente, quanto tempo levará para se esvaziar?

12. **Vazamento em um tanque cilíndrico – continuação** Desprezando o atrito e a contração da água no orifício, o modelo do Problema 11 torna-se

$$\frac{dh}{dt} = -c\frac{A_h}{A_w}\sqrt{2gh},$$

onde $0 < c < 1$. Quanto tempo o tanque do Problema 11(b) levará para se esvaziar, se $c = 0,6$? Veja o Problema 13 nos Exercícios 1.3.

13. **Vazamento em um tanque cônico** Um tanque com a forma de um cone circular reto está em pé com vértice para baixo e, por um orifício circular em sua base, está vazando água.

   a) Suponha que o tanque tenha 20 pés de altura, 8 pés de raio e o orifício circular tenha um raio de 2 polegadas. No Problema 14 dos Exercícios 1.3 foi pedido que você mostrasse que a equação diferencial que governa a altura h da água que vaza do tanque é

$$\frac{dh}{dt} = -\frac{5}{6h^{3/2}}.$$

   Nesse modelo, foi levado em conta o atrito e a contração da água no orifício com $c = 0,6$ e g foi tomado como 32 pés/s^2. Veja a Figura 1.3.12. Se o tanque estiver inicialmente cheio, quanto tempo levará para se esvaziar?

   b) Suponha que o tanque tenha um vértice de 60° e que o orifício circular tenha 2 polegadas de raio. Determine a equação diferencial que governa a altura h da água. Use $c = 0,6$ e $g = 32$ pés/s^2. Se a altura da água foi inicialmente de 9 pés, quanto tempo levará para o tanque se esvaziar?

14. **Tanque cônico invertido** Suponha que o tanque cônico do Problema 13(a) foi invertido, conforme mostra a Figura 3.2.5, e que a água vaza do tanque por um orifício circular com raio de 2 polegadas no centro de sua base circular. O tempo necessário para esvaziar o tanque é igual ao do tanque com vértice para baixo do Problema 13? Tome o coeficiente de atrito/contração como sendo $c = 0,6$ e $g = 32$ pés/s^2.

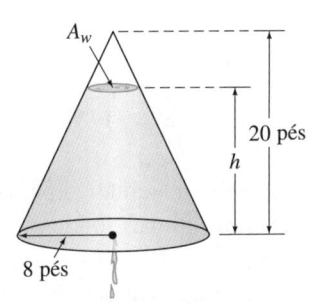

FIGURA 3.2.5 Tanque cônico invertido do Problema 14.

15. Resistência do ar Uma equação diferencial para a velocidade v de uma massa m em queda sujeita a uma resistência do ar proporcional ao quadrado da velocidade instantânea é

$$m\frac{dv}{dt} = mg - kv^2,$$

onde $k > 0$ é uma constante de proporcionalidade. O sentido positivo é para baixo.

a) Resolva a equação sujeita à condição inicial $v(0) = v_0$.

b) Use a solução do item (a) para determinar a velocidade limite ou terminal da massa. Vimos como a velocidade terminal é determinada sem resolver a ED no Problema 41 dos Exercícios 2.1.

c) Se a distância s, medida do ponto onde a massa foi abandonada acima do solo, estiver relacionada com a velocidade v por $ds/dt = v(t)$, ache uma expressão explícita para $s(t)$, se $s(0) = 0$.

16. Quão alto? – Resistência do ar não linear Suponha que a bala de canhão com 16 lb dos problemas 36 e 37 nos Exercícios 3.1 seja atirada verticalmente para cima com uma velocidade inicial de $v_0 = 300$ pés/s. Determine a altura máxima atingida pela bala considerando a resistência do ar proporcional ao quadrado da velocidade instantânea. Suponha ser positivo o sentido para cima e tome $k = 0,0003$. [*Sugestão:* Você terá de modificar ligeiramente a ED no Problema 15.]

17. A sensação de afundar

a) Determine uma equação diferencial para a velocidade $v(t)$ de uma massa m afundando na água e que oferece uma resistência proporcional ao quadrado da velocidade instantânea, além de exercer uma força para cima cuja magnitude é dada pelo princípio de Arquimedes. Veja o Problema 18 dos Exercícios 1.3. Suponha que o sentido positivo seja para baixo.

b) Resolva a equação diferencial do item (a).

c) Determine a velocidade limite ou terminal da massa em queda.

18. Coletor solar A equação diferencial

$$\frac{dy}{dx} = \frac{-x + \sqrt{x^2 + y^2}}{y}$$

descreve a forma de uma curva plana C que refletirá para o mesmo ponto todos os feixes de luz incidentes e poderia ser um modelo para o espelho de um telescópio reflexivo, uma antena de um satélite ou um coletor solar. Veja o Problema 29 dos Exercícios 1.3. Há várias maneiras de resolver essa equação diferencial.

a) Verifique que a equação diferencial é homogênea (veja a Seção 2.5). Mostre que a substituição $y = ux$ dá lugar a

$$\frac{u\,du}{\sqrt{1+u^2}(1 - \sqrt{1+u^2})} = \frac{dx}{x}.$$

Use um SAC (ou uma outra substituição criteriosa) para integrar o lado esquerdo da equação. Mostre que a curva C deve ser uma parábola com o foco na origem e simétrica em relação ao eixo x.

b) Mostre que a primeira equação diferencial pode também ser resolvida por meio da substituição $u = x^2 + y^2$.

19. Tsunami

a) Um modelo simples para a forma de uma *tsunami* (onda gigantesca provocada por maremoto ou tempestade) é dado por

$$\frac{dW}{dx} = W\sqrt{4 - 2W},$$

onde $W(x) > 0$ é a altura da onda expressa como uma função de sua posição em relação a um ponto situado longe da costa. Por inspeção, ache todas as soluções constantes da ED.

b) Resolva a equação diferencial do item (a). Um SAC pode ser de grande ajuda na integração.

c) Use um software para obter o gráfico de todas as soluções que satisfazem a condição inicial $W(0) = 2$.

20. Evaporação Um lago decorativo em Palms Springs, Califórnia, tem a forma de um tanque hemisférico que deve ser enchido com água bombeada por meio de um orifício no fundo do tanque. Suponha que o raio do tanque seja $R = 10$ pés, a água seja bombeada a uma taxa de π pés³/min e que o tanque esteja inicialmente vazio. Veja a Figura 3.2.6. À medida que o tanque é enchido, a água evapora. Suponha que a taxa de evaporação seja proporcional à área A da superfície da água e que a constante de proporcionalidade seja igual a $k = 0,01$.

Saída: a água evapora a uma taxa proporcional à área A da superfície

Entrada: água bombeada a uma taxa de π pés³/min

(a) tanque hemisférico (b) seção transversal do tanque

FIGURA 3.2.6 Lago decorativo do Problema 20.

a) A taxa de variação dV/dt do volume de água no instante t é uma taxa líquida. Use essa taxa líquida para determinar uma equação diferencial para a altura h da água no instante t. O volume de água mostrado na figura é $V = \pi R h^2 - \frac{1}{3}\pi h^3$, onde $R = 10$. Expresse a área da superfície da água $A = \pi r^2$ em termos de h.

b) Resolva a equação diferencial do item (a). Faça o gráfico da solução.

c) Se não houvesse evaporação, quanto tempo levaria para o tanque ficar cheio?

d) Com a evaporação, qual será a profundidade da água no instante encontrado no item (c)? O tanque chegará a encher? Prove sua afirmativa.

21. **Equação do fim do mundo** Considere a equação diferencial

$$\frac{dP}{dt} = kP^{1+c},$$

onde $k > 0$ e $c \geq 0$. Na Seção 3.1 dissemos que no caso $c = 0$ a equação diferencial linear $dP/dt = kP$ é um modelo matemático de uma população $P(t)$ que exibe um crescimento ilimitado sobre o intervalo de tempo infinito $[0, \infty)$, isto é, $P(t) \to \infty$ quando $t \to \infty$. Veja o Exemplo 1 na página 90.

a) Suponha para $c = 0,01$ que a equação diferencial não linear

$$\frac{dP}{dt} = kP^{1,01}, k > 0,$$

é um modelo matemático para uma população de pequenos animais, onde o tempo t é mensurado em meses. Resolva a equação diferencial sujeita à condição inicial $P(0) = 10$ e o fato de que a polulação animal dobrou em 5 meses.

b) A equação diferencial na parte (a) é chamada **equação do fim do mundo** porque a população $P(t)$ exibe um crescimento infinito ao longo de um intervalo de tempo finito $(0, T)$, isto é, há algum instante T na qual $P(t) \to \infty$ quando $t \to T^-$. Encontre T.

c) A partir da parte (a), quanto é $P(50)$? E $P(100)$?

22. **Fim do mundo ou extinção** Suponha que o modelo populacional (4) foi modificado para ser

$$\frac{dP}{dt} = P(bP - a),$$

a) Se $a > 0$, $b > 0$ mostre que o retrato de fase (veja página 41), dependendo da condição inicial $P(0) = P_0$, o modelo matemático pode incluir o cenário do fim do mundo ($P(t) \to \infty$) ou o da extinção ($P(t) \to 0$).

b) Resolva o problema de valor inicial

$$\frac{dP}{dt} = P(0,0005P - 0,1), P(0) = 300.$$

Mostre que este modelo prevê o fim do mundo para a população num tempo finito T.

c) Resolva a equação diferencial na parte (b) sujeita a condição inicial $P(0) = 100$. Mostre que este modelo prevê a extinção da população quando $t \to \infty$.

TAREFAS PARA O LABORATÓRIO DE INFORMÁTICA

23. **Regressão linear** Leia o manual de seu SAC para encontrar informações sobre mapas ou diagramas de dispersão e ajuste linear por mínimos quadrados. A reta que melhor se ajusta a um conjunto de dados é chamada de **reta de regressão** ou **reta de mínimos quadrados**. Sua tarefa é construir um modelo logístico para a população dos Estados Unidos, definindo $f(P)$ em (2) como uma equação de uma reta

de regressão com base nos dados populacionais da tabela do Problema 4. Uma forma de fazer isso é aproximar o lado esquerdo $\frac{1}{P}\frac{dP}{dt}$ da primeira equação em (2), usando o quociente de diferenças avançadas em lugar de dP/dt:

$$Q(t) = \frac{1}{P(t)} \frac{P(t+h) - P(t)}{h}.$$

a) Faça uma tabela dos valores de t, $P(t)$ e $Q(t)$, usando $t = 0, 10, 20, \ldots, 160$ e $h = 10$. Por exemplo, a primeira linha da tabela deve conter $t = 0$, $P(0)$ e $Q(0)$. Com $P(0) = 3{,}929$ e $P(10) = 5{,}308$,

$$Q(0) = \frac{1}{P(0)} \frac{P(10) - P(0)}{10} = 0{,}035.$$

Observe que $Q(160)$ depende do censo populacional de 1960, $P(170)$. Pesquise esse valor.

b) Use um SAC para obter um diagrama de dispersão dos dados $(P(t), Q(t))$ computados no item (a). Use também um SAC para encontrar uma equação da reta de regressão e sobreponha seu gráfico no diagrama.

c) Construa um modelo logístico $dP/dt = Pf(P)$, onde $f(P)$ é a equação da reta de regressão encontrada no item (b).

d) Resolva o modelo do item (c) usando a condição inicial $P(0) = 3{,}929$.

e) Use um SAC para obter um outro diagrama de dispersão, desta vez dos pares ordenados $(t, P(t))$ da tabela do item (a). Use o SAC para sobrepor o gráfico da solução do item (d) no diagrama.

f) Pesquise os dados do censo de 1970, 1980 e 1990 dos Estados Unidos. Qual é a população prevista pelo modelo logístico do item (c) para esses anos? O que o modelo prediz para a população $P(t)$ dos EUA quando $t \to \infty$?

24. **Modelo de imigração**

a) Nos exemplos 3 e 4 da Seção 2.1, vimos que toda solução $P(t)$ de (4) tem o comportamento assintótico $P(t) \to a/b$ quando $t \to \infty$ para $P_0 > a/b$ e para $0 < P_0 < a/b$; como consequência, a solução de equilíbrio $P = a/b$ é chamada de atrator. Use o aplicativo de determinação de raízes de um SAC (ou uma calculadora gráfica) para aproximar a solução de equilíbrio do modelo de imigração $\frac{dP}{dt} = P(1-P) + 0{,}3e^{-P}$.

b) Faça um gráfico da função

$$F(P) = P(1 - P) + 0{,}3e^{-P}$$

usando um programa de computador. Explique como esse gráfico pode ser usado para determinar se o valor encontrado no item (a) é um atrator.

c) Use um solucionador numérico para comparar as curvas integrais dos PVIs

$$\frac{dP}{dt} = P(1 - P), \quad P(0) = P_0$$

para $P_0 = 0{,}2$ e $P_0 = 1{,}2$ com as curvas integrais para os PVIs

$$\frac{dP}{dt} = P(1 - P) + 0{,}3e^{-P}, \quad P(0) = P_0$$

para $P_0 = 0{,}2$ e $P_0 = 1{,}2$. Sobreponha todas as curvas em um mesmo sistema de eixos coordenados, mas, se possível, use uma cor diferente para a curva do segundo problema de valor inicial. Durante um longo período, qual é o crescimento percentual previsto pelo modelo de imigração comparado ao modelo logístico?

25. **Tudo o que sobe...** No Problema 16, seja t_a o tempo gasto por uma bala de canhão para atingir sua altura máxima e seja t_d o tempo que a bala leva para cair da altura máxima ao solo. Compare o valor de t_a com t_d e as magnitudes da velocidade de impacto v_i com a velocidade inicial v_0. Veja o Problema 48 dos Exercícios 3.1. Um aplicativo de determinação de raízes de um SAC (ou uma calculadora gráfica) pode ser proveitoso aqui. [*Sugestão:* Use o modelo do Problema 15, em que a bala de canhão cai.]

26. **Paraquedismo** Um paraquedista em queda livre está equipado com um cronômetro e um altímetro. Conforme mostra a Figura 3.2.7, ele abre o paraquedas 25 segundos depois de saltar do avião, a uma altitude de 20.000 pés, e observa que sua altitude é de 14.800 pés. Suponha que a resistência do ar seja proporcional ao quadrado da velocidade instantânea, que sua velocidade inicial depois de saltar do avião seja 0 e que $g = 32$ pés/s².

a) Ache a distância $s(t)$, medida a partir do avião, que o paraquedista percorreu durante a queda no tempo t. [*Sugestão:* A constante de proporcionalidade k no modelo dado no Problema 15 não está especificada. Use a expressão para a velocidade terminal v_t obtida no item (b) do Problema 15 para eliminar k do PVI. E, então, finalmente, determine v_t.]

b) Até onde o paraquedista cai e qual sua velocidade em $t = 15$ s?

FIGURA 3.2.7 Paraquedista do Problema 26.

27. **Atingindo o fundo** Um helicóptero paira 500 pés acima de um grande tanque aberto cheio de líquido (que não é água). Um objeto denso e compacto, de 160 lb, é solto (do repouso) do helicóptero para dentro do tanque. Suponha que a resistência do ar seja proporcional a v enquanto o objeto está no ar e que o amortecimento viscoso seja proporcional a v^2 depois que o objeto submergir. Tome para o ar $k = \frac{1}{4}$ e para o líquido $k = 0{,}1$. Suponha que o sentido positivo seja para baixo. Se o tanque tiver 75 pés de altura, determine o instante e a velocidade de impacto quando o objeto atingir o fundo do tanque. [*Sugestão*: Pense em termos de dois PVIs distintos. Além disso, não se desencoraje com a complexidade algébrica. Se você usar (13), remova com cuidado os sinais do valor absoluto. Você pode comparar a velocidade quando o objeto atingir o líquido (a velocidade inicial para o segundo problema) com a velocidade terminal v_t.]

28. Na Figura 3.2.8(a) suponha que o eixo y e a linha vertical tracejada $x = 1$ representam, respectivamente, as margens oeste e leste, em linha reta, de um rio que possui uma milha de largura. O rio corre para o norte a uma velocidade $\mathbf{v}_r$, onde $|\mathbf{v}_r| = v_r$ mi/h é constante. Um homem entra na correnteza no ponto $(1, 0)$ na costa leste e nada em uma direção e a uma taxa relativa ao rio dados pelo vetor $\mathbf{v}_s$, onde a velocidade $|\mathbf{v}_s| = v_S$ mi/h é constante. O homem quer chegar a oeste da praia exatamente no ponto $(0, 0)$ nadando de tal maneira que mantenha o seu vetor velocidade $\mathbf{v}_s$ sempre dirigido para o ponto $(0, 0)$. Use a Figura 3.2.8(b) como guia para mostrar que um modelo matemático para o caminho do nadador no rio é

$$\frac{dy}{dx} = \frac{v_s y - v_r \sqrt{x^2 + y^2}}{v_s x}.$$

[*Sugestão*: A velocidade do nadador percorrendo a curva ou caminho indicado na Figura 3.2.8 é resultante de $\mathbf{v} = \mathbf{v}_s + \mathbf{v}_r$. Encontre $\mathbf{v}_s$ e $\mathbf{v}_r$ em suas componentes nas direções x e y. Se $x = x(t)$, $y = y(t)$ são equações paramétricas do caminho do nadador, então $\mathbf{v} = (dx/dt, dy/dt)$.]

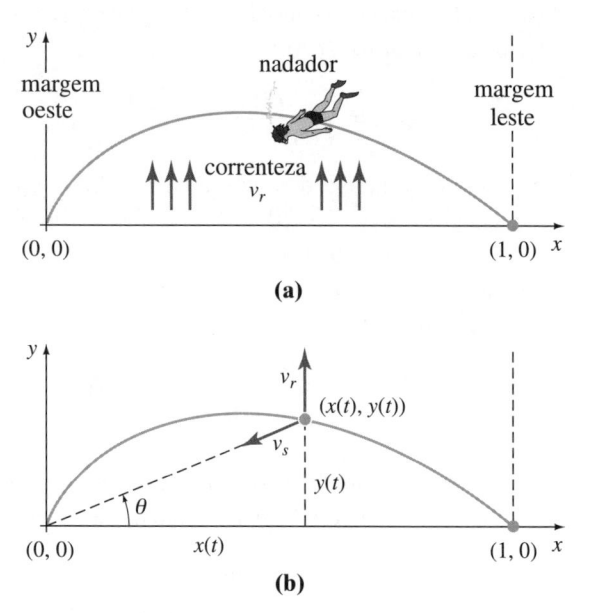

FIGURA 3.2.8 Caminho do nadador no Problema 28.

29. a) Resolva a ED no Problema 26 sujeita a $y(1) = 0$. Por conveniência, admita $k = v_r/v_s$.

   b) Determine os valores de v_s para o qual o nadador irá atingir o ponto $(0, 0)$, examinando $\lim_{x \to 0^+} y(x)$ nos casos $k = 1$, $k > 1$ e $0 < k < 1$.

30. Suponha que o homem do Problema 26 novamente entre na corrente em $(1, 0)$, mas desta vez decida nadar de forma que seu vetor velocidade $\mathbf{v}_s$ é sempre dirigido para a margem a oeste. Suponha que a velocidade $|\mathbf{v}_s| = v_s$ mi/h seja constante. Mostre que um modelo matemático para o caminho do nadador no rio é agora

$$\frac{dy}{dx} = -\frac{v_r}{v_s}.$$

31. A velocidade de escoamento v_r de um rio em linha reta, como o do Problema 28, não é geralmente constante. Pelo contrário, uma aproximação para esta velocidade (medida em milhas por hora) pode ser uma função como $v_r(x) = 30x(1 - x)$, $0 \le x \le 1$, cujos valores são pequenos nas encostas (neste caso, $v_r(0) = 0$ e $v_r(1) = 0$) e maiores no meio do rio. Resolva a ED no Problema 30 sujeita a $y(1) = 0$, em que $v_s = 2$ mi/h e $v_r(x)$ é o dado. Quando o nadador atravessa o rio, qual a distância que ele vai ter que caminhar pela praia para chegar ao ponto $(0, 0)$?

32. Quando uma garrafa de refresco foi aberta recentemente, o factoide a seguir foi encontrado no interior da tampa do frasco:

A velocidade média de uma gota de chuva é 7 milhas/hora

Uma busca rápida na internet revelou que o meteorologista Jeff Haby oferece como informações adicionais que um pingo esférico médio tem um raio de 0,04 polegadas e um volume aproximado de 0,000000155 pés^3. Use esses dados e, se necessário, pesquise outros dados e faça outras suposições razoáveis para determinar se a velocidade média "7 mph" é compatível com os modelos dos Problemas 35 e 36 nos Exercícios 3.1 e do Problema 15 neste conjunto de exercícios. Consulte também o Problema 36 nos Exercícios 1.3.

33. O tempo passa A **clepsidra**, ou relógio de água, era um dispositivo que os antigos egípcios, gregos, romanos e chineses utilizavam para medir a passagem do tempo observando a mudança na altura da água, estabelecida por um fluxo de saída através de um pequeno buraco no fundo de um recipiente ou tanque.

a) Suponha que um tanque é feito de vidro e tem a forma de um cilindro circular reto com raio de 1 pé. Suponha que $h(0) = 2$ pés corresponda à medida da altura da água quando o tanque está cheio até seu topo, e que exista um orifício no fundo circular com raio de 1/32 pol, $g = 32$ pés/s^2, e $c = 0,6$. Use a equação diferencial do Problema 12 para encontrar a altura $h(t)$ da água.

b) Para o tanque na parte (a), qual a altura, a partir do seu fundo, onde uma marca deve ser feita em seu lado, como mostrado na Figura 3.2.9, para que corresponda à passagem de tempo de uma hora? Em seguida, determine onde colocar as marcas correspondentes às passagens de 2 horas, 3 horas, ..., 12 horas. Explique por que essas marcas não são uniformemente espaçadas.

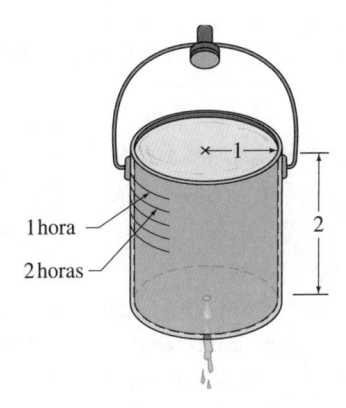

FIGURA 3.2.9 Clepsidra do Problema 33.

34. a) Suponha que um tanque de vidro tenha a forma de um cone com seção circular, como mostrado na Figura 3.2.10. Como na parte (a) do Problema 31, suponha que $h(0) = 2$ pés corresponda ao nível da água quando o tanque está cheio até o topo, e que exista um buraco no fundo, circular, com raio de 1/32 polegadas, $g = 32$ pés/s^2, e $c = 0,6$. Use a equação diferencial do Problema 12 para encontrar a altura $h(t)$ da água.

b) Esse relógio é capaz de medir 12 intervalos iguais de uma hora? Explique através de uma matemática clara.

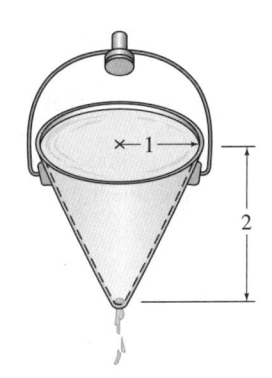

FIGURA 3.2.10 Clepsidra do Problema 34.

35. Suponha que $r = f(h)$ defina a forma de um relógio de água para a qual as marcas do tempo são igualmente espaçadas. Use a equação diferencial do Problema 12 para $f(h)$ e esboce um gráfico típico de h em função de r. Suponha que a área transversal A_h do buraco é constante. [*Sugestão:* Nesta situação $dh/dt = -a$, em que $a > 0$ é constante.]

3.3 SISTEMAS DE EQUAÇÕES LINEARES E NÃO LINEARES

ASSUNTOS ANALISADOS
- Seção 1.3

INTRODUÇÃO

Esta seção é similar à Seção 1.3, pois discutiremos apenas determinados modelos matemáticos que são sistemas de equações diferenciais de primeira ordem. Embora alguns desses modelos sejam baseados em tópicos explorados nas duas seções anteriores, não desenvolveremos um método geral para resolver esses sistemas. Há razões para não resolver sistemas agora: em primeiro lugar, ainda não temos as ferramentas matemáticas necessárias para a sua solução. Em segundo lugar, alguns dos sistemas que discutiremos simplesmente não podem ser resolvidos analiticamente. Examinaremos métodos de solução de sistemas de EDs *lineares* nos Capítulos 4, 7 e 8.

SISTEMAS LINEARES/NÃO LINEARES

Vimos que equações diferenciais individuais podem servir como modelos matemáticos para uma única população em um meio ambiente. No entanto, se existirem, digamos, duas populações interagindo e talvez competindo no mesmo ambiente (por exemplo, raposas e coelhos), então os modelos para suas populações $x(t)$ e $y(t)$ podem ser representados por sistemas de duas equações diferenciais de primeira ordem como

$$\frac{dx}{dt} = g_1(t, x, y)$$
$$\frac{dy}{dt} = g_2(t, x, y). \qquad (1)$$

Quando g_1 e g_2 forem lineares nas variáveis x e y – isto é, g_1 e g_2 tiverem as formas

$$g_1(t, x, y) = c_1 x + c_2 y + f_1(t) \quad \text{e} \quad g_2(t, x, y) = c_3 x + c_4 y + f_2(t),$$

onde os coeficientes c_i podem depender de t – diremos que (1) é um **sistema linear**. Um sistema de equações diferenciais que não é linear é chamado de **não linear**.

SÉRIES RADIOATIVAS

Na discussão sobre desintegração radioativa nas Seções 1.3 e 3.1, supusemos que a taxa de decaimento era proporcional ao número $A(t)$ de núcleos da substância presente no instante t. Quando uma substância **decai por radioatividade**, em geral não se transforma de uma vez em outra substância estável; em vez disso, a primeira substância se desintegra em outra substância radioativa, a qual, por sua vez, se desintegra em uma terceira substância, e assim por diante. Esse processo, chamado de série de desintegração radioativa, continua até que o elemento estável seja atingido. Por exemplo, a série de desintegração do urânio é U-238 $\rightarrow$ Th-234 $\rightarrow \cdots \rightarrow$ Pb-206, onde Pb-206 é um isótopo estável de chumbo. A meia-vida dos vários elementos na série radioativa pode variar de bilhões de anos ($4,5 \times 10^9$ anos para U-238) a uma fração de segundo. Suponha uma série radioativa descrita esquematicamente por $X \xrightarrow{-\lambda_1} Y \xrightarrow{-\lambda_2} Z$, onde $k_1 = -\lambda_1 < 0$ e $k_2 = -\lambda_2 < 0$ são as constantes de desintegração da substância X e Y, respectivamente, e Z seja um elemento estável. Suponha, também, que $x(t)$, $y(t)$ e $z(t)$ denotem a quantidade das substâncias X, Y e Z, respectivamente, remanescente no instante t. A desintegração do elemento X é descrita por

$$\frac{dx}{dt} = -\lambda_1 x,$$

enquanto a taxa segundo a qual o segundo elemento Y desintegra é a taxa líquida

$$\frac{dy}{dt} = \lambda_1 x - \lambda_2 y,$$

uma vez que Y está *ganhando* átomos da desintegração de X e ao mesmo tempo *perdendo* átomos em decorrência da própria desintegração. Uma vez que Z é um elemento estável, está simplesmente ganhando átomos da desintegração do elemento Y:

$$\frac{dz}{dt} = \lambda_2 y.$$

Em outras palavras, um modelo da série de desintegração radioativa dos três elementos é o sistema linear de três equações diferenciais de primeira ordem

$$\frac{dx}{dt} = -\lambda_1 x$$
$$\frac{dy}{dt} = \lambda_1 x - \lambda_2 y \qquad (2)$$
$$\frac{dz}{dt} = \lambda_2 y.$$

MISTURAS

Consideremos dois tanques, conforme mostrado na Figura 3.3.1. Vamos supor, a título de discussão, que o tanque A contenha 50 galões de água na qual estão dissolvidas 25 libras de sal. Suponha que o tanque B contenha 50 galões de água pura. O líquido é bombeado para dentro e para fora dos tanques, como indicado na figura; supõe-se que a mistura trocada entre os dois tanques e o líquido bombeado para fora do tanque B estejam bem misturados.

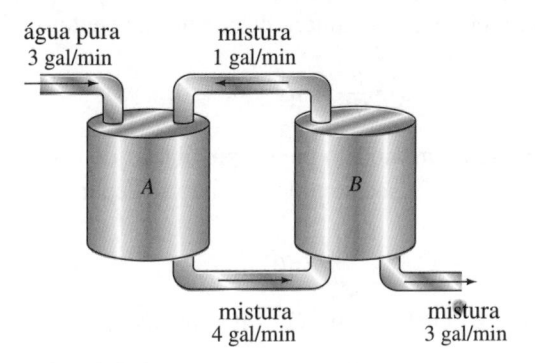

FIGURA 3.3.1 Tanques misturadores conectados.

Queremos construir um modelo matemático que descreva o número de libras $x_1(t)$ e $x_2(t)$ de sal nos tanques A e B, respectivamente, no instante t. Por meio de uma análise similar à da Seção 1.3, e do Exemplo 5 da Seção 3.1, vemos que a taxa líquida de variação de $x_1(t)$ para o tanque A é

$$\frac{dx_1}{dt} = \overbrace{(3 \text{ gal/min}) \cdot (0 \text{ lb/gal}) + (1 \text{ gal/min}) \cdot \left(\frac{x_2}{50} \text{ lb/gal}\right)}^{\text{taxa de entrada de sal}} - \overbrace{(4 \text{ gal/min}) \cdot \left(\frac{x_1}{50} \text{ lb/gal}\right)}^{\text{taxa de saída de sal}}$$
$$= -\frac{2}{25}x_1 + \frac{1}{50}x_2.$$

Analogamente, para o tanque B, a taxa líquida de variação de $x_2(t)$ é

$$\frac{dx_2}{dt} = 4 \cdot \frac{x_1}{50} - 3 \cdot \frac{x_2}{50} - 1 \cdot \frac{x_2}{50}$$
$$= \frac{2}{25}x_1 - \frac{2}{25}x_2.$$

Assim, obtemos o sistema linear

$$\frac{dx_1}{dt} = -\frac{2}{25}x_1 + \frac{1}{50}x_2$$
$$\frac{dx_2}{dt} = \frac{2}{25}x_1 - \frac{2}{25}x_2. \qquad (3)$$

Observe que o sistema anterior é acompanhado das condições iniciais $x_1(0) = 25$, $x_2(0) = 0$.

UM MODELO PREDADOR-PRESA

Suponha que duas espécies diferentes de animais interajam no mesmo ambiente ou ecossistema e, além disso, suponha que a primeira espécie alimente-se somente de vegetais e a segunda alimente-se somente da primeira espécie. Em outras palavras, uma espécie é um predador e a outra, uma presa. Por exemplo, lobos caçam renas, as quais se alimentam de grama, tubarões devoram peixes pequenos, e a coruja-da-neve (*Nyctea scandiaca*) vai ao encalço de um roedor ártico chamado lemingue. A título de discussão, vamos imaginar que os predadores sejam as raposas e as presas sejam os coelhos.

Vamos denotar por $x(t)$ e $y(t)$, respectivamente, a população de raposas e coelhos em um determinado instante t. Se não houvesse coelhos, então poder-se-ia esperar que as raposas, por falta de suprimentos alimentícios adequados, declinassem em número de acordo com

$$\frac{dx}{dt} = -ax, \quad a > 0. \tag{4}$$

Contudo, quando os coelhos estão no meio ambiente, parece razoável que o número de encontros ou interações entre as duas espécies por unidade de tempo seja conjuntamente proporcional às populações x e y – isto é, proporcionais ao produto xy. Assim, quando os coelhos estiverem presentes, haverá alimento e, portanto, as raposas serão acrescentadas ao sistema a uma taxa bxy, $b > 0$. Adicionando-se essa última taxa a (4), obtemos um modelo para a população de raposas:

$$\frac{dx}{dt} = -ax + bxy. \tag{5}$$

Por outro lado, se não houver raposas, os coelhos, supondo adicionalmente que o suprimento de alimentos seja ilimitado, cresceriam a uma taxa proporcional ao número de coelhos presentes no instante t:

$$\frac{dy}{dt} = dy, \quad d > 0. \tag{6}$$

Mas quando houver raposas, (6) será um modelo para a população de coelhos subtraído de cxy, $c > 0$ – isto é, subtraído pela taxa segundo a qual os coelhos são comidos quando se deparam com as raposas:

$$\frac{dy}{dt} = dy - cxy. \tag{7}$$

As Equações (5) e (7) formam um sistema de equações diferenciais não lineares

$$\begin{aligned} \frac{dx}{dt} &= -ax + bxy = x(-a + by) \\ \frac{dy}{dt} &= dy - cxy = y(d - cx) \end{aligned} \tag{8}$$

onde a, b, c e d são constantes positivas. Esse famoso sistema de equações é conhecido como **modelo predador-presa de Lotka-Volterra**.

Exceto pelas soluções constantes, $x(t) = 0$, $y(t) = 0$ e $x(t) = d/c$, $y(t) = a/b$, o sistema não linear (8) não pode ser resolvido em termos de funções elementares. Porém, podemos analisar esses sistemas quantitativa e qualitativamente. Veja o Capítulo 9, "Soluções numéricas de equações diferenciais ordinárias".

EXEMPLO 1   Modelo predador-presa

Suponha que

$$\begin{aligned} \frac{dx}{dt} &= -0{,}16x + 0{,}08xy \\ \frac{dy}{dt} &= 4{,}5y - 0{,}9xy \end{aligned}$$

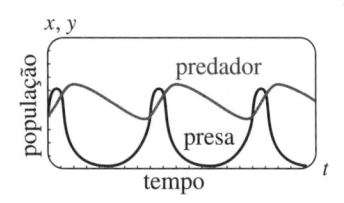

FIGURA 3.3.2 Populações de predadores (cinza) e presas (preto) no Exemplo 1.

represente um modelo predador-presa. Uma vez que estamos tratando de populações, temos $x(t) \geq 0$ e $y(t) \geq 0$. A Figura 3.3.2, obtida com a ajuda de um solucionador numérico, mostra curvas de população típicas de predadores e presas para esse modelo sobrepostas no mesmo conjunto de eixos coordenados. A condição inicial usada foi $x(0) = 4$, $y(0) = 4$. A curva em cinza representa a população $x(t)$ de predadores (raposas) e, em preto, a população $y(t)$ de presas (coelhos). Observe que o modelo parece prever que ambas as populações, $x(t)$ e $y(t)$, são periódicas. Isso faz sentido, intuitivamente, pois à medida que o número de presas decresce, a população de predadores acaba decrescendo em decorrência da diminuição de alimentos; mas subordinado ao decréscimo no número de predadores há um acréscimo no número de presas; esse último, por sua vez, dá origem a um acréscimo no número de predadores, os quais acabam por provocar um outro decréscimo no número de presas. ∎

MODELOS COM COMPETIÇÃO

Suponha agora duas espécies diferentes de animais ocupando o mesmo ecossistema, não como predador e presa, mas, em vez disso, competindo uma com a outra pela mesma fonte de recursos (como alimentos, espaço vital) no sistema. Na ausência de uma das espécies, vamos supor que a taxa segundo a qual cada população cresce é dada por

$$\frac{dx}{dt} = ax \quad \text{e} \quad \frac{dy}{dt} = cy, \tag{9}$$

respectivamente.

Uma vez que as duas espécies competem entre si, podemos supor também que cada uma dessas taxas diminua simplesmente pela influência ou existência da outra população. Assim, o modelo das duas populações é dado pelo sistema linear

$$\frac{dx}{dt} = ax - by$$
$$\frac{dy}{dt} = cy - dx. \tag{10}$$

onde a, b, c e d são constantes positivas.

Entretanto, podemos supor, como fizemos em (5), que cada taxa de crescimento em (9) deva ser reduzida por uma taxa proporcional ao número de interações das duas espécies:

$$\frac{dx}{dt} = ax - bxy$$
$$\frac{dy}{dt} = cy - dxy. \tag{11}$$

Uma análise mostra que esse sistema não linear é similar ao modelo predador-presa de Lotka-Volterra. Finalmente, pode ser mais realista substituir as taxas em (9), as quais indicam que a população de cada espécie em isolamento cresce exponencialmente, por taxas que indiquem que cada população cresce logisticamente (isto é, a população é limitada durante um longo período):

$$\frac{dx}{dt} = a_1 x - b_1 x^2 \quad \text{e} \quad \frac{dy}{dt} = a_2 y - b_2 y^2. \tag{12}$$

Quando dessas novas taxas forem subtraídas taxas proporcionais ao número de interações, obteremos um outro modelo não linear:

$$\frac{dx}{dt} = a_1 x - b_1 x^2 - c_1 xy = x(a_1 - b_1 x - c_1 y)$$
$$\frac{dy}{dt} = a_2 y - b_2 y^2 - c_2 xy = y(a_2 - b_2 y - c_2 x), \tag{13}$$

onde todos os coeficientes são positivos. O sistema linear (10) e os sistemas não lineares (11) e (13) são, naturalmente, chamados **modelos com competição**.

REDES

Uma rede elétrica com mais de uma malha também dá origem a equações diferenciais simultâneas. Conforme mostrado na Figura 3.3.3, a corrente $i_1(t)$ bifurca-se nas duas direções mostradas no ponto B_1, chamado *nó da malha*. Pela **primeira lei de Kirchhoff**, podemos escrever

$$i_1(t) = i_2(t) + i_3(t). \tag{14}$$

Além disso, podemos também aplicar a **segunda lei de Kirchhoff** para cada malha. Em $A_1B_1B_2A_2A_1$, somando as quedas de voltagem em cada parte da malha, obtemos

$$E(t) = i_1R_1 + L_1\frac{di_2}{dt} + i_2R_2. \tag{15}$$

Analogamente, para $A_1B_1C_1C_2B_2A_2A_1$, encontramos

$$E(t) = i_1R_1 + L_2\frac{di_3}{dt}. \tag{16}$$

Usando (14) para eliminar i_1 em (15) e (16), obtemos duas equações lineares de primeira ordem para as correntes $i_2(t)$ e $i_3(t)$:

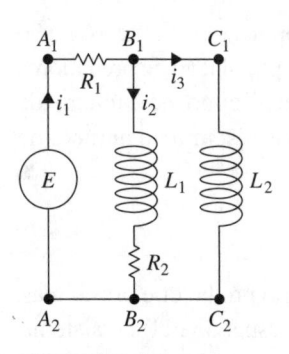

$$\begin{aligned} L_1\frac{di_2}{dt} + (R_1 + R_2)i_2 + R_1 i_3 &= E(t) \\ L_2\frac{di_3}{dt} + R_1 i_2 + R_1 i_3 &= E(t). \end{aligned} \tag{17}$$

FIGURA 3.3.3 Rede cujo modelo é dado em (17).

Como exercício (veja o Problema 14 nos Exercícios 3.3), mostre que o sistema de equações diferenciais que descreve as correntes $i_1(t)$ e $i_2(t)$ na rede contendo um resistor, um indutor e um capacitor, mostrado na Figura 3.3.4, é

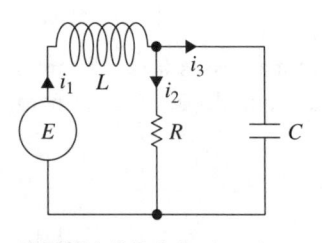

$$\begin{aligned} L\frac{di_1}{dt} + Ri_2 &= E(t) \\ RC\frac{di_2}{dt} + i_2 - i_1 &= 0. \end{aligned} \tag{18}$$

FIGURA 3.3.4 Rede cujo modelo é dado em (18).

EXERCÍCIOS 3.3

As respostas aos problemas ímpares estão no final do livro.

SÉRIES RADIOATIVAS

1. Não discutimos ainda os métodos pelos quais as equações diferenciais de primeira ordem podem ser resolvidas. Não obstante, sistemas como (2) podem ser resolvidos sem nenhum conhecimento além daquele necessário para resolver uma única equação linear de primeira ordem. Ache uma solução de (2) sujeita às condições iniciais $x(0) = x_0$, $y(0) = 0$ e $z(0) = 0$.

2. No Problema 1, suponha que o tempo seja medido em dias, que as constantes de decaimento sejam $k_1 = -0{,}138629$ e $k_2 = -0{,}004951$ e que $x_0 = 20$. Use um programa gráfico para obter os gráficos das soluções $x(t)$, $y(t)$ e $z(t)$ no mesmo sistema de eixos coordenados. Use os gráficos para aproximar a meia-vida das substâncias X e Y.

3. Use os gráficos do Problema 2 para aproximar os tempos para os quais as quantidades $x(t)$ e $y(t)$ são iguais, os tempos para os quais as quantidades $x(t)$ e $z(t)$ são iguais, e os tempos para os quais as quantidades $y(t)$ e $z(t)$ são iguais. Por que o tempo que é determinado quando as quantidades $y(t)$ e $z(t)$ são iguais faz sentido intuitivamente?

4. Construa um modelo matemático para uma série radioativa de quatro elementos W, X, Y e Z, onde o último elemento é estável.

MISTURAS

5. Considere dois tanques, A e B, nos quais são bombeados líquidos para dentro e para fora a taxas iguais, conforme descrito pelo sistema de equações (3). Qual é o sistema de equações diferenciais se, em vez de água pura, for bombeada uma solução salina contendo 2 libras de sal por galão para dentro do tanque A?

6. Três tanques grandes contêm salmoura, conforme mostra a Figura 3.3.5. Use as informações da figura para construir um modelo matemático para a quantidade de libras de sal $x_1(t)$, $x_2(t)$ e $x_3(t)$ no instante t nos tanques A, B e C, respectivamente. Sem resolver o sistema, preveja o valor limite de $x_1(t)$, $x_2(t)$ e $x_3(t)$ quando $t \to \infty$.

CAPÍTULO 3 MODELAGEM COM EQUAÇÕES DIFERENCIAIS DE PRIMEIRA ORDEM

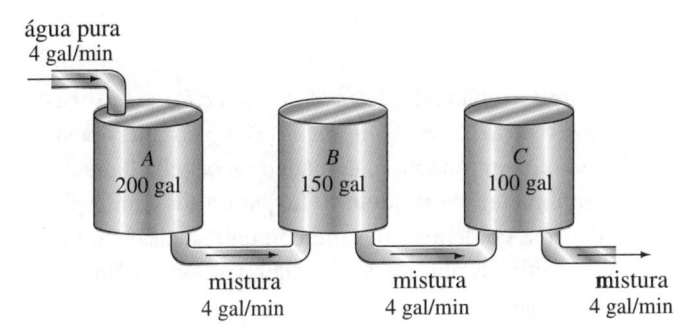

água pura
4 gal/min

FIGURA 3.3.5 Tanques misturadores do Problema 6.

7. Dois tanques muito grandes, A e B, estão prenchidos com 100 galões de salmoura cada um. Inicialmente, 100 lb de sal são dissolvidas na solução do tanque A e 50 lb de sal na solução do tanque B. O sistema é fechado e, depois de bem misturado, o líquido é bombeado somente entre os tanques, como mostra a Figura 3.3.6.

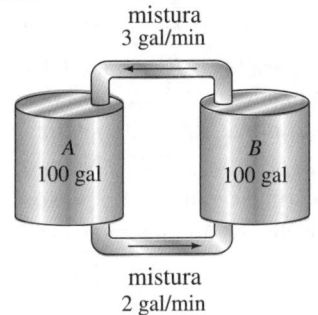

FIGURA 3.3.6 Tanques misturadores do Problema 7.

a) Use as informações da figura para construir um modelo matemático para a quantidade de libras de sal $x_1(t)$ e $x_2(t)$ no instante t nos tanques A e B, respectivamente.

b) Ache uma relação entre as variáveis $x_1(t)$ e $x_2(t)$ que seja válida no instante t. Explique por que essa relação faz sentido intuitivamente. Use essa relação para ajudar a encontrar a quantidade de sal no tanque B, em $t = 30$ min.

8. Use as informações da Figura 3.3.7 para construir um modelo matemático para a quantidade de libras de sal $x_1(t)$, $x_2(t)$ e $x_3(t)$ no instante t nos tanques A, B e C, respectivamente.

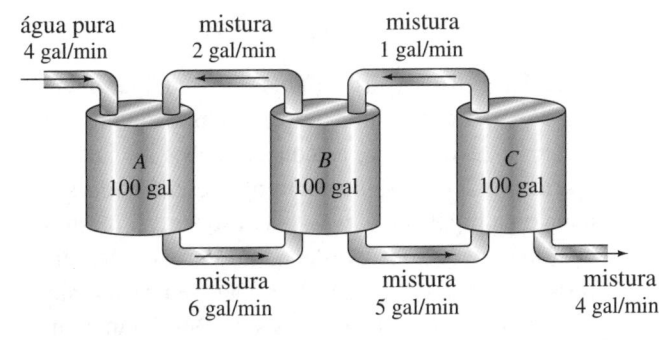

FIGURA 3.3.7 Tanques misturadores do Problema 8.

MODELOS PREDADOR-PRESA

9. Considere o modelo predador-presa de Lotka-Volterra definido por

$$\frac{dx}{dt} = -0{,}1x + 0{,}02xy$$
$$\frac{dy}{dt} = 0{,}2y - 0{,}025xy,$$

onde as populações $x(t)$ (predadores) e $y(t)$ (presas) são medidas em milhares. Suponha $x(0) = 6$ e $y(0) = 6$. Use um solucionador numérico para fazer os gráficos de $x(t)$ e $y(t)$. Use os gráficos para aproximar o tempo $t > 0$ no qual as populações igualam-se pela primeira vez. Use os gráficos para aproximar o período de cada população.

MODELOS COM COMPETIÇÃO

10. Considere o modelo com competição definido por

$$\frac{dx}{dt} = x(2 - 0{,}4x - 0{,}3y)$$
$$\frac{dy}{dt} = y(1 - 0{,}1y - 0{,}3x),$$

onde as populações $x(t)$ e $y(t)$ são medidas em milhares e t em anos. Use um solucionador numérico para analisar a população ao longo de um grande período em cada um dos seguintes casos:

a) $x(0) = 1{,}5, \quad y(0) = 3{,}5$
b) $x(0) = 1, \quad y(0) = 1$
c) $x(0) = 2, \quad y(0) = 7$
d) $x(0) = 4{,}5, \quad y(0) = 0{,}5$.

11. Considere o modelo com competição definido por

$$\frac{dx}{dt} = x(1 - 0{,}1x - 0{,}05y)$$
$$\frac{dy}{dt} = y(1{,}7 - 0{,}1y - 0{,}15x),$$

onde as populações $x(t)$ e $y(t)$ são medidas em milhares e t em anos. Use um solucionador numérico para analisar a população por um longo período para cada um dos seguintes casos:

a) $x(0) = 1, \quad y(0) = 1$
b) $x(0) = 4, \quad y(0) = 10$
c) $x(0) = 9, \quad y(0) = 4$
d) $x(0) = 5{,}5, \quad y(0) = 3{,}5$.

REDES ELÉTRICAS

12. Mostre que um sistema de equações diferenciais que descreve as correntes $i_2(t)$ e $i_3(t)$ na rede elétrica mostrada na Figura 3.3.8 é

$$L\frac{di_2}{dt} + L\frac{di_3}{dt} + R_1 i_2 = E(t)$$
$$-R_1\frac{di_2}{dt} + R_2\frac{di_3}{dt} + \frac{1}{C}i_3 = 0.$$

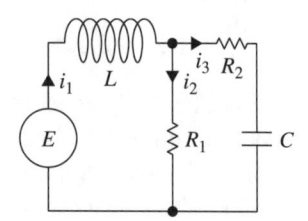

FIGURA 3.3.8 Rede do Problema 12.

13. Determine um sistema de equações diferenciais de primeira ordem que descreva as correntes $i_2(t)$ e $i_3(t)$ na rede elétrica mostrada na Figura 3.3.9.

14. Mostre que o sistema linear dado em (18) descreve as correntes $i_1(t)$ e $i_2(t)$ na rede mostrada na Figura 3.3.4. [*Sugestão: $dq/dt = i_3$.*]

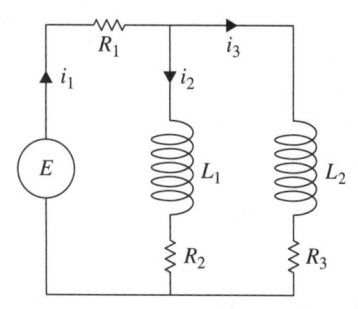

FIGURA 3.3.9 Rede do Problema 13.

MODELOS VARIADOS

15. **Modelo SIR** Uma doença contagiosa espalha-se em uma pequena comunidade com uma população fixa de n pessoas por contato pessoal entre infectados e pessoas que estão suscetíveis à doença. Suponha que todos sejam suscetíveis à doença inicialmente e que ninguém deixe a comunidade enquanto a doença está se espalhando. No instante t, sejam $s(t)$, $i(t)$ e $r(t)$, respectivamente, o número de pessoas na comunidade (medido em centenas) que são *suscetíveis* à doença, mas ainda não estão infectadas, o número de pessoas *infectadas* e o número de pessoas que se *recuperaram* da doença. Explique por que o sistema de equações diferenciais

$$\frac{ds}{dt} = -k_1 si$$
$$\frac{di}{dt} = -k_2 i + k_1 si$$
$$\frac{dr}{dt} = k_2 i,$$

onde k_1 (chamado de *taxa de infecção*) e k_2 (chamado de *taxa de recuperação*) são constantes positivas, é um modelo matemático razoável, chamado comumente de **modelo SIR**, para a disseminação de uma epidemia em uma comunidade. Dê condições iniciais plausíveis associadas a esse sistema de equações.

16. a) Explique por que, no Problema 15, é suficiente analisar somente

$$\frac{ds}{dt} = -k_1 si$$
$$\frac{di}{dt} = -k_2 i + k_1 si.$$

b) Suponha $k_1 = 0{,}2$, $k_2 = 0{,}7$ e $n = 10$. Escolha vários valores de $i(0) = i_0$, $0 < i_0 < 10$. Use um solucionador numérico para determinar o que o modelo prevê sobre a epidemia em dois casos, $s_0 > k_2/k_1$ e $s_0 \leq k_2/k_1$. No caso de uma epidemia, estime o número de pessoas que, mais dia, menos dia, serão infectadas.

PROBLEMAS PARA DISCUSSÃO

17. **Concentração de um nutriente** Suponha dois compartimentos, A e B, mostrados na Figura 3.3.10, os quais estão cheios de fluido e separados por uma membrana permeável. A figura é uma representação do compartimento exterior e interior de uma célula. Suponha, também, que um nutriente necessário ao crescimento da célula passe pela membrana. Um modelo para as concentrações $x(t)$ e $y(t)$ de nutriente nos compartimentos A e B, respectivamente, no instante t é dado pelo sistema de equações diferenciais lineares

$$\frac{dx}{dt} = \frac{\kappa}{V_A}(y - x)$$
$$\frac{dy}{dt} = \frac{\kappa}{V_B}(x - y),$$

onde V_A e V_B são os volumes dos compartimentos e $\kappa > 0$ é um fator de permeabilidade. Sejam $x(0) = x_0$ e $y(0) = y_0$ as concentrações iniciais de nutriente. Com base somente nas equações do sistema e na hipótese $x_0 > y_0 > 0$, esboce, no mesmo conjunto de eixos coordenados, curvas integrais possíveis para o sistema. Explique seu raciocínio. Discuta o comportamento das soluções durante um grande período.

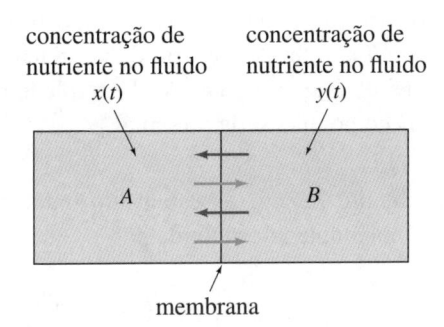

FIGURA 3.3.10 Fluxo de nutrientes através de uma membrana do Problema 17.

18. O sistema do Problema 17, assim como o sistema em (2), pode ser resolvido sem nenhum conhecimento avançado. Resolva $x(t)$ e $y(t)$ e compare os respectivos gráficos com seus esboços no Problema 17. Determine o valor limite de $x(t)$ e $y(t)$ quando $t \to \infty$. Explique por que a resposta da última questão faz sentido intuitivamente.

19. Com base somente na descrição física do problema das misturas na página 115 e na Figura 3.3.1, discuta a natureza das funções $x_1(t)$ e $x_2(t)$. Qual é o comportamento de cada função durante um longo período? Esboce os gráficos possíveis de $x_1(t)$ e $x_2(t)$. Verifique suas conjeturas usando um solucionador numérico para obter as curvas integrais de (3) sujeitas às condições iniciais $x_1(0) = 25$, $x_2(0) = 0$.

20. Lei de Newton para o resfriamento/aquecimento
Conforme mostrado na Figura 3.3.11, uma pequena barra de metal é colocada no recipiente A, que então é colocado dentro de um recipiente B, maior. Conforme a barra de metal esfria, a temperatura ambiente $T_A(t)$ do meio dentro do recipiente A sofre alterações de acordo com a lei de Newton do resfriamento. Conforme o recipiente A esfria, a temperatura do fluido no recipiente B não se altera de forma significativa e pode ser considerada uma constante T_B. Construa um modelo matemático para as temperaturas $T(t)$ e $T_A(t)$, onde $T(t)$ é a temperatura da barra de metal dentro do recipiente A. Assim como nos Problemas 1 e 18, este modelo pode ser resolvido usando o que já foi aprendido. Encontre uma solução para o sistema, dadas as condições iniciais $T(0) = T_0$, $T_A(0) = T_1$.

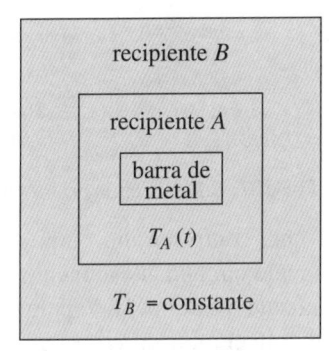

FIGURA 3.3.11 Recipiente dentro de outro recipiente no Problema 20.

REVISÃO DO CAPÍTULO 3

As respostas aos problemas ímpares estão no final do livro.

Responda os Problemas 1 e 2 sem consultar o texto. Preencha os espaços em branco ou responda se é verdadeiro ou falso.

1. Se $P(t) = P_0 e^{0,15t}$ fornece a população em um certo meio ambiente num dado instante t, então a equação diferencial que é satisfeita por $P(t)$ é _____.

2. Se a taxa de desintegração de uma substância radioativa é proporcional à quantidade $A(t)$ que resta no instante t, então a meia-vida da substância é necessariamente $T = -(\ln 2)/k$. A taxa de desintegração da substância em um instante $t = T$ é a metade da taxa de desintegração em $t = 0$. _____

3. Em março de 1976, a população mundial atingiu 4 bilhões. Uma revista popular de notícias previu que, a uma taxa de crescimento anual médio de 1,8%, a população mundial atingiria 8 bilhões em 45 anos. Como se compara esse valor com aquele previsto pelo modelo que afirma que a taxa de crescimento é proporcional à população em qualquer instante?

4. Ar contendo 0,06% de dióxido de carbono é bombeado para dentro de uma sala cujo volume é de 8.000 pés^3, a uma taxa de 2.000 pés^3/min. O ar circulado é então bombeado para fora à mesma taxa. Supondo que haja uma concentração inicial de 0,2% de dióxido de carbono, determine as quantidades subsequentes na sala em qualquer instante. Qual é a concentração em 10 minutos? Qual é o estado estacionário, ou de equilíbrio, da concentração de dióxido de carbono?

5. Resolva a equação diferencial

$$\frac{dy}{dx} = -\frac{y}{\sqrt{s^2 - y^2}}$$

da tratriz. Veja o Problema 26 nos Exercícios 1.3. Suponha que o ponto inicial no eixo x seja $(0, 10)$ e que o comprimento da corda seja $x = 10$ pés.

6. Suponha uma célula suspensa em uma solução contendo um soluto de concentração constante C_s. Além disso, suponha que a célula tenha um volume constante V e que a área da membrana permeável seja a constante A. Pela **lei de Fick**, a taxa de variação da massa m do soluto é diretamente proporcional à área A e à diferença $C_s - C(t)$, onde $C(t)$ é a concentração de soluto dentro da célula no instante t. Ache $C(t)$ se $m = VC(t)$ e $C(0) = C_0$. Veja a Figura 3.R.1.

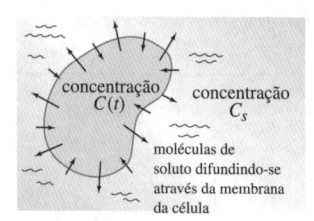

FIGURA 3.R.1 Célula do Problema 6.

7. Suponha que, conforme um corpo esfria, a temperatura do meio circundante aumente porque absorve completamente o calor perdido pelo corpo. Seja $T(t)$ e $T_m(t)$ a temperatura do corpo e do meio em um instante de tempo t, respectivamente. Se a temperatura inicial do corpo é T_1 e a do meio é T_2, então pode ser mostrado neste caso que a lei de Newton do resfriamento é $dT/dt = k(T - T_m)$, $k < 0$, tal que $T_m = T_2 + B(T_1 - T)$, $B > 0$ é constante.

   a) A ED exposta é autônoma. Use o conceito de gráfico de fase da Seção 2.1 para determinar o valor limite da temperatura $T(t)$ quando $t \to \infty$. Qual é o valor limite de $T_m(t)$ quando $t \to \infty$?

   b) Verifique suas respostas na parte (a) resolvendo a equação diferencial.

   c) Discuta uma interpretação física de suas respostas na parte (a).

8. Segundo a **lei de Stefan de radiação**, a temperatura absoluta T de um corpo esfriando em um meio à temperatura absoluta constante T_m é dada por

$$\frac{dT}{dt} = k(T^4 - T_m^4),$$

onde k é uma constante. A lei de Stefan pode ser aplicada em um intervalo de temperatura maior que a lei de Newton.

   a) Resolva a equação diferencial.

   b) Mostre que quando $T - T_m$ é pequeno comparado com T_m, a lei de Newton de resfriamento tende à lei de Stefan. [*Sugestão*: Veja o lado direito da ED como uma série binomial.]

9. Um circuito LR em série tem um indutor variável com uma indutância definida por

$$L = \begin{cases} 1 - \dfrac{t}{10}, & 0 \le t < 10 \\ 0, & t \ge 10. \end{cases}$$

Determine a corrente $i(t)$ supondo que a resistência é de 0,2 ohm, a voltagem fornecida é $E(t) = 4$ e $i(0) = 0$. Faça o gráfico de $i(t)$.

10. Um problema clássico em cálculo de variações é encontrar o aspecto de uma curva $\mathscr{C}$ tal que uma conta, sob a influência da gravidade, deslizará do ponto $A(0, 0)$ ao ponto $B(x_1, y_1)$ no menor tempo. Veja a Figura 3.R.2. Pode ser mostrado que uma equação diferencial não linear para a forma $y(x)$ da trajetória é $y[1 + (y')^2] = k$, onde k é uma constante. Determine primeiramente dx em termos de y e dy e então use a substituição $y = k \operatorname{sen}^2 \theta$ para obter a forma paramétrica da solução. A curva $\mathscr{C}$ vem a ser uma **cicloide**.

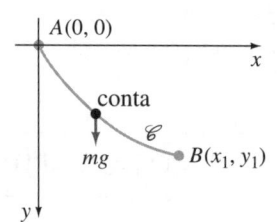

FIGURA 3.R.2 Conta deslizante do Problema 10.

11. Um modelo para as populações de duas espécies de animais interagindo é

$$\frac{dx}{dt} = k_1 x(\alpha - x)$$

$$\frac{dy}{dt} = k_2 xy.$$

Determine x e y em termos de t.

12. Inicialmente, dois grandes tanques, A e B, contêm cada um 100 galões de salmoura. Os líquidos bem misturados são bombeados entre os tanques conforme mostra a Figura 3.R.3. Use as informações dadas pela figura para construir um modelo matemático para as quantidades $x_1(t)$ e $x_2(t)$ de libras de sal no instante t nos tanques A e B, respectivamente.

FIGURA 3.R.3 Tanques misturadores do Problema 12.

Quando todas as curvas de uma família $G(x, y, c_1) = 0$ interceptam ortogonalmente todas as curvas em outra família $H(x, y, c_2) = 0$, as famílias são chamadas de **trajetórias ortogonais**. Veja a Figura 3.R.4. Se $dy/dx = f(x, y)$ for a equação diferencial de uma família, a equação diferencial das trajetórias ortogonais a essa família será $dy/dx = -1/f(x, y)$.

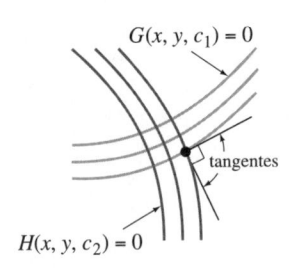

FIGURA 3.R.4 Trajetórias ortogonais.

Nos problemas 13 e 14, ache uma equação para a família dada. Ache as trajetórias ortogonais a essa família. Use um software para fazer o gráfico de ambas as famílias no mesmo conjunto de eixos coordenados.

13. $y = -x - 1 + c_1 e^x$

14. $y = \frac{1}{x + c_1}$

15. Decaimento do Potássio-40 Um dos metais mais abundantes encontrados em toda a crosta terrestre e nos oceanos é o potássio. Apesar do potássio ocorrer naturalmente na forma de três isótopos, apenas o isótopo potássio-40 (K-40) é radioativo. Este isótopo é um pouco incomum, pois decai por duas diferentes reações nucleares. Ao longo do tempo, pela emissão de uma partícula beta, uma grande percentagem de uma quantidade inicial de K-40 decai para o cálcio-40 (Ca-40) isótopo estável, ao passo que por captura de elétrons uma menor porcentagem de K-40 decai no isótopo estável argônio-40 (Ar-40).

$$\frac{dC}{dt} = \lambda_1 K$$

$$\frac{dA}{dt} = \lambda_2 K$$

$$\frac{dK}{dt} = -(\lambda_1 + \lambda_2)K,$$

onde λ_1 e λ_2 são constantes de proporcionalidade positivas.

a) A partir do sistema de equações diferenciais acima encontre $K(t)$ se $K(0) = K_0$. Então encontre $C(t)$ e $A(t)$ se $C(0) = 0$ e $A(0) = 0$.

b) Sabe-se que $\lambda_1 = 4{,}7526 \times 10^{-10}$ e $\lambda_2 = 0{,}5874 \times 10^{-10}$. Encontre a meia-vida do K-40.

c) Use as suas soluções de $C(t)$ e $A(t)$ para determinar a percentagem de um montante inicial K_0 de K-40 que decai em Ca-40 e o percentual que decai em Ar-40 ao longo de um período de tempo muito longo.

4 EQUAÇÕES DIFERENCIAIS DE ORDEM SUPERIOR

4.1 Teoria preliminar: equações lineares
    4.1.1 Problemas de valor inicial e problemas de contorno
    4.1.2 Equações homogêneas
    4.1.3 Equações não homogêneas
4.2 Redução de ordem
4.3 Equações lineares homogêneas com coeficientes constantes
4.4 Coeficientes a determinar – abordagem da superposição
4.5 Coeficientes a determinar – abordagem do anulador
4.6 Variação de parâmetros
4.7 Equação de Cauchy-Euler
4.8 Funções de Green
    4.8.1 Problemas de valor inicial
    4.8.2 Problemas de valor de contorno
4.9 Resolução de sistema de equações lineares por eliminação
4.10 Equações diferenciais não lineares
Revisão do Capítulo 4

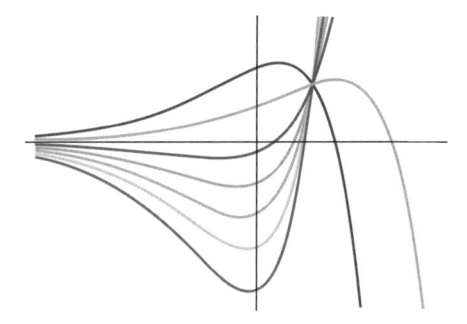

Passamos agora para a solução de equações diferenciais ordinárias de segunda ordem ou superior. Nas primeiras sete seções deste capítulo, examinamos a teoria subjacente e métodos de solução para certos tipos de equações lineares. Na nova, porém opcional, Seção 4.8, trabalhamos sobre o material da Seção 4.6 a fim de construir as funções de Green para resolver problemas de valor inicial e valor de contorno. O método de eliminação de resolução de sistemas de equações lineares é apresentado na Seção 4.9, pois ele simplesmente desacopla um sistema de equações lineares em cada variável dependente. O capítulo termina com um breve exame de equações não lineares de ordem superior na Seção 4.10.

4.1 TEORIA PRELIMINAR: EQUAÇÕES LINEARES

ASSUNTOS ANALISADOS
- Releia as Observações no final da Seção 1.1
- Seção 2.3 (principalmente as páginas 58 a 62)

INTRODUÇÃO
Vimos no Capítulo 2 que podíamos resolver algumas equações diferenciais de primeira ordem reconhecendo-as como equações separáveis, lineares, exatas, homogêneas ou talvez de Bernoulli. Mesmo que as soluções dessas equações estivessem na forma de uma família a um parâmetro, essa família, com uma única exceção, não representava a solução geral da equação diferencial. Somente no caso de equações lineares de primeira ordem podíamos obter soluções gerais, levando em conta determinadas condições de continuidade impostas nos coeficientes. Lembre-se de que uma **solução geral** é uma família de soluções definidas em algum intervalo I que contenha *todas* as soluções de EDs que estão definidas nele. Uma vez que nossa meta principal neste capítulo é encontrar soluções gerais de EDs lineares de ordem superior, precisamos primeiramente examinar alguma teoria.

4.1.1 PROBLEMAS DE VALOR INICIAL E PROBLEMAS DE CONTORNO

PROBLEMAS DE VALOR INICIAL
Na Seção 1.2 definimos um problema de valor inicial para uma equação diferencial geral de ordem n. Para uma equação diferencial linear, um **problema de valor inicial de ordem n** é

$$\text{Resolver:} \quad a_n(x)\frac{d^n y}{dx^n} + a_{n-1}(x)\frac{d^{n-1} y}{dx^{n-1}} + \cdots + a_1(x)\frac{dy}{dx} + a_0(x)y = g(x) \tag{1}$$

$$\text{Sujeito a:} \quad y(x_0) = y_0, y'(x_0) = y_1, \ldots, y^{(n-1)}(x_0) = y_{n-1}.$$

Lembre-se de que, para um problema como esse, procuramos uma função definida em algum intervalo I, contendo x_0, que satisfaça a equação diferencial e as n condições iniciais especificadas em x_0: $y(x_0) = y_0, y'(x_0) = y_1, \ldots, y^{(n-1)}(x_0) = y_{n-1}$. Já vimos que, no caso de um problema de valor inicial de segunda ordem, uma curva integral deve passar pelo ponto (x_0, y_0) e ter inclinação y_1 nesse ponto.

EXISTÊNCIA E UNICIDADE
Na Seção 1.2, enunciamos um teorema que dava condições sob as quais a existência e a unicidade de uma solução de problema de valor inicial de primeira ordem eram garantidas. O teorema a seguir dá condições suficientes para a existência de uma única solução do problema em (1).

> **TEOREMA 4.1.1** Existência de uma solução única
>
> Sejam $a_n(x)$, $a_{n-1}(x)$, ..., $a_1(x)$, $a_0(x)$ e $g(x)$ contínuas em um intervalo I e seja $a_n(x) \neq 0$ para todo x nesse intervalo. Se $x = x_0$ for um ponto qualquer nesse intervalo, então existe uma única solução $y(x)$ do problema de valor inicial (1) nesse intervalo.

> **EXEMPLO 1** Solução única de um PVI

O problema de valor inicial

$$3y''' + 5y'' - y' + 7y = 0; \quad y(1) = 0, \quad y'(1) = 0, \quad y''(1) = 0$$

possui a solução trivial $y = 0$. Uma vez que a equação de terceira ordem é linear com coeficientes constantes, segue que todas as condições do Teorema 4.1.1 estão satisfeitas. Portanto, $y = 0$ é a *única* solução em qualquer intervalo contendo $x = 1$. ∎

EXEMPLO 2 Solução única de um PVI

Você deve verificar que a função $y = 3e^{2x} + e^{-2x} - 3x$ é uma solução do problema de valor inicial:

$$y'' - 4y = 12x, \quad y(0) = 4, \quad y'(0) = 1.$$

A equação diferencial é linear, os coeficientes e $g(x) = 12x$ são contínuos e $a_2(x) = 1 \neq 0$ sobre todo intervalo I contendo $x = 0$. Concluímos, com base no Teorema 4.1.1, que a função dada é a única solução em I. ∎

As exigências no Teorema 4.1.1 de que $a_i(x)$, $i = 0, 1, 2, 3, \ldots, n$ seja contínua e $a_n(x) \neq 0$ para todo x em I são ambas importantes. Especificamente, se $a_n(x) = 0$ para algum x no intervalo, então a solução de um problema de valor inicial linear pode não ser única ou até mesmo não existir. Por exemplo, você deve observar que a função $y = cx^2 + x + 3$ é uma solução do problema de valor inicial

$$x^2 y'' - 2xy' + 2y = 6, \quad y(0) = 3, \quad y'(0) = 1$$

no intervalo $(-\infty, \infty)$ para qualquer escolha do valor do parâmetro c. Em outras palavras, não há uma única solução do problema. Embora a maior parte das condições do Teorema 4.1.1 estejam satisfeitas, as dificuldades óbvias são que $a_2(x) = x^2$ é zero em $x = 0$ e que as condições iniciais também são todas dadas em $x = 0$.

PROBLEMA DE VALOR DE CONTORNO

Outro tipo de problema consiste em resolver uma equação diferencial linear de segunda ordem ou superior no qual a variável dependente y ou suas derivadas são especificadas em *pontos diferentes*. Um problema tal como

$$\text{Resolver:} \quad a_2(x)\frac{d^2y}{dx^2} + a_1(x)\frac{dy}{dx} + a_0(x)y = g(x)$$

$$\text{Sujeita a:} \quad y(a) = y_0, y(b) = y_1$$

é chamado de **problema de valor de contorno** (PVC). Os valores prescritos $y(a) = y_0$ e $y(b) = y_1$ são chamados de **condições de contorno**. Uma solução desse problema é uma função que satisfaça a equação diferencial em algum intervalo I, contendo a e b, cujo gráfico passe pelos dois pontos (a, y_0) e (b, y_1). Veja a Figura 4.1.1.

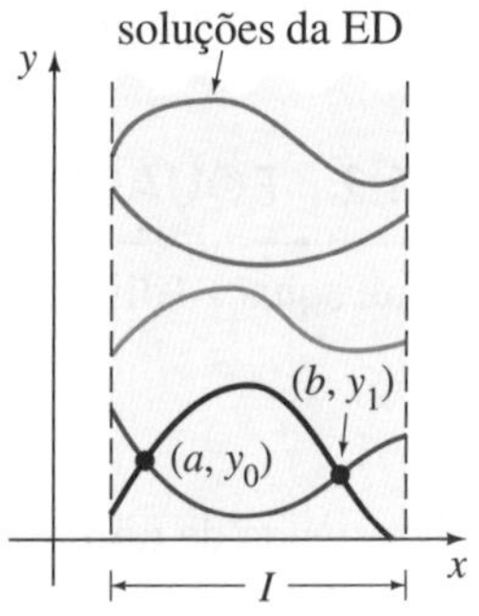

Para uma equação diferencial de segunda ordem, outros pares de condições de contorno poderiam ser

$$y'(a) = y_0, \quad y(b) = y_1$$
$$y(a) = y_0, \quad y'(b) = y_1$$
$$y'(a) = y_0, \quad y'(b) = y_1,$$

FIGURA 4.1.1 Soluções da PVC passando por dois pontos.

onde y_0 e y_1 denotam constantes arbitrárias. Esses três pares de condições são somente casos particulares de condições de contorno gerais

$$\alpha_1 y(a) + \beta_1 y'(a) = \gamma_1$$
$$\alpha_2 y(b) + \beta_2 y'(b) = \gamma_2.$$

O exemplo seguinte mostra que, mesmo quando as condições do Teorema 4.1.1 estiverem satisfeitas, um problema de valor de contorno pode ter várias soluções (como sugere a Figura 4.1.1), uma única solução ou nenhuma solução.

EXEMPLO 3 Um PVC pode ter muitas, uma ou nenhuma solução

No Exemplo 4 da Seção 1.1 vimos que a família de soluções a dois parâmetros da equação diferencial $x'' + 16x = 0$ é

$$x = c_1 \cos 4t + c_2 \operatorname{sen} 4t. \tag{2}$$

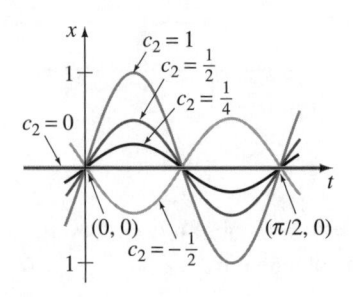

FIGURA 4.1.2 Algumas soluções do PVC que passam ao longo de dois pontos.

(a) Suponha que desejamos determinar a solução da equação que adicionalmente satisfaz também as condições de contorno $x(0) = 0$, $x(\pi/2) = 0$. Observe que a primeira condição $0 = c_1 \cos 0 + c_2 \sen 0$ implica $c_1 = 0$; logo, $x = c_2 \sen 4t$. Mas, quando $t = \pi/2$, $0 = c_2 \sen 2\pi$ é satisfeita para toda escolha de c_2, pois sen $2\pi = 0$. Logo, o problema de valor de contorno

$$x'' + 16x = 0, \quad x(0) = 0, \quad x\left(\frac{\pi}{2}\right) = 0 \qquad (3)$$

tem um número infinito de soluções. A Figura 4.1.2 mostra os gráficos de alguns dos membros da família a um parâmetro $x = c_2 \sen 4t$ que passam pelos dois pontos $(0, 0)$ e $(\pi/2, 0)$.

(b) Se o problema de valor de contorno em (3) for modificado para

$$x'' + 16x = 0, \quad x(0) = 0, \quad x\left(\frac{\pi}{8}\right) = 0 \qquad (4)$$

então $x(0) = 0$ vai continuar requerendo $c_1 = 0$ na solução de (2). Mas, aplicando $x(\pi/8) = 0$ a $x = c_2 \sen 4t$, requer-se que $0 = c_2 \sen x(\pi/2) = c_2 \cdot 1$. Logo, $x = 0$ é uma solução desse novo problema de valor de contorno. De fato, pode ser provado que $x = 0$ é a *única solução* de (4).

(c) Finalmente, se modificarmos o problema para

$$x'' + 16x = 0, \quad x(0) = 0, \quad x\left(\frac{\pi}{2}\right) = 1 \qquad (5)$$

encontraremos novamente de $x(0) = 0$ que $c_1 = 0$, mas, aplicando $x(\pi/2) = 1$ a $x = c_2 \sen 4t$, obtemos a contradição $1 = c_2 \sen 2\pi = c_2 \cdot 0 = 0$. Logo, o problema de valor de contorno (5) não tem solução. ∎

4.1.2 EQUAÇÕES HOMOGÊNEAS

Uma equação diferencial linear de ordem n da forma

$$a_n(x)\frac{d^n y}{dx^n} + a_{n-1}(x)\frac{d^{n-1} y}{dx^{n-1}} + \cdots + a_1(x)\frac{dy}{dx} + a_0(x)y = 0 \qquad (6)$$

é chamada de **homogênea**, enquanto uma equação

$$a_n(x)\frac{d^n y}{dx^n} + a_{n-1}(x)\frac{d^{n-1} y}{dx^{n-1}} + \cdots + a_1(x)\frac{dy}{dx} + a_0(x)y = g(x), \qquad (7)$$

com $g(x)$ não identicamente zero, é chamada de **não homogênea**. Por exemplo, $2y'' + 3y' - 5y = 0$ é uma equação diferencial linear de segunda ordem homogênea, enquanto $x^3 y''' + 6y' + 10y = e^x$ é uma equação diferencial linear de terceira ordem não homogênea. A palavra *homogênea* nesse contexto não se refere a coeficientes que sejam funções homogêneas, como na Seção 2.5.

Veremos que, para resolver uma equação linear não homogênea (7), precisamos primeiramente ser capazes de resolver a **equação homogênea associada** (6).

NOTA
Para evitar repetição desnecessária no restante deste texto, faremos a seguir uma hipótese importante quando do enunciado de definições e teoremas sobre a equação linear (1). Em algum intervalo comum I,
- os coeficientes $a_i(x)$, $i = 0, 1, 2, \ldots, n$ e $g(x)$ são contínuos;
- $a_n(x) \neq 0$ para todo x no intervalo.

OPERADORES DIFERENCIAIS
Em cálculo, a diferenciação é frequentemente denotada pela letra maiúscula D – isto é, $dy/dx = Dy$. O símbolo D é chamado de **operador diferencial**, uma vez que transforma uma função diferenciável em outra. Por exemplo, $D(\cos 4x) = -4 \sen 4x$ e $D(5x^3 - 6x^2) = 15x^2 - 12x$. Derivadas de ordem superior podem ser expressas em termos de D de uma forma natural:

$$\frac{d}{dx}\left(\frac{dy}{dx}\right) = \frac{d^2 y}{dx^2} = D(Dy) = D^2 y \quad \text{e, em geral,} \quad \frac{d^n y}{dx^n} = D^n y,$$

onde y representa uma função suficientemente diferenciável. Expressões polinomiais envolvendo D, como $D + 3$, $D^2 + 3D - 4$ e $5x^3D^3 - 6x^2D^2 + 4xD + 9$, são também operadores diferenciais. Em geral, definimos um **operador diferencial de ordem** n como

$$L = a_n(x)D^n + a_{n-1}(x)D^{n-1} + \cdots + a_1(x)D + a_0(x). \qquad (8)$$

Como consequência das duas propriedades básicas da diferenciação, $D(cf(x)) = cDf(x)$, c é uma constante e $D\{f(x) + g(x)\} = Df(x) + Dg(x)$. O operador diferencial L tem a propriedade da linearidade; isto é, L, operando sobre uma combinação linear de duas funções diferenciáveis, é o mesmo que uma combinação linear de L operando sobre cada função. Em símbolos, isso significa que

$$L\{\alpha f(x) + \beta g(x)\} = \alpha L(f(x)) + \beta L(g(x)), \qquad (9)$$

onde α e β são constantes. Por causa de (9) dizemos que o operador diferencial L de ordem n é um **operador linear**.

EQUAÇÕES DIFERENCIAIS

Toda equação diferencial linear pode ser expressa em termos da notação D. Por exemplo, a equação diferencial $y'' + 5y' + 6y = 5x - 3$ pode ser escrita como $D^2y + 5Dy + 6y = 5x - 3$ ou $(D^2 + 5D + 6)y = 5x - 3$. Usando (8), podemos escrever as equações diferenciais lineares de ordem n (6) e (7) de forma compacta como

$$L(y) = 0 \quad \text{e} \quad L(y) = g(x),$$

respectivamente.

PRINCÍPIO DA SUPERPOSIÇÃO

No teorema seguinte veremos que a soma ou **superposição** de duas ou mais soluções de uma equação diferencial linear homogênea é também uma solução.

> **TEOREMA 4.1.2** **Princípio da superposição – equações homogêneas**
>
> Sejam $y_1, y_2, \ldots, y_k$ soluções da equação diferencial homogênea de ordem n (6) em um intervalo I. Então, a combinação linear
>
> $$y = c_1y_1(x) + c_2y_2(x) + \cdots + c_ky_k(x),$$
>
> onde c_i, $i = 1, 2, 3, \ldots, k$ são constantes arbitrárias, é também uma solução no intervalo.

PROVA

Vamos provar o caso $k = 2$. Seja L o operador diferencial definido em (8) e sejam $y_1(x)$ e $y_2(x)$ soluções da equação homogênea $L(y) = 0$. Se definirmos $y = c_1y_1(x) + c_2y_2(x)$, então, pela linearidade de L, temos

$$L(y) = L\{c_1y_1(x) + c_2y_2(x)\} = c_1L(y_1) + c_2L(y_2) = c_1 \cdot 0 + c_2 \cdot 0 = 0. \qquad \blacksquare$$

> **COROLÁRIOS DO TEOREMA 4.1.2**
>
> (A) Um múltiplo constante $y = c_1y_1(x)$ de uma solução $y_1(x)$ de uma equação diferencial homogênea é também uma solução.
>
> (B) Uma equação diferencial linear homogênea sempre tem a solução trivial $y = 0$.

> **EXEMPLO 4** **Superposição – ED homogênea**

As funções $y_1 = x^2$ e $y_2 = x^2 \ln x$ são ambas soluções da equação linear homogênea $x^3y''' - 2xy' + 4y = 0$ no intervalo $(0, \infty)$. Pelo princípio da superposição, a combinação linear

$$y = c_1x^2 + c_2x^2 \ln x$$

é também uma solução da equação no intervalo. $\blacksquare$

A função $y = e^{7x}$ é uma solução de $y'' - 9y' + 14y = 0$. Como a equação diferencial é linear e homogênea, o múltiplo constante $y = ce^{7x}$ é também uma solução. Para vários valores de c, vemos que $y = 9e^{7x}$, $y = 0$, $y = -\sqrt{5}e^{7x}, \ldots$ são todas soluções da equação.

DEPENDÊNCIA E INDEPENDÊNCIA LINEAR
Os dois conceitos a seguir são básicos no estudo de equações diferenciais lineares.

DEFINIÇÃO 4.1.1   Dependência/Independência linear

Um conjunto de funções $f_1(x), f_2(x), \ldots, f_n(x)$ será chamado de **linearmente dependente** em um intervalo I, se houver constantes $c_1, c_2, \ldots, c_n$, não todas nulas, de forma que

$$c_1 f_1(x) + c_2 f_2(x) + \cdots + c_n f_n(x) = 0$$

para todo x no intervalo. Se o conjunto de funções não for linearmente dependente no intervalo, será chamado de **linearmente independente**.

Em outras palavras, um conjunto de funções é linearmente independente em um intervalo I, se as únicas constantes para as quais

$$c_1 f_1(x) + c_2 f_2(x) + \cdots + c_n f_n(x) = 0$$

para todo x no intervalo forem $c_1 = c_2 = \cdots = c_n = 0$.

É fácil entender essas definições para um conjunto que consiste em duas funções $f_1(x)$ e $f_2(x)$. Se o conjunto de funções for linearmente dependente em um intervalo, há constantes c_1 e c_2 que não são ambas nulas, de forma que, para todo x no intervalo, $c_1 f_1(x) + c_2 f_2(x) = 0$. Portanto, se supusermos que $c_1 \neq 0$, segue que $f_1(x) = (-c_2/c_1)f_2(x)$; isto é, *se um conjunto de duas funções for linearmente dependente, então uma função será simplesmente um múltiplo constante da outra*. Inversamente, se $f_1(x) = c_2 f_2(x)$ para alguma constante c_2, então $(-1)f_1(x) + c_2 f_2(x) = 0$ para todo x no intervalo. Logo, o conjunto de funções é linearmente dependente, pois pelo menos uma das constantes (isto é, $c_1 = -1$) não é zero. Concluímos que *um conjunto de funções $f_1(x)$ e $f_2(x)$ é linearmente dependente quando nenhuma das funções é um múltiplo constante da outra* no intervalo. Por exemplo, o conjunto das funções $f_1(x) = \text{sen } 2x$, $f_2(x) = \text{sen } x \cos x$ é linearmente dependente em $(-\infty, \infty)$ uma vez que $f_1(x)$ é um múltiplo constante de $f_2(x)$. Lembre-se, da fórmula do arco duplo para o seno, que o $\text{sen } 2x = 2 \text{ sen } x \cos x$. Entretanto, o conjunto de funções $f_1(x) = x$, $f_2(x) = |x|$ é linearmente independente em $(-\infty, \infty)$. Uma análise da Figura 4.1.3 deve convencê-lo de que nenhuma das funções é um múltiplo constante da outra no intervalo.

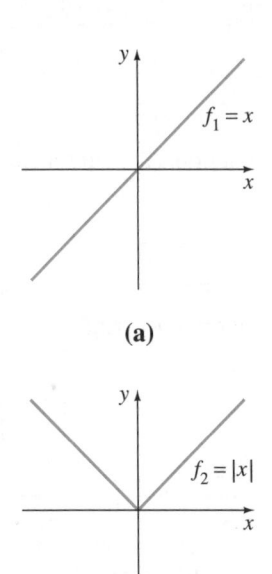

FIGURA 4.1.3 Conjunto de f_1 e f_2 é linearmente independente no intervalo $(-\infty, \infty)$.

Segue da discussão precedente que o quociente $f_2(x)/f_1(x)$ não é uma constante em um intervalo no qual o conjunto $f_1(x)$ e $f_2(x)$ for linearmente independente. Esse detalhe será usado na seção seguinte.

EXEMPLO 5   Conjunto de funções linearmente dependentes

O conjunto de funções $f_1(x) = \cos^2 x$, $f_2(x) = \text{sen}^2 x$, $f_3(x) = \sec^2 x$ e $f_4(x) = \text{tg}^2 x$ é linearmente dependente no intervalo $(-\pi/2, \pi/2)$, pois

$$c_1 \cos^2 x + c_2 \text{ sen}^2 x + c_3 \sec^2 x + c_4 \text{ tg}^2 x = 0$$

onde $c_1 = c_2 = 1$, $c_3 = -1$ e $c_4 = 1$. Usamos aqui $\cos^2 x + \text{sen}^2 x = 1$ e $1 + \text{tg}^2 x = \sec^2 x$. ∎

Um conjunto de funções $f_1(x), f_2(x), \ldots, f_n(x)$ será linearmente dependente em um intervalo se pelo menos uma função puder ser expressa como uma combinação linear das funções remanescentes.

EXEMPLO 6 Conjunto de funções linearmente dependentes

O conjunto de funções $f_1(x) = \sqrt{x} + 5$, $f_2(x) = \sqrt{x} + 5x$, $f_3(x) = x - 1$, $f_4(x) = x^2$ é linearmente dependente no intervalo $(0, \infty)$, pois f_2 pode ser escrito como uma combinação linear de f_1, f_3 e f_4. Observe que

$$f_2(x) = 1 \cdot f_1(x) + 5 \cdot f_3(x) + 0 \cdot f_4(x)$$

para todo x no intervalo $(0, \infty)$. ∎

SOLUÇÕES DE EQUAÇÕES DIFERENCIAIS

Estamos interessados primordialmente em funções linearmente independentes ou, mais propriamente, em soluções linearmente independentes de uma equação diferencial linear. Embora pudéssemos sempre apelar diretamente para a Definição 4.1.1, a questão de se o conjunto de n soluções $y_1, y_2, \ldots, y_n$ de uma equação diferencial linear homogênea (6) de ordem n é linearmente independente pode ser resolvida de uma forma mais ou menos mecânica usando um determinante.

DEFINIÇÃO 4.1.2 Wronskiano

Suponha que cada uma das funções $f_1(x), f_2(x), \ldots, f_n(x)$ tenha pelo menos $n - 1$ derivadas. O determinante

$$W(f_1, f_2, \ldots f_n) = \begin{vmatrix} f_1 & f_2 & \cdots & f_n \\ f_1' & f_2' & \cdots & f_n' \\ \vdots & \vdots & \cdots & \vdots \\ f_1^{(n-1)} & f_2^{(n-1)} & \cdots & f_n^{(n-1)} \end{vmatrix},$$

onde as linhas denotam derivadas, é chamado de **wronskiano das funções**.

TEOREMA 4.1.3 Critério para a independência linear

Sejam $y_1, y_2, \ldots, y_n$ n soluções da equação diferencial linear homogênea de ordem n (6) em um intervalo I. Então, o conjunto de soluções será **linearmente independente** em I se e somente se $W(y_1, y_2, \ldots, y_n) \neq 0$ para todo x no intervalo.

Segue do Teorema 4.1.3 que se $y_1, y_2, \ldots y_n$ forem n soluções de (6) em um intervalo I, o wronskiano $W(y_1, y_2, \ldots y_n)$ ou será identicamente nulo ou não se anulará em nenhum ponto do intervalo.

Um conjunto de n soluções linearmente independentes de uma equação diferencial linear homogênea de ordem n recebe um nome especial.

DEFINIÇÃO 4.1.3 Conjunto fundamental de soluções

Qualquer conjunto $y_1, y_2, \ldots, y_n$ de n soluções linearmente independentes da equação diferencial linear homogênea de ordem n (6) em um intervalo I é chamado de **conjunto fundamental de soluções** no intervalo.

A questão básica da existência de um conjunto fundamental de soluções para uma equação linear será respondida no teorema a seguir.

TEOREMA 4.1.4 Existência de um conjunto fundamental

Existe um conjunto fundamental de soluções para a equação diferencial linear homogênea de ordem n (6) em um intervalo I.

Da mesma forma que todo vetor no espaço tridimensional pode ser expresso como uma combinação linear dos vetores *linearmente independentes*, **i**, **j**, **k**, toda solução de uma equação diferencial linear homogênea de ordem n em um intervalo I pode ser expressa como uma combinação linear de n soluções linearmente independentes em I. Em outras palavras, n soluções linearmente independentes $y_1, y_2, \ldots, y_n$ constituem os tijolos para a construção da solução geral da equação.

TEOREMA 4.1.5   Solução geral – Equações homogêneas

Seja $y_1, y_2, \ldots, y_n$ um conjunto fundamental de soluções da equação diferencial linear homogênea de ordem n (6) em um intervalo I. Então, a **solução geral** da equação no intervalo é

$$y = c_1 y_1(x) + c_2 y_2(x) + \cdots + c_n y_n(x),$$

onde c_i, $i = 1, 2, 3, \ldots, n$ são constantes arbitrárias.

O Teorema 4.1.5 afirma que, se $Y(x)$ for uma solução qualquer de (6) no intervalo, então será sempre possível encontrar constantes $C_1, C_2, \ldots, C_n$ de forma que

$$Y(x) = C_1 y_1(x) + C_2 y_2(x) + \cdots + C_n y_n(x).$$

Vamos provar para o caso $n = 2$.

PROVA

Seja Y uma solução e y_1 e y_2 soluções linearmente independentes de $a_2 y'' + a_1 y' + a_0 y = 0$ em um intervalo I. Suponha que $x = t$ seja um ponto em I para o qual $W(y_1(t), y_2(t)) \neq 0$. Suponha também que $Y(t) = k_1$ e $Y'(t) = k_2$. Se examinarmos agora as equações

$$C_1 y_1(t) + C_2 y_2(t) = k_1$$
$$C_1 y_1'(t) + C_2 y_2'(t) = k_2,$$

poderemos determinar unicamente C_1 e C_2, desde que o determinante dos coeficientes satisfaça

$$\begin{vmatrix} y_1(t) & y_2(t) \\ y_1'(t) & y_2'(t) \end{vmatrix} \neq 0.$$

Mas esse determinante é simplesmente o wronskiano calculado em $x = t$ e, por hipótese, $W \neq 0$. Se definirmos $G(x) = C_1 y_1(x) + C_2 y_2(x)$, observaremos que $G(x)$ satisfaz a equação diferencial, uma vez que é uma superposição de duas soluções conhecidas; $G(x)$ satisfaz as condições iniciais

$$G(t) = C_1 y_1(t) + C_2 y_2(t) = k_1 \quad \text{e} \quad G'(t) = C_1 y_1'(t) + C_2 y_2'(t) = k_2$$

e $Y(x)$ satisfaz a *mesma* equação linear e as *mesmas* condições iniciais. Como a solução desse problema de valor inicial linear é única (Teorema 4.1.1), temos $Y(x) = G(x)$ ou $Y(x) = C_1 y_1(x) + C_2 y_2(x)$. ∎

EXEMPLO 7   Solução geral de uma ED homogênea

As funções $y_1 = e^{3x}$ e $y_2 = e^{-3x}$ são ambas soluções da equação linear homogênea $y'' - 9y = 0$ no intervalo $(-\infty, \infty)$. Por inspeção, vemos que as soluções são linearmente independentes sobre o eixo x. Esse fato pode ser corroborado, observando que o wronskiano

$$W(e^{3x}, e^{-3x}) = \begin{vmatrix} e^{3x} & e^{-3x} \\ 3e^{3x} & -3e^{-3x} \end{vmatrix} = -6 \neq 0$$

para todo x. Concluímos que y_1 e y_2 formam um conjunto fundamental de soluções e, consequentemente, $y = c_1 e^{3x} + c_2 e^{-3x}$ é a solução geral da equação no intervalo. ∎

> **EXEMPLO 8** Solução obtida com base na solução geral

A função $y = 4\operatorname{senh} 3x - 5e^{3x}$ é uma solução da equação diferencial do Exemplo 7. (Verifique isso.) Em vista do Teorema 4.1.5, devemos ser capazes de obter essa solução com base na solução geral $y = c_1 e^{3x} + c_2 e^{-3x}$. Observe que, se escolhermos $c_1 = 2$ e $c_2 = -7$, então $y = 2e^{3x} - 7e^{-3x}$ poderá ser reescrita como

$$y = 2e^{3x} - 2e^{-3x} - 5e^{-3x} = 4\left(\frac{e^{3x} - e^{-3x}}{2}\right) - 5e^{-3x}.$$

Essa última expressão é reconhecida como $y = 4\operatorname{senh} 3x - 5e^{-3x}$. ∎

> **EXEMPLO 9** Solução geral de uma ED homogênea

As funções $y_1 = e^x$, $y_2 = e^{2x}$ e $y_3 = e^{3x}$ satisfazem a equação de terceira ordem $y''' - 6y'' + 11y' - 6y = 0$. Como

$$W(e^x, e^{2x}, e^{3x}) = \begin{vmatrix} e^x & e^{2x} & e^{3x} \\ e^x & 2e^{2x} & 3e^{3x} \\ e^x & 4e^{2x} & 9e^{3x} \end{vmatrix} = 2e^{6x} \neq 0$$

para todo valor real de x, as funções y_1, y_2 e y_3 formam um conjunto fundamental de soluções em $(-\infty, \infty)$. Concluímos que $y = c_1 e^x + c_2 e^{2x} + c_3 e^{3x}$ é a solução geral da equação no intervalo. ∎

4.1.3 EQUAÇÕES NÃO HOMOGÊNEAS

Toda função y_p, livre de parâmetros arbitrários, que satisfaz (7) é chamada de **solução particular** ou **integral particular** da equação. Por exemplo, é uma tarefa simples mostrar que a função constante $y_p = 3$ é uma solução particular da equação não homogênea $y'' + 9y = 27$.

Se $y_1, y_2, \ldots, y_k$ forem soluções de (6) em um intervalo I e se y_p for uma solução particular de (7) em I, então a combinação linear

$$y = c_1 y_1(x) + c_2 y_2(x) + \cdots + c_k y_k(x) + y_p \qquad (10)$$

é também uma solução da equação não homogênea (7). Se você pensar um pouco, isso faz sentido, pois a combinação linear $c_1 y_1(x) + c_2 y_2(x) + \cdots + c_k y_k(x)$ é transformada em zero pelo operador $L = a_n D^n + a_{n-1} D^{n-1} + \cdots + a_1 D + a_0$, enquanto y_p é transformada em $g(x)$. Se usarmos $k = n$ soluções linearmente independentes da equação de ordem n (6), então a expressão em (10) torna-se a solução geral de (7).

> **TEOREMA 4.1.6** Solução geral – Equações não homogêneas
>
> Seja y_p uma solução particular qualquer da equação diferencial linear não homogênea de ordem n (7) em um intervalo I, e seja $y_1, y_2, \ldots, y_n$ um conjunto fundamental de soluções da equação diferencial homogênea associada a (6) em I. Então, a **solução geral da equação** no intervalo é
>
> $$y = c_1 y_1(x) + c_2 y_2(x) + \cdots + c_n y_n(x) + y_p,$$
>
> onde c_i, $i = 1, 2, \ldots, n$ são constantes arbitrárias.

PROVA

Seja L o operador diferencial definido em (8), e sejam $Y(x)$ e $y_p(x)$ soluções particulares da equação não homogênea $L(y) = g(x)$. Se definirmos $u(x) = Y(x) - y_p(x)$, então, pela linearidade de L, temos

$$L(u) = L\{Y(x) - y_p(x)\} = L(Y(x)) - L(y_p(x)) = g(x) - g(x) = 0.$$

Isso mostra que $u(x)$ é uma solução da equação homogênea $L(y) = 0$. Logo, pelo Teorema 4.1.5, $u(x) = c_1 y_1(x) + c_2 y_2(x) + \ldots + c_n y_n(x)$ e, portanto,

$$Y(x) - y_p(x) = c_1 y_1(x) + c_2 y_2(x) + \cdots + c_n y_n(x)$$

ou
$$Y(x) = c_1 y_1(x) + c_2 y_2(x) + \cdots + c_n y_n(x) + y_p(x). \qquad \blacksquare$$

FUNÇÃO COMPLEMENTAR

Vimos no Teorema 4.1.6 que a solução geral de uma equação linear não homogênea consiste na soma de duas funções:

$$y = c_1 y_1(x) + c_2 y_2(x) + \cdots + c_n y_n(x) + y_p(x) = y_c(x) + y_p(x).$$

A combinação linear $y_c(x) = c_1 y_1(x) + c_2 y_2(x) + \cdots + c_n y_n(x)$, que é a solução geral de (6), é chamada de **função complementar** da Equação (7). Em outras palavras, para resolver uma equação diferencial linear não homogênea, primeiramente resolvemos a equação homogênea correspondente e então encontramos uma solução particular da equação não homogênea. A solução da equação não homogênea é então

$$y = \text{função complementar} + \text{qualquer solução particular}$$
$$= y_c + y_p.$$

EXEMPLO 10 Solução geral de uma ED não homogênea

Por substituição, mostramos prontamente que a função $y_p = -\frac{11}{12} - \frac{1}{2}x$ é uma solução particular da equação

$$y''' - 6y'' + 11y' - 6y = 3x. \tag{11}$$

Para escrever a solução geral de (11), precisamos também resolver a equação homogênea associada

$$y''' - 6y'' + 11y' - 6y = 0.$$

Porém, no Exemplo 9 vimos que a solução geral dessa última equação no intervalo $(-\infty, \infty)$ era $y_c = c_1 e^x + c_2 e^{2x} + c_3 e^{3x}$. Logo, a solução de (11) nesse intervalo é

$$y = y_c + y_p = c_1 e^x + c_2 e^{2x} + c_3 e^{3x} - \frac{11}{12} - \frac{1}{2}x. \qquad \blacksquare$$

OUTRO PRINCÍPIO DE SUPERPOSIÇÃO

O último teorema dessa discussão será útil na Seção 4.4, quando considerarmos um método para encontrar soluções particulares de equações não homogêneas.

TEOREMA 4.1.7 Princípio de superposição – Equações não homogêneas

Sejam $y_{p_1}, y_{p_2}, \ldots, y_{p_k}$ k soluções particulares da equação diferencial linear não homogênea de ordem n (7) em um intervalo I correspondendo, por sua vez, a k funções distintas $g_1, g_2, \ldots, g_k$. Isto é, suponha que y_{p_i} denote uma solução particular da equação diferencial correspondente

$$a_n(x)y^{(n)} + a_{n-1}(x)y^{(n-1)} + \cdots + a_1(x)y' + a_0(x)y = g_i(x), \tag{12}$$

onde $i = 1, 2, \ldots, k$. Então

$$y_p = y_{p_1}(x) + y_{p_2}(x) + \cdots + y_{p_k}(x) \tag{13}$$

é uma solução particular de

$$a_n(x)y^{(n)} + a_{n-1}(x)y^{(n-1)} + \cdots + a_1(x)y' + a_0(x)y = g_1(x) + g_2(x) + \cdots + g_k(x). \tag{14}$$

PROVA

Vamos provar no caso $k = 2$. Seja L o operador diferencial definido em (8), e sejam $y_{p_1}(x)$ e $y_{p_2}(x)$ soluções particulares da equação não homogênea $L(y) = g_1(x)$ e $L(y) = g_2(x)$, respectivamente. Se definirmos $y_p = y_{p_1}(x) + y_{p_2}(x)$, vamos querer mostrar que y_p é uma solução particular de $L(y) = g_1(x) + g_2(x)$. O resultado segue novamente pela linearidade do operador L:

$$L(y_p) = L\{y_{p_1}(x) + y_{p_2}(x)\} = L(y_{p_1}(x)) + L(y_{p_2}(x)) = g_1(x) + g_2(x).$$ ∎

EXEMPLO 11 Superposição – ED não homogênea

Você deve verificar que

$$y_{p_1} = -4x^2 \text{ é uma solução particular de } y'' - 3y' + 4y = -16x^2 + 24x - 8,$$

$$y_{p_2} = e^{2x} \text{ é uma solução particular de } y'' - 3y' + 4y = 2e^{2x},$$

$$y_{p_3} = xe^x \text{ é uma solução particular de } y'' - 3y' + 4y = 2xe^x - e^x.$$

Segue de (13), do Teorema 4.1.7, que a superposição de y_{p_1}, y_{p_2}, e y_{p_3},

$$y = y_{p_1} + y_{p_2} + y_{p_3} = -4x^2 + e^{2x} + xe^x$$

é uma solução de

$$y'' - 3y' + 4y = \underbrace{-16x^2 + 24x - 8}_{g_1(x)} + \underbrace{2e^{2x}}_{g_2(x)} + \underbrace{2xe^x - e^x}_{g_3(x)}.$$ ∎

NOTA

Se os y_{p_i} forem soluções particulares de (12) para $i = 1, 2, \ldots, k$, então a combinação linear

$$y_p = c_1 y_{p_1} + c_2 y_{p_2} + \cdots + c_k y_{p_k},$$

onde os c_i são constantes, será também uma solução particular de (14) quando o segundo membro da equação for a combinação linear

$$c_1 g_1(x) + c_2 g_2(x) + \ldots + c_k g_k(x).$$

Antes de realmente começarmos a resolver equações diferenciais lineares homogêneas e não homogêneas, precisamos de um pouco mais da teoria que será apresentada na próxima seção.

OBSERVAÇÕES

Esta observação é uma continuação da breve discussão de sistemas dinâmicos dada no fim da Seção 1.3.

Um sistema dinâmico cujo modelo matemático é uma equação diferencial linear de ordem n

$$a_n(t)y^{(n)} + a_{n-1}(t)y^{(n-1)} + \cdots + a_1(t)y' + a_0(t)y = g(t)$$

é chamado de **sistema linear** de ordem n. As n funções $y(t), y'(t), \ldots, y^{(n-1)}(t)$ são chamadas de **variáveis de estado** do sistema. Lembre-se de que seus valores em algum instante t dão o **estado do sistema**. A função g é chamada de **função entrada**, **função forçante** ou **função de excitação**. Uma solução $y(t)$ da equação diferencial é chamada de **saída** ou **resposta do sistema**. Sob as condições dadas no Teorema 4.1.1, a saída ou resposta $y(t)$ é univocamente determinada quando forem dados a entrada e o estado do sistema no instante t_0 – isto é, pelas condições iniciais $y(t_0), y'(t_0), \ldots, y^{(n-1)}(t_0)$.

Para que um sistema dinâmico seja linear, ele deve satisfazer o princípio da superposição (Teorema 4.1.7), isto é, a resposta do sistema a uma superposição de entradas é a superposição das saídas. Na Seção 3.1, já havíamos examinado alguns sistemas lineares simples (equações lineares de primeira ordem); examinaremos na Seção 5.1 sistemas lineares nos quais os modelos matemáticos são equações diferenciais de segunda ordem.

EXERCÍCIOS 4.1

As respostas aos problemas ímpares estão no final do livro.

4.1.1 PROBLEMAS DE VALOR INICIAL E PROBLEMAS DE CONTORNO

Nos Problemas 1-4, a família dada de funções é a solução geral da equação diferencial no intervalo indicado. Ache um membro da família que seja uma solução do problema de valor inicial.

1. $y = c_1 e^x + c_2 e^{-x}$, $(-\infty, \infty)$;
   $y'' - y = 0$, $y(0) = 0$, $y'(0) = 1$

2. $y = c_1 + c_2 \cos x + c_3 \sen x$, $(-\infty, \infty)$;
   $y''' + y' = 0$, $y(\pi) = 0$, $y'(\pi) = 2$, $y''(\pi) = -1$

3. $y = c_1 x + c_2 x \ln x$, $(0, \infty)$;
   $x^2 y'' - xy' + y = 0$, $y(1) = 3$, $y'(1) = -1$

4. $y = c_1 e^{4x} + c_2 e^{-x}$, $(-\infty, \infty)$;
   $y'' - 3y' - 4y = 0$, $y(0) = 1$, $y'(0) = 2$

5. Considerando que $y = c_1 + c_2 x^2$ é uma família de soluções a dois parâmetros de $xy'' - y' = 0$ no intervalo $(-\infty, \infty)$, mostre que não existe nenhum membro da família que satisfaça as condições iniciais $y(0) = 0$, $y'(0) = 1$; isto é, não podem ser encontradas as constantes c_1 e c_2. Explique por que isso não viola o Teorema 4.1.1.

6. Ache dois membros da família de soluções do Problema 5 que satisfaçam as condições iniciais $y(0) = 0$ e $y'(0) = 0$.

7. Dado que $x(t) = c_1 \cos \omega t + c_2 \sen \omega t$ é a solução geral de $x'' + \omega^2 x = 0$ no intervalo $(-\infty, \infty)$, mostre que uma solução que satisfaça as condições iniciais $x(0) = x_0$ e $x'(0) = x_1$ é dada por

   $$x(t) = x_0 \cos \omega t + \frac{x_1}{\omega} \sen \omega t.$$

8. Use a solução geral de $x'' + \omega^2 x = 0$ dada no Problema 7 para mostrar que uma solução satisfazendo as condições $x(t_0) = x_0$ e $x'(t_0) = x_1$ é a solução dada no Problema 7, deslocada por t_0 unidades:

   $$x(t) = x_0 \cos \omega(t - t_0) + \frac{x_1}{\omega} \sen \omega(t - t_0).$$

Nos Problemas 9 e 10, encontre um intervalo centrado em $x = 0$ para o qual o problema de valor inicial dado tem uma única solução.

9. $(x - 2)y'' + 3y = x$, $y(0) = 0$, $y'(0) = 1$

10. $y'' + (\tg x)y = e^x$, $y(0) = 1$, $y'(0) = 0$

11. a) Use a família do Problema 1 para encontrar uma solução de $y'' - y = 0$ que satisfaça as condições de contorno $y(0) = 0$ e $y(1) = 1$.

    b) A ED na parte (a) tem a solução geral alternativa $y = c_3 \cosh x + c_4 \senh x$ para $(-\infty, \infty)$. Use essa família para encontrar uma solução que satisfaça as condições de contorno na parte (a).

    c) Mostre que as soluções nas partes (a) e (b) são equivalentes.

12. Use a família do Problema 5 para encontrar uma solução de $xy'' - y' = 0$ que satisfaça as condições de contorno $y(0) = 1$ e $y'(1) = 6$.

Nos Problemas 13 e 14, a família a dois parâmetros é uma solução da equação diferencial indicada no intervalo $(-\infty, \infty)$. Verifique se pode ser encontrado um membro da família que satisfaça as condições de contorno.

13. $y = c_1 e^x \cos x + c_2 e^x \sen x$; $y'' - 2y' + 2y = 0$

    a) $y(0) = 1$, $y'(\pi) = 0$
    b) $y(0) = 1$, $y(\pi) = -1$
    c) $y(0) = 1$, $y\left(\frac{\pi}{2}\right) = 1$
    d) $y(0) = 0$, $y(\pi) = 0$.

14. $y = c_1 x^2 + c_2 x^4 + 3$; $x^2 y'' - 5xy' + 8y = 24$

    a) $y(-1) = 0$, $y(1) = 4$
    b) $y(0) = 1$, $y(1) = 2$
    c) $y(0) = 3$, $y(1) = 0$
    d) $y(1) = 3$, $y(2) = 15$.

4.1.2 EQUAÇÕES HOMOGÊNEAS

Nos Problemas 15-22, determine se o conjunto de funções dado é linearmente independente no intervalo $(-\infty, \infty)$.

15. $f_1(x) = x$, $f_2(x) = x^2$, $f_3(x) = 4x - 3x^2$

16. $f_1(x) = 0$, $f_2(x) = x$, $f_3(x) = e^x$

17. $f_1(x) = 5$, $f_2(x) = \cos^2 x$, $f_3(x) = \sen^2 x$

18. $f_1(x) = \cos 2x$, $f_2(x) = 1$, $f_3(x) = \cos^2 x$

19. $f_1(x) = x$, $f_2(x) = x - 1$, $f_3(x) = x + 3$

20. $f_1(x) = 2 + x$, $f_2(x) = 2 + |x|$

21. $f_1(x) = 1 + x$, $f_2(x) = x$, $f_3(x) = x^2$

22. $f_1(x) = e^x$, $f_2(x) = e^{-x}$, $f_3(x) = \operatorname{senh} x$

Nos Problemas 23-30, verifique se as funções dadas formam um conjunto fundamental de soluções da equação diferencial no intervalo indicado. Construa a solução geral.

23. $y'' - y' - 12y = 0$; $e^{-3x}, e^{4x}, (-\infty, \infty)$

24. $x^2 y'' + xy' + y = 0$; $\cos(\ln x), \operatorname{sen}(\ln x), (0, \infty)$

25. $y'' - 2y' + 5y = 0$; $e^x \cos 2x, e^x \operatorname{sen} 2x, (-\infty, \infty)$

26. $y'' - 4y = 0$; $\cosh 2x, \operatorname{senh} 2x, (-\infty, \infty)$

27. $x^2 y'' - 6xy' + 12y = 0$; $x^3, x^4, (0, \infty)$

28. $y^{(4)} + y'' = 0$; $1, x, \cos x, \operatorname{sen} x, (-\infty, \infty)$

29. $x^3 y''' + 6x^2 y'' + 4xy' - 4y = 0$;
$x, x^{-2}, x^{-2} \ln x, (0, \infty)$

30. $4y'' - 4y' + y = 0$; $e^{x/2}, xe^{x/2}, (-\infty, \infty)$

4.1.2 EQUAÇÕES NÃO HOMOGÊNEAS

Nos Problemas 31-34, verifique se a família de funções a dois parâmetros dada é a solução geral da equação diferencial não homogênea no intervalo indicado.

31. $y'' - 7y' + 10y = 24e^x$;
$y = c_1 e^{2x} + c_2 e^{5x} + 6e^x, (-\infty, \infty)$

32. $y'' + y = \sec x$;
$y = c_1 \cos x + c_2 \operatorname{sen} x + x \operatorname{sen} x + (\cos x) \ln(\cos x)$,
$(-\pi/2, \pi/2)$

33. $y'' - 4y' + 4y = 2e^{2x} + 4x - 12$;
$y = c_1 e^{2x} + c_2 x e^{2x} + x^2 e^{2x} + x - 2, (-\infty, \infty)$

34. $2x^2 y'' + 5xy' + y = x^2 - x$;
$y = c_1 x^{-1/2} + c_2 x^{-1} + \frac{1}{15} x^2 - \frac{1}{6} x, (0, \infty)$

35. a) Verifique que $y_{p_1} = 3e^{2x}$ e $y_{p_2} = x^2 + 3x$ são, respectivamente, soluções particulares de

$$y'' - 6y' + 5y = -9e^{2x}$$
e $\quad y'' - 6y' + 5y = 5x^2 + 3x - 16.$

b) Use o item (a) para encontrar soluções particulares de

$$y'' - 6y' + 5y = 5x^2 + 3x - 16 - 9e^{2x}$$
e $\quad y'' - 6y' + 5y = -10x^2 - 6x + 32 + e^{2x}.$

36. a) Por inspeção, ache uma solução particular de

$$y'' + 2y = 10.$$

b) Por inspeção, ache uma solução particular de

$$y'' + 2y = -4x.$$

c) Ache uma solução particular de

$$y'' + 2y = -4x + 10.$$

d) Ache uma solução particular de

$$y'' + 2y = 8x + 5.$$

PROBLEMAS PARA DISCUSSÃO

37. Seja $n = 1, 2, 3\ldots$. Discuta como as observações $D^n x^{n-1} = 0$ e $D^n x^n = n!$ podem ser usadas para encontrar as soluções gerais das equações diferenciais dadas.

a) $y'' = 0$ d) $y'' = 2$

b) $y''' = 0$ e) $y''' = 6$

c) $y^{(4)} = 0$ f) $y^{(4)} = 24$

38. Suponha que $y_1 = e^x$ e $y_2 = e^{-x}$ sejam duas soluções de uma equação diferencial linear homogênea. Explique por que $y_3 = \cosh x$ e $y_4 = \operatorname{senh} x$ são também soluções da equação.

39. a) Verifique que $y_1 = x^3$ e $y_2 = |x|^3$ são soluções linearmente independentes da equação diferencial $x^2 y'' - 4xy' + 6y = 0$ no intervalo $(-\infty, \infty)$.

b) Mostre que $W(y_1, y_2) = 0$ para todo número real x. Esse resultado viola o Teorema 4.1.3? Explique.

c) Verifique que $Y_1 = x^3$ e $Y_2 = x^2$ também são soluções linearmente independentes da equação diferencial do item (a) no intervalo $(-\infty, \infty)$.

d) Ache uma solução da equação diferencial que satisfaça $y(0) = 0$ e $y'(0) = 0$.

e) Pelo princípio da superposição, Teorema 4.1.2, ambas as combinações lineares, $y = c_1 y_1 + c_2 y_2$ e $Y = c_1 Y_1 + c_2 Y_2$, são soluções da equação diferencial. Discuta se uma, ambas ou nenhuma das combinações lineares é uma solução geral da equação diferencial no intervalo $(-\infty, \infty)$.

40. O conjunto de funções $f_1(x) = e^{x+2}$, $f_2(x) = e^{x-3}$ é linearmente dependente ou linearmente independente em $(-\infty, \infty)$? Discuta.

41. Suponha que $y_1, y_2, \ldots, y_k$ sejam k soluções linearmente independentes em $(-\infty, \infty)$ de uma equação diferencial linear homogênea de ordem n com coeficientes constantes. Pelo Teorema 4.1.2, segue que $y_{k+1} = 0$ é também uma solução da equação diferencial. O conjunto de soluções $y_1, y_2, \ldots y_k, y_{k+1}$ é linearmente dependente ou linearmente independente em $(-\infty, \infty)$? Discuta.

42. Suponha que $y_1, y_2, \ldots y_k$ sejam k soluções não triviais de uma equação diferencial linear homogênea de ordem n com coeficientes constantes e que $k = n + 1$. O conjunto de soluções $y_1, y_2, \ldots, y_k$ é linearmente dependente ou linearmente independente em $(-\infty, \infty)$? Discuta.

4.2 REDUÇÃO DE ORDEM

ASSUNTOS ANALISADOS
- Seção 2.5 (Soluções por substituição)
- Seção 4.1

INTRODUÇÃO
Na seção anterior vimos que a solução geral de uma equação diferencial linear de segunda ordem homogênea

$$a_2(x)y'' + a_1(x)y' + a_0(x)y = 0 \tag{1}$$

é uma combinação linear $y = c_1 y_1 + c_2 y_2$ em que y_1 e y_2 são soluções que constituem um conjunto linearmente independente em algum intervalo I. Na próxima seção examinamos um método para determinar as soluções quando os coeficientes da equação diferencial (1) são constantes. Este método, que é um exercício simples de álgebra, não funciona em alguns casos e produz apenas uma solução individual y_1 da ED. No entanto, podemos construir uma segunda solução y_2 de uma equação homogênea (1) (mesmo quando os coeficientes em (1) são variáveis), desde que saibamos uma solução não trivial y_1 da ED. A ideia básica descrita nesta seção é que *a equação (1) pode ser reduzida a uma ED de primeira ordem linear por meio de uma substituição* envolvendo a solução conhecida y_1. A segunda solução y_2 de (1) é evidente após essa equação diferencial de primeira ordem ser resolvida.

REDUÇÃO DE ORDEM
Suponha que y_1 denote uma solução não trivial da equação (1) e que esteja definida em um intervalo I. Procuramos uma segunda solução, y_2, de tal forma que o conjunto y_1, y_2 seja linearmente independente em I. Lembre-se da Seção 4.1 de que, se y_1 e y_2 forem linearmente independentes, seu quociente y_2/y_1 não será constante em I – isto é, $y_2(x)/y_1(x) = u(x)$ ou $y_2(x) = u(x)y_1(x)$. A função $u(x)$ pode ser encontrada substituindo-se $y_2(x) = u(x)y_1(x)$ na equação diferencial dada. Esse método é denominado **redução de ordem**, pois precisamos resolver uma equação diferencial linear de primeira ordem para encontrar u.

EXEMPLO 1 Uma segunda solução por redução de ordem

Dado que $y_1 = e^x$ é uma solução de $y'' - y = 0$ no intervalo $(-\infty, \infty)$, reduza a ordem para encontrar uma segunda solução y_2.

SOLUÇÃO
Se $y = u(x)y_1(x) = u(x)e^x$, então a fórmula de derivação do produto nos dá

$$y' = ue^x + e^x u', \quad y'' = ue^x + 2e^x u' + e^x u''$$

e, portanto,

$$y'' - y = e^x(u'' + 2u') = 0.$$

Como $e^x \neq 0$, a última equação requer $u'' + 2u' = 0$. Se fizermos a substituição $w = u'$, a equação linear de segunda ordem em u vai tornar-se $w' + 2w = 0$, que é uma equação linear de primeira ordem em w. Usando o fator integrante e^{2x}, podemos escrever $\frac{d}{dx}[e^{2x}w] = 0$. Depois de integrar, obtemos $w = c_1 e^{-2x}$ ou $u' = c_1 e^{-2x}$. Integrando novamente obtemos então que $u = -\frac{1}{2}c_1 e^{-2x} + c_2$. Assim,

$$y = u(x)e^x = -\frac{c_1}{2}e^{-x} + c_2 e^x. \qquad (2)$$

Tomando $c_2 = 0$ e $c_1 = -2$, obtemos a segunda solução desejada, $y_2 = e^{-x}$. Como $W(e^x, e^{-x}) \neq 0$ para todo x, as soluções são linearmente independentes em $(-\infty, \infty)$. ∎

Uma vez que mostramos que $y_1 = e^x$ e $y_2 = e^{-x}$ são soluções linearmente independentes de uma equação linear de segunda ordem, a expressão em (2) é, na realidade, a solução geral de $y'' - y = 0$ em $(-\infty, \infty)$.

CASO GERAL

Vamos supor que dividamos por $a_2(x)$ a fim de colocar a equação (1) na **forma padrão**

$$y'' + P(x)y' + Q(x)y = 0, \qquad (3)$$

onde $P(x)$ e $Q(x)$ são contínuas em algum intervalo I. Vamos supor, além disso, que $y_1(x)$ seja uma solução conhecida de (3) em I e que $y_1(x) \neq 0$ para todo x no intervalo. Se definirmos $y = u(x)y_1(x)$, segue que

$$y' = uy_1' + y_1 u', \quad y'' = uy_1'' + 2y_1' u' + y_1 u''$$

$$y'' + Py' + Qy = u[\underbrace{y_1'' + Py_1' + Qy_1}_{\text{zero}}] + y_1 u'' + (2y_1' + Py_1)u' = 0.$$

Isso implica que devemos ter

$$y_1 u'' + (2y_1' + Py_1)u' = 0 \quad \text{ou} \quad y_1 w' + (2y_1' + Py_1)w = 0, \qquad (4)$$

onde fizemos $w = u'$. Observe que a última equação em (4) é tanto linear quanto separável. Separando variáveis e integrando, obtemos

$$\frac{dw}{w} + 2\frac{y_1'}{y_1}dx + P\,dx = 0$$

$$\ln|wy_1^2| = -\int P\,dx + c \quad \text{ou} \quad wy_1^2 = c_1 e^{-\int P\,dx}.$$

Vamos resolver a última equação para obter w, usar $w = u'$ e integrar novamente:

$$u = c_1 \int \frac{e^{-\int P\,dx}}{y_1^2}dx + c_2.$$

Escolhendo $c_1 = 1$ e $c_2 = 0$, encontramos, com base em $y = u(x)y_1(x)$, que uma segunda solução da Equação (3) é

$$y_2 = y_1(x) \int \frac{e^{-\int P(x)dx}}{y_1^2(x)}dx. \qquad (5)$$

Verificar que a função $y_2(x)$ definida em (5) satisfaz a Equação (3) e que y_1 e y_2 são linearmente independentes em todo intervalo no qual $y_1(x)$ não é zero é uma boa revisão de diferenciação.

EXEMPLO 2 **Uma segunda solução por meio da Fórmula (5)**

A função $y_1 = x^2$ é uma solução de $x^2 y'' - 3xy' + 4y = 0$. Ache a solução geral da equação diferencial no intervalo $(0, \infty)$.

SOLUÇÃO

Da forma padrão da equação,

$$y'' - \frac{3}{x}y' + \frac{4}{x^2}y = 0$$

encontramos de (5) que

$$y_2 = x^2 \int \frac{e^{3 \int dx/x}}{x^4} dx, \quad \leftarrow e^{3 \int dx/x} = e^{\ln x^3} = x^3$$

$$= x^2 \int \frac{dx}{x} = x^2 \ln x.$$

A solução geral em $(0, \infty)$ é dada por $y = c_1 y_1 + c_2 y_2$; isto é, $y = c_1 x^2 + c_2 x^2 \ln x$. ∎

OBSERVAÇÕES

(i) A dedução e o uso da fórmula (5) foram ilustrados aqui, pois essa fórmula aparece novamente na próxima seção, e nas Seções 4.7 e 6.3. Usamos (5) simplesmente para poupar tempo na obtenção do resultado desejado. Seu professor vai instruí-lo se é necessário memorizar ou saber os princípios de redução de ordem.

(ii) A redução de ordem pode ser usada para encontrar a solução geral de uma equação não homogênea $a_2(x)y'' + a_1(x)y' + a_0(x)y = g(x)$ sempre que uma solução y_1 da equação homogênea associada for conhecida. Veja os Problemas 17 a 20 nos Exercícios 4.2.

EXERCÍCIOS 4.2

As respostas aos problemas ímpares estão no final do livro.

Nos Problemas 1-16, a função indicada $y_1(x)$ é uma solução da equação diferencial dada. Use redução de ordem ou a fórmula (5), conforme foi ensinado, para encontrar uma segunda solução $y_2(x)$.

1. $y'' - 4y' + 4y = 0; \quad y_1 = e^{2x}$
2. $y'' + 2y' + y = 0; \quad y_1 = xe^{-x}$
3. $y'' + 16y = 0; \quad y_1 = \cos 4x$
4. $y'' + 9y = 0; \quad y_1 = \sen 3x$
5. $y'' - y = 0; \quad y_1 = \cosh x$
6. $y'' - 25y = 0; \quad y_1 = e^{5x}$
7. $9y'' - 12y' + 4y = 0; \quad y_1 = e^{2x/3}$
8. $6y'' + y' - y = 0; \quad y_1 = e^{x/3}$
9. $x^2 y'' - 7xy' + 16y = 0; \quad y_1 = x^4$
10. $x^2 y'' + 2xy' - 6y = 0; \quad y_1 = x^2$
11. $xy'' + y' = 0; \quad y_1 = \ln x$
12. $4x^2 y'' + y = 0; \quad y_1 = x^{1/2} \ln x$
13. $x^2 y'' - xy' + 2y = 0; \quad y_1 = x \sen(\ln x)$
14. $x^2 y'' - 3xy' + 5y = 0; \quad y_1 = x^2 \cos(\ln x)$
15. $(1 - 2x - x^2)y'' + 2(1 + x)y' - 2y = 0; \quad y_1 = x + 1$
16. $(1 - x^2)y'' + 2xy' = 0; \quad y_1 = 1$

Nos Problemas 17-20, a função indicada $y_1(x)$ é uma solução da equação homogênea associada. Use o método de redução de ordem para encontrar uma segunda solução $y_2(x)$ da equação homogênea e uma solução particular da equação não homogênea dada.

17. $y'' - 4y = 2; \quad y_1 = e^{-2x}$
18. $y'' + y' = 1; \quad y_1 = 1$
19. $y'' - 3y' + 2y = 5e^{3x}; \quad y_1 = e^x$
20. $y'' - 4y' + 3y = x; \quad y_1 = e^x$

PROBLEMAS PARA DISCUSSÃO

21. a) Dê uma demonstração convincente de que a equação de segunda ordem $ay'' + by' + cy = 0$, sendo a, b e c constantes, tem sempre, pelo menos, uma solução do tipo $y_1 = e^{m_1 x}$, sendo m_1 uma constante.

b) Explique por que a equação diferencial do item (a) deve ter uma solução da forma $y_2 = e^{m_2 x}$ ou da forma $y_2 = xe^{m_1 x}$, onde m_1 e m_2 são constantes.

c) Examine novamente os Problemas 1-8. Você pode explicar por que as afirmativas nos itens (a) e (b) anteriores não contradizem as respostas dos Problemas 3-5?

22. Verifique que $y_1(x) = x$ é uma solução de $xy'' - xy' + y = 0$. Use a redução de ordem para encontrar uma segunda solução $y_2(x)$ na forma de uma série infinita. Conjecture sobre o intervalo de definição dessa última solução.

TAREFAS PARA O LABORATÓRIO DE INFORMÁTICA

23. a) Verifique que $y_1(x) = e^x$ é uma solução de
$$xy'' - (x+10)y' + 10y = 0.$$

b) Use (5) para encontrar uma segunda solução $y_2(x)$. Use um SAC para realizar a integração requerida.

c) Explique, usando o Corolário (A) do Teorema 4.1.2, por que a segunda solução pode ser escrita de forma compacta como
$$y_2(x) = \sum_{n=0}^{10} \frac{1}{n!} x^n.$$

4.3 EQUAÇÕES LINEARES HOMOGÊNEAS COM COEFICIENTES CONSTANTES

ASSUNTOS ANALISADOS

- Reveja o Problema 27 nos Exercícios 1.1 e o Teorema 4.1.5
- Revise a álgebra de resolução de equações polinomiais

INTRODUÇÃO

Como forma de motivar a discussão nesta seção, vamos retornar às equações diferenciais de primeira ordem, mais especificamente, equações lineares *homogêneas* $ay' + by = 0$, em que os coeficientes $a \neq 0$ e b são constantes. Esse tipo de equação pode ser resolvida por separação de variáveis ou com o auxílio de um fator de integração, mas há outro método de solução, um que utiliza apenas álgebra. Antes de ilustrar esse método alternativo, fazemos uma observação: resolver $ay' + by = 0$ para y' resulta em $y' = ky$, em que k é uma constante. Essa observação revela a natureza da solução desconhecida y; a única função não trivial elementar cuja derivada é um múltiplo constante de si mesmo é uma função exponencial e^{mx}. Agora, o novo método de solução: se substituirmos $y = e^{mx}$ e $y' = me^{mx}$ em $ay' + by = 0$, obtemos
$$ame^{mx} + be^{mx} = 0 \quad \text{ou} \quad e^{mx}(am + b) = 0.$$

Como e^{mx} nunca é zero para valores reais de x, a última equação é satisfeita somente quando m é uma solução ou raiz da equação polinomial de primeiro grau $am + b = 0$. Para esse valor único de m, $y = e^{mx}$ é uma solução da ED. Para ilustrar, considere a equação $2y' + 5y = 0$, de coeficientes constantes. Não é necessário realizar a diferenciação e substituição de $y = e^{mx}$ na ED, temos somente que formar a equação $2m + 5 = 0$ e resolvê-la para m. De $m = -\frac{5}{2}$ concluímos que $y = e^{-5x/2}$ é uma solução de $2y' + 5y = 0$, e sua solução geral no intervalo $(-\infty, \infty)$ é $y = c_1 e^{-5x/2}$.

Nesta seção, veremos que o procedimento acima pode produzir soluções EDs lineares homogêneas de ordens altas,
$$a_n y^{(n)} + a_{n-1} y^{(n-1)} + \cdots + a_2 y'' + a_1 y' + a_0 y = 0, \tag{1}$$

onde os coeficientes a_i, $i = 0, 1, \ldots, n$ são constantes reais e $a_n \neq 0$.

EQUAÇÃO AUXILIAR

Primeiramente, consideremos o caso particular da equação de segunda ordem
$$ay'' + by' + cy = 0, \tag{2}$$

onde a, b e c são constantes. Se tentarmos encontrar uma solução da forma $y = e^{mx}$, então, após a substituição de $y' = me^{mx}$ e $y'' = m^2 e^{mx}$, a equação (2) torna-se
$$am^2 e^{mx} + bme^{mx} + ce^{mx} = 0 \quad \text{ou} \quad e^{mx}(am^2 + bm + c) = 0.$$

Como na introdução, argumentamos que, devido a $e^{mx} \neq 0$ para qualquer x, é evidente que a única maneira de $y = e^{mx}$ poder satisfazer a equação diferencial (2) é quando m é escolhido como uma raiz da equação quadrática

$$am^2 + bm + c = 0. \tag{3}$$

Essa última equação é chamada de **equação auxiliar** da equação diferencial (2). Uma vez que as duas raízes de (3) são $m_1 = (-b + \sqrt{b^2 - 4ac})/2a$ e $m_2 = (-b - \sqrt{b^2 - 4ac})/2a$, teremos três formas da solução geral de (2), cada uma correspondendo a um dos três casos:

- m_1 e m_2 são reais e distintas ($b^2 - 4ac > 0$);
- m_1 e m_2 são reais e iguais ($b^2 - 4ac = 0$); e
- m_1 e m_2 são números complexos conjugados ($b^2 - 4ac < 0$).

Vamos discutir cada um desses casos.

CASO I: RAÍZES REAIS E DISTINTAS

Sob a hipótese de que a equação auxiliar (3) tenha duas raízes distintas, m_1 e m_2, encontramos duas soluções, $y_1 = e^{m_1 x}$ e $y_2 = e^{m_2 x}$. Vemos que essas funções são linearmente independentes em $(-\infty, \infty)$ e, portanto, formam um conjunto fundamental. Segue então que a solução geral de (2) nesse intervalo é

$$y = c_1 e^{m_1 x} + c_2 e^{m_2 x}. \tag{4}$$

CASO II: RAÍZES REAIS REPETIDAS

Quando $m_1 = m_2$, temos necessariamente uma única solução exponencial, $y_1 = e^{m_1 x}$. Da fórmula de resolução da equação quadrática obtemos que $m_1 = -b/2a$, já que a única maneira de termos $m_1 = m_2$ é $b^2 - 4ac = 0$. De (5), na Seção 4.2, segue que uma segunda solução da equação é

$$y_2 = e^{m_1 x} \int \frac{e^{2m_1 x}}{e^{2m_1 x}} dx = e^{m_1 x} \int dx = x e^{m_1 x}. \tag{5}$$

Em (5), usamos o fato de que $-b/a = 2m_1$. A solução geral é então

$$y = c_1 e^{m_1 x} + c_2 x e^{m_1 x}. \tag{6}$$

CASO III: RAÍZES COMPLEXAS CONJUGADAS

Se m_1 e m_2 forem complexas, então podemos escrever $m_1 = \alpha + i\beta$ e $m_2 = \alpha - i\beta$, onde α e $\beta > 0$ são reais e $i^2 = -1$. Formalmente, não há diferença entre esse caso e o Caso I. Portanto,

$$y = C_1 e^{(\alpha + i\beta)x} + C_2 e^{(\alpha - i\beta)x}.$$

Porém, na prática, preferimos trabalhar com funções reais, em vez de exponenciais complexas. Com essa finalidade, usamos a **fórmula de Euler**:

$$e^{i\theta} = \cos\theta + i\,\text{sen}\,\theta,$$

onde θ é um número real qualquer.* Dessa fórmula, segue que

$$e^{i\beta x} = \cos\beta x + i\,\text{sen}\,\beta x \quad \text{e} \quad e^{-i\beta x} = \cos\beta x - i\,\text{sen}\,\beta x, \tag{7}$$

onde usamos $\cos(-\beta x) = \cos\beta x$ e $\text{sen}(-\beta x) = -\text{sen}\,\beta x$. Observe que, primeiro somando e então subtraindo as duas equações em (7), obtemos, respectivamente,

$$e^{i\beta x} + e^{-i\beta x} = 2\cos\beta x \quad \text{e} \quad e^{i\beta x} - e^{-i\beta x} = 2i\,\text{sen}\,\beta x.$$

Uma vez que $y = C_1 e^{(\alpha + i\beta)x} + C_2 e^{(\alpha - i\beta)x}$ é uma solução de (2) para qualquer escolha das constantes C_1 e C_2, as escolhas $C_1 = C_2 = 1$ e $C_1 = 1, C_2 = -1$ nos dão, sucessivamente, duas soluções:

$$y_1 = e^{(\alpha + i\beta)x} + e^{(\alpha - i\beta)x} \quad \text{e} \quad y_2 = e^{(\alpha + i\beta)x} - e^{(\alpha - i\beta)x}.$$

---

* Uma dedução formal da fórmula de Euler pode ser obtida da série de Maclaurin $e^x = \sum_{n=0}^{\infty} \frac{x^n}{n!}$ substituindo-se $x = i\theta$, usando $i^2 = -1, i^3 = -i, \ldots$, e então separando a série em partes reais e imaginárias. Estabelecida a plausibilidade, podemos adotar $\cos\theta + i\,\text{sen}\,\theta$ como a definição de $e^{i\theta}$.

Mas
$$y_1 = e^{\alpha x}(e^{i\beta x} + e^{-i\beta x}) = 2e^{\alpha x}\cos\beta x$$

e
$$y_2 = e^{\alpha x}(e^{i\beta x} - e^{-i\beta x}) = 2ie^{\alpha x}\sen\beta x.$$

Logo, do Corolário (A) do Teorema 4.1.2, os dois últimos resultados mostram que $e^{\alpha x}\cos\beta x$ e $e^{\alpha x}\sen\beta x$ são soluções *reais* de (2). Além disso, essas soluções formam um sistema fundamental em $(-\infty, \infty)$. Consequentemente, a solução geral é

$$y = c_1 e^{\alpha x}\cos\beta x + c_2 e^{\alpha x}\sen\beta x = e^{\alpha x}(c_1\cos\beta x + c_2\sen\beta x). \qquad (8)$$

EXEMPLO 1 EDs de segunda ordem

Resolva as seguintes equações diferenciais.
a) $2y'' - 5y' - 3y = 0$ b) $y'' - 10y' + 25y = 0$ c) $y'' + 4y' + 7y'' = 0$

SOLUÇÃO
Vamos dar as equações auxiliares, as raízes e as soluções gerais correspondentes.

a) $2m^2 - 5m - 3 = (2m + 1)(m - 3), \quad m_1 = -\frac{1}{2}, m_2 = 3$
   De (4), $y = c_1 e^{-x/2} + c_2 e^{3x}$.

b) $m^2 - 10m + 25 = (m - 5)^2, \quad m_1 = m_2 = 5$
   De (6), $y = c_1 e^{5x} + c_2 x e^{5x}$.

c) $m^2 + 4m + 7 = 0, \quad m_1 = -2 + \sqrt{3}i, m_2 = -2 - \sqrt{3}i$
   De (8) com $\alpha = -2, \beta = \sqrt{3}$, $y = e^{-2x}(c_1\cos\sqrt{3}x + c_2\sen\sqrt{3}x)$. ∎

EXEMPLO 2 Um problema de valor inicial

Resolva $4y'' + 4y' + 17y = 0, y(0) = -1, y'(0) = 2$.

SOLUÇÃO
Pela fórmula de resolução da equação quadrática, encontramos que as raízes da equação auxiliar $4m^2 + 4m + 17 = 0$ são $m_1 = -\frac{1}{2} + 2i$ e $m_2 = -\frac{1}{2} - 2i$. Assim, de (8), temos $y = e^{-x/2}(c_1\cos 2x + c_2\sen 2x)$. Aplicando a condição $y(0) = -1$, vemos de $e^0(c_1\cos 0 + c_2\sen 0) = -1$ que $c_1 = -1$. Diferenciando $y = e^{-x/2}(-\cos 2x + c_2\sen 2x)$ e usando $y'(0) = 2$, obtemos $2c_2 + \frac{1}{2} = 2$ ou $c_2 = \frac{3}{4}$. Logo, a solução do PVI é $y = e^{-x/2}(-\cos 2x + \frac{3}{4}\sen 2x)$. Na Figura 4.3.1 vemos que a solução é oscilatória, mas $y \to 0$ quando $x \to \theta$. ∎

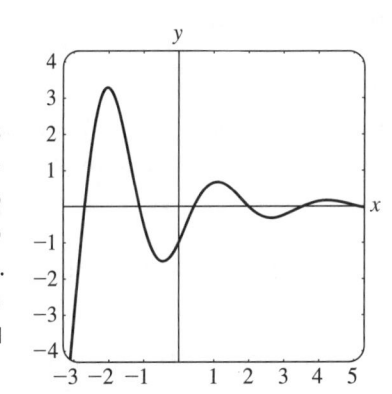

FIGURA 4.3.1 Curva solução do PVI no Exemplo 2.

DUAS EQUAÇÕES QUE VALE A PENA CONHECER

As equações diferenciais
$$y'' + k^2 y = 0 \quad \text{e} \quad y'' - k^2 y = 0,$$

onde k é real, são importantes em matemática aplicada. Para $y'' + k^2 y = 0$, a equação auxiliar $m^2 + k^2 = 0$ tem raízes imaginárias $m_1 = ki$ e $m_2 = -ki$. Substituindo $\alpha = 0$ e $\beta = k$ em (8), vemos que a solução geral da ED é

$$y = c_1\cos kx + c_2\sen kx. \qquad (9)$$

Entretanto, a equação auxiliar $m^2 - k^2 = 0$ de $y'' - k^2 y = 0$ tem raízes reais distintas $m_1 = k$ e $m_2 = -k$. Assim, de (4), a solução geral da ED é

$$y = c_1 e^{kx} + c_2 e^{-kx}. \qquad (10)$$

Observe que, se escolhermos $c_1 = c_2 = \frac{1}{2}$ e $c_1 = \frac{1}{2}$ e $c_2 = -\frac{1}{2}$, obteremos de (10) a solução particular $y = \frac{1}{2}(e^{kx} + e^{-kx}) = \cosh kx$ e $y = \frac{1}{2}(e^{kx} - e^{-kx}) = \senh kx$. Como $\cosh kx$ e $\senh kx$ são linearmente independentes em qualquer intervalo do eixo x, uma forma alternativa da solução geral de $y'' - k^2 y = 0$ é

$$y = c_1\cosh kx + c_2\senh kx. \qquad (11)$$

Veja os Problemas 41 e 42 nos Exercícios 4.3.

EQUAÇÕES DE ORDEM SUPERIOR

Em geral, para resolver uma equação diferencial de ordem n (1), onde os a_i, $i = 0, 1, \ldots, n$ são constantes reais, precisamos resolver uma equação polinomial de grau n

$$a_n m^n + a_{n-1} m^{n-1} + \cdots + a_2 m^2 + a_1 m + a_0 = 0. \tag{12}$$

Se todas as raízes de (12) forem reais e distintas, então a solução geral de (1) será

$$y = c_1 e^{m_1 x} + c_2 e^{m_2 x} + \cdots + c_n e^{m_n x}.$$

É um pouco mais difícil resumir os análogos dos casos II e III, pois as raízes de uma equação auxiliar de grau superior a 2 podem ocorrer de várias formas. Por exemplo, uma equação de quinto grau pode ter cinco raízes reais distintas, três raízes reais distintas e duas raízes complexas, uma raiz real e quatro raízes complexas, cinco raízes reais iguais ou cinco raízes reais, mas duas das quais iguais, e assim por diante. Quando m_1 é uma raiz de multiplicidade k de uma equação auxiliar de grau n (isto é, k raízes são iguais a m_1), podemos mostrar que as soluções linearmente independentes são

$$e^{m_1 x}, x e^{m_1 x}, x^2 e^{m_1 x}, \ldots, x^{k-1} e^{m_1 x}$$

e a solução geral deve conter a combinação linear

$$c_1 e^{m_1 x} + c_2 x e^{m_1 x} + c_3 x^2 e^{m_1 x} + \cdots + c_k x^{k-1} e^{m_1 x}.$$

Finalmente, deve ser lembrado que, se os coeficientes forem reais, raízes complexas da equação auxiliar aparecerão sempre em pares conjugados. Assim, uma equação polinomial cúbica, por exemplo, pode ter no máximo duas raízes complexas.

EXEMPLO 3 ED de terceira ordem

Resolva $y''' + 3y'' - 4y = 0$.

SOLUÇÃO

Do exame de $m^3 + 3m^2 - 4 = 0$, deve ficar claro que uma raiz é $m_1 = 1$ e, portanto, $m - 1$ é um fator do primeiro membro da equação. Por divisão, encontramos

$$m^3 + 3m^2 - 4 = (m - 1)(m^2 + 4m + 4) = (m - 1)(m + 2)^2,$$

e, portanto, as outras raízes são $m_2 = m_3 = -2$. Assim, a solução geral é $y = c_1 e^x + c_2 e^{-2x} + c_3 x e^{-2x}$. ∎

EXEMPLO 4 ED de quarta ordem

Resolva $\dfrac{d^4 y}{dx^4} + 2 \dfrac{d^2 y}{dx^2} + y = 0$.

SOLUÇÃO

A equação auxiliar $m^4 + 2m^2 + 1 = (m^2 + 1)^2 = 0$ tem raízes $m_1 = m_3 = i$ e $m_2 = m_4 = -i$. Assim, do Caso II, a solução é

$$y = C_1 e^{ix} + C_2 e^{-ix} + C_3 x e^{ix} + C_4 x e^{-ix}.$$

Pela fórmula de Euler, o termo $C_1 e^{ix} + C_2 e^{-ix}$ pode ser reescrito como

$$c_1 \cos x + c_2 \operatorname{sen} x$$

depois de renomear as constantes. Da mesma forma, $x(C_3 e^{ix} + C_4 e^{-ix})$ pode ser expressa como $x(c_3 \cos x + c_4 \operatorname{sen} x)$. Logo, a solução geral é

$$y = c_1 \cos x + c_2 \operatorname{sen} x + c_3 x \cos x + c_4 x \operatorname{sen} x.$$ ∎

O Exemplo 4 ilustra um caso particular no qual a equação auxiliar tem raízes complexas repetidas. Em geral, se $m_1 = \alpha + i\beta$, $\beta > 0$ for uma raiz complexa com multiplicidade k de uma equação auxiliar com coeficientes reais, então sua conjugada $m_2 = \alpha - i\beta$ será também uma raiz com multiplicidade k. Das $2k$ soluções a valores complexos

$$e^{(\alpha+i\beta)x}, \quad xe^{(\alpha+i\beta)x}, \quad x^2 e^{(\alpha+i\beta)x}, \quad \ldots, \quad x^{k-1} e^{(\alpha+i\beta)x}$$
$$e^{(\alpha-i\beta)x}, \quad xe^{(\alpha-i\beta)x}, \quad x^2 e^{(\alpha-i\beta)x}, \quad \ldots, \quad x^{k-1} e^{(\alpha-i\beta)x}$$

concluímos, com a ajuda da fórmula de Euler, que a solução geral da equação diferencial correspondente deve conter uma combinação linear de $2k$ soluções reais linearmente independentes

$$e^{\alpha x}\cos\beta x, \quad xe^{\alpha x}\cos\beta x, \quad x^2 e^{\alpha x}\cos\beta x, \quad \ldots, \quad x^{k-1} e^{\alpha x}\cos\beta x,$$
$$e^{\alpha x}\operatorname{sen}\beta x, \quad xe^{\alpha x}\operatorname{sen}\beta x, \quad x^2 e^{\alpha x}\operatorname{sen}\beta x, \quad \ldots, \quad x^{k-1} e^{\alpha x}\operatorname{sen}\beta x.$$

No Exemplo 4, identificamos $k = 2$, $\alpha = 0$ e $\beta = 1$.

Naturalmente, o aspecto mais difícil na solução de equações diferenciais de coeficientes constantes é a determinação das raízes das equações auxiliares quando o grau é maior que 2. Por exemplo, para resolver $3y''' + 5y'' + 10y' - 4y = 0$, precisamos solucionar $3m^3 + 5m^2 + 10m - 4 = 0$. Uma coisa que podemos tentar é testar a equação auxiliar para ver se há raízes racionais. Lembre-se de que, se $m_1 = p/q$ for uma raiz racional (já simplificada) de uma equação auxiliar $a_n m^n + \cdots + a_1 m + a_0 = 0$ com coeficientes inteiros, então p será um divisor de a_0 e q, um divisor de a_n. No caso específico de nossa equação auxiliar, os divisores de $a_0 = -4$ e $a_n = 3$ são $p : \pm 1, \pm 2, \pm 4$ e $q : \pm 1, \pm 3$. Portanto, as raízes racionais possíveis são $p/q : \pm 1, \pm 2, \pm 4, \pm\frac{1}{3}, \pm\frac{2}{3}, \pm\frac{4}{3}$. Cada um desses números pode então ser testado, digamos, por divisão. Dessa forma, descobrimos a raiz $m_1 = \frac{1}{3}$ e a fatoração

$$3m^3 + 5m^2 + 10m - 4 = \left(m - \frac{1}{3}\right)(3m^2 + 6m + 12).$$

A fórmula de resolução da equação quadrática nos fornece então as raízes restantes $m_2 = -1 + \sqrt{3}i$ e $m_3 = -1 - \sqrt{3}i$. Logo, a solução geral de $3y''' + 5y'' + 10y' - 4y = 0$ é $y = c_1 e^{x/3} + e^{-x}(c_2 \cos\sqrt{3}x + c_3 \operatorname{sen}\sqrt{3}x)$.

USO DE COMPUTADORES

Achar raízes ou aproximações de raízes de equações auxiliares torna-se uma tarefa fácil quando uma calculadora apropriada ou software é utilizado. Equações polinomiais (de uma variável), de grau inferior a cinco, podem ser resolvidas por meio de fórmulas algébricas usando comandos dos programas *Mathematica* e *Maple*. Para equações auxiliares de grau cinco ou superior, pode ser necessário recorrer a comandos numéricos como **NSolve** e **FindRoot** no *Mathematica*. Devido à sua capacidade de resolver equações polinomiais, não é de se estranhar que esses sistemas de álgebra computacional também são capazes, por meio de seus comandos **dsolve**, de fornecer soluções explícitas de equações diferenciais lineares homogêneas de coeficientes constantes.

No texto clássico de *Equações Diferenciais* de Ralph Palmer Agnew[†] (usado pelo autor quando era estudante), a declaração feita é a seguinte:

Não é razoável esperar que os alunos deste curso tenham habilidades em informática e equipamentos necessários para resolver eficientemente equações como

$$4{,}317\frac{d^4y}{dx^4} + 2{,}179\frac{d^3y}{dx^3} + 1{,}416\frac{d^2y}{dx^2} + 1{,}295\frac{dy}{dx} + 3{,}169y = 0. \tag{13}$$

Embora seja duvidoso que a habilidade em computação tenha melhorado nos últimos anos, é certo que a tecnologia o fez. Para alguém que tenha acesso a um SAC, a Equação (13) poderia ser considerada razoável. Depois de simplificar e renomear os resultados, o *Mathematica* fornece a solução geral aproximada

$$y = c_1 e^{-0{,}728852x}\cos(0{,}618605x) + c_2 e^{-0{,}728852x}\operatorname{sen}(0{,}618605x)$$
$$+ c_3 e^{0{,}476478x}\cos(0{,}759081x) + c_4 e^{0{,}476478x}\operatorname{sen}(0{,}759081x).$$

Finalmente, se tivermos de encarar um problema de valor inicial consistindo em, digamos, uma equação de quarta ordem, e depois ajustar a solução geral da ED a quatro condições iniciais, precisamos resolver um sistema de quatro equações lineares em quatro incógnitas (c_1, c_2, c_3, c_4 na solução geral). Usando um SAC para resolver esse sistema, podemos ganhar muito tempo. Veja os Problemas 69 e 70 nos Exercícios 4.3 e o Problema 41 na Revisão do Capítulo 4.

[†] McGraw-Hill, Nova York, 1960.

EXERCÍCIOS 4.3

As respostas aos problemas ímpares estão no final do livro.

Nos Problemas 1-14, determine a solução geral da equação diferencial de segunda ordem.

1. $4y'' + y' = 0$
2. $y'' - 36y = 0$
3. $y'' - y' - 6y = 0$
4. $y'' - 3y' + 2y = 0$
5. $y'' + 8y' + 16y = 0$
6. $y'' - 10y' + 25y = 0$
7. $12y'' - 5y' - 2y = 0$
8. $y'' + 4y' - y = 0$
9. $y'' + 9y = 0$
10. $3y'' + y = 0$
11. $y'' - 4y' + 5y = 0$
12. $2y'' + 2y' + y = 0$
13. $3y'' + 2y' + y = 0$
14. $2y'' - 3y' + 4y = 0$

Nos Problemas 15-28, determine a solução geral da equação diferencial de ordem superior dada.

15. $y''' - 4y'' - 5y' = 0$
16. $y''' - y = 0$
17. $y''' - 5y'' + 3y' + 9y = 0$
18. $y''' + 3y'' - 4y' - 12y = 0$
19. $\dfrac{d^3u}{dt^3} + \dfrac{d^2u}{dt^2} - 2u = 0$
20. $\dfrac{d^3x}{dt^3} - \dfrac{d^2x}{dt^2} - 4x = 0$
21. $y''' + 3y'' + 3y' + y = 0$
22. $y''' - 6y'' + 12y' - 8y = 0$
23. $y^{(4)} + y''' + y'' = 0$
24. $y^{(4)} - 2y'' + y = 0$
25. $16\dfrac{d^4y}{dx^4} + 24\dfrac{d^2y}{dx^2} + 9y = 0$
26. $\dfrac{d^4y}{dx^4} - 7\dfrac{d^2y}{dx^2} - 18y = 0$
27. $\dfrac{d^5u}{dr^5} + 5\dfrac{d^4u}{dr^4} - 2\dfrac{d^3u}{dr^3} - 10\dfrac{d^2u}{dr^2} + \dfrac{du}{dr} + 5u = 0$
28. $2\dfrac{d^5x}{ds^5} - 7\dfrac{d^4x}{ds^4} + 12\dfrac{d^3x}{ds^3} + 8\dfrac{d^2x}{ds^2} = 0$

Nos Problemas 29-36, resolva o problema de valor inicial dado.

29. $y'' + 16y = 0$, $y(0) = 2$, $y'(0) = -2$
30. $\dfrac{d^2y}{d\theta^2} + y = 0$, $y(\pi/3) = 0$, $y'(\pi/3) = 2$
31. $\dfrac{d^2y}{dt^2} - 4\dfrac{dy}{dt} - 5y = 0$, $y(1) = 0$, $y'(1) = 2$
32. $4y'' - 4y' - 3y = 0$, $y(0) = 1$, $y'(0) = 5$
33. $y'' + y' + 2y = 0$, $y(0) = y'(0) = 0$
34. $y'' - 2y' + y = 0$, $y(0) = 5$, $y'(0) = 10$
35. $y''' + 12y'' + 36y' = 0$, $y(0) = 0$, $y'(0) = 1$, $y''(0) = -7$
36. $y''' + 2y'' - 5y' - 6y = 0$, $y(0) = y'(0) = 0$, $y''(0) = 1$

Nos Problemas 37-40, resolva o problema de valor de contorno dado.

37. $y'' - 10y' + 25y = 0$, $y(0) = 1$, $y(1) = 0$
38. $y'' + 4y = 0$, $y(0) = 0$, $y(\pi) = 0$
39. $y'' + y = 0$, $y'(0) = 0$, $y'(\pi/2) = 0$
40. $y'' - 2y' + 2y = 0$, $y(0) = 1$, $y(\pi) = 1$

Nos Problemas 41 e 42, resolva o problema dado usando primeiramente a solução geral dada em (10). Resolva novamente, dessa vez usando a forma dada em (11).

41. $y'' - 3y = 0$, $y(0) = 1, y'(0) = 5$

42. $y'' - y = 0$, $y(0) = 1, y'(1) = 0$

Nos Problemas 43-48, cada figura representa o gráfico da solução particular de uma dentre as seguintes equações diferenciais:

a) $y'' - 3y' - 4y = 0$

b) $y'' + 4y = 0$

c) $y'' + 2y' + y = 0$

d) $y'' + y = 0$

e) $y'' + 2y' + 2y = 0$

f) $y'' - 3y' + 2y = 0$

Associe cada curva solução com uma equação diferencial. Explique seu raciocínio.

43.

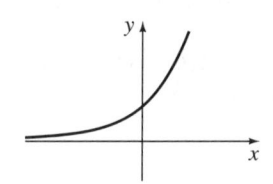

FIGURA 4.3.2 Gráfico para o Problema 43

44.

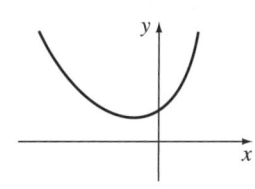

FIGURA 4.3.3 Gráfico para o Problema 44.

45.

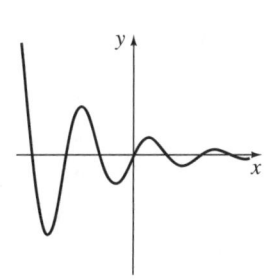

FIGURA 4.3.4 Gráfico para o Problema 45.

46.

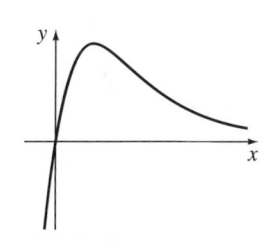

FIGURA 4.3.5 Gráfico para o Problema 46.

47.

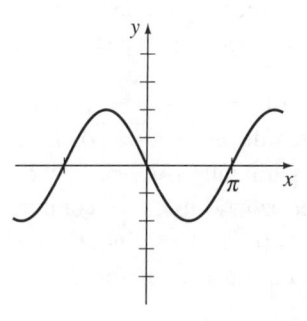

FIGURA 4.3.6 Gráfico para o Problema 47.

48.

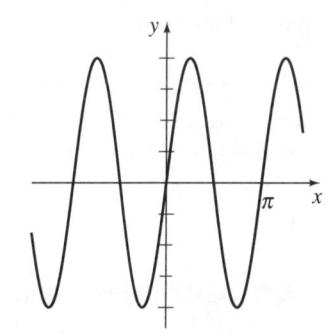

FIGURA 4.3.7 Gráfico para o Problema 48.

Nos Problemas 49-58 encontre uma equação diferencial linear homogênea com coeficientes constantes cuja solução geral está dada.

49. $y = c_1 e^x + c_2 e^{5x}$

50. $y = c_1 e^{-4x} + c_2 e^{-3x}$

51. $y = c_1 + c_2 e^{2x}$

52. $y = c_1 e^{10x} + c_2 x e^{10x}$

53. $y = c_1 \cos 3x + c_2 \sen 3x$

54. $y = c_1 \cosh 7x + c_2 \senh 7x$

55. $y = c_1 e^{-x} \cos x + c_2 e^{-x} \sen x$

56. $y = c_1 + c_2 e^{2x} \cos 5x + c_3 e^{2x} \sen 5x$

57. $y = c_1 + c_2 x + c_3 e^{8x}$

58. $y = c_1 \cos x + c_2 \sen x + c_3 \cos 2x + c_4 \sen 2x$

PROBLEMAS PARA DISCUSSÃO

59. Duas raízes de uma equação auxiliar cúbica com coeficientes reais são $m_1 = -1/2$ e $m_2 = 3 + i$. Qual é a equação diferencial linear homogênea correspondente? Discuta: essa é a única resposta?

60 Encontre a solução geral de $2y''' + 7y'' + 4y' + 4y = 0$ se $m_1 = \frac{1}{2}$ é uma raíz da sua equação auxiliar.

61. Ache a solução geral de $y''' + 6y'' + y' - 34y = 0$, sabendo que $y_1 = e^{-4x}\cos x$ é uma solução.

62. Para resolver $y^{(4)} + y = 0$, precisamos encontrar as raízes de $m^4 + 1 = 0$. Esse é um problema trivial para um SAC, mas pode ser resolvido à mão, utilizando números complexos. Observe que $m^4 + 1 = (m^2 + 1)^2 - 2m^2$. Como isso pode ajudar? Resolva a equação diferencial.

63. Verifique que $y = \operatorname{senh} x - 2\cos(x + \pi/6)$ é uma solução particular de $y^{(4)} - y = 0$. Compatibilize esta solução particular com a solução geral da ED.

64. Considere o problema de valor de contorno $y'' + \lambda y = 0$, $y(0) = 0$, $y(\pi/2) = 0$. Discuta se é possível determinar valores de λ de tal forma que o problema tenha **(a)** soluções triviais, **(b)** soluções não triviais.

TAREFAS PARA O LABORATÓRIO DE INFORMÁTICA

Nos Problemas 65-68, use um computador tanto para resolver a equação auxiliar quanto como um meio de obter diretamente a solução geral da equação diferencial dada. Se você usar um SAC para obter uma solução geral, simplifique o resultado obtido e, se necessário, escreva a solução em termos de funções reais.

65. $y''' - 6y'' + 2y' + y = 0$

66. $6{,}11y''' + 8{,}59y'' + 7{,}93y' + 0{,}778y = 0$

67. $3{,}15y^{(4)} - 5{,}34y'' + 6{,}33y' - 2{,}03y = 0$

68. $y^{(4)} + 2y'' - y' + 2y = 0$

Nos Problemas 69 e 70, use um SAC para ajudá-lo na solução da equação auxiliar. Escreva a solução geral da equação diferencial. Em seguida, use um SAC para ajudá-lo na solução do sistema de equações para determinar os coeficientes c_i, $i = 1, 2, 3, 4$ que surgem quando as condições iniciais são aplicadas à solução geral.

69. $2y^{(4)} + 3y''' - 16y'' + 15y' - 4y = 0$, $y(0) = -2$, $y'(0) = 6$, $y''(0) = 3$, $y'''(0) = \frac{1}{2}$

70. $y^{(4)} - 3y''' + 3y'' - y' = 0$, $y(0) = y'(0) = 0$, $y''(0) = y'''(0) = 1$

4.4 COEFICIENTES A DETERMINAR – ABORDAGEM DA SUPERPOSIÇÃO[‡]

ASSUNTOS ANALISADOS

- Revise os teoremas 4.1.6 e 4.1.7 (Seção 4.1)

INTRODUÇÃO

Para resolver uma equação diferencial linear não homogênea

$$a_n y^{(n)} + a_{n-1} y^{(n-1)} + \cdots + a_1 y' + a_0 y = g(x) \tag{1}$$

precisamos fazer duas coisas:

- encontrar a função complementar y_c e
- encontrar qualquer solução particular y_p de (1).

Então, conforme discutido na Seção 4.1, a solução geral de (1) em um intervalo é $y = y_c + y_p$. A função complementar y_c de (1) é a solução geral da equação homogênea associada

$$a_n y^{(n)} + a_{n-1} y^{(n-1)} + \cdots + a_1 y' + a_0 y = 0.$$

Na Seção 4.3, vimos como resolver essas equações quando os coeficientes são constantes. Nosso objetivo na presente seção é desenvolver um método para a obtenção de soluções particulares.

[‡] Nota ao professor: nesta seção, o método dos coeficientes a determinar será desenvolvido do ponto de vista do princípio de superposição para equações não homogêneas (Teorema 4.7.1). Na Seção 4.5, será apresentada uma abordagem inteiramente diferente, que emprega o conceito de operador anulador. Faça sua escolha.

MÉTODO DOS COEFICIENTES A DETERMINAR

O primeiro dentre dois caminhos que consideraremos para determinar uma solução particular y_p para a ED linear não homogênea é chamado de **método dos coeficientes a determinar**. A ideia subjacente a esse método é uma conjectura, um palpite bem informado sobre a forma de y_p, que é baseada nos tipos de funções que compõem a função de entrada $g(x)$. O método geral é limitado a equações lineares, tais como (1), onde

- os coeficientes a_i, $i = 0, 1, \ldots, n$ são constantes e
- $g(x)$ é uma constante k, uma função polinomial, uma função exponencial $e^{\alpha x}$, uma função seno ou cosseno senβx ou cosβx, ou somas e produtos finitos dessas funções.

NOTA

Rigorosamente falando, $g(x) = k$ (constante) é uma função polinomial. Uma vez que uma função constante provavelmente não é a primeira coisa que lhe vem à mente quando você pensa sobre função polinomial, para enfatizar continuaremos a usar a redundância "funções constantes, polinômios, ...".

As funções a seguir são alguns exemplos dos tipos de função entrada $g(x)$ adequados a essa discussão:

$$g(x) = 10, \quad g(x) = x^2 - 5x, \qquad g(x) = 15x - 6 + 8e^{-x},$$
$$g(x) = \operatorname{sen} 3x - 5x \cos 2x, \qquad g(x) = xe^x \operatorname{sen} x + (3x^2 - 1)e^{-4x}.$$

Isto é, $g(x)$ é uma combinação linear de funções do tipo

$$P(x) = a_n x^n + a_{n-1} x^{n-1} + \ldots a_1 x + a_0, \quad P(x)e^{\alpha x}, \quad P(x)e^{\alpha x} \operatorname{sen} \beta x, \quad \text{e} \quad P(x)e^{\alpha x} \cos \beta x,$$

onde n é um inteiro não negativo e α e β são números reais. O método dos coeficientes a determinar não é aplicável a equações da forma (1) quando

$$g(x) = \ln x, \quad g(x) = \frac{1}{x}, \quad g(x) = \operatorname{tg} x, \quad g(x) = \operatorname{sen}^{-1} x,$$

e assim por diante. Equações diferenciais nas quais a função de entrada $g(x)$ é uma função desse último tipo serão consideradas na Seção 4.6.

O conjunto de funções que consiste em constantes, polinômios, exponenciais $e^{\alpha x}$, senos e cossenos tem a propriedade notável de que as derivadas das respectivas somas e produtos são novamente somas e produtos de constantes, polinômios, exponenciais $e^{\alpha x}$, senos e cossenos. Como a combinação linear de derivadas $a_n y_p^{(n)} + a_{n-1} y_p^{(n-1)} + \cdots + a_1 y_p' + a_0 y_p$ deve ser idêntica a $g(x)$, é razoável supor que y_p *tem a mesma forma que* $g(x)$.

Os dois exemplos a seguir ilustram o método básico.

EXEMPLO 1 Solução geral usando coeficientes a determinar

Resolva
$$y'' + 4y' - 2y = 2x^2 - 3x + 6. \tag{2}$$

SOLUÇÃO

Passo 1. Em primeiro lugar, resolvemos a equação homogênea associada $y'' + 4y' - 2y = 0$. Da fórmula de resolução da equação quadrática, segue que as raízes da equação auxiliar $m^2 + 4m - 2 = 0$ são $m_1 = -2 - \sqrt{6}$ e $m_2 = -2 + \sqrt{6}$. Logo, a função complementar é

$$y_c = c_1 e^{-(2+\sqrt{6})x} + c_2 e^{(-2+\sqrt{6})x}.$$

Passo 2. Agora, como a função $g(x)$ é um polinômio quadrático, vamos supor que existe uma solução particular que também seja dessa forma:

$$y_p = Ax^2 + Bx + C.$$

Procuramos determinar os coeficientes *específicos* A, B e C para os quais y_p é uma solução de (2). Substituindo y_p e as derivadas

$$y_p' = 2Ax + B \quad \text{e} \quad y_p'' = 2A$$

na equação diferencial dada (2), obtemos

$$y_p'' + 4y_p' - 2y_p = 2A + 8Ax + 4B - 2Ax^2 - 2Bx - 2C$$
$$= (2A + 4B - 2C) + (8A - 2B)x + (-2A)x^2$$
$$= 2x^2 - 3x + 6.$$

Como estamos supondo que essa última equação é uma identidade, os coeficientes de x de potência idêntica devem ser iguais:

$$\underbrace{\boxed{(-2A)}\,x^2 + \boxed{(8A - 2B)}\,x + \boxed{(2A + 4B - 2C)}}_{\text{igual}} = 2x^2 - 3x + 6$$

Isto é,

$$-2A = 2, \quad 8A - 2B = -3, \quad 2A + 4B - 2C = 6.$$

Resolvendo esse sistema de equações, obtemos os valores $A = -1$, $B = -5/2$, $C = -9$. Logo, uma solução particular é

$$y_p = -x^2 - (5/2)x - 9.$$

Passo 3. A solução geral da equação dada é

$$y = y_c + y_p = c_1 e^{-(2+\sqrt{6})x} + c_2 e^{(-2+\sqrt{6})x} - x^2 - \frac{5}{2}x - 9. \qquad\blacksquare$$

EXEMPLO 2 **Solução particular usando coeficientes a determinar**

Ache uma solução particular de $y'' - y' + y = 2\,\text{sen}\,3x$.

SOLUÇÃO
A primeira conjectura natural para uma solução particular seria $A\,\text{sen}\,3x$. Mas como diferenciações sucessivas de $\text{sen}\,3x$ produzem $\text{sen}\,3x$ e $\cos 3x$, somos levados a procurar uma solução particular que inclua esses termos:

$$y_p = A\cos 3x + B\,\text{sen}\,3x.$$

Diferenciando y_p e substituindo os resultados na equação diferencial, depois de reagrupar, obtemos

$$y_p'' - y_p' + y_p = (-8A - 3B)\cos 3x + (3A - 8B)\,\text{sen}\,3x = 2\,\text{sen}\,3x$$

ou

$$\underbrace{\boxed{(-8A - 3B)}\cos 3x + \boxed{(3A - 8B)}\,\text{sen}\,3x}_{\text{igual}} = 0\cos 3x + 2\,\text{sen}\,3x.$$

Do sistema de equações resultante,

$$-8A - 3B = 0, \quad 3A - 8B = 2,$$

obtemos $A = \frac{6}{73}$ e $B = -\frac{16}{73}$. Uma solução particular da equação é

$$y_p = \frac{6}{73}\cos 3x - \frac{16}{73}\,\text{sen}\,3x. \qquad\blacksquare$$

Conforme mencionamos, a forma que escolhemos para a solução particular y_p é um palpite bem informado; não é um palpite às cegas. Esse palpite deve levar em consideração não somente os tipos de funções que compõem $g(x)$, mas também, como veremos no Exemplo 4, as funções que compõem a função complementar y_c.

EXEMPLO 3 **Construindo y_p por superposição**

Resolva

$$y'' - 2y' - 3y = 4x - 5 + 6xe^{2x}. \qquad (3)$$

SOLUÇÃO

Passo 1. Em primeiro lugar, encontramos a solução da equação homogênea associada $y'' - 2y' - 3y = 0$, que é $y_c = c_1 e^{-x} + c_2 e^{3x}$.

Passo 2. A seguir, a presença de $4x - 5$ em $g(x)$ sugere que a solução particular deve incluir um polinômio linear. Além disso, como a derivada do produto xe^{2x} produz $2xe^{2x}$ e e^{2x}, supomos também que a solução particular inclua xe^{2x} e e^{2x}. Em outras palavras, g é a soma de dois tipos de funções básicas:

$$g(x) = g_1(x) + g_2(x) = polinômio + exponenciais.$$

Correspondentemente, o princípio de superposição para equações não homogêneas (Teorema 4.1.7) sugere que tentemos uma solução particular

$$y_p = y_{p_1} + y_{p_2},$$

onde $y_{p_1} = Ax + B$ e $y_{p_2} = Cxe^{2x} + Ee^{2x}$. Substituindo

$$y_p = Ax + B + Cxe^{2x} + Ee^{2x}$$

na equação dada (3) e reagrupando os termos semelhantes, obtemos

$$y_p'' - 2y_p' - 3y_p = -3Ax - 2A - 3B - 3Cxe^{2x} + (2C - 3E)e^{2x} = 4x - 5 + 6xe^{2x}. \tag{4}$$

Dessa identidade, obtemos as quatro equações

$$-3A = 4, \quad -2A - 3B = -5, \quad -3C = 6, \quad 2C - 3E = 0.$$

A última equação nesse sistema resulta da interpretação de que o coeficiente de e^{2x} no segundo membro de (4) é zero. Resolvendo, encontramos $A = -\frac{4}{3}$, $B = \frac{23}{9}$, $C = -2$ e $E = -\frac{4}{3}$. Consequentemente,

$$y_p = -\frac{4}{3}x + \frac{23}{9} - 2xe^{2x} - \frac{4}{3}e^{2x}.$$

Passo 3. A solução geral da equação é

$$y = c_1 e^{-x} + c_2 e^{3x} - \frac{4}{3}x + \frac{23}{9} - \left(2x + \frac{4}{3}\right)e^{2x}. \qquad \blacksquare$$

À luz do princípio de superposição (Teorema 4.1.7), podemos também solucionar o Exemplo 3, dividindo-o em dois problemas mais simples. Você deve verificar que, substituindo

$$y_{p_1} = Ax + B \quad \text{em} \quad y'' - 2y' - 3y = 4x - 5$$

e

$$y_{p_2} = Cxe^{2x} + Ee^{2x} \quad \text{em} \quad y'' - 2y' - 3y = 6xe^{2x}$$

obtemos, sucessivamente, $y_{p_1} = -\frac{4}{3}x + \frac{23}{9}$ e $y_{p_2} = -(2x + \frac{4}{3})e^{2x}$. Uma solução particular de (3) é então $y_p = y_{p_1} + y_{p_2}$.

O exemplo seguinte ilustra que algumas vezes a hipótese "óbvia" sobre a forma de y_p não é correta.

EXEMPLO 4 Uma falha no método

Ache uma solução particular de $y'' - 5y' + 4y = 8e^x$.

SOLUÇÃO

A diferenciação de e^x não gera funções novas. Assim, procedendo como fizemos nos exemplos anteriores, é razoável supor que uma solução particular da equação dada tem a forma $y_p = Ae^x$. Mas a substituição dessa expressão na equação diferencial dá lugar à contradição $0 = 8e^x$. Dessa forma, obviamente nossa conjectura sobre y_p está errada.

A dificuldade aqui torna-se evidente depois do exame da função complementar $y_c = c_1 e^x + c_2 e^{4x}$. Observe que nossa hipótese Ae^x já está presente em y_c. Isto significa que e^x é uma solução da equação diferencial homogênea associada, e o múltiplo constante Ae^x, quando substituído na equação diferencial, produz necessariamente zero.

Qual deve ser então a forma de y_p? Influenciados pelo Caso II da Seção 4.3, vejamos se podemos encontrar uma solução particular da forma

$$y_p = Axe^x.$$

Substituindo $y'_p = Axe^x + Ae^x$ e $y''_p = Axe^x + 2Ae^x$ na equação diferencial e simplificando, obtemos

$$y''_p - 5y'_p + 4y_p = -3Ae^x = 8e^x.$$

Dessa última igualdade, vemos que o valor de A é agora determinado como sendo $A = -\frac{8}{3}$. Logo, uma solução particular da equação dada é $y_p = -\frac{8}{3}xe^x$. ∎

A diferença nos procedimentos usados nos Exemplos 1 a 3 e no Exemplo 4 sugere que consideremos dois casos. O primeiro reflete a situação nos Exemplos 1 a 3.

CASO I

Nenhuma função na suposta solução particular é uma solução da equação diferencial homogênea associada.

Na Tabela 4.4.1, ilustramos alguns exemplos específicos de $g(x)$ em (1) com a forma correspondente da solução particular. Estamos, naturalmente, supondo que nenhuma função na suposta solução particular y_p faz parte da função complementar y_c.

Tabela 4.1 Soluções particulares

	$g(x)$	Forma de y_p
1.	1 (qualquer constante)	A
2.	$5x + 7$	$Ax + B$
3.	$3x^2 - 2$	$Ax^2 + Bx + C$
4.	$x^3 - x + 1$	$Ax^3 + Bx^2 + Cx + E$
5.	sen $4x$	$A\cos 4x + B\,\text{sen}\,4x$
6.	$\cos 4x$	$A\cos 4x + B\,\text{sen}\,4x$
7.	e^{5x}	Ae^{5x}
8.	$(9x - 2)e^{5x}$	$(Ax + B)e^{5x}$
9.	$x^2 e^{5x}$	$(Ax^2 + Bx + C)e^{5x}$
10.	$e^{3x}\,\text{sen}\,4x$	$Ae^{3x}\cos 4x + Be^{3x}\,\text{sen}\,4x$
11.	$5x^2\,\text{sen}\,4x$	$(Ax^2 + Bx + C)\cos 4x + (Ex^2 + Fx + G)\,\text{sen}\,4x$
12.	$xe^{3x}\cos 4x$	$(Ax + B)e^{3x}\cos 4x + (Cx + E)e^{3x}\,\text{sen}\,4x$

EXEMPLO 5 Formas de soluções particulares – Caso I

Determine a forma de uma solução particular de
a) $y'' - 8y' + 25y = 5x^3 e^{-x} - 7e^{-x}$ b) $y'' + 4y = x\cos x$

SOLUÇÃO

a) Podemos escrever $g(x) = (5x^3 - 7)e^{-x}$. Usando o item 9 da Tabela 4.4.1 como modelo, vamos supor que uma solução particular é da forma

$$y_p = (Ax^3 + Bx^2 + Cx + E)e^{-x}.$$

Observe que não há nenhum dos termos de y_p na função complementar $y_c = e^{4x}(c_1 \cos 3x + c_2\,\text{sen}\,3x)$.

b) A função $g(x) = x\cos x$ é semelhante ao item 11 da Tabela 4.4.1, com a exceção de que, é claro, usamos o polinômio linear em vez do quadrático e $\cos x$ e sen x em lugar de $\cos 4x$ e sen $4x$ para formar y_p:

$$y_p = (Ax + B)\cos x + (Cx + E)\,\text{sen}\,x.$$

Mais uma vez, observe que y_p e $y_c = c_1 \cos 2x + c_2\,\text{sen}\,2x$ não têm termos comuns. ∎

Se $g(x)$ for uma soma de, digamos, m termos dos tipos listados na tabela, então (como no Exemplo 3) a hipótese sobre uma solução particular y_p é que ela seja a soma das formas tentativas $y_{p_1}, y_{p_2}, \ldots, y_{p_m}$ correspondentes a cada um desses termos:

$$y_p = y_{p_1} + y_{p_2} + \cdots + y_{p_m}.$$

A sentença anterior pode ser escrita de outra forma.

Regra da Forma para o Caso I *A forma de y_p é uma combinação linear de todas as funções linearmente independentes geradas pelas diferenciações repetidas de $g(x)$.*

EXEMPLO 6 Construindo y_p por superposição – Caso I

Determine a forma de uma solução particular de

$$y'' - 9y' + 14y = 3x^2 - 5\,\text{sen}\,2x + 7xe^{6x}.$$

SOLUÇÃO

Correspondendo a $3x^2$, pressupomos $\quad y_{p_1} = Ax^2 + Bx + C.$

Correspondendo a $-5\,\text{sen}\,2x$, pressupomos $\quad y_{p_2} = E\cos 2x + F\,\text{sen}\,2x.$

Correspondendo a $7xe^{6x}$, pressupomos $\quad y_{p_3} = (Gx + H)e^{6x}.$

A suposição é que a solução particular seja da forma

$$y_p = y_{p_1} + y_{p_2} + y_{p_3} = Ax^2 + Bx + C + E\cos 2x + F\,\text{sen}\,2x + (Gx + H)e^{6x}.$$

Como $y_c = c_1 e^{2x} + c_2 e^{7x}$, não há coincidência de termos com y_p. ∎

CASO II

Uma função na suposta solução particular é também uma solução da equação diferencial homogênea associada.

O exemplo seguinte é semelhante ao Exemplo 4.

EXEMPLO 7 Solução particular – Caso II

Determine uma solução particular de $y'' - 2y' + y = e^x$.

SOLUÇÃO

A função complementar é $y_c = c_1 e^x + c_2 x e^x$. Como no Exemplo 4, a suposição $y_p = Ae^x$ não será adequada porque é evidente em y_c que e^x é uma solução da equação homogênea associada $y'' - 2y' + y = 0$. Além disso, como xe^x também está em y_c, não encontraremos uma solução particular da forma $y_p = Axe^x$. Vamos tentar

$$y_p = Ax^2 e^x.$$

Substituindo na equação dada, obtemos $2Ae^x = e^x$ e, portanto, $A = \frac{1}{2}$. Assim, uma solução particular é $y_p = \frac{1}{2} x^2 e^x$. ∎

Vamos supor novamente que $g(x)$ consiste em uma soma de m termos dos tipos dados na Tabela 4.4.1 e que a hipótese usual para a forma de uma solução particular seja

$$y_p = y_{p_1} + y_{p_2} + \cdots + y_{p_m},$$

onde y_{p_i}, $i = 1, 2, \ldots, m$ são as formas tentativas de soluções particulares correspondentes a esses termos. Sob as circunstâncias descritas no Caso II, podemos estabelecer a seguinte regra geral.

Regra da Multiplicação para o Caso II *Se algum dos y_{p_i} contiver termos que coincidam com termos de y_c, então, esse y_{p_i} deverá ser multiplicado por x^n, onde n é o menor inteiro positivo que elimina essa coincidência.*

EXEMPLO 8 Um problema de valor inicial

Resolva $y'' + y = 4x + 10\,\text{sen}\,x$, $y(\pi) = 0$, $y'(\pi) = 2$.

SOLUÇÃO

A solução da equação homogênea associada $y'' + y = 0$ é $y_c = c_1 \cos x + c_2 \,\text{sen}\,x$. Como $g(x) = 4x + 10\,\text{sen}\,x$ é a soma de um polinômio linear com uma função seno, nossa tentativa usual para y_p, usando os itens 2 e 5 da Tabela 4.1, seria a soma de $y_{p_1} = Ax + B$ e $y_{p_2} = C\cos x + E\,\text{sen}\,x$:

$$y_p = Ax + B + C\cos x + E\,\text{sen}\,x. \tag{5}$$

Porém, há uma coincidência óbvia dos termos $\cos x$ e $\text{sen}\,x$ nessa tentativa e em dois termos da função complementar. Essa coincidência pode ser eliminada multiplicando y_{p_2} por x. Em vez de (5), usaremos

$$y_p = Ax + B + Cx\cos x + Ex\,\text{sen}\,x. \tag{6}$$

Diferenciando e substituindo o resultado na equação diferencial, obtemos

$$y_p'' + y_p = Ax + B - 2C\,\text{sen}\,x + 2E\cos x = 4x + 10\,\text{sen}\,x,$$

e daí $A = 4$, $B = 0$, $-2C = 10$ e $2E = 0$. As soluções do sistema são imediatas: $A = 4$, $B = 0$, $C = -5$ e $E = 0$. Logo, de (6), obtemos $y_p = 4x - 5x\cos x$. A solução geral da equação dada é

$$y = y_c + y_p = c_1 \cos x + c_2 \,\text{sen}\, x + 4x - 5x\cos x.$$

Vamos agora aplicar as condições iniciais à solução geral. Primeiramente, $y(\pi) = c_1 \cos \pi + c_2 \,\text{sen}\, \pi + 4\pi - 5\pi\cos\pi = 0$ resulta em $c_1 = 9\pi$, pois $\cos\pi = -1$ e $\text{sen}\,\pi = 0$. Prosseguindo, da derivada

$$y' = -9\pi\,\text{sen}\,x + c_2\cos x + 4 + 5x\,\text{sen}\,x - 5\cos x$$

e

$$y'(\pi) = -9\pi\,\text{sen}\,\pi + c_2\cos\pi + 4 + 5\pi\,\text{sen}\,\pi - 5\cos\pi = 2,$$

encontramos $c_2 = 7$. A solução do problema de valor inicial é então

$$y = 9\pi\cos x + 7\,\text{sen}\,x + 4x - 5x\cos x. \qquad\blacksquare$$

EXEMPLO 9 Usando a regra da multiplicação

Resolva $y'' - 6y' + 9y = 6x^2 + 2 - 12e^{3x}$.

SOLUÇÃO
A função complementar é $y_c = c_1 e^{3x} + c_2 x e^{3x}$. Assim, com base nos itens 3 e 7 da Tabela 4.4.1, a escolha usual para uma solução particular seria

$$y_p = \underbrace{Ax^2 + Bx + C}_{y_{p_1}} + \underbrace{Ee^{3x}}_{y_{p_2}}.$$

Uma análise dessas funções mostra que o termo em y_{p_2} também aparece em y_c. Se multiplicarmos y_{p_2} por x, notaremos que o termo xe^{3x} é ainda parte de y_c. Mas, multiplicando y_{p_2} por x^2, eliminamos todas as duplicações. Logo, a forma efetiva de uma solução particular é

$$y_p = Ax^2 + Bx + C + Ex^2 e^{3x}.$$

Diferenciando essa última forma, substituindo na equação diferencial e juntando os termos, obtemos

$$y_p'' - 6y_p' + 9y_p = 9Ax^2 + (-12A + 9B)x + 2A - 6B + 9C + 2Ee^{3x} = 6x^2 + 2 - 12e^{3x}.$$

Segue dessa identidade que $A = \frac{2}{3}$, $B = \frac{8}{9}$, $C = \frac{2}{3}$ e $E = -6$. Portanto, a solução geral $y = y_c + y_p$ é

$$y = c_1 e^{3x} + c_2 x e^{3x} + \frac{2}{3}x^2 + \frac{8}{9}x + \frac{2}{3} - 6x^2 e^{3x}. \qquad\blacksquare$$

EXEMPLO 10 Uma ED de terceira ordem – Caso I

Resolva $y''' + y'' = e^x \cos x$.

SOLUÇÃO
As raízes da equação característica $m^3 + m^2 = 0$ são $m_1 = m_2 = 0$ e $m_3 = -1$. Logo, a função complementar da equação é $y_c = c_1 + c_2 x + c_3 e^{-x}$. Sendo $g(x) = e^x \cos x$, vemos do item 10 da Tabela 4.4.1 que devemos escolher

$$y_p = Ae^x \cos x + Be^x \operatorname{sen} x.$$

Como não existem funções em y_p que coincidam com funções na solução complementar, procedemos da maneira usual. De

$$y_p''' + y_p'' = (-2A + 4B)e^x \cos x + (-4A - 2B)e^x \operatorname{sen} x = e^x \cos x$$

obtemos $-2A + 4B = 1$ e $-4A - 2B = 0$. Resolvendo o sistema, obtemos $A = -\frac{1}{10}$ e $B = \frac{1}{5}$, de forma que uma solução particular é $y_p = -\frac{1}{10}e^x \cos x + \frac{1}{5}e^x \operatorname{sen} x$. A solução geral da equação é então

$$y = y_c + y_p = c_1 + c_2 x + c_3 e^{-x} - \frac{1}{10}e^x \cos x + \frac{1}{5}e^x \operatorname{sen} x. \quad \blacksquare$$

EXEMPLO 11 Uma ED de quarta ordem – Caso II

Determine a forma de uma solução particular de $y^{(4)} + y''' = 1 - x^2 e^{-x}$.

SOLUÇÃO
Comparando a função complementar $y_c = c_1 + c_2 x + c_3 x^2 + c_4 e^{-x}$ com a nossa escolha usual para uma solução particular,

$$y_p = \underbrace{A}_{y_{p_1}} + \underbrace{Bx^2 e^{-x} + Cxe^{-x} + Ee^{-x}}_{y_{p_2}},$$

vemos que as coincidências entre y_c e y_p serão eliminadas quando y_{p_1} for multiplicado por x^3 e y_{p_2} for multiplicado por x. Logo, a suposição correta para uma solução particular é

$$y_p = Ax^3 + Bx^3 e^{-x} + Cx^2 e^{-x} + Exe^{-x}. \quad \blacksquare$$

OBSERVAÇÕES

(i) Nos Problemas 27 a 36 dos Exercícios 4.4, você será solicitado a resolver problemas de valor inicial e, nos Problemas 37 a 40, resolver problemas com condições de contorno. Conforme ilustrado no Exemplo 8, não se esqueça de aplicar à solução geral $y = y_c + y_p$ as condições iniciais ou as de contorno. Os estudantes em geral cometem o erro de aplicar essas condições somente à função complementar y_c, uma vez que essa parte da solução é que contém as constantes $c_1, c_2, \ldots, c_n$.

(ii) A partir do artigo "Regra da Forma para o Caso I", na página 153 desta seção, você perceberá que o método de coeficientes indeterminados não é adequado para equações lineares não homogêneas quando a função $g(x)$ de entrada é diferente de um dos quatro tipos básicos em destaque na página 149. Por exemplo, se $P(x)$ é um polinômio, então uma diferenciação em sequência da $P(x)e^{\alpha x} \operatorname{sen} \beta x$ irá gerar um conjunto independente, contendo apenas um número finito de funções, todas do mesmo tipo, ou seja, um polinômio vezes $e^{\alpha x} \operatorname{sen} \beta x$ ou um polinômio vezes $e^{\alpha x} \cos \beta x$. Por outro lado, repetindo a diferenciação de funções de entrada, como $g(x) = \ln x$ ou $g(x) = \operatorname{tg}^{-1} x$, teremos um conjunto independente que contém um número infinito de funções:

$$\text{derivadas de } \ln x: \quad \frac{1}{x}, \frac{-1}{x^2}, \frac{2}{x^3}, \ldots,$$

$$\text{derivadas de } \operatorname{tg}^{-1} x: \quad \frac{1}{1+x^2}, \frac{-2x}{(1+x^2)^2}, \frac{-2+6x^2}{(1+x^2)^3}, \ldots,$$

EXERCÍCIOS 4.4

As respostas aos problemas ímpares estão no final do livro.

Nos Problemas 1-26, use coeficientes a determinar para resolver a equação diferencial dada.

1. $y'' + 3y' + 2y = 6$

2. $4y'' + 9y = 15$

3. $y'' - 10y' + 25y = 30x + 3$

4. $y'' + y' - 6y = 2x$

5. $\frac{1}{4}y'' + y' + y = x^2 - 2x$

6. $y'' - 8y' + 20y = 100x^2 - 26xe^x$

7. $y'' + 3y = -48x^2 e^{3x}$

8. $4y'' - 4y' - 3y = \cos 2x$

9. $y'' - y' = -3$

10. $y'' + 2y' = 2x + 5 - e^{-2x}$

11. $y'' - y' + \frac{1}{4}y = 3 + e^{x/2}$

12. $y'' - 16y = 2e^{4x}$

13. $y'' + 4y = 3\,\text{sen}\,2x$

14. $y'' - 4y = (x^2 - 3)\,\text{sen}\,2x$

15. $y'' + y = 2x\,\text{sen}\,x$

16. $y'' - 5y' = 2x^3 - 4x^2 - x + 6$

17. $y'' - 2y' + 5y = e^x \cos 2x$

18. $y'' - 2y' + 2y = e^{2x}(\cos x - 3\,\text{sen}\,x)$

19. $y'' + 2y' + y = \text{sen}\,x + 3\cos 2x$

20. $y'' + 2y' - 24y = 16 - (x + 2)e^{4x}$

21. $y''' - 6y'' = 3 - \cos x$

22. $y''' - 2y'' - 4y' + 8y = 6xe^{2x}$

23. $y''' - 3y'' + 3y' - y = x - 4e^x$

24. $y''' - y'' - 4y' + 4y = 5 - e^x + e^{2x}$

25. $y^{(4)} + 2y'' + y = (x - 1)^2$

26. $y^{(4)} - y'' = 4x + 2xe^{-x}$

Nos Problemas 27-36, resolva o problema de valor inicial dado.

27. $y'' + 4y = -2,\quad y(\pi/8) = \frac{1}{2}, y'(\pi/8) = 2$

28. $2y'' + 3y' - 2y = 14x^2 - 4x - 11,\quad y(0) = 0, y'(0) = 0$

29. $5y'' + y' = -6x,\quad y(0) = 0, y'(0) = -10$

30. $y'' + 4y' + 4y = (3 + x)e^{-2x},\quad y(0) = 2, y'(0) = 5$

31. $y'' + 4y' + 5y = 35e^{-4x},\quad y(0) = -3, y'(0) = 1$

32. $y'' - y = \cosh x,\quad y(0) = 2, y'(0) = 12$

33. $\frac{d^2 x}{dt^2} + \omega^2 x = F_0\,\text{sen}\,\omega t,\quad x(0) = 0, x'(0) = 0$

34. $\frac{d^2 x}{dt^2} + \omega^2 x = F_0 \cos \gamma t,\quad x(0) = 0, x'(0) = 0$

35. $y''' - 2y'' + y' = 2 - 24e^x + 40e^{5x},\quad y(0) = \frac{1}{2},$
    $y'(0) = \frac{5}{2}, y''(0) = -\frac{9}{2}$

36. $y''' + 8y = 2x - 5 + 8e^{-2x},\quad y(0) = -5, y'(0) = 3,$
    $y''(0) = -4$

Nos Problemas 37-40, resolva o problema de valor de contorno dado.

37. $y'' + y = x^2 + 1,\quad y(0) = 5, y(1) = 0$

38. $y'' - 2y' + 2y = 2x - 2,\quad y(0) = 0, y(\pi) = \pi$

39. $y'' + 3y = 6x,\quad y(0) = 0, y(1) + y'(1) = 0$

40. $y'' + 3y = 6x,\quad y(0) + y'(0) = 0, y(1) = 0$

Nos Problemas 41 e 42, resolva o problema de valor inicial no qual a função entrada $g(x)$ é descontínua. [*Sugestão*: Resolva cada problema em dois intervalos e então ache uma solução de tal forma que y e y' sejam contínuas em $x = \pi/2$ (Problema 41) e em $x = \pi$ (Problema 42).]

41. $y'' + 4y = g(x), y(0) = 1, y'(0) = 2$, onde

$$g(x) = \begin{cases} \text{sen}\,x, & 0 \leq x \leq \frac{\pi}{2} \\ 0, & x > \frac{\pi}{2} \end{cases}.$$

42. $y'' - 2y' + 10y = g(x), y(0) = 0, y'(0) = 0$, onde

$$g(x) = \begin{cases} 20, & 0 \leq x \leq \pi \\ 0, & x > \pi \end{cases}.$$

PROBLEMAS PARA DISCUSSÃO

43. Considere a equação diferencial $ay'' + by' + cy = e^{kx}$, onde a, b, c e k são constantes. A equação auxiliar da equação homogênea associada é $am^2 + bm + c = 0$.

    a) Se k não for uma raiz da equação auxiliar, mostre que podemos encontrar uma solução particular da forma $y_p = Ae^{kx}$, onde $A = 1/(ak^2 + bk + c)$.

b) Se k for uma raiz da equação auxiliar com multiplicidade 1, mostre que podemos encontrar uma solução particular da forma $y_p = Axe^{kx}$, onde $A = 1/(2ak + b)$. Explique como sabemos que $k \neq -b/2a$.

c) Se k for uma raiz da equação auxiliar com multiplicidade 2, mostre que podemos encontrar uma solução particular da forma $y = Ax^2e^{kx}$, onde $A = 1/(2a)$.

44. Discuta como o método desta seção pode ser usado para encontrar uma solução particular de $y'' + y = \operatorname{sen} x \cos 2x$. Leve sua ideia a cabo.

45. Sem resolver, associe uma curva integral de $y'' + y = f(x)$ mostrada na figura a uma das seguintes funções:

   i) $f(x) = 1$,
   ii) $f(x) = e^{-x}$,
   iii) $f(x) = e^x$,
   iv) $f(x) = \operatorname{sen} 2x$,
   v) $f(x) = e^x \operatorname{sen} x$,
   vi) $f(x) = \operatorname{sen} x$.

Discuta brevemente seu raciocínio.

a)

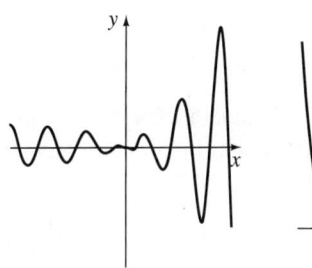

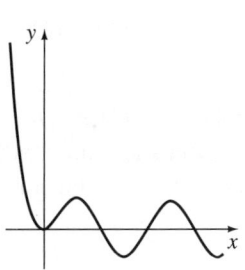

FIGURA 4.4.1
Curva solução.

b)

FIGURA 4.4.2
Curva solução.

c)

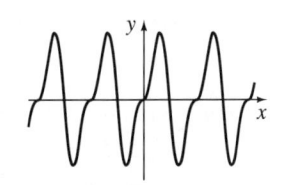

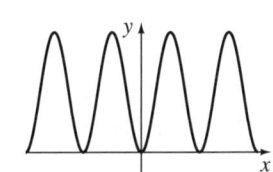

FIGURA 4.4.3
Curva solução.

d)

FIGURA 4.4.4
Curva solução.

TAREFAS PARA O LABORATÓRIO DE INFORMÁTICA

Nos Problemas 46 e 47, ache uma solução particular da equação diferencial dada. Use um SAC para ajudá-lo no cálculo de derivadas, simplificações e álgebra.

46. $y'' - 4y' + 8y = (2x^2 - 3x)e^{2x} \cos 2x + (10x^2 - x - 1)e^{2x} \operatorname{sen} 2x$

47. $y^{(4)} + 2y'' + y = 2\cos x - 3x \operatorname{sen} x$

4.5 COEFICIENTES A DETERMINAR – ABORDAGEM DO ANULADOR

ASSUNTOS ANALISADOS

- Revise os teoremas 4.1.6 e 4.1.7 (Seção 4.1)

INTRODUÇÃO

Vimos na Seção 4.1 que uma equação diferencial de ordem n pode ser escrita na forma

$$a_n D^n y + a_{n-1} D^{n-1} y + \cdots + a_1 Dy + a_0 y = g(x), \qquad (1)$$

onde $D^k y = d^k y/dx^k$, $k = 0, 1, \ldots, n$. Quando for adequado aos nossos propósitos, (1) será também escrita como $L(y) = g(x)$, onde L denota o operador diferencial linear de ordem n

$$a_n D^n + a_{n-1} D^{n-1} + \cdots + a_1 D + a_0. \qquad (2)$$

Não somente a notação operacional é uma forma de escrita abreviada e simplificada; no nível prático, a *aplicação* de operadores diferenciais possibilita-nos justificar as regras, às vezes entediantes, para determinar a forma da solução particular y_p, que foi apresentada na seção anterior. Nesta seção não existem regras especiais, a forma de y_p segue quase automaticamente, uma vez que encontramos um operador linear diferencial adequado que *anula* $g(x)$ em (1). Antes de aprendermos como isso é feito, é preciso examinar dois conceitos.

FATORANDO OPERADORES

Quando os coeficientes a_i, $i = 0, 1, \ldots, n$ são constantes reais, um operador diferencial linear (1) pode ser *fatorado* sempre que o polinômio característico $a_n m^n + a_{n-1} m^{n-1} + \cdots + a_1 m + a_0$ puder ser fatorado. Em outras palavras, se r_1 for uma raiz da equação auxiliar

$$a_n m^n + a_{n-1} m^{n-1} + \cdots + a_1 m + a_0 = 0,$$

então $L = (D - r_1)P(D)$, onde a expressão polinomial $P(D)$ é um operador diferencial linear de ordem $n - 1$. Por exemplo, se tratarmos D como uma quantidade algébrica, então o operador $D^2 + 5D + 6$ poderá ser fatorado como $(D + 2)(D + 3)$ ou como $(D + 3)(D + 2)$. Assim, se uma função $y = f(x)$ tiver uma segunda derivada, então

$$(D^2 + 5D + 6)y = (D + 2)(D + 3)y = (D + 3)(D + 2)y.$$

Isso ilustra uma propriedade geral:

Fatores de um operador diferencial linear com coeficientes constantes comutam.

Uma equação diferencial tal como $y'' + 4y' + 4y = 0$ pode ser escrita como

$$(D^2 + 4D + 4)y = 0 \quad \text{ou} \quad (D + 2)(D + 2)y = 0 \quad \text{ou} \quad (D + 2)^2 y = 0.$$

OPERADOR ANULADOR

Se L for um operador diferencial linear com coeficientes constantes e se f for uma função diferenciável tal que

$$L(f(x)) = 0,$$

então L será chamado de **anulador** da função. Por exemplo, uma função constante $y = k$ é anulada por D, pois $Dk = 0$. A função $y = x$ é anulada pelo operador diferencial D^2, pois as derivadas primeira e segunda de x são 1 e 0, respectivamente. Analogamente, $D^3 x^2 = 0$, e assim por diante.

> O operador diferencial D^n anula cada uma das funções
> $$1, x, x^2, \ldots, x^{n-1}. \tag{3}$$

Como consequência imediata de (3) e do fato de que a diferenciação pode ser feita termo a termo, um polinômio

$$c_0 + c_1 x + c_2 x^2 + \cdots + c_{n-1} x^{n-1}. \tag{4}$$

pode ser anulado por um operador que anule a maior potência de x.

As funções que são anuladas por um operador L diferencial linear de ordem n são simplesmente aquelas que podem ser obtidas da solução geral da equação diferencial homogênea $L(y) = 0$.

> O operador diferencial $(D - \alpha)^n$ anula cada uma das funções
> $$e^{\alpha x}, xe^{\alpha x}, x^2 e^{\alpha x}, \ldots, x^{n-1} e^{\alpha x}. \tag{5}$$

Para ver isso, observe que a equação auxiliar da equação homogênea $(D - \alpha)^n y = 0$ é $(m - \alpha)^n = 0$. Como α é uma raiz com multiplicidade n, a solução geral é

$$y = c_1 e^{\alpha x} + c_2 x e^{\alpha x} + \cdots + c_n x^{n-1} e^{\alpha x}. \tag{6}$$

EXEMPLO 1 Operadores anuladores

Determine um operador diferencial que anule a função dada.
a) $1 - 5x^2 + 8x^3$ b) e^{-3x} c) $4e^{2x} - 10xe^{2x}$

SOLUÇÃO

a) De (3) sabemos que $D^4 x^3 = 0$ e, portanto, segue de (4) que
$$D^4(1 - 5x^2 + 8x^3) = 0.$$

b) De (5), com $\alpha = -3$ e $n = 1$, vemos que
$$(D + 3)e^{-3x} = 0.$$

c) De (5) e (6), com $\alpha = 2$ e $n = 2$, temos
$$(D - 2)^2(4e^{2x} - 10xe^{2x}) = 0. \qquad \blacksquare$$

Quando α e β, $\beta > 0$ forem números reais, a fórmula de resolução da equação quadrática revelará que $[m^2 - 2\alpha m + (\alpha^2 + \beta^2)]^n = 0$ tem raízes complexas $\alpha + i\beta$, $\alpha - i\beta$, ambas com multiplicidade n. Da discussão no fim da Seção 4.3, temos o seguinte resultado.

O operador diferencial $[D^2 - 2\alpha D + (\alpha^2 + \beta^2)]^n$ anula cada uma das funções

$$e^{\alpha x}\cos\beta x, \quad xe^{\alpha x}\cos\beta x, \quad x^2 e^{\alpha x}\cos\beta x, \quad \ldots, \quad x^{n-1}e^{\alpha x}\cos\beta x,$$
$$e^{\alpha x}\operatorname{sen}\beta x, \quad xe^{\alpha x}\operatorname{sen}\beta x, \quad x^2 e^{\alpha x}\operatorname{sen}\beta x, \quad \ldots, \quad x^{n-1}e^{\alpha x}\operatorname{sen}\beta x. \tag{7}$$

EXEMPLO 2 Operador anulador

Determine um operador diferencial que anule $5e^{-x}\cos 2x - 9e^{-x}\operatorname{sen} 2x$.

SOLUÇÃO

Uma análise das funções $e^{-x}\cos 2x$ e $e^{-x}\operatorname{sen} 2x$ mostra que $\alpha = -1$ e $\beta = 2$. Logo, de (7), concluímos que $D^2 + 2D + 5$ anulará cada uma das funções. Como $D^2 + 2D + 5$ é um operador linear, ele anulará *qualquer* combinação linear dessas funções, como $5e^{-x}\cos 2x - 9e^{-x}\operatorname{sen} 2x$. $\qquad \blacksquare$

Quando $\alpha = 0$ e $n = 1$, um caso especial de (7) será

$$(D^2 + \beta^2)\begin{cases}\cos\beta x \\ \operatorname{sen}\beta x\end{cases} = 0. \tag{8}$$

Por exemplo, $D^2 + 16$ anulará qualquer combinação linear de $\operatorname{sen} 4x$ e $\cos 4x$.

Frequentemente, estamos interessados no anulador da soma de duas ou mais funções. Conforme vimos nos exemplos 1 e 2, se L for um operador diferencial linear tal que $L(y_1) = 0$ e $L(y_2) = 0$, então L anulará a combinação linear $c_1 y_1(x) + c_2 y_2(x)$. Isso é consequência direta do Teorema 4.1.2. Vamos supor agora que L_1 e L_2 sejam operadores diferenciais lineares com coeficientes constantes tal que L_1 anula $y_1(x)$ e L_2 anula $y_2(x)$, mas $L_1(y_2) \neq 0$ e $L_2(y_1) \neq 0$. Então o *produto* dos operadores diferenciais $L_1 L_2$ anulará a soma $c_1 y_1(x) + c_2 y_2(x)$. Podemos demonstrar facilmente isso, usando a linearidade e o fato de que $L_1 L_2 = L_2 L_1$:

$$L_1 L_2 (y_1 + y_2) = L_1 L_2 (y_1) + L_1 L_2 (y_2)$$
$$= L_2 L_1 (y_1) + L_1 L_2 (y_2)$$
$$= L_2 [\underbrace{L_1(y_1)}_{\text{zero}}] + L_1 [\underbrace{L_2(y_2)}_{\text{zero}}] = 0.$$

Por exemplo, sabemos de (3) que D^2 anula $7 - x$ e de (8) que $D^2 + 16$ anula $\operatorname{sen} 4x$. Logo, o produto de operadores $D^2(D^2 + 16)$ anulará a combinação linear $7 - x + 6\operatorname{sen} 4x$.

NOTA

O operador diferencial que anula uma função não é único. Vimos no item (b) do Exemplo 1 que $D + 3$ anulará e^{-3x}, mas o mesmo acontecerá com operadores diferenciais de ordem superior que tenham $D + 3$ como um fator. Por exemplo, $(D + 3)(D + 1)$, $(D + 3)^2$ e $D^3(D + 3)$ anularão e^{-3x}. (Verifique isso.) Quando procuramos um anulador para uma função $y = f(x)$, queremos o operador de *menor ordem possível* para isso.

COEFICIENTES A DETERMINAR

Isso nos leva à discussão precedente. Suponhamos que $L(y) = g(x)$ seja uma equação diferencial linear com coeficientes constantes e que a entrada $g(x)$ consista em somas e produtos finitos de funções dadas em (3), (5) e (7) – isto é, $g(x)$ é uma combinação linear de funções da forma

$$k\text{(constante)}, \quad x^m, \quad x^m e^{\alpha x}, \quad x^m e^{\alpha x} \cos \beta x \quad \text{e} \quad x^m e^{\alpha x} \operatorname{sen} \beta x,$$

onde m é um inteiro não negativo e α e β são números reais. Sabemos agora que uma função $g(x)$ desse tipo pode ser anulada por um anulador diferencial L_1 de ordem menor possível, que consista em um produto dos operadores D^n, $(D-\alpha)^n$ e $(D^2 - 2\alpha D + \alpha^2 + \beta^2)^n$. Aplicando L_1 a ambos os lados da equação $L(y) = g(x)$ obtemos $L_1 L(y) = L_1(g(x)) = 0$. Resolvendo a equação *homogênea de ordem superior* $L_1 L(y) = 0$, podemos descobrir a *forma* de uma solução particular y_p da equação não homogênea original $L(y) = g(x)$. Substituímos então essa suposta forma em $L(y) = g(x)$ para encontrar uma solução particular explícita. Esse procedimento para determinar y_p, chamado de **método de coeficientes a determinar**, é ilustrado nos exemplos seguintes.

Antes de prosseguir, vamos lembrar que a solução geral de uma equação diferencial linear não homogênea $L(y) = g(x)$ é $y = y_c + y_p$, onde y_c é a função complementar – isto é, a solução geral da equação homogênea associada $L(y) = 0$. A solução geral de cada equação $L(y) = g(x)$ está definida no intervalo $(-\infty, \infty)$.

EXEMPLO 3 Solução geral usando coeficientes a determinar

Resolva
$$y'' + 3y' + 2y = 4x^2. \tag{9}$$

SOLUÇÃO

Passo 1. Em primeiro lugar, resolvemos a equação homogênea $y'' + 3y' + 2y = 0$. Então, da equação auxiliar $m^2 + 3m + 2 = (m+1)(m+2) = 0$ encontramos $m_1 = -1$ e $m_2 = -2$. Portanto, a função complementar é

$$y_c = c_1 e^{-x} + c_2 e^{-2x}.$$

Passo 2. Agora, como $4x^2$ é anulado pelo operador diferencial D^3, vemos que $D^3(D^2 + 3D + 2)y = 4D^3 x^2$ é idêntico a

$$D^3(D^2 + 3D + 2)y = 0. \tag{10}$$

A equação auxiliar da equação de quinta ordem em (10),

$$m^3(m^2 + 3m + 2) = 0 \quad \text{ou} \quad m^3(m+1)(m+2) = 0,$$

tem raízes $m_1 = m_2 = m_3 = 0$, $m_4 = -1$ e $m_5 = -2$. Assim, sua solução geral deve ser

$$y = c_1 + c_2 x + c_3 x_2 + \boxed{c_4 e^{-x} + c_5 e^{-2x}}. \tag{11}$$

Os termos no retângulo em (11) constituem a função complementar da equação original (9). Podemos então argumentar que uma solução particular y_p de (9) deve também satisfazer (10). Isso significa que os termos remanescentes em (11) devem ser a forma básica de y_p:

$$y_p = A + Bx + Cx^2, \tag{12}$$

onde, por conveniência, substituímos c_1, c_2 e c_3 por A, B e C, respectivamente. Para que (12) seja uma solução particular de (9), é necessário determinar os coeficientes *específicos* A, B e C. Diferenciando (12), temos

$$y'_p = B + 2Cx, \quad y''_p = 2C,$$

e substituindo em (9), temos

$$y''_p + 3y'_p + 2y_p = 2C + 3B + 6Cx + 2A + 2Bx + 2Cx^2 = 4x^2.$$

Como a última equação é uma identidade, os coeficientes de x de mesma potência devem ser iguais:

$$\underbrace{(2C)}\, x^2 + \underbrace{(2B + 6C)}\, x + \underbrace{(2A + 3B + 2C)} = 4x^2 + 0x + 0$$

Isto é,

$$2C = 4, \quad 2B + 6C = 0, \quad 2A + 3B + 2C = 0. \tag{13}$$

Resolvendo as equações em (13), obtemos $A = 7$, $B = -6$ e $C = 2$. Assim, $y_p = 7 - 6x + 2x^2$.

Passo 3. A solução geral da equação dada em (9) é $y = y_c + y_p$ ou

$$y = c_1 e^{-x} + c_2 e^{-2x} + 7 - 6x + 2x^2. \qquad \blacksquare$$

EXEMPLO 4 Solução geral usando coeficientes a determinar

Resolva

$$y'' - 3y' = 8e^{3x} + 4\,\text{sen}\, x. \tag{14}$$

SOLUÇÃO

Passo 1. A equação auxiliar da equação homogênea associada $y'' - 3y' = 0$ é $m^2 - 3m = m(m - 3) = 0$. Portanto, $y_c = c_1 + c_2 e^{3x}$.

Passo 2. Agora, como $(D - 3)e^{3x} = 0$ e $(D^2 + 1)\,\text{sen}\, x = 0$, aplicamos o operador diferencial $(D - 3)(D^2 + 1)$ a ambos os lados de (14):

$$(D - 3)(D^2 + 1)(D^2 - 3D)y = 0. \tag{15}$$

A equação auxiliar de (15) é

$$(m - 3)(m^2 + 1)(m^2 - 3m) = 0 \quad \text{ou} \quad m(m - 3)^2(m^2 + 1) = 0.$$

Assim,

$$y = \boxed{c_1 + c_2 e^{3x}} + c_3 x e^{3x} + c_4 \cos x + c_5 \,\text{sen}\, x.$$

Depois que excluirmos a combinação linear de termos no retângulo que corresponde a y_c, chegaremos à seguinte forma para y_p:

$$y_p = Axe^{3x} + B\cos x + C\,\text{sen}\, x.$$

Substituindo y_p em (14) e simplificando, obtemos

$$y_p'' - 3y_p' = 3Ae^{3x} + (-B - 3C)\cos x + (3B - C)\,\text{sen}\, x = 8e^{3x} + 4\,\text{sen}\, x.$$

Igualando os coeficientes, teremos $3A = 8$, $-B - 3C = 0$ e $3B - C = 4$. Encontramos então $A = \frac{8}{3}$, $B = \frac{6}{5}$ e $C = -\frac{2}{5}$ e, consequentemente,

$$y_p = \frac{8}{3}xe^{3x} + \frac{6}{5}\cos x - \frac{2}{5}\,\text{sen}\, x.$$

Passo 3. A solução geral de (14) é então

$$y = c_1 + c_2 e^{3x} + \frac{8}{3}xe^{3x} + \frac{6}{5}\cos x - \frac{2}{5}\,\text{sen}\, x. \qquad \blacksquare$$

EXEMPLO 5 Solução geral usando coeficientes a determinar

Resolva

$$y'' + y = x\cos x - \cos x. \tag{16}$$

SOLUÇÃO

A função complementar é $y_c = c_1 \cos x + c_2 \operatorname{sen} x$. Comparando agora $\cos x$ e $x \cos x$ com as funções na primeira linha de (7), vemos que $\alpha = 0$ e $n = 1$ e, portanto, $(D^2 + 1)^2$ é um anulador do lado direito da equação em (16). Aplicando esse operador à equação diferencial, obtemos

$$(D^2 + 1)^2(D^2 + 1)y = 0 \quad \text{ou} \quad (D^2 + 1)^3 y = 0.$$

Como i e $-i$ são ambas raízes complexas com multiplicidade 3 da equação auxiliar da última equação diferencial, concluímos que

$$y = \boxed{c_1 \cos x + c_2 \operatorname{sen} x} + c_3 x \cos x + c_4 x \operatorname{sen} x + c_5 x^2 \cos x + c_6 x^2 \operatorname{sen} x.$$

Substituímos

$$y_p = Ax \cos x + Bx \operatorname{sen} x + Cx^2 \cos x + Ex^2 \operatorname{sen} x$$

em (16) e simplificamos:

$$y_p'' + y_p = 4Ex \cos x - 4Cx \operatorname{sen} x + (2B + 2C) \cos x + (-2A + 2E) \operatorname{sen} x$$
$$= x \cos x - \cos x.$$

Igualando coeficientes, obtemos as equações $4E = 1$, $-4C = 0$, $2B + 2C = -1$ e $-2A + 2E = 0$, das quais concluímos que $A = \frac{1}{4}$, $B = -\frac{1}{2}$, $C = 0$ e $E = \frac{1}{4}$. Logo, a solução geral de (16) é

$$y = c_1 \cos x + c_2 \operatorname{sen} x + \frac{1}{4} x \cos x - \frac{1}{2} x \operatorname{sen} x + \frac{1}{4} x^2 \operatorname{sen} x \qquad \blacksquare$$

EXEMPLO 6 Forma de uma solução particular

Determine a forma de uma solução particular para

$$y'' - 2y' + y = 10 e^{-2x} \cos x. \tag{17}$$

SOLUÇÃO

A função complementar da equação dada é $y_c = c_1 e^x + c_2 x e^x$.

Agora, de (7), com $\alpha = -2$, $\beta = 1$ e $n = 1$, sabemos que

$$(D^2 + 4D + 5) e^{-2x} \cos x = 0.$$

Aplicando o operador $D^2 + 4D + 5$ à equação (17), obtemos

$$(D^2 + 4D + 5)(D^2 - 2D + 1)y = 0. \tag{18}$$

Como as raízes da equação auxiliar de (18) são $-2 - i$, $-2 + i$, 1 e 1, vemos de

$$y = \boxed{c_1 e^x + c_2 x e^x} + c_3 e^{-2x} \cos x + c_4 e^{-2x} \operatorname{sen} x$$

que uma solução particular de (17) pode ser encontrada na forma

$$y_p = A e^{-2x} \cos x + B e^{-2x} \operatorname{sen} x. \qquad \blacksquare$$

EXEMPLO 7 Forma de uma solução particular

Determine a forma de uma solução particular para

$$y''' - 4y'' + 4y' = 5x^2 - 6x + 4x^2 e^{2x} + 3 e^{5x}. \tag{19}$$

SOLUÇÃO

Observe que

$$D^3(5x^2 - 6x) = 0, \quad (D-2)^3 x^2 e^{2x} = 0 \quad \text{e} \quad (D-5) e^{5x} = 0.$$

Logo, $D^3(D-2)^3(D-5)$, aplicada a (19), resulta em

$$D^3(D-2)^3(D-5)(D^3-4D^2+4D)y = 0.$$

ou

$$D^4(D-2)^5(D-5)y = 0.$$

Pode-se ver facilmente que as raízes da equação auxiliar da última equação diferencial são 0, 0, 0, 0, 2, 2, 2, 2, 2 e 5. Logo,

$$y = \boxed{c_1} + c_2 x + c_3 x^2 + c_4 x^3 + \boxed{c_5 e^{2x} + c_6 x e^{2x}} + c_7 x^2 e^{2x} + c_8 x^3 e^{2x} + c_9 x^4 e^{2x} + c_{10} e^{5x}. \tag{20}$$

Como a combinação linear $c_1 + c_5 e^{2x} + c_6 x e^{2x}$ corresponde à função complementar de (19), os termos restantes de (20) formam uma solução particular da equação diferencial:

$$y_p = Ax + Bx^2 + Cx^3 + Ex^2 e^{2x} + Fx^3 e^{2x} + Gx^4 e^{2x} + He^{5x}. \qquad \blacksquare$$

RESUMO DO MÉTODO

Para sua conveniência, vamos resumir o método de coeficientes a determinar.

COEFICIENTES A DETERMINAR – ABORDAGEM DO ANULADOR

A equação diferencial $L(y) = g(x)$ tem coeficientes constantes e a função $g(x)$ consiste em somas e produtos finitos de constantes, polinômios, funções exponenciais $e^{\alpha x}$, senos e cossenos.

(i) Ache a solução complementar y_c da equação homogênea $L(y) = 0$.

(ii) Opere em ambos os lados da equação não homogênea $L(y) = g(x)$ com um operador diferencial L_1 que anule a função $g(x)$.

(iii) Ache a solução geral da equação diferencial homogênea de ordem superior $L_1 L(y) = 0$.

(iv) Desconsidere da solução na etapa (iii) todos os termos que também aparecem na solução complementar y_c encontrada na etapa (i). Forme uma combinação linear y_p dos termos remanescentes. Essa é a forma de uma solução particular de $L(y) = g(x)$.

(v) Substitua o y_p encontrado em (iv) por $L(y) = g(x)$. Agrupe os coeficientes das funções em cada lado da igualdade e resolva o sistema resultante para determinar os coeficientes desconhecidos em y_p.

(vi) Com a solução particular encontrada em (v), forme a solução geral $y = y_c + y_p$ da equação diferencial dada.

OBSERVAÇÕES

O método dos coeficientes a determinar não é aplicável a equações diferenciais lineares com coeficientes variáveis, nem tampouco a equações lineares com coeficientes constantes quando $g(x)$ é uma função do tipo

$$g(x) = \ln x, \quad g(x) = \frac{1}{x}, \quad g(x) = \operatorname{tg} x, \quad g(x) = \operatorname{sen}^{-1} x,$$

e assim por diante. Equações diferenciais nas quais a função entrada $g(x)$ é uma função desse último tipo serão consideradas na próxima seção.

EXERCÍCIOS 4.5

As respostas aos problemas ímpares estão no final do livro.

Nos Problemas 1-10, escreva a equação diferencial dada na forma $L(y) = g(x)$, onde L é um operador diferencial linear com coeficientes constantes. Se possível, fatore L.

1. $9y'' - 4y = \operatorname{sen} x$

2. $y'' - 5y = x^2 - 2x$

3. $y'' - 4y' - 12y = x - 6$

4. $2y'' - 3y' - 2y = 1$

5. $y''' + 10y'' + 25y' = e^x$

6. $y''' + 4y' = e^x \cos 2x$

7. $y''' + 2y'' - 13y' + 10y = xe^{-x}$

8. $y''' + 4y'' + 3y' = x^2 \cos x - 3x$

9. $y^{(4)} + 8y' = 4$

10. $y^{(4)} - 8y'' + 16y = (x^3 - 2x)e^{4x}$

Nos Problemas 11-14, verifique se o operador diferencial dado anula as funções indicadas.

11. D^4; $y = 10x^3 - 2x$

12. $2D - 1$; $y = 4e^{x/2}$

13. $(D - 2)(D + 5)$; $y = e^{2x} + 3e^{-5x}$

14. $D^2 + 64$; $y = 2\cos 8x - 5\operatorname{sen} 8x$

Nos Problemas 15-26, determine um operador diferencial linear que anule a função dada.

15. $1 + 6x - 2x^3$

16. $x^3(1 - 5x)$

17. $1 + 7e^{2x}$

18. $x + 3xe^{6x}$

19. $\cos 2x$

20. $1 + \operatorname{sen} x$

21. $13x + 9x^2 - \operatorname{sen} 4x$

22. $8x - \operatorname{sen} x + 10\cos 5x$

23. $e^{-x} + 2xe^x - x^2 e^x$

24. $(2 - e^x)^2$

25. $3 + e^x \cos 2x$

26. $e^{-x} \operatorname{sen} x - e^{2x} \cos x$

Nos Problemas 27-34, determine funções linearmente independentes que sejam anuladas pelo operador diferencial dado.

27. D^5

28. $D^2 + 4D$

29. $(D - 6)(2D + 3)$

30. $D^2 - 9D - 36$

31. $D^2 + 5$

32. $D^2 - 6D + 10$

33. $D^3 - 10D^2 + 25D$

34. $D^2(D - 5)(D - 7)$

Nos Problemas 35-64, resolva a equação diferencial dada usando coeficientes a determinar.

35. $y'' - 9y = 54$

36. $2y'' - 7y' + 5y = -29$

37. $y'' + y' = 3$

38. $y''' + 2y'' + y' = 10$

39. $y'' + 4y' + 4y = 2x + 6$

40. $y'' + 3y' = 4x - 5$

41. $y''' + y'' = 8x^2$

42. $y'' - 2y' + y = x^3 + 4x$

43. $y'' - y' - 12y = e^{4x}$

44. $y'' + 2y' + 2y = 5e^{6x}$

45. $y'' - 2y' - 3y = 4e^x - 9$

46. $y'' + 6y' + 8y = 3e^{-2x} + 2x$

47. $y'' + 25y = 6\operatorname{sen} x$

48. $y'' + 4y = 4\cos x + 3\operatorname{sen} x - 8$

49. $y'' + 6y' + 9y = -xe^{4x}$

50. $y'' + 3y' - 10y = x(e^x + 1)$

51. $y'' - y = x^2 e^x + 5$

52. $y'' + 2y' + y = x^2 e^{-x}$

53. $y'' - 2y' + 5y = e^x \operatorname{sen} x$

54. $y'' + y' + \frac{1}{4}y = e^x(\operatorname{sen} 3x - \cos 3x)$

55. $y'' + 25y = 20\operatorname{sen} 5x$

56. $y'' + y = 4\cos x - \operatorname{sen} x$

57. $y'' + y' + y = x \operatorname{sen} x$

58. $y'' + 4y = \cos^2 x$

59. $y''' + 8y'' = -6x^2 + 9x + 2$

60. $y''' - y'' + y' - y = xe^x - e^{-x} + 7$

61. $y''' - 3y'' + 3y' - y = e^x - x + 16$

62. $2y''' - 3y'' - 3y' + 2y = (e^x + e^{-x})^2$

63. $y^{(4)} - 2y''' + y'' = e^x + 1$

64. $y^{(4)} - 4y'' = 5x^2 - e^{2x}$

Nos Problemas 65-72, resolva o problema de valor inicial dado.

65. $y'' - 64y = 16, y(0) = 1, y'(0) = 0$

66. $y'' + y' = x, y(0) = 1, y'(0) = 0$

67. $y'' - 5y' = x - 2, y(0) = 0, y'(0) = 2$

68. $y'' + 5y' - 6y = 10e^{2x}, y(0) = 1, y'(0) = 1$

69. $y'' + y = 8 \cos 2x - 4 \operatorname{sen} x, y(\pi/2) = -1, y'(\pi/2) = 0$

70. $y''' - 2y'' + y' = xe^x + 5, y(0) = 2, y'(0) = 2, y''(0) = -1$

71. $y'' - 4y' + 8y = x^3, y(0) = 2, y'(0) = 4$

72. $y^{(4)} - y''' = x + e^x, y(0) = 0, y'(0) = 0, y''(0) = 0, y'''(0) = 0$

PROBLEMA PARA DISCUSSÃO

73. Seja L um operador diferencial linear que pode ser fatorado, mas tem coeficientes variáveis. Os fatores de L comutam? Justifique sua resposta.

4.6 VARIAÇÃO DE PARÂMETROS

ASSUNTOS ANALISADOS
- Fórmulas básicas de integração e técnicas do Cálculo
- Revisão da Seção 2.3

INTRODUÇÃO
Mencionamos nas dicussões das Seções 4.4 e 4.5 que o método dos coeficientes indeterminados possui duas fraquezas inerentes que limitam sua aplicação mais ampla às equações lineares: a ED deve ter coeficientes constantes e a função de entrada $g(x)$ deve ser do tipo listado na Tabela 4.4.1. Nesta seção examinaremos um método para determinar uma solução particular y_p de uma ED linear não homogênea que não tem, em teoria, nenhuma restrição. Este método, devido ao eminente astrônomo e matemático **Joseph Louis Lagrange** (1736–1813), é conhecido como **variação de parâmetros**. Antes de examinarmos este poderoso método para equações de ordem superior revisemos a solução das equações diferenciais lineares de primeira ordem que foram postas na forma padrão. A discussão sobre o primeiro tópico desta seção é opcional e destina-se a motivar a principal discussão desta seção que começa sob o segundo tópico. Se estiver pressionado pelo tempo este material motivacional pode ser atribuído apenas para leitura.

REVISÃO DE EDS LINEARES DE PRIMEIRA ORDEM
Na Seção 2.3 dissemos que a solução geral da equação diferencial linear de primeira ordem $a_1(x)y' + a_0(x)y = g(x)$ pode ser encontrada se a reescrevermos inicialmente na forma padrão

$$\frac{dy}{dx} = P(x)y = f(x) \qquad (1)$$

e, assumindo que $P(x)$ e $f(x)$ são contínuas no intervalo comum I. Usando o método do fator de integração, a solução geral de (1) no intervalo I, verificou-se ser (Veja (4) na Seção 2.3).

$$y = c_1 e^{-\int P(x)dx} + e^{-\int P(x)dx} \int e^{\int P(x)dx} f(x)dx.$$

A solução anterior tem a mesma forma que foi dada no Teorema 4.1.6, a saber, $y = y_c + y_p$. Neste caso $y_c = c_1 e^{-\int P(x)dx}$ é uma solução da equação homogênea associada

$$\frac{dy}{dx} + P(x)y = 0 \tag{2}$$

e

$$y_p = e^{-\int P(x)dx} \int e^{\int P(x)dx} f(x)dx \tag{3}$$

é uma solução particular da equação não homogênea (1). Como forma de motivar um método para resolver equações lineares não homogêneas de ordem superior nos propomos a rederivar uma solução particular de (3) por um método conhecido como **variação dos parâmetros**. (O procedimento básico é o que foi usado na Seção 4.2)

Suponha que y_1 seja uma solução conhecida da equação homogênea (2), isto é,

$$\frac{dy_1}{dx} + P(x)y_1 = 0. \tag{4}$$

É fácil mostrar que $y_1 = e^{-\int P(x)dx}$ é uma solução de (4) e, devido a equação ser linear, $c_1 y_1(x)$ é sua solução geral. Variação de parâmetros consiste em encontrar uma solução particular de (1) na forma $y_p = u_1(x)y_1(x)$. Em outras palavras, substituímos o *parâmetro* c_1 pela *função* u_1.

Substituindo $y_p = u_1 y_1$ em (1) e usando a Regra do Produto, obtém-se

$$\frac{d}{dx}[u_1 y_1] + P(x)u_1 y_1 = f(x)$$

$$u_1 \frac{dy_1}{dx} + y_1 \frac{du_1}{dx} + P(x)u_1 y_1 = f(x)$$

$$u_1 \overbrace{\left[\frac{dy_1}{dx} + P(x)y_1\right]}^{0 \text{ devido a (4)}} + y_1 \frac{du_1}{dx} = f(x)$$

assim

$$y_1 \frac{du_1}{dx} = f(x)$$

Separando as variáveis e integrando, encontramos u_1:

$$du_1 = \frac{f(x)}{y_1(x)}dx \quad \text{produz} \quad u_1 = \int \frac{f(x)}{y_1(x)}dx.$$

Daí a solução particular procurada será

$$y_p = u_1 y_1 = y_1 \int \frac{f(x)}{y_1(x)}dx.$$

A partir do fato que $y_1 = e^{-\int P(x)dx}$, vemos que o último resultado é idêntico a (3).

EDS LINEARES DE SEGUNDA ORDEM
A seguir consideremos o caso de uma equação linear de segunda ordem

$$a_2(x)y'' + a_1(x)y' + a_0(x)y = g(x), \tag{5}$$

embora, como veremos, a variação dos parâmetros estende-se a equações de ordem superior. O método novamente começa colocando (5) na forma padrão

$$y'' + P(x)y' + Q(x)y = f(x) \tag{6}$$

e dividindo-se pelo coeficiente principal $a_2(x)$. Em (6) supomos que os coeficientes das funções $P(x)$, $Q(x)$ e $f(x)$ são contínuas em algum intervalo comum I. Como visto na Seção 4.3, não há dificuldade na obtenção da solução complementar $y_c = c_1 y_1(x) + c_2 y_2(x)$, a solução geral da equação homogênea associada de (6), quando os coeficientes são constantes. Análogo à discussão anterior, nós podemos nos questionar: os parâmetros c_1 e c_2 em y_c podem ser substituídos por funções u_1 e u_2, ou "parâmetros variáveis", de modo que

$$y = u_1(x)y_1(x) + u_2(x)y_2(x) \tag{7}$$

seja uma solução particular de (6)? Para responder esta questão substituímos (7) em (6). Usando a Regra do Produto para diferenciar y_p duas vezes, obtemos

$$y'_p = u_1 y'_1 + y_1 u'_1 + u_2 y'_2 + y_2 u'_2$$
$$y''_p = u_1 y''_1 + y'_1 u'_1 + y_1 u''_1 + u'_1 y'_1 + u_2 y''_2 + y'_2 u'_2 + y_2 u''_2 + u'_2 y'_2.$$

Substituindo (7) e as derivadas anteriores em (6) e reagrupando os termos, obtemos

$$\begin{aligned} y''_p + P(x) y'_p + Q(x) y_p &= u_1 \overbrace{[y''_1 + P y'_1 + Q y_1]}^{\text{zero}} + u_2 \overbrace{[y''_2 + P y'_2 + Q y_2]}^{\text{zero}} + y_1 u''_1 + u'_1 y'_1 \\ &\quad + y_2 u''_2 + u'_2 y'_2 + P[y_1 u'_1 + y_2 u'_2] + y'_1 u'_1 + y'_2 u'_2 \\ &= \frac{d}{dx}[y_1 u'_1] + \frac{d}{dx}[y_2 u'_2] + P[y_1 u'_1 + y_2 u'_2] + y'_1 u'_1 + y'_2 u'_2 \\ &= \frac{d}{dx}[y_1 u'_1 + y_2 u'_2] + P[y_1 u'_1 + y_2 u'_2] + y'_1 u'_1 + y'_2 u'_2 = f(x). \end{aligned} \qquad (8)$$

Como queremos determinar duas funções desconhecidas, u_1 e u_2, o bom senso nos diz que precisamos de duas equações. Podemos obtê-las fazendo a hipótese adicional de que as funções u_1 e u_2 satisfazem $y_1 u'_1 + y_2 u'_2 = 0$. Essa hipótese não veio do nada. Ela foi sugerida pelos dois primeiros termos em (8), pois se exigirmos que $y_1 u'_1 + y_2 u'_2 = 0$, então (8) se reduz a $y'_1 u'_1 + y'_2 u'_2 = f(x)$. Temos agora as duas equações desejadas, embora sirvam para determinar as derivadas u'_1 e u'_2 (e não u_1 e u_2). Pela regra de Cramer, a solução do sistema

$$y_1 u'_1 + y_2 u'_2 = 0$$
$$y'_1 u'_1 + y'_2 u'_2 = f(x)$$

pode ser expressa em termos de determinantes:

$$u'_1 = \frac{W_1}{W} = -\frac{y_2 f(x)}{W} \quad \text{e} \quad u'_2 = \frac{W_2}{W} = \frac{y_1 f(x)}{W}, \qquad (9)$$

onde

$$W = \begin{vmatrix} y_1 & y_2 \\ y'_1 & y'_2 \end{vmatrix}, \quad W_1 = \begin{vmatrix} 0 & y_2 \\ f(x) & y'_2 \end{vmatrix}, \quad W_2 = \begin{vmatrix} y_1 & 0 \\ y'_1 & f(x) \end{vmatrix}. \qquad (10)$$

As funções u_1 e u_2 são encontradas integrando os resultados em (9). O determinante W é o wronskiano de y_1 e y_2. Pela independência linear de y_1 e y_2 em I, sabemos que $W(y_1(x), y_2(x)) \neq 0$ para todo x no intervalo.

RESUMO DO MÉTODO

Em geral, não é uma boa ideia memorizar fórmulas em vez de entender o processo. Porém, o procedimento precedente será muito longo e complicado de ser usado toda vez que desejarmos resolver a equação diferencial. Nesse caso, é mais eficiente simplesmente usar as fórmulas de (9). Assim, para resolver $a_2 y'' + a_1 y' + a_0 y = g(x)$, encontre primeiramente a função complementar $y_c = c_1 y_1 + c_2 y_2$ e então calcule o wronskiano $W(y_1(x), y_2(x))$. Dividindo por a_2, colocamos a equação na forma padrão $y'' + Py' + Qy = f(x)$ para determinar $f(x)$. Achamos u_1 e u_2 integrando $u'_1 = W_1/W$ e $u'_2 = W_2/W$, onde W_1 e W_2 estão definidos como em (10). Uma solução particular é $y_p = u_1 y_1 + u_2 y_2$. A solução geral da equação é então $y = y_c + y_p$.

EXEMPLO 1 **Solução geral usando variação de parâmetros**

Resolva $y'' - 4y' + 4y = (x + 1)e^{2x}$.

SOLUÇÃO

Da equação auxiliar $m^2 - 4m + 4 = (m - 2)^2 = 0$ temos que $y_c = c_1 e^{2x} + c_2 x e^{2x}$. Com as identificações $y_1 = e^{2x}$ e $y_2 = x e^{2x}$, calculamos a seguir o wronskiano:

$$W(e^{2x}, x e^{2x}) = \begin{vmatrix} e^{2x} & x e^{2x} \\ 2 e^{2x} & 2x e^{2x} + e^{2x} \end{vmatrix} = e^{4x}.$$

Como a equação diferencial dada já está na forma (6) isto é, o coeficiente de y'' é 1), identificamos $f(x) = (x + 1)e^{2x}$. De (10), obtemos

$$W_1 = \begin{vmatrix} 0 & xe^{2x} \\ (x+1)e^{2x} & 2xe^{2x} + e^{2x} \end{vmatrix} = -(x+1)xe^{4x}, \quad W_2 = \begin{vmatrix} e^{2x} & 0 \\ 2e^{2x} & (x+1)e^{2x} \end{vmatrix} = (x+1)e^{4x},$$

e, de (9),

$$u_1' = -\frac{(x+1)xe^{4x}}{e^{4x}} = -x^2 - x, \quad u_2' = \frac{(x+1)e^{4x}}{e^{4x}} = x + 1.$$

Segue que $u_1 = -\frac{1}{3}x^3 - \frac{1}{2}x^2$ e $u_2 = \frac{1}{2}x^2 + x$. Portanto,

$$y_p = \left(-\frac{1}{3}x^3 - \frac{1}{2}x^2\right)e^{2x} + \left(\frac{1}{2}x^2 + x\right)xe^{2x} = \frac{1}{6}x^3e^{2x} + \frac{1}{2}x^2e^{2x}$$

e

$$y = y_c + y_p = c_1e^{2x} + c_2xe^{2x} + \frac{1}{6}x^3e^{2x} + \frac{1}{2}x^2e^{2x}. \qquad \blacksquare$$

EXEMPLO 2 Solução geral usando variação de parâmetros

Resolva $4y'' + 36y = \operatorname{cossec} 3x$.

SOLUÇÃO
Colocamos primeiramente a equação na forma padrão (6), dividindo por 4:

$$y'' + 9y = \frac{1}{4}\operatorname{cossec} 3x.$$

Como as raízes da equação auxiliar $m^2 + 9 = 0$ são $m_1 = 3i$ e $m_2 = -3i$, a função complementar é $y_c = c_1 \cos 3x + c_2 \operatorname{sen} 3x$. Usando $y_1 = \cos 3x$, $y_2 = \operatorname{sen} 3x$ e $f(x) = \frac{1}{4}\operatorname{cossec} 3x$, obtemos

$$W(\cos 3x, \operatorname{sen} 3x) = \begin{vmatrix} \cos 3x & \operatorname{sen} 3x \\ -3\operatorname{sen} 3x & 3\cos 3x \end{vmatrix} = 3,$$

$$W_1 = \begin{vmatrix} 0 & \operatorname{sen} 3x \\ \frac{1}{4}\operatorname{cossec} 3x & 3\cos 3x \end{vmatrix} = -\frac{1}{4}, \quad W_2 = \begin{vmatrix} \cos 3x & 0 \\ -3\operatorname{sen} 3x & \frac{1}{4}\operatorname{cossec} 3x \end{vmatrix} = \frac{1}{4}\frac{\cos 3x}{\operatorname{sen} 3x}.$$

Integrando

$$u_1' = \frac{W_1}{W} = -\frac{1}{12} \quad \text{e} \quad u_2' = \frac{W_2}{W} = \frac{1}{12}\frac{\cos 3x}{\operatorname{sen} 3x}$$

obtemos $u_1 = -\frac{1}{12}x$ e $u_2 = \frac{1}{36}\ln|\operatorname{sen} 3x|$. Logo, uma solução particular é

$$y_p = -\frac{1}{12}x\cos 3x + \frac{1}{36}(\operatorname{sen} 3x)\ln|\operatorname{sen} 3x|.$$

A solução geral da equação é

$$y = y_c + y_p = c_1\cos 3x + c_2 \operatorname{sen} 3x - \frac{1}{12}x\cos 3x + \frac{1}{36}(\operatorname{sen} 3x)\ln|\operatorname{sen} 3x|. \qquad (11) \quad \blacksquare$$

A Equação (11) representa a solução geral da equação diferencial, digamos, no intervalo $(0, \pi/6)$.

CONSTANTES DE INTEGRAÇÃO
No cálculo de integrais indefinidas de u_1' e u_2', não é necessário introduzir constantes. Isso se deve a

$$y = y_c + y_p = c_1y_1 + c_2y_2 + (u_1 + a_1)y_1 + (u_2 + b_1)y_2$$
$$= (c_1 + a_1)y_1 + (c_2 + b_1)y_2 + u_1y_1 + u_2y_2$$
$$= C_1y_1 + C_2y_2 + u_1y_1 + u_2y_2.$$

EXEMPLO 3 Solução geral usando variação de parâmetros

Resolva $y'' - y = \dfrac{1}{x}$.

SOLUÇÃO

A equação auxiliar $m^2 - 1 = 0$ leva a $m_1 = -1$ e $m_2 = 1$. Logo, $y_c = c_1 e^x + c_2 e^{-x}$. Agora $W(e^x, e^{-x}) = -2$ e

$$u_1' = -\frac{e^{-x}(1/x)}{-2}, \quad u_1 = \frac{1}{2}\int_{x_0}^{x} \frac{e^{-t}}{t} dt,$$

$$u_2' = \frac{e^{x}(1/x)}{-2}, \quad u_2 = -\frac{1}{2}\int_{x_0}^{x} \frac{e^{t}}{t} dt.$$

Como as integrais acima são não elementares, somos forçados a escrever

$$y_p = \frac{1}{2} e^x \int_{x_0}^{x} \frac{e^{-t}}{t} dt - \frac{1}{2} e^{-x} \int_{x_0}^{x} \frac{e^{t}}{t} dt,$$

e, portanto,

$$y = y_c + y_p = c_1 e^x + c_2 e^{-x} + \frac{1}{2} e^x \int_{x_0}^{x} \frac{e^{-t}}{t} dt - \frac{1}{2} e^{-x} \int_{x_0}^{x} \frac{e^{t}}{t} dt. \qquad (12) \quad \blacksquare$$

No Exemplo 3, podemos integrar em qualquer intervalo $[x_0, x]$ que não contenha a origem. Iremos resolver a equação do Exemplo 3 por um método alternativo na Seção 4.8.

EQUAÇÕES DE ORDEM SUPERIOR

O método que acabamos de examinar para as equações diferenciais não homogêneas de segunda ordem pode ser generalizado para as de ordem n na forma padrão

$$y^{(n)} + P_{n-1}(x) y^{(n-1)} + \cdots + P_1(x) y' + P_0(x) y = f(x). \qquad (13)$$

Se $y_c = c_1 y_1 + c_2 y_2 + \cdots + c_n y_n$ for a função complementar de (13), então uma solução particular será

$$y_p = u_1(x) y_1(x) + u_2(x) y_2(x) + \cdots + u_n(x) y_n(x),$$

onde u_k', $k = 1, 2, \ldots, n$ são determinados pelas n equações

$$\begin{aligned} y_1 u_1' + y_2 u_2' + \cdots + y_n u_n' &= 0 \\ y_1' u_1' + y_2' u_2' + \cdots + y_n' u_n' &= 0 \\ &\vdots \\ y_1^{(n-1)} u_1' + y_2^{(n-1)} u_2' + \cdots + y_n^{(n-1)} u_n' &= f(x). \end{aligned} \qquad (14)$$

As primeiras $n-1$ equações desse sistema, como $y_1 u_1' + y_2 u_2' = 0$ em (8), são hipóteses adotadas para simplificar a equação resultante depois que $y_p = u_1(x) y_1(x) + \cdots + u_n(x) y_n(x)$ é substituída em (13). Nesse caso, da regra de Cramer, resulta que

$$u_k' = \frac{W_k}{W}, \quad k = 1, 2, \ldots, n,$$

onde W é o wronskiano de $y_1, y_2, \ldots, y_n$ e W_k é o determinante obtido substituindo a k-ésima coluna do wronskiano pela coluna que consiste nos segundos membros em (14) – isto é, a coluna $(0, 0, \ldots, f(x))$. Quando $n = 2$, obtemos (9). Quando $n = 3$, a solução particular é $y_p = u_1 y_1 + u_2 y_2 + u_3 y_3$, quando $y_1, y_2,$ e y_3 constitui o conjunto de soluções linearmente independentes da ED homogênea associada, e u_1, u_2, u_3 são obtidas a partir de

$$u_1' = \frac{W_1}{W}, \quad u_2' = \frac{W_2}{W}, \quad u_3' = \frac{W_3}{W}, \qquad (15)$$

$$W_1 = \begin{vmatrix} 0 & y_2 & y_3 \\ 0 & y_2' & y_3' \\ f(x) & y_2'' & y_3'' \end{vmatrix}, \quad W_2 = \begin{vmatrix} y_1 & 0 & y_3 \\ y_1' & 0 & y_3' \\ y_1'' & f(x) & y_3'' \end{vmatrix}, \quad W_3 = \begin{vmatrix} y_1 & y_2 & 0 \\ y_1' & y_2' & 0 \\ y_1'' & y_2'' & f(x) \end{vmatrix} \quad \text{e} \quad W = \begin{vmatrix} y_1 & y_2 & y_3 \\ y_1' & y_2' & y_3' \\ y_1'' & y_2'' & y_3'' \end{vmatrix}.$$

Veja os Problemas 25-28 nos Exercícios 4.6.

OBSERVAÇÕES

(i) A variação dos parâmetros tem uma vantagem clara sobre o método dos coeficientes a determinar: a de gerar *sempre* uma solução particular y_p desde que a equação homogênea relacionada possa ser resolvida. O método presente não está limitado a uma função $f(x)$ que seja uma combinação dos quatro tipos de função listadas na página 149. Além disso, como veremos na próxima seção, a variação de parâmetros, diferentemente dos coeficientes a determinar, é aplicável a equações diferenciais com coeficientes variáveis.

(ii) Nos problemas a seguir, não hesite em simplificar a forma de y_p. Dependendo de como forem encontradas as antiderivadas de u_1' e u_2', você pode não obter o mesmo y_p dado na seção de respostas. Por exemplo, no Problema 3 dos Exercícios 4.6, tanto $y_p = \frac{1}{2}\operatorname{sen} x - \frac{1}{2}x\cos x$ quanto $y_p = \frac{1}{4}\operatorname{sen} x - \frac{1}{2}x\cos x$ são respostas válidas. Em qualquer dos casos, a solução geral $y = y_c + y_p$ pode ser simplificada para se obter $y = c_1\cos x + c_2\operatorname{sen} x - \frac{1}{2}x\cos x$. Por quê?

EXERCÍCIOS 4.6

As respostas aos problemas ímpares estão no final do livro.

Nos Problemas 1-18, resolva cada equação diferencial por variação de parâmetros.

1. $y'' + y = \sec x$
2. $y'' + y = \operatorname{tg} x$
3. $y'' + y = \operatorname{sen} x$
4. $y'' + y = \sec\theta \operatorname{tg} \theta$
5. $y'' + y = \cos^2 x$
6. $y'' + y = \sec^2 x$
7. $y'' - y = \cosh x$
8. $y'' - y = \operatorname{senh} 2x$
9. $y'' - 4y = \dfrac{e^{2x}}{x}$
10. $y'' - 9y = \dfrac{9x}{e^{3x}}$
11. $y'' + 3y' + 2y = \dfrac{1}{1 + e^x}$
12. $y'' - 2y' + y = \dfrac{e^x}{1 + x^2}$
13. $y'' + 3y' + 2y = \operatorname{sen} e^x$
14. $y'' - 2y' + y = e^t \operatorname{arctg} t$
15. $y'' + 2y' + y = e^{-t}\ln t$
16. $2y'' + 2y' + y = 4\sqrt{x}$
17. $3y'' - 6y' + 6y = e^x \sec x$
18. $4y'' - 4y' + y = e^{x/2}\sqrt{1 - x^2}$

Nos Problemas 19-22, resolva cada equação diferencial por variação de parâmetros, respeitando as condições iniciais $y(0) = 1$, $y'(0) = 0$.

19. $4y'' - y = xe^{x/2}$
20. $2y'' + y' - y = x + 1$
21. $y'' + 2y' - 8y = 2e^{-2x} - e^{-x}$
22. $y'' - 4y' + 4y = (12x^2 - 6x)e^{2x}$

Nos Problemas 23 e 24, as funções indicadas são soluções linearmente independentes da equação diferencial homogênea associada em $(0, \infty)$. Ache a solução geral da equação não homogênea dada.

23. $x^2 y'' + xy' + (x^2 - \frac{1}{4})y = x^{3/2}$;
    $y_1 = x^{-1/2}\cos x$, $y_2 = x^{-1/2}\operatorname{sen} x$
24. $x^2 y'' + xy' + y = \sec(\ln x)$;
    $y_1 = \cos(\ln x)$, $y_2 = \operatorname{sen}(\ln x)$

Nos Problemas 25-28, resolva a equação diferencial de terceira ordem dada por variação de parâmetros.

25. $y''' + y' = \operatorname{tg} x$
26. $y''' + 4y' = \sec 2x$
27. $y''' - 2y'' - y' + 2y = e^{4x}$
28. $y''' - 3y'' + 2y' = \dfrac{e^{2x}}{1 + e^x}$

PROBLEMAS PARA DISCUSSÃO

Nos Problemas 29 e 30, discuta como podem ser combinados os métodos dos coeficientes a determinar e variação de parâmetros para resolver a equação diferencial dada. Desenvolva as suas ideias.

29. $3y'' - 6y' + 30y = 15 \operatorname{sen} x + e^x \operatorname{tg} 3x$

30. $y'' - 2y' + y = 4x^2 - 3 + x^{-1}e^x$

31. Quais são os intervalos de definição das soluções gerais dos Problemas 1, 7, 9 e 18? Discuta por que o intervalo de definição da solução geral do Problema 24 *não* é $(0, \infty)$.

32. Determine a solução geral de $x^4 y'' + x^3 y' - 4x^2 y = 1$ dado que $y_1 = x^2$ é uma solução da equação homogênea associada.

4.7 EQUAÇÃO DE CAUCHY-EULER

ASSUNTOS ANALISADOS
- Revise o conceito de equação auxiliar na Seção 4.3

INTRODUÇÃO
A mesma facilidade relativa com que podemos determinar soluções explícitas de equações diferenciais lineares de ordem superior com coeficientes constantes na seção precedente não se aplica em geral às equações lineares com coeficientes variáveis. Veremos no Capítulo 6 que, se uma equação diferencial linear tiver coeficientes variáveis, o melhor que podemos *usualmente* esperar é determinar uma solução na forma de uma série infinita. Porém, o tipo de equação diferencial considerado nesta seção é uma exceção a essa regra; é uma equação linear com coeficientes variáveis cuja solução geral pode sempre ser expressa em termos de potências de x, seno, cosseno e funções logarítmicas. Além disso, seu método de solução é bastante similar ao das equações com coeficientes constantes no sentido de que uma equação auxiliar deve ser resolvida.

EQUAÇÃO DE CAUCHY-EULER
Uma equação diferencial linear da forma

$$a_n x^n \frac{d^n y}{dx^n} + a_{n-1} x^{n-1} \frac{d^{n-1} y}{dx^{n-1}} + \cdots + a_1 x \frac{dy}{dx} + a_0 y = g(x),$$

onde os coeficientes $a_n, a_{n-1}, \ldots, a_0$ são constantes, é conhecida como uma **equação de Cauchy-Euler**. A equação diferencial homenageia dois dos mais prolíficos matemáticos de todos os tempos. Augustin-Louis Cauchy (França, 1789–1857) e Leonhard Euler (Suíça, 1707–1783). A característica observável desse tipo de equação é que o grau $k = n, n-1, \ldots, 1, 0$ dos coeficientes monomiais x^k coincide com a ordem k da diferenciação $d^k y / dx^k$:

$$a_n \underbrace{x^n}_{\text{o mesmo}} \frac{d^n y}{dx^n} + a_{n-1} \underbrace{x^{n-1}}_{\text{o mesmo}} \frac{d^{n-1} y}{dx^{n-1}} + \cdots.$$

Como na Seção 4.3, começamos a discussão com um exame detalhado das formas da solução geral de uma equação homogênea de segunda ordem

$$ax^2 \frac{d^2 y}{dx^2} + bx \frac{dy}{dx} + cy = 0. \tag{1}$$

A solução da equação de ordem superior segue analogamente. Podemos também resolver a equação não homogênea $ax^2 y'' + bxy' + cy = g(x)$ por variação de parâmetros, desde que determinemos primeiro a função complementar y_c.

NOTA
O coeficiente ax^2 de y'' é zero em $x = 0$. Logo, para garantir que são aplicáveis os resultados fundamentais do Teorema 4.1.1 à equação de Cauchy-Euler, focaremos nossa atenção em encontrar soluções gerais definidas no intervalo $(0, \infty)$.

MÉTODO DE RESOLUÇÃO

Tentaremos uma solução da forma $y = x^m$, onde m deve ser determinado. De forma semelhante ao que ocorreu quando substituímos e^{mx} em uma equação linear com coeficientes constantes, ao substituirmos x^m, todo termo da equação de Cauchy-Euler transformar-se-á em um polinômio em m vezes x^m, pois

$$a_k x^k \frac{d^k y}{dx^k} = a_k x^k m(m-1)(m-2)\ldots(m-k+1)x^{m-k} = a_k m(m-1)(m-2)\ldots(m-k+1)x^m.$$

Por exemplo, se substituirmos $y = x^m$, a equação de segunda ordem vai se tornar

$$ax^2 \frac{d^2 y}{dx^2} + bx\frac{dy}{dx} + cy = am(m-1)x^m + bmx^m + cx^m = (am(m-1) + bm + c)x^m.$$

Assim, $y = x^m$ será uma solução da equação diferencial sempre que m for uma solução da **equação auxiliar**

$$am(m-1) + bm + c = 0 \quad \text{ou} \quad am^2 + (b-a)m + c = 0. \tag{2}$$

Há três casos diferentes a serem considerados, dependendo de as raízes dessa equação quadrática serem reais e distintas, reais e iguais ou complexas. Nesse último caso, as raízes aparecem como um par conjugado.

CASO I: RAÍZES REAIS DISTINTAS

Sejam m_1 e m_2 as raízes reais de (1) com $m_1 \neq m_2$. Então $y_1 = x^{m_1}$ e $y_2 = x^{m_2}$ formam um conjunto fundamental de soluções. Logo, a solução geral será

$$y = c_1 x^{m_1} + c_2 x^{m_2}. \tag{3}$$

EXEMPLO 1   Raízes distintas

Resolva

$$x^2 \frac{d^2 y}{dx^2} - 2x\frac{dy}{dx} - 4y = 0.$$

SOLUÇÃO

Em vez de simplesmente memorizar a Equação (2) é preferível supor que $y = x^m$ seja uma solução para entender a origem e a diferença entre essa nova forma de equação linear e aquela obtida na Seção 4.3. Diferenciando duas vezes,

$$\frac{dy}{dx} = mx^{m-1}, \quad \frac{d^2 y}{dx^2} = m(m-1)x^{m-2},$$

e substituindo novamente na equação diferencial:

$$x^2 \frac{d^2 y}{dx^2} - 2x\frac{dy}{dx} - 4y = x^2 \cdot m(m-1)x^{m-2} - 2x \cdot mx^{m-1} - 4x^m$$

$$= x^m(m(m-1) - 2m - 4) = x^m(m^2 - 3m - 4) = 0$$

se $m^2 - 3m - 4 = 0$. Agora $(m+1)(m-4) = 0$ implica que $m_1 = -1$, $m_2 = 4$, logo, $y = c_1 x^{-1} + c_2 x^4$. ∎

CASO II: RAÍZES REAIS REPETIDAS

Se as raízes de (2) são repetidas (isto é, $m_1 = m_2$), então obtemos somente uma solução – a saber, $y = x^{m_1}$. Quando as raízes da equação quadrática $am^2 + (b-a)m + c = 0$ são iguais, o discriminante dos coeficientes é necessariamente zero. Segue da fórmula de resolução da equação quadrática que a raiz deve ser $m_1 = -(b-a)/2a$.

Podemos agora construir uma segunda solução y_2, usando (5) da Seção 4.2. Em primeiro lugar, escrevemos a equação de Cauchy-Euler na forma padrão

$$\frac{d^2 y}{dx^2} + \frac{b}{ax}\frac{dy}{dx} + \frac{c}{ax^2}y = 0$$

e fazemos as identificações $P(x) = b/ax$ e $\int (b/ax)dx = (b/a)\ln x$. Assim,

$$\begin{aligned}
y_2 &= x^{m_1} \int \frac{e^{-(b/a)\ln x}}{x^{2m_1}} dx \\
&= x^{m_1} \int x^{-b/a} \cdot x^{-2m_1} dx \quad \leftarrow e^{-(b/a)\ln x} = e^{\ln x^{-b/a}} = x^{-b/a} \\
&= x^{m_1} \int x^{-b/a} \cdot x^{(b-a)/a} dx \quad \leftarrow -2m_1 = (b-a)/a \\
&= x^{m_1} \int \frac{dx}{x} = x^{m_1} \ln x.
\end{aligned}$$

A solução geral será, portanto,

$$y = c_1 x^{m_1} + c_2 x^{m_1} \ln x. \tag{4}$$

EXEMPLO 2 Raízes repetidas

Resolva

$$4x^2 \frac{d^2 y}{dx^2} + 8x \frac{dy}{dx} + y = 0.$$

SOLUÇÃO
A substituição $y = x^m$ leva a

$$4x^2 \frac{d^2 y}{dx^2} + 8x \frac{dy}{dx} + y = x^m(4m(m-1) + 8m + 1) = x^m(4m^2 + 4m + 1) = 0$$

quando $4m^2 + 4m + 1 = 0$ ou $(2m+1)^2 = 0$. Como $m_1 = -\frac{1}{2}$, a solução geral é $y = c_1 x^{-1/2} + c_2 x^{-1/2} \ln x$. ∎

Para equações de ordem superior, se m_1 for uma raiz com multiplicidade k, pode ser mostrado que

$$x^{m_1}, \quad x^{m_1} \ln x, \quad x^{m_1}(\ln x)^2, \quad \ldots, \quad x^{m_1}(\ln x)^{k-1}$$

são k soluções linearmente independentes. A solução geral da equação diferencial deve, então, conter uma combinação linear dessas k soluções.

CASO III: RAÍZES COMPLEXAS CONJUGADAS
Se as raízes de (1) forem um par de números complexos conjugados $m_1 = \alpha + i\beta$ e $m_2 = \alpha - i\beta$, onde α e $\beta > 0$ são reais, então uma solução será

$$y = C_1 x^{\alpha + i\beta} + C_2 x^{\alpha - i\beta}.$$

Mas quando as raízes da equação auxiliar forem complexas, como no caso das equações com coeficientes constantes, desejaremos escrever a solução em termos somente de funções reais. Notemos a identidade

$$x^{i\beta} = (e^{\ln x})^{i\beta} = e^{i\beta \ln x},$$

a qual, pela fórmula de Euler, é o mesmo que

$$x^{i\beta} = \cos(\beta \ln x) + i \operatorname{sen}(\beta \ln x).$$

Da mesma forma,

$$x^{-i\beta} = \cos(\beta \ln x) - i \operatorname{sen}(\beta \ln x).$$

Somando e subtraindo os dois últimos resultados, temos, respectivamente,

$$x^{i\beta} + x^{-i\beta} = 2\cos(\beta \ln x) \quad \text{e} \quad x^{i\beta} - x^{-i\beta} = 2i \operatorname{sen}(\beta \ln x).$$

Como $y = C_1 x^{\alpha + i\beta} + C_2 x^{\alpha - i\beta}$ é uma solução para qualquer valor das constantes, veremos, sucessivamente, para $C_1 = C_2 = 1$ e $C_1 = 1, C_2 = -1$, que

$$y_1 = x^{\alpha}(x^{i\beta} + x^{-i\beta}) \quad \text{e} \quad y_2 = x^{\alpha}(x^{i\beta} - x^{-i\beta})$$

ou

$$y_1 = 2x^\alpha \cos(\beta \ln x) \quad \text{e} \quad y_2 = 2ix^\alpha \,\text{sen}(\beta \ln x)$$

são também soluções. Como $W(x^\alpha \cos(\beta \ln x), x^\alpha \,\text{sen}(\beta \ln x)) = \beta x^{2\alpha-1} \neq 0, \beta > 0$ no intervalo $(0, \infty)$, concluímos que

$$y_1 = x^\alpha \cos(\beta \ln x) \quad \text{e} \quad y_2 = x^\alpha \,\text{sen}(\beta \ln x)$$

constituem um conjunto fundamental de soluções reais da equação diferencial. Logo, a solução geral será

$$y = x^\alpha [c_1 \cos(\beta \ln x) + c_2 \,\text{sen}(\beta \ln x)]. \tag{5}$$

EXEMPLO 3 Um problema de valor inicial

Resolva

$$4x^2 y'' + 17y = 0, \quad y(1) = -1, \quad y'(1) = -\frac{1}{2}.$$

SOLUÇÃO

Está faltando o termo em y' na equação de Cauchy-Euler dada; não obstante, a substituição $y = x^m$ gera

$$4x^2 y'' + 17y = x^m(4m(m-1) + 17) = x^m(4m^2 - 4m + 17) = 0$$

quando $4m^2 - 4m + 17 = 0$. Usando a fórmula de resolução da equação quadrática, determinamos que as raízes são $m_1 = \frac{1}{2} + 2i$ e $m_2 = \frac{1}{2} - 2i$. Com as identificações $\alpha = \frac{1}{2}$ e $\beta = 2$, vemos de (4) que a solução geral da equação diferencial é

$$y = x^{1/2}[c_1 \cos(2 \ln x) + c_2 \,\text{sen}(2 \ln x)].$$

(a) solução em $0 < x \leq 1$ **(b)** solução em $0 < x \leq 100$

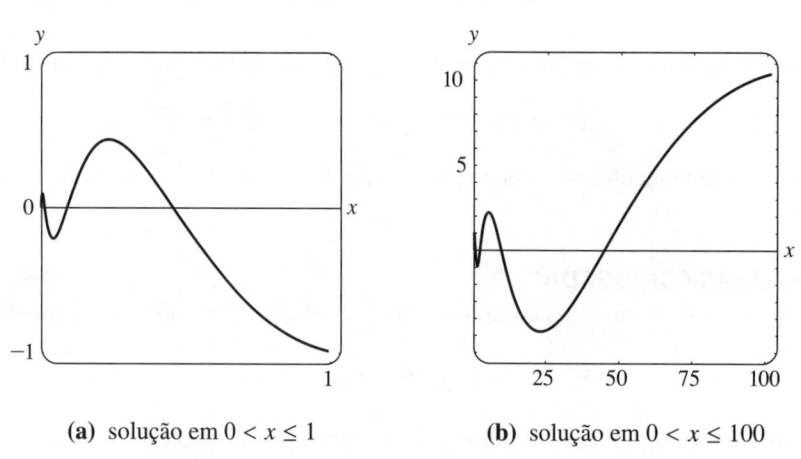

FIGURA 4.7.1 Curva solução do PVI no Exemplo 3.

Impondo as condições iniciais $y(1) = -1$, $y'(1) = -\frac{1}{2}$ na solução acima e usando $\ln 1 = 0$, determinamos, sucessivamente, que $c_1 = -1$ e $c_2 = 0$. Logo, a solução do problema de valor inicial é $y = -x^{1/2} \cos(2 \ln x)$. O gráfico dessa função, obtido com a ajuda de um software, é dado na Figura 4.7.1. Vê-se que a solução particular é oscilatória e ilimitada quando $x \to \infty$. ∎

O exemplo seguinte ilustra a solução de uma equação de Cauchy-Euler de terceira ordem.

EXEMPLO 4 Equação de terceira ordem

Resolva

$$x^3 \frac{d^3 y}{dx^3} + 5x^2 \frac{d^2 y}{dx^2} + 7x \frac{dy}{dx} + 8y = 0.$$

SOLUÇÃO
As três primeiras derivadas de $y = x^m$ são

$$\frac{dy}{dx} = mx^{m-1}, \quad \frac{d^2y}{dx^2} = m(m-1)x^{m-2}, \quad \frac{d^3y}{dy^3} = m(m-1)(m-2)x^{m-3},$$

logo, a equação diferencial dada torna-se

$$x^3\frac{d^3y}{dx^3} + 5x^2\frac{d^2y}{dx^2} + 7x\frac{dy}{dx} + 8y = x^3 m(m-1)(m-2)x^{m-3} + 5x^2 m(m-1)x^{m-2} + 7xmx^{m-1} + 8x^m$$

$$= x^m(m(m-1)(m-2) + 5m(m-1) + 7m + 8)$$

$$= x^m(m^3 + 2m^2 + 4m + 8) = x^m(m+2)(m^2 + 4) = 0.$$

Nesse caso, vemos que $y = x^m$ será uma solução da equação diferencial para $m_1 = -2$, $m_2 = 2i$ e $m_3 = -2i$. Portanto, a solução geral será $y = c_1 x^{-2} + c_2 \cos(2\ln x) + c_3 \sen(2\ln x)$.

EQUAÇÕES NÃO HOMOGÊNEAS
O método dos coeficientes a determinar descrito nas Seções 4.5 e 4.6 não se aplica, *em geral,* a equações diferenciais lineares não homogêneas com coeficientes variáveis. Consequentemente, no exemplo seguinte será empregado o método de variação de parâmetros. ■

EXEMPLO 5   Variação de parâmetros

Resolva
$$x^2 y'' - 3xy' + 3y = 2x^4 e^x.$$

SOLUÇÃO
Como a equação é não homogênea, primeiramente resolveremos a equação homogênea associada. Da equação auxiliar $(m-1)(m-3) = 0$ obtemos $y_c = c_1 x + c_2 x^3$. Agora, antes de usar a variação de parâmetros para determinar uma solução particular $y_p = u_1 y_1 + u_2 y_2$, lembre-se de que as fórmulas $u_1' = W_1/W$ e $u_2' = W_2/W$, onde W_1, W_2 e W são os determinantes definidos na página 167, foram deduzidas sob a hipótese de que a equação diferencial foi colocada na forma padrão $y'' + P(x)y' + Q(x)y = f(x)$. Portanto, dividimos a equação dada por x^2, de

$$y'' - \frac{3}{x}y' + \frac{3}{x^2}y = 2x^2 e^x,$$

fazemos a identificação $f(x) = 2x^2 e^x$. Agora, com $y_1 = x$, $y_2 = x^3$ e

$$W = \begin{vmatrix} x & x^3 \\ 1 & 3x^2 \end{vmatrix} = 2x^3, \quad W_1 = \begin{vmatrix} 0 & x^3 \\ 2x^3 e^x & 3x^2 \end{vmatrix} = -2x^5 e^x, \quad W_2 = \begin{vmatrix} x & 0 \\ 1 & 2x^2 e^x \end{vmatrix} = 2x^3 e^x$$

encontramos

$$u_1' = -\frac{2x^5 e^x}{2x^3} = -x^2 e^x \quad \text{e} \quad u_2' = \frac{2x^3 e^x}{2x^3} = e^x.$$

A integral da última função é imediata, mas no caso de integrarmos duas vezes por partes, os resultados são $u_1 = -x^2 e^x + 2xe^x - 2e^x$ e $u_2 = e^x$. Portanto, $y_p = u_1 y_1 + u_2 y_2$ é

$$y_p = (-x^2 e^x + 2xe^x - 2e^x)x + e^x x^3 = 2x^2 e^x - 2xe^x.$$

Finalmente,
$$y = y_c + y_p = c_1 x + c_2 x^3 + 2x^2 e^x - 2xe^x.$$ ■

REDUÇÃO A COEFICIENTES CONSTANTES
As semelhanças entre as formas das soluções das equações de Cauchy-Euler e das equações lineares com coeficientes constantes não são apenas uma coincidência. Por exemplo, quando as raízes das equações auxiliares para $ay'' + by' + cy = 0$ e $ax^2 y'' + bxy' + cy = 0$ são distintas e reais, as respectivas soluções gerais são

$$y = c_1 e^{m_1 x} + c_2 e^{m_2 x} \quad \text{e} \quad y = c_1 x^{m_1} + c_2 x^{m_2}, \quad x > 0. \tag{6}$$

Tendo em vista a identidade $e^{\ln x} = x$, $x > 0$, a segunda solução dada em (5) pode ser escrita da mesma forma que a primeira solução:

$$y = c_1 e^{m_1 \ln x} + c_2 e^{m_2 \ln x} = c_1 e^{m_1 t} + c_2 e^{m_2 t},$$

onde $t = \ln x$. Esse último resultado ilustra a constatação de que qualquer equação de Cauchy-Euler *sempre* pode ser reescrita como uma equação diferencial linear com coeficientes constantes por meio da substituição $x = e^t$. A ideia é resolver a nova equação diferencial em termos da variável t, usando o método da seção anterior e, uma vez obtida a solução geral, voltar a substituir $t = \ln x$. Esse método, ilustrado no último exemplo, requer o uso da regra da cadeia da diferenciação.

EXEMPLO 6 Mudando para coeficientes constantes

Resolva
$$x^2 y'' - xy' + y = \ln x.$$

SOLUÇÃO
Fazendo a substituição $x = e^t$ ou $t = \ln x$, segue que

$$\frac{dy}{dx} = \frac{dy}{dt}\frac{dt}{dx} = \frac{1}{x}\frac{dy}{dt} \qquad \leftarrow \text{Regra da Cadeia}$$

$$\frac{d^2 y}{dx^2} = \frac{1}{x}\frac{d}{dx}\left(\frac{dy}{dt}\right) + \frac{dy}{dt}\left(-\frac{1}{x^2}\right) \qquad \leftarrow \text{Regra do Produto e Regra da Cadeia}$$

$$= \frac{1}{x}\left(\frac{d^2 y}{dt^2}\frac{1}{x}\right) + \frac{dy}{dt}\left(-\frac{1}{x^2}\right) = \frac{1}{x^2}\left(\frac{d^2 y}{dt^2} - \frac{dy}{dt}\right).$$

Substituindo na equação diferencial dada e simplificando, obtemos

$$\frac{d^2 y}{dt^2} - 2\frac{dy}{dt} + y = t.$$

Como esta última equação tem coeficientes constantes, a equação auxiliar é $m^2 - 2m + 1 = 0$, ou $(m - 1)^2 = 0$. Assim, obtemos $y_c = c_1 e^t + c_2 t e^t$.

Pelos coeficientes a determinar, experimentamos uma solução particular da forma $y_p = A + Bt$. Essa hipótese leva a $-2B + A + Bt = t$; logo, $A = 2$ e $B = 1$. Usando $y = y_c + y_p$, obtemos

$$y = c_1 e^t + c_2 t e^t + 2 + t.$$

Substituindo $e^t = x$ e $t = \ln x$ vemos que a solução geral da equação diferencial original no intervalo $(0, \infty)$ é $y = c_1 x + c_2 x \ln x + 2 + \ln x$. ∎

SOLUÇÕES PARA $x < 0$

Na discussão anterior resolvermos as equações de Cauchy-Euler para $x > 0$. Uma maneira de resolver uma equação de Cauchy-Euler para $x < 0$ é alterando a variável independente pela substituição $t = -x$ (o que implica $t > 0$) e usando a Regra da Cadeia:

$$\frac{dy}{dx} = \frac{dy}{dt}\frac{dt}{dx} = -\frac{dy}{dt} \quad \text{e} \quad \frac{d^2 y}{dx^2} = \frac{d}{dt}\left(-\frac{dy}{dt}\right)\frac{dt}{dx} = \frac{d^2 y}{dt^2}$$

Veja os Problemas 37 e 38 nos Exercícios 4.7.

UMA FORMA DIFERENTE

Uma equação de segunda ordem na forma

$$a(x-x_0)^2 \frac{d^2y}{dx^2} + b(x-x_0)\frac{dy}{dx} + cy = 0 \qquad (6)$$

é também uma equação de Cauchy-Euler. Observe que (6) se reduz a (1) quando $x_0 = 0$.

Podemos resolver (6) como fizemos com (1), ou seja, buscando soluções de $y = (x-x_0)^m$ e usando

$$\frac{dy}{dx} = m(x-x_0)^{m-1} \quad \text{e} \quad \frac{d^2y}{dx^2} = m(m-1)(x-x_0)^{m-2}$$

Alternativamente, podemos reduzir (6) para a forma familiar (1) por meio da troca da variável independente $t = x-x_0$, resolvendo a equação reduzida, e resubstituindo. Veja os Problemas 39-42 nos Exercícios 4.7.

EXERCÍCIOS 4.7

As respostas aos problemas ímpares estão no final do livro.

Nos Problemas 1-18, resolva a equação diferencial dada.

1. $x^2y'' - 2y = 0$
2. $4x^2y'' + y = 0$
3. $xy'' + y' = 0$
4. $xy'' - 3y' = 0$
5. $x^2y'' + xy' + 4y = 0$
6. $x^2y'' + 5xy' + 3y = 0$
7. $x^2y'' - 3xy' - 2y = 0$
8. $x^2y'' + 3xy' - 4y = 0$
9. $25x^2y'' + 25xy' + y = 0$
10. $4x^2y'' + 4xy' - y = 0$
11. $x^2y'' + 5xy' + 4y = 0$
12. $x^2y'' + 8xy' + 6y = 0$
13. $3x^2y'' + 6xy' + y = 0$
14. $x^2y'' - 7xy' + 41y = 0$
15. $x^3y''' - 6y = 0$
16. $x^3y''' + xy' - y = 0$
17. $xy^{(4)} + 6y''' = 0$
18. $x^4y^{(4)} + 6x^3y''' + 9x^2y'' + 3xy' + y = 0$

Nos Problemas 19-24, resolva a equação diferencial dada por variação de parâmetros.

19. $xy'' - 4y' = x^4$
20. $2x^2y'' + 5xy' + y = x^2 - x$
21. $x^2y'' - xy' + y = 2x$
22. $x^2y'' - 2xy' + 2y = x^4e^x$
23. $x^2y'' + xy' - y = \ln x$
24. $x^2y'' + xy' - y = \dfrac{1}{x+1}$

Nos Problemas 25-30, resolva o problema de valor inicial dado. Use um software gráfico para traçar a curva integral.

25. $x^2y'' + 3xy' = 0$, $y(1) = 0, y'(1) = 4$
26. $x^2y'' - 5xy' + 8y = 0$, $y(2) = 32, y'(2) = 0$
27. $x^2y'' + xy' + y = 0$, $y(1) = 1, y'(1) = 2$
28. $x^2y'' - 3xy' + 4y = 0$, $y(1) = 5, y'(1) = 3$
29. $xy'' + y' = x$, $y(1) = 1, y'(1) = -\frac{1}{2}$
30. $x^2y'' - 5xy' + 8y = 8x^6$, $y(\frac{1}{2}) = 0, y'(\frac{1}{2}) = 0$

Nos Problemas 31-36, use a substituição $x = e^t$ para transformar a equação de Cauchy-Euler dada em uma equação com coeficientes constantes. Resolva a equação original usando os procedimentos vistos nas Seções 4.3 a 4.5 para resolver a nova equação.

31. $x^2y'' + 9xy' - 20y = 0$
32. $x^2y'' - 9xy' + 25y = 0$
33. $x^2y'' + 10xy' + 8y = x^2$
34. $x^2y'' - 4xy' + 6y = \ln x^2$
35. $x^2y'' - 3xy' + 13y = 4 + 3x$
36. $x^3y''' - 3x^2y'' + 6xy' - 6y = 3 + \ln x^3$

Nos Problemas 37 e 38 use a substituição $t = -x$ para resolver o problema de valor inicial dado no intervalo $(-\infty, 0)$.

37. $4x^2y'' + y = 0, y(-1) = 2, y'(-1) = 4$

38. $x^2y'' - 4xy' + 6y = 0, y(-2) = 8, y'(-2) = 0$

Nos Problemas 39 e 40 use $y = (x - x_0)^m$ para resolver a equação diferencial dada.

39. $(x + 3)^2 y'' - 8(x - 1)y' + 14y = 0$

40. $(x - 1)^2 y'' - (x - 1)y' + 5y = 0$

Nos Problemas 41 e 42 use $t = x - x_0$ para resolver a equação diferencial dada.

41. $(x + 2)^2 y'' + (x + 2)y' + y = 0$

42. $(x - 4)^2 y'' - 5(x - 4)y' + 9y = 0$

PROBLEMAS PARA DISCUSSÃO

43. Dê o maior intervalo na qual a solução geral do Problema 42 está definida.

44. Pode ser encontrada uma equação de Cauchy-Euler de ordem inferior com coeficientes constantes se for conhecido que 2 e $1 - i$ são raízes de sua equação auxiliar? Desenvolva suas ideias.

45. As condições iniciais $y(0) = y_0$, $y'(0) = y_1$, devem ser aplicadas às seguintes equações diferenciais:

$$x^2y'' = 0, \quad x^2y'' - 2xy' + 2y = 0, \quad x^2y'' - 4xy' + 6y = 0.$$

Para que valores de y_0 e y_1 cada um dos problemas de valor inicial tem uma solução?

46. Quais são os pontos de interseção da curva integral mostrada na Figura 4.7.1 com o eixo x? Quantos desses pontos existem no intervalo $0 < x < 0{,}5$?

TAREFAS PARA O LABORATÓRIO DE INFORMÁTICA

Nos Problemas 47-50, resolva a equação diferencial dada usando um SAC para determinar as raízes (aproximadas) da equação auxiliar.

47. $2x^3y''' - 10{,}98x^2y'' + 8{,}5xy' + 1{,}3y = 0$

48. $x^3y''' + 4x^2y'' + 5xy' - 9y = 0$

49. $x^4y^{(4)} + 6x^3y''' + 3x^2y'' - 3xy' + 4y = 0$

50. $x^4y^{(4)} - 6x^3y''' + 33x^2y'' - 105xy' + 169y = 0$

51. Resolva $x^3y''' - x^2y'' - 2xy' + 6y = x^2$ pela variação de parâmetros. Use um SAC para calcular as raízes da equação auxiliar e os determinantes dados em (15), na Seção 4.6.

4.8 FUNÇÕES DE GREEN

ASSUNTOS ANALISADOS

- Veja as *Observações* no final da Seção 4.1 para as definições de *resposta*, *entrada* e *saída*.
- Operadores diferenciais na Seção 4.1 e Seção 4.5
- O método da variação dos parâmetros na Seção 4.6

INTRODUÇÃO

Veremos no Capítulo 5 que a equação diferencial linear de segunda ordem

$$a_2(x)\frac{d^2y}{dx^2} + a_1(x)\frac{dy}{dx} + a_0(x)y = g(x) \tag{1}$$

desempenha um papel importante em muitas aplicações. Na análise matemática de sistemas físicos é muitas vezes desejável expressar a **resposta** ou **saída** $y(x)$ de (1) sujeita a quaisquer condições iniciais ou condições de contorno diretamente em termos de **função forçante** ou **entrada** $g(x)$. Deste modo, a resposta do sistema pode ser analisada rapidamente para diferentes funções forçantes.

Para ver como isso é feito vamos começar examinando soluções de problemas de valor inicial em que a ED (1) foi colocada na forma padrão

$$y'' + P(x)y' + Q(x)y = f(x) \tag{2}$$

através da divisão da equação pelo coeficiente dominante $a_2(x)$. Assumimos também que, ao longo desta seção, o coeficiente das funções $P(x)$, $Q(x)$ e $f(x)$ são contínuas em algum intervalo comum I.

4.8.1 PROBLEMAS DE VALOR INICIAL

TRÊS PROBLEMAS DE VALOR INICIAL
Vamos ver como se desenvolve a discussão em que a solução $y(x)$ do problema de valor inicial de segunda ordem

$$y'' + P(x)y' + Q(x)y = f(x), \quad y(x_0) = y_0, \quad y'(x_0) = y_1 \tag{3}$$

pode ser expressa como a superposição de duas soluções:

$$y(x) = y_h(x) + y_p(x), \tag{4}$$

onde $y_h(x)$ é a solução da ED homogênea associada com condições iniciais não homogêneas. Aqui assume-se que pelo menos um dos números y_0 ou y_1 seja diferente de zero. Se ambos y_0 e y_1 forem 0, então a solução do PVI será $y = 0$.

$$y'' + P(x)y' + Q(x)y = 0, \quad y(x_0) = y_0, \quad y'(x_0) = y_1 \tag{5}$$

e $y_p(x)$ é a solução da ED não homogênea com condições iniciais homogêneas (isto é, zero)

$$y'' + P(x)y' + Q(x)y = f(x), \quad y(x_0) = 0, \quad y'(x_0) = 0. \tag{6}$$

No caso em que os coeficientes P e Q são constantes, a solução do PVI (5) não apresenta dificuldades: nós usamos o método da Seção 4.3 para encontrar a solução geral da ED homogênea e em seguida, usar as condições iniciais dadas para determinar as duas constantes nessa solução. Então, vamos concentrar-se na solução do PVI (6). Devido a ausência de condições iniciais, a solução de (6) pode descrever um sistema físico que está inicialmente em repouso e assim é chamado às vezes de uma **solução de repouso**.

FUNÇÃO DE GREEN
Se $y_1(x)$ e $y_2(x)$ formam um conjunto fundamental de soluções no intervalo I de forma homogênea associada de (2), então, uma solução particular da equação não homogênea (2) no intervalo I pode ser encontrado por variação de parâmetros. Relembrando (3) na Seção 4.6, a forma desta solução é

$$y_p(x) = u_1(x)y_1(x) + u_2(x)y_2(x). \tag{7}$$

Os coeficientes variáveis $u_1(x)$ e $u_2(x)$ em (7) são definidos por (9) da Seção 4.6:

$$u_1'(x) = -\frac{y_2(x)f(x)}{W}, \quad u_2'(x) = \frac{y_1(x)f(x)}{W}. \tag{8}$$

A dependência linear de $y_1(x)$ e $y_2(x)$ no intervalo I garante que o Wronskiano $W = W(y_1(x), y_2(x)) \neq 0$ para todo x em I. Se x e x_0 são números em I, então integrando as derivadas $u_1'(x)$ e $u_2'(x)$ em (8) no intervalo $[x_0, x]$ e substituíndo os resultados em (7) obtemos

$$\begin{aligned} y_p(x) &= y_1(x) \int_{x_0}^{x} \frac{-y_2(t)f(t)}{W(t)}dt + y_2(x) \int_{x_0}^{x} \frac{y_1(t)f(t)}{W(t)}dt \\ &= \int_{x_0}^{x} \frac{-y_1(x)y_2(t)}{W(t)}f(t)dt + \int_{x_0}^{x} \frac{y_1(t)y_2(x)}{W(t)}f(t)dt, \end{aligned} \tag{9}$$

onde $W(t) = W(y_1(t), y_2(t)) = \begin{vmatrix} y_1(t) & y_2(t) \\ y_1'(t) & y_2'(t) \end{vmatrix}$.

Como $y_1(x)$ e $y_2(x)$ são constantes com respeito à integração em t, podemos mover estas funções para dentro de integrais definidas.

Das propriedades da integral definida, as duas integrais na segunda linha de (9) podem ser reescritas como uma única integral

$$y_p(x) = \int_{x_0}^{x} G(x,t)f(t)dt. \tag{10}$$

A função $G(x, t)$ em (10)

$$G(x,t) = \frac{y_1(t)y_2(x) - y_1(x)y_2(t)}{W(t)} \tag{11}$$

é chamado de **função de Green** para a equação diferencial (2).

Importante! Leia o parágrafo a seguir duas vezes.

Observe que a função de um Green (11) depende apenas das soluções fundamentais $y_1(x)$ e $y_2(x)$ da equação diferencial homogênea associada para (2) e *não* da função forçante $f(x)$. Portanto, todas as equações lineares diferenciais de segunda ordem (2) com o mesmo membro esquerdo, mas com diferentes funções de força terão a mesma função de Green. Assim, um nome alternativo para (11) é **função de Green para o operador diferencial de segunda ordem** $L = D^2 + P(x)D + Q(x)$.

EXEMPLO 1   Solução Particular

Use (10) e (11) para encontrar uma solução particular de $y'' - y = f(x)$.

SOLUÇÃO

As soluções da equação homogênea associada $y'' - y = 0$ são $y_1 = e^x$, $y_2 = e^{-x}$, e $W(y_1(t), y_2(t)) = -2$. Segue-se de (11) que a função de Green é

$$G(x,t) = \frac{e^t e^{-x} - e^x e^{-t}}{-2} = \frac{e^{x-t} - e^{-(x-t)}}{2} = \operatorname{senh}(x-t). \tag{12}$$

Assim, a partir de (10), uma solução particular da ED é

$$y_p(x) = \int_{x_0}^{x} \operatorname{senh}(x-t) f(t) dt. \tag{13}$$

EXEMPLO 2   Soluções Gerais

Entrontre a solução geral das seguintes equações diferenciais não homogêneas.

a) $y'' - y = 1/x$

b) $y'' - y = e^{2x}$

SOLUÇÃO

A partir do Exemplo 1, ambas as EDs possuem a mesma função complementar $y_c = c_1 e^{-x} + c_2 e^x$. Além disso, como mostrado no parágrafo anterior ao Exemplo 1, a função de Green para ambas as equações diferenciais é (12).

a) Com as identificações $f(x) = 1/x$ e $f(t) = 1/t$ vemos de (13) que uma solução particular de $y''' - y = 1/x$ é $y_p(x) = \int_{x_0}^{x} \frac{\operatorname{senh}(x-t)}{t} dt$. Assim, a solução geral $y = y_c + y_p$ da ED dada em qualquer intervalo $[x_0, x]$ não contendo a origem é

$$y = c_1 e^x + c_2 e^{-x} + \int_{x_0}^{x} \frac{\operatorname{senh}(x-t)}{t} dt. \tag{14}$$

Você pode comparar esta solução com a que foi encontrada no Exemplo 3 da Seção 4.6.

b) Como $f(x) = e^{2x}$ em (13), uma solução particular de $y'' - y = e^{2x}$ é $y_p(x) = \int_{x_0}^{x} \operatorname{senh}(x-t) e^{2t} dt$. A solução geral $y = y_c + y_p$ é então

$$y = c_1 e^x + c_2 e^{-x} + \int_{x_0}^{x} \operatorname{senh}(x-t) e^{2t} dt. \tag{15}$$

Agora, considere o problema de valor inicial especial (6) com condições iniciais homogêneas. Uma maneira de solucionar o problema quando $f(x) \neq 0$ já foi ilustrado nas Seções 4.4 e 4.6, isto é, aplicar as condições iniciais $y(x_0) = 0$, $y'(x_0) = 0$ à solução geral da ED não homogênea. Mas não há nenhuma necessidade real de fazer isso porque já temos uma solução do PVI à mão; é a função definida em (10).

TEOREMA 4.8.1   Solução do PVI (6)

A função $y_p(x)$ definida em (10) é a solução do problema de valor inicial (6).

PROVA

Por construção, sabemos que $y_p(x)$ em (10) satisfaz a ED não homogênea. Em seguida, como uma integral definida tem a propriedade $\int_a^a = 0$ temos

$$y_p(x_0) = \int_{x_0}^{x_0} G(x_0, t) f(t) dt = 0.$$

Finalmente, para mostrar que $y_p'(x_0) = 0$ utilizamos a fórmula de Leibniz[§] para a derivada de uma integral:

$$y_p'(x) = \overbrace{G(x,x)}^{0 \text{ de (11)}} f(x) + \int_{x_0}^{x} \frac{y_1(t) y_2'(x) - y_1'(x) y_2(t)}{W(t)} f(t) dt.$$

Consequentemente,

$$y_p'(x_0) = \int_{x_0}^{x_0} \frac{y_1(t) y_2'(x_0) - y_1'(x_0) y_2(t)}{W(t)} f(t) dt = 0.$$

EXEMPLO 3 **Revisão do Exemplo 2**

Resolva os problemas de valor inicial

a) $y'' - y = 1/x$, $y(1) = 0$, $y'(1) = 0$
b) $y'' - y = e^{2x}$, $y(0) = 0$, $y'(0) = 0$

SOLUÇÃO

a) Com $x_0 = 1$ e $f(t) = 1/t$, segue-se de (14) do Exemplo 2 e do Teorema 4.8.1 que a solução do problema de valor inicial é

$$y_p(x) = \int_1^x \frac{\operatorname{senh}(x - t)}{t} dt,$$

onde $[1, x]$, $x > 0$.

b) Identificando $x_0 = 0$ e $f(t) = e^{2t}$, vemos de (15) que a solução do PVI é

$$y_p(x) = \int_0^x \operatorname{senh}(x - t) e^{2t} dt. \tag{16}$$

Na parte (b) do Exemplo 3, podemos realizar a integração em (16), mas tenha em mente que x é mantida constante durante toda a integração em relação a t:

$$y_p(x) = \int_0^x \operatorname{senh}(x - t) e^{2t} dt = \int_0^x \frac{e^{x-t} - e^{-(x-t)}}{2} e^{2t} dt$$

$$= \frac{1}{2} e^x \int_0^x e^t dt - \frac{1}{2} e^{-x} \int_0^x e^{3t} dt$$

$$= \frac{1}{3} e^{2x} - \frac{1}{2} e^x + \frac{1}{6} e^{-x}.$$

EXEMPLO 4 **Usando (10) e (11)**

Resolva o problema de valor inicial

$$y'' + 4y = x, \quad y(0) = 0, \quad y'(0) = 0.$$

[§] Esta fórmula, geralmente discutida no cálculo avançado, é dada por

$$\frac{d}{dx} \int_{u(x)}^{v(x)} F(x, t) dt = F(x, v(x)) v'(x) - F(x, u(x)) u'(x) + \int_{u(x)}^{v(x)} \frac{\partial}{\partial x} F(x, t) dt.$$

SOLUÇÃO

Começamos pela construção da função de Green para a equação diferencial dada.

As duas soluções linearmente independentes de $y'' + 4y = 0$ são $y_1(x) = \cos 2x$ e $y_2(x) = \operatorname{sen} 2x$. De (11), com $W(\cos 2t, \operatorname{sen} 2t) = 2$, encontramos

$$G(x,t) = \frac{\cos 2t \operatorname{sen} 2x - \cos 2x \operatorname{sen} 2t}{2} = \frac{1}{2}\operatorname{sen} 2(x-t).$$

Aqui usamos a identidade trigonométrica: $\operatorname{sen}(2x - 2t) = \operatorname{sen} 2x \cos 2t - \cos 2x \operatorname{sen} 2t$.

Com as novas identificações $x_0 = 0$ e $f(t) = t$ em (10), vemos que uma solução do problema de valor inicial dado é

$$y_p(x) = \frac{1}{2}\int_0^x t \operatorname{sen} 2(x-t)\,dt.$$

Se quisermos calcular a integral, primeiro escrevemos

$$y_p(x) = \frac{1}{2}\operatorname{sen} 2x \int_0^x t \cos 2t - \frac{1}{2}\cos 2x \int_0^x t \operatorname{sen} 2t\,dt$$

e então usamos integração por partes:

$$y_p(x) = \frac{1}{2}\operatorname{sen} 2x \left[\frac{1}{2}t \operatorname{sen} 2t + \frac{1}{4}\cos 2t\right]_0^x - \frac{1}{2}\cos 2x \left[-\frac{1}{2}t\cos 2t + \frac{1}{4}\operatorname{sen} 2t\right]_0^x$$

ou

$$y_p(x) = \frac{1}{4}x - \frac{1}{8}\operatorname{sen} 2x.$$

PROBLEMAS DE VALOR INICIAL - CONTINUAÇÃO

Finalmente, estamos agora em condições de fazer uso do Teorema 4.8.1 para encontrar a solução do problema de valor inicial colocado em (3). É simplesmente a função já dada em (4).

TEOREMA 4.8.2 Solução do PVI (3)

Se $y_h(x)$ é a solução do problema de valor inicial (5) e $y_p(x)$ é a solução (10) do problema de valor inicial (6) no intervalo I, então

$$y(x) = y_h(x) + y_p(x) \tag{17}$$

é a solução do problema de valor inicial (3).

PROVA

Como $y_h(x)$ é uma combinação linear das soluções fundamentais, segue de (10) da Seção 4.1 que $y = y_h + y_p$ é uma solução do ED não homogênea. Além disso, uma vez que y_h satisfaz as condições iniciais em (5) e y_p satisfaz as condições iniciais em (6), temos,

$$y(x_0) = y_h(x_0) + y_p(x_0) = y_0 + 0 = y_0$$
$$y'(x_0) = y'_h(x_0) + y'_p(x_0) = y_1 + 0 = y_1$$

Tendo em vista a ausência de uma função forçante em (5) e a presença de tal termo em (6), podemos ver a partir de (17) que a resposta $y(x)$ de um sistema físico descrito pelo problema de valor inicial (3) pode ser separados em duas diferentes respostas:

$$y(x) = \underbrace{y_h(x)}_{\text{resposta do sistema devido às condições iniciais } y(x_0)=y_0, y'(x_0)=y_1} + \underbrace{y_p(x)}_{\text{resposta do sistema devido à função forçante } f} \tag{18}$$

Se quiser espreitar à frente, o próximo problema de valor inicial representa uma situação de ressonância pura para um sistema massa/mola forçado. Veja a página 211.

EXEMPLO 5 Usando o Teorema 4.8.2

Resolva o problema de valor inicial

$$y'' + 4y = \operatorname{sen} 2x, \quad y(0) = 1, \quad y'(0) = -2.$$

SOLUÇÃO

Nós resolvemos dois problemas de valor inicial.

Primeiramente, resolvemos $y'' + 4y = 0$, $y(0) = 1$, $y'(0) = -2$. Aplicando as condições inciais à solução geral $y(x) = c_1 \cos 2x + c_2 \operatorname{sen} 2x$ da ED homogênea, encontramos que $c_1 = 1$ e $c_2 = -1$. Portanto, $y_h(x) = \cos 2x - \operatorname{sen} 2x$.

Em seguida resolvemos $y'' + 4y = \operatorname{sen} 2x$, $y(0) = 0$, $y'(0) = 0$. Uma vez que o lado esquerdo da equação diferencial é o mesmo que o da ED no Exemplo 4, a função de Green é a mesma, isto é, $G(x, t) = \frac{1}{2} \operatorname{sen} 2(x-t)$. Com $f(t) = \operatorname{sen} 2t$ vemos de (10) que a solução deste segundo problema é $y_p(x) = \frac{1}{2} \int_0^x \operatorname{sen} 2(x-t) \operatorname{sen} 2t \, dt$.

Finalmente, em vista de (17) no Teorema 4.8.2, a solução do PVI original é

$$y(x) = y_h(x) + y_p(x) = \cos 2x - \operatorname{sen} 2x + \frac{1}{2} \int_0^x \operatorname{sen} 2(x-t) \operatorname{sen} 2t \, dt. \tag{19}$$

Se desejar, pode-se integrar o integral definida em (19), utilizando a identidade trigonométrica

$$\operatorname{sen} A \operatorname{sen} B = \frac{1}{2}[\cos(A - B) - \cos(A + B)]$$

com $A = 2(x - t)$ e $B = 2t$:

$$\begin{aligned}
y_p(x) &= \frac{1}{2} \int_0^x \operatorname{sen} 2(x-t) \operatorname{sen} 2t \, dt \\
&= \frac{1}{4} \int_0^x [\cos(2x - 4t) - \cos 2x] \, dt \\
&= \frac{1}{4} \left[-\frac{1}{4} \operatorname{sen}(2x - 4t) - t \cos 2x \right]_0^x \\
&= \frac{1}{8} \operatorname{sen} 2x - \frac{1}{4} x \cos 2x.
\end{aligned} \tag{20}$$

Assim, a solução (19) pode ser reescrita como

$$y(x) = y_h(x) + y_p(x) = \cos 2x - \operatorname{sen} 2x + \left(\frac{1}{8} \operatorname{sen} 2x - \frac{1}{4} x \cos 2x \right),$$

ou

$$y(x) = \cos 2x - \frac{7}{8} \operatorname{sen} 2x - \frac{1}{4} x \cos 2x. \tag{21}$$

Note-se que o significado físico indicado em (18) é perdido em (21) depois de combinar os termos semelhantes das duas partes da solução de $y(x) = y_h(x) + y_p(x)$.

A beleza da solução dada em (19) é que podemos escrever imediatamente a resposta de um sistema se as condições iniciais permanecem as mesmas, mas a função de força é alterada. Por exemplo, se o problema no Exemplo 5 é alterado para

$$y'' + 4y = x, \quad y(0) = 1, \quad y'(0) = -2,$$

podemos simplesmente substituir sen $2t$ na integral em (19) por t e a solução será então

$$\begin{aligned}
y(x) &= y_h(x) + y_p(x) \\
&= \cos 2x - \operatorname{sen} 2x + \frac{1}{2} \int_0^x t \operatorname{sen} 2(x-t) \, dt \quad \leftarrow \text{ver Exemplo 4} \\
&= \frac{1}{4}x + \cos 2x - \frac{9}{8} \operatorname{sen} 2x.
\end{aligned}$$

Uma vez que a função forçante f é isolada na solução particular $y_p(x) = \int_{x_0}^{x} G(x,t)f(t)dt$, a solução em (17) é útil quando f é definida por partes. O próximo exemplo ilustra essa ideia.

EXEMPLO 6 Um Problema de Valor Inicial

Resolva o problema de valor inicial

$$y'' + 4y = f(x), \quad y(0) = 1, \quad y'(0) = -2,$$

onde a função forçante f é definida por partes:

$$f(x) = \begin{cases} 0, & x < 0 \\ \operatorname{sen} 2x, & 0 \le x \le 2\pi \\ 0, & x > 2\pi \end{cases}$$

SOLUÇÃO
De (19), com sen $2t$ substituída por $f(t)$, nós podemos escrever

$$y(x) = \cos 2x - \operatorname{sen} 2x + \frac{1}{2} \int_0^x \operatorname{sen} 2(x-t) f(t) \, dt.$$

Como f é definida em três partes, consideramos três casos na avaliação da integral definida. Para $x < 0$

$$y_p(x) = \frac{1}{2} \int_0^x \operatorname{sen} 2(x-t) \, 0 \, dt = 0$$

para $0 \le x \le 2$,

$$y_p(x) = \frac{1}{2} \int_0^x \operatorname{sen} 2(x-t) \operatorname{sen} 2t \, dt \quad \leftarrow \text{usando a integração em (20)}$$

$$= \frac{1}{8} \operatorname{sen} 2x - \frac{1}{4} x \cos 2x,$$

e finalmente para $x > 2\pi$, nós podemos usar a integração seguindo o Exemplo 5:

$$y_p(x) = \frac{1}{2} \int_0^{2\pi} \operatorname{sen} 2(x-t) \operatorname{sen} 2t \, dt + \frac{1}{2} \int_{2\pi}^x \operatorname{sen} 2(x-t) \, 0 \, dt$$

$$= \frac{1}{2}\pi \int_0^{2\pi} \operatorname{sen} 2(x-t) \operatorname{sen} 2t \, dt$$

$$= \frac{1}{4}\left[-\frac{1}{4}\operatorname{sen}(2x-4t) - t\cos 2x\right]_0^{2\pi} \quad \leftarrow \text{usando a integração em (20)}$$

$$= -\frac{1}{16}\operatorname{sen}(2x-8\pi) - \frac{1}{2}\pi\cos 2x + \frac{1}{16}\operatorname{sen} 2x \quad \leftarrow \operatorname{sen}(2x-8\pi) = \operatorname{sen} 2x$$

$$= -\frac{1}{2}\pi \cos 2x.$$

Consequentemente $y_p(x)$ é

$$y_p(x) = \begin{cases} 0, & x < 0 \\ \frac{1}{8}\operatorname{sen} 2x - \frac{1}{4} x \cos 2x, & 0 \le x \le 2\pi \\ -\frac{1}{2}\pi \cos 2x, & x > 2\pi. \end{cases}$$

e assim

$$y(x) = y_h(x) + y_p(x) = \cos 2x - \operatorname{sen} 2x + y_p(x).$$

Colocando todas as partes juntas obtemos

$$y(x) = \begin{cases} \cos 2x - \operatorname{sen} 2x, & x < 0 \\ \left(1 - \tfrac{1}{4}x\right)\cos 2x - \tfrac{7}{8}\operatorname{sen} 2x, & 0 \le x \le 2\pi \\ \left(1 - \tfrac{1}{2}\pi\right)\cos 2x - \operatorname{sen} 2x, & x > 2\pi. \end{cases}$$

As três partes de $y(x)$ são mostrados em diferentes cores na Figura 4.8.1.

A seguir examinaremos como um problema do valor de contorno (PVC) pode ser resolvido usando um tipo diferente de função de Green.

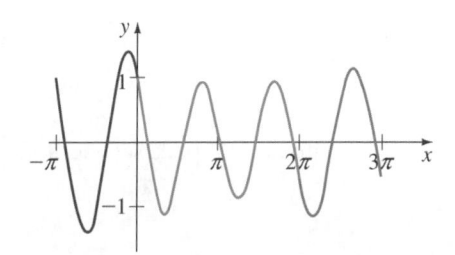

FIGURA 4.8.1 Gráfico de $y(x)$ no Exemplo 6.

4.8.2 PROBLEMAS DE VALOR DE CONTORNO

Em contraste com um PVI de segunda ordem, em que $y(x)$ e $y'(x)$ são especificados no mesmo ponto, um PVC para uma ED de segunda ordem envolve condições em $y(x)$ e $y'(x)$ que são especificados em dois pontos diferentes $x = a$ e $x = b$. Condições como

$$y(a) = 0, \quad y(b) = 0; \qquad y(a) = 0, \quad y'(b) = 0; \qquad y'(a) = 0, \quad y'(b) = 0.$$

são apenas casos especiais das condições de contorno homogêneas mais gerais:

$$A_1 y(a) + B_1 y'(a) = 0 \tag{22}$$
$$A_2 y(b) + B_2 y'(b) = 0, \tag{23}$$

onde A_1, A_2, B_1 e B_2 são constantes. Especificamente, o nosso objetivo é o de encontrar uma solução integral $y_p(x)$ que seja análogo a (10) para problemas de valor de contorno não homogêneas na forma

$$\begin{aligned} y'' + P(x)y' + Q(x)y &= f(x), \\ A_1 y(a) + B_1 y'(a) &= 0 \\ A_2 y(b) + B_2 y'(b) &= 0, \end{aligned} \tag{24}$$

Além das hipóteses usuais que $P(x)$, $Q(x)$ e $f(x)$ são contínuas em $[a, b]$, assumimos que o problema homogêneo

$$\begin{aligned} y'' + P(x)y' + Q(x)y &= 0, \\ A_1 y(a) + B_1 y'(a) &= 0 \\ A_2 y(b) + B_2 y'(b) &= 0, \end{aligned}$$

possui apenas a solução trivial $y = 0$. Esta última hipótese é suficiente para garantir que exista uma única solução de (24) e que seja dada por uma integral $y_p(x) = \int_a^b G(x, t) f(t) dt$, onde $G(x, t)$ é uma função de Green.

O ponto de partida para a construção de $G(x, t)$ é novamente a variação dos parâmetros das fórmulas (7) e (8).

OUTRA FUNÇÃO DE GREEN

Suponha que $y_1(x)$ e $y_2(x)$ são soluções linearmente independentes em $[a, b]$ da forma homogênea associada da DE em (24) e que x seja um número no intervalo de $[a, b]$. Ao contrário da construção de (9), onde começamos integrando as derivadas em (8) em relação a um mesmo intervalo, nós agora integraremos a primeira equação em (8) em $[b, x]$ e a segunda equação de (8) em $[a, x]$:

$$u_1(x) = -\int_b^x \frac{y_2(t)f(t)}{W(t)} dt \quad \text{e} \quad u_2(x) = \int_a^x \frac{y_1(x)f(t)}{W(t)} dt. \tag{25}$$

O motivo para integrar $u_1'(x)$ e $u_2'(x)$ em diferentes intervalos ficará claro em breve. De (25), uma solução particular $y_p(x) = u_1(x)y_1(x) + u_2(x)y_2(x)$ da ED é

$$y_p(x) = y_1(x) \underbrace{\int_x^b \frac{y_2(t)f(t)}{W(t)} dt}_{\text{aqui utilizamos o sinal de menos em (25) para reservar os limites de integração}} + y_2(x) \int_a^x \frac{y_1(t)f(t)}{W(t)} dt$$

ou
$$y_p(x) = \int_a^x \frac{y_2(t)y_1(t)}{W(t)} f(t)\, dt + \int_x^b \frac{y_1(x)y_2(t)}{W(t)} f(t)\, dt \qquad (26)$$

O lado direito de (26) pode ser escrito compactamente como uma integral simples

$$y_p(x) = \int_a^b G(x,t) f(t)\, dt, \qquad (27)$$

onde a função $G(x,t)$ é

$$G(x,t) = \begin{cases} \frac{y_1(t)y_2(x)}{W(x)}, & a \leq t \leq x \\ \frac{y_2(x)y_1(t)}{W(t)}, & x \leq t \leq b \end{cases} \qquad (28)$$

A função definida por partes (28) é chamada **função de Green** para o valor de contorno (24). Pode-se provar que $G(x,t)$ é uma função contínua de x no intervalo $[a,b]$.

Agora, se as soluções $y_1(x)$ e $y_2(x)$ usadas na construção de $G(x,t)$ em (28) forem escolhidas de forma que em $x = a$, $y_1(x)$ satisfaça $A_1 y_1(a) + B_1 y_1'(a) = 0$, e em $x = b$, $y_2(x)$ satisfaça $A_2 y_2(b) + B_2 y_2'(b) = 0$, então, incrivelmente, $y_p(x)$ definida em (27) satisfaz ambas as condições de contorno em (24).

Para ver isto vamos precisar de

$$y_p(x) = u_1(x) y_1(x) + u_2(x) y_2(x) \qquad (29)$$

e

$$\begin{aligned} y_p'(x) &= u_1(x) y_1'(x) + y_1(x) u_1'(x) + u_2(x) y_2'(x) + y_2(x) u_2'(x) \\ &= u_1(x) y_1'(x) + u_2(x) y_2'(x). \end{aligned} \qquad (30)$$

A segunda linha em (30) resulta do fato de que

$$y_1(x) u_1'(x) + y_2(x) u_2'(x) = 0.$$

Veja a discussão na Seção 4.6 seguindo (4).

Antes de prosseguirmos, observe que em (25) que $u_1(b) = 0$ e $u_2(a) = 0$. Tendo em vista a segunda dessas duas propriedades podemos mostrar que $y_p(x)$ satisfaz (22) sempre que $y_1(x)$ satisfaz a mesma condição de contorno. A partir de (29) e (30), temos

$$\begin{aligned} A_1 y_p(a) + B_1 y_p'(a) &= A_1[u_1(a) y_1(a) + \overbrace{u_2(a)}^{0} y_2(a)] + B_1[u_1(a) y_1'(a) + \overbrace{u_2(a)}^{0} y_2'(a)] \\ &= u_1(a) \underbrace{[A_1 y_1(a) + B_1 y_1'(a)]}_{0 \text{ de } (22)} = 0. \end{aligned}$$

Da mesma forma $u_1(b) = 0$ implica que sempre que $y_2(x)$ satisfaça (23) o mesmo ocorre para $y_p(x)$:

$$\begin{aligned} A_2 y_p(b) + B_2 y_p'(b) &= A_2[\overbrace{u_1(b)}^{0} y_1(b) + u_2(b) y_2(b)] + B_2[\overbrace{u_1(b)}^{0} y_1'(b) + u_2(b) y_2'(b)] \\ &= u_2(b) \underbrace{[A_2 y_2(b) + B_2 y_2'(b)]}_{0 \text{ de } (22)} = 0. \end{aligned}$$

O próximo teorema resume estes resultados.

TEOREMA 4.8.3 **Solução do PVC (24)**

Sejam $y_1(x)$ e $y_2(x)$ soluções linearmente independentes de

$$y'' + P(x) y' + Q(x) y = 0$$

em $[a,b]$ e suponha que $y_1(x)$ e $y_2(x)$ satisfaçam (22) e (23), respectivamente. Então a função $y_p(x)$ definida em (27) é uma solução do problema de valor de contorno (24).

EXEMPLO 7 Usando o Teorema 4.8.3

Resolva o problema de valor de contorno

$$y'' + 4y = 3, \quad y'(0) = 0, \quad y(\pi/2) = 0.$$

A condição de contorno $y'(0) = 0$ é um caso especial de (22) com $a = 0$, $A_1 = 0$, e $B_1 = 1$. A condição de contorno $y(\pi/2) = 0$ é um caso especial de (23) com $b = \pi/2$, $A_2 = 1$, $B_2 = 0$.

SOLUÇÃO
As soluções da equação homogênea associada $y'' + 4y = 0$ são $y_1(x) = \cos 2x$ e $y_2(x) = \operatorname{sen} 2x$ e $y_1(x)$ satisfaz $y'(0) = 0$ considerando que $y_2(x)$ satisfaz $y(\pi/2) = 0$. O Wronskiano é $W(y_1, y_2) = 2$ e assim, a partir de (28), vemos que a função de Green para o problema de valor de contorno é

$$G(x, t) = \begin{cases} \frac{1}{2} \cos 2t \operatorname{sen} 2x, & 0 \leq t \leq x \\ \frac{1}{2} \cos 2x \operatorname{sen} 2t, & x \leq t \leq \pi/2. \end{cases}$$

Segue-se do Teorema 4.8.3 que uma solução do PVC é (27) com as identificações $a = 0$, $b = \pi/2$ e $f(t) = 3$:

$$y_p(x) = 3 \int_0^{\pi/2} G(x, t) dt$$
$$= 3 \cdot \frac{1}{2} \operatorname{sen} 2x \int_0^x \cos 2t + 3 \cdot \frac{1}{2} \cos 2x \int_x^{\pi/2} \operatorname{sen} 2t dt.$$

ou, após calcular as integrais definidas, $y_p = \frac{3}{4} + \frac{3}{4} \cos 2x$.

Não conclua a partir do exemplo anterior que a exigência que $y_1(x)$ satisfaça (22) e $y_2(x)$ satisfaça (23) determine exclusivamente essas funções. Como podemos ver no último exemplo, há uma certa arbitrariedade na seleção destas funções.

EXEMPLO 8 Um Problema de Valor de Contorno

Resolva o problema de valor de contorno

$$x^2 y'' - 3xy' + 3y = 24x^5, \quad y(1) = 0, \quad y(2) = 0.$$

SOLUÇÃO
A equação diferencial é reconhecida como uma ED de Cauchy-Euler. A partir da equação auxíliar $m(m - 1) - 3m + 3 = (m - 1)(m - 3) = 0$ a solução geral da equação homogênea associada é $y = c_1 x + c_2 x^3$. Aplicando $y(1) = 0$ a esta solução implica $c_1 + c_2 = 0$ ou $c_1 = -c_2$. Ao escolhermos $c_2 = -1$ chegarmos a $c_1 = 1$ e $y_1 = x - x^3$. Por outro lado, $y(2) = 0$ aplicado à solução geral nos dá $2c_1 + 8c_2 = 0$ ou $c_1 = -4c_2$. A escolha $c_2 = -1$ agora nos dá $c_1 = 4$ e assim temos $y_2(x) = 4x - x^3$. O Wronskiano destas duas funções é

$$W(y_1(x), y_2(x)) = \begin{vmatrix} x - x^3 & 4x - x^3 \\ 1 - 3x^2 & 4 - 3x^2 \end{vmatrix} = 6x^3.$$

Daí a função de Green para o problema de valor de contorno é

$$G(x, t) = \begin{cases} \frac{(t - t^3)(4x - x^3)}{6t^3}, & 1 \leq t \leq x \\ \frac{(x - x^3)(4t - t^3)}{6t^3}, & x \leq t \leq 2 \end{cases}$$

A fim de identificar a função forçante correta f temos que escrever a ED na forma padrão:

$$y'' - \frac{3}{x} y' + \frac{3}{x^2} y = 24x^3.$$

Desta equação vemos que $f(t) = 24t^3$ e assim $y_p(x)$ em (27) torna-se

$$y_p(x) = 24 \int_1^2 G(x,t)t^3 \, dt$$

$$= 4(4x - x^3) \int_1^x (t - t^3) \, dt + 4(x - x^3) \int_x^2 (4t - t^3) \, dt.$$

Uma integração simples e simplificação algébrica produzem a solução $y_p(x) = 3x^5 - 15x^3 + 12x$. Verifique que $y_p(x)$ satisfaz a equação diferencial e as duas condições de contorno.

> **OBSERVAÇÕES**
>
> Nós mal arranhamos a superfície da elegante, embora complicada, teoria das funções de Green. Funções de Green também pode ser construídas para equações diferenciais parciais lineares de segunda ordem, mas deixamos a cobertura deste último tópico para um curso avançado.

EXERCÍCIOS 4.8

As respostas aos problemas ímpares estão no final do livro.

4.8.1 PROBLEMAS DE VALOR INICIAL

Nos Problemas 1-6 proceda como no Exemplo 1 para encontrar uma solução particular $y_p(x)$ da equação diferencial dada na forma integral (10).

1. $y'' - 16y = f(x)$
2. $y'' + 3y' - 10y = f(x)$
3. $y'' + 2y' + y = f(x)$
4. $4y'' - 4y' + y = f(x)$
5. $y'' + 9y = f(x)$
6. $y'' - 2y' + 2y = f(x)$

Nos Problemas 7-12 proceda como no Exemplo 2 para encontrar a solução geral da equação diferencial dada. Use os resultados obtidos nos Problemas 1-6. Não calcule a integral que define $y_p(x)$.

7. $y'' - 16y = xe^{-2x}$
8. $y'' + 3y' - 10y = x^2$
9. $y'' + 2y' + y = e^{-x}$
10. $4y'' - 4y' + y = \arctan x$
11. $y'' + 9y = x + \operatorname{sen} x$
12. $y'' - 2y' + 2y = \cos^2 x$

Nos Problemas 13-18 proceda como no Exemplo 3 para encontrar uma solução do problema de valor inicial. Calcule a integral que define $y_p(x)$.

13. $y'' - 4y = e^{2x},\ y(0) = 0,\ y'(0) = 0$
14. $y'' - y' = 1,\ y(0) = 0,\ y'(0) = 0$
15. $y'' - 10y' + 25y = e^{5x},\ y(0) = 0,\ y'(0) = 0$
16. $y'' + 6y' + 9y = x,\ y(0) = 0,\ y'(0) = 0$
17. $y'' + y = \operatorname{cossec} x \cot x,\ y(\pi/2) = 0,\ y'(\pi/2) = 0$
18. $y'' + y = \sec^2 x,\ y(\pi) = 0,\ y'(\pi) = 0$

Nos Problemas 19-30 proceda como no Exemplo 5 para encontrar uma solução do problema de valor inicial dado.

19. $y'' - 4y = e^{2x},\ y(0) = 1,\ y'(0) = -4$
20. $y'' - y' = 1,\ y(0) = 10,\ y'(0) = 1$
21. $y'' - 10y' + 25y = e^{5x},\ y(0) = -1,\ y'(0) = 1$
22. $y'' + 6y' + 9y = x,\ y(0) = 1,\ y'(0) = -3$
23. $y'' + y = \operatorname{cossec} x \cot x,\ y(\pi/2) = -\pi/2,\ y'(\pi/2) = -1$
24. $y'' + y = \sec^2 x,\ y(\pi) = \frac{1}{2},\ y'(\pi) = -1$
25. $y'' + 3y' + 2y = \operatorname{sen} e^x,\ y(0) = -1,\ y'(0) = 0$
26. $y'' + 3y' + 2y = \frac{1}{1+e^x},\ y(0) = 0,\ y'(0) = 1$
27. $x^2 y'' - 2xy' + 2y = x,\ y(1) = 2,\ y'(1) = -1$
28. $x^2 y'' - 2xy' + 2y = x \ln x,\ y(1) = 2,\ y'(1) = 0$
29. $x^2 y'' - 6y = \ln x,\ y(1) = 1,\ y'(1) = 3$
30. $x^2 y'' - xy' + y = x^2,\ y(1) = 4,\ y'(1) = 3$

Nos Problemas 31-34 proceda como no Exemplo 6 para encontrar uma solução do problema de valor inicial com a função forçante dada por partes.

31. $y'' - y = f(x)$, $y(0) = 8$, $y'(0) = 2$,
onde $f(x) = \begin{cases} -1, & x < 0 \\ 1, & x \geq 0 \end{cases}$

32. $y'' - y = f(x)$, $y(0) = 3$, $y'(0) = 2$,
onde $f(x) = \begin{cases} 0, & x < 0 \\ x, & x \geq 0 \end{cases}$

33. $y'' - y = f(x)$, $y(0) = 1$, $y'(0) = -1$,
onde $f(x) = \begin{cases} 0, & x < 0 \\ 10, & 0 \leq x \leq 3\pi \\ 0, & x > 3\pi \end{cases}$

34. $y'' + y = f(x)$, $y(0) = 0$, $y'(0) = 1$,
onde $f(x) = \begin{cases} 0, & x < 0 \\ \cos x, & 0 \leq x \leq 4\pi \\ 0, & x > 4\pi \end{cases}$

4.8.2 PROBLEMAS DE VALOR DE CONTORNO

Nos Problemas 35 e 36, **(a)** use (27) e (28) para encontrar uma solução do problema de valor de contorno. **(b)** Verifique que a função $y_p(x)$ satisfaz as equações diferenciais e ambas as condições de contorno.

35. $y'' = f(x)$, $y(0) = 0$, $y(1) = 0$

36. $y'' = f(x)$, $y(0)$, $y(1) + y'(1) = 0$

37. No Problema 35 encontre uma solução do PVC quando $f(x) = 1$.

38. No Problema 36 encontre uma solução do PVC quando $f(x) = x$.

Nos Problemas 39-44 proceda como nos Exemplos 7 e 8 para encontrar uma solução do problema de valor de contorno dado.

39. $y'' + y = 1$, $y(0) = 0$, $y(1) = 0$

40. $y'' + 9y = 1$, $y(0) = 0$, $y'(\pi) = 0$

41. $y'' - 2y' + 2y = e^x$, $y(0) = 0$, $y(\pi/2) = 0$

42. $y'' - y' = e^{2x}$, $y(0) = 0$, $y(1) = 0$

43. $x^2 y'' + xy' = 1$, $y(e^{-1}) = 0$, $y(1) = 0$

44. $x^2 y'' - 4xy' + 6y = x^4$, $y'(1) - y'(1) = 0$, $y(3) = 0$

PROBLEMAS PARA DISCUSSÃO

45. Suponha que a solução do problema de valor de contorno

$$y'' + Py' + Qy = f(x), \quad y(a) = 0, \quad y(b) = 0,$$

$a < b$, é dado por $y_p(x) = \int_a^b G(x,t)(t)dt$ onde $y_1(x)$ e $y_2(x)$ são soluções da equação diferencial homogênea associada escolhida na construção de $G(x,t)$ de modo que $y_1(a) = 0$ e $y_2(b) = 0$. Prove que a solução do problema de valor de contorno com uma ED não homogênea com condições de contorno,

$$y'' + Py' + Qy = f(x), \quad y(a) = A, \quad y(b) = B$$

é dada por

$$y(x) = y_p(x) + \frac{B}{y_1(b)} y_1(x) + \frac{A}{y_2(a)} y_2(x).$$

Sugestão: em sua prova, você terá que mostrar que $y_1(b) \neq 0$ e $y_2(a) \neq 0$. Releia as suposições que seguem (24).

46. Use o resultado do Problema 45 para resolver

$$y'' + y = 1, \quad y(0) = 5, \quad y(1) = -10.$$

4.9 RESOLUÇÃO DE SISTEMAS DE EQUAÇÕES LINEARES POR ELIMINAÇÃO

ASSUNTOS ANALISADOS

- Como o método de eliminação sistemática separa um sistema em EDOs lineares distintos em cada variável dependente, esta seção oferece uma oportunidade para praticar o que aprendeu nas Seções 4.3, 4.4 (ou 4.5) e 4.6.

INTRODUÇÃO

Equações diferenciais ordinárias simultâneas envolvem duas ou mais equações que contenham derivadas de duas ou mais variáveis dependentes – as funções desconhecidas – em relação a uma única variável independente.

O método da **eliminação sistemática** para resolver sistemas de equações diferenciais com coeficientes constantes baseia-se no princípio algébrico da eliminação de variáveis. Veremos que o análogo da *multiplicação* por uma constante em equações algébricas é *operar* em uma EDO com alguma combinação de derivadas.

ELIMINAÇÃO SISTEMÁTICA

A eliminação de uma incógnita de um sistema de equações diferenciais lineares é facilitada reescrevendo cada uma das equações do sistema na notação de operador diferencial. Lembre-se da Seção 4.1, em que uma única equação linear

$$a_n y^{(n)} + a_{n-1} y^{(n-1)} + \cdots + a_1 y' + a_0 y = g(t),$$

onde a_i, $i = 0, 1, \ldots, n$ são constantes, pode ser escrita como

$$(a_n D^n + a_{n-1} D^{(n-1)} + \cdots + a_1 D + a_0) y = g(t).$$

Se o operador diferencial de ordem n $a_n D^n + a_{n-1} D^{(n-1)} + \cdots + a_1 D + a_0$ puder ser fatorado em operadores diferenciais de ordem inferior, os fatores comutarão. Por exemplo, para reescrever o sistema

$$x'' + 2x' + y'' = x + 3y + \operatorname{sen} t$$
$$x' + y' = -4x + 2y + e^{-t}$$

em termos do operador D, em primeiro lugar colocamos todos os termos envolvendo a variável dependente em um lado da equação e agrupamos as mesmas variáveis:

$$\begin{array}{l} x'' + 2x' - x + y'' - 3y = \operatorname{sen} t \\ x' - 4x + y' - 2y = e^{-t} \end{array} \quad \text{é o mesmo que} \quad \begin{array}{l} (D^2 + 2D - 1)x + (D^2 - 3)y = \operatorname{sen} t \\ (D - 4)x + (D - 2)y = e^{-t}. \end{array}$$

SOLUÇÃO DE UM SISTEMA

Uma **solução** de um sistema de equações diferenciais é um conjunto de funções suficientemente diferenciáveis $x = \phi_1(t)$, $y = \phi_2(t)$, $z = \phi_3(t)$, e assim por diante, as quais satisfazem cada equação do sistema em algum intervalo comum I.

MÉTODO DE SOLUÇÃO

Consideremos o sistema simples de equações lineares de primeira ordem

$$\begin{aligned} \frac{dx}{dt} &= 3y \\ \frac{dy}{dt} &= 2x \end{aligned} \quad \text{ou, equivalentemente,} \quad \begin{aligned} Dx - 3y &= 0 \\ 2x - Dy &= 0. \end{aligned} \tag{1}$$

Aplicando D à primeira equação em (1), multiplicando a segunda por -3 e então somando, eliminamos y do sistema e obtemos $D^2 x - 6x = 0$. Como as raízes da equação auxiliar da última ED são $m_1 = \sqrt{6}$ e $m_2 = -\sqrt{6}$, obtemos

$$x(t) = c_1 e^{-\sqrt{6}t} + c_2 e^{\sqrt{6}t}. \tag{2}$$

Multiplicando por 2 a primeira equação em (1), aplicando D à segunda e subtraindo, obtemos a equação diferencial para y, $D^2 y - 6y = 0$. Segue imediatamente que

$$y(t) = c_3 e^{-\sqrt{6}t} + c_4 e^{\sqrt{6}t}. \tag{3}$$

Observe que (2) e (3) não satisfazem o sistema (1) para toda escolha de c_1, c_2, c_3 e c_4, pois o próprio sistema limita o número de parâmetros em uma solução que podem ser escolhidos arbitrariamente. Para ver isso, observe que, substituindo $x(t)$ e $y(t)$ na primeira equação do sistema original (1), depois de uma simplificação, obtemos

$$(-\sqrt{6}c_1 - 3c_3) e^{-\sqrt{6}t} + (\sqrt{6}c_2 - 3c_4) e^{\sqrt{6}t} = 0.$$

Como essa última expressão deve se anular para todos os valores de t, precisamos ter $-\sqrt{6}c_1 - 3c_3 = 0$ e $\sqrt{6}c_2 - 3c_4 = 0$. Essas duas equações possibilitam-nos escrever c_3 como um múltiplo de c_1 e c_4 como um múltiplo de c_2:

$$c_3 = -\frac{\sqrt{6}}{3} c_1 \quad \text{e} \quad c_4 = \frac{\sqrt{6}}{3} c_2. \tag{4}$$

Logo, concluímos que uma solução do sistema deve ser

$$x(t) = c_1 e^{-\sqrt{6}t} + c_2 e^{\sqrt{6}t}, \quad y(t) = -\frac{\sqrt{6}}{3} c_1 e^{-\sqrt{6}t} + \frac{\sqrt{6}}{3} c_2 e^{\sqrt{6}t}.$$

Você deve substituir (2) e (3) na segunda equação de (1) e verificar que as mesmas relações (4) permanecem válidas entre as constantes.

EXEMPLO 1 Solução por eliminação

Resolva

$$\begin{aligned} Dx + (D+2)y &= 0 \\ (D-3)x - 2y &= 0. \end{aligned} \quad (5)$$

SOLUÇÃO
Aplicando à primeira equação o operador $D-3$, à segunda o operador D e subtraindo, eliminamos x do sistema. Disso decorre que a equação diferencial em y é

$$[(D-3)(D+2) + 2D]y = 0 \quad \text{ou} \quad (D^2 + D - 6)y = 0.$$

Como a equação característica dessa última equação diferencial é $m^2 + m - 6 = (m-2)(m+3) = 0$, obtemos a solução

$$y(t) = c_1 e^{2t} + c_2 e^{-3t}. \quad (6)$$

Eliminando y de forma análoga, obtemos $(D^2 + D - 6)x = 0$, onde

$$x(t) = c_3 e^{2t} + c_4 e^{-3t}. \quad (7)$$

Como vimos na discussão precedente, uma solução de (5) não contém quatro constantes independentes. Substituindo (6) e (7) na primeira equação de (5), obtemos

$$(4c_1 + 2c_3)e^{2t} + (-c_2 - 3c_4)e^{-3t} = 0.$$

De $4c_1 + 2c_3 = 0$ e $-c_2 - 3c_4 = 0$ obtemos $c_3 = -2c_1$ e $c_4 = -\frac{1}{3}c_2$. Consequentemente, uma solução do sistema é

$$x(t) = -2c_1 e^{2t} - \frac{1}{3} c_2 e^{-3t}, \quad y(t) = c_1 e^{2t} + c_2 e^{-3t}. \quad \blacksquare$$

Uma vez que poderíamos também resolver facilmente para c_3 e c_4 em termos de c_1 e c_2, a solução do Exemplo 1 pode ser escrita na seguinte forma alternativa

$$x(t) = c_3 e^{2t} + c_4 e^{-3t}, \quad y(t) - \frac{1}{2} c_3 e^{2t} - 3c_4 e^{-3t}.$$

Devemos nos manter atentos quando formos resolver sistemas. Se tivéssemos encontrado x primeiramente, poderíamos achar y, bem como a relação entre as constantes, simplesmente usando a última equação em (5). Você deve verificar que substituir $x(t)$ em $y = \frac{1}{2}(Dx - 3x)$ resulta em $y = -\frac{1}{2} c_3 e^{2t} - 3c_4 e^{-3t}$. Observe também, na discussão inicial, que a relação dada em (4) e a solução $y(t)$ de (1) também poderiam ter sido obtidas através de $x(t)$ em (2) e da primeira equação (1) na forma

$$y = \frac{1}{3} Dx = -\frac{1}{3} \sqrt{6} c_1 e^{-\sqrt{6}t} + \frac{1}{3} \sqrt{6} c_2 e^{\sqrt{6}t}.$$

EXEMPLO 2 Solução por eliminação

Resolva

$$\begin{aligned} x' - 4x + y'' &= t^2 \\ x' + x + y' &= 0. \end{aligned} \quad (8)$$

SOLUÇÃO
Vamos escrever primeiramente o sistema em notação de operadores diferenciais:

$$\begin{aligned} (D-4)x + D^2 y &= t^2 \\ (D+1)x + Dy &= 0. \end{aligned} \quad (9)$$

Então, eliminando x, obtemos

$$[(D+1)D^2 - (D-4)D]y = (D+1)t^2 - (D-4)0$$

ou
$$(D^3 + 4D)y = t^2 + 2t.$$

Uma vez que as raízes da equação auxiliar $m(m^2+4) = 0$ são $m_1 = 0$, $m_2 = 2i$ e $m_3 = -2i$, a função complementar é $y_c = c_1 + c_2 \cos 2t + c_3 \sen 2t$. Para determinar a solução particular y_p, usamos o método dos coeficientes a determinar supondo que $y_p = At^3 + Bt^2 + Ct$. Portanto,

$$y_p' = 3At^2 + 2Bt + C, \quad y_p'' = 6At + 2B, \quad y_p''' = 6A,$$

$$y_p''' + 4y_p' = 12At^2 + 8Bt + 6A + 4C = t^2 + 2t.$$

A última igualdade implica $12A = 1$, $8B = 2$ e $6A + 4C = 0$; logo, $A = \frac{1}{12}$, $B = \frac{1}{4}$ e $C = -\frac{1}{8}$. Assim,

$$y = y_c + y_p = c_1 + c_2 \cos 2t + c_3 \sen 2t + \frac{1}{12}t^3 + \frac{1}{4}t^2 - \frac{1}{8}t. \tag{10}$$

Eliminando y do sistema (9), obtemos

$$[(D-4) - D(D+1)]x = t^2 \quad \text{ou} \quad (D^2 + 4)x = -t^2.$$

Deve então ser óbvio que $x_c = c_4 \cos 2t + c_5 \sen 2t$ e que o método dos coeficientes a determinar pode ser aplicado para obter uma solução particular da forma $x_p = At^2 + Bt + C$. Nesse caso, as diferenciações usuais e um pouco de álgebra produzem $x_p = -\frac{1}{4}t^2 + \frac{1}{8}$ e, portanto,

$$x = x_c + x_p = c_4 \cos 2t + c_5 \sen 2t - \frac{1}{4}t^2 + \frac{1}{8}. \tag{11}$$

Agora, c_4 e c_5 podem ser expressos em termos de c_2 e c_3, substituindo (10) e (11) em qualquer uma das equações de (8). Usando a segunda equação, encontramos, depois de combinar os termos,

$$(c_5 - 2c_4 - 2c_2) \sen 2t + (2c_5 + c_4 + 2c_3) \cos 2t = 0,$$

logo, $c_5 - 2c_4 - 2c_2 = 0$ e $2c_5 + c_4 + 2c_3 = 0$. Resolvendo, obtemos c_4 e c_5 em termos de c_2 e c_3 e chegamos a $c_4 = -\frac{1}{5}(4c_2 + 2c_3)$ e $c_5 = \frac{1}{5}(2c_2 - 4c_3)$. Encontramos, finalmente, a solução de (8)

$$x(t) = -\frac{1}{5}(4c_2 + 2c_3) \cos 2t + \frac{1}{5}(2c_2 - 4c_3) \sen 2t - \frac{1}{4}t^2 + \frac{1}{8}$$

$$y(t) = c_1 + c_2 \cos 2t + c_3 \sen 2t + \frac{1}{12}t^3 + \frac{1}{4}t^2 - \frac{1}{8}t.$$ ∎

EXEMPLO 3 Revisão do problema do misturador

Em (3) da Seção 3.3 vimos que um sistema de equações diferenciais lineares de primeira ordem

$$\frac{dx_1}{dt} = -\frac{2}{25}x_1 + \frac{1}{50}x_2$$

$$\frac{dx_2}{dt} = \frac{2}{25}x_1 - \frac{2}{25}x_2$$

é o modelo que descreve a quantidade de libras de sal $x_1(t)$ e $x_2(t)$ de uma mistura salina que flui entre dois tanques A e B, respectivamente, como mostrado na Figura 3.3.1. Naquele ponto não era possível resolver o sistema. Agora, em termos de operadores diferenciais, o sistema pode ser descrito como

$$\left(D + \frac{2}{25}\right)x_1 - \frac{1}{50}x_2 = 0$$

$$-\frac{2}{25}x_1 + \left(D + \frac{2}{25}\right)x_2 = 0.$$

Aplicando $D + \frac{2}{25}$ à primeira equação, multiplicando a segunda equação por $\frac{1}{50}$, somando e então simplificando, obtemos $(625D^2 + 100D + 3)x_1 = 0$. Da equação auxiliar

$$625m^2 + 100m + 3 = (25m + 1)(25m + 3) = 0$$

vemos imediatamente que $x_1(t) = c_1 e^{-t/25} + c_2 e^{-3t/25}$. Podemos agora obter $x_2(t)$ usando a primeira ED do sistema na forma $x_2 = 50(D + \frac{2}{25})x_1$. Da mesma forma, encontramos a solução do sistema

$$x_1(t) = c_1 e^{-t/25} + c_2 e^{-3t/25}, \quad x_2(t) = 2c_1 e^{-t/25} - 2c_2 e^{-3t/25}.$$

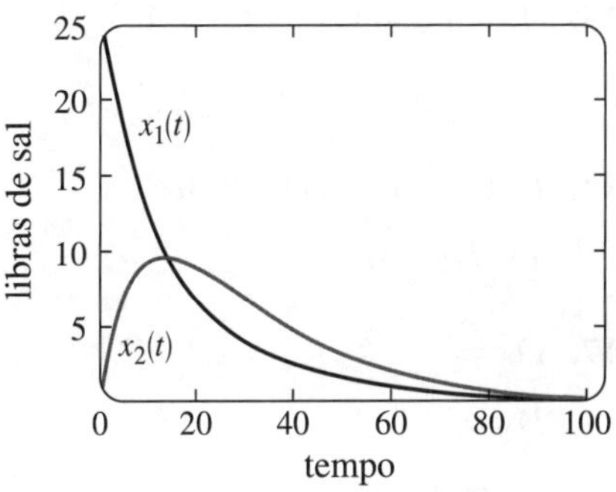

Na discussão original, na página 115, supusemos que as condições iniciais eram $x_1(0) = 25$ e $x_2(0) = 0$. Aplicando essas condições à solução, obtemos $c_1 + c_2 = 25$ e $2c_1 - 2c_2 = 0$. Resolvendo essas equações, obtemos $c_1 = c_2 = \frac{25}{2}$. Finalmente, uma solução do problema de valor inicial será

$$x_1(t) = \frac{25}{2} e^{-t/25} + \frac{25}{2} e^{-3t/25}, \quad x^2(t) = 25 e^{-t/25} - 25 e^{-3t/25}.$$

FIGURA 4.9.1 Libras de sal nos tanques A e B no Exemplo 3.

Os gráficos de ambas as equações estão representados na Figura 4.9.1. Levando-se em consideração o fato de que água pura está sendo bombeada para o tanque A, vemos pela figura que $x_1(t) \to 0$ e $x_2(t) \to 0$ quando $t \to \infty$. ∎

EXERCÍCIOS 4.8

As respostas aos problemas ímpares estão no final do livro.

Nos Problemas 1-20, resolva o sistema de equações diferenciais dado por eliminação sistemática.

1. $\dfrac{dx}{dt} = 2x - y$

   $\dfrac{dy}{dt} = x$

2. $\dfrac{dx}{dt} = 4x + 7y$

   $\dfrac{dy}{dt} = x - 2y$

3. $\dfrac{dx}{dt} = -y + t$

   $\dfrac{dy}{dt} = x - t$

4. $\dfrac{dx}{dt} - 4y = 1$

   $\dfrac{dy}{dt} + x = 2$

5. $(D^2 + 5)x - 2y = 0$

   $-2x + (D^2 + 2)y = 0$

6. $(D + 1)x + (D - 1)y = 2$

   $3x + (D + 2)y = -1$

7. $\dfrac{d^2x}{dt^2} = 4y + e^t$

   $\dfrac{d^2y}{dt^2} = 4x - e^t$

8. $\dfrac{d^2x}{dt^2} + \dfrac{dy}{dt} = -5x$

   $\dfrac{dx}{dt} + \dfrac{dy}{dt} = -x + 4y$

9. $Dx + D^2 y = e^{3t}$

   $(D + 1)x + (D - 1)y = 4e^{3t}$

10. $D^2 x - Dy = t$

    $(D + 3)x + (D + 3)y = 2$

11. $(D^2 - 1)x - y = 0$

    $(D - 1)x + Dy = 0$

12. $(2D^2 - D - 1)x - (2D + 1)y = 1$

    $(D - 1)x + Dy = -1$

13. $2\dfrac{dx}{dt} - 5x + \dfrac{dy}{dt} = e^t$

    $\dfrac{dx}{dt} - x + \dfrac{dy}{dt} = 5e^t$

14. $\dfrac{dx}{dt} + \dfrac{dy}{dt} = e^t$

    $-\dfrac{d^2x}{dt^2} + \dfrac{dx}{dt} + x + y = 0$

15. $(D-1)x + (D^2+1)y = 1$
$(D^2-1)x + (D+1)y = 2$

16. $D^2x - 2(D^2+D)y = \operatorname{sen} t$
$x + Dy = 0$

17. $Dx = y$
$Dy = z$
$Dz = x$

18. $Dx + z = e^t$
$(D-1)x + Dy + Dz = 0$
$x + 2y + Dz = e^t$

19. $\dfrac{dx}{dt} = 6y$
$\dfrac{dy}{dt} = x + z$
$\dfrac{dz}{dt} = x + y$

20. $\dfrac{dx}{dt} = -x + z$
$\dfrac{dy}{dt} = -y + z$
$\dfrac{dz}{dt} = -x + y$

Nos Problemas 21 e 22, resolva o problema de valor inicial dado.

21. $\dfrac{dx}{dt} = -5x - y$
$\dfrac{dy}{dt} = 4x - y$
$x(1) = 0,\ y(1) = 1$

22. $\dfrac{dx}{dt} = y - 1$
$\dfrac{dy}{dt} = -3x + 2y$
$x(0) = 0,\ y(0) = 0$

MODELOS MATEMÁTICOS

23. Movimento de um projétil Um projétil atirado de uma arma tem peso $w = mg$ e velocidade **v** tangente à trajetória do movimento. Ignorando a resistência do ar e todas as outras forças, exceto o peso, determine um sistema de equações diferenciais que descreva o movimento. Veja a Figura 4.9.2. Resolva o sistema. [*Sugestão:* Use a segunda lei do movimento de Newton nas direções x e y.]

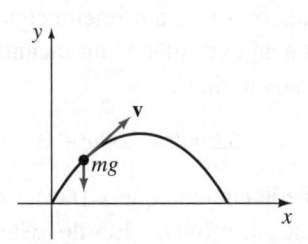

FIGURA 4.9.2 Percurso do projétil do Problema 23.

24. Movimento de um projétil com resistência do ar Determine um sistema de equações diferenciais que descreva o movimento do Problema 23 se o projétil sofre uma força retardadora **k** (de magnitude k) atuando tangencialmente à trajetória, mas oposta ao movimento. Veja a Figura 4.9.3. Resolva o sistema. [*Sugestão:* **k** é um múltiplo da velocidade – digamos, $\beta \mathbf{v}$.]

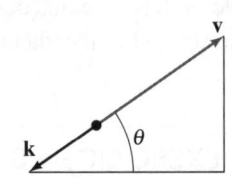

FIGURA 4.9.3 Forças do Problema 24.

PROBLEMAS PARA DISCUSSÃO

25. Examine e discuta o seguinte sistema:
$$Dx - 2Dy = t^2$$
$$(D+1)x - 2(D+1)y = 1.$$

TAREFAS PARA O LABORATÓRIO DE INFORMÁTICA

26. Reexamine a Figura 4.9.1 no Exemplo 3. Em seguida, use um aplicativo de busca de raízes para determinar quando o tanque B contém mais sal do que o tanque A.

27. a) Releia o Problema 6 nos Exercícios 3.3. Nesse problema foi pedido para demonstrar que o sistema de equações diferenciais
$$\dfrac{dx_1}{dt} = -\dfrac{1}{50}x_1$$
$$\dfrac{dx_2}{dt} = \dfrac{1}{50}x_1 - \dfrac{2}{75}x_2$$
$$\dfrac{dx_3}{dt} = \dfrac{2}{75}x_2 - \dfrac{1}{25}x_3$$

é um modelo para a quantidade de sal nos tanques ligados A, B e C mostrados na Figura 3.3.7. Resolva o sistema $x_1(0) = 15$, $x_2(t) = 10$, $x_3(t) = 5$.

b) Use um SAC para fazer o gráfico $x_1(t)$, $x_2(t)$ e $x_3(t)$ no mesmo plano de coordenadas (como na Figura 4.9.1), no intervalo [0, 200].

c) Como só a água pura é bombeada do tanque A, é lógico que o sal acabará por ser lavado de todos os três tanques. Use um aplicativo de determinação de raízes de um SAC para encontrar o momento em que a quantidade de sal em cada tanque é igual ou inferior a 0,5 libra. Quando os montantes de sal $x_1(t)$, $x_2(t)$ e $x_3(t)$ serão simultaneamente iguais ou inferiores a 0,5 libra?

4.10 EQUAÇÕES DIFERENCIAIS NÃO LINEARES

ASSUNTOS ANALISADOS
- Seções 2.2 e 2.5
- Seção 4.2
- Uma revisão da série de Taylor de cálculo também é recomendada

INTRODUÇÃO
As dificuldades que cercam as equações diferenciais não lineares de ordem superiores e os poucos métodos que determinam soluções analíticas são analisadas a seguir. Dois dos métodos de solução considerados nesta seção empregam uma mudança de variável para reduzir a ED de segunda ordem a uma ED de primeira ordem. Nesse sentido, esses métodos são análogos aos do material na Seção 4.2.

ALGUMAS DIFERENÇAS
Há várias diferenças significativas entre as equações diferenciais lineares e não lineares. Vimos na Seção 4.1 que uma equação linear homogênea de segunda ordem ou superior tem a propriedade de a combinação linear de soluções ser também uma solução (Teorema 4.1.2). Equações não lineares não têm essa propriedade de superposição. (Veja os Problemas 1 e 18 nos Exercícios 4.10.) Podemos determinar soluções gerais de EDs lineares de primeira ordem ou superior com coeficientes constantes. Mesmo quando podemos resolver uma equação diferencial não linear de primeira ordem na forma de uma família a um parâmetro, em geral essa família não representa uma solução geral. Dito de outra forma, EDs não lineares de primeira ordem podem ter soluções singulares, ao contrário das lineares. Mas a diferença mais significativa entre equações lineares e não lineares de segunda ordem ou superior está no domínio da resolubilidade. Dada uma equação linear, há uma chance de que possamos encontrar alguma forma palpável de solução – uma solução explícita ou talvez uma solução na forma de uma série infinita (veja o Capítulo 6). Entretanto, equações diferenciais não lineares de ordem superior raramente podem ser resolvidas por métodos analíticos. Embora isso possa soar desencorajador, ainda há coisas que podem ser feitas. Como mencionamos no fim da Seção 1.3, podemos sempre analisar uma ED não linear qualitativa e numericamente.

Deixemos claro desde o início que as equações diferenciais não lineares de ordem superior são importantes – poderíamos arriscar dizer que talvez sejam mais importantes que as lineares? –, pois à medida que refinamos o modelo matemático de um sistema físico, por exemplo, aumentamos a probabilidade de que esse modelo de alta resolução seja não linear.

Primeiramente, vamos ilustrar um método analítico que *ocasionalmente* nos possibilita encontrar soluções explícitas/implícitas de tipos especiais de equações diferenciais não lineares de segunda ordem.

REDUÇÃO DE ORDEM
Equações diferenciais não lineares de segunda ordem $F(x, y', y'') = 0$, onde a variável dependente y está faltando, e $F(y, y', y'') = 0$, onde a variável independente x está faltando, podem algumas vezes ser resolvidas com métodos de primeira ordem. Cada uma dessas equações pode ser reduzida a uma de primeira ordem por meio da substituição $u = y'$.

AUSÊNCIA DA VARIÁVEL DEPENDENTE
O exemplo seguinte ilustra a técnica da substituição para uma equação da forma $F(x, y', y'') = 0$. Se $u = y'$, então a equação diferencial torna-se $F(x, u, u') = 0$. Se pudermos resolver essa última equação para u, poderemos determinar

y por integração. Observe que, como estamos resolvendo uma equação de segunda ordem, sua solução conterá duas constantes arbitrárias.

> **EXEMPLO 1** **A variável dependente y está faltando**

Resolva $\quad y'' = 2x(y')^2$.

SOLUÇÃO
Seja $u = y'$, então $du/dx = y''$. Depois de substituirmos, a equação de segunda ordem vai se reduzir a uma equação de primeira ordem com variáveis separáveis; a variável independente será x e a dependente, u:

$$\frac{du}{dx} = 2xu^2 \quad \text{ou} \quad \frac{du}{u^2} = 2x\,dx$$

$$\int u^{-2}\,du = \int 2x\,dx$$

$$-u^{-1} = x^2 + c_1^2.$$

A constante de integração foi escrita como c_1^2 por conveniência. A razão disso ficará óbvia nos passos seguintes. Como $u^{-1} = 1/y'$, segue que

$$\frac{dy}{dx} = -\frac{1}{x^2 + c_1^2}$$

e, portanto, $y = -\int \dfrac{dx}{x^2 + c_1^2}$ ou $y = -\dfrac{1}{c_1}\,\text{tg}^{-1}\dfrac{x}{c_1} + c_2$. ∎

AUSÊNCIA DA VARIÁVEL INDEPENDENTE
A seguir, vamos mostrar como resolver uma equação da forma $F(y, y', y'') = 0$. Uma vez mais seja $u = y'$. Como agora, porém, a variável independente x está ausente, usamos essa substituição para transformar a equação diferencial em uma equação em que a variável independente seja y e a dependente, u. Com essa finalidade, usamos a Regra da Cadeia para computar a segunda derivada de y:

$$y'' = \frac{du}{dx} = \frac{du}{dy}\frac{dy}{dx} = u\frac{du}{dy}.$$

Nesse caso, a equação de primeira ordem que precisamos resolver é

$$F\left(y, u, u\frac{du}{dy}\right) = 0.$$

> **EXEMPLO 2** **A variável independente x está ausente**

Resolva $\quad yy'' = (y')^2$.

SOLUÇÃO
Com a ajuda de $u = y'$, da Regra da Cadeia e da separação de variáveis, a equação dada torna-se

$$y\left(u\frac{du}{dy}\right) = u^2 \quad \text{ou} \quad \frac{du}{u} = \frac{dy}{y}.$$

Integrando a última equação, obtemos $\ln|u| = \ln|y| + c_1$, que, por sua vez, gera $u = c_2 y$, onde a constante $\pm e^{c_1}$ foi renomeada para c_2. Vamos agora substituir u por dy/dx, separar variáveis novamente, integrar e renomear as constantes uma segunda vez:

$$\int \frac{dy}{y} = c_2 \int dx \quad \text{ou} \quad \ln|y| = c_2 x + c_3 \quad \text{ou} \quad y = c_4 e^{c_2 x}. \quad \blacksquare$$

USO DA SÉRIE DE TAYLOR
Às vezes, uma solução de um problema de valor inicial não linear, no qual foram especificadas as condições iniciais em x_0, pode ser aproximada por uma série de Taylor em torno de x_0.

> **EXEMPLO 3** Solução em série de Taylor de um PVI

Vamos supor que exista uma solução do problema de valor inicial

$$y'' = x + y - y^2, \quad y(0) = -1, \quad y'(0) = 1. \tag{1}$$

Se supusermos, além disso, que a solução do problema seja analítica em 0, então $y(x)$ terá uma expansão em série de Taylor em torno de 0:

$$y(x) = y(0) + \frac{y'(0)}{1!}x + \frac{y''(0)}{2!}x^2 + \frac{y'''(0)}{3!}x^3 + \frac{y^{(4)}(0)}{4!}x^4 + \frac{y^{(5)}(0)}{5!}x^5 + \cdots. \tag{2}$$

Observe que os valores do primeiro e segundo termos na série (2) são conhecidos, pois são os valores dados nas condições iniciais $y(0) = -1$ e $y'(0) = 1$. Além disso, a própria equação diferencial define o valor da segunda derivada em 0: $y''(0) = 0 + y(0) - y(0)^2 = 0 + (-1) - (-1)^2 = -2$. Podemos então encontrar expressões para as derivadas de ordem superior $y''', y^{(4)}, \ldots$ calculando as derivadas sucessivas da equação diferencial:

$$y'''(x) = \frac{d}{dx}(x + y - y^2) = 1 + y' - 2yy', \tag{3}$$

$$y^{(4)}(x) = \frac{d}{dx}(1 + y' - 2yy') = y'' - 2yy'' - 2(y')^2, \tag{4}$$

$$y^{(5)}(x) = \frac{d}{dx}(y'' - 2yy'' - 2(y')^2) = y''' - 2yy''' - 6y'y'' \tag{5}$$

e assim por diante. Usando agora $y(0) = -1$ e $y'(0) = 1$, concluímos de (3) que $y'''(0) = 4$. Dos valores $y(0) = -1$, $y'(0) = 1$ e $y''(0) = -2$ segue de (4) que $y^{(4)}(0) = -8$. Com essas informações adicionais vemos então de (5) que $y^{(5)}(0) = 24$. Logo, de (2), os seis primeiros termos de uma solução em série do problema de valor inicial (1) são

$$y(x) = -1 + x - x^2 + \frac{2}{3}x^3 - \frac{1}{3}x^4 + \frac{1}{5}x^5 + \cdots. \quad \blacksquare$$

USO DE UM SOLUCIONADOR NUMÉRICO

Os métodos numéricos, como os de Euler ou Runge-Kutta, foram desenvolvidos inicialmente para equações diferenciais de primeira ordem e então estendidos para sistemas de equações de primeira ordem. Para analisar numericamente um problema de valor inicial de ordem n, expressamos a EDO de ordem n como um sistema de n equações de primeira ordem: em primeiro lugar, isolamos y'' – isto é, colocamos a ED na forma normal $y'' = f(x, y, y')$ – e então fazemos $y' = u$. Por exemplo, se substituirmos $y' = u$ em

$$\frac{d^2 y}{dx^2} = f(x, y, y'), \quad y(x_0) = y_0, \quad y'(x_0) = u_0, \tag{6}$$

então $y'' = u'$ e $y'(x_0) = u(x_0)$, de forma que o problema de valor inicial (6) torna-se

$$\text{Resolva:} \quad \begin{cases} y' = u \\ u' = f(x, y, u) \end{cases}$$

$$\text{Sujeita a:} \quad y(x_0) = y_0, \quad u(x_0) = u_0.$$

Porém, deve ser observado que um solucionador numérico comercial *talvez não* exija[¶] que você forneça o sistema.

[¶] Alguns solucionadores numéricos requerem apenas que uma equação diferencial de segunda ordem seja expressa na forma normal $y'' = f(x, y, y')$. A transformação de uma única equação em um sistema de duas equações é feita automaticamente pelo programa, já que a primeira equação do sistema é sempre $y' = u$ e a segunda, $u' = f(x, y, u)$.

EXEMPLO 4 Análise gráfica do Exemplo 3

Seguindo o procedimento anterior, determinamos que o problema de valor inicial de segunda ordem no Exemplo 3 é equivalente a

$$\frac{dy}{dx} = u$$

$$\frac{du}{dx} = x + y - y^2$$

com as condições iniciais $y(0) = -1$, $u(0) = 1$. Com a ajuda de um solucionador numérico, obtemos a curva integral mostrada em preto na Figura 4.10.1. Para comparação, o gráfico do polinômio de Taylor de quinto grau $T_5(x) = -1 + x - x^2 + \frac{2}{3}x^3 - \frac{1}{3}x^4 + \frac{1}{5}x^5$ é mostrado em cinza. Embora não saibamos qual o intervalo de convergência da série de Taylor obtido no Exemplo 3, a proximidade das duas curvas em uma vizinhança da origem sugere que a série de potências pode convergir no intervalo $(-1, 1)$. ∎

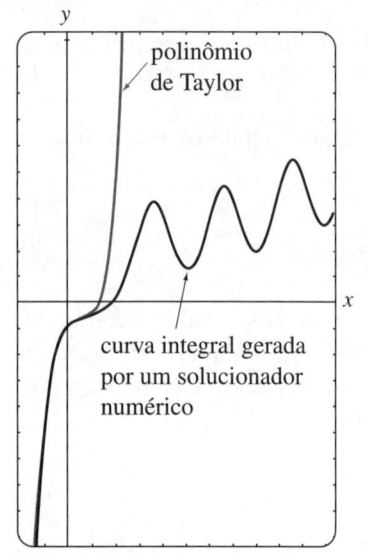

FIGURA 4.10.1 Comparação de duas soluções aproximadas no Exemplo 1.

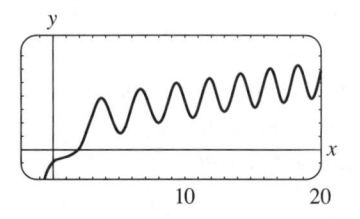

FIGURA 4.10.2 Curva solução numérica para o PVI em (1).

QUESTÕES QUALITATIVAS

O gráfico da Figura 4.10.1 traz à tona algumas questões de natureza qualitativa: a solução do problema de valor inicial original oscila quando $x \to \infty$? O gráfico gerado por um solucionador numérico em um intervalo maior mostrado na Figura 4.10.2 parece *sugerir* que a resposta é afirmativa. Mas esse único exemplo – ou mesmo um conjunto de exemplos – não responde à questão básica que indaga se *todas* as soluções da equação diferencial $y'' = x + y - y^2$ são oscilatórias por natureza. Além disso, o que ocorrerá com a curva integral na Figura 4.10.2 quando x estiver próximo de -1? Qual será o comportamento das soluções da equação diferencial quando $x \to -\infty$? As soluções são limitadas quando $x \to \infty$? Questões como essas não são facilmente respondidas, em geral, para equações diferenciais não lineares de segunda ordem. Mas determinados tipos de equação de segunda ordem prestam-se a uma análise *qualitativa sistemática*. Por conseguinte, essas equações de segunda ordem, como suas semelhantes de primeira ordem encontradas na Seção 2.1, são do tipo no qual não há dependência explícita da variável independente. EDOs de segunda ordem da forma

$$F(y, y', y'') = 0 \quad \text{ou} \quad \frac{d^2y}{dx^2} = f(y, y'),$$

com equações livres da variável independente x, são chamadas **autônomas**. A equação diferencial do Exemplo 2 é autônoma e, em decorrência da presença do termo em x do lado direito, a equação no Exemplo 3 não é autônoma. Para um tratamento mais aprofundado do tópico de estabilidade de equações diferenciais autônomas de segunda ordem e de sistemas autônomos de equações diferenciais, sugerimos o Capítulo 10 do livro *Differential Equations with Boundary-Value Problems*, de Henry Edwards e David E. Penney, sem edição em português.

EXERCÍCIOS 4.10

As respostas aos problemas ímpares estão no final do livro.

Nos Problemas 1 e 2, verifique que y_1 e y_2 são soluções da equação diferencial dada, mas $y = c_1 y_1 + c_2 y_2$ não é, em geral, uma solução.

1. $(y'')^2 = y^2$; $y_1 = e^x$, $y_2 = \cos x$

2. $yy'' = \frac{1}{2}(y')^2$; $y_1 = 1$, $y_2 = x^2$

Nos Problemas 3-8, resolva a equação diferencial dada usando a substituição $u = y'$.

3. $y'' + (y')^2 + 1 = 0$

4. $y'' = 1 + (y')^2$

5. $x^2 y'' + (y')^2 = 0$

6. $(y + 1)y'' = (y')^2$

7. $y'' + 2y(y')^3 = 0$

8. $y^2 y'' = y'$

Nos Problemas 9 e 10 resolva o problema de valor inicial dado.

9. $2y'y'' = 1; y(0) = 2, y'(0) = 1$

10. $y'' + x(y')^2 = 0, y(1) = 4, y'(1) = 2$

11. Consideremos o problema de valor inicial

$$y'' + yy' = 0, \quad y(0) = 1, y'(0) = -1.$$

a) Use a ED e um solucionador numérico para fazer o gráfico da curva integral.

b) Ache uma solução explícita do PVI. Use um programa de computador para fazer o gráfico dessa solução.

c) Ache o intervalo de definição para a solução no item (b).

12. Ache duas soluções do problema de valor inicial

$$(y'')^2 + (y')^2 = 1, \quad y\left(\frac{\pi}{2}\right) = \frac{1}{2}, \quad y'\left(\frac{\pi}{2}\right) = \frac{\sqrt{3}}{2}.$$

Use um solucionador numérico para fazer o gráfico das curvas integrais.

Nos Problemas 13 e 14, mostre que a substituição $u = y'$ leva a uma equação de Bernoulli. Resolva essa equação (veja a Seção 2.5).

13. $xy'' = y' + (y')^3$

14. $xy'' = y' + x(y')^2$

Nos Problemas 15-18, proceda como no Exemplo 3 e obtenha os seis primeiros termos diferentes de zero de uma solução em série de Taylor, em torno do zero do problema de valor inicial dado. Use um solucionador numérico e um utilitário gráfico para comparar a curva integral com o gráfico do polinômio de Taylor.

15. $y'' = x + y^2, \quad y(0) = 1, y'(0) = 1$

16. $y'' + y^2 = 1, \quad y(0) = 2, y'(0) = 3$

17. $y'' = x^2 + y^2 - 2y', \quad y(0) = 1, y'(0) = 1$

18. $y'' = e^y, \quad y(0) = 0, y'(0) = -1$

19. Em cálculo, a curvatura do gráfico de $y = f(x)$ é definida como

$$\kappa = \frac{y''}{[1 + (y')^2]^{3/2}}.$$

Determine $y = f(x)$ para a qual $\kappa = 1$.
[*Sugestão*: Para simplificar, ignore as constantes de integração.]

PROBLEMAS PARA DISCUSSÃO

20. Vimos no Problema 1 que $\cos x$ e e^x eram soluções da equação não linear $(y'')^2 - y^2 = 0$. Verifique que $\operatorname{sen} x$ e e^{-x} também são soluções. Sem tentar resolver a equação diferencial, discuta como essas soluções explícitas podem ser encontradas usando conhecimento sobre equações lineares. Sem tentar verificar, discuta por que combinações lineares como $y = c_1 e^x + c_2 e^{-x} + c_3 \cos x + c_4 \operatorname{sen} x$ e $y = c_2 e^{-x} + c_4 \operatorname{sen} x$ não são, em geral, soluções, mas as duas combinações lineares particulares, $y = c_1 e^x + c_2 e^{-x}$ e $y = c_3 \cos x + c_4 \operatorname{sen} x$ *devem* satisfazer a equação diferencial.

21. Discuta como o método de redução de ordem desta seção pode ser aplicado à equação diferencial de terceira ordem $y''' = \sqrt{1 + (y'')^2}$. Desenvolva suas ideias e resolva a equação.

22. Discuta como encontrar uma família alternativa de dois parâmetros de soluções para a equação diferencial não linear $y'' = 2x(y')^2$ do Exemplo 1. [*Sugestão:* Suponha que $-c_1^2$ seja usado como a constante de integração em vez de $+c_1^2$.]

MODELOS MATEMÁTICOS

23. **Movimento no campo de forças** Um modelo matemático para a posição $x(t)$ de um corpo que se move linearmente sobre o eixo x, em um campo de forças proporcional ao inverso do quadrado da distância à origem, é dado por

$$\frac{d^2 x}{dt^2} = -\frac{k^2}{x^2}.$$

Suponha que em $t = 0$ o corpo comece do repouso, da posição $x = x_0$, $x_0 > 0$. Mostre que a velocidade do corpo em qualquer instante é dada por $v^2 = 2k^2(1/x - 1/x_0)$. Use essa equação e um SAC para executar a integração para expressar o tempo t em termos de x.

24. Um modelo matemático para a posição $x(t)$ de um objeto em movimento é

$$\frac{d^2 x}{dt^2} + \operatorname{sen} x = 0.$$

Use um solucionador numérico para investigar graficamente a solução da equação sujeita a $x(0) = 0, x'(0) = x_1, x_1 \geq 0$. Discuta o movimento do objeto para $t \geq 0$ e várias escolhas de x_1. Da mesma forma, analise a equação

$$\frac{d^2 x}{dt^2} + \frac{dx}{dt} + \operatorname{sen} x = 0.$$

Discuta uma possível interpretação física do termo dx/dt.

REVISÃO DO CAPÍTULO 4

As respostas aos problemas ímpares estão no final do livro.

Sem voltar ao texto, resolva os Problemas 1-10. Preencha os espaços em branco ou responda verdadeiro ou falso.

1. A única solução do problema de valor inicial $y'' + x^2 y = 0$, $y(0) = 0$, $y'(0) = 0$ é _____.

2. Para o método dos coeficientes a determinar, a forma suposta da solução particular y_p de $y'' - y = 1 + e^x$ é _____.

3. Um múltiplo constante de uma solução de uma equação diferencial linear é também uma solução. _____

4. Se o conjunto que consiste em duas funções, f_1 e f_2, é linearmente independente em um intervalo I, então o wronskiano $W(f_1, f_2) \neq 0$ para todo x em I. _____

5. Se $y = \operatorname{sen} 5x$ é uma solução de uma diferencial linear homogênea de segunda ordem com coeficientes constantes, então a solução geral da ED é _____.

6. Se $y = 1 - x + 6x^2 + 3e^x$ é uma solução da equação diferencial linear homogênea de quarta ordem com coeficientes constantes, então as raízes da equação auxiliar são _____.

7. Se $y = c_1 x^2 + c_2 x^2 \ln x$, $x > 0$ é a solução geral da equação de Cauchy-Euler homogênea de segunda ordem, então a ED é _____.

8. $y_{p_1} = Ax^2$ é uma solução particular de $y''' + y'' = 1$ para $A = $ _____.

9. Se $y_{p_1} = x$ é uma solução particular de $y'' + y = x$ e $y_{p_2} = x^2 - 2$, então uma solução particular de $y'' + y = x^2 + x$ é _____.

10. Se $y_1 = e^x$ e $y^2 = e^{-x}$ são soluções da equação homogênea linear, então necessariamente $y = -5e^{-x} + 10e^x$ é também uma solução da ED. _____

11. Dê um intervalo sobre o qual o conjunto das funções $f_1(x) = x^2$ e $f_2(x) = x|x|$ seja linearmente independente. Dê então um intervalo sobre o qual o conjunto das funções f_1 e f_2 seja linearmente dependente.

12. Sem a ajuda do wronskiano, determine se o conjunto de funções dado é linearmente independente ou dependente no intervalo indicado.

   a) $f_1(x) = \ln x$, $f_2(x) = \ln x^2$, $(0, \infty)$
   b) $f_1(x) = x^n$, $f_2(x) = x^{n+1}$, $n = 1, 2, \ldots$, $(-\infty, \infty)$
   c) $f_1(x) = x$, $f_2(x) = x + 1$, $(-\infty, \infty)$
   d) $f_1(x) = \cos\left(x + \dfrac{\pi}{2}\right)$, $f_2(x) = \operatorname{sen} x$, $(-\infty, \infty)$
   e) $f_1(x) = 0$, $f_2(x) = x$, $(-5, 5)$
   f) $f_1(x) = 2$, $f_2(x) = 2x$, $(-\infty, \infty)$
   g) $f_1(x) = x^2$, $f_2(x) = 1 - x^2$, $f_3(x) = 2 + x^2$, $(-\infty, \infty)$
   h) $f_1(x) = xe^{x+1}$, $f_2(x) = (4x - 5)e^x$, $f_3(x) = xe^x$, $(-\infty, \infty)$

13. Suponha que $m_1 = 3$, $m_2 = -5$ e $m_3 = 1$ sejam raízes de multiplicidade 1, 2 e 3, respectivamente, de uma equação auxiliar. Escreva a solução geral da ED linear homogênea correspondente, se ela for

   a) uma equação com coeficientes constantes;
   b) uma equação de Cauchy-Euler.

14. Considere a equação diferencial $ay'' + by' + cy = g(x)$, onde a, b e c são constantes. Escolha as funções de entrada $g(x)$ para as quais o método dos coeficientes a determinar seja aplicável e aquelas para as quais seja aplicável o método de variação dos parâmetros.

   a) $g(x) = e^x \ln x$
   b) $g(x) = x^3 \cos x$
   c) $g(x) = \dfrac{\operatorname{sen} x}{e^x}$
   d) $g(x) = 2x^{-2} e^x$
   e) $g(x) = \operatorname{sen}^2 x$
   f) $g(x) = \dfrac{e^x}{\operatorname{sen} x}$

Nos Problemas 15-30, use os procedimentos desenvolvidos neste capítulo para encontrar a solução geral de cada equação diferencial.

15. $y'' - 2y' - 2y = 0$

16. $2y'' + 2y' + 3y = 0$

17. $y''' + 10y'' + 25y' = 0$

18. $2y''' + 9y'' + 12y' + 5y = 0$

19. $3y''' + 10y'' + 15y' + 4y = 0$

20. $2y^{(4)} + 3y''' + 2y'' + 6y' - 4y = 0$

21. $y'' - 3y' + 5y = 4x^3 - 2x$

22. $y'' - 2y' + y = x^2 e^x$

23. $y''' - 5y'' + 6y' = 8 + 2\operatorname{sen} x$

24. $y''' - y'' = 6$

25. $y'' - 2y' + 2y = e^x \operatorname{tg} x$

26. $y'' - y = \dfrac{2e^x}{e^x + e^{-x}}$

27. $6x^2 y''' + 5xy' - y = 0$

28. $2x^3 y''' + 19x^2 y'' + 39xy' + 9y = 0$

29. $x^2 y'' - 4xy' + 6y = 2x^4 + x^2$

30. $x^2 y'' - xy' + y = x^3$

31. Descreva a forma da solução geral $y = y_c + y_p$ da equação diferencial dada nos dois casos, $\omega \neq \alpha$ e $\omega = \alpha$. Não determine os coeficientes em y_p.

   a) $y'' + \omega^2 y = \operatorname{sen} \alpha x$

   b) $y'' - \omega^2 y = e^{\alpha x}$

32. a) Sabendo que $y = \operatorname{sen} x$ é uma solução de $y^{(4)} + 2y''' + 11y'' + 2y' + 10y = 0$, ache a solução geral da ED *sem usar calculadora ou computador*.

   b) Determine uma equação diferencial linear de segunda ordem com coeficientes constantes para a qual $y_1 = 1$ e $y_2 = e^{-x}$ sejam soluções da equação homogênea associada e $y_p = \frac{1}{2}x^2 - x$ seja uma solução particular da equação não homogênea.

33. a) Escreva a solução geral da ED de quarta ordem $y^{(4)} - 2y'' + y = 0$ em termos de funções hiperbólicas apenas.

   b) Escreva a forma de uma solução particular de $y^{(4)} - 2y'' + y = \operatorname{senh} x$.

34. Considere a equação diferencial $x^2 y'' - (x^2 + 2x)y' + (x + 2)y = x^3$. Verifique se $y_1 = x$ é uma solução da equação homogênea associada. Mostre então que o método de redução de ordem discutido na Seção 4.2 leva a uma segunda solução y_2 da equação homogênea, bem como a uma solução particular y_p da equação não homogênea. Forme a solução geral da ED no intervalo $(0, \infty)$.

Nos Problemas 35-40, resolva a equação diferencial dada, sujeita às condições indicadas.

35. $y'' - 2y' + 2y = 0$, $y(\pi/2) = 0, y(\pi) = -1$

36. $y'' + 2y' + y = 0$, $y(-1) = 0, y'(0) = 0$

37. $y'' - y = x + \operatorname{sen} x$, $y(0) = 2, y'(0) = 3$

38. $y'' + y = \sec^3 x$, $y(0) = 1, y'(0) = \dfrac{1}{2}$

39. $y' y'' = 4x$, $y(1) = 5, y'(1) = 2$

40. $2y'' = 3y^2$, $y(0) = 1, y'(0) = 1$

41. a) Use um SAC para encontrar as raízes da equação auxiliar para $12y^{(4)} + 64y''' + 59y'' - 23y' - 12y = 0$. Dê a solução geral da equação.

   b) Resolva a ED do item (a) sujeita às condições iniciais $y(0) = -1$, $y'(0) = 2$, $y''(0) = 5$, $y'''(0) = 0$. Use um SAC para resolver o sistema resultante de quatro equações em quatro incógnitas.

42. Ache um membro da família de soluções de $xy'' + y' + \sqrt{x} = 0$, cujo gráfico seja tangente ao eixo x em $x = 1$. Use um utilitário gráfico para obter a curva integral.

Nos Problemas 43-46, use a eliminação sistemática para resolver o sistema dado.

43. $\dfrac{dx}{dt} + \dfrac{dy}{dt} = 2x + 2y + 1$

    $\dfrac{dx}{dt} + 2\dfrac{dy}{dt} = y + 3$

44. $\dfrac{dx}{dt} = 2x + y + t - 2$

    $\dfrac{dy}{dt} = 3x + 4y - 4t$

45. $(D - 2)x - y = -e^t$

    $-3x + (D - 4)y = -7e^t$

46. $(D + 2)x + (D + 1)y = \operatorname{sen} 2t$

    $5x + (D + 3)y = \cos 2t$

5 MODELAGEM COM EQUAÇÕES DIFERENCIAIS DE ORDEM SUPERIOR

5.1 Equações lineares: problemas de valor inicial
    5.1.1 Sistemas massa-mola: movimento livre não amortecido
    5.1.2 Sistemas massa-mola: movimento livre amortecido
    5.1.3 Sistemas massa-mola: movimento forçado
    5.1.4 Circuito em série análogo
5.2 Equações lineares: problemas de contorno
5.3 Modelos não lineares
Revisão do Capítulo 5

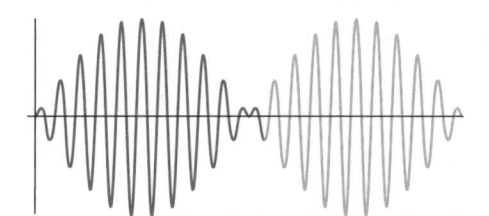

Vimos que uma equação diferencial pode servir como um modelo matemático para diversos sistemas físicos. Por essa razão vamos examinar apenas uma aplicação em detalhe: o movimento de uma massa presa a uma mola, na Seção 5.1. Exceto para terminologia e interpretações físicas dos quatro termos na equação diferencial linear

$$a\frac{d^2y}{dt^2} + b\frac{dy}{dt} + cy = g(t),$$

a matemática, digamos, de um circuito elétrico em série é idêntica à de uma vibração de um sistema massa-mola. Formas de equações diferenciais lineares de segunda ordem aparecem na análise de problemas em diferentes áreas da ciência e engenharia. Na Seção 5.1 abordaremos exclusivamente problemas de valor inicial, na Seção 5.2, os de valor de contorno. Na Seção 5.2 veremos também como alguns problemas de valor de contorno levarão aos importantes conceitos de *autovalores* e *autofunções*. A Seção 5.3 é iniciada com uma discussão sobre as diferenças entre molas lineares e não lineares, e então mostraremos modelos não lineares como o pêndulo simples e a ligação de um fio suspenso.

5.1 EQUAÇÕES LINEARES: PROBLEMAS DE VALOR INICIAL

IMPORTANTE REVISAR
- Seções 4.1, 4.3 e 4.4
- Problemas 29 a 36 nos Exercícios 4.3
- Problemas 27 a 36 nos Exercícios 4.4

INTRODUÇÃO

Nesta seção, vamos considerar vários sistemas dinâmicos lineares para os quais cada modelo matemático é uma equação diferencial de segunda ordem com coeficientes constantes juntamente com as condições iniciais especificadas em um determinado instante do tempo $t = 0$:

$$a\frac{d^2y}{dt^2} + b\frac{dy}{dt} + cy = g(t), \quad y(0) = y_0, \quad y'(0) = y_1.$$

Lembre-se de que a função g é a **entrada**, **função de condução** ou **função forçante** (função entrada) do sistema. Uma solução $y(t)$ da equação diferencial em um intervalo I contendo $t = 0$ que satisfaça as condições iniciais é denominada **saída** ou **resposta do sistema**.

5.1.1 SISTEMAS MASSA-MOLA: MOVIMENTO LIVRE NÃO AMORTECIDO

LEI DE HOOKE

Suponha que uma mola flexível esteja suspensa verticalmente em um suporte rígido e que então uma massa m seja conectada à sua extremidade livre. A distensão ou elongação da mola naturalmente dependerá da massa; massas com pesos diferentes distenderão a mola diferentemente. Pela lei de Hooke, a mola exerce uma força restauradora F oposta à direção do alongamento e proporcional à distensão s. Enunciado de forma mais simples, $F = ks$, onde k é uma constante de proporcionalidade chamada **constante da mola**. A mola é essencialmente caracterizada por k. Por exemplo, se uma massa de 10 libras alonga em $\frac{1}{2}$ pé uma mola, então $10 = k(\frac{1}{2})$ implica que $k = 20$ lb/pés. Então, uma massa de, digamos, 8 lb, necessariamente estica a mesma mola somente $\frac{2}{5}$ pé.

SEGUNDA LEI DE NEWTON

Depois que uma massa m é conectada a uma mola, provoca nesta uma distensão s e atinge sua posição de equilíbrio na qual seu peso W é igual à força restauradora ks. Lembre-se de que o peso é definido por $W = mg$, onde a massa é medida em *slugs*, quilogramas ou gramas e $g = 32$ pés/s², 9,8 m/s² ou 980 cm/s², respectivamente. Conforme indicado na Figura 5.1.1(b), a condição de equilíbrio é $mg = ks$ ou $mg - ks = 0$. Se a massa for deslocada por uma quantidade x de sua posição de equilíbrio, a força restauradora da mola será então $k(x + s)$. Supondo que não haja forças de retardamento sobre o sistema e supondo que a massa vibre sem a ação de outras forças externas – **movimento livre** –, podemos igualar F com a força resultante do peso e da força restauradora:

$$m\frac{d^2x}{dt^2} = -k(s + x) + mg = -kx + \underbrace{mg - ks}_{\text{zero}} = -kx. \quad (1)$$

O sinal negativo em (1) indica que a força restauradora da mola age no sentido oposto ao do movimento. Além disso, adotaremos a convenção de que deslocamentos medidos *abaixo* da posição de equilíbrio $x = 0$ são positivos. Veja a Figura 5.1.2.

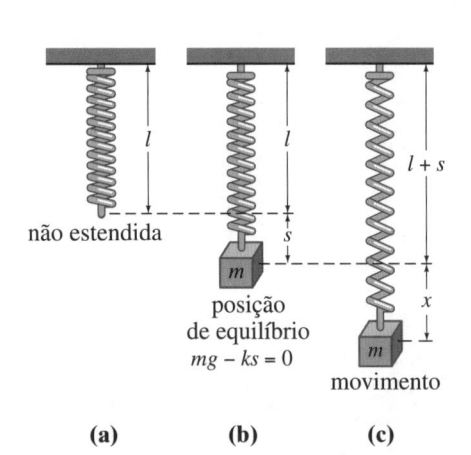

FIGURA 5.1.1 Sistema massa-mola.

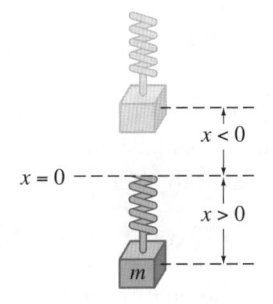

FIGURA 5.1.2 A direção para baixo da posição de equilíbrio é positiva.

ED DO MOVIMENTO LIVRE NÃO AMORTECIDO

Dividindo (1) pela massa m, obtemos a equação diferencial de segunda ordem $d^2x/dt^2 + (k/m)x = 0$ ou

$$\frac{d^2x}{dt^2} + \omega^2 x = 0, \qquad (2)$$

onde $\omega^2 = k/m$. Dizemos que a Equação (2) descreve um **movimento harmônico simples** ou **movimento livre não amortecido**. Duas condições iniciais óbvias associadas com (2) são $x(0) = x_0$ e $x'(0) = x_1$, representando, respectivamente, o deslocamento e a velocidade iniciais da massa. Por exemplo, se $x_0 > 0$, $x_1 < 0$, a massa começa de um ponto *abaixo* da posição de equilíbrio com uma velocidade inicial dirigida para cima. Quando $x_1 = 0$, dizemos que ela partiu do *repouso*. Por exemplo, se $x_0 < 0$, $x_1 = 0$, a massa partiu do repouso de um ponto $|x_0|$ unidades *acima* da posição de equilíbrio.

SOLUÇÃO E EQUAÇÃO DO MOVIMENTO

Para resolver a Equação (2), observamos que as soluções da equação auxiliar $m^2 + \omega^2 = 0$ são números complexos $m_1 = \omega i$, $m_2 = -\omega i$. Assim, com base em (8) na Seção 4.3, determinamos a solução geral de (2) como

$$x(t) = c_1 \cos \omega t + c_2 \operatorname{sen} \omega t. \qquad (3)$$

O **período** do movimento descrito por (3) é $T = 2\pi/\omega$. O número T representa o tempo (medido em segundos) que a massa leva para executar um ciclo de movimento. Um ciclo é uma oscilação completa da massa, isto é, o movimento da massa m do ponto mais baixo, abaixo da posição de equilíbrio, para o ponto mais alto, acima da posição de equilíbrio, depois voltando ao ponto mais baixo. Do ponto de vista gráfico $T = 2\pi/\omega$ segundo(s) é a duração do intervalo de tempo entre dois sucessivos máximos (ou mínimos) de $x(t)$. Lembre-se de que o máximo de $x(t)$ é um deslocamento positivo correspondente à distância máxima atingida pela massa abaixo da posição de equilíbrio, enquanto o mínimo de $x(t)$ é um deslocamento negativo correspondente à altura máxima atingida pela massa acima da posição de equilíbrio. A **frequência** do movimento é $f = 1/T = \omega/2\pi$, e também o número de ciclos completos por segundo. Por exemplo, se $x(t) = 2\cos 3\pi t - 4\operatorname{sen} 3\pi t$, o período é $T = 2\pi/3\pi = 2/3$ s, e a frequência é $f = 3/2$ ciclos/s. Do ponto de vista gráfico, $x(t)$ repete a cada $\frac{2}{3}$ segundo, ou seja, $x(t + \frac{2}{3}) = x(t)$ e $\frac{3}{2}$ ciclos do gráfico são completados a cada segundo (ou, equivalentemente, três ciclos são concluídos a cada 2 segundos). O número $\omega = \sqrt{k/m}$ (medido em radianos por segundo) é chamado **frequência circular do sistema**. Dependendo da sua literatura de referência, tanto $f = \omega/2\pi$ como ω são descritos como **frequência natural do sistema**. Finalmente, quando as condições iniciais forem usadas para determinar as constantes c_1 e c_2 em (3), diremos que a solução particular resultante ou a resposta é a **equação do movimento**.

EXEMPLO 1 Movimento livre não amortecido

Uma massa de 2 libras distende uma mola em 6 polegadas. Em $t = 0$, a massa é solta de um ponto 8 polegadas abaixo da posição de equilíbrio, a uma velocidade de $\frac{4}{3}$ pé/s para cima. Determine a equação do movimento.

SOLUÇÃO

Como estamos usando o sistema de unidades da engenharia, as medidas dadas em polegadas devem ser convertidas em pés: 6 pol $= \frac{1}{2}$ pé; 8 pol $= \frac{2}{3}$ pé. Além disso, precisamos converter as unidades de peso dadas em libras em unidades de massa. De $m = W/g$, temos $m = \frac{2}{32} = \frac{1}{16}$ *slug*. Além disso, da lei de Hooke, $2 = k(\frac{1}{2})$ implica que a constante de mola é $k = 4$ lb/pé. Logo, (1) resulta em

$$\frac{1}{16}\frac{d^2x}{dt^2} = -4x \quad \text{ou} \quad \frac{d^2x}{dt^2} + 64x = 0.$$

O deslocamento e a velocidade iniciais são $x(0) = \frac{2}{3}$, $x'(0) = -\frac{4}{3}$, onde o sinal negativo na última condição é uma consequência do fato de que é dada à massa uma velocidade inicial na direção negativa ou para cima.

Como $\omega^2 = 64$ ou $\omega = 8$, a solução geral da equação diferencial é

$$x(t) = c_1 \cos 8t + c_2 \operatorname{sen} 8t. \tag{4}$$

Aplicando as condições iniciais a $x(t)$ e a $x'(t)$, obtemos $c_1 = \frac{2}{3}$ e $c_2 = -\frac{1}{6}$. Assim, a equação do movimento será

$$x(t) = \frac{2}{3}\cos 8t - \frac{1}{6}\operatorname{sen} 8t. \tag{5} \quad \blacksquare$$

FORMA ALTERNATIVA DE X(T)

Quando $c_1 \neq 0$ e $c_2 \neq 0$, a **amplitude** real A da vibração livre não é óbvia com base no exame da Equação (3). Por exemplo, embora a massa no Exemplo 1 tenha sido deslocada inicialmente $\frac{2}{3}$ pé além da posição de equilíbrio, a amplitude das vibrações é um número maior que $\frac{2}{3}$. Assim, em geral é conveniente converter uma solução da forma (3) na forma mais simples

$$x(t) = A\operatorname{sen}(\omega t + \phi), \tag{6}$$

onde $A = \sqrt{c_1^2 + c_2^2}$ e ϕ é um **ângulo de fase** definido por

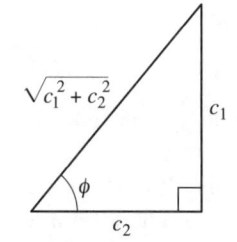

$$\left.\begin{array}{l}\operatorname{sen}\phi = \dfrac{c_1}{A} \\[4pt] \cos\phi = \dfrac{c_2}{A}\end{array}\right\} \operatorname{tg}\phi = \dfrac{c_1}{c_2}. \tag{7}$$

Para verificar isso, desenvolvemos (6) usando a fórmula da adição da função seno:

$$A\operatorname{sen}\omega t\cos\phi + A\cos\omega t\operatorname{sen}\phi = (A\operatorname{sen}\phi)\cos\omega t + (A\cos\phi)\operatorname{sen}\omega t. \tag{8}$$

Segue da Figura 5.1.3 que, se ϕ for definido por

$$\operatorname{sen}\phi = \frac{c_1}{\sqrt{c_1^2 + c_2^2}} = \frac{c_1}{A}, \quad \cos\phi = \frac{c_2}{\sqrt{c_1^2 + c_2^2}} = \frac{c_2}{A},$$

FIGURA 5.1.3
Relação entre $c_1 > 0$, $c_2 > 0$ e ângulo de fase ϕ.

então (8) se torna

$$A\frac{c_1}{A}\cos\omega t + A\frac{c_2}{A}\operatorname{sen}\omega t = c_1 \cos\omega t + c_2 \operatorname{sen}\omega t = x(t).$$

EXEMPLO 2 Forma alternativa da solução (5)

Em vista da discussão anterior, podemos escrever a solução (5) na forma alternativa $x(t) = A\operatorname{sen}(8t + \phi)$. O cálculo da amplitude é direto, $A = \sqrt{(2/3)^2 + (-1/6)^2} = \sqrt{17/36} \approx 0{,}69$ pé, mas devemos tomar algum cuidado quando calcularmos o ângulo de fase ϕ definido por (7). Como $c_1 = \frac{2}{3}$ e $c_2 = -\frac{1}{6}$, encontramos $\operatorname{tg}\phi = -4$, e uma calculadora nos dá então que $\operatorname{tg}^{-1}(-4) = -1{,}326$ rad. Isso não é o ângulo de fase, uma vez que $\operatorname{tg}^{-1}(-4)$ está localizado no *quarto quadrante* e, portanto, contradiz o fato de que $\operatorname{sen}\phi > 0$ e $\cos\phi < 0$, pois $c_1 > 0$ e $c_2 < 0$. Logo, devemos tomar ϕ como o ângulo no *segundo quadrante* $\phi = \pi + (-1{,}326) = 1{,}816$ rad. Assim, (5) é o mesmo que

$$x(t) = \frac{\sqrt{17}}{6}\operatorname{sen}(8t + 1{,}816). \tag{9}$$

O período dessa função é $T = 2\pi/8 = \pi/4$ s. $\quad\blacksquare$

Você deve estar ciente de que alguns professores de ciência e engenharia preferem que (3) seja expressa como uma função cosseno deslocada

$$x(t) = A\cos(\omega t - \phi), \tag{6'}$$

CAPÍTULO 5 MODELAGEM COM EQUAÇÕES DIFERENCIAIS DE ORDEM SUPERIOR • **207**

onde $A = \sqrt{c_1^2 + c_2^2}$. Neste caso o ângulo medido em radianos ϕ é definido de maneira ligeiramente diferente que em (7):

$$\left.\begin{array}{l} \text{sen } \phi = \dfrac{c_2}{A} \\ \cos \phi = \dfrac{c_1}{A} \end{array}\right\} \text{tg } \phi = \dfrac{c_2}{c_1}. \tag{7'}$$

Por exemplo, no Exemplo 2 com $c_1 = \frac{2}{3}$ e $c_2 = -\frac{1}{6}$, (7') indica que tg $\phi = -\frac{1}{4}$. Como sen $\phi < 0$ e cos $\phi > 0$, o ângulo ϕ está no quarto quadrante e arredondando para três casas decimais temos $\phi = \text{tg}^{-1}\left(-\frac{1}{4}\right) = -0{,}245$ rad. De (6') obtemos a segunda forma alternativa da solução (5):

$$x(t) = \dfrac{\sqrt{17}}{6} \cos(8t - (-0{,}245)) \quad \text{ou} \quad x(t) = \dfrac{\sqrt{17}}{6} \cos(8t + 0{,}245).$$

INTERPRETAÇÃO GRÁFICA

A Figura 5.1.4(a) ilustra a massa do Exemplo 2 passando aproximadamente por dois ciclos completos de movimento. Lendo da esquerda para a direita, as cinco primeiras posições (marcadas por pontos pretos) correspondem à posição inicial da massa abaixo da posição de equilíbrio ($x = \frac{2}{3}$), da massa passando pela posição de equilíbrio pela primeira vez e indo para cima ($x = 0$), da massa em seu deslocamento extremo acima da posição de equilíbrio ($x = -\sqrt{17}/6$), da massa na posição de equilíbrio pela segunda vez e indo para baixo ($x = 0$) e da massa em seu deslocamento extremo abaixo da posição de equilíbrio ($x = \sqrt{17}/6$). Os pontos pretos sobre o gráfico de (9), dados na Figura 5.1.4(b), também estão de acordo com as cinco posições que acabamos de apresentar. Observe, porém, que na Figura 5.1.4(b) o sentido positivo no eixo x é a direção usual para cima e, portanto, é oposto ao sentido indicado na Figura 5.1.4(a).

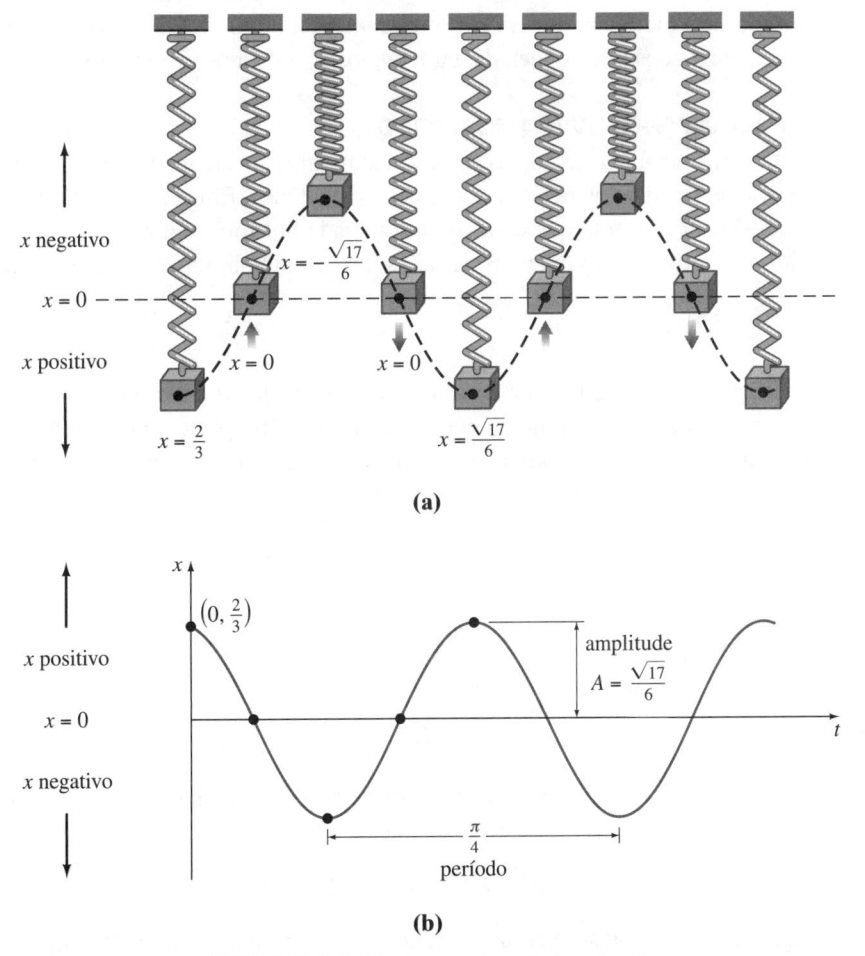

FIGURA 5.1.4 Movimento harmônico simples.

Logo, o gráfico em cinza representando o movimento da massa na Figura 5.1.4(b) é a imagem refletida da curva tracejada na Figura 5.1.4(a).

A forma alternativa dada em (6) é muito útil, uma vez que permite encontrar facilmente os valores do tempo para os quais o gráfico de $x(t)$ cruza a parte positiva do eixo t (a reta $x = 0$). Observamos que $\text{sen}(\omega t + \phi) = 0$, quando $\omega t + \phi = n\pi$, onde n é um inteiro não negativo.

SISTEMAS COM CONSTANTES DE ELASTICIDADE VARIÁVEIS

No modelo discutido anteriormente, estamos supondo um mundo ideal – no qual as características físicas da mola não mudam com o tempo. Em um mundo não ideal, porém, é razoável esperar que, quando um sistema massa-mola estiver em movimento por um longo período, a mola enfraquecerá; em outras palavras, a "constante de elasticidade da mola" variará ou, mais explicitamente, decairá com o tempo. Em um modelo para o **envelhecimento da mola**, a constante de elasticidade k em (1) é substituída por uma função decrescente $K(t) = ke^{-\alpha t}$, $k > 0$, $\alpha > 0$. A equação diferencial linear $mx'' + ke^{-\alpha t}x = 0$ não pode ser resolvida por nenhum dos métodos que foram considerados no Capítulo 4. Não obstante, podemos obter duas soluções linearmente independentes usando os métodos do Capítulo 6. Veja o Problema 15 nos Exercícios 5.1; o Exemplo 4, na Seção 6.4; e os problemas 33 e 39 nos Exercícios 6.4.

Quando o sistema massa-mola estiver sujeito a um ambiente no qual a temperatura cai rapidamente, pode fazer sentido substituir a constante k por $K(t) = kt$, $k > 0$, que é uma função crescente no tempo. O modelo resultante, $mx'' + ktx = 0$, é uma forma da **equação diferencial de Airy**. Da mesma forma que a equação de uma mola que envelhece, a equação de Airy pode ser resolvida com os métodos do Capítulo 6. Veja o Problema 12, nos Exercícios 5.1; o Exemplo 5, na Seção 6.2; e os problemas 34, 35 e 40, nos Exercícios 6.4.

5.1.2 SISTEMAS MASSA-MOLA: MOVIMENTO LIVRE AMORTECIDO

O conceito de movimento harmônico livre é um tanto quanto irreal, uma vez que é descrito pela Equação (1) sob a hipótese de que nenhuma força de retardamento age sobre a massa em movimento. A não ser que a massa seja suspensa em um vácuo perfeito, haverá pelo menos uma força contrária ao movimento em decorrência do meio ambiente. Conforme mostra a Figura 5.1.5, a massa poderia estar suspensa em um meio viscoso ou conectada a um dispositivo de amortecimento.

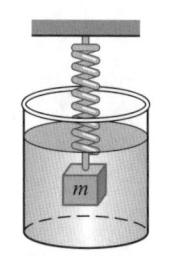

ED DO MOVIMENTO LIVRE AMORTECIDO

No estudo de mecânica, as forças de amortecimento que atuam sobre um corpo são consideradas proporcionais a uma potência da velocidade instantânea. Em particular, vamos supor durante toda a discussão subsequente que essa força seja dada por um múltiplo constante de dx/dt. Quando não houver outras forças externas agindo sobre o sistema, segue da segunda lei de Newton que

$$m\frac{d^2x}{dt^2} = -kx - \beta\frac{dx}{dt}, \qquad (10)$$

onde β é positivo e chamado de *constante de amortecimento* e o sinal negativo é uma consequência do fato de que a força amortecedora age no sentido oposto ao do movimento.

Dividindo-se (10) pela massa m, obtemos a equação diferencial do **movimento livre amortecido**

$$\frac{d^2x}{dt^2} + \frac{\beta}{m}\frac{dx}{dt} + \frac{k}{m}x = 0$$

ou

$$\frac{d^2x}{dt^2} + 2\lambda\frac{dx}{dt} + \omega^2 x = 0, \qquad (11)$$

onde

$$2\lambda = \frac{\beta}{m}, \quad \omega^2 = \frac{k}{m}. \qquad (12)$$

FIGURA 5.1.5 Dispositivo de amortecimento.

O símbolo 2λ foi usado somente por conveniência algébrica, pois a equação auxiliar é $m^2 + 2\lambda m + \omega^2 = 0$ e as raízes correspondentes são, portanto,

$$m_1 = -\lambda + \sqrt{\lambda^2 - \omega^2}, \quad m_2 = -\lambda - \sqrt{\lambda^2 - \omega^2}.$$

Podemos agora distinguir três casos possíveis, dependendo do sinal algébrico de $\lambda^2 - \omega^2$. Como cada solução contém *o fator de amortecimento $e^{-\lambda t}$*, $\lambda > 0$, o deslocamento da massa fica desprezível após um longo período.

CASO I: $\lambda^2 - \omega^2 > 0$

Nessa situação, dizemos que o sistema é **superamortecido**, pois o coeficiente de amortecimento β é grande quando comparado com a constante da mola k. A solução correspondente de (11) é $x(t) = c_1 e^{m_1 t} + c_2 e^{m_2 t}$ ou

$$x(t) = e^{-\lambda t}(c_1 e^{\sqrt{\lambda^2-\omega^2}\,t} + c_2 e^{-\sqrt{\lambda^2-\omega^2}\,t}). \tag{13}$$

Essa equação representa um movimento suave e não oscilatório. A Figura 5.1.6 apresenta dois gráficos possíveis de $x(t)$.

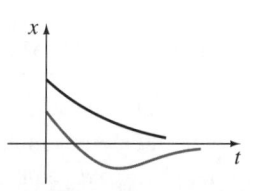

FIGURA 5.1.6 Movimento de um sistema superamortecido.

CASO II: $\lambda^2 - \omega^2 = 0$

Dizemos então que o sistema é **criticamente amortecido**, pois qualquer decréscimo na força de amortecimento resulta em um movimento oscilatório. A solução geral de (11) é $x(t) = c_1 e^{m_1 t} + c_2 t e^{m_1 t}$ ou

$$x(t) = e^{-\lambda t}(c_1 + c_2 t). \tag{14}$$

Alguns gráficos típicos desse movimento são apresentados na Figura 5.1.7. Observe que o movimento é bem semelhante ao sistema superamortecido. Também é evidente de (14) que a massa pode passar pela posição de equilíbrio no máximo uma vez.

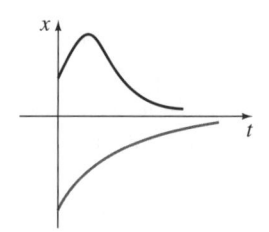

FIGURA 5.1.7 Movimento de um sistema criticamente amortecido.

CASO III: $\lambda^2 - \omega^2 < 0$

Nesse caso, dizemos que o sistema é **subamortecido**, pois o coeficiente de amortecimento é pequeno quando comparado com a constante da mola. As raízes m_1 e m_2 agora são complexas:

$$m_1 = -\lambda + \sqrt{\omega^2 - \lambda^2}\,i, \quad m_2 = -\lambda - \sqrt{\omega^2 - \lambda^2}\,i.$$

Assim, a solução geral da Equação (11) é

$$x(t) = e^{-\lambda t}(c_1 \cos \sqrt{\omega^2 - \lambda^2}\,t + c_2 \sen \sqrt{\omega^2 - \lambda^2}\,t). \tag{15}$$

Conforme indicado na Figura 5.1.8, o movimento descrito por (15) é oscilatório; mas, por causa do fator $e^{-\lambda t}$, as amplitudes de vibração $\to 0$ quando $t \to \infty$.

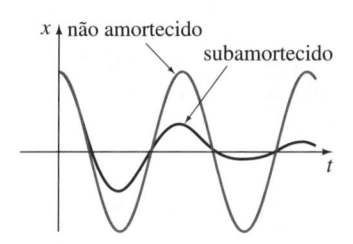

FIGURA 5.1.8 Movimento de um sistema subamortecido.

EXEMPLO 3 **Movimento superamortecido**

É fácil verificar que a solução do problema de valor inicial

$$\frac{d^2 x}{dt^2} + 5\frac{dx}{dt} + 4x = 0, \quad x(0) = 1, \quad x'(0) = 1$$

é

$$x(t) = \frac{5}{3}e^{-t} - \frac{2}{3}e^{-4t}. \tag{16}$$

O problema pode ser interpretado como representando um movimento superamortecido de uma massa em uma mola. A massa é inicialmente liberada de uma posição uma unidade *abaixo* da posição de equilíbrio, a uma velocidade de 1 pé/s *para baixo*.

Para esboçar o gráfico de $x(t)$, encontramos o valor de t para o qual a função tem um extremo – isto é, o valor de t para o qual a derivada primeira (velocidade) é zero. Diferenciando (16), obtemos $x'(t) = -\frac{5}{3}e^{-t} + \frac{8}{3}e^{-4t}$, logo $x'(t) = 0$ implica $e^{3t} = \frac{8}{5}$ ou $t = \frac{1}{3}\ln\frac{8}{5} = 0,157$. Segue do teste da derivada primeira, bem como da nossa intuição física, que $x(0,157) = 1,069$ pé é realmente um máximo. Em outras palavras, a massa atinge um deslocamento extremo de 1,069 pé abaixo da posição de equilíbrio.

Devemos também verificar se o gráfico cruza o eixo t – isto é, se a massa passa pela posição de equilíbrio. Isso não pode ocorrer nesse caso, pois a equação $x(t) = 0$, ou $e^{3t} = \frac{2}{5}$, tem a solução irrelevante fisicamente $t = \frac{1}{3}\ln\frac{2}{5} = -0,305$.

O gráfico de $x(t)$ e alguns dados pertinentes são apresentados na Figura 5.1.9. ∎

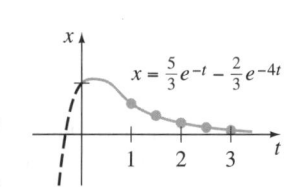

(a) $x = \frac{5}{3}e^{-t} - \frac{2}{3}e^{-4t}$

t	$x(t)$
1	0,601
1,5	0,370
2	0,225
2,5	0,137
3	0,083

(b)

FIGURA 5.1.9 Sistema superamortecido no Exemplo 3.

EXEMPLO 4 Movimento criticamente amortecido

Uma massa pesando 8 libras alonga uma mola em 2 pés. Supondo que uma força amortecedora igual a duas vezes a velocidade instantânea aja sobre o sistema, determine a equação de movimento se o peso for inicialmente solto de uma posição de equilíbrio a uma velocidade de 3 pés/s para cima.

SOLUÇÃO
Com base na lei de Hooke, vemos que $8 = k(2)$ nos dá $k = 4$ lb/pés e que $W = mg$ nos dá $m = \frac{8}{32} = \frac{1}{4}$ slug. A equação diferencial do movimento é então

$$\frac{1}{4}\frac{d^2x}{dt^2} = -4x - 2\frac{dx}{dt} \quad \text{ou} \quad \frac{d^2x}{dt^2} + 8\frac{dx}{dt} + 16x = 0. \tag{17}$$

A equação auxiliar de (17) é $m^2 + 8m + 16 = (m+4)^2 = 0$, de forma que $m_1 = m_2 = -4$. Portanto, o sistema é criticamente amortecido e

$$x(t) = c_1 e^{-4t} + c_2 t e^{-4t}. \tag{18}$$

Aplicando as condições iniciais $x(0) = 0$ e $x'(0) = -3$, obtemos $c_1 = 0$ e $c_2 = -3$. Logo, a equação do movimento é

$$x(t) = -3te^{-4t}. \tag{19}$$

Para fazer o gráfico de $x(t)$, procedemos como no Exemplo 3. De $x'(t) = -3e^{-4t}(1 - 4t)$, vemos que $x'(t) = 0$ quando $t = \frac{1}{4}$. O deslocamento extremo correspondente será de $x(\frac{1}{4}) = -3(\frac{1}{4})e^{-1} = -0,276$ pé. Conforme mostrado na Figura 5.1.10, interpretamos esse valor como aquele no qual o peso atinge uma altura máxima de 0,276 pé acima da posição de equilíbrio. ∎

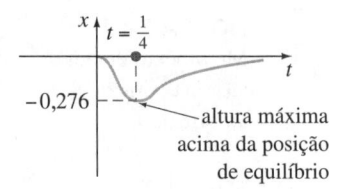

FIGURA 5.1.10 Sistema criticamente amortecido no Exemplo 4.

EXEMPLO 5 Movimento subamortecido

Uma massa pesando 16 libras é presa a uma mola de 5 pés de comprimento. Na posição de equilíbrio, o comprimento da mola é de 8,2 pés. Se a massa for puxada para cima e solta do repouso, de um ponto 2 pés acima da posição de equilíbrio, qual será o deslocamento $x(t)$ se for sabido ainda que o meio ambiente oferece uma resistência numericamente igual à velocidade instantânea?

SOLUÇÃO
O alongamento da mola depois de presa à massa será de $8,2 - 5 = 3,2$ pés; logo, segue da lei de Hooke que $16 = k(3,2)$ ou $k = 5$ lb/pé. Além disso, $m = \frac{16}{32} = \frac{1}{2}$ slug. Portanto, a equação diferencial é dada por

$$\frac{1}{2}\frac{d^2x}{dt^2} = -5x - \frac{dx}{dt} \quad \text{ou} \quad \frac{d^2x}{dt^2} + 2\frac{dx}{dt} + 10x = 0. \tag{20}$$

Prosseguindo, determinamos as raízes de $m^2 + 2m + 10 = 0$, $m_1 = -1 + 3i$ e $m_2 = -1 - 3i$, o que implica que o sistema é subamortecido e

$$x(t) = e^{-t}(c_1 \cos 3t + c_2 \operatorname{sen} 3t). \tag{21}$$

Finalmente, as condições iniciais $x(0) = -2$ e $x'(0) = 0$ dão lugar a $c_1 = -2$ e $c_2 = -\frac{2}{3}$; logo, a equação de movimento é

$$x(t) = e^{-t}\left(-2\cos 3t - \frac{2}{3}\operatorname{sen} 3t\right). \tag{22} \quad \blacksquare$$

FORMA ALTERNATIVA DE $x(t)$
De forma idêntica àquela usada na página 206, podemos escrever qualquer solução

$$x(t) = e^{-\lambda t}(c_1 \cos \sqrt{\omega^2 - \lambda^2}\, t + c_2 \operatorname{sen} \sqrt{\omega^2 - \lambda^2}\, t)$$

na forma alternativa

$$x(t) = Ae^{-\lambda t} \operatorname{sen}(\sqrt{\omega^2 - \lambda^2}\, t + \phi), \tag{23}$$

onde $A = \sqrt{c_1^2 + c_2^2}$ e o ângulo de fase ϕ foram determinados com base nas equações

$$\operatorname{sen}\phi = \frac{c_1}{A}, \quad \cos\phi = \frac{c_2}{A}, \quad \operatorname{tg}\phi = \frac{c_1}{c_2}.$$

O coeficiente $Ae^{-\lambda t}$ é algumas vezes chamado de **amplitude de amortecimento** das vibrações. Como (23) não é uma função periódica, o número $2\pi/\sqrt{\omega^2 - \lambda^2}$ é chamado de **quase-período** e $\sqrt{\omega^2 - \lambda^2}/2\pi$ é a **quase-frequência**. O quase-período é o intervalo de tempo entre dois máximos sucessivos de $x(t)$. Você deve verificar, para a equação de movimento do Exemplo 5, que $A = 2\sqrt{10}/3$ e $\phi = 4{,}391$. Portanto, uma forma equivalente de (22) é

$$x(t) = \frac{2\sqrt{10}}{3} e^{-t} \operatorname{sen}(3t + 4{,}391).$$

5.1.3 SISTEMAS MASSA-MOLA: MOVIMENTO FORÇADO

ED DO MOVIMENTO FORÇADO COM AMORTECIMENTO

Consideremos agora uma força externa $f(t)$ agindo sobre uma massa vibrante em uma mola. Por exemplo, $f(t)$ pode representar uma força que gera um movimento oscilatório vertical do suporte da mola. Veja a Figura 5.1.11. A inclusão de $f(t)$ na formulação da segunda lei de Newton resulta na equação diferencial do **movimento forçado** ou **induzido**

$$m\frac{d^2x}{dt^2} = -kx - \beta\frac{dx}{dt} + f(t). \quad (24)$$

Dividindo (24) por m, obtemos

$$\frac{d^2x}{dt^2} + 2\lambda\frac{dx}{dt} + \omega^2 x = F(t), \quad (25)$$

onde $F(t) = f(t)/m$. Como na seção precedente, $2\lambda = \beta/m$, $\omega^2 = k/m$. Para resolver essa última equação não homogênea, podemos usar tanto o método dos coeficientes a determinar quanto o de variação dos parâmetros.

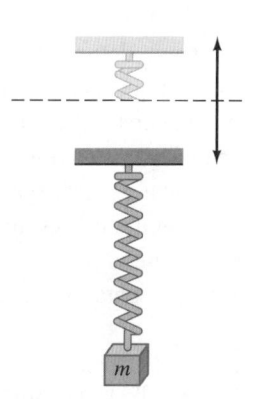

FIGURA 5.1.11
Movimento oscilatório vertical do suporte.

| EXEMPLO 6 | Interpretação de um problema de valor inicial |

Interprete e resolva o problema de valor inicial

$$\frac{1}{5}\frac{d^2x}{dt^2} + 1{,}2\frac{dx}{dt} + 2x = 5\cos 4t, \quad x(0) = \frac{1}{2}, \quad x'(0) = 0. \quad (26)$$

SOLUÇÃO

O problema representa um sistema vibrante que consiste em uma massa ($m = \frac{1}{5}$ slug ou quilograma) presa a uma mola ($k = 2$ lb/pé ou N/m). A massa inicialmente é solta do repouso $\frac{1}{2}$ unidade (pé ou metro) abaixo da posição de equilíbrio. O movimento é amortecido ($\beta = 1{,}2$) e está sendo pressionado por uma força externa periódica ($T = \pi/2$ s) que começa em $t = 0$. Intuitivamente, poderíamos esperar que, mesmo com o amortecimento, o sistema continuasse em movimento até o instante em que a força externa fosse "desligada", caso em que a amplitude diminuiria. Porém, da forma como o problema foi dado, $f(t) = 5\cos 4t$ permanecerá "ligada" sempre.

Em primeiro lugar, multiplicamos a equação diferencial em (26) por 5 e resolvemos

$$\frac{d^2x}{dt^2} + 6\frac{dx}{dt} + 10x = 0$$

empregando os métodos usuais. Como $m_1 = -3 + i$, $m_2 = -3 - i$, segue que $x_c(t) = e^{-3t}(c_1 \cos t + c_2 \operatorname{sen} t)$. Usando o método dos coeficientes a determinar, procuramos uma solução particular da forma $x_p(t) = A\cos 4t + B\operatorname{sen} 4t$. Diferenciando $x_p(t)$ e substituindo na ED, obtemos

$$x_p'' + 6x_p' + 10x_p = (-6A + 24B)\cos 4t + (-24A - 6B)\operatorname{sen} 4t = 25\cos 4t.$$

O sistema de equações resultante

$$-6A + 24B = 25, \quad -24A - 6B = 0$$

conduz a $A = -\frac{25}{102}$ e $B = \frac{50}{51}$. Segue que

$$x(t) = e^{-3t}(c_1 \cos t + c_2 \operatorname{sen} t) - \frac{25}{102} \cos 4t + \frac{50}{51} \operatorname{sen} 4t. \tag{27}$$

Fazendo $t = 0$ na equação anterior, obtemos $c_1 = \frac{38}{51}$. Diferenciando a expressão e então fazendo $t = 0$, obtemos que $c_2 = -\frac{86}{51}$. Portanto, a equação de movimento é

$$x(t) = e^{-3t}\left(\frac{38}{51} \cos t - \frac{86}{51} \operatorname{sen} t\right) - \frac{25}{102} \cos 4t + \frac{50}{51} \operatorname{sen} 4t. \tag{28}$$

TERMOS TRANSIENTES (TRANSITÓRIOS) E ESTACIONÁRIOS

Se F for uma função periódica, tal como $F(t) = F_0 \operatorname{sen} \gamma t$ ou $F(t) = F_0 \cos \gamma t$, a solução geral de (25) para $\lambda > 0$ é a soma de uma função não periódica $x_c(t)$ e uma função periódica $x_p(t)$. Além disso, $x_c(t)$ torna-se desprezível à medida que o tempo decorre – isto é, $\lim_{t \to \infty} x_c(t) = 0$. Assim, para grandes valores do tempo, o movimento da massa é aproximado bem de perto pela solução particular $x_p(t)$. A função complementar $x_c(t)$ é chamada então de **termo transiente** ou **solução transiente** e a função $x_p(t)$, a parte da solução que permanece após um intervalo de tempo, é chamada de **termo estacionário** ou **solução estacionária**. Observe então que o efeito das condições iniciais sobre um sistema massa-mola induzido por F é transiente. Na solução particular (28), $e^{-3t}\left(\frac{38}{51} \cos t - \frac{86}{51} \operatorname{sen} t\right)$ é um termo transiente e $x_p(t) = -\frac{25}{102} \cos 4t + \frac{50}{51} \operatorname{sen} 4t$ é um termo estacionário. O gráfico desses dois termos e da solução (28) são apresentados nas Figuras 5.1.12(a) e (b), respectivamente.

EXEMPLO 7 Soluções transientes/estacionárias

A solução do problema de valor inicial

$$\frac{d^2x}{dt^2} + 2\frac{dx}{dt} + 2x = 4\cos t + 2\operatorname{sen} t, \quad x(0) = 0, \quad x'(0) = x_1,$$

onde x_1 é constante, é dada por

$$x(t) = (x_1 - 2)\underbrace{e^{-t}\operatorname{sen} t}_{\text{transiente}} + \underbrace{2\operatorname{sen} t}_{\text{estacionário}}.$$

Curvas integrais para valores selecionados da velocidade inicial x_1 estão na Figura 5.1.13. Os gráficos mostram que a influência do termo transiente é desprezível para $t > 3\pi/2$. ∎

(a)

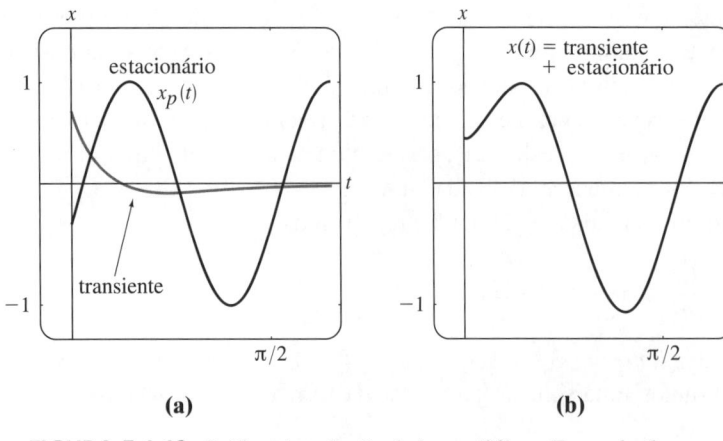

FIGURA 5.1.12 Gráfico da solução dada em (28) no Exemplo 6.

(b)

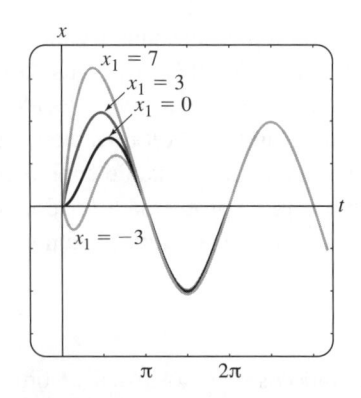

FIGURA 5.1.13 Gráfico da solução no Exemplo 7 para várias velocidades iniciais x_1.

ED DE UM MOVIMENTO FORÇADO NÃO AMORTECIDO

Se houver a ação de uma força externa periódica, e nenhum amortecimento, não haverá termo transiente na solução de um problema. Veremos também que uma força externa periódica com uma frequência próxima ou igual à das vibrações livres não amortecidas pode causar danos severos a um sistema mecânico oscilatório.

EXEMPLO 8 Movimento forçado não amortecido

Resolva o problema de valor inicial

$$\frac{d^2x}{dt^2} + \omega^2 x = F_0 \operatorname{sen} \gamma t, \quad x(0) = 0, \quad x'(0) = 0, \tag{29}$$

onde F_0 é uma constante e $\gamma \neq \omega$.

SOLUÇÃO

A função complementar é $x_c(t) = c_1 \cos \omega t + c_2 \operatorname{sen} \omega t$. Para obter uma solução particular, vamos experimentar $x_p(t) = A \cos \gamma t + B \operatorname{sen} \gamma t$ de tal forma que

$$x_p'' + \omega^2 x_p = A(\omega^2 - \gamma^2) \cos \gamma t + B(\omega^2 - \gamma^2) \operatorname{sen} \gamma t = F_0 \operatorname{sen} \gamma t.$$

Igualando os coeficientes, obtemos imediatamente $A = 0$ e $B = F_0/(\omega^2 - \gamma^2)$. Logo,

$$x_p(t) = \frac{F_0}{\omega^2 - \gamma^2} \operatorname{sen} \gamma t.$$

Aplicando as condições iniciais dadas à solução geral

$$x(t) = c_1 \cos \omega t + c_2 \operatorname{sen} \omega t + \frac{F_0}{\omega^2 - \gamma^2} \operatorname{sen} \gamma t$$

obtemos $c_1 = 0$ e $c_2 = -\gamma F_0/\omega(\omega^2 - \gamma^2)$. Assim, a solução será

$$x(t) = \frac{F_0}{\omega(\omega^2 - \gamma^2)}(-\gamma \operatorname{sen} \omega t + \omega \operatorname{sen} \gamma t), \quad \gamma \neq \omega. \tag{30} \blacksquare$$

RESSONÂNCIA PURA

Embora a Equação (30) não esteja definida para $\gamma = \omega$, é interessante observar que seu valor limite quando $\gamma \to \omega$ pode ser obtido aplicando a regra de L'Hôpital. O processo limite é análogo a "sintonizar" a frequência da força externa ($\gamma/2\pi$) com a frequência da vibração livre ($\omega/2\pi$). Intuitivamente, esperamos que, após algum tempo, possamos aumentar substancialmente a amplitude de vibração. Para $\gamma = \omega$, definimos a solução como

$$\begin{aligned}
x(t) &= \lim_{\gamma \to \omega} F_0 \frac{-\gamma \operatorname{sen} \omega t + \omega \operatorname{sen} \gamma t}{\omega(\omega^2 - \lambda^2)} = F_0 \lim_{\gamma \to \omega} \frac{\frac{d}{d\gamma}(-\gamma \operatorname{sen} \omega t + \omega \operatorname{sen} \gamma t)}{\frac{d}{d\gamma}(\omega^3 - \omega\gamma^2)} \\
&= F_0 \lim_{\gamma \to \omega} \frac{-\operatorname{sen} \omega t + \omega t \cos \gamma t}{-2\omega\gamma} \\
&= F_0 \frac{-\operatorname{sen} \omega t + \omega t \cos \omega t}{-2\omega^2} \\
&= \frac{F_0}{2\omega^2} \operatorname{sen} \omega t - \frac{F_0}{2\omega} t \cos \omega t.
\end{aligned} \tag{31}$$

Como suspeitávamos, quando $t \to \infty$, os deslocamentos tornam-se grandes; de fato, $|x(t_n)| \to \infty$ quando $t_n = n\pi/\omega$, $n = 1, 2, \ldots$ O fenômeno que acabamos de descrever é conhecido como **ressonância pura**. O gráfico dado na Figura 5.1.14 mostra um movimento típico nesse caso.

Para concluir, deve ser observado que não há necessidade de usar um processo limite em (30) para obter a solução para $\gamma = \omega$. Alternativamente, a Equação (31) segue da resolução do problema de valor inicial

$$\frac{d^2x}{dt^2} + \omega^2 x = F_0 \operatorname{sen} \omega t, \quad x(0) = 0, \quad x'(0) = 0$$

diretamente pelos métodos convencionais.

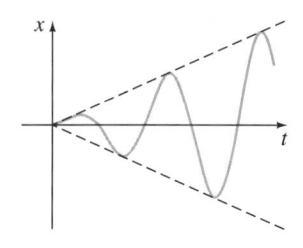

FIGURA 5.1.14
Ressonância pura.

Se os deslocamentos de um sistema massa-mola fossem de fato descritos por uma função como (31), o sistema necessariamente falharia. Grandes oscilações na massa em algum momento forçariam a mola além do limite de sua elasticidade. Poder-se-ia também argumentar que o modelo ressonante apresentado na Figura 5.1.14 é completamente irreal, pois ignora os efeitos de retardamento das forças de amortecimento sempre presentes. Embora a ressonância pura nunca possa ocorrer quando mesmo um pequeno amortecimento é levado em consideração, podem ocorrer grandes e igualmente destrutivas amplitudes de vibração (embora limitadas quando $t \to \infty$). Veja o Problema 43, nos Exercícios 5.1.

5.1.4 CIRCUITO EM SÉRIE ANÁLOGO

CIRCUITO EM SÉRIE *RLC*
Conforme mencionado na introdução deste capítulo, sistemas físicos diferentes podem ser descritos por uma equação diferencial linear de segunda ordem semelhante àquela do movimento forçado com amortecimento:

$$m\frac{d^2x}{dt^2} + \beta\frac{dx}{dt} + kx = f(t). \tag{32}$$

Se $i(t)$ denotar a corrente no **circuito elétrico em série *RLC*** mostrado na Figura 5.1.15, então a queda de voltagem no indutor, resistor e capacitor será como a mostrada na Figura 1.3.4. Pela segunda lei de Kirchhoff, a soma dessas voltagens é igual à voltagem $E(t)$ impressa no circuito; isto é,

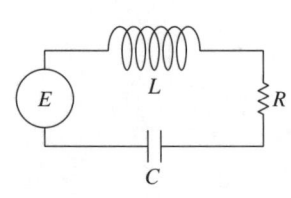

FIGURA 5.1.15 Circuito em Série *RLC*.

$$L\frac{di}{dt} + Ri + \frac{1}{C}q = E(t). \tag{33}$$

Mas a carga $q(t)$ no capacitor está relacionada com a corrente $i(t)$ por $i = dq/dt$ e, portanto, (33) torna-se a equação diferencial linear de segunda ordem

$$L\frac{d^2q}{dt^2} + R\frac{dq}{dt} + \frac{1}{C}q = E(t). \tag{34}$$

A nomenclatura usada na análise de circuitos é semelhante à usada para descrever sistemas massa-mola.

Se $E(t) = 0$, as **vibrações elétricas** do circuito são consideradas **livres**. Como a equação auxiliar de (34) é $Lm^2 + Rm + 1/C = 0$, haverá três formas de solução com $R \neq 0$, dependendo do valor do discriminante $R^2 - 4L/C$. Dizemos que o circuito é

superamortecido, se $R^2 - 4L/C > 0$,
criticamente amortecido, se $R^2 - 4L/C = 0$,

e **subamortecido**, se $R^2 - 4L/C < 0$.

Em cada um desses três casos, a solução geral de (34) contém o fator $e^{-Rt/2L}$ e, portanto, $q(t) \to 0$ quando $t \to \infty$. No caso subamortecido, se $q(0) = q_0$, a carga sobre o capacitor oscilará à medida que decair; em outras palavras, o capacitor é carregado e descarregado quando $t \to \infty$. Quando $E(t) = 0$ e $R = 0$, dizemos que o circuito é não amortecido e as vibrações elétricas não tendem a zero quando t cresce sem limitação; a resposta do circuito é **harmônica simples**.

> **EXEMPLO 9** Circuito em série subamortecido

Encontre a carga $q(t)$ sobre o capacitor em um circuito em série *RLC* quando $L = 0,25$ henry (h), $R = 10$ ohms (Ω), $C = 0,001$ farad (f), $E(t) = 0$, $q(0) = q_0$ coulombs (C) e $i(0) = 0$.

SOLUÇÃO
Como $1/C = 1\,000$, a equação (34) torna-se

$$\frac{1}{4}q'' + 10q' + 1\,000q = 0 \quad \text{ou} \quad q'' + 40q' + 4\,000q = 0.$$

Resolvendo essa equação homogênea da maneira usual, verificamos que o circuito é subamortecido e $q(t) = e^{-20t}(c_1 \cos 60t + c_2 \sen 60t)$. Aplicando as condições iniciais, obtemos $c_1 = q_0$ e $c_2 = \frac{1}{3}q_0$. Assim,

$$q(t) = q_0 e^{-20t}\left(\cos 60t + \frac{1}{3}\sen 60t\right).$$

Usando (23), podemos escrever a solução anterior como

$$q(t) = \frac{q_0 \sqrt{10}}{3} e^{-20t} \sen(60t + 1\,249). \blacksquare$$

Quando há uma voltagem impressa $E(t)$ no circuito, as vibrações elétricas são chamadas de **forçadas**. No caso em que $R \neq 0$, a função complementar $q_c(t)$ de (34) é chamada de **solução transiente**. Se $E(t)$ for periódica ou constante, então a solução particular $q_p(t)$ de (34) será uma **solução estacionária**.

EXEMPLO 10   Corrente estacionária

Determine a solução estacionária $q_p(t)$ e a **corrente estacionária** em um circuito em série RLC quando a voltagem impressa for $E(t) = E_0 \sen \gamma t$.

SOLUÇÃO

A solução estacionária $q_p(t)$ é uma solução particular da equação diferencial

$$L\frac{d^2 q}{dt^2} + R\frac{dq}{dt} + \frac{1}{C}q = E_0 \sen \gamma t.$$

Usando o método dos coeficientes a determinar, vamos procurar uma solução particular da forma $q_p(t) = A \sen \gamma t + B \cos \gamma t$. Substituindo essa expressão na equação diferencial, simplificando e igualando os coeficientes, obtemos

$$A = \frac{E_0\left(L\gamma - \frac{1}{C\gamma}\right)}{-\gamma\left(L^2\gamma^2 - \frac{2L}{C} + \frac{1}{C^2\gamma^2} + R^2\right)}, \quad B = \frac{E_0 R}{-\gamma\left(L^2\gamma^2 - \frac{2L}{C} + \frac{1}{C^2\gamma^2} + R^2\right)}.$$

É conveniente expressar A e B em termos de alguns novos símbolos.

Se $\qquad X = L\gamma - \dfrac{1}{C\gamma}, \qquad$ então $\qquad X^2 = L^2\gamma^2 - \dfrac{2L}{C} + \dfrac{1}{C^2\gamma^2}.$

Se $\qquad Z = \sqrt{X^2 + R^2}, \qquad$ então $\qquad Z^2 = L^2\gamma^2 - \dfrac{2L}{C} + \dfrac{1}{C^2\gamma^2} + R^2.$

Portanto, $A = E_0 X/(-\gamma Z^2)$ e $B = E_0 R/(-\gamma Z^2)$, de forma que a carga estacionária é

$$q_p(t) = -\frac{E_0 X}{\gamma Z^2}\sen \gamma t - \frac{E_0 R}{\gamma Z^2}\cos \gamma t.$$

A carga estacionária é então dada por $i_p(t) = q'_p(t)$:

$$i_p(t) = \frac{E_0}{Z}\left(\frac{R}{Z}\sen \gamma t - \frac{X}{Z}\cos \gamma t\right). \tag{35} \blacksquare$$

As quantidades $X = L\gamma - 1/C\gamma$ e $Z = \sqrt{X^2 + R^2}$ definidas no Exemplo 10 são chamadas, respectivamente, de **reatância** e **impedância** do circuito. A reatância e a impedância são medidas em ohms.

EXERCÍCIOS 5.1

As respostas aos problemas ímpares estão no final do livro.

5.1.1 SISTEMAS MASSA-MOLA: MOVIMENTO LIVRE NÃO AMORTECIDO

1. Uma massa pesando 4 libras é presa a uma mola cuja constante da mola é 16 lb/pé. Qual é o período do movimento harmônico simples?

2. Uma massa pesando 32 libras distende uma mola em 2 pés. Determine a amplitude e o período do movimento supondo que a massa seja inicialmente solta de um ponto 1 pé acima da posição de equilíbrio a uma velocidade inicial, para cima, de 2 pés/s. Quantas ciclos completos a massa terá concluído ao fim de 4π segundos?

3. Uma massa pesando 24 libras, presa a uma das extremidades de uma mola, distende-a em 4 polegadas. Inicialmente, a massa é solta do repouso de um ponto de 3 polegadas acima da posição de equilíbrio. Ache a equação do movimento.

4. Determine a equação do movimento no caso de a massa do Problema 3 ser inicialmente solta da posição de equilíbrio com a velocidade inicial de 2 pés/s para baixo.

5. Uma massa pesando 20 libras distende uma mola em 6 polegadas. A massa é solta inicialmente do repouso de um ponto 6 polegadas abaixo da posição de equilíbrio.

   a) Determine a posição da massa em $t = \pi/12$, $\pi/8$, $\pi/6$, $\pi/4$ e $9\pi/32$ s.

   b) Qual será a velocidade da massa quando $t = 3\pi/16$ s? Qual será o sentido do movimento do peso nesse instante?

   c) Em que instante a massa passa pela posição de equilíbrio?

6. Uma massa de 20 kg é presa a uma mola. Se a frequência do movimento harmônico simples for $2/\pi$ ciclos/s, qual será a constante k da mola? Qual será a frequência do movimento harmônico simples se a massa original for substituída por outra de 80 kg?

7. Uma outra mola cuja constante é 20 N/m é suspensa do mesmo suporte rígido, mas paralelamente ao sistema massa-mola do Problema 6. Uma massa de 20 kg é presa à segunda mola e ambas inicialmente são soltas da posição de equilíbrio a uma velocidade de 10 m/s para cima.

   a) Qual massa exibirá a maior amplitude de movimento?

   b) Qual massa estará se movendo mais rápido em $t = \pi/4$ s? E em $\pi/2$ s?

   c) Em que instante as duas massas estarão na mesma posição? Onde estarão as massas nesse instante? Em que sentido estarão se movendo?

8. Uma força de 400 N distende uma mola em 2 m. Uma massa de 50 kg é presa na extremidade da mola e é inicialmente solta da posição de equilíbrio a uma velocidade de 10 m/s para cima. Ache a equação do movimento.

9. Uma massa pesando 8 libras é presa a uma mola. Quando em movimento, o sistema massa/mola exibe um movimento harmônico simples.

   a) Determine a equação do movimento se a constante da mola for de 1 lb/pé e a massa for inicialmente solta de um ponto 6 polegadas abaixo da posição de equilíbrio a uma velocidade de $\frac{3}{2}$ pés/s para baixo.

   b) Expresse a equação do movimento na forma dada em (6).

   c) Expresse a equação do movimento na forma dada em (6').

10. Uma massa de 10 libras distende uma mola em $\frac{1}{4}$ pé. Essa massa é removida e substituída por outra com 1,6 *slug*, a qual é inicialmente solta de um ponto $\frac{1}{3}$ pé acima da posição de equilíbrio a uma velocidade de $\frac{5}{4}$ pés/s para baixo.

    a) Expresse a equação do movimento na forma dada em (6).

    b) Expresse a equação do movimento na forma dada em (6')

    c) Em que instantes a massa atinge um deslocamento abaixo da posição de equilíbrio numericamente igual a $\frac{1}{2}$ da amplitude?

11. Uma massa pesando 64 libras presa a uma extremidade da mola distende-a em 0,32 pé. A massa é inicialmente solta de um ponto 8 polegadas acima da posição de equilíbrio a uma velocidade de 5 pés/s para baixo.

a) Determine a equação do movimento.

b) Qual é a amplitude e o período do movimento?

c) Quantas ciclos completos a massa concluirá após 3π segundos?

d) Em que instante a massa passa pela posição de equilíbrio, dirigindo-se para baixo pela segunda vez?

e) Em que instante a massa atinge seu deslocamento extremo em cada lado da posição de equilíbrio?

f) Qual é a posição da massa em $t = 3$ s?

g) Qual é a velocidade instantânea em $t = 3$ s?

h) Qual é a aceleração em $t = 3$ s?

i) Qual é a velocidade instantânea no instante em que a massa passa pela posição de equilíbrio?

j) Em que instante a massa está 5 polegadas abaixo da posição de equilíbrio?

k) Em que instante a massa está 5 polegadas abaixo da posição de equilíbrio e se dirige para cima?

12. Uma massa de 1 *slug* é suspensa por uma mola cuja constante é 9 lb/pé. Inicialmente, a massa é solta de um ponto 1 pé acima da posição de equilíbrio a uma velocidade para cima de $\sqrt{3}$ pés/s. Ache os instantes nos quais a massa se dirige para baixo a uma velocidade de 3 pés/s.

13. Em algumas circunstâncias em que duas molas paralelas, com constantes k_1 e k_2, suportam uma única massa, a **constante de elasticidade efetiva** da mola do sistema é dada por $k = 4k_1k_2/(k_1 + k_2)$. Uma massa pesando 20 libras distende uma mola em 6 polegadas e uma outra em 2 polegadas. As molas estão presas a um suporte comum rígido e a uma placa metálica. Como mostrado na Figura 5.1.16, uma massa de 20 libras é presa ao centro da chapa. Determine a constante de elasticidade efetiva do sistema. Encontre a equação do movimento supondo que a massa será solta da posição de equilíbrio a uma velocidade de 2 pés/s para baixo.

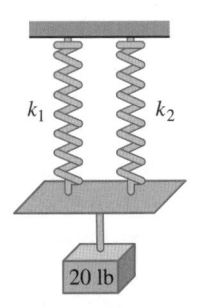

FIGURA 5.1.16 Sistema de duas molas paralelas do Problema 13.

14. Uma massa de 1 slug é suspensa a partir de uma mola cuja constante vale 9 lb/pé. A massa é inicialmente lançada a partir de um ponto 1 pé acima da posição de equilíbrio a uma velocidade ascendente de 13 pés/s. Encontre os instantes em que a massa se dirige para baixo a uma velocidade de 3 pés/s.

15. O modelo para o sistema massa-mola é descrito por $4x'' + e^{-0,1t}x = 0$. Examinando somente a equação diferencial, discuta o comportamento do sistema por um longo período.

16. Uma determinada massa distende uma mola em $\frac{1}{3}$ pé e uma outra em $\frac{1}{2}$ pé. As duas molas estão presas a um suporte rígido comum da mesma forma mostrada no Problema 13 e na Figura 5.1.16. A primeira massa é então substituída por outra de 8 libras e o sistema é colocado em movimento. Se o período do movimento for $\pi/15$ s, determine qual será o peso da primeira massa.

5.1.2 SISTEMAS MASSA-MOLA: MOVIMENTO LIVRE AMORTECIDO

Nos Problemas 17 a 20, a figura dada representa o gráfico de uma equação do movimento para uma massa em uma mola. O sistema massa-mola é amortecido. Use o gráfico para determinar

a) se a posição inicial da massa está acima ou abaixo da posição de equilíbrio; e

b) se a massa é inicialmente solta do repouso, dirigindo-se para cima ou para baixo.

17.

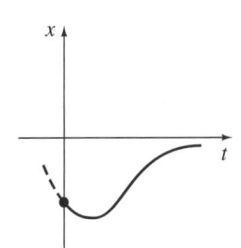

FIGURA 5.1.17 Gráfico para o Problema 17.

18.

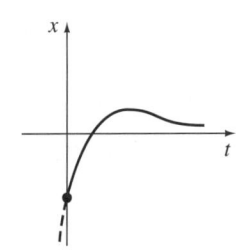

FIGURA 5.1.18 Gráfico para o Problema 20.

19.

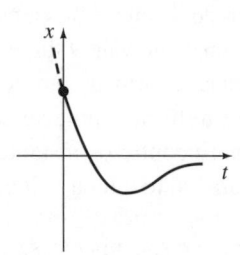

FIGURA 5.1.19 Gráfico para o Problema 19.

20.

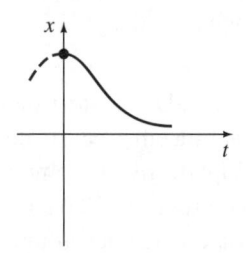

FIGURA 5.1.20 Gráfico para o Problema 18.

21. Uma massa pesando 4 libras é presa a uma mola cuja constante é 2 lb/pé. O meio oferece uma força de amortecimento ao peso que é numericamente igual à velocidade instantânea. A massa é inicialmente solta de um ponto 1 pé acima da posição de equilíbrio a uma velocidade de 8 pés/s para baixo. Determine o tempo no qual a massa passará pela posição de equilíbrio. Ache o tempo no qual a massa atinge seu deslocamento máximo em relação à posição de equilíbrio. Qual é a posição da massa nesse instante?

22. Uma massa pesando 24 libras distende uma mola em 4 pés. O movimento subsequente tem lugar em um meio que oferece uma força de amortecimento numericamente igual a $\beta(\beta > 0)$ vezes a velocidade instantânea. Se a massa é inicialmente solta da posição de equilíbrio com uma velocidade de 2 pés/s para cima, mostre que, quando $\beta > 3\sqrt{2}$, a equação do movimento será

$$x(t) = \frac{-3}{\sqrt{\beta^2 - 18}} e^{-2\beta t/3} \operatorname{senh} \frac{2}{3}\sqrt{\beta^2 - 18}\, t.$$

23. Uma massa de 1 quilograma é presa a uma mola cuja constante é 16 N/m e todo o sistema é então submerso em um líquido que oferece uma força de amortecimento numericamente igual a 10 vezes a velocidade instantânea. Determine as equações do movimento, considerando que

a) a massa é solta do repouso do ponto 1 metro abaixo da posição de equilíbrio; e

b) a massa é solta do ponto 1 metro abaixo da posição de equilíbrio a uma velocidade de 12 m/s para cima.

24. Nos itens (a) e (b) do Problema 23, determine se a massa passa pela posição de equilíbrio. Em cada caso, calcule o instante no qual a massa atinge seu deslocamento máximo em relação à posição de equilíbrio. Qual é a posição da massa nesse instante?

25. Uma força de 2 libras distende uma mola em 1 pé. Uma massa pesando 3,2 libras é presa à mola e o sistema é então imerso em um meio que oferece uma força de amortecimento numericamente igual a 0,4 multiplicado pela velocidade instantânea.

a) Encontre a equação do movimento admitindo que a massa seja inicialmente solta do repouso a partir do ponto 1 pé acima da posição de equilíbrio.

b) Escreva a equação do movimento na forma dada em (23).

c) Ache a primeira vez em que a massa cruza a posição de equilíbrio dirigindo-se para cima.

26. Depois que uma massa pesando 10 libras é presa a uma mola de 5 pés, a mola passa a medir 7 pés de comprimento. A massa é então removida e substituída por outra pesando 8 libras. O sistema todo é posto então em um meio que oferece uma força de amortecimento numericamente igual à velocidade instantânea.

a) Encontre a equação do movimento supondo que a massa seja inicialmente solta do ponto $\frac{1}{2}$ pé abaixo da posição de equilíbrio a uma velocidade de 1 pé/s para baixo.

b) Expresse a equação do movimento na forma dada em (23).

c) Ache os instantes nos quais a massa passa pela posição de equilíbrio dirigindo-se para baixo.

d) Faça o gráfico da equação do movimento.

27. Uma massa pesando 10 libras é presa a uma mola, distendendo-a em 2 pés. A massa está presa a um dispositivo atenuador que oferece uma força de amortecimento numericamente igual a $\beta(\beta > 0)$ vezes a velocidade instantânea. Determine os valores da constante de amortecimento β de tal forma que o movimento subsequente seja **(a)** superamortecido, **(b)** criticamente amortecido e **(c)** subamortecido.

28. Uma mola de 4 pés passa a medir 8 pés depois que é presa a ela uma massa pesando 8 libras. O meio através do qual a massa vai se mover oferece uma

força de amortecimento numericamente igual a $\sqrt{2}$ vezes a velocidade instantânea. Qual será a equação do movimento se a massa for solta inicialmente da posição de equilíbrio a uma velocidade de 5 pés/s para baixo? Ache o instante no qual a massa atingirá seu deslocamento máximo da posição de equilíbrio. Qual será a posição da massa nesse instante?

5.1.3 SISTEMAS MASSA-MOLA: MOVIMENTO FORÇADO

29. Uma massa pesando 16 libras distende uma mola em $\frac{8}{3}$ pés. A massa é inicialmente solta do repouso no ponto 2 pés abaixo da posição de equilíbrio. O movimento subsequente tem lugar em um meio que oferece uma força de amortecimento que é numericamente igual a $\frac{1}{2}$ da velocidade instantânea. Qual é a equação do movimento se a massa sofre a ação de uma força externa igual a $f(t) = 10 \cos 3t$?

30. Uma massa de 1 *slug* é presa a uma mola cuja constante é 5 lb/pé. Inicialmente, a massa parte de 1 pé abaixo da posição de equilíbrio a uma velocidade de 5 pés/s para baixo e o movimento subsequente tem lugar em um meio que oferece uma força amortecedora numericamente igual a duas vezes a velocidade instantânea.

    a) Qual é a equação do movimento se a massa sofre a ação de uma força externa igual a $f(t) = 12 \cos 2t + 3 \, \text{sen} \, 2t$?

    b) Faça o gráfico das soluções transiente e estacionária no mesmo conjunto de eixos coordenados.

    c) Faça o gráfico da equação do movimento.

31. Uma massa de 1 *slug*, quando presa a uma mola, distende-a em 2 pés e então chega ao repouso na posição de equilíbrio. A partir de $t = 0$, uma força externa igual a $f(t) = 8 \, \text{sen} \, 4t$ é aplicada ao sistema. Qual é a equação do movimento se o meio oferece uma força amortecedora numericamente igual a oito vezes a velocidade instantânea?

32. No Problema 31 determine a equação do movimento supondo que a força externa é $f(t) = e^{-t} \, \text{sen} \, 4t$. Analise os deslocamentos para $t \to \infty$.

33. Quando uma massa de 2 quilogramas é presa a uma mola cuja constante de elasticidade é 32 N/m, ela chega ao repouso na posição de equilíbrio. A partir de $t = 0$, uma força igual a $f(t) = 68e^{-2t} \cos 4t$ é aplicada ao sistema. Qual é a equação de movimento na ausência de amortecimento?

34. No Problema 33 escreva a equação do movimento na forma $x(t) = A \, \text{sen}(\omega t + \phi) + Be^{-2t} \, \text{sen}(4t + \theta)$. Qual é a amplitude das vibrações após um longo período?

35. Uma massa m é presa a uma mola cuja constante de elasticidade é k. Depois que a massa atinge a posição de equilíbrio, seu suporte começa a oscilar verticalmente em relação a uma linha horizontal L de acordo com uma fórmula $h(t)$. O valor de h representa a distância em pés medida a começar de L. Veja a Figura 5.1.21.

    a) Qual é a equação diferencial do movimento se todo o sistema move-se através de um meio que oferece uma força de amortecimento numericamente igual a $\beta(dx/dt)$?

    b) Resolva a equação diferencial do item (a) admitindo que a mola é distendida em 4 pés por uma massa pesando 16 libras e $\beta = 2$, $h(t) = 5 \cos t$, $x(0) = x'(0) = 0$.

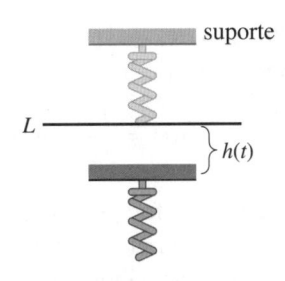

FIGURA 5.1.21 Suporte oscilante do Problema 35.

36. Uma massa de 100 gramas é presa a uma mola cuja constante de elasticidade é 1.600 dinas/cm. Depois de a massa atingir o equilíbrio, seu suporte oscila de acordo com a fórmula $h(t) = \text{sen} \, 8t$, em que h representa o deslocamento a partir da posição de equilíbrio. Veja o Problema 35 e a Figura 5.1.21.

    a) Na ausência de amortecimento, qual é a equação do movimento se a massa parte do repouso a partir da posição de equilíbrio?

    b) Quais são os valores de t para os quais a massa passa pela posição de equilíbrio?

    c) Quais são os valores de t para os quais a massa atinge seus deslocamentos extremos?

    d) Quais são os deslocamentos máximo e mínimo?

    e) Faça o gráfico da equação do movimento.

Nos Problemas 37 e 38, resolva o problema de valor inicial dado.

37. $\dfrac{d^2 x}{dt^2} + 4x = -5 \, \text{sen} \, 2t + 3 \cos 2t,$
    $x(0) = -1, \, x'(0) = 1$

38. $\dfrac{d^2x}{dt^2} + 9x = 5\,\text{sen}\,3t, \quad x(0) = 2,\ x'(0) = 0$

39. a) Mostre que a solução do problema de valor inicial

$$\frac{d^2x}{dt^2} + \omega^2 x = F_0\cos\gamma t, \quad x(0)=0,\quad x'(0)=0$$

é $\quad x(t) = \dfrac{F_0}{\omega^2 - \gamma^2}(\cos\gamma t - \cos\omega t).$

b) Calcule $\displaystyle\lim_{\gamma\to\omega}\dfrac{F_0}{\omega^2-\gamma^2}(\cos\gamma t - \cos\omega t).$

40. Compare o resultado obtido no item (b) do Problema 39 com a solução obtida usando variação de parâmetros, admitindo que a força externa é $F_0\cos\omega t$.

41. a) Mostre que $x(t)$, dado no item (a) do Problema 39, pode ser escrito na forma

$$x(t) = \frac{-2F_0}{\omega^2-\gamma^2}\,\text{sen}\!\left(\frac{1}{2}(\gamma-\omega)t\right)\text{sen}\!\left(\frac{1}{2}(\gamma+\omega)t\right).$$

b) Se definirmos $\varepsilon = \tfrac{1}{2}(\gamma-\omega)$, mostre que, se ε for pequeno, uma solução aproximada será

$$x(t) = \frac{F_0}{2\varepsilon\gamma}\,\text{sen}\,\varepsilon t\,\text{sen}\,\gamma t.$$

Quando ε for pequeno, a frequência $\gamma/2\pi$ da força externa estará próxima da frequência $\omega/2\pi$ das vibrações livres. Quando isso ocorrer, o movimento será aquele indicado na Figura 5.1.22. Oscilações desse tipo são chamadas de **batimentos** e devem-se ao fato de que a frequência de sen εt é bem pequena em comparação com a frequência de sen γt. As curvas tracejadas ou envoltórias do gráfico de $x(t)$ são obtidas com base nos gráficos de $\pm(F_0/2\varepsilon\gamma)\text{sen}\,\varepsilon t$. Use um utilitário gráfico com vários valores de F_0, ε e γ para verificar o gráfico da Figura 5.1.22.

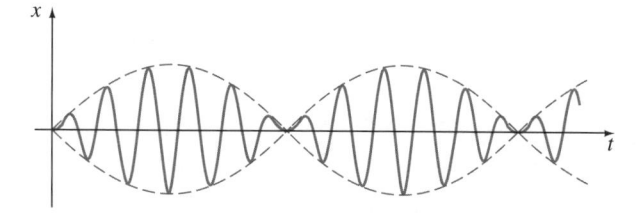

FIGURA 5.1.22 Fenômeno dos batimentos do Problema 41.

TAREFAS PARA O LABORATÓRIO DE INFORMÁTICA

42. Pode haver batimentos quando uma força amortecedora for adicionada ao modelo do item (a) do Problema 39? Defenda sua posição com gráficos obtidos da solução explícita do problema

$$\frac{d^2x}{dt^2} + 2\lambda\frac{dx}{dt} + \omega^2 x = F_0\cos\gamma t, \quad x(0)=0,\quad x'(0)=0$$

ou das curvas integrais obtidas por meio de um solucionador numérico.

43. a) Mostre que a solução geral de

$$\frac{d^2x}{dt^2} + 2\lambda\frac{dx}{dt} + \omega^2 x = F_0\,\text{sen}\,\gamma t$$

é

$$x(t) = Ae^{-\lambda t}\,\text{sen}(\sqrt{\omega^2-\lambda^2}\,t + \phi) + \frac{F_0}{\sqrt{(\omega^2-\gamma^2)^2 + 4\lambda^2\gamma^2}}\,\text{sen}(\gamma t + \theta),$$

onde

$$A = \sqrt{c_1^2 + c_2^2}$$

e os ângulos de fase ϕ e θ são definidos, respectivamente, por sen $\phi = c_1/A$, $\cos\phi = c_2/A$ e

$$\text{sen}\,\theta = \frac{-2\lambda\gamma}{\sqrt{(\omega^2-\gamma^2)^2 + 4\lambda^2\gamma^2}},$$

$$\cos\theta = \frac{\omega^2-\gamma^2}{\sqrt{(\omega^2-\gamma^2)^2 + 4\lambda^2\gamma^2}}.$$

b) A solução do item (a) tem a forma $x(t) = x_c(t) + x_p(t)$. Um exame mostra que $x_c(t)$ é transiente e, portanto, para grandes valores de tempo, a solução é aproximada por $x_p(t) = g(\gamma)\,\text{sen}(\gamma t + \theta)$, onde

$$g(\gamma) = \frac{F_0}{\sqrt{(\omega^2-\gamma^2)^2 + 4\lambda^2\gamma^2}}.$$

Embora a amplitude $g(\gamma)$ de $x_p(t)$ seja limitada quando $t\to\infty$, mostre que a oscilação máxima ocorrerá no valor $\gamma_1 = \sqrt{\omega^2-2\gamma^2}$. Qual é o valor máximo de g? O número $\sqrt{\omega^2-2\gamma^2}/2\pi$ é chamado de **frequência de ressonância** do sistema.

c) Quando $F_0 = 2$, $m = 1$ e $k = 4$, g torna-se

$$g(\gamma) = \frac{2}{\sqrt{(4-\gamma^2)^2 + \beta^2\gamma^2}}.$$

Construa uma tabela de valores de γ_1 e $g(\gamma_1)$ correspondentes aos coeficientes de amortecimento $\beta = 2$, $\beta = 1$, $\beta = \tfrac{3}{4}$, $\beta = \tfrac{1}{2}$ e $\beta = \tfrac{1}{4}$. Use um software para obter os gráficos de g correspondentes a esses coeficientes de amortecimento. Use o mesmo sistema de eixos coordenados. Essa família de gráficos é chamada de **curva de ressonância** ou **curva de resposta da frequência** do sistema. Ao que tende γ_1 quando $\beta\to 0$? O que ocorrerá à curva de ressonância quando $\beta\to 0$?

44. Considere um sistema massa-mola não amortecido forçado descrito pelo problema de valor inicial

$$\frac{d^2x}{dt^2} + \omega^2 x = F_0 \operatorname{sen}^n \gamma t, \quad x(0) = 0, \quad x'(0) = 0.$$

a) Para $n = 2$, discuta por que existe uma única frequência $\gamma_1/2\pi$ para a qual o sistema está em ressonância pura.

b) Para $n = 3$, discuta por que existem duas frequências, $\gamma_1/2\pi$ e $\gamma_2/2\pi$, para as quais o sistema está em ressonância pura.

c) Suponha que $\omega = 1$ e $F_0 = 1$. Use um solucionador numérico para obter o gráfico da solução do problema de valor inicial para $n = 2$ e $\gamma = \gamma_1$ do item (a). Obtenha o gráfico da solução do problema de valor inicial para $n = 3$ correspondente, por sua vez, a $\gamma = \gamma_1$ e $\gamma = \gamma_2$ do item (b).

5.1.4 CIRCUITO EM SÉRIE ANÁLOGO

45. Ache a carga no capacitor em um circuito em série RLC em $t = 0{,}01$ s quando $L = 0{,}05$ h, $R = 2\,\Omega$, $C = 0{,}01$ f, $E(t) = 0$ V, $q_0 = 5$ C e $i(0) = 0$ A. Determine a primeira vez em que a carga sobre o capacitor é igual a zero.

46. Ache a carga no capacitor em um circuito em série RLC quando $L = \frac{1}{4}$ h, $R = 20\,\Omega$, $C = \frac{1}{300}$ f, $E(t) = 0$ V, $q(0) = 4$ C e $i(0) = 0$ A. A carga sobre o capacitor é igual a zero em algum momento?

Nos Problemas 47 e 48, ache a carga no capacitor e a corrente no circuito em série RLC dado. Ache a carga máxima no capacitor.

47. $L = \frac{5}{3}$ h, $R = 10\,\Omega$, $C = \frac{1}{30}$ f, $E(t) = 300$ V, $q(0) = 0$ C, $i(0) = 0$ A

48. $L = 1$ h, $R = 100\,\Omega$, $C = 0{,}0004$ f, $E(t) = 30$ V, $q(0) = 0$ C, $i(0) = 2$ A

49. Encontre a carga estacionária e a corrente estacionária em um circuito em série RLC quando $L = 1$ h, $R = 2\,\Omega$, $C = 0{,}25$ f e $E(t) = 50 \cos t$ V.

50. Mostre que a amplitude da corrente estacionária no circuito em série RLC do Exemplo 10 é dada por E_0/Z, onde Z é a impedância do circuito.

51. Use o Problema 50 para mostrar que a corrente estacionária em um circuito em série RLC, onde $L = \frac{1}{2}$ h, $R = 20\,\Omega$, $C = 0{,}001$ f e $E(t) = 100 \operatorname{sen} 60t$ V, é dada por $i_p(t) = 4{,}160 \operatorname{sen}(60t - 0{,}588)$.

52. Encontre a corrente estacionária em um circuito em série RLC, supondo que $L = \frac{1}{2}$ h, $R = 20\,\Omega$, $C = 0{,}001$ f e $E(t) = 100 \operatorname{sen} 60t + 200 \cos 40t$ V.

53. Determine a carga no capacitor em um circuito em série RLC, supondo $L = \frac{1}{2}$ h, $R = 10\,\Omega$, $C = 0{,}01$ f, $E(t) = 150$ V, $q(0) = 1$ C e $i(0) = 0$ A. Qual é a carga no capacitor após um longo período?

54. Mostre que, se L, R, C e E_0 forem constantes, a amplitude da corrente estacionária no Exemplo 10 será máxima quando $\gamma = 1/\sqrt{LC}$. Qual será a amplitude máxima?

55. Mostre que, se L, R, E_0 e γ forem constantes, a amplitude da corrente estacionária no Exemplo 10 será máxima quando a capacitância for $C = 1/L\gamma^2$.

56. Qual é a carga no capacitor e a corrente em um circuito LC quando $L = 0{,}1$ h, $C = 0{,}1$ f, $E(t) = 100 \operatorname{sen} \gamma t$ V, $q(0) = 0$ C e $i(0) = 0$ A?

57. Qual é a carga no capacitor e a corrente em um circuito LC quando $E(t) = E_0 \cos \gamma t$ V, $q(0) = q_0$ C e $i(0) = i_0$ A?

58. No Problema 57, qual será a corrente quando o circuito estiver em ressonância?

5.2 EQUAÇÕES LINEARES: PROBLEMAS DE CONTORNO

IMPORTANTE REVISAR

- Seção 4.1 (página 126)
- Problemas 37 a 40 nos Exercícios 4.3
- Problemas 37 a 40 nos Exercícios 4.4

INTRODUÇÃO

A seção precedente foi dedicada a sistemas nos quais um modelo matemático de segunda ordem era acompanhado por condições iniciais prescritas – isto é, condições especificadas sobre a função desconhecida e sua derivada primeira em um único ponto. Mas, frequentemente, a descrição matemática de um sistema físico exige a resolução de uma equação linear diferencial sujeita a condições de contorno – isto é, condições especificadas sobre a função desconhecida ou sobre uma de suas derivadas ou até mesmo sobre uma combinação linear da função desconhecida e uma de suas derivadas em dois (ou mais) pontos diferentes.

DEFLEXÃO DE UMA VIGA

Muitas estruturas são construídas usando grandes suportes de aço ou vigas, as quais defletem ou distorcem sob seu próprio peso ou em decorrência de alguma força externa. Como veremos agora, essa deflexão $y(x)$ é governada por uma equação diferencial linear de quarta ordem relativamente simples.

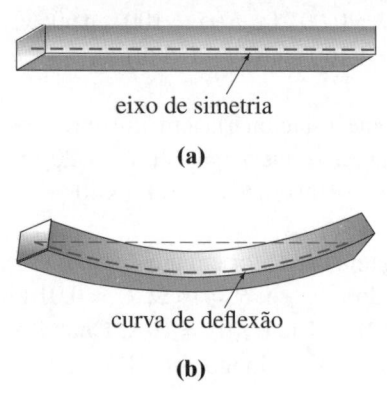

Para começar, vamos supor que uma viga de comprimento L seja homogênea e tenha seção transversal uniforme ao longo de seu comprimento. Na ausência de qualquer carga sobre a viga (incluindo o próprio peso), a curva que liga os centroides de todas as suas seções transversais é uma reta chamada de **eixo de simetria**. Veja a Figura 5.2.1(a). Se for aplicada uma carga à viga em um plano contendo o eixo de simetria, conforme mostra a Figura 5.2.1(b), ela sofrerá uma distorção e a curva que liga os centroides de todas as seções transversais será chamada então de **curva de deflexão** ou **curva elástica**. A curva de deflexão aproxima o formato da viga. Suponha agora que o eixo x coincida com o eixo de simetria da viga e que a deflexão $y(x)$, medida a partir desse eixo, seja positiva se dirigida para baixo. Na teoria da elasticidade, mostra-se que o momento fletor $M(x)$ em um ponto x ao longo da viga está relacionado com a carga por unidade de comprimento $w(x)$ pela equação

FIGURA 5.2.1 Deflexão de uma viga homogênea.

$$\frac{d^2M}{dx^2} = w(x). \tag{1}$$

Além disso, o momento fletor $M(x)$ é proporcional à curvatura κ da curva elástica

$$M(x) = EI\kappa, \tag{2}$$

onde E e I são constantes; E é o módulo de elasticidade de Young do material de que é feita a viga e I é o momento de inércia de uma seção transversal da viga (em torno de um eixo conhecido como o eixo neutro). O produto EI é chamado de **rigidez defletora** da viga.

Agora, do cálculo, a curvatura é dada por $\kappa = y''/[1 + (y')^2]^{3/2}$. Quando a deflexão $y(x)$ for pequena, a inclinação $y' \approx 0$ e, portanto, $[1 + (y')^2]^{3/2} \approx 1$. Se fizermos $\kappa = y''$, a Equação (2) vai se tornar $M = EIy''$. A segunda derivada dessa última expressão é

$$\frac{d^2M}{dx^2} = EI\frac{d^2}{dx^2}y'' = EI\frac{d^4y}{dx^4}. \tag{3}$$

(a) Engastada nos dois extremos

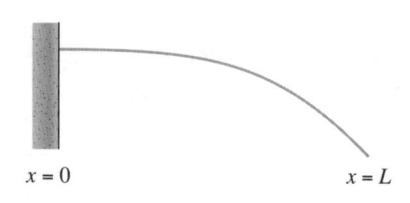

Usando o resultado dado em (1) para substituir d^2M/dx^2 em (3), vemos que a deflexão $y(x)$ satisfaz a equação diferencial de quarta ordem

$$EI\frac{d^4y}{dx^4} = w(x). \tag{4}$$

(b) Viga em balanço: engastada no extremo esquerdo e livre no direito

As condições de contorno associadas à Equação (4) dependem de como as extremidades da viga estão apoiadas. Uma viga em balanço é **engastada** ou **presa** em uma extremidade e livre na outra. Trampolim, braço estendido, asa de avião e sacada são exemplos comuns de vigas, mas até mesmo árvores, mastros, edifícios e o monumento de George Washington podem funcionar como vigas em balanço, pois estão presos em uma extremidade e sujeitos à força fletora do vento. Para uma viga em balanço, a deflexão $y(x)$ deve satisfazer às seguintes condições na extremidade engastada $x = 0$:

(c) Apoiada simplesmente em ambos os extremos

- $y(0) = 0$, uma vez que não há deflexão; e

FIGURA 5.2.2 Vigas com diferentes condições finais.

- $y'(0) = 0$, uma vez que a curva de deflexão é tangente ao eixo x (em outras palavras, a inclinação da curva de deflexão é zero nesse ponto).

Em $x = L$, as condições da extremidade livre são

- $y''(L) = 0$, uma vez que o momento fletor é zero; e
- $y'''(L) = 0$, uma vez que a força de cisalhamento é zero.

A função $F(x) = dM/dx = EI d^3y/dx^3$ é chamada de força de cisalhamento. Se a extremidade de uma viga estiver **simplesmente apoiada** ou **articulada**, teremos necessariamente nessa extremidade $y = 0$ e $y'' = 0$. Veja a Figura 5.2.2. A Tabela 5.2.1 resume as condições de contorno que estão associadas a (4).

Tabela 5.2.1

Extremos da viga	Condições de contorno	
engastada	$y = 0$,	$y' = 0$
livre	$y'' = 0$,	$y''' = 0$
simplesmente apoiada ou articulada	$y = 0$,	$y'' = 0$

EXEMPLO 1   Uma viga engastada

Uma viga de comprimento L está engastada em ambas as extremidades. Qual será a deflexão da viga se uma carga constante w_0 for uniformemente distribuída ao longo de seu comprimento, isto é, $w(x) = w_0$, $0 < x < L$?

SOLUÇÃO

Da discussão precedente vimos que a deflexão $y(x)$ satisfaz

$$EI\frac{d^4y}{dx^4} = w_0.$$

Como a viga está engastada tanto na extremidade esquerda ($x = 0$) como na direita ($x = L$), não há deflexão vertical e a reta de deflexão é horizontal nesses pontos. Assim, as condições de contorno são

$$y(0) = 0, \quad y'(0) = 0 \quad \text{e} \quad y(L) = 0, \quad y'(L) = 0.$$

Podemos resolver a equação diferencial não homogênea da forma usual (encontre y_c observando que $m = 0$ é uma raiz de multiplicidade 4 da equação auxiliar $m^4 = 0$ e depois encontre uma solução particular pelo método dos coeficientes a determinar) ou podemos simplesmente integrar quatro vezes seguidas a equação $d^4y/dx^4 = w_0/EI$. De qualquer forma, encontramos que a solução geral da equação $y = y_c + y_p$ é

$$y(x) = c_1 + c_2 x + c_3 x^2 + c_4 x^3 + \frac{w_0}{24EI}x^4.$$

As condições $y(0) = 0$, $y'(0) = 0$ nos dão, sucessivamente, $c_1 = 0$ e $c_2 = 0$, enquanto as condições remanescentes $y(L) = 0$ e $y'(L) = 0$ aplicadas a $y(x) = c_3 x^2 + c_4 x^3 + \frac{w_0}{24EI}x^4$ dão origem às equações

$$c_3 L^2 + c_4 L^3 + \frac{w_0}{24EI}L^4 = 0$$

$$2c_3 L + 3c_4 L^2 + \frac{w_0}{6EI}L^3 = 0.$$

Resolvendo esse sistema, obtemos $c_3 = w_0 L^2/24EI$ e $c_4 = -w_0 L/12EI$. Assim, a deflexão é

$$y(x) = \frac{w_0 L^2}{24EI}x^2 - \frac{w_0 L}{12EI}x^3 + \frac{w_0}{24EI}x^4 \quad \text{ou} \quad y(x) = \frac{w_0}{24EI}x^2(x-L)^2.$$

Escolhendo $w_0 = 24EI$ e $L = 1$, obtemos o gráfico da curva de deflexão da Figura 5.2.3.

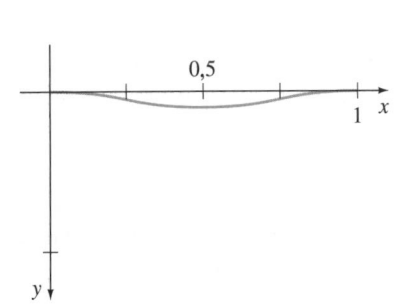

FIGURA 5.2.3 Curva de deflexão para o PVC no Exemplo 1.

AUTOVALORES E AUTOFUNÇÕES

Muitos problemas aplicados exigem a resolução de um problema de valores de contorno (PVC) em dois pontos envolvendo uma equação diferencial linear que contém um parâmetro λ. Procuramos os valores de λ para os quais o problema de contorno tenha soluções *não triviais*, ou seja, soluções *diferentes de zero*.

EXEMPLO 2 Soluções não triviais do problema de valores de contorno

Resolva o problema de valores de contorno

$$y'' + \lambda y = 0, \quad y(0) = 0, \quad y(L) = 0.$$

SOLUÇÃO
Consideremos três casos: $\lambda = 0$, $\lambda < 0$ e $\lambda > 0$.

CASO I
Para $\lambda = 0$, a solução de $y'' = 0$ é $y = c_1 x + c_2$. As condições $y(0) = 0$ e $y(L) = 0$, aplicadas a esta solução, implicam, sucessivamente, que $c_2 = 0$ e $c_1 = 0$. Logo, para $\lambda = 0$, a única solução do problema de contorno é a solução trivial $y = 0$.

CASO II
Para $\lambda < 0$ é conveniente escrever $\lambda = -\alpha^2$, onde α é positivo. Com esta notação, as raízes da equação auxiliar $m^2 - \alpha^2 = 0$ são $m_1 = \alpha$ e $m_2 = -\alpha$. Supondo que o intervalo em que trabalhamos seja finito, escolhemos escrever a solução geral da equação $y'' - \alpha^2 y = 0$ como $y = c_1 \cosh \alpha x + c_2 \operatorname{senh} \alpha x$. Logo, $y(0)$ é dado por

$$y(0) = c_1 \cosh 0 + c_2 \operatorname{senh} 0 = c_1 \cdot 1 + c_2 \cdot 0 = c_1.$$

quando $y(0) = 0$ temos $c_1 = 0$. Então $y = c_2 \operatorname{senh} \alpha x$. A segunda condição, $y(L) = 0$, impõe que $c_2 \operatorname{senh} \alpha L = 0$. Para $\alpha \neq 0$, $\operatorname{senh} \alpha L \neq 0$; consequentemente, somos forçados a escolher $c_2 = 0$. Novamente, a única solução para a PVC é a solução trivial $y = 0$.

Note que usamos funções hiperbólicas aqui. Releia "Duas equações que vale a pena conhecer" na página 143.

CASO III
Para $\lambda > 0$, escrevemos $\lambda = \alpha^2$, quando α é positivo. Como a equação auxiliar $m^2 + \alpha^2 = 0$ tem raízes complexas $m_1 = i\alpha$ e $m_2 = -i\alpha$, a solução geral de $y'' + \alpha^2 y = 0$ é $y = c_1 \cos \alpha x + c_2 \operatorname{sen} \alpha x$. Como no caso anterior, $y(0) = 0$ leva a $c_1 = 0$, e então $y = c_2 \operatorname{sen} \alpha x$. Sendo assim, a última condição $y(L) = 0$, ou

$$c_2 \operatorname{sen} \alpha L = 0,$$

é satisfeita escolhendo $c_2 = 0$. Porém, isto significa necessariamente que $y = 0$. Se impusermos $c_2 \neq 0$, então $\operatorname{sen} \alpha L = 0$ é satisfeita, pois αL deve ser sempre um múltiplo inteiro de π.

$$\alpha L = n\pi \quad \text{ou} \quad \alpha = \frac{n\pi}{L} \quad \text{ou} \quad \lambda_n = \alpha_n^2 = \left(\frac{n\pi}{L}\right)^2, \quad n = 1, 2, 3, \ldots.$$

Portanto, para todo real não nulo c_2, $y = c_2 \operatorname{sen}(n\pi x/L)$ é uma solução do problema para cada n. Como a equação diferencial é homogênea, qualquer múltiplo constante de uma solução é também uma solução; podemos, se desejarmos, simplesmente tomar $c_2 = 1$. Em outras palavras, para um dado número na sequência,

$$\lambda_1 = \frac{\pi^2}{L^2}, \quad \lambda_2 = \frac{4\pi^2}{L^2}, \quad \lambda_3 = \frac{9\pi^2}{L^2}, \ldots,$$

a função *correspondente* na sequência

$$y_1 = \operatorname{sen} \frac{\pi}{L} x, \quad y_2 = \operatorname{sen} \frac{2\pi}{L} x, \quad y_3 = \operatorname{sen} \frac{3\pi}{L} x, \ldots$$

é uma solução não trivial do problema $y'' + \lambda_n y = 0$, $y(0) = 0$, $y(L) = 0$ para $n = 1, 2, 3, \ldots$, respectivamente. ■

Os números $\lambda_n = n^2\pi^2/L^2$, $n = 1, 2, 3, \ldots$ para os quais o problema de contorno no Exemplo 2 tem uma solução não trivial são conhecidos como **valores característicos** ou, mais comumente, **autovalores**. As soluções que dependem desses valores de λ_n, $y_n = c_2\,\text{sen}(n\pi x/L)$, ou simplesmente $y_n = \text{sen}(n\pi x/L)$, são chamadas **funções características** ou **autofunções**. Os gráficos das autofunções para $n = 1, 2, 3, 4, 5$ são mostrados na Figura 5.2.4. Note-se que cada gráfico passa através de dois pontos $(0, 0)$ e $(0, L)$.

EXEMPLO 3   Revisão do Exemplo 2

Segue do Exemplo 2 e da discussão anterior que o problema de valor de contorno

$$y'' + 5y = 0, \quad y(0) = 0, \quad y(L) = 0$$

possui apenas solução trivial $y = 0$ porque 5 *não* é um autovalor.

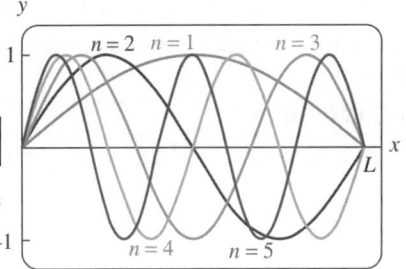

FIGURA 5.2.4 Gráfico das autofunções $y_n = \text{sen}(n\pi x/L)$, para $n = 1, 2, 3, 4, 5$.

DEFORMAÇÃO DE UMA COLUNA FINA

No século XVIII, Leonhard Euler foi um dos primeiros matemáticos a estudar um problema de autovalor quando analisava como uma coluna elástica fina se deforma sob uma força axial compressiva.

Considere uma longa coluna vertical fina de seção transversal uniforme de comprimento L. Seja $y(x)$ a deflexão da coluna quando uma força compressiva vertical constante ou carga P for aplicada em seu topo, conforme mostra a Figura 5.2.5. Comparando os momentos fletores em qualquer ponto ao longo da coluna, obtemos

$$EI\frac{d^2y}{dx^2} = -Py \quad \text{ou} \quad EI\frac{d^2y}{dx^2} + Py = 0, \tag{5}$$

onde E é o módulo de elasticidade de Young e I é o momento de inércia de uma seção transversal em torno de uma reta vertical pelo seu centroide.

EXEMPLO 4   A carga de Euler

Determine a deflexão de uma coluna vertical fina e homogênea de comprimento L sujeita a uma carga axial constante P, se a coluna for simplesmente apoiada em ambas as extremidades.

FIGURA 5.2.5 Coluna elástica se deforma sob uma força axial compressiva

SOLUÇÃO

O problema de contorno a ser resolvido é

$$EI\frac{d^2y}{dx^2} + Py = 0, \quad y(0) = 0, \quad y(L) = 0.$$

Observe primeiramente que $y = 0$ é uma solução perfeitamente aceitável desse problema. Essa solução tem uma interpretação intuitiva e simples: se a carga P não for grande o suficiente, não haverá deflexão. A questão é esta: para quais valores de P a coluna vai defletir? Em termos matemáticos: para quais valores de P o problema de contorno dado tem soluções não triviais?

Escrevendo $\lambda = P/EI$, vemos que

$$y'' + \lambda y = 0, \quad y(0) = 0, \quad y(L) = 0$$

é idêntico ao problema dado no Exemplo 2. Com base no Caso III daquela discussão, vemos que as curvas de deflexão $y_n(x) = c_2\,\text{sen}(n\pi x/L)$ são correspondentes aos autovalores $\lambda_n = P_n/EI = n^2\pi^2/L^2$, $n = 1, 2, 3, \ldots$ Fisicamente, isso significa que a coluna vai deformar-se ou defletir somente quando a força compressiva assumir um dos valores $P_n = n^2\pi^2 EI/L^2$, $n = 1, 2, 3, \ldots$ Essas forças são chamadas **cargas críticas**. A curva de deflexão correspondente à menor carga crítica $P_1 = \pi^2 EI/L^2$, chamada de **carga de Euler**, é $y_1(x) = c_2\,\text{sen}(\pi x/L)$ e é conhecida como o **primeiro modo de deformação**. ∎

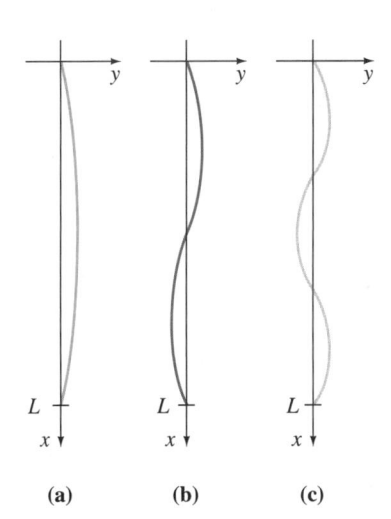

FIGURA 5.2.6 Curvas de deflexão correspondentes às forças compressivas P_1, P_2 e P_3.

As curvas de deflexão do Exemplo 4, correspondentes a $n = 1$, $n = 2$ e $n = 3$, são apresentadas na Figura 5.2.6. Observe que, se a coluna original tiver algum tipo de restrição física em $x = L/2$, então a menor carga crítica será $P_2 = 4\pi^2 EI/L^2$ e a curva de deflexão será aquela da Figura 5.2.6(b). Se a restrição for colocada na coluna em $x = L/3$ e $x = 2L/3$, a coluna somente vai se deformar quando a carga crítica $P_3 = 9\pi^2 EI/L^2$ for aplicada. Nesse caso, a curva de deflexão será aquela da Figura 5.2.6(c). Veja o Problema 23 nos Exercícios 5.2.

CORDA GIRANDO

A equação diferencial linear de segunda ordem

$$y'' + \lambda y = 0 \tag{6}$$

ocorre muitas vezes como modelo matemático. Na Seção 5.1, vimos (6) nas formas $d^2x/dt^2 + (k/m)x = 0$ e $d^2q/dt^2 + (1/LC)q = 0$ como modelos para, respectivamente, um movimento harmônico simples de um sistema massa-mola e a resposta harmônica simples de um circuito em série. É evidente que o modelo para deflexão de uma coluna fina dado em (5), quando escrito como $d^2y/dx^2 + (P/EI)y = 0$, é igual ao que foi dado em (6). Vamos encontrar a Equação (6) uma vez mais nesta seção, como um modelo que define a curva de deflexão ou a configuração $y(x)$ assumida por uma corda girando. A situação física é análoga àquela de duas pessoas segurando uma corda e fazendo-a girar sincronizadamente. Veja as figuras 5.2.7(a) e (b).

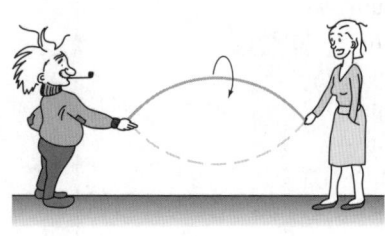

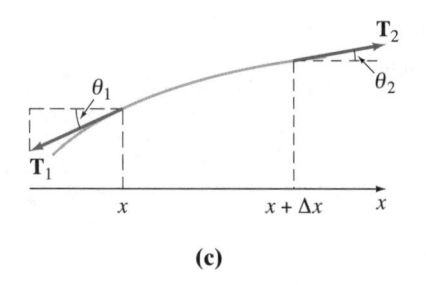

Suponha que uma corda de comprimento L e densidade linear constante ρ (massa por unidade de comprimento) seja esticada ao longo do eixo x e fixada em $x = 0$ e $x = L$. Suponha que a corda seja então girada em torno do eixo x a uma velocidade angular constante ω. Considere uma parte da corda sobre o intervalo $[x, x + \Delta x]$, onde Δx é pequeno. Se a magnitude T da tensão **T**, tangencial à corda, for constante ao longo dela, a equação diferencial desejada pode ser obtida igualando-se duas formulações diferentes da força líquida que age sobre a corda no intervalo $[x, x + \Delta x]$. Em primeiro lugar, vemos da Figura 5.2.7(c) que a força líquida vertical é

$$F = T \operatorname{sen} \theta_2 - T \operatorname{sen} \theta_1. \tag{7}$$

Se os ângulos θ_1 e θ_2 (medidos em radianos) forem pequenos, teremos $\operatorname{sen} \theta_2 \approx \operatorname{tg} \theta_2$ e $\operatorname{sen} \theta_1 \approx \operatorname{tg} \theta_1$. Além disso, como $\operatorname{tg} \theta_2$ e $\operatorname{tg} \theta_1$ são, por sua vez, inclinações das retas contendo os vetores $\mathbf{T}_2$ e $\mathbf{T}_1$, podemos também escrever

$$\operatorname{tg} \theta_2 = y'(x + \Delta x) \quad \text{e} \quad \operatorname{tg} \theta_1 = y'(x).$$

FIGURA 5.2.7 Corda girando e forças que agem sobre ela.

Assim, (7) vai se tornar

$$F \approx T[y'(x + \Delta x) - y'(x)]. \tag{8}$$

Em segundo lugar, podemos obter uma forma diferente dessa mesma força líquida usando a segunda lei de Newton, $F = ma$. Aqui, a massa da corda no intervalo é $m = \rho \Delta x$; a aceleração centrípeta de um corpo girando a uma velocidade angular ω em um círculo com raio r é $a = r\omega^2$. Sendo Δx pequeno, podemos tomar $r = y$. Assim, a força líquida vertical é também aproximada por

$$F \approx -(\rho \Delta x) y \omega^2, \tag{9}$$

onde o sinal de subtração justifica-se pelo fato de a aceleração ter o sentido oposto ao do eixo y. Igualando agora (8) e (9), temos

$$T[y'(x + \Delta x) - y'(x)] = -(\rho \Delta x) y \omega^2 \quad \text{ou} \quad T \underbrace{\frac{y'(x + \Delta x) - y'(x)}{\Delta x}}_{\text{quociente de diferenças}} + \rho \omega^2 y = 0. \tag{10}$$

Para Δx próximo de zero, o quociente de diferenças em (10) é aproximado pela segunda derivada de d^2y/dx^2. Finalmente, chegamos ao modelo

$$T\frac{d^2y}{dx^2} + \rho\omega^2 y = 0. \tag{11}$$

Como a corda está fixa em ambas as extremidades, $x = 0$ e $y = L$, esperamos que a solução $y(x)$ da última equação em (11) também satisfaça as condições de contorno $y(0) = 0$ e $y(L) = 0$.

OBSERVAÇÕES

(i) Autovalores nem sempre são facilmente encontrados, como no Exemplo 2: você pode ter que aproximar as raízes de equações, como tg $x = -x$ ou $\cos x \cosh x = 1$. Veja os Problemas 34-38, nos Exercícios 5.2.

(ii) As condições de contorno aplicado a uma solução geral de uma equação diferencial linear pode levar a um sistema homogêneo de equações algébricas lineares em que as incógnitas são os coeficientes c_i na solução geral. Um sistema homogêneo de equações algébricas lineares é sempre consistente, pois possui pelo menos uma solução trivial. Mas um sistema homogêneo de n equações lineares em n incógnitas tem uma solução não trivial se e somente se o determinante dos coeficientes for igual a zero. Você pode precisar usar esse último fato nos Problemas 19 e 20 dos Exercícios 5.2.

EXERCÍCIOS 5.2

As respostas aos problemas ímpares estão no final do livro.

DEFLEXÃO DE UMA VIGA

Nos Problemas 1-5 resolva a Equação (4) sujeita às condições de contorno apropriadas. A viga tem comprimento L, e w_0 é uma constante.

1. a) A viga está engastada em sua extremidade esquerda e livre na direita e $w(x) = w_0$, $0 < x < L$.
   b) Use um software para obter o gráfico da curva de deflexão da viga quando $w_0 = 24EI$ e $L = 1$.

2. a) A viga está engastada na esquerda e simplesmente apoiada na direita e $w(x) = w_0 \operatorname{sen}(\pi x/L)$, $0 < x < L$.
   b) Use um software para obter o gráfico da curva de deflexão da viga quando $w_0 = 2\pi^3 EI$ e $L = 1$.
   c) Use um programa para determinar raízes de um SAC (ou uma calculadora gráfica) para aproximar o ponto no gráfico do item (b) no qual ocorre a deflexão máxima. Qual é a deflexão máxima?

3. a) A viga está engastada em sua extremidade esquerda e simplesmente apoiada na direita e $w(x) = w_0$, $0 < x < L$.
   b) Use um software para obter o gráfico da curva de deflexão da viga quando $w_0 = 48EI$ e $L = 1$.

4. a) A viga está simplesmente apoiada em ambas as extremidades e $w(x) = w_0$, $0 < x < L$.
   b) Use um software para obter o gráfico da curva de deflexão da viga quando $w_0 = 24EI$ e $L = 1$.

5. a) A viga está simplesmente apoiada em ambas as extremidades e $w(x) = w_0 x$, $0 < x < L$.
   b) Use um software para obter o gráfico da curva de deflexão da viga quando $w_0 = 36EI$ e $L = 1$.
   c) Use um software para determinar raízes de um SAC (ou uma calculadora gráfica) para aproximar o ponto no gráfico do item (b) no qual ocorre a deflexão máxima. Qual é a deflexão máxima?

6. a) Ache a deflexão máxima da curva em balanço do Problema 1.
   b) Qual é a relação entre as deflexões máximas das vigas do item (a) e de outra cujo comprimento seja a metade?
   c) Ache a deflexão máxima da viga simplesmente apoiada do Problema 2.
   d) Qual é a relação entre as deflexões máximas da viga simplesmente apoiada do item (c) e as da viga engastada do Exemplo 1?

7. Em uma viga em balanço de comprimento L, engastada na extremidade direita, é aplicada uma força dúctil horizontal de P libras no extremo esquerdo livre. Tomando a origem como a extremidade livre, conforme mostra a Figura 5.2.8, pode-se mostrar que a deflexão $y(x)$ da viga satisfaz a equação diferencial

$$EIy'' = Py - w(x)\frac{x}{2}.$$

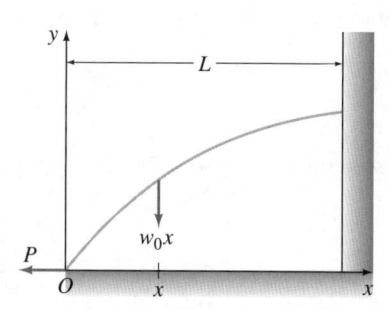

FIGURA 5.2.8 Deflexão da viga em balanço do Problema 7.

Qual é a deflexão da viga em balanço, se $w(x) = w_0 x$, $0 < x < L$ e $y(0) = 0$, $y'(L) = 0$?

8. Se, em vez de uma força dúctil, for aplicada uma força compressiva à extremidade livre da viga do Problema 7, a equação diferencial da deflexão será

$$EI y'' = -Py - w(x)\frac{x}{2}.$$

Resolva essa equação, admitindo que $w(x) = w_0 x$, $0 < x < L$ e $y(0) = 0$, $y'(L) = 0$.

AUTOVALORES E AUTOFUNÇÕES

Nos Problemas 9-18 determine os autovalores e as autofunções do problema de contorno dado.

9. $y'' + \lambda y = 0$, $y(0) = 0, y(\pi) = 0$

10. $x^2 y'' + xy' + \lambda y = 0$, $y'(e^{-1}) = 0, y(1) = 0$

11. $y'' + \lambda y = 0$, $y'(0) = 0, y(L) = 0$

12. $y'' + \lambda y = 0$, $y(0) = 0, y(\pi/4) = 0$

13. $y'' + \lambda y = 0$, $y'(0) = 0, y'(\pi) = 0$

14. $y'' + \lambda y = 0$, $y(0) = 0, y'(\pi/2) = 0$

15. $y'' + 2y' + (\lambda + 1)y = 0$, $y(0) = 0, y(5) = 0$

16. $y'' + \lambda y = 0$, $y(-\pi) = 0, y(\pi) = 0$

17. $x^2 y'' + xy' + \lambda y = 0$, $y(1) = 0, y(e^\pi) = 0$

18. $y'' + (\lambda + 1)y = 0$, $y'(0) = 0, y'(1) = 0$

Nos Problemas 19 e 20 encontre os autovalores e autofunções para o problema do valor limite dado. Considere apenas $\lambda = \alpha^4$, $\alpha > 0$.

19. $y^{(4)} - \lambda y = 0$, $y(0) = 0$, $y''(0) = 0$, $y(1) = 0$, $y''(1) = 0$

20. $y^{(4)} - \lambda y = 0$, $y'(0) = 0$, $y'''(0) = 0$, $y(\pi) = 0$, $y''(\pi) = 0$

DEFORMAÇÃO DE UMA COLUNA FINA

21. Considere a Figura 5.2.6. Onde deve ser colocada a restrição física na coluna se quisermos que a carga crítica seja P_4? Esboce a curva de deflexão correspondente a essa carga.

22. A carga crítica de uma coluna fina depende das condições nas extremidades da coluna. O valor da carga de Euler P_1 no Exemplo 4 foi deduzido sob a hipótese de que a coluna estava simplesmente apoiada em ambas as extremidades. Suponha que uma coluna vertical fina e homogênea esteja engastada em sua base ($x = 0$) e livre no topo ($x = L$) e que a carga axial P seja aplicada à extremidade livre. Essa carga pode ou não causar uma pequena deflexão δ, como mostra a Figura 5.2.9. Em ambos os casos, a equação diferencial da deflexão $y(x)$ é

$$EI\frac{d^2 y}{dx^2} + Py = P\delta.$$

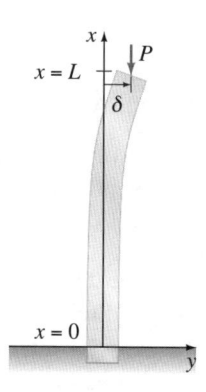

FIGURA 5.2.9 Deflexão da coluna vertical do Problema 22.

a) Qual é a deflexão predita quando $\delta = 0$?

b) Se $\delta \neq 0$, mostre que a carga de Euler para essa coluna é um quarto da carga de Euler para a coluna simplesmente apoiada do Exemplo 4.

23. Como foi mencionado no Problema 22, a equação diferencial (5) que regula a deflexão $y(x)$ de uma coluna fina e elástica a uma constante compressão axial de força P é válida somente quando as extremidades da coluna são articuladas. Em geral, a equação diferencial que governa a deformação da coluna é dada por

$$\frac{d^2}{dx^2}\left(EI\frac{d^2 y}{dx^2}\right) + P\frac{d^2 y}{dx^2} = 0.$$

Suponha que a coluna seja uniforme (EI é uma constante) e que as extremidades da coluna sejam articuladas. Mostre que a solução desta equação diferencial de quarta ordem para $y(0) = 0$, com condições de contorno $y''(0) = 0, y(L) = 0$ e $y''(L) = 0$, é equivalente à análise do Exemplo 4.

24. Suponha que uma coluna elástica fina e uniforme seja articulada na extremidade, $x = 0$, e incorporada ao final $x = L$.

    a) Use uma equação diferencial de quarta ordem, dada no Problema 23, para encontrar os autovalores λ_n, as cargas críticas P_n, a carga de Euler P_1 e as deflexões $y_n(x)$.

    b) Use um software para traçar o primeiro modo de flambagem.

CORDA GIRANDO

25. Considere o problema de contorno introduzido na construção do modelo matemático para a forma de uma corda girando:

$$T\frac{d^2y}{dx^2} + \rho\omega^2 y = 0, \quad y(0) = 0, \quad y(L) = 0.$$

Para T e ρ constantes, defina a velocidade crítica da rotação angular ω_n para os valores de ω para os quais o problema de contorno tem soluções não triviais. Determine a velocidade crítica ω_n e as curvas de deflexão $y_n(x)$ correspondentes.

26. Quando a magnitude da tensão T não é constante, o modelo da curva de deflexão $y(x)$ assumida por uma corda girando é dado por

$$\frac{d}{dx}\left[T(x)\frac{dy}{dx}\right] + \rho\omega^2 y = 0.$$

Suponha que $1 < x < e$ e $T(x) = x^2$.

a) Se $y(1) = 0$, $y(e) = 0$ e $\rho\omega^2 > 0{,}25$, mostre que as velocidades críticas de rotação angular são $\omega_n = \frac{1}{2}\sqrt{(4n^2\pi^2+1)/\rho}$ e as curvas de deflexão correspondentes são $y_n(x) = c_2 x^{-1/2} \operatorname{sen}(n\pi \ln x), n = 1, 2, 3, \ldots$

b) Use um software para fazer o gráfico das curvas de deflexão no intervalo $[1, e]$ para $n = 1, 2, 3$. Escolha $c_2 = 1$.

PROBLEMAS DE VALOR DE CONTORNO VARIADOS

27. **Temperatura em uma esfera** Considere duas esferas concêntricas de raios $r = a$ e $r = b, a < b$, como mostra a Figura 5.2.10. A temperatura $u(r)$ na região entre as esferas é determinada pelo problema de valor de contorno

$$r\frac{d^2u}{dr^2} + 2\frac{du}{dr} = 0, \quad u(a) = u_0, \quad u(b) = u_1,$$

onde u_0 e u_1 são constantes. Determine $u(r)$.

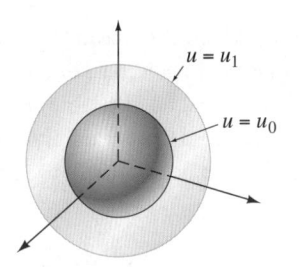

FIGURA 5.2.10 Esferas concêntricas do Problema 27.

28. **Temperatura em um anel** A temperatura $u(r)$ no anel circular mostrado na Figura 5.2.11 é determinada com base no problema de valor de contorno

$$r\frac{d^2u}{dr^2} + \frac{du}{dr} = 0, \quad u(a) = u_0, \quad u(b) = u_1,$$

onde u_0 e u_1 são constantes. Mostre que

$$u(r) = \frac{u_0 \ln(r/b) - u_1 \ln(r/a)}{\ln(a/b)}.$$

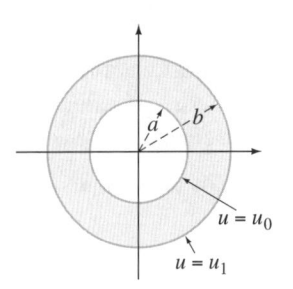

FIGURA 5.2.11 Anel circular no Problema 28.

PROBLEMAS PARA DISCUSSÃO

29. **Movimento Harmônico Simples** O modelo para o movimento harmônico simples, $mx'' + kx = 0$, discutido na Seção 5.1, pode estar relacionado ao Exemplo 2 desta seção. Considere um sistema massa-mola livre não amortecido, para o qual a constante da mola é, digamos, $k = 10$ lb/pé. Determine as massas m_n que podem ser associadas à mola, para quando cada massa liberada na posição de equilíbrio, em $t = 0$ e com velocidade v_0 diferente de zero, passar através da posição de equilíbrio em $t = 1$ segundo. Quantas vezes cada massa m_n passa na posição de equilíbrio no intervalo de tempo $0 < t < 1$?

30. **Movimento amortecido** Suponha que o modelo para o sistema massa-mola no Problema 29 seja substituído por

$$mx'' + 2x' + kx = 0.$$

Em outras palavras, o sistema é livre, mas está sujeito a um amortecimento numericamente igual a duas vezes a velocidade instantânea. Com as mesmas condições iniciais e constante da mola do Problema 29, investigue se existe uma massa m que vai passar pela posição de equilíbrio em $t = 1$ segundo.

Nos Problemas 31 e 32 determine se é possível encontrar valores y_0 e y_1 (Problema 31) e os valores de $L > 0$ (Problema 32), para que o problema de valor de contorno seja ou tenha (a) precisamente uma solução não trivial, (b) mais de uma solução, (c) sem solução e (d) a solução trivial.

31. $y'' + 16y = 0, \quad y(0) = y_0, y(\pi/2) = y_1$.

32. $y'' + 16y = 0, \quad y(0) = 1, y(L) = 1$.

33. Considere o problema de valor de contorno
$$y'' + \lambda y = 0, \quad y(-\pi) = y(\pi), \quad y'(-\pi) = y'(\pi).$$

 a) Os tipos de condições de contorno especificadas são chamados de **condições de contorno periódicas**. Dê uma interpretação geométrica dessas condições.

 b) Determine os autovalores e as autofunções do problema.

 c) Use um software para fazer os gráficos de algumas autofunções. Verifique a interpretação geométrica das condições de contorno.

34. Mostre que os autovalores e autofunções do problema de valor limite
$$y'' + \lambda y = 0, \quad y(0) = 0, \quad y(1) + y'(1) = 0$$
são, respectivamente, $\lambda_n = \alpha_n^2$ e $y_n = \operatorname{sen} \alpha_n x$, onde α_n, $n = 1, 2, 3, \ldots$ são as raízes *positivas* consecutivas da equação $\operatorname{tg} \alpha = -\alpha$.

TAREFAS PARA O LABORATÓRIO DE INFORMÁTICA

35. Use um programa gráfico para se convencer de que a equação $\operatorname{tg} \alpha = -\alpha$ no Problema 34 tem um número infinito de raízes. Explique por que as raízes negativas da equação podem ser ignoradas. Explique por que $\lambda = 0$ não é um autovalor, apesar de $\alpha = 0$ ser uma raiz óbvia da equação $\operatorname{tg} \alpha = -\alpha$.

36. Use um aplicativo de determinação de raízes de um SAC (ou uma calculadora gráfica) para aproximar os quatro primeiros autovalores λ_1, λ_2, λ_3 e λ_4 do PVC do Problema 34.

Nos Problemas 37 e 38 encontre os autovalores e autofunções do problema de valor de contorno dado. Use um SAC para aproximar os quatro primeiros autovalores λ_1, λ_2, λ_3 e λ_4.

37. $y'' + \lambda y = 0, \quad y(0) = 0, y(1) = -\tfrac{1}{2} y'(1) = 0$

38. $y^{(4)} - \lambda y = 0, \quad y(0) = 0, y'(0) = 0, y(1) = 0, y'(1) = 0$. [*Sugestão*: Considere apenas $\lambda = \alpha^4$, $\alpha > 0$.]

5.3 MODELOS NÃO LINEARES

IMPORTANTE REVISAR

- Seção 4.10

INTRODUÇÃO

Nesta seção vamos examinar alguns modelos matemáticos de equações lineares de ordem superior. Será possível resolver alguns desses modelos utilizando o método de substituição (levando à redução da ordem da ED) introduzido na página 196. Em alguns casos onde o modelo não pode ser resolvido, vamos mostrar como uma ED linear pode ser substituída por outra ED linear através de um processo chamado *linearização*.

MOLAS NÃO LINEARES

O modelo matemático em (1) da Seção 5.1 tem a forma

$$m \frac{d^2 x}{dt^2} + F(x) = 0 \qquad (1)$$

onde $F(x) = kx$. Como x denota o deslocamento da massa de sua posição de equilíbrio, $F(x) = kx$ é a lei de Hooke – isto é, a força exercida pela mola que tende a restaurar a massa à posição de equilíbrio. Uma mola sob a ação de uma força restauradora linear $F(x) = kx$ é naturalmente chamada de **mola linear**. Porém, é raro que as molas sejam perfeitamente lineares. Dependendo de como foi construída e do material usado, uma mola pode variar de "mole", ou compressível, a "dura", ou rígida. Logo, sua força restauradora pode estar um pouco abaixo ou um pouco acima da lei linear dada. No caso de movimentos livres, se supusermos que uma mola não envelhecida tenha algumas características não lineares, então pode ser razoável supor que a força restauradora de uma mola – isto é, $F(x)$ em (1) – seja proporcional ao, digamos, cubo do deslocamento x da massa além de sua posição de equilíbrio ou que $F(x)$ seja uma combinação linear de potências do deslocamento como as dadas pela função não linear $F(x) = kx + k_1 x^3$. Uma mola cujo modelo matemático incorpora uma força restauradora não linear, tal como

$$m\frac{d^2x}{dt^2} + kx^3 = 0 \quad \text{ou} \quad m\frac{d^2x}{dt^2} + kx + k_1 x^3 = 0, \tag{2}$$

é chamada de **mola não linear**. Além disso, examinamos modelos matemáticos nos quais o amortecimento sofrido pelo movimento era proporcional à velocidade instantânea dx/dt e a força restauradora de uma mola era dada pela função linear $F(x) = kx$. Mas essas hipóteses eram muito simples; em situações mais reais, o amortecimento pode ser proporcional a alguma potência da velocidade instantânea dx/dt. A equação diferencial não linear

$$m\frac{d^2x}{dt^2} + \left|\frac{dx}{dt}\right|\frac{dx}{dt} + kx = 0 \tag{3}$$

é um modelo de um sistema massa-mola livre com amortecimento proporcional ao quadrado da velocidade. Podemos então imaginar outros tipos de modelo: amortecimento linear e força restauradora não linear, amortecimento não linear e força restauradora não linear, e assim por diante. A questão é que características não lineares de um sistema físico nos levam a modelos matemáticos não lineares.

Observe em (2) que tanto $F(x) = kx^3$ como $F(x) = kx + k_1 x^3$ são funções ímpares de x. Para ver por que uma função polinomial que contenha somente potências ímpares de x fornece um modelo razoável da força restauradora, vamos expressar F como uma série de potências centrada no ponto de equilíbrio $x = 0$:

$$F(x) = c_0 + c_1 x + c_2 x^2 + c_3 x^3 + \cdots.$$

Quando o deslocamento x for pequeno, os valores de x^n serão desprezíveis para n suficientemente grande. Se truncarmos as séries de potências, digamos, no quarto termo, então $F(x) = c_0 + c_1 x + c_2 x^2 + c_3 x^3$. Para que a força em $x > 0$

$$F(x) = c_0 + c_1 x + c_2 x^2 + c_3 x^3$$

e a força em $-x < 0$

$$F(-x) = c_0 - c_1 x + c_2 x^2 - c_3 x^3$$

tenham a mesma magnitude, mas ajam em sentidos opostos, devemos ter $F(-x) = -F(x)$. Como isso significa que F é uma função ímpar, devemos ter $c_0 = 0$ e $c_2 = 0$ e, portanto, $F(-x) = c_1 x + c_3 x^3$. Se tivéssemos usado somente os dois primeiros termos da série, o mesmo argumento nos levaria a uma função linear $F(x) = c_1 x$. Uma força restauradora com potências mistas, como $F(x) = c_1 x + c_2 x^2$, faz com que as vibrações sejam chamadas **assimétricas**. Na discussão a seguir, suponha $c_1 = k$ e $c_3 = k_1$.

MOLAS RÍGIDAS E COMPRESSÍVEIS

Observemos mais de perto a Equação (1) quando a força restauradora é dada por $F(x) = kx + k_1 x^3$, $k > 0$. Dizemos que a mola é **rígida** quando $k_1 > 0$ e **compressível** quando $k_1 < 0$. Os gráficos dos três tipos de força restauradora estão ilustrados na Figura 5.3.1. O exemplo seguinte ilustra esses dois casos especiais da equação diferencial $md^2x/dt^2 + kx + k_1 x^3 = 0$, $m > 0$, $k > 0$.

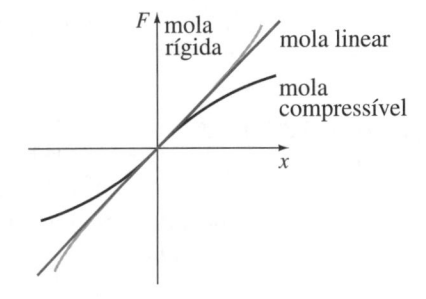

FIGURA 5.3.1 Molas rígidas e compressíveis.

EXEMPLO 1 **Comparação entre molas rígidas e compressíveis**

As equações diferenciais

$$\frac{d^2x}{dt^2} + x + x^3 = 0 \tag{4}$$

e
$$\frac{d^2x}{dt^2} + x - x^3 = 0 \tag{5}$$

são casos especiais da segunda equação de (2) e são modelos de uma mola rígida e compressível, respectivamente. A Figura 5.3.2(a) mostra duas soluções de (4) e a Figura 5.3.2(b), duas soluções de (5) obtidas com um solucionador numérico. As curvas em cinza são soluções que satisfazem as condições iniciais $x(0) = 2$, $x'(0) = -3$; as duas curvas em preto são soluções que satisfazem $x(0) = 2$ e $x'(0) = 0$. Essas curvas integrais sugerem certamente que o movimento de uma massa na mola rígida é oscilatório, enquanto na mola compressível, não. Devemos, porém, ter cuidado com as conclusões tiradas com base somente em um par de curvas integrais. Uma imagem mais completa da natureza das soluções de ambas as equações pode ser obtida da análise qualitativa discutida no Capítulo 10 do livro *Differential Equations with Boundary-Value Problems*, de C. Henn., Edwards e David E, Penney, sem edição em português. ∎

(a) mola rígida **(b)** mola compressível

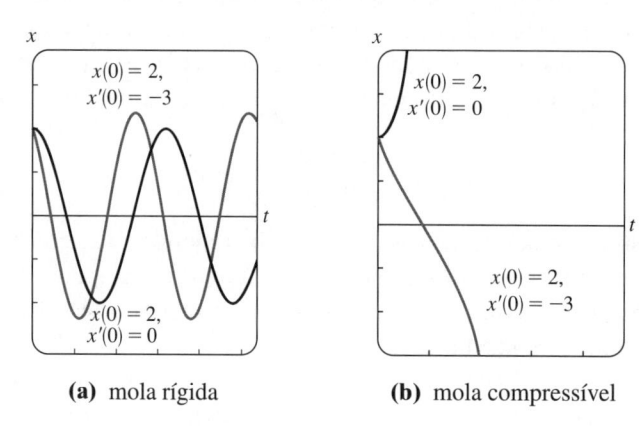

FIGURA 5.3.2 Soluções numéricas.

PÊNDULO NÃO LINEAR

Qualquer objeto que balance de um lado para outro é chamado de **pêndulo físico**. O **pêndulo simples** é um caso especial do pêndulo físico e consiste em uma haste de comprimento l na extremidade da qual está presa uma massa m. Ao descrever o movimento de um pêndulo simples em um plano vertical, admitimos as hipóteses simplificadoras de que a massa da haste é desprezível e que nenhum amortecimento externo ou força impulsionadora age sobre o sistema. O ângulo de deslocamento θ do pêndulo, medido a partir da vertical, conforme mostra a Figura 5.3.3, é considerado positivo quando medido à direita de OP e negativo quando medido à esquerda de OP. Lembre-se agora de que o arco s de um círculo de raio l está relacionado com o ângulo central θ pela fórmula $s = l\theta$. Logo, a aceleração angular é

$$a = \frac{d^2s}{dt^2} = l\frac{d^2\theta}{dt^2}.$$

Da segunda lei de Newton, temos então que

$$F = ma = ml\frac{d^2\theta}{dt^2}.$$

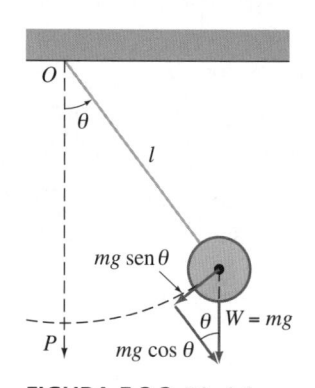

FIGURA 5.3.3 Pêndulo simples.

Da Figura 5.3.3 vemos que a magnitude da componente tangencial da força devida ao peso W é $mg\,\text{sen}\,\theta$. Levando em conta o sentido dessa força, ela é $-mg\,\text{sen}\,\theta$, pois aponta para a esquerda quando $\theta > 0$ e para a direita quando $\theta < 0$. Igualando as duas diferentes formulações da força tangencial, obtemos $ml\,d^2\theta/dt^2 = -mg\,\text{sen}\,\theta$ ou

$$\frac{d^2\theta}{dt^2} + \frac{g}{l}\,\text{sen}\,\theta = 0. \tag{6}$$

LINEARIZAÇÃO

Em decorrência da presença de sen θ, o modelo em (6) é não linear. Para compreender o comportamento das soluções de equações diferenciais não lineares de ordem superior, algumas vezes tentamos simplificar o problema substituindo os termos não lineares por determinadas aproximações. Por exemplo, a série de Maclaurin para sen θ é dada por

$$\text{sen}\,\theta = \theta - \frac{\theta^3}{3!} + \frac{\theta^5}{5!} - \cdots$$

Se usarmos a aproximação sen $\theta \approx \theta - \theta^3/6$, a Equação (6) torna-se

$$\frac{d^2\theta}{dt^2} + \frac{g}{l}\theta - \frac{g}{6l}\theta^3 = 0.$$

Observe que essa última equação é igual à segunda equação não linear em (2), com $m = 1$, $k = g/l$ e $k_1 = -g/6l$. Porém, se supusermos que os deslocamentos θ são pequenos o suficiente para justificar a substituição de sen θ por θ, então (6) torna-se

$$\frac{d^2\theta}{dt^2} + \frac{g}{l}\theta = 0. \tag{7}$$

Veja o Problema 25, nos Exercícios 5.3. Se fizermos $\omega^2 = g/l$, reconheceremos (7) como a equação diferencial (2) da Seção 5.1, que é um modelo para vibrações livres não amortecidas de um sistema massa-mola linear. Em outras palavras, (7) é novamente a equação linear básica $y'' + \lambda y = 0$ discutida na página 224 da Seção 5.2. Consequentemente, dizemos que a Equação (7) é uma **linearização** da Equação (6). Como a solução geral de (7) é $\theta(t) = c_1 \cos \omega t + c_2 \sin \omega t$, essa linearização sugere que, para as condições iniciais que resultem em pequenas oscilações, o movimento do pêndulo descrito por (6) será periódico.

EXEMPLO 2   Dois problemas de valor inicial

Os gráficos na Figura 5.3.4(a) foram obtidos com a ajuda de um solucionador numérico e representam a curva integral aproximada ou numérica da Equação (6) quando $\omega^2 = 1$. A curva em cinza claro representa a solução de (6) que satisfaz as condições iniciais $\theta(0) = \frac{1}{2}$, $\theta'(0) = \frac{1}{2}$, enquanto a curva em cinza escuro é a solução de (6) que satisfaz $\theta(0) = \frac{1}{2}$, $\theta'(0) = 2$. A curva em cinza claro representa uma solução periódica – o pêndulo oscila para um lado e para outro, conforme mostra a Figura 5.3.4(b), com uma amplitude aparente $A \leq 1$. A curva em cinza mostra que θ cresce sem limitação à medida que o tempo cresce – a partir do mesmo deslocamento inicial, é dada ao pêndulo uma velocidade inicial de magnitude grande o suficiente para que chegue ao topo; em outras palavras, o pêndulo está girando em torno do ponto central, como mostra a Figura 5.3.4(c). Na ausência de amortecimento, o movimento em cada caso continua indefinidamente.

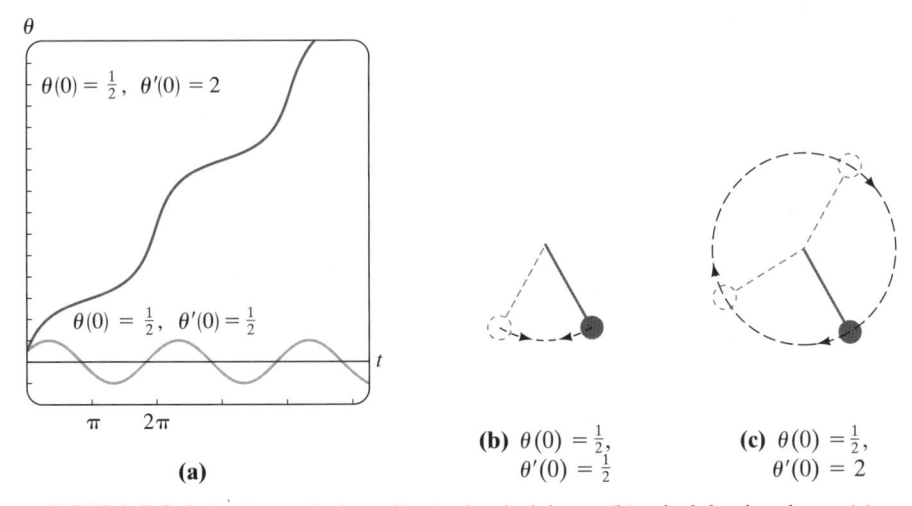

FIGURA 5.3.4 No Exemplo 2, oscilação do pêndulo em (b); pêndulo girando em (c).

FIOS TELEFÔNICOS

A equação diferencial de primeira ordem $dy/dx = W/T_1$ é a equação (16) da Seção 1.3. Essa equação diferencial, criada com o auxílio da Figura 1.3.8 na página 26, serve como um modelo matemático para a forma de um cabo flexível suspenso entre dois suportes verticais quando está com uma carga vertical. Na Seção 2.2, resolvemos essa ED simples sob o pressuposto de que a carga vertical realizada pelos cabos de uma ponte de suspensão foi o peso de um leito horizontal distribuído uniformemente ao longo do eixo x. Com $W = \rho x$, sendo ρ o peso por unidade de comprimento do leito, a forma de cada cabo entre os suportes verticais acabou por ser parabólica. Estamos agora prontos para determinar a forma de um cabo flexível uniforme pendurado apenas pelo seu próprio peso, como um fio amarrado entre dois postes de telefone. A carga vertical é agora o fio em si, assim, se ρ é a densidade linear do fio (medida, por exemplo, em libras por pés) e s é o comprimento do segmento P_1P_2 na Figura 1.3.8, então $W = \rho s$. Assim,

$$\frac{dy}{dx} = \frac{\rho s}{T_1}. \tag{8}$$

Desde que o comprimento do arco entre os pontos P_1 e P_2 seja dado por

$$s = \int_0^x \sqrt{1 + \left(\frac{dy}{dx}\right)^2}\, dx, \tag{9}$$

resulta, do teorema fundamental do cálculo, que a derivada de (9) é

$$\frac{ds}{dx} = \sqrt{1 + \left(\frac{dy}{dx}\right)^2}. \tag{10}$$

Diferenciando (8) em relação a x e usando (10), chegamos à equação de segunda ordem

$$\frac{d^2y}{dx^2} = \frac{\rho}{T_1}\frac{ds}{dx} \quad \text{ou} \quad \frac{d^2y}{dx^2} = \frac{\rho}{T_1}\sqrt{1 + \left(\frac{dy}{dx}\right)^2}. \tag{11}$$

No exemplo a seguir, vamos resolver (11) e mostrar que a curva assumida pelo cabo de suspensão é uma **catenária**. Antes de prosseguir, observe que a equação diferencial linear de segunda ordem (11) é uma das equações na forma $F(x, y', y'') = 0$, discutida na Seção 4.10. Lembre-se de que podemos resolver uma equação desse tipo reduzindo a ordem da equação por meio da substituição $u = y'$.

EXEMPLO 3 Uma solução de (11)

Com base na posição do eixo y na Figura 1.3.8, fica evidente que as condições iniciais associadas à segunda equação diferencial em (11) são $y(0) = a$ e $y'(0) = 0$. Se substituirmos $u = y'$, a última equação em (11) torna-se $\frac{du}{dx} = \frac{\rho}{T_1}\sqrt{1 + u^2}$. Separando variáveis, obtemos

$$\int \frac{du}{\sqrt{1+u^2}} = \frac{\rho}{T_1}\int dx, \quad \text{o que dá} \quad \text{senh}^{-1} u = \frac{\rho}{T_1}x + c_1.$$

Agora $y'(0) = 0$ é equivalente a $u(0) = 0$. Como $\text{senh}^{-1} 0 = 0$, $c_1 = 0$ e, portanto, $u = \text{senh}(\rho x/T_1)$. Finalmente, integrando ambos os lados de

$$\frac{dy}{dx} = \text{senh}\,\frac{\rho}{T_1}x \quad \text{obtemos} \quad y = \frac{T_1}{\rho}\cosh\frac{\rho}{T_1}x + c_2.$$

Se usarmos $y(0) = a$, $\cosh 0 = 1$, a última equação implica que $c_2 = a - T_1/\rho$. Vemos, portanto, que a forma do cabo pendente é definida por

$$y = \frac{T_1}{\rho}\cosh\frac{\rho}{T_1}x + a - \frac{T_1}{\rho}. \qquad\blacksquare$$

No Exemplo 3, se tivéssemos sido espertos o bastante para escolher de cara $a = T_1/\rho$, a solução do problema teria sido simplesmente o cosseno hiperbólico $y = (T_1/\rho)\cosh(\rho x/T_1)$.

MOVIMENTO DE FOGUETES

Em (12) na Seção 1.3, vimos que a equação diferencial de um corpo em queda livre com massa m próximo da superfície da Terra é dada por

$$m\frac{d^2s}{dt^2} = -mg \quad \text{ou simplesmente} \quad \frac{d^2s}{dt^2} = -g,$$

onde s representa a distância da superfície da Terra ao objeto e o sentido positivo é para cima. Em outras palavras, a hipótese subjacente aqui é que a distância s ao objeto é pequena quando comparada com o raio R da Terra; posto ainda de outra forma, a distância y do centro da Terra ao objeto é aproximadamente igual a R. Se, entretanto, a distância y

a um objeto – tal como um foguete ou uma sonda espacial – for grande quando comparada a R, então combinamos a segunda lei do movimento e a lei universal da gravitação, ambas de Newton, para obter uma equação diferencial na variável y.

Suponha que um foguete seja lançado verticalmente para cima, a partir do solo, conforme mostra a Figura 5.3.5. Se o sentido positivo for para cima e a resistência do ar for desprezada, a equação diferencial do movimento depois de queimado o combustível será

$$m\frac{d^2y}{dt^2} = -k\frac{Mm}{y^2} \quad \text{ou} \quad \frac{d^2y}{dt^2} = -k\frac{M}{y^2}, \tag{12}$$

onde k é uma constante de proporcionalidade, y é a distância do centro da Terra ao foguete, M é a massa da Terra e m é a massa do foguete. Para determinar a constante k usamos a constatação de que, quando $y = R$, $kMm/R^2 = mg$ ou $k = gR^2/M$. Assim, a última equação em (12) torna-se

$$\frac{d^2y}{dt^2} = -g\frac{R^2}{y^2}. \tag{13}$$

Veja o Problema 14, nos Exercícios 5.3.

FIGURA 5.3.5 Distância para o foguete é grande em comparação com R.

MASSA VARIÁVEL

Na discussão precedente descrevemos o movimento do foguete depois de queimado todo o combustível, quando presumivelmente a massa m permanece constante. Naturalmente, durante a ascensão, a massa total varia à medida que o combustível é consumido. Dizemos em (17) nos Exercícios 1.3 que a segunda lei do movimento, como dada originalmente por Newton, estabelece que, quando um corpo com massa m move-se por um campo de força com velocidade v, a taxa de variação do momento mv do corpo é igual à força resultante aplicada F que age sobre esse corpo:

$$F = \frac{d}{dt}(mv). \tag{14}$$

Se m for constante, então (14) dará lugar à forma mais familiar $F = m\,dv/dt = ma$, onde a é a aceleração. Usaremos a forma da segunda lei de Newton dada em (14) no exemplo seguinte, no qual a massa m do corpo é variável.

EXEMPLO 4 Corrente puxada para cima por uma força constante

Uma corrente uniforme com 10 pés está descuidadamente enrolada no chão. Uma extremidade da corrente é puxada verticalmente para cima por uma força constante de 5 lb. A corrente pesa 1 lb/pé. Determine a altura $x(t)$ da extremidade acima do solo no instante t. Veja a Figura 5.3.6.

SOLUÇÃO

Vamos supor que $x = x(t)$ seja a altura da extremidade da corrente no ar, no instante t, $v = dx/dt$ e o sentido positivo seja para cima. Para a parte da corrente no ar, no instante t, temos as seguintes quantidades variáveis:

peso: $\quad W = (x \text{ pé}) \cdot (1 \text{ lb/pé}) = x,$

massa: $\quad m = W/g = x/32,$

força resultante: $\quad F = 5 - W = 5 - x.$

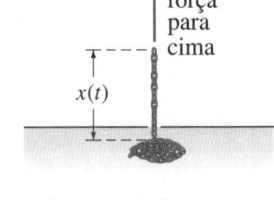

FIGURA 5.3.6 Corrente puxada para cima por uma força constante no Exemplo 4.

Assim, de (14) temos

$$\frac{d}{dt}\left(\frac{x}{32}v\right) = 5 - x \quad \text{ou} \quad x\overset{\text{regra do produto}}{\frac{dv}{dt} + v\frac{dx}{dt}} = 160 - 32x. \tag{15}$$

Como $v = dx/dt$, a última equação torna-se

$$x\frac{d^2x}{dt^2} + \left(\frac{dx}{dt}\right)^2 + 32x = 160. \tag{16}$$

A equação diferencial não linear de segunda ordem (16) tem a forma $F(x, x', x'') = 0$, que é a segunda dentre as duas formas consideradas na Seção 4.10 que possivelmente pode ser resolvida por redução de ordem. Para resolver (16), voltamos a (15) e usamos $v = x'$ com a Regra da Cadeia. Como $\frac{dv}{dt} = \frac{dv}{dx}\frac{dx}{dt} = v\frac{dv}{dx}$, a segunda equação em (15) pode ser reescrita da seguinte forma

$$xv\frac{dv}{dx} + v^2 = 160 - 32x. \tag{17}$$

À primeira vista, (17) talvez pareça tão intratável quanto (16), pois não pode ser caracterizada como uma daquelas equações de primeira ordem que foram resolvidas no Capítulo 2. Porém, reescrevendo (17) na forma diferencial $M(x, v)dx + N(x, v)dv = 0$, observamos que, embora a equação

$$(v^2 + 32x - 160)dx + xvdv = 0 \tag{18}$$

não seja exata, ela pode ser transformada em uma equação exata por meio de uma fator integrante. De $(M_v - N_x)/N = 1/x$ e de (13) da Seção 2.4 vemos que um fator integrante é $e^{\int dx/x} = e^{\ln x} = x$. Quando (18) for multiplicada por $\mu(x) = x$, a equação resultante será exata (verifique). Identificando $\partial f/\partial x = xv^2 + 32x^2 - 160x$, $\partial f/\partial v = x^2 v$ e procedendo como na Seção 2.4, obtemos

$$\frac{1}{2}x^2 v^2 + \frac{32}{3}x^3 - 80x^2 = c_1. \tag{19}$$

Como supusemos inicialmente que a corrente toda estava inicialmente no chão, temos que $x(0) = 0$. Aplicando esta última condição a (19), obtemos que $c_1 = 0$. Resolvendo a equação algébrica $\frac{1}{2}x^2 v^2 + \frac{32}{3}x^3 - 80x^2 = 0$ para $v = \frac{dx}{dt} > 0$ obtemos uma outra equação diferencial de primeira ordem para

$$\frac{dx}{dt} = \sqrt{160 - \frac{64}{3}x}.$$

A última equação pode ser resolvida por separação de variáveis. Você deve verificar que

$$-\frac{3}{32}\left(160 - \frac{64}{3}x\right)^{1/2} = t + c_2. \tag{20}$$

Desta vez, a condição inicial $x(0) = 0$ implica $c_2 = -3\sqrt{10}/8$. Finalmente, elevando ao quadrado ambos os lados de (20) e resolvendo, obtemos o resultado desejado

$$x(t) = \frac{15}{2} - \frac{15}{2}\left(1 - \frac{4\sqrt{10}}{15}t\right)^2. \tag{21}$$

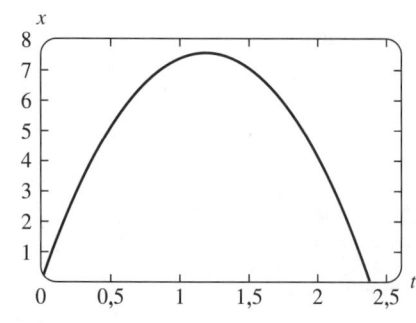

FIGURA 5.3.7 Gráfico de (21) no Exemplo 4.

O gráfico de (21), apresentado na Figura 5.3.7, não deve, por motivos físicos, ser tomado pelo valor de face. Veja o Problema 15, nos Exercícios 5.3.

EXERCÍCIOS 5.3

As respostas aos problemas ímpares estão no final do livro.

Nota. Além dos Problemas 24 e 25, todos ou parte dos Problemas 1-6, 8-13, 15, 20 e 21 poderiam servir como Tarefa para o Laboratório de Informática.

MOLAS NÃO LINEARES

Nos Problemas 1-4 a equação diferencial dada é um modelo de um sistema massa-mola não amortecido no qual a força restauradora $F(x)$ em (1) é não linear. Para cada equação, use um solucionador numérico para plotar as curvas integrais que satisfazem as condições iniciais dadas. Se as soluções forem periódicas, use a curva integral para estimar o período T de oscilação.

1. $\dfrac{d^2 x}{dt^2} + x^3 = 0$,

   $x(0) = 1, x'(0) = 1; x(0) = \frac{1}{2}, x'(0) = -1$.

2. $\dfrac{d^2 x}{dt^2} + 4x - 16x^3 = 0$,

   $x(0) = 1, x'(0) = 1; x(0) = -2, x'(0) = 2$.

3. $\dfrac{d^2x}{dt^2} + 2x - x^2 = 0$,

   $x(0) = 1, x'(0) = 1; x(0) = \frac{3}{2}, x'(0) = -1$.

4. $\dfrac{d^2x}{dt^2} + xe^{0,01x} = 0$,

   $x(0) = 1, x'(0) = 1; x(0) = 3, x'(0) = -1$.

5. No Problema 3, suponha que a massa seja solta de uma posição inicial $x(0) = 1$ a uma velocidade inicial $x'(0) = x_1$. Use um solucionador numérico para estimar o menor valor de $|x_1|$ para o qual o movimento da massa não é periódico.

6. No Problema 3, suponha que a massa seja solta de uma posição inicial $x(0) = x_0$ a uma velocidade inicial $x'(0) = 1$. Use um solucionador numérico para estimar um intervalo $a \leq x_0 \leq b$ para o qual o movimento seja oscilatório.

7. Encontre uma linearização da equação diferencial do Problema 4.

8. Considere o modelo de um sistema massa-mola não linear não amortecido dado por $x'' + 8x - 6x^3 + x^5 = 0$. Use um solucionador numérico para discutir a natureza das oscilações do sistema correspondente às condições iniciais:

   $x(0) = 1, x'(0) = 1;$ $\quad x(0) = -2, x'(0) = \frac{1}{2};$

   $x(0) = \sqrt{2}, x'(0) = 1;$ $\quad x(0) = 2, x'(0) = \frac{1}{2};$

   $x(0) = 2, x'(0) = 0;$ $\quad x(0) = -\sqrt{2}, x'(0) = -1$.

Nos Problemas 9 e 10, a equação diferencial dada é um modelo de um sistema massa-mola não linear amortecido. Prediga o comportamento de cada sistema quando $t \to \infty$. Para cada equação, use um solucionador numérico para obter as curvas integrais que satisfazem as condições iniciais dadas.

9. $\dfrac{d^2x}{dt^2} + \dfrac{dx}{dt} + x + x^3 = 0$,

   $x(0) = -3, x'(0) = 4; x(0) = 0, x'(0) = -8$

10. $\dfrac{d^2x}{dt^2} + \dfrac{dx}{dt} + x - x^3 = 0$,

    $x(0) = 0, x'(0) = \frac{3}{2}; x(0) = -1, x'(0) = 1$

11. O modelo $mx'' + kx + k_1x^3 = F_0 \cos \omega t$ de um sistema massa-mola não amortecido periodicamente forçado é chamado **equação diferencial de Duffing**. Considere o problema de valor inicial $x'' + x + k_1x^3 = 5\cos t$, $x(0) = 1, x'(0) = 0$. Use um solucionador numérico para estudar o comportamento do sistema para valores de $k_1 > 0$ variando de $k_1 = 0,01$ a $k_1 = 100$. Enuncie suas conclusões.

12. a) Ache valores de $k_1 < 0$ para os quais o sistema do Problema 11 seja oscilatório.

    b) Considere o problema de valor inicial $x'' + x + k_1x^3 = \cos \frac{3}{2}t$, $x(0) = 0, x'(0) = 0$. Ache os valores de $k_1 < 0$ para os quais o sistema seja oscilatório.

PÊNDULO NÃO LINEAR

13. Considere o modelo do pêndulo não linear livre amortecido dado por

    $$\dfrac{d^2\theta}{dt^2} + 2\lambda\dfrac{d\theta}{dt} + \omega^2 \,\text{sen}\,\theta = 0.$$

    Use um solucionador numérico para investigar se o movimento nos casos $\lambda^2 - \omega^2 > 0$ e $\lambda^2 - \omega^2 < 0$ corresponde, respectivamente, aos casos superamortecido e subamortecido discutidos na Seção 5.1 para os sistemas massa-mola. Para $\lambda^2 - \omega^2 > 0$, use $\lambda = 2, \omega = 1, \theta(0) = 1$ e $\theta'(0) = 2$. Para $\lambda^2 - \omega^2 < 0$, use $\lambda = \frac{1}{3}, \omega = 1, \omega(0) = -2$ e $\theta'(0) = 4$.

MOVIMENTO DE FOGUETES

14. a) Use a substituição $v = dy/dt$ em (13) para determinar v em termos de y. Supondo que a velocidade do foguete no momento em que todo o combustível foi queimado seja $v = v_0$ e que $y \approx R$ naquele instante, mostre que o valor aproximado da constante de integração c é $-gR + \frac{1}{2}v_0^2$.

    b) Use a solução v do item (a) para mostrar que a velocidade de escape do foguete é dada por $v_0 = \sqrt{2gR}$. [*Sugestão:* Faça $y \to \infty$ e suponha que $v > 0$ para todo instante t.]

    c) O resultado do item (b) é válido para qualquer corpo no sistema solar. Use os valores $g = 32$ pés/s^2 e $R = 4.000$ mi para mostrar que a velocidade de escape da Terra é (aproximadamente) $v_0 = 25.000$ mi/h.

    d) Determine a velocidade de escape da Lua supondo que a aceleração da gravidade seja $0,165g$ e $R = 1.080$ mi.

MASSA VARIÁVEL

15. a) No Exemplo 4, quanto da corrente você espera intuitivamente que seja levantado pela força constante de 5 lb?

    b) Qual é a velocidade inicial da corrente?

c) Por que o intervalo de tempo correspondente a $x(t) \geq 0$, apresentado na Figura 5.3.7, não é o intervalo I da definição da solução (21)? Determine o intervalo I. Quanto da corrente é realmente elevado? Explique as diferenças entre essa resposta e sua previsão feita na parte (a).

d) Por que você esperaria $x(t)$ como sendo uma solução periódica?

16. Uma corrente uniforme de comprimento L, medida em pés, é mantida verticalmente de tal forma que a extremidade mais baixa toque o chão. A corrente pesa 2 lb/pé. A extremidade pela qual a corrente está suspensa é solta do repouso em $t = 0$ e então a corrente cai. Se denotarmos por $x(t)$ o comprimento da corrente acima do chão no instante t, ignorando a resistência do ar e tomando como positivo o sentido para baixo, então

$$(L - x)\frac{d^2x}{dt^2} - \left(\frac{dx}{dt}\right)^2 = Lg.$$

a) Determine v em termos de x. Determine x em termos de t. Expresse v em termos de t.

b) Quanto tempo levará para a corrente ficar completamente no chão?

c) Que velocidade o modelo do item (a) prediz para a extremidade mais alta da corrente quando ela atingir o chão?

MODELOS NÃO LINEARES VARIADOS

17. **Curva de perseguição** Em uma manobra naval, um navio S_1 é perseguido por um submarino S_2, como mostra a Figura 5.3.8. O navio S_1 parte de um ponto $(0, 0)$ em $t = 0$ e prossegue em um curso reto (o eixo y) a uma velocidade constante v_1. O submarino S_2 não perde o navio S_1 de vista, o que está indicado na figura por uma reta tracejada L, navegando a uma velocidade constante v_2 ao longo de uma curva C. Suponha que S_2 parta de um ponto $(a, 0)$, $a > 0$ em $t = 0$ e que L seja tangente a C.

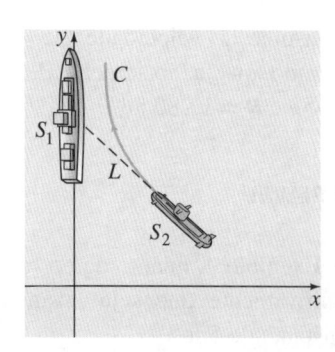

FIGURA 5.3.8 Curva de perseguição do Problema 17.

a) Determine um modelo matemático que descreva a curva C.

b) Ache uma solução explícita da equação diferencial. Por conveniência, defina $r = v_1/v_2$.

c) Determine se as trajetórias de S_1 e S_2 vão em algum momento se interceptar, considerando os casos $r > 1$, $r < 1$ e $r = 1$. [*Sugestão*:

$$\frac{dt}{dx} = \frac{dt}{ds}\frac{ds}{dx},$$

onde s é o comprimento de arco ao longo de C.]

18. **Curva de perseguição** Em outro exercício naval, um destróier S_1 persegue um submarino S_2 submerso. Suponha que S_1 em $(9, 0)$ sobre o eixo x detecte S_2 em $(0, 0)$ e que simultaneamente S_2 detecte S_1. O capitão do destróier S_1 supõe que o submarino vai imediatamente se evadir e conjetura que seu novo curso mais provável será a reta L indicada na Figura 5.3.9. Quando S_1 está em $(3, 0)$, muda o curso passando da reta (em direção à origem) para a curva C. Suponha que a velocidade do destróier seja constante e igual a 30 mi/h e que também a velocidade do submarino seja constante e igual a 15 mi/h.

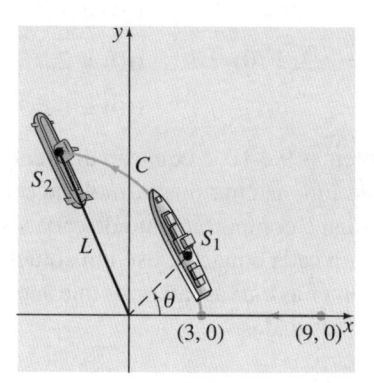

FIGURA 5.3.9 Curva de perseguição no Problema 18.

a) Explique por que o capitão espera até S_1 atingir $(3, 0)$ para então ordenar uma mudança de curso para C.

b) Usando coordenadas polares, ache uma equação $r = f(\theta)$ para a curva C.

c) Seja T o tempo medido a partir da detecção inicial, em que o perseguidor intercepta o submarino. Encontre um limite superior para T.

19. **O pêndulo balístico** Historicamente, para manter o controle de qualidade sobre as munições (balas), produzidas por uma linha de montagem, o fabricante deveria usar um **pêndulo balístico** para determinar a velocidade do cano de uma arma, ou seja,

a velocidade de uma bala no momento em que sai do cano. O pêndulo balístico (inventado em 1742) é simplesmente um pêndulo plano que consiste de uma haste de massa desprezível para o qual um bloco de madeira de massa m_w está conectado. O sistema é acionado pelo impacto de uma bala que se move horizontalmente na velocidade v_b desconhecida. No momento do impacto, que tomamos como $t = 0$, a massa combinada é $m_w + m_b$, onde m_b é a massa da bala embutida na madeira. Em (7), vimos que, no caso de pequenas oscilações, o deslocamento angular $\theta(t)$ de um pêndulo plano mostrado na Figura 5.3.3 é dado pela equação diferencial linear $\theta'' + (g/l)\theta = 0$, onde $\theta > 0$ corresponde ao movimento à direita da vertical. A velocidade v_b pode ser encontrada através da medição da altura h, da massa $m_w + m_b$ e do ângulo de deslocamento máximo $\theta_{máx}$, mostrado na Figura 5.3.10.

Intuitivamente, a velocidade horizontal V da massa combinada (madeira mais bala) após o impacto é apenas uma fração da velocidade v_b da bala, ou seja,

$$V = \left(\frac{m_b}{m_w + m_b}\right) v_b.$$

Agora, lembre que a distância percorrida por uma partícula em movimento ao longo de uma trajetória circular está relacionada ao raio l e ao ângulo central θ pela relação $s = l\theta$. Ao diferenciar a fórmula em relação a t, segue-se que a velocidade angular ω da massa e sua velocidade linear v são relacionadas por $v = l\omega$. Assim, a velocidade angular inicial ω_0 no momento t, em que a bala impacta o bloco de madeira, está relacionada com V, de tal maneira que $V = l\omega_0$ ou

$$\omega_0 = \left(\frac{m_b}{m_w + m_b}\right) \frac{v_b}{l}.$$

a) Resolva o problema de valor inicial

$$\frac{d^2\theta}{dt^2} + \frac{g}{l}\theta = 0, \quad \theta(0) = 0, \quad \theta'(0) = \omega_0.$$

b) Use o resultado da parte (a) para mostrar que

$$v_b = \left(\frac{m_w + m_b}{m_b}\right) \sqrt{lg}\,\theta_{máx}.$$

c) Use a Figura 5.3.10 para expressar $\cos\theta_{máx}$ em termos de l e h. Em seguida, use os dois primeiros termos da série de Maclaurin em $\cos\theta$ para expressar $\theta_{máx}$ em termos de l e h. Por último, mostre que v_b é dado (aproximadamente) por

$$v_b = \left(\frac{m_w + m_b}{m_b}\right) \sqrt{2gh}.$$

d) Utilize o resultado da parte (c) para encontrar v_b quando $m_b = 5$ g, $m_w = 1$ kg e $h = 6$ cm.

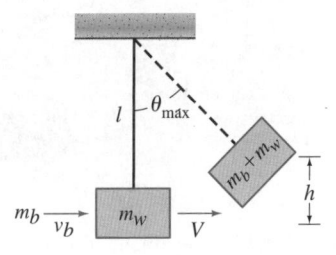

FIGURA 5.3.10 Pêndulo balístico no Problema 19.

20. **Suprimentos de Emergência** Como mostrado na Figura 5.3.11, um avião voando horizontalmente, à velocidade constante v_0 deixa cair um pacote de suprimentos de ajuda para uma pessoa no chão. Suponha que a origem é o ponto onde o pacote de suprimentos é liberado e que os pontos do eixo x positivo são para a frente e que os pontos do eixo y positivo são para baixo. Sob a hipótese de que os componentes horizontais e verticais da resistência do ar são proporcionais a $(dx/dt)^2$ e $(dy/dt)^2$, respectivamente, e, se a posição do bloco de suprimentos é dada por $r(t) = x(t)\mathbf{i} + y(t)\mathbf{j}$, então sua velocidade será $v(t) = (dx/dt)\mathbf{i} + (dy/dt)\mathbf{j}$. Igualando os componentes na forma vetorial da segunda lei do movimento de Newton

$$m\frac{d\mathbf{v}}{dt} = m\mathbf{g} - k\left[\left(\frac{dx}{dt}\right)^2 \mathbf{i} + \left(\frac{dy}{dt}\right)^2 \mathbf{j}\right]$$

temos

$$m\frac{d^2x}{dt^2} = mg - k\left(\frac{dx}{dt}\right)^2, \quad x(0) = 0, \quad x'(0) = v_0$$

$$m\frac{d^2y}{dt^2} = mg - k\left(\frac{dy}{dt}\right)^2, \quad y(0) = 0, \quad y'(0) = 0$$

(a) Resolva ambos os problemas de valor inicial precedentes, por meio das substituições $u = dx/dt$, $w = dy/dt$ e separação de variáveis. [*Sugestão*: Veja as *Observações* no final da Seção 3.2.

(b) Suponha que o avião voa a uma altitude de 1.000 pés e que a sua velocidade é constante em 300 mi/h. Suponha que a constante de proporcionalidade para a resistência do ar é de $k = 0{,}0053$ e que o pacote de alimentação pesa 256 lb. Use uma aplicativo de determinação de raízes de um SAC ou uma calculadora gráfica para determinar a distância horizontal que o pacote se desloca, medido a partir do seu ponto de liberação até o ponto onde ele atinge o solo.

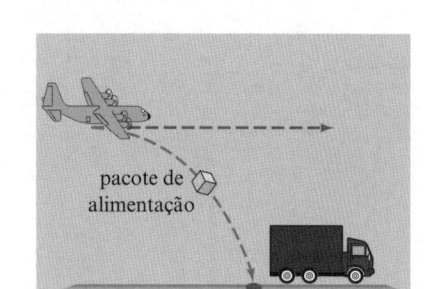

FIGURA 5.3.11 Lançamento do avião no Problema 20

PROBLEMAS PARA DISCUSSÃO

21. Explique por que o termo de amortecimento na Equação (3) está escrito como
$$\beta \left|\frac{dx}{dt}\right| \frac{dx}{dt} \quad \text{em vez de} \quad \beta \left(\frac{dx}{dt}\right)^2.$$

22. a) Faça experiências com uma calculadora para encontrar o intervalo $0 \leq \theta < \theta_1$, onde θ é medido em radianos, para o qual você acha que sen $\theta \approx \theta$ é uma estimativa razoável. Use então um software para traçar os gráficos de $y = x$ e $y = \text{sen } x$ no mesmo sistema de eixos coordenados para $0 \leq x \leq \pi/2$. Os gráficos obtidos confirmam suas observações feitas com a calculadora?

    b) Use um solucionador numérico para plotar as curvas integrais dos problemas de valor inicial
    $$\frac{d^2\theta}{dt^2} + \text{sen } \theta = 0, \quad \theta(0) = \theta_0, \quad \theta'(0) = 0$$
    e
    $$\frac{d^2\theta}{dt^2} + \theta = 0, \quad \theta(0) = \theta_0, \quad \theta'(0) = 0$$
    para vários valores de θ_0 no intervalo $0 \leq \theta < \theta_1$ encontrado no item (a). Trace então as curvas integrais dos problemas de valor inicial para vários valores de θ_0 para os quais $\theta_0 > \theta_1$.

23. **Movimento de um pêndulo na Lua** Será que um pêndulo de comprimento l oscila mais rápido na Terra ou na Lua?

    a) Tome $l = 3$ e $g = 32$ para a aceleração da gravidade na Terra. Use um solucionador numérico para gerar uma curva de solução numérica para o modelo não-linear (6) sujeita à condições iniciais $\theta(0) = 1, \theta'(0) = 2$. Repita o procedimento com os mesmos valores, mas use $0{,}165g$ para a aceleração da gravidade na Lua.

    b) A partir dos gráficos da parte (a), determine qual pêndulo oscila mais rápido. Que pêndulo tem a maior amplitude de movimento?

24. **Movimento de um pêndulo na Lua - Continuação** Repita as duas partes do Problema 23 desta vez usando o modelo linear (7).

TAREFAS PARA O LABORATÓRIO DE INFORMÁTICA

25. Considere o problema de valor inicial
    $$\frac{d^2\theta}{dt^2} + \text{sen } \theta = 0, \quad \theta(0) = \frac{\pi}{12}, \quad \theta'(0) = -\frac{1}{3}$$
    para um pêndulo não linear. Como não podemos resolver a equação diferencial, não podemos encontrar nenhuma solução desse problema. Mas suponha que queiramos determinar o primeiro instante $t_1 > 0$ para o qual o pêndulo na Figura 5.3.3, partindo de uma posição inicial à direita, passa pela posição OP – isto é, a primeira raiz positiva de $\theta(t) = 0$. Nesse problema e no seguinte vamos examinar várias maneiras de proceder.

    a) Aproxime t_1 resolvendo o problema linear $d^2\theta/dt^2 + \theta = 0, \theta(0) = \pi/12, \theta'(0) = -\frac{1}{3}$.

    b) Use o método ilustrado no Exemplo 3 da Seção 4.10 para encontrar os quatro primeiros termos não nulos de uma solução em série de Taylor, $\theta(t)$, centrada em 0 para o problema de valor inicial não linear. Dê os valores exatos de todos os coeficientes.

    c) Use os dois primeiros termos da série de Taylor do item (b) para aproximar t_1.

    d) Use os três primeiros termos da série de Taylor do item (b) para aproximar t_1.

    e) Use um aplicativo de determinação de raízes de um SAC ou uma calculadora gráfica e os quatro primeiros termos da série de Taylor do item (b) para aproximar t_1.

    f) Neste item do problema você vai usar os comandos do *Mathematica* que possibilitam encontrar a raiz aproximada t_1. O procedimento é facilmente modificado de tal forma que qualquer raiz de $\theta(t) = 0$ possa ser aproximada. (*Se você não tiver o* Mathematica, *adapte o procedimento dado encontrando a sintaxe correspondente para o SAC que você tiver em mãos.*) Reproduza precisamente e então execute cada linha da sequência de comandos dada.

    ```
    sol = NDSolve[{y''[t] + Sin[y[t]] == 0,
         y[0] == Pi/12, y'[0] == -1/3},
         y, {t, 0, 5}] //Flatten
    solution = y[t]/.sol
    Clear[y]
    y[t_]:= Evaluate[solution]
    y[t]
    gr1 = Plot[y[t], {t, 0, 5}]
    root = FindRoot[y[t] == 0, {t, 1}]
    ```

g) Modifique adequadamente a sintaxe do item (f) e determine as duas raízes positivas seguintes de $\theta(t) = 0$.

26. Considere um pêndulo solto do repouso de uma posição inicial de θ_0 radianos. Resolvendo o modelo linear (7) sujeito às condições iniciais $\theta(0) = \theta_0$, $\theta'(0) = 0$, obtemos $\theta(t) = \theta_0 \cos\sqrt{g/l}\,t$. O período de oscilações predito por esse modelo é dado pela fórmula familiar $T = 2\pi/\sqrt{g/l} = 2\pi\sqrt{l/g}$. O interessante nessa fórmula para T é que ela não depende da magnitude do deslocamento inicial θ_0. Em outras palavras, o modelo linear prediz que o tempo que o pêndulo levaria para oscilar de um deslocamento inicial de, digamos, $\theta_0 = \pi/2 (= 90°)$ até $-\pi/2$ e voltar para a posição inicial seria exatamente igual ao tempo necessário a um ciclo de, digamos, $\theta_0 = \pi/360 (= 0,5°)$ até $-\pi/360$. Isso, intuitivamente, não é razoável; o período real deve depender de θ_0.

Supondo que $g = 32$ pés/s² e $l = 32$ pés, o período de oscilação do modelo linear é $T = 2\pi$ s. Vamos comparar esse último valor com o período predito pelo modelo não linear quando $\theta_0 = \pi/4$. Usando um solucionador numérico capaz de gerar dados adequados, aproxime a solução de

$$\frac{d^2\theta}{dt^2} + \text{sen}\,\theta = 0, \quad \theta(0) = \frac{\pi}{4}, \quad \theta'(0) = 0$$

no intervalo $0 \le t \le 2$. Como no Problema 25, se t_1 denota a primeira vez em que o pêndulo passa pela posição OP da Figura 5.3.3, o período do pêndulo não linear é $4t_1$. Eis uma outra maneira de resolver a equação $\theta(t) = 0$. Experimente passos pequenos e avance no tempo: comece com $t = 0$ e termine com $t = 2$. Usando seus dados, observe o tempo t_1 no qual $\theta(t)$ muda pela primeira vez de positivo para negativo. Use o valor de t_1 para determinar o verdadeiro valor do período do pêndulo não linear. Calcule o erro percentual relativo no período estimado $T = 2\pi$.

REVISÃO DO CAPÍTULO 5

As respostas aos problemas ímpares estão no final do livro.

Responda aos Problemas 1-8 sem consultar novamente o texto. Preencha os espaços em branco ou responda se a afirmação é falsa ou verdadeira.

1. Se uma massa pesando 10 lb esticar uma mola em 2,5 pés, um peso de 32 lb vai esticá-la em _____ pés.

2. O período de um movimento harmônico simples de um peso de 8 lb preso a uma mola cuja constante é 6,25 lb/pé é _____ segundos.

3. A equação diferencial de um sistema massa-mola é $x'' + 16x = 0$. Se a massa for inicialmente solta do ponto 1 m acima da posição de equilíbrio, a uma velocidade de 3 m/s para baixo, a amplitude de vibração será _____ metros.

4. Não pode ocorrer ressonância pura na presença de uma força amortecedora. _____

5. Na presença de amortecimento, o deslocamento de uma massa em uma mola sempre tenderá a zero quando $t \to \infty$. _____

6. Uma massa em uma mola cujo movimento é criticamente amortecido pode passar duas vezes pela posição de equilíbrio. _____

7. Em um amortecimento crítico, qualquer aumento do amortecimento resultará em um sistema _____.

8. Se um movimento harmônico simples for descrito por $x = (\sqrt{2}/2)\,\text{sen}(2t + \phi)$, o ângulo de fase ϕ é _____ quando as condições iniciais são $x(0) = -\frac{1}{2}$ e $x'(0) = 1$.

Nos Problemas 9 e 10, os autovalores e autofunções do problema de valor de contorno $y'' + \lambda y = 0$, $y'(0) = 0$, $y'(\pi) = 0$ são $\lambda_n = n^2$, $n = 0, 1, 2,...$ e $y = \cos nx$, respectivamente. Preencha os espaços em branco.

9. A solução do problema de valor de contorno quando $\lambda = 8$ é $y = $ _____ porque _____.

10. A solução do problema de valor de contorno quando $\lambda = 36$ é $y = $ _____ porque _____.

11. Um sistema massa-mola livre não amortecido oscilará com um período de 3 segundos. Se removermos 8 libras da mola, o sistema passará a oscilar com um período de 2 segundos. Qual era o peso da massa original na mola?

12. Uma massa pesando 12 lb distende uma mola em 2 pés. A massa é inicialmente solta de um ponto 1 pé abaixo da posição de equilíbrio a uma velocidade de 4 pés/s para cima.

a) Ache a equação do movimento.

b) Qual é a amplitude, o período e a frequência do movimento harmônico simples?

c) Em que instante a massa retorna ao ponto 1 pé abaixo da posição de equilíbrio?

d) Em que instante a massa passa pela posição de equilíbrio movendo-se para cima? E movendo-se para baixo?

e) Qual é a velocidade da massa em $t = 3\pi/16$ s?

f) Em que momento a velocidade é zero?

13. Uma força de 2 lb distende uma mola em 1 pé. Com uma extremidade fixa, uma massa pesando 8 lb é presa na outra extremidade. O sistema está sobre uma mesa que oferece uma força de atrito numericamente igual a $\frac{3}{2}$ da velocidade instantânea. Inicialmente, a massa está deslocada 4 polegadas acima da posição de equilíbrio e é solta do repouso. Ache a equação do movimento, considerando que o movimento ocorrerá ao longo de uma reta horizontal tomada como o eixo x.

14. Uma massa pesando 32 lb estica uma mola em 6 polegadas. A massa move-se em um meio que oferece uma força de amortecimento numericamente igual a β vezes a velocidade instantânea. Determine os valores de β para os quais o sistema massa-mola exibirá um movimento oscilatório.

15. Uma mola com constante $k = 2$ é suspensa em um líquido que oferece uma força de amortecimento numericamente igual a quatro vezes a velocidade instantânea. Se uma massa m for suspensa pela mola, quais serão os valores de m para os quais o movimento livre subsequente será não oscilatório?

16. O movimento vertical de uma massa presa a uma mola é descrito pelo PVI $\frac{1}{4}x'' + x' + x = 0$, $x(0) = 4$, $x'(0) = 2$. Determine o deslocamento vertical máximo.

17. Uma massa pesando 4 lb distende uma mola em 18 polegadas. Uma força periódica igual a $f(t) = \cos\gamma t + \sen\gamma t$ é aplicada ao sistema, começando em $t = 0$. Na ausência de uma força de amortecimento, para que valores de γ o sistema estará em um estado de ressonância pura?

18. Ache uma solução particular para $x'' + 2\lambda x' + \omega^2 x = A$, onde A é uma força constante.

19. Uma massa pesando 4 lb está suspensa por uma mola cuja constante é 3 lb/pé. Todo o sistema é imerso em um fluido que oferece uma força de amortecimento numericamente igual à velocidade instantânea. A partir de $t = 0$, uma força externa igual a $f(t) = e^{-t}$ é aplicada ao sistema. Qual será a equação de movimento se a massa for solta a partir do repouso em um ponto 2 pés acima da posição de equilíbrio?

20. a) Duas molas são presas em série conforme mostra a Figura 5.R.1. Ignorando a massa de cada mola, mostre que a constante k do sistema é dada por $1/k = 1/k_1 + 1/k_2$.

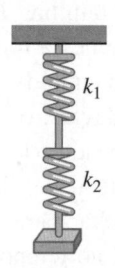

FIGURA 5.R.1 Molas presas do Problema 20.

b) Uma massa pesando W libras estica uma mola em $\frac{1}{2}$ pé e uma outra diferente, em $\frac{1}{4}$ pé. As duas molas são presas, e a massa é então presa à mola dupla como mostra a Figura 5.R.1. Suponha que o movimento seja livre e que não haja nenhuma força de amortecimento. Determine a equação do movimento, supondo que a massa será inicialmente solta em um ponto 1 pé abaixo da posição de equilíbrio a uma velocidade de $\frac{2}{3}$ pé/s para baixo.

c) Mostre que a velocidade máxima da massa é $\frac{2}{3}\sqrt{3g+1}$.

21. Um circuito em série contém uma indutância de $L = 1$ h, uma capacitância de $C = 10^{-4}$ f e uma força eletromotriz de $E(t) = 100\sen 50t$ V. Inicialmente, a carga q e a corrente i são nulas.

a) Ache a carga $q(t)$.

b) Ache a corrente $i(t)$.

c) Ache os instantes nos quais a carga no capacitor é nula.

22. a) Mostre que a corrente $i(t)$ em um circuito em série RLC satisfaz a equação diferencial $L\frac{d^2i}{dt^2} + R\frac{di}{dt} + \frac{1}{C}i = E'(t)$, onde $E'(t)$ denota a derivada de $E(t)$.

b) Duas condições iniciais $i(0)$ e $i'(0)$ podem ser especificadas para a ED do item (a). Se $i(0) = i_0$ e $q(0) = q_0$, quanto é $i'(0)$?

23. Considere o problema de contorno $y'' + \lambda y = 0$, $y(0) = y(2\pi)$, $y'(0) = y'(2\pi)$. Mostre que, exceto no caso $\lambda = 0$, há duas autofunções independentes correspondendo a cada autovalor.

24. Uma bolinha furada desliza ao longo de uma barra sem atrito de comprimento L. A barra está girando em um plano vertical a uma velocidade angular constante w em torno de um pino P fixo no ponto médio da barra, mas a forma do pino permite que a bolinha movimente-se ao longo de toda a barra. Seja $r(t)$ a posição da bolinha furada relativa ao eixo de coordenadas que está girando, como mostra a Figura 5.R.2. Para aplicar a segunda lei de Newton a esse sistema de referência móvel, é necessário usar o fato de que a força resultante que age sobre a bolinha é a soma da força real (nesse caso, a força devido à gravidade) e as forças inerciais (de *Coriolis*, transversa e centrífuga). A matemática é um pouco complicada; assim, vamos somente dar a equação diferencial resultante para r:

$$m\frac{d^2r}{dt^2} = m\omega^2 r - mg\,\text{sen}(\omega t).$$

a) Resolva essa equação diferencial sujeita às condições iniciais $r(0) = r_0, r'(0) = v_0$.

b) Determine as condições iniciais para as quais a bolinha exibe um movimento harmônico simples. Qual é o comprimento mínimo L da barra que pode ser conciliado com um movimento harmônico simples da bolinha?

c) Para condições iniciais diferentes das que foram obtidas no item (b), a bolinha cedo ou tarde voará para fora da barra. Explique, usando a solução $r(t)$ do item (a).

d) Suponha $\omega = 1$ rad/s. Use um software para traçar o gráfico da solução $r(t)$ para as condições iniciais $r(0) = 0$, $r'(0) = v_0$, onde v_0 é 0, 10, 15, 16, 16,1 e 17.

e) Suponha que o comprimento da barra seja $L = 40$ pés. Para cada par de condições iniciais do item (d), use um aplicativo que determine raízes para encontrar o tempo total que a bolinha permanece na barra.

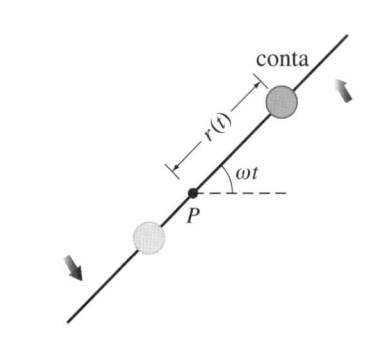

FIGURA 5.R.2 Haste rotativa no Problema 24.

25. Suponha que uma massa m deitada sobre uma superfície plana seca sem atrito, está ligada à extremidade livre de uma mola cuja constante é k. Na Figura 5.R.3(a) a massa é mostrada na posição de equilíbrio $x = 0$, isto é, a mola não está comprimida nem esticada. Conforme mostrado na Figura 5.R.3(b), o deslocamento $x(t)$ da massa para a direita da posição de equilíbrio é positivo e negativo para a esquerda. Derive uma equação diferencial para o deslocamento $x(t)$ da massa deslizante livremente. Discuta a diferença entre a derivação desta ED e a análise levando a (1), apresentada na Seção 5.1.

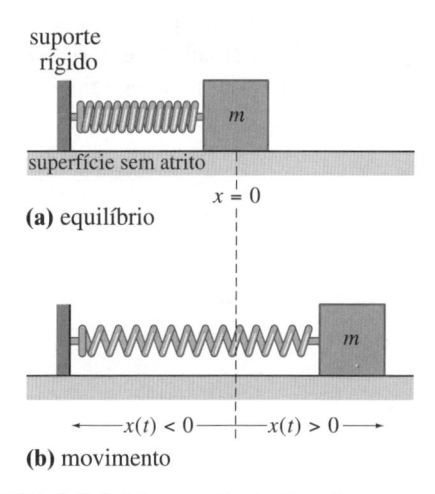

FIGURA 5.R.3 Massa-mola deslizando no Problema 25.

26. Suponha que a massa m numa superfície plana, seca, sem atrito no Problema 25 está ligado a duas molas como mostrado na Figura 5.R.4. Se as constantes da mola são k_1 e k_2, determine uma equação diferencial para o deslocamento $x(t)$ da massa livremente deslizante.

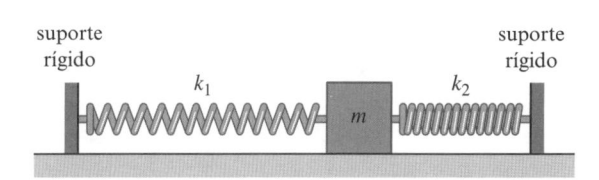

FIGURA 5.R.4 Sistema de mola dupla no Problema 26

27. Suponha que a massa m no sistema mola / massa do Problema 25 desliza sobre uma superfície seca, cujo coeficiente de atrito de deslizamento é $\mu > 0$. Se a força retardadora de atrito cinético tem magnitude constante $f_k = \mu mg$, onde mg é o peso da massa, e atua oposta à direção do movimento, então ela é conhecida como **atrito de Coulomb**. Ao utilizar a **função sinal**

$$\text{sgn}(x') = \begin{cases} -1, & x' < 0 \quad \text{(movimento para a esquerda)} \\ 1, & x' > 0 \quad \text{(movimento para direita)} \end{cases}$$

determina uma equação diferencial definida por partes para o deslocamento $x(t)$ da massa deslizante amortecida.

28. Para simplificar, vamos assumir no Problema 27 que $m = 1$, $k = 1$ e $f_k = 1$.

    a) Encontre o deslocamento $x(t)$ da massa se for solta do repouso de um ponto 5,5 unidades para a direita da posição de equilíbrio, isto é, as condições iniciais são $x(0) = 5,5$, $x'(0) = 0$. Quando liberado, intuitivamente o movimento da massa será para a esquerda. Dê um intervalo de tempo $[0, t_1]$ na qual esta solução está definida. Onde está a massa no instante t_1?

    b) Para $t > t_1$ suponha que o movimento agora é para a direita. Usando as condições iniciais para t_1, encontre $x(t)$ e dê um intervalo de tempo $[t_1, T_2]$ sobre a qual esta solução está definida. Onde está a massa no instante T_2?

    c) Para $t > t_2$ assuma que o movimento agora é para a esquerda. Usando as condições iniciais para t_2, encontre $x(t)$ e dê um intervalo de tempo $[t_2, t_3]$ na qual esta solução está definida. Onde está a massa no instante t_3?

    d) Usando as condições iniciais para t_3, mostre que o modelo prevê que não há movimento adicional para $t > t_3$.

    e) Faça o gráfico do deslocamento $x(t)$ no intervalo $[0, t_3]$.

6 SOLUÇÕES EM SÉRIE PARA EQUAÇÕES LINEARES

6.1 Revisão de séries de potências
6.2 Soluções em torno de pontos ordinários
6.3 Soluções em torno de pontos singulares
6.4 Funções especiais
   Revisão do Capítulo 6

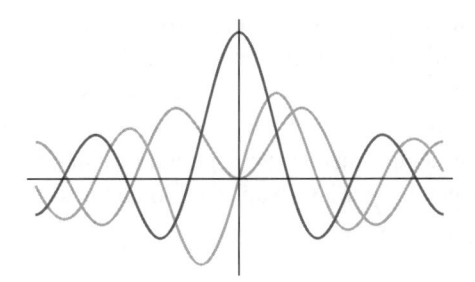

Até esse ponto de nosso estudo resolvemos principalmente equações diferenciais lineares de ordem dois (ou mais) que tinham coeficientes constantes. A única exceção foi a equação de Cauchy-Euler na Seção 4.7. Em aplicações, equações lineares de ordem superior com coeficientes variáveis são tão importantes quanto as de coeficientes constantes, se é que não mais importantes. Conforme mencionado na Seção 4.7, mesmo uma equação linear de segunda ordem com coeficientes variáveis tal como $y'' + xy = 0$ não possui soluções elementares. Mas isso não quer dizer que *não podemos* encontrar duas soluções linearmente independentes de $y'' + xy = 0$; *nós podemos*. Nas Seções 6.2 e 6.4 veremos que as funções que são soluções dessa equação são definidas por séries infinitas.

Neste capítulo, vamos estudar dois métodos de séries infinitas para encontrar soluções de equações lineares homogêneas de segunda ordem $a_2(x)y'' + a_1(x)y' + a_0(x)y = 0$, onde os coeficientes variáveis $a_2(x)$, $a_1(x)$ e $a_0(x)$ são, na maioria das vezes, polinômios simples.

6.1 REVISÃO DE SÉRIES DE POTÊNCIAS

IMPORTANTE REVISAR

- Séries infinitas de constantes, séries-p, séries harmônicas, séries harmônicas alternadas, séries geométricas, testes de convergência, especialmente o teste da razão
- Séries de potências, séries de Taylor, séries de Maclaurin (Ver qualquer texto sobre cálculo)

INTRODUÇÃO

Na Seção 4.3, vimos que a solução de uma ED linear homogênea com coeficientes constantes era essencialmente um problema de álgebra. Ao encontrar as raízes da equação auxiliar, podemos escrever a solução geral da ED como uma combinação linear das funções elementares x^k, $x^k e^{\alpha x}$, $x^k e^{\alpha x} \cos \beta x$ e $x^k e^{\alpha x} \sen \beta x$. Não obstante o visto na Seção 4.7, a maior parte das equações diferenciais ordinárias lineares de ordem superior com coeficientes variáveis não pode ser resolvida em termos de funções elementares. A estratégia usual para obter soluções de equações diferenciais como essas é supor que exista uma solução na forma de uma série infinita e proceder de forma semelhante ao método dos coeficientes a determinar (Seção 4.4). Uma vez que essas soluções em série frequentemente resultam ser séries de potências, é apropriado relacionar alguns dos fatos mais importantes sobre este assunto. Na Seção 6.2, consideramos equações diferenciais lineares de segunda ordem com coeficientes variáveis que possuem soluções na forma de séries de potências e por isso é apropriado que nós começamos este capítulo com uma revisão desse tópico.

SÉRIES DE POTÊNCIAS

Relembre do cálculo que a **série de potências** em $x - a$ é a série infinita da forma

$$\sum_{n=0}^{\infty} c_n (x-a)^n = c_0 + c_1(x-a) + c_2(x-a)^2 + \cdots.$$

O índice do somatório não precisa começar necessariamente em $n = 0$.

Uma série como essa é também chamada de **série de potências centrada em** a. Por exemplo, a série de potências $\sum_{n=0}^{\infty}(x+1)^n$ está centrada em $a = -1$. Na próxima seção, vamos estar preocupados principalmente com a série de potências em x, ou seja, séries de potências que estão centradas em $a = 0$. Por exemplo,

$$\sum_{n=0}^{\infty} 2^n x^n = 1 + 2x + 4x^2 + \ldots$$

é uma série de potências em x.

FATOS IMPORTANTES

A lista de tópicos a seguir resume alguns fatos importantes sobre séries de potências $\sum_{n=0}^{\infty} c_n(x-a)^n$.

- **Convergência** A série de potências $\sum_{n=0}^{\infty} c_n(x-a)^n$ é **convergente** em um valor específico de x, se a sequência das somas parciais $\{S_N(x)\}$ convergir – isto é, $\lim_{N \to \infty} S_N(x) = \lim_{N \to \infty} \sum_{n=0}^{N} c_n(x-a)^n$ existe. Se o limite não existir em x, a série será chamada de **divergente**.

- **Intervalo de convergência** Toda série de potências tem um **intervalo de convergência** que é o conjunto de *todos* os números reais x para os quais a série converge. O centro do intervalo de convergência é o centro a das séries

- **Raio de convergência** O raio R do intervalo de convergência de uma série de potência é chamado de seu **raio de convergência**. Se $R > 0$, então uma série de potências converge para $|x-a| < R$ e diverge para $|x-a| > R$. Se a série converge apenas no seu centro a, então $R = 0$. Se a série converge para todo x, então podemos escrever $R = \infty$. Lembre-se, o valor absoluto da desigualdade $|x - a| < R$ equivale à desigualdade simultânea $a - R < x < a + R$. Uma série de potências pode ou não convergir nos pontos extremos $a - R$ e $a + R$ deste intervalo.

- **Convergência absoluta** Dentro de seu intervalo de convergência, uma série de potências **converge absolutamente**. Em outras palavras, se x é o número no intervalo de convergência e não for um extremo do intervalo, então a série de valores absolutos $\sum_{n=0}^{\infty} |c_n(x-a)^n|$ convergirá. Veja a Figura 6.1.1.

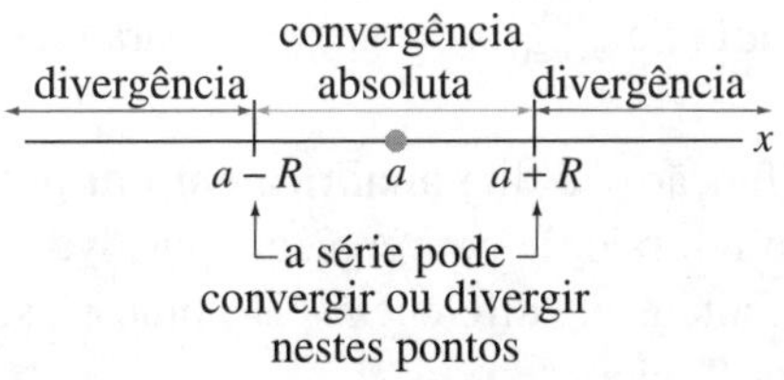

divergência | convergência absoluta | divergência
$a - R$ a $a + R$
└ a série pode ┘
convergir ou divergir
nestes pontos

FIGURA 6.1.1 Convergência absoluta dentro do intervalo de convergência e divergência fora desse intervalo.

- **Teste da razão** A convergência de uma série de potências pode frequentemente ser determinada pelo **teste da razão**. Suponha $c_n \neq 0$ para qualquer n em $\sum_{n=0}^{\infty} c_n(x-a)^n$ e que

$$\lim_{n\to\infty}\left|\frac{c_{n+1}(x-a)^{n+1}}{c_n(x-a)^n}\right| = |x-a|\lim_{n\to\infty}\left|\frac{c_{n+1}}{c_n}\right| = L.$$

Se $L < 1$, a série converge absolutamente; se $L > 1$, a série diverge, e se $L = 1$, o teste é inconclusivo. O teste da razão é sempre inconclusivo num ponto da extremidade $a \pm R$.

EXEMPLO 1   Intervalo de Convergência

Encontre o intervalo e o raio de convergência para $\sum_{n=1}^{\infty} (x-3)^n/2^n n$

SOLUÇÃO
O teste da razão nos dá

$$\lim_{n\to\infty}\left|\frac{\frac{(x-3)^{n+1}}{2^{n+1}(n+1)}}{\frac{(x-3)^n}{2^n n}}\right| = |x-3|\lim_{n\to\infty}\frac{n}{2(n+1)} = \frac{1}{2}|x-3|;$$

A série converge absolutamente para $\frac{1}{2}|x-3| < 1$ ou $|x-3| < 2$ ou $1 < x < 5$. Esse último intervalo é a definição para intervalo *aberto* de convergência. A série diverge para $|x-3| > 2$ – isto é, para $x > 5$ ou $x < 1$. No extremo esquerdo $x = 1$ do intervalo aberto de convergência, a série numérica $\sum_{n=1}^{\infty}((-1)^n/n)$ é convergente pelo teste da série alternada. No extremo direito $x = 5$, a série $\sum_{n=1}^{\infty}(1/n)$ é a série harmônica que é divergente. O intervalo de convergência da série é $[1,5)$ e o raio de convergência é $R = 2$.

- **A série de potências define uma função** A série de potências define a função, isto é, $f(x) = \sum_{n=0}^{\infty} c_n(x-a)^n$ cujo domínio é o intervalo de convergência da série. Se o raio de convergência for $R > 0$ ou $R = \infty$, então f será contínua, diferenciável e integrável nos intervalos $(a-R, a+R)$ ou $(-\infty, \infty)$, respectivamente. Além disso, $f'(x)$ e $\int f(x)dx$ podem ser encontradas por diferenciação e integração termo a termo. Convergência em um extremo pode ser perdida pela diferenciação ou obtida pela integração. Se

$$y = \sum_{n=1}^{\infty} c_n x^n = c_0 + c_1 x + c_2 x^2 + c_3 x^3 + \ldots$$

for para uma série de potências em x, então as duas primeiras derivadas serão $y' = \sum_{n=0}^{\infty} nx^{n-1}$ e $y'' = \sum_{n=0}^{\infty} n(n-1)x^{n-2}$. Observe que o primeiro termo na primeira derivada e os dois primeiros termos na segunda derivada são nulos. Omitimos esses termos nulos e escrevemos

$$y' = \sum_{n=1}^{\infty} c_n n x^{n-1} = c_1 + 2c_2 x + 3c_3 x^2 + 4c_4 x^3 + \ldots$$
$$y'' = \sum_{n=2}^{\infty} c_n n(n-1) x^{n-2} = 2c_2 + 6c_3 x + 12c_4 x^2 + \ldots.$$
(1)

Certifique-se de entender os dois resultados apresentados em (1); especialmente, note onde o índice do somatório começa em cada uma das séries. Estes resultados são importantes e serão utilizados em todos os exemplos descritos na próxima seção.

- **Série de potências identicamente nula** Se $\sum_{n=0}^{\infty} c_n(x-a)^n = 0$ para todo número x no intervalo de convergência e $R > 0$, então $c_n = 0$ para todo n.
- **Analiticidade em um ponto** Uma função f é dita **analítica em um ponto** a se pode ser representada por uma série de potências em $x - a$ com ou um raio de convergência positivo ou um raio infinito de convergência. Em cálculo, mostra-se que as funções infinitamente diferenciáveis, como e^x, sen x, cos x, $e^x \ln(1+x)$ e assim por diante podem ser representadas por séries de Taylor

$$\sum_{n=0}^{\infty} \frac{f^{(n)}(a)}{n!}(x-a)^n = f(a) + \frac{f'(a)}{1!}(x-a) + \frac{f''(a)}{1!}(x-a)^2 + \dots$$

ou por uma série de Maclaurin

$$\sum_{n=0}^{\infty} \frac{f^{(n)}(0)}{n!}x^n = f(0) + \frac{f'(0)}{1!}x + \frac{f''(0)}{1!}x^2 + \dots.$$

Você pode se lembrar de algumas das seguintes representações série de Maclaurin.

Série de Maclaurin	Intervalo de Convergência
$e^x = 1 + \frac{x}{1!} + \frac{x^2}{2!} + \frac{x^3}{3!} + \dots = \sum_{n=0}^{\infty} \frac{1}{n!}x^n$	$(-\infty, \infty)$
$\cos x = 1 - \frac{x^2}{2!} + \frac{x^4}{4!} - \frac{x^6}{6!} + \dots = \sum_{n=0}^{\infty} \frac{(-1)^n}{(2n)!}x^{2n}$	$(-\infty, \infty)$
$\operatorname{sen} x = x - \frac{x^3}{3!} + \frac{x^5}{5!} - \frac{x^7}{7!} + \dots = \sum_{n=0}^{\infty} \frac{(-1)^n}{(2n+1)!}x^{2n+1}$	$(-\infty, \infty)$
$\operatorname{tg}^{-1} x = x - \frac{x^3}{3} + \frac{x^5}{5} - \frac{x^7}{7} + \dots = \sum_{n=0}^{\infty} \frac{(-1)^n}{2n+1}x^{2n+1}$	$[-1, 1]$ (2)
$\cosh x = 1 + \frac{x^2}{2!} + \frac{x^4}{4!} + \frac{x^6}{6!} + \dots = \sum_{n=0}^{\infty} \frac{1}{(2n)!}x^{2n}$	$(-\infty, \infty)$
$\operatorname{senh} x = x + \frac{x^3}{3!} + \frac{x^5}{5!} + \frac{x^7}{7!} + \dots = \sum_{n=0}^{\infty} \frac{1}{(2n+1)!}x^{2n+1}$	$(-\infty, \infty)$
$\ln(1+x) = x - \frac{x^2}{2} + \frac{x^3}{3} - \frac{x^4}{4} + \dots = \sum_{n=0}^{\infty} \frac{(-1)^{n+1}}{n}x^n$	$(-1, 1]$
$\frac{1}{(1-x)} = 1 + x + x^2 + x^3 + \dots = \sum_{n=0}^{\infty} x^n$	$(-1, 1)$

Estes resultados podem ser utilizados para obter representações em série de outras funções. Por exemplo, se quisermos encontrar a representação da série de Maclaurin de, digamos, e^{x^2} precisamos apenas substituir x na série Maclaurin para e^x:

$$e^{x^2} = 1 + \frac{x^2}{1!} + \frac{x^4}{2!} + \frac{x^6}{3!} + \dots = \sum_{n=0}^{\infty} \frac{1}{n!}x^{2n}.$$

Analogamente, para obter a representação da série de Taylor de $\ln x$ centrada em $a = 1$ substituímos x por $x - 1$ na série de Maclaurin para $\ln(1+x)$:

$$\ln x = \ln(1+(x-1)) = (x-1) - \frac{(x-1)^2}{2} + \frac{(x-1)^3}{3} - \frac{(x-1)^4}{4} + \dots = \sum_{n=0}^{\infty} \frac{(-1)^{n+1}}{n}(x-1)^n.$$

O intervalo de convergência para a representação de e^{x^2} em série de potências é a mesma que a de e^x, ou seja, $(-\infty, \infty)$. Mas o intervalo de convergência da série de Taylor de $\ln x$ é agora $(0, 2]$; este intervalo é $(-1, 1]$ deslocado 1 unidade para a direita. Você pode verificar que o intervalo de convergência é $(0, 2]$ usando o teste da razão.

- **Aritmética das séries de potências** As séries de potências podem ser combinadas por operações de adição, multiplicação e divisão. Os procedimentos para isso são similares aos usados para somar, multiplicar e dividir dois polinômios – isto é, somar os coeficientes das potências iguais de x, usar a lei distributiva, agrupar termos de mesma potência e efetuar divisão.

> **EXEMPLO 2 Multiplicação de Séries de Potências**

Encontre uma representação em série de potências de $e^x \operatorname{sen} x$.

SOLUÇÃO

Usamos a série de potências para e^x e sen x:

$$e^x \operatorname{sen} x = \left(1 + x + \frac{x^2}{2} + \frac{x^3}{6} + \frac{x^4}{24} + \cdots\right)\left(x - \frac{x^3}{6} + \frac{x^5}{120} - \frac{x^7}{5040} + \cdots\right)$$

$$= (1)x + (1)x^2 + \left(-\frac{1}{6} + \frac{1}{2}\right)x^3 + \left(-\frac{1}{6} + \frac{1}{6}\right)x^4 + \left(\frac{1}{120} - \frac{1}{12} + \frac{1}{24}\right)x^5 + \cdots$$

$$= x + x^2 + \frac{x^3}{3} - \frac{x^5}{30} - \cdots$$

Como as séries de potências para e^x e sen x convergem ambas para $(-\infty, \infty)$, o produto das séries converge para o mesmo intervalo. Problemas envolvendo multiplicação ou divisão de séries de potências podem ser resolvidos facilmente usando um sistema de álgebra computacional.

DESLOCAMENTO DO ÍNDICE DO SOMATÓRIO

Para as três seções restantes deste capítulo é crucial que você domine a simplificação da soma de duas ou mais séries de potências, cada série expressa em somatórios, para uma expressão com um único $\sum$. Como mostrado no exemplo seguinte, reescrever duas ou mais somas como um único somatório em geral requer reindexação, isto é, deslocamento dos índices do somatório.

> **EXEMPLO 3 Adicionando duas séries de potências**

Escreva

$$\sum_{n=2}^{\infty} n(n-1)c_n x^{n-2} + \sum_{n=0}^{\infty} c_n x^{n+1}$$

como uma única série de potências.

SOLUÇÃO

A fim de adicionar as duas séries dadas em somatórios é necessário que ambos os índices do somatório comecem com o mesmo número e que as potências de x em cada série estejam "em fase", em outras palavras, se uma série começa com um múltiplo de, digamos, x para a primeira potência, então nós queremos que as outras séries comecem com a mesma potência. Note que no problema dado, a primeira série começa com x^0 passo que a segunda série começa com x^1. Ao escrever o primeiro termo da primeira série fora do somatório,

$$\sum_{n=2}^{\infty} n(n-1)c_n x^{n-2} + \sum_{n=0}^{\infty} c_n x^{n+1} = 2 \cdot 1 c_2 x^0 + \underbrace{\sum_{n=3}^{\infty} n(n-1)c_n x^{n-2}}_{\text{a série começa com } x \text{ para } n=3} + \underbrace{\sum_{n=0}^{\infty} c_n x^{n+1}}_{\text{a série começa com } x \text{ para } n=0}, \quad (3)$$

vemos que ambas as séries no lado direito começam com a mesma potência de x, isto é, x^1. Para obter o mesmo índice no somatório, levamos em conta os expoentes de x; fazemos $k = n - 2$ na primeira série e ao mesmo tempo $k = n + 1$ na segunda série. Para $n = 3$ em $k = n - 2$ obtemos $k = 1$ e para $n = 0$ em $k = n + 1$ obtemos $k = 1$ e assim o lado direito de (3) fica

$$2c_2 + \sum_{k=1}^{\infty} (k+2)(k+1)c_{k+2} x^k + \sum_{k=1}^{\infty} c_{k-1} x^k. \quad (4)$$

Lembre-se de que o índice do somatório é uma "variável fictícia". O fato de que $k = n - 2$ em um caso e $k = n + 1$ em outro não deve causar nenhuma confusão se você tiver em mente que o importante é o *valor* do índice. Em ambos os casos, k terá valores sucessivos $1, 2, 3, \ldots$ quando n assumir os valores $3, 4, 5, \ldots$ para $k = n - 2$ e $n = 0, 1, 2, \ldots$ para $k = n + 1$. Estamos agora em condições de adicionar as séries em (4), termo a termo:

$$\sum_{n=2}^{\infty} n(n-1)c_n x^{n-2} + \sum_{n=0}^{\infty} c_n x^{n+1} = 2c_2 + \sum_{k=1}^{\infty} [(k+2)(k+1)c_{k+2} + c_{k-1}]x^k. \quad (5) \quad \blacksquare$$

Se você não estiver convencido do resultado em (5), escreva então alguns termos de ambos os lados da igualdade.

UMA PRÉVIA

O ponto desta seção foi para lembrá-lo dos fatos mais importantes sobre séries de potências para que você se sinta confortável usando séries de potências para encontrar soluções de EDs lineares de segunda ordem na próxima seção. No último exemplo desta seção amarraremos muitos dos conceitos que acabamos de discutir; ele também dá uma prévia do método que será utilizado na Seção 6.2. Nós propositadamente manteremos o exemplo simples, resolvendo uma equação de primeira ordem linear. Também releve, por uma questão de ilustração, o fato de que você já sabe como resolver a equação dada pelo método do fator integrantes na Seção 2.3.

EXEMPLO 4   Uma Solução por Séries de Potências

Encontre uma solução em série de potências $y = \sum_{n=0}^{\infty} c_n x^n$ da equação diferencial $y' + y = 0$.

SOLUÇÃO

Dividiremos a solução em uma sequência de passos.

i) Primeiro calcule a derivada da solução assumida:

$$y' = \sum_{n=1}^{\infty} c_n n x^{n-1} \leftarrow \text{veja a primeira linha em (1)}$$

ii) Então substitua y e y' na ED dada:

$$y' + y = \sum_{n=1}^{\infty} c_n n x^{n-1} + \sum_{n=0}^{\infty} c_n x^n.$$

iii) Agora desloque os índices do somatório. Quando os índices tiverem o mesmo ponto de partida e as potências de x concordarem, combine os somatórios:

$$y' + y = \underbrace{\sum_{n=1}^{\infty} c_n n x^{n-1}}_{k=n-1} + \underbrace{\sum_{n=0}^{\infty} c_n x^n}_{k=n}$$

$$= \sum_{n=0}^{\infty} c_{k+1}(k+1)x^k + \sum_{n=0}^{\infty} c_k x^k$$

$$= \sum_{n=0}^{\infty} [c_{k+1}(k+1) + c_k]x^k.$$

iv) Como queremos $y' + y = 0$ para todo x em algum intervalo,

$$\sum_{n=0}^{\infty} [c_{k+1}(k+1) + c_k]x^k = 0$$

é uma identidade e assim temos $c_{k+1}(k+1) + c_k = 0$, ou

$$c_{k+1} = -\frac{1}{k+1}c_k, \quad k = 0, 1, 2, \ldots$$

v) Ao deixar k assumir valores inteiros sucessivos começando com $k = 0$, encontramos

$$c_1 = -\frac{1}{1}c_0 = -c_0$$
$$c_2 = -\frac{1}{2}c_1 = -\frac{1}{2}(-c_0) = \frac{1}{2}c_0$$
$$c_3 = -\frac{1}{3}c_2 = -\frac{1}{3}\left(\frac{1}{2}c_0\right) = -\frac{1}{3\cdot 2}c_0$$
$$c_4 = -\frac{1}{4}c_3 = -\frac{1}{4}\left(-\frac{1}{3\cdot 2}c_0\right) = \frac{1}{4\cdot 3\cdot 2}c_0$$

e assim por diante, onde c_0 é arbitrário.

vi) Usando a solução original assumida e os resultados da parte (v) obtemos uma solução formal em série de potências

$$y = c_n + c_1 x + c_2 x^2 + c_3 x^3 + c_4 x^4 + \ldots$$
$$= c_0 - c_0 x + \frac{1}{2}c_0 x^2 - c_0\frac{1}{3\cdot 2}x^3 + c_0\frac{1}{4\cdot 3\cdot 2}x^4 - \ldots$$
$$= c_0\left[1 - x + \frac{1}{2}x^2 - \frac{1}{3\cdot 2}x^3 + \frac{1}{4\cdot 3\cdot 2}x^4 - \ldots\right].$$

Deve ser óbvio que o padrão dos coeficientes na parte (v) é $c_k = c_0(-1)^k/k!$, $k = 0, 1, 2, \ldots$ de modo que no somatório podemos escrever

$$y = c_0 \sum_{k=0}^{\infty} \frac{(-1)^k}{k!} x^k. \tag{8}$$

Se desejado podemos voltar a n como o índice do somatório. A partir da primeira representação em série de potências em (2) a solução de (8) é reconhecida como $y = c_0 e^{-x}$. Se você tivesse utilizado o método da Seção 2.3, você teria descoberto que $y = ce^{-x}$ é uma solução de $y' + y = 0$ no intervalo $(-\infty, \infty)$. Esse intervalo é também o intervalo de convergência da série de potências em (8).

EXERCÍCIOS 6.1

As respostas aos problemas ímpares estão no final do livro.

1. $\sum_{n=1}^{\infty} \frac{(-1)^n}{n} x^n$

2. $\sum_{n=0}^{\infty} \frac{5^n}{n!} x^n$

3. $\sum_{n=1}^{\infty} \frac{2^n}{n} x^n$

4. $\sum_{k=0}^{\infty} k!(x-1)^k$

5. $\sum_{k=1}^{\infty} \frac{(-1)^k}{10^k}(x-5)^k$

6. $\sum_{k=0}^{\infty} 3^{-k}(4x-5)^k$

7. $\sum_{k=1}^{\infty} \frac{1}{k^2+k}(3x-1)^k$

8. $\sum_{k=0}^{\infty} \frac{(-1)^n}{9^n} x^{2n+1}$

9. $\sum_{k=1}^{\infty} \frac{(-1)^n}{9^n} x^{2n+1}$

10. $\sum_{n=1}^{\infty} \frac{1}{n^2} x^n$

Nos Problemas 11-16 utilize uma série apropriada em (2) para encontrar a série Maclaurin da função dada. Escreva sua resposta em somatórios.

11. $e^{-x/2}$

12. $\frac{x}{1+x^2}$

13. $\frac{1}{2+x}$

14. xe^{3x}

15. $\ln(1-x)$

16. $\operatorname{sen} x^2$

Nos Problemas 17 e 18 utilize uma série apropriada em (2) para encontrar a série de Taylor da função dada centrada no valor indicado de a. Escreva sua resposta em somatórios

17. $\operatorname{sen} x$, $a = 2\pi$ [*Sugestão*: Use a peridiocidade.]

18. $\ln x$, $a = 2\pi$ [*Sugestão*: Use $x = 2[1 + (x - 2)/2]]$

Nos Problemas 19 e 20 a função dada é analítica em $a = 0$. Utilize uma série apropriada em (2) e multiplicação para encontrar os primeiros quatro termos não nulos da série Maclaurin da função dada.

19. $\operatorname{sen} x \cos x$ **20.** $e^{-x} \cos x$

Nos Problemas 21 e 22 a função dada é analítica em $a = 0$. Utilize uma série apropriada em (2) e divisão para encontrar os quatro primeiros termos não nulos da série de Maclaurin da função dada.

21. $\sec x$ **22.** $\operatorname{tg} x$

Nos Problemas 23 e 24 use uma substituição para deslocar o índice do somatório de modo que o termo geral da série de potências dada envolva x^k.

23. $\sum_{n=1}^{\infty} nc_n x^{n+2}$

24. $\sum_{n=3}^{\infty} (2n - 1)c_n x^{n-3}$

Nos Problemas 25-30 proceda como no Exemplo 3 para reescrever a expressão dada usando uma única série de potências cujo termo geral envolva x^k.

25. $\sum_{n=1}^{\infty} nc_n x^{n-1} - \sum_{n=0}^{\infty} c_n x^n$

26. $\sum_{n=2}^{\infty} n(n - 1)c_n x^{n-2} + \sum_{n=0}^{\infty} c_n x^{n+2}$

27. $\sum_{n=1}^{\infty} 2nc_n x^{n-1} + \sum_{n=0}^{\infty} 6c_n x^{n+1}$

28. $\sum_{n=2}^{\infty} n(n-1)c_n x^n + 2\sum_{n=2}^{\infty} n(n-1)c_n x^{n-2} + 3\sum_{n=1}^{\infty} nc_n x^n$

29. $\sum_{n=2}^{\infty} n(n-1)c_n x^{n-2} - 2\sum_{n=1}^{\infty} nc_n x^n + \sum_{n=0}^{\infty} c_n x^n$

30. $\sum_{n=1}^{\infty} nc_n x^{n-1} + 3\sum_{n=0}^{\infty} c_n x^{n+2}$

Nos Problemas 31-34 verifique por substituição direta que a série de potências dada é uma solução da equação diferencial indicada. [*Sugestão*: Para uma potência x^{2n+1} faça $k = n + 1$.]

31. $y = \sum_{n=0}^{\infty} \frac{(-1)^n}{n!} x^{2n}$, $y' + 2xy = 0$

32. $y = \sum_{n=0}^{\infty} \frac{(-1)^n}{2^{2n}(n!)^2} x^{2n}$, $xy'' + y' + xy = 0$

33. $y = \sum_{n=1}^{\infty} \frac{(-1)^{n+1}}{n} x^n$, $(x+1)y'' + y' = 0$

34. $y = \sum_{n=0}^{\infty} (-1)^n x^{2n}$, $(1 + x^2)y' + 2xy = 0$

Nos Problemas 35-38 proceda como no Exemplo 4 e encontre uma solução em série de potências $y = \sum_{n=0}^{\infty} c_n x^n$ da equação diferencial linear de primeira ordem dada.

35. $y' - 5y = 0$ **37.** $y' = xy$

36. $(1 + x)y' + y = 0$ **38.** $4y' + y = 0$

PROBLEMAS PARA DISCUSSÃO

39. No Problema 19, encontre uma maneira mais fácil que multiplicar duas séries de potências para obter a representação da série de Maclaurin de $\operatorname{sen} x \cos x$.

40. No Problema 21, o que você acha que é o intervalo de convergência para a série de Maclaurin de $\sec x$?

6.2 SOLUÇÕES EM TORNO DE PONTOS ORDINÁRIOS

IMPORTANTE REVISAR

- Séries de potências, analiticidade em um ponto, deslocamento do índice do somatório na Seção 6.1

INTRODUÇÃO
No final da última seção mostramos como obter uma solução em séries de potências de uma equação diferencial de primeira ordem. Nesta seção voltaremos para o problema mais importante, o de encontrar soluções em série de potências de equações lineares de segunda ordem. Mais direto ao ponto, nós estamos indo na direção de encontrar soluções de equações lineares de segunda ordem na forma de séries de potências cujo centro é um número x_0 que será um **ponto ordinário** da ED. Começamos com a definição de um ponto ordinário.

DEFINIÇÃO
Se dividirmos a equação diferencial homogênea linear de segunda ordem

$$a_2(x)y'' + a_1(x)y' + a_0(x)y = 0 \tag{1}$$

pelo coeficiente principal $a_2(x)$ obtemos a forma padrão

$$y'' + P(x)y' + Q(x)y = 0 \tag{2}$$

Temos a seguinte definição.

> **DEFINIÇÃO 6.2.1 Pontos ordinários e singulares**
>
> Um ponto x_0 é chamado um **ponto ordinário** do diferencial da equação diferencial (1) se ambos os coeficientes $P(x)$ e $Q(x)$ na forma padrão (2) forem analíticas em x_0. Um ponto que *não* for um ponto ordinário de (1) é chamado um **ponto singular** da ED.

> **EXEMPLO 1 Pontos Ordinários**

a) Uma equação diferencial linear homogênea de segunda ordem com coeficientes constantes, tal como

$$y'' + y = 0 \quad \text{e} \quad y'' + 3y' + 2y = 0,$$

pode não ter pontos singulares. Em outras palavras, cada valor finito* de x é um ponto ordinário dessas equações.

b) Cada valor finito de x é um ponto ordinário da equação diferencial

$$y'' + e^x y' + (\operatorname{sen} x)y = 0.$$

Especificamente $x = 0$ é um ponto ordinário da ED, porque já vimos em (2) da Seção 6.1 que tanto x quanto sen x são analíticas neste ponto.

A negação da segunda sentença na Definição 6.2.1 estipula que se *pelo menos uma* das funções coeficiente de $P(x)$ e $Q(x)$ em (2) deixar de ser analítica em x_0, então x_0 é um ponto singular.

> **EXEMPLO 2 Pontos Singulares**

a) A equação diferencial

$$y'' + xy' + (\ln x)y = 0$$

já está na forma padrão. Os coeficientes da função são

$$P(x) = x \quad \text{e} \quad Q(x) = \ln x.$$

Agora $P(x) = x$ é analítica para qualquer número real e $Q(x) = \ln x$ é analítica para qualquer número real *positivo*. No entanto, uma vez que $Q(x) = \ln x$ é descontínua em $x = 0$ ela não pode ser representada por uma série de potências em x, isto é, uma série de potências centrada em 0. Concluímos então que $x = 0$ é um ponto singular da ED.

---

*Para nossos propósitos, pontos ordinários e pontos singulares serão sempre pontos finitos. É possível para uma EDO ter, digamos, um ponto singular no infinito.

b) Ao colocar $x'' + y' + xy = 0$ na forma padrão

$$y'' + \frac{1}{x}y' + y = 0,$$

vemos que $P(x) = 1/x$ deixa de ser analítica em $x = 0$. Daí $x = 0$ é um ponto singular da equação.

COEFICIENTES POLINOMIAIS

Estaremos interessados principalmente no caso em que os coeficientes $a_2(x)$, $a_1(x)$ e $a_0(x)$ em (1) são funções polinomiais sem fatores comuns. A função polinomial é analítica em qualquer valor de x, e uma função racional é analítica, exceto nos pontos em que seu denominador é zero. Assim, em (2) ambos os coeficientes

$$P(x) = \frac{a_1(x)}{a_2(x)} \quad \text{e} \quad Q(x) = \frac{a_0(x)}{a_2(x)}$$

são analíticas, exceto naqueles números para os quais $a_2(x) = 0$. Segue-se, então, que

Um número $x = x_0$ é um ponto ordinário de (1) se $a_2(x_0) \neq 0$, enquanto $x = x_0$ é um ponto singular de (1) se $a_2(x_0) = 0$.

EXEMPLO 3 Pontos Ordinários e Singulares

a) Os únicos pontos singulares da equação diferencial

$$(x^2 - 1)y'' + 2xy' + 6y = 0$$

são as soluções de $x_2 - 1 = 0$ ou $x \pm 1$. Todos os outros valores de x são pontos ordinários.

b) Inspeção da Cauchy-Euler

$$\downarrow a_2(x) = x^2 = 0 \, at \, x = 0$$
$$x^2 y'' + y = 0$$

mostra que ele tem um ponto singular em $x = 0$. Todos os outros valores de x são pontos ordinários.

c) Pontos singulares não precisam ser números reais. A equação

$$(x^2 + 1)y'' + xy' - y = 0$$

possui pontos singulares nas soluções de $x^2 + 1 = 0$ – a saber, $x = \pm i$. Todos os valores de x, reais ou complexos, são pontos ordinários.

Vamos enunciar, sem prova, o seguinte teorema sobre a existência de soluções em séries de potências.

TEOREMA 6.2.1 Existência de soluções em séries de potências

Se $x = x_0$ for um ponto ordinário da equação diferencial (1), poderemos sempre encontrar duas soluções linearmente independentes na forma de séries de potências centradas em x_0, isto é,

$$y = \sum_{n=0}^{\infty} c_n(x - x_0)^n.$$

Uma solução em série converge pelo menos em algum intervalo definido por $|x - x_0| < R$, onde R é a distância de x_0 ao ponto singular mais próximo.

Uma solução da forma $y = \sum_{n=0}^{\infty} c_n(x - x_0)^n$ é chamada de **solução em torno do ponto ordinário x_0**. A distância R do Teorema 6.2.1 é o *valor mínimo* para o raio de convergência ou o *limite inferior* para o raio de convergência.

EXEMPLO 4 Raio Mínimo de Convergência

Encontre o raio mínimo de convergência de uma solução em série de potências da equação diferencial de segunda ordem

$$(x^2 - 2x + 5)y'' + xy' - y = 0$$

(a) ao redor do ponto ordinário $x = 0$, **(b)** ao redor do ponto ordinário $x = -1$.

SOLUÇÃO

Pela fórmula quadrática vemos a partir de $x^2 - 2x + 5 = 0$ que os pontos singulares da equação diferencial dada são os números complexos $1 \pm 2i$.

a) Como $x = 0$ é um ponto ordinário da ED, o Teorema 6.2.1 garante que podemos encontrar duas soluções em série de potências centradas em 0. Isto é, soluções que se parecem com $y = \sum_{n=0}^{\infty} c_n x^n$ e, além disso, sabemos, sem de fato encontrar essas soluções, que cada série deve convergir *ao menos* para $|x| < \sqrt{5}$, onde $R = \sqrt{5}$ é a distância no plano complexo de qualquer um dos números $1 + 2i$ (o ponto (1,2)) ou $1 - 2i$ (o ponto (1, -2) ao ponto ordinário 0 (o ponto (0, 0). Veja a Figura 6.2.1.

b) Como $x = -1$ é um ponto ordinário da ED, o Teorema 6.2.1 garante que podemos encontrar duas soluções em série de potências que se parecem com $y = \sum_{n=0}^{\infty} c_n (x+1)^n$. Cada uma das séries de potências converge, ao menos para $|x + 1| < 2\sqrt{2}$ visto que a distância entre cada um dos pontos singulares para -1 (o ponto (-1, 0)) é $R = \sqrt{8} = 2\sqrt{2}$.

Na parte (a) do Exemplo 4, *uma* das duas soluções em série de potências centradas em 0 da equação diferencial é válida em um intervalo muito maior que $(-\sqrt{5}, \sqrt{5})$; na realidade, esta solução é válida no intervalo $(-\infty, \infty)$ porque pode ser demonstrado que uma das duas soluções ao redor de 0 reduz-se a um polinômio.

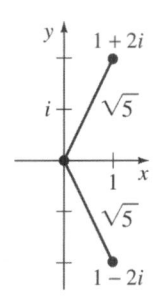

NOTA

Nos exemplos a seguir, assim como nos problemas dos Exercícios 6.2, deveremos, para simplificar, determinar soluções em séries de potências somente em torno do ponto ordinário $x = 0$. Se for necessário determinar uma solução em série de potências de uma EDO em torno de um ponto ordinário $x_0 \neq 0$, poderemos simplesmente fazer a mudança das variáveis $t = x - x_0$ na equação (isso converte $x = x_0$ em $t = 0$), determinar soluções da nova equação na forma $y = \sum_{n=0}^{\infty} c_n t^n$ e, depois, voltar à variável original $t = x - x_0$.

FIGURA 6.2.1 Distância dos pontos singulares ao ponto ordinário 0 no Exemplo 4

ENCONTRANDO A SOLUÇÃO DA SÉRIE DE POTÊNCIA

A determinação de uma solução em série de potências de uma EDO linear homogênea de segunda ordem pode ser descrita adequadamente como "o método dos coeficientes a determinar da *série*", uma vez que o procedimento é bem semelhante ao que foi usado na Seção 4.4. No caso de você não ter trabalhado no Exemplo 4 da Seção 6.1, aqui está, em resumo, a ideia. Substitua $y = \sum_{n=0}^{\infty} c_n x^n$ na equação diferencial, combine as séries como fizemos no Exemplo 3 da Seção 6.1 e iguale todos os coeficientes ao lado direito da equação para determinar os coeficientes c_n. Mas como o lado direito é zero, a última etapa requer, pela *propriedade da identidade* vista anteriormente nesta seção, que todos os coeficientes de x sejam igualados a *zero*. Observe que isso *não* significa que todos os coeficientes *são* nulos; afinal de contas, isso não faria sentido. O Teorema 6.2.1 garante que podemos encontrar duas soluções. O Exemplo 5 ilustra como a hipótese única de que $y = \sum_{n=0}^{\infty} c_n x^n = c_0 + c_1 x + c_2 x^2 + \cdots$ leva a dois conjuntos de coeficientes. Portanto, há duas séries de potências distintas, $y_1(x)$ e $y_2(x)$, ambas desenvolvidas em torno do ponto ordinário $x = 0$. A solução geral da equação diferencial é $y = C_1 y_1(x) + C_2 y_2(x)$; na realidade, pode ser mostrado que $C_1 = c_0$ e $C_2 = c_1$.

EXEMPLO 5 Soluções em séries de potências

Resolva $y'' + xy = 0$. Antes de trabalhar com este exemplo, recomendamos que você releia o Exemplo 4 da Seção 6.1.

SOLUÇÃO

Uma vez que não existem pontos singulares finitos, o Teorema 6.2.1 garante que há duas soluções em série de potências centradas em zero, convergentes para $|x| < \infty$. Substituindo $y = \sum_{n=0}^{\infty} c_n x^n$ e a derivada segunda $y'' = \sum_{n=2}^{\infty} n(n-1) c_n x^{n-2}$ (veja (1) na Seção 6.1) na equação diferencial, obtemos

$$y'' + xy = \sum_{n=2}^{\infty} c_n n(n-1) x^{n-2} + x \sum_{n=0}^{\infty} c_n x^n = \sum_{n=2}^{\infty} c_n n(n-1) x^{n-2} + \sum_{n=0}^{\infty} c_n x^{n+1}. \tag{3}$$

Já haviamos adicionado as duas últimas séries no lado direito da igualdade em (3) através do deslocamento do índice do somatório. A partir do resultado dado em (5) da Seção 6.1

$$y'' + xy = 2c_2 + \sum_{k=1}^{\infty}[(k+1)(k+2)c_{k+2} + c_{k-1}]x^k = 0. \tag{4}$$

Nesse ponto, vamos invocar a propriedade da identidade. Como (4) é identicamente nula, é necessário que os coeficientes de cada potência de x sejam igualados a zero, isto é, $2c_2 = 0$ (esse é o coeficiente de x^0) e

$$(k+1)(k+2)c_{k+2} + c_{k-1} = 0, \quad k = 1, 2, 3, \ldots \tag{5}$$

A igualdade $2c_2 = 0$ obviamente implica $c_2 = 0$. Mas a expressão em (5), chamada **relação de recorrência**, determina c_k de tal forma que podemos escolher um determinado subconjunto do conjunto de coeficientes como não nulo. Como $(k+1)(k+2) \neq 0$ para todos os valores de k, podemos resolver (9) para determinar c_{k+2} em termos de c_{k-1}:

$$c_{k+2} = -\frac{c_{k-1}}{(k+1)(k+2)}, \quad k = 1, 2, 3, \ldots \tag{6}$$

Essa relação gera coeficientes consecutivos da solução admitida, um de cada vez, à medida que fazemos k assumir os valores inteiros sucessivos indicados em (6):

$$k = 1, \qquad c_3 = -\frac{c_0}{2 \cdot 3}$$

$$k = 2, \qquad c_4 = -\frac{c_1}{3 \cdot 4}$$

$$k = 3, \qquad c_5 = -\frac{c_2}{4 \cdot 5} = 0 \qquad \leftarrow \quad c_2 \text{ é zero}$$

$$k = 4, \qquad c_6 = -\frac{c_3}{5 \cdot 6} = \frac{1}{2 \cdot 3 \cdot 5 \cdot 6}c_0$$

$$k = 5, \qquad c_7 = -\frac{c_4}{6 \cdot 7} = \frac{1}{3 \cdot 4 \cdot 6 \cdot 7}c_1$$

$$k = 6, \qquad c_8 = -\frac{c_5}{7 \cdot 8} = 0 \qquad \leftarrow \quad c_5 \text{ é zero}$$

$$k = 7, \qquad c_9 = -\frac{c_6}{8 \cdot 9} = -\frac{1}{2 \cdot 3 \cdot 5 \cdot 6 \cdot 8 \cdot 9}c_0$$

$$k = 8, \qquad c_{10} = -\frac{c_7}{9 \cdot 10} = -\frac{1}{3 \cdot 4 \cdot 6 \cdot 7 \cdot 9 \cdot 10}c_1$$

$$k = 9, \qquad c_{11} = -\frac{c_8}{10 \cdot 11} = 0 \qquad \leftarrow \quad c_8 \text{ é zero}$$

e assim por diante. Substituindo agora os coeficientes que acabamos de obter na hipótese inicial

$$y = c_0 + c_1 x + c_2 x^2 + c_3 x^3 + c_4 x^4 + c_5 x^5 + c_6 x^6 + c_7 x^7 + c_8 x^8 + c_9 x^9 + c_{10} x^{10} + c_{11} x^{11} + \cdots,$$

obtemos

$$y = c_0 + c_1 x + 0 - \frac{c_0}{2 \cdot 3}x^3 - \frac{c_1}{3 \cdot 4}x^4 + 0 + \frac{c_0}{2 \cdot 3 \cdot 5 \cdot 6}x^6 + \frac{c_1}{3 \cdot 4 \cdot 6 \cdot 7}x^7$$
$$+ 0 - \frac{c_0}{2 \cdot 3 \cdot 5 \cdot 6 \cdot 8 \cdot 9}x^9 - \frac{c_1}{3 \cdot 4 \cdot 6 \cdot 7 \cdot 9 \cdot 10}x^{10} + 0 + \cdots$$

Depois de agrupar os termos contendo c_0 e os termos contendo c_1, obtemos $y = c_0 y_1(x) + c_1 y_2(x)$, onde

$$y_1(x) = 1 - \frac{1}{2 \cdot 3}x^3 + \frac{1}{2 \cdot 3 \cdot 5 \cdot 6}x^6 - \frac{1}{2 \cdot 3 \cdot 5 \cdot 6 \cdot 8 \cdot 9}x^9 + \cdots = 1 + \sum_{k=1}^{\infty}\frac{(-1)^k}{2 \cdot 3 \cdots (3k-1)(3k)}x^{3k}$$

$$y_2(x) = x - \frac{1}{3 \cdot 4}x^4 + \frac{1}{3 \cdot 4 \cdot 6 \cdot 7}x^7 - \frac{1}{3 \cdot 4 \cdot 6 \cdot 7 \cdot 9 \cdot 10}x^{10} + \cdots = x + \sum_{k=1}^{\infty}\frac{(-1)^k}{3 \cdot 4 \cdots (3k)(3k+1)}x^{3k+1}.$$

Como o uso recursivo de (6) mantém c_0 e c_1 completamente indeterminados, eles podem ser escolhidos arbitrariamente. Conforme foi mencionado antes deste exemplo, a combinação linear $y = c_0 y_1(x) + c_1 y_2(x)$ representa de fato a solução geral da equação diferencial. Embora saibamos, com base no Teorema 6.2.1, que cada solução em série converge para $|x| < \infty$, isto é, no intervalo $(-\infty, \infty)$. Este fato pode ser verificado pelo teste da razão.

A equação diferencial do Exemplo 5, conhecida como **equação de Airy** e tem o nome do matemático e astrônomo inglês **George Biddel Airy** (1801–1892). A equação diferencial de Airy é encontrada no estudo de difração da luz, difração de ondas de rádio em torno da superfície da Terra, aerodinâmica e deflexão de uma coluna vertical fina e uniforme que se inclina sobre seu próprio peso. Outras formas comuns da equação de Airy são $y'' - xy = 0$ e $y'' + \alpha^2 xy = 0$. Veja o Problema 41 nos Exercícios 6.4 para uma aplicação da última equação.

EXEMPLO 6   Solução em série de potências

Resolva $(x^2 + 1)y'' + xy' - y = 0$.

SOLUÇÃO

Conforme foi visto na página 254, a equação diferencial dada tem pontos singulares em $x = \pm i$ e, portanto, uma solução em série de potências centrada em zero convergirá pelo menos para $|x| < 1$, onde 1 é a distância no plano complexo de 0 até i ou $-i$. A hipótese $y = \sum_{n=0}^{\infty} c_n x^n$ e suas duas primeiras derivadas (veja (1)) nos levam a

$$(x^2 + 1)\sum_{n=2}^{\infty} n(n-1)c_n x^{n-2} + x\sum_{n=1}^{\infty} nc_n x^{n-1} - \sum_{n=0}^{\infty} c_n x^n$$

$$= \sum_{n=2}^{\infty} n(n-1)c_n x^n + \sum_{n=2}^{\infty} n(n-1)c_n x^{n-2} + \sum_{n=1}^{\infty} nc_n x^n - \sum_{n=0}^{\infty} c_n x^n$$

$$= 2c_2 x^0 - c_0 x^0 + 6c_3 x + c_1 x - c_1 x + \underbrace{\sum_{n=2}^{\infty} n(n-1)c_n x^n}_{k=n} + \underbrace{\sum_{n=4}^{\infty} n(n-1)c_n x^{n-2}}_{k=n-2} + \underbrace{\sum_{n=2}^{\infty} nc_n x^n}_{k=n} - \underbrace{\sum_{n=2}^{\infty} c_n x^n}_{k=n}$$

$$= 2c_2 - c_0 + 6c_3 x + \sum_{k=2}^{\infty} [k(k-1)c_k + (k+2)(k+1)c_{k+2} + kc_k - c_k]x^k$$

$$= 2c_2 - c_0 + 6c_3 x + \sum_{k=2}^{\infty} [(k+1)(k-1)c_k + (k+2)(k+1)c_{k+2}]x^k = 0.$$

Dessa identidade, concluímos que $2c_2 - c_0 = 0$, $6c_3 = 0$ e

$$(k+1)(k-1)c_k + (k+2)(k+1)c_{k+2} = 0.$$

Assim,

$$c_2 = \frac{1}{2}c_0$$

$$c_3 = 0,$$

$$c_{k+2} = \frac{1-k}{k+2}c_k, \quad k = 2, 3, 4, \ldots$$

Substituindo $k = 2, 3, 4, \ldots$ na última fórmula, obtemos

$$c_4 = -\frac{1}{4}c_2 = -\frac{1}{2 \cdot 4}c_0 = -\frac{1}{2^2 2!}c_0$$

$$c_5 = -\frac{2}{5}c_3 = 0 \qquad \leftarrow \quad c_3 \text{ é zero}$$

$$c_6 = -\frac{3}{6}c_4 = \frac{3}{2 \cdot 4 \cdot 6}c_0 = \frac{1 \cdot 3}{2^3 3!}c_0$$

$$c_7 = -\frac{4}{7}c_5 = 0 \qquad \leftarrow \quad c_5 \text{ é zero}$$

$$c_8 = -\frac{5}{8}c_6 = -\frac{3 \cdot 5}{2 \cdot 4 \cdot 6 \cdot 8}c_0 = -\frac{1 \cdot 3 \cdot 5}{2^4 4!}c_0$$

$$c_9 = -\frac{6}{9}c_7 = 0 \qquad \leftarrow \quad c_7 \text{ é zero}$$

$$c_{10} = -\frac{7}{10}c_8 = \frac{3 \cdot 5 \cdot 7}{2 \cdot 4 \cdot 6 \cdot 8 \cdot 10}c_0 = -\frac{1 \cdot 3 \cdot 5 \cdot 7}{2^5 5!}c_0$$

e assim por diante. Logo,

$$y = c_0 + c_1 x + c_2 x^2 + c_3 x^3 + c_4 x^4 + c_5 x^5 + c_6 x^6 + c_7 x^7 + c_8 x^8 + c_9 x^9 + c_{10} x^{10} + \cdots$$

$$= c_0 \left[1 + \frac{1}{2} x^2 - \frac{1}{2^2 2!} x^4 + \frac{1 \cdot 3}{2^3 3!} x^6 - \frac{1 \cdot 3 \cdot 5}{2^4 4!} x^8 + \frac{1 \cdot 3 \cdot 5 \cdot 7}{2^5 5!} x^{10} - \cdots \right] + c_1 x$$

$$= c_0 y_1(x) + c_1 y_2(x).$$

As soluções são o polinômio $y_2(x) = x$ e a série de potências

$$y_1(x) = 1 + \frac{1}{2} x^2 + \sum_{n=2}^{\infty} (-1)^{n-1} \frac{1 \cdot 3 \cdot 5 \cdots (2n-3)}{2^n n!} x^{2n}, \quad |x| < 1.$$

■

EXEMPLO 7 Relação de recorrência de segunda ordem

Se procurarmos uma solução em série de potências $y = \sum_{n=0}^{\infty} c_n x^n$ para a equação diferencial

$$y'' - (1 + x)y = 0,$$

obteremos $c_2 = \frac{1}{2} c_0$ e a relação de recorrência de segunda ordem

$$c_{k+2} = \frac{c_k + c_{k-1}}{(k+1)(k+2)}, \quad k = 1, 2, 3, \ldots.$$

Segue, destes dois resultados, que todos os coeficientes c_n, para $n \geq 3$, são expressos em termos de c_0 e c_1. Para simplificar, se escolhermos primeiro $c_0 \neq 0$ e $c_1 = 0$, os coeficientes para a solução são inteiramente em termos de c_0. Em seguida, se escolhermos $c_0 = 0$ e $c_1 \neq 0$, os coeficientes para a outra solução são expressos em termos de c_1. Usando $c_2 = \frac{1}{2} c_0$ em ambos os casos, a relação de recorrência para $k = 1, 2, 3, \ldots$ dá

$$c_0 \neq 0, c_1 = 0$$
$$c_2 = \frac{1}{2} c_0$$
$$c_3 = \frac{c_1 + c_0}{2 \cdot 3} = \frac{c_0}{2 \cdot 3} = \frac{1}{6} c_0$$
$$c_4 = \frac{c_2 + c_1}{3 \cdot 4} = \frac{c_0}{2 \cdot 3 \cdot 4} = \frac{1}{24} c_0$$
$$c_5 = \frac{c_3 + c_2}{4 \cdot 5} = \frac{c_0}{4 \cdot 5} \left[\frac{1}{6} + \frac{1}{2} \right] = \frac{1}{30} c_0$$

$$c_0 = 0, c_1 \neq 0$$
$$c_2 = \frac{1}{2} c_0 = 0$$
$$c_3 = \frac{c_1 + c_0}{2 \cdot 3} = \frac{c_1}{2 \cdot 3} = \frac{1}{6} c_1$$
$$c_4 = \frac{c_2 + c_1}{3 \cdot 4} = \frac{c_1}{3 \cdot 4} = \frac{1}{12} c_1$$
$$c_5 = \frac{c_3 + c_2}{4 \cdot 5} = \frac{c_1}{4 \cdot 5 \cdot 6} = \frac{1}{120} c_1$$

e assim por diante. Por fim, a solução geral da equação é $y = c_0 y_1(x) + c_1 y_2(x)$, onde

$$y_1(x) = 1 + \frac{1}{2} x^2 + \frac{1}{6} x^3 + \frac{1}{24} x^4 + \frac{1}{30} x^5 + \cdots$$

e

$$y_2(x) = x + \frac{1}{6} x^3 + \frac{1}{12} x^4 + \frac{1}{120} x^5 + \cdots.$$

Cada uma das séries converge para todos os valores finitos de x.

■

COEFICIENTES NÃO POLINOMIAIS

O exemplo seguinte ilustra como encontrar uma solução em série de potências em torno do ponto ordinário $x_0 = 0$ de uma equação diferencial cujos coeficientes não são polinômios. Nesse exemplo vemos também uma aplicação da multiplicação de duas séries de potências.

EXEMPLO 8 EDO com coeficientes não polinomiais

Resolva $y'' + (\cos x)y = 0$.

SOLUÇÃO
Vemos que $x = 0$ é um ponto ordinário da equação, pois, como já foi visto, $\cos x$ é analítica nesse ponto. Usando a série de Maclaurin para $\cos x$ dada em (2) da Seção 6.1, junto com a suposição habitual $y = \sum_{n=0}^{\infty} c_n x^n$ e os resultados em (1) na Seção 6.1 encontramos

$$y'' + (\cos x)y = \sum_{n=2}^{\infty} n(n-1)c_n x^{n-2} + \left(1 - \frac{x^2}{2!} + \frac{x^4}{4!} - \frac{x^6}{6!} + \cdots\right) \sum_{n=0}^{\infty} c_n x^n$$

$$= 2c_2 + 6c_3 x + 12c_4 x^2 + 20c_5 x^3 + \cdots + \left(1 - \frac{x^2}{2!} + \frac{x^4}{4!} + \cdots\right)(c_0 + c_1 x + c_2 x^2 + c_3 x^3 + \cdots)$$

$$= 2c_2 + c_0 + (6c_3 + c_1)x + \left(12c_4 + c_2 - \frac{1}{2}c_0\right)x^2 + \left(20c_5 + c_3 - \frac{1}{2}c_1\right)x^3 + \cdots = 0.$$

Segue que

$$2c_2 + c_0 = 0, \quad 6c_3 + c_1 = 0, \quad 12c_4 + c_2 - \frac{1}{2}c_0 = 0, \quad 20c_5 + c_3 - \frac{1}{2}c_1 = 0,$$

e assim por diante. Isso dá $c_2 = -\frac{1}{2}c_0$, $c_3 = -\frac{1}{6}c_1$, $c_4 = \frac{1}{12}c_0$, $c_5 = \frac{1}{30}c_1$, ... Agrupando os termos, chegamos à solução geral $y = c_0 y_1(x) + c_1 y_2(x)$, onde

$$y_1(x) = 1 - \frac{1}{2}x^2 + \frac{1}{12}x^4 - \cdots \quad \text{e} \quad y_2(x) = x - \frac{1}{6}x^3 + \frac{1}{30}x^5 - \cdots$$

Como a equação diferencial não tem pontos singulares finitos, ambas as séries de potências convergem para $|x| < \infty$. ∎

CURVAS INTEGRAIS

O gráfico aproximado de uma solução em série de potências $y(x) = \sum_{n=0}^{\infty} c_n x^n$ pode ser obtido de várias maneiras. Podemos sempre usar o recurso de representar graficamente os termos da sequência de somas parciais da série – em outras palavras, os gráficos dos polinômios $S_N(x) = \sum_{n=0}^{N} c_n x^n$. Para grandes valores de N, $S_N(x)$ deve nos dar uma indicação do comportamento de $y(x)$ nas proximidades do ponto ordinário $x = 0$. Podemos também obter uma aproximação ou curva integral numérica usando um solucionador como fizemos na Seção 4.10. Por exemplo, se você examinar minuciosamente as soluções em série da equação de Airy no Exemplo 5, provavelmente verá que $y_1(x)$ e $y_2(x)$ são, por sua vez, soluções dos problemas de valor inicial

$$\begin{aligned} y'' + xy = 0, \quad y(0) = 1, \quad y'(0) = 0, \\ y'' + xy = 0, \quad y(0) = 0, \quad y'(0) = 1. \end{aligned} \quad (11)$$

As condições iniciais especificadas "selecionam" as soluções $y_1(x)$ e $y_2(x)$ de $y = c_0 y_1(x) + c_1 y_2(x)$, pois deve ficar evidente do desenvolvimento em série $y = \sum_{n=0}^{\infty} c_n x^n$ que $y(0) = c_0$ e $y'(0) = c_1$. Agora, se seu solucionador numérico requisitar um sistema de equações, a substituição $y' = u$ em $y'' + xy = 0$ dará $y'' = u' = -xy$ e, portanto, um sistema de duas equações de primeira ordem equivalentes à equação de Airy é

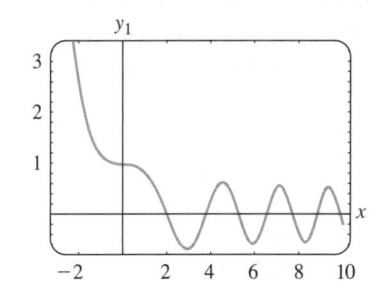

$$\begin{aligned} y' &= u \\ u' &= -xy. \end{aligned} \quad (12)$$

(a) gráfico de $y_1(x)$ versus x

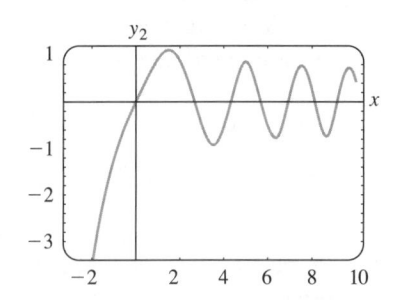

(b) gráfico de $y_2(x)$ versus x

FIGURA 6.2.2 Soluções da equação de Airy.

As condições iniciais para o sistema em (12) são os dois conjuntos de condições iniciais em (11) reescritos como $y(0) = 1$, $u(0) = 0$ e $y(0) = 0$, $u(0) = 1$. Os gráficos de $y_1(x)$ e $y_2(x)$ mostrados na Figura 6.2.2 foram obtidos com a ajuda de um solucionador numérico. O fato de as curvas integrais numéricas mostrarem-se oscilatórias é consistente com o fato de que a equação de Airy apareceu na Seção 5.1 (página 208) na forma $mx'' + ktx = 0$ como um modelo de uma mola cuja "constante da mola" $K(t) = kt$ aumenta com o tempo.

> **OBSERVAÇÕES**
>
> (i) Nos problemas a seguir, não espere conseguir escrever uma solução em termos da notação de somatório em cada caso. Mesmo que possamos gerar tantos termos quanto quisermos em uma solução em série $y = \sum_{n=0}^{\infty} c_n x^n$, quer seja pelo uso de uma relação de recorrência ou, como no Exemplo 8, pela multiplicação, provavelmente não será possível deduzir uma fórmula geral para os coeficientes c_n. Provavelmente tenhamos de nos satisfazer, como fizemos nos Exemplos 7 e 8, em escrever alguns poucos termos iniciais da série.
>
> (ii) Um ponto x_0 é um ponto comum de uma ED linear *não homogênea* de segunda ordem $y'' + P(x)y' + Q(x)y = f(x)$ se $P(x)$, $Q(x)$ e $f(x)$ são analíticas em x_0. Além disso, o Teorema 6.2.1 engloba EDs como estas; em outras palavras, podemos encontrar soluções da série de potências $y = \sum_{n=0}^{\infty} c_n(x - x_0)^n$ de equações lineares não homogêneas, da mesma maneira como nos exemplos 5-8. Veja o Problema 26 nos Exercícios 6.2.

EXERCÍCIOS 6.2

As respostas aos problemas ímpares estão no final do livro.

Nos Problemas 1 e 2, sem realmente resolver a equações diferenciais dadas, encontre o limite inferior das soluções para o raio de convergência da série de potência sobre o ponto $x = 0$ e sobre $x = 1$.

1. $(x^2 - 25)y'' + 2xy' + y = 0$
2. $(x^2 - 2x + 10)y'' + xy' - 4y = 0$

Nos Problemas 3-6 encontre duas soluções em série de potências da equação diferencial dada em torno do ponto ordinário $x = 0$. Compare as soluções em série com a soluções das equações diferenciais obtidas utilizando o método da Seção 4.3. Tente explicar eventuais diferenças entre as duas formas das soluções.

3. $y'' + y = 0$
4. $y'' - y = 0$
5. $y'' - y' = 0$
6. $y'' + 2y' = 0$

Nos Problemas 7-18, encontre duas séries de potências que sejam soluções da equação diferencial dada em torno do ponto ordinário $x = 0$.

7. $y'' - xy = 0$
8. $(x + 2)y'' + xy' - y = 0$
9. $y'' - 2xy' + y = 0$
10. $y'' + x^2 y = 0$
11. $y'' + x^2 y' + xy = 0$
12. $y'' - xy' + 2y = 0$
13. $(x - 1)y'' + y' = 0$
14. $y'' + 2xy' + 2y = 0$
15. $y'' - (x + 1)y' - y = 0$
16. $(x^2 - 1)y'' + xy' - y = 0$
17. $(x^2 + 2)y'' + 3xy' - y = 0$
18. $(x^2 + 1)y'' - 6y = 0$

Nos Problemas 19-22, use o método das séries de potências para resolver o problema de valor inicial dado.

19. $(x - 1)y'' - xy' + y = 0, y(0) = -2, y'(0) = 6$
20. $(x + 1)y'' - (2 - x)y' + y = 0, y(0) = 2, y'(0) = -1$
21. $y'' - 2xy' + 8y = 0, y(0) = 3, y'(0) = 0$
22. $(x^2 + 1)y'' + 2xy' = 0, y(0) = 0, y'(0) = 1$

Nos Problemas 23 e 24, use o procedimento do Exemplo 6 para encontrar duas séries de potências que sejam soluções da equação diferencial dada em torno do ponto ordinário $x = 0$.

23. $y'' + (\text{sen } x)y = 0$
24. $y'' + e^x y' - y = 0$

PROBLEMAS PARA DISCUSSÃO

25. Sem realmente resolver a equação diferencial $(\cos x)y'' + y' + 5y = 0$, encontre um limite inferior para o raio de convergência de soluções da série de potência sobre $x = 0$ e $x = 1$.

26. Como o método descrito nesta seção pode ser utilizado para encontrar uma solução em série de potências da equação *não homogênea* $y'' - xy = 1$ sobre o ponto $x = 0$? De $y'' - 4xy' - 4y = e^x$? Desenvolva suas ideias para resolver ambas as EDs.

27. O ponto $x = 0$ é ponto ordinário ou singular da equação diferencial $xy'' + (\operatorname{sen} x)y = 0$? Justifique sua resposta usando argumentos matemáticos apropriados. *Sugestão*: Use a série de Maclaurin de sen x e então examine $(\operatorname{sen} x)/x$.

28. $x = 0$ é um ponto ordinário da equação diferencial $y'' + 5xy' + \sqrt{x}y = 0$?

TAREFAS PARA O LABORATÓRIO DE INFORMÁTICA

29. a) Encontre duas soluções em série de potências para $y'' + xy' + y = 0$ e expresse as soluções $y_1(x)$ e $y_2(x)$ em termos de somatório.

b) Use um SAC para traçar os gráficos das somas parciais $S_N(x)$ para $y_1(x)$. Use $N = 2, 3, 5, 6, 8, 10$. Repita, usando as somas parciais $S_N(x)$ para $y_2(x)$.

c) Compare os gráficos obtidos em (b) com a curva obtida usando um solucionador numérico. Use as condições iniciais $y_1(0) = 1$, $y_1'(0) = 0$ e $y_2(0) = 0$, $y_2'(0) = 1$.

d) Reexamine a solução $y_1(x)$ do item (a). Expresse essa série como uma função elementar. Use então (5) da Seção 4.2 para encontrar uma segunda solução da equação. Verifique se essa segunda solução é igual à solução em série de potências $y_2(x)$.

30. a) Determine mais um termo não nulo para cada uma das soluções $y_1(x)$ e $y_2(x)$ do Exemplo 8.

b) Encontre uma solução em série $y(x)$ do problema de valor inicial $y'' + (\cos x)y = 0$, $y(0) = 1$, $y'(0) = 1$.

c) Use um SAC para traçar os gráficos das somas parciais $S_N(x)$ da solução $y(x)$ do item (b). Use $N = 2, 3, 4, 5, 6, 7$.

d) Compare os gráficos obtidos no item (c) com a curva obtida usando um solucionador numérico para o problema de valor inicial do item (b).

6.3 SOLUÇÕES EM TORNO DE PONTOS SINGULARES

IMPORTANTE REVISAR

- Seção 4.2 (principalmente (5) dessa seção)
- A definição de um ponto singular na Definição 6.2.1

INTRODUÇÃO

As equações diferenciais

$$y'' + xy = 0 \quad \text{e} \quad xy'' + y = 0$$

são similares somente pelo fato de serem ambas exemplos de equações lineares de segunda ordem simples com coeficientes variáveis. Isso é tudo o que elas têm em comum. Sendo $x = 0$ um *ponto comum* de $y'' + xy = 0$, vimos na Seção 6.2 que não há problema em determinar duas soluções distintas em séries de potências linearmente independentes centradas nesse ponto. Entretanto, como $x = 0$ é um *ponto singular* da segunda EDO, determinar duas soluções em séries infinitas – perceba que não escrevemos *série de potências* – da equação em torno desse ponto torna-se uma tarefa mais difícil.

O método de solução que é discutido nesta seção nem sempre nos leva a duas soluções em séries infinitas. Quando apenas uma solução é encontrada, podemos usar a fórmula dada em (5) da Seção 4.2 para encontrar uma segunda solução.

DEFINIÇÃO

Um ponto singular $x = x_0$ de uma equação diferencial linear

$$a_2(x)y'' + a_1(x)y' + a_0(x)y = 0 \tag{1}$$

pode ainda ser classificado como regular ou irregular. A classificação depende novamente das funções P e Q na forma padrão

$$y'' + P(x)y' + Q(x)y = 0. \tag{2}$$

> **DEFINIÇÃO 6.3.1 Pontos singulares regulares e irregulares**
>
> Um ponto singular x_0 será chamado **ponto singular regular** da equação diferencial (1) se as funções $p(x) = (x - x_0)P(x)$ e $q(x) = (x - x_0)^2 Q(x)$ forem ambas analíticas em x_0. Um ponto singular que não seja regular é chamado **ponto singular irregular** da equação.

A segunda sentença na Definição 6.3.1 indica que, se uma ou ambas as funções $p(x) = (x - x_0)P(x)$ e $q(x) = (x - x_0)^2 Q(x)$ deixarem de ser analíticas em x_0, então x_0 será um ponto singular irregular.

COEFICIENTES POLINOMIAIS

Como na Seção 6.2, estamos interessados principalmente em equações lineares (1), nas quais os coeficientes $a_2(x)$, $a_1(x)$ e $a_0(x)$ sejam polinômios sem nenhum fator em comum. Já vimos que, se $a_2(x_0) = 0$, então $x = x_0$ é um ponto singular de (1), desde que pelo menos uma das funções racionais $P(x) = a_1(x)/a_2(x)$ e $Q(x) = a_0(x)/a_2(x)$ na forma padrão (2) deixe de ser analítica nesse ponto. Mas como $a_2(x)$ é um polinômio e x_0 é um de seus zeros, segue do Teorema da Divisão da Álgebra que $(x - x_0)$ é um fator de $a_2(x)$. Isso significa que, depois de reduzir $a_1(x)/a_2(x)$ e $a_0(x)/a_2(x)$ à forma irredutível, o fator $x - x_0$ deve permanecer elevado a uma potência inteira, em um ou ambos os denominadores. Suponha agora que $x = x_0$ seja um ponto singular de (1), mas que ambas as funções definidas pelos produtos $p(x) = (x - x_0)P(x)$ e $q(x) = (x - x_0)^2 Q(x)$ sejam analíticas em x_0. Somos levados então à conclusão de que a multiplicação de $P(x)$ por $x - x_0$ e de $Q(x)$ por $(x - x_0)^2$ faz com que $x - x_0$ (após cancelamento) não apareça mais em nenhum denominador. Podemos agora determinar rapidamente se x_0 é regular olhando os denominadores:

Se $x - x_0$ aparece *no máximo* na primeira potência no denominador de $P(x)$ e *no máximo* na segunda potência no denominador de $Q(x)$, então $x = x_0$ é um ponto singular regular.

Além disso, observe que, se $x = x_0$ for um ponto singular regular e se multiplicarmos (2) por $(x - x_0)^2$, a ED original poderá ser posta na forma

$$(x - x_0)^2 y'' + (x - x_0)p(x)y' + q(x)y = 0, \tag{3}$$

onde $p(x)$ e $q(x)$ são analíticas em $x = x_0$.

> **EXEMPLO 1 Classificação de pontos singulares**

Deve estar claro que $x = 2$ e $x = -2$ são pontos singulares de

$$(x^2 - 4)^2 y'' + 3(x - 2)y' + 5y = 0.$$

Depois de dividir a equação por $(x^2 - 4)^2 = (x-2)^2(x+2)^2$ e reduzir os coeficientes à forma irredutível, encontramos

$$P(x) = \frac{3}{(x-2)(x+2)^2} \quad \text{e} \quad Q(x) = \frac{5}{(x-2)^2(x+2)^2}.$$

Vamos testar agora $P(x)$ e $Q(x)$ em cada ponto singular.

Para que $x = 2$ seja um ponto singular regular, o fator $x - 2$ pode aparecer elevado no máximo à primeira potência no denominador de $P(x)$ e no máximo à segunda potência no denominador de $Q(x)$. Uma verificação dos denominadores de $P(x)$ e $Q(x)$ mostra que ambas as condições estão satisfeitas; logo, $x = 2$ é um ponto singular regular. Alternativamente, somos levados à mesma conclusão notando que as funções racionais

$$p(x) = (x-2)P(x) = \frac{3}{(x+2)^2} \quad \text{e} \quad q(x) = (x-2)^2 Q(x) = \frac{5}{(x+2)^2}$$

são analíticas em $x = 2$.

Uma vez que o fator $x - (-2) = x + 2$ aparece elevado à segunda potência no denominador de $P(x)$, podemos concluir imediatamente que $x = -2$ é um ponto singular irregular da equação. Isso segue do fato de

$$p(x) = (x+2)P(x) = \frac{3}{(x-2)(x+2)}$$

não ser analítica em $x = -2$. ∎

No Exemplo 1, observe que, sendo $x = 2$ um ponto singular regular, a equação original pode ser escrita como

$$(x-2)^2 y'' + (x-2) \underbrace{\frac{3}{(x+2)^2}}_{\substack{p(x) \text{ é analítica} \\ \text{em } x = 2}} y' + \underbrace{\frac{5}{(x+2)^2}}_{\substack{q(x) \text{ é analítica} \\ \text{em } x = 2}} y = 0.$$

Como outro exemplo, podemos ver que $x = 0$ é um ponto singular irregular de $x^3 y'' - 2xy' + 8y = 0$, analisando os denominadores de $P(x) = -2/x^2$ e $Q(x) = 8/x^3$. Por outro lado, $x = 0$ é um ponto singular regular de $xy'' - 2xy' + 8y = 0$, uma vez que $x - 0$ e $(x-0)^2$ nem sequer aparecem nos respectivos denominadores de $P(x) = -2$ e $Q(x) = 8/x$. Para um ponto singular $x = x_0$, toda potência não negativa de $x - x_0$ menor que 1 (isto é, 0) e toda potência não negativa menor que 2 (isto é, 0 e 1) nos denominadores de $P(x)$ e $Q(x)$, respectivamente, implicam que x_0 é um ponto singular regular. Um ponto singular pode ser um número complexo. Você deve verificar que $x = 3i$ e $x = -3i$ são dois pontos singulares regulares de $(x^2 + 9)y'' - 3xy' + (1-x)y = 0$.

NOTA

Qualquer equação de Cauchy-Euler de segunda ordem $ax^2 y'' + bxy' + cy = 0$, sendo a, b e c constantes reais, tem um ponto singular regular em $x = 0$. Você deve verificar que duas soluções da equação de Cauchy-Euler $x^2 y'' - 3xy' + 4y = 0$ no intervalo $(0, \infty)$ são $y_1 = x^2$ e $y_2 = x^2 \ln x$. Se tentássemos encontrar uma solução em série de potências em torno do ponto singular regular $x = 0$ (isto é, $y = \sum_{n=0}^{\infty} c_n x^n$), encontraríamos somente a solução polinomial $y_1 = x^2$. O fato de que não obteríamos a segunda solução não é surpreendente, pois $\ln x$ (e consequentemente $y_2 = x^2 \ln x$) não é analítica em $x = 0$, isto é, y_2 não tem uma expansão em série de Taylor centrada em $x = 0$.

MÉTODO DE FROBENIUS

Para resolver uma equação diferencial (1) em torno de um ponto singular regular, empregamos o seguinte teorema devido ao eminente matemático alemão **Ferdinand Georg Frobenius** (1849–1917).

TEOREMA 6.3.1 **Teorema de Frobenius**

Se $x = x_0$ for um ponto singular regular da equação diferencial (1), então existirá pelo menos uma solução da forma

$$y = (x - x_0)^r \sum_{n=0}^{\infty} c_n (x - x_0)^n = \sum_{n=0}^{\infty} c_n (x - x_0)^{n+r}, \qquad (4)$$

onde o número r é uma constante a ser determinada. A série convergirá pelo menos em algum intervalo $0 < x - x_0 < R$.

Note a expressão *pelo menos* na primeira sentença do Teorema 6.3.1. Ela significa que, ao contrário do Teorema 6.2.1, o Teorema 6.3.1 não assegura que possam ser encontradas duas soluções em série do tipo indicado em (4).

O método de Frobenius determina soluções em série em torno de um ponto singular regular x_0 e é similar ao "método dos coeficientes a determinar da série" da seção precedente no qual substituímos $y = \sum_{n=0}^{\infty} c_n(x-x_0)^{n+r}$ na equação diferencial e determinamos os coeficientes desconhecidos c_n por meio de uma relação de recorrência. Entretanto, temos aqui uma outra tarefa; antes de determinar os coeficientes, precisamos encontrar o expoente desconhecido r. Se for determinado que r não é um número inteiro não negativo, então a solução correspondente $y = \sum_{n=0}^{\infty} c_n(x-x_0)^{n+r}$ não será uma série de potências.

Como fizemos na discussão das soluções em torno de pontos ordinários, vamos supor sempre, para simplificar a resolução das equações diferenciais, que o ponto singular regular seja $x = 0$.

EXEMPLO 2 Duas soluções em série

Como $x = 0$ é um ponto singular regular da equação diferencial

$$3xy'' + y' - y = 0, \qquad (5)$$

vamos tentar determinar uma solução da forma $y = \sum_{n=0}^{\infty} c_n x^{n+r}$. Temos

$$y' = \sum_{n=0}^{\infty}(n+r)c_n x^{n+r-1} \quad \text{e} \quad y'' = \sum_{n=0}^{\infty}(n+r)(n+r-1)c_n x^{n+r-2},$$

logo

$$\begin{aligned}
3xy'' + y' - y &= 3\sum_{n=0}^{\infty}(n+r)(n+r-1)c_n x^{n+r-1} + \sum_{n=0}^{\infty}(n+r)c_n x^{n+r-1} - \sum_{n=0}^{\infty} c_n x^{n+r} \\
&= \sum_{n=0}^{\infty}(n+r)(3n+3r-2)c_n x^{n+r-1} - \sum_{n=0}^{\infty} c_n x^{n+r} \\
&= x^r\left[r(3r-2)c_0 x^{-1} + \underbrace{\sum_{n=1}^{\infty}(n+r)(3n+3r-2)c_n x^{n-1}}_{k=n-1} - \underbrace{\sum_{n=0}^{\infty} c_n x^n}_{k=n}\right] \\
&= x^r\left[r(3r-2)c_0 x^{-1} + \sum_{k=0}^{\infty}[(k+r+1)(3k+3r+1)c_{k+1} - c_k]x^k\right] = 0,
\end{aligned}$$

o que implica

$$r(3r-2)c_0 = 0$$

e

$$(k+r+1)(3k+3r+1)c_{k+1} - c_k = 0, \quad k = 0, 1, 2, \ldots$$

Como não ganhamos nada fazendo $c_0 = 0$, devemos ter então

$$r(3r-2) = 0 \qquad (6)$$

e

$$c_{k+1} = \frac{c_k}{(k+r+1)(3k+3r+1)}, \quad k = 0, 1, 2, \ldots \qquad (7)$$

Quando substituídos em (7), os dois valores de r que satisfazem a equação quadrática (6), $r_1 = \frac{2}{3}$ e $r_2 = 0$, dão origem a duas relações de recorrência diferentes:

$$r_1 = \frac{2}{3}, \quad c_{k+1} = \frac{c_k}{(3k+5)(k+1)}, \quad k = 0, 1, 2, \ldots \qquad (8)$$

$$r_2 = 0, \quad c_{k+1} = \frac{c_k}{(k+1)(3k+1)}, \quad k = 0, 1, 2, \ldots \qquad (9)$$

De (8), temos

$$c_1 = \frac{c_0}{5 \cdot 1}$$

$$c_2 = \frac{c_1}{8 \cdot 2} = \frac{c_0}{2! \, 5 \cdot 8}$$

$$c_3 = \frac{c_2}{11 \cdot 3} = \frac{c_0}{3! \, 5 \cdot 8 \cdot 11}$$

$$c_4 = \frac{c_3}{14 \cdot 4} = \frac{c_0}{4! \, 5 \cdot 8 \cdot 11 \cdot 14}$$

$$\vdots$$

$$c_n = \frac{c_0}{n! \, 5 \cdot 8 \cdot 11 \cdots (3n+2)}.$$

De (9), temos

$$c_1 = \frac{c_0}{1 \cdot 1}$$

$$c_2 = \frac{c_1}{2 \cdot 4} = \frac{c_0}{2! \, 1 \cdot 4}$$

$$c_3 = \frac{c_2}{3 \cdot 7} = \frac{c_0}{3! \, 1 \cdot 4 \cdot 7}$$

$$c_4 = \frac{c_3}{4 \cdot 10} = \frac{c_0}{4! \, 1 \cdot 4 \cdot 7 \cdot 10}$$

$$\vdots$$

$$c_n = \frac{c_0}{n! \, 1 \cdot 4 \cdot 7 \cdots (3n-2)}.$$

Encontramos aqui algo diferente do que ocorria quando obtivemos soluções em torno de um ponto ordinário; temos o que aparenta ser dois conjuntos diferentes de coeficientes, mas cada conjunto contém o *mesmo* múltiplo c_0. Omitindo esse termo, as soluções em série são

$$y_1(x) = x^{2/3}\left[1 + \sum_{n=1}^{\infty} \frac{1}{n! \, 5 \cdot 8 \cdot 11 \cdots (3n+2)} x^n\right]; \tag{10}$$

$$y_2(x) = x^{0}\left[1 + \sum_{n=1}^{\infty} \frac{1}{n! \, 1 \cdot 4 \cdot 7 \cdots (3n-2)} x^n\right]. \tag{11}$$

Pelo teste da razão pode ser demonstrado que tanto (10) quanto (11) convergem para todos os valores finitos de x, isto é, $|x| < \infty$. Além disso, deve ficar claro, com base na forma dessas soluções, que nenhuma das séries é um múltiplo constante da outra e, portanto, $y_1(x)$ e $y_2(x)$ são linearmente independentes em todo o eixo x. Logo, pelo princípio da superposição, $y = C_1 y_1(x) + C_2 y_2(x)$ é outra solução de (5). Em qualquer intervalo que não contenha a origem, tal como $(0, \infty)$, essa combinação linear representa a solução geral da equação diferencial. ∎

EQUAÇÃO INDICIAL

A Equação (6) é chamada **equação indicial** do problema e os valores $r_1 = \frac{2}{3}$ e $r_2 = 0$ são chamados **raízes indiciais** ou **expoentes** na singularidade $x = 0$. Em geral, após a substituição de $y = \sum_{n=0}^{\infty} c_n x^{n+r}$ na equação diferencial dada e a simplificação, a equação indicial é uma equação quadrática que aparece quando igualamos *o coeficiente da potência de ordem mais baixa de x a zero*. Resolvendo a equação e substituindo os valores encontrados de r em uma relação de recorrência tal como (7), o Teorema 6.3.1 garante que pelo menos uma solução em forma de série possa ser encontrada.

É possível obter a equação indicial antes de substituir $y = \sum_{n=0}^{\infty} c_n x^{n+r}$ na equação diferencial. Se $x = 0$ for um ponto singular regular de (1), então, pela Definição 6.3.1, as duas funções $p(x) = xP(x)$ e $q(x) = x^2 Q(x)$, onde P e Q são definidos pela forma padrão (2), são analíticas em $x = 0$; isto é, as expansões em série de potências

$$p(x) = xP(x) = a_0 + a_1 x + a_2 x^2 + \cdots \quad \text{e} \quad q(x) = x^2 Q(x) = b_0 + b_1 x + b_2 x^2 + \cdots \tag{12}$$

são válidas em intervalos que têm um raio de convergência positivo. Multiplicando (2) por x^2, obtemos a forma dada em (3):

$$x^2 y'' + x[xP(x)]y' + [x^2 Q(x)]y = 0. \tag{13}$$

Depois de substituir $y = \sum_{n=0}^{\infty} c_n x^{n+r}$ e as duas séries em (12) e (13) e efetuar as multiplicações das séries, obtemos a equação indicial geral

$$r(r-1) + a_0 r + b_0 = 0, \tag{14}$$

onde a_0 e b_0 são definidos como em (12). Veja os Problemas 13 e 14 nos Exercícios 6.3.

EXEMPLO 3 Duas soluções em série

Resolva $2xy'' + (1 + x)y' + y = 0$.

SOLUÇÃO
Substituindo $y = \sum_{n=0}^{\infty} c_n x^{n+r}$, obtemos

$$2xy'' + (1+x)y' + y = 2\sum_{n=0}^{\infty}(n+r)(n+r-1)c_n x^{n+r-1} + \sum_{n=0}^{\infty}(n+r)c_n x^{n+r-1} + \sum_{n=0}^{\infty}(n+r)c_n x^{n+r} + \sum_{n=0}^{\infty} c_n x^{n+r}$$

$$= \sum_{n=0}^{\infty}(n+r)(2n+2r-1)c_n x^{n+r-1} + \sum_{n=0}^{\infty}(n+r+1)c_n x^{n+r}$$

$$= x^r \left[r(2r-1)c_0 x^{-1} + \underbrace{\sum_{n=1}^{\infty}(n+r)(2n+2r-1)c_n x^{n-1}}_{k=n-1} + \underbrace{\sum_{n=0}^{\infty}(n+r+1)c_n x^n}_{k=n} \right]$$

$$= x^r \left[r(2r-1)c_0 x^{-1} + \sum_{k=0}^{\infty}[(k+r+1)(2k+2r+1)c_{k+1} + (k+r+1)c_k]x^k \right],$$

o que implica que

$$r(2r-1) = 0 \tag{15}$$

e

$$(k+r+1)(2k+2r+1)c_{k+1} + (k+r+1)c_k = 0, \tag{16}$$

$k = 0, 1, 2, \ldots$ De (15), vemos que as raízes indiciais são $r_1 = \frac{1}{2}$ e $r_2 = 0$.

Para $r_1 = \frac{1}{2}$, podemos dividir por $k + \frac{3}{2}$ em (16) para obter

$$c_{k+1} = \frac{-c_k}{2(k-1)}, \quad k = 0, 1, 2, \ldots \tag{17}$$

enquanto para $r_2 = 0$, (16) torna-se

$$c_{k+1} = \frac{-c_k}{2k+1} =, \quad k = 0, 1, 2, \ldots. \tag{18}$$

De (17), obtemos

$$c_1 = \frac{-c_0}{2 \cdot 1}$$
$$c_2 = \frac{-c_1}{2 \cdot 2} = \frac{c_0}{2^2 \cdot 2!}$$
$$c_3 = \frac{-c_2}{2 \cdot 3} = \frac{-c_0}{2^3 \cdot 3!}$$
$$c_4 = \frac{-c_3}{2 \cdot 4} = \frac{c_0}{2^4 \cdot 4!}$$
$$\vdots$$
$$c_n = \frac{(-1)^n c_0}{2^n \cdot n!}.$$

De (18), obtemos

$$c_1 = \frac{-c_0}{1}$$
$$c_2 = \frac{-c_1}{3} = \frac{c_0}{1 \cdot 3}$$
$$c_3 = \frac{-c_2}{5} = \frac{-c_0}{1 \cdot 3 \cdot 5}$$
$$c_4 = \frac{-c_3}{7} = \frac{c_0}{1 \cdot 3 \cdot 5 \cdot 7}$$
$$\vdots$$
$$c_n = \frac{(-1)^n c_0}{1 \cdot 3 \cdot 5 \cdot 7 \ldots (2n-1)}.$$

Assim, para a raiz indicial $r_1 = \frac{1}{2}$, obtemos a solução

$$y_1(x) = x^{1/2}\left[1 + \sum_{n=1}^{\infty} \frac{(-1)^n}{2^n n!} x^n\right] = \sum_{n=0}^{\infty} \frac{(-1)^n}{2^n n!} x^{n+1/2},$$

onde novamente omitimos c_0. A série converge para $x \geq 0$ e não está definida para valores negativos de x por causa da presença de $x^{1/2}$. Para $r_2 = 0$, a segunda solução é

$$y_2(x) = 1 + \sum_{n=1}^{\infty} \frac{(-1)^n}{1 \cdot 3 \cdot 5 \cdot 7 \ldots (2n-1)} x^n, \quad |x| < \infty.$$

No intervalo $(0, \infty)$, a solução geral é $y = C_1 y_1(x) + C_2 y_2(x)$.

EXEMPLO 4   Uma única solução em série

Resolva $xy'' + y = 0$.

SOLUÇÃO

De $xP(x) = 0$, $x^2 Q(x) = x$ e do fato de que 0 e x são suas próprias séries de potências centradas em zero, concluímos que $a_0 = 0$ e $b_0 = 0$, portanto, de (14), a equação indicial é $r(r-1) = 0$. Você deve verificar que as duas relações de recorrência correspondentes às raízes indiciais $r_1 = 1$ e $r_2 = 0$ dão origem exatamente ao mesmo conjunto de coeficientes. Em outras palavras, nesse caso o método de Frobenius dá origem a uma única solução em série

$$y_1(x) = \sum_{n=0}^{\infty} \frac{(-1)^n}{n!(n+1)!} x^{n+1} = x - \frac{1}{2}x^2 + \frac{1}{12}x^3 - \frac{1}{144}x^4 + \cdots$$

TRÊS CASOS

A título de discussão, vamos supor novamente que $x = 0$ seja um ponto singular regular de (1) e que as raízes indiciais r_1 e r_2 da singularidade sejam reais, onde r_1 denota a maior raiz. Ao usar o método de Frobenius distinguimos três casos correspondentes à natureza das raízes indiciais r_1 e r_2. Nos dois primeiros casos, r_1 é a maior das duas raízes distintas, isto é, $r_1 > r_2$. No último caso $r_1 = r_2$.

CASO I

Se r_1 e r_2 forem distintas e a diferença $r_1 - r_2$ não é um inteiro positivo, então haverá duas soluções linearmente independentes da Equação (1) na forma

$$y_1(x) = \sum_{n=0}^{\infty} c_n x^{n+r_1}, \quad c_0 \neq 0, \qquad y_2(x) = \sum_{n=0}^{\infty} b_n x^{n+r_2}, \quad b_0 \neq 0.$$

Esse é o caso ilustrado nos Exemplos 2 e 3.

No caso seguinte, assumimos que a diferença das raízes é N, onde N é um inteiro positivo. Nesse caso a segunda solução *pode* conter um logaritmo.

CASO II

Se r_1 e r_2 forem distintas e a diferença $r_1 - r_2$ é um inteiro positivo, então há duas soluções linearmente independentes da Equação (1) da forma

$$y_1(x) = \sum_{n=0}^{\infty} c_n x^{n+r_1}, \quad c_0 \neq 0, \tag{19}$$

$$y_2(x) = C y_1(x) \ln x + \sum_{n=0}^{\infty} b_n x^{n+r_2}, \quad b_0 \neq 0, \tag{20}$$

onde C é uma constante que pode ser nula.

Finalmente, no último caso, quando $r_1 = r_2$, a segunda solução sempre conterá um logaritmo. Essa situação é análoga à solução de uma equação de Cauchy-Euler quando as raízes da equação auxiliar são iguais.

CASO III

Se r_1 e r_2 são iguais, então sempre haverá duas soluções linearmente independentes da Equação (1) da forma

$$y_1(x) = \sum_{n=0}^{\infty} c_n x^{n+r_1}, \quad c_0 \neq 0, \tag{21}$$

$$y_2(x) = y_1(x) \ln x + \sum_{n=1}^{\infty} b_n x^{n+r_1}. \tag{22}$$

ENCONTRANDO A SEGUNDA SOLUÇÃO

Quando a diferença $r_1 - r_2$ é um inteiro positivo (caso II), *pode*, ou *não pode*, ser possível encontrar duas soluções na forma $y = \sum_{n=0}^{\infty} c_n x^{n+r}$. Isso é algo que não sabemos com antecedência, mas é determinado depois que encontramos as raízes indiciais e examinamos cuidadosamente a relação de recorrência que define os coeficientes c_n. Podemos ter a sorte de achar duas soluções que envolvam somente potências de x, isto é, $y_1(x) = \sum_{n=0}^{\infty} c_n x^{n+r_1}$ (Equação (19)) e $y_2(x) = \sum_{n=0}^{\infty} b_n x^{n+r_2}$ (Equação (20) com $C = 0$). Veja o Problema 31 nos Exercícios 6.3. Por outro lado, no Exemplo 4, vimos que a diferença das raízes indiciais é um inteiro positivo ($r_1 - r_2 = 1$) e o método de Frobenius não chega a uma segunda solução para a série. Nessa situação, a Equação (20), com $C \neq 0$, indica que encontramos o comportamento da segunda solução. Finalmente, quando a diferença $r_1 - r_2$ é zero (caso III), o método de Frobenius não consegue dar uma segunda solução para a série; a segunda solução (22) sempre contém um logaritmo que pode ser mostrado ser equivalente a (20) com $C = 1$. Uma maneira de obtermos a segunda solução, com o termo logarítmico, é usar o fato de que

$$y_2(x) = y_1(x) \int \frac{e^{-\int P(x)dx}}{y_1^2(x)} dx \qquad (23)$$

é também uma solução de $y'' + P(x)y' + Q(x)y = 0$ sempre que $y_1(x)$ é uma solução conhecida. Ilustraremos como usar a (23) no exemplo a seguir.

EXEMPLO 5 Revisão do Exemplo 4 usando um SAC

Determine a solução geral de $xy'' + y = 0$.

SOLUÇÃO

Da solução conhecida, dada no Exemplo 4,

$$y_1(x) = x - \frac{1}{2}x^2 + \frac{1}{12}x^3 - \frac{1}{144}x^4 + \cdots,$$

podemos construir uma segunda solução $y_2(x)$ usando a fórmula (23). Aqueles com tempo, energia e paciência podem efetuar o enfadonho trabalho de elevar ao quadrado uma série, dividir e integrar o quociente à mão. Porém, todas essas operações podem ser feitas com relativa facilidade com a ajuda de um SAC. Daremos os resultados:

$$y_2(x) = y_1(x) \int \frac{e^{-\int 0 dx}}{[y_1(x)]^2} dx = y_1(x) \int \frac{dx}{\left[x - \frac{1}{2}x^2 + \frac{1}{12}x^3 - \frac{1}{144}x^4 + \cdots\right]^2}$$

$$= y_1(x) \int \frac{dx}{\left[x^2 - x^3 + \frac{5}{12}x^4 - \frac{7}{72}x^5 + \cdots\right]} \qquad \leftarrow \text{depois de elevar ao quadrado}$$

$$= y_1(x) \int \left[\frac{1}{x^2} + \frac{1}{x} + \frac{7}{12} + \frac{19}{72}x + \cdots\right] dx \qquad \leftarrow \text{após a divisão}$$

$$= y_1(x)\left[-\frac{1}{x} + \ln x + \frac{7}{12}x + \frac{19}{144}x^2 + \cdots\right] \qquad \leftarrow \text{após a integração}$$

ou $\quad y_2(x) = y_1(x) \ln x + \left[-1 - \frac{1}{2}x + \frac{1}{2}x^2 + \cdots\right]. \qquad \leftarrow \text{após a multiplicação}$

No intervalo $(0, \infty)$, a solução geral é $y = C_1 y_1(x) + c_2 y_2(x)$. ∎

Note que a forma final de y_2 no Exemplo 5 é equivalente a (20), com $C = 1$; a série nos colchetes corresponde à soma de (20) com $r_2 = 0$.

OBSERVAÇÕES

(i) As três formas distintas de uma equação diferencial linear de segunda ordem (1), (2) e (3) foram usadas para discutir vários conceitos teóricos. Mas, na prática, quando da resolução de fato de uma equação diferencial usando o método de Frobenius, é recomendável trabalhar com a forma da ED dada em (1).

(ii) Quando a diferença das raízes indiciais $r_1 - r_2$ for um número inteiro positivo ($r_1 > r_2$), é às vezes vantajoso iterar a relação de recorrência usando, em primeiro lugar, a menor raiz r_2. Veja os Problemas 31 e 32 nos Exercícios 6.3.

(iii) Como uma raiz indicial r é uma raiz de uma equação quadrática, ela pode ser complexa. Todavia, não analisaremos esse caso.

(iv) Se $x = 0$ for um ponto singular irregular, pode não ser possível encontrar sequer *uma* solução da forma $y = \sum_{n=0}^{\infty} c_n x^{n+r}$.

EXERCÍCIOS 6.3

As respostas aos problemas ímpares estão no final do livro.

6.1.1 REVISÃO DAS SÉRIES DE POTÊNCIAS

Nos Problemas 1-10, determine os pontos singulares da equação diferencial dada. Classifique cada ponto como regular ou irregular.

1. $x^3 y'' + 4x^2 y' + 3y = 0$
2. $(x^3 - 2x^2 + 3x)^2 y'' + x(x-3)^2 y' - (x+1)y = 0$
3. $(x^2 - 9)^2 y'' + (x+3)y' + 2y = 0$
4. $x(x+3)^2 y'' - y = 0$
5. $(x^3 + 4x)y'' - 2xy' + 6y = 0$
6. $y'' - \frac{1}{x}y' + \frac{1}{(x-1)^3}y = 0$
7. $(x^2 + x - 6)y'' + (x+3)y' + (x-2)y = 0$
8. $x^2(x-5)^2 y'' + 4xy' + (x^2 - 25)y = 0$
9. $x^3(x^2 - 25)(x-2)^2 y'' + 3x(x-2)y' + 7(x+5)y = 0$
10. $x(x^2 + 1)^2 y'' + y = 0$

Nos Problemas 11 e 12, coloque a equação diferencial dada na forma (3) para cada ponto singular regular da equação. Identifique as funções $p(x)$ e $q(x)$.

11. $(x^2 - 1)y'' + 5(x+1)y' + (x^2 - x)y = 0$
12. $xy'' + (x+3)y' + 7x^2 y = 0$

Nos Problemas 13 e 14, $x = 0$ é um ponto singular regular da equação diferencial dada. Use a forma geral da equação indicial em (14) para determinar as raízes indiciais da singularidade. Sem resolver, discuta o número de soluções em série que você poderia encontrar usando o método de Frobenius.

13. $x^2 y'' + (\frac{5}{3}x + x^2)y' - \frac{1}{3}y = 0$
14. $xy'' + y' + 10y = 0$

Nos Problemas 15-24, $x = 0$ é um ponto singular regular da equação diferencial dada. Mostre que as raízes indiciais da singularidade não diferem por um inteiro. Use o método de Frobenius para obter duas soluções em série linearmente independentes em torno de $x = 0$. Forme a solução geral em $(0, \infty)$.

15. $2xy'' - y' + 2y = 0$
16. $x^2 y'' - (x - \frac{2}{9})y = 0$
17. $4xy'' + \frac{1}{2}y' + y = 0$
18. $2xy'' + 5y' + xy = 0$
19. $3xy'' + (2 - x)y' - y = 0$
20. $2x^2 y'' - xy' + (x^2 + 1)y = 0$
21. $2xy'' - (3 + 2x)y' + y = 0$
22. $2x^2 y'' + 3xy' + (2x - 1)y = 0$
23. $9x^2 y'' + 9x^2 y' + 2y = 0$
24. $x^2 y'' + xy' + (x^2 - \frac{4}{9})y = 0$

Nos Problemas 25-30, $x = 0$ é um ponto singular regular da equação diferencial dada. Mostre que as raízes indiciais da singularidade diferem por um inteiro. Use o método de Frobenius para obter pelo menos uma solução em série em torno de $x = 0$. Use (23) onde for necessário e um SAC, se for o caso, para encontrar uma segunda solução. Forme a solução geral em $(0, \infty)$.

25. $xy'' + 2y' - xy = 0$
26. $x^2 y'' + xy' + (x^2 - \frac{1}{4})y = 0$

27. $xy'' - xy' + y = 0$

28. $xy'' + y' + y = 0$

29. $xy'' + (1-x)y' - y = 0$

30. $y'' + \frac{3}{x}y' - 2y = 0$

Nos Problemas 31 e 32, $x = 0$ é um ponto singular regular da equação diferencial dada. Mostre que as raízes indiciais da singularidade diferem por um inteiro. Use a relação de recorrência encontrada pelo método de Frobenius primeiramente com a maior raiz r_1. Quantas soluções você encontrou? A seguir, use a relação de recorrência com a menor raiz r_2. Quantas soluções você encontrou?

31. $xy'' + (x-6)y' - 3y = 0$

32. $x(x-1)y'' + 3y' - 2y = 0$

33. a) A equação diferencial $x^4 y'' + \lambda y = 0$ tem um ponto singular irregular em $x = 0$. Mostre que a substituição $t = 1/x$ leva à equação diferencial
$$\frac{d^2y}{dt^2} + \frac{2}{t}\frac{dy}{dt} + \lambda y = 0.$$
que tem agora um ponto singular regular em $t = 0$.

b) Use o método desta seção para encontrar duas soluções em série da segunda equação do item (a) em torno do ponto singular $t = 0$.

c) Expresse cada solução em série da equação original em termos de funções elementares.

MODELO MATEMÁTICO

34. No Exemplo 4 da Seção 5.2 vimos que, quando uma força compressiva vertical constante, ou carga, P é aplicada a uma coluna fina de seção transversal uniforme, a deflexão $y(x)$ é uma solução do problema de contorno
$$EI\frac{d^2y}{dx^2} + Py = 0, \quad y(0) = 0, \quad y(L) = 0. \quad (24)$$

A suposição aqui é que a coluna é articulada em ambas as extremidades. A coluna vergará ou defletirá somente quando a força compressiva for uma carga crítica P_n.

a) Neste problema vamos supor que a coluna tem comprimento L, é articulada em ambas as extremidades, tem secção circular e é mais fina, conforme mostrado na Figura 6.3.1 (a). Se a coluna for um cone truncado, que se afina segundo a reta $y = cx$ mostrada na seção transversal, Figura 6.3.1(b), o momento de inércia de uma seção transversal em relação a um eixo perpendicular ao plano xy é $I = \frac{1}{4}\pi r^4$, onde $r = y$ e $y = cx$. Logo, podemos escrever $I(x) = I_0(x/b)^4$, onde $I_0 = I(b) = \frac{1}{4}\pi(cb)^4$. Substituindo $I(x)$ na equação diferencial (24), vemos que a deflexão nesse caso é determinada com base no problema de contorno
$$x^4 \frac{d^2y}{dx^2} + \lambda y = 0, \quad y(a) = 0, \quad y(b) = 0,$$
onde $\lambda = Pb^4/EI_0$. Use os resultados do Problema 33 para determinar as cargas críticas P_n para a coluna que se afina. Use uma identidade apropriada para expressar os modos de deformação $y_n(x)$ como uma única função.

b) Use um SAC para traçar o primeiro modo de deformação $y_1(x)$ correspondente à carga de Euler P_1, quando $b = 11$ e $a = 1$.

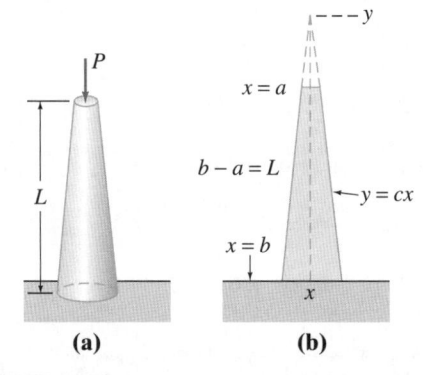

FIGURA 6.3.1 Coluna cônica do Problema 34.

PROBLEMAS PARA DISCUSSÃO

35. Discuta como você definiria um ponto singular regular para a equação diferencial linear de terceira ordem
$$a_3(x)y''' + a_2(x)y'' + a_1(x)y' + a_0(x)y = 0.$$

36. Cada uma das equações diferenciais $x^3 y'' + y = 0$ e $x^2 y'' + (3x - 1)y' + y = 0$ tem um ponto singular irregular em $x = 0$. Determine se o método de Frobenius fornece uma solução em série de cada equação diferencial em torno de $x = 0$. Discuta e explique o que você encontrou.

37. Vimos que $x = 0$ é um ponto singular regular de toda equação de Cauchy-Euler $ax^2 y'' + bxy' + cy = 0$. A equação indicial (14) para uma equação de Cauchy-Euler e sua equação auxiliar estão relacionadas? Discuta.

6.4 FUNÇÕES ESPECIAIS

IMPORTANTE REVISAR
- Seções 6.2 e 6.3

INTRODUÇÃO

Nas *Observações* do final da Seção 2.3 mencionamos o ramo da matemática chamado **funções especiais**. Talvez um título mais adequado para este campo da matemática aplicada poderia ser *funções com nome* porque muitas das funções estudadas tem nomes próprios: funções de Bessel, funções de Legendre, funções de Airy, polinômios de Chebyshev, polinômios de Hermite, polinômios de Jacobi, polinômios de Laguerre, função hipergeométrica de Gauss, funções de Mathieu e assim por diante. Historicamente, funções especiais eram frequentemente o subproduto da necessidade: Alguém precisava de uma solução de uma equação diferencial muito especializada que surgiu de uma tentativa de resolver um problema físico. Com efeito, uma função especial foi determinada ou definida pela equação diferencial e muitas propriedades da função poderiam ser discernidos a partir da solução em forma de série.

Nesta seção usaremos os métodos das Seções 6.2 e 6.3 para encontrar soluções de duas equações diferenciais

$$x^2 y'' + xy' + (x^2 - \nu^2)y = 0 \tag{1}$$

e

$$(1 - x^2)y'' - 2xy' + n(n+1)y = 0 \tag{2}$$

ocorrem frequentemente em estudos de matemática aplicada, física e engenharia. Elas são chamadas de **equação de Bessel de ordem** ν, tendo o nome do matemático e astrônomo alemão **Friedrich Wilhelm Bessel** (1784–1846) e a **equação de Legendre de ordem** n, que recebeu o nome do matemático francês **Adrien-Marie Legendre** (1752–1833). Ao resolver (1) devemos supor que $\nu \geq 0$, enquanto em (2) consideraremos somente o caso em que n é um inteiro não negativo.

SOLUÇÃO DA EQUAÇÃO DE BESSEL

Como $x = 0$ é um ponto singular regular da equação de Bessel, sabemos que há pelo menos uma solução da forma $y = \sum_{n=0}^{\infty} c_n x^{n+r}$. Substituindo essa expressão em (1), obtemos

$$x^2 y'' + xy' + (x^2 - \nu^2)y = \sum_{n=0}^{\infty} c_n(n+r)(n+r-1)x^{n+r} + \sum_{n=0}^{\infty} c_n(n+r)x^{n+r} + \sum_{n=0}^{\infty} c_n x^{n+r+2} - \nu^2 \sum_{n=0}^{\infty} c_n x^{n+r}$$

$$= c_0(r^2 - r + r - \nu^2)x^r + x^r \sum_{n=1}^{\infty} c_n[(n+r)(n+r-1) + (n+r) - \nu^2]x^n + x^r \sum_{n=0}^{\infty} c_n x^{n+2}$$

$$= c_0(r^2 - \nu^2)x^r + x^r \sum_{n=1}^{\infty} c_n[(n+r)^2 - \nu^2]x^n + x^r \sum_{n=0}^{\infty} c_n x^{n+2}. \tag{3}$$

De (3), vemos que a equação indicial é $r^2 - \nu^2 = 0$; portanto, as raízes indiciais são $r_1 = \nu$ e $r_2 = -\nu$. Quando $r_1 = \nu$, (3) torna-se

$$x^\nu \sum_{n=1}^{\infty} c_n n(n+2\nu)x^n + x^\nu \sum_{n=0}^{\infty} c_n x^{n+2}$$

$$= x^\nu \left[(1+2\nu)c_1 x + \underbrace{\sum_{n=2}^{\infty} c_n n(n+2\nu)x^n}_{k=n-2} + \underbrace{\sum_{n=0}^{\infty} c_n x^{n+2}}_{k=n} \right]$$

$$= x^\nu \left[(1+2\nu)c_1 x + \sum_{k=0}^{\infty} [(k+2)(k+2+2\nu)c_{k+2} + c_k]x^{k+2} \right] = 0.$$

Portanto, pelo argumento usual, podemos escrever $(1 + 2\nu)c_1 = 0$ e

$$(k + 2)(k + 2 + 2\nu)c_{k+2} + c_k = 0$$

ou

$$c_{k+2} = \frac{-c_k}{(k + 2)(k + 2 + 2\nu)}, \quad k = 0, 1, 2, \ldots. \tag{4}$$

A escolha de $c_1 = 0$ em (4) implica que $c_3 = c_5 = c_7 = \cdots = 0$, de forma que para $k = 0, 2, 4, \ldots$ encontramos, depois de fazer $k + 2 = 2n$, $n = 1, 2, 3, \ldots$,

$$c_{2n} = -\frac{c_{2n-2}}{2^2 n(n + \nu)}. \tag{5}$$

Logo,

$$c_2 = -\frac{c_0}{2^2 \cdot 1 \cdot (1 + \nu)}$$

$$c_4 = -\frac{c_2}{2^2 \cdot 2 \cdot (2 + \nu)} = \frac{c_0}{2^4 \cdot 1 \cdot 2(1 + \nu)(2 + \nu)}$$

$$c_6 = -\frac{c_4}{2^2 \cdot 3 \cdot (3 + \nu)} = -\frac{c_0}{2^6 \cdot 1 \cdot 2 \cdot 3(1 + \nu)(2 + \nu)(3 + \nu)}$$

$$\vdots$$

$$c_{2n} = \frac{(-1)^n c_0}{2^{2n} n!(1 + \nu)(2 + \nu)\ldots(n + \nu)}, \quad n = 1, 2, 3 \ldots \tag{6}$$

É uma prática habitual escolher para c_0 um valor específico, isto é,

$$c_0 = \frac{1}{2^\nu \Gamma(1 + \nu)},$$

onde $\Gamma(1 + \nu)$ é a função gama. Veja o Apêndice I. Como essa função tem a propriedade conveniente $\Gamma(1 + \alpha) = \alpha\Gamma(\alpha)$, podemos reduzir o produto indicado no denominador de (6) a um único termo.

Por exemplo,

$$\Gamma(1 + \nu + 1) = (1 + \nu)\Gamma(1 + \nu)$$

$$\Gamma(1 + \nu + 2) = (2 + \nu)\Gamma(2 + \nu) = (2 + \nu)(1 + \nu)\Gamma(1 + \nu).$$

Logo, podemos escrever (6) como

$$c_{2n} = \frac{(-1)^n}{2^{2n+\nu} n!(1 + \nu)(2 + \nu)\ldots(n + \nu)\Gamma(1 + \nu)} = \frac{(-1)^n}{2^{2n+\nu} n!\Gamma(1 + \nu + n)}$$

para $n = 0, 1, 2, \ldots$

FUNÇÕES DE BESSEL DE PRIMEIRA ESPÉCIE
Usando os coeficientes c_{2n} que acabamos de obter e $r = \nu$, uma solução em série de (1) é $y = \sum_{n=0}^{\infty} c_{2n} x^{2n+\nu}$. Essa solução é denotada usualmente por $J_\nu(x)$:

$$J_\nu(x) = \sum_{n=0}^{\infty} \frac{(-1)^n}{n!\Gamma(1 + \nu + n)} \left(\frac{x}{2}\right)^{2n+\nu}. \tag{7}$$

Se $\nu \geq 0$, a série converge pelo menos no intervalo $[0, \infty)$. Além disso, exatamente da mesma forma, obtemos para o segundo expoente $r_2 = -\nu$

$$J_{-\nu}(x) = \sum_{n=0}^{\infty} \frac{(-1)^n}{n!\Gamma(1 - \nu + n)} \left(\frac{x}{2}\right)^{2n-\nu}. \tag{8}$$

As funções $J_\nu(x)$ e $J_{-\nu}(x)$ são chamadas de **funções de Bessel de primeira espécie** de ordem ν e $-\nu$, respectivamente. Dependendo do valor de ν, (8) pode conter potências negativas de x e, portanto, converge em $(0, \infty)$.[†]

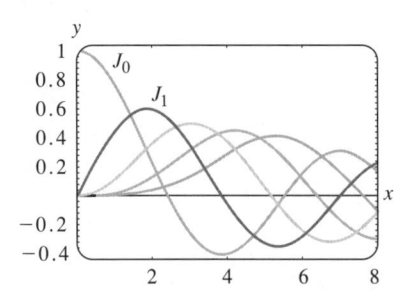

FIGURA 6.4.1 Funções de Bessel de primeira espécie para $n = 0, 1, 2, 3, 4$.

[†] Quando substituímos x por $|x|$, as séries dadas em (7) e (8) convergem para $0 < |x| < \infty$.

Agora, devemos tomar algum cuidado ao escrever a solução geral de (1). Quando $v = 0$, é claro que (7) e (8) são iguais. Se $v > 0$ e $r_1 - r_2 = v - (-v) = 2v$ não é um inteiro positivo, segue do Caso I da Seção 6.3 que $J_v(x)$ e $J_{-v}(x)$ são soluções linearmente independentes de (1) em $(0, \infty)$. Portanto, a solução geral no intervalo é $y = c_1 J_v(x) + c_2 J_{-v}(x)$. Mas também sabemos do Caso II da Seção 6.3 que, quando $r_1 - r_2 = 2v$ é um inteiro positivo, uma segunda solução em série de (1) poderá existir. Nesse segundo caso, distinguimos duas possibilidades. Se $v = m = $ inteiro positivo, $J_{-m}(x)$ definida por (8) e $J_m(x)$ não são soluções linearmente independentes. Pode ser mostrado que J_{-m} é um múltiplo constante de J_m (veja a Propriedade (i) na página 275). Além disso, $r_1 - r_2 = 2v$ pode ser um inteiro positivo quando v for a metade de um número inteiro positivo ímpar. Nesse caso, pode ser mostrado que $J_v(x)$ e $J_{-v}(x)$ são linearmente independentes. Em outras palavras, a solução geral de (1) em $(0, \infty)$ é

$$y = c_1 J_v(x) + c_2 J_{-v}(x), \quad v \neq \text{ de inteiro}. \tag{9}$$

Os gráficos de $y = J_0(x)$ e $y = J_1(x)$ são apresentados na Figura 6.4.1.

EXEMPLO 1 Equação de Bessel de ordem $\frac{1}{2}$

Identificando $v^2 = \frac{1}{4}$ e $v = \frac{1}{2}$ podemos ver de (9) que a solução geral da equação $x^2 y'' + xy' + (x^2 - \frac{1}{4})y = 0$ em $(0, \infty)$ é $y = c_1 J_{1/2}(x) + c_2 J_{-1/2}(x)$. ∎

FUNÇÕES DE BESSEL DE SEGUNDA ESPÉCIE

Se v não for inteiro, a função definida pela combinação linear

$$Y_v(x) = \frac{\cos v\pi J_v(x) - J_{-v}(x)}{\operatorname{sen} v\pi} \tag{10}$$

e a função $J_v(x)$ serão soluções linearmente independentes de (1). Assim, uma outra forma da solução geral de (1) é $y = c_1 J_v(x) + c_2 Y_v(x)$, desde que v não seja inteiro. Quando $v \to m$, m um inteiro, (10) terá a forma indeterminada 0/0. Porém, pode ser mostrado pela regra de L'Hôpital que $\lim_{v \to m} Y_v(x)$ existe. Além disso, a função

$$Y_m(x) = \lim_{v \to m} Y_v(x)$$

e $J_m(x)$ são soluções linearmente independentes de $x^2 y'' + xy' + (x^2 - m^2)y = 0$. Logo, para qualquer valor de v, a solução geral de (1) em $(0, \infty)$ pode ser escrita como

$$y = c_1 J_v(x) + c_2 Y_v(x). \tag{11}$$

$Y_v(x)$ é chamada **função de Bessel de segunda espécie** de ordem v. A Figura 6.4.2 mostra os gráficos de $Y_0(x)$ e $Y_1(x)$.

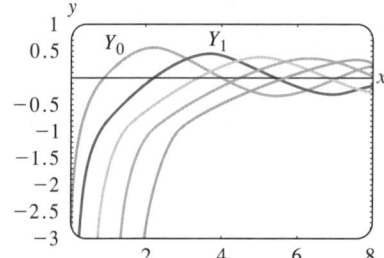

FIGURA 6.4.2 Funções de Bessel de segunda espécie para $n = 0, 1, 2, 3, 4$.

EXEMPLO 2 Equação de Bessel de ordem 3

Identificando $v^2 = 9$ e $v = 3$, vemos de (11) que a solução geral da equação $x^2 y'' + xy' + (x^2 - 9)y = 0$ em $(0, \infty)$ é $y = c_1 J_3(x) + c_2 Y_3(x)$. ∎

EDS SOLUCIONÁVEIS EM TERMOS DE FUNÇÕES DE BESSEL

Às vezes é possível transformar uma equação diferencial em uma equação (1) por meio de uma mudança de variável. Podemos, então, expressar a solução da equação original em termos de funções de Bessel. Por exemplo, se supusermos $\alpha > 0$, $t = \alpha x$, em

$$x^2 y'' + xy' + (\alpha^2 x^2 - v^2)y = 0, \tag{12}$$

teremos, pela regra da cadeia,

$$\frac{dy}{dx} = \frac{dy}{dt}\frac{dt}{dx} = \alpha \frac{dy}{dt} \quad \text{e} \quad \frac{d^2 y}{dx^2} = \frac{d}{dt}\left(\frac{dy}{dx}\right)\frac{dt}{dx} = \alpha^2 \frac{d^2 y}{dt^2}.$$

Assim, de acordo com (12) temos

$$\left(\frac{t}{\alpha}\right)^2 \alpha^2 \frac{d^2 y}{dt^2} + \left(\frac{t}{\alpha}\right) \alpha \frac{dy}{dt} + (t^2 - v^2)y = 0 \quad \text{ou} \quad t^2 \frac{d^2 y}{dt^2} + t \frac{dy}{dt} + (t^2 - v^2)y = 0.$$

A última equação é a equação de Bessel de ordem ν com solução $y = c_1 J_\nu(t) + c_2 Y_\nu(t)$. Através de uma nova substituição $t = \alpha x$ na última expressão, vemos que a solução geral de (12) é

$$y = c_1 J_\nu(\alpha x) + c_2 Y_p(\alpha x). \tag{13}$$

Chamamos a Equação (12) de **equação paramétrica de Bessel de ordem ν**, e sua solução geral (13) é muito importante no estudo de certos problemas de valor de contorno que envolvem equações diferenciais parciais, que são expressas em coordenadas cilíndricas.

FUNÇÕES DE BESSEL MODIFICADAS

Outra equação que tem uma semelhança com (1) é a **equação modificada de Bessel de ordem ν**,

$$x^2 y'' + xy' - (x^2 + \nu^2)y = 0. \tag{14}$$

Esta ED pode ser resolvida da mesma forma que a apresentada em (12). Desta vez, se deixarmos $t = ix$, onde $i^2 = -1$, então (14) torna-se

$$t^2 \frac{d^2 y}{dt^2} + t \frac{dy}{dt} + (t^2 - \nu^2)y = 0.$$

Como as soluções da última ED são $J_\nu(t)$ e $Y_\nu(t)$, as soluções de *valor complexo* de (14) são $J_\nu(ix)$ e $Y_\nu(ix)$. Uma solução da parte real, chamada **função de Bessel modificada de primeira espécie** de ordem ν, é definida em termos de $J_\nu(ix)$:

$$I_\nu(x) = i^{-\nu} J_\nu(ix). \tag{15}$$

Veja o Problema 21 nos Exercícios 6.4.

Análoga à (10), a **função de Bessel modificada de segunda espécie** de ordem ν, onde ν não é inteiro, é definida como

$$K_\nu(x) = \frac{\pi}{2} \frac{I_{-\nu}(x) - I_\nu(x)}{\operatorname{sen} \nu\pi}, \tag{16}$$

e para $\nu = n$ inteiro,

$$K_n(x) = \lim_{\nu \to n} K_\nu(x).$$

Como I_ν e K_ν são linearmente independentes no intervalo $(0, \infty)$ para qualquer valor de ν, a solução geral de (14) naquele intervalo é

$$y = c_1 I_\nu(x) + c_2 K_\nu(x). \tag{17}$$

Os gráficos de $y = I_0(x)$, $y = I_1(x)$ e $y = I_2(x)$ são mostrados na Figura 6.4.3 e os gráficos de $y = K_0(x)$, $y = K_1(x)$ e $y = K_2(x)$ são mostrados na Figura 6.4.4. Ao contrário das funções de Bessel de primeira e segunda espécie, as funções de Bessel modificadas de primeira e segunda espécie não são oscilatórias. As Figuras 6.4.3 and 6.4.4 também ilustram o fato de que as funções de Bessel modificadas $I_n(x)$ e $K_n(x)$, $n = 0, 1, 2, \ldots$ não tem raízes reais no intervalo $(0, \infty)$. Note também que as funções de Bessel modificadas de segunda espécie $K_n(x)$ assim como as funções de Bessel de segunda espécie $Y_n(x)$ tornam-se ilimitadas quando $x \to 0^+$.

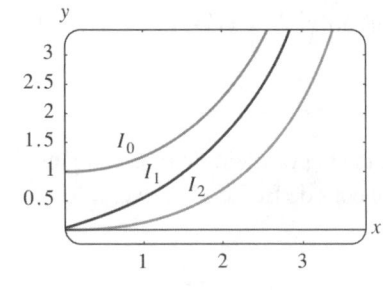

FIGURA 6.4.3 Funções de Bessel modificadas de primeira espécie para $n = 0, 1, 2$

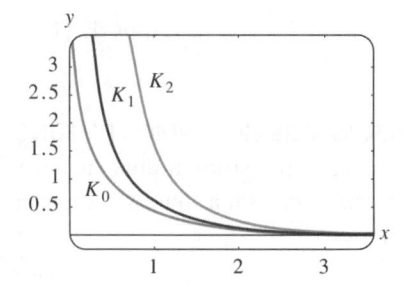

FIGURA 6.4.4 Funções de Bessel de segunda espécie para $n = 0, 1, 2$

Uma mudança de variável em (14) nos dá a **forma paramétrica** da equação de Bessel modificada de ordem ν:

$$x^2 y'' + xy' - (\alpha^2 x^2 + \nu^2)y = 0.$$

A solução geral da última equação no intervalo $(0, \infty)$ é

$$y = c_1 I_\nu(\alpha x) + c_2 K_\nu(\alpha x).$$

Contudo, uma outra equação, importante porque, por escolhas apropriadas dos parâmetros, muitas EDs ajustam-se em sua forma, é

$$y'' + \frac{1-2a}{x}y' + \left(b^2c^2x^{2c-2} + \frac{a^2 - p^2c^2}{x^2}\right)y = 0, \quad p \geq 0. \tag{18}$$

No entanto, mesmo não apresentado os detalhes, a solução geral de (18),

$$y = x^a \left[c_1 J_p(bx^c) + c_2 Y_p(bx^c)\right], \tag{19}$$

pode ser encontrada por meio de uma mudança em ambas as variáveis, independentes e dependentes, $z = bx^c$ e $y(x) = \left(\frac{z}{b}\right)^{a/c} w(z)$. Se p não é um inteiro, então Y_p em (19) pode ser substituída por J_{-p}.

EXEMPLO 3   Usando (18)

Encontre a solução geral de $xy'' + 3y' + 9y = 0$ em $(0, \infty)$.

SOLUÇÃO
Ao escrever a ED dada como

$$y'' + \frac{3}{x}y' + \frac{9}{x}y = 0,$$

podemos fazer as seguintes identificações com (18):

$$1 - 2a = 3, \quad b^2c^2 = 9, \quad 2c - 2 = -1 \quad \text{e} \quad a^2 - p^2c^2 = 0.$$

A primeira e a terceira equações implicam em $a = -1$ e $c = \frac{1}{2}$. Com esses valores, a segunda e quarta equações são satisfeitas tomando $b = 6$ e $p = 2$. De (19) vemos que a solução geral da ED no intervalo $(0, \infty)$ é $y = x^{-1}\left[c_1 J_2(6x^{1/2}) + c_2 Y_2(6x^{1/2})\right]$. ∎

EXEMPLO 4   Revisão da mola envelhecida

Lembre-se de que na Seção 5.1 vimos que um modelo matemático para o movimento livre não amortecido de uma massa presa a uma mola envelhecida é dado por $mx'' + ke^{-\alpha t}x = 0, \alpha > 0$. Estamos agora em condições de encontrar a solução geral da equação. Deixamos como exercício mostrar que a mudança de variáveis $s = \frac{2}{\alpha}\sqrt{\frac{k}{m}}e^{-\alpha t/2}$ transforma a equação diferencial da mola envelhecida em

$$s^2 \frac{d^2x}{ds^2} + s\frac{dx}{ds} + s^2 x = 0.$$

A última equação é reconhecida como sendo (1), com $\nu = 0$ e com os símbolos x e s no papel de y e x, respectivamente. A solução geral da nova equação é $x = c_1 J_0(s) + c_2 Y_0(s)$. Se substituirmos novamente s, vemos que a solução geral de $mx'' + ke^{-\alpha t}x = 0$ é

$$x(t) = c_1 J_0\left(\frac{2}{\alpha}\sqrt{\frac{k}{m}}e^{-\alpha t/2}\right) + c_2 Y_0\left(\frac{2}{\alpha}\sqrt{\frac{k}{m}}e^{-\alpha t/2}\right).$$

Veja os Problemas 33-39 nos Exercícios 6.4. ∎

O outro modelo discutido na Seção 5.1, de uma mola cujas características variam no tempo, foi $mx'' + ktx = 0$. Dividindo ambos os membros por m, vemos que essa equação $x'' + \frac{k}{m}tx = 0$ é a equação de Airy, $y'' + \alpha^2 xy = 0$. Veja o Exemplo 5 da Seção 6.2. A solução geral da equação de Airy pode também ser escrita em termos das funções de Bessel. Veja os Problemas 34, 35 e 40 nos Exercícios 6.4.

PROPRIEDADES

A seguir, enumeramos algumas das propriedades mais úteis das funções de Bessel de ordem m, $m = 0, 1, 2, \ldots$:

(i) $J_{-m}(x) = (-1)^m J_m(x)$ (ii) $J_m(-x) = (-1)^m J_m(x)$

(iii) $J_m(0) = \begin{cases} 0, & m > 0 \\ 1, & m = 0 \end{cases}$ (iv) $\lim_{x \to 0^+} Y_m(x) = -\infty$

Observe que a Propriedade (ii) indica que $J_m(x)$ será uma função par, se m for um inteiro par, e uma função ímpar, se m for um inteiro ímpar. Os gráficos de $Y_0(x)$ e $Y_1(x)$ na Figura 6.4.2 ilustram a Propriedade (iv), ou seja, $Y_m(x)$ é ilimitada na origem. Esse fato não é óbvio, com base em (10). As soluções da equação de Bessel de ordem 0 podem ser obtidas usando as soluções $y_1(x)$ em (21) e $y_2(x)$ em (22) da Seção 6.3. Pode ser mostrado que (21) da Seção 6.3 é $y_1(x) = J_0(x)$, logo, dada pela (22).

$$y_2(x) = J_0(x) \ln x - \sum_{k=1}^{\infty} \frac{(-1)^k}{(k!)^2} \left(1 + \frac{1}{2} + \cdots + \frac{1}{k}\right) \left(\frac{x}{2}\right)^{2k}.$$

A função de Bessel do segundo tipo de ordem 0, $Y_0(x)$, é então definida como a combinação linear $Y_0(x) = \frac{2}{\pi}(\gamma - \ln 2) y_1(x) + \frac{2}{\pi} y_2(x)$ para $x > 0$. Isto é,

$$Y_0(x) = \frac{2}{\pi} J_0(x) \left[\gamma + \ln \frac{x}{2}\right] - \frac{2}{\pi} \sum_{k=1}^{\infty} \frac{(-1)^k}{(k!)^2} \left(1 + \frac{1}{2} + \cdots + \frac{1}{k}\right) \left(\frac{x}{2}\right)^{2k},$$

onde $\gamma = 0{,}57721566\ldots$ é a **constante de Euler**. Devido à presença do termo logarítmico, fica claro que $Y_0(x)$ é descontínua em $x = 0$.

VALORES NUMÉRICOS

Os cinco primeiros zeros não negativos de $J_0(x)$ $J_1(x)$, $Y_0(x)$ e $Y_1(x)$ são apresentados na Tabela 6.1. Alguns valores adicionais para essas quatro funções são apresentados na Tabela 6.2.

Tabela 6.1 Zeros de J_0, J_1, Y_0 e Y_1.

$J_0(x)$	$J_1(x)$	$Y_0(x)$	$Y_1(x)$
2,4048	0,0000	0,8936	2,1971
5,5201	3,8317	3,9577	5,4297
8,6537	7,0156	7,0861	8,5960
11,7915	10,1735	10,2223	11,7492
14,9309	13,3237	13,3611	14,8974

Tabela 6.2 Valores numéricos de J_0, J_1, Y_0 e Y_1.

x	$J_0(x)$	$J_1(x)$	$Y_0(x)$	$Y_1(x)$
0	1,0000	0,0000	—	—
1	0,7652	0,4401	0,0883	−0,7812
2	0,2239	0,5767	0,5104	−0,1070
3	−0,2601	0,3391	0,3769	0,3247
4	−0,3971	−0,0660	−0,0169	0,3979
5	−0,1776	−0,3276	−0,3085	0,1479
6	0,1506	−0,2767	−0,2882	−0,1750
7	0,3001	−0,0047	−0,0259	−0,3027
8	0,1717	0,2346	0,2235	−0,1581
9	−0,0903	0,2453	0,2499	0,1043
10	−0,2459	0,0435	0,0557	0,2490
11	−0,1712	−0,1768	−0,1688	0,1637
12	0,0477	−0,2234	−0,2252	−0,0571
13	0,2069	−0,0703	−0,0782	−0,2101
14	0,1711	0,1334	0,1272	−0,1666
15	−0,0142	0,2051	0,2055	0,0211

RELAÇÃO DE RECORRÊNCIAS DIFERENCIAIS

As fórmulas de recorrência que relacionam as funções de Bessel de diferentes ordens são importantes na teoria e nas aplicações. No exemplo seguinte vamos deduzir uma **relação de recorrência diferencial**.

EXEMPLO 5   **Dedução usando a definição da série**

Deduza a fórmula $x J_{\nu}'(x) = \nu J_{\nu}(x) - x J_{\nu+1}(x)$.

SOLUÇÃO
De (7), segue que

$$xJ'_\nu(x) = \sum_{n=0}^{\infty} \frac{(-1)^n(2n+\nu)}{n!\Gamma(1+\nu+n)} \left(\frac{x}{2}\right)^{2n+\nu}$$

$$= \nu \sum_{n=0}^{\infty} \frac{(-1)^n}{n!\Gamma(1+\nu+n)} \left(\frac{x}{2}\right)^{2n+\nu} + 2\sum_{n=0}^{\infty} \frac{(-1)^n n}{n!\Gamma(1+\nu+n)} \left(\frac{x}{2}\right)^{2n+\nu}$$

$$= \nu J_\nu(x) + x \underbrace{\sum_{n=1}^{\infty} \frac{(-1)^n}{(n-1)!\Gamma(1+\nu+n)} \left(\frac{x}{2}\right)^{2n+\nu-1}}_{k=n-1}$$

$$= \nu J_\nu(x) - x \sum_{k=0}^{\infty} \frac{(-1)^k}{k!\Gamma(2+\nu+k)} \left(\frac{x}{2}\right)^{2n+\nu+1} = \nu J_\nu(x) - xJ_{\nu+1}(x). \qquad\blacksquare$$

O resultado do Exemplo 5 pode ser escrito alternativamente. Dividindo $xJ'_\nu(x) - \nu J_\nu(x) = -xJ_{\nu+1}(x)$ por x, obtemos

$$J'_\nu(x) - \frac{\nu}{x} J_\nu(x) = -J_{\nu+1}(x).$$

Essa última expressão pode ser reconhecida como uma equação diferencial linear de primeira ordem em $J_\nu(x)$. Multiplicando ambos os lados da igualdade pelo fator integrante $x^{-\nu}$, obtemos

$$\frac{d}{dx}[x^{-\nu} J_\nu(x)] = -x^{-\nu} J_{\nu+1}(x). \tag{20}$$

Pode ser mostrado de forma análoga que

$$\frac{d}{dx}[x^{\nu} J_\nu(x)] = x^{\nu} J_{\nu-1}(x). \tag{21}$$

Veja o Problema 27 nos Exercícios 6.4. As relações de recorrência diferenciais (20) e (21) são também válidas para a função de Bessel de segunda espécie $Y_\nu(x)$. Observe que, quando $\nu = 0$, segue de (14) que

$$J'_0(x) = -J_1(x) \quad \text{e} \quad Y'_0(x) = -Y_1(x). \tag{22}$$

Esses resultados são aplicados no Problema 39 dos Exercícios 6.4.

FUNÇÕES DE BESSEL DE ORDEM SEMI-INTEIRA

Quando a ordem é metade de um número ímpar, isto é, $\pm\frac{1}{2}, \pm\frac{3}{2}, \pm\frac{5}{2}, \ldots$, as funções de Bessel de primeira e segunda espécie podem ser expressas em termos das funções elementares sen x, cos x e potências de x. Vamos considerar o caso quando $\nu = \frac{1}{2}$. De (7)

$$J_{1/2}(x) = \sum_{n=0}^{\infty} \frac{(-1)^n}{n!\Gamma(1+\frac{1}{2}+n)} \left(\frac{x}{2}\right)^{2n+1/2}.$$

Em vista da propriedade $\Gamma(1+\alpha) = \alpha\Gamma(\alpha)$ e do fato de que $\Gamma(\frac{1}{2}) = \sqrt{\pi}$, obtemos

$$n = 0: \Gamma\left(\frac{3}{2}\right) = \Gamma\left(1+\frac{1}{2}\right) = \frac{1}{2}\Gamma\left(\frac{1}{2}\right) = \frac{1}{2}\sqrt{\pi}$$

$$n = 1: \Gamma\left(\frac{5}{2}\right) = \Gamma\left(1+\frac{3}{2}\right) = \frac{3}{2}\Gamma\left(\frac{3}{2}\right) = \frac{3}{2^2}\sqrt{\pi} = \frac{3!}{2^3}\sqrt{\pi}$$

$$n = 2: \Gamma\left(\frac{7}{2}\right) = \Gamma\left(1+\frac{5}{2}\right) = \frac{5}{2}\Gamma\left(\frac{5}{2}\right) = \frac{5\cdot 3}{2^3}\sqrt{\pi} = \frac{5\cdot 4\cdot 3\cdot 2\cdot 1}{2^3\cdot 4\cdot 2}\sqrt{\pi} = \frac{5!}{2^5 2!}\sqrt{\pi}$$

$$n = 3: \Gamma\left(\frac{9}{2}\right) = \Gamma\left(1+\frac{7}{2}\right) = \frac{7}{2}\Gamma\left(\frac{7}{2}\right) = \frac{7\cdot 5}{2^6 2!}\sqrt{\pi} = \frac{7\cdot 6\cdot 5!}{2^6\cdot 6\cdot 2!}\sqrt{\pi} = \frac{7!}{2^7 3!}\sqrt{\pi}.$$

Em geral,
$$\Gamma\left(1+\frac{1}{2}+n\right)=\frac{(2n+1)!}{2^{2n+1}n!}\sqrt{\pi}.$$

Logo
$$J_{1/2}(x)=\sum_{n=0}^{\infty}\frac{(-1)^n}{n!\frac{(2n+1)!\sqrt{\pi}}{2^{2n+1}n!}}\left(\frac{x}{2}\right)^{2n+1/2}=\sqrt{\frac{2}{\pi x}}\sum_{n=0}^{\infty}\frac{(-1)^n}{(2n+1)!}x^{2n+1}.$$

De (2) da Seção 6.1 você deve reconhecer que a série da última linha é a série de Maclaurin para sen x e assim demonstramos que

$$J_{1/2}(x)=\sqrt{\frac{2}{\pi x}}\,\text{sen}\,x. \tag{23}$$

Deixamos como exercício mostrar que

$$J_{-1/2}(x)=\sqrt{\frac{2}{\pi x}}\cos x. \tag{24}$$

Veja a Figura 6.4.5 e os Problemas 31, 32 e 38 nos Exercícios 6.4.

Se n é um inteiro, então $\nu=n+\frac{1}{2}$ é metade de um inteiro ímpar. Como $\cos(n+\frac{1}{2})\pi=0$ e $\text{sen}(n+\frac{1}{2})\pi=\cos n\pi=(-1)^n$, vemos de (10) que $Y_{n+1/2}(x)=(-1)^{n+1}J_{-(n+1/2)}(x)$. Para $n=0$ e $n=-1$ temos, por sua vez, $Y_{1/2}(x)=-J_{-1/2}(x)$ e $Y_{-1/2}(x)=J_{1/2}(x)$. Em vista de (23) e (24) estes resultados são os mesmos que

$$Y_{1/2}(x)=-\sqrt{\frac{2}{\pi x}}\cos x \tag{25}$$

e

$$Y_{-1/2}(x)=\sqrt{\frac{2}{\pi x}}\,\text{sen}\,x. \tag{26}$$

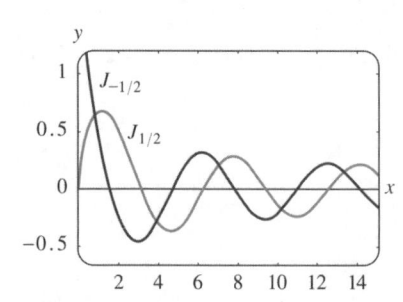

FIGURA 6.4.5 Funções de Bessel de ordem $\frac{1}{2}$(azul) e ordem $-\frac{1}{2}$(vermelho)

FUNÇÕES DE BESSEL ESFÉRICAS

Funções de Bessel de ordem semi-inteira são normalmente usadas para definir duas funções mais importantes:

$$J_n(x)=\sqrt{\frac{\pi}{2x}}J_{n+1/2}(x) \quad \text{e} \quad y_n(x)=\sqrt{\frac{\pi}{2x}}Y_{n+1/2}(x); \tag{27}$$

A função $j_n(x)$ é chamada a **função de Bessel esférica de primeira espécie** e $y_n(x)$ é a **função de Bessel esférica de segunda espécie**. Por exemplo, para $n=0$ as expressões em (27) tornam-se

$$j_0(x)=\sqrt{\frac{\pi}{2x}}j_{1/2}(x)=\sqrt{\frac{\pi}{2x}}\sqrt{\frac{2}{\pi x}}\,\text{sen}\,x=\frac{\text{sen}\,x}{x}$$

e

$$y_0(x)=\sqrt{\frac{\pi}{2x}}Y_{1/2}(x)=-\sqrt{\frac{\pi}{2x}}\sqrt{\frac{2}{\pi x}}\cos x=-\frac{\cos x}{x}$$

Decorre de (27) e da Figura 6.4.2 para $n\geq 0$ que a função de Bessel esférica de segunda espécie $Y_n(x)$ se torna ilimitada quando $x\to 0^+$.

Funções de Bessel esféricas surgem na solução de uma equação diferencial parcial especial expressa em coordenadas esféricas. Veja o Problema 54 nos Exercícios 6.4 e o Problema 13 nos Exercícios 13.3.

SOLUÇÃO DA EQUAÇÃO DE LEGENDRE

Como $x=0$ é um ponto ordinário da equação, substituímos a série de potências $y=\sum_{k=0}^{\infty}c_kx^k$, redefinimos os índices e combinamos a série para obter

$$(1-x^2)y'' - 2xy' + n(n+1)y = [n(n+1)c_0 + 2c_2] + [(n-1)(n+2)c_1 + 6c_3]x$$
$$+ \sum_{j=2}^{\infty}[(j+2)(j+1)c_{j+2} + (n-j)(n+j+1)c_j]x^j = 0,$$

o que implica

$$n(n+1)c_0 + 2c_2 = 0$$
$$(n-1)(n+2)c_1 + 6c_3 = 0$$
$$(j+2)(j+1)c_{j+2} + (n-j)(n+j+1)c_j = 0$$

ou

$$c_2 = -\frac{n(n+1)}{2!}c_0$$
$$c_3 = -\frac{(n-1)(n+2)}{3!}c_1$$
$$c_{j+2} = -\frac{(n-j)(n+j+1)}{(j+2)(j+1)}c_j, \quad j = 2, 3, 4\ldots. \tag{28}$$

Se fizermos j assumir os valores $2, 3, 4, \ldots$, a relação de recorrência (28) produzirá

$$c_4 = -\frac{(n-2)(n+3)}{4 \cdot 3}c_2 = \frac{(n-2)n(n+1)(n+3)}{4!}c_0$$
$$c_5 = -\frac{(n-3)(n+4)}{5 \cdot 4}c_3 = \frac{(n-3)(n-1)(n+2)(n+4)}{5!}c_1$$
$$c_6 = -\frac{(n-4)(n+5)}{6 \cdot 5}c_4 = -\frac{(n-4)(n-2)n(n+1)(n+3)(n+5)}{6!}c_0$$
$$c_7 = -\frac{(n-5)(n+6)}{7 \cdot 6}c_5 = -\frac{(n-5)(n-3)(n-1)(n+2)(n+4)(n+6)}{7!}c_1$$

e assim por diante. Deste modo, pelo menos para $|x| < 1$, obtemos duas soluções em série de potências linearmente independentes:

$$y_1(x) = c_0\left[1 - \frac{n(n+1)}{2!}x^2 + \frac{(n-2)n(n+1)(n+3)}{4!}x^4 - \frac{(n-4)(n-2)n(n+1)(n+3)(n+5)}{6!}x^6 + \cdots\right]$$
$$y_2(x) = c_1\left[x - \frac{(n-1)(n+2)}{3!}x^3 + \frac{(n-3)(n-1)(n+2)(n+4)}{5!}x^5\right. \tag{29}$$
$$\left.- \frac{(n-5)(n-3)(n-1)(n+2)(n+4)(n+6)}{7!}x^7 + \cdots\right].$$

Observe que, se n for um inteiro par, a primeira série será finita, enquanto $y_2(x)$ será uma série infinita. Por exemplo, se $n = 4$, então

$$y_1(x) = c_0\left[1 - \frac{4 \cdot 5}{2!}x^2 + \frac{2 \cdot 4 \cdot 5 \cdot 7}{4!}x^4\right] = c_0\left[1 - 10x^2 + \frac{35}{3}x^4\right].$$

Da mesma forma, quando n for um inteiro ímpar, a série para $y_2(x)$ terminará com x^n; isto é, *quando n for um inteiro não negativo, obteremos uma solução polinomial de grau n* para a equação de Legendre.

Como sabemos que o múltiplo constante de uma solução da equação de Legendre é também uma solução, é comum escolher valores específicos para c_0 ou c_1, dependendo de n ser um inteiro positivo par ou ímpar, respectivamente. Para $n = 0$, escolhemos $c_0 = 1$ e, para $n = 2, 4, 6, \ldots$,

$$c_0 = (-1)^{n/2}\frac{1 \cdot 3 \ldots (n-1)}{2 \cdot 4 \ldots n},$$

ao passo que, para $n = 1$, escolhemos $c_1 = 1$ e, para $n = 3, 5, 7, \ldots$.

$$c_1 = (-1)^{(n-1)/2}\frac{1 \cdot 3 \ldots n}{2 \cdot 4 \ldots (n-1)}.$$

Por exemplo, quando $n = 4$, temos

$$y_1(x) = (-1)^{4/2}\frac{1\cdot 3}{2\cdot 4}\left[1 - 10x^2 + \frac{35}{3}x^4\right] = \frac{1}{8}(35x^4 - 30x^2 + 3).$$

POLINÔMIOS DE LEGENDRE

Essas soluções polinomiais específicas de grau n, chamadas **polinômios de Legendre**, são denotadas por $P_n(x)$. Com base nas séries $y_1(x)$ e $y_2(x)$ e nas escolhas de c_0 e c_1, encontramos os primeiros polinômios de Legendre:

$$P_0(x) = 1 \qquad\qquad P_1(x) = x$$

$$P_2(x) = \frac{1}{2}(3x^2 - 1) \qquad P_3(x) = \frac{1}{2}(5x^3 - 3x) \tag{30}$$

$$P_4(x) = \frac{1}{8}(35x^4 - 30x^2 + 3) \qquad P_5(x) = \frac{1}{8}(63x^5 - 70x^3 + 15x).$$

Lembre-se de que $P_0(x), P_1(x), P_2(x), P_3(x),\ldots$ são, por sua vez, soluções particulares das equações diferenciais

$$\begin{aligned}n = 0 &: (1 - x^2)y'' - 2xy' = 0\\ n = 1 &: (1 - x^2)y'' - 2xy' + 2y = 0\\ n = 2 &: (1 - x^2)y'' - 2xy' + 6y = 0\\ n = 3 &: (1 - x^2)y'' - 2xy' + 12y = 0\\ &\vdots\end{aligned} \tag{31}$$

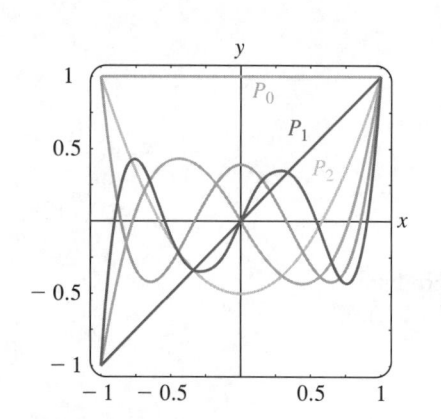

FIGURA 6.4.6 Polinômios de Legendre para $n = 0, 1, 2, 3, 4, 5$.

Os gráficos, no intervalo $-1 \le x \le 1$, dos seis polinômios de Legendre em (30) são apresentados na Figura 6.4.6.

PROPRIEDADES

Verifique as seguintes propriedades usando os polinômios de Legendre em (30).

(i) $P_n(-x) = (-1)^n P_n(x)$
(ii) $P_n(1) = 1$
(iii) $P_n(-1) = (-1)^n$
(iv) $P_n(0) = 0$, n ímpar
(v) $P'_n(0) = 0$, n par

A Propriedade (i) indica, como fica evidente na Figura 6.4.6, que $P_n(x)$ é uma função par ou ímpar se n for par ou ímpar.

RELAÇÃO DE RECORRÊNCIA

Relações de recorrência que relacionam entre si polinômios de Legendre de graus diferentes são também importantes em alguns aspectos práticos. Especifiquemos, sem demonstração, a relação de recorrência de segunda ordem

$$(k + 1)P_{k+1}(x) - (2k + 1)xP_k(x) + kP_{k-1}(x) = 0, \tag{32}$$

que é válida para $k = 1, 2, 3,\ldots$ Em (27), fizemos uma lista dos seis primeiros polinômios de Legendre. Se quisermos encontrar, digamos, $P_6(x)$, podemos usar (29) com $k = 5$. Essa relação expressa $P_6(x)$ em termos dos polinômios conhecidos $P_4(x)$ e $P_5(x)$. Veja o Problema 45 nos Exercícios 6.4.

Uma outra fórmula, embora não seja uma relação de recorrência, pode gerar os polinômios de Legendre por diferenciação. A **fórmula de Rodrigues** para esses polinômios é

$$P_n(x) = \frac{1}{2^n n!}\frac{d^n}{dx^n}(x^2 - 1)^n, \quad n = 0, 1, 2,\ldots. \tag{33}$$

Veja o Problema 48 nos Exercícios 6.4.

OBSERVAÇÕES

Embora tenhamos assumido que o parâmetro n da equação diferencial de Legendre $(1 - x^2)y'' - 2xy' + n(n + 1)y = 0$ representa um inteiro não negativo, em um contexto mais geral, n pode representar qualquer número real. Qualquer solução da equação de Legendre é chamada **função de Legendre**. Se n não é um inteiro não negativo, então ambas as funções de Legendre $y_1(x)$ e $y_2(x)$ dadas em (29) são séries infinitas, convergentes no intervalo aberto $(-1, 1)$ e divergentes (ilimitadas) em $x = \pm 1$. Se n é um inteiro não negativo, então, como acabamos de ver, uma das funções de Legendre, em (29), é um polinômio e a outra é uma série infinita convergente no intervalo $-1 < x < 1$. Note que a equação de Legendre possui soluções que são delimitadas no intervalo *fechado* $[-1, 1]$ apenas nos casos em que $n = 0, 1, 2, \ldots$. Mais especificamente, as únicas funções de Legendre que são delimitadas no intervalo fechado $[-1, 1]$ são os polinômios de Legendre $P_n(x)$ ou múltiplos constantes desses polinômios. Veja o Problema 47 nos Exercícios 6.4 e o Problema 24 na revisão do Capítulo 6.

EXERCÍCIOS 6.4

As respostas aos problemas ímpares estão no final do livro.

EQUAÇÃO DE BESSEL

Nos Problemas 1-6, utilize (1) para encontrar a solução geral da equação diferencial dada em $(0, \infty)$.

1. $x^2y'' + xy' + (x^2 - \frac{1}{9})y = 0$

2. $\frac{d}{dx}[xy'] + \left(x - \frac{4}{x}\right)y = 0$

3. $4x^2y'' + 4xy' + (4x^2 - 25)y = 0$

4. $x^2y'' + xy' + (x^2 - 1)y = 0$

5. $xy'' + y' + xy = 0$

6. $16x^2y'' + 16xy' + (16x^2 - 1)y = 0$

Nos Problemas 7-10, utilize (12) para encontrar a solução geral da equação diferencial dada em $(0, \infty)$.

7. $x^2y'' + xy' + (9x^2 - 4)y = 0$

8. $x^2y'' + xy' + (2x^2 - 64)y = 0$

9. $x^2y'' + xy' + (25x^2 - \frac{4}{9})y = 0$

10. $x^2y'' + xy' + (36x^2 - \frac{1}{4})y = 0$

Nos Problemas 11 e 12 use a mudança de variável indicada para encontrar a solução geral da equação diferencial dada em $(0, \infty)$.

11. $x^2y'' + 2xy' + \alpha^2 x^2 y = 0$; $y = x^{-1/2}v(x)$

12. $x^2y'' + (\alpha^2 x^2 - v^2 + \frac{1}{4})y = 0$; $y = \sqrt{x}v(x)$

Nos Problemas 13-20 utilize (18) para encontrar a solução geral em $(0, \infty)$ para a equação diferencial dada.

13. $xy'' + 2y' + 4y = 0$

14. $xy'' - 5y' + xy = 0$

15. $xy'' - y' + xy = 0$

16. $4x^2y'' + (16x^2 + 1)y = 0$

17. $x^2y'' + (x^2 - 2)y = 0$

18. $xy'' + 3y' + xy = 0$

19. $xy'' + 3y' + x^3y = 0$

20. $9x^2y'' + 9xy' + (x^6 - 36)y = 0$

21. Use a série em (7) para verificar se $I_v(x) = i^{-v}J_v(ix)$ é uma função real.

22. Suponha que b, na equação (18), pode ser um número imaginário puro, isto é, $b = \beta i, \beta > 0, i^2 = -1$. Utilize esse pressuposto para expressar a solução geral da equação diferencial dada em termos das funções de Bessel modificadas I_n e K_n.

    a) $y'' - x^2 y = 0$

    b) $xy'' + y' - 7x^3 y = 0$

Nos Problemas 23-26, use primeiro (18) para expressar a solução geral da equação diferencial dada em termos de funções de Bessel. Em seguida, use (23) e (24) para expressar a solução geral em termos de funções elementares.

23. $y'' + y = 0$

24. Use a fórmula obtida no Exemplo 5 com o item (a) do Problema 27 para deduzir a relação de recorrência
$$2\nu J_\nu(x) = xJ_{\nu+1}(x) + xJ_{\nu-1}(x).$$

25. $16x^2y'' + 32xy' + (x^4 - 12)y = 0$

26. $x^2y'' + 4xy' + (x^2 + 2)y = 0$

27. a) Proceda como no Exemplo 5 para mostrar que
$xJ'_\nu(x) = -\nu J_\nu(x) + xJ_{\nu-1}(x)$. [*Sugestão*: Escreva $2n + \nu = 2(n + \nu) - \nu$.]

b) Use o resultado do item (a) para deduzir (21).

28. $4x^2y'' - 4xy' + (16x^2 + 3)y = 0$

Nos Problemas 29 e 30, use (20) ou (21) para obter o resultado dado.

29. $\int_0^x rJ_0(r)dr = xJ_1(x)$

30. $J'_0(x) = J_{-1}(x) = -J_1(x)$

31. Proceda como na página 277 para obter a forma elementar de $J_{-1/2}(x)$ dada em (24).

32. Use a relação de recorrência do Problema 28 (23) e (24) para expressar $J_{3/2}(x)$, $J_{-3/2}(x)$ e $J_{5/2}(x)$ em termos de sen x, cos x e potências de x.

33. Use a mudança de variáveis $s = \dfrac{2}{\alpha}\sqrt{\dfrac{k}{m}}e^{-\alpha t/2}$ para mostrar que a equação diferencial de uma mola envelhecida, $mx'' + ke^{-\alpha t}x = 0$, $\alpha > 0$, transforma-se em
$$s^2\frac{d^2x}{ds^2} + s\frac{dx}{ds} + s^2 x = 0.$$

34. Mostre que $y = x^{1/2}w(\tfrac{2}{3}\alpha x^{3/2})$ é uma solução da equação diferencial de Airy $y'' + \alpha^2 xy = 0$, $x > 0$ sempre que w for uma solução da equação de Bessel de ordem $\tfrac{1}{3}$, isto é, $t^2w'' + tw' + (t^2 - \tfrac{1}{9})w = 0$, $t > 0$. [*Sugestão:* Após a diferenciação, substituição e simplificação, faça $t = \tfrac{2}{3}\alpha x^{3/2}$.]

35. a) Use o resultado do Problema 34 para expressar a solução geral da equação de Airy para $x > 0$ em termos das funções de Bessel.

b) Verifique o resultado obtido no item (a) usando (18).

36. Use a Tabela 6.1 para encontrar os três primeiros autovalores positivos e correspondentes autofunções do problema de valor de contorno
$$xy'' + y' + \lambda xy = 0,$$
$y(x), y'(x)$ delimitado por $x \to 0^+$, $y(2) = 0$.

[*Sugestão*: Ao identificar $\lambda = \alpha^2$, a ED é uma equação paramétrica de Bessel de ordem zero.]

37. a) Use (18) para mostrar que a solução geral da equação diferencial $xy'' + \lambda y = 0$ no intervalo $(0, \infty)$ é
$$y = c_1\sqrt{x}J_1(2\sqrt{\lambda x}) + c_2\sqrt{x}Y_1(2\sqrt{\lambda x}).$$

b) Verifique por substituição direta que $y = \sqrt{x}J_1(2\sqrt{x})$ é uma solução particular da ED no caso em que $\lambda = 1$.

TAREFAS PARA O LABORATÓRIO DE INFORMÁTICA

38. Use um SAC para gerar o gráfico de $J_{3/2}(x)$, $J_{-3/2}(x)$, $J_{5/2}(x)$ e $J_{-5/2}(x)$.

39. a) Use a solução geral dada no Exemplo 4 para resolver o problema de valor inicial
$$4x'' + e^{-0,1t}x = 0, \quad x(0) = 1, \quad x'(0) = -\frac{1}{2}.$$
Use também $J'_0(x) = -J_1(x)$ e $Y'_0(x) = -Y_1(x)$ com a Tabela 6.1 ou um SAC, para calcular os coeficientes.

b) Use um SAC para traçar gráfico da solução obtida no item (a) no intervalo $0 \le t \le \infty$.

40. a) Use a solução geral obtida no Problema 35 para resolver o problema de valor inicial
$$4x'' + tx = 0, \quad x(0,1) = 1, \quad x'(0,1) = -\frac{1}{2}.$$

Use um SAC para calcular os coeficientes.

b) Use um SAC para traçar o gráfico da solução obtida no item (a) no intervalo $0 \le t \le 200$.

41. Coluna defletida sob seu próprio peso Uma fina coluna uniforme de comprimento L, posicionada verticalmente com uma das extremidades engastada no solo, vai defletir ou inclinar-se para um lado, sob a ação de seu próprio peso, quando seu comprimento ou altura for maior que uma determinada altura crítica. Pode ser mostrado que a deflexão angular $\theta(x)$ da coluna a partir da vertical em um ponto $P(x)$ é uma solução do problema de valor de contorno

$$EI\frac{d^2\theta}{dx^2} + \delta g(L-x)\theta = 0, \quad \theta(0) = 0, \quad \theta'(L) = 0,$$

onde E é o módulo de Young, I é o momento de inércia da seção transversal, δ é a constante de densidade linear e x é a distância ao longo da coluna medida a partir da base. Veja a Figura 6.4.7. A coluna vai inclinar-se somente para os valores de L para o qual o problema de valor de contorno tem uma solução não trivial.

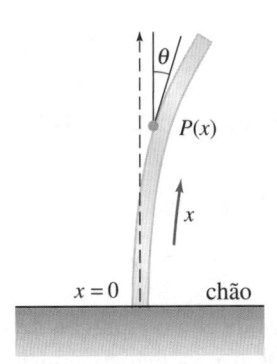

FIGURA 6.4.7 Coluna do Problema 41.

a) Reformule o problema de valor de contorno, fazendo a mudança de variáveis $t = L - x$. Em seguida, use os resultados de um problema apresentado no início deste bloco de exercícios para expressar a solução geral da equação diferencial em termos das funções de Bessel.

b) Use a solução geral apresentada no item (a) para encontrar uma solução para o PVC e uma equação que defina o comprimento crítico L, ou seja, o menor valor de L em que a coluna vai começar a defletir.

c) Com a ajuda de um SAC, determine o comprimento crítico L de uma barra de aço sólida com raio $r = 0{,}05$ pol. se $\delta g = 0{,}28A$ lb/pol.; $E = 2{,}6 \times 10^7$ lb/pol.^{2}; $A = \pi r^2$ e $I = \frac{1}{4}\pi r^4$.

42. Flambagem de uma coluna vertical fina No Exemplo 4 da Seção 5.2 vimos que, quando uma força compressiva vertical constante, ou carga, P for aplicada a uma fina coluna de seção transversal uniforme e articulada em ambas as extremidades, a deflexão $y(x)$ satisfará o problema de valor de contorno

$$EI\frac{d^2y}{dx^2} + Py = 0, \quad y(0) = 0, \quad y(L) = 0.$$

a) Se o fator de rigidez EI for proporcional a x, então $EI(x) = kx$, onde k é uma constante de proporcionalidade. Se $EI(L) = kL = M$ for o fator de rigidez máxima, então $k = M/L$ e, portanto, $EI(x) = Mx/L$. Use as informações do Problema 37 para encontrar a solução de

$$M\frac{x}{L}\frac{d^2y}{dx^2} + Py = 0, \quad y(0) = 0, \quad y(L) = 0$$

se for conhecido que $\sqrt{x}Y_1(2\sqrt{\lambda x})$ *não* se anula em $x = 0$.

b) Use a Tabela 6.1 para encontrar a carga de Euler P_1 para a coluna.

c) Use um SAC para plotar o gráfico do primeiro modo de deflexão $y_1(x)$ correspondente à carga de Euler. Para simplificar, suponha que $c_1 = 1$ e $L = 1$.

43. Pêndulo de comprimento variável Para o pêndulo simples descrito na página 232 da Seção 5.3, suponha que a vara, segurando a massa m de um lado, é substituída por um fio flexível ou corda, e que o fio é amarrado por uma polia no ponto de apoio O, como mostrado na Figura 5.3.3. Desta forma, enquanto ele estiver em movimento em um plano vertical, a massa m pode ser levantada ou abaixada. Em outras palavras, o comprimento $l(t)$ do pêndulo varia com o tempo. Com base nos pressupostos que levam à Equação (6) na Seção 5.3, pode ser mostrado[‡] que a equação diferencial para o ângulo de deslocamento θ é dado por

$$l\theta'' + 2l'\theta' + g\operatorname{sen}\theta = 0.$$

a) Se l aumenta a um taxa constante v e se $l(0) = l_0$, mostre que a linearização da ED é dada por

$$(l_0 + vt)\theta'' + 2v\theta' + g\theta = 0. \quad (34)$$

b) Faça a mudança de variáveis $x = (l_0 + vt)/v$ e mostre que (34) torna-se

$$\frac{d^2\theta}{dx^2} + \frac{2}{x}\frac{d\theta}{dx} + \frac{g}{vx}\theta = 0.$$

c) Use o item (b) e (18) para expressar a solução geral da equação (34) em termos das funções de Bessel.

[‡] Veja *Mathematical Methods in Phisical Sciences*, Mary Boas, John Wiley & Sons, Inc., 1966. Também leia o artigo de Borelli, Coleman, e Hobson em *Mathematics* Magazine, vol. 58, n° 2, de março de 1985.

d) Use a solução geral obtida no item (c) para resolver o problema de valor inicial baseado na equação (34) e nas condições iniciais $\theta(0) = \theta_0$, $\theta'(0) = 0$. [*Sugestões:* Para simplificar os cálculos, use uma nova mudança de variável

$$u = \frac{2}{v}\sqrt{g(l_0 + vt)} = 2\sqrt{\frac{g}{v}}x^{1/2}.$$

Além disso, lembre-se que (20) vale para ambos os $J_1(u)$ e $Y_1(u)$. Finalmente, a identidade

$$J_1(u)Y_2(u) - J_2(u)Y_1(u) = -\frac{2}{\pi u}$$

será útil.]

e) Use um SAC para traçar o gráfico da solução $\theta(t)$ do PVI no item (d) quando $l_0 = 1$ pé, $\theta_0 = \frac{1}{10}$ radiano e $v = \frac{1}{60}$ pé/s. Experimente com o gráfico usando diferentes intervalos de tempo, tais como $[0, 10]$, $[0, 30]$, e assim por diante.

f) O que os gráficos indicam sobre o ângulo de deslocamento $\theta(t)$ e sobre o comprimento do fio l, com o passar do tempo?

EQUAÇÃO DE LEGENDRE

44. a) Use as soluções explícitas $y_1(x)$ e $y_2(x)$ da equação de Legendre dada em (29) e escolha adequadamente os valores de c_0 e c_1 para encontrar os polinômios de Legendre $P_6(x)$ e $P_7(x)$.

b) Escreva as equações diferenciais para as quais $P_6(x)$ e $P_7(x)$ são soluções particulares.

45. Use a relação de recorrência (32) e $P_0(x) = 1$, $P_1(x) = x$ para gerar os próximos seis polinômios de Legendre.

46. Mostre que a equação diferencial

$$\text{sen}\,\theta \frac{d^2y}{d\theta^2} + \cos\theta \frac{dy}{d\theta} + n(n+1)(\text{sen}\,\theta)y = 0$$

pode ser transformada em equação de Legendre por meio da substituição $x = \cos\theta$.

47. Encontre os três primeiros valores positivos de λ para os quais o problema

$$(1 - x^2)y'' - 2xy' + \lambda y = 0,$$

$y(0) = 0$, $y(x), y'(x)$ delimitada por $[-1, 1]$,

tem soluções não triviais.

TAREFAS PARA O LABORATÓRIO DE INFORMÁTICA

48. Neste problema, ignore a lista de polinômios de Legendre dada na página 280 e os gráficos apresentados na Figura 6.4.3. Use a fórmula de Rodrigues (33) para gerar os polinômios de Legendre $P_1(x)$, $P_2(x)$, ..., $P_7(x)$. Use um SAC para realizar as diferenciações e simplificações.

49. Use um SAC para traçar o gráfico $P_1(x), P_2(x), \ldots, P_7(x)$ no intervalo $[-1, 1]$.

50. Use um aplicativo para encontrar as raízes, ou zeros, de $P_1(x), P_2(x), \ldots, P_7(x)$. Se os polinômios de Legendre são funções internas do seu SAC, encontre os zeros dos polinômios de Legendre de grau mais elevado. Forme uma conjectura sobre a localização dos zeros de um polinômio de Legendre $P_n(x)$, e depois investigue a veracidade dos resultados.

EQUAÇÕES DIFERENCIAIS DIVERSAS

51. A equação diferencial

$$y'' - 2xy' + 2\alpha y = 0$$

ficou conhecida como **equação de Hermite de ordem** α após o matemático francês **Charles Hermite** (1822–1901). Mostre que a solução geral da equação é $y(x) = c_0 y_1(x) + c_1 y_2(x)$, onde

$$y_1(x) = 1 + \sum_{k=1}^{\infty}(-1)^k \frac{2^k \alpha(\alpha - 2)\ldots(\alpha - 2k + 2)}{(2k)!}x^{2k}$$

$$y_2(x) = 1 + \sum_{k=1}^{\infty}(-1)^k \frac{2^k(\alpha - 1)(\alpha - 3)\ldots(\alpha - 2k + 1)}{(2k+1)!}x^{2k+1}$$

são soluções em série de potências centradas no ponto ordinário 0.

52. a) Quando $\alpha = n$ é um inteiro não negativo, a equação diferencial de Hermite sempre possui uma solução polinomial de grau n. Use $y_1(x)$, dado no Problema 51, para encontrar soluções polinomiais para $n = 0$, $n = 2$ e $n = 4$. Então use $y_2(x)$ para encontrar soluções polinomiais para $n = 1$, $n = 3$ e $n = 5$.

b) Um **polinômio de Hermite** $H_n(x)$ é definido como sendo a solução polinomial de n-ésimo grau da equação de Hermite multiplicada por uma constante apropriada para que o coeficiente de x_n em $H_n(x)$ seja 2^n. Use as soluções polinomiais na parte (a) para mostrar que os primeiros seis polinômios de Hermite são

$$H_0(x) = 1$$
$$H_1(x) = 2x$$
$$H_2(x) = 4x^2 - 2$$
$$H_3(x) = 8x^3 - 12x$$

$$H_4(x) = 16x^4 - 48x^2 + 12$$
$$H_5(x) = 32x^5 - 160x^3 + 120x.$$

53. A equação diferencial
$$(1 - x^2)y'' - xy' + \alpha^2 y = 0.$$
onde α é um parâmetro, ficou conhecida como **equação de Chebyshev** após ao matemático russo **Pafnuty Chebyshev** (1821-1894). Quando $\alpha = n$ é um inteiro não negativo, a equação diferencial de Chebyshev sempre possui uma solução polinomial de grau n. Encontre uma solução polinomial de quinto grau dessa equação diferencial.

54. Se n é um inteiro, use a substituição $R(x) = (\alpha x)^{-1/2} Z(x)$ para mostrar que a solução geral da equação diferencial
$$x^2 R'' + 2xR' + [\alpha^2 x^2 - n(n+1)]R = 0$$
no intervalo $(0, \infty)$ é $R(x) = c_1 j_n(\alpha x) + c_2 y_n(\alpha x)$, onde $j_n(\alpha x)$ e $y_n(\alpha x)$ são as funções de Bessel esféricas de primeira e segunda espécie definidas em (27).

REVISÃO DO CAPÍTULO 6

As respostas aos problemas ímpares estão no final do livro.

Nos Problemas 1 e 2 responda verdadeiro ou falso sem consultar o texto.

1. A solução geral de $x^2 y'' + xy' + (x^2 - 1)y = 0$ é $y = c_1 J_1(x) + c_2 J_{-1}(x)$. _____

2. Como $x = 0$ é um ponto singular irregular de $x^3 y'' - xy' + y = 0$, a ED não possui solução analítica em $x = 0$. _____

3. Em qual dos intervalos a seguir ambas as soluções da série de potência $y'' + \ln(x+1)y' + y = 0$ em torno do ponto $x = 0$ têm a garantia de convergência para todos os x?

   a) $(-\infty, \infty)$
   b) $(-1, \infty)$
   c) $[-\frac{1}{2}, \frac{1}{2}]$
   d) $[-1, 1]$

4. Seja $x = 0$ um ponto ordinário de uma equação diferencial linear. Após a solução $y = \sum_{n=0}^{\infty} c_n x^n$, assumida, ser substituída na ED, o seguinte sistema algébrico é obtido, igualando-se os coeficientes de x^0, x^1, x^2 e x^3 a zero:
$$2c_2 + 2c_1 + c_0 = 0$$
$$6c_3 + 4c_2 + c_1 = 0$$
$$12c_4 + 6c_3 + c_2 - \frac{1}{3}c_1 = 0$$
$$20c_5 + 8c_4 + c_3 - \frac{2}{3}c_2 = 0.$$
Tendo em conta que c_0 e c_1 são arbitrárias, anote os cinco primeiros termos de duas séries de potências da equação diferencial.

5. Suponha que a série de potências $\sum_{k=0}^{\infty} c_k(x-4)^k$ seja convergente em -2 e divergente em 13. Discuta se a série é convergente em -7, 0, 7, 10 e 11. As respostas possíveis são *sim, não, pode ser.*

6. Use a série de Maclaurin para $\operatorname{sen} x$ e $\cos x$ com a divisão para encontrar os três primeiros termos não nulos de uma série de potências em x para a função $f(x) = \dfrac{\operatorname{sen} x}{\cos x}$.

Nos Problemas 7 e 8, construa uma equação diferencial linear de segunda ordem que tenha as propriedades dadas.

7. Um ponto singular regular em $x = 1$ e um ponto singular irregular em $x = 0$.

8. Pontos singulares regulares em $x = 1$ e $x = -3$.

Nos Problemas 9-14, use um método apropriado de séries infinitas em torno de $x = 0$ para determinar duas soluções da equação diferencial dada.

9. $2xy'' + y' + y = 0$

10. $y'' - xy' - y = 0$

11. $(x-1)y'' + 3y = 0$

12. $y'' - x^2 y' + xy = 0$

13. $xy'' - (x+2)y' + 2y = 0$

14. $(\cos x)y'' + y = 0$

Nos Problemas 15 e 16, resolva o problema de valor inicial dado.

15. $y'' + xy' + 2y = 0$, $y(0) = 3$, $y'(0) = -2$

16. $(x + 2)y'' + 3y = 0$, $y(0) = 0$, $y'(0) = 1$

17. Sem realmente resolver a equação diferencial $(1 - 2\,\text{sen}\,x)y'' + xy = 0$, encontre um limite inferior para o raio de convergência das soluções da série de potência sobre o ponto $x = 0$.

18. Mesmo sendo $x = 0$ um ponto ordinário da equação diferencial, explique por que não é uma boa ideia tentar encontre uma solução do PVI

$$y'' + xy' + y = 0, \quad y(1) = -6, \quad y'(1) = 3$$

onde $y = \sum_{n=0}^{\infty} c_n x^n$. Usando séries de potências, encontre a melhor maneira de resolver o problema.

Nos Problemas 19 e 20, investigue se $x = 0$ é um ponto ordinário, singular regular ou singular irregular da equação diferencial dada. [*Sugestão*: Lembre-se das séries de Maclaurin para cos x e e^x.]

19. $xy'' + (1 - \cos x)y' + x^2 y = 0$

20. $(e^x - 1 - x)y'' + xy = 0$

21. Observe que $x = 0$ é um ponto ordinário da equação diferencial $y'' + x^2 y' + 2xy = 5 - 2x + 10x^3$. Suponha $y = \sum_{n=0}^{\infty} c_n x^n$ para determinar a solução geral $y = y_c + y_p$ que consiste em três séries de potências centradas em $x = 0$.

22. A equação diferencial de primeira ordem $dy/dx = x^2 + y^2$ não pode ser resolvida em termos de funções elementares. Porém, uma solução pode ser expressa em termos de funções de Bessel.

a) Mostre que, fazendo a substituição $y = -\frac{1}{u}\frac{du}{dx}$, obtemos a equação $u'' + x^2 u = 0$.

b) Use (18) na Seção 6.3 para encontrar a solução geral de $u'' + x^2 u = 0$.

c) Use (20) e (21) da Seção 6.3 nas formas

$$J'_\nu(x) = \frac{\nu}{x} J_\nu(x) - J_{\nu+1}(x) \quad \text{e} \quad J'_\nu(x) = -\frac{\nu}{x} J_\nu(x) + J_{\nu-1}(x)$$

como ajuda para mostrar que a família de soluções a um parâmetro de $dy/dx = x^2 + y^2$ é dada por

$$y = x \frac{J_{3/4}(\frac{1}{2}x^2) - cJ_{-3/4}(\frac{1}{2}x^2)}{cJ_{1/4}(\frac{1}{2}x^2) + J_{-1/4}(\frac{1}{2}x^2)}.$$

23. a) Use (10) na Seção 6.4 e o Problema 32 dos Exercícios 6.4 para mostrar que

$$Y_{3/2}(x) = -\sqrt{\frac{2}{\pi x}} \left(\frac{\cos x}{x} + \text{sen}\,x \right).$$

b) Use (15) da Seção 6.4 para mostrar que

$$I_{1/2}(x) = \sqrt{\frac{2}{\pi x}} \text{senh}\,x \quad \text{e} \quad I_{-1/2}(x) = \sqrt{\frac{2}{\pi x}} \cosh x.$$

c) Use (16) na Seção 6.4 e o item (b) para mostrar que

$$K_{1/2}(x) = \sqrt{\frac{\pi}{2x}} e^{-x}.$$

24. a) De (30) e (31) da Seção 6.3, sabemos que quando $n = 0$, a equação diferencial de Legendre $(1 - x^2)y'' - 2xy' = 0$ tem a solução polinomial $y = P_0(x) = 1$. Use (5) da Seção 4.2 para mostrar que a segunda função de Legendre que satisfaz a ED para $-1 < x < 1$ é

$$y = \frac{1}{2} \ln\left(\frac{1+x}{1-x}\right).$$

b) Sabemos, também, a partir de (30) e (31) da Seção 6.4 que, quando $n = 1$, a equação diferencial de Legendre $(1-x^2)y'' - 2xy' + 2y = 0$ possui a solução polinomial $y = P_1(x) = x$. Use (5) da Seção 4.2 para mostrar que uma segunda função de Legendre que satisfaz a ED para $-1 < x < 1$ é

$$y = \frac{x}{2} \ln\left(\frac{1+x}{1-x}\right) - 1.$$

c) Use um programa gráfico para traçar as funções logarítmicas de Legendre dadas nos itens (a) e (b).

25. a) Use uma série binomial para mostrar, formalmente, que

$$(1 - 2xt + t^2)^{-1/2} = \sum_{n=0}^{\infty} P_n(x) t^n.$$

b) Use o resultado obtido no item (a) para mostrar que $P_n(1) = 1$ e $P_n(-1) = (-1)^n$. Consulte as propriedades (ii) e (iii) na página 280.

7 A TRANSFORMADA DE LAPLACE

7.1 Definição da transformada de Laplace
7.2 Transformada inversa e transformada de derivadas
    7.2.1 Transformada inversa
    7.2.2 Transformada das derivadas
7.3 Propriedades operacionais I
    7.3.1 Translação sobre o eixo s
    7.3.2 Translação sobre o eixo t
7.4 Propriedades operacionais II
    7.4.1 Derivadas de uma transformada
    7.4.2 Transformadas integrais
    7.4.3 Transformada de uma função periódica
7.5 Função delta de Dirac
7.6 Sistemas de equações lineares
Revisão do Capítulo 7

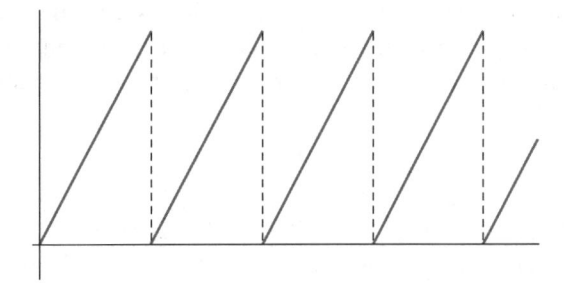

Nos modelos matemáticos lineares para um sistema físico tal como o sistema massa-mola ou um circuito elétrico em série, o termo do lado direito, ou de entrada, das equações diferenciais

$$m\frac{d^2x}{dt^2} + \beta\frac{dx}{dt} + kx = f(t) \quad \text{ou} \quad L\frac{d^2q}{dt^2} + R\frac{dq}{dt} + \frac{1}{C}q = E(t)$$

é uma função "forçante" e pode representar tanto uma força externa $f(t)$ como uma tensão aplicada $E(t)$. Na Seção 5.1 foram considerados problemas nos quais f e E eram contínuas. Entretanto, funções forçantes descontínuas não são incomuns. Por exemplo, a tensão aplicada em um circuito pode ser contínua e periódica, como a função "dente de serra" mostrada acima. Nesse caso, é difícil resolver a equação diferencial usando as técnicas do Capítulo 4. A transformada de Laplace, que será estudada neste capítulo, é uma ferramenta valiosa que simplifica a solução de problemas como esses.

7.1 DEFINIÇÃO DA TRANSFORMADA DE LAPLACE

IMPORTANTE REVISAR

- Integrais impróprias com limites infinitos de integração
- Integração por partes e decomposição em frações parciais

INTRODUÇÃO

No cálculo elementar, você aprendeu que a diferenciação e a integração são *transformações*; isto significa, *grosso modo*, que essas operações transformam uma função em outra função. Por exemplo, a função $f(x) = x^2$ é transformada respectivamente em função linear e em uma família de funções polinomiais cúbicas pelas operações diferenciação e integração:

$$\frac{d}{dx}x^2 = 2x \quad \text{e} \quad \int x^2 dx = \frac{1}{3}x^3 + c.$$

Além disso, essas duas transformações têm a **propriedade da linearidade** segundo a qual a transformada de uma combinação linear de funções é uma combinação linear das transformadas. Para α e β constantes,

$$\frac{d}{dx}[\alpha f(x) + \beta g(x)] = \alpha f'(x) + \beta g'(x)$$

e

$$\int [\alpha f(x) + \beta g(x)]dx = \alpha \int f(x)dx + \beta \int g(x)dx$$

desde que cada derivada e cada integral existam. Nesta seção, vamos examinar um tipo especial de transformação integral chamada **transformada de Laplace**. Além da propriedade da linearidade, essa transformada tem muitas outras propriedades interessantes que a tornam muito útil na resolução de problemas lineares de valor inicial.

TRANSFORMADAS INTEGRAIS

Se $f(x, y)$ for uma função de duas variáveis, então a integral definida de f em relação a uma das variáveis define uma função da outra variável. Por exemplo, mantendo y constante, vemos que $\int_1^2 2xy^2 dx = 3y^2$. Da mesma forma, uma integral definida tal como $\int_a^b K(s,t)f(t)dt$ transforma uma função f da variável t na função F da variável s. Estamos particularmente interessados em uma **transformada integral**, em que o intervalo de integração é $[0, \infty)$. Se $f(t)$ for definida para $t \geq 0$, então a integral imprópria $\int_0^\infty K(s,t)f(t)dt$ será definida como o limite:

$$\int_0^\infty K(s,t)f(t)dt = \lim_{b \to \infty} \int_0^b K(s,t)f(t)dt. \tag{1}$$

Se o limite em (1) existe, então dizemos que a integral existe ou é convergente; se o limite não existe, a integral não existe e é divergente. O limite em (1), em geral, existirá apenas para determinados valores da variável s.

Vamos assumir que s será uma variável real.

DEFINIÇÃO

A função $K(s,t)$ em (1) é chamada **núcleo** da transformação. A escolha $K(s,t) = e^{-st}$ como o núcleo nos dá uma transformada integral especialmente importante.

DEFINIÇÃO 7.1.1 **Transformada de Laplace**

Seja f uma função definida para $t \geq 0$. A integral

$$\mathcal{L}\{f(t)\} = \int_0^\infty e^{-st} f(t)dt \tag{2}$$

será chamada **transformada de Laplace** de f, desde que a integral convirja.

A transformada de Laplace tem esse nome em homenagem ao matemático e astrônomo francês **Pierre-Simon Marquis de Laplace** (1749-1827).

Quando a integral definida (2) convergir, o resultado será uma função de s. Usaremos geralmente letras minúsculas para denotar a função que está sendo transformada e a letra maiúscula correspondente para denotar sua transformada de Laplace – por exemplo,

$$\mathcal{L}\{f(t)\} = F(s), \quad \mathcal{L}\{g(t)\} = G(s), \quad \mathcal{L}\{y(t)\} = Y(s).$$

Como mostram os próximos quatro exemplos, o domínio da função $F(s)$ depende da função $f(t)$.

EXEMPLO 1   Aplicando a Definição 7.1.1

Calcule $\mathcal{L}\{1\}$.

SOLUÇÃO
De (2),

$$\mathcal{L}\{1\} = \int_0^\infty e^{-st}(1)dt = \lim_{b\to\infty} \int_0^b e^{-st}dt$$

$$= \lim_{b\to\infty} \frac{-e^{-st}}{s}\bigg|_0^b = \lim_{b\to\infty} \frac{-e^{-sb}+1}{s} = \frac{1}{s},$$

desde que $s > 0$. Em outras palavras, quando $s > 0$, o expoente $-sb$ é negativo e $e^{-sb} \to 0$ quando $b \to \infty$. A integral diverge para $s < 0$. ∎

O uso do sinal de limite torna-se um pouco enfadonho; assim, vamos adotar a notação $\big|_0^\infty$ como abreviação de $\lim_{b\to\infty}(\ )\big|_0^b$. Por exemplo,

$$\mathcal{L}\{1\} = \int_0^\infty e^{-st}(1)dt = \frac{-e^{-st}}{s}\bigg|_0^\infty = \frac{1}{s}, \quad s > 0.$$

Fica subentendido que, no limite superior, $e^{-st} \to 0$ quando $t \to \infty$ para $s > 0$.

EXEMPLO 2   Aplicando a Definição 7.1.1

Calcule $\mathcal{L}\{t\}$.

SOLUÇÃO
Da Definição 7.1.1 temos que $\mathcal{L}\{t\} = \int_0^\infty e^{-st} t\, dt$. Integrando por partes e usando $\lim_{t\to\infty} te^{-st} = 0$, $s > 0$, com o resultado do Exemplo 1, obtemos

$$\mathcal{L}\{t\} = \frac{-te^{-st}}{s}\bigg|_0^\infty + \frac{1}{s}\int_0^\infty e^{-st}dt = \frac{1}{s}\mathcal{L}\{1\} = \frac{1}{s}\left(\frac{1}{s}\right) = \frac{1}{s^2}.$$

∎

EXEMPLO 3   Aplicando a Definição 7.1.1

Calcule (a) $\mathcal{L}\{e^{-3t}\}$ (b) $\mathcal{L}\{e^{5t}\}$.

SOLUÇÃO
Em cada caso usamos a Definição 7.1.1.

a)

$$\mathcal{L}\{e^{-3t}\} = \int_0^\infty e^{-st}e^{-3t}dt = \int_0^\infty e^{-(s+3)t}dt.$$

$$= \frac{-e^{-(s+3)t}}{s+3}\bigg|_0^\infty$$

$$= \frac{1}{s+3}, \quad s > -3.$$

O último resultado será válido para $s > -3$ pois, para termos $\lim_{t\to\infty} e^{-(s+3)t} = 0$ precisamos que $s + 3 > 0$ ou $s > -3$.

b)
$$\mathcal{L}\{e^{5t}\} = \int_0^\infty e^{5t} e^{-st} = \int_0^\infty e^{-(s-5)t}\, dt$$
$$= \left.\frac{e^{-(s-5)t}}{s-5}\right|_0^\infty$$
$$= \frac{1}{s-5}.$$

Em constraste com a parte (a), este resultado será válido para $s > 5$ pois $\lim_{t\to\infty} e^{-(s-5)t} = 0$ exige que $s - 5 > 0$ ou $s > 5$.

EXEMPLO 4 Aplicando a Definição 7.1.1

Calcule $\mathcal{L}\{\operatorname{sen} 2t\}$.

SOLUÇÃO
Da Definição 7.1.1 e duas aplicações da integração por partes, obtemos

$$\mathcal{L}\{\operatorname{sen} 2t\} = \int_0^\infty e^{-st} \operatorname{sen} 2t\, dt = \left.\frac{-e^{-st}\operatorname{sen} 2t}{s}\right|_0^\infty + \frac{2}{s}\int_0^\infty e^{-st}\cos 2t\, dt$$
$$= \frac{2}{s}\int_0^\infty e^{-st}\cos 2t\, dt, \quad s > 0$$

$\lim_{t\to\infty} e^{-st}\cos 2t = 0, s > 0$ \qquad Transformada de Laplace de sen $2t$

$$= \frac{2}{s}\left[\left.\frac{-e^{-st}\cos 2t}{s}\right|_0^\infty - \frac{2}{s}\int_0^\infty e^{-st}\operatorname{sen} 2t\, dt\right]$$
$$= \frac{2}{s^2} - \frac{4}{s^2}\mathcal{L}\{\operatorname{sen} 2t\}.$$

Nesse ponto, temos uma equação em $\mathcal{L}\{\operatorname{sen} 2t\}$ que aparece nos dois lados da igualdade. Resolvendo essa equação obtemos

$$\mathcal{L}\{\operatorname{sen} 2t\} = \frac{2}{s^2 + 4}, \quad s > 0. \qquad\blacksquare$$

$\mathcal{L}$ É UMA TRANSFORMAÇÃO LINEAR
Para uma combinação linear de funções, podemos escrever

$$\int_0^\infty e^{-st}[\alpha f(t) + \beta g(t)]dt = \alpha \int_0^\infty e^{-st}f(t)dt + \beta \int_0^\infty e^{-st}g(t)dt$$

sempre que ambas as integrais convergirem para $s > c$. Logo, segue que

$$\mathcal{L}\{\alpha f(t) + \beta g(t)\} = \alpha\, \mathcal{L}\{f(t)\} + \beta\, \mathcal{L}\{g(t)\} = \alpha F(s) + \beta G(s). \tag{3}$$

Em decorrência da propriedade (3), $\mathcal{L}$ é dita uma **transformada linear**.

EXEMPLO 5 Linearidade da Transformação de Laplace

Neste exemplo usaremos os resultados dos exemplos anteriores para mostrar a linearidade da transformada de Laplace.

a) Dos Exemplos 1 e 2 temos, para $s > 0$,

$$\mathcal{L}\{1 + 5t\} = \mathcal{L}\{1\} + 5\,\mathcal{L}\{t\} = \frac{1}{s} + \frac{5}{s^2},$$

b) Dos Exemplos 3 e 4 temos, para $s > 5$,

$$\mathcal{L}\{4e^{5t} - 10\,\text{sen}\,2t\} = 4\,\mathcal{L}\{e^{5t}\} - 10\,\mathcal{L}\{\text{sen}\,2t\} = \frac{4}{s-5} - \frac{20}{s^2+4}.$$

c) Dos Exemplos 1, 2 e 3 temos, para $s > 0$,

$$\mathcal{L}\{20e^{-3t} + 7t - 9\} = 20\,\mathcal{L}\{e^{-3t}\} + 7\,\mathcal{L}\{t\} - 9\,\mathcal{L}\{1\}$$
$$= \frac{20}{s+3} + \frac{7}{s^2} - \frac{9}{s}.$$

A generalização de alguns dos resultados dos exemplos precedentes será dada no teorema seguinte. Daqui para a frente omitiremos todas as restrições sobre s; entendemos que s está suficientemente restrito para garantir a convergência da transformada de Laplace apropriada.

TEOREMA 7.1.1 Transformada de algumas funções básicas

(a) $\mathcal{L}\{1\} = \dfrac{1}{s}$

(b) $\mathcal{L}\{t^n\} = \dfrac{n!}{s^{n+1}}, n = 1, 2, 3, \ldots$

(c) $\mathcal{L}\{e^{at}\} = \dfrac{1}{s-a}$

(d) $\mathcal{L}\{\text{sen}\,kt\} = \dfrac{k}{s^2 + k^2}$

(e) $\mathcal{L}\{\cos kt\} = \dfrac{s}{s^2 + k^2}$

(f) $\mathcal{L}\{\text{senh}\,kt\} = \dfrac{k}{s^2 - k^2}$

(g) $\mathcal{L}\{\cosh kt\} = \dfrac{s}{s^2 - k^2}$

Este resultado em (b) do Teorema 7.1.1 pode ser justificado formalmente para um inteiro positivo n usando integração por partes para mostrar primeiro que

$$\mathcal{L}\{t^n\} = \frac{n}{s}\,\mathcal{L}\{t^{n-1}\}.$$

Em seguida, para $n = 1, 2$ e 3, teremos, respectivamente

$$\mathcal{L}\{t\} = \frac{1}{s} \cdot \mathcal{L}\{1\} = \frac{1}{s} \cdot \frac{1}{s} = \frac{1}{s^2}$$
$$\mathcal{L}\{t^2\} = \frac{2}{s} \cdot \mathcal{L}\{t\} = \frac{2}{s} \cdot \frac{1}{s^2} = \frac{2 \cdot 1}{s^3}$$
$$\mathcal{L}\{t^3\} = \frac{3}{s} \cdot \mathcal{L}\{t^2\} = \frac{3}{s} \cdot \frac{2 \cdot 1}{s^3} = \frac{3 \cdot 2 \cdot 1}{s^4}$$

Se continuarmos dessa maneira, você deve ser convencido de que

$$\mathcal{L}\{t^n\} = \frac{n \cdots 3 \cdot 2 \cdot 1}{s^{n+1}} = \frac{n!}{s^{n+1}}$$

CONDIÇÕES SUFICIENTES PARA A EXISTÊNCIA DE $\mathcal{L}\{f(t)\}$

A integral que define a transformada de Laplace não precisa necessariamente convergir. Por exemplo, nem $\mathcal{L}\{1/t\}$ nem $\mathcal{L}\{e^{t^2}\}$ existem. Para garantir a existência de $\mathcal{L}\{f(t)\}$ é suficiente que f seja contínua por partes e de ordem exponencial para $t > T$. Lembre-se de que uma função f é **contínua por partes** em $[0, \infty)$ se em qualquer intervalo $0 \leq a \leq t \leq b$ há no máximo um número finito de pontos t_k, $k = 1, 2, \ldots, n$ ($t_{k-1} < t_k$) nos quais f é descontínua e é contínua em cada intervalo aberto $t_{k-1} < t < t_k$. Veja a Figura 7.1.1. O conceito de **ordem exponencial** é definido da forma que vem a seguir.

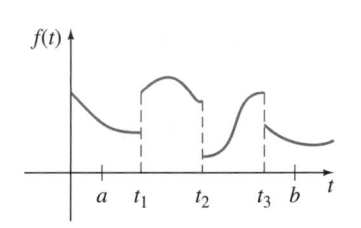

FIGURA 7.1.1 Função contínua por partes.

> **DEFINIÇÃO 7.1.2   Ordem exponencial**
>
> Dizemos que uma função f é de **ordem exponencial** c se existem constantes c, $M > 0$ e $T > 0$ tal que $|f(t)| \leq Me^{ct}$ para todo $t > T$.

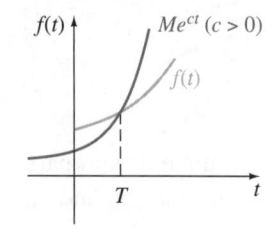

FIGURA 7.1.2 f é exponencial de ordem c.

Se f for uma função *crescente*, então a condição $|f(t)| \leq Me^{ct}$, $t > T$, significa simplesmente que o gráfico de f no intervalo (T, ∞) não cresce mais rápido que o gráfico da função exponencial Me^{ct}, onde c é uma constante positiva. Veja a Figura 7.1.2. As funções $f(t) = t$, $f(t) = e^{-t}$ e $f(t) = 2\cos t$ são todas de ordem exponencial pois, para $c = 1$, $M = 1$, $T = 0$ temos, respectivamente, para $t > 0$

$$|t| \leq e^t, \quad |e^{-t}| \leq e^t \quad \text{e} \quad |2\cos t| \leq 2e^t.$$

Uma comparação dos gráficos no intervalo $(0, \infty)$ é apresentada na Figura 7.1.3.

(a)   **(b)**   **(c)**

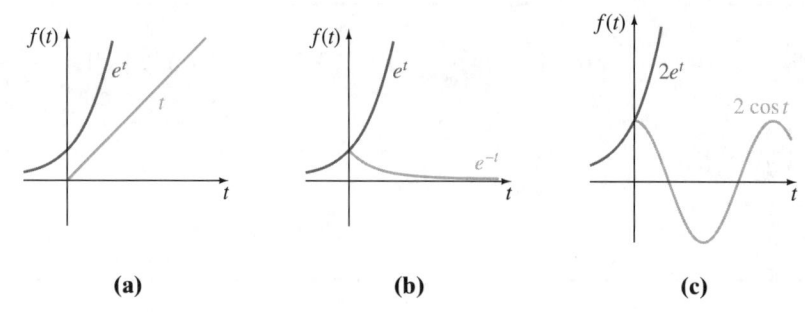

FIGURA 7.1.3 Três funções de ordem exponencial.

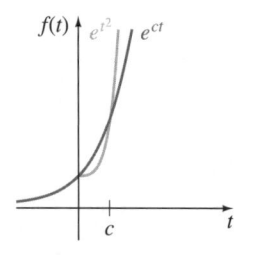

FIGURA 7.1.4 e^{t^2} não é de ordem exponencial.

Uma potência inteira positiva de t é sempre da ordem exponencial, pois, para $c > 0$,

$$|t^n| \leq Me^{ct} \quad \text{ou} \quad \left|\frac{t^n}{e^{ct}}\right| \leq M \quad \text{para} \quad t > T$$

é equivalente a mostrar que $\lim_{t\to\infty} t^n/e^{ct}$ é finito para $n = 1, 2, 3, \ldots$. O resultado segue aplicando-se n vezes a regra de L'Hôpital. Uma função tal como $f(t) = e^{t^2}$ não é de ordem exponencial desde que, como mostrado na Figura 7.1.4, e^{t^2} cresça mais rápido que qualquer potência positiva linear de e para $t > c > 0$. Isto também pode ser visto a partir de

$$\left|\frac{e^{t^2}}{e^{ct}}\right| = e^{t^2-ct} = e^{t(t-c)} \to \infty$$

conforme $t \to \infty$.

> **TEOREMA 7.1.2   Condições suficientes para a existência**
>
> Se $f(t)$ é contínua por partes no intervalo $[0, \infty)$ e de ordem exponencial c, então $\mathcal{L}\{f(t)\}$ existe para $s > c$.

PROVA

Pela propriedade aditiva de intervalos de integrais definidas, podemos escrever

$$\mathcal{L}\{f(t)\} = \int_0^T e^{-st}f(t)dt + \int_T^\infty e^{-st}f(t)dt = I_1 + I_2.$$

A integral I_1 existe, pois pode ser escrita como uma soma de integrais sobre intervalos nos quais $e^{-st}f(t)$ é contínua. Agora, uma vez que f é de ordem exponencial, existem constantes c, $M > 0$, $T > 0$ de modo que $|f(t)| \leq Me^{ct}$ para $t > T$. Podemos então escrever

$$|I_2| \leq \int_T^\infty |e^{-st}f(t)|dt \leq M\int_T^\infty e^{-st}e^{ct}dt = M\int_T^\infty e^{-(s-c)t}dt = M\frac{-e^{-s(s-c)T}}{s-c}$$

para $s > c$. Como $\int_T^\infty Me^{-(s-c)t}dt$ converge, a integral $\int_T^\infty |e^{-st}f(t)|dt$ converge pelo teste da comparação para integrais impróprias. Isso, por sua vez, implica que I_2 existe para $s > c$. A existência de I_1 e I_2 implica que $\mathcal{L}\{f(t)\} = \int_0^\infty e^{-st}f(t)dt$ existe para $s > c$. ∎

EXEMPLO 6 Transformada de uma função contínua definida por partes

Calcule $\mathcal{L}\{f(t)\}$ para $f(t) = \begin{cases} 0, & 0 \leq t < 3 \\ 2, & t \geq 3. \end{cases}$

SOLUÇÃO

Essa função contínua por partes e de ordem exponencial para $t > 0$ é apresentada na Figura 7.1.5. Uma vez que f está definida em duas partes, $\mathcal{L}\{f(t)\}$ pode ser expressa como a soma de duas integrais:

$$\mathcal{L}\{f(t)\} = \int_0^\infty e^{-st}f(t)dt = \int_0^3 e^{-st}(0)dt + \int_3^\infty e^{-st}(2)dt$$

$$= 0 + \frac{2e^{-st}}{-s}\bigg|_3^\infty$$

$$= \frac{2e^{-3s}}{s}, \quad s > 0.$$

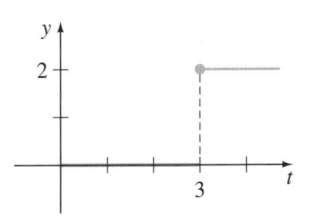

FIGURA 7.1.5 Função contínua por partes no Exemplo 6 ∎

Concluímos esta seção com um pouco mais de teoria relacionada com os tipos de funções de s com as quais, em geral, trabalharemos. O teorema a seguir indica que nem todas as funções arbitrárias de s são transformadas de Laplace de uma função contínua por partes de ordem exponencial.

TEOREMA 7.1.3 O comportamento de $F(s)$ quando $s \to \infty$

Se f é uma função contínua por partes no intervalo $(0, \infty)$, de ordem exponencial, e $F(s) = \mathcal{L}\{f(t)\}$, então $\lim_{s\to\infty} F(s) = 0$.

PROVA

Como f é de ordem exponencial, existem constantes γ, $M_1 > 0$ e $T > 0$ de modo que $|f(t)| \leq M_1 e^{\gamma t}$ para $t > T$. Além disso, como f é contínua para $0 \leq t \leq T$, ela é necessariamente limitada no intervalo, ou seja, $|f(t)| \leq M_2 = M_2 e^{0t}$. Se M denota o máximo do conjunto $\{M_1, M_2\}$ e c denota o máximo de $\{0, \gamma\}$, temos

$$|F(s)| \leq \int_0^\infty e^{-st}|f(t)|dt \leq M\int_0^\infty e^{-st}e^{ct}dt = M\int_0^\infty e^{-(s-c)t}dt = \frac{M}{s-c}$$

para $s > c$. Quando $s \to \infty$, temos $|F(s)| \to 0$, e assim $F(s) = \mathcal{L}\{f(t)\} \to 0$. ∎

OBSERVAÇÕES

(i) Em todo este capítulo estudaremos principalmente funções que são contínuas por partes e de ordem exponencial. Observe, porém, que essas condições são suficientes, mas não necessárias para a existência de uma transformada de Laplace. A função $f(t) = t^{-1/2}$ não é contínua por partes no intervalo $[0, \infty)$, mas sua transformada de Laplace existe. A função $f(t) = 2te^{t^2}\cos e^{t^2}$ não é de ordem exponencial, mas pode ser mostrado que sua transformada de Laplace existe. Veja Problemas 43 e 54 nos Exercícios 7.1.

EXERCÍCIOS 7.1

As respostas aos problemas ímpares estão no final do livro.

Nos Problemas 1-18, use a Definição 7.1.1 para determinar $\mathcal{L}\{f(t)\}$.

1. $f(t) = \begin{cases} -1, & 0 \le t < 1 \\ 1, & t \ge 1 \end{cases}$

2. $f(t) = \begin{cases} 0, & 0 \le t < \pi/2 \\ \cos t, & t \ge \pi/2 \end{cases}$

3. $f(t) = \begin{cases} t, & 0 \le t < 1 \\ 1, & t \ge 1 \end{cases}$

4. $f(t) = \begin{cases} 4, & 0 \le t < 2 \\ 0, & t \ge 2 \end{cases}$

5. $f(t) = \begin{cases} \operatorname{sen} t, & 0 \le t < \pi \\ 0, & t \ge \pi \end{cases}$

6. $f(t) = \begin{cases} 2t+1, & 0 \le t < 1 \\ 0, & t \ge 1 \end{cases}$

7.

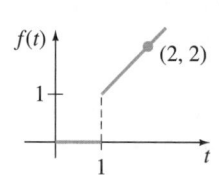

FIGURA 7.1.6 Gráfico para o Problema 7.

8.

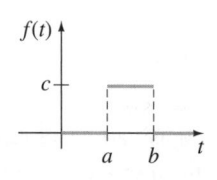

FIGURA 7.1.7 Gráfico para o Problema 8.

9.

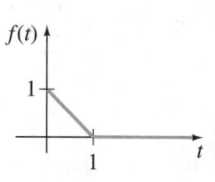

FIGURA 7.1.8 Gráfico para o Problema 9.

10.

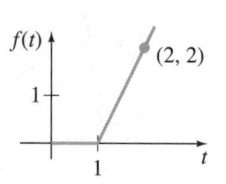

FIGURA 7.1.9 Gráfico para o Problema 10.

11. $f(t) = e^{t+7}$

12. $f(t) = t \operatorname{sen} t$

13. $f(t) = te^{4t}$

14. $f(t) = e^{-2t-5}$

15. $f(t) = e^{-t} \operatorname{sen} t$

16. $f(t) = t^2 e^{-2t}$

17. $f(t) = t \cos t$

18. $f(t) = e^t \cos t$

Nos Problemas 19-36, use o Teorema 7.1.1 para determinar $\mathcal{L}\{f(t)\}$.

19. $f(t) = 2t^4$

20. $f(t) = 7t + 3$

21. $f(t) = 4t - 10$

22. $f(t) = t^5$

23. $f(t) = t^2 + 6t - 3$

24. $f(t) = (2t-1)^3$

25. $f(t) = (t+1)^3$

26. $f(t) = t^2 - e^{-9t} + 5$

27. $f(t) = 1 + e^{4t}$

28. $f(t) = (e^t - e^{-t})^2$

29. $f(t) = (1 + e^{2t})^2$

30. $f(t) = \cos 5t + \operatorname{sen} 2t$

31. $f(t) = 4t^2 - 5 \operatorname{sen} 3t$

32. $f(t) = \cosh kt$

33. $f(t) = \operatorname{senh} kt$

34. $f(t) = e^{-t} \cosh t$

35. $f(t) = e^t \operatorname{senh} t$

36. $f(t) = -4t^2 + 16t + 9$

Nos Problemas 37-40, determine $\mathcal{L}\{f(t)\}$ usando uma identidade trigonométrica apropriada.

37. $f(t) = \operatorname{sen} 2t \cos 2t$

38. $f(t) = \cos^2 t$

39. $f(t) = \operatorname{sen}(4t + 5)$

40. $f(t) = 10\cos\left(t - \dfrac{\pi}{6}\right)$

41. Deparamo-nos com a **função gama** $\Gamma(a)$ em nosso estudo de funções de Bessel na Seção 6.4. Uma definição desta função é dada pela integral imprópria

$$\Gamma(\alpha) = \int_0^\infty t^{\alpha-1} e^{-t} dt, \quad \alpha > 0.$$

Use esta definição para mostrar que $\Gamma(\alpha + 1) = \alpha \Gamma(\alpha)$.

42. Use o Problema 41 e uma mudança de variáveis para obter a generalização

$$\mathcal{L}\{t^\alpha\} = \dfrac{\Gamma(\alpha + 1)}{s^{\alpha+1}}, \quad \alpha > -1,$$

do resultado no Teorema 7.1.1(b).

Nos Problemas 43-46 use os Problemas 41 e 42 e o fato de que $\Gamma\left(\dfrac{1}{2}\right) = \sqrt{\pi}$ para encontrar a transformada de Laplace da função dada.

43. $f(t) = t^{-1/2}$

44. $f(t) = t^{1/2}$

45. $f(t) = t^{3/2}$

46. $f(t) = 2t^{1/2} + 8t^{5/2}$

PROBLEMAS PARA DISCUSSÃO

47. Descubra uma função $F(t)$ de ordem exponencial cuja derivada $f(t) = F'(t)$ não seja de ordem exponencial. Descubra uma função f que não seja de ordem exponencial cuja transformada de Laplace exista.

48. Suponha que $\mathcal{L}\{f_1(t)\} = F_1(s)$ para $s > c_1$ e que $\mathcal{L}\{f_2(t)\} = F_2(s)$ para $s > c_2$. Quando ocorre a igualdade $\mathcal{L}\{f_1(t) + f_2(t)\} = F_1(s) + F_2(s)$?

49. A Figura 7.1.4 sugere, mas não prova, que a função $f(t) = e^{t^2}$ não é de ordem exponencial. Como a observação de que $t^2 > \ln M + ct$, para $M > 0$ e t suficientemente grande, mostra que $e^{t^2} > Me^{ct}$ para todo c? Discuta.

50. Use o item (c) do Teorema 7.1.1 para mostrar que

$$\mathcal{L}\{e^{(a+ib)t}\} = \dfrac{s - a + ib}{(s-a)^2 + b^2},$$

onde a e b são reais e $i^2 = -1$. Discuta como a fórmula de Euler pode então ser usada para deduzir os resultados

$$\mathcal{L}\{e^{at} \cos bt\} = \dfrac{s-a}{(s-a)^2 + b^2}$$

$$\mathcal{L}\{e^{at} \operatorname{sen} bt\} = \dfrac{b}{(s-a)^2 + b^2}.$$

51. Sob quais condições a função linear $f(x) = mx + b$, $m \neq 0$, é uma transformação linear?

52. Explique porque a função

$$f(t) = \begin{cases} t, & 0 \leq t < 2 \\ 4, & 2 < t < 5 \\ 1/(t-5), & t > 5 \end{cases}$$

não é contínua por partes em $[0, \infty)$.

53. Mostre que a função $f(t) = 1/t^2$ não possui uma transformada de Laplace. [*Sugestão*: Escreva $\mathcal{L}\{1/t^2\}$ como duas integrais impróprias:

$$\mathcal{L}\{1/t^2\} = \int_0^1 \dfrac{e^{-st}}{t^2} dt + \int_1^\infty \dfrac{e^{-st}}{t^2} dt = I_1 + I_2.$$

Mostre então que I_1 diverge.]

54. Mostre que a transformada de Laplace $\mathcal{L}\{2te^{t^2} \cos e^{t^2}\}$ existe. [*Sugestão*: Comece integrando por partes.]

55. Se $\mathcal{L}\{f(t)\} = F(s)$ e $a > 0$ é uma constante, mostre que

$$\mathcal{L}\{f(at)\} = \dfrac{1}{a} F\left(\dfrac{s}{a}\right).$$

Este resultado é conhecido como o **teorema de mudança de escala**.

56. Use a transformada de Laplace dada e o resultado do Problema 55 para encontrar a transformada de Laplace indicada. Assuma que a e k são constantes positivas

a) $\mathcal{L}\{e^t\} = \dfrac{1}{s-1}; \ \mathcal{L}\{e^{at}\}$

b) $\mathcal{L}\{\operatorname{sen} t\} = \dfrac{1}{s^2+1}; \ \mathcal{L}\{\operatorname{sen} kt\}$

c) $\mathcal{L}\{1 - \cos t\} = \dfrac{1}{s(s^2+1)}; \ \mathcal{L}\{1 - \cos kt\}$

d) $\mathcal{L}\{\operatorname{sen} t \operatorname{senh} t\} = \dfrac{2s}{s^4+4}; \ \mathcal{L}\{\operatorname{sen} kt \operatorname{senh} kt\}$

7.2 TRANSFORMADA INVERSA E TRANSFORMADA DE DERIVADAS

IMPORTANTE REVISAR
- Decomposição em frações parciais
- Veja o *Manual de Recursos Estudantis*

INTRODUÇÃO

Nesta seção, vamos dar alguns passos em uma investigação de como a transformada de Laplace pode ser usada para solucionar certos tipos de equações para uma função desconhecida. Começamos a discussão com o conceito de transformada de Laplace inversa, ou mais precisamente, o inverso de uma transformada de Laplace $F(s)$. Após a apresentação de um material preliminar de apoio importante sobre a transformada de Laplace de derivadas $f'(t)$, $f''(t), \ldots$, ilustraremos então a forma como ambas as transformações de Laplace e de Laplace inversa entram em jogo na resolução de algumas equações diferenciais ordinárias simples.

7.2.1 TRANSFORMADA INVERSA

TRANSFORMADA INVERSA

Se $F(s)$ representa a transformada de Laplace de uma função $f(t)$, isto é, $\mathcal{L}\{f(t)\} = F(s)$, dizemos então que $f(t)$ é a **transformada inversa de Laplace** de $F(s)$ e escrevemos $f(t) = \mathcal{L}^{-1}\{F(s)\}$. Assim, dos Exemplos 1, 2 e 3 na Seção 7.1 temos, respectivamente,

Transformada	Transformada Inversa
$\mathcal{L}\{1\} = \dfrac{1}{s}$	$1 = \mathcal{L}^{-1}\left\{\dfrac{1}{s}\right\}$
$\mathcal{L}\{t\} = \dfrac{1}{s^2}$	$t = \mathcal{L}^{-1}\left\{\dfrac{1}{s^2}\right\}$
$\mathcal{L}\{e^{-3t}\} = \dfrac{1}{s+3}$	$e^{-3t} = \mathcal{L}^{-1}\left\{\dfrac{1}{s+3}\right\}$

Veremos em breve que na aplicação da transformada de Laplace às equações não somos capazes de determinar uma função desconhecida $f(t)$ diretamente, mas sim, capazes de resolver para a transformada de Laplace $F(s)$ de $f(t)$; a partir dessa informação, podemos encontrar f calculando $f(t) = \mathcal{L}^{-1}\{F(s)\}$. A ideia é simplesmente a seguinte: suponha $F(s) = \dfrac{-2s+6}{s^2+4}$ sendo uma transformada de Laplace; encontre uma função tal que $\mathcal{L}\{f(t)\} = F(s)$. Mostraremos como resolver este último problema no Exemplo 2.

Para referência futura, o análogo do Teorema 7.1.1 para a transformada inversa é apresentado como o nosso próximo teorema.

TEOREMA 7.2.1 Algumas transformadas inversas

a) $1 = \mathcal{L}^{-1}\left\{\dfrac{1}{s}\right\}$

b) $t^n = \mathcal{L}^{-1}\left\{\dfrac{n!}{s^{n+1}}\right\}, n = 1, 2, 3, \ldots$

c) $e^{at} = \mathcal{L}^{-1}\left\{\dfrac{1}{s-a}\right\}$

d) $\operatorname{sen} kt = \mathcal{L}^{-1}\left\{\dfrac{k}{s^2+k^2}\right\}$

e) $\cos kt = \mathcal{L}^{-1}\left\{\dfrac{s}{s^2+k^2}\right\}$

f) $\operatorname{senh} kt = \mathcal{L}^{-1}\left\{\dfrac{k}{s^2-k^2}\right\}$

g) $\cosh kt = \mathcal{L}^{-1}\left\{\dfrac{s}{s^2-k^2}\right\}$

Desenvolvendo as transformadas inversas, ocorre frequentemente que uma função de s sob consideração não satisfaça exatamente a forma de uma transformada de Laplace $F(s)$ dada em uma tabela. Pode ser necessário "ajustar" a função s multiplicando-a ou dividindo-a por uma constante apropriada.

EXEMPLO 1 Aplicando o Teorema 7.2.1

Calcule (a) $\mathcal{L}^{-1}\left\{\dfrac{1}{s^5}\right\}$ (b) $\mathcal{L}^{-1}\left\{\dfrac{1}{s^2+7}\right\}$.

SOLUÇÃO

(a) Para coincidir com a forma dada no item (b) do Teorema 7.2.1, identificamos $n+1=5$ ou $n=4$ e então multiplicamos e dividimos por $4!$:

$$\mathcal{L}^{-1}\left\{\dfrac{1}{s^5}\right\} = \dfrac{1}{4!}\,\mathcal{L}^{-1}\left\{\dfrac{4!}{s^5}\right\} = \dfrac{1}{24}t^4.$$

(b) Para coincidir com a forma dada no item (d) do Teorema 7.2.1, identificamos $k^2=7$ e, portanto, $k=\sqrt{7}$. Ajustamos a expressão dada multiplicando e dividindo por $\sqrt{7}$:

$$\mathcal{L}^{-1}\left\{\dfrac{1}{s^2+7}\right\} = \dfrac{1}{\sqrt{7}}\,\mathcal{L}^{-1}\left\{\dfrac{\sqrt{7}}{s^2+7}\right\} = \dfrac{1}{\sqrt{7}}\,\text{sen}\,\sqrt{7}\,t. \quad\blacksquare$$

$\mathcal{L}^{-1}$ É UMA TRANSFORMAÇÃO LINEAR

A transformada inversa de Laplace é também uma transformação linear; isto é, para as constantes α e β,

$$\mathcal{L}^{-1}\{\alpha F(s) + \beta G(s)\} = \alpha\,\mathcal{L}^{-1}\{F(s)\} + \beta\,\mathcal{L}^{-1}\{G(s)\}, \tag{1}$$

onde F e G são as transformadas das funções f e g. Da mesma forma que (3) da Seção 7.1, (1) pode ser estendida a um número finito de combinações lineares de transformadas de Laplace.

EXEMPLO 2 Divisão termo a termo e linearidade

Calcule $\mathcal{L}^{-1}\left\{\dfrac{-2s+6}{s^2+4}\right\}$.

SOLUÇÃO

Vamos reescrever primeiramente a função dada de s como a soma de duas expressões por meio da divisão termo a termo e depois usar (1):

$$\mathcal{L}^{-1}\left\{\dfrac{-2s+6}{s^2+4}\right\} = \underbrace{\mathcal{L}^{-1}\left\{\dfrac{-2s}{s^2+4} + \dfrac{6}{s^2+4}\right\}}_{\text{divisão termo a termo}} = \underbrace{-2\,\mathcal{L}^{-1}\left\{\dfrac{s}{s^2+4}\right\} + \dfrac{6}{2}\,\mathcal{L}^{-1}\left\{\dfrac{2}{s^2+4}\right\}}_{\text{linearidade e ajuste das constantes}} \tag{2}$$

$= -2\cos 2t + 3\,\text{sen}\,2t.$ ← itens (e) e (d) do Teorema 7.2.1 com $k=2$

FRAÇÕES PARCIAIS

Frações parciais desempenham um papel importante na determinação das transformadas inversas de Laplace. A decomposição de uma expressão racional em frações componentes pode ser feita rapidamente por meio de um único comando na maioria dos sistemas algébricos por computador. De fato, alguns desses sistemas têm pacotes que implementam os comandos das transformadas de Laplace diretas e inversas. Mas para aqueles que não têm acesso a esse tipo de software, vamos revisar, nesta seção e nas subsequentes, a álgebra básica nos casos importantes em que o denominador de uma transformada de Laplace $F(s)$ contém fatores lineares distintos, fatores lineares repetidos e polinômios quadráticos sem fatores reais. Examinaremos cada um desses casos ao longo do capítulo, mas, ainda assim, pode ser uma boa ideia consultar um texto de cálculo ou um texto de pré-cálculo para uma revisão mais abrangente dessa teoria.

O exemplo a seguir ilustra a decomposição em frações parciais no caso em que o denominador de $F(s)$ é fatorável em *fatores lineares distintos*.

EXEMPLO 3 Frações parciais: fatores lineares distintos

Calcule $\mathcal{L}^{-1}\left\{\dfrac{s^2 + 6s + 9}{(s-1)(s-2)(s+4)}\right\}$.

SOLUÇÃO

Existem constantes reais únicas A, B e C tais que

$$\frac{s^2+6s+9}{(s-1)(s-2)(s+4)} = \frac{A}{s-1} + \frac{B}{s-2} + \frac{C}{s+4}$$
$$= \frac{A(s-2)(s+4) + B(s-1)(s+4) + C(s-1)(s-2)}{(s-1)(s-2)(s+4)}.$$

Como os denominadores são idênticos, os numeradores devem ser idênticos:

$$s^2 + 6s + 9 = A(s-2)(s+4) + B(s-1)(s+4) + C(s-1)(s-2). \tag{3}$$

Comparando os coeficientes das mesmas potências de s em ambos os lados da igualdade, concluímos que (3) é equivalente a um sistema de três equações nas três incógnitas A, B e C. Lembre-se, porém, de que há um atalho para determinar o valor dessas incógnitas. Se fizermos em (3) $s = 1$, $s = 2$ e $s = -4$, obteremos, respectivamente,*

$$16 = A(-1)(5), \quad 25 = B(1)(6) \quad \text{e} \quad 1 = C(-5)(-6),$$

e, portanto, $A = -\frac{16}{5}$, $B = \frac{25}{6}$ e $C = \frac{1}{30}$. Logo, a decomposição em frações parciais é

$$\frac{s^2+6s+9}{(s-1)(s-2)(s+4)} = -\frac{16/5}{s-1} + \frac{25/6}{s-2} + \frac{1/30}{s+4}, \tag{4}$$

e, portanto, da linearidade de $\mathcal{L}^{-1}$ e do item (c) do Teorema 7.2.1,

$$\mathcal{L}^{-1}\left\{\frac{s^2+6s+9}{(s-1)(s-2)(s+4)}\right\} = -\frac{16}{5}\mathcal{L}^{-1}\left\{\frac{1}{s-1}\right\} + \frac{25}{6}\mathcal{L}^{-1}\left\{\frac{1}{s-2}\right\} + \frac{1}{30}\mathcal{L}^{-1}\left\{\frac{1}{s+4}\right\}$$
$$= -\frac{16}{5}e^t + \frac{25}{6}e^{2t} + \frac{1}{30}e^{-4t}. \tag{5} \blacksquare$$

7.2.2 TRANSFORMADA DAS DERIVADAS

TRANSFORMANDO UMA DERIVADA

Conforme foi mencionado na introdução deste capítulo, nossa meta imediata é usar a transformada de Laplace para resolver equações diferenciais. Para isso, precisamos obter quantidades tais como $\mathcal{L}\{dy/dt\}$ e $\mathcal{L}\{d^2y/dt^2\}$. Por exemplo, se f' for contínua para $t \geq 0$, da integração por partes resultará

$$\mathcal{L}\{f'(t)\} = \int_0^\infty e^{-st} f'(t)\,dt = e^{-st} f(t)\Big|_0^\infty + s\int_0^\infty e^{-st} f(t)\,dt$$
$$= -f(0) + s\mathcal{L}\{f(t)\}$$

ou

$$\mathcal{L}\{f'(t)\} = sF(s) - f(0). \tag{6}$$

---

* Os números 1, 2 e −4 são os zeros do denominador comum $(s-1)(s-2)(s+4)$.

Supusemos aqui que $e^{-st}f(t) \to 0$ quando $t \to \infty$. Da mesma forma, com a ajuda de (6),

$$\mathcal{L}\{f''(t)\} = \int_0^\infty e^{-st}f''(t)dt = e^{-st}f'(t)\Big|_0^\infty + s\int_0^\infty e^{-st}f'(t)dt$$
$$= -f'(0) + s\mathcal{L}\{f'(t)\}$$
$$= s[sF(s) - f(0)] - f'(0) \quad \leftarrow \text{de (6)}$$

ou

$$\mathcal{L}\{f''(t)\} = s^2 F(s) - sf(0) - f'(0). \tag{7}$$

De forma análoga, pode ser mostrado que

$$\mathcal{L}\{f'''(t)\} = s^3 F(s) - s^2 f(0) - sf'(0) - f''(0). \tag{8}$$

A natureza recursiva das transformadas de Laplace de derivadas de uma função f deve ficar evidente a partir dos resultados em (6), (7) e (8). O teorema seguinte nos dá a transformada de Laplace da n-ésima derivada de f. A prova será omitida.

TEOREMA 7.2.2 **Transformada de uma derivada**

Se $f, f', \ldots, f^{(n-1)}$ forem contínuas em $[0, \infty)$ e de ordem exponencial, e se $f^{(n)}(t)$ for contínua por partes em $[0, \infty)$, então

$$\mathcal{L}\{f^{(n)}(t)\} = s^n F(s) - s^{(n-1)}f(0) - s^{(n-2)}f'(0) - \cdots - f^{(n-1)}(0),$$

onde $F(s) = \mathcal{L}\{f(t)\}$.

RESOLVENDO EDOs LINEARES

Fica evidente com base no resultado geral dado no Teorema 7.2.2 que $\mathcal{L}\{d^n y/dt^n\}$ depende de $Y(s) = \mathcal{L}\{y(t)\}$ e das $n-1$ derivadas de $y(t)$ calculadas em $t = 0$. Essa propriedade torna a transformada de Laplace idealmente adequada para a resolução de problemas lineares de valor inicial nos quais a equação diferencial tem *coeficientes constantes*. Essas equações diferenciais são simplesmente uma combinação linear dos termos $y, y', y'', \ldots, y^{(n)}$:

$$a_n \frac{d^n y}{dt^n} + a_{n-1}\frac{d^{n-1}y}{dt^{n-1}} + \cdots + a_0 y = g(t),$$
$$y(0) = y_0, y'(0) = y_1, \ldots, y^{(n-1)}(0) = y_{n-1},$$

onde a_i, $i = 0, 1, \ldots, n$ e $y_0, y_1, \ldots y_{n-1}$ são constantes. Pela linearidade, a transformada de Laplace dessa combinação linear é uma combinação linear de transformadas de Laplace:

$$a_n \mathcal{L}\left\{\frac{d^n y}{dt^n}\right\} + a_{n-1}\mathcal{L}\left\{\frac{d^{n-1}y}{dt^{n-1}}\right\} + \cdots + a_0 \mathcal{L}\{y\} = \mathcal{L}\{g(t)\}. \tag{9}$$

Do Teorema 7.2.2, (9) torna-se

$$a_n[s^n Y(s) - s^{n-1}y(0) - \cdots - y^{(n-1)}(0)] + a_{n-1}[s^{n-1}Y(s) - s^{n-2}y(0) - \cdots - y^{(n-2)}(0)] + \cdots + a_0 Y(s) = G(s), \tag{10}$$

onde $\mathcal{L}\{y(t)\} = Y(s)$ e $\mathcal{L}\{g(t)\} = G(s)$. Em outras palavras,

A transformada de Laplace de uma equação diferencial linear com coeficientes constantes torna-se uma equação algébrica em $Y(s)$.

Se resolvermos a equação geral transformada (10) para determinar o símbolo $Y(s)$, obteremos primeiramente $P(s)Y(s) = Q(s) + G(s)$ e então escreveremos

$$Y(s) = \frac{Q(s)}{P(s)} + \frac{G(s)}{P(s)}, \tag{11}$$

onde $P(s) = a_n s^n + a_{n-1}s^{n-1} + \cdots + a_0$, $Q(s)$ é um polinômio em s de grau menor ou igual a $n-1$, que consiste nos vários produtos dos coeficientes $a_i, i = 1, \ldots, n$ e das condições iniciais prescritas $y_0, y_1, \ldots, y_{n-1}$, e $G(s)$ é a transformada de Laplace de $g(t)$.[†] Geralmente, colocamos os dois termos de (11) sobre o mínimo denominador comum e decompomos a expressão comum em duas ou mais frações parciais. Finalmente, a solução $y(t)$ do problema de valor inicial original será $y(t) = \mathcal{L}^{-1}\{Y(s)\}$, onde a transformada inversa é calculada termo a termo.

O procedimento está resumido no diagrama da Figura 7.2.1.

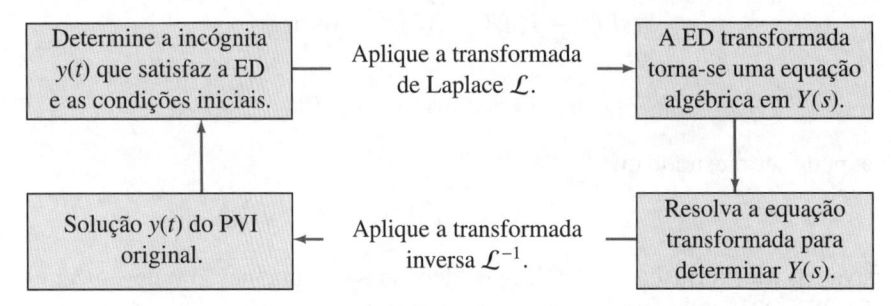

FIGURA 7.2.1 Etapas na resolução de um PVI pela transformada de Laplace

O exemplo seguinte ilustra o método exposto de resolução de EDs bem como a decomposição em frações parciais no caso em que o denominador de $Y(s)$ contém *um polinômio quadrático sem nenhum fator real*.

EXEMPLO 4 Resolvendo um PVI de primeira ordem

Use a transformada de Laplace para resolver o problema de valor inicial

$$\frac{dy}{dt} + 3y = 13\,\text{sen}\,2t, \quad y(0) = 6.$$

SOLUÇÃO
Vamos primeiramente aplicar a transformada em cada membro da equação diferencial:

$$\mathcal{L}\left\{\frac{dy}{dt}\right\} + 3\,\mathcal{L}\{y\} = 13\,\mathcal{L}\{\text{sen}\,2t\}. \tag{12}$$

De (6), $\mathcal{L}\{dy/dt\} = sY(s) - y(0) = sY(s) - 6$, e do item (d) do Teorema 7.1.1, $\mathcal{L}\{\text{sen}\,2t\} = 2/(s^2+4)$. Portanto, (12) é o mesmo que

$$sY(s) - 6 + 3Y(s) = \frac{26}{s^2+4} \quad \text{ou} \quad (s+3)Y(s) = 6 + \frac{26}{s^2+4}.$$

Resolvendo a última equação para $Y(s)$, obtemos

$$Y(s) = \frac{6}{s+3} + \frac{26}{(s+3)(s^2+4)} = \frac{6s^2+50}{(s+3)(s^2+4)}. \tag{13}$$

Como o polinômio quadrático $s^2 + 4$ não pode ser fatorado usando apenas números reais, seu numerador na decomposição em frações parciais será um polinômio linear em s:

$$\frac{6s^2+50}{(s+3)(s^2+4)} = \frac{A}{s+3} + \frac{Bs+C}{s^2+4}.$$

Colocando o lado direito da igualdade sobre um denominador comum e igualando os numeradores, obtemos $6s^2 + 50 = A(s^2+4) + (Bs+C)(s+3)$. Fazendo $s = -3$ obtemos imediatamente $A = 8$. Como o denominador não tem nenhum outro zero real, igualamos os coeficientes de s^2 e s: $6 = A + B$ e $0 = 3B + C$. Usando o valor de A da primeira equação, obtemos $B = -2$ e, então, usando esse último valor na segunda equação, obtemos $C = 6$. Assim,

$$Y(s) = \frac{6s^2+50}{(s+3)(s^2+4)} = \frac{8}{s+3} + \frac{-2s+6}{s^2+4}.$$

[†] O polinômio $P(s)$ é o mesmo que o polinômio auxiliar de grau n em (12) da Seção 4.3, com a exceção de que o símbolo usual m é substituído por s.

Ainda não acabamos, pois a última expressão racional deve ser escrita como soma de duas frações. Isso foi feito no Exemplo 2 por meio da divisão termo a termo. De (2), daquele exemplo,

$$y(t) = 8\,\mathcal{L}^{-1}\left\{\frac{1}{s+3}\right\} - 2\,\mathcal{L}^{-1}\left\{\frac{s}{s^2+4}\right\} + 3\,\mathcal{L}^{-1}\left\{\frac{2}{s^2+4}\right\}.$$

Segue dos itens (c), (d) e (e) do Teorema 7.2.1 que a solução do problema de valor inicial é $y(t) = 8e^{-3t} - 2\cos 2t + 3\,\text{sen}\,2t$. ∎

EXEMPLO 5 Resolvendo um PVI de segunda ordem

Resolva $y'' - 3y' + 2y = e^{-4t}$, $y(0) = 1$, $y'(0) = 5$.

SOLUÇÃO
Procedendo como no Exemplo 4, transformamos a ED. Tomamos a soma das transformadas de cada termo, usamos (6) e (7), as condições iniciais dadas, (c) do Teorema 7.1.1 e então resolvemos para encontrar $Y(s)$:

$$\mathcal{L}\left\{\frac{d^2y}{dt^2}\right\} - 3\,\mathcal{L}\left\{\frac{dy}{dt}\right\} + 2\,\mathcal{L}\{y\} = \mathcal{L}\{e^{-4t}\}$$

$$s^2 Y(s) - sy(0) - y'(0) - 3[sY(s) - y(0)] + 2Y(s) = \frac{1}{s+4}$$

$$(s^2 - 3s + 2)Y(s) = s + 2 + \frac{1}{s+4}$$

$$Y(s) = \frac{s+2}{s^2 - 3s + 2} + \frac{1}{(s^2 - 3s + 2)(s+4)} = \frac{s^2 + 6s + 9}{(s-1)(s-2)(s+4)}. \tag{14}$$

Os detalhes da decomposição de $Y(s)$ em frações parciais já foram levados a efeito no Exemplo 3. Em vista dos resultados em (4) e (5), temos a solução do problema de valor inicial:

$$y(t) = \mathcal{L}^{-1}\{Y(s)\} = -\frac{16}{5}e^t + \frac{25}{6}e^{2t} + \frac{1}{30}e^{-4t}. \quad \blacksquare$$

Os Exemplos 4 e 5 ilustram o procedimento básico da transformada de Laplace para resolver problemas lineares de valor inicial, mas esses exemplos não parecem descrever um método sensivelmente melhor que o esboçado nas Seções 2.3 e 4.3 a 4.6. Não tire nenhuma conclusão negativa com base somente em dois exemplos. De fato, há muita álgebra inerente ao uso da transformada de Laplace, mas observe que não precisamos usar variação de parâmetros ou nos preocuparmos com os casos e a álgebra envolvidos no método dos coeficientes a determinar. Além disso, como o método incorpora as condições iniciais prescritas diretamente na solução, não há necessidade da operação de aplicação das condições iniciais à solução geral $y = c_1 y_1 + c_2 y_2 + \cdots + c_n y_n + y_p$ da ED para determinar as constantes específicas em uma solução particular do PVI.

A transformada de Laplace tem muitas propriedades operacionais. Nas seções a seguir examinaremos algumas dessas propriedades e verificaremos como elas nos possibilitam resolver problemas mais complexos.

OBSERVAÇÕES

(i) A transformada inversa de Laplace de uma função $F(s)$ pode não ser única; em outras palavras, é possível que $\mathcal{L}\{f_1(t)\} = \mathcal{L}\{f_2(t)\}$, embora tenhamos $f_1 \neq f_2$. Para os nossos propósitos aqui, isso não é preocupante. Se f_1 e f_2 forem contínuas por partes em $[0, \infty)$ e de ordem exponencial, então f_1 e f_2 serão *essencialmente* iguais. Veja o Problema 44 nos Exercícios 7.2. Contudo, se f_1 e f_2 forem contínuas em $[0, \infty)$ e $\mathcal{L}\{f_1(t)\} = \mathcal{L}\{f_2(t)\}$, então $f_1 = f_2$ no intervalo.

(ii) Esta observação destina-se àqueles que precisarão efetuar a decomposição em frações parciais à mão. Há uma outra maneira de determinar os coeficientes em uma decomposição por frações parciais no caso particular em que $\mathcal{L}\{f(t)\} = F(s)$ for uma função racional de s e o denominador de F for um produto de fatores lineares *distintos*. Vamos ilustrar isso reexaminando o Exemplo 3. Suponha que multipliquemos ambos os membros da decomposição

$$\frac{s^2+6s+9}{(s-1)(s-2)(s+4)} = \frac{A}{s-1} + \frac{B}{s-2} + \frac{C}{s+4} \tag{15}$$

por, digamos, $s-1$, simplifiquemos e então façamos $s=1$. Como os coeficientes de B e C do lado direito da igualdade são nulos, obtemos

$$\left.\frac{s^2+6s+9}{(s-2)(s+4)}\right|_{s=1} = A \quad \text{ou} \quad A = -\frac{16}{5}.$$

Escrito de outra maneira,

$$\left.\frac{s^2+6s+9}{\boxed{(s-1)}(s-2)(s+4)}\right|_{s=1} = -\frac{16}{5} = A,$$

onde o fator em destaque foi cancelado quando o lado esquerdo foi multiplicado por $s-1$. Para obter B e C simplesmente repetimos o processo com os fatores $s-2$ e $s+4$, respectivamente:

$$\left.\frac{s^2+6s+9}{(s-1)\boxed{(s-2)}(s+4)}\right|_{s=2} = \frac{25}{6} = B \quad \text{e} \quad \left.\frac{s^2+6s+9}{(s-1)(s-2)\boxed{(s+4)}}\right|_{s=-4} = \frac{1}{30} = C.$$

A decomposição desejada de (15) é apresentada em (4). Essa técnica especial de determinação de coeficientes é conhecida como o **método do encobrimento**.

(iii) Nesta observação continuamos nossa introdução à terminologia de sistemas dinâmicos. Por causa de (9) e (10), a transformada de Laplace é bem adaptada a sistemas dinâmicos *lineares*. O polinômio $P(s) = a_n s^n + a_{n-1} s^{n-1} + \cdots + a_0$ em (11) é o coeficiente total de $Y(s)$ em (10) e é simplesmente o lado esquerdo da ED com as derivadas $d^k y/dt^k$ substituídas pelas potências $s^k, k = 0, 1, \ldots n$. É comum chamar o recíproco de $P(s)$, isto é, $W(s) = 1/P(s)$, de **função de transferência** do sistema e escrever (11) como

$$Y(s) = W(s)Q(s) + W(s)G(s). \tag{16}$$

Dessa forma, separamos, aditivamente, os efeitos sobre a resposta devidos às condições iniciais (isto é, $W(s)Q(s)$) daqueles devidos à função entrada g (isto é, $W(s)G(s)$). Veja (13) e (14). Logo, a resposta $y(t)$ do sistema é uma superposição de duas respostas:

$$y(t) = \mathcal{L}^{-1}\{W(s)Q(s)\} + \mathcal{L}^{-1}\{W(s)G(s)\} = y_0(t) + y_1(t).$$

Se a entrada for $g(t) = 0$, então a solução do problema será $y_0(t) = \mathcal{L}^{-1}\{W(s)Q(s)\}$. Essa solução é chamada de **resposta de entrada zero** do sistema. Por outro lado, a função $y_1(t) = \mathcal{L}^{-1}\{W(s)G(s)\}$ é a saída em decorrência da entrada $g(t)$. Se o estado inicial do sistema for o estado zero (todas as condições iniciais nulas), $Q(s) = 0$ e, portanto, a única solução do problema de valor inicial será $y_1(t)$. Essa última solução é chamada de **resposta ao estado zero** do sistema. Ambas, $y_0(t)$ e $y_1(t)$, são soluções particulares: $y_0(t)$ é uma solução do PVI que consiste na equação homogênea associada com as condições iniciais dadas e $y_1(t)$ é uma solução do PVI que consiste na equação não homogênea com condições iniciais nulas. No Exemplo 5, podemos ver de (14) que a função de transferência é $W(s) = 1/(s^2 - 3s + 2)$, a resposta à entrada zero é

$$y_0(t) = \mathcal{L}^{-1}\left\{\frac{s+2}{(s-1)(s-2)}\right\} = -3e^t + 4e^{2t}$$

e a resposta ao estado zero é

$$y_1(t) = \mathcal{L}^{-1}\left\{\frac{1}{(s-1)(s-2)(s+4)}\right\} = -\frac{1}{5}e^t + \frac{1}{6}e^{2t} + \frac{1}{30}e^{-4t}.$$

Verifique que a soma de $y_0(t)$ e $y_1(t)$ é a solução $y(t)$ do Exemplo 5 e que $y_0(0) = 1$, $y_0'(0) = 5$, enquanto $y_1(0) = 0$, $y_1'(0) = 0$.

EXERCÍCIOS 7.2

As respostas aos problemas ímpares estão no final do livro.

7.2.1 TRANSFORMADA INVERSA

Nos Problemas 1-30, use a álgebra adequada e o Teorema 7.2.1 para determinar a transformada inversa de Laplace pedida.

1. $\mathcal{L}^{-1}\left\{\dfrac{1}{s^3}\right\}$

2. $\mathcal{L}^{-1}\left\{\dfrac{(s+2)^2}{s^3}\right\}$

3. $\mathcal{L}^{-1}\left\{\dfrac{1}{s^2} - \dfrac{48}{s^5}\right\}$

4. $\mathcal{L}^{-1}\left\{\dfrac{1}{s^4}\right\}$

5. $\mathcal{L}^{-1}\left\{\dfrac{(s+1)^3}{s^4}\right\}$

6. $\mathcal{L}^{-1}\left\{\left(\dfrac{2}{s} - \dfrac{1}{s^3}\right)^2\right\}$

7. $\mathcal{L}^{-1}\left\{\dfrac{1}{s^2} - \dfrac{1}{s} + \dfrac{1}{s-2}\right\}$

8. $\mathcal{L}^{-1}\left\{\dfrac{1}{5s-2}\right\}$

9. $\mathcal{L}^{-1}\left\{\dfrac{1}{4s+1}\right\}$

10. $\mathcal{L}^{-1}\left\{\dfrac{10s}{s^2+16}\right\}$

11. $\mathcal{L}^{-1}\left\{\dfrac{5}{s^2+49}\right\}$

12. $\mathcal{L}^{-1}\left\{\dfrac{1}{4s^2+1}\right\}$

13. $\mathcal{L}^{-1}\left\{\dfrac{4s}{4s^2+1}\right\}$

14. $\mathcal{L}^{-1}\left\{\dfrac{s+1}{s^2+2}\right\}$

15. $\mathcal{L}^{-1}\left\{\dfrac{2s-6}{s^2+9}\right\}$

16. $\mathcal{L}^{-1}\left\{\dfrac{4}{s} + \dfrac{6}{s^5} - \dfrac{1}{s+8}\right\}$

17. $\mathcal{L}^{-1}\left\{\dfrac{1}{s^2+3s}\right\}$

18. $\mathcal{L}^{-1}\left\{\dfrac{1}{s^2+s-20}\right\}$

19. $\mathcal{L}^{-1}\left\{\dfrac{s}{s^2+2s-3}\right\}$

20. $\mathcal{L}^{-1}\left\{\dfrac{s+1}{s^2-4s}\right\}$

21. $\mathcal{L}^{-1}\left\{\dfrac{0{,}9s}{(s-0{,}1)(s+0{,}2)}\right\}$

22. $\mathcal{L}^{-1}\left\{\dfrac{s^2+1}{s(s-1)(s+1)(s-2)}\right\}$

23. $\mathcal{L}^{-1}\left\{\dfrac{s}{(s-2)(s-3)(s-6)}\right\}$

24. $\mathcal{L}^{-1}\left\{\dfrac{s-3}{(s-\sqrt{3})(s+\sqrt{3})}\right\}$

25. $\mathcal{L}^{-1}\left\{\dfrac{1}{s^3+5s}\right\}$

26. $\mathcal{L}^{-1}\left\{\dfrac{1}{s^4-9}\right\}$

27. $\mathcal{L}^{-1}\left\{\dfrac{2s-4}{(s^2+s)(s^2+1)}\right\}$

28. $\mathcal{L}^{-1}\left\{\dfrac{6s+3}{s^4+5s^2+4}\right\}$

29. $\mathcal{L}^{-1}\left\{\dfrac{1}{(s^2+1)(s^2+4)}\right\}$

30. $\mathcal{L}^{-1}\left\{\dfrac{s}{(s+2)(s^2+4)}\right\}$

TRANSFORMADA DAS DERIVADAS

Nos Problemas 31-40, use a transformada de Laplace para resolver o problema de valor inicial dado.

31. $\dfrac{dy}{dt} - y = 1$, $y(0) = 0$

32. $y''' + 2y'' - y' - 2y = \operatorname{sen} 3t$, $y(0) = 0$, $y'(0) = 0$, $y''(0) = 1$

33. $y' + 6y = e^{4t}$, $y(0) = 2$

34. $2\dfrac{dy}{dt} + y = 0$, $y(0) = -3$

35. $y'' + 5y' + 4y = 0$, $y(0) = 1$, $y'(0) = 0$

36. $y' - y = 2\cos 5t$, $y(0) = 0$

37. $y'' + y = \sqrt{2}\operatorname{sen}\sqrt{2}t$, $y(0) = 10$, $y'(0) = 0$

38. $y'' - 4y' = 6e^{3t} - 3e^{-t}$, $y(0) = 1$, $y'(0) = -1$

39. $2y''' + 3y'' - 3y' - 2y = e^{-t}$, $y(0) = 0$, $y'(0) = 0$, $y''(0) = 1$

40. $y'' + 9y = e^t$, $y(0) = 0$, $y'(0) = 0$

As formas inversas dos resultados no Problema 50 dos Exercícios 7.1 são

$$\mathcal{L}^{-1}\left\{\dfrac{s-a}{(s-a)^2+b^2}\right\} = e^{at}\cos bt$$

$$\mathcal{L}^{-1}\left\{\dfrac{b}{(s-a)^2+b^2}\right\} = e^{at}\operatorname{sen} bt.$$

Nos Problemas 41 e 42 utilize a transformada de Laplace e estas inversas para resolver o problema de valor inicial dado.

41. $y' + y = e^{-3t}\cos 2t$, $y(0) = 0$

42. $y'' - 2y' + 5y = 0$, $y(0) = 1$, $y'(0) = 3$

PROBLEMAS PARA DISCUSSÃO

43. a) Com uma ligeira alteração na notação a transformada em (6) é o mesmo que

$$\mathcal{L}\{f'(t)\} = s\,\mathcal{L}\{f(t)\} - f(0).$$

Com $f(t) = te^{at}$, discuta como este resultado em conjunto com (c) do Teorema 7.1.1 pode ser usado para determinar $\mathcal{L}\{te^{at}\}$.

b) Proceda como no item (a), mas desta vez discuta como usar (7) com $f(t) = t\,\text{sen}\,kt$ em conjunto com (d) e (e) do Teorema 7.1.1 para determinar $\mathcal{L}\{t\,\text{sen}\,kt\}$.

44. Crie duas funções, f_1 e f_2, que tenham a mesma transformada de Laplace. Não se aprofunde na análise.

45. Releia a Observação (iii) da página 302. Ache as respostas de entrada zero e ao estado zero para o PVI do Problema 36.

46. Suponha $f(t)$ uma função onde $f'(t)$ é contínua por partes e exponencial de ordem c. Utilize os resultados desta seção e da Seção 7.1 para mostrar que

$$f(0) = \lim_{s\to\infty} sF(s),$$

onde $F(s) = \mathcal{L}\{f(t)\}$. Verifique este resultado quando $f(t) = \cos kt$.

7.3 PROPRIEDADES OPERACIONAIS I

IMPORTANTE REVISAR

- Prática de decomposição em frações parciais
- Conclusão de quadrados

INTRODUÇÃO

Não é conveniente usar a Definição 7.1.1 toda vez que desejarmos determinar a transformada de Laplace de uma função $f(t)$. Por exemplo, a integração por partes envolvida no cálculo, digamos, de $\mathcal{L}\{e^t t^2 \text{sen}\,3t\}$ é, no mínimo, extremamente difícil. Nesta seção e na seguinte, apresentamos várias propriedades operacionais da transformada de Laplace para reduzir a dificuldade e o trabalho e nos permitir construir uma lista mais extensa das transformadas (veja a tabela no Apêndice III) sem ter que recorrer à definição básica e à integração.

7.3.1 TRANSLAÇÃO SOBRE O EIXO s

O cálculo de transformadas tais como $\mathcal{L}\{e^{5t}t^3\}$ e $\mathcal{L}\{e^{-2t}\cos 4t\}$ é direto desde que conheçamos (e nós conhecemos) $\mathcal{L}\{t^3\}$ e $\mathcal{L}\{\cos 4t\}$. Em geral, quando conhecemos a transformada de Laplace de uma função f, $\mathcal{L}\{f(t)\} = F(s)$, é possível computar a transformada de Laplace de um múltiplo exponencial de f, isto é, $\mathcal{L}\{e^{at}f(t)\}$, sem nenhum esforço além de *trasladar* ou *deslocar* a transformada $F(s)$ para $F(s-a)$. Esse resultado é conhecido como **primeiro teorema da translação** ou **primeiro teorema do deslocamento**.

TEOREMA 7.3.1 Primeiro teorema da translação

Se $\mathcal{L}\{f(t)\} = F(s)$ e a for um número real qualquer, então

$$\mathcal{L}\{e^{at}f(t)\} = F(s-a).$$

PROVA

A prova é imediata, uma vez que, pela Definição 7.1.1,

$$\mathcal{L}\{e^{at}f(t)\} = \int_0^\infty e^{-st}e^{at}f(t)dt = \int_0^\infty e^{-(s-a)t}f(t)dt = F(s-a). \quad \blacksquare$$

Se considerarmos s uma variável real, o gráfico de $F(s-a)$ será o gráfico de $F(s)$ deslocado sobre o eixo s pelo valor $|a|$. Se $a > 0$, o gráfico $F(s)$ será deslocado a unidades para a direita, enquanto, se $a < 0$, o gráfico será deslocado $|a|$ unidades para a esquerda. Veja a Figura 7.3.1.

Para enfatizar, é às vezes proveitoso usar o simbolismo

$$\mathcal{L}\{e^{at}f(t)\} = \mathcal{L}\{f(t)\}\big|_{s \to s-a},$$

onde $s \to s - a$ significa que, na transformada de Laplace $F(s)$ de $f(t)$, substituímos o símbolo s por $s - a$.

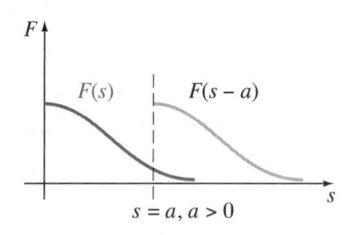

FIGURA 7.3.1 Deslocamento no eixo s.

EXEMPLO 1   Usando o primeiro teorema da translação

Calcule

(a) $\mathcal{L}\{e^{5t}t^3\}$

(b) $\mathcal{L}\{e^{-2t}\cos 4t\}$.

SOLUÇÃO

O resultado segue dos teoremas 7.1.1 e 7.3.1.

(a) $\mathcal{L}\{e^{5t}t^3\} = \mathcal{L}\{t^3\}\big|_{s\to s-5} = \dfrac{3!}{s^4}\bigg|_{s\to s-5} = \dfrac{6}{(s-5)^4}$

(b) $\mathcal{L}\{e^{-2t}\cos 4t\} = \mathcal{L}\{\cos 4t\}\big|_{s\to s-(-2)} = \dfrac{s}{s^2+16}\bigg|_{s\to s+2} = \dfrac{s+2}{(s+2)^2+16}$ ∎

FORMA INVERSA DO TEOREMA 7.3.1

Para calcular a inversa de $F(s - a)$, precisamos identificar $F(s)$, determinar $f(t)$ pela transformada inversa de $F(s)$ e multiplicar $f(t)$ pela função exponencial e^{at}. Esse procedimento pode ser resumido simbolicamente da seguinte forma:

$$\mathcal{L}^{-1}\{F(s-a)\} = \mathcal{L}^{-1}\{F(s)|_{s\to s-a}\} = e^{at}f(t), \tag{1}$$

onde $f(t) = \mathcal{L}^{-1}\{F(s)\}$.

A primeira parte do exemplo seguinte ilustra a decomposição em frações parciais no caso em que o denominador de $Y(s)$ contém *fatores lineares repetidos*.

EXEMPLO 2   Frações parciais: fatores lineares repetidos

Calcule

(a) $\mathcal{L}^{-1}\left\{\dfrac{2s+5}{(s-3)^2}\right\}$

(b) $\mathcal{L}^{-1}\left\{\dfrac{s/2 + 5/3}{s^2 + 4s + 6}\right\}$.

SOLUÇÃO

(a) Um fator linear repetido é um termo da forma $(s-a)^n$, onde a é um número real e n, um inteiro positivo ≥ 2. Lembre-se de que, se $(s-a)^n$ aparecer no denominador de uma expressão racional, a decomposição procurada conterá n frações parciais com numeradores constantes e denominadores $(s-a), (s-a)^2, \ldots, (s-a)^n$. Logo, com $a = 3$ e $n = 2$, escrevemos

$$\frac{2s+5}{(s-3)^2} = \frac{A}{s-3} + \frac{B}{(s-3)^2}.$$

Colocando os dois termos do lado direito sobre um denominador comum, obtemos o numerador $2s + 5 = A(s - 3) + B$, e essa identidade dá lugar a $A = 2$ e $B = 11$. Portanto,

$$\frac{2s+5}{(s-3)^2} = \frac{2}{s-3} + \frac{11}{(s-3)^2} \tag{2}$$

e

$$\mathcal{L}^{-1}\left\{\frac{2s+5}{(s-3)^2}\right\} = 2\,\mathcal{L}^{-1}\left\{\frac{1}{s-3}\right\} + 11\,\mathcal{L}^{-1}\left\{\frac{1}{(s-3)^2}\right\}. \tag{3}$$

Agora $1/(s-3)^2$ é $F(s) = 1/s^2$ deslocado três unidades para a direita. Uma vez que $\mathcal{L}^{-1}\{1/s^2\} = t$, segue de (1) que

$$\mathcal{L}^{-1}\left\{\frac{1}{(s-3)^2}\right\} = \mathcal{L}^{-1}\left\{\left.\frac{1}{s^2}\right|_{s \to s-3}\right\} = e^{3t}t.$$

Finalmente, (3) é

$$\mathcal{L}^{-1}\left\{\frac{2s+5}{(s-3)^2}\right\} = 2e^{-3t} + 11e^{3t}t. \tag{4}$$

(b) Para começar, vamos observar que o polinômio quadrático $s^2 + 4s + 6$ não tem zeros reais e, portanto, não tem fatores lineares reais. Nessa situação, nós *completamos o quadrado*:

$$\frac{s/2 + 5/3}{s^2 + 4s + 6} = \frac{s/2 + 5/3}{(s+2)^2 + 2}. \tag{5}$$

Nossa meta aqui é identificar a expressão do lado direito como uma transformada de Laplace $F(s)$, na qual s foi substituído por $s + 2$. O que estamos tentando fazer é análogo ao procedimento do item (b) do Exemplo 1 de trás para a frente. O denominador em (5) já está na forma correta, isto é, $s^2 + 2$, em que o s é substituído por $s + 2$. Contudo, precisamos ajustar o numerador manipulando as constantes: $\frac{1}{2}s + \frac{5}{3} = \frac{1}{2}(s+2) + \frac{5}{3} - \frac{2}{2} = \frac{1}{2}(s+2) + \frac{2}{3}$.

Agora, por divisão termo a termo, linearidade de $\mathcal{L}^{-1}$, itens (d) e (e) do Teorema 7.2.1 e finalmente (1),

$$\frac{s/2 + 5/3}{(s+2)^2 + 2} = \frac{\frac{1}{2}(s+2) + \frac{2}{3}}{(s+2)^2 + 2} = \frac{1}{2}\frac{s+2}{(s+2)^2 + 2} + \frac{2}{3}\frac{1}{(s+2)^2 + 2}$$

$$\mathcal{L}^{-1}\left\{\frac{s/2 + 5/3}{s^2 + 4s + 6}\right\} = \frac{1}{2}\mathcal{L}^{-1}\left\{\frac{s+2}{(s+2)^2 + 2}\right\} + \frac{2}{3}\mathcal{L}^{-1}\left\{\frac{1}{(s+2)^2 + 2}\right\}$$

$$= \frac{1}{2}\mathcal{L}^{-1}\left\{\left.\frac{s}{s^2 + 2}\right|_{s \to s+2}\right\} + \frac{2}{3\sqrt{2}}\mathcal{L}^{-1}\left\{\left.\frac{\sqrt{2}}{s^2 + 2}\right|_{s \to s+2}\right\} \tag{6}$$

$$= \frac{1}{2}e^{-2t}\cos\sqrt{2}t + \frac{\sqrt{2}}{3}e^{-2t}\operatorname{sen}\sqrt{2}t. \tag{7} \blacksquare$$

EXEMPLO 3   Um problema de valor inicial

Resolva $y'' - 6y' + 9y = t^2 e^{3t}$, $y(0) = 2$, $y'(0) = 17$.

SOLUÇÃO

Antes de transformar a ED, observe que seu lado direito é similar à função do item (a) do Exemplo 1. Depois de usar linearidade, o Teorema 7.3.1 e as condições iniciais, simplificamos e então resolvemos $Y(s) = \mathcal{L}\{f(t)\}$:

$$\mathcal{L}\{y''\} - 6\,\mathcal{L}\{y'\} + 9\,\mathcal{L}\{y\} = \mathcal{L}\{t^2 e^{3t}\}$$

$$s^2 Y(s) - sy(0) - y'(0) - 6[sY(s) - y(0)] + 9Y(s) = \frac{2}{(s-3)^3}$$

$$(s^2 - 6s + 9)Y(s) = 2s + 5 + \frac{2}{(s-3)^3}$$

$$(s-3)^2 Y(s) = 2s + 5 + \frac{2}{(s-3)^3}$$

$$Y(s) = \frac{2s+5}{(s-3)^2} + \frac{2}{(s-3)^5}.$$

O primeiro termo do lado direito já foi decomposto em frações parciais em (2) e no item (a) do Exemplo 2:

$$Y(s) = \frac{2}{s-3} + \frac{11}{(s-3)^2} + \frac{2}{(s-3)^5}.$$

Logo

$$y(t) = 2\,\mathcal{L}^{-1}\left\{\frac{1}{s-3}\right\} + 11\,\mathcal{L}^{-1}\left\{\frac{1}{(s-3)^2}\right\} + \frac{2}{4!}\,\mathcal{L}^{-1}\left\{\frac{4!}{(s-3)^5}\right\}. \tag{8}$$

Da forma inversa (1) do Teorema 7.3.1, os dois últimos termos em (8) são

$$\mathcal{L}^{-1}\left\{\left.\frac{1}{s^2}\right|_{s\to s-3}\right\} = te^{3t} \quad \text{e} \quad \mathcal{L}^{-1}\left\{\left.\frac{4!}{s^5}\right|_{s\to s-3}\right\} = t^4 e^{3t}.$$

Assim, (8) fica $y(t) = 2e^{3t} + 11te^{3t} + \frac{1}{12}t^4 e^{3t}$. ∎

EXEMPLO 4 Um problema de valor inicial

Resolva $y'' + 4y' + 6y = 1 + e^{-t}$, $y(0) = 0$, $y'(0) = 0$.

SOLUÇÃO

$$\mathcal{L}\{y''\} + 4\,\mathcal{L}\{y'\} + 6\,\mathcal{L}\{y\} = \mathcal{L}\{1\} + \mathcal{L}\{e^{-t}\}$$

$$s^2 Y(s) - sy(0) - y'(0) + 4[sY(s) - y(0)] + 6Y(s) = \frac{1}{s} + \frac{1}{s+1}$$

$$(s^2 + 4s + 6)Y(s) = \frac{2s+1}{s(s+1)}$$

$$Y(s) = \frac{2s+1}{s(s+1)(s^2+4s+6)}$$

Como o termo quadrático no denominador não é fatorável em termos lineares reais, a decomposição em frações parciais de $Y(s)$ é

$$Y(s) = \frac{1/6}{s} + \frac{1/3}{s+1} - \frac{s/2 + 5/3}{s^2 + 4s + 6}.$$

Além disso, como preparação para aplicar a transformada inversa, já manipulamos o último termo na forma necessária no item (b) do Exemplo 2. Assim, em vista dos resultados em (6) e (7), temos a solução

$$y(t) = \frac{1}{6}\mathcal{L}^{-1}\left\{\frac{1}{s}\right\} + \frac{1}{3}\mathcal{L}^{-1}\left\{\frac{1}{s+1}\right\} - \frac{1}{2}\mathcal{L}^{-1}\left\{\frac{s+2}{(s+2)^2+2}\right\} - \frac{2}{3\sqrt{2}}\mathcal{L}^{-1}\left\{\frac{\sqrt{2}}{(s+2)^2+2}\right\}$$

$$= \frac{1}{6} + \frac{1}{3}e^{-t} - \frac{1}{2}e^{-2t}\cos\sqrt{2}t - \frac{\sqrt{2}}{3}e^{-2t}\operatorname{sen}\sqrt{2}t.$$ ∎

7.3.2 TRANSLAÇÃO SOBRE O EIXO t

FUNÇÃO DEGRAU UNITÁRIO

Em engenharia, encontramos frequentemente funções que podem estar "ligadas" ou "desligadas". Por exemplo, uma força externa agindo em um sistema mecânico ou uma voltagem aplicada a um circuito pode ser desligada após um período. É conveniente então definir uma função especial que seja número 0 (desligada) até um determinado tempo $t = a$ e número 1 (ligada) após esse tempo. Essa função é chamada de **função degrau unitário** ou **função de Heaviside**, devido ao matemático inglês Oliver Heaviside (1850–1925).

> **DEFINIÇÃO 7.3.1 A função degrau unitário**
>
> A **função degrau unitário** $\mathcal{U}(t - a)$ é definida por
>
> $$\mathcal{U}(t - a) = \begin{cases} 0, & 0 \leq t < a \\ 1, & t \geq a. \end{cases}$$

Observe que definimos $\mathcal{U}(t - a)$ somente sobre o eixo t não negativo, pois esse caso é o domínio que nos interessa nos estudos da transformada de Laplace. Em um sentido mais amplo $\mathcal{U}(t - a) = 0$ para $t < a$. O gráfico de $\mathcal{U}(t - a)$ é apresentado na Figura 7.3.2. Neste caso, quando $a = 0$, tomamos $\mathcal{U}(t) = 1$ para $t \geq 0$.

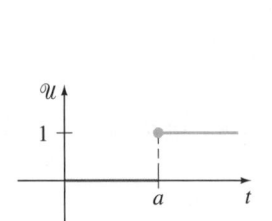

FIGURA 7.3.2 Gráfico da função degrau unitário.

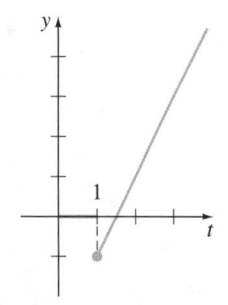

FIGURA 7.3.3 A função é $f(t) = (2t - 3)\mathcal{U}(t - 1)$.

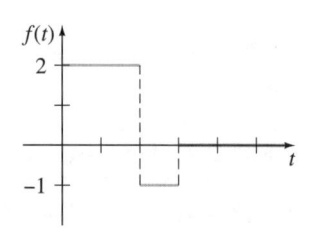

FIGURA 7.3.4 A função é $f(t) = 2 - 3\mathcal{U}(t - 2) + \mathcal{U}(t - 3)$.

Quando uma função f definida para $t \geq 0$ for multiplicada por $\mathcal{U}(t - a)$, a função degrau unitário "desliga" uma parte do gráfico dessa função. Por exemplo, considere a função $f(t) = 2t - 3$. Para "desligar" a parte do gráfico de f sobre, digamos, o intervalo $0 \leq t < 1$, simplesmente formamos o produto $(2t - 3)\mathcal{U}(t - 1)$. Veja a Figura 7.3.3. Em geral, o gráfico de $f(t)\mathcal{U}(t - a)$ é zero (desligada) para $0 \leq t < a$ e é a parte do gráfico de f (ligada) para $t \geq a$.

A função degrau unitário pode também ser usada para escrever funções definidas por partes em uma forma compacta. Por exemplo, se considerarmos os intervalos $0 \leq t < 2$, $2 \leq t < 3$ e $t \geq 3$ e os valores correspondentes de $\mathcal{U}(t - 2)$ e $\mathcal{U}(t - 3)$, deve ser claro que a função definida por partes mostrada na Figura 7.3.4 é idêntica a $f(t) = 2 - 3\mathcal{U}(t - 2) + U(t - 3)$. Da mesma forma, uma função definida por partes do tipo

$$f(t) = \begin{cases} g(t), & 0 \leq t < a \\ h(t), & t \geq a \end{cases} \tag{9}$$

é idêntica a

$$f(t) = g(t) - g(t)\mathcal{U}(t - a) + h(t)\mathcal{U}(t - a). \tag{10}$$

Analogamente, uma função do tipo

$$f(t) = \begin{cases} 0, & 0 \leq t < a \\ g(t), & a \leq t < b \\ 0, & t \geq b \end{cases} \tag{11}$$

pode ser escrita como
$$f(t) = g(t)[\mathcal{U}(t-a) - \mathcal{U}(t-b)]. \tag{12}$$

EXEMPLO 5 Uma função definida por partes

Expresse $f(t) = \begin{cases} 20t, & 0 \leq t < 5 \\ 0, & t \geq 5 \end{cases}$ em termos de funções degrau unitário. Faça os gráficos.

SOLUÇÃO
O gráfico de f é apresentado na Figura 7.3.5. Agora, de (9) e (10), com $a = 5$, $g(t) = 20t$ e $h(t) = 0$, obtemos $f(t) = 20t - 20t\mathcal{U}(t-5)$. ∎

Considere uma função genérica $y = f(t)$ definida para $t \geq 0$. A função definida por partes

$$f(t-a)\mathcal{U}(t-a) = \begin{cases} 0, & 0 \leq t < a \\ f(t-a), & t \geq a \end{cases} \tag{13}$$

desempenha um papel significativo na discussão a seguir. Conforme mostrado na Figura 7.3.6, para $a > 0$, o gráfico da função $y = f(t-a)\mathcal{U}(t-a)$ coincide com o gráfico de $y = f(t-a)$ para $t \geq a$ (o qual é *todo* o gráfico de $y = f(t)$, $t \geq 0$, deslocado a unidades à direita sobre o eixo t), mas é identicamente nulo para $0 \leq t < a$.

Vimos no Teorema 7.3.1 que um múltiplo exponencial de $f(t)$ resulta em uma translação da transformada $F(s)$ sobre o eixo s. Como consequência do próximo teorema, vemos que, quando $F(s)$ for multiplicado por uma função exponencial e^{-as}, $a > 0$, a transformada inversa do produto $e^{-as}F(s)$ será a função f deslocada ao longo do eixo t na forma ilustrada na Figura 7.3.6(b). Esse resultado, apresentado a seguir em sua versão em termos da transformada direta, é chamado de **segundo teorema da translação** ou **segundo teorema do deslocamento**.

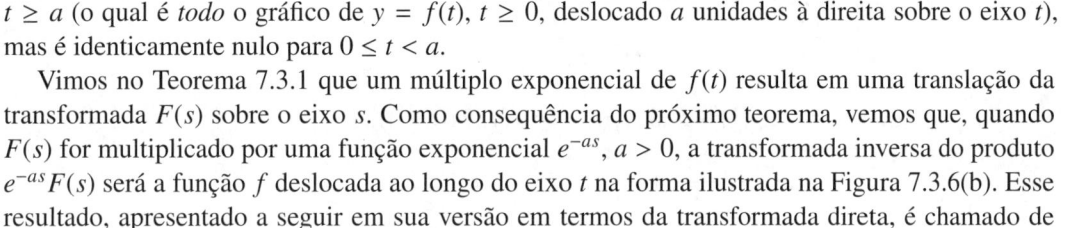

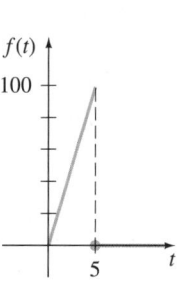

FIGURA 7.3.5 Função f no Exemplo 5

(a) $f(t)$, $t \geq 0$ **(b)** $f(t-a)\mathcal{U}(t-a)$

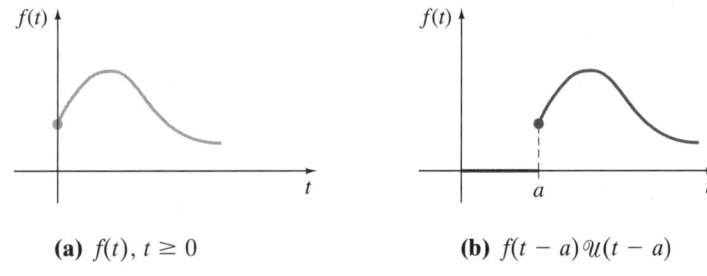

FIGURA 7.3.6 Deslocamento no eixo t.

TEOREMA 7.3.2 Segundo teorema da translação

Se $F(s) = \mathcal{L}\{f(t)\}$ e $a > 0$, então
$$\mathcal{L}\{f(t-a)\mathcal{U}(t-a)\} = e^{-as}F(s).$$

PROVA
Pela propriedade aditiva das integrais,
$$\int_0^\infty e^{-st}f(t-a)\mathcal{U}(t-a)\,dt$$

pode ser escrita como soma de duas integrais:

$$\mathcal{L}\{f(t-a)\mathcal{U}(t-a)\} = \int_0^a e^{-st}f(t-a)\underbrace{\mathcal{U}(t-a)}_{\text{zero para } 0 \leq t < a}\,dt + \int_a^\infty e^{-st}f(t-a)\underbrace{\mathcal{U}(t-a)}_{\text{um para } t \geq a}\,dt = \int_a^\infty e^{-st}f(t-a)\,dt.$$

Agora, se fizermos na última integral $v = t - a$, $dv = dt$, então

$$\mathcal{L}\{f(t-a)\mathcal{U}(t-a)\} = \int_0^\infty e^{-s(v+a)} f(v) dv = e^{-as} \int_0^\infty e^{-sv} f(v) dv = e^{-as} \mathcal{L}\{f(t)\}. \qquad \blacksquare$$

Frequentemente, desejamos determinar a transformada de Laplace de uma função degrau unitário. Isso pode ser feito tanto da Definição 7.1.1 como do Teorema 7.3.2. Se identificarmos $f(t) = 1$ no Teorema 7.3.2, então $f(t-a) = 1$, $F(s) = \mathcal{L}\{1\} = 1/s$ e, portanto,

$$\mathcal{L}\{\mathcal{U}(t-a)\} = \frac{e^{-as}}{s}. \qquad (14)$$

EXEMPLO 6   Revisão da Figura 7.3.4

Encontre a transformada de Laplace da função f na Figura 7.3.4

SOLUÇÃO

Usaremos f expressa em termos da função degrau unitária

$$f(t) = 2 - 3\mathcal{U}(t-2) + \mathcal{U}(t-3)$$

e o resultado dado em (14):

$$\mathcal{L}\{f(t)\} = 2\mathcal{L}\{1\} - 3\mathcal{L}\{\mathcal{U}(t-2)\} + \mathcal{L}\{\mathcal{U}(t-3)\}$$

$$= 2\frac{1}{s} - 3\frac{e^{-2s}}{s} + \frac{e^{-3s}}{s}.$$

FORMA INVERSA DO TEOREMA 7.3.2

Se $f(t) = \mathcal{L}^{-1}\{F(s)\}$, a forma inversa do Teorema 7.3.2, $a > 0$, é

$$\mathcal{L}^{-1}\{e^{-as}F(s)\} = f(t-a)\mathcal{U}(t-a). \qquad (15)$$

EXEMPLO 7   Usando a Fórmula (15)

Calcule

(a) $\mathcal{L}^{-1}\left\{\dfrac{1}{s-4}e^{-2s}\right\}$ (b) $\mathcal{L}^{-1}\left\{\dfrac{s}{s^2+9}e^{-\pi s/2}\right\}$.

SOLUÇÃO

(a) Com as identificações $a = 2$, $F(s) = 1/(s-4)$ e $\mathcal{L}^{-1}\{F(s)\} = e^{4t}$, temos de (15)

$$\mathcal{L}^{-1}\left\{\frac{1}{s-4}e^{-2s}\right\} = e^{4(t-2)}\mathcal{U}(t-2).$$

(b) Com $a = \pi/2$, $F(s) = s/(s^2+9)$ e $\mathcal{L}^{-1}\{F(s)\} = \cos 3t$, obtemos de (15)

$$\mathcal{L}^{-1}\left\{\frac{s}{s^2+9}e^{-\pi s/2}\right\} = \cos 3\left(t - \frac{\pi}{2}\right)\mathcal{U}\left(t - \frac{\pi}{2}\right).$$

A última expressão pode ser de alguma forma simplificada usando a fórmula de adição para o cosseno. Verifique que o resultado é o mesmo que $-\operatorname{sen} 3t\,\mathcal{U}\left(t - \dfrac{\pi}{2}\right)$. $\blacksquare$

FORMA ALTERNATIVA DO TEOREMA 7.3.2

É comum nos depararmos com o problema de determinar a transformada de Laplace do produto de uma função g por uma função degrau unitário $\mathcal{U}(t - a)$ em que a função g não tem a forma de deslocamento $f(t - a)$ do Teorema 7.3.2. Para encontrar a transformada de Laplace de $g(t)\mathcal{U}(t - a)$, é possível escrever $g(t)$ na forma requerida $f(t - a)$ por meio de manipulações algébricas. Por exemplo, se quiséssemos usar o Teorema 7.3.2 para determinar a transformada de Laplace $t^2\mathcal{U}(t - 2)$, teríamos de colocar $g(t) = t^2$ na forma $f(t - 2)$. Você deve completar os detalhes e verificar que $t^2 = (t - 2)^2 + 4(t - 2) + 4$ é uma identidade. Logo,

$$\mathcal{L}\{t^2\mathcal{U}(t - 2)\} = \mathcal{L}\{(t - 2)^2\mathcal{U}(t - 2) + 4(t - 2)\mathcal{U}(t - 2) + 4\mathcal{U}(t - 2)\},$$

onde cada termo do lado direito pode agora ser calculado pelo Teorema 7.3.2. Mas, tendo em vista que essas manipulações consomem tempo e muitas vezes não são óbvias, é mais simples criar uma versão alternativa do Teorema 7.3.2. Usando a Definição 7.1.1, a definição de $\mathcal{U}(t - a)$ e a substituição $u = t - a$, obtemos

$$\mathcal{L}\{g(t)\mathcal{U}(t - a)\} = \int_0^\infty e^{-st} g(t)dt = \int_0^\infty e^{-s(u+a)} g(u + a)du.$$

Isto é,

$$\mathcal{L}\{g(t)\mathcal{U}(t - a)\} = e^{-as}\mathcal{L}\{g(t + a)\}. \tag{16}$$

EXEMPLO 8   Segundo teorema da translação – forma alternativa

Calcule $\mathcal{L}\{\cos t \, \mathcal{U}(t - \pi)\}$.

SOLUÇÃO

Se $g(t) = \cos t$ e $a = \pi$, então $g(t + \pi) = \cos(t + \pi) = -\cos t$ pela fórmula de adição para a função cosseno. Logo, por (16),

$$\mathcal{L}\{\cos t \, \mathcal{U}(t - \pi)\} = -e^{-\pi s} \mathcal{L}\{\cos t\} = -\frac{s}{s^2 + 1} e^{-\pi s}. \qquad \blacksquare$$

EXEMPLO 9   Um problema de valor inicial

Resolva $y' + y = f(t)$, $y(0) = 5$, onde $f(t) = \begin{cases} 0, & 0 \leq t < \pi \\ 3\cos t, & t \geq \pi. \end{cases}$

SOLUÇÃO

A função f pode ser escrita como $f(t) = 3\cos t\,\mathcal{U}(t - \pi)$ e, portanto, por linearidade, resultados do Exemplo 7 e frações parciais, temos que

$$\mathcal{L}\{y'\} + \mathcal{L}\{y\} = 3\,\mathcal{L}\{\cos t\,\mathcal{U}(t - \pi)\}$$

$$sY(s) - y(0) + Y(s) = -3\frac{s}{s^2 + 1}e^{-\pi s}$$

$$(s + 1)Y(s) = 5 - \frac{3s}{s^2 + 1}e^{-\pi s}$$

$$Y(s) = \frac{5}{s + 1} - \frac{3}{2}\left[-\frac{1}{s + 1}e^{-\pi s} + \frac{1}{s^2 + 1}e^{-\pi s} + \frac{s}{s^2 + 1}e^{-\pi s}\right]. \tag{17}$$

Procedendo agora da mesma forma que no Exemplo 7, segue de (15) com $a = \pi$ que as inversas dos termos dentro dos colchetes são

$$\mathcal{L}^{-1}\left\{\frac{1}{s + 1}e^{-\pi s}\right\} = e^{-(t - \pi)}\mathcal{U}(t - \pi), \quad \mathcal{L}^{-1}\left\{\frac{1}{s^2 + 1}e^{-\pi s}\right\} = \operatorname{sen}(t - \pi)\mathcal{U}(t - \pi)$$

e

$$\mathcal{L}^{-1}\left\{\frac{s}{s^2 + 1}e^{-\pi s}\right\} = \cos(t - \pi)\mathcal{U}(t - \pi).$$

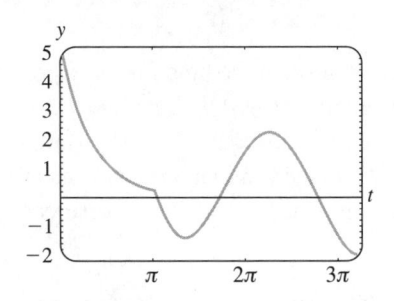

FIGURA 7.3.7 Gráfico da função (18) no Exemplo 9.

Assim, a inversa de (17) é

$$y(t) = 5e^{-t} + \frac{3}{2}e^{-(t-\pi)}\mathcal{U}(t-\pi) - \frac{3}{2}\text{sen}(t-\pi)\mathcal{U}(t-\pi) - \frac{3}{2}\cos(t-\pi)\mathcal{U}(t-\pi)$$

$$= 5e^{-t} + \frac{3}{2}[e^{-(t-\pi)} + \text{sen}\, t + \cos t]\mathcal{U}(t-\pi) \quad \leftarrow \text{identidades trigonométricas}$$

$$= \begin{cases} 5e^{-t}, & 0 \le t < \pi \\ 5e^{-t} + \frac{3}{2}e^{-(t-\pi)} + \frac{3}{2}\text{sen}\, t + \frac{3}{2}\cos t, & t \ge \pi. \end{cases} \quad (18)$$

Usando um programa gráfico obtivemos o gráfico de (18) mostrado na Figura 7.3.7. ∎

VIGAS

Na Seção 5.2 vimos que a deflexão estática $y(x)$ de uma viga uniforme com comprimento L com uma carga por unidade de comprimento $w(x)$ é encontrada com base na equação diferencial linear de quarta ordem

$$EI\frac{d^4y}{dx^4} = w(x), \quad (19)$$

onde E é o módulo de elasticidade de Young e I é o momento de inércia de uma seção transversal da viga. A transformada de Laplace é particularmente proveitosa na solução de (19) quando $w(x)$ é definida por partes. Porém, para usar a transformada de Laplace, precisamos supor tacitamente que $y(x)$ e $w(x)$ estão definidas em $(0, \infty)$, em vez de $(0, L)$. Observe, também, que o exemplo seguinte é um problema de valor de contorno, e não um problema de valor inicial.

EXEMPLO 10 Um problema de valor de contorno

Uma viga de comprimento L está engastada nas extremidades, conforme mostra a Figura 7.3.8. Determine a deflexão da viga quando a carga for dada por

$$w(s) = \begin{cases} w_0\left(1 - \frac{2}{L}x\right), & 0 < x < L/2 \\ 0, & L/2 < x < L. \end{cases}$$

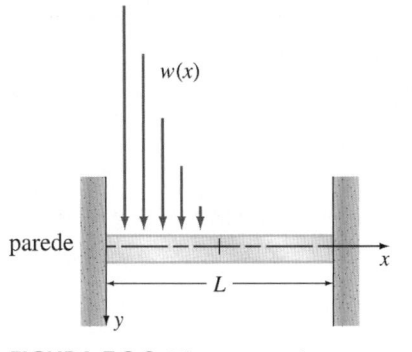

FIGURA 7.3.8 Viga engastada com carga variável no Exemplo 10

SOLUÇÃO
Lembre-se de que, sendo a viga engastada em ambas as extremidades, as condições de contorno são $y(0) = 0$, $y'(0) = 0$, $y(L) = 0$ e $y'(L) = 0$. Agora, por (10), podemos expressar $w(x)$ em termos de uma função degrau unitário:

$$w(x) = w_0\left(1 - \frac{2}{L}x\right) - w_0\left(1 - \frac{2}{L}x\right)\mathcal{U}\left(x - \frac{L}{2}\right)$$

$$= \frac{2w_0}{L}\left[\frac{L}{2} - x + \left(x - \frac{L}{2}\right)\mathcal{U}\left(x - \frac{L}{2}\right)\right].$$

Transformando (19) em relação à variável x, obtemos

$$EI(s^4Y(s) - s^3y(0) - s^2y'(0) - sy''(0) - y'''(0)) = \frac{2w_0}{L}\left[\frac{L/2}{s} - \frac{1}{s^2} + \frac{1}{s^2}e^{-Ls/2}\right]$$

ou

$$s^4Y(s) - sy''(0) - y'''(0) = \frac{2w_0}{EIL}\left[\frac{L/2}{s} - \frac{1}{s^2} + \frac{1}{s^2}e^{-Ls/2}\right].$$

Se fizermos $c_1 = y''(0)$ e $c_2 = y'''(0)$, então

$$Y(s) = \frac{c_1}{s^3} + \frac{c_2}{s^4} + \frac{2w_0}{EIL}\left[\frac{L/2}{s^5} - \frac{1}{s^6} + \frac{1}{s^6}e^{-Ls/2}\right],$$

e, consequentemente,

$$y(x) = \frac{c_1}{2!}\mathcal{L}^{-1}\left\{\frac{2!}{s^3}\right\} + \frac{c_2}{3!}\mathcal{L}^{-1}\left\{\frac{3!}{s^4}\right\}$$
$$+ \frac{2w_0}{EIL}\left[\frac{L/2}{4!}\mathcal{L}^{-1}\left\{\frac{4!}{s^5}\right\} - \frac{1}{5!}\mathcal{L}^{-1}\left\{\frac{5!}{s^6}\right\} + \frac{1}{5!}\mathcal{L}^{-1}\left\{\frac{5!}{s^6}e^{-Ls/2}\right\}\right]$$
$$= \frac{c_1}{2}x^2 + \frac{c_2}{6}x^3 + \frac{w_0}{60EIL}\left[\frac{5L}{2}x^4 - x^5 + \left(x - \frac{L}{2}\right)^5 \mathcal{U}\left(x - \frac{L}{2}\right)\right].$$

Aplicando as condições $y(L) = 0$ e $y'(L) = 0$, obtemos um sistema de equações em c_1 e c_2:

$$c_1\frac{L^2}{2} + c_2\frac{L^3}{6} + \frac{49w_0L^4}{1920EI} = 0$$
$$c_1 L + c_2\frac{L^2}{2} + \frac{85w_0L^3}{960EI} = 0.$$

Resolvendo, encontramos $c_1 = 23w_0L^2/(960EI)$ e $c_2 = -9w_0L/(40EI)$. Assim, a deflexão da viga é dada por

$$y(x) = \frac{23w_0L^2}{1920EI}x^2 - \frac{3w_0L}{80EI}x^3 + \frac{w_0}{60EIL}\left[\frac{5L}{2}x^4 - x^5 + \left(x - \frac{L}{2}\right)^5 \mathcal{U}\left(x - \frac{L}{2}\right)\right]. \quad \blacksquare$$

EXERCÍCIOS 7.3

As respostas aos problemas ímpares estão no final do livro.

7.3.1 TRANSLAÇÃO SOBRE O EIXO s

Nos Problemas 1-20 encontre $F(s)$ ou $f(t)$, como indicado.

1. $\mathcal{L}\{te^{10t}\}$

2. $\mathcal{L}\{e^{-2t}\cos 4t\}$

3. $\mathcal{L}\{t^3 e^{-2t}\}$

4. $\mathcal{L}\{e^{2t}(t-1)^2\}$

5. $\mathcal{L}\{t(e^t + e^{2t})^2\}$

6. $\mathcal{L}\{t^{10}e^{-7t}\}$

7. $\mathcal{L}\{e^t \operatorname{sen} 3t\}$

8. $\mathcal{L}\{te^{-6t}\}$

9. $\mathcal{L}\{(1 - e^t + 3e^{-4t})\cos 5t\}$

10. $\mathcal{L}\left\{e^{3t}\left(9 - 4t + 10\operatorname{sen}\frac{t}{2}\right)\right\}$

11. $\mathcal{L}^{-1}\left\{\dfrac{1}{(s+2)^3}\right\}$

12. $\mathcal{L}^{-1}\left\{\dfrac{(s+1)^2}{(s+2)^4}\right\}$

13. $\mathcal{L}^{-1}\left\{\dfrac{1}{s^2 - 6s + 10}\right\}$

14. $\mathcal{L}^{-1}\left\{\dfrac{5s}{(s-2)^2}\right\}$

15. $\mathcal{L}^{-1}\left\{\dfrac{s}{s^2 + 4s + 5}\right\}$

16. $\mathcal{L}^{-1}\left\{\dfrac{2s+5}{s^2 + 6s + 34}\right\}$

17. $\mathcal{L}^{-1}\left\{\dfrac{s}{(s+1)^2}\right\}$

18. $\mathcal{L}^{-1}\left\{\dfrac{1}{s^2 + 2s + 5}\right\}$

19. $\mathcal{L}^{-1}\left\{\dfrac{2s-1}{s^2(s+1)^3}\right\}$

20. $\mathcal{L}^{-1}\left\{\dfrac{1}{(s-1)^4}\right\}$

Nos Problemas 21-30, use a transformada de Laplace para resolver o problema de valor inicial dado.

21. $y' + 4y = e^{-4t}, \quad y(0) = 2$

22. $y'' - 2y' + 5y = 1 + t, \quad y(0) = 0, y'(0) = 4$

23. $y'' + 2y' + y = 0, \quad y(0) = 1, y'(0) = 1$

24. $y' - y = 1 + te^t, \quad y(0) = 0$

25. $y'' - 6y' + 9y = t, \quad y(0) = 0, y'(0) = 1$

26. $y'' - 4y' + 4y = t^3 e^{2t}, \quad y(0) = 0, y'(0) = 0$

27. $y'' - 6y' + 13y = 0, \quad y(0) = 0, y'(0) = -3$

28. $y'' - 4y' + 4y = t^3, \quad y(0) = 1, y'(0) = 0$

29. $y'' - y' = e^t \cos t, \quad y(0) = 0, y'(0) = 0$

30. $2y'' + 20y' + 51y = 0, \quad y(0) = 2, y'(0) = 0$

Nos Problemas 31 e 32, use a transformada de Laplace e o procedimento delineado no Exemplo 10 para resolver o problema de valor de contorno dado.

31. $y'' + 2y' + y = 0, \quad y'(0) = 2, y(1) = 2$

32. $y'' + 8y' + 20y = 0$, $y(0) = 0$, $y'(\pi) = 0$

33. Um peso de 4 lb estica uma mola em 2 pés. O peso é solto do repouso 18 polegadas acima da posição de equilíbrio e o movimento resultante tem lugar em um meio que oferece uma força amortecedora igual a $\frac{7}{8}$ da velocidade instantânea. Use a transformada de Laplace para determinar a equação do movimento $x(t)$.

34. Lembre-se de que a equação diferencial da carga instantânea $q(t)$ no capacitor em um circuito RLC em série é dada por

$$L\frac{d^2q}{dt^2} + R\frac{dq}{dt} + \frac{1}{C}q = E(t). \quad (20)$$

Veja a Seção 5.1. Use a transformada de Laplace para determinar $q(t)$ quando $L = 1$ h, $R = 20$ Ω, $C = 0{,}005$ f, $E(t) = 150$ V, $t > 0$, $q(0) = 0$ e $i(0) = 0$. Qual é a corrente $i(t)$?

35. Considere uma bateria com voltagem constante E_0 que carrega o capacitor mostrado na Figura 7.3.9. Divida a Equação (20) por L e defina $2\lambda = R/L$ e $\omega^2 = 1/LC$. Use a transformada de Laplace para mostrar que a solução $q(t)$ de $q'' + 2\lambda q' + \omega^2 q = E_0/L$, sujeita a $q(0) = 0$, $i(0) = 0$, é

$$q(t) = \begin{cases} E_0 C\left[1 - e^{-\lambda t}\left(\cosh\sqrt{\lambda^2-\omega^2}\,t \right.\right. \\ \qquad \left.\left. + \frac{\lambda}{\sqrt{\lambda^2-\omega^2}}\operatorname{senh}\sqrt{\lambda^2-\omega^2}\,t\right)\right], & \lambda > \omega, \\ E_0 C[1 - e^{-\lambda t}(1 + \lambda t)], & \lambda = \omega, \\ E_0 C\left[1 - e^{-\lambda t}\left(\cos\sqrt{\omega^2-\lambda^2}\,t \right.\right. \\ \qquad \left.\left. + \frac{\lambda}{\sqrt{\omega^2-\lambda^2}}\operatorname{sen}\sqrt{\omega^2-\lambda^2}\,t\right)\right], & \lambda < \omega. \end{cases}$$

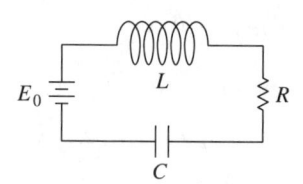

FIGURA 7.3.9 Circuito elétrico do Problema 35.

36. Use a transformada de Laplace para determinar a carga $q(t)$ em um circuito RC em série quando $q(0) = 0$ e $E(t) = E_0 e^{-kt}$, $k > 0$. Considere dois casos: $k \neq 1/RC$ e $k = 1/RC$.

7.3.2 TRANSLAÇÃO SOBRE O EIXO t

Nos Problemas 37-48, determine $F(s)$ ou $f(t)$, conforme indicado.

37. $\mathcal{L}\{(t-1)\mathcal{U}(t-1)\}$

38. $\mathcal{L}^{-1}\left\{\dfrac{e^{-2s}}{s^2(s-1)}\right\}$

39. $\mathcal{L}\{t\,\mathcal{U}(t-2)\}$

40. $\mathcal{L}^{-1}\left\{\dfrac{se^{-\pi s/2}}{s^2+4}\right\}$

41. $\mathcal{L}\{\cos 2t\,\mathcal{U}(t-\pi)\}$

42. $\mathcal{L}^{-1}\left\{\dfrac{(1+e^{-2s})^2}{s+2}\right\}$

43. $\mathcal{L}^{-1}\left\{\dfrac{e^{-2s}}{s^3}\right\}$

44. $\mathcal{L}\left\{\operatorname{sen} t\,\mathcal{U}\left(t-\dfrac{\pi}{2}\right)\right\}$

45. $\mathcal{L}^{-1}\left\{\dfrac{e^{-\pi s}}{s^2+1}\right\}$

46. $\mathcal{L}\{(3t+1)\mathcal{U}(t-1)\}$

47. $\mathcal{L}^{-1}\left\{\dfrac{e^{-s}}{s(s+1)}\right\}$

48. $\mathcal{L}\{e^{2-t}\mathcal{U}(t-2)\}$

Nos Problemas 49-54, associe o gráfico dado com uma das funções de (a) a (f). O gráfico de $f(t)$ é dado na Figura 7.3.10.

a) $f(t) - f(t)\mathcal{U}(t-a)$

b) $f(t-b)\mathcal{U}(t-b)$

c) $f(t)\mathcal{U}(t-a)$

d) $f(t) - f(t)\mathcal{U}(t-b)$

e) $f(t)\mathcal{U}(t-a) - f(t)\mathcal{U}(t-b)$

f) $f(t-a)\mathcal{U}(t-a) - f(t-a)\mathcal{U}(t-b)$

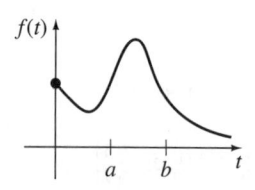

FIGURA 7.3.10 Gráfico para os Problemas 49-54.

49.

FIGURA 7.3.11 Gráfico para o Problema 49.

50.

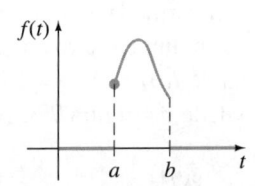

FIGURA 7.3.12 Gráfico para o Problema 50.

51.

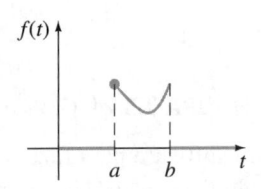

FIGURA 7.3.13 Gráfico para o Problema 51.

52.

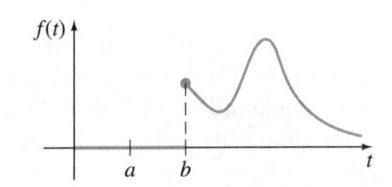

FIGURA 7.3.14 Gráfico para o Problema 52.

53.

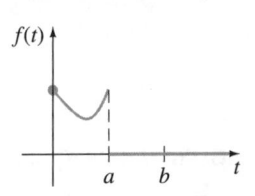

FIGURA 7.3.15 Gráfico para o Problema 53.

54.

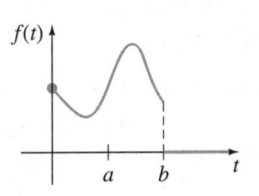

FIGURA 7.3.16 Gráfico para o Problema 54.

Nos Problemas 55-62, escreva cada uma das funções em termos de funções degrau unitário. Ache a transformada de Laplace da função dada.

55. $f(t) = \begin{cases} 2, & 0 \leq t < 3 \\ -2, & t \geq 3 \end{cases}$

56. $f(t) = \begin{cases} 1, & 0 \leq t < 4 \\ 0, & 4 \leq t < 5 \\ 1, & t \geq 5 \end{cases}$

57. $f(t) = \begin{cases} 0, & 0 \leq t < 1 \\ t^2, & t \geq 1 \end{cases}$

58. $f(t) = \begin{cases} 0, & 0 \leq t < 3\pi/2 \\ \text{sen}\, t, & t \geq 3\pi/2 \end{cases}$

59. $f(t) = \begin{cases} t, & 0 \leq t < 2 \\ 0, & t \geq 2 \end{cases}$

60. $f(t) = \begin{cases} \text{sen}\, t, & 0 \leq t < 2\pi \\ 0, & t \geq 2\pi \end{cases}$

61.

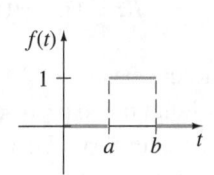

pulso retangular

FIGURA 7.3.17 Gráfico para o Problema 61.

62.

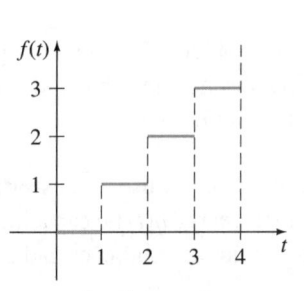

função escada

FIGURA 7.3.18 Gráfico para o Problema 62.

Nos Problemas 63-70, use a transformada de Laplace para resolver o problema de valor inicial dado.

63. $y' + y = f(t)$, $y(0) = 0$, onde
$f(t) = \begin{cases} 0, & 0 \leq t < 1 \\ 5, & t \geq 1 \end{cases}$

64. $y'' + 4y' + 3y = 1 - \mathcal{U}(t-2) - \mathcal{U}(t-4) + \mathcal{U}(t-6)$, $y(0) = 0$, $y'(0) = 0$

65. $y' + 2y = f(t)$, $y(0) = 0$, onde
$f(t) = \begin{cases} t, & 0 \leq t < 1 \\ 0, & t \geq 1 \end{cases}$

66. $y' + y = f(t)$, $y(0) = 0$, onde
$f(t) = \begin{cases} 1, & 0 \leq t < 1 \\ -1, & t \geq 1 \end{cases}$

67. $y'' + 4y = \text{sen } t\,\mathcal{U}(t - 2\pi), \quad y(0) = 1, y'(0) = 0$

68. $y'' + 4y = f(t), \quad y(0) = 0, y'(0) = -1$, onde
$$f(t) = \begin{cases} 1, & 0 \le t < 1 \\ 0, & t \ge 1 \end{cases}$$

69. $y'' + y = f(t), \quad y(0) = 0, y'(0) = 1$, onde
$$f(t) = \begin{cases} 0, & 0 \le t < \pi \\ 1, & \pi \le t < 2\pi \\ 0, & t \ge 2\pi \end{cases}$$

70. $y'' - 5y' + 6y = \mathcal{U}(t - 1), \quad y(0) = 0, y'(0) = 1$

71. Suponha que um peso de 32 lb estique uma mola em 2 pés. Admita que o peso será solto do repouso na posição de equilíbrio. Determine a equação do movimento $x(t)$ levando em conta que uma força externa $f(t) = 20t$ age sobre o sistema para $0 \le t < 5$ e é então removida (veja o Exemplo 5). Ignore qualquer força amortecedora. Use um programa gráfico para obter o gráfico de $x(t)$ no intervalo [0, 10].

72. Resolva o Problema 71, supondo que uma força externa $f(t) = \text{sen } t$ age sobre o sistema para $0 \le t < 2\pi$ e então é removida.

Nos Problemas 73 e 74, use a transformada de Laplace para determinar a carga $q(t)$ no capacitor em um circuito RC em série sujeito às condições dadas.

73. $q(0) = 0, R = 2{,}5\,\Omega, C = 0{,}08\text{ f}, E(t)$ dada na Figura 7.3.19.

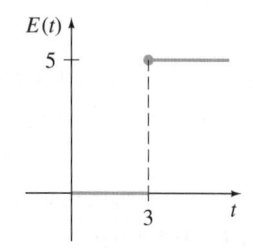

FIGURA 7.3.19 Gráfico para o Problema 73.

74. $q(0) = q_0, R = 10\Omega, C = 0{,}1\text{ f}, E(t)$ dada na Figura 7.3.20.

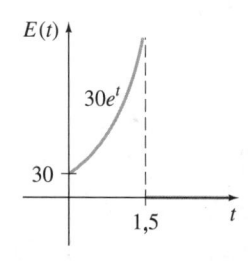

FIGURA 7.3.20 Gráfico para o Problema 74.

75. a) Use a transformada de Laplace para obter a corrente $i(t)$ em um circuito em série de malha simples quando $i(0) = 0, L = 1\text{ h}, R = 10\,\Omega$ e $E(t)$ é como dado na Figura 7.3.21.

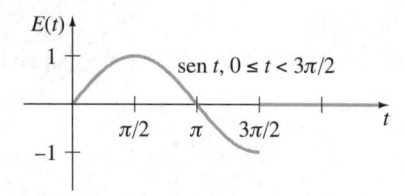

FIGURA 7.3.21 Gráfico para o Problema 75.

b) Use um software para fazer o gráfico de $i(t)$ no intervalo $0 \le t \le 6$. Use o gráfico para estimar os valores máximo e mínimo da corrente, $i_{\text{máx}}$, $i_{\text{mín}}$.

76. a) Use a transformada de Laplace para obter a carga $q(t)$ no capacitor em um circuito RC em série quando $q(0) = 0, R = 50\,\Omega, C = 0{,}01\text{ f}$ e $E(t)$ é como dada na Figura 7.3.22.

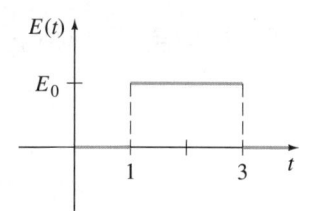

FIGURA 7.3.22 Gráfico para o Problema 76.

b) Suponha $E_0 = 100$ V. Use um programa gráfico para fazer o gráfico de $q(t)$ no intervalo $0 \le t \le 6$. Use o gráfico para estimar $q_{\text{máx}}$, o valor máximo da carga.

77. O lado esquerdo de uma viga em balanço está engastado e o direito, livre. Use a transformada de Laplace para obter a deflexão $y(x)$, quando a carga é dada por
$$w(x) = \begin{cases} w_0, & 0 < x < L/2 \\ 0, & L/2 \le x < L. \end{cases}$$

78. Resolva o Problema 77 supondo a carga dada por
$$w(x) = \begin{cases} 0, & 0 < x < L/3 \\ w_0, & L/3 < x < 2L/3 \\ 0, & 2L/3 < x < L. \end{cases}$$

79. Determine a deflexão $y(x)$ de uma viga em balanço cuja extremidade esquerda está engastada e a direita está livre, quando a carga é como dada no Exemplo 10.

80. Uma viga está engastada no lado esquerdo e simplesmente apoiada no direito. Determine a deflexão $y(x)$ quando a carga é como dada no Problema 77.

MODELOS MATEMÁTICOS

81. Bolo dentro do forno Releia o Exemplo 4 na Seção 3.1 sobre o resfriamento de um bolo que é retirado do forno.

a) Elabore um modelo matemático para a temperatura de um bolo enquanto ele está no interior do forno com base nos seguintes pressupostos: em $t = 0$ a mistura do bolo está na temperatura ambiente de 70°; o forno não é pré-aquecido, por isso em $t = 0$, quando a mistura do bolo é colocada no forno, a temperatura interna também é 70°; a temperatura do forno aumenta linearmente até $t = 4$ minutos, quando o nível desejado de 300° é atingido; a temperatura do forno mantém-se constante em 300° para $t \geq 4$. (Nota: a temperatura é dada em Farenheit)

b) Use a transformada de Laplace para resolver o problema de valor inicial no item (a).

PROBLEMAS PARA DISCUSSÃO

82. Discuta como você escreveria cada uma das seguintes funções de tal forma que o Teorema 7.3.2 pudesse ser usado diretamente para obter a transformada de Laplace. Verifique suas respostas usando (16) desta seção.

a) $\mathcal{L}\{(2t + 1)\mathcal{U}(t - 1)\}$

b) $\mathcal{L}\{e^t \mathcal{U}(t - 5)\}$

c) $\mathcal{L}\{\cos t \mathcal{U}(t - \pi)\}$

d) $\mathcal{L}\{(t^2 - 3t)\mathcal{U}(t - 2)\}$

83. a) Suponha que o Teorema 7.3.1 seja válido quando substituímos o símbolo a por ki, onde k é um número real e $i^2 = -1$. Mostre que $\mathcal{L}\{te^{kti}\}$ pode ser usada para deduzir que

$$\mathcal{L}\{t\cos kt\} = \frac{s^2 - k^2}{(s^2 + k^2)^2}$$

$$\mathcal{L}\{t\operatorname{sen} kt\} = \frac{2ks}{(s^2 + k^2)^2}.$$

b) Use agora a transformada de Laplace para resolver o problema de valor inicial $x'' + \omega^2 x = \cos \omega t$, $x(0) = 0$, $x'(0) = 0$.

7.4 PROPRIEDADES OPERACIONAIS II

IMPORTANTE REVISAR

- Definição 7.1.1
- Teoremas 7.3.1 e 7.3.2

INTRODUÇÃO

Nesta seção, vamos examinar algumas outras propriedades operacionais da transformada de Laplace que poupam trabalho. Verificaremos como obter a transformada de Laplace obtida de uma função multiplicada por uma potência inteira positiva de t, de um determinado tipo de integral e de uma função periódica. Também vamos usar a transformada de Laplace para resolver novos tipos de equações – equações integrais de Volterra, equações íntegro-diferenciais e equações diferenciais ordinárias nas quais a força externa é uma função periódica definida por partes.

7.4.1 DERIVADAS DE UMA TRANSFORMADA

MULTIPLICANDO UMA FUNÇÃO POR t^n

A transformada de Laplace do produto de uma função por t pode ser obtida diferenciando-se a transformada de Laplace de $f(t)$. Para chegar a esse resultado, vamos supor que $F(s) = \mathcal{L}\{f(t)\}$ existe e que é possível trocar a ordem de diferenciação e integração, então

$$\frac{d}{ds}F(s) = \frac{d}{ds}\int_0^\infty e^{-st}f(t)dt = \int_0^\infty \frac{\partial}{\partial s}[e^{-st}f(t)]dt = -\int_0^\infty e^{-st}tf(t)dt = -\mathcal{L}\{tf(t)\};$$

isto é,

$$\mathcal{L}\{tf(t)\} = -\frac{d}{ds}\mathcal{L}\{f(t)\}.$$

Podemos usar esse último resultado para obter a transformada de Laplace de $t^2 f(t)$:

$$\mathcal{L}\{t^2 f(t)\} = \mathcal{L}\{t \cdot t f(t)\} = -\frac{d}{ds}\mathcal{L}\{t f(t)\} = -\frac{d}{ds}\left(-\frac{d}{ds}\mathcal{L}\{f(t)\}\right) = \frac{d^2}{ds^2}\mathcal{L}\{f(t)\}.$$

Os dois casos precedentes sugerem o resultado geral para $\mathcal{L}\{t^n f(t)\}$.

TEOREMA 7.4.1 Derivadas de transformadas

Se $F(s) = \mathcal{L}\{f(t)\}$ e $n = 1, 2, 3, \ldots$, então

$$\mathcal{L}\{t^n f(t)\} = (-1)^n \frac{d^n}{ds^n} F(s).$$

EXEMPLO 1 Usando o Teorema 7.4.1

Calcule $\mathcal{L}\{t\,\text{sen}\,kt\}$.

SOLUÇÃO
Sendo $f(t) = \text{sen}\,kt$, $F(s) = k/(s^2 + k^2)$ e $n = 1$, o Teorema 7.4.1 nos dá que

$$\mathcal{L}\{t\,\text{sen}\,kt\} = -\frac{d}{ds}\mathcal{L}\{\text{sen}\,kt\} = -\frac{d}{ds}\left(\frac{k}{s^2 + k^2}\right) = \frac{2ks}{(s^2 + k^2)^2}. \blacksquare$$

Se quisermos calcular $\mathcal{L}\{t^2\,\text{sen}\,kt\}$ e $\mathcal{L}\{t^3\,\text{sen}\,kt\}$, tudo o que precisamos fazer é tomar o negativo da derivada em relação a s do resultado do Exemplo 1 e então tomar o negativo da derivada em relação a s de $\mathcal{L}\{t^2\,\text{sen}\,kt\}$.

NOTA
Para obtermos transformadas de funções $t^n e^{at}$ podemos usar tanto o Teorema 7.3.1 quanto o Teorema 7.4.1. Por exemplo,

Teorema 7.3.1: $\mathcal{L}\{te^{3t}\} = \mathcal{L}\{t\}_{s \to s-3} = \left.\frac{1}{s^2}\right|_{s \to s-3} = \frac{1}{(s-3)^2}$.

Teorema 7.4.1: $\mathcal{L}\{te^{3t}\} = -\frac{d}{ds}\mathcal{L}\{e^{3t}\} = -\frac{d}{ds}\frac{1}{s-3} = (s-3)^{-2} = \frac{1}{(s-3)^2}$.

EXEMPLO 2 Um problema de valor inicial

Resolva $x'' + 16x = \cos 4t$, $x(0) = 0$, $x'(0) = 1$.

SOLUÇÃO
O problema de valor inicial pode descrever o movimento forçado, não amortecido e com ressonância de uma massa sobre uma mola. A massa começa com uma velocidade inicial de 1 pé/s, dirigindo-se para baixo a partir da posição de equilíbrio.

Transformando a equação diferencial, obtemos

$$(s^2 + 16)X(s) = 1 + \frac{s}{s^2 + 16} \quad \text{ou} \quad X(s) = \frac{1}{s^2 + 16} + \frac{s}{(s^2 + 16)^2}.$$

Acabamos de ver no Exemplo 1 que

$$\mathcal{L}^{-1}\left\{\frac{2ks}{(s^2 + k^2)^2}\right\} = t\,\text{sen}\,kt, \tag{1}$$

e, portanto, com a identificação $k = 4$ em (1) e no item (d) do Teorema 7.2.1, obtemos

$$x(t) = \frac{1}{4}\mathcal{L}^{-1}\left\{\frac{4}{s^2+16}\right\} + \frac{1}{8}\mathcal{L}^{-1}\left\{\frac{8s}{(s^2+16)^2}\right\}$$
$$= \frac{1}{4}\operatorname{sen} 4t + \frac{1}{8}t\operatorname{sen} 4t. \qquad\blacksquare$$

7.4.2 TRANSFORMADAS INTEGRAIS

CONVOLUÇÃO

Se as funções f e g forem contínuas por partes em um intervalo $[0, \infty)$, então um produto especial, denotado por $f * g$, é definido pela integral

$$f * g = \int_0^t f(\tau)g(t-\tau)d\tau \qquad (2)$$

e é chamado **convolução** de f e g. A convolução $f * g$ é uma função de t. Por exemplo,

$$e^t * \operatorname{sen} t = \int_0^t e^\tau \operatorname{sen}(t-\tau)d\tau = \frac{1}{2}(-\operatorname{sen} t - \cos t + e^t). \qquad (3)$$

Como exercício, mostre que

$$\int_0^t f(\tau)g(t-\tau)d\tau = \int_0^t f(t-\tau)g(\tau)d\tau;$$

isto é, $\mathbf{f} * \mathbf{g} = \mathbf{g} * \mathbf{f}$. Isso significa que a convolução de duas funções é comutativa.

Não é verdade que a integral de um produto de funções é o produto das integrais. Porém, é verdade que a transformada de Laplace do produto especial (2) é o produto das transformadas de Laplace de f e de g. Isso significa que é possível obter a transformada de Laplace da convolução de duas funções sem realmente computar a integral como fizemos em (3). Este resultado é conhecido como **Teorema da convolução**.

TEOREMA 7.4.2   **Teorema da convolução**

Se $f(t)$ e $g(t)$ forem contínuas por partes em $[0, \infty)$ e de ordem exponencial, então

$$\mathcal{L}\{f * g\} = \mathcal{L}\{f(t)\}\mathcal{L}\{g(t)\} = F(s)G(s).$$

PROVA

Seja

$$F(s) = \mathcal{L}\{f(t)\} = \int_0^\infty e^{-s\tau} f(\tau)d\tau \qquad \text{e} \qquad G(s) = \mathcal{L}\{g(t)\} = \int_0^\infty e^{-s\beta} g(\beta)d\beta.$$

Procedendo formalmente, temos que

$$F(s)G(s) = \left(\int_0^\infty e^{-s\tau} f(\tau)d\tau\right)\left(\int_0^\infty e^{-s\beta} g(\beta)d\beta\right)$$
$$= \int_0^\infty \int_0^\infty e^{-s(\tau+\beta)} f(\tau)g(\beta)d\tau d\beta$$
$$= \int_0^\infty f(\tau)d\tau \int_0^\infty e^{-s(\tau+\beta)} g(\beta)d\beta.$$

Mantendo τ fixo, fazemos $t = \tau + \beta$, $dt = d\beta$ de forma que

$$F(s)G(s) = \int_0^\infty f(\tau)d\tau \int_\tau^\infty e^{-st} g(t-\tau)dt.$$

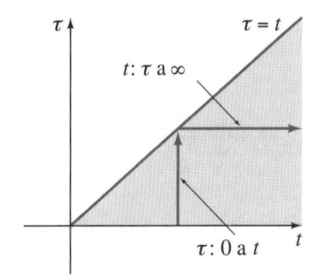

FIGURA 7.4.1 Alterando a ordem de integração de t primeiramente para τ.

No plano $t\tau$ estamos integrando sobre a região sombreada na Figura 7.4.1. Como f e g são contínuas por partes em $[0, \infty)$ e de ordem exponencial, é possível mudar a ordem de integração:

$$F(s)G(s) = \int_0^\infty e^{-st} dt \int_0^t f(\tau)g(t-\tau)d\tau = \int_0^\infty e^{-st}\left\{\int_0^t f(\tau)g(t-\tau)d\tau\right\}dt = \mathcal{L}\{f * g\}. \qquad\blacksquare$$

EXEMPLO 3 Transformada de uma convolução

Calcule $\mathcal{L}\left\{\int_0^t e^\tau \operatorname{sen}(t-\tau)d\tau\right\}$.

SOLUÇÃO
Sendo $f(t) = e^t$ e $g(t) = \operatorname{sen} t$, o teorema da convolução afirma que a transformada da convolução de f e g é o produto das respectivas transformadas de Laplace:

$$\mathcal{L}\left\{\int_0^t e^\tau \operatorname{sen}(t-\tau)d\tau\right\} = \mathcal{L}\{e^t\} \cdot \mathcal{L}\{\operatorname{sen} t\} = \frac{1}{s-1} \cdot \frac{1}{s^2+1} = \frac{1}{(s-1)(s^2+1)}.$$ ∎

FORMA INVERSA DO TEOREMA 7.4.2

O teorema da convolução é às vezes útil para obter a transformada inversa de Laplace do produto de duas transformadas. Do Teorema 7.4.2, temos que

$$\mathcal{L}^{-1}\{F(s)G(s)\} = f * g. \tag{4}$$

Muitos dos resultados na tabela de transformadas de Laplace do Apêndice III podem ser obtidos usando (4). Por exemplo, a seguir vamos obter a entrada 25 dessa tabela:

$$\mathcal{L}\{\operatorname{sen} kt - kt \cos kt\} = \frac{2k^3}{(s^2+k^2)^2}. \tag{5}$$

EXEMPLO 4 Transformada inversa como uma convolução

Calcule $\mathcal{L}^{-1}\left\{\dfrac{1}{(s^2+k^2)^2}\right\}$.

SOLUÇÃO
Seja
$$F(s) = G(s) = \frac{1}{s^2+k^2}$$

de forma que
$$f(t) = g(t) = \frac{1}{k}\mathcal{L}^{-1}\left\{\frac{k}{s^2+k^2}\right\} = \frac{1}{k}\operatorname{sen} kt.$$

Nesse caso, obtemos de (4)

$$\mathcal{L}^{-1}\left\{\frac{1}{(s^2+k^2)^2}\right\} = \frac{1}{k^2}\int_0^t \operatorname{sen} k\tau \operatorname{sen} k(t-\tau)d\tau. \tag{6}$$

Com a ajuda da identidade trigonométrica

$$\operatorname{sen} A \cos B = \frac{1}{2}[\cos(A-B) - \cos(A+B)]$$

e as substituições $A = k\tau$ e $B = k(t-\tau)$, poderemos levar adiante a integração em (6):

$$\mathcal{L}^{-1}\left\{\frac{1}{(s^2+k^2)^2}\right\} = \frac{1}{2k^2}\int_0^t [\cos k(2\tau - t) - \cos kt]d\tau$$

$$= \frac{1}{2k^2}\left[\frac{1}{2k}\operatorname{sen} k(2\tau - t) - \tau \cos kt\right]_0^t$$

$$= \frac{\operatorname{sen} kt - kt \cos kt}{2k^3}.$$

Multiplicando ambos os lados por $2k^3$, obtemos a forma inversa de (5). ∎

TRANSFORMADA DE UMA INTEGRAL

Quando $g(t) = 1$ e $\mathcal{L}\{g(t)\} = G(s) = 1/s$, o teorema da convolução implica que a transformada de Laplace da integral de f é

$$\mathcal{L}\left\{\int_0^t f(\tau)d\tau\right\} = \frac{F(s)}{s}. \tag{7}$$

A forma inversa de (7),

$$\int_0^t f(\tau)d\tau = \mathcal{L}^{-1}\left\{\frac{F(s)}{s}\right\}, \tag{8}$$

pode ser usada em vez de frações parciais quando s^n é um fator do denominador e $f(t) = \mathcal{L}^{-1}\{F(s)\}$ é fácil de ser obtida. Por exemplo, sabemos que, para $f(t) = \text{sen } t$, $F(s) = 1/(s^2 + 1)$ e, portanto, de (8) temos

$$\mathcal{L}^{-1}\left\{\frac{1}{s(s^2+1)}\right\} = \mathcal{L}^{-1}\left\{\frac{1/(s^2+1)}{s}\right\} = \int_0^t \text{sen } \tau d\tau = 1 - \cos t$$

$$\mathcal{L}^{-1}\left\{\frac{1}{s^2(s^2+1)}\right\} = \mathcal{L}^{-1}\left\{\frac{1/s(s^2+1)}{s}\right\} = \int_0^t (1 - \cos \tau)d\tau = t - \text{sen } t$$

$$\mathcal{L}^{-1}\left\{\frac{1}{s^3(s^2+1)}\right\} = \mathcal{L}^{-1}\left\{\frac{1/s^2(s^2+1)}{s}\right\} = \int_0^t (\tau - \text{sen } \tau)d\tau = \frac{1}{2}t^2 - 1 + \cos t$$

e assim por diante.

EQUAÇÃO INTEGRAL DE VOLTERRA

O teorema da convolução e o resultado em (7) são úteis na resolução de outros tipos de equações em que uma função desconhecida aparece sob o símbolo de integral. No exemplo a seguir vamos resolver uma **equação integral de Volterra** para $f(t)$:

$$f(t) = g(t) + \int_0^t f(\tau)h(t-\tau)d\tau. \tag{9}$$

As funções $g(t)$ e $h(t)$ são conhecidas. Observe que a integral em (9) tem a forma da convolução (2) em que o símbolo h desempenha o papel de g.

EXEMPLO 5 Uma equação integral

Resolva $f(t) = 3t^2 - e^{-t} - \int_0^t f(\tau)e^{t-\tau}d\tau$ para $f(t)$.

SOLUÇÃO

Na integral, identificamos $h(t-\tau) = e^{t-\tau}$ e, dessa forma, $h(t) = e^t$. Tomamos a transformada de Laplace de cada termo; em particular, pelo Teorema 7.4.2, a transformada da integral é o produto de $\mathcal{L}\{f(t)\} = F(s)$ e $\mathcal{L}\{e^t\} = 1/(s-1)$:

$$F(s) = 3 \cdot \frac{2}{s^3} - \frac{1}{s+1} - F(s) \cdot \frac{1}{s-1}.$$

Depois de resolver a última equação para $F(s)$ e obter a decomposição em frações parciais, encontramos

$$F(s) = \frac{6}{s^3} - \frac{6}{s^4} + \frac{1}{s} - \frac{2}{s+1}.$$

Da transformada inversa obtém-se então

$$f(t) = 3\mathcal{L}^{-1}\left\{\frac{2!}{s^3}\right\} - \mathcal{L}^{-1}\left\{\frac{3!}{s^4}\right\} + \mathcal{L}^{-1}\left\{\frac{1}{s}\right\} - 2\mathcal{L}^{-1}\left\{\frac{1}{s+1}\right\}$$

$$= 3t^2 - t^3 + 1 - 2e^{-t}. \quad \blacksquare$$

CIRCUITO EM SÉRIE

Em um circuito em série de malha simples, a segunda lei de Kirchhoff afirma que a soma das quedas de voltagem ao longo de um indutor, resistor e capacitor é igual à voltagem $E(t)$ aplicada. Sabe-se também que as quedas de voltagem em um indutor, resistor e capacitor são, respectivamente,

$$L\frac{di}{dt}, \quad Ri(t) \quad \text{e} \quad \frac{1}{C}\int_0^t i(\tau)d\tau,$$

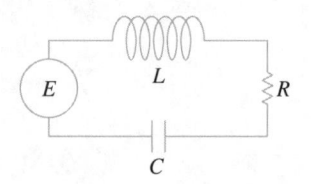

onde $i(t)$ é a corrente e L, R e C são constantes. Segue que a corrente em um circuito, tal como o mostrado na Figura 7.4.2, é governada pela **equação íntegro-diferencial**

$$L\frac{di}{dt} + Ri(t) + \frac{1}{C}\int_0^t i(\tau)d\tau = E(t). \quad (10)$$

FIGURA 7.4.2 Circuito RLC.

EXEMPLO 6 Uma equação íntegro-diferencial

Determine a corrente $i(t)$ em um circuito RLC de malha simples no qual $L = 0{,}1$ h, $R = 2\ \Omega$, $C = 0{,}1$ f, $i(0) = 0$ e a voltagem aplicada é

$$E(t) = 120t - 120t\,\mathcal{U}(t-1).$$

SOLUÇÃO

Com o que foi dado, a Equação (10) fica

$$0{,}1\frac{di}{dt} + 2i + 10\int_0^t i(\tau)d\tau = 120t - 120t\,\mathcal{U}(t-1).$$

Agora, de (7), $\mathcal{L}\left\{\int_0^t i(\tau)d\tau\right\} = I(s)/s$, onde $I(s) = \mathcal{L}\{i(t)\}$. Assim, a transformada de Laplace da equação íntegro-diferencial é

$$0{,}1sI(s) + 2I(s) + 10\frac{I(s)}{s} = 120\left[\frac{1}{s^2} - \frac{1}{s^2}e^{-s} - \frac{1}{s}e^{-s}\right]. \quad \leftarrow \text{por (16) da Seção 7.3}$$

Multiplicando essa equação por $10s$, usando $s^2 + 20s + 100 = (s+10)^2$ e resolvendo a equação, obtemos

$$I(s) = 1200\left[\frac{1}{s(s+10)^2} - \frac{1}{s(s+10)^2}e^{-s} - \frac{1}{(s+10)^2}e^{-s}\right].$$

Por frações parciais,

$$I(s) = 1200\left[\frac{1/100}{s} - \frac{1/100}{s+10} - \frac{1/10}{(s+10)^2} - \frac{1/100}{s}e^{-s} + \frac{1/100}{s+10}e^{-s} + \frac{1/10}{(s+10)^2}e^{-s} - \frac{1}{(s+10)^2}e^{-s}\right].$$

Da forma inversa do segundo teorema da translação, (15) da Seção 7.3, obtemos finalmente

$$i(t) = 12[1 - \mathcal{U}(t-1)] - 12[e^{-10t} - e^{-10(t-1)}\mathcal{U}(t-1)]$$
$$\quad - 120te^{-10t} - 1.080(t-1)e^{-10(t-1)}\mathcal{U}(t-1).$$

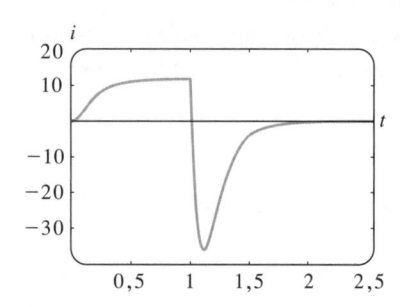

Escrita como função definida por partes, a corrente é

$$i(t) = \begin{cases} 12 - 12e^{-10t} - 120te^{-10t}, & 0 \le t < 1 \\ -12e^{-10t} + 12e^{-10(t-1)} - 120te^{-10t} - 1.080(t-1)e^{-10(t-1)}, & t \ge 1. \end{cases}$$

FIGURA 7.4.3 Gráfico da corrente $i(t)$ no Exemplo 6.

Usando essa última forma da solução e um SAC, fazemos o gráfico de $i(t)$ em cada um dos dois intervalos e posteriormente os combinamos. Observe na Figura 7.4.3 que, embora a entrada $E(t)$ seja descontínua, a saída ou resposta $i(t)$ é uma função contínua.

REDUÇÃO A FUNÇÕES DE GREEN

Conteúdo opcional (caso a Seção 4.8 tenha sido estudada). Ao aplicar a transformada de Laplace para o problema de valor inicial

$$y'' + ay' + by = f(t), \quad y(0) = 0,\ y'(0) = 0,$$

onde a e b são constantes, encontramos que a transformada de $y(t)$ é

$$Y(s) = \frac{F(s)}{s^2 + as + b},$$

onde $F(s) = \mathcal{L}\{f(t)\}$. Ao reescrever a transformada anterior como o produto

$$Y(s) = \frac{1}{s^2 + as + b} F(s)$$

podemos usar a forma inversa do teorema da convolução (4) para escrever a solução do PVI como

$$y(t) = \int_0^t g(t - \tau) f(\tau) d\tau, \qquad (11)$$

onde $\mathcal{L}^{-1}\left\{\dfrac{1}{s^2 + as + b}\right\} = g(t)$ e $\mathcal{L}^{-1}\{F(s)\} = f(t)$. Por outro lado, sabemos que a partir de (10) da Seção 4.8 que a solução do PVI também é dada por

$$y(t) = \int_0^t G(t, \tau) f(\tau) d\tau, \qquad (12)$$

onde $G(t, \tau)$ é a função de Green para a equação diferencial.

Ao comparar (11) e (12), vemos que a função de Green para a equação diferencial está relacionada com $\mathcal{L}^{-1}\left\{\dfrac{1}{s^2 + as + b}\right\} = g(t)$ por

$$G(t, \tau) = g(t - \tau). \qquad (13)$$

Por exemplo, para o problema de valor inicial $y'' + 4y = f(t)$, $y(0) = 0$, $y'(0) = 0$ encontramos

$$\mathcal{L}^{-1}\left\{\frac{1}{s^2 + 4}\right\} = \frac{1}{2} \operatorname{sen} 2t = g(t).$$

No Exemplo 4 da Seção 4.8, os papéis dos símbolos x e t são desempenhados por t e τ nesta discussão. Assim, a partir de (13), vemos que a função de Green para a ED $y'' + 4y = f(t)$ é $G(t, \tau) = g(t - \tau) = \frac{1}{2} \operatorname{sen} 2(t - \tau)$. Veja o Exemplo 4 na Seção 4.8.

7.4.3 TRANSFORMADA DE UMA FUNÇÃO PERIÓDICA

FUNÇÃO PERIÓDICA
Se uma função periódica f tiver período T, $T > 0$, então $f(t + T) = f(t)$. O teorema a seguir apresenta como a transformada de Laplace de uma função periódica pode ser obtida por integração sobre um período.

> **TEOREMA 7.4.3** Transformada de uma função periódica
>
> Se $f(t)$ for uma função contínua por partes em $[0, \infty)$, de ordem exponencial e periódica com período T, então
>
> $$\mathcal{L}\{f(t)\} = \frac{1}{1 - e^{-sT}} \int_0^T e^{-st} f(t) dt.$$

PROVA
Escreva a transformada de Laplace de f como soma de duas integrais:

$$\mathcal{L}\{f(t)\} = \int_0^T e^{-st} f(t) dt + \int_T^\infty e^{-st} f(t) dt.$$

Se fizermos $t = u + T$, a última integral fica

$$\int_T^\infty e^{-st} f(t) dt = \int_0^\infty e^{-s(u+T)} f(u + T) du = e^{-sT} \int_0^\infty e^{-su} f(u) du = e^{-sT} \mathcal{L}\{f(t)\}.$$

Portanto,

$$\mathcal{L}\{f(t)\} = \int_0^T e^{-st} f(t) dt + e^{-sT} \mathcal{L}\{f(t)\}.$$

Resolvendo a equação na última linha, para determinar $\mathcal{L}\{f(t)\}$, provamos o teorema. ∎

EXEMPLO 7 Transformada de uma função periódica

Obtenha a transformada de Laplace da função periódica mostrada na Figura 7.4.4.

SOLUÇÃO
A função $E(t)$ é chamada onda quadrada e tem período $T = 2$. No intervalo $0 \le t < 2$, $E(t)$ pode ser definida por

$$E(t) = \begin{cases} 1, & 0 \le t < 1 \\ 0, & 1 \le t < 2 \end{cases}$$

e, fora do intervalo, por $f(T + 2) = f(t)$. Do Teorema 7.4.3, obtemos

$$\mathcal{L}\{E(t)\} = \frac{1}{1 - e^{-2s}} \int_0^2 e^{-st} E(t) dt$$

$$= \frac{1}{1 - e^{-2s}} \left[\int_0^1 e^{-st} \cdot 1 \, dt + \int_1^2 e^{-st} \cdot 0 \, dt \right] \quad (14)$$

$$= \frac{1}{1 - e^{-s}} \frac{1 - e^{-s}}{s} \quad \leftarrow 1 - e^{-2s} = (1 + e^{-s})(1 - e^{-s})$$

$$= \frac{1}{s(1 + e^{-s})}.$$

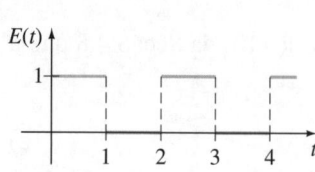

FIGURA 7.4.4 Onda quadrada no Exemplo 7

EXEMPLO 8 Uma voltagem periódica aplicada

A equação diferencial da corrente $i(t)$ em um circuito em série de malha simples RL é

$$L\frac{di}{dt} + Ri = E(t). \quad (15)$$

Determine a corrente $i(t)$ quando $i(0) = 0$ e $E(t)$ é a função de onda quadrada mostrada na Figura 7.4.4.

SOLUÇÃO
Se usarmos o resultado em (14) do exemplo anterior, a transformada de Laplace da ED é

$$LsI(s) + RI(s) = \frac{1}{s(1 + e^{-s})} \quad \text{ou} \quad I(s) = \frac{1/L}{s(s + R/L)} \cdot \frac{1}{1 + e^{-s}}. \quad (16)$$

Para obter a transformada inversa de Laplace da última função, usamos primeiramente a série geométrica. Com a identificação $x = e^{-s}$, $s > 0$, a série geométrica

$$\frac{1}{1 + x} = 1 - x + x^2 - x^3 + \cdots \quad \text{torna-se} \quad \frac{1}{1 + e^{-s}} = 1 - e^{-s} + e^{-2s} - e^{-3s} + \cdots.$$

De

$$\frac{1}{s(s + R/L)} = \frac{L/R}{s} - \frac{L/R}{s + R/L}$$

podemos então reescrever (16) como

$$I(s) = \frac{1}{R}\left(\frac{1}{s} - \frac{1}{s + R/L}\right)(1 - e^{-s} + e^{-2s} - e^{-3s} + \cdots)$$

$$= \frac{1}{R}\left(\frac{1}{s} - \frac{e^{-s}}{s} + \frac{e^{-2s}}{s} - \frac{e^{-3s}}{s} + \cdots\right) - \frac{1}{R}\left(\frac{1}{s + R/L} - \frac{1}{s + R/L}e^{-s} + \frac{e^{-2s}}{s + R/L} - \frac{e^{-3s}}{s + R/L} + \cdots\right).$$

Aplicando agora o segundo teorema da translação a cada termo de ambas as séries, obtemos

$$i(t) = \frac{1}{R}(1 - \mathcal{U}(t - 1) + \mathcal{U}(t - 2) - \mathcal{U}(t - 3) + \cdots) - \frac{1}{R}(e^{-Rt/L} - e^{-R(t-1)/L}\mathcal{U}(t - 1)$$

$$+ e^{-R(t-2)/L}\mathcal{U}(t - 2) - e^{-R(t-3)/L}\mathcal{U}(t - 3) + \cdots)$$

ou, equivalentemente,

$$i(t) = \frac{1}{R}(1 - e^{-Rt/L}) + \frac{1}{R}\sum_{n=1}^{\infty}(-1)^n(1 - e^{-R(t-n)/L})\mathcal{U}(t-n).$$

Para interpretar essa solução, vamos supor, a título de exemplo, que $R = 1$, $L = 1$ e $0 \leq t < 4$. Nesse caso,

$$i(t) = 1 - e^{-t} - (1 - e^{t-1})\mathcal{U}(t-1) + (1 - e^{-(t-2)})\mathcal{U}(t-2) - (1 - e^{-(t-3)})\mathcal{U}(t-3);$$

em outras palavras,

$$i(t) = \begin{cases} 1 - e^{-t}, & 0 \leq t < 1 \\ -e^{-t} + e^{-(t-1)}, & 1 \leq t < 2 \\ 1 - e^{-t} + e^{-(t-1)} - e^{-(t-2)}, & 2 \leq t < 3 \\ -e^{-t} + e^{-(t-1)} - e^{-(t-2)} + e^{-(t-3)}, & 3 \leq t < 4. \end{cases}$$

O gráfico de $i(t)$ no intervalo $0 \leq t < 4$, dado na Figura 7.4.5, foi obtido com o auxílio de um SAC.

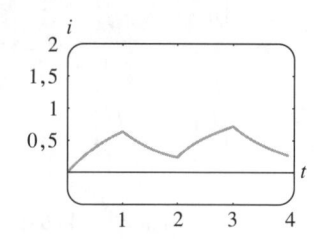

FIGURA 7.4.5 Gráfico para a corrente $i(t)$ no Exemplo 8.

EXERCÍCIOS 7.4

As respostas aos problemas ímpares estão no final do livro.

7.4.1 DERIVADAS DA TRANSFORMADA

Nos Problemas 1-8 utilize o Teorema 7.4.1 para avaliar a transformada de Laplace dada.

1. $\mathcal{L}\{te^{-10t}\}$ 2. $\mathcal{L}\{te^{-3t}\cos 3t\}$ 3. $\mathcal{L}\{t\cos 2t\}$

4. $\mathcal{L}\{t^2 \cos t\}$ 5. $\mathcal{L}\{t^2 \operatorname{senh} t\}$ 6. $\mathcal{L}\{t \operatorname{senh} 3t\}$

7. $\mathcal{L}\{te^{2t} \operatorname{sen} 6t\}$ 8. $\mathcal{L}\{t^3 e^t\}$

Nos Problemas 9-14 utilize a transformada de Laplace para resolver o problema de valor inicial dado. Use a tabela de transformadas de Laplace no Apêndice III, conforme necessário.

9. $y' + y = t \operatorname{sen} t$, $y(0) = 0$

10. $y'' + y = \operatorname{sen} t$, $y(0) = 1, y'(0) = -1$

11. $y'' + 9y = \cos 3t$, $y(0) = 2, y'(0) = 5$

12. $y' - y = te^t \operatorname{sen} t$, $y(0) = 0$

13. $y'' + 16y = f(t)$, $y(0) = 0, y'(0) = 1$,

onde $f(t) = \begin{cases} \cos 4t, & 0 \leq t < \pi \\ 0, & t \geq \pi \end{cases}$

14. $y'' + y = f(t)$, $y(0) = 1, y'(0) = 0$,

onde $f(t) = \begin{cases} 1, & 0 \leq t < \pi/2 \\ \operatorname{sen} t, & t \geq \pi/2 \end{cases}$

Nos Problemas 15 e 16 use um software para traçar o gráfico da solução indicada.

15. $y(t)$ do Problema 13 no intervalo $0 \leq t < 2\pi$.

16. $y(t)$ do Problema 14 no intervalo $0 \leq t < 3\pi$.

Em alguns casos, a transformada de Laplace pode ser usada para resolver equações diferenciais lineares com coeficientes variáveis monomiais. Nos Problemas 17 e 18 use o Teorema 7.4.1 para reduzir a equação diferencial dada a uma ED linear de primeira ordem na função transformada $Y(s) = \mathcal{L}\{y(t)\}$. Resolva a ED de primeira ordem para $Y(s)$ e então encontre $y(t) = \mathcal{L}^{-1}\{Y(s)\}$.

17. $ty'' - y' = 2t^2$, $y(0) = 0$

18. $2y'' + ty' - 2y = 10$, $y(0) = y'(0) = 0$

7.4.2 TRANSFORMADAS DE INTEGRAIS

Nos Problemas 19-30 utilize o Teorema 7.4.2 para determinar o valor da transformada de Laplace dada. Não determine a integral antes de determinar a transformada.

19. $\mathcal{L}\{1 * t^3\}$ 20. $\mathcal{L}\left\{\int_0^t \cos \tau \, d\tau\right\}$

21. $\mathcal{L}\{e^{-t} * e^t \cos t\}$ 22. $\mathcal{L}\left\{\int_0^t \tau \operatorname{sen} \tau \, d\tau\right\}$

23. $\mathcal{L}\left\{\int_0^t e^{\tau} d\tau\right\}$ 24. $\mathcal{L}\left\{\int_0^t \operatorname{sen}\tau \cos(t-\tau)d\tau\right\}$

25. $\mathcal{L}\left\{\int_0^t e^{-\tau}\cos\tau\, d\tau\right\}$ **26.** $\mathcal{L}\left\{t\int_0^t \tau e^{-\tau}\, d\tau\right\}$

27. $\mathcal{L}\left\{\int_0^t \tau e^{t-\tau}\, d\tau\right\}$ **28.** $\mathcal{L}\{e^{2t} * \operatorname{sen} t\}$

29. $\mathcal{L}\left\{t\int_0^t \operatorname{sen}\tau\, d\tau\right\}$ **30.** $\mathcal{L}\{t^2 * te^t\}$

Nos Problemas 31-34, use (8) para calcular a transformada inversa dada.

31. $\mathcal{L}^{-1}\left\{\dfrac{1}{s(s-1)}\right\}$ **32.** $\mathcal{L}^{-1}\left\{\dfrac{1}{s^2(s-1)}\right\}$

33. $\mathcal{L}^{-1}\left\{\dfrac{1}{s^3(s-1)}\right\}$ **34.** $\mathcal{L}^{-1}\left\{\dfrac{1}{s(s-a)^2}\right\}$

35. A tabela no Apêndice III não contém uma entrada para

$$\mathcal{L}^{-1}\left\{\frac{8k^3 s}{(s^2+k^2)^3}\right\}.$$

a) Use (4) com os resultados em (5) para obter essa transformada inversa. Use um SAC como ajuda no cálculo da integral da convolução.

b) Reexamine sua resposta no item (a). O resultado poderia ser obtido de outra forma?

36. Use a transformada de Laplace e os resultados obtidos no Problema 35 para resolver o problema de valor inicial

$$y'' + y = \operatorname{sen} t + t\operatorname{sen} t, \quad y(0) = 0, \quad y'(0) = 0.$$

Use um programa gráfico para obter o gráfico da solução.

Nos Problemas 37-46, use a transformada de Laplace para resolver a equação integral ou íntegro-diferencial dada.

37. $f(t) + \int_0^t (t-\tau)f(\tau)\, d\tau = t$

38. $\dfrac{dy}{dt} + 6y(t) + 9\int_0^t y(\tau)\, d\tau = 1,\ y(0) = 0$

39. $f(t) = te^t + \int_0^t \tau f(t-\tau)\, d\tau$

40. $f(t) = 2t - 4\int_0^t \operatorname{sen}\tau f(t-\tau)\, d\tau$

41. $f(t) + \int_0^t f(\tau)\, d\tau = 1$

42. $f(t) + 2\int_0^t f(\tau)\cos(t-\tau)\, d\tau = 4e^{-t} + \operatorname{sen} t$

43. $f(t) = 1 + t - \dfrac{8}{3}\int_0^t (\tau - t)^3 f(\tau)\, d\tau$

44. $f(t) = \cos t + \int_0^t e^{-\tau} f(t-\tau)\, d\tau$

45. $y'(t) = 1 - \operatorname{sen} t - \int_0^t y(\tau)\, d\tau,\ y(0) = 0$

46. $t - 2f(t) = \int_0^t (e^\tau - e^{-\tau}) f(t-\tau)\, d\tau$

Nos Problemas 47 e 48, resolva a Equação (10) sujeita a $i(0) = 0$ com L, R, C e $E(t)$ dados. Use um software para obter o gráfico da solução no intervalo $0 \le t \le 3$.

47. $L = 0{,}1$ h, $R = 3\ \Omega$, $C = 0{,}05$ f,
$E(t) = 100[\mathcal{U}(t-1) - \mathcal{U}(t-2)]$

48. $L = 0{,}005$ h, $R = 1\ \Omega$, $C = 0{,}02$ f,
$E(t) = 100[t - (t-1)\mathcal{U}(t-1)]$

7.4.3 TRANSFORMADA DE UMA FUNÇÃO PERIÓDICA

Nos Problemas 49 a 54, use o Teorema 7.4.3 para obter a transformada de Laplace da função periódica dada.

49.

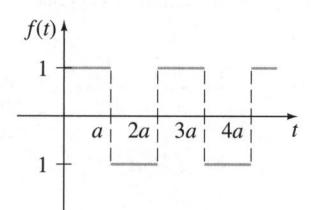

função meandro

FIGURA 7.4.6 Gráfico para o Problema 49.

50.

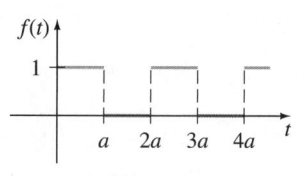

onda quadrada

FIGURA 7.4.7 Gráfico para o Problema 50.

51.

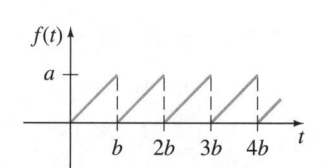

função dente de serra

FIGURA 7.4.8 Gráfico para o Problema 51.

52.

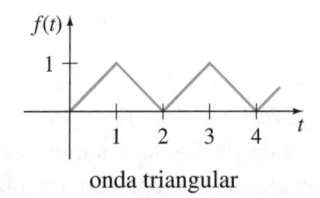

onda triangular

FIGURA 7.4.9 Gráfico para o Problema 52.

53.

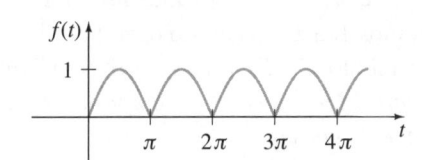

onda senoidal retificada de sen t

FIGURA 7.4.10 Gráfico para o Problema 53.

54.

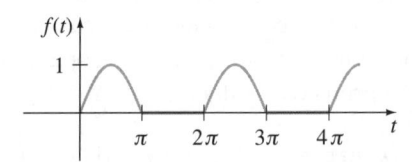

onda senoidal semirretificada de sen t

FIGURA 7.4.11 Gráfico para o Problema 54.

Nos Problemas 55 e 56, resolva a Equação (15) sujeita a $i(0) = 0$ com $E(t)$ dado. Use um software para obter o gráfico da solução no intervalo $0 \leq t < 4$ no caso em que $L = 1$ e $R = 1$.

55. $E(t)$ é a função meandro do Problema 49 com amplitude 1 e $a = 1$.

56. $E(t)$ é a função dente de serra do Problema 51 com amplitude 1 e $b = 1$.

Nos Problemas 57 e 58, resolva o modelo para um sistema massa-mola forçado com amortecimento

$$m\frac{d^2x}{dt^2} + \beta\frac{dx}{dt} + kx = f(t), \quad x(0) = 0, \quad x'(0) = 0,$$

onde a força externa f está especificada. Use um software para obter o gráfico de $x(t)$ no intervalo indicado.

57. $m = \frac{1}{2}, \beta = 1, k = 5$, f é a função meandro do Problema 49 com amplitude 10 e $a = \pi$, $0 \leq t < 2\pi$.

58. $m = 1, \beta = 2, k = 1$, f é a onda quadrada do Problema 50 com amplitude 5 e $a = \pi$, $0 \leq t < 4\pi$.

PROBLEMAS PARA DISCUSSÃO

59. Discuta como o Teorema 7.4.1 pode ser usado para obter

$$\mathcal{L}^{-1}\left\{\ln\frac{s-3}{s+1}\right\}.$$

60. Na Seção 6.4, vimos que $ty'' + y' + ty = 0$ é a equação de Bessel de ordem $v = 0$. Tendo em vista (22), da referida Seção, e a Tabela 6.1, uma solução do problema de valor inicial $ty'' + y' + ty = 0$, $y(0) = 1$, $y'(0) = 0$, é $y = J_0(t)$. Utilize esse resultado e o procedimento descrito nas instruções dos Problemas 17 e 18 para mostrar que

$$\mathcal{L}\{J_0(t)\} = \frac{1}{\sqrt{s^2 + 1}}.$$

[*Sugestão*: Você pode consultar o Problema 46 nos Exercícios 7.2.]

61. a) É sabido que a **equação diferencial de Laguerre**

$$ty'' + (1 - t)y' + ny = 0$$

admite soluções polinomiais quando n é um inteiro não negativo. Essas soluções, chamadas de **polinômios de Laguerre**, são denotadas por $L_n(t)$. Encontre $y = L_n(t)$ para $n = 0, 1, 2, 3, 4$, sabendo que $L_n(0) = 1$.

b) Mostre que

$$\mathcal{L}\left\{\frac{e^t}{n!}\frac{d^n}{dt^n}t^n e^{-t}\right\} = Y(s),$$

onde $Y(s) = \mathcal{L}\{y\}$ e $y = L_n(t)$ é uma solução polinomial da ED do item (a). Conclua que

$$L_n(t) = \frac{e^t}{n!}\frac{d^n}{dt^n}t^n e^{-t}, \quad n = 0, 1, 2, \ldots.$$

Essa última relação para gerar os polinômios de Laguerre é análoga à fórmula de Rodrigues para os polinômios de Legendre. Veja (33) na Seção 6.4.

62. A transformada de Laplace $\mathcal{L}\{e^{-t^2}\}$ existe, mas sem encontrá-la resolva o problema de valor inicial $y'' + y = e^{-t^2}$, $y(0) = 0$, $y'(0) = 0$.

63. Resolva a equação integral

$$f(t) = e^t + e^t \int_0^t e^{-\tau}f(\tau)d\tau.$$

64. a) Mostre que a função de onda quadrada $E(t)$ apresentada na Figura 7.4.4 pode ser escrita como

$$E(t) = \sum_{k=0}^{\infty}(-1)^k \mathcal{U}(t - k).$$

b) Obtenha (14) desta seção, tomando a transformada de Laplace de cada termo da série na parte (a).

65. Use a transformada de Laplace como auxílio na resolução da integral imprópria $\int_0^\infty te^{-2t} \operatorname{sen} 4t\, dt$.

66. Se assumirmos que $\mathcal{L}\{f(t)/t\}$ exista e $\mathcal{L}\{f(t)\} = F(s)$, então

$$\mathcal{L}\left\{\frac{f(t)}{t}\right\} = \int_s^\infty F(u)\,du.$$

Use este resultado para encontrar a transformada de Laplace da função dada. Os símbolos a e k são constantes positivas.

a) $f(t) = \dfrac{\operatorname{sen} at}{t}$

b) $f(t) = \dfrac{2(1 - \cos kt)}{t}$

67. **Transformada do Logarítmo** Como $f(t) = \ln t$ tem uma descontinuidade infinita em $t = 0$ pode-se supor que $\mathcal{L}\{\ln t\}$ não exista; entretanto, isto é incorreto. O objetivo deste problema é guiá-lo através dos passos formais que conduzem à transformada de Laplace de $f(t) = \ln t, t > 0$.

a) Use integração por partes para mostrar que

$$\mathcal{L}\{\ln t\} = s\,\mathcal{L}\{t \ln t\} - \frac{1}{s}.$$

b) Se $\mathcal{L}\{\ln t\} = Y(s)$, use o Teorema 7.4.1 com $n = 1$ para mostrar que a parte (a) se torna

$$s\frac{dY}{ds} + Y = -\frac{1}{s}.$$

Encontre uma solução explícita $Y(s)$ da equação diferencial anterior.

c) Finalmente, a definição integral da **constante de Euler** (às vezes chamada de **constante de Euler-Mascheroni**) é $\gamma = -\int_0^\infty e^{-t} \ln t\, dt$, onde $\gamma = 0{,}5772156649\ldots$. Use $Y(1) = -\gamma$ na solução da parte (b) para mostrar que

$$\mathcal{L}\{\ln t\} = -\frac{\gamma}{s} - \frac{\ln s}{s}, \quad s > 0.$$

TAREFAS PARA O LABORATÓRIO DE INFORMÁTICA

68. Neste problema serão apresentados os comandos do *Mathematica* que possibilitam obter a transformada de Laplace simbólica de uma equação diferencial e a solução do problema de valor inicial encontrando-se a transformada inversa. No *Mathematica*, a transformada de Laplace de uma função $y(t)$ é obtida por `LaplaceTransform [y[t], t, s]`. Na segunda linha da sintaxe, substituímos `LaplaceTransform [y[t], t, s]` pelo símbolo **Y**. (*Se você não tiver o Mathematica, adapte o procedimento dado para a sintaxe correspondente em seu SAC.*)

Considere o problema de valor inicial

$$y'' + 6y' + 9y = t\operatorname{sen} t, \quad y(0) = 2, \quad y'(0) = -1.$$

Carregue o pacote da transformada de Laplace. Reproduza precisamente e execute cada linha da sequência dada de comandos. Copie a saída à mão ou imprima os resultados.

```
diffequat = y''[t] + 6y'[t] + 9y[t]
  == t Sin[t]

transformdeq =
  LaplaceTransform[diffequat, t, s] /.
  {y[0] -> 2, y'[0] -> -1,
  LaplaceTransform[y[t], t, s] -> Y}

soln = Solve[transformdeq, Y]
//Flatten

Y = Y/.soln

InverseLaplaceTransform[Y, s, t]
```

69. Modifique apropriadamente o procedimento do Problema 68 para encontrar uma solução de

$$y''' + 3y' - 4y = 0, \quad y(0) = 0, \quad y'(0) = 0,$$
$$y''(0) = 1.$$

70. A carga $q(t)$ no capacitor em um circuito em série LC é dada por

$$\frac{d^2q}{dt^2} + q = 1 - 4\mathcal{U}(t - \pi) + 6\mathcal{U}(t - 3\pi),$$
$$q(0) = 0, \quad q'(0) = 0.$$

Modifique apropriadamente o procedimento do Problema 68 para obter $q(t)$. Faça o gráfico de sua solução.

7.5 FUNÇÃO DELTA DE DIRAC

INTRODUÇÃO
No último parágrafo da página 294, indicamos como consequência imediata do Teorema 7.1.3 que $F(s) = 1$ não pode ser a transformada de Laplace de uma função f que é contínua por partes sobre $[0, \infty)$ e de ordem exponencial. Na discussão que se segue vamos introduzir uma função que é muito diferente dos tipos que você tem estudado em cursos anteriores. Veremos que há, de fato, uma função ou, mais precisamente, uma *função generalizada*, cuja transformada de Laplace é $F(s) = 1$.

IMPULSO UNITÁRIO
Sistemas mecânicos sofrem frequentemente a ação de uma força externa (ou força eletromotriz em um circuito elétrico) de grande magnitude que age somente por um curto período. Por exemplo, a asa de um avião vibrando poderia ser atingida por um raio, uma massa em uma mola poderia sofrer a ação de uma martelada, uma bola (beisebol, golfe ou tênis) poderia ser mandada pelos ares quando atingida violentamente por algum tipo de tacada (tacos de beisebol e golfe ou raquete de tênis). Veja a Figura 7.5.1. Primeiramente, consideraremos uma função que pode servir como modelo para tal força.

O gráfico da função definida por partes

$$\delta_a(t - t_0) = \begin{cases} 0, & 0 \leq t < t_0 - a \\ \dfrac{1}{2a}, & t_0 - a \leq t < t_0 + a \\ 0, & t \geq t_0 + a \end{cases} \quad (1)$$

$a > 0$, $t_0 > 0$, mostrado na Figura 7.5.2(a), poderia servir como um modelo para forças como esta. Para pequenos valores de a, $\delta_a(t - t_0)$ é essencialmente uma função constante de grande magnitude que está "ligada" somente por um curto período em torno de t_0. O comportamento de $\delta_a(t - t_0)$ quando $a \to 0$ é ilustrado na Figura 7.5.2(b). A função $\delta_a(t - t_0)$ é chamada de **impulso unitário**, pois tem a seguinte propriedade de integração $\int_0^\infty \delta_a(t - t_0)\,dt = 1$.

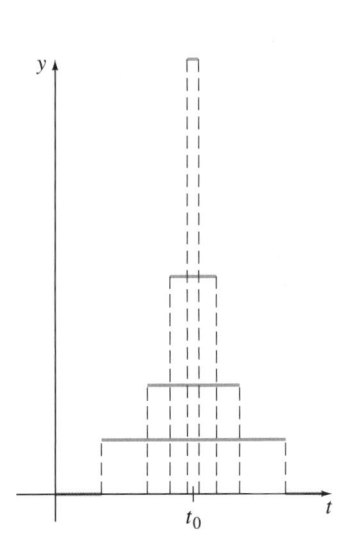

FUNÇÃO DELTA DE DIRAC
Na prática, é conveniente trabalhar com um outro tipo de impulso unitário, uma "função" que aproxima $\delta_a(t - t_0)$ e é definida pelo limite

$$\delta(t - t_0) = \lim_{a \to 0} \delta_a(t - t_0). \quad (2)$$

A última expressão, que na verdade não é uma função, pode ser caracterizada por duas propriedades

$$(i)\ \delta(t - t_0) = \begin{cases} \infty, & t = t_0 \\ 0, & t \neq t_0 \end{cases} \quad \text{e} \quad (ii)\ \int_0^\infty \delta(t - t_0)\,dt = 1.$$

O impulso unitário $\delta(t - t_0)$ é chamado de **função delta de Dirac**.

É possível obter a transformada de Laplace da função delta de Dirac supondo formalmente que $\mathcal{L}\{\delta(t - t_0)\} = \lim_{a \to 0} \mathcal{L}\{\delta_a(t - t_0)\}$.

TEOREMA 7.5.1   **Transformada da função delta de Dirac**

Para $t_0 > 0$,
$$\mathcal{L}\{\delta(t - t_0)\} = e^{-st_0}. \quad (3)$$

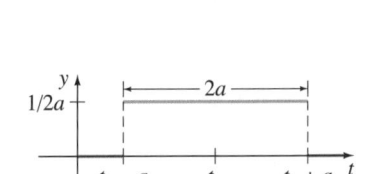

FIGURA 7.5.1 Um taco de golfe aplica uma força de grande magnitude que age sobre a bola por um curto período de tempo.

(a) gráfico de $\delta_a(t - t_0)$

(b) comportamento de δ_a quando $a \to 0$

FIGURA 7.5.2 Impulso unitário.

PROVA

Para começar, escrevemos $\delta_a(t - t_0)$ em termos da função degrau unitário, em virtude de (11) e (12) da Seção 7.3:

$$\delta_a(t - t_0) = \frac{1}{2a}[\mathcal{U}(t - (t_0 - a)) - \mathcal{U}(t - (t_0 + a))].$$

Da linearidade e de (14) da Seção 7.3, a transformada de Laplace dessa última expressão é

$$\mathcal{L}\{\delta_a(t - t_0)\} = \frac{1}{2a}\left[\frac{e^{-s(t_0-a)}}{s} - \frac{e^{-s(t_0+a)}}{s}\right] = e^{-st_0}\left(\frac{e^{sa} - e^{-sa}}{2sa}\right). \quad (4)$$

Como (4) é uma forma indeterminada 0/0 quando $a \to 0$, aplicamos a regra de L'Hôpital:

$$\mathcal{L}\{\delta(t - t_0)\} = \lim_{a \to 0} \mathcal{L}\{\delta_a(t - t_0)\} = e^{-st_0} \lim_{a \to 0}\left(\frac{e^{sa} - e^{-sa}}{2sa}\right) = e^{-st_0}. \quad \blacksquare$$

Agora se $t_0 = 0$, parece plausível concluir de (3) que

$$\mathcal{L}\{\delta(t)\} = 1.$$

O último resultado enfatiza o fato de que $\delta(t)$ não é o tipo usual de função que vínhamos considerando, pois do Teorema 7.1.3 esperaríamos que $\mathcal{L}\{f(t)\} \to 0$ quando $s \to \infty$.

EXEMPLO 1 Dois problemas de valor inicial

Resolva $y'' + y = 4\delta(t - 2\pi)$ sujeita à
(a) $y(0) = 1, y'(0) = 0$
(b) $y(0) = 0, y'(0) = 0$.

Ambos os problemas de valor inicial podem servir como modelo na descrição do movimento de uma massa em uma mola movendo-se em um meio no qual o amortecimento é desprezível. Em $t = 2\pi$ a massa recebe uma pancada abrupta. Em (a), a massa é solta do repouso uma unidade acima da posição de equilíbrio. Em (b), a massa é solta na posição de equilíbrio.

SOLUÇÃO

(a) De (3), a transformada de Laplace da equação diferencial é

$$s^2 Y(s) - s + Y(s) = 4e^{-2\pi s} \quad \text{ou} \quad Y(s) = \frac{s}{s^2 + 1} + \frac{4e^{-2\pi s}}{s^2 + 1}.$$

Usando a forma inversa do segundo teorema da translação, obtemos

$$y(t) = \cos t + 4\,\text{sen}(t - 2\pi)\mathcal{U}(t - 2\pi).$$

Uma vez que $\text{sen}(t - 2\pi) = \text{sen}\,t$, essa solução pode ser escrita como

$$y(t) = \begin{cases} \cos t, & 0 \le t < 2\pi \\ \cos t + 4\,\text{sen}\,t, & t \ge 2\pi. \end{cases} \quad (5)$$

Na Figura 7.5.3, vemos do gráfico de (5) que a massa exibe um movimento harmônico simples até ser atingida em $t = 2\pi$. A influência do impulso unitário é aumentar a amplitude da vibração para $\sqrt{17}$ quando $t > 2\pi$.

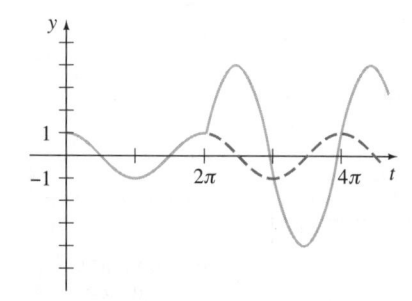

FIGURA 7.5.3 A massa é atingida em $t = 2\pi$ na parte (a) do Exemplo 1.

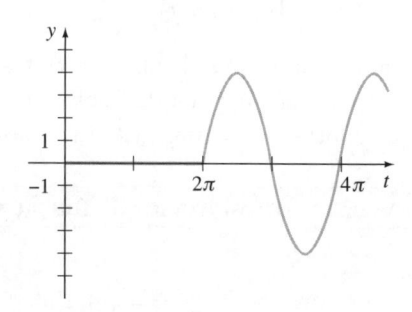

FIGURA 7.5.4 Nenhum movimento até que a massa seja atingida em $t = 2\pi$ na parte (b) do Exemplo 1.

(b) Nesse caso, a transformada da equação é simplesmente

$$Y(s) = \frac{4e^{-2\pi s}}{s^2 + 1},$$

e, portanto,

$$y(t) = 4\,\text{sen}(t - 2\pi)\,\mathcal{U}(t - 2\pi)$$
$$= \begin{cases} 0, & 0 \leq t < 2\pi \\ 4\,\text{sen}\,t, & t \geq 2\pi. \end{cases} \tag{6}$$

O gráfico de (6) na Figura 7.5.4 mostra, como esperaríamos das condições iniciais dadas, que a massa não exibe movimento até ser atingida em $t = 2\pi$.

OBSERVAÇÕES

(i) Se $\delta(t - t_0)$ fosse uma função no sentido usual, então a propriedade (i) da página 329 implicaria $\int_0^\infty \delta(t - t_0)\,dt = 0$ em vez de $\int_0^\infty \delta(t - t_0)\,dt = 1$. Como a função delta de Dirac não se "comporta" como uma função comum, inicialmente houve severas restrições por parte dos matemáticos, embora seu uso produzisse resultados corretos. Todavia, nos anos de 1940, a contestada função de Dirac foi formalizada de maneira rigorosa pelo matemático francês Laurent Schwartz, em seu livro *La théoria de distribution*, e isso, por sua vez, gerou um ramo inteiramente novo na matemática, conhecido como **teoria das distribuições** ou **funções generalizadas**. Na teoria moderna das funções generalizadas, (2) não é aceitável como definição de $\delta(t - t_0)$ e também não se fala de uma função cujo valor é zero ou infinito. Embora essa teoria não vá ser abordada neste texto, para os nossos propósitos é suficiente dizer que a função delta de Dirac é definida em termos de seu efeito ou de sua ação em outras funções. Se f é uma função contínua em $[0, \infty)$, então

$$\int_0^\infty f(t)\delta(t - t_0)\,dt = f(t_0) \tag{7}$$

pode ser tomada como a *definição* de $\delta(t - t_0)$. Esse resultado é conhecido como **propriedade da escolha**, uma vez que $\delta(t - t_0)$ tem o efeito de escolher o valor $f(t_0)$ no conjunto de valores de f em $[0, \infty)$. Observe que a propriedade (ii) (com $f(t) = 1$) e (3) (com $f(t) = e^{-st}$) são consistentes com (7).

(ii) Em (iii) das observações da Seção 7.2 indicamos que a função de transferência de uma equação diferencial linear geral de ordem n com coeficientes constantes é $W(s) = 1/P(s)$, onde $P(s) = a_n s^n + a_{n-1} s^{n-1} + \cdots + a_0$. A função de transferência é a transformada de Laplace da função $w(t)$, chamada **função peso** de um sistema linear. Mas $w(t)$ também pode ser caracterizada em termos da discussão em pauta. Para simplificar, vamos considerar um sistema linear de segunda ordem no qual a entrada é um impulso unitário em $t = 0$:

$$a_2 y'' + a_1 y' + a_0 y = \delta(t), \quad y(0) = 0, \quad y'(0) = 0.$$

Aplicando a transformada de Laplace e usando $\mathcal{L}\{\delta(t)\} = 1$, verificamos que a transformada da resposta y nesse caso é a função de transferência

$$Y(s) = \frac{1}{a_2 s^2 + a_1 s + a_0} = \frac{1}{P(s)} = W(s) \quad \text{e, portanto,} \quad y = \mathcal{L}^{-1}\left\{\frac{1}{P(s)}\right\} = w(t).$$

Disso podemos ver que, em geral, a função peso $y = w(t)$ de um sistema linear de ordem n é a função de resposta ao estado zero do sistema correspondente a um impulso unitário. Por essa razão, $w(t)$ é também chamada de **resposta impulso** do sistema.

EXERCÍCIOS 7.5

As respostas aos problemas ímpares estão no final do livro.

Nos Problemas 1-12, use a transformada de Laplace para resolver a equação diferencial dada, sujeita às condições iniciais indicadas.

1. $y' - 3y = \delta(t - 2), \quad y(0) = 0$

2. $y'' + y = \delta(t - 2\pi) + \delta(t - 4\pi), \quad y(0) = 1, y'(0) = 0$

3. $y'' + y = \delta(t - 2\pi), \quad y(0) = 0, y'(0) = 1$

4. $y'' + 2y' + y = \delta(t - 1), \quad y(0) = 0, y'(0) = 0$

5. $y'' + y = \delta(t - \frac{1}{2}\pi) + \delta(t - \frac{3}{2}\pi), \quad y(0) = 0, y'(0) = 0$

6. $y'' - 2y' = 1 + \delta(t - 2), \quad y(0) = 0, y'(0) = 1$

7. $y'' + 2y' = \delta(t - 1), \quad y(0) = 0, y'(0) = 1$

8. $y'' + 16y = \delta(t - 2\pi), \quad y(0) = 0, y'(0) = 0$

9. $y'' + 4y' + 5y = \delta(t - 2\pi), \quad y(0) = 0, y'(0) = 0$

10. $y' + y = \delta(t - 1), \quad y(0) = 2$

11. $y'' + 4y' + 13y = \delta(t - \pi) + \delta(t - 3\pi),$
    $y(0) = 1, y'(0) = 0$

12. $y'' - 7y' + 6y = e^t + \delta(t - 2) + \delta(t - 4),$
    $y(0) = 0, y'(0) = 0$

13. Uma viga uniforme de comprimento L suporta uma carga w_0 concentrada em $x = \frac{1}{2}L$. A viga está engastada à esquerda e livre à direita. Use a transformada de Laplace para determinar a deflexão $y(x)$ de

$$EI\frac{d^4y}{dx^4} = w_0\delta\left(x - \frac{1}{2}L\right),$$

onde $y(0) = 0, y'(0) = 0, y''(L) = 0$ e $y'''(L) = 0$.

14. Resolva a equação diferencial do Problema 13 sujeita a $y(0) = 0, y'(0) = 0, y(L) = 0$ e $y'(L) = 0$. Nesse caso, a viga está engastada em ambos os lados. Veja a Figura 7.5.5.

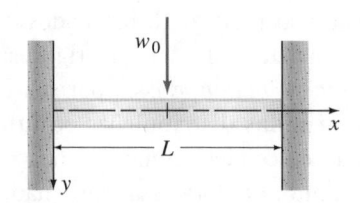

FIGURA 7.5.5 Feixe do Problema 14.

PROBLEMAS PARA DISCUSSÃO

15. Alguém diz a você que as soluções dos dois PVIs

$$y'' + 2y' + 10y = 0, \quad y(0) = 0, y'(0) = 1$$
$$y'' + 2y' + 10y = \delta(t), \quad y(0) = 0, y'(0) = 0$$

são exatamente as mesmas. Você concorda? Justifique.

7.6 SISTEMAS DE EQUAÇÕES LINEARES

ASSUNTOS ANALISADOS

- Resolução de sistema de duas equações e duas incógnitas

INTRODUÇÃO

Quando condições iniciais estiverem especificadas, a aplicação da transformada de Laplace a cada equação em um sistema de equações diferenciais lineares com coeficientes constantes reduzirá o sistema a um conjunto de equações algébricas simultâneas nas funções transformadas. Resolvemos então o sistema de equações algébricas para cada uma das funções transformadas e a seguir obtemos a transformada inversa de Laplace da forma usual.

MOLAS ACOPLADAS

Duas massas, m_1 e m_2, estão presas a duas molas A e B de massa desprezível, com constantes k_1 e k_2, respectivamente. Por sua vez, as duas molas estão unidas como mostra a Figura 7.6.1 na página 333. Sejam $x_1(t)$ e $x_2(t)$ os deslocamentos verticais das massas em relação às respectivas posições de equilíbrio. Quando o sistema estiver em movimento, a mola B estará sujeita tanto a alongamento quanto a compressão; logo, seu alongamento resultante será $x_2 - x_1$. Portanto, decorre da lei de Hooke que as molas A e B exercem forças $-k_1 x_1$ e $k_2(x_2 - x_1)$, respectivamente, sobre m_1. Se nenhuma força externa estiver atuando sobre o sistema e não houver nenhuma força de amortecimento, a força resultante sobre m_1 será $-k_1 x_1 + k_2(x_2 - x_1)$. Pela segunda de lei de Newton, podemos escrever

$$m_1 \frac{d^2 x_1}{dt^2} = -k_1 x_1 + k_2(x_2 - x_1).$$

Da mesma forma, a força total exercida sobre a massa m_2 é devida somente ao alongamento resultante de B; isto é, $-k_2(x_2 - x_1)$. Logo, temos

$$m_2 \frac{d^2 x_2}{dt^2} = -k_2(x_2 - x_1).$$

Em outras palavras, o movimento do sistema acoplado é representado pelo sistema de equações diferenciais de segunda ordem

$$\begin{aligned} m_1 x_1'' &= -k_1 x_1 + k_2(x_2 - x_1) \\ m_2 x_2'' &= -k_2(x_2 - x_1). \end{aligned} \quad (1)$$

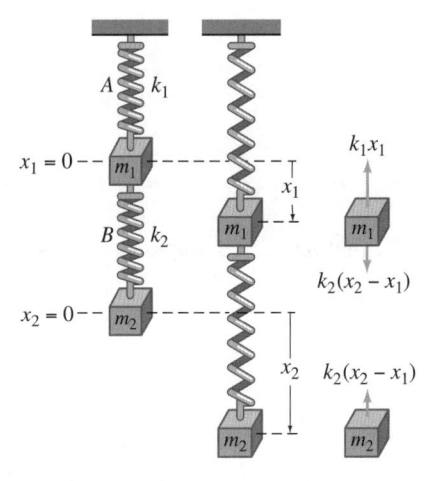

(a) equilíbrio **(b)** movimento **(c)** forças

FIGURA 7.6.1 Sistema acoplado massa-mola.

No exemplo seguinte, vamos resolver (1) sob a hipótese de que $k_1 = 6$, $k_2 = 4$, $m_1 = 1$, $m_2 = 1$ e as massas partem de suas respectivas posições de equilíbrio, com velocidades unitárias opostas.

EXEMPLO 1 Molas acopladas

Resolva

$$\begin{aligned} x_1'' + 10 x_1 \quad\quad - 4 x_2 &= 0 \\ -4 x_1 + x_2'' + 4 x_2 &= 0 \end{aligned} \quad (2)$$

sujeita a $x_1(0) = 0$, $x_1'(0) = 1$, $x_2(0) = 0$ e $x_2'(0) = -1$.

SOLUÇÃO

A transformada de Laplace das equações é

$$s^2 X_1(s) - s x_1(0) - x_1'(0) + 10 X_1(s) - 4 X_2(s) = 0$$
$$-4 X_1(s) + s^2 X_2(s) - s x_2(0) - x_2'(0) + 4 X_2(s) = 0,$$

onde $X_1(s) = \mathcal{L}\{x_1(t)\}$ e $X_2(s) = \mathcal{L}\{x_2(t)\}$. O sistema precedente é equivalente a

$$\begin{aligned} (s^2 + 10) X_1(s) \quad\quad - 4 X_2(s) &= 1 \\ -4 X_1(s) + (s^2 + 4) X_2(s) &= -1. \end{aligned} \quad (3)$$

Resolvendo (3) para encontrar $X_1(s)$ e usando frações parciais, temos

$$X_1(s) = \frac{s^2}{(s^2 + 2)(s^2 + 12)} = -\frac{1/5}{s^2 + 2} + \frac{6/5}{s^2 + 12},$$

e, portanto,

$$x_1(t) = -\frac{1}{5\sqrt{2}} \mathcal{L}^{-1}\left\{\frac{\sqrt{2}}{s^2 + 2}\right\} + \frac{6}{5\sqrt{12}} \mathcal{L}^{-1}\left\{\frac{\sqrt{12}}{s^2 + 12}\right\}$$

$$= -\frac{\sqrt{2}}{10} \operatorname{sen} \sqrt{2}\, t + \frac{\sqrt{3}}{5} \operatorname{sen} 2\sqrt{3}\, t.$$

Substituindo a expressão de $X_1(s)$ na primeira equação de (3), obtemos

$$X_2(s) = -\frac{s^2 + 6}{(s^2 + 2)(s^2 + 12)} = -\frac{2/5}{s^2 + 2} - \frac{3/5}{s^2 + 12}.$$

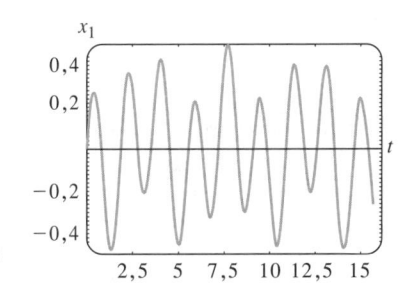

(a) gráfico de $x_1(t)$ versus t

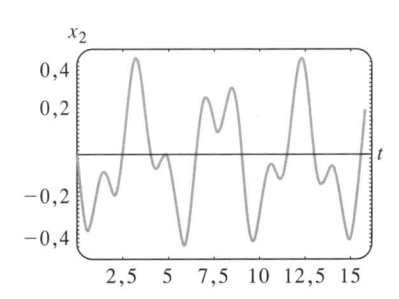

(b) gráfico de $x_2(t)$ versus t

FIGURA 7.6.2 Deslocamentos das duas massas no Exemplo 1.

e

$$x_2(t) = -\frac{2}{5\sqrt{2}}\mathcal{L}^{-1}\left\{\frac{\sqrt{2}}{s^2+2}\right\} - \frac{3}{5\sqrt{12}}\mathcal{L}^{-1}\left\{\frac{\sqrt{12}}{s^2+12}\right\}$$

$$= -\frac{\sqrt{2}}{5}\text{sen }\sqrt{2}t - \frac{\sqrt{3}}{10}\text{sen }2\sqrt{3}t.$$

Finalmente, a solução para o sistema (2) dado é

$$x_1(t) = -\frac{\sqrt{2}}{10}\text{sen }\sqrt{2}t + \frac{\sqrt{3}}{5}\text{sen }2\sqrt{3}t$$

$$x_2(t) = -\frac{\sqrt{2}}{5}\text{sen }\sqrt{2}t - \frac{\sqrt{3}}{10}\text{sen }2\sqrt{3}t.$$

(4)

Os gráficos de x_1 e x_2 na Figura 7.6.2 revelam o movimento oscilatório complicado de cada massa. ∎

REDES

Vimos em (18) da Seção 3.3 que as correntes $i_1(t)$ e $i_2(t)$ na rede mostrada na Figura 7.6.3, contendo um indutor, um resistor e um capacitor, eram governadas pelo sistema de equações diferenciais de primeira ordem

$$L\frac{di_1}{dt} + Ri_2 = E(t)$$

$$RC\frac{di_2}{dt} + i_2 - i_1 = 0.$$

(5)

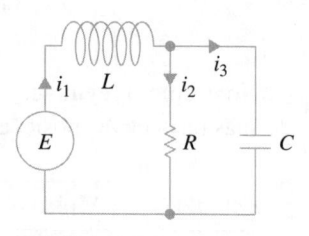

FIGURA 7.6.3 Rede elétrica.

Vamos resolver esse sistema usando a transformada de Laplace no exemplo seguinte.

EXEMPLO 2 Uma rede elétrica

Resolva o sistema em (5) sob as condições $E(t) = 60$ V, $L = 1$ h, $R = 50$ Ω, $C = 10^{-4}$ f, e supondo que as correntes i_1 e i_2 são inicialmente nulas.

SOLUÇÃO
Precisamos resolver

$$\frac{di_1}{dt} + 50i_2 = 60$$

$$50(10^{-4})\frac{di_2}{dt} + i_2 - i_1 = 0$$

sujeita a $i_1(0) = 0$, $i_2(0) = 0$.

Aplicando a transformada de Laplace a cada uma das equações do sistema e simplificando, obtemos

$$sI_1(s) + 50I_2(s) = \frac{60}{s}$$

$$-200I_1(s) + (s + 200)I_2(s) = 0,$$

onde $I_1(s) = \mathcal{L}\{i_1(t)\}$ e $I_2(s) = \mathcal{L}\{i_2(t)\}$. Resolvendo o sistema para I_1 e I_2 e decompondo os resultados em frações parciais, obtemos

$$I_1(s) = \frac{60s + 12.000}{s(s+100)^2} = \frac{6/5}{s} - \frac{6/5}{s+100} - \frac{60}{(s+100)^2}$$

$$I_2(s) = \frac{12.000}{s(s+100)^2} = \frac{6/5}{s} - \frac{6/5}{s+100} - \frac{120}{(s+100)^2}.$$

Tomando as transformadas inversas, encontramos as correntes

$$i_1(t) = \frac{6}{5} - \frac{6}{5}e^{-100t} - 60te^{-100t}$$

$$i_2(t) = \frac{6}{5} - \frac{6}{5}e^{-100t} - 120te^{-100t}.$$

∎

Observe que tanto $i_1(t)$ quanto $i_2(t)$ no Exemplo 2 tendem ao valor $E/R = \frac{6}{5}$ quando $t \to \infty$. Além disso, como a corrente que passa pelo capacitor é $i_3(t) = i_1(t) - i_2(t) = 60te^{-100t}$, observamos que $i_3(t) \to 0$ quando $t \to \infty$.

PÊNDULO DUPLO

Considere o sistema de pêndulo duplo constituído por um pêndulo ligado a um outro pêndulo, como mostrado na Figura 7.6.4. Assumimos que o sistema oscila em um plano vertical sob a influência da gravidade, que a massa de cada haste é desprezível e que não atuam forças de amortecimento no sistema. A Figura 7.6.4 mostra também que o ângulo de deslocamento θ_1 é medido (em radianos) de uma linha vertical que se estende para baixo do *pivot* do sistema e que θ_2 é medido a partir de uma linha vertical que se estende para baixo do centro de massa m_1. O sentido positivo é para a direita, o sentido negativo é para a esquerda. Como seria de se esperar, a partir da análise que leva à equação (6) da Seção 5.3, o sistema de equações diferenciais que descrevem o movimento não é linear:

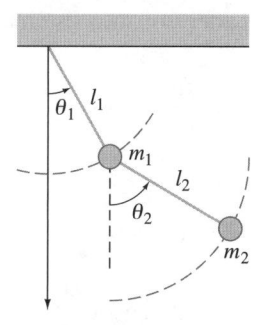

FIGURA 7.6.4 Pêndulo duplo.

$$\begin{aligned}(m_1 + m_2)l_1^2\theta_1'' + m_2 l_1 l_2 \theta_2'' \cos(\theta_1 - \theta_2) + m_2 l_1 l_2 (\theta_2')^2 \operatorname{sen}(\theta_1 - \theta_2) + (m_1 + m_2)l_1 g \operatorname{sen}\theta_1 = 0 \\ m_2 l_2^2 \theta_2'' + m_2 l_1 l_2 \theta_1'' \cos(\theta_1 - \theta_2) - m_2 l_1 l_2 (\theta_1')^2 \operatorname{sen}(\theta_1 - \theta_2) + m_2 l_2 g \operatorname{sen}\theta_2 = 0.\end{aligned} \quad (6)$$

Mas se os deslocamentos $\theta_1(t)$ e $\theta_2(t)$ são considerados pequenos, então as aproximações $\cos(\theta_1 - \theta_2) \approx 1$, $\operatorname{sen}(\theta_1 - \theta_2) \approx 0$, $\operatorname{sen}\theta_1 \approx \theta_1$, $\operatorname{sen}\theta_2 \approx \theta_2$ nos permitem substituir o sistema (6) pela linearização

$$\begin{aligned}(m_1 + m_2)l_1^2 \theta_1'' + m_2 l_1 l_2 \theta_2'' + (m_1 + m_2)l_1 g \theta_1 = 0 \\ m_2 l_2^2 \theta_2'' + m_2 l_1 l_2 \theta_1'' + m_2 l_2 g \theta_2 = 0.\end{aligned} \quad (7)$$

EXEMPLO 3   Pêndulo duplo

Como exercício, use a transformada de Laplace para resolver o sistema (6) quando $m_1 = 3$, $m_2 = 1$, $l_1 = l_2 = 16$, $\theta_1(0) = 1$, $\theta_2(0) = -1$, $\theta_1'(0) = 0$ e $\theta_2'(0) = 0$. Você deve obter

$$\begin{aligned}\theta_1(t) = \frac{1}{4}\cos\frac{2}{\sqrt{3}}t + \frac{3}{4}\cos 2t \\ \theta_2(t) = \frac{1}{2}\cos\frac{2}{\sqrt{3}}t - \frac{3}{2}\cos 2t.\end{aligned} \quad (8)$$

A posição de ambas as massas em $t = 0$, e nos momentos subsequentes, obtida com o auxílio de um SAC, é apresentada na Figura 7.6.5. Veja também o Problema 21 nos Exercícios 7.6.

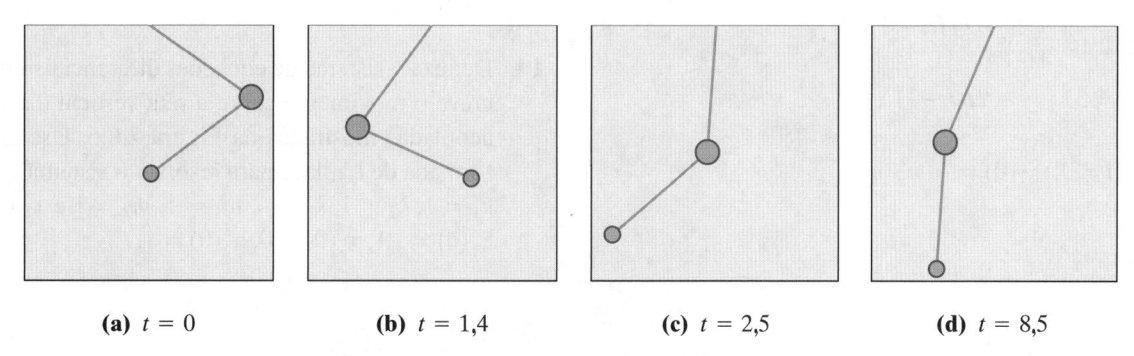

(a) $t = 0$ **(b)** $t = 1,4$ **(c)** $t = 2,5$ **(d)** $t = 8,5$

FIGURA 7.6.5 Posições das massas no pêndulo duplo em vários instantes de tempo no Exemplo 3.

EXERCÍCIOS 7.6

As respostas aos problemas ímpares estão no final do livro.

Nos Problemas 1-12, use a transformada de Laplace para resolver o sistema de equações diferenciais dado.

1. $\dfrac{dx}{dt} = -x + y$

   $\dfrac{dy}{dt} = 2x$

   $x(0) = 0, \quad y(0) = 1$

2. $\dfrac{dx}{dt} + 3x + \dfrac{dy}{dt} = 1$

   $\dfrac{dx}{dt} - x + \dfrac{dy}{dt} - y = e^t$

   $x(0) = 0, \quad y(0) = 0$

3. $\dfrac{dx}{dt} = x - 2y$

   $\dfrac{dy}{dt} = 5x - y$

   $x(0) = -1, \quad y(0) = 2$

4. $\dfrac{dx}{dt} = 2y + e^t$

   $\dfrac{dy}{dt} = 8x - t$

   $x(0) = 1, \quad y(0) = 1$

5. $2\dfrac{dx}{dt} + \dfrac{dy}{dt} - 2x = 1$

   $\dfrac{dx}{dt} + \dfrac{dy}{dt} - 3x - 3y = 2$

   $x(0) = 0, \quad y(0) = 0$

6. $\dfrac{dx}{dt} = 4x - 2y + 2\mathcal{U}(t-1)$

   $\dfrac{dy}{dt} = 3x - y + \mathcal{U}(t-1)$

   $x(0) = 0, \quad y(0) = \dfrac{1}{2}$

7. $\dfrac{d^2x}{dt^2} + x - y = 0$

   $\dfrac{d^2y}{dt^2} + y - x = 0$

   $x(0) = 0, \quad x'(0) = -2,$

   $y(0) = 0, \quad y'(0) = 1$

8. $\dfrac{dx}{dt} - 4x + \dfrac{d^3y}{dt^3} = 6\operatorname{sen} t$

   $\dfrac{dx}{dt} + 2x - 2\dfrac{d^3y}{dt^3} = 0$

   $x(0) = 0, \quad y(0) = 0$

   $y'(0) = 0, \quad y''(0) = 0$

9. $\dfrac{d^2x}{dt^2} + \dfrac{d^2y}{dt^2} = t^2$

   $\dfrac{d^2x}{dt^2} - \dfrac{d^2y}{dt^2} = 4t$

   $x(0) = 8, \quad x'(0) = 0,$

   $y(0) = 0, \quad y'(0) = 0$

10. $\dfrac{d^2x}{dt^2} + \dfrac{dx}{dt} + \dfrac{dy}{dt} = 0$

    $\dfrac{d^2y}{dt^2} + \dfrac{dy}{dt} - 4\dfrac{dx}{dt} = 0$

    $x(0) = 1, \quad x'(0) = 0,$

    $y(0) = -1, \quad y'(0) = 5$

11. $\dfrac{d^2x}{dt^2} + 3\dfrac{dy}{dt} + 3y = 0$

    $\dfrac{d^2x}{dt^2} + 3y = te^{-t}$

    $x(0) = 0, \quad x'(0) = 2, \quad y(0) = 0$

12. $\dfrac{dx}{dt} + x - \dfrac{dy}{dt} + y = 0$

    $\dfrac{dx}{dt} + \dfrac{dy}{dt} + 2y = 0$

    $x(0) = 0, \quad y(0) = 1$

13. Resolva o sistema (1) quando $k_1 = 3$, $k_2 = 2$, $m_1 = 1$, $m_2 = 1$ e $x_1(0) = 0$, $x_1'(0) = 1$, $x_2(0) = 1$, $x_2'(0) = 0$.

14. Deduza o sistema de equações diferenciais que descreve o movimento sobre a reta vertical das molas acopladas mostradas na Figura 7.6.6. Use a transformada de Laplace para resolver o sistema quando $k_1 = 1$, $k_2 = 1$, $k_3 = 1$, $m_1 = 1$, $m_2 = 1$ e $x_1(0) = 0$, $x_1'(0) = -1$, $x_2(0) = 0$, $x_2'(0) = 1$.

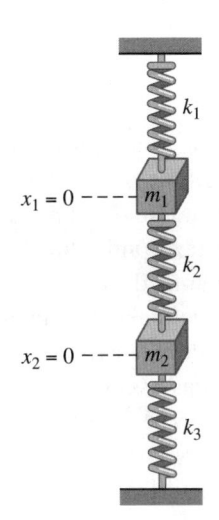

FIGURA 7.6.6 Molas acopladas do Problema 14.

15. a) Mostre que o sistema de equações diferenciais para as correntes $i_2(t)$ e $i_3(t)$ na rede elétrica da Figura 7.6.7 é

$$L_1 \frac{di_2}{dt} + Ri_2 + Ri_3 = E(t)$$
$$L_2 \frac{di_3}{dt} + Ri_2 + Ri_3 = E(t).$$

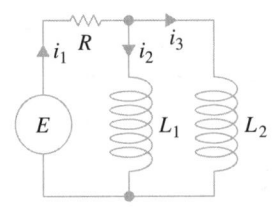

FIGURA 7.6.7 Rede do Problema 15.

b) Resolva o sistema do item (a) com $R = 5\ \Omega$, $L_1 = 0{,}01$ h, $L_2 = 0{,}0125$ h, $E = 100$ V, $i_2(0) = 0$ e $i_3(0) = 0$.

c) Determine a corrente $i_1(t)$.

16. a) No Problema 12 dos Exercícios 3.3 foi pedido que você mostrasse que as correntes $i_2(t)$ e $i_3(t)$ na rede elétrica mostrada na Figura 7.6.8 satisfazem

$$L\frac{di_2}{dt} + L\frac{di_3}{dt} + R_1 i_2 = E(t)$$
$$-R_1 \frac{di_2}{dt} + R_2 \frac{di_3}{dt} + \frac{1}{C} i_3 = 0.$$

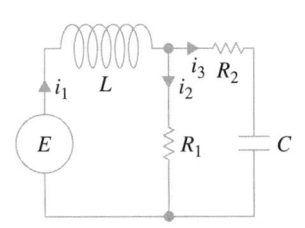

FIGURA 7.6.8 Rede do Problema 16.

Resolva o sistema, com $R_1 = 10\ \Omega$, $R_2 = 5\ \Omega$, $L = 1$ h, $C = 0{,}2$ f,

$$E(t) = \begin{cases} 120, & 0 \le t < 2 \\ 0, & t \ge 2, \end{cases}$$

$i_2(0) = 0$ e $i_3(0) = 0$.

b) Determine a corrente $i_1(t)$.

17. Resolva o sistema dado em (17) da Seção 3.3 com $R_1 = 6\ \Omega$, $R_2 = 5\ \Omega$, $L_1 = 1$ h, $L_2 = 1$ h, $E(t) = 50\,\text{sen}\, t$ V, $i_2(0) = 0$ e $i_3(0) = 0$.

18. Resolva (5), com $E = 60$ V, $L = \frac{1}{2}$ h, $R = 50\ \Omega$, $C = 10^{-4}$ f, $i_1(0) = 0$ e $i_2(0) = 0$.

19. Resolva (5), com $E = 60$ V, $L = 2$ h, $R = 50\ \Omega$, $C = 10^{-4}$ f, $i_1(0) = 0$ e $i_2(0) = 0$.

20. a) Mostre que o sistema de equações diferenciais para a carga no capacitor $q(t)$ e a corrente elétrica $i_3(t)$ na malha elétrica mostrada na Figura 7.6.9 é

$$R_1 \frac{dq}{dt} + \frac{1}{C} q + R_1 i_3 = E(t)$$
$$L \frac{di_3}{dt} + R_2 i_3 - \frac{1}{C} q = 0.$$

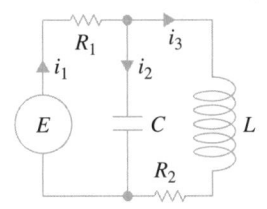

FIGURA 7.6.9 Rede do Problema 20.

b) Ache a carga no capacitor, com $L = 1$ h, $R_1 = 1\ \Omega$, $R_2 = 1\ \Omega$, $C = 1$ f,

$$E(t) = \begin{cases} 0, & 0 < t < 1 \\ 50e^{-t}, & t \ge 1, \end{cases}$$

$i_3(0) = 0$ e $q(0) = 0$.

TAREFAS PARA O LABORATÓRIO DE INFORMÁTICA

21. a) Use a transformada de Laplace e a informação dada no Exemplo 3 para obter a solução (8) do sistema dado em (7).

b) Use um programa gráfico para traçar os gráficos de $\theta_1(t)$ e $\theta_2(t)$ no plano $t\theta$. Que massa terá deslocamentos extremos de maior magnitude? Use os gráficos para estimar a primeira vez em que cada uma das massas passa pela sua posição de equilíbrio. Discuta se o movimento do pêndulo é periódico.

c) Faça os gráficos de $\theta_1(t)$ e $\theta_2(t)$ no plano $\theta_1\theta_2$ como equações paramétricas. A curva definida por essas equações paramétricas é chamada **curva de Lissajous**.

d) A posição das massas em $t = 0$ é apresentada na Figura 7.6.5(a). Observe que usamos um radiano $\approx 57{,}3°$. Use uma calculadora ou um SAC para construir uma tabela de valores dos ângulos θ_1 e θ_2 para $t = 1, 2, \ldots, 10$ s. Plote então a posição das duas massas nesses instantes.

e) Use um SAC para obter a primeira vez em que $\theta_1(t) = \theta_2(t)$ e calcule o valor angular correspondente. Plote a posição das duas massas nesses instantes.

f) Use um SAC para desenhar retas apropriadas que simulem as hastes dos pêndulos como na Figura 7.6.5. Use o recurso de animação do seu SAC para fazer um "filme" do movimento do pêndulo duplo de $t = 0$ a $t = 10$ usando $0{,}1$ como incremento de tempo. [*Sugestão*: Expresse as coordenadas $(x_1(t), y_1(t))$ e $(x_2(t), y_2(t))$ das massas m_1 e m_2, respectivamente, em termos de $\theta_1(t)$ e $\theta_2(t)$.]

REVISÃO DO CAPÍTULO 7

As respostas aos problemas ímpares estão no final do livro.

Nos Problemas 1 e 2, use a definição de transformada de Laplace para determinar $\mathcal{L}\{f(t)\}$.

1. $f(t) = \begin{cases} t, & 0 \le t < 1 \\ 2-t, & t \ge 1 \end{cases}$

2. $f(t) = \begin{cases} 0, & 0 \le t < 2 \\ 1, & 2 \le t < 4 \\ 0, & t \ge 4 \end{cases}$

Nos Problemas 3-24, preencha os espaços em branco ou responda falso ou verdadeiro.

3. Se f não for contínua por partes em $[0, \infty)$, então $\mathcal{L}\{f(t)\}$ não existirá. _____

4. A função $f(t) = (e^t)^{10}$ não é de ordem exponencial. _____

5. $F(s) = s^2/(s^2 + 4)$ não é a transformada de Laplace de uma função que é contínua por partes e de ordem exponencial. _____

6. Se $\mathcal{L}\{f(t)\} = F(s)$ e $\mathcal{L}\{g(t)\} = G(s)$, então $\mathcal{L}^{-1}\{F(s)G(s)\} = f(t)g(t)$. _____

7. $\mathcal{L}\{e^{-7t}\} = $ _____

8. $\mathcal{L}\{te^{-7t}\} = $ _____

9. $\mathcal{L}\{\text{sen } 2t\} = $ _____

10. $\mathcal{L}\{e^{-3t}\text{sen } 2t\} = $ _____

11. $\mathcal{L}\{t\text{ sen } 2t\} = $ _____

12. $\mathcal{L}\{\text{sen } 2t\,\mathcal{U}(t-\pi)\} = $ _____

13. $\mathcal{L}^{-1}\left\{\dfrac{20}{s^6}\right\} = $ _____

14. $\mathcal{L}^{-1}\left\{\dfrac{1}{3s-1}\right\} = $ _____

15. $\mathcal{L}^{-1}\left\{\dfrac{1}{(s-5)^3}\right\} = $ _____

16. $\mathcal{L}^{-1}\left\{\dfrac{1}{s^2-5}\right\} = $ _____

17. $\mathcal{L}^{-1}\left\{\dfrac{s}{s^2-10s+29}\right\} = $ _____

18. $\mathcal{L}^{-1}\left\{\dfrac{e^{-5s}}{s^2}\right\} = $ _____

19. $\mathcal{L}^{-1}\left\{\dfrac{s+\pi}{s^2+\pi^2}e^{-s}\right\} = $ _____

20. $\mathcal{L}^{-1}\left\{\dfrac{1}{L^2s^2+n^2\pi^2}\right\} = $ _____

21. $\mathcal{L}\{e^{-5t}\}$ existe para $s > $ _____

22. Se $\mathcal{L}\{f(t)\} = F(s)$, então $\mathcal{L}\{te^{8t}f(t)\} = $ _____

23. Se $\mathcal{L}\{f(t)\} = F(s)$ e $k > 0$, então $\mathcal{L}\{e^{at}f(t-k)\mathcal{U}(t-k)\} = $ _____

24. $\mathcal{L}\{\int_0^t e^{a\tau}f(\tau)d\tau\} = $ _____
    enquanto $\mathcal{L}\{e^{at}\int_0^t f(\tau)d\tau\} = $ _____

Nos Problemas 25-28, use a função degrau unitário para encontrar uma equação para cada um dos gráficos em termos da função $y = f(t)$, cujo gráfico é apresentado na Figura 7.R.1.

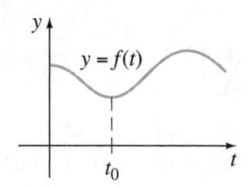

FIGURA 7.R.1 Gráfico para os Problemas 25-28.

25.

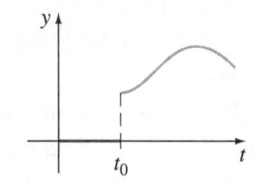

FIGURA 7.R.2 Gráfico para o Problema 25.

26.

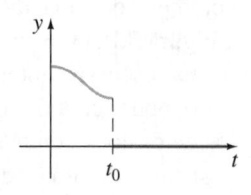

FIGURA 7.R.3 Gráfico para o Problema 26.

27.

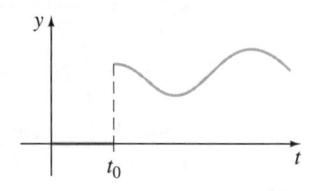

FIGURA 7.R.4 Gráfico para o Problema 27.

28.

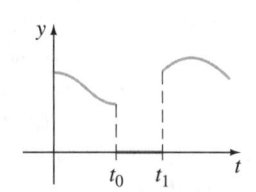

FIGURA 7.R.5 Gráfico para o Problema 28.

Nos Problemas 29-32, expresse f em termos de funções degrau unitário. Ache $\mathcal{L}\{f(t)\}$ e $\mathcal{L}\{e^t f(t)\}$.

29.

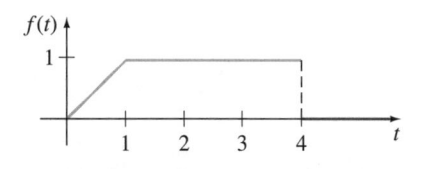

FIGURA 7.R.6 Gráfico para o Problema 29.

30.

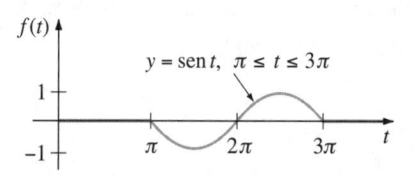

FIGURA 7.R.7 Gráfico para o Problema 30.

31.

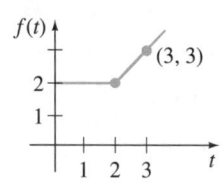

FIGURA 7.R.8 Gráfico para o Problema 31.

32.

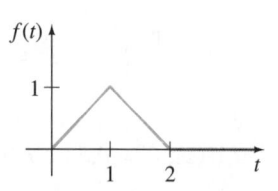

FIGURA 7.R.9 Gráfico para o Problema 32.

Nos Problemas 33-40, use a transformada de Laplace para resolver a equação dada.

33. $y'' - 2y' + y = e^t$, $y(0) = 0, y'(0) = 5$

34. $y'' - 8y' + 20y = te^t$, $y(0) = 0, y'(0) = 0$

35. $y'' + 6y' + 5y = t - t\mathcal{U}(t-2)$, $y(0) = 1, y'(0) = 0$

36. $y' - 5y = f(t)$, onde

$$f(t) = \begin{cases} t^2, & 0 \le t < 1 \\ 0, & t \ge 1 \end{cases}, y(0) = 1$$

37. $y' + 2y = f(t)$, $y(0) = 1$, onde $f(t)$ é mostrado na Figura 7.R.10.

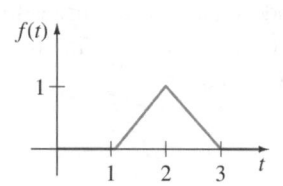

FIGURA 7.R.10 Graph for Problem 37

38. $y'(t) + 5y' + 4y = f(t)$, $y(0) = 0, y'(0) = 3$, onde

$$f(t) = 12 \sum_{k=0}^{\infty} (-1)^k \mathcal{U}(t-k).$$

39. $y'(t) = \cos t + \int_0^t y(\tau) \cos(t-\tau)d\tau$, $y(0) = 1$

40. $\int_0^t f(\tau) f(t-\tau) d\tau = 6t^3$

Nos Problemas 41 e 42, use a transformada de Laplace para resolver cada sistema.

41. $x' + y = t$

$4x + y' = 0$

$x(0) = 1, \quad y(0) = 2$

42. $x'' + y'' = e^{2t}$

$2x' + y'' = -e^{2t}$

$x(0) = 0, \quad y(0) = 0$

$x'(0) = 0, \quad y'(0) = 0$

43. A corrente $i(t)$ em um circuito RC em série pode ser determinada com base na equação integral

$$Ri + \frac{1}{C}\int_0^t i(\tau)d\tau = E(t),$$

onde $E(t)$ é a voltagem aplicada. Determine $i(t)$, quando $R = 10\,\Omega$, $C = 0,5$ f e $E(t) = 2(t^2 + t)$.

44. Um circuito em série contém um indutor, um resistor e um capacitor para os quais $L = \frac{1}{2}$ h, $R = 10\,\Omega$ e $C = 0,01$ f, respectivamente. A voltagem

$$E(t) = \begin{cases} 10, & 0 \le t < 5 \\ 0, & t \ge 5 \end{cases}$$

é aplicada ao circuito. Determine a carga instantânea $q(t)$ no capacitor para $t > 0$ se $q(0) = 0$ e $q'(0) = 0$.

45. Uma viga em balanço de comprimento L está engastada à esquerda ($x = 0$) e livre à direita. Encontre a deflexão $y(x)$, se a carga por unidade de comprimento for dada por

$$w(x) = \frac{2w_0}{L}\left[\frac{L}{2} - x + \left(x - \frac{L}{2}\right)\mathcal{U}\left(x - \frac{L}{2}\right)\right].$$

46. Quando uma viga uniforme se apoia em uma fundação elástica, a equação diferencial para a sua deflexão $y(x)$ é

$$EI\frac{d^4y}{dx^4} + ky = w(x),$$

onde k é o módulo da fundação e $-ky$ é a força restauradora da fundação que age no sentido oposto ao da carga $w(x)$. Veja a Figura 7.R.10. Por conveniência algébrica, vamos supor a equação diferencial escrita na forma

$$\frac{d^4y}{dx^4} + 4a^4 y = \frac{w(x)}{EI},$$

onde $a = (k/4EI)^{1/4}$. Supondo $L = \pi$ e $a = 1$, determine a deflexão $y(x)$ de uma viga suportada por uma fundação elástica nas seguintes situações:

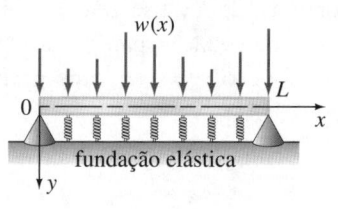

FIGURA 7.R.11 Viga em fundação elástica no Problema 46.

a) A viga está simplesmente apoiada em ambas as extremidades e uma carga constante w_0 está uniformemente distribuída ao longo de seu comprimento.

b) A viga está engastada em ambas as extremidades e $w(x)$ é uma carga concentrada w_0 aplicada em $x = \pi/2$.

[*Sugestão*: Em ambos os itens desse problema, use as entradas 35 e 36 da tabela de transformadas de Laplace no Apêndice III.]

47. a) Suponha que dois pêndulos idênticos sejam acoplados por meio de uma mola com constante k. Veja a Figura 7.R.11. Sob as mesmas suposições feitas na discussão anterior ao Exemplo 3, na Seção 7.6, pode ser demonstrado que quando os ângulos de deslocamento $\theta_1(t)$ e $\theta_2(t)$ são pequenos, o sistema de equações diferenciais lineares que descrevem o movimento é

$$\theta_1'' + \frac{g}{l}\theta_1 = -\frac{k}{m}(\theta_1 - \theta_2)$$

$$\theta_2'' + \frac{g}{l}\theta_2 = \frac{k}{m}(\theta_1 - \theta_2).$$

Use a transformada de Laplace para resolver o sistema quando $\theta_1(0) = \theta_0$, $\theta_1'(0) = 0$, $\theta_2(0) = \psi_0$, $\theta_2'(0) = 0$, sendo θ_0 e ψ_0 constantes. Para maior comodidade faça $\omega^2 = g/l$, $K = k/m$.

b) Use a solução na parte (a) para discutir o movimento dos pêndulos acoplados no caso especial quando as condições iniciais são $\theta_1(0) = \theta_0$, $\theta_1'(0) = 0$, $\theta_2(0) = \theta_0$, $\theta_2'(0) = 0$. Quando as condições iniciais são $\theta_1(0) = \theta_0$, $\theta_1'(0) = 0$, $\theta_2(0) = -\theta_0$, $\theta_2'(0) = 0$.

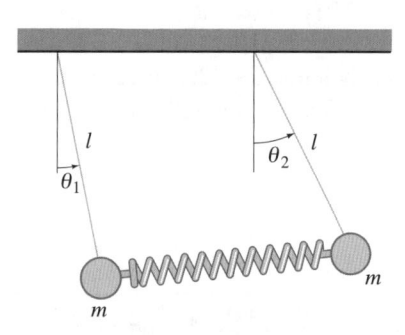

FIGURA 7.R.12 Pêndulos acoplados no Problema 47.

48. **Revisão do Atrito de Coulomb** No Problema 27 do Capítulo 5 na Revisão examinamos um sistema mola/massa em que uma massa m desliza sobre uma superfície horizontal seca cujo coeficiente de atrito cinético é uma constante μ. A força retardadora constante $f_k = \mu mg$ da superfície seca que atua oposta à direção do movimento é chamada atrito de Coulomb, em homenagem ao físico francês **Charles Augustin de Coulomb** (1736-1806). Vocês foram questionados a mostrar que a equação diferencial definida por partes para o deslocamento $x(t)$ da massa é dada por

$$m\frac{d^2x}{dt^2}+kx = \begin{cases} f_k, & x' < 0 \text{ (movimento para a esquerda)} \\ -f_k, & x' > 0 \text{ (movimento para a direita)} \end{cases}$$

a) Suponha-se que a massa foi solta do respouso num ponto $x(0) = x_0 > 0$ e que não há outras forças externas. Então, as equações diferenciais que descrevem o movimento da massa m são

$$x'' + \omega^2 x = F, \qquad 0 < t < T/2$$
$$x'' + \omega^2 x = -F, \qquad T/2 < t < T$$
$$x'' + \omega^2 x = F, \qquad T < t < 3T/2,$$

e assim por diante, onde $\omega^2 = k/m$, $F = f_k/m = \mu g$, $g = 32$ e $T = 2\pi/\omega$. Mostre que os instantes $0, T/2, T, 3T/2, \ldots$ correspondem a $x'(t) = 0$.

b) Explique por que, em geral, o deslocamento inicial deve satisfazer $\omega^2|x_0| > F$.

c) Explique por que o intervalo $-F/\omega^2 \leq x \leq F/\omega^2$ é apropriadamente chamado de "zona morta" do sistema.

d) Use a transformada de Laplace e o conceito da função de meandro para resolver o deslocamento $x(t)$ para $t \geq 0$.

e) Mostre que no caso $m = 1$, $k = 1$, $f_k = 1$ e $x_0 = 5,5$ dentro do intervalo $[0, 2\pi)$ sua solução concorda com as partes (a) e (b) do Problema 28 do Capítulo 5 na Revisão.

f) Mostre que cada oscilação sucessiva é $2F/\omega^2$ mais curta que a anterior.

g) Preveja o comportamento do sistema a longo prazo.

49. **Alcance de um projétil – Sem Resistência do Ar**

a) Um projétil, tal como a bala de canhão mostrada na Figura 7.R.13, tem peso $w = mg$ e velocidade inicial v_0 que é tangente a sua trajetória de movimento. Se a resistência do ar e todas as outras forças, exceto o seu peso forem ignorados, nós vimos no Problema 23 de Exercícios 4.9 que o movimento do projétil é descrito pelo sistema de equações diferenciais lineares

$$m\frac{d^2x}{dt^2} = 0$$
$$m\frac{d^2y}{dt^2} = -mg$$

Use a transformada de Laplace para resolver este sistema sujeito às condições iniciais $x(0) = 0$, $x'(0) = v_0 \cos\theta$, $y(0) = 0$, $y'(0) = v_0 \sen\theta$, onde $v_0 = |v_0|$ é uma constante e θ é o ângulo constante de elevação, mostrado na Figura 7.R.13. As soluções $x(t)$ e $y(t)$ são equações paramétricas da trajetória do projétil.

b) Use $x(t)$ na parte (a) para eliminar o parâmetro t em $y(t)$. Use a equação resultante em y para mostrar que o alcance horizontal R do projétil é dado por

$$R = \frac{v_0^2}{g} \sen 2\theta.$$

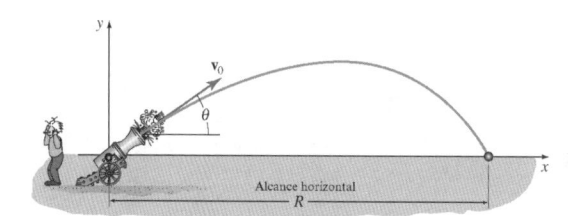

FIGURA 7.R.13 Projétil no Problema 49

c) Da fórmula na parte (b), vemos que R é um máximo quando $\sen 2\theta = 1$ ou quando $\theta = \pi/4$. Mostre que o mesmo alcance – menor que o máximo – pode ser alcançada pelo disparo de uma arma em qualquer um dos dois ângulos complementares θ e $\pi/2 - \theta$. A única diferença é que o ângulo menor resulta em uma trajetória baixa enquanto que o ângulo maior dá uma trajetória alta.

d) Suponha $g = 32$ pés/s², $\theta = 38°$ e $v_0 = 300$ pés/s. Use a parte (b) para encontrar o alcance horizontal do projétil. Encontre o instante onde o projétil atinge o chão.

e) Use as equações paramétricas $x(t)$ e $y(t)$ na parte (a) junto com os dados numéricos na parte (d) para gerar o gráfico da curva balística do projétil. Repita com $\theta = 52°$ e $v_0 = 300$ pés/s. Sobreponha ambas as curvas no mesmo sistema de coordenadas.

50. **Alcance de um Projétil – Com Resistência do Ar**

a) Suponha agora que a resistência do ar é uma força retardadora tangente à trajetória mas que age oposta ao movimento. Se tomarmos a resistência do ar proporcional à velocidade do projétil, então nós vimos no Problema 24 dos Exercícios 4.9 que o movimento do projétil descrito pelo sistema de equações diferenciais lineares

$$m\frac{d^2x}{dt^2} = -\beta\frac{dx}{dt}$$
$$m\frac{d^2y}{dt^2} = -mg - \beta\frac{dy}{dt},$$

onde $\beta > 0$. Use a transformada de Laplace para resolver este sistema sujeito às condições iniciais $x(0) = 0$, $x'(0) = v_0\cos\theta$, $y(0) = 0$, $y'(0) = v_0\,\text{sen}\,\theta$, onde $v_0 = |v_0|$ e θ são constantes.

b) Suponha $m = \frac{1}{4}$ slug, $g = 32$ pés/s², $b = 0{,}02$, $\theta = 38°$ e $v_0 = 300$ pés/s. Use um SAC para encontrar o instante onde o projétil atinge o solo e então calcule seu alcance horizontal correspondente.

c) Repita a parte (c) usando o ângulo complementar $\theta = 52°$ e compare o alcance com o encontrado na parte (b). Será que a propriedade da parte (c) do Problema 49 se mantém?

d) Use as equações paramétricas $x(t)$ and $y(t)$ na parte (a) junto com os dados numéricos da parte (b) para gerar o gráfico da curva balística do projétil. Repita com os mesmos dados numéricos na parte (b) mas tome $\theta = 52°$. Sobreponha ambas as curvas no mesmo sistema de coordenadas. Compare essas curvas com aquelas obtidas na parte (e) do Problema 49.

8 SISTEMAS DE EQUAÇÕES DIFERENCIAIS LINEARES DE PRIMEIRA ORDEM

8.1 Teoria preliminar
8.2 Sistemas lineares homogêneos com coeficientes constantes
    8.2.1 Autovalores reais distintos
    8.2.2 Autovalores repetidos
    8.2.3 Autovalores complexos
8.3 Sistemas lineares não homogêneos
    8.3.1 Coeficientes indeterminados
    8.3.2 Variação de parâmetros
8.4 Exponencial de matriz
Revisão do Capítulo 8

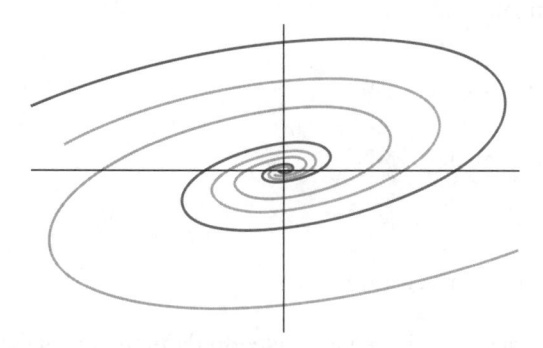

Encontramos sistemas de equações diferenciais nas Seções 3.3, 4.9 e 7.6 e pudemos resolver alguns desses sistemas por meio de eliminação sistemática ou da transformada de Laplace. Neste capítulo, vamos nos concentrar somente nos *sistemas de equações lineares de primeira ordem*. Embora os sistemas considerados em sua maioria pudessem ser resolvidos por meio de eliminação ou transformada de Laplace, desenvolveremos uma teoria geral para esses tipos de sistema e, no caso de sistemas com coeficientes constantes, um método de solução que emprega alguns conceitos básicos de álgebra matricial. Veremos que essa teoria geral e o procedimento para obter a solução é similar ao que foi considerado para equações diferenciais lineares de ordem superior no Capítulo 4. Esse material é fundamental para a análise de sistemas de equações não lineares de primeira ordem.

8.1 TEORIA PRELIMINAR

IMPORTANTE REVISAR

- Notação e propriedades das matrizes são amplamente utilizadas ao longo deste capítulo. É importante rever o Apêndice II ou um texto de álgebra linear, caso você não esteja familiarizado com estes conceitos.

INTRODUÇÃO

Lembre-se de que na Seção 4.9 ilustramos como usar eliminação sistemática para resolver um sistema de n equações diferenciais lineares em n incógnitas da forma

$$\begin{aligned} P_{11}(D)x_1 + P_{12}(D)x_2 + \cdots + P_{1n}(D)x_n &= b_1(t) \\ P_{21}(D)x_1 + P_{22}(D)x_2 + \cdots + P_{2n}(D)x_n &= b_2(t) \\ &\vdots \\ P_{n1}(D)x_1 + P_{n2}(D)x_2 + \cdots + P_{nn}(D)x_n &= b_n(t), \end{aligned} \quad (1)$$

onde os P_{ij} eram polinômios de diversos graus no operador diferencial D. Neste capítulo, vamos limitar nosso estudo aos sistemas de equações diferenciais de primeira ordem que são casos especiais dos sistemas que têm a **forma normal**

$$\begin{aligned} \frac{dx_1}{dt} &= g_1(t, x_1, x_2, \ldots, x_n) \\ \frac{dx_2}{dt} &= g_2(t, x_1, x_2, \ldots, x_n) \\ &\vdots \\ \frac{dx_n}{dt} &= g_n(t, x_1, x_2, \ldots, x_n). \end{aligned} \quad (2)$$

Um sistema tal como (2) de n equações de primeira ordem é chamado **sistema de primeira ordem**.

SISTEMAS LINEARES

Quando cada uma das funções $g_1, g_2, \ldots, g_n$ em (2) for linear nas variáveis dependentes $x_1, x_2, \ldots, x_n$, obteremos a **forma normal** de um sistema linear de equações de primeira ordem:

$$\begin{aligned} \frac{dx_1}{dt} &= a_{11}(t)x_1 + a_{12}(t)x_2 + \cdots + a_{1n}(t)x_n + f_1(t) \\ \frac{dx_2}{dt} &= a_{21}(t)x_1 + a_{22}(t)x_2 + \cdots + a_{2n}(t)x_n + f_2(t) \\ &\vdots \\ \frac{dx_n}{dt} &= a_{n1}(t)x_1 + a_{n2}(t)x_2 + \cdots + a_{nn}(t)x_n + f_n(t). \end{aligned} \quad (3)$$

Referimo-nos a um sistema da forma (3) simplesmente como **sistema linear**. Suporemos que os coeficientes a_{ij} e as funções f_i são contínuos em um intervalo comum I. Quando $f_i(t) = 0$, $i = 1, 2, 3, \ldots, n$, o sistema linear será chamado de **homogêneo**; e, caso contrário, de **não homogêneo**.

FORMA MATRICIAL DE UM SISTEMA LINEAR

Se $\mathbf{X}$, $\mathbf{A}(t)$ e $\mathbf{F}(t)$ denotarem respectivamente as matrizes

$$\mathbf{X} = \begin{pmatrix} x_1(t) \\ x_2(t) \\ \vdots \\ x_n(t) \end{pmatrix}, \quad \mathbf{A}(t) = \begin{pmatrix} a_{11}(t) & a_{12}(t) & \ldots & a_{1n}(t) \\ a_{21}(t) & a_{22}(t) & \ldots & a_{2n}(t) \\ \vdots & & & \vdots \\ a_{n1}(t) & a_{n2}(t) & \ldots & a_{nn}(t) \end{pmatrix}, \quad \mathbf{F}(t) = \begin{pmatrix} f_1(t) \\ f_2(t) \\ \vdots \\ f_n(t) \end{pmatrix},$$

então o sistema de equações diferenciais lineares de primeira ordem (3) pode ser escrito como

$$\frac{d}{dt}\begin{pmatrix} x_1 \\ x_2 \\ \vdots \\ x_n \end{pmatrix} = \begin{pmatrix} a_{11}(t) & a_{12}(t) & \ldots & a_{1n}(t) \\ a_{21}(t) & a_{22}(t) & \ldots & a_{2n}(t) \\ \vdots & & & \vdots \\ a_{n1}(t) & a_{n2}(t) & \ldots & a_{nn}(t) \end{pmatrix}\begin{pmatrix} x_1 \\ x_2 \\ \vdots \\ x_n \end{pmatrix} + \begin{pmatrix} f_1(t) \\ f_2(t) \\ \vdots \\ f_n(t) \end{pmatrix}$$

ou simplesmente

$$\mathbf{X}' = \mathbf{AX} + \mathbf{F}. \tag{4}$$

Se o sistema for homogêneo, sua forma matricial será

$$\mathbf{X}' = \mathbf{AX}. \tag{5}$$

EXEMPLO 1   Sistemas escritos em notação matricial

a) Se $\mathbf{X} = \begin{pmatrix} x \\ y \end{pmatrix}$, então a forma matricial do sistema homogêneo

$$\begin{aligned} \frac{dx}{dt} &= 3x + 4y \\ \frac{dy}{dt} &= 5x - 7y \end{aligned} \quad \text{será} \quad \mathbf{X}' = \begin{pmatrix} 3 & 4 \\ 5 & -7 \end{pmatrix} X.$$

b) Se $\mathbf{X} = \begin{pmatrix} x \\ y \\ z \end{pmatrix}$, então a forma matricial do sistema não homogêneo

$$\begin{aligned} \frac{dx}{dt} &= 6x + y + z + t \\ \frac{dy}{dt} &= 8x + 7y - z + 10t \\ \frac{dz}{dt} &= 2x + 9y - z + 6t \end{aligned} \quad \text{será} \quad \mathbf{X}' \begin{pmatrix} 6 & 1 & 1 \\ 8 & 7 & -1 \\ 2 & 9 & -1 \end{pmatrix} \mathbf{X} + \begin{pmatrix} t \\ 10t \\ 6t \end{pmatrix}. \quad \blacksquare$$

DEFINIÇÃO 8.1.1   Vetor solução

Um vetor solução em um intervalo I é qualquer matriz coluna

$$\mathbf{X} = \begin{pmatrix} x_1(t) \\ x_2(t) \\ \vdots \\ x_n(t) \end{pmatrix}$$

cujos elementos são funções diferenciáveis que satisfazem o sistema (4) no intervalo.

Um vetor solução de (4) é, naturalmente, equivalente a n soluções escalares $x_1 = \phi_1(t), x_2 = \phi_2(t), \ldots, x_n = \phi_n(t)$ e pode ser interpretado geometricamente como um conjunto de equações paramétricas de uma curva no espaço. No caso importante em que $n = 2$, as equações $x_1 = \phi_1(t), x_2 = \phi_2(t)$ representam uma curva no plano x_1x_2. É prática comum chamar uma curva no plano de **trajetória** e o plano x_1x_2 de **plano de fase**. Vamos voltar a esses conceitos e ilustrá-los na seção seguinte.

EXEMPLO 2   Verificação de soluções

Verifique que no intervalo $(-\infty, \infty)$

$$\mathbf{X}_1 = \begin{pmatrix} 1 \\ -1 \end{pmatrix} e^{-2t} = \begin{pmatrix} e^{-2t} \\ -e^{-2t} \end{pmatrix} \quad \text{e} \quad \mathbf{X}_2 = \begin{pmatrix} 3 \\ 5 \end{pmatrix} e^{6t} = \begin{pmatrix} 3e^{6t} \\ 5e^{6t} \end{pmatrix}$$

são soluções de

$$\mathbf{X}' = \begin{pmatrix} 1 & 3 \\ 5 & 3 \end{pmatrix} \mathbf{X}. \qquad (6)$$

SOLUÇÃO

De $\mathbf{X}'_1 = \begin{pmatrix} -2e^{-2t} \\ 2e^{-2t} \end{pmatrix}$ e $\mathbf{X}'_2 = \begin{pmatrix} 18e^{6t} \\ 30e^{6t} \end{pmatrix}$, vemos que

$$\mathbf{AX}_1 = \begin{pmatrix} 1 & 3 \\ 5 & 3 \end{pmatrix} \begin{pmatrix} e^{-2t} \\ -e^{-2t} \end{pmatrix} = \begin{pmatrix} e^{-2t} - 3e^{-2t} \\ 5e^{-2t} - 3e^{-2t} \end{pmatrix} = \begin{pmatrix} -2e^{-2t} \\ 2e^{-2t} \end{pmatrix} = \mathbf{X}'_1$$

e

$$\mathbf{AX}_2 = \begin{pmatrix} 1 & 3 \\ 5 & 3 \end{pmatrix} \begin{pmatrix} 3e^{6t} \\ 5e^{6t} \end{pmatrix} = \begin{pmatrix} 3e^{6t} + 15e^{6t} \\ 15e^{6t} + 15e^{6t} \end{pmatrix} = \begin{pmatrix} 18e^{6t} \\ 30e^{6t} \end{pmatrix} = \mathbf{X}'_2. \qquad ■$$

Grande parte da teoria dos sistemas de n equações diferenciais lineares de primeira ordem é similar à das equações diferenciais lineares de ordem n.

PROBLEMA DE VALOR INICIAL

Denotemos por t_0 um ponto no intervalo I e

$$\mathbf{X}(t_0) = \begin{pmatrix} x_1(t_0) \\ x_2(t_0) \\ \vdots \\ x_n(t_0) \end{pmatrix} \quad \text{e} \quad \mathbf{X}_0 = \begin{pmatrix} \gamma_1 \\ \gamma_2 \\ \vdots \\ \gamma_n \end{pmatrix},$$

onde γ_i, $i = 1, 2, \ldots, n$ são constantes dadas. Então, o problema

$$\begin{aligned} \text{Resolver:} & \quad \mathbf{X}' = \mathbf{A}(t)\mathbf{X} + \mathbf{F}(t) \\ \text{Sujeito a:} & \quad \mathbf{X}(t_0) = \mathbf{X}_0 \end{aligned} \qquad (7)$$

é um **problema de valor inicial** no intervalo.

TEOREMA 8.1.1   Existência de uma única solução

Suponhamos que os elementos das matrizes $\mathbf{A}(t)$ e $\mathbf{F}(t)$ sejam funções contínuas em um intervalo comum I que contenha o ponto t_0. Existe então uma única solução do problema de valor inicial (7) no intervalo.

SISTEMAS HOMOGÊNEOS

Nas definições e nos teoremas seguintes, trataremos somente de sistemas homogêneos. Suporemos sempre, sem mencionar explicitamente, que a_{ij} e f_i são funções contínuas de t no mesmo intervalo comum I.

PRINCÍPIO DA SUPERPOSIÇÃO

O resultado a seguir é um **princípio de superposição** para soluções de sistemas lineares.

TEOREMA 8.1.2   Princípio da superposição

Sejam $\mathbf{X}_1, \mathbf{X}_2, \ldots, \mathbf{X}_k$ um conjunto de vetores solução do sistema homogêneo (5) no intervalo I. Então a combinação linear

$$\mathbf{X} = c_1\mathbf{X}_1 + c_2\mathbf{X}_2 + \cdots + c_k\mathbf{X}_k,$$

onde c_i, $i = 1, 2, \ldots, k$ são constantes arbitrárias, é também uma solução no intervalo.

Segue do Teorema 8.1.2 que um múltiplo constante de qualquer vetor solução de um sistema homogêneo de equações diferenciais lineares de primeira ordem é também uma solução.

> **EXEMPLO 3** Usando o princípio da superposição

Você deve praticar verificando que os dois vetores

$$\mathbf{X}_1 = \begin{pmatrix} \cos t \\ -\frac{1}{2}\cos t + \frac{1}{2}\operatorname{sen} t \\ -\cos - \operatorname{sen} t \end{pmatrix} \quad \text{e} \quad \mathbf{X}_2 = \begin{pmatrix} 0 \\ e^t \\ 0 \end{pmatrix}$$

são soluções do sistema

$$\mathbf{X}' = \begin{pmatrix} 1 & 0 & 1 \\ 1 & 1 & 0 \\ -2 & 0 & -1 \end{pmatrix} \mathbf{X}. \tag{8}$$

Pelo princípio da superposição, a combinação linear

$$\mathbf{X} = c_1 \mathbf{X}_1 + c_2 \mathbf{X}_2 = c_1 \begin{pmatrix} \cos t \\ -\frac{1}{2}\cos t + \frac{1}{2}\operatorname{sen} t \\ -\cos t - \operatorname{sen} t \end{pmatrix} + c_2 \begin{pmatrix} 0 \\ e^t \\ 0 \end{pmatrix}$$

é ainda outra solução do sistema. ∎

DEPENDÊNCIA E INDEPENDÊNCIA LINEAR

Estamos primordialmente interessados em soluções linearmente independentes do sistema homogêneo (5).

> **DEFINIÇÃO 8.1.2** Dependência/Independência linear
>
> Sejam $\mathbf{X}_1, \mathbf{X}_2, \ldots, \mathbf{X}_k$ um conjunto de vetores solução do sistema homogêneo (5) no intervalo I. Dizemos que o conjunto é **linearmente dependente** no intervalo se existirem constantes $c_1, c_2, \ldots, c_k$, não todas nulas, de tal forma que
>
> $$c_1 \mathbf{X}_1 + c_2 \mathbf{X}_2 + \cdots + c_k \mathbf{X}_k = 0$$
>
> para todo t no intervalo. Se o conjunto de vetores não for linearmente dependente no intervalo, ele será chamado **linearmente independente**.

O caso em que $k = 2$ deve ser claro; dois vetores solução, $\mathbf{X}_1$ e $\mathbf{X}_2$, serão linearmente dependentes se um for múltiplo constante do outro. Para $k > 2$ um conjunto de vetores solução será linearmente dependente se pudermos expressar pelo menos um vetor solução como uma combinação linear dos vetores restantes.

WRONSKIANO

Como nas nossas considerações anteriores na teoria de uma única equação diferencial ordinária, podemos introduzir o conceito do determinante **wronskiano** como um teste de independência linear. Enunciamos sem prova o teorema que vem a seguir.

> **TEOREMA 8.1.3** Critério para independência linear de soluções
>
> Sejam
>
> $$\mathbf{X}_1 = \begin{pmatrix} x_{11} \\ x_{21} \\ \vdots \\ x_{n1} \end{pmatrix}, \quad \mathbf{X}_2 = \begin{pmatrix} x_{12} \\ x_{22} \\ \vdots \\ x_{n2} \end{pmatrix}, \quad \ldots, \quad \mathbf{X}_n = \begin{pmatrix} x_{1n} \\ x_{2n} \\ \vdots \\ x_{nn} \end{pmatrix}$$

n vetores solução do sistema homogêneo (5) no intervalo I. Então, o conjunto de vetores solução será linearmente independente em I, se e somente se o **wronskiano**

$$W(\mathbf{X}_1, \mathbf{X}_2, \ldots, \mathbf{X}_n) = \begin{vmatrix} x_{11} & x_{12} & \ldots & x_{1n} \\ x_{21} & x_{22} & \ldots & x_{2n} \\ \vdots & & & \vdots \\ x_{n1} & x_{n2} & \ldots & x_{nn} \end{vmatrix} \neq 0 \qquad (9)$$

para todo t no intervalo.

Pode-se mostrar que, se $\mathbf{X}_1, \mathbf{X}_2, \ldots, \mathbf{X}_n$ forem vetores solução de (5), então $W(\mathbf{X}_1, \mathbf{X}_2, \ldots, \mathbf{X}_n) \neq 0$ para todo t em I ou $W(\mathbf{X}_1, \mathbf{X}_2, \ldots, \mathbf{X}_n) = 0$ para todo t em I. Assim, se pudermos mostrar que $W \neq 0$ para algum t_0 em I, então $W \neq 0$ para todo t e, portanto, as soluções serão linearmente independentes no intervalo.

Observe que, aqui, diferentemente de nossa definição de wronskiano na Seção 4.1, a definição do determinante (9) não envolve diferenciação.

EXEMPLO 4 Soluções linearmente independentes

No Exemplo 2, vimos que $\mathbf{X}_1 = \begin{pmatrix} 1 \\ -1 \end{pmatrix} e^{-2t}$ e $\mathbf{X}_2 = \begin{pmatrix} 3 \\ 5 \end{pmatrix} e^{6t}$ são soluções do sistema (6). Evidentemente, $\mathbf{X}_1$ e $\mathbf{X}_2$ são linearmente independentes no intervalo $(-\infty, \infty)$, uma vez que nenhum dos vetores é um múltiplo constante do outro. Além disso, temos que

$$W(\mathbf{X}_1, \mathbf{X}_2) = \begin{vmatrix} e^{-2t} & 3e^{6t} \\ -e^{-2t} & 5e^{6t} \end{vmatrix} = 8e^{4t} \neq 0$$

para todos os valores reais de t. ∎

DEFINIÇÃO 8.1.3 Conjunto fundamental de soluções

Todo conjunto $\mathbf{X}_1, \mathbf{X}_2, \ldots, \mathbf{X}_n$ de n vetores solução linearmente independentes do sistema homogêneo (5) em um intervalo I é chamado **conjunto fundamental de soluções** no intervalo.

TEOREMA 8.1.4 Existência de um conjunto fundamental

Existe um conjunto fundamental de soluções para o sistema homogêneo (5) em um intervalo I.

Os dois teoremas a seguir são equivalentes aos Teoremas 4.1.5 e 4.1.6 para sistemas lineares.

TEOREMA 8.1.5 Solução geral – sistemas homogêneos

Sejam $\mathbf{X}_1, \mathbf{X}_2, \ldots, \mathbf{X}_n$ um conjunto fundamental de soluções do sistema homogêneo (5) no intervalo I. Então, a **solução geral** do sistema no intervalo é

$$\mathbf{X} = c_1 \mathbf{X}_1 + c_2 \mathbf{X}_2 + \cdots + c_n \mathbf{X}_n,$$

onde c_i, $i = 1, 2, \ldots, n$ são constantes arbitrárias.

EXEMPLO 5 Solução geral do Sistema (6)

Do Exemplo 2 sabemos que $\mathbf{X}_1 = \begin{pmatrix} 1 \\ -1 \end{pmatrix} e^{-2t}$ e $\mathbf{X}_2 = \begin{pmatrix} 3 \\ 5 \end{pmatrix} e^{6t}$ são soluções linearmente independentes de (6) no intervalo $(-\infty, \infty)$. Logo, $\mathbf{X}_1$ e $\mathbf{X}_2$ formam um conjunto fundamental de soluções no intervalo. A solução geral do sistema no intervalo será então

$$\mathbf{X} = c_1 \mathbf{X}_1 + c_2 \mathbf{X}_2 = c_1 \begin{pmatrix} 1 \\ -1 \end{pmatrix} e^{-2t} + c_2 \begin{pmatrix} 3 \\ 5 \end{pmatrix} e^{6t}. \qquad (10)$$

EXEMPLO 6 Solução geral do Sistema (8)

Os vetores

$$\mathbf{X}_1 = \begin{pmatrix} \cos t \\ -\tfrac{1}{2}\cos t + \tfrac{1}{2}\operatorname{sen} t \\ -\cos t - \operatorname{sen} t \end{pmatrix}, \quad \mathbf{X}_2 = \begin{pmatrix} 0 \\ 1 \\ 0 \end{pmatrix} e^t, \quad \mathbf{X}_3 = \begin{pmatrix} \operatorname{sen} t \\ -\tfrac{1}{2}\operatorname{sen} t - \tfrac{1}{2}\cos t \\ -\operatorname{sen} t + \cos t \end{pmatrix}$$

são soluções do sistema (8) no Exemplo 3 (veja o Problema 16 nos Exercícios 8.1). Observe que

$$W(\mathbf{X}_1, \mathbf{X}_2, \mathbf{X}_3) = \begin{vmatrix} \cos t & 0 & \operatorname{sen} t \\ -\tfrac{1}{2}\cos t + \tfrac{1}{2}\operatorname{sen} t & e^t & -\tfrac{1}{2}\operatorname{sen} t - \tfrac{1}{2}\cos t \\ -\cos t - \operatorname{sen} t & 0 & -\operatorname{sen} t + \cos t \end{vmatrix} = e^t \neq 0$$

para todos os valores reais de t. Concluímos que $\mathbf{X}_1, \mathbf{X}_2$ e $\mathbf{X}_3$ formam um conjunto fundamental de soluções em $(-\infty, \infty)$. Assim, a solução geral do sistema no intervalo é a combinação linear $\mathbf{X} = c_1\mathbf{X}_1 + c_2\mathbf{X}_2 + c_3\mathbf{X}_3$; isto é,

$$\mathbf{X} = c_1 \begin{pmatrix} \cos t \\ -\tfrac{1}{2}\cos t + \tfrac{1}{2}\operatorname{sen} t \\ -\cos t - \operatorname{sen} t \end{pmatrix} + c_2 \begin{pmatrix} 0 \\ 1 \\ 0 \end{pmatrix} e^t + c_3 \begin{pmatrix} \operatorname{sen} t \\ -\tfrac{1}{2}\operatorname{sen} t - \tfrac{1}{2}\cos t \\ -\operatorname{sen} t + \cos t \end{pmatrix}.$$

SISTEMAS NÃO HOMOGÊNEOS

Para sistemas não homogêneos, uma **solução particular** $\mathbf{X}_p$ em um intervalo I é qualquer vetor, livre de parâmetros arbitrários, cujos elementos sejam funções que satisfaçam o sistema (4).

TEOREMA 8.1.6 Solução geral – sistemas não homogêneos

Seja $\mathbf{X}_p$ uma solução dada do sistema não homogêneo (4) no intervalo I e seja

$$\mathbf{X}_c = c_1\mathbf{X}_1 + c_2\mathbf{X}_2 + \cdots + c_n\mathbf{X}_n$$

a solução geral no mesmo intervalo do sistema homogêneo associado (5). Então a **solução geral** do sistema não homogêneo no intervalo é

$$\mathbf{X} = \mathbf{X}_c + \mathbf{X}_p.$$

A solução geral $\mathbf{X}_c$ do sistema homogêneo (5) é chamada **função complementar** do sistema não homogêneo (4).

EXEMPLO 7 Solução geral – Sistema não homogêneo

O vetor $\mathbf{X}_p = \begin{pmatrix} 3t-4 \\ -5t+6 \end{pmatrix}$ é uma solução particular do sistema não homogêneo

$$\mathbf{X}' = \begin{pmatrix} 1 & 3 \\ 5 & 3 \end{pmatrix} \mathbf{X} + \begin{pmatrix} 12t - 11 \\ -3 \end{pmatrix} \qquad (11)$$

no intervalo $(-\infty, \infty)$. (Verifique isso.) Vimos em (10) do Exemplo 5 que a função complementar de (11) no mesmo intervalo ou a solução geral de $\mathbf{X}' = \begin{pmatrix} 1 & 3 \\ 5 & 3 \end{pmatrix}\mathbf{X}$ é $\mathbf{X}_c = c_1 \begin{pmatrix} 1 \\ -1 \end{pmatrix} e^{-2t} + c_2 \begin{pmatrix} 3 \\ 5 \end{pmatrix} e^{6t}$. Logo, pelo Teorema 8.1.6,

$$\mathbf{X} = \mathbf{X}_c + \mathbf{X}_p = c_1 \begin{pmatrix} 1 \\ -1 \end{pmatrix} e^{-2t} + c_2 \begin{pmatrix} 3 \\ 5 \end{pmatrix} e^{6t} + \begin{pmatrix} 3t-4 \\ -5t+6 \end{pmatrix}$$

é a solução geral de (11) em $(-\infty, \infty)$.

EXERCÍCIOS 8.1

As respostas aos problemas ímpares estão no final do livro.

Nos Problemas 1-6, escreva o sistema linear na forma matricial.

1. $\dfrac{dx}{dt} = 3x - 5y$
   $\dfrac{dy}{dt} = 4x + 8y$

2. $\dfrac{dx}{dt} = x - y$
   $\dfrac{dy}{dt} = x + 2z$
   $\dfrac{dz}{dt} = -x + z$

3. $\dfrac{dx}{dt} = -3x + 4y - 9z$
   $\dfrac{dy}{dt} = 6x - y$
   $\dfrac{dz}{dt} = 10x + 4y + 3z$

4. $\dfrac{dx}{dt} = 4x - 7y$
   $\dfrac{dy}{dt} = 5x$

5. $\dfrac{dx}{dt} = x - y + z + t - 1$
   $\dfrac{dy}{dt} = 2x + y - z - 3t^2$
   $\dfrac{dz}{dt} = x + y + z + t^2 - t + 2$

6. $\dfrac{dx}{dt} = -3x + 4y + e^{-t} \operatorname{sen} 2t$
   $\dfrac{dy}{dt} = 5x + 9z + 4e^{-t} \cos 2t$
   $\dfrac{dz}{dt} = y + 6z - e^{-t}$

Nos Problemas 7-10, escreva o sistema dado sem usar matrizes.

7. $\mathbf{X'} = \begin{pmatrix} 4 & 2 \\ -1 & 3 \end{pmatrix} \mathbf{X} + \begin{pmatrix} 1 \\ -1 \end{pmatrix} e^t$

8. $\dfrac{d}{dt}\begin{pmatrix} x \\ y \end{pmatrix} = \begin{pmatrix} 3 & -7 \\ 1 & 1 \end{pmatrix}\begin{pmatrix} x \\ y \end{pmatrix} + \begin{pmatrix} 4 \\ 8 \end{pmatrix}\operatorname{sen} t + \begin{pmatrix} t-4 \\ 2t+1 \end{pmatrix}e^{4t}$

9. $\dfrac{d}{dt}\begin{pmatrix} x \\ y \\ z \end{pmatrix} = \begin{pmatrix} 1 & -1 & 2 \\ 3 & -4 & 1 \\ -2 & 5 & 6 \end{pmatrix}\begin{pmatrix} x \\ y \\ z \end{pmatrix} + \begin{pmatrix} 1 \\ 2 \\ 2 \end{pmatrix}e^{-t} - \begin{pmatrix} 3 \\ -1 \\ 1 \end{pmatrix}t$

10. $\mathbf{X'} = \begin{pmatrix} 7 & 5 & -9 \\ 4 & 1 & 1 \\ 0 & -2 & 3 \end{pmatrix}\mathbf{X} + \begin{pmatrix} 0 \\ 2 \\ 1 \end{pmatrix}e^{5t} - \begin{pmatrix} 8 \\ 0 \\ 3 \end{pmatrix}e^{-2t}$

Nos Problemas 11-16, verifique que o vetor $\mathbf{X}$ é uma solução do sistema dado.

11. $\dfrac{dx}{dt} = 3x - 4y$
    $\dfrac{dy}{dt} = 4x - 7y$; $\mathbf{X} = \begin{pmatrix} 1 \\ 2 \end{pmatrix} e^{-5t}$

12. $\mathbf{X'} = \begin{pmatrix} 2 & 1 \\ -1 & 0 \end{pmatrix}\mathbf{X}$; $\mathbf{X} = \begin{pmatrix} 1 \\ 3 \end{pmatrix}e^t + \begin{pmatrix} 4 \\ -4 \end{pmatrix}te^t$

13. $\mathbf{X'} = \begin{pmatrix} -1 & \frac{1}{4} \\ 1 & -1 \end{pmatrix}\mathbf{X}$; $\mathbf{X} = \begin{pmatrix} -1 \\ 2 \end{pmatrix}e^{-3t/2}$

14. $\dfrac{dx}{dt} = -2x + 5y$
    $\dfrac{dy}{dt} = -2x + 4y$; $\mathbf{X} = \begin{pmatrix} 5\cos t \\ 3\cos t - \operatorname{sen} t \end{pmatrix}e^t$

15. $\mathbf{X'} = \begin{pmatrix} 1 & 2 & 1 \\ 6 & -1 & 0 \\ -1 & -2 & -1 \end{pmatrix}\mathbf{X}$; $\mathbf{X} = \begin{pmatrix} 1 \\ 6 \\ -13 \end{pmatrix}$

16. $\mathbf{X'} = \begin{pmatrix} 1 & 0 & 1 \\ 1 & 1 & 0 \\ -2 & 0 & -1 \end{pmatrix}\mathbf{X}$; $\mathbf{X} = \begin{pmatrix} \operatorname{sen} t \\ -\frac{1}{2}\operatorname{sen} t - \frac{1}{2}\cos t \\ -\operatorname{sen} t + \cos t \end{pmatrix}$

Nos Problemas 17-20, os vetores dados são soluções de um sistema $\mathbf{X'} = \mathbf{AX}$. Determine se os vetores formam um sistema fundamental em $(-\infty, \infty)$.

17. $\mathbf{X}_1 = \begin{pmatrix} 1 \\ 1 \end{pmatrix}e^{-2t}$, $\mathbf{X}_2 = \begin{pmatrix} 1 \\ -1 \end{pmatrix}e^{-6t}$

18. $\mathbf{X}_1 = \begin{pmatrix} 1 \\ 6 \\ -13 \end{pmatrix}$, $\mathbf{X}_2 = \begin{pmatrix} 1 \\ -2 \\ -1 \end{pmatrix}e^{-4t}$, $\mathbf{X}_3 = \begin{pmatrix} 2 \\ 3 \\ -2 \end{pmatrix}e^{3t}$

19. $\mathbf{X}_1 = \begin{pmatrix} 1 \\ -2 \\ 4 \end{pmatrix} + t\begin{pmatrix} 1 \\ 2 \\ 2 \end{pmatrix}$, $\mathbf{X}_2 = \begin{pmatrix} 1 \\ -2 \\ 4 \end{pmatrix}$, $\mathbf{X}_3 = \begin{pmatrix} 3 \\ -6 \\ 12 \end{pmatrix} + t\begin{pmatrix} 2 \\ 4 \\ 4 \end{pmatrix}$

20. $\mathbf{X}_1 = \begin{pmatrix} 1 \\ -1 \end{pmatrix}e^t$, $\mathbf{X}_2 = \begin{pmatrix} 2 \\ 6 \end{pmatrix}e^t + \begin{pmatrix} 8 \\ -8 \end{pmatrix}te^t$

Nos Problemas 21-24, verifique que o vetor $\mathbf{X}_p$ é uma solução particular do sistema dado.

21. $\dfrac{dx}{dt} = x + 4y + 2t - 7$
    $\dfrac{dy}{dt} = 3x + 2y - 4t - 18$; $\mathbf{X}_p = \begin{pmatrix} 2 \\ -1 \end{pmatrix}t + \begin{pmatrix} 5 \\ 1 \end{pmatrix}$

22. $\mathbf{X'} = \begin{pmatrix} 1 & 2 & 3 \\ -4 & 2 & 0 \\ -6 & 1 & 0 \end{pmatrix}\mathbf{X} + \begin{pmatrix} -1 \\ 4 \\ 3 \end{pmatrix}\operatorname{sen} 3t$; $\mathbf{X}_p = \begin{pmatrix} \operatorname{sen} 3t \\ 0 \\ \cos 3t \end{pmatrix}$

23. $\mathbf{X}' = \begin{pmatrix} 2 & 1 \\ 3 & 4 \end{pmatrix}\mathbf{X} - \begin{pmatrix} 1 \\ 7 \end{pmatrix}e^t; \quad \mathbf{X}_p = \begin{pmatrix} 1 \\ 1 \end{pmatrix}e^t + \begin{pmatrix} 1 \\ -1 \end{pmatrix}te^t$

24. $\mathbf{X}' = \begin{pmatrix} 2 & 1 \\ 1 & -1 \end{pmatrix}\mathbf{X} + \begin{pmatrix} -5 \\ 2 \end{pmatrix}; \quad \mathbf{X}_p = \begin{pmatrix} 1 \\ 3 \end{pmatrix}$

25. Prove que a solução geral de
$$\mathbf{X}' = \begin{pmatrix} 0 & 6 & 0 \\ 1 & 0 & 1 \\ 1 & 1 & 0 \end{pmatrix}\mathbf{X}$$
no intervalo $(-\infty, \infty)$ é
$$\mathbf{X} = c_1 \begin{pmatrix} 6 \\ -1 \\ -5 \end{pmatrix}e^{-t} + c_2 \begin{pmatrix} -3 \\ 1 \\ 1 \end{pmatrix}e^{-2t} + c_3 \begin{pmatrix} 2 \\ 1 \\ 1 \end{pmatrix}e^{3t}.$$

26. Prove que a solução geral de
$$\mathbf{X}' = \begin{pmatrix} -1 & -1 \\ -1 & 1 \end{pmatrix}\mathbf{X} + \begin{pmatrix} 1 \\ 1 \end{pmatrix}t^2 + \begin{pmatrix} 4 \\ -6 \end{pmatrix}t + \begin{pmatrix} -1 \\ 5 \end{pmatrix}$$
no intervalo $(-\infty, \infty)$ é
$$X = c_1 \begin{pmatrix} 1 \\ -1 - \sqrt{2} \end{pmatrix}e^{\sqrt{2}t} + c_2 \begin{pmatrix} 1 \\ -1 + \sqrt{2} \end{pmatrix}e^{-\sqrt{2}t} + \begin{pmatrix} 1 \\ 0 \end{pmatrix}t^2$$
$$+ \begin{pmatrix} -2 \\ 4 \end{pmatrix}t + \begin{pmatrix} 1 \\ 0 \end{pmatrix}.$$

8.2 SISTEMAS LINEARES HOMOGÊNEOS COM COEFICIENTES CONSTANTES

IMPORTANTE REVISAR
- Seção II.3 do Apêndice II
- *Manual de Recursos Estudantis*

INTRODUÇÃO

Vimos no Exemplo 5 da Seção 8.1 que a solução geral do sistema homogêneo $\mathbf{X}' = \begin{pmatrix} 1 & 3 \\ 5 & 3 \end{pmatrix}\mathbf{X}$ é

$$\mathbf{X} = c_1\mathbf{X}_1 + c_2\mathbf{X}_2 = c_1\begin{pmatrix} 1 \\ -1 \end{pmatrix}e^{-2t} + c_2\begin{pmatrix} 3 \\ 5 \end{pmatrix}e^{6t}.$$

Como ambos os vetores solução têm a forma

$$\mathbf{X}_i = \begin{pmatrix} k_1 \\ k_2 \end{pmatrix}e^{\lambda_i t}, \quad i = 1, 2,$$

onde k_1, k_2, λ_1 e λ_2 são constantes, somos impelidos a perguntar se podemos sempre obter uma solução da forma

$$\mathbf{X} = \begin{pmatrix} k_1 \\ k_2 \\ \vdots \\ k_n \end{pmatrix}e^{\lambda t} = \mathbf{K}e^{\lambda t} \tag{1}$$

para o sistema linear homogêneo de primeira ordem genérico

$$\mathbf{X}' = \mathbf{A}\mathbf{X}, \tag{2}$$

onde $\mathbf{A}$ é uma matriz $n \times n$ de constantes.

AUTOVALORES E AUTOVETORES

Se (1) for um vetor solução do sistema linear homogêneo (2), então $\mathbf{X}' = \mathbf{K}\lambda e^{\lambda t}$, de tal forma que (2) torna-se $\mathbf{K}\lambda e^{\lambda t} = \mathbf{A}\mathbf{K}e^{\lambda t}$. Depois de dividir ambos os membros por $e^{\lambda t}$ e rearranjar, obtemos $\mathbf{A}\mathbf{K} = \lambda\mathbf{K}$ ou $\mathbf{A}\mathbf{K} - \lambda\mathbf{K} = \mathbf{0}$. Uma vez que $\mathbf{K} = \mathbf{I}\mathbf{K}$, a última equação é equivalente a

$$(\mathbf{A} - \lambda\mathbf{I})\mathbf{K} = \mathbf{0}. \tag{3}$$

A equação matricial (3) é equivalente às equações algébricas simultâneas

$$(a_{11} - \lambda)k_1 + a_{12}k_2 + \cdots + a_{1n}k_n = 0$$
$$a_{21}k_1 + (a_{22} - \lambda)k_2 + \cdots + a_{2n}k_n = 0$$
$$\vdots$$
$$a_{n1}k_1 + a_{n2}k_2 + \cdots + (a_{nn} - \lambda)k_n = 0.$$

Assim, para obter uma solução não trivial **X** de (2) precisamos primeiramente obter uma solução não trivial desse sistema; em outras palavras, precisamos obter um vetor não trivial **K** que satisfaça (3). Mas para que (3) tenha outra solução que não a solução óbvia $k_1 = k_2 = \cdots = k_n = 0$, devemos ter

$$\det(\mathbf{A} - \lambda \mathbf{I}) = 0.$$

Essa equação polinomial em λ é chamada **equação característica** da matriz **A**; suas soluções são os **autovalores** de **A**. Uma solução $\mathbf{K} \neq \mathbf{0}$ de (3) correspondente a um autovalor λ é chamada um **autovetor** de **A**. Uma solução do sistema homogêneo (2) é então $\mathbf{X} = \mathbf{K}e^{\lambda t}$.

Na discussão a seguir, examinaremos três casos: autovalores reais e distintos (isto é, não há dois autovalores iguais), autovalores repetidos e, finalmente, autovalores complexos.

8.2.1 AUTOVALORES REAIS DISTINTOS

Quando a matriz **A**, $n \times n$, tiver n autovalores reais distintos $\lambda_1, \lambda_2, \ldots, \lambda_n$, um conjunto de n autovetores linearmente independentes $\mathbf{K}_1, \mathbf{K}_2, \ldots, \mathbf{K}_n$ poderá sempre ser obtido e

$$\mathbf{X}_1 = \mathbf{K}_1 e^{\lambda_1 t}, \quad \mathbf{X}_2 = \mathbf{K}_2 e^{\lambda_2 t}, \quad \ldots, \quad \mathbf{X}_n = \mathbf{K}_n e^{\lambda_n t}$$

será um conjunto fundamental de soluções de (2) em $(-\infty, \infty)$.

TEOREMA 8.2.1 **Solução geral – sistemas homogêneos**

Sejam $\lambda_1, \lambda_2, \ldots, \lambda_n$ n autovalores reais distintos da matriz de coeficientes **A** do sistema homogêneo (2) e sejam $\mathbf{K}_1, \mathbf{K}_2, \ldots, \mathbf{K}_n$ os autovetores correspondentes. Então, a **solução geral** de (2) no intervalo $(-\infty, \infty)$ será dada por

$$\mathbf{X} = c_1 \mathbf{K}_1 e^{\lambda_1 t} + c_2 \mathbf{K}_2 e^{\lambda_2 t} + \cdots + c_n \mathbf{K}_n e^{\lambda_n t}.$$

EXEMPLO 1 **Autovalores distintos**

Resolva

$$\frac{dx}{dt} = 2x + 3y$$
$$\frac{dy}{dt} = 2x + y. \tag{4}$$

SOLUÇÃO

Em primeiro lugar, vamos determinar os autovalores e autovetores da matriz de coeficientes.
Da equação característica

$$\det(\mathbf{A} - \lambda \mathbf{I}) = \begin{vmatrix} 2 - \lambda & 3 \\ 2 & 1 - \lambda \end{vmatrix} = \lambda^2 - 3\lambda - 4 = (\lambda + 1)(\lambda - 4) = 0$$

vemos que os autovalores são $\lambda_1 = -1$ e $\lambda_2 = 4$.

Para $\lambda_1 = -1$, (3) é equivalente a

$$3k_1 + 3k_2 = 0$$
$$2k_1 + 2k_2 = 0.$$

Assim, $k_1 = -k_2$. Tomando $k_2 = -1$, o autovetor correspondente será

$$\mathbf{K}_1 = \begin{pmatrix} 1 \\ -1 \end{pmatrix}.$$

Para $\lambda_2 = 4$, temos que

$$-2k_1 + 3k_2 = 0$$
$$2k_1 - 3k_2 = 0$$

de tal forma que $k_1 = \frac{3}{2}k_2$ e, portanto, com $k_2 = 2$, o autovetor correspondente será

$$\mathbf{K}_2 = \begin{pmatrix} 3 \\ 2 \end{pmatrix}.$$

Como a matriz dos coeficientes **A** é uma matriz 2×2 e como determinamos duas soluções linearmente independentes de (4),

$$\mathbf{X}_1 = \begin{pmatrix} 1 \\ -1 \end{pmatrix} e^{-t} \quad \text{e} \quad \mathbf{X}_2 = \begin{pmatrix} 3 \\ 2 \end{pmatrix} e^{4t},$$

concluímos que a solução geral do sistema é

$$\mathbf{X} = c_1 \mathbf{X}_1 + c_2 \mathbf{X}_2 = c_1 \begin{pmatrix} 1 \\ -1 \end{pmatrix} e^{-t} + c_2 \begin{pmatrix} 3 \\ 2 \end{pmatrix} e^{4t}. \tag{5} \blacksquare$$

RETRATO DE FASE
Você deve manter em mente que o desenvolvimento da solução de um sistema de equações diferenciais lineares de primeira ordem, em termos matriciais, é simplesmente uma alternativa ao método que utilizamos na Seção 4.9, isto é, listando as funções individuais e as relações entre as constantes. Se somarmos os vetores do lado direito de (5) e então equacionarmos as entradas com as correspondentes no vetor do lado esquerdo, obteremos a expressão mais familiar

$$x = c_1 e^{-t} + 3c_2 e^{4t}, \quad y = -c_1 e^{-t} + 2c_2 e^{4t}.$$

Conforme observamos na Seção 8.1, podemos interpretar essas equações como equações paramétricas de uma curva no plano xy ou **plano de fase**. Esta curva, correspondendo a opções específicas para c_1 e c_2, é chamada de **trajetória**. Para a escolha das constantes $c_1 = c_2 = 1$ na solução (5), vemos na Figura 8.2.1 o gráfico de $x(t)$ no plano tx, o gráfico de $y(t)$ no plano ty, e a trajetória, formada pelos pontos $(x(t), y(t))$, no plano de fase. Um conjunto de trajetórias representativas no plano de fase, como aquelas na Figura 8.2.2, é chamado um **retrato de fase** do sistema linear dado. O que parece ser duas linhas pretas na Figura 8.2.2 na verdade são *quatro* semirretas definidas parametricamente no primeiro, segundo, terceiro e quarto quadrantes pelas soluções $\mathbf{X}_2$, $-\mathbf{X}_1$, $-\mathbf{X}_2$ e $\mathbf{X}_1$, respectivamente. Por exemplo, as equações cartesianas $y = \frac{2}{3}x$, $x > 0$ e $y = -x$, $x > 0$ das semirretas no primeiro e quarto quadrantes foram obtidas eliminando-se o parâmetro t nas soluções $x = 3e^{4t}$, $y = 2e^{4t}$ e $x = e^{-t}$, $y = -e^{-t}$, respectivamente. Além disso, cada um dos autovetores pode ser visualizado como um vetor bidimensional ao longo dessas semirretas. O autovetor $\mathbf{K}_2 = \begin{pmatrix} 3 \\ 2 \end{pmatrix}$ está sobre a reta $y = \frac{2}{3}x$ no primeiro quadrante e $\mathbf{K}_1 = \begin{pmatrix} 1 \\ -1 \end{pmatrix}$ está sobre a reta $y = -x$ no quarto quadrante. Cada vetor começa na origem; $\mathbf{K}_2$ termina no ponto $(2, 3)$, e $\mathbf{K}_1$ termina em $(1, -1)$.

A origem não é apenas uma solução constante $x = 0$, $y = 0$ de todo sistema linear homogêneo $\mathbf{X}' = \mathbf{AX}$ (2×2), mas também um ponto importante no estudo qualitativo desses sistemas. Se pensarmos em termos físicos, a ponta das flechas em cada trajetória na Figura 8.2.2 indica a direção em que uma partícula com coordenadas $(x(t), y(t))$ sobre a trajetória no instante t move-se à medida que o tempo cresce. Observe que a ponta das flechas, exceto somente

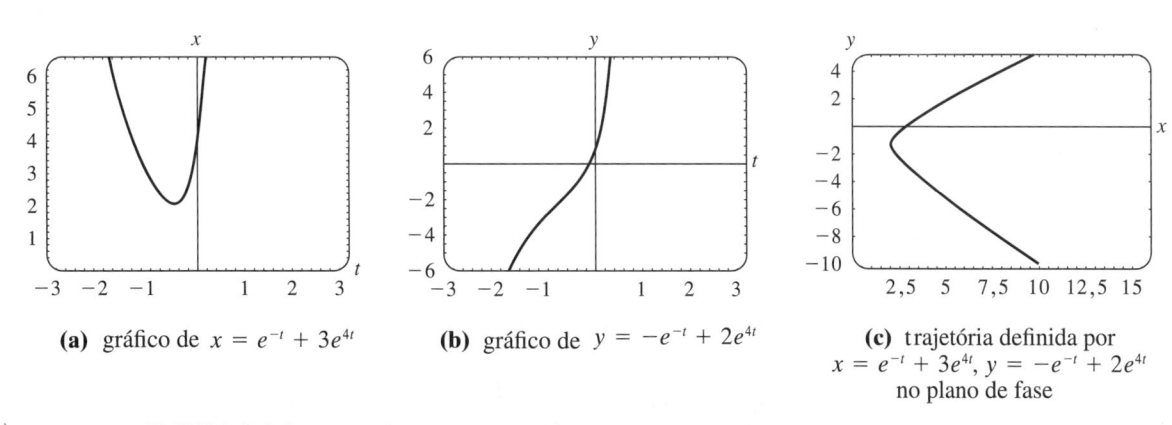

(a) gráfico de $x = e^{-t} + 3e^{4t}$

(b) gráfico de $y = -e^{-t} + 2e^{4t}$

(c) trajetória definida por $x = e^{-t} + 3e^{4t}, y = -e^{-t} + 2e^{4t}$ no plano de fase

FIGURA 8.2.1 Uma solução de (5) nos leva a três curvas diferentes em três planos distintos.

as que estão sobre as semirretas no segundo e quarto quadrantes, indica que uma partícula afasta-se da origem à medida que decorre o tempo. Se imaginarmos o tempo variando de $-\infty$ a $+\infty$, então o exame da solução $x = c_1 e^{-t} + 3c_2 e^{4t}$, $y = -c_1 e^{-t} + 2c_2 e^{4t}$, $c_1 \neq 0$, $c_2 \neq 0$ mostra que uma trajetória ou uma partícula em movimento "começa" assintoticamente a uma das semirretas definidas por $\mathbf{X}_1$ ou $-\mathbf{X}_1$ (uma vez que e^{4t} é desprezível para $t \to -\infty$) e "acaba" assintoticamente a uma das semirretas definidas por $\mathbf{X}_2$ ou $-\mathbf{X}_2$ (uma vez que e^{-t} é desprezível para $t \to \infty$).

Notamos, de passagem, que a Figura 8.2.2 representa um retrato de fase típico de todos os sistemas lineares homogêneos 2×2 com autovalores reais de sinais opostos. Veja o Problema 17 nos Exercícios 8.2. Além disso, retratos de fase nos dois casos em que autovalores reais distintos têm o mesmo sinal algébrico são típicos de todos os sistemas lineares 2×2 do mesmo tipo; a única diferença é que a ponta das flechas indica que uma partícula afasta-se da origem sobre qualquer trajetória à medida que $t \to \infty$ se ambos, λ_1 e λ_2, forem positivos e aproxima-se da origem sobre qualquer trajetória quando ambos forem negativos. Consequentemente, chamamos a origem de **repulsor** quando $\lambda_1 > 0$ e $\lambda_2 > 0$ e de **atrator** quando $\lambda_1 < 0$ e $\lambda_2 < 0$. Veja o Problema 18 nos Exercícios 8.2. A origem na Figura 8.2.2 não é repulsora nem atratora. A análise do último caso, em que $\lambda = 0$ é um autovalor de um sistema linear homogêneo 2×2, será deixada como exercício. Veja o Problema 49 nos Exercícios 8.2.

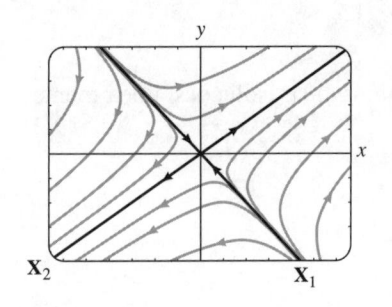

FIGURA 8.2.2 Um retrato de fase do sistema (4).

EXEMPLO 2 Autovalores distintos

Resolva
$$\frac{dx}{dt} = -4x + y + z$$
$$\frac{dy}{dt} = x + 5y - z \qquad (6)$$
$$\frac{dz}{dt} = y - 3z.$$

SOLUÇÃO
Usando os cofatores da terceira linha, obtemos

$$\det(\mathbf{A} - \lambda \mathbf{I}) = \begin{vmatrix} -4-\lambda & 1 & 1 \\ 1 & 5-\lambda & -1 \\ 0 & 1 & -3-\lambda \end{vmatrix} = -(\lambda+3)(\lambda+4)(\lambda-5) = 0,$$

e, portanto, os autovalores são $\lambda_1 = -3$, $\lambda_2 = -4$ e $\lambda_3 = 5$.

Para $\lambda_1 = -3$, a eliminação de Gauss-Jordan nos dá

$$(\mathbf{A} + 3\mathbf{I}|\mathbf{0}) = \begin{pmatrix} -1 & 1 & 1 & | & 0 \\ 1 & 8 & -1 & | & 0 \\ 0 & 1 & 0 & | & 0 \end{pmatrix} \xrightarrow{\text{operações nas linhas}} \begin{pmatrix} 1 & 0 & -1 & | & 0 \\ 0 & 1 & 0 & | & 0 \\ 0 & 0 & 0 & | & 0 \end{pmatrix}.$$

Portanto, $k_1 = k_3$ e $k_2 = 0$. A escolha $k_3 = 1$ dá um autovetor e o correspondente vetor solução

$$\mathbf{K}_1 = \begin{pmatrix} 1 \\ 0 \\ 1 \end{pmatrix}, \quad \mathbf{X}_1 = \begin{pmatrix} 1 \\ 0 \\ 1 \end{pmatrix} e^{-3t}. \qquad (7)$$

Analogamente, para $\lambda_2 = -4$,

$$(\mathbf{A} + 4\mathbf{I}|\mathbf{0}) = \begin{pmatrix} 0 & 1 & 1 & | & 0 \\ 1 & 9 & -1 & | & 0 \\ 0 & 1 & 1 & | & 0 \end{pmatrix} \xrightarrow{\text{operações nas linhas}} \begin{pmatrix} 1 & 0 & -10 & | & 0 \\ 0 & 1 & 1 & | & 0 \\ 0 & 0 & 0 & | & 0 \end{pmatrix}$$

implica $k_1 = 10 k_3$ e $k_2 = -k_3$. Escolhendo $k_3 = 1$, obtemos um segundo autovetor e vetor solução correspondente

$$\mathbf{K}_2 = \begin{pmatrix} 10 \\ -1 \\ 1 \end{pmatrix}, \quad \mathbf{X}_2 = \begin{pmatrix} 10 \\ -1 \\ 1 \end{pmatrix} e^{-4t}. \qquad (8)$$

Finalmente, quando $\lambda_3 = 5$, as matrizes aumentadas

$$(\mathbf{A} + 5\mathbf{I}|\mathbf{0}) = \begin{pmatrix} -9 & 1 & 1 & | & 0 \\ 1 & 0 & -1 & | & 0 \\ 0 & 1 & -8 & | & 0 \end{pmatrix} \xrightarrow{\text{operações nas linhas}} \begin{pmatrix} 1 & 0 & -1 & | & 0 \\ 0 & 1 & -8 & | & 0 \\ 0 & 0 & 0 & | & 0 \end{pmatrix}$$

dão lugar a

$$\mathbf{K}_3 = \begin{pmatrix} 1 \\ 8 \\ 1 \end{pmatrix}, \quad \mathbf{X}_3 = \begin{pmatrix} 1 \\ 8 \\ 1 \end{pmatrix} e^{5t}. \tag{9}$$

A solução geral de (6) é uma combinação linear dos vetores solução em (7), (8) e (9):

$$\mathbf{X} = c_1 \begin{pmatrix} 1 \\ 0 \\ 1 \end{pmatrix} e^{-3t} + c_2 \begin{pmatrix} 10 \\ -1 \\ 1 \end{pmatrix} e^{-4t} + c_3 \begin{pmatrix} 1 \\ 8 \\ 1 \end{pmatrix} e^{5t}. \quad \blacksquare$$

USO DE COMPUTADORES
Sistemas algébricos por computador como MATLAB, *Mathematica*, *Maple* e DERIVE podem poupar muito tempo no cálculo de autovalores e autovetores de uma matriz $\mathbf{A}$.

8.2.2 AUTOVALORES REPETIDOS

Naturalmente, nem todos os n autovalores $\lambda_1, \lambda_2, \ldots, \lambda_n$ de uma matriz $\mathbf{A}$ $n \times n$ precisam ser distintos, isto é, alguns dos autovalores podem ser repetidos. Por exemplo, verifica-se imediatamente que a equação característica da matriz de coeficientes do sistema

$$\mathbf{X}' = \begin{pmatrix} 3 & -18 \\ 2 & -9 \end{pmatrix} \mathbf{X} \tag{10}$$

é $(\lambda + 3)^2 = 0$ e, portanto, $\lambda_1 = \lambda_2 = -3$ é uma raiz de *multiplicidade dois*. Para esse valor obtemos o único autovetor

$$\mathbf{K}_1 = \begin{pmatrix} 3 \\ 1 \end{pmatrix}; \quad \text{logo,} \quad \mathbf{X}_1 = \begin{pmatrix} 3 \\ 1 \end{pmatrix} e^{-3t} \tag{11}$$

é uma solução de (10). Porém, como estamos obviamente interessados em obter a solução geral do sistema, precisamos prosseguir e obter uma segunda solução.

Em geral, se m for um inteiro positivo, $(\lambda - \lambda_1)^m$ é um fator da equação característica e $(\lambda - \lambda_1)^{m+1}$ não for fator, diremos que λ_1 é um **autovalor de multiplicidade m**. Os três exemplos seguintes ilustram esses casos:

(i) Para algumas matrizes $\mathbf{A}$ $n \times n$, é possível obter m autovetores linearmente independentes $\mathbf{K}_1, \mathbf{K}_2, \ldots, \mathbf{K}_m$ correspondentes a um autovalor λ_1 de multiplicidade $m \leq n$. Nesse caso, a solução geral do sistema contém a combinação linear

$$c_1 \mathbf{K}_1 e^{\lambda_1 t} + c_2 \mathbf{K}_2 e^{\lambda_1 t} + \cdots + c_m \mathbf{K}_m e^{\lambda_1 t}.$$

(ii) Se houver somente um autovetor correspondente ao autovalor λ_1 de multiplicidade m, então podem ser obtidas m soluções linearmente independentes da forma

$$\mathbf{X}_1 = \mathbf{K}_{11} e^{\lambda_1 t}$$
$$\mathbf{X}_2 = \mathbf{K}_{21} t e^{\lambda_1 t} + \mathbf{K}_{22} e^{\lambda_1 t}$$
$$\vdots$$
$$\mathbf{X}_m = \mathbf{K}_{m1} \frac{t^{m-1}}{(m-1)!} e^{\lambda_1 t} + \mathbf{K}_{m2} \frac{t^{m-2}}{(m-2)!} e^{\lambda_1 t} + \cdots + \mathbf{K}_{mm} e^{\lambda_1 t},$$

onde os $\mathbf{K}_{ij}$ são vetores coluna.

AUTOVALORES DE MULTIPLICIDADE DOIS

Primeiramente, consideraremos autovalores de multiplicidade dois. No primeiro exemplo, apresentamos uma matriz para a qual podemos obter dois autovetores distintos, correspondentes a um autovalor duplo.

EXEMPLO 3   Autovalores repetidos

Resolva

$$\mathbf{X}' = \begin{pmatrix} 1 & -2 & 2 \\ -2 & 1 & -2 \\ 2 & -2 & 1 \end{pmatrix} \mathbf{X}.$$

SOLUÇÃO
Calculando o determinante da equação característica

$$\det(\mathbf{A} - \lambda \mathbf{I}) = \begin{vmatrix} 1-\lambda & -2 & 2 \\ -2 & 1-\lambda & -2 \\ 2 & -2 & 1-\lambda \end{vmatrix} = 0,$$

obtemos $-(\lambda + 1)^2(\lambda - 5) = 0$. Vemos que $\lambda_1 = \lambda_2 = -1$ e $\lambda_3 = 5$.

Para $\lambda_1 = -1$, resulta imediatamente da eliminação de Gauss-Jordan

$$(\mathbf{A} + \mathbf{I}|\mathbf{0}) = \begin{pmatrix} 2 & -2 & 2 & | & 0 \\ -2 & 2 & -2 & | & 0 \\ 2 & -2 & 2 & | & 0 \end{pmatrix} \xrightarrow{\text{operações nas linhas}} \begin{pmatrix} 1 & -1 & 0 & | & 0 \\ 0 & 0 & 0 & | & 0 \\ 0 & 0 & 0 & | & 0 \end{pmatrix}.$$

A primeira linha da última matriz significa que $k_1 - k_2 + k_3 = 0$ ou $k_1 = k_2 - k_3$. Escolhendo-se $k_2 = 1$, $k_3 = 0$ e $k_2 = 1$, $k_3 = 1$ obtemos, respectivamente, $k_1 = 1$ e $k_1 = 0$. Assim, temos dois autovetores correspondentes a $\lambda_1 = -1$:

$$\mathbf{K}_1 = \begin{pmatrix} 1 \\ 1 \\ 0 \end{pmatrix} \quad \text{e} \quad \mathbf{K}_2 = \begin{pmatrix} 0 \\ 1 \\ 1 \end{pmatrix}.$$

Como nenhum dos autovetores é um múltiplo constante do outro, obtivemos duas soluções linearmente independentes,

$$\mathbf{X}_1 = \begin{pmatrix} 1 \\ 1 \\ 0 \end{pmatrix} e^{-t} \quad \text{e} \quad \mathbf{X}_2 = \begin{pmatrix} 0 \\ 1 \\ 1 \end{pmatrix} e^{-t}$$

correspondentes ao mesmo autovalor. Por último, para $\lambda_3 = 5$, a redução

$$(\mathbf{A} + 5\mathbf{I}|\mathbf{0}) = \begin{pmatrix} -4 & -2 & 2 & | & 0 \\ -2 & -4 & -2 & | & 0 \\ 2 & -2 & -4 & | & 0 \end{pmatrix} \xrightarrow{\text{operações nas linhas}} \begin{pmatrix} 1 & 0 & -1 & | & 0 \\ 0 & 1 & 1 & | & 0 \\ 0 & 0 & 0 & | & 0 \end{pmatrix}$$

implica $k_1 = k_3$ e $k_2 = -k_3$. Tomando $k_3 = 1$, obtemos $k_1 = 1$, $k_2 = -1$ e, portanto, um terceiro autovetor é

$$\mathbf{K}_3 = \begin{pmatrix} 1 \\ -1 \\ 1 \end{pmatrix}.$$

Concluímos que a solução geral do sistema é

$$\mathbf{X} = c_1 \begin{pmatrix} 1 \\ 1 \\ 0 \end{pmatrix} e^{-t} + c_2 \begin{pmatrix} 0 \\ 1 \\ 1 \end{pmatrix} e^{-t} + c_3 \begin{pmatrix} 1 \\ -1 \\ 1 \end{pmatrix} e^{5t}. \quad \blacksquare$$

A matriz $\mathbf{A}$ de coeficientes no Exemplo 3 é um tipo particular de matriz conhecida como simétrica. Uma matriz $\mathbf{A}$ $n \times n$ é denominada **simétrica** se sua transposta $\mathbf{A}^T$ (em que as linhas e as colunas são intercambiadas) é igual a $\mathbf{A}$, isto é, se $\mathbf{A}^T = \mathbf{A}$. Pode ser provado que, se a matriz $\mathbf{A}$ no sistema $\mathbf{X}' = \mathbf{A}\mathbf{X}$ for simétrica e tiver elementos reais, é sempre possível obter n autovetores linearmente independentes $\mathbf{K}_1, \mathbf{K}_2, \ldots, \mathbf{K}_n$. A solução geral desse sistema é apresentada no Teorema 8.2.1. Conforme ilustrado no Exemplo 3, esse resultado é válido mesmo que alguns autovalores sejam repetidos.

SEGUNDA SOLUÇÃO

Suponha agora que λ_1 seja um autovalor de multiplicidade dois e que exista somente um autovetor associado a esse valor. Uma segunda solução pode ser obtida da forma

$$\mathbf{X}_2 = \mathbf{K}te^{\lambda_1 t} + \mathbf{P}e^{\lambda_1 t}, \tag{12}$$

onde

$$\mathbf{K} = \begin{pmatrix} k_1 \\ k_2 \\ \vdots \\ k_n \end{pmatrix} \quad \text{e} \quad \mathbf{P} = \begin{pmatrix} p_1 \\ p_2 \\ \vdots \\ p_n \end{pmatrix}.$$

Para ver isso, substituímos (12) no sistema $\mathbf{X}' = \mathbf{AX}$ e simplificamos:

$$(\mathbf{AK} - \lambda_1 \mathbf{K})te^{\lambda_1 t} + (\mathbf{AP} - \lambda_1 \mathbf{P} - \mathbf{K})e^{\lambda_1 t} = \mathbf{0}.$$

Como esta última equação deve ser válida para todos os valores de t, devemos ter

$$(\mathbf{A} - \lambda_1 \mathbf{I})\mathbf{K} = \mathbf{0} \tag{13}$$

e

$$(\mathbf{A} - \lambda_1 \mathbf{I})\mathbf{P} = \mathbf{K}. \tag{14}$$

A Equação (13) estabelece simplesmente que $\mathbf{K}$ deve ser um autovetor de $\mathbf{A}$ associado a λ_1. Resolvendo (13), determinamos uma solução $\mathbf{X}_1 = \mathbf{K}e^{\lambda_1 t}$. Para obter a segunda solução $\mathbf{X}_2$, precisamos somente resolver o outro sistema (14) para obter o vetor $\mathbf{P}$.

EXEMPLO 4 Autovalores repetidos

Encontre a solução geral do sistema dado em (10).

SOLUÇÃO

Sabemos de (11) que $\lambda_1 = -3$ e que uma solução é $\mathbf{X}_1 = \begin{pmatrix} 3 \\ 1 \end{pmatrix} e^{-3t}$. Identificando $\mathbf{K} = \begin{pmatrix} 3 \\ 1 \end{pmatrix}$ com $\mathbf{P} = \begin{pmatrix} p_1 \\ p_2 \end{pmatrix}$, segue de (14) que agora precisamos resolver

$$(\mathbf{A} + 3\mathbf{I})\mathbf{P} = \mathbf{K} \quad \text{ou} \quad \begin{array}{l} 6p_1 - 18p_2 = 3 \\ 2p_1 - 6p_2 = 1 \end{array}.$$

Como esse sistema é obviamente equivalente a uma equação, temos um número infinito de escolhas para p_1 e p_2. Por exemplo, fazendo $p_1 = 1$ obtemos $p_2 = \frac{1}{6}$. Porém, para simplificar, vamos escolher $p_1 = \frac{1}{2}$. Assim, $p_2 = 0$. Logo, $\mathbf{P} = \begin{pmatrix} \frac{1}{2} \\ 0 \end{pmatrix}$. Assim, de (12), obtemos

$$\mathbf{X}_2 = \begin{pmatrix} 3 \\ 1 \end{pmatrix} te^{-3t} + \begin{pmatrix} \frac{1}{2} \\ 0 \end{pmatrix} e^{-3t}.$$

A solução geral de (10) é então $\mathbf{X} = c_1 \mathbf{X}_1 + c_2 \mathbf{X}_2$ ou

$$\mathbf{X} = c_1 \begin{pmatrix} 3 \\ 1 \end{pmatrix} e^{-3t} + c_2 \left[\begin{pmatrix} 3 \\ 1 \end{pmatrix} te^{-3t} + \begin{pmatrix} \frac{1}{2} \\ 0 \end{pmatrix} e^{-3t} \right]. \quad \blacksquare$$

Atribuindo vários valores para c_1 e c_2 na solução do Exemplo 4, podemos plotar as trajetórias do sistema em (10). Um retrato de fase de (10) é apresentado na Figura 8.2.3. As soluções $\mathbf{X}_1$ e $-\mathbf{X}_1$ determinam duas semirretas, $y = \frac{1}{3}x$, $x > 0$ e $y = \frac{1}{3}x$, $x < 0$, respectivamente, mostradas em cinza escuro na figura. Como o único autovalor é negativo e $e^{-3t} \to 0$ quando $t \to \infty$ sobre qualquer trajetória, temos que $(x(t), y(t)) \to (0,0)$ quando $t \to \infty$. É por causa disso que a ponta das flechas na Figura 8.2.3 indica que uma partícula sobre qualquer trajetória move-se em direção à origem à medida que o tempo cresce e a origem nesse caso é um atrator. Além disso,

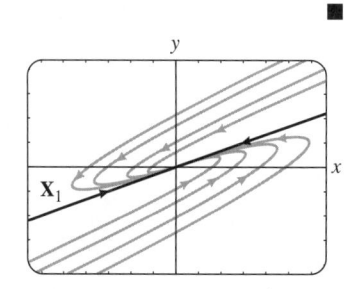

FIGURA 8.2.3 Um retrato de fase do sistema (10).

uma partícula que se move ou a trajetória $x = 3c_1e^{-3t} + c_2(3te^{-3t} + \frac{1}{2}e^{-3t})$, $y = c_1e^{-3t} + c_2te^{-3t}$, $c_2 \neq 0$ aproxima-se de $(0, 0)$ tangencialmente a uma das semirretas quando $t \to \infty$. Em contraposição, quando o autovalor repetido for positivo, a situação será revertida e a origem será um repulsor. Veja o Problema 21 nos Exercícios 8.2. Analogamente à Figura 8.2.2, a Figura 8.2.3 é típica de todos os sistemas lineares homogêneos $\mathbf{X}' = \mathbf{AX}$ (2×2) que têm dois autovalores negativos repetidos. Veja o Problema 32 nos Exercícios 8.2.

AUTOVALORES COM MULTIPLICIDADE TRÊS

Se a matriz $\mathbf{A}$ de coeficientes tiver somente um autovetor associado ao autovalor λ_1 com multiplicidade três, poderemos obter uma segunda solução da forma (12) e ainda uma terceira solução da forma

$$\mathbf{X}_3 = \mathbf{K}\frac{t^2}{2}e^{\lambda_1 t} + \mathbf{P}te^{\lambda_1 t} + \mathbf{Q}e^{\lambda_1 t}, \tag{15}$$

onde

$$\mathbf{K} = \begin{pmatrix} k_1 \\ k_2 \\ \vdots \\ k_n \end{pmatrix}, \quad \mathbf{P} = \begin{pmatrix} p_1 \\ p_2 \\ \vdots \\ p_n \end{pmatrix} \quad \text{e} \quad \mathbf{Q} = \begin{pmatrix} q_1 \\ q_2 \\ \vdots \\ q_n \end{pmatrix}.$$

Substituindo (15) no sistema $\mathbf{X}' = \mathbf{AX}$, encontramos os vetores coluna $\mathbf{K}$, $\mathbf{P}$ e $\mathbf{Q}$ devem satisfazer

$$(\mathbf{A} - \lambda_1\mathbf{I})\mathbf{K} = \mathbf{0} \tag{16}$$

$$(\mathbf{A} - \lambda_1\mathbf{I})\mathbf{P} = \mathbf{K} \tag{17}$$

e

$$(\mathbf{A} - \lambda_1\mathbf{I})\mathbf{Q} = \mathbf{P}. \tag{18}$$

Naturalmente, as soluções de (16) e (17) podem ser usadas para formar as soluções $\mathbf{X}_1$ e $\mathbf{X}_2$.

EXEMPLO 5 Autovalores repetidos

Resolva
$$\mathbf{X}' = \begin{pmatrix} 2 & 1 & 6 \\ 0 & 2 & 5 \\ 0 & 0 & 2 \end{pmatrix}\mathbf{X}.$$

SOLUÇÃO

A equação característica $(\lambda - 2)^3 = 0$ mostra que $\lambda_1 = 2$ é um autovalor com multiplicidade três. Resolvendo $(\mathbf{A} - 2\mathbf{I})\mathbf{K} = \mathbf{0}$, obtemos o único autovetor

$$\mathbf{K} = \begin{pmatrix} 1 \\ 0 \\ 0 \end{pmatrix}.$$

A seguir, resolvendo os sistemas $(\mathbf{A} - 2\mathbf{I})\mathbf{P} = \mathbf{K}$ e $(\mathbf{A} - 2\mathbf{I})\mathbf{Q} = \mathbf{P}$ encontramos

$$\mathbf{P} = \begin{pmatrix} 0 \\ 1 \\ 0 \end{pmatrix} \quad \text{e} \quad \mathbf{Q} = \begin{pmatrix} 0 \\ -\frac{6}{5} \\ \frac{1}{5} \end{pmatrix}.$$

Usando (12) e (15), vemos que a solução geral do sistema é

$$\mathbf{X} = c_1\begin{pmatrix} 1 \\ 0 \\ 0 \end{pmatrix}e^{2t} + c_2\left[\begin{pmatrix} 1 \\ 0 \\ 0 \end{pmatrix}te^{2t} + \begin{pmatrix} 0 \\ 1 \\ 0 \end{pmatrix}e^{2t}\right] + c_3\left[\begin{pmatrix} 1 \\ 0 \\ 0 \end{pmatrix}\frac{t^2}{2}e^{2t} + \begin{pmatrix} 0 \\ 1 \\ 0 \end{pmatrix}te^{2t} + \begin{pmatrix} 0 \\ -\frac{6}{5} \\ \frac{1}{5} \end{pmatrix}e^{2t}\right]. \blacksquare$$

OBSERVAÇÕES

Quando o autovalor λ_1 tiver multiplicidade m poderemos identificar m autovetores linearmente independentes ou o número de autovetores correspondentes será menor que m. Logo, os dois casos descritos na página 355 não cobrem todas as possibilidades no caso de autovalores repetidos. Pode ocorrer que, digamos, uma matriz 5×5 tenha um autovalor de multiplicidade cinco e existam três autovetores linearmente independentes correspondentes. Veja os Problemas 31 e 50 nos Exercícios 8.2.

8.2.3 AUTOVALORES COMPLEXOS

Se $\lambda_1 = \alpha + \beta i$ e $\lambda_2 = \alpha - \beta i, \beta > 0, i^2 = -1$ forem autovalores complexos da matriz dos coeficientes **A**, poderemos certamente esperar que os autovetores correspondentes tenham também coordenadas complexas.*

Por exemplo, a equação característica do sistema

$$\frac{dx}{dt} = 6x - y$$
$$\frac{dy}{dt} = 5x + 4y$$
(19)

é

$$\det(\mathbf{A} - \lambda\mathbf{I}) = \begin{vmatrix} 6-\lambda & -1 \\ 5 & 4-\lambda \end{vmatrix} = \lambda^2 - 10\lambda + 29 = 0.$$

Da fórmula de resolução da equação quadrática obtemos $\lambda_1 = 5 + 2i, \lambda_2 = 5 - 2i$.

Agora, para $\lambda_1 = 5 + 2i$, precisamos resolver

$$(1 - 2i)k_1 - k_2 = 0$$
$$5k_1 - (1 + 2i)k_2 = 0.$$

Uma vez que $k_2 = (1 - 2i)k_1$,† da escolha $k_1 = 1$ resulta o seguinte autovetor e vetor solução correspondente:

$$\mathbf{K}_1 = \begin{pmatrix} 1 \\ 1 - 2i \end{pmatrix}, \quad \mathbf{X}_1 = \begin{pmatrix} 1 \\ 1 - 2i \end{pmatrix} e^{(5+2i)t}.$$

Da mesma forma, para $\lambda_2 = 5 - 2i$, obtemos

$$\mathbf{K}_2 = \begin{pmatrix} 1 \\ 1 + 2i \end{pmatrix}, \quad \mathbf{X}_2 = \begin{pmatrix} 1 \\ 1 + 2i \end{pmatrix} e^{(5-2i)t}.$$

Podemos verificar por meio do Wronskiano que esses vetores solução são linearmente independentes e, portanto, a solução geral de (19) é

$$\mathbf{X} = c_1 \begin{pmatrix} 1 \\ 1 - 2i \end{pmatrix} e^{(5+2i)t} + c_2 \begin{pmatrix} 1 \\ 1 + 2i \end{pmatrix} e^{(5-2i)t}.$$
(20)

Observe que as coordenadas em $\mathbf{K}_2$ correspondentes a λ_2 são as conjugadas das coordenadas em $\mathbf{K}_1$ correspondentes a λ_1. A conjugada de λ_1 é, naturalmente, λ_2. Escrevemos isso como $\lambda_2 = \overline{\lambda}_1$ e $\mathbf{K}_2 = \overline{\mathbf{K}}_1$. Isso ilustra o seguinte resultado geral.

TEOREMA 8.2.2   Soluções correspondentes a autovalores complexos

Seja **A** a matriz de coeficientes com elementos reais do sistema homogêneo (2) e seja $\mathbf{K}_1$ um autovetor correspondente ao autovalor complexo $\lambda_1 = \alpha + i\beta$, α e β reais. Então

$$\mathbf{K}_1 e^{\lambda_1 t} \quad \text{e} \quad \overline{\mathbf{K}}_1 e^{\overline{\lambda}_1 t}$$

são soluções de (2).

---

* Quando a equação característica tiver coeficientes reais, os autovalores complexos aparecerão sempre em pares conjugados.
† Observe que a segunda equação é simplesmente $(1 + 2i)$ vezes a primeira.

É desejável e relativamente fácil reescrever uma solução como (20) em termos de funções reais. Com essa finalidade, vamos usar primeiramente a fórmula de Euler para escrever

$$e^{(5+2i)t} = e^{5t}e^{2ti} = e^{5t}(\cos 2t + i\operatorname{sen} 2t)$$
$$e^{(5-2i)t} = e^{5t}e^{-2ti} = e^{5t}(\cos 2t - i\operatorname{sen} 2t).$$

Então, depois de multiplicarmos números complexos, reunirmos os termos e substituirmos c_1+c_2 por C_1 e $(c_1-c_2)i$ e por C_2, (20) torna-se

$$\mathbf{X} = C_1\mathbf{X}_1 + C_2\mathbf{X}_2, \tag{21}$$

onde

$$\mathbf{X}_1 = \left[\begin{pmatrix}1\\1\end{pmatrix}\cos 2t - \begin{pmatrix}0\\-2\end{pmatrix}\operatorname{sen} 2t\right]e^{5t}$$

e

$$\mathbf{X}_2 = \left[\begin{pmatrix}0\\-2\end{pmatrix}\cos 2t + \begin{pmatrix}1\\1\end{pmatrix}\operatorname{sen} 2t\right]e^{5t}.$$

É importante agora perceber que os dois vetores, $\mathbf{X}_1$ e $\mathbf{X}_2$, em (21) são soluções *reais* linearmente independentes do sistema original. Consequentemente, temos motivo para ignorar a relação entre C_1, C_2 e c_1, c_2 e considerar C_1 e C_2 como reais e completamente arbitrárias. Em outras palavras, a combinação linear (21) é uma solução geral alternativa de (19). Além disso, com a forma real dada em (21), somos capazes de obter um retrato de fase do sistema em (19). De (21) encontramos $x(t)$ e $y(t)$, sendo

$$x = C_1 e^{5t}\cos 2t + C_2 e^{5t}\operatorname{sen} 2t$$
$$y = (C_1 - 2C_2)e^{5t}\cos 2t + (2C_1 + C_2)e^{5t}\operatorname{sen} 2t.$$

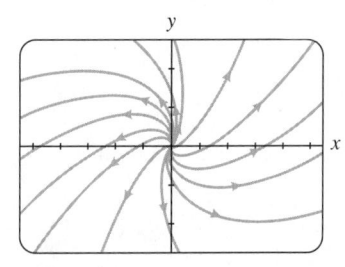

FIGURA 8.2.4 Retrato de fase do sistema (19).

Ao traçar a trajetória $(x(t), y(t))$ para vários valores de C_1 e C_2, obtemos o retrato de fase de (19), mostrado na Figura 8.2.4. Devido ao fato de a parte real de λ_1 ser $5 > 0$, $e^{5t} \to \infty$ quando $t \to \infty$. Sendo assim, as setas na Figura 8.2.4 apontam para fora da origem; uma partícula tende a qualquer trajetória espiral a partir da origem quando $t \to \infty$. A origem, neste caso, é um repulsor.

O processo no qual obtemos a solução real em (21) pode ser generalizado. Seja $\mathbf{K}_1$ um autovetor da matriz de coeficientes $\mathbf{A}$ (com elementos reais) correspondente ao autovalor complexo $\lambda_1 = \alpha + i\beta$. Então, os dois vetores solução do Teorema 8.2.2 podem ser escritos como

$$\mathbf{K}_1 e^{\lambda_1 t} = \mathbf{K}_1 e^{\alpha t}e^{i\beta t} = \mathbf{K}_1 e^{\alpha t}(\cos\beta t + i\operatorname{sen}\beta t)$$
$$\overline{\mathbf{K}}_1 e^{\overline{\lambda}_1 t} = \overline{K}_1 e^{\alpha t}e^{-i\beta t} = \overline{\mathbf{K}}_1 e^{\alpha t}(\cos\beta t - i\operatorname{sen}\beta t).$$

Pelo princípio da superposição, Teorema 8.1.2, os seguintes vetores são também soluções:

$$\mathbf{X}_1 = \frac{1}{2}(\mathbf{K}_1 e^{\lambda_1 t} + \overline{\mathbf{K}}_1 e^{\overline{\lambda}_1 t}) = \frac{1}{2}(\mathbf{K}_1 + \overline{\mathbf{K}}_1)e^{\alpha t}\cos\beta t - \frac{i}{2}(-\mathbf{K}_1 + \overline{\mathbf{K}}_1)e^{\alpha t}\operatorname{sen}\beta t$$
$$\mathbf{X}_2 = \frac{i}{2}(-\mathbf{K}_1 e^{\lambda_1 t} + \overline{\mathbf{K}}_1 e^{\overline{\lambda}_1 t}) = \frac{i}{2}(-\mathbf{K}_1 + \overline{\mathbf{K}}_1)e^{\alpha t}\cos\beta t + \frac{1}{2}(\mathbf{K}_1 + \overline{\mathbf{K}}_1)e^{\alpha t}\operatorname{sen}\beta t.$$

Tanto $\frac{1}{2}(z + \overline{z}) = a$ como $\frac{i}{2}(-z + \overline{z}) = b$ são números *reais* para *qualquer* número complexo $z = a + ib$. Portanto, as coordenadas nos vetores coluna $\frac{1}{2}(\mathbf{K}_1 + \overline{\mathbf{K}}_1)$ e $\frac{i}{2}(-\mathbf{K}_1 + \overline{\mathbf{K}}_1)$ são números reais. Se definirmos

$$\mathbf{B}_1 = \frac{1}{2}(\mathbf{K}_1 + \overline{\mathbf{K}}_1) \quad \text{e} \quad \mathbf{B}_2 = \frac{i}{2}(-\mathbf{K}_1 + \overline{\mathbf{K}}_1) \tag{22}$$

seremos levados ao seguinte teorema.

TEOREMA 8.2.3 Soluções reais correspondentes a um autovalor complexo

Seja $\lambda_1 = \alpha + i\beta$ um autovalor complexo da matriz dos coeficientes **A** no sistema homogêneo (2) e sejam $\mathbf{B}_1$ e $\mathbf{B}_2$ os vetores coluna definidos em (22). Então

$$\mathbf{X}_1 = [\mathbf{B}_1 \cos\beta t - \mathbf{B}_2 \operatorname{sen}\beta t]e^{\alpha t}$$
$$\mathbf{X}_2 = [\mathbf{B}_2 \cos\beta t + \mathbf{B}_1 \operatorname{sen}\beta t]e^{\alpha t} \tag{23}$$

são soluções linearmente independentes de (2) em $(-\infty, \infty)$.

As matrizes $\mathbf{B}_1$ e $\mathbf{B}_2$ em (22) são frequentemente denotadas por

$$\mathbf{B}_1 = \operatorname{Re}(\mathbf{K}_1) \quad \text{e} \quad \mathbf{B}_2 = \operatorname{Im}(\mathbf{K}_1), \tag{24}$$

uma vez que esses vetores são, respectivamente, as partes real e imaginária do autovetor $\mathbf{K}_1$. Por exemplo, (21) segue de (23) com

$$\mathbf{K}_1 = \begin{pmatrix} 1 \\ 1 - 2i \end{pmatrix} = \begin{pmatrix} 1 \\ 1 \end{pmatrix} + i\begin{pmatrix} 0 \\ -2 \end{pmatrix}$$

$$\mathbf{B}_1 = \operatorname{Re}(\mathbf{K}_1) = \begin{pmatrix} 1 \\ 1 \end{pmatrix} \quad \text{e} \quad \mathbf{B}_2 = \operatorname{Im}(\mathbf{K}_1) = \begin{pmatrix} 0 \\ -2 \end{pmatrix}.$$

EXEMPLO 6 Autovalores complexos

Resolva o problema de valor inicial

$$\mathbf{X}' = \begin{pmatrix} 2 & 8 \\ -1 & -2 \end{pmatrix}\mathbf{X}, \quad \mathbf{X}(0) = \begin{pmatrix} 2 \\ -1 \end{pmatrix}. \tag{25}$$

SOLUÇÃO

Vamos obter primeiramente os autovalores da equação

$$\det(\mathbf{A} - \lambda\mathbf{I}) = \begin{vmatrix} 2 - \lambda & 8 \\ -1 & -2 - \lambda \end{vmatrix} = \lambda^2 + 4 = 0.$$

Os autovalores são $\lambda_1 = 2i$ e $\lambda_2 = \overline{\lambda}_1 = -2i$. Para λ_1, do sistema

$$(2 - 2i)k_1 + 8k_2 = 0$$
$$-k_1 + (-2 - 2i)k_2 = 0$$

obtemos $k_1 = -(2 + 2i)k_2$. Escolhendo $k_2 = -1$, temos

$$K_1 = \begin{pmatrix} 2 + 2i \\ -1 \end{pmatrix} = \begin{pmatrix} 2 \\ -1 \end{pmatrix} + i\begin{pmatrix} 2 \\ 0 \end{pmatrix}.$$

Agora, de (24) formamos

$$\mathbf{B}_1 = \operatorname{Re}(\mathbf{K}_1) = \begin{pmatrix} 2 \\ -1 \end{pmatrix} \quad \text{e} \quad \mathbf{B}_2 = \operatorname{Im}(\mathbf{K}_1) = \begin{pmatrix} 2 \\ 0 \end{pmatrix}.$$

Como $\alpha = 0$, segue de (23) que a solução geral do sistema é

$$X = c_1\left[\begin{pmatrix} 2 \\ -1 \end{pmatrix}\cos 2t - \begin{pmatrix} 2 \\ 0 \end{pmatrix}\operatorname{sen} 2t\right] + c_2\left[\begin{pmatrix} 2 \\ 0 \end{pmatrix}\cos 2t + \begin{pmatrix} 2 \\ -1 \end{pmatrix}\operatorname{sen} 2t\right]$$
$$= c_1\begin{pmatrix} 2\cos 2t - 2\operatorname{sen} 2t \\ -\cos 2t \end{pmatrix} + c_2\begin{pmatrix} 2\cos 2t + 2\operatorname{sen} 2t \\ -\operatorname{sen} 2t \end{pmatrix}. \tag{26}$$

Alguns gráficos das curvas ou trajetórias definidas pela solução (26) do sistema estão ilustrados no retrato de fase da Figura 8.2.5. Agora, a condição inicial $\mathbf{X}(0) = \begin{pmatrix} 2 \\ -1 \end{pmatrix}$ ou, equivalentemente, $x(0) = 2$ e $y(0) = -1$ dá lugar a um sistema algébrico

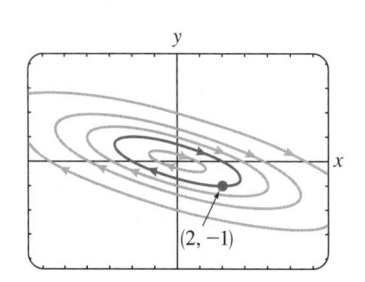

FIGURA 8.2.5 Retrato de fase de (25) no Exemplo 6

$2c_1 + 2c_2 = 2$, $-c_1 = -1$ cuja solução é $c_1 = 1$, $c_2 = 0$. Assim, a solução do problema é $X = \begin{pmatrix} 2\cos 2t - 2\operatorname{sen} 2t \\ -\cos 2t \end{pmatrix}$. A trajetória definida parametricamente pela solução particular $x = 2\cos 2t - 2\operatorname{sen} 2t$, $y = -\cos 2t$ é a curva em cinza escuro da Figura 8.2.5. Observe que essa curva passa por $(2, -1)$. ∎

OBSERVAÇÕES

Nesta seção, examinamos exclusivamente sistemas homogêneos de primeira ordem de equações lineares na forma normal $\mathbf{X}' = \mathbf{AX}$. Mas, frequentemente, o modelo matemático de um sistema físico dinâmico é um sistema de segunda ordem homogêneo cuja forma normal é $\mathbf{X}'' = \mathbf{AX}$. Por exemplo, o modelo para as molas acopladas em (1) da Seção 7.6,

$$m_1 x_1'' = -k_1 x_1 + k_2(x_2 - x_1)$$
$$m_2 x_2'' = -k_2(x_2 - x_1), \tag{27}$$

pode ser escrito como

$$\mathbf{MX}'' = \mathbf{KX},$$

onde

$$\mathbf{M} = \begin{pmatrix} m_1 & 0 \\ 0 & m_2 \end{pmatrix}, \quad \mathbf{K} = \begin{pmatrix} -k_1 - k_2 & k_2 \\ k_2 & -k_2 \end{pmatrix} \quad \text{e} \quad \mathbf{X} = \begin{pmatrix} x_1(t) \\ x_2(t) \end{pmatrix}.$$

Como $\mathbf{M}$ é não singular, podemos resolver a equação obtendo $\mathbf{X}''$ como $\mathbf{X}'' = \mathbf{AX}$, onde $\mathbf{A} = \mathbf{M}^{-1}\mathbf{K}$. Assim, (27) é equivalente a

$$\mathbf{X}'' = \begin{pmatrix} -\dfrac{k_1}{m_1} - \dfrac{k_2}{m_1} & \dfrac{k_2}{m_1} \\ \dfrac{k_2}{m_2} & -\dfrac{k_2}{m_2} \end{pmatrix} \mathbf{X}. \tag{28}$$

Os métodos desta seção podem ser usados para resolver um sistema de duas maneiras:

- Em primeiro lugar, o sistema original (27) pode ser transformado em um sistema de primeira ordem por meio de substituições. Se fizermos $x_1' = x_3$ e $x_2' = x_4$, então $x_3' = x_1''$ e $x_4' = x_2''$ e, portanto, (27) é equivalente a um sistema de *quatro* EDs lineares de primeira ordem:

$$\begin{aligned} x_1' &= x_3 \\ x_2' &= x_4 \\ x_3' &= -\left(\dfrac{k_1}{m_1} + \dfrac{k_2}{m_1}\right)x_1 + \dfrac{k_2}{m_1}x_2 \\ x_4' &= \dfrac{k_2}{m_2}x_1 - \dfrac{k_2}{m_2}x_2 \end{aligned} \quad \text{ou} \quad \mathbf{X}' = \begin{pmatrix} 0 & 0 & 1 & 0 \\ 0 & 0 & 0 & 1 \\ -\dfrac{k_1}{m_1} - \dfrac{k_2}{m_1} & \dfrac{k_2}{m_1} & 0 & 0 \\ \dfrac{k_2}{m_2} & -\dfrac{k_2}{m_2} & 0 & 0 \end{pmatrix}\mathbf{X}. \tag{29}$$

Determinando os autovalores e autovetores da matriz de coeficientes $\mathbf{A}$ em (29), vemos que a solução desse sistema de primeira ordem descreve o estado completo do sistema físico – a posição das massas em relação à posição de equilíbrio (x_1 e x_2), bem como a velocidade das massas (x_3 e x_4) no instante t. Veja o Problema 48(a) nos Exercícios 8.2.

- Em segundo lugar, como (27) descreve um movimento livre não amortecido, podemos argumentar que as soluções de valores reais do sistema de segunda ordem (28) terão a forma

$$\mathbf{X} = \mathbf{V}\cos\omega t \quad \text{e} \quad \mathbf{X} = \mathbf{V}\operatorname{sen}\omega t, \tag{30}$$

onde $\mathbf{V}$ é uma matriz coluna de constantes. Substituindo qualquer das duas funções de (30) em $\mathbf{X}'' = \mathbf{AX}$, obtemos $(\mathbf{A} + \omega^2 \mathbf{I})\mathbf{V} = \mathbf{0}$. (Verifique.) Fazendo a identificação com (3) desta seção, concluímos que $\lambda = -\omega^2$ representa um autovalor e $\mathbf{V}$ um autovetor correspondente a $\mathbf{A}$. Pode ser mostrado que os autovalores $\lambda_i = -\omega_i^2$, $i = 1, 2$ de $\mathbf{A}$ são negativos e, portanto, $\omega_i = \sqrt{-\lambda_i}$ é um número real e representa uma frequência de vibração (circular) (veja (4) da Seção 7.6). Pela superposição de soluções, a solução geral de (28) é então

$$\begin{aligned} \mathbf{X} &= c_1 \mathbf{V}_1 \cos\omega_1 t + c_2 \mathbf{V}_1 \operatorname{sen}\omega_1 t + c_3 \mathbf{V}_2 \cos\omega_2 t + c_4 \mathbf{V}_2 \operatorname{sen}\omega_2 t \\ &= (c_1 \cos\omega_1 t + c_2 \operatorname{sen}\omega_1 t)\mathbf{V}_1 + (c_3 \cos\omega_2 t + c_4 \operatorname{sen}\omega_2 t)\mathbf{V}_2, \end{aligned} \tag{31}$$

onde $\mathbf{V}_1$ e $\mathbf{V}_2$ são, por sua vez, autovetores reais de $\mathbf{A}$ correspondentes a λ_1 e λ_2.

O resultado dado em (31) pode ser generalizado. Se $-\omega_1^2, -\omega_2^2, \ldots, -\omega_n^2$ forem autovalores negativos distintos e $\mathbf{V}_1, \mathbf{V}_2, \ldots, \mathbf{V}_n$ os autovalores reais correspondentes da matriz $n \times n$ dos coeficientes $\mathbf{A}$, o sistema homogêneo de segunda ordem $\mathbf{X}'' = \mathbf{A}\mathbf{X}$ tem a solução geral

$$\mathbf{X} = \sum_{i=1}^{n} (a_i \cos \omega_i t + b_i \operatorname{sen} \omega_i t)\mathbf{V}_i, \tag{32}$$

onde a_i e b_i representam constantes arbitrárias. Veja o Problema 48(b) nos Exercícios 8.2.

EXERCÍCIOS 8.2

As respostas aos problemas ímpares estão no final do livro.

8.2.1 AUTOVETORES REAIS DISTINTOS

Nos Problemas 1-12, encontre a solução geral do sistema dado.

1. $\dfrac{dx}{dt} = x + 2y$
   $\dfrac{dy}{dt} = 4x + 3y$

2. $\mathbf{X}' = \begin{pmatrix} -6 & 2 \\ -3 & 1 \end{pmatrix} \mathbf{X}$

3. $\dfrac{dx}{dt} = -4x + 2y$
   $\dfrac{dy}{dt} = -\dfrac{5}{2}x + 2y$

4. $\dfrac{dx}{dt} = 2x + 2y$
   $\dfrac{dy}{dt} = x + 3y$

5. $\mathbf{X}' = \begin{pmatrix} 10 & -5 \\ 8 & -12 \end{pmatrix} \mathbf{X}$

6. $\dfrac{dx}{dt} = 2x - 7y$
   $\dfrac{dy}{dt} = 5x + 10y + 4z$
   $\dfrac{dz}{dt} = 5y + 2z$

7. $\dfrac{dx}{dt} = x + y - z$
   $\dfrac{dy}{dt} = 2y$
   $\dfrac{dz}{dt} = y - z$

8. $\dfrac{dx}{dt} = -\dfrac{5}{2}x + 2y$
   $\dfrac{dy}{dt} = \dfrac{3}{4}x - 2y$

9. $\mathbf{X}' = \begin{pmatrix} -1 & 1 & 0 \\ 1 & 2 & 1 \\ 0 & 3 & -1 \end{pmatrix} \mathbf{X}$

10. $\mathbf{X}' = \begin{pmatrix} -1 & 4 & 2 \\ 4 & -1 & -2 \\ 0 & 0 & 6 \end{pmatrix} \mathbf{X}$

11. $\mathbf{X}' = \begin{pmatrix} -1 & -1 & 0 \\ \frac{3}{4} & -\frac{3}{2} & 3 \\ \frac{1}{8} & \frac{1}{4} & -\frac{1}{2} \end{pmatrix} \mathbf{X}$

12. $\mathbf{X}' = \begin{pmatrix} 1 & 0 & 1 \\ 0 & 1 & 0 \\ 1 & 0 & 1 \end{pmatrix} \mathbf{X}$

Nos Problemas 13 e 14, resolva o problema de valor inicial dado.

13. $\mathbf{X}' = \begin{pmatrix} \frac{1}{2} & 0 \\ 1 & -\frac{1}{2} \end{pmatrix} \mathbf{X}, \quad \mathbf{X}(0) = \begin{pmatrix} 3 \\ 5 \end{pmatrix}$

14. $\mathbf{X}' = \begin{pmatrix} 1 & 1 & 4 \\ 0 & 2 & 0 \\ 1 & 1 & 1 \end{pmatrix} \mathbf{X}, \quad \mathbf{X}(0) = \begin{pmatrix} 1 \\ 3 \\ 0 \end{pmatrix}$

TAREFAS PARA O LABORATÓRIO DE INFORMÁTICA

Nos Problemas 15 e 16, use um SAC ou um software de álgebra linear como auxílio para determinar a solução geral do sistema dado.

15. $\mathbf{X}' = \begin{pmatrix} 0{,}9 & 2{,}1 & 3{,}2 \\ 0{,}7 & 6{,}5 & 4{,}2 \\ 1{,}1 & 1{,}7 & 3{,}4 \end{pmatrix} \mathbf{X}$

16. $\mathbf{X}' = \begin{pmatrix} 1 & 0 & 2 & -1{,}8 & 0 \\ 0 & 5{,}1 & 0 & -1 & 3 \\ 1 & 2 & -3 & 0 & 0 \\ 0 & 1 & -3{,}1 & 4 & 0 \\ -2{,}8 & 0 & 0 & 1{,}5 & 1 \end{pmatrix} \mathbf{X}$

17. a) Use um software para obter o retrato de fase do sistema no Problema 5. Se possível, inclua flechas como as da Figura 8.2.2. Inclua também quatro semirretas em seu retrato de fase.

    b) Obtenha as equações cartesianas de cada uma das quatro semirretas do item (a).

c) Desenhe os autovetores no seu retrato de fase do sistema.

18. Determine o retrato de fase dos sistemas nos Problemas 2 e 4. Para cada um, encontre qualquer trajetória que seja semirreta e inclua no retrato de fase.

8.2.2 AUTOVALORES REPETIDOS

Nos Problemas 19-28, obtenha a solução geral do sistema dado.

19. $\dfrac{dx}{dt} = 3x - y$
$\dfrac{dy}{dt} = 9x - 3y$

20. $\mathbf{X}' = \begin{pmatrix} 1 & 0 & 0 \\ 0 & 3 & 1 \\ 0 & -1 & 1 \end{pmatrix} \mathbf{X}$

21. $\mathbf{X}' = \begin{pmatrix} -1 & 3 \\ -3 & 5 \end{pmatrix} \mathbf{X}$

22. $\dfrac{dx}{dt} = 3x + 2y + 4z$
$\dfrac{dy}{dt} = 2x + 2z$
$\dfrac{dz}{dt} = 4x + 2y + 3z$

23. $\dfrac{dx}{dt} = 3x - y - z$
$\dfrac{dy}{dt} = x + y - z$
$\dfrac{dz}{dt} = x - y + z$

24. $\mathbf{X}' = \begin{pmatrix} 4 & 1 & 0 \\ 0 & 4 & 1 \\ 0 & 0 & 4 \end{pmatrix} \mathbf{X}$

25. $\mathbf{X}' = \begin{pmatrix} 5 & -4 & 0 \\ 1 & 0 & 2 \\ 0 & 2 & 5 \end{pmatrix} \mathbf{X}$

26. $\mathbf{X}' = \begin{pmatrix} 12 & -9 \\ 4 & 0 \end{pmatrix} \mathbf{X}$

27. $\mathbf{X}' = \begin{pmatrix} 1 & 0 & 0 \\ 2 & 2 & -1 \\ 0 & 1 & 0 \end{pmatrix} \mathbf{X}$

28. $\dfrac{dx}{dt} = -6x + 5y$
$\dfrac{dy}{dt} = -5x + 4y$

Nos Problemas 29 e 30, resolva o problema de valor inicial dado.

29. $\mathbf{X}' = \begin{pmatrix} 2 & 4 \\ -1 & 6 \end{pmatrix} \mathbf{X}, \quad \mathbf{X}(0) = \begin{pmatrix} -1 \\ 6 \end{pmatrix}$

30. $\mathbf{X}' = \begin{pmatrix} 0 & 0 & 1 \\ 0 & 1 & 0 \\ 1 & 0 & 0 \end{pmatrix} \mathbf{X}, \quad \mathbf{X}(0) = \begin{pmatrix} 1 \\ 2 \\ 5 \end{pmatrix}$

31. Mostre que a matriz 5×5

$$\mathbf{A} = \begin{pmatrix} 2 & 1 & 0 & 0 & 0 \\ 0 & 2 & 0 & 0 & 0 \\ 0 & 0 & 2 & 0 & 0 \\ 0 & 0 & 0 & 2 & 1 \\ 0 & 0 & 0 & 0 & 2 \end{pmatrix}$$

tem autovalor λ_1 de multiplicidade cinco. Mostre que podem ser encontrados três autovetores linearmente independentes associados a λ_1.

TAREFAS PARA O LABORATÓRIO DE INFORMÁTICA

32. Encontre o retrato de fase dos sistemas nos Problemas 20 e 21. Para cada um, encontre trajetórias que sejam semirretas e inclua-as no retrato de fase.

8.2.3 AUTOVALORES COMPLEXOS

Nos Problemas 33-44, determine a solução geral do sistema dado.

33. $\dfrac{dx}{dt} = 6x - y$
$\dfrac{dy}{dt} = 5x + 2y$

34. $\dfrac{dx}{dt} = 2x + y + 2z$
$\dfrac{dy}{dt} = 3x + 6z$
$\dfrac{dz}{dt} = -4x - 3z$

35. $\dfrac{dx}{dt} = 5x + y$
$\dfrac{dy}{dt} = -2x + 3y$

36. $\mathbf{X}' = \begin{pmatrix} 1 & -8 \\ 1 & -3 \end{pmatrix} \mathbf{X}$

37. $\mathbf{X}' = \begin{pmatrix} 4 & -5 \\ 5 & -4 \end{pmatrix} \mathbf{X}$

38. $\dfrac{dx}{dt} = 4x + 5y$
$\dfrac{dy}{dt} = -2x + 6y$

39. $\dfrac{dx}{dt} = z$
$\dfrac{dy}{dt} = -z$
$\dfrac{dz}{dt} = y$

40. $\dfrac{dx}{dt} = x + y$
$\dfrac{dy}{dt} = -2x - y$

41. $\mathbf{X}' = \begin{pmatrix} 1 & -1 & 2 \\ -1 & 1 & 0 \\ -1 & 0 & 1 \end{pmatrix} \mathbf{X}$

42. $\mathbf{X}' = \begin{pmatrix} 4 & 0 & 1 \\ 0 & 6 & 0 \\ -4 & 0 & 4 \end{pmatrix} \mathbf{X}$

43. $\mathbf{X}' = \begin{pmatrix} 2 & 5 & 1 \\ -5 & -6 & 4 \\ 0 & 0 & 2 \end{pmatrix} \mathbf{X}$

44. $\mathbf{X}' = \begin{pmatrix} 2 & 4 & 4 \\ -1 & -2 & 0 \\ -1 & 0 & -2 \end{pmatrix} \mathbf{X}$

Nos Problemas 45 e 46, resolva o problema de valor inicial.

45. $\mathbf{X}' = \begin{pmatrix} 1 & -12 & -14 \\ 1 & 2 & -3 \\ 1 & 1 & -2 \end{pmatrix} \mathbf{X}, \quad \mathbf{X}(0) = \begin{pmatrix} 4 \\ 6 \\ -7 \end{pmatrix}$

46. $\mathbf{X}' = \begin{pmatrix} 6 & -1 \\ 5 & 4 \end{pmatrix} \mathbf{X}, \quad \mathbf{X}(0) = \begin{pmatrix} -2 \\ 8 \end{pmatrix}$

TAREFAS PARA O LABORATÓRIO DE INFORMÁTICA

47. Determine os retratos de fase dos sistemas nos Problemas 36, 37 e 38.

48. a) Resolva (2) da Seção 7.6, usando o primeiro método esboçado nas Observações (página 362), isto é, expresse (2) da Seção 7.6 como um sistema de quatro equações lineares de primeira ordem. Use um SAC ou software de álgebra linear para obter os autovalores e autovetores da matriz 4 × 4. Aplique então as condições iniciais à solução geral para obter (4) da Seção 7.6.

b) Resolva (2) da Seção 7.6 usando o segundo método esboçado nas Observações, isto é, expresse (2) da Seção 7.6 como um sistema de duas equações lineares de segunda ordem. Suponha soluções da forma $\mathbf{X} = \mathbf{V}\,\text{sen}\,\omega t$ e $\mathbf{X} = \mathbf{V}\cos\omega t$. Ache os autovalores e autovetores da matriz 2 × 2. Como no item (a), obtenha (4) da Seção 7.6.

PROBLEMAS PARA DISCUSSÃO

49. Resolva cada um dos seguintes sistemas lineares.

a) $\mathbf{X}' = \begin{pmatrix} 1 & 1 \\ 1 & 1 \end{pmatrix} \mathbf{X}$
b) $\mathbf{X}' = \begin{pmatrix} 1 & 1 \\ -1 & -1 \end{pmatrix} \mathbf{X}$

Ache o retrato de fase de cada sistema. Qual é a relevância geométrica da reta $y = -x$ em cada retrato?

50. Considere a matriz 5 × 5 dada no Problema 31. Resolva o sistema $\mathbf{X}' = \mathbf{AX}$ sem usar métodos matriciais, mas descreva a solução geral usando notação matricial. Use a solução geral como base para discutir como o sistema pode ser resolvido com os métodos matriciais desta seção. Desenvolva suas ideias.

51. Obtenha uma equação cartesiana da curva definida parametricamente pela solução do sistema linear do Exemplo 6. Identifique a curva que passa por (2, −1) na Figura 8.2.5. [*Sugestão*: Compute x^2, y^2 e xy.]

52. Examine o retrato de fase do Problema 47. Sob que condições o retrato de fase de um sistema linear homogêneo, 2 × 2, com autovalores complexos, consiste em uma família de curvas fechadas? Consiste em uma família de espirais? Sob que condições a origem (0, 0) é um repulsor? Um atrator?

8.3 SISTEMAS LINEARES NÃO HOMOGÊNEOS

IMPORTANTE REVISAR

- Seção 4.4 (Coeficientes Indeterminados)
- Seção 4.6 (Variação de Parâmetros)

INTRODUÇÃO

Na Seção 8.1, vimos que a solução geral de um sistema linear não homogêneo $\mathbf{X}' = \mathbf{AX} + \mathbf{F}(t)$ em um intervalo I é $\mathbf{X} = \mathbf{X}_c + \mathbf{X}_p$, onde $\mathbf{X}_c = c_1\mathbf{X}_1 + c_2\mathbf{X}_2 + \cdots + c_n\mathbf{X}_n$ é a função complementar ou solução geral do sistema linear homogêneo associado $\mathbf{X}' = \mathbf{AX}$ e $\mathbf{X}_p$ é qualquer **solução particular** do sistema não homogêneo. Na Seção 8.2, vimos como obter $\mathbf{X}_c$ quando a matriz dos coeficientes $\mathbf{A}$ da matriz for uma matriz de constantes $n \times n$. Nesta seção, consideramos dois métodos para obtenção de $\mathbf{X}_p$.

O método dos coeficientes indeterminados e o método da variação dos parâmetros, utilizados no Capítulo 4 para encontrar as soluções particulares da EDO linear não homogênea, podem ambos ser adaptados para a solução de sistemas lineares não homogêneos $\mathbf{X}' = \mathbf{AX} + \mathbf{F}(t)$. Dos dois métodos, a variação dos parâmetros é a técnica mais poderosa. No entanto, existem casos em que o método dos coeficientes indeterminados fornece um meio rápido para se encontrar uma solução particular.

8.3.1 COEFICIENTES INDETERMINADOS

OS PRESSUPOSTOS

Como na Seção 4.4, o método dos coeficientes indeterminados consiste em fazer um palpite sobre a forma de um vetor solução particular $\mathbf{X}_p$; o palpite é motivado pelo tipo de funções que compõem as entradas da matriz coluna $\mathbf{F}(t)$. Não surpreendentemente, a versão da matriz dos coeficientes que queremos determinar é aplicável a $\mathbf{X}' = \mathbf{AX} + \mathbf{F}(t)$ apenas quando as entradas de $\mathbf{A}$ são constantes e as entradas de $\mathbf{F}(t)$ são constantes, polinômios, funções exponenciais, senos e cossenos, ou somas e produtos finitos dessas funções.

EXEMPLO 1   **Coeficientes indeterminados**

Resolva o sistema $\mathbf{X}' = \begin{pmatrix} -1 & 2 \\ -1 & 1 \end{pmatrix} \mathbf{X} + \begin{pmatrix} -8 \\ 3 \end{pmatrix}$ no intervalo $(-\infty, \infty)$.

SOLUÇÃO

Primeiro, resolvemos o sistema homogêneo associado

$$\mathbf{X}' = \begin{pmatrix} -1 & 2 \\ -1 & 1 \end{pmatrix} \mathbf{X}.$$

A equação característica da matriz dos coeficientes $\mathbf{A}$,

$$\det(\mathbf{A} - \lambda \mathbf{I}) = \begin{vmatrix} -1 - \lambda & 2 \\ -1 & 1 - \lambda \end{vmatrix} = \lambda^2 + 1 = 0$$

nos leva aos autovalores complexos $\lambda_1 = i$ e $\lambda_2 = \overline{\lambda_1} = -i$. Pelo método apontado na Seção 8.2, encontramos

$$\mathbf{X}_c = c_1 \begin{pmatrix} \cos t + \sen t \\ \cos t \end{pmatrix} + c_2 \begin{pmatrix} \cos t - \sen t \\ -\sen t \end{pmatrix}.$$

Agora, uma vez que $\mathbf{F}(t)$ é um vetor constante, podemos assumir um vetor solução constante $\mathbf{X}_p = \begin{pmatrix} a_1 \\ b_1 \end{pmatrix}$. Substituindo este último resultado no sistema original e equacionando as entradas, chegamos a

$$0 = -a_1 + 2b_1 - 8$$
$$0 = -a_1 + b_1 + 3.$$

Resolver este sistema algébrico nos leva a $a_1 = 14$ e $b_1 = 11$, e assim uma solução particular é dada por $\mathbf{X}_p = \begin{pmatrix} 14 \\ 11 \end{pmatrix}$. A solução geral do sistema original da ED no intervalo $(-\infty, \infty)$ é, então, $\mathbf{X} = \mathbf{X}_c + \mathbf{X}_p$ ou

$$\mathbf{X} = c_1 \begin{pmatrix} \cos t + \sen t \\ \cos t \end{pmatrix} + c_2 \begin{pmatrix} \cos t - \sen t \\ -\sen t \end{pmatrix} + \begin{pmatrix} 14 \\ 11 \end{pmatrix}. \qquad \blacksquare$$

EXEMPLO 2   **Coeficientes indeterminados**

Resolva o sistema $\mathbf{X}' = \begin{pmatrix} 6 & 1 \\ 4 & 3 \end{pmatrix} \mathbf{X} + \begin{pmatrix} 6t \\ -10t + 4 \end{pmatrix}$ no intervalo $(-\infty, \infty)$.

SOLUÇÃO

Os autovalores e autovetores correspondentes do sistema homogêneo associado $\mathbf{X}' = \begin{pmatrix} 6 & 1 \\ 4 & 3 \end{pmatrix} \mathbf{X}$ encontrados são $\lambda_1 = 2$, $\lambda_2 = 7$, $K_1 = \begin{pmatrix} 1 \\ -4 \end{pmatrix}$ e $K_2 = \begin{pmatrix} 1 \\ 1 \end{pmatrix}$. Logo, a função complementar é dada por

$$\mathbf{X}_c = c_1 \begin{pmatrix} 1 \\ -4 \end{pmatrix} e^{2t} + c_2 \begin{pmatrix} 1 \\ 1 \end{pmatrix} e^{7t}.$$

Agora, já que $\mathbf{F}(t)$ pode ser escrito como $\mathbf{F}(t) = \begin{pmatrix} 6 \\ -10 \end{pmatrix} t + \begin{pmatrix} 0 \\ 4 \end{pmatrix}$, vamos tentar encontrar uma solução particular do sistema que possui a mesma forma:

$$\mathbf{X}_p = \begin{pmatrix} a_2 \\ b_2 \end{pmatrix} t + \begin{pmatrix} a_1 \\ b_1 \end{pmatrix}.$$

Substituindo este último resultado nos dados do sistema, temos:

$$\begin{pmatrix} a_2 \\ b_2 \end{pmatrix} = \begin{pmatrix} 6 & 1 \\ 4 & 3 \end{pmatrix} \left[\begin{pmatrix} a_2 \\ b_2 \end{pmatrix} t + \begin{pmatrix} a_1 \\ b_1 \end{pmatrix} \right] + \begin{pmatrix} 6 \\ -10 \end{pmatrix} t + \begin{pmatrix} 0 \\ 4 \end{pmatrix}$$

ou

$$\begin{pmatrix} 0 \\ 0 \end{pmatrix} = \begin{pmatrix} (6a_2 + b_2 + 6)t + 6a_1 + b_1 - a_2 \\ (4a_2 + 3b_2 - 10)t + 4a_1 + 3b_1 - b_2 + 4 \end{pmatrix}.$$

A partir da última relação, obtemos quatro equações algébricas e quatro incógnitas

$$\begin{aligned} 6a_2 + b_2 + 6 &= 0 \\ 4a_2 + 3b_2 - 10 &= 0 \end{aligned} \quad \text{e} \quad \begin{aligned} 6a_1 + b_1 - a_2 &= 0 \\ 4a_1 + 3b_1 - b_2 + 4 &= 0. \end{aligned}$$

Resolvendo as duas primeiras equações simultaneamente, chegamos a $a_2 = -2$ e $b_2 = 6$. Em seguida, substituímos esses valores nas duas últimas equações e calculamos a_1 e b_1. Os resultados são $a_1 = -\frac{4}{7}$, $b_1 = \frac{10}{7}$. Daqui resulta, portanto, que um vetor solução particular é

$$\mathbf{X}_p = \begin{pmatrix} -2 \\ 6 \end{pmatrix} t + \begin{pmatrix} -\frac{4}{7} \\ \frac{10}{7} \end{pmatrix}.$$

A solução geral do sistema em $(-\infty, \infty)$ é $\mathbf{X} = \mathbf{X}_c + \mathbf{X}_p$ ou

$$\mathbf{X} = c_1 \begin{pmatrix} 1 \\ -4 \end{pmatrix} e^{2t} + c_2 \begin{pmatrix} 1 \\ 1 \end{pmatrix} e^{7t} + \begin{pmatrix} -2 \\ 6 \end{pmatrix} t + \begin{pmatrix} -\frac{4}{7} \\ \frac{10}{7} \end{pmatrix}. \quad \blacksquare$$

EXEMPLO 3   **Forma de $\mathbf{X}_p$**

Determine a forma de um vetor solução particular $\mathbf{X}_p$ para o sistema

$$\frac{dx}{dt} = 5x + 3y - 2e^{-t} + 1$$

$$\frac{dy}{dt} = -x + y + e^{-t} - 5t + 7.$$

SOLUÇÃO
Como $\mathbf{F}(t)$ pode ser escrito em termos de matriz como

$$\mathbf{F}(t) = \begin{pmatrix} -2 \\ 1 \end{pmatrix} e^{-t} + \begin{pmatrix} 0 \\ -5 \end{pmatrix} t + \begin{pmatrix} 1 \\ 7 \end{pmatrix},$$

um pressuposto natural para uma determinada solução seria

$$\mathbf{X}_p = \begin{pmatrix} a_3 \\ b_3 \end{pmatrix} e^{-t} + \begin{pmatrix} a_2 \\ b_2 \end{pmatrix} t + \begin{pmatrix} a_1 \\ b_1 \end{pmatrix}. \quad \blacksquare$$

OBSERVAÇÕES

O método dos coeficientes indeterminados para sistemas lineares não é tão simples como os três últimos exemplos parecem indicar. Na Seção 4.4, a forma de uma solução particular y_p foi baseada no conhecimento prévio da função complementar y_c. O mesmo é verdadeiro para a determinação de $\mathbf{X}_p$. Mas há mais dificuldades: as regras específicas que regem a forma de y_p na Seção 4.4 não nos levam de forma robusta à determinação de $\mathbf{X}_p$. Por exemplo, se $\mathbf{F}(t)$ é um vetor constante, como no Exemplo 1, e $\lambda = 0$ é um autovalor de multiplicidade um, então $\mathbf{X}_c$ contém um vetor constante. Na regra de multiplicação apresentada na página 153 teríamos que tentar uma solução particular da forma $\mathbf{X}_p = \begin{pmatrix} a_1 \\ b_1 \end{pmatrix} t$. Esta suposição não é apropriada para sistemas lineares; deveria ser $\mathbf{X}_p = \begin{pmatrix} a_2 \\ b_2 \end{pmatrix} t + \begin{pmatrix} a_1 \\ b_1 \end{pmatrix}$.

Da mesma forma, no Exemplo 3, se substituirmos e^{-t} em $\mathbf{F}(t)$ por e^{2t} ($\lambda = 2$ é um autovalor), então a forma correta do vetor solução particular é

$$\mathbf{X}_p = \begin{pmatrix} a_4 \\ b_4 \end{pmatrix} t e^{2t} + \begin{pmatrix} a_3 \\ b_3 \end{pmatrix} e^{2t} + \begin{pmatrix} a_2 \\ b_2 \end{pmatrix} t + \begin{pmatrix} a_1 \\ b_1 \end{pmatrix}.$$

Ao invés de aprofundar-nos em tais dificuldades, voltemos ao método da variação dos parâmetros.

8.3.2 VARIAÇÃO DE PARÂMETROS

A MATRIZ FUNDAMENTAL

Se $\mathbf{X}_1, \mathbf{X}_2, \ldots, \mathbf{X}_n$ for um conjunto fundamental de soluções do sistema homogêneo $\mathbf{X}' = \mathbf{A}\mathbf{X}$ em um intervalo I, então a solução geral no intervalo será a combinação linear $\mathbf{X} = c_1 \mathbf{X}_1 + c_2 \mathbf{X}_2 + \cdots + c_n \mathbf{X}_n$ ou

$$\mathbf{X} = c_1 \begin{pmatrix} x_{11} \\ x_{21} \\ \vdots \\ x_{n1} \end{pmatrix} + c_2 \begin{pmatrix} x_{12} \\ x_{22} \\ \vdots \\ x_{n2} \end{pmatrix} + \cdots + c_n \begin{pmatrix} x_{1n} \\ x_{2n} \\ \vdots \\ x_{nn} \end{pmatrix} = \begin{pmatrix} c_1 x_{11} + c_2 x_{12} + \cdots + c_n x_{1n} \\ c_1 x_{21} + c_2 x_{22} + \cdots + c_n x_{2n} \\ \vdots \\ c_1 x_{n1} + c_2 x_{n2} + \cdots + c_n x_{nn} \end{pmatrix}. \quad (1)$$

A última equação em (1) pode ser reconhecida como o produto de uma matriz $n \times n$ por outra $n \times 1$. Em outras palavras, a solução geral (1) pode ser escrita como o produto

$$\mathbf{X} = \mathbf{\Phi}(t)\mathbf{C}, \quad (2)$$

onde $\mathbf{C}$ é um vetor coluna $n \times 1$ de constantes arbitrárias $c_1, c_2, \ldots, c_n$ e a matriz $n \times n$, cujas colunas consistem nas entradas dos vetores solução do sistema $\mathbf{X}' = \mathbf{A}\mathbf{X}$,

$$\mathbf{\Phi}(t) = \begin{pmatrix} x_{11} & x_{12} & \cdots & x_{1n} \\ x_{21} & x_{22} & \cdots & x_{2n} \\ \vdots & & & \vdots \\ x_{n1} & x_{n2} & \cdots & x_{nn} \end{pmatrix}$$

é chamada **matriz fundamental** do sistema no intervalo.

Na discussão a seguir é necessário usar duas propriedades de uma matriz fundamental:

- A matriz fundamental $\mathbf{\Phi}(t)$ é não singular.
- Se $\mathbf{\Phi}(t)$ for uma matriz fundamental do sistema $\mathbf{X}' = \mathbf{A}\mathbf{X}$, então

$$\mathbf{\Phi}'(t) = \mathbf{A}\mathbf{\Phi}(t). \quad (3)$$

Reexaminando (9) do Teorema 8.1.3, verificamos que o determinante de $\mathbf{\Phi}(t)$ é igual ao Wronskiano $W(\mathbf{X}_1, \mathbf{X}_2, \ldots, \mathbf{X}_n)$. Logo, a independência linear das colunas de $\mathbf{\Phi}(t)$ no intervalo I garante que o determinante de $\mathbf{\Phi}(t) \neq 0$ para todo t no intervalo. Como $\mathbf{\Phi}(t)$ é não singular, a inversa multiplicativa $\mathbf{\Phi}^{-1}(t)$ existe para todo t no intervalo. O resultado dado em (3) segue imediatamente do fato de cada coluna de $\mathbf{\Phi}(t)$ ser um vetor solução de $\mathbf{X}' = \mathbf{A}\mathbf{X}$.

VARIAÇÃO DE PARÂMETROS

Da mesma forma que o procedimento na Seção 4.6, indagamos se é possível substituir a matriz de constantes $\mathbf{C}$ em (2) por uma matriz coluna de funções

$$\mathbf{U}(t) = \begin{pmatrix} u_1(t) \\ u_2(t) \\ \vdots \\ u_n(t) \end{pmatrix} \quad \text{de tal forma que } \mathbf{X}_p = \mathbf{\Phi}(t)\mathbf{U}(t) \quad (4)$$

seja uma solução particular do sistema não homogêneo

$$\mathbf{X}' = \mathbf{A}\mathbf{X} + \mathbf{F}(t). \quad (5)$$

Pela Regra do Produto, a derivada da última expressão em (4) é

$$\mathbf{X}'_p = \mathbf{\Phi}(t)\mathbf{U}'(t) + \mathbf{\Phi}'(t)\mathbf{U}(t). \quad (6)$$

Observe que a ordem dos produtos em (6) é muito importante. Como $\mathbf{U}(t)$ é uma matriz coluna, os produtos $\mathbf{U}'(t)\mathbf{\Phi}(t)$ e $\mathbf{U}(t)\mathbf{\Phi}'(t)$ não estão definidos. Substituindo (4) e (6) em (5), obtemos

$$\mathbf{\Phi}(t)\mathbf{U}'(t) + \mathbf{\Phi}'(t)\mathbf{U}(t) = \mathbf{A}\mathbf{\Phi}(t)\mathbf{U}(t) + \mathbf{F}(t). \quad (7)$$

Se usarmos agora (3) para substituir $\mathbf{\Phi}'(t)$, então (7) torna-se

$$\mathbf{\Phi}(t)\mathbf{U}'(t) + \mathbf{A}\mathbf{\Phi}(t)\mathbf{U}(t) = \mathbf{A}\mathbf{\Phi}(t)\mathbf{U}(t) + \mathbf{F}(t)$$

ou

$$\mathbf{\Phi}(t)\mathbf{U}'(t) = \mathbf{F}(t). \quad (8)$$

Multiplicando ambos os lados da Equação (8) por $\mathbf{\Phi}^{-1}(t)$ obtemos

$$\mathbf{U}'(t) = \mathbf{\Phi}^{-1}(t)\mathbf{F}(t) \quad \text{e, portanto,} \quad \mathbf{U}(t) = \int \mathbf{\Phi}^{-1}(t)\mathbf{F}(t)dt.$$

Como $\mathbf{X}_p = \mathbf{\Phi}(t)\mathbf{U}(t)$, concluímos que uma solução particular de (5) é

$$\mathbf{X}_p = \mathbf{\Phi}(t) \int \mathbf{\Phi}^{-1}(t)\mathbf{F}(t)dt. \quad (9)$$

Para calcular a integral indefinida da matriz coluna $\mathbf{\Phi}^{-1}(t)\mathbf{F}(t)$ em (9), integramos cada entrada. Assim, a solução geral do sistema (5) é $\mathbf{X} = \mathbf{X}_c + \mathbf{X}_p$ ou

$$\mathbf{X} = \mathbf{\Phi}(t)\mathbf{C} + \mathbf{\Phi}(t) \int \mathbf{\Phi}^{-1}(t)\mathbf{F}(t)dt. \quad (10)$$

Observe que não é necessário usar uma constante de integração no cálculo de $\int \mathbf{\Phi}^{-1}(t)\mathbf{F}(t)dt$ pela mesma razão exposta na discussão do método da variação de parâmetros, na Seção 4.6.

EXEMPLO 4 Variação de parâmetros

Ache a solução geral do sistema não homogêneo

$$\mathbf{X}' = \begin{pmatrix} -3 & 1 \\ 2 & -4 \end{pmatrix}\mathbf{X} + \begin{pmatrix} 3t \\ e^{-t} \end{pmatrix} \quad (11)$$

no intervalo $(-\infty, \infty)$.

SOLUÇÃO

Em primeiro lugar, vamos resolver o sistema homogêneo

$$\mathbf{X}' = \begin{pmatrix} -3 & 1 \\ 2 & -4 \end{pmatrix}\mathbf{X}. \quad (12)$$

A equação característica da matriz dos coeficientes é

$$\det(\mathbf{A} - \lambda\mathbf{I}) = \begin{vmatrix} -3 - \lambda & 1 \\ 2 & -4 - \lambda \end{vmatrix} = (\lambda + 2)(\lambda + 5) = 0,$$

de forma que os autovalores são $\lambda_1 = -2$ e $\lambda_2 = -5$. Pelo método usual, obtemos que os autovetores correspondentes a λ_1 e λ_2 são, respectivamente,

$$K_1 = \begin{pmatrix} 1 \\ 1 \end{pmatrix} \quad \text{e} \quad K_2 = \begin{pmatrix} 1 \\ -2 \end{pmatrix}.$$

Os vetores solução do sistema homogêneo (12) são, portanto,

$$\mathbf{X}_1 = \begin{pmatrix} 1 \\ 1 \end{pmatrix} e^{-2t} = \begin{pmatrix} e^{-2t} \\ e^{-2t} \end{pmatrix} \quad \text{e} \quad \mathbf{X}_2 = \begin{pmatrix} 1 \\ -2 \end{pmatrix} e^{-5t} = \begin{pmatrix} e^{-5t} \\ -2e^{-5t} \end{pmatrix}.$$

As entradas de $\mathbf{X}_1$ formam a primeira coluna de $\mathbf{\Phi}(t)$ e as entradas de $\mathbf{X}_2$ formam a segunda coluna de $\mathbf{\Phi}(t)$. Logo,

$$\mathbf{\Phi}(t) = \begin{pmatrix} e^{-2t} & e^{-5t} \\ e^{-2t} & -2e^{-5t} \end{pmatrix} \quad \text{e} \quad \mathbf{\Phi}^{-1}(t) = \begin{pmatrix} \frac{2}{3}e^{2t} & \frac{1}{3}e^{2t} \\ \frac{1}{3}e^{5t} & -\frac{1}{3}e^{5t} \end{pmatrix}.$$

De (9) obtemos a solução particular

$$\mathbf{X}_p = \mathbf{\Phi}(t) \int \mathbf{\Phi}^{-1}(t)\mathbf{F}(t)dt = \begin{pmatrix} e^{-2t} & e^{-5t} \\ e^{-2t} & -2e^{-5t} \end{pmatrix} \int \begin{pmatrix} \frac{2}{3}e^{2t} & \frac{1}{3}e^{2t} \\ \frac{1}{3}e^{5t} & -\frac{1}{3}e^{5t} \end{pmatrix} \begin{pmatrix} 3t \\ e^{-t} \end{pmatrix} dt$$

$$= \begin{pmatrix} e^{-2t} & e^{-5t} \\ e^{-2t} & -2e^{-5t} \end{pmatrix} \int \begin{pmatrix} 2te^{2t} + \frac{1}{3}e^{t} \\ te^{5t} - \frac{1}{3}e^{4t} \end{pmatrix} dt$$

$$= \begin{pmatrix} e^{-2t} & e^{-5t} \\ e^{-2t} & -2e^{-5t} \end{pmatrix} \begin{pmatrix} te^{2t} - \frac{1}{2}e^{2t} + \frac{1}{3}e^{t} \\ \frac{1}{5}te^{5t} - \frac{1}{25}e^{5t} - \frac{1}{12}e^{4t} \end{pmatrix}$$

$$= \begin{pmatrix} \frac{6}{5}t - \frac{27}{50} + \frac{1}{4}e^{-t} \\ \frac{3}{5}t - \frac{21}{50} + \frac{1}{2}e^{-t} \end{pmatrix}.$$

Logo, segue de (10) que a solução geral de (11) no intervalo é

$$\mathbf{X} = \begin{pmatrix} e^{-2t} & e^{-5t} \\ e^{-2t} & -2e^{-5t} \end{pmatrix} \begin{pmatrix} c_1 \\ c_2 \end{pmatrix} + \begin{pmatrix} \frac{6}{5}t - \frac{27}{50} + \frac{1}{4}e^{-t} \\ \frac{3}{5}t - \frac{21}{50} + \frac{1}{2}e^{-t} \end{pmatrix} = c_1 \begin{pmatrix} 1 \\ 1 \end{pmatrix} e^{-2t} + c_2 \begin{pmatrix} 1 \\ -2 \end{pmatrix} e^{-5t} + \begin{pmatrix} \frac{6}{5} \\ \frac{3}{5} \end{pmatrix} t - \begin{pmatrix} \frac{27}{50} \\ \frac{21}{50} \end{pmatrix} + \begin{pmatrix} \frac{1}{4} \\ \frac{1}{2} \end{pmatrix} e^{-t}. \quad\blacksquare$$

PROBLEMA DE VALOR INICIAL

A solução geral de (5) em um intervalo pode ser escrita na forma alternativa

$$\mathbf{X} = \mathbf{\Phi}(t)\mathbf{C} + \mathbf{\Phi}(t) \int_{t_0}^{t} \mathbf{\Phi}^{-1}(s)\mathbf{F}(s)ds, \qquad (13)$$

onde t e t_0 são pontos no intervalo. Essa última forma é útil na resolução de (5) sujeita a uma condição inicial $\mathbf{X}(t_0) = \mathbf{X}_0$, pois os limites de integração são escolhidos de tal forma que a solução particular anula-se em $t = t_0$. Substituindo $t = t_0$ em (13), obtemos $\mathbf{X}_0 = \mathbf{\Phi}(t_0)\mathbf{C}$, de onde obtemos $\mathbf{C} = \mathbf{\Phi}^{-1}(t_0)\mathbf{X}_0$. Substituindo esse último resultado em (13), obtemos a seguinte solução do problema de valor inicial:

$$\mathbf{X} = \mathbf{\Phi}(t)\mathbf{\Phi}^{-1}(t_0)\mathbf{X}_0 + \mathbf{\Phi}(t) \int_{t_0}^{t} \mathbf{\Phi}^{-1}(s)\mathbf{F}(s)ds. \qquad (14)$$

EXERCÍCIOS 8.3

As respostas aos problemas ímpares estão no final do livro.

8.3.1 COEFICIENTES INDETERMINADOS

Nos Problemas 1-8 utilize o método dos coeficientes para resolver o sistema dado.

1. $\dfrac{dx}{dt} = 2x + 3y - 7$

$\dfrac{dy}{dt} = -x - 2y + 5$

2. $\mathbf{X}' = \begin{pmatrix} 0 & 0 & 5 \\ 0 & 5 & 0 \\ 5 & 0 & 0 \end{pmatrix} \mathbf{X} + \begin{pmatrix} 5 \\ -10 \\ 40 \end{pmatrix}$

3. $\mathbf{X}' = \begin{pmatrix} 1 & 3 \\ 3 & 1 \end{pmatrix} \mathbf{X} + \begin{pmatrix} -2t^2 \\ t+5 \end{pmatrix}$

4. $\mathbf{X}' = \begin{pmatrix} -1 & 5 \\ -1 & 1 \end{pmatrix} \mathbf{X} + \begin{pmatrix} \operatorname{sen} t \\ -2\cos t \end{pmatrix}$

5. $\mathbf{X}' = \begin{pmatrix} 4 & \frac{1}{3} \\ 9 & 6 \end{pmatrix} \mathbf{X} + \begin{pmatrix} -3 \\ 10 \end{pmatrix} e^{t}$

6. $\mathbf{X}' = \begin{pmatrix} 1 & -4 \\ 4 & 1 \end{pmatrix} \mathbf{X} + \begin{pmatrix} 4t + 9e^{6t} \\ -t + e^{6t} \end{pmatrix}$

7. $\mathbf{X}' = \begin{pmatrix} 1 & 1 & 1 \\ 0 & 2 & 3 \\ 0 & 0 & 5 \end{pmatrix} \mathbf{X} + \begin{pmatrix} 1 \\ -1 \\ 2 \end{pmatrix} e^{4t}$

8. $\dfrac{dx}{dt} = 5x + 9y + 2$

   $\dfrac{dy}{dt} = -x + 11y + 6$

9. Resolva $\mathbf{X}' = \begin{pmatrix} -1 & -2 \\ 3 & 4 \end{pmatrix} \mathbf{X} + \begin{pmatrix} 3 \\ 3 \end{pmatrix}$ sendo $\mathbf{X}(0) = \begin{pmatrix} -4 \\ 5 \end{pmatrix}$.

10. a) O sistema de equações diferenciais para as correntes $i_2(t)$ e $i_3(t)$ na rede elétrica mostrada na Figura 8.3.1 é

    $\dfrac{d}{dt}\begin{pmatrix} i_2 \\ i_3 \end{pmatrix} = \begin{pmatrix} -R_1/L_1 & -R_1/L_1 \\ -R_1/L_2 & -(R_1+R_2)/L_2 \end{pmatrix}\begin{pmatrix} i_2 \\ i_3 \end{pmatrix} + \begin{pmatrix} E/L_1 \\ E/L_2 \end{pmatrix}.$

    Use o método de coeficientes indeterminados para resolver o sistema se $R_1 = 2\Omega$, $R_2 = 3\Omega$, $L_1 = 1$ h, $L_2 = 1$ h, $E = 60$ V, $i_2(0) = 0$ e $i_3(0) = 0$.

    b) Determine a corrente $i_1(t)$.

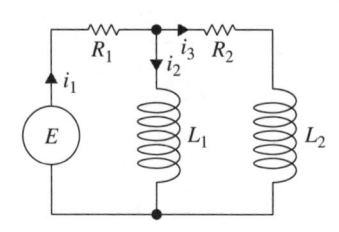

FIGURA 8.3.1 Circuito elétrico do Problema 10.

8.3.2 VARIAÇÃO DE PARÂMETROS

Nos Problemas 11-30, use variação de parâmetros para resolver o sistema dado.

11. $\dfrac{dx}{dt} = 3x - 3y + 4$

    $\dfrac{dy}{dt} = 2x - 2y - 1$

12. $\dfrac{dx}{dt} = 2x - y$

    $\dfrac{dy}{dt} = 3x - 2y + 4t$

13. $\mathbf{X}' = \begin{pmatrix} 3 & -5 \\ \frac{3}{4} & -1 \end{pmatrix} \mathbf{X} + \begin{pmatrix} 1 \\ -1 \end{pmatrix} e^{t/2}$

14. $\mathbf{X}' = \begin{pmatrix} 1 & -2 \\ 1 & -1 \end{pmatrix} \mathbf{X} + \begin{pmatrix} \text{tg}\, t \\ 1 \end{pmatrix}$

15. $\mathbf{X}' = \begin{pmatrix} 0 & 2 \\ -1 & 3 \end{pmatrix} \mathbf{X} + \begin{pmatrix} 1 \\ -1 \end{pmatrix} e^t$

16. $\mathbf{X}' = \begin{pmatrix} 3 & -1 & -1 \\ 1 & 1 & -1 \\ 1 & -1 & 1 \end{pmatrix} \mathbf{X} + \begin{pmatrix} 0 \\ t \\ 2e^t \end{pmatrix}$

17. $\mathbf{X}' = \begin{pmatrix} 1 & 8 \\ 1 & -1 \end{pmatrix} \mathbf{X} + \begin{pmatrix} 12 \\ 12 \end{pmatrix} t$

18. $\mathbf{X}' = \begin{pmatrix} 0 & 2 \\ -1 & 3 \end{pmatrix} \mathbf{X} + \begin{pmatrix} 2 \\ e^{-3t} \end{pmatrix}$

19. $\mathbf{X}' = \begin{pmatrix} 3 & 2 \\ -2 & -1 \end{pmatrix} \mathbf{X} + \begin{pmatrix} 2e^{-t} \\ e^{-t} \end{pmatrix}$

20. $\mathbf{X}' = \begin{pmatrix} 1 & 8 \\ 1 & -1 \end{pmatrix} \mathbf{X} + \begin{pmatrix} e^{-t} \\ te^t \end{pmatrix}$

21. $\mathbf{X}' = \begin{pmatrix} 0 & -1 \\ 1 & 0 \end{pmatrix} \mathbf{X} + \begin{pmatrix} \sec t \\ 0 \end{pmatrix}$

22. $\mathbf{X}' = \begin{pmatrix} 3 & 2 \\ -2 & -1 \end{pmatrix} \mathbf{X} + \begin{pmatrix} 1 \\ 1 \end{pmatrix}$

23. $\mathbf{X}' = \begin{pmatrix} 1 & -1 \\ 1 & 1 \end{pmatrix} \mathbf{X} + \begin{pmatrix} \cos t \\ \text{sen}\, t \end{pmatrix} e^t$

24. $\mathbf{X}' = \begin{pmatrix} 1 & -1 \\ 1 & 1 \end{pmatrix} \mathbf{X} + \begin{pmatrix} 3 \\ 3 \end{pmatrix} e^t$

25. $\mathbf{X}' = \begin{pmatrix} 0 & 1 \\ -1 & 0 \end{pmatrix} \mathbf{X} + \begin{pmatrix} 0 \\ \sec t \,\text{tg}\, t \end{pmatrix}$

26. $\mathbf{X}' = \begin{pmatrix} 2 & -2 \\ 8 & -6 \end{pmatrix} \mathbf{X} + \begin{pmatrix} 1 \\ 3 \end{pmatrix} \dfrac{e^{-2t}}{t}$

27. $\mathbf{X}' = \begin{pmatrix} 1 & 2 \\ -\frac{1}{2} & 1 \end{pmatrix} \mathbf{X} + \begin{pmatrix} \text{cossec}\, t \\ \sec t \end{pmatrix} e^t$

28. $\mathbf{X}' = \begin{pmatrix} 0 & 1 \\ -1 & 0 \end{pmatrix} \mathbf{X} + \begin{pmatrix} 1 \\ \text{cotg}\, t \end{pmatrix}$

29. $\mathbf{X}' = \begin{pmatrix} 1 & 1 & 0 \\ 1 & 1 & 0 \\ 0 & 0 & 3 \end{pmatrix} \mathbf{X} + \begin{pmatrix} e^t \\ e^{2t} \\ te^{3t} \end{pmatrix}$

30. $\mathbf{X}' = \begin{pmatrix} 2 & -1 \\ 4 & 2 \end{pmatrix} \mathbf{X} + \begin{pmatrix} \text{sen}\, 2t \\ 2\cos 2t \end{pmatrix} e^{2t}$

Nos Problemas 31 e 32, use (14) para resolver o problema de valor inicial dado.

31. $\mathbf{X}' = \begin{pmatrix} 3 & -1 \\ -1 & 3 \end{pmatrix} \mathbf{X} + \begin{pmatrix} 4e^{2t} \\ 4e^{4t} \end{pmatrix}$, $\mathbf{X}(0) = \begin{pmatrix} 1 \\ 1 \end{pmatrix}$

32. $\mathbf{X}' = \begin{pmatrix} 1 & -1 \\ 1 & -1 \end{pmatrix} \mathbf{X} + \begin{pmatrix} 1/t \\ 1/t \end{pmatrix}$, $\mathbf{X}(1) = \begin{pmatrix} 2 \\ -1 \end{pmatrix}$

33. O sistema de equações diferenciais para as correntes $i_1(t)$ e $i_2(t)$ na rede elétrica mostrada na Figura 8.3.2 é

$$\frac{d}{dt}\begin{pmatrix}i_1\\i_2\end{pmatrix} = \begin{pmatrix}-(R_1+R_2)/L_2 & R_2/L_2\\ R_2/L_1 & -R_2/L_1\end{pmatrix}\begin{pmatrix}i_1\\i_2\end{pmatrix} + \begin{pmatrix}E/L_2\\0\end{pmatrix}$$

Use variação de parâmetros para resolver o sistema, supondo $R_1 = 8\ \Omega$, $R_2 = 3\ \Omega$, $L_1 = 1$ h, $L_2 = 1$ h, $E(t) = 100\operatorname{sen} t$ V, $i_1(0) = 0$ e $i_2(0) = 0$.

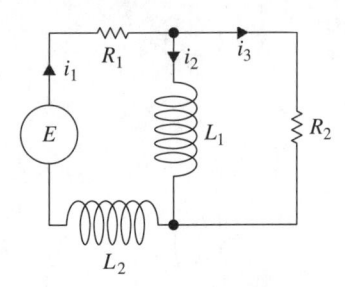

FIGURA 8.3.2 Circuito elétrico do Problema 33.

PROBLEMAS PARA DISCUSSÃO

34. Se y_1 e y_2 são soluções linearmente independentes da ED homogênea associada $y'' + P(x)y' + Q(x)y = f(x)$, mostre que no caso de uma ED de segunda ordem linear não homogênea (9) se reduz à forma de variação dos parâmetros discutidos na Seção 4.6.

TAREFAS PARA O LABORATÓRIO DE INFORMÁTICA

35. Resolver o sistema linear não homogêneo $\mathbf{X}' = \mathbf{AX} + \mathbf{F}(t)$ por variação de parâmetros quando $\mathbf{A}$ for uma matriz 3×3 (ou maior) é uma tarefa quase impossível de ser feita à mão. Considere o sistema

$$\mathbf{X}' = \begin{pmatrix}2 & -2 & 2 & 1\\ -1 & 3 & 0 & 3\\ 0 & 0 & 4 & -2\\ 0 & 0 & 2 & -1\end{pmatrix}\mathbf{X} + \begin{pmatrix}te^t\\e^{-t}\\e^{2t}\\1\end{pmatrix}.$$

a) Use um SAC ou software de álgebra linear para encontrar os autovalores e autovetores da matriz de coeficientes.

b) Forme uma matriz fundamental $\mathbf{\Phi}(t)$ e use o computador para obter $\mathbf{\Phi}^{-1}(t)$.

c) Use o computador para realizar os cálculos de $\mathbf{\Phi}^{-1}(t)\mathbf{F}(t)$, $\int\mathbf{\Phi}^{-1}(t)\mathbf{F}(t)dt$, $\mathbf{\Phi}(t)\int\mathbf{\Phi}^{-1}(t)\mathbf{F}(t)dt$, $\mathbf{\Phi}(t)\mathbf{C}$ e $\mathbf{\Phi}(t)\mathbf{C} + \int\mathbf{\Phi}^{-1}(t)\mathbf{F}(t)dt$, onde $\mathbf{C}$ é uma matriz coluna de constantes c_1, c_2, c_3 e c_4.

d) Reescreva a saída do computador para a solução geral do sistema na forma $\mathbf{X} = \mathbf{X}_c + \mathbf{X}_p$, onde $\mathbf{X}_c = c_1\mathbf{X}_1 + c_2\mathbf{X}_2 + c_3\mathbf{X}_3 + c_4\mathbf{X}_4$.

8.4 EXPONENCIAL DE MATRIZ

IMPORTANTE REVISAR

- Apêndice II.1 (Definições II.10 e II.11)

INTRODUÇÃO

As matrizes podem ser utilizadas de uma forma inteiramente diferente para resolver um sistema homogêneo de equações diferenciais lineares de primeira ordem. Lembre-se de que a equação diferencial linear de primeira ordem $x' = ax$, onde a é uma constante, admite a solução geral $x = ce^{at}$. Parece natural então indagar se é possível definir uma função exponencial de matriz $e^{\mathbf{A}t}$ de forma que $e^{\mathbf{A}t}$ seja uma matriz de constantes, para que uma solução do sistema linear $\mathbf{X}' = \mathbf{AX}$ seja $e^{\mathbf{A}t}$.

SISTEMAS HOMOGÊNEOS

Veremos agora que é possível definir a exponencial de uma matriz $e^{\mathbf{A}t}$ de tal forma que

$$\mathbf{X} = e^{\mathbf{A}t}\mathbf{C} \tag{1}$$

seja uma solução do sistema homogêneo $\mathbf{X}' = \mathbf{AX}$, onde $\mathbf{A}$ é uma matriz $n\times n$ de constantes e $\mathbf{C}$ é uma matriz coluna, $n\times 1$, de constantes arbitrárias. Observe em (1) que a matriz $\mathbf{C}$ pós-multiplica $e^{\mathbf{A}t}$, pois queremos que $e^{\mathbf{A}t}$ seja uma matriz $n\times n$. Embora o desenvolvimento completo de uma teoria de exponencial de matrizes requeira um grande conhecimento de álgebra matricial, uma forma de definir $e^{\mathbf{A}t}$ é inspirada na representação em série de potências da função exponencial escalar e^{at}:

CAPÍTULO 8 SISTEMAS DE EQUAÇÕES DIFERENCIAIS LINEARES DE PRIMEIRA ORDEM • **373**

$$e^{at} = 1 + at + \frac{(at)^2}{2!} + \cdots + \frac{(at)^k}{k!} + \cdots$$
$$= 1 + at + a^2\frac{t^2}{2!} + \cdots + a^k\frac{t^k}{k!} + \cdots = \sum_{k=0}^{\infty} a^k\frac{t^k}{k!}. \tag{2}$$

A série em (2) converge para todo t. Usando essa série, em que 1 é substituído pela identidade **I** e a constante a é substituída por uma matriz **A**, $n \times n$, de constantes, chegamos a uma definição para a matriz $n \times n$, $e^{\mathbf{A}t}$.

> **DEFINIÇÃO 8.4.1   Exponencial de matriz**
>
> Para uma matriz **A**, $n \times n$,
> $$e^{\mathbf{A}t} = \mathbf{I} + \mathbf{A}t + \mathbf{A}^2\frac{t^2}{2!} + \cdots + \mathbf{A}^k\frac{t^k}{k!} + \cdots = \sum_{k=0}^{\infty} \mathbf{A}^k\frac{t^k}{k!}. \tag{3}$$

É possível mostrar que a série dada em (3) converge para uma matriz $n \times n$ para todo valor de t. Além disso, $\mathbf{A}^2 = \mathbf{AA}$, $\mathbf{A}^3 = \mathbf{A}(\mathbf{A}^2)$ e assim por diante.

EXEMPLO 1   Exponencial de Matriz Usando (3)

Calcule $e^{\mathbf{A}t}$ para a matriz
$$\mathbf{A} = \begin{pmatrix} 2 & 0 \\ 0 & 3 \end{pmatrix}.$$

SOLUÇÃO
A partir das várias potências
$$\mathbf{A}^2 = \begin{pmatrix} 2^2 & 0 \\ 0 & 3^2 \end{pmatrix}, \mathbf{A}^3 = \begin{pmatrix} 2^3 & 0 \\ 0 & 3^3 \end{pmatrix}, \mathbf{A}^4 = \begin{pmatrix} 2^4 & 0 \\ 0 & 3^4 \end{pmatrix}, \ldots, \mathbf{A}^n = \begin{pmatrix} 2^n & 0 \\ 0 & 3^n \end{pmatrix}, \ldots,$$

vemos a partir de (3) que

$$e^{\mathbf{A}t} = \mathbf{I} + \mathbf{A}t + \frac{\mathbf{A}^2}{2!}t^2 + \ldots$$
$$= \begin{pmatrix} 1 & 0 \\ 0 & 1 \end{pmatrix} + \begin{pmatrix} 2 & 0 \\ 0 & 3 \end{pmatrix}t + \begin{pmatrix} 2^2 & 0 \\ 0 & 3^2 \end{pmatrix}\frac{t^2}{2!} + \cdots + \begin{pmatrix} 2^n & 0 \\ 0 & 3^n \end{pmatrix}\frac{t^n}{n!} + \ldots$$
$$= \begin{pmatrix} 1 + 2t + 2^2\frac{t^2}{2!} + \ldots & 0 \\ 0 & 1 + 3t + 3^2\frac{t^2}{2!} + \ldots \end{pmatrix}$$

Em vista de (2) e as identificações $a = 2$ e $a = 3$, as séries de potências na primeira e segunda filas da última matriz representam, respectivamente, e^{2t} e e^{3t} e assim temos

$$e^{\mathbf{A}t} = \begin{pmatrix} e^{2t} & 0 \\ 0 & e^{3t} \end{pmatrix}.$$

A matriz no Exemplo 1 é um exemplo de uma matriz diagonal 2×2. Em geral, uma matriz **A** $n \times n$ é uma **matriz diagonal** se todas as suas entradas fora da diagonal principal são iguais a zero, isto é,

$$\mathbf{A} = \begin{pmatrix} a_{11} & 0 & \ldots & 0 \\ 0 & a_{22} & \ldots & 0 \\ \vdots & \vdots & & \vdots \\ 0 & 0 & \ldots & a_{mn} \end{pmatrix}.$$

Portanto, se **A** for uma matriz diagonal $n \times n$ quaisquer, conclui-se do Exemplo 1 que

$$e^{\mathbf{A}t} = \begin{pmatrix} e^{a_{11}t} & 0 & \cdots & 0 \\ 0 & e^{a_{22}t} & \cdots & 0 \\ \vdots & \vdots & & \vdots \\ 0 & 0 & \cdots & e^{a_{mn}t} \end{pmatrix}.$$

DERIVADA DE $e^{\mathbf{A}t}$

A derivada da exponencial de matriz é análoga à da exponencial escalar, $\frac{d}{dt}e^{at} = ae^{at}$. Para justificar

$$\frac{d}{dt}e^{\mathbf{A}t} = \mathbf{A}e^{\mathbf{A}t}, \qquad (4)$$

diferenciamos (3) termo a termo:

$$\frac{d}{dt}e^{\mathbf{A}t} = \frac{d}{dt}\left[\mathbf{I} + \mathbf{A}t + \mathbf{A}^2\frac{t^2}{2!} + \cdots + \mathbf{A}^k\frac{t^k}{k!} + \cdots\right] = \mathbf{A} + \mathbf{A}^2 t + \frac{1}{2!}\mathbf{A}^3 t^2 + \cdots = \mathbf{A}\left[\mathbf{I} + \mathbf{A}t + \mathbf{A}^2\frac{t^2}{2!} + \cdots\right] = \mathbf{A}e^{\mathbf{A}t}.$$

Em decorrência de (4), podemos agora provar que (1) é uma solução de $\mathbf{X}' = \mathbf{A}\mathbf{X}$ para todo vetor $\mathbf{C}$, $n \times 1$, de constantes:

$$\mathbf{X}' = \frac{d}{dt}e^{\mathbf{A}t}\mathbf{C} = \mathbf{A}e^{\mathbf{A}t}\mathbf{C} = \mathbf{A}(e^{\mathbf{A}t}\mathbf{C}) = \mathbf{A}\mathbf{X}.$$

$e^{\mathbf{A}t}$ É UMA MATRIZ FUNDAMENTAL

Se denotarmos a exponencial de matriz $e^{\mathbf{A}t}$ pelo símbolo $\mathbf{\Psi}(t)$, então (4) será equivalente à equação diferencial matricial $\mathbf{\Psi}'(t) = \mathbf{A}\mathbf{\Psi}(t)$ (veja (3) da Seção 8.3). Além disso, segue imediatamente da Definição 8.4.1 que $\mathbf{\Psi}(0) = e^{\mathbf{A}0} = \mathbf{I}$ e, portanto, $\det \mathbf{\Psi}(0) \neq 0$. Consequentemente, essas duas propriedades são suficientes para concluirmos que $\mathbf{\Psi}(t)$ é uma matriz fundamental do sistema $\mathbf{X}' = \mathbf{A}\mathbf{X}$.

SISTEMAS NÃO HOMOGÊNEOS

Vimos em (4) da Seção 2.3 que a solução geral de uma única equação diferencial linear de primeira ordem $x' = ax + f(t)$, onde a é uma constante, pode ser expressa como

$$x = x_c + x_p = ce^{at} + e^{at}\int_{t_0}^{t} e^{-as}f(s)ds.$$

Para um sistema não homogêneo de equações diferenciais lineares de primeira ordem é possível mostrar que a solução geral de $\mathbf{X}' = \mathbf{A}\mathbf{X} + \mathbf{F}(t)$, onde **A** é uma matriz, $n \times n$, de constantes, é

$$\mathbf{X} = \mathbf{X}_c + \mathbf{X}_p = e^{\mathbf{A}t}\mathbf{C} + e^{\mathbf{A}t}\int_{t_0}^{t} e^{-\mathbf{A}s}\mathbf{F}(s)ds. \qquad (5)$$

Uma vez que a exponencial de matriz $e^{\mathbf{A}t}$ é uma matriz fundamental, ela será sempre não singular e $e^{-\mathbf{A}s} = (e^{\mathbf{A}s})^{-1}$. Na prática, $e^{-\mathbf{A}s}$ pode ser obtida de $e^{\mathbf{A}t}$ simplesmente substituindo t por $-s$.

CÁLCULO DE $e^{\mathbf{A}t}$

A definição de $e^{\mathbf{A}t}$ dada em (3) naturalmente pode sempre ser usada para computar $e^{\mathbf{A}t}$. Porém, a utilidade prática de (3) é limitada pelo fato de as entradas em $e^{\mathbf{A}t}$ serem séries de potências em t. Com o desejo natural de trabalhar com coisas simples e familiares, tentamos reconhecer se essas séries definem uma função conhecida. Felizmente, há várias maneiras de computar $e^{\mathbf{A}t}$; a discussão a seguir mostra como a transformada de Laplace pode ser usada.

USO DA TRANSFORMADA DE LAPLACE

Vimos em (5) que $\mathbf{X} = e^{\mathbf{A}t}$ é uma solução de $\mathbf{X}' = \mathbf{A}\mathbf{X}$. De fato, como $e^{\mathbf{A}0} = \mathbf{I}$, $\mathbf{X} = e^{\mathbf{A}t}$ é uma solução do problema de valor inicial

$$\mathbf{X}' = \mathbf{A}\mathbf{X}, \quad \mathbf{X}(0) = \mathbf{I}. \qquad (6)$$

Se $\mathbf{x}(s) = \mathcal{L}\{\mathbf{X}(t)\} = \mathcal{L}\{e^{\mathbf{A}t}\}$, então a transformada de Laplace de (6) será

$$s\mathbf{x}(s) - \mathbf{X}(0) = \mathbf{A}\mathbf{x}(s) \quad \text{ou} \quad (s\mathbf{I} - \mathbf{A})\mathbf{x}(s) = \mathbf{I}.$$

Multiplicando a última equação por $(s\mathbf{I} - \mathbf{A})^{-1}$ obtemos que $\mathbf{x}(s) = (s\mathbf{I} - \mathbf{A})^{-1}\mathbf{I} = (s\mathbf{I} - \mathbf{A})^{-1}$. Em outras palavras,

$$\mathcal{L}\{e^{\mathbf{A}t}\} = (s\mathbf{I} - \mathbf{A})^{-1} \quad \text{ou} \quad e^{\mathbf{A}t} = \mathcal{L}^{-1}\{(s\mathbf{I} - \mathbf{A})^{-1}\}. \tag{7}$$

EXEMPLO 2 Exponencial de Matriz Usando (7)

Use a transformada de Laplace para calcular $e^{\mathbf{A}t}$, onde $\mathbf{A} = \begin{pmatrix} 1 & -1 \\ 2 & -2 \end{pmatrix}$.

SOLUÇÃO

Em primeiro lugar, vamos calcular a matriz $s\mathbf{I} - \mathbf{A}$ e obter a inversa:

$$s\mathbf{I} - \mathbf{A} = \begin{pmatrix} s-1 & 1 \\ -2 & s+2 \end{pmatrix}$$

$$(s\mathbf{I} - \mathbf{A})^{-1} = \begin{pmatrix} s-1 & 1 \\ -2 & s+2 \end{pmatrix}^{-1} = \begin{pmatrix} \dfrac{s+2}{s(s+1)} & \dfrac{-1}{s(s+1)} \\ \dfrac{2}{s(s+1)} & \dfrac{s-1}{s(s+1)} \end{pmatrix}.$$

Decompomos então as entradas da última matriz em frações parciais:

$$(s\mathbf{I} - \mathbf{A})^{-1} = \begin{pmatrix} \dfrac{2}{s} - \dfrac{1}{s+1} & -\dfrac{1}{s} + \dfrac{1}{s+1} \\ \dfrac{2}{s} - \dfrac{2}{s+1} & -\dfrac{1}{s} + \dfrac{2}{s+1} \end{pmatrix}. \tag{8}$$

Segue de (7) que a transformada inversa de Laplace de (8) fornece o resultado desejado,

$$e^{\mathbf{A}t} = \begin{pmatrix} 2 - e^{-t} & -1 + e^{-t} \\ 2 - 2e^{-t} & -1 + 2e^{-t} \end{pmatrix}. \quad \blacksquare$$

USO DE COMPUTADORES

Para aqueles que desejarem momentaneamente trocar compreensão por velocidade de solução, $e^{\mathbf{A}t}$ pode ser computada de uma forma mecânica com a ajuda de softwares. Por exemplo, para computar a exponencial de uma matriz quadrada $\mathbf{A}t$, use a função `MatrixExp[A t]` no *Mathematica*, o comando `exponential(A, t)` no *Maple* ou a função `expm(At)` no MATLAB. Veja os Problemas 27 e 28 nos Exercícios 8.4.

EXERCÍCIOS 8.4

As respostas aos problemas ímpares estão no final do livro.

Nos Problemas 1 e 2, use (3) para calcular $e^{\mathbf{A}t}$ e $e^{-\mathbf{A}t}$.

1. $\mathbf{A} = \begin{pmatrix} 1 & 0 \\ 0 & 2 \end{pmatrix}$ **2.** $\mathbf{A} = \begin{pmatrix} 0 & 1 \\ 1 & 0 \end{pmatrix}$

Nos Problemas 3 e 4, use (3) para calcular $e^{\mathbf{A}t}$.

3. $\mathbf{A} = \begin{pmatrix} 1 & 1 & 1 \\ 1 & 1 & 1 \\ -2 & -2 & -2 \end{pmatrix}$ **4.** $\mathbf{A} = \begin{pmatrix} 0 & 0 & 0 \\ 3 & 0 & 0 \\ 5 & 1 & 0 \end{pmatrix}$.

Nos Problemas 5-8, use (1) para determinar a solução geral do sistema dado.

5. $\mathbf{X}' = \begin{pmatrix} 1 & 0 \\ 0 & 2 \end{pmatrix} \mathbf{X}$ **6.** $\mathbf{X}' = \begin{pmatrix} 0 & 1 \\ 1 & 0 \end{pmatrix} \mathbf{X}$

7. $\mathbf{X}' = \begin{pmatrix} 1 & 1 & 1 \\ 1 & 1 & 1 \\ -2 & -2 & -2 \end{pmatrix} \mathbf{X}$ **8.** $\mathbf{X}' = \begin{pmatrix} 0 & 0 & 0 \\ 3 & 0 & 0 \\ 5 & 1 & 0 \end{pmatrix} \mathbf{X}$

Nos Problemas 9-12, use (5) para determinar a solução geral do sistema dado.

9. $\mathbf{X}' = \begin{pmatrix} 1 & 0 \\ 0 & 2 \end{pmatrix} \mathbf{X} + \begin{pmatrix} 3 \\ -1 \end{pmatrix}$

10. $\mathbf{X}' = \begin{pmatrix} 1 & 0 \\ 0 & 2 \end{pmatrix} \mathbf{X} + \begin{pmatrix} t \\ e^{4t} \end{pmatrix}$

11. $\mathbf{X}' = \begin{pmatrix} 0 & 1 \\ 1 & 0 \end{pmatrix} \mathbf{X} + \begin{pmatrix} 1 \\ 1 \end{pmatrix}$

12. $\mathbf{X}' = \begin{pmatrix} 0 & 1 \\ 1 & 0 \end{pmatrix} \mathbf{X} + \begin{pmatrix} \cosh t \\ \operatorname{senh} t \end{pmatrix}$

13. Resolva o sistema do Problema 7 sujeito à condição inicial
$$\mathbf{X}(0) = \begin{pmatrix} 1 \\ -4 \\ 6 \end{pmatrix}.$$

14. Resolva o sistema do Problema 9 sujeito à condição inicial
$$\mathbf{X}(0) = \begin{pmatrix} 4 \\ 3 \end{pmatrix}.$$

Nos Problemas 15-18, use o método do Exemplo 2 para calcular $e^{\mathbf{A}t}$ para a matriz de coeficientes. Use (1) para obter a solução geral do sistema dado.

15. $\mathbf{X}' = \begin{pmatrix} 4 & 3 \\ -4 & -4 \end{pmatrix} \mathbf{X}$ 16. $\mathbf{X}' = \begin{pmatrix} 4 & -2 \\ 1 & 1 \end{pmatrix} \mathbf{X}$

17. $\mathbf{X}' = \begin{pmatrix} 5 & -9 \\ 1 & -1 \end{pmatrix} \mathbf{X}$ 18. $\mathbf{X}' = \begin{pmatrix} 0 & 1 \\ -2 & -2 \end{pmatrix} \mathbf{X}$

Seja $\mathbf{P}$ a matriz cujas colunas são os autovetores $\mathbf{K}_1, \mathbf{K}_2, \ldots, \mathbf{K}_n$ correspondentes aos autovalores distintos $\lambda_1, \lambda_2, \ldots, \lambda_n$ de uma matriz $\mathbf{A}$, $n \times n$. Então, pode-se mostrar que $\mathbf{A} = \mathbf{PDP}^{-1}$, onde $\mathbf{D}$ é definida por

$$\mathbf{D} = \begin{pmatrix} \lambda_1 & 0 & \ldots & 0 \\ 0 & \lambda_2 & \ldots & 0 \\ \vdots & & & \vdots \\ 0 & 0 & \ldots & \lambda_n \end{pmatrix}. \quad (9)$$

Nos Problemas 19 e 20, verifique esse resultado para a matriz dada.

19. $\mathbf{A} = \begin{pmatrix} 2 & 1 \\ -3 & 6 \end{pmatrix}$ 20. $\mathbf{A} = \begin{pmatrix} 2 & 1 \\ 1 & 2 \end{pmatrix}$

21. Suponha que $\mathbf{A} = \mathbf{PDP}^{-1}$, onde $\mathbf{D}$ é definida como em (9). Use (3) para mostrar que $e^{\mathbf{A}t} = \mathbf{P}e^{\mathbf{D}t}\mathbf{P}^{-1}$.

22. Se $\mathbf{D}$ é definida como em (9), localize $e^{\mathbf{D}t}$.

Nos Problemas 23 e 24, use os resultados dos Problemas 19-22 para resolver o sistema dado.

23. $\mathbf{X}' = \begin{pmatrix} 2 & 1 \\ -3 & 6 \end{pmatrix} \mathbf{X}$ 24. $\mathbf{X}' = \begin{pmatrix} 2 & 1 \\ 1 & 2 \end{pmatrix} \mathbf{X}$

PROBLEMAS PARA DISCUSSÃO

25. Releia a discussão que levou ao resultado dado em (7). A matriz $s\mathbf{I} - \mathbf{A}$ tem sempre uma inversa? Discuta.

26. Uma matriz $\mathbf{A}$ é dita **nilpotente** se houver algum inteiro m tal que $\mathbf{A}^m = \mathbf{0}$. Verifique se

$$\mathbf{A} = \begin{pmatrix} -1 & 1 & 1 \\ -1 & 0 & 1 \\ -1 & 1 & 1 \end{pmatrix}$$

é nilpotente. Discuta por que é relativamente fácil calcular $e^{\mathbf{A}t}$ quando $\mathbf{A}$ for nilpotente. Calcule $e^{\mathbf{A}t}$ e use então (1) para resolver o sistema $\mathbf{X}' = \mathbf{AX}$.

TAREFAS PARA O LABORATÓRIO DE INFORMÁTICA

27. a) Use (1) para obter a solução geral de $\mathbf{X}' = \begin{pmatrix} 4 & 2 \\ 3 & 3 \end{pmatrix} \mathbf{X}$. Use um SAC para obter $e^{\mathbf{A}t}$. Use então o computador para obter os autovalores e os autovetores da matriz de coeficientes $\mathbf{A} = \begin{pmatrix} 4 & 2 \\ 3 & 3 \end{pmatrix}$ e forme a solução geral como na Seção 8.2. Finalmente, concilie as duas formas de solução geral do sistema.

b) Use (1) para obter a solução geral de $\mathbf{X}' = \begin{pmatrix} -3 & -1 \\ 2 & -1 \end{pmatrix} \mathbf{X}$. Use um SAC para obter $e^{\mathbf{A}t}$. No caso de resultados complexos, use o software para fazer a simplificação; por exemplo, no *Mathematica*, se m = MatrizExp[A t] tiver entradas complexas, experimente o comando Simplify[ComplexExpand[m]].

28. Use (1) para determinar a solução geral de

$$\mathbf{X}' = \begin{pmatrix} -4 & 0 & 6 & 0 \\ 0 & -5 & 0 & -4 \\ -1 & 0 & 1 & 0 \\ 0 & 3 & 0 & 2 \end{pmatrix} \mathbf{X}.$$

Use o MATLAB ou um SAC para determinar $e^{\mathbf{A}t}$.

REVISÃO DO CAPÍTULO 8

As respostas aos problemas ímpares estão no final do livro.

Nos Problemas 1 e 2 preencha os espaços em branco.

1. O vetor
$$\mathbf{X} = k \begin{pmatrix} 4 \\ 5 \end{pmatrix}$$
é uma solução de
$$\mathbf{X}' = \begin{pmatrix} 1 & 4 \\ 2 & -1 \end{pmatrix} \mathbf{X} - \begin{pmatrix} 8 \\ 1 \end{pmatrix}$$
para $k = $ _____.

2. O vetor
$$\mathbf{X} = c_1 \begin{pmatrix} -1 \\ 1 \end{pmatrix} e^{-9t} + c_2 \begin{pmatrix} 5 \\ 3 \end{pmatrix} e^{7t}$$
é uma solução do problema de valor inicial
$$\mathbf{X}' = \begin{pmatrix} 1 & 10 \\ 6 & -3 \end{pmatrix} \mathbf{X}, \quad \mathbf{X}(0) = \begin{pmatrix} 2 \\ 0 \end{pmatrix}$$
para $c_1 = $ _____ e $c_2 = $ _____.

3. Considere o sistema linear
$$\mathbf{X}' = \begin{pmatrix} 4 & 6 & 6 \\ 1 & 3 & 2 \\ -1 & -4 & -3 \end{pmatrix} \mathbf{X}.$$

Sem tentar resolvê-lo, determine quais dos vetores
$$\mathbf{K}_1 = \begin{pmatrix} 0 \\ 1 \\ 1 \end{pmatrix}, \quad \mathbf{K}_2 = \begin{pmatrix} 1 \\ 1 \\ -1 \end{pmatrix},$$
$$\mathbf{K}_3 = \begin{pmatrix} 3 \\ 1 \\ -1 \end{pmatrix} \quad \text{e} \quad \mathbf{K}_4 = \begin{pmatrix} 6 \\ 2 \\ -5 \end{pmatrix}$$
é um autovetor da matriz dos coeficientes. Qual é a solução do sistema correspondente a esse autovetor?

4. Considere o sistema linear $\mathbf{X}' = \mathbf{AX}$ de duas equações diferenciais, onde $\mathbf{A}$ é uma matriz com coeficientes reais. Qual será a solução geral do sistema, se for sabido que $\lambda_1 = 1 + 2i$ é um autovalor e $\mathbf{K}_1 = \begin{pmatrix} 1 \\ i \end{pmatrix}$ é um autovetor correspondente?

Nos Problemas 5-14, resolva o sistema linear dado.

5. $\dfrac{dx}{dt} = 2x + y$
$\dfrac{dy}{dt} = -x$

6. $\dfrac{dx}{dt} = -4x + 2y$
$\dfrac{dy}{dt} = 2x - 4y$

7. $\mathbf{X}' = \begin{pmatrix} 1 & 2 \\ -2 & 1 \end{pmatrix} \mathbf{X}$

8. $\mathbf{X}' = \begin{pmatrix} -2 & 5 \\ -2 & 4 \end{pmatrix} \mathbf{X}$

9. $\mathbf{X}' = \begin{pmatrix} 1 & -1 & 1 \\ 0 & 1 & 3 \\ 4 & 3 & 1 \end{pmatrix} \mathbf{X}$

10. $\mathbf{X}' = \begin{pmatrix} 0 & 2 & 1 \\ 1 & 1 & -2 \\ 2 & 2 & -1 \end{pmatrix} \mathbf{X}$

11. $\mathbf{X}' = \begin{pmatrix} 2 & 8 \\ 0 & 4 \end{pmatrix} \mathbf{X} + \begin{pmatrix} 2 \\ 16t \end{pmatrix}$

12. $\mathbf{X}' = \begin{pmatrix} 1 & 2 \\ -\frac{1}{2} & 1 \end{pmatrix} \mathbf{X} + \begin{pmatrix} 0 \\ e^t \operatorname{tg} t \end{pmatrix}$

13. $\mathbf{X}' = \begin{pmatrix} -1 & 1 \\ -2 & 1 \end{pmatrix} \mathbf{X} + \begin{pmatrix} 1 \\ \cotg t \end{pmatrix}$

14. $\mathbf{X}' = \begin{pmatrix} 3 & 1 \\ -1 & 1 \end{pmatrix} \mathbf{X} + \begin{pmatrix} -2 \\ 1 \end{pmatrix} e^{2t}$

15. a) Considere o sistema linear $\mathbf{X}' = \mathbf{AX}$ de três equações diferenciais de primeira ordem, cuja matriz de coeficientes é
$$\mathbf{A} = \begin{pmatrix} 5 & 3 & 3 \\ 3 & 5 & 3 \\ -5 & -5 & -3 \end{pmatrix}$$
e sabe-se que $\lambda = 2$ é um autovalor de multiplicidade dois. Encontre duas soluções diferentes do sistema que correspondam a esse autovalor, sem usar uma fórmula especial (tal como (12) da Seção 8.2).

b) Use o procedimento do item (a) para resolver
$$\mathbf{X}' = \begin{pmatrix} 1 & 1 & 1 \\ 1 & 1 & 1 \\ 1 & 1 & 1 \end{pmatrix} \mathbf{X}.$$

16. Verifique que $\mathbf{X} = \begin{pmatrix} c_1 \\ c_2 \end{pmatrix} e^t$ é uma solução do sistema linear
$$\mathbf{X}' = \begin{pmatrix} 1 & 0 \\ 0 & 1 \end{pmatrix} \mathbf{X}$$
para constantes arbitrárias c_1 e c_2. Desenhe à mão um retrato de fase do sistema.

9 SOLUÇÕES NUMÉRICAS DE EQUAÇÕES DIFERENCIAIS ORDINÁRIAS

9.1 Método de Euler e análise de erro
9.2 Métodos de Runge-Kutta
9.3 Métodos de passos múltiplos
9.4 Equações de ordem superior e sistemas
9.5 Problemas de valor de contorno de segunda ordem

Revisão do Capítulo 9

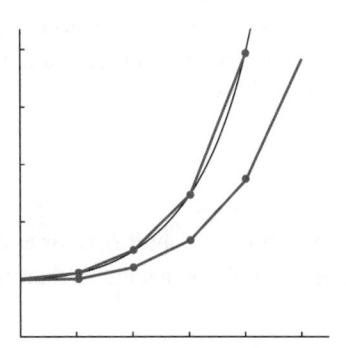

Mesmo que possamos demonstrar que existe uma solução de uma equação diferencial, podemos não ser capazes de mostrá-la de forma explícita ou implícita. Em muitos casos, temos que nos contentar com uma aproximação da solução. Se existe uma solução, ela representa um conjunto de pontos no plano cartesiano. Neste capítulo, vamos continuar a explorar a ideia básica apresentada na Seção 2.6, isto é, utilizando a equação diferencial para construir um algoritmo para a aproximação das coordenadas y dos pontos da solução real. Nosso foco neste capítulo é principalmente nos problemas de valor inicial de primeira ordem $dy/dx = f(x, y)$, $y(x_0) = y_0$. Vimos na Seção 4.10 que os métodos numéricos desenvolvidos para as EDs de primeira ordem nos permitem estender, de forma natural, sistemas de equações de primeira ordem. Devido a esta extensão, somos capazes de aproximar soluções de uma equação de ordem superior, reescrevendo-a como um sistema de EDs de primeira ordem. O Capítulo 9 conclui com um método de aproximação de soluções de problemas lineares de segunda ordem com valor de contorno.

9.1 MÉTODO DE EULER E ANÁLISE DE ERRO

IMPORTANTE REVISAR

- Seção 2.6

INTRODUÇÃO

No Capítulo 2, examinamos um dos métodos numéricos mais simples para aproximar soluções de problemas de valor inicial de primeira ordem $y' = f(x,y)$, $y(x_0) = y_0$. Lembre-se de que a espinha dorsal do **método de Euler** é a fórmula

$$y_{n+1} = y_n + hf(x_n, y_n), \qquad (1)$$

onde f é a função obtida da equação diferencial $y' = f(x,y)$. O uso recursivo de (1) para $n = 0, 1, 2, \ldots$ permite obter as coordenadas de y, y_1, y_2, y_3, $\ldots$ de pontos sobre sucessivas "retas tangentes" à curva integral em x_1, x_2, x_3, $\ldots$ ou $x_n = x_0 + nh$, onde a constante h é o tamanho do passo entre x_n e x_{n+1}. Os valores y_1, y_2, y_3, $\ldots$ aproximam os valores de uma solução $y(x)$ do PVI em x_1, x_2, x_3, $\ldots$ Mas qualquer vantagem que (1) tenha em decorrência de sua simplicidade é perdida pela imprecisão de suas aproximações.

UMA COMPARAÇÃO

No Problema 4 dos Exercícios 2.6 foi pedido que você usasse o método de Euler para obter o valor aproximado de $y(1,5)$ para a solução do problema de valor inicial $y' = 2xy$, $y(1) = 1$. Você deve ter obtido a solução analítica $y = e^{x^2-1}$ e resultados similares aos apresentados nas Tabelas 9.1 e 9.2.

Tabela 9.1 Método de Euler com $h = 0,1$

x_n	y_n	Valor exato	Erro absoluto	Erro relativo (%)
1,00	1,0000	1,0000	0,0000	0,00
1,10	1,2000	1,2337	0,0337	2,73
1,20	1,4640	1,5527	0,0887	5,71
1,30	1,8154	1,9937	0,1784	8,95
1,40	2,2874	2,6117	0,3244	12,42
1,50	2,9278	3,4903	0,5625	16,12

Tabela 9.2 Método de Euler com $h = 0,05$

x_n	y_n	Valor exato	Erro absoluto	Erro relativo (%)
1,00	1,0000	1,0000	0,0000	0,00
1,05	1,1000	1,1079	0,0079	0,72
1,10	1,2155	1,2337	0,0182	1,47
1,15	1,3492	1,3806	0,0314	2,27
1,20	1,5044	1,5527	0,0483	3,11
1,25	1,6849	1,7551	0,0702	4,00
1,30	1,8955	1,9937	0,0982	4,93
1,35	2,1419	2,2762	0,1343	5,90
1,40	2,4311	2,6117	0,1806	6,92
1,45	2,7714	3,0117	0,2403	7,98
1,50	3,1733	3,4903	0,3171	9,08

Nesse caso, com um passo $h = 0,1$, um erro relativo de 16% no cálculo da aproximação de $y(1,5)$ é totalmente inaceitável. À custa de dobrar o número de cálculos, alguma melhoria na precisão foi obtida dividindo ao meio o tamanho do passo, ou seja, para $h = 0,05$.

ERROS EM MÉTODOS NUMÉRICOS

Ao escolher e usar um método numérico para a solução de um problema de valor inicial, precisamos ter em mente as várias fontes de erro. Para alguns tipos de cálculo, o acúmulo de erros reduz a a precisão da aproximação a ponto de tornar os cálculos inúteis. Por outro lado, dependendo da aplicação da solução numérica, precisão extrema pode não justificar o aumento do custo e da complexidade.

Uma fonte de erro constante nos cálculos é o **erro de arredondamento**, que resulta do fato de toda calculadora ou computador representar números usando apenas um número finito de dígitos. A título de exemplo, suponha que uma calculadora use aritmética decimal e retenha somente quatro dígitos, de tal forma que $\frac{1}{3}$ é representado na calculadora como 0,3333 e $\frac{1}{9}$, como 0,1111. Se usarmos essa calculadora para computar $(x^2 - \frac{1}{9})/(x - \frac{1}{3})$ para $x = 0{,}3334$, obteremos

$$\frac{(0{,}3334)^2 - 0{,}1111}{0{,}3334 - 0{,}3333} = \frac{0{,}1112 - 0{,}1111}{0{,}3334 - 0{,}3333} = 1.$$

Porém, com a ajuda de um pouco de álgebra, vemos que

$$\frac{x^2 - 1/9}{x - 1/3} = \frac{(x - 1/3)(x + 1/3)}{x - 1/3} = x + \frac{1}{3},$$

logo, quando $x = 0{,}3334$, $(x^2 - \frac{1}{9})/(x - \frac{1}{3}) \approx 0{,}3334 + 0{,}3333 = 0{,}6667$. Esse exemplo mostra que os efeitos de erros de arredondamento podem ser bem sérios, a não ser que algum cuidado seja tomado. Uma forma de reduzir o efeito dos erros de arredondamento é minimizar o número de cálculos. Uma outra técnica em computador é usar aritmética com precisão dupla para verificar os resultados. Em geral, o erro de arredondamento é imprevisível e difícil de ser analisado. Portanto, ignoraremos esse erro na análise a seguir. Vamos nos concentrar no estudo do erro introduzido pelo uso de uma fórmula ou algoritmo para aproximar os valores da solução.

ERROS DE TRUNCAMENTO DO MÉTODO DE EULER

Na sequência de valores y_1, y_2, y_3, ... gerada por (1), usualmente o valor de y_1 não é igual à solução verdadeira calculada em x_1 – isto é, $y(x_1)$ –, pois o algoritmo oferece somente uma aproximação linear à solução. Veja a Figura 2.6.2. Esse erro, chamado de **erro de truncamento local**, **erro de fórmula** ou **erro de discretização**, ocorre em cada passo; isto é, se supusermos que y_n é preciso, então y_{n+1} conterá um erro de truncamento local.

Para obter uma fórmula do erro de truncamento local do método de Euler usamos a fórmula de Taylor com resto. Se uma função $y(x)$ tiver $k + 1$ derivadas contínuas em um intervalo aberto que contém a e x, então

$$y(x) = y(a) + y'(a)\frac{x - a}{1!} + \cdots + y^{(k)}(a)\frac{(x - a)^k}{k!} + y^{(k+1)}(c)\frac{(x - a)^{k+1}}{(k + 1)!},$$

onde c é algum ponto entre a e x. Tornando $k = 1$, $a = x_n$ e $x = x_{n+1} = x_n + h$, obtemos

$$y(x_{n+1}) = y(x_n) + y'(x_n)\frac{h}{1!} + y''(c)\frac{h^2}{2!}$$

ou

$$y(x_{n+1}) = \underbrace{y_n + hf(x_n, y_n)}_{y_{n+1}} + y''(c)\frac{h^2}{2!}.$$

O método de Euler (1) é a última fórmula sem o último termo; logo, o erro de truncamento local em y_{n+1} é

$$y''(c)\frac{h^2}{2!}, \quad \text{onde} \quad x_n < c < x_{n+1}.$$

O valor de c é usualmente desconhecido (ele existe teoricamente) e, portanto, o erro exato não pode ser calculado, mas uma limitação superior para o valor absoluto do erro é $Mh^2/2!$, onde $M = \max\limits_{x_n < x < x_{n+1}} |y''(x)|$.

Na discussão sobre erros decorrentes de métodos numéricos, é útil usar a notação $O(h^n)$. Para definir esse conceito, seja $e(h)$ o erro em um cálculo numérico dependente de h. Então $e(h)$ será de ordem h^n, denotado por $O(h^n)$, se houver uma constante C e um inteiro positivo n tal que $|e(h)| \leq Ch^n$ para h suficientemente pequeno. Assim, o erro de truncamento local do método de Euler é $O(h^2)$. Observamos que, em geral, em um método numérico, se $e(h)$ for de ordem h^n e h for dividido ao meio, o novo erro será aproximadamente $C(h/2)^n = Ch^n/2^n$; isto é, o erro será reduzido por um fator de $1/2^n$.

EXEMPLO 1 Limites para o erro de truncamento local

Obtenha um limite para o erro de truncamento local do método de Euler aplicado a $y' = 2xy$, $y(1) = 1$.

SOLUÇÃO
Da solução $y = e^{x^2-1}$, obtemos $y'' = (2 + 4x^2)e^{x^2-1}$ e, portanto, o erro de truncamento local é

$$y''(c)\frac{h^2}{2} = (2 + 4c^2)e^{(c^2-1)}\frac{h^2}{2},$$

onde c está entre x_n e $x_n + h$. Em particular, para $h = 0,1$, podemos obter um limite superior para o erro de truncamento local para y_1 substituindo c por 1,1:

$$[2 + (4)(1,1)^2]e^{((1,1)^2-1)}\frac{(0,1)^2}{2} = 0,0422.$$

Da Tabela 9.1, vemos que o erro após o primeiro passo é 0,0337, menor que o valor dado pelo limite.

Da mesma forma, podemos obter uma limitação para o erro de truncamento local para qualquer dos cinco passos dados na Tabela 9.1 substituindo c por 1,5 (esse valor de c dá o maior valor de $y''(c)$ para qualquer dos passos e pode ser amplo demais para os dois primeiros passos). Fazendo isso, obtemos

$$[2 + (4)(1,5)^2]e^{((1,5)^2-1)}\frac{(0,1)^2}{2} = 0,1920 \tag{2}$$

como uma limitação superior para o erro de truncamento local em cada passo. ∎

Observe que, se h for dividido ao meio, resultando em 0,05 neste exemplo, o limite para o erro será 0,0480, mais ou menos um quarto do mostrado em (2). Isso já era esperado, pois o erro de truncamento local do método de Euler é $O(h^2)$.

Na análise anterior supusemos que o valor de y_n era exato no cálculo de y_{n+1}, mas não é esse o caso, pois ele contém erros de truncamento local dos passos anteriores. O erro total em y_{n+1} é um acúmulo dos erros em cada um dos passos anteriores. Esse erro total é chamado de **erro de truncamento global**. Uma análise completa do erro de truncamento global está além do contexto deste livro, mas é possível mostrar que o erro de truncamento global do método de Euler é $O(h)$.

Esperamos que, para o método de Euler, se o tamanho do passo for dividido ao meio, o erro também será mais ou menos dividido ao meio. As Tabelas 9.1 e 9.2 corroboram esse fato, pois o erro absoluto em $x = 1,50$ com $h = 0,1$ é 0,5625 e com $h = 0,05$ é 0,3171, mais ou menos a metade.

Em geral é possível mostrar que, se um método de solução numérica de uma equação diferencial tiver erro de truncamento local $O(h^{\alpha+1})$, então o erro de truncamento global será $O(h^\alpha)$.

No restante desta seção e nas subsequentes vamos estudar métodos cuja precisão é significativamente maior que a do método de Euler.

MÉTODO DE EULER APRIMORADO

O método numérico definido pela fórmula

$$y_{n+1} = y_n + h\frac{f(x_n, y_n) + f(x_{n+1}, y_{n+1}^*)}{2}, \tag{3}$$

onde

$$y_{n+1}^* = y_n + hf(x_n, y_n), \tag{4}$$

é comumente conhecido como **método de Euler aprimorado**. Para calcular y_{n+1} para $n = 0, 1, 2, \ldots$ com base em (3), primeiramente precisamos usar em cada passo o método de Euler (4) para obter uma estimativa inicial y_{n+1}^*. Por exemplo, com $n = 0$, (4) nos dá $y_1^* = y_0 + hf(x_0, y_0)$. Portanto, conhecendo esse valor, usamos (3) para obter $y_1 = y_0 + h\frac{f(x_0, y_0) + f(x_1, y_1^*)}{2}$, onde $x_1 = x_0 + h$. Essas equações podem ser facilmente visualizadas. Na Figura 9.1.1, observe

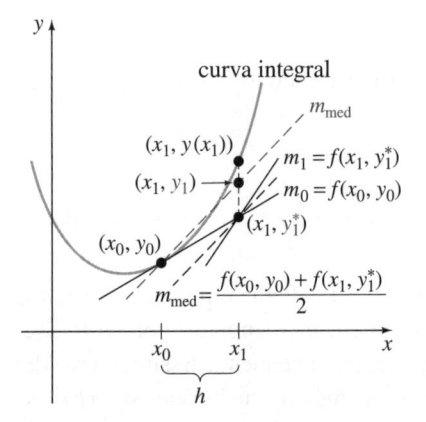

FIGURA 9.1.1 A inclinação da reta tracejada cinza é a média de m_0 e m_1.

CAPÍTULO 9 SOLUÇÕES NUMÉRICAS DE EQUAÇÕES DIFERENCIAIS ORDINÁRIAS • **383**

que $m_0 = f(x_0, y_0)$ e $m_1 = f(x_1, y_1^*)$ são as inclinações das linhas retas sólidas mostradas, as quais passam pelos pontos (x_0, y_0) e (x_1, y_1^*), respectivamente. Tomando uma média dessas inclinações, isto é, $m_{\text{med}} = \dfrac{f(x_0, y_0) + f(x_1, y_1^*)}{2}$, obtemos a inclinação das retas tracejadas. Em vez de avançarmos ao longo da reta que passa por (x_0, y_0) com inclinação $f(x_0, y_0)$ até o ponto com ordenada y igual a y_1^*, obtido pelo método usual de Euler, avançamos ao longo da reta que passa por (x_0, y_0) com inclinação m_{med} até atingirmos x_1. Pela observação da figura, parece plausível que y_1 seja uma aproximação melhor que y_1^*.

O método de Euler aprimorado é um exemplo de **método de precisão e correção**. O valor de y_{n+1}^* dado por (4) prediz um valor de $y(x_n)$, enquanto o valor de y_{n+1} definido por (3) corrige essa estimativa.

EXEMPLO 2 Método de Euler aprimorado

Use o método de Euler aprimorado para obter o valor aproximado de $y(1,5)$ para a solução do problema de valor inicial $y' = 2xy$, $y(1) = 1$. Compare os resultados para $h = 0,1$ e $h = 0,05$.

SOLUÇÃO

Com $x_0 = 1$, $y_0 = 1$, $f(x_n, y_n) = 2x_n y_n$, $n = 0$ e $h = 0,1$, calculamos em primeiro lugar (4):

$$y_1^* = y_0 + (0,1)(2x_0 y_0) = 1 + (0,1)2(1)(1) = 1,2.$$

Usamos esse último valor em (3) com $x_1 = 1 + h = 1 + 0,1 = 1,1$:

$$y_1 = y_0 + (0,1)\frac{2x_0 y_0 + 2x_1 y_1^*}{2} = 1 + (0,1)\frac{2(1)(1) + 2(1,1)(1,2)}{2} = 1,232.$$

Os valores comparativos dos cálculos feitos para $h = 0,1$ e $h = 0,05$ são apresentados nas Tabelas 9.3 e 9.4, respectivamente.

Tabela 9.3 Método de Euler aprimorado com $h = 0,1$

x_n	y_n	Valor exato	Erro absoluto	Erro relativo (%)
1,00	1,0000	1,0000	0,0000	0,00
1,10	1,2320	1,2337	0,0017	0,14
1,20	1,5479	1,5527	0,0048	0,31
1,30	1,9832	1,9937	0,0106	0,53
1,40	2,5908	2,6117	0,0209	0,80
1,50	3,4509	3,4904	0,0394	1,13

Tabela 9.4 Método de Euler aprimorado com $h = 0,05$

x_n	y_n	Valor exato	Erro absoluto	Erro relativo (%)
1,00	1,0000	1,0000	0,0000	0,00
1,05	1,1077	1,1079	0,0002	0,02
1,10	1,2332	1,2337	0,0004	0,04
1,15	1,3798	1,3806	0,0008	0,06
1,20	1,5514	1,5527	0,0013	0,08
1,25	1,7531	1,7551	0,0020	0,11
1,30	1,9909	1,9937	0,0029	0,14
1,35	2,2721	2,2762	0,0041	0,18
1,40	2,6060	2,6117	0,0057	0,22
1,45	3,0038	3,0117	0,0079	0,26
1,50	3,4795	3,4904	0,0108	0,31

Cabe aqui uma breve advertência. Não podemos calcular primeiramente todos os valores de y_n^* e depois substituí-los na fórmula em (3). Em outras palavras, não podemos utilizar os dados na Tabela 9.1 para ajudar a determinar as entradas da Tabela 9.3. Por que não?

ERRO DE TRUNCAMENTO DO MÉTODO DE EULER APRIMORADO

O erro de truncamento local do método de Euler aprimorado é $O(h^3)$. A obtenção desse resultado é similar à do erro de truncamento local do método de Euler. Segue então que o erro de truncamento global é $O(h^2)$. Isso pode ser visto no Exemplo 2: quando o tamanho do passo foi dividido pela metade, de $h = 0,1$ para $h = 0,05$, o erro absoluto em $x = 1,50$ foi reduzido de 0,0394 para 0,0108, uma redução de mais ou menos $(\frac{1}{2})^2 = \frac{1}{4}$.

EXERCÍCIOS 9.1

As respostas aos problemas ímpares estão no final do livro.

Nos Problemas 1 a 10, use o método de Euler aprimorado para obter uma aproximação com quatro casas decimais para o valor indicado. Use primeiramente $h = 0,1$ e depois $h = 0,05$.

1. $y' = 2x - 3y + 1$, $y(1) = 5$; $y(1,5)$
2. $y' = x + y^2$, $y(0) = 0$; $y(0,5)$
3. $y' = 1 + y^2$, $y(0) = 0$; $y(0,5)$
4. $y' = xy + \sqrt{y}$, $y(0) = 1$; $y(0,5)$
5. $y' = e^{-y}$, $y(0) = 0$; $y(0,5)$
6. $y' = y - y^2$, $y(0) = 0,5$; $y(0,5)$
7. $y' = (x - y)^2$, $y(0) = 0,5$; $y(0,5)$
8. $y' = x^2 + y^2$, $y(0) = 1$; $y(0,5)$
9. $y' = xy^2 - \frac{y}{x}$, $y(1) = 1$; $y(1,5)$
10. $y' = 4x - 2y$, $y(0) = 2$; $y(0,5)$

11. Considere o problema de valor inicial $y' = (x + y - 1)^2$, $y(0) = 2$. Use o método de Euler aprimorado com $h = 0,1$ e $h = 0,05$ para obter valores aproximados da solução em $x = 0,5$. Em cada etapa, compare os valores aproximado e exato da solução.

12. Embora possa não ser óbvio com base na equação diferencial, uma solução pode "comportar-se inadequadamente" perto de um ponto em que desejamos aproximar $y(x)$. Procedimentos numéricos podem dar resultados muito diferentes nas proximidades desse ponto. Seja $y(x)$ a solução do problema de valor inicial $y' = x^2 + y^3$, $y(1) = 1$.

    a) Use um solucionador numérico para obter o gráfico da solução no intervalo $[1; 1,4]$.
    b) Usando o passo $h = 0,1$, compare os resultados obtidos com os métodos de Euler e de Euler aprimorado na aproximação de $y(1,4)$.

13. Considere o problema de valor inicial $y' = 2y$, $y(0) = 1$. Sua solução analítica é $y = e^{2x}$.

    a) Aproxime $y(0,1)$ usando um único passo e o método de Euler.
    b) Obtenha uma limitação para o erro de truncamento local em y_1.
    c) Compare o erro real em y_1 com a limitação encontrada para o erro.
    d) Aproxime $y(0,1)$ usando dois passos no método de Euler.
    e) Verifique que o erro de truncamento global do método de Euler é $O(h)$ comparando os erros nos itens (a) e (d).

14. Repita o Problema 13 usando o método de Euler aprimorado. Seu erro de truncamento global é $O(h^2)$.

15. Repita o Problema 13 usando o problema de valor inicial $y' = x - 2y$, $y(0) = 1$. A solução analítica é
$$y = \frac{1}{2}x - \frac{1}{4} + \frac{5}{4}e^{-2x}.$$

16. Repita o Problema 15 usando o método de Euler aprimorado. Seu erro de truncamento global é $O(h^2)$.

17. Considere o problema de valor inicial $y' = 2x - 3y + 1$, $y(1) = 5$. A solução analítica é
$$y(x) = \frac{1}{9} + \frac{2}{3}x + \frac{38}{9}e^{-3(x-1)}.$$

    a) Obtenha uma fórmula envolvendo c e h para o erro de truncamento local no n-ésimo passo, se for usado o método de Euler.
    b) Ache uma limitação para o erro de truncamento local em cada passo se $h = 0,1$ for usado para aproximar $y(1,5)$.
    c) Aproxime $y(1,5)$ usando $h = 0,1$ e $h = 0,05$ com o método de Euler. Veja o Problema 1 nos Exercícios 2.6.
    d) Calcule os erros no item (c) e verifique que o erro de truncamento global do método de Euler é $O(h)$.

18. Repita o Problema 17 usando o método de Euler aprimorado, o qual tem um erro de truncamento global $O(h^2)$. Veja o Problema 1. Você pode precisar manter mais de quatro casas decimais para ver o efeito da redução de ordem do erro.

19. Repita o Problema 17 para o problema de valor inicial $y' = e^{-y}$, $y(0) = 0$. A solução analítica é $y(x) = \ln(x+1)$. Aproxime $y(0,5)$. Veja o Problema 5 nos Exercícios 2.6.

20. Repita o Problema 19 usando o método de Euler aprimorado, o qual tem um erro de truncamento global $O(h^2)$. Veja o Problema 5. Você pode precisar manter mais de quatro casas decimais para ver o efeito da redução de ordem do erro.

PROBLEMAS PARA DISCUSSÃO

21. Responda à pergunta "Por que não?" que segue as três sentenças após o Exemplo 2 na página 383.

9.2 MÉTODOS DE RUNGE-KUTTA

IMPORTANTE REVISAR

- Seção 2.6

INTRODUÇÃO
O **método de Runge-Kutta de quarta ordem** é provavelmente um dos métodos mais populares e também um dos mais precisos para se obter soluções aproximadas de problemas de valor inicial $y' = f(x, y)$, $y(x_0) = y_0$. Como o nome sugere, há métodos de Runge-Kutta de várias ordens.

MÉTODO DE RUNGE-KUTTA DE PRIMEIRA ORDEM
Fundamentalmente, todos os métodos de Runge-Kutta são generalizações da fórmula básica de Euler (1), vista na Seção 9.1, em que a inclinação da função f é substituída por uma média ponderada das inclinações ao longo do intervalo $x_n \leq x \leq x_{n+1}$. Isto é,

$$y_{n+1} = y_n + h(\overbrace{w_1 k_1 + w_2 k_2 + \cdots + w_m k_m}^{\text{média ponderada}}). \tag{1}$$

Aqui, os pesos w_i, $i = 1, 2, \ldots, m$, são constantes que geralmente satisfazem $w_1 + w_2 + \cdots + w_m = 1$, e cada k_i, $i = 1, 2, \ldots, m$, é o resultado da função f num dado ponto (x, y) selecionado, tal que $x_n \leq x \leq x_{n+1}$. Veremos que os k_i são definidos de forma recursiva. O número m é chamado de **ordem** do método. Observe que, sendo $m = 1$, $w_1 = 1$ e $k_1 = f(x_n, y_n)$, obtemos a conhecida fórmula de Euler $y_{n+1} = y_n + hf(x_n, y_n)$. Daí dizemos que o método de Euler é um **método Runge-Kutta de primeira ordem**.

A média em (1), querendo ou não, não é formada, mas os parâmetros são escolhidos de forma que (1) se assemelhe com um polinômio de Taylor de grau m. Vimos na última seção que, se uma função $y(x)$ tiver $k+1$ derivadas contínuas em um intervalo aberto contendo a e x, poderemos escrever

$$y(x) = y(a) + y'(a)\frac{x-a}{1!} + y''(a)\frac{(x-a)^2}{2!} + \cdots + y^{(k+1)}(c)\frac{(x-a)^{k+1}}{(k+1)!},$$

onde c é algum número entre a e x. Se substituirmos a por x_n e x por $x_{n+1} = x_n + h$, a fórmula acima se torna

$$y(x_{n+1}) = y(x_n + h) = y(x_n) + hy'(x_n) + \frac{h^2}{2!}y''(x_n) + \cdots + \frac{h^{k+1}}{(k+1)!}y^{(k+1)}(c),$$

onde c é agora algum número entre x_n e x_{n+1}. Quando $y(x)$ é uma solução de $y' = f(x, y)$, no caso $k = 1$, e o restante $\frac{1}{2}h^2 y''(c)$ é desprezível, vemos que um polinômio de Taylor $y(x_{n+1}) = y(x_n) + hy'(x_n)$ de grau se assemelha com a fórmula de aproximação do método de Euler

$$y_{n+1} = y_n + hy'_n = y_n + hf(x_n, y_n).$$

MÉTODO DE RUNGE-KUTTA DE SEGUNDA ORDEM

Para ilustrar ainda mais (1), consideremos agora o **procedimento de Runge-Kutta de segunda ordem**, que consiste em encontrar constantes ou parâmetros w_1, w_2, α e β de tal modo que a fórmula

$$y_{n+1} = y_n + h(w_1 k_1 + w_2 k_2), \tag{2}$$

onde
$$k_1 = f(x_n, y_n)$$
$$k_2 = f(x_n + \alpha h, y_n + \beta h k_1),$$

coincida com um polinômio de Taylor de grau dois. Para nossos propósitos, basta dizer que este pode ser feito sempre que as constantes satisfizerem

$$w_1 + w_2 = 1, \quad w_2 \alpha = \frac{1}{2} \quad \text{e} \quad w_2 \beta = \frac{1}{2}. \tag{3}$$

Esse é um sistema algébrico de três equações em quatro incógnitas e tem um número infinito de soluções:

$$w_1 = 1 - w_2, \quad \alpha = \frac{1}{2w_2} \quad \text{e} \quad \beta = \frac{1}{2w_2}, \tag{4}$$

onde $w_2 \neq 0$. Por exemplo, a escolha $w_2 = \frac{1}{2}$ nos leva a $w_1 = \frac{1}{2}$, $\alpha = 1$ e $\beta = 1$, e assim (2) torna-se

$$y_{n+1} = y_n + \frac{h}{2}(k_1 + k_2),$$

onde $k_1 = f(x_n, y_n)$ e $k_2 = f(x_n + h, y_n + h k_1)$.

Desde que $x_n + h = x_{n+1}$ e $y_n + h k_1 = y_n + h f(x_n, y_n)$, o resultado anterior é denominado método de Euler aprimorado, que se resume em (3) e (4) da Seção 9.1.

Em vista do fato de que $w_2 \neq 0$ pode ser escolhido arbitrariamente em (4), há muitos outros métodos de segunda ordem de Runge-Kutta possíveis. Veja o Problema 2 nos Exercícios 9.2.

Vamos ignorar qualquer discussão sobre os métodos de terceira ordem, a fim de chegar ao principal ponto de discussão nesta seção.

MÉTODO DE RUNGE-KUTTA DE QUARTA ORDEM

O **procedimento de Runge-Kutta de quarta ordem** consiste em encontrar constantes apropriadas de tal forma que a fórmula
$$y_{n+1} = y_n + h(w_1 k_1 + w_2 k_2 + w_3 k_3 + w_4 k_4), \tag{5}$$
onde
$$k_1 = f(x_n, y_n)$$
$$k_2 = f(x_n + \alpha_1 h, y_n + \beta_1 h k_1)$$
$$k_3 = f(x_n + \alpha_2 h, y_n + \beta_2 h k_1 + \beta_3 h k_2)$$
$$k_4 = f(x_n + \alpha_3 h, y_n + \beta_4 h k_1 + \beta_5 h k_2 + \beta_6 h k_3),$$

coincida com um polinômio de Taylor de grau quatro. Isso resulta em 11 equações e em 13 incógnitas. O conjunto de valores mais comumente usado para os parâmetros dá lugar ao seguinte resultado:

$$y_{n+1} = y_n + \frac{h}{6}(k_1 + 2k_2 + 2k_3 + k_4),$$
$$k_1 = f(x_n, y_n)$$
$$k_2 = f\left(x_n + \frac{1}{2}h, y_n + \frac{1}{2}h k_1\right) \tag{6}$$
$$k_3 = f\left(x_n + \frac{1}{2}h, y_n + \frac{1}{2}h k_2\right)$$
$$k_4 = f(x_n + h, y_n + h k_3).$$

Enquanto outras fórmulas de quarta ordem são facilmente obtidas, o algoritmo resumido em (6) é tão amplamente utilizado e reconhecido como uma valiosa ferramenta computacional que muitas vezes é referido como *o* método de Runge-Kutta de quarta ordem ou *o clássico* método de Runge-Kutta. Quando utilizamos a sigla **método RK4**, devemos pensar em (6).

CAPÍTULO 9 SOLUÇÕES NUMÉRICAS DE EQUAÇÕES DIFERENCIAIS ORDINÁRIAS • 387

É aconselhável observar com cuidado as fórmulas em (6); observe que k_2 depende de k_1, k_3 depende de k_2 e k_4 depende de k_3. Além disso, k_2 e k_3 envolvem aproximações às inclinações no ponto médio $x_n + \frac{1}{2}h$ do intervalo definido por $x_n \leq x \leq x_{n+1}$.

EXEMPLO 1 Método RK4 ou de Runge-Kutta de quarta ordem

Use o método RK4 com $h = 0,1$ para obter uma aproximação de $y(1,5)$ para a solução de $y' = 2xy$, $y(1) = 1$.

SOLUÇÃO

A título de ilustração, vamos fazer o cálculo para o caso em que $n = 0$. De (6), obtemos

$$k_1 = f(x_0, y_0) = 2x_0 y_0 = 2$$

$$k_2 = f\left(x_0 + \frac{1}{2}(0,1), y_0 + \frac{1}{2}(0,1)2\right)$$

$$= 2\left(x_0 + \frac{1}{2}(0,1)\right)\left(y_0 + \frac{1}{2}(0,2)\right) = 2,31$$

$$k_3 = f\left(x_0 + \frac{1}{2}(0,1), y_0 + \frac{1}{2}(0,1)2,31\right)$$

$$= 2\left(x_0 + \frac{1}{2}(0,1)\right)\left(y_0 + \frac{1}{2}(0,231)\right) = 2,34255$$

$$k_4 = f(x_0 + (0,1), y_0 + (0,1)2,34255)$$

$$= 2(x_0 + 0,1)(y_0 + 0,234255) = 2,715361$$

e, portanto,

$$y_1 = y_0 + \frac{0,1}{6}(k_1 + 2k_2 + 2k_3 + k_4)$$

$$= 1 + \frac{0,1}{6}(2 + 2(2,31) + 2(2,34255) + 2,715361 = 1,23367435.$$

Os cálculos remanescentes estão resumidos na Tabela 9.5, cujas entradas foram arredondadas para quatro casas decimais.

Tabela 9.5 Método de RK4 com $h = 0,1$

x_n	y_n	Valor exato	Erro absoluto	Erro relativo (%)
1,00	1,0000	1,0000	0,0000	0,00
1,10	1,2337	1,2337	0,0000	0,00
1,20	1,5527	1,5527	0,0000	0,00
1,30	1,9937	1,9937	0,0000	0,00
1,40	2,6116	2,6117	0,0001	0,00
1,50	3,4902	3,4904	0,0001	0,00

Uma análise da Tabela 9.5 mostra por que o método de Runge-Kutta de quarta ordem é tão popular. Se quatro casas decimais de precisão for tudo o que queremos, então não há necessidade de usar um tamanho de passo menor. A Tabela 9.6 compara os resultados da aplicação dos métodos de Euler, Euler aprimorado e Runge-Kutta de quarta ordem a um problema de valor inicial $y' = 2xy$, $y(1) = 1$. (Veja as Tabelas 9.1 e 9.3.)

ERROS DE TRUNCAMENTO DO MÉTODO RK4

Na Seção 9.1, vimos que os erros de truncamento global para o método de Euler e para o método de Euler aprimorado são, respectivamente, $O(h)$ e $O(h^2)$. Como a primeira equação em (6) deve coincidir com um polinômio de Taylor de grau quatro, o erro de truncamento local desse método é $y^{(5)}(c)\frac{h^5}{5!}$ ou $O(h^5)$, e o erro de truncamento global é então $O(h^4)$. Agora, é óbvio porque o método de Euler, o método de Euler aprimorado, e (6) são métodos de Runge-Kutta de *primeira*, *segunda* e *quarta ordem*, respectivamente.

Tabela 9.6 $y' = 2xy$, $y(1) = 1$

Comparação de métodos numéricos com $h = 0,1$				
x_n	Euler	Euler melhorado	RK4	Valor exato
1,00	1,0000	1,0000	1,0000	1,0000
1,10	1,2000	1,2320	1,2337	1,2337
1,20	1,4640	1,5479	1,5527	1,5527
1,30	1,8154	1,9832	1,9937	1,9937
1,40	2,2874	2,5908	2,6116	2,6117
1,50	2,9278	3,4509	3,4902	3,4904

Comparação de métodos numéricos com $h = 0,05$				
x_n	Euler	Euler melhorado	RK4	Valor exato
1,00	1,0000	1,0000	1,0000	1,0000
1,05	1,1000	1,1077	1,1079	1,1079
1,10	1,2155	1,2332	1,2337	1,2337
1,15	1,3492	1,3798	1,3806	1,3806
1,20	1,5044	1,5514	1,5527	1,5527
1,25	1,6849	1,7531	1,7551	1,7551
1,30	1,8955	1,9909	1,9937	1,9937
1,35	2,1419	2,2721	2,2762	2,2762
1,40	2,4311	2,6060	2,6117	2,6117
1,45	2,7714	3,0038	3,0117	3,0117
1,50	3,1733	3,4795	3,4903	3,4904

EXEMPLO 2 Limitações para o erro de truncamento local

Encontre os erros de truncamento local do método de Runge-Kutta de quarta ordem aplicado a $y' = 2xy$, $y(1) = 1$.

SOLUÇÃO
Diferenciando a solução conhecida $y(x) = e^{x^2-1}$, obtemos

$$y^{(5)}(c)\frac{h^5}{5!} = (120c + 160c^3 + 32c^5)e^{c^2-1}\frac{h^5}{5!}. \tag{7}$$

Assim, para $c = 1,5$, (7) resulta em uma limitação de 0,00028 no erro de truncamento local para cada um dos cinco passos quando $h = 0,1$. Observe que na Tabela 9.5 o erro real em y_1 é muito menor que essa limitação.

A Tabela 9.7 dá as aproximações para a solução do problema de valor inicial em $x = 1,5$ obtidas pela aplicação do método de Runge-Kutta de quarta ordem. Calculando o valor exato da solução em $x = 1,5$, podemos obter o erro nessas aproximações. Como o método é bem preciso, muitas casas decimais devem ser usadas na solução numérica para que se veja o efeito causado ao dividir o tamanho do passo ao meio. Observe que, se h for dividido ao meio, de $h = 0,1$ para $h = 0,05$, o erro será dividido por um fator de mais ou menos $2^4 = 16$, como esperado.

Tabela 9.7 Método de Runge-Kutta de quarta ordem

h	Aproximação	Erro
0,1	3,49021064	$1,32321089 \times 10^{-4}$
0,05	3,49033382	$9,3776090 \times 10^{-6}$

MÉTODOS ADAPTATIVOS

Vimos que a precisão de um método numérico pode ser melhorada decrescendo o tamanho do passo h. Naturalmente, esse aumento de precisão é em geral obtido a um custo, isto é, maior tempo de computação e maior possibilidade de erros de arredondamento. Em geral, no intervalo de aproximação pode haver subintervalos em que um passo relativamente grande é suficiente, enquanto em outros subintervalos é necessário um passo menor para manter o erro de truncamento dentro dos limites desejados. Métodos numéricos que usam um tamanho de passo variável são chamados de **métodos adaptativos**. Um dos métodos desse tipo mais populares para aproximar soluções de equações diferenciais é o **algoritmo de Runge-Kutta-Fehlberg**. Devido ao fato de Fehlberg ter utilizado dois métodos Runge-Kutta de ordens diferentes, um de quarta e um de quinta ordem, esse algoritmo é frequentemente indicado como o **método RKF45**.*

EXERCÍCIOS 9.2

As respostas aos problemas ímpares estão no final do livro.

1. Use o método de Runge-Kutta de quarta ordem com $h = 0,1$ para aproximar $y(0,5)$, onde $y(x)$ é a solução do problema de valor inicial $y' = (x+y-1)^2$, $y(0) = 2$. Compare os valores aproximados com os exatos obtidos no Problema 11 dos Exercícios 9.1.

2. Suponha que $w_2 = \frac{3}{4}$ em (4). Use o método de segunda ordem de Runge-Kutta para aproximar $y(0,5)$, onde $y(x)$ é a solução do problema de valor inicial no Problema 1. Compare este valor aproximado com o valor aproximado obtido no Problema 11 nos Exercícios 9.1.

Nos Problemas 3 a 12, use o método de Runge-Kutta de quarta ordem com $h = 0,1$ para obter uma aproximação com quatro casas decimais do valor indicado.

3. $y' = 2x - 3y + 1$, $y(1) = 5$; $y(1,5)$

4. $y' = x^2 + y^2$, $y(0) = 1$; $y(0,5)$

5. $y' = 1 + y^2$, $y(0) = 0$; $y(0,5)$

6. $y' = 4x - 2y$, $y(0) = 2$; $y(0,5)$

7. $y' = e^{-y}$, $y(0) = 0$; $y(0,5)$

8. $y' = y - y^2$, $y(0) = 0,5$; $y(0,5)$

9. $y' = (x - y)^2$, $y(0) = 0,5$; $y(0,5)$

10. $y' = x + y^2$, $y(0) = 0$; $y(0,5)$

11. $y' = xy^2 - \frac{y}{x}$, $y(1) = 1$; $y(1,5)$

12. $y' = xy + \sqrt{y}$, $y(0) = 1$; $y(0,5)$

13. Se a resistência do ar for proporcional ao quadrado da velocidade instantânea, então a velocidade v de uma massa m em queda de uma dada altura é determinada por

$$m\frac{dv}{dt} = mg - kv^2, \quad k > 0.$$

Seja $v(0) = 0$, $k = 0,125$, $m = 5$ *slugs* e $g = 32$ pés/s².

a) Use o método de Runge-Kutta de quarta ordem com $h = 1$ para obter uma aproximação da velocidade da massa em queda em $t = 5$ s.

b) Use um solucionador numérico para fazer o gráfico da solução do problema de valor inicial no intervalo [0,6].

c) Use a separação de variáveis para resolver o problema de valor inicial e obtenha o valor verdadeiro de $v(5)$.

14. Um modelo matemático para a área A (em cm²) ocupada por uma colônia de bactérias (*B. dendroides*) é dado por

$$\frac{dA}{dt} = A(2,128 - 0,0432A).^\dagger$$

Suponha que a área inicial seja de $0,24$ cm².

a) Use o método de Runge-Kutta de quarta ordem com $h = 0,5$ para completar a seguinte tabela:

t (dias)	1	2	3	4	5
A (observado)	2,78	13,53	36,30	47,50	49,40
A (aproximado)					

b) Use um solucionador numérico para fazer o gráfico da solução do problema de valor inicial. Estime os valores $A(1)$, $A(2)$, $A(3)$, $A(4)$ e $A(5)$ com base no gráfico.

c) Use a separação de variáveis para resolver o problema de valor inicial e calcule os valores $A(1)$, $A(2)$, $A(3)$, $A(4)$ e $A(5)$.

---

* O método Runge-Kutta de quarta ordem utilizado em RKF45 não é o mesmo que foi dado em (6).
† Veja V. A. Kostitzin, *Mathematical Biology*. Londres: Harrap, 1939.

15. Considere o problema de valor inicial

$$y' = x^2 + y^3, \quad y(1) = 1.$$

(Veja o Problema 12 nos Exercícios 9.1.)

a) Compare os resultados obtidos usando o RK4 no intervalo [1, 1,4] com o tamanho de passo $h = 0,1$ e $h = 0,05$.

b) Use um solucionador numérico para fazer o gráfico da solução do problema de valor inicial no intervalo [1, 1,4].

16. Considere o problema de valor inicial $y' = 2y$, $y(0) = 1$. Sua solução analítica é $y(x) = e^{2x}$.

a) Aproxime $y(0,1)$ usando um passo e o método de Runge-Kutta de quarta ordem.

b) Encontre uma limitação para o erro de truncamento local em y_1.

c) Compare o erro em y_1 com seu limite para o erro.

d) Aproxime $y(0,1)$ usando dois passos e o método de Runge-Kutta de quarta ordem.

e) Verifique que o erro de truncamento global do método de Runge-Kutta de quarta ordem é $O(h^4)$ comparando os erros nos itens (a) e (d).

17. Repita o Problema 16 usando o problema de valor inicial $y' = -2y + x$, $y(0) = 1$. Sua solução analítica é

$$y(x) = \frac{1}{2}x - \frac{1}{4} + \frac{5}{4}e^{-2x}.$$

18. Considere o problema de valor inicial $y' = 2x - 3y + 1$, $y(1) = 5$. Sua solução analítica é

$$y(x) = \frac{1}{9} + \frac{2}{3}x + \frac{38}{9}e^{-3(x-1)}.$$

a) Determine uma fórmula envolvendo c e h para o erro de truncamento local no n-ésimo passo, se for usado o método de Runge-Kutta de quarta ordem.

b) Encontre uma limitação para o erro de truncamento local em cada passo se $h = 0,1$ for usado para aproximar $y(1,5)$.

c) Aproxime $y(1,5)$ usando o método de Runge-Kutta de quarta ordem com $h = 0,1$ e $h = 0,05$. Veja o Problema 3. Você precisará de mais de seis casas decimais para ver o efeito da redução do tamanho do passo.

19. Repita o Problema 18 para o problema de valor inicial $y' = e^{-y}$, $y(0) = 0$. Sua solução analítica é $y(x) = \ln(x + 1)$. Aproxime $y(0,5)$. Veja o Problema 7.

PROBLEMAS PARA DISCUSSÃO

20. Um contador do número de cálculos do valor da função f empregados na solução do problema de valor inicial $y' = f(x, y)$, $y(x_0) = y_0$ foi usado como medida da complexidade computacional de um método numérico. Determine o número de cálculos do valor de f necessário para cada passo dos métodos de Euler, Euler aprimorado e Runge-Kutta de quarta ordem. Considerando alguns exemplos específicos, compare a precisão desses métodos quando usados em cálculos de complexidade computacional comparável.

TAREFAS PARA O LABORATÓRIO DE INFORMÁTICA

21. O método de Runge-Kutta de quarta ordem para a solução de um problema de valor inicial em um intervalo $[a, b]$ resulta em um conjunto finito de pontos que devem aproximar pontos sobre o gráfico da solução exata. Para expandir esse conjunto discreto de pontos para uma solução aproximada definida em todos os pontos do intervalo $[a, b]$, podemos usar uma **função interpoladora**. Essa é uma função disponível na maioria dos sistemas algébricos computadorizados, que passa exatamente pelos valores dados e supõe uma transição suave entre eles. Essas funções interpoladoras podem ser polinômios ou conjunto de polinômios ligados entre si suavemente. No *Mathematica*, o comando `y = Interpolation[data]` pode ser usado para obter uma função interpoladora por meio dos pontos `data` = $\{\{x_0, y_0\}, \{x_1, y_1\}, \ldots, \{x_n, y_n\}\}$. A função interpoladora `y[x]` pode agora ser tratada como qualquer outra função embutida no SAC.

a) Determine a solução exata do problema de valor inicial $y' = -y + 10 \operatorname{sen} 3x$, $y(0) = 0$ no intervalo [0, 2]. Faça o gráfico dessa solução e ache suas raízes positivas.

b) Use o método de Runge-Kutta de quarta ordem com $h = 0,1$ para aproximar uma solução do problema de valor inicial do item (a). Obtenha uma função interpoladora e faça o seu gráfico. Ache as raízes positivas da função interpoladora no intervalo [0, 2].

9.3 MÉTODOS DE PASSOS MÚLTIPLOS

ASSUNTOS ANALISADOS
- Seções 9.1 e 9.2

INTRODUÇÃO

Os métodos de Euler, Euler aprimorado e Runge-Kutta são exemplos de métodos de **passo único** ou **métodos de partida**. Nesses métodos, cada valor sucessivo y_{n+1} é computado com base somente na informação sobre o valor imediatamente precedente y_n. Por outro lado, os métodos de **passos múltiplos** ou de **continuação** usam os valores de vários passos para obter o valor de y_{n+1}. Há um grande número de fórmulas de passos múltiplos para a aproximação de soluções de EDs, mas já que não é nossa intenção fazer um levantamento do vasto campo de procedimentos numéricos, vamos considerar um único método.

MÉTODO DE ADAMS-BASHFORTH-MOULTON

O método de passos múltiplos que é discutido nesta seção é chamado método de Adams-Bashforth-Moulton de quarta ordem. Assim como o método de Euler aprimorado, trata-se de um método de previsão e correção, ou seja, uma fórmula é usada para prever um valor y_{n+1}^*, que por sua vez é usado para obter um valor corrigido y_{n+1}. O preditor de erro deste método é a fórmula de Adams-Bashforth:

$$y_{n+1}^* = y_n + \frac{h}{24}(55y_n' - 59y_{n-1}' + 37y_{n-2}' - 9y_{n-3}') \tag{1}$$

$$y_n' = f(x_n, y_n)$$
$$y_{n-1}' = f(x_{n-1}, y_{n-1})$$
$$y_{n-2}' = f(x_{n-2}, y_{n-2})$$
$$y_{n-3}' = f(x_{n-3}, y_{n-3})$$

para $n \geq 3$. O valor de y_{n+1}^* é então substituído na correção de Adams-Moulton

$$y_{n+1} = y_n + \frac{h}{24}(9y_{n+1}' + 19y_n' - 5y_{n-1}' + y_{n-2}') \tag{2}$$
$$y_{n+1}' = f(x_{n+1}, y_{n+1}^*).$$

Observe que a fórmula (1) requer o conhecimento dos valores de y_0, y_1, y_2 e y_3 para a obtenção de y_4. O valor de y_0 é, naturalmente, a condição inicial dada. Como o erro de truncamento local do método de Adams-Bashforth/Adams-Moulton é $O(h^5)$, os valores de y_1, y_2 e y_3 são geralmente computados por um método com a mesma propriedade de erro, tal como o método de Runge-Kutta de quarta ordem.

EXEMPLO 1 Método de Adams-Bashforth-Moulton

Use o método de Adams-Bashforth-Moulton com $h = 0{,}2$ para obter uma aproximação $y(0{,}8)$ para a solução de

$$y' = x + y - 1, \quad y(0) = 1.$$

SOLUÇÃO

Com um tamanho de passo $h = 0{,}2$, $y(0{,}8)$ será aproximado por y_4. Para começar, usamos o método de Runge-Kutta de quarta ordem com $x_0 = 0$, $y_0 = 1$ e $h = 0{,}2$ para obter

$$y_1 = 1{,}02140000, \quad y_2 = 1{,}09181796, \quad y_3 = 1{,}22210646.$$

Com as identificações $x_0 = 0$, $x_1 = 0{,}2$, $x_2 = 0{,}4$, $x_3 = 0{,}6$ e $f(x, y) = x + y - 1$, obtemos

$$y_0' = f(x_0, y_0) = (0) + (1) - 1 = 0$$
$$y_1' = f(x_1, y_1) = (0{,}2) + (1{,}02140000) - 1 = 0{,}22140000$$
$$y_2' = f(x_2, y_2) = (0{,}4) + (1{,}09181796) - 1 = 0{,}49181796$$
$$y_3' = f(x_3, y_3) = (0{,}6) + (1{,}22210646) - 1 = 0{,}82210646.$$

Com os valores acima, a previsão (1) nos dá

$$y_4^* = y_3 + \frac{0{,}2}{24}(55y_3' - 59y_2' + 37y_1' - 9y_0') = 1{,}42535975.$$

Para usar a correção (2), precisamos primeiramente de

$$y_4' = f(x_4, y_4^*) = 0{,}8 + 1{,}42535975 - 1 = 1{,}22535975.$$

Finalmente, (2) dá lugar a

$$y_4 = y_3 + \frac{0{,}2}{24}(9y_4' + 19y_3' - 5y_2' + y_1') = 1{,}42552788. \qquad \blacksquare$$

Você deve verificar que o valor exato de $y(0{,}8)$ no Exemplo 1 é $y(0{,}8) = 1{,}42554093$. Veja o Problema 1 nos Exercícios 9.3.

ESTABILIDADE DE MÉTODOS NUMÉRICOS

Uma consideração importante ao usar métodos numéricos para aproximar a solução de um problema de valor inicial é a estabilidade. Dito informalmente, o método será **estável** se pequenas variações nas condições iniciais acarretarem apenas pequenas variações na solução calculada. Um método numérico é dito **instável**, se não for estável. O motivo pelo qual considerações sobre estabilidade são importantes é que em cada passo após o primeiro passo de uma técnica numérica essencialmente começamos tudo outra vez com um novo problema de valor inicial, em que a condição inicial passa a ser o valor calculado da solução aproximada no passo anterior. Em decorrência de erros de arredondamento, esse valor com certeza será pelo menos ligeiramente diferente do valor exato da solução. Além do erro de arredondamento, uma outra fonte comum de erro ocorre na própria condição inicial; em aplicações físicas, por exemplo, os dados são frequentemente obtidos por medidas imprecisas.

Um método possível para detectar a instabilidade em uma solução numérica de um problema de valor inicial específico é comparar as soluções aproximadas obtidas quando diminuímos o tamanho dos passos. Se o método numérico for instável, o erro poderá, na verdade, crescer com tamanhos de passo menores. Uma outra forma de verificar a estabilidade consiste em observar o que ocorre com a solução quando a condição inicial é ligeiramente alterada (por exemplo, de $y(0) = 1$ para $y(0) = 0{,}999$).

Para uma discussão mais detalhada e precisa sobre a estabilidade, consulte um texto de análise numérica. Em geral, todos os métodos discutidos neste capítulo têm boas características de estabilidade.

VANTAGENS E DESVANTAGENS DOS MÉTODOS DE PASSOS MÚLTIPLOS

Muitas considerações entram na escolha de um método para resolver numericamente uma equação diferencial. Métodos de passo único, particularmente o de Runge-Kutta, são frequentemente escolhidos por sua precisão e pelo fato de serem facilmente programáveis. Porém, a grande desvantagem é que o lado direito da equação diferencial precisa ser computado muitas vezes em cada passo. Por exemplo, o método de Runge-Kutta de quarta ordem requer quatro cálculos de valores da função em cada passo. Entretanto, se a função avaliada no passo anterior tiver sido calculada e armazenada, um método de passos múltiplos exigirá somente uma nova avaliação da função em cada passo. Isso pode diminuir o tempo e o custo significativamente.

Por exemplo, para resolver numericamente $y' = f(x, y), y(x_0) = y_0$ usando n passos pelo método de Runge-Kutta de quarta ordem, são necessários $4n$ cálculos dos valores da função. O método de passos múltiplos de Adams-Bashforth requer 16 cálculos dos valores da função para o inicializador Runge-Kutta de quarta ordem e $n - 4$ para os n passos do Adams-Bashforth, o que no total dá $n + 12$ cálculos dos valores da função para esse método. Em geral, o método de passos múltiplos de Adams-Bashforth requer um pouco mais de um quarto do número de avaliações da função requeridas pelo método de Runge-Kutta de quarta ordem. Se a avaliação de $f(x, y)$ for complicada, o método de passos múltiplos será mais eficiente.

Outra questão em relação aos métodos de passos múltiplos é a de quantas vezes a fórmula de correção de Adams-Moulton deve ser repetida em cada passo. Cada vez que a correção for usada, outro cálculo de valores da função será feita e, portanto, a precisão será maior à custa da perda de uma vantagem do método de passo múltiplo. Na prática, a correção é calculada uma vez e, se o valor de y_{n+1} estiver variando muito, todo o problema é recomeçado com um tamanho de passo menor. Isso frequentemente é a base dos métodos de tamanho de passo variável, cuja discussão está fora do contexto deste livro.

EXERCÍCIOS 9.3

As respostas aos problemas ímpares estão no final do livro.

1. Determine a solução exata do problema de valor inicial no Exemplo 1. Compare os valores exatos de $y(0,2)$, $y(0,4)$, $y(0,6)$ e $y(0,8)$ com as aproximações y_1, y_2, y_3 e y_4.

2. Escreva um programa de computador para implementar o método de Adams-Bashforth-Moulton.

Nos Problemas 3 e 4, use o método de Adams-Bashforth-Moulton para aproximar $y(0,8)$, onde $y(x)$ é a solução do problema de valor inicial dado. Use $h = 0,2$ e o método de Runge-Kutta de quarta ordem para calcular y_1, y_2 e y_3.

3. $y' = 2x - 3y + 1$, $y(0) = 1$

4. $y' = 4x - 2y$, $y(0) = 2$

Nos Problemas 5 a 8, use o método de Adams-Bashforth-Moulton para aproximar $y(1,0)$, onde $y(x)$ é a solução do problema de valor inicial dado. Primeiramente use $h = 0,2$ e $h = 0,1$ e o método de Runge-Kutta de quarta ordem para calcular y_1, y_2 e y_3.

5. $y' = 1 + y^2$, $y(0) = 0$

6. $y' = xy + \sqrt{y}$, $y(0) = 1$

7. $y' = (x - y)^2$, $y(0) = 0$

8. $y' = y + \cos x$, $y(0) = 1$

9.4 EQUAÇÕES DE ORDEM SUPERIOR E SISTEMAS

IMPORTANTE REVISAR

- Seção 1.1 (forma normal da ED de segunda ordem)
- Seção 4.9 (ED de segunda ordem escrita como um sistema de EDs de primeira ordem)

INTRODUÇÃO

Até agora, temos nos concentrado em técnicas numéricas que podem ser usadas para aproximar a solução de um problema de primeira ordem de valor inicial $y' = f(x,y)$, $y(x_0) = y_0$. Para aproximar a solução de um problema de segunda ordem de valor inicial, temos de expressar uma ED de segunda ordem como um sistema de duas EDs de primeira ordem. Para fazer isso, começamos a escrever a ED de segunda ordem na forma normal, resolvendo para y'' em termos de x, y e y'.

PROBLEMAS DE VALOR INICIAL DE SEGUNDA ORDEM

Um problema de valor inicial de segunda ordem

$$y'' = f(x, y, y'), \quad y(x_0) = y_0, \quad y'(x_0) = u_0 \qquad (1)$$

pode ser expresso como um problema de valor inicial para um sistema de equações diferenciais de primeira ordem. Se fizermos $y' = u$, a equação diferencial em (1) vai se transformar no sistema

$$\begin{aligned} y' &= u \\ u' &= f(x, y, u). \end{aligned} \qquad (2)$$

Como $y'(x_0) = u(x_0)$, as condições iniciais correspondentes para (2) são então $y(x_0) = y_0$, $u(x_0) = u_0$. Esse sistema (2) pode agora ser resolvido numericamente simplesmente aplicando algum método numérico a cada uma das equações diferenciais de primeira ordem no sistema. Por exemplo, o **método de Euler** aplicado ao sistema (2) daria

$$\begin{aligned} y_{n+1} &= y_n + hu_n \\ u_{n+1} &= u_n + hf(x_n, y_n, u_n), \end{aligned} \qquad (3)$$

enquanto o **método de Runge-Kutta de quarta ordem** daria

$$y_{n+1} = y_n + \frac{h}{6}(m_1 + 2m_2 + 2m_3 + m_4)$$

$$u_{n+1} = u_n + \frac{h}{6}(k_1 + 2k_2 + 2k_3 + k_4) \qquad (4)$$

onde

$$m_1 = u_n \qquad\qquad k_1 = f(x_n, y_n, u_n)$$

$$m_2 = u_n + \tfrac{1}{2}hk_1 \qquad k_2 = f\left(x_n + \tfrac{1}{2}h, y_n + \tfrac{1}{2}hm_1, u_n + \tfrac{1}{2}hk_1\right)$$

$$m_3 = u_n + \tfrac{1}{2}hk_2 \qquad k_3 = f\left(x_n + \tfrac{1}{2}h, y_n + \tfrac{1}{2}hm_2, u_n + \tfrac{1}{2}hk_2\right)$$

$$m_4 = u_n + hk_3 \qquad\quad k_4 = f(x_n + h, y_n + hm_3, u_n + hk_3).$$

Em geral, podemos expressar cada equação diferencial de ordem n $y^{(n)} = f(x, y, y', \ldots, y^{(n-1)})$ como um sistema de n equações de primeira ordem usando as substituições $y = u_1, y' = u_2, y'' = u_3, \ldots, y^{(n-1)} = u_n$.

EXEMPLO 1 Método de Euler

Utilize o método de Euler para obter o valor aproximado de $y(0,2)$, onde $y(x)$ é a solução do problema de valor inicial

$$y'' + xy' + y = 0, \quad y(0) = 1, \quad y'(0) = 2. \qquad (5)$$

SOLUÇÃO

Em termos da substituição $y' = u$, a equação é equivalente ao sistema

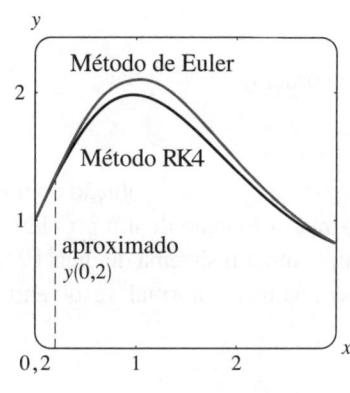

$$y' = u$$
$$u' = -xu - y.$$

Assim, de (3), obtemos

$$y_{n+1} = y_n + hu_n$$
$$u_{n+1} = u_n + h[-x_n u_n - y_n].$$

Usando o tamanho de passo $h = 0,1$ e $y_0 = 1$, $u_0 = 2$, obtemos

$$y_1 = y_0 + (0,1)u_0 = 1 + (0,1)2 = 1,2$$
$$u_1 = u_0 + (0,1)[-x_0 u_0 - y_0] = 2 + (0,1)[-(0)(2) - 1] = 1,9$$
$$y_2 = y_1 + (0,1)u_1 = 1,2 + (0,1)(1,9) = 1,39$$
$$u_2 = u_1 + (0,1)[-x_1 u_1 - y_1] = 1,9 + (0,1)[-(0,1)(1,9) - 1,2] = 1,761.$$

Em outras palavras, $y(0,2) \approx 1,39$ e $y'(0,2) \approx 1,761$. ∎

Com a ajuda do recurso gráfico de um solucionador numérico, na Figura 9.4.1(a) comparamos a curva integral de (5) gerada pelo método de Euler ($h = 0,1$) no intervalo [0, 3] com a curva integral gerada pelo método de Runge-Kutta de quarta ordem ($h = 0,1$). A Figura 9.4.1(b) sugere que a solução $y(x)$ de (4) tem a propriedade de $y(x) \to 0$ quando $x \to \infty$.

Se desejado, podemos usar o método da Seção 6.2 para obter duas soluções em série de potências da equação diferencial em (5). Entretanto, a não ser que esse método revele que a ED tem uma solução elementar, ainda assim só poderemos aproximar $y(0,2)$ usando uma soma parcial. Uma nova análise da solução em série da equação diferencial de Airy, $y'' + xy = 0$, dada na página 256, não revela o comportamento oscilatório das soluções $y_1(x)$ e $y_2(x)$ exibido nos gráficos da Figura 6.2.2. Esses gráficos foram obtidos com um solucionador numérico usando o método de Runge-Kutta de quarta ordem com tamanho de passo $h = 0,1$.

(a) Método de Euler (cinza) e o método RK4 (preto)

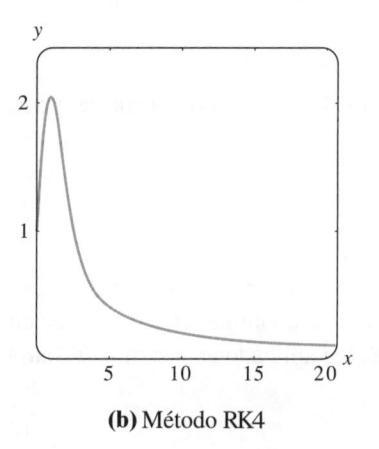

(b) Método RK4

FIGURA 9.4.1 Curvas geradas por diferentes métodos numéricos.

SISTEMAS REDUZIDOS A SISTEMAS DE PRIMEIRA ORDEM

Usando um procedimento análogo àquele que acabamos de discutir para as equações de segunda ordem, podemos muitas vezes reduzir um sistema de equações diferenciais de ordem superior a um sistema de equações de primeira ordem, expressando em primeiro lugar a derivada de ordem mais alta de cada variável dependente em termos das derivadas de ordem inferior e depois fazendo a substituição apropriada dessas últimas.

EXEMPLO 2 Um sistema reescrito como um sistema de primeira ordem

Escreva
$$x'' - x' + 5x + 2y'' = e^t$$
$$-2x + y'' + 2y = 3t^2$$
como um sistema de equações diferenciais de primeira ordem.

SOLUÇÃO

Escreva o sistema como
$$x'' + 2y'' = e^t - 5x + x'$$
$$y'' = 3t^2 + 2x - 2y$$

e então elimine y'' multiplicando a segunda equação por 2 e subtraindo. Isso resulta em
$$x'' = -9x + 4y + x' + e^t - 6t^2.$$

Como a equação de segunda ordem do sistema já expressa a derivada de ordem mais alta de y em termos das funções remanescentes, estamos prontos para introduzir novas variáveis. Se fizermos $x' = u$ e $y' = v$, as expressões de x'' e y'' tornam-se, respectivamente,
$$u' = x'' = -9x + 4y + u + e^t - 6t^2$$
$$v' = y'' = 2x - 2y + 3t^2.$$

O sistema original pode então ser escrito na forma
$$x' = u$$
$$y' = v$$
$$u' = -9x + 4y + u + e^t - 6t^2$$
$$v' = 2x - 2y + 3t^2.$$

∎

Nem sempre é possível fazer as reduções ilustradas no Exemplo 2.

SOLUÇÃO NUMÉRICA DE UM SISTEMA

A solução de um sistema da forma
$$\frac{dx_1}{dt} = g_1(t, x_1, x_2, \ldots, x_n)$$
$$\frac{dx_2}{dt} = g_2(t, x_1, x_2, \ldots, x_n)$$
$$\vdots$$
$$\frac{dx_n}{dt} = g_n(t, x_1, x_2, \ldots, x_n)$$

pode ser aproximada por uma versão adaptada ao sistema dos métodos de Euler, Runge-Kutta ou Adams-Bashforth-Moulton. Por exemplo, o método de Runge-Kutta de quarta ordem aplicado ao sistema
$$x' = f(t, x, y)$$
$$y' = g(t, x, y) \tag{6}$$
$$x(t_0) = x_0, \quad y(t_0) = y_0$$

apresenta a seguinte forma:

$$x_{n+1} = x_n + \frac{h}{6}(m_1 + 2m_2 + 2m_3 + m_4)$$
$$y_{n+1} = y_n + \frac{h}{6}(k_1 + 2k_2 + 2k_3 + k_4),$$ (7)

onde

$$m_1 = f(t_n, x_n, y_n) \qquad k_1 = g(t_n, x_n, y_n)$$
$$m_2 = f\left(t_n + \frac{1}{2}h, x_n + \frac{1}{2}hm_1, y_n + \frac{1}{2}hk_1\right) \qquad k_2 = g\left(t_n + \frac{1}{2}h, x_n + \frac{1}{2}hm_1, y_n + \frac{1}{2}hk_1\right)$$
$$m_3 = f\left(t_n + \frac{1}{2}h, x_n + \frac{1}{2}hm_2, y_n + \frac{1}{2}hk_2\right) \qquad k_3 = g\left(t_n + \frac{1}{2}h, x_n + \frac{1}{2}hm_2, y_n + \frac{1}{2}hk_2\right)$$
$$m_4 = f(t_n + h, x_n + hm_3, y_n + hk_3) \qquad k_4 = g(t_n + h, x_n + hm_3, y_n + hk_3).$$ (8)

EXEMPLO 3 Método de Runge-Kutta de quarta ordem

Considere o problema de valor inicial

$$x' = 2x + 4y$$
$$y' = -x + 6y$$
$$x(0) = -1, \quad y(0) = 6.$$

Use o método de Runge-Kutta de quarta ordem para aproximar $x(0,6)$ e $y(0,6)$. Compare os resultados para $h = 0,2$ e $h = 0,1$.

SOLUÇÃO

Ilustramos os cálculos de x_1 e y_1 com o tamanho de passo $h = 0,2$. Com as identificações $f(t, x, y) = 2x + 4y$, $g(t, x, y) = -x + 6y$, $t_0 = 0$, $x_0 = -1$ e $y_0 = 6$, vemos de (8) que

$$m_1 = f(t_0, x_0, y_0) = f(0, -1, 6) = 2(-1) + 4(6) = 22$$
$$k_1 = g(t_0, x_0, y_0) = g(0, -1, 6) = -1(-1) + 6(6) = 37$$
$$m_2 = f\left(t_0 + \frac{1}{2}h, x_0 + \frac{1}{2}hm_1, y_0 + \frac{1}{2}hk_1\right) = f(0,1, 1,2, 9,7) = 41,2$$
$$k_2 = g\left(t_0 + \frac{1}{2}h, x_0 + \frac{1}{2}hm_1, y_0 + \frac{1}{2}hk_1\right) = g(0,1, 1,2, 9,7) = 57$$
$$m_3 = f\left(t_0 + \frac{1}{2}h, x_0 + \frac{1}{2}hm_2, y_0 + \frac{1}{2}hk_2\right) = f(0,1, 3,12, 11,7) = 53,04$$
$$k_3 = g\left(t_0 + \frac{1}{2}h, x_0 + \frac{1}{2}hm_2, y_0 + \frac{1}{2}hk_2\right) = g(0,1, 3,12, 11,7) = 67,08$$
$$m_4 = f(t_0 + h, x_0 + hm_3, y_0 + hk_3) = f(0,2, 9,608\ 19,416) = 96,88$$
$$k_4 = g(t_0 + h, x_0 + hm_3, y_0 + hk_3) = g(0,2, 9,608\ 19,416) = 106,888.$$

Portanto, de (7), obtemos

$$x_1 = x_0 + \frac{0,2}{6}(m_1 + 2m_2 + 2m_3 + m_4)$$
$$= -1 + \frac{0,2}{6}(22 + 2(41,2) + 2(53,04) + 96,88) = 9,2453$$

$$y_1 = y_0 + \frac{0,2}{6}(k_1 + 2k_2 + 2k_3 + k_4)$$
$$= 6 + \frac{0,2}{6}(37 + 2(57) + 2(67,08) + 106,888) = 19,0683,$$

onde, como é usual, os valores calculados x_1 e y_1 estão arredondados para quatro casas decimais. Esses números nos dão as aproximações $x_1 \approx x(0,2)$ e $y_1 \approx y(0,2)$. Os valores subsequentes, obtidos com a ajuda de um computador, estão resumidos nas tabelas 9.8 e 9.9.

Tabela 9.8 $h = 0,2$

t_n	x_n	y_n
0,00	−1,0000	6,0000
0,20	9,2453	19,0683
0,40	46,0327	55,1203
0,60	158,9430	150,8192

Tabela 9.9 $h = 0,1$

t_n	x_n	y_n
0,00	−1,0000	6,0000
0,10	2,3840	10,8883
0,20	9,3379	19,1332
0,30	22,5541	32,8539
0,40	46,5103	55,4420
0,50	88,5729	93,3006
0,60	160,7563	152,0025

Você deve verificar que a solução do problema de valor inicial no Exemplo 3 é dada por $x(t) = (26t-1)e^{4t}$, $y(t) = (13t+6)e^{4t}$. Dessas equações, vemos que os valores exatos são $x(0,6) = 160,9384$ e $y(0,6) = 152,1198$. Compare com os valores da última linha da Tabela 9.9. Na Figura 9.4.2 é apresentado o gráfico da solução numa vizinhança de $t = 0$, obtido de um solucionador numérico com o método de Runge-Kutta de quarta ordem com $h = 0,1$.

Concluindo, escrevemos as expressões do **método de Euler** para o sistema genérico (6):

$$x_{n+1} = x_n + hf(t_n, x_n, y_n)$$
$$y_{n+1} = y_n + hg(t_n, x_n, y_n).$$

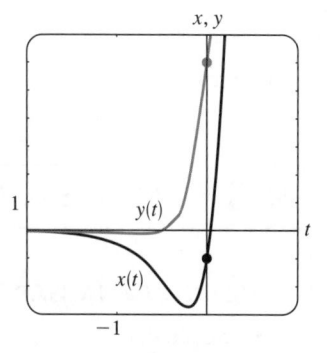

FIGURA 9.4.2 Solução numérica para o PVI no Exemplo 3.

EXERCÍCIOS 9.4

As respostas aos problemas ímpares estão no final do livro.

1. Use o método de Euler para aproximar $y(0,2)$, onde $y(x)$ é a solução do problema de valor inicial

$$y'' - 4y' + 4y = 0, \quad y(0) = -2, \quad y'(0) = 1.$$

Use $h = 0,1$. Obtenha a solução exata do problema e compare o valor exato de $y(0,2)$ com y_2.

2. Use o método de Euler para aproximar $y(1,2)$, onde $y(x)$ é a solução do problema de valor inicial

$$x^2y'' - 2xy' + 2y = 0, \quad y(1) = 4, \quad y'(1) = 9,$$

onde $x > 0$. Use $h = 0,1$. Obtenha a solução exata do problema e compare o valor exato de $y(1,2)$ com y_2.

Nos Problemas 3 e 4, repita o problema indicado usando o método de Runge-Kutta de quarta ordem com $h = 0,2$ e depois use $h = 0,1$.

3. Problema 1   **4.** Problema 2

5. Use o método de Runge-Kutta de quarta ordem para obter o valor aproximado de $y(0,2)$, onde $y(x)$ é uma solução do problema de valor inicial

$$y'' - 2y' + 2y = e^t \cos t, \quad y(0) = 1, \quad y'(0) = 2.$$

Primeiramente utilize $h = 0,2$ e depois use $h = 0,1$.

6. Quando $E = 100$ V, $R = 10 \, \Omega$ e $L = 1$ h, o sistema de equações diferenciais para as correntes $i_1(t)$ e $i_3(t)$ no circuito elétrico dado na Figura 9.4.3 é

$$\frac{di_1}{dt} = -20i_1 + 10i_3 + 100 \qquad \frac{di_3}{dt} = 10i_1 - 20i_3,$$

onde $i_1(0) = 0$ e $i_3(0) = 0$. Use o método de Runge-Kutta de quarta ordem para aproximar $i_1(t)$ e $i_3(t)$ em $t = 0,1$, $0,2$, $0,3$, $0,4$ e $0,5$. Use $h = 0,1$. Use um solucionador numérico para obter o gráfico da solução $i_1(t)$ e $i_3(t)$ no intervalo $0 \leq t \leq 5$. Use o gráfico para predizer o comportamento de $i_1(t)$ e $i_3(t)$ quando $t \to \infty$.

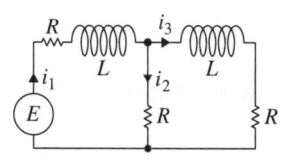

FIGURA 9.4.3 Rede para o Problema 6.

Nos Problemas 7 a 12, use o método de Runge-Kutta para aproximar $x(0,2)$ e $y(0,2)$. Primeiramente utilize

$h = 0{,}2$ e depois use $h = 0{,}1$. Use um solucionador numérico e $h = 0{,}1$ para obter o gráfico da solução na vizinhança de $t = 0$.

7. $x' = 2x - y$
   $y' = x$
   $x(0) = 6, \quad y(0) = 2$

8. $x' = 6x + y + 6t$
   $y' = 4x + 3y - 10t + 4$
   $x(0) = 0{,}5, \quad y(0) = 0{,}2$

9. $x' = -y + t$
   $y' = x - t$
   $x(0) = -3, \quad y(0) = 5$

10. $x' + y' = 4t$
    $-x' + y' + y = 6t^2 + 10$
    $x(0) = 3, \quad y(0) = -1$

11. $x' + 4x - y' = 7t$
    $x' + y' - 2y = 3t$
    $x(0) = 1, \quad y(0) = -2$

12. $x' = x + 2y$
    $y' = 4x + 3y$
    $x(0) = 1, \quad y(0) = 1$

9.5 PROBLEMAS DE VALOR DE CONTORNO DE SEGUNDA ORDEM

ASSUNTOS ANALISADOS
- Seção 4.1
- Exercícios 4.3 (Problemas 37-40)
- Exercícios 4.4 (Problemas 37-40)
- Seção 5.2

INTRODUÇÃO
Vimos na Seção 9.4 como aproximar uma solução de um *problema de valor inicial de segunda ordem*

$$y'' = f(x, y, y'), \quad y(x_0) = y_0, \quad y'(x_0) = u_0.$$

Nesta seção, vamos examinar os dois métodos para aproximar uma solução de um *problema de valor de contorno de segunda ordem*

$$y'' = f(x, y, y'), \quad y(a) = \alpha, \quad y(b) = \beta.$$

Diferentemente dos métodos usados para problemas de valor inicial de segunda ordem, os métodos de valor de contorno de segunda ordem não requerem que se escreva a equação diferencial como um sistema.

APROXIMAÇÕES POR DIFERENÇAS FINITAS
A expansão da série de Taylor de uma função $y(x)$ centrada em um ponto a é

$$y(x) = y(a) + y'(a)\frac{x-a}{1!} + y''(a)\frac{(x-a)^2}{2!} + y'''(a)\frac{(x-a)^3}{3!} + \cdots.$$

Se fizermos $h = x - a$, então a linha precedente será igual a

$$y(x) = y(a) + y'(a)\frac{h}{1!} + y''(a)\frac{h^2}{2!} + y'''(a)\frac{h^3}{3!} + \cdots.$$

Para a discussão subsequente, é conveniente reescrever essa última expressão em duas formas alternativas:

$$y(x + h) = y(x) + y'(x)h + y''(x)\frac{h^2}{2} + y'''(x)\frac{h^3}{6} + \cdots \qquad (1)$$

e

$$y(x - h) = y(x) - y'(x)h + y''(x)\frac{h^2}{2} - y'''(x)\frac{h^3}{6} + \cdots. \qquad (2)$$

Se h for pequeno, podemos ignorar os termos envolvendo h^4, h^5, ... uma vez que esses valores são desprezíveis. De fato, se ignorarmos todos os termos envolvendo h^2 e potências superiores de h, então (1) e (2) darão lugar, por sua vez, às seguintes aproximações para a derivada primeira $y'(x)$:

$$y'(x) \approx \frac{1}{h}[y(x+h) - y(x)] \tag{3}$$

$$y'(x) \approx \frac{1}{h}[y(x) - y(x-h)]. \tag{4}$$

Subtraindo (1) e (2), obtemos também

$$y'(x) \approx \frac{1}{2h}[y(x+h) - y(x-h)]. \tag{5}$$

Por outro lado, se ignorarmos termos envolvendo h^3 e potências mais altas de h, então, adicionando (1) e (2), obtemos uma aproximação para a derivada segunda $y''(x)$:

$$y''(x) \approx \frac{1}{h^2}[y(x+h) - 2y(x) + y(x-h)]. \tag{6}$$

Os segundos membros de (3), (4), (5) e (6) são chamados de **quocientes de diferenças**. As expressões

$$y(x+h) - y(x), \quad y(x) - y(x-h), \quad y(x+h) - y(x-h)$$

e

$$y(x+h) - 2y(x) + y(x-h)$$

são chamadas de **diferenças finitas**. Especificamente, $y(x+h) - y(x)$ é chamada de **diferença adiantada**, $y(x) - y(x-h)$ é uma **diferença atrasada** e ambas, $y(x+h) - y(x-h)$ e $y(x+h) - 2y(x) + y(x-h)$, são chamadas de **diferenças centrais**. Os resultados dados em (5) e (6) são chamados de **aproximações por diferenças centrais** para as derivadas y' e y''.

MÉTODO DAS DIFERENÇAS FINITAS
Consideremos agora um problema de valor de contorno linear de segunda ordem

$$y'' + P(x)y' + Q(x)y = f(x), \quad y(a) = \alpha, \quad y(b) = \beta. \tag{7}$$

Suponhamos que $a = x_0 < x_1 < x_2 < \cdots < x_{n-1} < x_n = b$ represente uma partição regular do intervalo $[a, b]$, isto é, $x_i = a + ih$, onde $i = 0, 1, 2, \ldots, n$ e $h = (b-a)/n$. Os pontos

$$x_1 = a + h, \quad x_2 = a + 2h, \ldots, \quad x_{n-1} = a + (n-1)h$$

são chamados de **pontos interiores da malha** do intervalo $[a, b]$. Se fizermos

$$y_i = y(x_i), \quad P_i = P(x_i), \quad Q_i = Q(x_i) \quad \text{e} \quad f_i = f(x_i)$$

e se y'' e y' em (7) forem substituídos pelas aproximações por diferenças centrais (5) e (6), obteremos

$$\frac{y_{i+1} - 2y_i + y_{i-1}}{h^2} + P_i \frac{y_{i+1} - y_{i-1}}{2h} + Q_i y_i = f_i$$

ou, depois de simplificar,

$$\left(1 + \frac{h}{2}P_i\right) y_{i+1} + (-2 + h^2 Q_i) y_i + \left(1 - \frac{h}{2}P_i\right) y_{i-1} = h^2 f_i. \tag{8}$$

A última equação, conhecida como uma **equação de diferença finita**, é uma aproximação à equação diferencial que nos possibilita aproximar a solução $y(x)$ de (7) nos pontos interiores da malha $x_1, x_2, \ldots, x_{n-1}$ do intervalo $[a, b]$. Fazendo i assumir os valores $1, 2, \ldots, n-1$ em (8), obtemos $n-1$ equações nas $n-1$ incógnitas $y_1, y_2, \ldots, y_{n-1}$. Tenha em mente que conhecemos y_0 e y_n, pois eles são prescritos pelas condições de contorno $y_0 = y(x_0) = y(a) = \alpha$ e $y_n = y(x_n) = y(b) = \beta$.

No Exemplo 1, vamos considerar um problema de valor de contorno no qual podemos comparar os valores aproximados obtidos com os valores exatos de uma solução explícita.

EXEMPLO 1 Usando o método das diferenças finitas

Use a equação de diferença (8) com $n = 4$ para aproximar a solução do problema de valor de contorno

$$y'' - 4y = 0, \quad y(0) = 0, \quad y(1) = 5.$$

SOLUÇÃO
Para usar (8), identificamos $P(x) = 0$, $Q(x) = -4$, $f(x) = 0$ e $h = (1-0)/4 = \frac{1}{4}$. Logo, a equação de diferença é

$$y_{i+1} - 2{,}25y_i + y_{i-1} = 0. \tag{9}$$

Agora, os pontos interiores são $x_1 = 0 + \frac{1}{4}$, $x_2 = 0 + \frac{2}{4}$, $x_3 = 0 + \frac{3}{4}$ e, portanto, para $i = 1, 2$ e 3, (9) dá lugar ao seguinte sistema para y_1, y_2 e y_3:

$$y_2 - 2{,}25y_1 + y_0 = 0$$
$$y_3 - 2{,}25y_2 + y_1 = 0$$
$$y_4 - 2{,}25y_3 + y_2 = 0.$$

Com as condições de contorno $y_0 = 0$ e $y_4 = 5$, o sistema acima torna-se então

$$-2{,}25y_1 + y_2 = 0$$
$$y_1 - 2{,}25y_2 + y_3 = 0$$
$$y_2 - 2{,}25y_3 = -5.$$

Resolvendo esse sistema, obtemos $y_1 = 0{,}7256$, $y_2 = 1{,}6327$ e $y_3 = 2{,}9479$.

Agora a solução geral da equação diferencial dada é $y = c_1 \cosh 2x + c_2 \operatorname{senh} 2x$. A condição $y(0) = 0$ implica que $c_1 = 0$. A outra condição de contorno nos dá o valor de c_2. Dessa forma, vemos que uma solução explícita do problema de valor de contorno é $y(x) = (5 \operatorname{senh} 2x)/\operatorname{senh} 2$. Assim, os valores exatos (arredondados para quatro casas decimais) dessa solução nos pontos interiores são os seguintes: $y(0{,}25) = 0{,}7184$, $y(0{,}5) = 1{,}6201$ e $y(0{,}75) = 2{,}9354$. ∎

A precisão da aproximação do Exemplo 1 pode ser melhorada usando um valor menor de h. Naturalmente, o custo aqui é que um valor menor de h requer a solução de um sistema maior de equações. Como exercício, considerando $h = \frac{1}{8}$, mostre que as aproximações para $y(0{,}25)$, $y(0{,}5)$ e $y(0{,}75)$ são $0{,}7202$, $1{,}6233$ e $2{,}9386$, respectivamente. Veja o Problema 11 nos Exercícios 9.5.

EXEMPLO 2 Usando o método das diferenças finitas

Use a equação de diferença (8) com $n = 10$ para aproximar a solução de

$$y'' + 3y' + 2y = 4x^2, \quad y(1) = 1, \quad y(2) = 6.$$

SOLUÇÃO
Nesse caso, identificamos $P(x) = 3$, $Q(x) = 2$, $f(x) = 4x^2$ e $h = (2-1)/10 = 0{,}1$; assim, (8) torna-se

$$1{,}15y_{i+1} - 1{,}98y_i + 0{,}85y_{i-1} = 0{,}04x_i^2. \tag{10}$$

Os pontos interiores agora são $x_1 = 1{,}1$, $x_2 = 1{,}2$, $x_3 = 1{,}3$, $x_4 = 1{,}4$, $x_5 = 1{,}5$, $x_6 = 1{,}6$, $x_7 = 1{,}7$, $x_8 = 1{,}8$, e $x_9 = 1{,}9$. Para $i = 1, 2, \ldots, 9$ e $y_0 = 1$, $y_{10} = 6$, (10) resulta em um sistema de nove equações e nove incógnitas:

$$1{,}15y_2 - 1{,}98y_1 \qquad\qquad = -0{,}8016$$
$$1{,}15y_3 - 1{,}98y_2 + 0{,}85y_1 = 0{,}0576$$
$$1{,}15y_4 - 1{,}98y_3 + 0{,}85y_2 = 0{,}0676$$
$$1{,}15y_5 - 1{,}98y_4 + 0{,}85y_3 = 0{,}0784$$
$$1{,}15y_6 - 1{,}98y_5 + 0{,}85y_4 = 0{,}0900$$
$$1{,}15y_7 - 1{,}98y_6 + 0{,}85y_5 = 0{,}1024$$
$$1{,}15y_8 - 1{,}98y_7 + 0{,}85y_6 = 0{,}1156$$
$$1{,}15y_9 - 1{,}98y_8 + 0{,}85y_7 = 0{,}1296$$
$$\qquad\quad -1{,}98y_9 + 0{,}85y_8 = -6{,}7556.$$

Podemos resolver esse sistema de dimensão grande usando eliminação de Gauss ou, de forma relativamente fácil, usando um SAC. O resultado encontrado é $y_1 = 2{,}4047$, $y_2 = 3{,}4432$, $y_3 = 4{,}2010$, $y_4 = 4{,}7469$, $y_5 = 5{,}1359$, $y_6 = 5{,}4124$, $y_7 = 5{,}6117$, $y_8 = 5{,}7620$ e $y_9 = 5{,}8855$. ∎

MÉTODO DO TIRO

Outra maneira de aproximar uma solução de um problema de valor de contorno $y'' = f(x, y, y')$, $y(a) = \alpha$, $y(b) = \beta$ é chamada de **método do tiro**. O ponto inicial nesse método é a substituição do problema de valor de contorno por um problema de valor inicial

$$y'' = f(x, y, y'), \quad y(a) = \alpha, \quad y'(a) = m_1. \tag{11}$$

O número m_1 em (11) é simplesmente um palpite para a inclinação desconhecida da curva integral no ponto conhecido $(a, y(a))$. Aplicamos então uma técnica numérica passo a passo à equação de segunda ordem em (11) para determinar uma aproximação β_1 para o valor de $y(b)$. Se β_1 coincide com o valor dado $y(b) = \beta$ dentro de uma tolerância prefixada, nós paramos; caso contrário, os cálculos são repetidos, começando com um palpite diferente $y'(a) = m_2$ para obter uma segunda aproximação β_2 para $y(b)$. Esse método pode prosseguir na base de tentativa e erro ou as inclinações subsequentes $m_3, m_4, \ldots$ podem ser ajustadas de forma sistemática; a interpolação linear é particularmente bem-sucedida quando a equação diferencial em (11) é linear. O procedimento é análogo ao disparo ("a mira" é a escolha da inclinação inicial) em direção a um alvo até acertar na mosca $y(b)$. Veja o Problema 14 nos Exercícios 9.5.

Naturalmente, subjacente ao uso desses métodos numéricos está a hipótese, que sabemos não ser sempre verdadeira, de que uma solução do problema de valor de contorno exista.

> **OBSERVAÇÕES**
>
> O método de aproximação por diferenças finitas pode ser estendido a problemas de valor de contorno nos quais a primeira derivada está especificada em um extremo – por exemplo, um problema tal como $y'' = f(x, y, y')$, $y'(a) = \alpha$, $y(b) = \beta$. Veja o Problema 13 nos Exercícios 9.5.

EXERCÍCIOS 9.5

As respostas aos problemas ímpares estão no final do livro.

Nos Problemas 1 a 10, use o método das diferenças finitas e o valor indicado de n para aproximar a solução do problema de valor de contorno dado.

1. $y'' + 9y = 0$, $y(0) = 4, y(2) = 1$; $n = 4$

2. $y'' + xy' + y = x$, $y(0) = 1, y(1) = 0$; $n = 10$

3. $y'' + 2y' + y = 5x$, $y(0) = 0, y(1) = 0$; $n = 5$

4. $y'' - y = x^2$, $y(0) = 0, y(1) = 0$; $n = 4$

5. $y'' - 4y' + 4y = (x + 1)e^{2x}$,
    $y(0) = 3, y(1) = 0$; $n = 6$

6. $y'' - 10y' + 25y = 1$, $y(0) = 1, y(1) = 0$; $n = 5$

7. $x^2 y'' + 3xy' + 3y = 0$, $y(1) = 5, y(2) = 0$; $n = 8$

8. $y'' + 5y' = 4\sqrt{x}$, $y(1) = 1, y(2) = -1$; $n = 6$

9. $y'' + (1-x)y' + xy = x$, $y(0) = 0, y(1) = 2$; $n = 10$

10. $x^2 y'' - xy' + y = \ln x$, $y(1) = 0, y(2) = -2$; $n = 8$

11. Refaça o Exemplo 1 usando $n = 8$.

12. O potencial eletrostático u entre duas esferas concêntricas de raios $r = 1$ e $r = 4$ é determinado por

    $$\frac{d^2 u}{dr^2} + \frac{2}{r}\frac{du}{dr} = 0, \quad u(1) = 50, \quad u(4) = 100.$$

    Use o método desta seção com $n = 6$ para aproximar a solução desse problema de valor de contorno.

13. Considere o problema de valor de contorno $y'' + xy = 0$, $y'(0) = 1, y(1) = -1$.

    a) Obtenha a equação de diferença correspondente à equação diferencial. Mostre que, para $i = 0, 1, 2, \ldots, n - 1$, a equação de diferença dá lugar a n equações em $n + 1$ incógnitas $y_{-1}, y_0, y_1, y_2, \ldots, y_{n-1}$. Aqui, y_{-1} e y_0 são incógnitas, uma vez que y_{-1} representa uma aproximação para y no ponto exterior $x = -h$ e y_0 não está especificado em $x = 0$.

b) Use aproximação por diferenças centrais (5) para mostrar que $y_1 - y_{-1} = 2h$. Use essa equação para eliminar y_{-1} do sistema do item (a).

c) Use $n = 5$ e o sistema de equações obtido nos itens (a) e (b) para aproximar a solução do problema de valor de contorno original.

TAREFAS PARA O LABORATÓRIO DE INFORMÁTICA

14. Considere o problema de valor de contorno $y'' = y' - \text{sen}(xy)$, $y(0) = 1$, $y(1) = 1,5$. Use o *método do chute* para aproximar a solução desse problema. (A aproximação real pode ser obtida usando uma técnica numérica – digamos, o método de Runge-Kutta de quarta ordem com $h = 0,1$; ou, melhor ainda, se você puder usar um SAC como o *Mathematica* ou o *Maple*, a função NDSolve pode ser empregada.)

REVISÃO DO CAPÍTULO 9

As respostas aos problemas ímpares estão no final do livro.

Nos Problemas 1 a 4, construa uma tabela comparativa dos valores indicados de $y(x)$ usando os métodos de Euler, Euler aprimorado e Runge-Kutta de quarta ordem. Calcule com quatro casas decimais. Use $h = 0,1$ e $h = 0,05$.

1. $y' = 2 \ln xy$, $y(1) = 2$;
   $y(1,1), y(1,2), y(1,3), y(1,4), y(1,5)$

2. $y' = \text{sen } x^2 + \cos y^2$, $y(0) = 0$;
   $y(0,1), y(0,2), y(0,3), y(0,4), y(0,5)$

3. $y' = \sqrt{x+y}$, $y(0,5) = 0,5$;
   $y(0,6), y(0,7), y(0,8), y(0,9), y(1,0)$

4. $y' = xy + y^2$, $y(1) = 1$;
   $y(1,1), y(1,2), y(1,3), y(1,4), y(1,5)$

5. Use o método de Euler para obter um valor aproximado de $y(0,2)$, onde $y(x)$ é a solução do problema de valor inicial $y'' - (2x+1)y = 1$, $y(0) = 3$, $y'(0) = 1$. Use primeiramente um passo com $h = 0,2$ e repita usando dois passos com $h = 0,1$.

6. Use o método de Adams-Bashforth-Moulton para aproximar o valor de $y(0,4)$, onde $y(x)$ é a solução do problema de valor inicial $y' = 4x - 2y$, $y(0) = 2$. Use o método de Runge-Kutta de quarta ordem e $h = 0,1$ para obter os valores de y_1, y_2 e y_3.

7. Use o método de Euler com $h = 0,1$ para aproximar os valores de $x(0,2)$ e $y(0,2)$, onde $x(t)$, $y(t)$ é a solução do problema de valor inicial

$$x' = x + y$$
$$y' = x - y,$$
$$x(0) = 1, \quad y(0) = 2.$$

8. Use o método das diferenças finitas com $n = 10$ para aproximar a solução do problema de valor de contorno $y'' + 6,55(1+x)y = 1$, $y(0) = 0$, $y(1) = 0$.

APÊNDICE I
FUNÇÃO GAMA

A **função gama** foi definida por Euler por meio da integral

$$\Gamma(x) = \int_0^\infty t^{x-1} e^{-t} dt. \tag{1}$$

A convergência da integral requer $x - 1 > -1$ ou $x > 0$. A relação de recorrência

$$\Gamma(x + 1) = x\Gamma(x), \tag{2}$$

vista na Seção 6.4, pode ser obtida de (1) por integração por partes. Agora, quando $x = 1$, $\Gamma(1) = \int_0^\infty e^{-t} dt = 1$. Portanto, resulta de (2)

$$\Gamma(2) = 1\Gamma(1) = 1$$
$$\Gamma(3) = 2\Gamma(2) = 2 \cdot 1$$
$$\Gamma(4) = 3\Gamma(3) = 3 \cdot 2 \cdot 1$$

e assim por diante. Dessa maneira, vemos que, quando n é um inteiro positivo, $\Gamma(n + 1) = n!$. Por essa razão, a função gama é frequentemente chamada **função fatorial generalizada**.

Embora a forma integral (1) não convirja para $x < 0$, pode-se mostrar por meio de definições alternativas que a função gama está definida para todos os valores reais e complexos, *exceto* para $x = -n$, $n = 0, 1, 2, \ldots$. Consequentemente, (2) é na verdade válida para $x \neq -n$. Considerado como uma função de uma variável real x, o gráfico de $\Gamma(x)$ é como mostrado na Figura I.1. Observe que os inteiros não positivos correspondem às assíntotas verticais do gráfico.

Nos Problemas 31 e 32 dos Exercícios 6.4 utilizamos o fato de que $\Gamma(\frac{1}{2}) = \sqrt{\pi}$. Esse resultado pode ser deduzido de (1), tomando-se $x = \frac{1}{2}$:

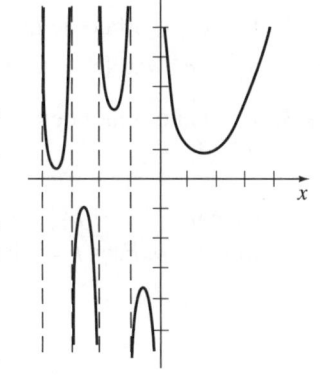

$$\Gamma\left(\frac{1}{2}\right) = \int_0^\infty t^{-1/2} e^{-t} dt. \tag{3}$$

FIGURA I.1 Gráfico de $\Gamma(x)$ para x diferente de 0 e dos inteiros negativos

Fazendo $t = u^2$, (3) pode ser escrita como $\Gamma(\frac{1}{2}) = 2\int_0^\infty e^{-u^2} du$. Mas $\int_0^\infty e^{-u^2} du = \int_0^\infty e^{-v^2} dv$ e, assim,

$$\left[\Gamma\left(\frac{1}{2}\right)\right]^2 = \left(2\int_0^\infty e^{-u^2} du\right)\left(2\int_0^\infty e^{-v^2} dv\right) = 4\int_0^\infty \int_0^\infty e^{-(u^2+v^2)} du\, dv.$$

Passando para coordenadas polares $u = r\cos\theta$, $v = r\sen\theta$, podemos calcular a integral dupla:

$$4\int_0^\infty \int_0^\infty e^{-(u^2+v^2)} du\, dv = 4\int_0^{\pi/2} \int_0^\infty e^{-r^2} r\, dr\, d\theta = \pi.$$

Logo,

$$\left[\Gamma\left(\frac{1}{2}\right)\right]^2 = \pi \quad \text{ou} \quad \Gamma\left(\frac{1}{2}\right) = \sqrt{\pi}. \tag{4}$$

EXEMPLO 1 Valor de $\Gamma(-\frac{1}{2})$

Calcule $\Gamma\left(-\dfrac{1}{2}\right)$.

SOLUÇÃO
Segue-se de (2) e (4), com $x = -\frac{1}{2}$, que

$$\Gamma\left(\frac{1}{2}\right) = -\frac{1}{2}\Gamma\left(-\frac{1}{2}\right).$$

Portanto,

$$\Gamma\left(-\frac{1}{2}\right) = -2\Gamma\left(\frac{1}{2}\right) = -2\sqrt{\pi}.$$

EXERCÍCIOS DO APÊNDICE I

As respostas aos problemas ímpares estão no final do livro.

1. Calcule.

    a) $\Gamma(5)$

    b) $\Gamma(7)$

    c) $\Gamma(-\frac{3}{2})$

    d) $\Gamma(-\frac{5}{2})$

2. Use (1) e o fato de que $\Gamma(\frac{6}{5}) = 0{,}92$ para calcular $\int_0^\infty x^5 e^{-x^5}\, dx$. [*Sugestão*: Faça $t = x^5$.]

3. Use (1) e o fato de que $\Gamma(\frac{5}{3}) = 0{,}89$ para calcular $\int_0^\infty x^4 e^{-x^3}\, dx$.

4. Calcule $\int_0^1 x^3 \left(\ln \frac{1}{x}\right)^3 dx$.
   [*Sugestão*: Faça $t = -\ln x$.]

5. Use o fato de que $\Gamma(x) > \int_0^1 t^{x-1} e^{-t}\, dt$ para mostrar que $\Gamma(x)$ é ilimitada quando $x \to 0^+$.

6. Use (1) para deduzir (2) para $x > 0$.

7. Uma definição da função gama, devido a Carl Friedrich Gauss, que é válida para todos os números reais, exceto $x = 0, -1, -2, \ldots$, é dado por

$$\Gamma(x) = \lim_{n \to \infty} \frac{n!\, n^x}{x(x+1)(x+2)\cdots(x+n)}.$$

Use esta definição para mostrar que $\Gamma(x+1) = x\Gamma(x)$.

APÊNDICE II
INTRODUÇÃO ÀS MATRIZES

II.1 DEFINIÇÃO E TEORIA BÁSICAS

DEFINIÇÃO II.1 Matriz

Uma **matriz A** é um conjunto de números ou funções dispostos ordenadamente em um retângulo:

$$A = \begin{pmatrix} a_{11} & a_{12} & \ldots & a_{1n} \\ a_{21} & a_{22} & \ldots & a_{2n} \\ \vdots & & & \vdots \\ a_{m1} & a_{m2} & \ldots & a_{mn} \end{pmatrix}. \tag{1}$$

Se uma matriz tiver m linhas e n colunas, dizemos que sua ordem é m por n (escrevemos $m \times n$). Uma matriz $n \times n$ é chamada **matriz quadrada** de ordem n.

O elemento ou entrada na i-ésima linha e j-ésima coluna de uma matriz **A** $m \times n$ é escrito como a_{ij}. Uma matriz **A** $m \times n$ é então abreviada como $\mathbf{A} = (a_{ij})_{m \times n}$ ou simplesmente $\mathbf{A} = (a_{ij})$. Uma matriz 1×1 é simplesmente uma constante ou uma função.

DEFINIÇÃO II.2 Igualdade de matrizes

Duas matrizes **A** e **B** $m \times n$ são **iguais** se $a_{ij} = b_{ij}$ para cada i e j.

DEFINIÇÃO II.3 Matriz coluna

Uma **matriz coluna X** é qualquer matriz contendo n linhas e uma coluna:

$$\mathbf{X} = \begin{pmatrix} b_{11} \\ b_{21} \\ \vdots \\ b_{n1} \end{pmatrix} = (b_{i1})_{n \times 1}.$$

Uma matriz coluna é também chamada de **vetor coluna** ou simplesmente **vetor**.

DEFINIÇÃO II.4 Múltiplos de matrizes

Um **múltiplo** de uma matriz **A** é definido como

$$k\mathbf{A} = \begin{pmatrix} ka_{11} & ka_{12} & \ldots & ka_{1n} \\ ka_{21} & ka_{22} & \ldots & ka_{2n} \\ \vdots & & & \vdots \\ ka_{m1} & ka_{m2} & \ldots & ka_{mn} \end{pmatrix} = (ka_{ij})_{m \times n},$$

onde k é uma constante ou uma função.

> **EXEMPLO 1** Múltiplos de matrizes

a) $5 \begin{pmatrix} 2 & -3 \\ 4 & -1 \\ \frac{1}{5} & 6 \end{pmatrix} = \begin{pmatrix} 10 & -15 \\ 20 & -5 \\ 1 & 30 \end{pmatrix}$

b) $e^t \begin{pmatrix} 1 \\ -2 \\ 4 \end{pmatrix} = \begin{pmatrix} e^t \\ -2e^t \\ 4e^t \end{pmatrix}$ ∎

De relance, observamos que, para qualquer matriz **A**, o produto $k\mathbf{A}$ é o mesmo que $\mathbf{A}k$. Por exemplo,

$$e^{-3t} \begin{pmatrix} 2 \\ 5 \end{pmatrix} = \begin{pmatrix} 2e^{-3t} \\ 5e^{-3t} \end{pmatrix} = \begin{pmatrix} 2 \\ 5 \end{pmatrix} e^{-3t}.$$

> **DEFINIÇÃO II.5** Adição de matrizes
>
> A **soma** de duas matrizes **A** e **B** $m \times n$ é definida como sendo a matriz
>
> $$\mathbf{A} + \mathbf{B} = (a_{ij} + b_{ij})_{m \times n}.$$

Em outras palavras, quando adicionamos duas matrizes de tamanhos idênticos, adicionamos os elementos correspondentes.

> **EXEMPLO 2** Adição de matrizes

A soma de $\mathbf{A} = \begin{pmatrix} 2 & -1 & 3 \\ 0 & 4 & 6 \\ -6 & 10 & -5 \end{pmatrix}$ e $\mathbf{B} = \begin{pmatrix} 4 & 7 & -8 \\ 9 & 3 & 5 \\ 1 & -1 & 2 \end{pmatrix}$ é

$$\mathbf{A} + \mathbf{B} = \begin{pmatrix} 2+4 & -1+7 & 3+(-8) \\ 0+9 & 4+3 & 6+5 \\ -6+1 & 10+(-1) & -5+2 \end{pmatrix} = \begin{pmatrix} 6 & 6 & -5 \\ 9 & 7 & 11 \\ -5 & 9 & -3 \end{pmatrix}.$$ ∎

> **EXEMPLO 3** Matriz escrita como uma soma de matrizes coluna

A matriz $\begin{pmatrix} 3t^2 - 2et \\ t^2 + 7t \\ 5t \end{pmatrix}$ pode ser escrita como a soma de três vetores coluna:

$$\begin{pmatrix} 3t^2 - 2et \\ t^2 + 7t \\ 5t \end{pmatrix} = \begin{pmatrix} 3t^2 \\ t^2 \\ 0 \end{pmatrix} + \begin{pmatrix} 0 \\ 7t \\ 5t \end{pmatrix} + \begin{pmatrix} -2e^t \\ 0 \\ 0 \end{pmatrix} = \begin{pmatrix} 3 \\ 1 \\ 0 \end{pmatrix} t^2 + \begin{pmatrix} 0 \\ 7 \\ 5 \end{pmatrix} t + \begin{pmatrix} -2 \\ 0 \\ 0 \end{pmatrix} e^t.$$ ∎

A **diferença** de duas matrizes $m \times n$ é definida da forma usual: $\mathbf{A} - \mathbf{B} = \mathbf{A} + (-\mathbf{B})$, onde $-\mathbf{B} = (-1)\mathbf{B}$.

> **DEFINIÇÃO II.6** Multiplicação de matrizes
>
> Seja **A** uma matriz com m linhas e n colunas e **B** outra matriz com n linhas e p colunas. Definimos então o **produto AB** como a matriz $m \times p$

$$AB = \begin{pmatrix} a_{11} & a_{12} & \cdots & a_{1n} \\ a_{21} & a_{22} & \cdots & a_{2n} \\ \vdots & & & \vdots \\ a_{m1} & a_{m2} & \cdots & a_{mn} \end{pmatrix} \begin{pmatrix} b_{11} & b_{12} & \cdots & b_{1p} \\ b_{21} & b_{22} & \cdots & b_{2p} \\ \vdots & & & \vdots \\ b_{n1} & b_{n2} & \cdots & b_{np} \end{pmatrix}$$

$$= \begin{pmatrix} a_{11}b_{11} + a_{12}b_{21} + \cdots + a_{1n}b_{n1} & \cdots & a_{11}b_{1p} + a_{12}b_{2p} + \cdots + a_{1n}b_{np} \\ a_{21}b_{11} + a_{22}b_{21} + \cdots + a_{2n}b_{n1} & \cdots & a_{21}b_{1p} + a_{22}b_{2p} + \cdots + a_{2n}b_{np} \\ & \vdots & \\ a_{m1}b_{11} + a_{m2}b_{21} + \cdots + a_{mn}b_{n1} & \cdots & a_{m1}b_{1p} + a_{m2}b_{2p} + \cdots + a_{mn}b_{np} \end{pmatrix}$$

$$= \left(\sum_{k=1}^{n} a_{ik} b_{kj} \right)_{m \times p}.$$

Observe cuidadosamente que, na Definição II.6, o produto **AB** = **C** será definido somente quando o número de colunas na matriz **A** for igual ao número de linhas na matriz **B**. A ordem do produto pode ser determinada de

$$\mathbf{A}_{m \times n} \mathbf{B}_{n \times p} = \mathbf{C}_{m \times p}$$

Além disso, você pode reconhecer que os elementos, digamos, na *i*-ésima linha da matriz **AB** são formados por meio da definição por componentes do produto interno ou produto escalar da *i*-ésima linha de **A** com cada uma das colunas de **B**.

EXEMPLO 4 Multiplicação de matrizes

a) Para $\mathbf{A} = \begin{pmatrix} 4 & 7 \\ 3 & 5 \end{pmatrix}$ e $\mathbf{B} = \begin{pmatrix} 9 & -2 \\ 6 & 8 \end{pmatrix}$,

$$\mathbf{AB} = \begin{pmatrix} 4 \cdot 9 + 7 \cdot 6 & 4 \cdot (-2) + 7 \cdot 8 \\ 3 \cdot 9 + 5 \cdot 6 & 3 \cdot (-2) + 5 \cdot 8 \end{pmatrix} = \begin{pmatrix} 78 & 48 \\ 57 & 34 \end{pmatrix}.$$

b) Para $\mathbf{A} = \begin{pmatrix} 5 & 8 \\ 1 & 0 \\ 2 & 7 \end{pmatrix}$ e $\mathbf{B} = \begin{pmatrix} -4 & -3 \\ 2 & 0 \end{pmatrix}$,

$$\mathbf{AB} = \begin{pmatrix} 5 \cdot (-4) + 8 \cdot 2 & 5 \cdot (-3) + 8 \cdot 0 \\ 1 \cdot (-4) + 0 \cdot 2 & 1 \cdot (-3) + 0 \cdot 0 \\ 2 \cdot (-4) + 7 \cdot 2 & 2 \cdot (-3) + 7 \cdot 0 \end{pmatrix} = \begin{pmatrix} -4 & -15 \\ -4 & -3 \\ 6 & -6 \end{pmatrix}.$$ ∎

Em geral, *a multiplicação de matrizes não é comutativa*; isto é, **AB** ≠ **BA**. Observe no item (a) do Exemplo 4 que $\mathbf{BA} = \begin{pmatrix} 30 & 53 \\ 48 & 82 \end{pmatrix}$, enquanto no item (b) o produto **BA** não está definido, pois a Definição II.6 requer que a primeira matriz (no caso, **B**) tenha o mesmo número de colunas que o de linhas da segunda matriz.

Estamos particularmente interessados no produto de uma matriz quadrada por um vetor coluna.

EXEMPLO 5 Multiplicação de matrizes

a) $\begin{pmatrix} 2 & -1 & 3 \\ 0 & 4 & 5 \\ 1 & -7 & 9 \end{pmatrix} \begin{pmatrix} -3 \\ 6 \\ 4 \end{pmatrix} = \begin{pmatrix} 2 \cdot (-3) + (-1) \cdot 6 + 3 \cdot 4 \\ 0 \cdot (-3) + 4 \cdot 6 + 5 \cdot 4 \\ 1 \cdot (-3) + (-7) \cdot 6 + 9 \cdot 4 \end{pmatrix} = \begin{pmatrix} 0 \\ 44 \\ -9 \end{pmatrix}$

b) $\begin{pmatrix} -4 & 2 \\ 3 & 8 \end{pmatrix} \begin{pmatrix} x \\ y \end{pmatrix} = \begin{pmatrix} -4x + 2y \\ 3x + 8y \end{pmatrix}$ ∎

IDENTIDADE MULTIPLICATIVA

Para um dado inteiro positivo n, a matriz $n \times n$

$$I = \begin{pmatrix} 1 & 0 & 0 & \ldots & 0 \\ 0 & 1 & 0 & \ldots & 0 \\ \vdots & & & & \vdots \\ 0 & 0 & 0 & \ldots & 1 \end{pmatrix}$$

é chamada **matriz identidade multiplicativa**. Segue da Definição II.6 que, para toda matriz A $n \times n$,

$$AI = IA = A.$$

Além disso, é fácil verificar que, se X for uma matriz coluna $n \times 1$, então $IX = X$.

MATRIZ NULA

Uma matriz cujos elementos são todos nulos é chamada **matriz nula** e é denotada por 0. Por exemplo,

$$0 = \begin{pmatrix} 0 \\ 0 \end{pmatrix}, \quad 0 = \begin{pmatrix} 0 & 0 \\ 0 & 0 \end{pmatrix}, \quad 0 = \begin{pmatrix} 0 & 0 \\ 0 & 0 \\ 0 & 0 \end{pmatrix},$$

e assim por diante. Se A e 0 forem matrizes $m \times n$, então

$$A + 0 = 0 + A = A.$$

LEI ASSOCIATIVA

Embora não provemos isso, a multiplicação matricial é **associativa**. Se A for uma matriz $m \times p$, B uma matriz $p \times r$ e C uma matriz $r \times n$, então

$$A(BC) = (AB)C$$

é uma matriz $m \times n$.

LEI DISTRIBUTIVA

Se todos os produtos estiverem definidos, a multiplicação será distributiva em relação à adição:

$$A(B + C) = AB + AC \quad \text{e} \quad (B + C)A = BA + CA.$$

DETERMINANTE DE UMA MATRIZ

Associado a toda matriz *quadrada* A de constantes está um número chamado **determinante da matriz**, que é denotado por $\det A$.

EXEMPLO 6 Determinante de uma matriz quadrada

Para $A = \begin{pmatrix} 3 & 6 & 2 \\ 2 & 5 & 1 \\ -1 & 2 & 4 \end{pmatrix}$ desenvolvemos $\det A$ por cofatores da primeira linha:

$$\det A = \begin{vmatrix} 3 & 6 & 2 \\ 2 & 5 & 1 \\ -1 & 2 & 4 \end{vmatrix} = 3 \begin{vmatrix} 5 & 1 \\ 2 & 4 \end{vmatrix} - 6 \begin{vmatrix} 2 & 1 \\ -1 & 4 \end{vmatrix} + 2 \begin{vmatrix} 2 & 5 \\ -1 & 2 \end{vmatrix} = 3(20 - 2) - 6(8 + 1) + 2(4 + 5) = 18.$$ ∎

Podemos provar que o determinante $\det A$ pode ser desenvolvido por cofatores usando uma linha ou uma coluna qualquer. Se $\det A$ tiver uma linha (ou uma coluna) com vários elementos nulos, a sabedoria dita que o desenvolvimento do determinante deve ser feito por essa linha ou coluna.

DEFINIÇÃO II.7 Transposta de uma matriz

A **transposta** de uma matriz $m \times n$ (1) é a matriz $\mathbf{A}^T$ $n \times m$ dada por

$$\mathbf{A}^T = \begin{pmatrix} a_{11} & a_{21} & \ldots & a_{m1} \\ a_{12} & a_{22} & \ldots & a_{m2} \\ \vdots & & & \vdots \\ a_{1n} & a_{2n} & \ldots & a_{mn} \end{pmatrix}.$$

Em outras palavras, as linhas da matriz $\mathbf{A}$ tornam-se as colunas de sua transposta $\mathbf{A}^T$.

EXEMPLO 7 Transposta de uma matriz

a) A transposta de $\mathbf{A} = \begin{pmatrix} 3 & 6 & 2 \\ 2 & 5 & 1 \\ -1 & 2 & 4 \end{pmatrix}$ é $\mathbf{A}^T = \begin{pmatrix} 3 & 2 & -1 \\ 6 & 5 & 2 \\ 2 & 1 & 4 \end{pmatrix}$.

b) Se $\mathbf{X} = \begin{pmatrix} 5 \\ 0 \\ 3 \end{pmatrix}$, então $\mathbf{X}^T = \begin{pmatrix} 5 & 0 & 3 \end{pmatrix}$. ∎

DEFINIÇÃO II.8 Inversa multiplicativa de uma matriz

Seja $\mathbf{A}$ uma matriz $n \times n$. Se existir uma matriz $\mathbf{B}$ $n \times n$, tal que

$$\mathbf{AB} = \mathbf{BA} = \mathbf{I},$$

onde $\mathbf{I}$ é a identidade multiplicativa, então $\mathbf{B}$ será chamada a **inversa multiplicativa de A** e será denotada por $\mathbf{B} = \mathbf{A}^{-1}$.

DEFINIÇÃO II.9 Matriz singular/não singular

Seja $\mathbf{A}$ uma matriz $n \times n$. Se $\det \mathbf{A} \neq 0$, então $\mathbf{A}$ é chamada de **não singular**. Se $\det \mathbf{A} = 0$, então $\mathbf{A}$ é chamada de **singular**.

O teorema a seguir fornece uma condição necessária e suficiente para que uma matriz quadrada tenha uma inversa multiplicativa.

TEOREMA II.1 A não singularidade implica que A tem uma inversa

Uma matriz $\mathbf{A}$ $n \times n$ terá uma inversa multiplicativa $\mathbf{A}^{-1}$ se e somente se $\mathbf{A}$ for não singular.

O teorema a seguir apresenta uma maneira de determinar a inversa multiplicativa de uma matriz não singular.

TEOREMA II.2 Fórmula para a inversa de uma matriz

Seja $\mathbf{A}$ uma matriz $n \times n$ não singular e seja $C_{ij} = (-1)^{i+j} M_{ij}$, onde M_{ij} é o determinante da matriz $(n-1) \times (n-1)$ obtida omitindo-se a i-ésima linha e a j-ésima coluna de $\mathbf{A}$. Então,

$$\mathbf{A}^{-1} = \frac{1}{\det \mathbf{A}} (C_{ij})^T. \tag{2}$$

Cada C_{ij} no Teorema II.2 é simplesmente o **cofator** do elemento correspondente a_{ij} em $\mathbf{A}$. Observe que a transposta foi utilizada na fórmula (2).

Para referência futura, observamos, no caso de uma matriz não singular 2×2

$$\mathbf{A} = \begin{pmatrix} a_{11} & a_{12} \\ a_{21} & a_{22} \end{pmatrix}$$

que $C_{11} = a_{22}$, $C_{12} = -a_{21}$, $C_{21} = -a_{12}$ e $C_{22} = a_{11}$. Assim,

$$\mathbf{A}^{-1} = \frac{1}{\det \mathbf{A}} \begin{pmatrix} a_{22} & -a_{21} \\ -a_{12} & a_{11} \end{pmatrix}^T = \frac{1}{\det \mathbf{A}} \begin{pmatrix} a_{22} & -a_{12} \\ -a_{21} & a_{11} \end{pmatrix}. \tag{3}$$

Para uma matriz não singular 3×3

$$\mathbf{A} = \begin{pmatrix} a_{11} & a_{12} & a_{13} \\ a_{21} & a_{22} & a_{23} \\ a_{31} & a_{32} & a_{33} \end{pmatrix},$$

$$C_{11} = \begin{vmatrix} a_{22} & a_{23} \\ a_{32} & a_{33} \end{vmatrix}, \quad C_{12} = -\begin{vmatrix} a_{21} & a_{23} \\ a_{31} & a_{33} \end{vmatrix}, \quad C_{13} = \begin{vmatrix} a_{21} & a_{22} \\ a_{31} & a_{32} \end{vmatrix},$$

e assim por diante. Efetuando a transposição, obtemos

$$\mathbf{A}^{-1} = \frac{1}{\det \mathbf{A}} \begin{pmatrix} C_{11} & C_{21} & C_{31} \\ C_{12} & C_{22} & C_{32} \\ C_{13} & C_{23} & C_{33} \end{pmatrix}. \tag{4}$$

EXEMPLO 8 Inversa de uma matriz 2×2

Determine a inversa multiplicativa de $\mathbf{A} = \begin{pmatrix} 1 & 4 \\ 2 & 10 \end{pmatrix}$.

SOLUÇÃO
Como $\det \mathbf{A} = 10 - 8 = 2 \neq 0$, $\mathbf{A}$ é não singular. Segue do Teorema II.1 que $\mathbf{A}^{-1}$ existe. De (3), temos

$$\mathbf{A}^{-1} = \frac{1}{2} \begin{pmatrix} 10 & -4 \\ -2 & 1 \end{pmatrix} \begin{pmatrix} 5 & -2 \\ -1 & \frac{1}{2} \end{pmatrix}. \qquad \blacksquare$$

Nem toda matriz quadrada tem uma inversa multiplicativa. A matriz $\mathbf{A} = \begin{pmatrix} 2 & 2 \\ 3 & 3 \end{pmatrix}$ é singular, uma vez que $\det \mathbf{A} = 0$. Logo, $\mathbf{A}^{-1}$ não existe.

EXEMPLO 9 Inversa de uma matriz 3×3

Determine a inversa multiplicativa de $\mathbf{A} = \begin{pmatrix} 2 & 2 & 0 \\ -2 & 1 & 1 \\ 3 & 0 & 1 \end{pmatrix}$.

SOLUÇÃO
Como $\det \mathbf{A} = 12 \neq 0$, a matriz dada é não singular. Os cofatores correspondentes a cada um dos elementos de $\mathbf{A}$ são

$$C_{11} = \begin{vmatrix} 1 & 1 \\ 0 & 1 \end{vmatrix} = 1 \quad C_{12} = -\begin{vmatrix} -2 & 1 \\ 3 & 1 \end{vmatrix} = 5 \quad C_{13} = \begin{vmatrix} -2 & 1 \\ 3 & 0 \end{vmatrix} = -3$$

$$C_{21} = -\begin{vmatrix} 2 & 0 \\ 0 & 1 \end{vmatrix} = -2 \quad C_{22} = \begin{vmatrix} 2 & 0 \\ 3 & 1 \end{vmatrix} = 2 \quad C_{23} = -\begin{vmatrix} 2 & 2 \\ 3 & 0 \end{vmatrix} = 6$$

$$C_{31} = \begin{vmatrix} 2 & 0 \\ 1 & 1 \end{vmatrix} = 2 \quad C_{32} = -\begin{vmatrix} 2 & 0 \\ -2 & 1 \end{vmatrix} = -2 \quad C_{33} = \begin{vmatrix} 2 & 2 \\ -2 & 1 \end{vmatrix} = 6$$

Segue de (4) que

$$\mathbf{A}^{-1} = \frac{1}{12}\begin{pmatrix} 1 & -2 & 2 \\ 5 & 2 & -2 \\ -3 & 6 & 6 \end{pmatrix} = \begin{pmatrix} \frac{1}{12} & -\frac{1}{6} & \frac{1}{6} \\ \frac{5}{12} & \frac{1}{6} & -\frac{1}{6} \\ -\frac{1}{4} & \frac{1}{2} & \frac{1}{2} \end{pmatrix}.$$

Você deve verificar que $\mathbf{A}^{-1}\mathbf{A} = \mathbf{A}\mathbf{A}^{-1} = \mathbf{I}$. ∎

A Fórmula (2) apresenta dificuldades óbvias para matrizes não singulares maiores que 3×3. Por exemplo, para aplicar (2) a uma matriz 4×4, teríamos de calcular *dezesseis* determinantes 3×3*. No caso de uma matriz maior, há maneiras mais eficientes de obter $\mathbf{A}^{-1}$. O leitor curioso deve consultar qualquer texto de álgebra linear.

Uma vez que nossa meta é aplicar o conceito de matriz a sistemas de equações diferenciais lineares de primeira ordem, precisamos das definições que vêm a seguir.

> **DEFINIÇÃO II.10 Derivada de uma matriz de funções**
>
> Se $\mathbf{A}(t) = (a_{ij}(t))_{m \times n}$ for uma matriz cujos elementos são funções diferenciáveis em um intervalo comum, então
>
> $$\frac{d\mathbf{A}}{dt} = \left(\frac{d}{dt}a_{ij}\right)_{m \times n}.$$

> **DEFINIÇÃO II.11 Integral de uma matriz de funções**
>
> Se $\mathbf{A}(t) = (a_{ij}(t))_{m \times n}$ for uma matriz cujas entradas são funções contínuas em um intervalo comum contendo t e t_0, então
>
> $$\int_{t_0}^{t} \mathbf{A}(s)ds = \left(\int_{t_0}^{t} a_{ij}(s)ds\right)_{m \times n}.$$

Para diferenciar (integrar) uma matriz de funções, simplesmente diferenciamos (integramos) cada elemento. A derivada de uma matriz é também denotada por $\mathbf{A}'(t)$.

> **EXEMPLO 10 Derivada/Integral de uma matriz**

Se

$$\mathbf{X}(t) = \begin{pmatrix} \operatorname{sen} 2t \\ e^{3t} \\ 8t - 1 \end{pmatrix}, \quad \text{então} \quad \mathbf{X}'(t) = \begin{pmatrix} \frac{d}{dt}\operatorname{sen} 2t \\ \frac{d}{dt}e^{3t} \\ \frac{d}{dt}(8t-1) \end{pmatrix} = \begin{pmatrix} 2\cos 2t \\ 3e^{3t} \\ 8 \end{pmatrix}$$

e

$$\int_0^t \mathbf{X}(s)ds = \begin{pmatrix} \int_0^t \operatorname{sen} 2s\, ds \\ \int_0^t e^{3s} ds \\ \int_0^t (8s-1)ds \end{pmatrix} = \begin{pmatrix} -\frac{1}{2}\cos 2t + \frac{1}{2} \\ \frac{1}{3}e^{3t} - \frac{1}{3} \\ 4t^2 - t \end{pmatrix}.$$

∎

---

* Rigorosamente falando, um determinante é um número, mas muitas vezes é conveniente referir a um determinante como se fosse um conjunto ordenado.

II.2 ELIMINAÇÃO GAUSSIANA E ELIMINAÇÃO DE GAUSS-JORDAN

As matrizes são instrumentos inestimáveis na resolução de sistemas algébricos de n equações lineares em n incógnitas,

$$\begin{aligned} a_{11}x_1 + a_{12}x_2 + \cdots + a_{1n}x_n &= b_1 \\ a_{21}x_1 + a_{22}x_2 + \cdots + a_{2n}x_n &= b_2 \\ &\vdots \\ a_{n1}x_1 + a_{n2}x_2 + \cdots + a_{nn}x_n &= b_n. \end{aligned} \tag{5}$$

Se $\mathbf{A}$ denotar a matriz dos coeficientes em (5), sabemos que a regra de Cramer poderia ser usada para resolver o sistema sempre que $\det \mathbf{A} \neq 0$. Entretanto, essa regra requer um esforço tremendo se $\mathbf{A}$ for maior que 3×3. O procedimento que consideraremos agora tem a clara vantagem de ser não somente uma maneira eficiente de tratar sistemas grandes, mas também um meio de resolver sistemas consistentes (5) nos quais o $\det \mathbf{A} = 0$ e um meio de resolver m equações lineares em n incógnitas.

DEFINIÇÃO II.12 Matriz aumentada

A **matriz aumentada** do sistema (5) é a matriz $n \times (n+1)$

$$\begin{pmatrix} a_{11} & a_{12} & \ldots & a_{1n} & | & b_1 \\ a_{21} & a_{22} & \ldots & a_{2n} & | & b_2 \\ \vdots & & & & & \vdots \\ a_{n1} & a_{n2} & \ldots & a_{nn} & | & b_n \end{pmatrix}.$$

Se $\mathbf{B}$ for a matriz coluna dos b_i, $i = 1, 2, \ldots, n$, a matriz aumentada de (5) será denotada por $(\mathbf{A}|\mathbf{B})$.

OPERAÇÕES ELEMENTARES NAS LINHAS

Lembre-se da álgebra de que podemos transformar um sistema de equações algébricas em outro equivalente (isto é, com a mesma solução) multiplicando uma equação por uma constante não nula, permutando a posição de duas equações quaisquer em um sistema e adicionando um múltiplo constante não nulo de uma equação à outra. Essas operações nas equações de um sistema são, por sua vez, equivalentes às **operações elementares nas linhas** em uma matriz aumentada:

(i) Multiplicar uma linha por uma constante não nula.

(ii) Permutar duas linhas quaisquer.

(iii) Adicionar um múltiplo constante não nulo de uma linha à outra.

MÉTODOS DE ELIMINAÇÃO

Para resolver um sistema tal como (5) por meio de uma matriz aumentada, usamos a **eliminação Gaussiana** ou o **método de eliminação de Gauss-Jordan**. No primeiro método, executamos sucessivas operações elementares nas linhas até chegarmos a uma matriz aumentada na **forma escalonada por linha**:

(i) O primeiro elemento não nulo em uma linha não nula é 1.

(ii) Em linhas consecutivas não nulas, o primeiro elemento 1 na linha inferior aparece à direita do primeiro 1 superior.

(iii) As linhas que consistem apenas em zeros aparecem na base da matriz.

No método de Gauss-Jordan as operações com linhas prosseguirão até obtermos uma matriz aumentada que esteja na forma **reduzida e escalonada por linha**. Uma matriz reduzida e escalonada por linha apresenta as três propriedades apresentadas anteriormente e ainda

(iv) Uma coluna contendo 1 como primeiro elemento e 0 em todos os outros lugares.

EXEMPLO 11 Escalonada por linha/reduzida e escalonada por linha

a) As matrizes aumentadas

$$\begin{pmatrix} 1 & 5 & 0 & | & 2 \\ 0 & 1 & 0 & | & -1 \\ 0 & 0 & 0 & | & 0 \end{pmatrix} \quad \text{e} \quad \begin{pmatrix} 0 & 0 & 1 & -6 & 2 & | & 2 \\ 0 & 0 & 0 & 0 & 1 & | & 4 \end{pmatrix}$$

estão na forma escalonada por linha. Você deve observar que os três critérios foram satisfeitos.

b) As matrizes aumentadas

$$\begin{pmatrix} 1 & 0 & 0 & | & 7 \\ 0 & 1 & 0 & | & -1 \\ 0 & 0 & 0 & | & 0 \end{pmatrix} \quad \text{e} \quad \begin{pmatrix} 0 & 0 & 1 & -6 & 0 & | & -6 \\ 0 & 0 & 0 & 0 & 1 & | & 4 \end{pmatrix}$$

estão na forma reduzida e escalonada por linha. Observe que as entradas restantes nas colunas contendo um 1 inicial são todas 0. ∎

Note que, na eliminação Gaussiana, interrompemos o cálculo assim que obtivemos *uma* matriz aumentada na forma escalonada por linha. Em outras palavras, utilizando sequências diferentes de operações com linhas, podemos chegar a diferentes formas escalonadas por linha. Esse método exige então o uso da retrossubstituição. Na eliminação de Gauss-Jordan, interrompemos quando obtivemos *a* matriz aumentada em forma reduzida e escalonada por linha. Qualquer sequência de operações com linhas conduzirá à mesma matriz aumentada na forma reduzida e escalonada por linha. Esse método não exige retrossubstituição; a solução do sistema será visível por simples observação da matriz final. Em termos de equações do sistema original, nosso objetivo em ambos os métodos é simplesmente tornar o coeficiente de x_1 na primeira equação[†] igual a 1 e então utilizar múltiplos dessa equação para eliminar x_1 nas outras equações. O processo é repetido nas demais variáveis.

Para monitorar as operações nas linhas em uma matriz aumentada, utilizamos a notação a seguir:

Símbolo	Significado
L_{ij}	Permutar as linhas i e j.
cL_i	Multiplicar a i-ésima linha por uma constante não nula c.
$cL_i + L_j$	Multiplicar a i-ésima linha por c e adicioná-la à j-ésima linha.

EXEMPLO 12 Solução por eliminação

Resolva

$$2x_1 + 6x_2 + x_3 = 7$$
$$x_1 + 2x_2 - x_3 = -1$$
$$5x_1 + 7x_2 - 4x_3 = 9$$

usando (a) eliminação Gaussiana e (b) eliminação de Gauss-Jordan.

SOLUÇÃO

(a) Efetuando operações nas linhas da matriz aumentada do sistema, obtemos

$$\begin{pmatrix} 2 & 6 & 1 & | & 7 \\ 1 & 2 & -1 & | & -1 \\ 5 & 7 & -4 & | & 9 \end{pmatrix} \xrightarrow{L_{12}} \begin{pmatrix} 1 & 2 & -1 & | & -1 \\ 2 & 6 & 1 & | & 7 \\ 5 & 7 & -4 & | & 9 \end{pmatrix} \xrightarrow[-5L_1+L_3]{-2L_1+L_2} \begin{pmatrix} 1 & 2 & -1 & | & -1 \\ 0 & 2 & 3 & | & 9 \\ 0 & -3 & 1 & | & 14 \end{pmatrix} \xrightarrow{\frac{1}{2}L_2}$$

$$\begin{pmatrix} 1 & 2 & -1 & | & -1 \\ 0 & 1 & \frac{3}{2} & | & \frac{9}{2} \\ 0 & -3 & 1 & | & 14 \end{pmatrix} \xrightarrow{3L_2+L_3} \begin{pmatrix} 1 & 2 & -1 & | & -1 \\ 0 & 1 & \frac{3}{2} & | & \frac{9}{2} \\ 0 & 0 & \frac{11}{2} & | & \frac{55}{2} \end{pmatrix} \xrightarrow{\frac{2}{11}L_3} \begin{pmatrix} 1 & 2 & -1 & | & -1 \\ 0 & 1 & \frac{3}{2} & | & \frac{9}{2} \\ 0 & 0 & 1 & | & 5 \end{pmatrix}.$$

[†] Podemos sempre permutar equações de modo que a primeira equação contenha a variável x_1.

A última matriz está na forma escalonada por linha e representa o sistema

$$x_1 + 2x_2 - x_3 = -1$$
$$x_2 + \frac{3}{2}x_3 = \frac{9}{2}$$
$$x_3 = 5.$$

Fazendo $x_3 = 5$ na segunda equação, obtemos $x_2 = -3$. Substituindo esses dois valores de volta na primeira equação, obtemos finalmente $x_1 = 10$.

(b) Começamos com a última matriz acima. Como os primeiros elementos na segunda e terceira linhas são 1s devemos tornar os elementos restantes da segunda e da terceira coluna iguais a zero:

$$\begin{pmatrix} 1 & 2 & -1 & | & -1 \\ 0 & 1 & \frac{3}{2} & | & \frac{9}{2} \\ 0 & 0 & 1 & | & 5 \end{pmatrix} \xrightarrow{-2L_2+L_1} \begin{pmatrix} 1 & 0 & -4 & | & -10 \\ 0 & 1 & \frac{3}{2} & | & \frac{9}{2} \\ 0 & 0 & 1 & | & 5 \end{pmatrix} \xrightarrow[-\frac{3}{2}L_3+L_2]{4L_3+L_1} \begin{pmatrix} 1 & 0 & 0 & | & 10 \\ 0 & 1 & 0 & | & -3 \\ 0 & 0 & 1 & | & 5 \end{pmatrix}.$$

A última matriz está agora na forma reduzida e escalonada por linha. Tendo em vista o que significa a matriz em termos de equações, é evidente que a solução do sistema é $x_1 = 10$, $x_2 = -3$ e $x_3 = 5$. ∎

EXEMPLO 13 Eliminação de Gauss-Jordan

Resolva

$$x + 3y - 2z = -7$$
$$4x + y + 3z = 5$$
$$2x - 5y + 7z = 19.$$

SOLUÇÃO

Resolvemos o sistema usando eliminação de Gauss-Jordan:

$$\begin{pmatrix} 1 & 3 & -2 & | & -7 \\ 4 & 1 & 3 & | & 5 \\ 2 & -5 & 7 & | & 19 \end{pmatrix} \xrightarrow[-2L_1+L_3]{-4L_1+L_2} \begin{pmatrix} 1 & 3 & -2 & | & -7 \\ 0 & -11 & 11 & | & 33 \\ 0 & -11 & 11 & | & 33 \end{pmatrix} \xrightarrow[-\frac{1}{11}L_3]{-\frac{1}{11}L_2}$$

$$\begin{pmatrix} 1 & 3 & -2 & | & -7 \\ 0 & 1 & -1 & | & -3 \\ 0 & 1 & -1 & | & -3 \end{pmatrix} \xrightarrow[-L_2+L_3]{-3L_2+L_1} \begin{pmatrix} 1 & 0 & 1 & | & 2 \\ 0 & 1 & -1 & | & -3 \\ 0 & 0 & 0 & | & 0 \end{pmatrix}.$$

Nesse caso, a última matriz em forma reduzida e escalonada por linha implica que o sistema original de três equações em três incógnitas é realmente equivalente a duas equações em três incógnitas. Como apenas z é comum a ambas as equações (as linhas não nulas), podemos fixar seus valores arbitrariamente. Fazendo $z = t$, onde t representa um número real arbitrário, vemos que o sistema admite um número infinito de soluções: $x = 2 - t$, $y = -3 + t$ e $z = t$. Geometricamente, essas são as equações paramétricas da reta de interseção dos planos $x + 0y + z = 2$ e $0x + y - z = 3$. ∎

UTILIZANDO OPERAÇÕES NAS LINHAS PARA OBTER A INVERSA

Dado o número de determinantes que precisam ser computados, a fórmula (2) no Teorema II.2 é poucas vezes usada para obter a inversa quando a matriz **A** é grande. No caso de matrizes 3×3 ou maiores, o método descrito nesse teorema é o meio particularmente eficiente para obter $\mathbf{A}^{-1}$.

TEOREMA II.3 Obtendo $\mathbf{A}^{-1}$ com operações elementares nas linhas

Se uma matriz **A** $n \times n$ puder ser transformada na matriz identidade **I** $n \times n$ por meio de uma sequência de operações elementares nas linhas, então **A** é não singular. A mesma sequência de operações que transforma **A** na identidade **I** também transformará **I** em $\mathbf{A}^{-1}$.

É conveniente executar simultaneamente essas operações nas linhas, em **A** e **I**, por meio de uma matriz $n \times 2n$ obtida aumentando **A** com a identidade **I** conforme mostrado aqui:

$$(\mathbf{A}|\mathbf{I}) = \begin{pmatrix} a_{11} & a_{12} & \ldots & a_{1n} & | & 1 & 0 & \ldots & 0 \\ a_{21} & a_{22} & \ldots & a_{2n} & | & 0 & 1 & \ldots & 0 \\ \vdots & & & \vdots & | & \vdots & & & \vdots \\ a_{n1} & a_{n2} & \ldots & a_{nn} & | & 0 & 0 & \ldots & 1 \end{pmatrix}.$$

O procedimento para obter $\mathbf{A}^{-1}$ é resumido no seguinte diagrama:

Efetue operações nas linhas
de **A** até obter **I**. Isso
significa que **A** é não singular.

$$(\mathbf{A} \mid \mathbf{I}) \to (\mathbf{I} \mid \mathbf{A}^{-1})$$

Aplicando simultaneamente
as mesmas operações nas
linhas de **I** até obtermos $\mathbf{A}^{-1}$.

EXEMPLO 14 Inversa por meio de operações elementares nas linhas

Determine a inversa multiplicativa de $\mathbf{A} = \begin{pmatrix} 2 & 0 & 1 \\ -2 & 3 & 4 \\ -5 & 5 & 6 \end{pmatrix}$.

SOLUÇÃO
Vamos usar a mesma notação empregada quando da redução de uma matriz aumentada à forma reduzida e escalonada por linha:

$$\begin{pmatrix} 2 & 0 & 1 & | & 1 & 0 & 0 \\ -2 & 3 & 4 & | & 0 & 1 & 0 \\ -5 & 5 & 6 & | & 0 & 0 & 1 \end{pmatrix} \xrightarrow{\frac{1}{2}L_1} \begin{pmatrix} 1 & 0 & \frac{1}{2} & | & \frac{1}{2} & 0 & 0 \\ -2 & 3 & 4 & | & 0 & 1 & 0 \\ -5 & 5 & 6 & | & 0 & 0 & 1 \end{pmatrix} \xrightarrow[5L_1+L_3]{2L_1+L_2} \begin{pmatrix} 1 & 0 & \frac{1}{2} & | & \frac{1}{2} & 0 & 0 \\ 0 & 3 & 5 & | & 1 & 1 & 0 \\ 0 & 5 & \frac{17}{2} & | & \frac{5}{2} & 0 & 1 \end{pmatrix}$$

$$\xrightarrow[\frac{1}{5}L_3]{\frac{1}{3}L_2} \begin{pmatrix} 1 & 0 & \frac{1}{2} & | & \frac{1}{2} & 0 & 0 \\ 0 & 1 & \frac{5}{3} & | & \frac{1}{3} & \frac{1}{3} & 0 \\ 0 & 1 & \frac{17}{10} & | & \frac{1}{2} & 0 & \frac{1}{5} \end{pmatrix} \xrightarrow{-L_2+L_3} \begin{pmatrix} 1 & 0 & \frac{1}{2} & | & \frac{1}{2} & 0 & 0 \\ 0 & 1 & \frac{5}{3} & | & \frac{1}{3} & \frac{1}{3} & 0 \\ 0 & 0 & \frac{1}{30} & | & \frac{1}{6} & -\frac{1}{3} & \frac{1}{5} \end{pmatrix}$$

$$\xrightarrow{30L_3} \begin{pmatrix} 1 & 0 & \frac{1}{2} & | & \frac{1}{2} & 0 & 0 \\ 0 & 1 & \frac{5}{3} & | & \frac{1}{3} & \frac{1}{3} & 0 \\ 0 & 0 & 1 & | & 5 & -10 & 6 \end{pmatrix} \xrightarrow[-\frac{5}{3}L_3+L_2]{-\frac{1}{2}L_3+L_1} \begin{pmatrix} 1 & 0 & 0 & | & -2 & 5 & -3 \\ 0 & 1 & 0 & | & -8 & 17 & -10 \\ 0 & 0 & 1 & | & 5 & -10 & 6 \end{pmatrix}.$$

Como **I** aparece à esquerda da linha vertical, concluímos que a matriz à direita da linha é:

$$\mathbf{A}^{-1} = \begin{pmatrix} -2 & 5 & -3 \\ -8 & 17 & -10 \\ 5 & -10 & 6 \end{pmatrix}. \qquad \blacksquare$$

Se a redução por linhas de (**A**|**I**) levar à situação

$$(\mathbf{A}|\mathbf{I}) \xrightarrow{\text{operação na linha}} (\mathbf{B}|\mathbf{C}),$$

onde a matriz **B** contém uma linha de zeros, então **A** necessariamente é singular. Como outras reduções de **B** sempre resultam em uma outra matriz com uma linha de zeros, não podemos transformar **A** em **I**.

II.3 O PROBLEMA DE AUTOVALORES

A eliminação de Gauss-Jordan pode ser usada para obter os **autovetores** de uma matriz quadrada.

DEFINIÇÃO II.13 Autovalores e autovetores

Seja **A** uma matriz $n \times n$. Dizemos que o número λ é um **autovalor** de **A** se houver um vetor solução **K** *não nulo* do sistema linear

$$\mathbf{AK} = \lambda \mathbf{K}. \tag{6}$$

Dizemos que o vetor solução **K** é um **autovetor** correspondente ao autovalor λ.

A palavra original *eigenvalue*, traduzida por autovalor, é uma combinação de termos em inglês e alemão e provém da palavra alemã *eigenwert*, que, traduzida literalmente, significa "valor próprio". Autovalores e autovetores são também chamados de **valores** e **vetores característicos**, respectivamente.

EXEMPLO 15 Autovetores de uma matriz

Observe que $\mathbf{K} = \begin{pmatrix} 1 \\ -1 \\ 1 \end{pmatrix}$ é um autovetor da matriz $\mathbf{A} = \begin{pmatrix} 0 & -1 & -3 \\ 2 & 3 & 3 \\ -2 & 1 & 1 \end{pmatrix}$.

SOLUÇÃO
Efetuando a multiplicação **AK**, vemos que

$$\mathbf{AK} = \begin{pmatrix} 0 & -1 & -3 \\ 2 & 3 & 3 \\ -2 & 1 & 1 \end{pmatrix} \begin{pmatrix} 1 \\ -1 \\ 1 \end{pmatrix} = \begin{pmatrix} -2 \\ 2 \\ -2 \end{pmatrix} = (-2)\begin{pmatrix} 1 \\ -1 \\ 1 \end{pmatrix} = \overbrace{(-2)}^{\text{autovalor}} \mathbf{K}.$$

Vemos da linha precedente e da Definição II.13 que $\lambda = -2$ é um autovalor de **A**. ∎

Usando propriedades da álgebra matricial, podemos escrever (6) na forma alternativa

$$(\mathbf{A} - \lambda \mathbf{I})\mathbf{K} = \mathbf{0}, \tag{7}$$

onde **I** é a identidade multiplicativa. Se fizermos

$$\mathbf{K} = \begin{pmatrix} k_1 \\ k_2 \\ \vdots \\ k_n \end{pmatrix},$$

então (7) é o mesmo que

$$\begin{aligned} (a_{11} - \lambda)k_1 + a_{12}k_2 + \cdots + a_{1n}k_n &= 0 \\ a_{21}k_1 + (a_{22} - \lambda)k_2 + \cdots + a_{2n}k_n &= 0 \\ &\vdots \\ a_{n1}k_1 + a_{n2}k_2 + \cdots + (a_{nn} - \lambda)k_n &= 0. \end{aligned} \tag{8}$$

Embora uma solução óbvia de (8) seja $k_1 = 0, k_2 = 0, \ldots, k_n = 0$, estamos procurando apenas soluções não triviais. É sabido que um sistema **homogêneo** de n equações lineares em n incógnitas (isto é, $b_i = 0, i = 1, 2, \ldots, n$ em (5)) terá uma solução não trivial se e somente se o determinante da matriz de coeficientes for igual a zero. Assim, para obter uma solução **K** não nula para (7) precisamos ter

$$\det(\mathbf{A} - \lambda \mathbf{I}) = 0. \tag{9}$$

Uma inspeção em (8) mostra que o desenvolvimento de det($A - \lambda I$) por cofatores resulta em um polinômio de grau n em λ. A Equação (9) é chamada de **equação característica** de A. Assim, *os autovalores de A são as raízes da equação característica*. Para obter um autovetor correspondente a um autovalor λ, simplesmente resolvemos o sistema de equações $(A - \lambda I)K = 0$ aplicando eliminação de Gauss-Jordan à matriz aumentada $(A - \lambda I | 0)$.

EXEMPLO 16 **Autovalores/Autovetores**

Obtenha os autovalores e autovetores de $A = \begin{pmatrix} 1 & 2 & 1 \\ 6 & -1 & 0 \\ -1 & -2 & -1 \end{pmatrix}$.

SOLUÇÃO
Para desenvolver o determinante e obter a equação característica, usamos os cofatores da segunda linha:

$$\det(A - \lambda I) = \begin{vmatrix} 1-\lambda & 2 & 1 \\ 6 & -1-\lambda & 0 \\ -1 & -2 & -1-\lambda \end{vmatrix} = -\lambda^3 - \lambda^2 + 12\lambda = 0.$$

De $-\lambda^3 - \lambda^2 + 12\lambda = -\lambda(\lambda + 4)(\lambda - 3) = 0$, vemos que os autovalores são $\lambda_1 = 0$, $\lambda_2 = -4$ e $\lambda_3 = 3$. Para obter os autovetores, precisamos reduzir $(A - \lambda I | 0)$ três vezes correspondentes aos três autovalores.

Para $\lambda_1 = 0$, temos

$$(A - 0I | 0) = \begin{pmatrix} 1 & 2 & 1 & | & 0 \\ 6 & -1 & 0 & | & 0 \\ -1 & -2 & -1 & | & 0 \end{pmatrix} \xrightarrow[L_1+L_3]{-6L_1+L_2} \begin{pmatrix} 1 & 2 & 1 & | & 0 \\ 0 & -13 & -6 & | & 0 \\ 0 & 0 & 0 & | & 0 \end{pmatrix}$$

$$\xrightarrow{-\frac{1}{13}L_2} \begin{pmatrix} 1 & 2 & 1 & | & 0 \\ 0 & 1 & \frac{6}{13} & | & 0 \\ 0 & 0 & 0 & | & 0 \end{pmatrix} \xrightarrow{-2L_2+L_1} \begin{pmatrix} 1 & 0 & \frac{1}{13} & | & 0 \\ 0 & 1 & \frac{6}{13} & | & 0 \\ 0 & 0 & 0 & | & 0 \end{pmatrix}.$$

Assim, vemos que $k_1 = -\frac{1}{13}k_3$ e $k_2 = -\frac{6}{13}k_3$. Escolhendo $k_3 = -13$, obtemos o autovetor[‡]

$$K_1 = \begin{pmatrix} 1 \\ 6 \\ -13 \end{pmatrix}.$$

Para $\lambda_2 = -4$,

$$(A + 4I | 0) = \begin{pmatrix} 5 & 2 & 1 & | & 0 \\ 6 & 3 & 0 & | & 0 \\ -1 & -2 & 3 & | & 0 \end{pmatrix} \xrightarrow[L_{31}]{-L_3} \begin{pmatrix} 1 & 2 & -3 & | & 0 \\ 6 & 3 & 0 & | & 0 \\ 5 & 2 & 1 & | & 0 \end{pmatrix} \xrightarrow[-5L_1+L_3]{-6L_1+L_2} \begin{pmatrix} 1 & 2 & -3 & | & 0 \\ 0 & -9 & 18 & | & 0 \\ 0 & -8 & 16 & | & 0 \end{pmatrix}$$

$$\xrightarrow[-\frac{1}{8}L_3]{-\frac{1}{9}L_2} \begin{pmatrix} 1 & 2 & -3 & | & 0 \\ 0 & 1 & -2 & | & 0 \\ 0 & 1 & -2 & | & 0 \end{pmatrix} \xrightarrow[-L_2+L_3]{-2L_2+L_1} \begin{pmatrix} 1 & 0 & 1 & | & 0 \\ 0 & 1 & -2 & | & 0 \\ 0 & 0 & 0 & | & 0 \end{pmatrix}.$$

Isso implica que $k_1 = -k_3$ e $k_2 = 2k_3$. Escolhendo $k_3 = 1$, obtemos o segundo autovetor

$$K_2 = \begin{pmatrix} -1 \\ 2 \\ 1 \end{pmatrix}.$$

Finalmente, para $\lambda_3 = 3$, a eliminação de Gauss-Jordan nos dá

$$(A - 3I | 0) = \begin{pmatrix} -2 & 2 & 1 & | & 0 \\ 6 & -4 & 0 & | & 0 \\ -1 & -2 & -4 & | & 0 \end{pmatrix} \xrightarrow{\text{operações nas linhas}} \begin{pmatrix} 1 & 0 & 1 & | & 0 \\ 0 & 1 & \frac{3}{2} & | & 0 \\ 0 & 0 & 0 & | & 0 \end{pmatrix}$$

[‡] Naturalmente, qualquer número não nulo k_3 poderia ser escolhido. Em outras palavras, um múltiplo constante não nulo de um autovetor é também um autovetor.

e, portanto, $k_1 = -k_3$ e $k_2 = -\frac{3}{2}k_3$. A escolha de $k_3 = -2$ conduz ao terceiro autovetor

$$\mathbf{K}_3 = \begin{pmatrix} 2 \\ 3 \\ -2 \end{pmatrix}.$$

■

Quando uma matriz $\mathbf{A}$ $n \times n$ tem n autovalores distintos $\lambda_1, \lambda_2, \ldots, \lambda n$, é possível provar que um conjunto de n autovetores linearmente independentes[§] $\mathbf{K}_1, \mathbf{K}_2, \ldots, \mathbf{K}_n$ pode ser encontrado. Porém, quando a equação característica tiver raízes repetidas, pode não ser possível obter n autovetores linearmente independentes para $\mathbf{A}$.

EXEMPLO 17 Autovalores/Autovetores

Obtenha os autovalores e autovetores de $\mathbf{A} = \begin{pmatrix} 3 & 4 \\ -1 & 7 \end{pmatrix}$.

SOLUÇÃO
Da equação característica

$$\det(\mathbf{A} - \lambda \mathbf{I}) = \begin{vmatrix} 3 - \lambda & 4 \\ -1 & 7 - \lambda \end{vmatrix} = (\lambda - 5)^2 = 0$$

vemos que $\lambda_1 = \lambda_2 = 5$ é um autovalor de multiplicidade dois. No caso de uma matriz 2×2 não é necessário usar eliminação de Gauss-Jordan. Para obter o(s) autovetor(es) correspondente(s) a $\lambda_1 = 5$, transformamos o sistema $(\mathbf{A} - 5\mathbf{I}|\mathbf{0})$ em sua forma equivalente

$$-2k_1 + 4k_2 = 0$$
$$-k_1 + 2k_2 = 0.$$

Desse sistema, é claro que $k_1 = 2k_2$. Assim, se escolhermos $k_2 = 1$, obteremos o único autovetor

$$\mathbf{K}_1 = \begin{pmatrix} 2 \\ 1 \end{pmatrix}.$$

■

EXEMPLO 18 Autovalores/Autovetores

Obtenha os autovalores e autovetores de $\mathbf{A} = \begin{pmatrix} 9 & 1 & 1 \\ 1 & 9 & 1 \\ 1 & 1 & 9 \end{pmatrix}$.

SOLUÇÃO
A equação característica

$$\det(\mathbf{A} - \lambda \mathbf{I}) = \begin{vmatrix} 9 - \lambda & 1 & 1 \\ 1 & 9 - \lambda & 1 \\ 1 & 1 & 9 - \lambda \end{vmatrix} = -(\lambda - 11)(\lambda - 8)^2 = 0$$

mostra que $\lambda_1 = 11$ e que $\lambda_2 = \lambda_3 = 8$ é um autovalor de multiplicidade dois.

Para $\lambda_1 = 11$, a eliminação de Gauss-Jordan nos dá

$$(\mathbf{A} - 11\mathbf{I}|\mathbf{0}) = \begin{pmatrix} -2 & 1 & 1 & | & 0 \\ 1 & -2 & 1 & | & 0 \\ 1 & 1 & -2 & | & 0 \end{pmatrix} \xrightarrow{\text{operações nas linhas}} \begin{pmatrix} 1 & 0 & -1 & | & 0 \\ 0 & 1 & -1 & | & 0 \\ 0 & 0 & 0 & | & 0 \end{pmatrix}.$$

Logo, $k_1 = k_3$ e $k_2 = k_3$. Se $k_3 = 1$, então

$$\mathbf{K}_1 = \begin{pmatrix} 1 \\ 1 \\ 1 \end{pmatrix}.$$

[§] A independência linear de vetores coluna é definida exatamente da mesma forma que a de funções.

Agora, para $\lambda_2 = 8$, temos

$$(\mathbf{A} - 8\mathbf{I}|\mathbf{0}) = \begin{pmatrix} 1 & 1 & 1 & | & 0 \\ 1 & 1 & 1 & | & 0 \\ 1 & 1 & 1 & | & 0 \end{pmatrix} \xrightarrow{\text{operações nas linhas}} \begin{pmatrix} 1 & 1 & 1 & | & 0 \\ 0 & 0 & 0 & | & 0 \\ 0 & 0 & 0 & | & 0 \end{pmatrix}.$$

Na equação $k_1 + k_2 + k_3 = 0$ podemos escolher livremente dois valores para as variáveis. Se, primeiro, escolhermos $k_2 = 1$, $k_3 = 0$ e depois $k_2 = 0$ e $k_3 = 1$, obteremos dois autovetores linearmente independentes

$$\mathbf{K}_2 = \begin{pmatrix} -1 \\ 1 \\ 0 \end{pmatrix} \quad \text{e} \quad \mathbf{K}_3 = \begin{pmatrix} -1 \\ 0 \\ 1 \end{pmatrix}. \qquad \blacksquare$$

EXERCÍCIOS DO APÊNDICE II

As respostas aos problemas ímpares estão no final do livro.

II.I DEFINIÇÕES E TEORIA BÁSICAS

1. Se $\mathbf{A} = \begin{pmatrix} 4 & 5 \\ -6 & 9 \end{pmatrix}$ e $\mathbf{B} = \begin{pmatrix} -2 & 6 \\ 8 & -10 \end{pmatrix}$, determine

   a) $\mathbf{A} + \mathbf{B}$

   b) $\mathbf{B} - \mathbf{A}$

   c) $2\mathbf{A} + 3\mathbf{B}$

2. Se $\mathbf{A} = \begin{pmatrix} -2 & 0 \\ 4 & 1 \\ 7 & 3 \end{pmatrix}$ e $\mathbf{B} = \begin{pmatrix} 3 & -1 \\ 0 & 2 \\ -4 & -2 \end{pmatrix}$, determine

   a) $\mathbf{A} - \mathbf{B}$

   b) $\mathbf{B} - \mathbf{A}$

   c) $2(\mathbf{A} + \mathbf{B})$

3. Se $\mathbf{A} = \begin{pmatrix} 2 & -3 \\ -5 & 4 \end{pmatrix}$ e $\mathbf{B} = \begin{pmatrix} -1 & 6 \\ 3 & 2 \end{pmatrix}$, determine

   a) $\mathbf{AB}$

   b) $\mathbf{BA}$

   c) $\mathbf{A}^2 = \mathbf{AA}$

   d) $\mathbf{B}^2 = \mathbf{BB}$

4. Se $\mathbf{A} = \begin{pmatrix} 1 & 4 \\ 5 & 10 \\ 8 & 12 \end{pmatrix}$ e $\mathbf{B} = \begin{pmatrix} -4 & 6 & -3 \\ 1 & -3 & 2 \end{pmatrix}$, determine

   a) $\mathbf{AB}$

   b) $\mathbf{BA}$

5. Se $\mathbf{A} = \begin{pmatrix} 1 & -2 \\ -2 & 4 \end{pmatrix}$, $\mathbf{B} = \begin{pmatrix} 6 & 3 \\ 2 & 1 \end{pmatrix}$ e $\mathbf{C} = \begin{pmatrix} 0 & 2 \\ 3 & 4 \end{pmatrix}$, determine

   a) $\mathbf{BC}$

   b) $\mathbf{A}(\mathbf{BC})$

   c) $\mathbf{C}(\mathbf{BA})$

   d) $\mathbf{A}(\mathbf{B} + \mathbf{C})$

6. Se $\mathbf{A} = \begin{pmatrix} 5 & -6 & 7 \end{pmatrix}$, $\mathbf{B} = \begin{pmatrix} 3 \\ 4 \\ -1 \end{pmatrix}$ e $\mathbf{C} = \begin{pmatrix} 1 & 2 & 4 \\ 0 & 1 & -1 \\ 3 & 2 & 1 \end{pmatrix}$, determine

   a) $\mathbf{AB}$

   b) $\mathbf{BA}$

   c) $(\mathbf{BA})\mathbf{C}$

   d) $(\mathbf{AB})\mathbf{C}$

7. Se $\mathbf{A} = \begin{pmatrix} 4 \\ 8 \\ -10 \end{pmatrix}$ e $\mathbf{B} = \begin{pmatrix} 2 & 4 & 5 \end{pmatrix}$, determine

   a) $\mathbf{A}^T \mathbf{A}$

   b) $\mathbf{B}^T \mathbf{B}$

   c) $\mathbf{A} + \mathbf{B}^T$

8. Se $\mathbf{A} = \begin{pmatrix} 1 & 2 \\ 2 & 4 \end{pmatrix}$ e $\mathbf{B} = \begin{pmatrix} -2 & 3 \\ 5 & 7 \end{pmatrix}$, determine

   a) $\mathbf{A} + \mathbf{B}^T$

   b) $2\mathbf{A}^T - \mathbf{B}^T$

   c) $\mathbf{A}^T + (\mathbf{A} - \mathbf{B})$

9. Se $\mathbf{A} = \begin{pmatrix} 3 & 4 \\ 8 & 1 \end{pmatrix}$ e $\mathbf{B} = \begin{pmatrix} 5 & 10 \\ -2 & -5 \end{pmatrix}$, determine

   a) $(\mathbf{AB})^T$

   b) $\mathbf{B}^T \mathbf{A}^T$

10. Se $\mathbf{A} = \begin{pmatrix} 5 & 9 \\ -4 & 6 \end{pmatrix}$ e $\mathbf{B} = \begin{pmatrix} -3 & 11 \\ -7 & 2 \end{pmatrix}$, determine

   a) $\mathbf{A}^T + \mathbf{B}^T$

   b) $(\mathbf{A} + \mathbf{B})^T$

Nos Problemas 11-14, escreva a soma dada como uma única matriz coluna.

11. $4\begin{pmatrix} -1 \\ 2 \end{pmatrix} - 2\begin{pmatrix} 2 \\ 8 \end{pmatrix} + 3\begin{pmatrix} -2 \\ 3 \end{pmatrix}$

12. $3t\begin{pmatrix} 2 \\ t \\ -1 \end{pmatrix} + (t-1)\begin{pmatrix} -1 \\ -t \\ 3 \end{pmatrix} - 2\begin{pmatrix} 3t \\ 4 \\ -5t \end{pmatrix}$

13. $\begin{pmatrix} 2 & -3 \\ 1 & 4 \end{pmatrix}\begin{pmatrix} -2 \\ 5 \end{pmatrix} - \begin{pmatrix} -1 & 6 \\ -2 & 3 \end{pmatrix}\begin{pmatrix} -7 \\ 2 \end{pmatrix}$

14. $\begin{pmatrix} 1 & -3 & 4 \\ 2 & 5 & -1 \\ 0 & -4 & -2 \end{pmatrix}\begin{pmatrix} t \\ 2t-1 \\ -t \end{pmatrix} + \begin{pmatrix} -t \\ 1 \\ 4 \end{pmatrix} - \begin{pmatrix} 2 \\ 8 \\ -6 \end{pmatrix}$

Nos Problemas 15-22, determine se a matriz dada é singular ou não singular. Se ela for não singular, obtenha $\mathbf{A}^{-1}$ usando o Teorema II.2.

15. $\mathbf{A} = \begin{pmatrix} -3 & 6 \\ -2 & 4 \end{pmatrix}$

16. $\mathbf{A} = \begin{pmatrix} 2 & 5 \\ 1 & 4 \end{pmatrix}$

17. $\mathbf{A} = \begin{pmatrix} 4 & 8 \\ -3 & -5 \end{pmatrix}$

18. $\mathbf{A} = \begin{pmatrix} 7 & 10 \\ 2 & 2 \end{pmatrix}$

19. $\mathbf{A} = \begin{pmatrix} 2 & 1 & 0 \\ -1 & 2 & 1 \\ 1 & 2 & 1 \end{pmatrix}$

20. $\mathbf{A} = \begin{pmatrix} 3 & 2 & 1 \\ 4 & 1 & 0 \\ -2 & 5 & -1 \end{pmatrix}$

21. $\mathbf{A} = \begin{pmatrix} 2 & 1 & 1 \\ 1 & -2 & -3 \\ 3 & 2 & 4 \end{pmatrix}$

22. $\mathbf{A} = \begin{pmatrix} 4 & 1 & -1 \\ 6 & 2 & -3 \\ -2 & -1 & 2 \end{pmatrix}$

Nos Problemas 23 e 24, mostre que a matriz dada é não singular para todo valor real de t. Obtenha $\mathbf{A}^{-1}(t)$ usando o Teorema II.2.

23. $\mathbf{A}(t) = \begin{pmatrix} 2e^{-t} & e^{4t} \\ 4e^{-t} & 3e^{4t} \end{pmatrix}$

24. $\mathbf{A}(t) = \begin{pmatrix} 2e^t \operatorname{sen} t & -2e^t \cos t \\ e^t \cos t & e^t \operatorname{sen} t \end{pmatrix}$

Nos Problemas 25-28, determine $d\mathbf{X}/dt$.

25. $\mathbf{X} = \begin{pmatrix} 5e^{-t} \\ 2e^{-t} \\ -7e^{-t} \end{pmatrix}$

26. $\mathbf{X} = \begin{pmatrix} \frac{1}{2} \operatorname{sen} 2t - 4\cos 2t \\ -3 \operatorname{sen} 2t + 5\cos 2t \end{pmatrix}$

27. $\mathbf{X} = 2\begin{pmatrix} 1 \\ -1 \end{pmatrix}e^{2t} + 4\begin{pmatrix} 2 \\ 1 \end{pmatrix}e^{-3t}$

28. $\mathbf{X} = \begin{pmatrix} 5te^{2t} \\ t \operatorname{sen} 3t \end{pmatrix}$

29. Seja $A(t) = \begin{pmatrix} e^{4t} & \cos \pi t \\ 2t & 3t^2 - 1 \end{pmatrix}$. Determine

   a) $\dfrac{d\mathbf{A}}{dt}$ b) $\int_0^2 \mathbf{A}(t)\,dt$ c) $\int_0^t \mathbf{A}(s)\,ds$

30. Seja $\mathbf{A}(t) = \begin{pmatrix} \frac{1}{t^2+1} & 3t \\ t^2 & t \end{pmatrix}$ e $\mathbf{B}(t) = \begin{pmatrix} 6t & 2 \\ 1/t & 4t \end{pmatrix}$. Determine

   a) $\dfrac{d\mathbf{A}}{dt}$ b) $\dfrac{d\mathbf{B}}{dt}$ c) $\int_0^1 \mathbf{A}(t)\,dt$

   d) $\int_1^2 \mathbf{B}(t)\,dt$ e) $\mathbf{A}(t)\mathbf{B}(t)$

   f) $\dfrac{d}{dt}\mathbf{A}(t)\mathbf{B}(t)$ g) $\int_1^t \mathbf{A}(s)\mathbf{B}(s)\,ds$

II.2 ELIMINAÇÃO GAUSSIANA E ELIMINAÇÃO DE GAUSS-JORDAN

Nos Problemas 31-38, resolva o sistema de equações dado tanto por eliminação Gaussiana como por eliminação de Gauss-Jordan.

31. $x + y - 2z = 14$
    $2x - y + z = 0$
    $6x + 3y + 4z = 1$

32. $5x - 2y + 4z = 10$
    $x + y + z = 9$
    $4x - 3y + 3z = 1$

33. $y + z = -5$
    $5x + 4y - 16z = -10$
    $x - y - 5z = 7$

34. $3x + y + z = 4$
    $4x + 2y - z = 7$
    $x + y - 3z = 6$

35. $2x + y + z = 4$
    $10x - 2y + 2z = -1$
    $6x - 2y + 4z = 8$

36. $x + 2z = 8$
    $x + 2y - 2z = 4$
    $2x + 5y - 6z = 6$

37. $x_1 + x_2 - x_3 - x_4 = -1$
$x_1 + x_2 + x_3 + x_4 = 3$
$x_1 - x_2 + x_3 - x_4 = 3$
$4x_1 + x_2 - 2x_3 + x_4 = 0$

38. $2x_1 + x_2 + x_3 = 0$
$x_1 + 3x_2 + x_3 = 0$
$7x_1 + x_2 + 3x_3 = 0$

Nos Problemas 39 e 40, use eliminação de Gauss-Jordan para demonstrar que o sistema de equações dado não tem solução.

39. $x + 2y + 4z = 2$
$2x + 4y + 3z = 1$
$x + 2y - z = 7$

40. $x_1 + x_2 - x_3 + 3x_4 = 1$
$x_2 - x_3 - 4x_4 = 0$
$x_1 + 2x_2 - 2x_3 - x_4 = 6$
$4x_1 + 7x_2 - 7x_3 = 9$

Nos Problemas 41-46, use o Teorema II.3 para determinar $\mathbf{A}^{-1}$ para a matriz dada ou mostre que essa inversa não existe.

41. $\mathbf{A} = \begin{pmatrix} 4 & 2 & 3 \\ 2 & 1 & 0 \\ -1 & -2 & 0 \end{pmatrix}$

42. $\mathbf{A} = \begin{pmatrix} 2 & 4 & -2 \\ 4 & 2 & -2 \\ 8 & 10 & -6 \end{pmatrix}$

43. $\mathbf{A} = \begin{pmatrix} -1 & 3 & 0 \\ 1 & -2 & 1 \\ 0 & 1 & 2 \end{pmatrix}$

44. $\mathbf{A} = \begin{pmatrix} 1 & 2 & 3 \\ 0 & 1 & 4 \\ 0 & 0 & 8 \end{pmatrix}$

45. $\mathbf{A} = \begin{pmatrix} 1 & 2 & 3 & 1 \\ -1 & 0 & 2 & 1 \\ 2 & 1 & -3 & 0 \\ 1 & 1 & 2 & 1 \end{pmatrix}$

46. $\mathbf{A} = \begin{pmatrix} 1 & 0 & 0 & 0 \\ 0 & 0 & 1 & 0 \\ 0 & 0 & 0 & 1 \\ 0 & 1 & 0 & 0 \end{pmatrix}$

Nos Problemas 47-54, obtenha os autovalores e autovetores da matriz dada.

47. $\begin{pmatrix} -1 & 2 \\ -7 & 8 \end{pmatrix}$

48. $\begin{pmatrix} 2 & 1 \\ 2 & 1 \end{pmatrix}$

49. $\begin{pmatrix} -8 & -1 \\ 16 & 0 \end{pmatrix}$

50. $\begin{pmatrix} 1 & 1 \\ \frac{1}{4} & 1 \end{pmatrix}$

51. $\begin{pmatrix} 5 & -1 & 0 \\ 0 & -5 & 9 \\ 5 & -1 & 0 \end{pmatrix}$

52. $\begin{pmatrix} 3 & 0 & 0 \\ 0 & 2 & 0 \\ 4 & 0 & 1 \end{pmatrix}$

53. $\begin{pmatrix} 0 & 4 & 0 \\ -1 & -4 & 0 \\ 0 & 0 & -2 \end{pmatrix}$

54. $\begin{pmatrix} 1 & 6 & 0 \\ 0 & 2 & 1 \\ 0 & 1 & 2 \end{pmatrix}$

Nos Problemas 55 e 56, mostre que a matriz dada tem autovalores complexos. Determine os autovetores da matriz.

55. $\begin{pmatrix} -1 & 2 \\ -5 & 1 \end{pmatrix}$

56. $\begin{pmatrix} 2 & -1 & 0 \\ 5 & 2 & 4 \\ 0 & 1 & 2 \end{pmatrix}$

PROBLEMAS VARIADOS

57. Se $\mathbf{A}(t)$ for uma matriz 2×2 de funções diferenciáveis e $\mathbf{X}(t)$ for uma matriz coluna 2×1 de funções diferenciáveis, prove a regra do produto

$$\frac{d}{dt}[\mathbf{A}(t)\mathbf{X}(t)] = \mathbf{A}(t)\mathbf{X}'(t) + \mathbf{A}'(t)\mathbf{X}(t).$$

58. Deduza a fórmula (3). [*Sugestão*: Encontre uma matriz $\mathbf{B} = \begin{pmatrix} b_{11} & b_{12} \\ b_{21} & b_{22} \end{pmatrix}$ para a qual $\mathbf{AB} = \mathbf{I}$. Resolva para determinar b_{11}, b_{12}, b_{21} e b_{22}. Mostre então que $\mathbf{BA} = \mathbf{I}$.]

59. Se $\mathbf{A}$ for não singular e $\mathbf{AB} = \mathbf{AC}$, mostre que $\mathbf{B} = \mathbf{C}$.

60. Se $\mathbf{A}$ e $\mathbf{B}$ forem não singulares, mostre que $(\mathbf{AB})^{-1} = \mathbf{B}^{-1}\mathbf{A}^{-1}$.

61. Sejam $\mathbf{A}$ e $\mathbf{B}$ matrizes $n \times n$. É verdade, em geral, que $(\mathbf{A} + \mathbf{B})^2 = \mathbf{A}^2 + 2\mathbf{AB} + \mathbf{B}^2$?

62. Uma matriz quadrada será chamada de **matriz diagonal** se todos os elementos fora da diagonal principal forem nulos, isto é, $a_{ij} = 0$, $i \neq j$. Os elementos a_{ii} na diagonal principal podem ser nulos ou não. A identidade multiplicativa matricial $\mathbf{I}$ é um exemplo de matriz diagonal.

a) Ache a inversa da matriz diagonal 2×2

$$\mathbf{A} = \begin{pmatrix} a_{11} & 0 \\ 0 & a_{22} \end{pmatrix}$$

quando $a_{11} \neq 0$, $a_{22} \neq 0$.

b) Ache a inversa de uma matriz diagonal $\mathbf{A}$ 3×3 cujos elementos na diagonal principal a_{ii} são todos não nulos.

c) Em geral, qual é a inversa de uma matriz diagonal $\mathbf{A}$ $n \times n$ cujos elementos na diagonal principal são todos não nulos?

APÊNDICE III
TRANSFORMADA DE LAPLACE

f(t)	$\mathcal{L}\{f(t)\} = F(s)$
1. 1	$\dfrac{1}{s}$
2. t	$\dfrac{1}{s^2}$
3. t^n	$\dfrac{n!}{s^{n+1}}$, n é um inteiro positivo
4. $t^{-1/2}$	$\sqrt{\dfrac{\pi}{s}}$
5. $t^{1/2}$	$\dfrac{\sqrt{\pi}}{2s^{3/2}}$
6. t^α	$\dfrac{\Gamma(\alpha+1)}{s^{\alpha+1}}$, $\alpha > -1$
7. $\operatorname{sen} kt$	$\dfrac{k}{s^2+k^2}$
8. $\cos kt$	$\dfrac{s}{s^2+k^2}$
9. $\operatorname{sen}^2 kt$	$\dfrac{2k^2}{s(s^2+4k^2)}$
10. $\cos^2 kt$	$\dfrac{s^2+2k^2}{s(s^2+4k^2)}$
11. e^{at}	$\dfrac{1}{s-a}$
12. $\operatorname{senh} kt$	$\dfrac{k}{s^2-k^2}$
13. $\cosh kt$	$\dfrac{s}{s^2-k^2}$
14. $\operatorname{senh}^2 kt$	$\dfrac{2k^2}{s(s^2-4k^2)}$
15. $\cosh^2 kt$	$\dfrac{s^2-2k^2}{s(s^2-4k^2)}$
16. te^{at}	$\dfrac{1}{(s-a)^2}$
17. $t^n e^{at}$	$\dfrac{n!}{(s-a)^{n+1}}$, n é um inteiro positivo
18. $e^{at}\operatorname{sen} kt$	$\dfrac{k}{(s-a)^2+k^2}$
19. $e^{at}\cos kt$	$\dfrac{s-a}{(s-a)^2+k^2}$

$f(t)$	$\mathcal{L}\{f(t)\} = F(s)$
20. $e^{at}\operatorname{senh} kt$	$\dfrac{k}{(s-a)^2 - k^2}$
21. $e^{at}\cosh kt$	$\dfrac{s-a}{(s-a)^2 - k^2}$
22. $t\operatorname{sen} kt$	$\dfrac{2ks}{(s^2 + k^2)^2}$
23. $t\cos kt$	$\dfrac{s^2 - k^2}{(s^2 + k^2)^2}$
24. $\operatorname{sen} kt + kt\cos kt$	$\dfrac{2ks^2}{(s^2 + k^2)^2}$
25. $\operatorname{sen} kt - kt\cos kt$	$\dfrac{2k^3}{(s^2 + k^2)^2}$
26. $t\operatorname{senh} kt$	$\dfrac{2ks}{(s^2 - k^2)^2}$
27. $t\cosh kt$	$\dfrac{s^2 + k^2}{(s^2 - k^2)^2}$
28. $\dfrac{e^{at} - e^{bt}}{a - b}$	$\dfrac{1}{(s-a)(s-b)}$
29. $\dfrac{ae^{at} - be^{bt}}{a - b}$	$\dfrac{s}{(s-a)(s-b)}$
30. $1 - \cos kt$	$\dfrac{k^2}{s(s^2 + k^2)}$
31. $kt - \operatorname{sen} kt$	$\dfrac{k^3}{s^2(s^2 + k^2)}$
32. $\dfrac{a\operatorname{sen} bt - b\operatorname{sen} at}{ab(a^2 - b^2)}$	$\dfrac{1}{(s^2 + a^2)(s^2 + b^2)}$
33. $\dfrac{\cos bt - \cos at}{a^2 - b^2}$	$\dfrac{s}{(s^2 + a^2)(s^2 + b^2)}$
34. $\operatorname{sen} kt \operatorname{senh} kt$	$\dfrac{2k^2 s}{s^4 + 4k^4}$
35. $\operatorname{sen} kt \cosh kt$	$\dfrac{k(s^2 + 2k^2)}{s^4 + 4k^4}$
36. $\cos kt \operatorname{senh} kt$	$\dfrac{k(s^2 - 2k^2)}{s^4 + 4k^4}$
37. $\cos kt \cosh kt$	$\dfrac{s^3}{s^4 + 4k^4}$
38. $J_0(kt)$	$\dfrac{1}{\sqrt{s^2 + k^2}}$
39. $\dfrac{e^{bt} - e^{at}}{t}$	$\ln\dfrac{s - a}{s - b}$
40. $\dfrac{2(1 - \cos kt)}{t}$	$\ln\dfrac{s^2 + k^2}{s^2}$
41. $\dfrac{2(1 - \cos kt)}{t}$	$\ln\dfrac{s^2 - k^2}{s^2}$
42. $\dfrac{\operatorname{sen} at}{t}$	$\operatorname{arctg}\left(\dfrac{a}{s}\right)$

	f(t)	$\mathcal{L}\{f(t)\} = F(s)$
43.	$\dfrac{\operatorname{sen} at \cos bt}{t}$	$\dfrac{1}{2}\operatorname{arctg}\dfrac{a+b}{s} + \dfrac{1}{2}\operatorname{arctg}\dfrac{a-b}{s}$
44.	$\dfrac{1}{\sqrt{\pi t}}e^{-a^2/4t}$	$\dfrac{e^{-a\sqrt{s}}}{\sqrt{s}}$
45.	$\dfrac{a}{2\sqrt{\pi t^3}}e^{-a^2/4t}$	$e^{-a\sqrt{s}}$
46.	$\operatorname{erfc}\left(\dfrac{a}{2\sqrt{t}}\right)$	$\dfrac{e^{-a\sqrt{s}}}{s}$
47.	$2\sqrt{\dfrac{t}{\pi}}e^{-a^2/4t} - a\operatorname{erfc}\left(\dfrac{a}{2\sqrt{t}}\right)$	$\dfrac{e^{-a\sqrt{s}}}{s\sqrt{s}}$
48.	$e^{ab}e^{b^2 t}\operatorname{erfc}\left(b\sqrt{t} + \dfrac{a}{2\sqrt{t}}\right)$	$\dfrac{e^{-a\sqrt{s}}}{\sqrt{s}(\sqrt{s}+b)}$
49.	$-e^{ab}e^{b^2 t}\operatorname{erfc}\left(b\sqrt{t} + \dfrac{a}{2\sqrt{t}}\right) + \operatorname{erfc}\left(\dfrac{a}{2\sqrt{t}}\right)$	$\dfrac{be^{-a\sqrt{s}}}{s(\sqrt{s}+b)}$
50.	$e^{at}f(t)$	$F(s-a)$
51.	$\mathcal{U}(t-a)$	$\dfrac{e^{-as}}{s}$
52.	$f(t-a)\mathcal{U}(t-a)$	$e^{-as}F(s)$
53.	$g(t)\mathcal{U}(t-a)$	$e^{-as}\mathcal{L}\{g(t+a)\}$
54.	$f^{(n)}(t)$	$s^n F(s) - s^{(n-1)}f(0) - \cdots - f^{(n-1)}(0)$
55.	$t^n f(t)$	$(-1)^n \dfrac{d^n}{ds^n}F(s)$
56.	$\displaystyle\int_0^t f(\tau)g(t-\tau)d\tau$	$F(s)G(s)$
57.	$\delta(t)$	1
58.	$\delta(t-t_0)$	e^{-st_0}

TABELA DE INTEGRAIS

1. $\int u^n\,du = \dfrac{1}{n+1}u^{n+1} + C,\ n \neq -1$

2. $\int \dfrac{1}{u}\,du = \ln|u| + C$

3. $\int e^u\,du = e^u + C$

4. $\int a^u\,du = \dfrac{1}{\ln a}a^u + C$

5. $\int \operatorname{sen} u\,du = -\cos u + C$

6. $\int \cos u\,du = \operatorname{sen} u + C$

7. $\int \sec^2 u\,du = \operatorname{tg} u + C$

8. $\int \operatorname{cossec}^2 u\,du = -\operatorname{cotg} u + C$

9. $\int \sec u\,\operatorname{tg} u\,du = \sec u + C$

10. $\int \operatorname{cossec} u\,\operatorname{cotg} u\,du = -\operatorname{cossec} u + C$

11. $\int \operatorname{tg} u\,du = -\ln|\cos u| + C$

12. $\int \operatorname{cotg} u\,du = \ln|\operatorname{sen} u| + C$

13. $\int \sec u\,du = \ln|\sec u + \operatorname{tg} u| + C$

14. $\int \operatorname{cossec} u\,du = \ln|\operatorname{cossec} u - \operatorname{cotg} u| + C$

15. $\int u\operatorname{sen} u\,du = \operatorname{sen} u - u\cos u + C$

16. $\int u\cos u\,du = \cos u + u\operatorname{sen} u + C$

17. $\int \operatorname{sen}^2 u\,du = \dfrac{1}{2}u - \dfrac{1}{4}\operatorname{sen} 2u + C$

18. $\int \cos^2 u\,du = \dfrac{1}{2}u + \dfrac{1}{4}\operatorname{sen} 2u + C$

19. $\int \operatorname{tg}^2 u\,du = \operatorname{tg} u - u + C$

20. $\int \operatorname{cotg}^2 u\,du = -\operatorname{cotg} u - u + C$

21. $\int \operatorname{sen}^3 u\,du = -\dfrac{1}{3}(2 + \operatorname{sen}^2 u)\cos u + C$

22. $\int \cos^3 du = \dfrac{1}{3}(2 + \cos^2 u)\operatorname{sen} u + C$

23. $\int \operatorname{tg}^3 u\,du = \dfrac{1}{2}\operatorname{tg}^2 u + \ln|\cos u| + C$

24. $\int \operatorname{cotg}^3 u\,du = \dfrac{1}{2}\operatorname{cotg}^2 u - \ln|\operatorname{sen} u| + C$

25. $\int \sec^3 u\,du = \dfrac{1}{2}\sec u\,\operatorname{tg} u + \dfrac{1}{2}\ln|\sec u + \operatorname{tg} u| + C$

26. $\int \operatorname{cossec}^3 u\,du = -\dfrac{1}{2}\operatorname{cossec} u\,\operatorname{cotg} u + \dfrac{1}{2}\ln|\operatorname{cossec} u - \operatorname{cotg} u| + C$

27. $\int \operatorname{sen} au\cos bu\,du = -\dfrac{\operatorname{sen}(a-b)u}{2(a-b)} - \dfrac{\operatorname{sen}(a+b)u}{2(a+b)} + C$

28. $\int \cos au\cos bu\,du = \dfrac{\operatorname{sen}(a-b)u}{2(a-b)} + \dfrac{\operatorname{sen}(a+b)u}{2(a+b)} + C$

29. $\int e^{au}\operatorname{sen} bu\,du = \dfrac{e^{au}}{a^2 + b^2}(a\operatorname{sen} bu - b\cos bu) + C$

30. $\int e^{au}\cos bu\,du = \dfrac{e^{au}}{a^2 + b^2}(a\cos bu + b\operatorname{sen} bu) + C$

31. $\int \operatorname{senh} u\,du = \cosh u + C$

32. $\int \cosh u\,du = \operatorname{senh} u + C$

33. $\int \operatorname{sech}^2 u\,du = \operatorname{tgh} u + C$

34. $\int \operatorname{cossech}^2 u\,du = -\operatorname{cotgh} u + C$

35. $\int \operatorname{tgh} u\,du = \ln\cosh u + C$

36. $\int \operatorname{cotgh} u\,du = \ln|\operatorname{senh} u| + C$

37. $\int \ln u\,du = u\ln u - u + C$

38. $\int u\ln u\,du = \dfrac{1}{2}u^2\ln u - \dfrac{1}{4}\ln u^2 + C$

39. $\int \dfrac{1}{\sqrt{a^2 + u^2}}\,du = \operatorname{sen}^{-1}\dfrac{u}{a} + C$

40. $\int \dfrac{du}{\sqrt{u^2 + a^2}} = \ln|u + \sqrt{u^2 + a^2}| + C$

41. $\int \sqrt{a^2 - u^2}\,du = \dfrac{u}{2}\sqrt{a^2 - u^2} + \dfrac{a^2}{2}\operatorname{sen}^{-1}\dfrac{u}{a} + C$

42. $\int \sqrt{a^2 + u^2}\,du = \dfrac{u}{2}\sqrt{a^2 + u^2} + \dfrac{a^2}{2}\ln|u + \sqrt{a^2 + u^2}| + C$

43. $\int \dfrac{du}{a^2 + u^2} = \dfrac{1}{a}\operatorname{tg}^{-1}\dfrac{u}{a} + C$

44. $\int \dfrac{du}{a^2 - u^2} = \dfrac{1}{2a}\ln\left|\dfrac{u+a}{u-a}\right| + C$

REVISÃO DE DIFERENCIAÇÃO

REGRAS

1. **Constante** $\dfrac{d}{dx}c = 0$

2. **Constante múltipla** $\dfrac{d}{dx}cf(x) = cf'(x)$

3. **Soma** $\dfrac{d}{dx}[f(x) \pm g(x)] = f'(x) \pm g'(x)$

4. **Produto** $\dfrac{d}{dx}f(x)g(x) = f(x)g'(x) + g(x)f'(x)$

5. **Quociente** $\dfrac{d}{dx}\dfrac{f(x)}{g(x)} = \dfrac{g(x)f'(x) - f(x)g'(x)}{[g(x)]^2}$

6. **Cadeia** $\dfrac{d}{dx}f(g(x)) = f'(g(x))g'(x)$

7. **Potência** $\dfrac{d}{dx}x^n = nx^{n-1}$

8. **Potência** $\dfrac{d}{dx}[g(x)]^n = n[g(x)]^{n-1}g'(x)$

FUNÇÕES

Trigonométrica

9. $\dfrac{d}{dx}\operatorname{sen} x = \cos x$

10. $\dfrac{d}{dx}\cos x = -\operatorname{sen} x$

11. $\dfrac{d}{dx}\operatorname{tg} x = \sec^2 x$

12. $\dfrac{d}{dx}\operatorname{cotg} x = -\operatorname{cossec}^2 x$

13. $\dfrac{d}{dx}\sec x = \sec x \operatorname{tg} x$

14. $\dfrac{d}{dx}\operatorname{cossec} x = -\operatorname{cossec} \operatorname{cotg} x$

Trigonométrica inversa

15. $\dfrac{d}{dx}\operatorname{sen}^{-1} x = \dfrac{1}{\sqrt{1-x^2}}$

16. $\dfrac{d}{dx}\cos^{-1} x = -\dfrac{1}{\sqrt{1-x^2}}$

17. $\dfrac{d}{dx}\operatorname{tg}^{-1} x = \dfrac{1}{1+x^2}$

18. $\dfrac{d}{dx}\operatorname{cotg}^{-1} x = -\dfrac{1}{1+x^2}$

19. $\dfrac{d}{dx}\sec^{-1} x = \dfrac{1}{|x|\sqrt{x^2-1}}$

20. $\dfrac{d}{dx}\operatorname{cossec}^{-1} x = -\dfrac{1}{|x|\sqrt{x^2-1}}$

Hiperbólica

21. $\dfrac{d}{dx}\operatorname{senh} x = \cosh x$

22. $\dfrac{d}{dx}\cosh x = \operatorname{senh} x$

23. $\dfrac{d}{dx}\operatorname{tgh} x = \operatorname{sech}^2 x$

24. $\dfrac{d}{dx}\operatorname{cotgh} x = \operatorname{cossech}^2 x$

25. $\dfrac{d}{dx}\operatorname{sech} x = -\operatorname{sech} x \operatorname{tgh} x$

26. $\dfrac{d}{dx}\operatorname{cossech} x = -\operatorname{cossech} x \operatorname{cotgh} x$

Hiperbólica inversa

27. $\dfrac{d}{dx}\operatorname{senh}^{-1} x = \dfrac{1}{\sqrt{x^2+1}}$

28. $\dfrac{d}{dx}\cosh^{-1} x = \dfrac{1}{\sqrt{x^2-1}}$

29. $\dfrac{d}{dx}\operatorname{tgh}^{-1} x = \dfrac{1}{1-x^2}$

30. $\dfrac{d}{dx}\operatorname{cotgh}^{-1} x = \dfrac{1}{1-x^2}$

31. $\dfrac{d}{dx}\operatorname{sech}^{-1} x = -\dfrac{1}{x\sqrt{1-x^2}}$

32. $\dfrac{d}{dx}\operatorname{cossech}^{-1} x = -\dfrac{1}{|x|\sqrt{x^2+1}}$

Exponencial

33. $\dfrac{d}{dx}e^x = e^x$

34. $\dfrac{d}{dx}b^x = b^x(\ln b)$

Logarítmica

35. $\dfrac{d}{dx}\ln|x| = \dfrac{1}{x}$

36. $\dfrac{d}{dx}\log_b x = \dfrac{1}{x(\ln b)}$

ÍNDICE REMISSIVO

Abordagens para o estudo de equações diferenciais
analítica, 27, 48, 79
numérica, 27, 80
qualitativa, 27, 38, 40, 80
Absoluta convergência de uma série de potências, 246
Ação das massas, lei da, 105 g (aceleração devido à gravidade), 26, 204
Aceleração devido à gravidade, 24-26, 204
Adição
de matrizes, a, 406
de séries de potência, 247-249
Agnew, Ralph Palmer, 34, 145
Água, relógio de, 113
Airy, George Biddel, 264
Álgebra de matrizes, 405
Ambiental, capacidade de carga, 102
Amortecido, pêndulo não linear, 237
Amortecimento não linear, 230
Amortecimento viscoso, 26
Amperes (A), 25
Amplitude
de amortecimento, 211
de vibrações livres, 206
Amplitude de amortecimento, 211
Análise qualitativa de uma equação diferencial de primeira ordem, 38-46
Analiticidade em um ponto, 248
Ângulo de fase, 206, 211
Anulador, abordagem do método dos coeficientes a determinar, 157
Anulador, operador diferencial, 157
Aproximações de diferenças finitas, 398
Aritmética das séries de potências, 247
Articuladas, extremidades de uma viga, 223
Assintoticamente estável, ponto crítico, 44
Associada, equação diferencial homogênea, 128
Associado, sistema homogêneo, 349
Atrator, 44, 354
Atrito, 98-99, 246
Atrito cinético, 243
Aumentada, matriz
definição de, 412
forma triangular em, 412
forma triangular reduzida em, 413
operações elementares sobre linhas, 412
Autofunções, 64, 203
Autofunções de um problema de valor de contorno, 203, 225
Autovalores de multiplicidade m**, 356**
Autovalores de uma matriz, 352, 416
complexa, 359
definição, 352, 416
de multiplicidade m, 356
de multiplicidade dois, 418
de multiplicidade três, 357
distinta real, 352

repetida, 355
Autovalores de um problema de valor de contorno, 203, 225
Balanço, viga em, 222
Batimentos, 220
Bessel, Friedrich Wilhelm, 271
Buraco através da Terra, 32
Cabo pendurado sob seu próprio peso, 27, 233
Cabos de telefone, forma dos, 234
Cabos suspensos, 26
Cálculo de ordem hn**, 381**
Campo de inclinações, 39
Capacidade de carga, 102
Capacitância, 25
Cargas críticas, 226
Catenária, 234
Cauchy, Augustin-Louis, 172
Centro de uma série de potência, 246
Chebyshev, Pafnuty, 285
Cicloides, 122
Circuito RC em série, equação diferencial de, 30, 94
Circuitos elétricos em série, 25, 30, 94, 214
analogia com o sistema massa-mola, 214
Circuitos em série, equações diferenciais de, 25, 94, 214
Circuitos, equações diferenciais de, 25, 30, 214
Classificação das equações diferenciais ordinárias
por linearidade, 4
por ordem, 2
por tipo, 2
Clepsidra, 113
Coeficiente da matriz, 345
Coeficientes descontínuos, 62, 65
Coeficientes indeterminados
para diferenciais lineares, 149, 159
para sistemas lineares, 365
Coeficientes indeterminados para EDs lineares:
abordagem da superposição, 148-155
abordagem do anulador, 157-163
Cofator, 410
Coletor solar, 32, 109
Coluna da matriz, 405
Compressível, Mola, 231
Concentração de nutrientes em uma célula, 121
Condição inicial (s):
para uma equação diferencial ordinária, 13, 126
para um sistema de equações diferenciais lineares de primeira ordem, 346
Condições de contorno, 127, 223
periódicos, 230
Condições de contorno periódicas, 229
Conjunto fundamental de soluções
de existência, 131, 348

de uma equação diferencial linear, 131
de um sistema linear, 348
Constante da mola, 204
Constante de amortecimento, 208
Constante de crescimento, 91
Constante de decaimento, 91
Constante de Euler, 276
Continuação, método de, 391
Convergente, integral imprópria, 288
Convergente, série de potência, 246
Convolução de duas funções, 319
Corpo em queda livre, 24-26, 30, 99
Corrente, estacionária, 95, 215
Corrente permanente ou estacionária, 95, 215
Corrente puxada para cima por uma força constante, 235
Corrente, queda de, 74, 79
Corretor de Adams-Moulton, 391
Coulomb, Charles Augustin de, 341
Coulombs (C), 25
Crescimento e decaimento, 90-91
Crescimento exponencial e decaimento, 90-91
Criticamente amortecido, circuito em série, 214
Criticamente amortecido, sistema massa-mola, 209
Curva de Lissajous, 338
Curva elástica, 222
Curvas de nível, 52, 57
Curvatura, 199, 222 *Daphnia*, 103
Datação por carbono, 91
Decaimento do Potássio-40
Decaimento do Rádio, 91
Decaimento radioativo, 22, 91
Decaimento radioativo, 22, 91, 114
Definição de vetores, 405
Definição, intervalo de, 4
Deflexão, curva de, 222
Deflexão de viga, 222
Dente de serra, função, 287, 327
Dependência linear
de funções, 129
de vetores solução, 347-348
Derivadas de uma transformada de Laplace, 317
Derivadas, notação de, 3
Descartes, fólios de, 12
Deslocamento do índice do somatório, 249
Deslocamento máximo, 205
Determinada, solução, 6
de uma equação diferencial linear, 58, 132, 148, 157, 165, 261
de um sistema de equações diferenciais lineares, 349, 365
Determinante de uma matriz quadrada, 407
definição, 408
expansão por cofatores, 407

Diferença *backward*, 399
Diferença *forward*, 399
Diferença, quocientes de, 399
Diferenças centrais, 399
Diferenças centrais, aproximações por, 400
Diferenças, equação de, 400
   para substituir uma equação diferencial ordinária, 401
Diferenças finitas:
   definição, 399
   diferença backward, 399
   diferença central, 399
   diferença forward, 399
Diferenciação de uma série de potência, 247
Diferencial de uma função de duas variáveis, 67
Diferencial exata, 67
   critério para, 68
   definição, 68
Direção do campo de uma equação diferencial de primeira ordem, 39
   definição, 38
   método de curvas de isoinclinação para, 40, 46
   nuliclinal para, 47
   para uma equação de primeira ordem autônoma diferencial, 45
Discretização do erro, 381
Disseminação de uma doença transmissível, 23, 120
Distribuições, teoria das, 331
Divergente, integral imprópria, 288
Divergente, série de potência, 246
Domínio
   de uma função, 5
   de uma solução, 5 *Drosophila*, 103
Duffing, equação diferencial de, 236
Duplo pêndulo, 335
ED (Equação Diferencial), 2
EDO, 2
EDP, 2
Eixo de simetria, 222
Elemento linear, 38
Eliminação de Gauss, 412
Eliminação de Gauss-Jordan, 356, 412
Eliminação sistemática, 189
Encobrimento, método do, 302
Engastada, viga, 223
Entrada, 64, 204
Envelhecimento da mola, 208, 275
Equação auxiliar
   para equações de Cauchy-Euler, 172
   para equações lineares com coeficientes constantes, 141
   raízes, 144
Equação característica de uma matriz, 352, 417
Equação de diferenças finitas, 400
Equação diferencial
   autônomas, 40, 81
   Bernoulli, de, 77
   Cauchy-Euler, de, 171-172
   coeficientes homogêneos, com, 75
   de Bessel, 271
   de Bessel modificada, 274
   de Bessel modificada paramétrica, 274
   de Bessel paramétrica, 274
   definição, 2

de Laguerre, 327
de Legendre, 271
de sistemas, 9
exata, 67
famílias de soluções para as, 7
forma normal, na, 4
forma padrão de, 58, 139, 165, 253, 262
homogênea, 57, 128, 140
linear, 4, 58
não autônoma, 40
não homogênea linear, 58, 133, 148, 156, 165
não linear, 4
notação de, 3
ordem da, 2
ordinária, 2
parcial, 2
primeira ordem, de, 37
Ricatti, de, 79
separável, 49
solução de, 4
tipo, 2
Equação diferencial autônoma
de primeira ordem, 40
de segunda ordem, 198
Equação diferencial de Airy, 208, 256, 259, 275
curvas numéricas da solução, 259
definição, 208, 257
solução em termos de funções de Bessel, 275, 282
soluções em série de potências, 255-257
Equação diferencial de Bernoulli, 77
Equação diferencial de Bessel
de ordem n, 270
modificada de ordem n, 274
paramétrica de ordem n, 274
solução de, 270-271
solução geral, 273
Equação diferencial de Cauchy-Euler, 171-172
definição, 171-172
equação auxiliar para, 172
método de solução para, 171
redução a coeficientes constantes, 175
solução geral da, 172-174
Equação diferencial de Chebyshev, 284
Equação diferencial de Hermite, 284
Equação diferencial de Laguerre, 328
Equação diferencial de Legendre de ordem n, 271
solução de, 278
Equação diferencial de Ricatti, 77
Equação diferencial exata, 67
método, solução do, 69
Equação diferencial homogênea
com coeficientes homogêneos, 75
linear, 58, 127
Equação diferencial linear não homogênea, 58, 127
Equação diferencial ordinária, 2
Equação diferencial parcial, 2
Equação diferencial solucionável em termos de funções de Bessel, 273-275
Equação do fim do mundo, 110
Equação do movimento, 205
Equação indicial, 267
Equação integral de Volterra, 321
Equação íntegro-diferencial, 322

Equação modificada de Bessel de ordem v, 274
Equações algébricas, métodos para resolução, 412
Equações diferenciais como modelos matemáticos, 1, 21, 89, 203
Equações diferenciais de primeira ordem
aplicações, 90-114
métodos de resolução, 49, 58, 68, 75
Erro
absoluto, 83
análise, 380
arredondamento, 381
discretização, 381
fórmula, 390
relativo, 82
relativo, percentual, 83
truncamento global, 382
truncamento local, 381-382, 384, 387
Erro absoluto, 83
Erro de arredondamento, 381
Erro de truncamento
global, 382
local, 381
método, 387-388
para o método aprimorado de Euler, 383-384
para o método de Euler, 381-382
para RK4
Erro de truncamento global, 382
Erro de truncamento local, 381
Erro relativo, 82
Escada, função, 315
Escoamento de um tanque, 29, 108, 112-113
Escolha, propriedade da, 331
Esfriamento/Aquecimento, Lei de Newton de, 23, 92
Esquecimento, 32, 100
Estabilidade de um método numérico, 392
Estado de um sistema, 22, 28, 135
Euler, carga de, 225
Euler, Leonhard, 172
Evangelho de Judas, 92
Evaporação, 109
Evaporação dos pingos de chuva, 100
Excitação, função de, 135
Existência e unicidade de uma solução, 15, 126, 346
Existência, intervalo de, 5, 16
Expoentes de uma singularidade, 265
Exponencial, matriz:
cálculo, 374
definição, 372
derivada, 374
Exponencial, ordem, 291
Família de soluções, 7
Família de soluções a um parâmetro, 7
família de soluções com n parâmetros, 7
Farads (f), 24
Fator de amortecimento, 208
Fatorial, função, 403
Filme, 338
Flambagem de uma coluna cônica, 270
Flambagem de uma coluna vertical fina, 225
Flambagem, modos de, 225
Flexão da coluna pelo seu próprio peso, 282
Fluido em rotação, forma de, 33

Fluxo de nutrientes através de uma membrana, 121
Foguete, movimento de, 235
Fólios de Descartes, 12
Forçado, movimento, 211
Forçado, movimento de um sistema massa-mola, 211-213
Forçante, função, 135, 204, 211
Forma alternativa do segundo teorema da translação, 309
Forma de uma equação diferencial de primeira ordem, 3
Forma geral de uma equação diferencial, 3
Forma matricial de um sistema linear, 344-345
Forma normal
   de uma equação diferencial ordinária, 4
   de um sistema de equações de primeira ordem, 344
   de um sistema linear, 344
Forma padrão de uma equação diferencial linear:
   primeira ordem, 58, 166
   segunda ordem, 139, 169, 252-253
Forma triangular, 412
Fórmula de Euler, 142
Fórmula de Leibniz para diferenciação de uma integral, 181
Fórmula de Rodrigues, 280
Fórmula, erro de, 381
Frações parciais, 297, 301
Frequência
   circular, 205
   do movimento harmônico simples, 205
   natural, 205
Frequência circular, 205, 362
Frequência, curva de resposta, 220
Frequência de ressonância, 220
Frequência de um sistema, 205
Fresnel, integral do seno de, 64, 67
Frobenius, método de, 263
   três casos para, 267-268
Função complementar
   para uma equação diferencial linear homogênea, 133
   para um sistema linear homogêneo, 349, 365
Função de erro, 63
Função de erro complementar, 63
Função de Green:
   para um operador diferencial de segunda ordem, 179
   para um problema de valor de contorno, 185-186
   para um problema de valor inicial, 179
   relacionamento com a transformada de Laplace, 322-323
Função de Legendre, 281
Função delta de Dirac
   definição, 328-331
   transformada de Laplace, 329
Função homogênea de grau α, 75
Função logística, 103-104
Função periódica, transformada de Laplace, 323
Função peso de um sistema linear, 331
Funções contínua por partes, 291
Funções de Bessel
   da segunda espécie, 273

   de ordem n, 272-273
   de ordem, 2, 276
   de ordem $-\frac{1}{2}$, 285
   de ordem semi-inteira, 263–277
   de primeira espécie, 272
   equações diferenciais solucionadas em termos das, 272-275
   esféricas, 278
   gráficos de, 273
   modificada de primeira espécie, 274
   modificada de segunda espécie, 274
   mola envelhecida e, 275
   propriedades de, 276
   relação de recorrência para, 276, 282
   relações diferenciais de recorrência para, 276
   valores numéricos de, 276
   zeros de, 276
Funções definidas por integrais, 63
Funções de Mathieu, 281
Funções elementares, 9
Funções esféricas de Bessel:
   de primeira espécie, 277
   de segunda espécie, 277
Funções especiais, 64, 281
Funções generalizadas, 331
Funções modificadas de Bessel
   de primeira espécie, 274
   de segunda espécie, 274
   gráficos, 274
Fundamental, matriz, 368
Galileo Galilei, 26
Galileu, 26
Gama, função, 272, 295, 403
Gauss, função hipergeométrica de, 281
Generalizada, função fatorial, 403
Girando, mola, 226
Gompertz, equação diferencial de, 105
Heaviside, função de, 308
Heaviside, Oliver, 308
Henrys (h), 24
Hermite, Charles, 284
Hipótese da dependência da densidade, 102
Hora da morte, 97
Identidade multiplicativa, 408
Igualdade de matrizes, 405
Imigração, modelo de, 111
Impedância, 215
Inclinação de uma função, 38
Independência linear
   de autovetores, 417
   de funções, 129
   de soluções, 130
   de vetores solução, 347-348
   e Wronskiano, 131
Indutância, 25
Inflexão, pontos de, 48, 104
Inibição, termo de, 103
Instável, método numérico, 392
Instável, ponto crítico, 44
Integração de uma série de potência, 247
Integração, fator(es) de
   para uma equação diferencial linear de primeira ordem, 59
   para uma equação diferencial não exata de primeira ordem, 71
Integral, curva, 7
Integral de uma equação diferencial, 6
Integral, equação, 321

Integral, transformada de Laplace, 320
Interações, número de, 115-116
Interpoladora, função, 390
Intervalo
   de convergência, 246
   de definição, 4
   de existência, 5
   de existência e unicidade, 15-17, 126, 346
   de validade, 5
Inversa multiplicativa, 409
Isoinclinação, 40, 46
Isolado, ponto crítico, 48
Juros compostos continuamente, 96
Kirchhoff, primeira lei de, 117
Kirchhoff, segunda lei de, 25, 117
Leibniz, notação de, 3
Lei da ação das massas, 105
Lei da gravitação universal, 31
Lei de Fick, 121
Lei de Hooke, 31, 204
Lei de Newton do esfriamento/aquecimento
   com a temperatura ambiente constante, 23, 92
   com temperatura variável, 97, 121
Lei de Ohm, 95
Lei de Stefan da radiação, 122
Lei de Torricelli, 24, 113
Lei universal da gravitação de Newton, 31
Libby, Willard, 91
Lineares, Equações Diferenciais Ordinárias
   aplicações, 90, 203, 222
   definição de, 4
   equação auxiliar, 142, 172
   equação homogênea associada, 128
   formulários de, 57, 138, 165, 169
   função complementar para, 134
   homogênea, 57, 128, 140
   não homogênea, 58, 128, 148, 156, 165
   primeira ordem, 4, 58
   princípios de superposição, 129, 134
   problema de valor de contorno, 126
   problema de valor inicial, 126
   solução geral da, 60, 132-133, 142-143, 172-174
   solução particular, 58, 133, 148, 157, 165, 260
Linearidade, propriedade de:
   da diferenciação, 288
   da integração, 288
   da transformada de Laplace, 290
   da transformada inversa de Laplace, 296
Linearização
   de uma equação diferencial, 233
   de uma solução em um ponto, 81
Linear, mola, 230
Linha de fase, 41
Linha de regressão, 111
Linhas tangentes, uso das, 80
Logística, curva, 103
Logística, equação diferencial, 80, 103
Lotka-Volterra, equações de
   modelo de competição, 116
   modelo predador-presa, 116
LRC, circuito em série, equação diferencial de, 25, 214
LR, circuito em série, equação diferencial de, 30, 94
Malthus, Thomas, 22

Marcapasso, modelo de, 66, 99
Massa variável, 234 *Mathematica,* **64, 136–139, 363, 388**
Matrix. *Veja* **Matrizes.**
Matriz diagonal, 421
Matrizes
   adição de, 406
   aumentada, 412
   autovalor de, 352, 416
   autovetor de, 352, 416
   coluna, 405
   definição de, 405
   derivada de, 411
   determinante de, 408
   diagonal, 421
   diferença de, 406
   elemento da, 405
   equação característica, 352, 417
   exponencial, 372
   forma triangular de, 412
   forma triangular reduzida, 413
   fundamental, 368
   identidade multiplicativa de, 408
   igualdade de, 405
   integral de, 411
   inversa de, 410, 415
   inversa multiplicativa de, 409
   lei associativa de, 408
   lei distributiva de, 408
   multiplicação de, 406
   não singular, 409
   nilpotentes, 376
   operações elementares sobre linhas, 412
   produto de, 407
   quadrados de, 405
   simétrica, 356
   singular, 409
   soma de, 406
   tamanho de, 405
   transposição de, 410
   vetor, 405
   zero, 408
Matriz exponencial
   cálculo de, 374
   definição de, 372
   derivadas de, 374
Matriz identidade, 408
Matriz inversa
   definição de, 409
   fórmula para, 410
   por operações elementares de linha, 415
Matriz não singular, 409
Matriz simétrica, 356
Matriz singular, 409
Meandro, função, 327
Média ponderada, 385
Meia-vida, 91
   de carbono-14, 91
   definição, 91
   de plutônio, 91
   de rádio-235, 91
   de urânio-247, 91
   do potássio-40, 123
Memorização, modelo matemático para, 31, 100
Método de Adams-Bashforth-Moulton, 391
Método de datação de Potássio-Argônio, 125

Método de Euler, 81
   método aprimorado, 382
   para equações diferenciais de primeira ordem, 76–82, 380
   para equações diferenciais de segunda ordem, 393
   para sistemas, 393, 397
Método de Euler aprimorado, 382
Método de Frobenius, 263
Método de isoinclinação, 40, 46
Método de Runge-Kutta de quarta ordem, 83, 386
   erros, truncamento de, 387
   para equações diferenciais de segunda ordem, 393-394
   para sistemas de equações de primeira ordem, 394-397
Método do chute, 401
Método do encobrimento, 302
Método dos coeficientes a determinar, 149, 159
Método numéricos adaptivos, 388
Métodos de eliminação
   para sistemas de equações algébricas, 412
   para sistemas de equações diferenciais ordinárias, 189
Métodos de Runge-Kutta
   de primeira ordem, 385
   de quarta ordem, 83, 385-388
   de segunda ordem, 386
   erros de truncamento para, 387
   sistemas para, 394-397
Métodos numéricos
   aplicado a equações de ordem superior, 393
   aplicado a sistemas, 393-395
   começando, 392
   erros de truncamento de, 381-382, 384, 387
   erros em, 83, 380-382
   estabilidade de, 392
   etapa única, 391
   método de Adams-Bashforth-Moulton, 391
   método de diferenças finitas, 400
   método de Euler, 81, 385
   método de Euler aprimorado, 382
   método do chute, 401
   método numérico de múltiplos passos, 391
   método preditor-corretor, 383, 391
   método RK4, 386
   método RKF45, 389
   métodos adaptativos, 388
Mínimos quadrados, linha de, 111
Misturas:
   multiplos tanques, 115, 119
   tanque único, 24, 87–93
Modelo de colheita de uma pescaria, 105, 107
Modelo de emigração, 105
Modelo de repovoamento de uma pescaria, 105
Modelos de competição, 116
Modelos de População
   colheita, 105, 107, logística, 103-104, 107
   extinção, 110
   fim do mundo, 110
   flutuante, 97
   imigração, 105, 111
   Malthusiano, 22

   nascimento e morte, 97
   repovoamento, 105
Modelo(s) matemático(s), 21
   alcance de um projétil, 341-342
   buraco através da Terra, 32
   cabos de uma ponte pênsil, 26-27, 233
   cabos suspensos, 26, 57, 233
   caixa deslizando de um plano inclinado, 101
   circuito LRC em série, 25, 221
   circuito LR em série, 30, 91, 95
   circuito RC em série, 30, 94-95
   coletor solar, 109
   concentração de nutrientes em uma célula, 121
   constante de pesca, 100, 105
   corda girando, 226
   corrente, elevação de, 235-236
   corrente puxada para cima por uma força constante, 235
   crescimento e decrescimento, 22
   crescimento populacional, 22
   curva de perseguição, 238
   datação de carbono, 91
   decaimento do potássio-40, 123
   decaimento radioativo, 22
   deflexão de vigas, 222-223
   dinâmica populacional, 22, 28, 102
   drenagem de um tanque, 29-30
   esfriamento/aquecimento, 23, 29, 92
   esquecimento, 32
   evaporação, 110
   fim do mundo para uma população, 110
   fio pendurado apenas pelo seu próprio peso, 233
   flambagem de uma coluna fina, 228
   fluido em rotação, 33
   fluxo de nutrientes através de uma membrana, 121
   gotas de chuva, 33, 100, 113
   haste rotativa contendo uma conta deslizando, 243
   hora da morte, 97
   imigração, 105, 111
   infusão de drogas, 32
   juros compostos contínuos, 96
   lançando suprimentos de um avião, 238-239
   marcapasso cardíaco, 66, 100
   massa deslizando em plano inclinado, 101
   massa variável, 234
   memorização, 31, 100
   misturas, 24, 93, 115
   modelos com competição, 117
   mola dupla, 216-218
   mola envelhecida, 208-209, 275, 282
   mola rígida, 231
   molas acopladas, 241, 332-333, 337
   movimento de um foguete, 235
   movimento de um pênculo na Lua, 240
   movimento flutuante de um barril, 30
   movimento pendular, 233, 335
   nadando em um rio, 112
   paraquedismo, 29, 99, 111
   pêndulo balístico, 239
   pêndulo duplo, 335
   pesca, 105
   pesca-constante, 100
   pingos de chuva, 33

população, EUA, 107
população flutuante, 33
presa-predador, 116
problema do removedor de neve, 34
propagação de uma doença, 23, 120
queda de um corpo (com resistência do ar), 26, 31, 53, 109, 118
queda de um corpo (sem resistência do ar), 26, 109
reações químicas, 23, 105
redes, 334
relógio de água, 113
reposição de pesca, 105
resfriamento de uma xícara de café, 97
ressonância, 213, 221
série de decaimento radioativo, 66, 114
sistema massa-mola, 31, 204, 208, 211, 241, 333, 335, 340
superfície refletora, 32, 110
tanques vazando, 108
temperatura absoluta de um corpo esfriando, 122
temperatura em uma esfera, 229
temperatura em um anel circular, 229
tempo mínimo, 122
teoria do aprendizado, 32
tratriz, 32, 122
tsunami, forma de um, 109
velocidade terminal, 48
Módulo de elasticidade de Young, 222
Mola, constante efetiva da, 217, 241
Mola, constantes variáveis, 208
Mola rígida, 231
Molas, acopladas, 241, 337
Molas acopladas, 332-333, 337
Movimento amortecido, 208, 211
Movimento harmônico simples de um sistema massa-mola, 205
Movimento livre de um sistema massa-mola
    amortecido, 208
    não amortecido, 204-205
Movimento periódico na Lua, 240
Multiplicação
    de matrizes, 406
    de séries de potência, 247
Multiplicidade de valores próprios, 355
Não amortecido, sistema massa-mola, 203-204
Não elementar, integral, 56
Não linear, definição de mola, 230
    compressível, 231
    rígida, 231
Não lineares, equações diferenciais ordinárias:
    deinição, 3
    resolução por métodos de primeira ordem
    solução de séries de Taylor
Não lineares, sistema de equações diferenciais, 114
Newton, notação diferencial, 3
Nilpotente, matriz, 376
Nível de resolução de um modelo matemático, 21
Nó da malha, 117
Notação de ponto, 3
Notação diferencial, 3
Notação linha, 3

Notação para derivadas, 3
    operador diferencial de ordem n, 129
    ordem n, problema de valor inicial de, 13, 126
Núcleo de uma transformada integral, 288
Nuliclinal, 47
Ohms (Ω), 24
Onda quadrada, 324, 327
Onda senoidal retificada, 327
Onda triangular, 327
Operações elementares nas linhas, 412
    definição, 412
    notação para, 413
Operações nas linhas:
    elementares, 412
    símbolos para, 413
Operador diferencial, 129, 157
Operador diferencial linear, 129
Operador linear, 129
Ordem de uma equação diferencial, 2
Ordem de um método de Runge-Kutta, 385
Ordem, exponencial, 291
Ordem superior, equações diferenciais de, 125, 203
Paramétrica, forma da equação de Bessel de ordem v, 274
Paraquedismo, 29, 99, 111
Parte permanente da solução, 95, 212, 215
Partida, métodos de, 391
Passos múltiplos, método de, 391
    definição, 392
    desvantagens, 392
    vantagens, 392
Passo único, método numérico de:
    definição, 392
    desvantagens do, 392
    vantagens do, 392
Pêndulo balístico, 241
Pêndulo duplo, 335
Pêndulo físico, 232
Pêndulo não linear, 231
Pêndulos
    amortecido, livre, 237
    balísticos, 241
    duplo, 335
    física de, 232
    lineares, 233
    mola acoplada, 340
    não lineares, 233
    período de, 241
    simples, 233
Pêndulo simples, 233
Percentual de erro relativo, 83
Perdendo uma solução, 51
Pergaminhos do Mar Morto, 91
Período de um movimento harmônico simples, 205
Perseguição, curva de, 238
Peso, 204
Pingo de chuva, 33, 100
Pinturas rupestres de Lascaux, datação das, 96
Plano de fase, 345, 353
Polinomial, operador, 129
Polinômios de Hermite, 284
Polinômios de Laguerre, 327
Polinômios de Legendre, 280
    fórmula de Rodrigues para, 280
    gráficos de, 280

    para a relação de recorrência, 279
    propriedades de, 280
Ponto crítico de uma equação diferencial autônoma de primeira ordem
    assintoticamente estável, 44
    definição de, 40
    instável, 44
    isolado, 48
    semiestável, 44
Ponto crítico estável, 44
Ponto de equilíbrio, 41
Ponto estacionário, 41
Ponto ordinário de uma equação linear de segunda ordem diferencial, 253, 259
    definição, 253
    solução sobre, 246, 253
Pontos de inflexão, 48
Pontos de malha, interior dos, 400
Ponto singular
    de uma equação diferencial linear de primeira ordem, 61
    de uma equação diferencial linear de segunda ordem, 250
    irregular, 262
    no ∞, 249
    regular, 262
Ponto singular irregular, 261
Ponto singular regular, 261
Posição de equilíbrio, 204-205
Prazo da Concorrência, 103
Predador-presa, modelo, 115-116
Predição de Adams-Bashforth, 391
Preditor-corretor, método, 383
Primeira lei de Kirchhoff, 117
Primeira lei do movimento de Newton, 25
Primeira ordem, método Runge-Kutta de, 385
Primeira ordem, problema de valor inicial de, 14
Primeira ordem, reação química de, 23, 90
Primeira ordem, sistema de equações diferenciais de, 344
    definição, 345
    sistema linear, 344
Primeiro modo de deformação, 226
Primeiro modo de flambagem, 226
Primeiro teorema da translação, 304
    forma do, 305
    forma inversa, 305
Princípio da superposição
    para equações diferenciais lineares homogêneas, 129
    para equações diferenciais lineares não homogêneas, 134
    para sistemas lineares homogêneos, 345
Princípio de Arquimedes, 30
Problema de valor de contorno
    equações diferenciais ordinárias para, 127, 222
    método do chute para, 401
    métodos numéricos para EDOs, 397
Problema de valor de contorno de segunda ordem, 399
Problema de valor de contorno linear de segunda ordem, 399
Problema de valor inicial
    deinição, 13, 125
    n-ésima ordem, 13, 126
    interpretação geométrica, 14

para um sistema linear, 346
primeira ordem, 13, 379
segunda ordme, 14, 392
Processo de modelagem, passos no, 22
Projétil, movimento de, 194
Pulso retangular, 315
Pura, ressonância, 213
PVC, 127
PVI, 13
Quadrada, matriz, 405
Quantidades proporcionais, 22
Quase-frequência, 211
Quase-período, 211
Queda de uma gota de chuva, 33, 99, 113
Queda de um corpo, 25, 30, 48, 97-99, 109-111
Quedas de tensão, 25, 321
Radônio, 91
Raio de convergência de uma série de potências, 246
Raízes indiciais, 266
Raízes racionais de uma equação polinomial, 144
Reações químicas
Reações químicas, 23, 105
de primeira ordem, 23, 90
de segunda ordem, 23, 105
Reatância, 215
Redes, 117, 334
Redes elétricas, 117, 334
Redução de forma triangular de uma matriz, 413
Redução de ordem, 138, 195
Redução por separação de variáveis, 77
Regra de Cramer, 167, 169
Regressão linear, 111
Relação de recorrência, 256, 279, 282
diferencial, 276
Relação de recorrência de segunda ordem, 258
Relação de recorrência diferencial, 276
Removedor de neve, problema do, 34
Repulsor, 44, 354, 360
Resistência
do ar, 26, 30, 48, 92-95, 99, 109
elétrica, 24, 214-215
Resistência do ar
proporcional ao quadrado da velocidade, 30
proporcional à velocidade, 26
Resposta
como uma solução de uma ED, 64, 133, 178, 205, 214
do sistema, 28, 204
impulso, 331
zero, ao estado, 302
zero, de entrada, 302
Resposta impulso, 331
Ressonância, curva de, 220
Ressonância, pura, 213
Retificada, onda senoidal, 327
Retrato de fase bidimensional, 354
Retrato de fase unidimensional, 41
Retrato(s) de fase(s)
para equações de primeira ordem, 41
para sistemas de duas equações diferenciais lineares de primeira ordem, 353-355, 357, 361-362
Rigidez à flexão, 222

RK4
método, 82, 386
RKF45
método, 388
Robins, Benjamin, 238
Runge-Kutta-Fehlberg, método, 389
Saída, 64, 135, 204
Schwartz, Laurent, 331
Segunda lei de Kirchhoff, 25, 117
Segunda lei do movimento de Newton, 25, 204
como taxa de variação do momento, 235
Segunda ordem, equação diferencial ordinária como um sistema de, 197, 393
Segunda ordem, método Runge-Kutta de, 385
Segunda ordem, problema de valor inicial de, 14, 126, 393
Segunda ordem, reação química de, 23, 105
Segunda ordem, sistema linear homogêneo de, 362
Segundo teorema da translação, 309
forma do, 311
forma do, 309
forma inversa, 309
Semiestável, ponto crítico, 44
Seno, integral da função, 64, 67
Série de decaimento radioativo, 66, 114
Série de potências:
aritmética da, 249
centro, 246
convergência absoluta de, 246
convergência da, 246
define uma função, 247
definição, 247
diferenciação da, 247
divergência da, 247
integração da, 247
intervalo de convergêcia, 246
Maclaurin, 248
propriedade de identidade, 247
raio de convergência, 246
representa uma função analítica, 247
representa uma função contínua, 247
revisão de, 246
soluções de equações diferenciais, 250, 254-255
Taylor, 248
teste da razão para, 247
Série de potências identicamente nula, 247
Série de potências, solução de
curva solução, 259
existência da, 253
método de descoberta, 250-260
Série de Taylor, utilização de, 196-197
Séries
de potência, 246
revisão de, 246
soluções de equações diferenciais ordinárias de, 250, 261, 263
Simplesmente apoiada, extremidade de uma viga, 223
Simplifica, 74
SIR, modelo, 120
Sistema linear, 114, 135, 344
Sistemas de duas molas, 217, 332-333, 337
Sistemas de equações diferenciais lineares de primeira ordem, 7, 344-345

coeficientes indeterminados para, 348–366
conjunto fundamental de soluções para, 348
definição, 9, 114, 345
existência de uma solução única para, 346
forma normal, 344
função complementar para, 349, 365
homogêneos, 344, 351
matriz, forma de, 345
não homogêneo, 344, 349, 365
para o princípio da superposição, 346
problema de valor inicial, 346
solução de, 345
solução geral de, 348-349
solução particular para, 349, 365, 368
variação de parâmetros para, 351–368
wronskiano para, 347-348
Sistemas de equações diferenciais lineares, métodos para a resolução de
pela eliminação sistemática, 189
por Laplace, 332
por matrizes, 350
Sistemas de equações diferenciais não homogêneas lineares de primeira ordem, 344-345
solução geral, 349
solução particular, 349
Sistemas de equações diferenciais ordinárias, 114, 189, 331, 343, 394
lineares, 114, 344
não lineares, 115
solução de, 7-9, 189, 345
Sistemas Dinâmicos, 28
Sistemas homogêneos
de equações algébricas, 417
de equações diferenciais de primeira ordem, 344
Sistemas lineares de equações algébricas, 412
Sistemas lineares de equações diferenciais, 114, 344
definição, 114, 345
homogênea, 344, 351
matriz, forma da, 345
método para solucionar, 178, 331, 350, 365, 371
não homogênea, 344, 365
Sistemas massa-mola
dispositivo de amortecimento, 208
Hooke, lei de, 31, 204, 333
para modelos lineares, 204-214, 241, 331-335
para modelos não lineares, 230-231
Sistemas reduzidos para sistemas de primeira ordem, 395
Solução, curva, 5
Solução de equilíbrio, 41
Solução de repouso, 179
Solução de uma equação diferencial ordinária
constantes, 11
de famílias de n-parâmetros, 7
definição de, 4
definida por partes, 9
definida por uma integral, 53
em torno de um ponto singular, 261
equilíbrio, 41
explícita, 6
gerais, 9, 132-133

gráfico de, 5
implícita, 6
integral, 7
intervalo de definição, 4
número de, 7
particular, 7, 58, 133, 148, 157, 165, 260
singular, 8
sobre um ponto comum, 253
trivial, 5
Solução de um sistema de equações diferenciais ordinárias
definido, 7-9, 178, 345
geral, 348-349
particular, 349
Solução de vetores, 345
Solução explícita, 6
Solução fechada, 9
Solução geral
da equação diferencial de Bessel, 273
de uma equação diferencial, 9, 60
de uma equação diferencial de Cauchy-Euler, 172-174
de uma equação diferencial linear de primeira ordem, 59
de uma equação diferencial linear homogênea, 131, 141-144
de uma equação diferencial linear não homogênea, 133
de um sistema homogêneo de equações diferenciais lineares, 348, 352
de um sistema não homogêneo de equações diferenciais lineares, 349
Solução implícita de uma EDO, 6
Solução numérica de uma curva, 83
Solução singular, 8
Solução transitória, 212
Solucionador numérico, 83
Soma de duas matrizes, 406
Somatório, deslocamento do índice do, 249
Subamortecido, circuito em série, 214
Subamortecido, sistema massa-mola, 209
Subscrito, notação, 3
Substituições em uma equação diferencial, 75
Sudário de Turim, datação do, 91, 96
Superamortecido, circuito em série, 214
Superamortecido, sistema massa-mola, 208
Suspensa, ponte, 26, 57
Tabela de transformadas de Laplace, 423
Tamanho do passo, 81
Tanques com vazamento, 24-25, 29-30, 108, 112-113
Taxa de crescimento relativo, 102
Taxa de variação, 38

Taxa específica de crescimento, 102
Taylor, polinômio, 198, 386
Temperatura:
em uma esfera, 229
em um anel circular, 229
Temperatura ambiente, 23
Teorema da singularidade, 16, 126, 346
Teorema de convolução, forma inversa do, 319
Teorema de Convolução, transformada de Laplace do, 319
Teorema de Frobenius, 263
Teoria das distribuições, 331
Teste da razão, 247
Trajetórias
equações paramétricas das, 345, 353
ortogonais, 123
Trajetórias ortogonais, 123
Transferência, função de, 302
Transformação linear, 290
Transformada de Laplace
comportamento quando $s \to \infty$, 293
da função definida por partes, 308
de derivadas, 298
definição de, 288
derivadas de, 317
de sistemas de equações diferenciais lineares, 331
de uma função periódica, 323
de uma integral, 319-320
existência, condições suficientes para, 291
função delta de Dirac, 329
inversa de, 296
linearidade de, 288
para o teorema de convolução, 319
problema de valor inicial linear de, 299-300
tabelas de, 290, 423
teoremas para a translação, 304, 309
Transformada de Laplace inversa, 296-297
definição, 295
linearidade da, 297
Transformada integral, 288
definição, 288
inversa, 296
Laplace, 288
núcleo da, 288
Transiente, termo, 62, 64, 95, 212
Translação, Teorema da, 304, 309
Transposição de uma matriz, 410
Tratriz, 32, 122
Trivial, solução, 5
Tsunami, modelo para, 109
Unidade de impulso, 329

Unitário, função degrau, 308
definição, 308
transformada de Laplace, 308
Valores característicos, 416
Variação de parâmetros
para equações diferenciais lineares de ordem superior, 165, 169-170
para equações diferenciais lineares de primeira ordem, 58
para sistemas de equações diferenciais de primeira ordem, 365, 369
Variáveis de estado, 28, 135
Variáveis, separação de, 49-51
Variáveis separáveis, método das, 49
Velocidade de escape, 237
Velocidades críticas, 229
Velocidade terminal de um corpo em queda, 48, 99, 109
Verhulst, P. F., 102
Vetores característicos, 416
Vetores como soluções de sistemas de equações diferenciais lineares, 345
Vibrações assimétricas de uma mola, 231
Vibrações Elétricas, 214
forçadas, 215
livres, 214
Vibrações elétricas forçadas, 215
Vibrações elétricas harmônicas simples, 214
Vibrações elétricas livres, 214
Vibrações em sistemas massa-mola, 204-214
Viga, extremidade apertada de uma, 223
Vigas
curva de deflexão de, 222
deflexão estática de, 222
em balanço, 222
engastada, 223
livre, 223
simplesmente apoiadas, 223
suportadas em uma fundação elástica, 340
Virga, 33
Wronskiano, determinante
para um conjunto de funções, 130
para um conjunto de soluções de uma equação diferencial linear homogênea, 130
para um conjunto de vetores solução de um sistema homogêneo linear, 348
Zero, matriz, 408
Zero, resposta ao estado, 302
Zero, resposta de entrada, 302
Zeros de funções de Bessel, 276
Zona morta, 341

RESPOSTAS SELECIONADAS DE PROBLEMAS ÍMPARES

EXERCÍCIOS 1.1

1. linear de segunda ordem
3. linear de quarta ordem
5. não linear de segunda ordem
7. linear de terceira ordem
9. primeira ordem, linear em x, mas não linear em y
15. o domínio da função é $[-2, \infty)$; maior intervalo para solução é $(-2, \infty)$
17. o domínio da função é o conjunto dos números reais, exceto $x = 2$ e $x = -2$; maior intervalo para solução é $(-\infty, -2), (-2, 2)$ e $(2, \infty)$
19. $X = \dfrac{e^t - 1}{e^t - 2}$ definida em $(-\infty, \ln 2)$ ou em $(\ln 2, \infty)$
27. $m = -2$
29. $m = 2, m = 3$
31. $m = 0, m = -1$
33. $y = 2$
35. sem valor constante na solução

EXERCÍCIOS 1.2

1. $y = 1/(1 - 4e^{-x})$
3. $y = 1/(x^2 - 1); (1, \infty)$
5. $y = 1/(x^2 + 1); (-\infty, \infty)$
7. $x = -\cos t + 8 \operatorname{sen} t$
9. $x = \dfrac{\sqrt{3}}{4} \cos t + \dfrac{1}{4} \operatorname{sen} t$
11. $y = \dfrac{3}{2}e^x - \dfrac{1}{2}e^{-x}$
13. $y = 5e^{-x-1}$
15. $y = 0, y = x^3$
17. semiplanos definidos por $y > 0$ ou $y < 0$
19. semiplanos definidos por $x > 0$ ou $x < 0$
21. as regiões definidas por $y > 2, y < -2$ ou $-2 < y < 2$
23. qualquer região que não contenha $(0, 0)$
25. sim
27. não
29. a) $y = cx$
    b) qualquer região retangular que não toque o eixo y
    c) Não, a função não é diferenciável em $x = 0$
31. b) $y = 1/(1 - x)$ em $(-\infty, 1)$; $y = -1/(x + 1)$ em $(-1, \infty)$
    c) $y = 0$ em $(-\infty, \infty)$
39. $y = 3 \operatorname{sen} 2x$
41. $y = 0$
43. não possui solução

EXERCÍCIOS 1.3

1. $\dfrac{dP}{dt} = kP + r; \dfrac{dP}{dt} = kP - r$
3. $\dfrac{dP}{dt} = k_1 P - k_2 P^2$
7. $\dfrac{dx}{dt} = kx(1000 - x)$
9. $\dfrac{dA}{dt} + \dfrac{1}{100}A = 0; A(0) = 50$
11. $\dfrac{dA}{dt} + \dfrac{7}{600 - t}A = 6$
13. $\dfrac{dh}{dt} = -\dfrac{c\pi}{450}\sqrt{h}$
15. $L\dfrac{di}{dt} + Ri = E(t)$
17. $m\dfrac{dv}{dt} = mg - kv^2$
19. $m\dfrac{d^2x}{dt^2} = -kx$
21. $m\dfrac{dv}{dt} + v\dfrac{dm}{dt} + kv = -mg + R$
23. $\dfrac{d^2r}{dt^2} + \dfrac{gR^2}{r^2} = 0$
25. $\dfrac{dA}{dt} = k(M - A), k > 0$
27. $\dfrac{dx}{dt} + kx = r, k > 0$
29. $\dfrac{dy}{dx} = \dfrac{-x + \sqrt{x^2 + y^2}}{y}$

REVISÃO DO CAPÍTULO 1

1. $\dfrac{dy}{dx} = 10y$
3. $y'' + k^2 y = 0$
5. $y'' - 2y' + y = 0$
7. a), d)
9. b)
11. b)
13. $y = c_1$ e $y = c_2 e^x$, c_1 e c_2 constantes
15. $y' = x^2 + y^2$
17. a) O domínio é todo o conjunto dos números reais.
    b) $(-\infty, 0)$ ou $(0, \infty)$
19. Para $x_0 = -1$ o intervalo é $(-\infty, 0)$, e para $x_0 = 2$ o intervalo é $(0, \infty)$
21. c) $y = \begin{cases} -x^2, & x < 0 \\ x^2, & x \geq 0 \end{cases}$
23. $(-\infty, \infty)$
25. $(0, \infty)$
31. $y = \frac{1}{2}e^{3x} - \frac{1}{2}e^{-x} - 2x$
33. $y = \frac{3}{2}e^{3x-3} + \frac{9}{2}e^{-x+1} - 2x$
35. $y_0 = -3$, $y_1 = 0$
37. $\dfrac{dP}{dt} = k(P - 200 + 10t)$

EXERCÍCIOS 2.1

21. 0 é assintoticamente estável (atrator); 3 é instável (repulsor).
23. 2 é semiestável.
25. -2 é instável (repulsor); 0 é semiestável; 2 é assintoticamente estável (atrator).
27. -1 é assintoticamente estável (atrator); 0 é instável (repulsor).
39. $0 < P_0 < h/k$
41. $\sqrt{mg/k}$

EXERCÍCIOS 2.2

1. $y = -\frac{1}{5}\cos 5x + c$
3. $y = \frac{1}{3}e^{-3x} + c$
5. $y = cx^4$
7. $-3e^{-2y} = 2e^{3x} + c$
9. $\frac{1}{3}x^3 \ln x - \frac{1}{9}x^3 = \frac{1}{2}y^2 + 2y + \ln|y| + c$
11. $4\cos y = 2x + \operatorname{sen} 2x + c$
13. $(e^x + 1)^{-2} + 2(e^y + 1)^{-1} = c$
15. $S = ce^{kr}$
17. $P = \dfrac{ce^t}{1 + ce^t}$
19. $(y + 3)^5 e^x = c(x + 4)^5 e^y$
21. $y = \operatorname{sen}(\frac{1}{2}x^2 + c)$
23. $x = \operatorname{tg}\left(4t - \frac{3\pi}{4}\right)$
25. $y = \dfrac{e^{-(1+1/x)}}{x}$
27. $y = \frac{1}{2}x + \frac{\sqrt{3}}{2}\sqrt{1 - x^2}$
29. $y = e^{\int_4^x e^{-t^2} dt}$
31. $y = -\sqrt{x^2 + x - 1}$; $\left(-\infty, -\dfrac{1+\sqrt{5}}{2}\right)$.
33. $y = -\ln(2 - e^x)$; $(-\infty, \ln 2)$
35. a) $y = 2$, $y = -2$, $y = 2\dfrac{3 - e^{4x-1}}{3 + e^{4x-1}}$
37. $y = -1$ e $y = 1$ são soluções singulares do Problema 21; $y = 0$ do Problema 22
39. $y = 1$
41. $y = 1 + \frac{1}{10}\operatorname{tg}\left(\frac{1}{10}x\right)$
45. $y = \operatorname{tg} x - \sec x + c$
47. $[-1 + c(1 + \sqrt{x})]^2$
49. $y = 2\sqrt{\sqrt{x}e^{\sqrt{x}} - e^{\sqrt{x}} + 4}$
57. $y(x) = (4h/L^2)x^2 + a$

EXERCÍCIOS 2.3

1. $y = ce^{5x}$, $(-\infty, \infty)$
3. $y = \frac{1}{4}e^{3x} + ce^{-x}$, $(-\infty, \infty)$; ce^{-x} é transiente
5. $y = \frac{1}{3} + ce^{-x^3}$, $(-\infty, \infty)$; ce^{-x^3} é transiente
7. $y = x^{-1}\ln x + cx^{-1}$, $(0, \infty)$; a solução é transitente
9. $y = cx - x\cos x$, $(0, \infty)$
11. $y = \frac{1}{7}x^3 - \frac{1}{5}x + cx^{-4}$, $(0, \infty)$; cx^{-4} é transiente

13. $y = \frac{1}{2}x^{-2}e^x + cx^{-2}e^{-x}$, $(0, \infty)$; $cx^{-2}e^{-x}$ é transiente

15. $x = 2y^6 + cy^4$, $(0, \infty)$

17. $y = \operatorname{sen} x + c \cos x$, $(-\pi/2, \pi/2)$

19. $(x+1)e^x y = x^2 + c$, $(-1, \infty)$; a solução é transiente

21. $(\sec \theta + \operatorname{tg} \theta)r = \theta - \cos \theta + c$, $(-\pi/2, \pi/2)$

23. $y = e^{-3x} + cx^{-1}e^{-3x}$, $(0, \infty)$; a solução é transiente

25. $y = -\frac{1}{5}x - \frac{1}{25} + \frac{76}{25}e^{5x}$; $(-\infty, \infty)$

27. $y = x^{-1}e^x + (2-e)x^{-1}$, $(0, \infty)$

29. $i = \frac{E}{R} + \left(i_0 - \frac{E}{R}\right)e^{-Rt/L}$, $(-\infty, \infty)$

31. $y = 2x + 1 + 5/x$; $(0, \infty)$

33. $(x+1)y = x \ln x - x + 21$, $(0, \infty)$

35. $y = -2 + 3e^{-\cos x}$; $(-\infty, \infty)$

37. $y = \begin{cases} \frac{1}{2}(1 - e^{-2x}), & 0 \le x \le 3 \\ \frac{1}{2}(e^6 - 1)e^{-2x}, & x > 3 \end{cases}$

39. $y = \begin{cases} \frac{1}{2} + \frac{3}{2}e^{-x^2}, & 0 \le x < 1 \\ (\frac{1}{2}e + \frac{3}{2})e^{-x^2}, & x \ge 1 \end{cases}$

41. $y = \begin{cases} 2x - 1 + 4e^{-2x}, & 0 \le x \le 1 \\ 4x^2 \ln x + (1 + 4e^{-2})x^2, & x > 1 \end{cases}$

43. $y = e^{x^2 - 1} + \frac{1}{2}\sqrt{\pi}e^{x^2}(\operatorname{erf}(x) - \operatorname{erf}(1))$

53. $E(t) = E_0 e^{-(t-4)/RC}$

EXERCÍCIOS 2.4

1. $x^2 - x + \frac{3}{2}y^2 + 7y = c$

3. $\frac{5}{2}x^2 + 4xy - 2y^4 = c$

5. $x^2y^2 - 3x + 4y = c$

7. não exato

9. $xy^3 + y^2 \cos x - \frac{1}{2}x^2 = c$

11. não exato

13. $xy - 2xe^x + 2e^x - 2x^3 = c$

15. $x^3y^3 - \operatorname{tg}^{-1} 3x = c$

17. $-\ln|\cos x| + \cos x \operatorname{sen} y = c$

19. $t^4y - 5t^3 - ty + y^3 = c$

21. $\frac{1}{3}x^3 + x^2y + xy^2 - y = \frac{4}{3}$

23. $4ty + t^2 - 5t + 3y^2 - y = 8$

25. $y^2 \operatorname{sen} x - x^3y - x^2 + y \ln y - y = 0$

27. $k = 10$

29. $x^2y^2 \cos x = c$

31. $x^2y^2 + x^3 = c$

33. $3x^2y^3 + y^4 = c$

35. $-2ye^{3x} + \frac{10}{3}e^{3x} + x = c$

37. $e^{y^2}(x^2 + 4) = 20$

39. c) $y_1(x) = -x^2 - \sqrt{x^4 - x^3 + 4}$,
   $y_2(x) = -x^2 + \sqrt{x^4 - x^3 + 4}$

45. a) $v(x) = 8\sqrt{\dfrac{x}{3} - \dfrac{9}{x^2}}$

   b) 12,7 pés/s

EXERCÍCIOS 2.5

1. $y + x \ln|x| = cx$

3. $(x - y)\ln|x - y| = y + c(x - y)$

5. $x + y \ln|x| = cy$

7. $\ln(x^2 + y^2) + 2\operatorname{tg}^{-1}(y/x) = c$

9. $4x = y(\ln|y| - c)^2$

11. $y^3 + 3x^3 \ln|x| = 8x^3$

13. $\ln|x| = e^{y/x} - 1$

15. $y^3 = 1 + cx^{-3}$

17. $y^{-3} = x + \frac{1}{3} + ce^{3x}$

19. $e^{t/y} = ct$

21. $y^{-3} = -\frac{9}{5}x^{-1} + \frac{49}{5}x^{-6}$

23. $y = -x - 1 + \operatorname{tg}(x + c)$

25. $2y - 2x + \operatorname{sen} 2(x + y) = c$

27. $4(y - 2x + 3) = (x + c)^2$

29. $-\operatorname{cotg}(x + y) + \operatorname{cossec}(x + y) = x + \sqrt{2} - 1$

35. b) $y = \dfrac{2}{x} + \left(-\dfrac{1}{4}x + cx^{-3}\right)^{-1}$

EXERCÍCIOS 2.6

1. $y_2 = 2{,}9800$, $y_4 = 3{,}1151$

3. $y_{10} = 2{,}5937$, $y_{20} = 2{,}6533$; $y = e^x$

5. $y_5 = 0{,}4198$, $y_{10} = 0{,}4124$

7. $y_5 = 0{,}5639$, $y_{10} = 0{,}5565$

9. $y_5 = 1{,}2194$, $y_{10} = 1{,}2696$

13. Euler: $y_{10} = 3{,}8191$, $y_{20} = 5{,}9363$
    RK4: $y_{10} = 42{,}9931$, $y_{20} = 84{,}0132$

REVISÃO DO CAPÍTULO 2

1. $-A/k$, repulsor para $k > 0$, atrator para $k < 0$

3. verdadeiro

5. $\dfrac{d^3y}{dx^3}$

7. verdadeiro

9. $y = c_1 e^{e^x}$

11. $\dfrac{dy}{dx} + (\operatorname{sen} x)y = x$

13. $\dfrac{dy}{dx} = (y-1)^2(y-3)^3$

15. semiestável para n par e instável para n ímpar; semiestável para n par e assintoticamente estável para n ímpar

19. $2x + \operatorname{sen} 2x = 2\ln(y^2 + 1) + c$

21. $(6x + 1)y^3 = -3x^3 + c$

23. $Q = ct^{-1} + \tfrac{1}{25}t^4(-1 + 5\ln t)$

25. $y = \tfrac{1}{4} + c(x^2 + 4)^{-4}$

27. $y = \operatorname{cossec} x$, $(\pi, 2\pi)$

29. b) $y = \tfrac{1}{4}(x + 2\sqrt{y_0} - x_0)^2$, $(x_0 - 2\sqrt{y_0}, \infty)$

EXERCÍCIOS 3.1

1. 7,9 anos; 10 anos

3. 760; aproximadamente 11 pessoas/ano

5. 11 h

7. 136,5 h

9. $I(15) = 0{,}00098 I_0$ ou aproximadamente 0,1% de I_0

11. 15.600 anos

13. $T(1) = 36{,}67\,°F$; aproximadamente 3,06 min.

15. aproximadamente 82,1 s;
    aproximadamente 145,7 s

17. 390°

19. aproximadamente 1,6 horas da descoberta do corpo

21. $A(t) = 200 - 170 e^{-t/50}$

23. $A(t) = 1.000 - 1.000 e^{-t/100}$

25. $A(t) = 1.000 - 10t - \tfrac{1}{10}(100 - t)^2$; 100 min

27. 64,38 lb

29. $i(t) = \tfrac{3}{5} - \tfrac{3}{5} e^{-500t}$; $i \to \tfrac{3}{5}$ quando $t \to \infty$

31. $q(t) = \tfrac{1}{100} - \tfrac{1}{100} e^{-50t}$; $i(t) = \tfrac{1}{2} e^{-50t}$

33. $i(t) = \begin{cases} 60 - 60 e^{-t/10}, & 0 \le t \le 20 \\ 60(e^2 - 1) e^{-t/10}, & t > 20 \end{cases}$

35. a) $v(t) = \dfrac{mg}{k} + \left(v_0 - \dfrac{mg}{k}\right) e^{-kt/m}$

    b) $v \to \dfrac{mg}{k}$ quando $t \to \infty$

    c) $s(t) = \dfrac{mg}{k} t - \dfrac{m}{k}\left(v_0 - \dfrac{mg}{k}\right) e^{-kt/m}$
    $+ \dfrac{m}{k}\left(v_0 - \dfrac{mg}{k}\right)$

39. a) $v(t) = \dfrac{\rho g}{4k}\left(\dfrac{k}{\rho} t + r_0\right) + \dfrac{\rho g r_0}{4k}\left(\dfrac{r_0}{\tfrac{k}{\rho} t + r_0}\right)^3$

    c) $33\tfrac{1}{3}$ segundos

41. a) $P(t) = P_0 e^{(k_1 - k_2)t}$

43. a) Quando $t \to \infty$, $x(t) \to r/k$

    b) $x(t) = r/k - (r/k) e^{-kt}$; $(\ln 2)/k$

47. c) 1,988 pés

EXERCÍCIOS 3.2

1. a) $N = 2.000$

   b) $N(t) = \dfrac{2.000 e^t}{1.999 + e^t}$; $N(10) = 1.834$

3. 1.000.000; 5,29 meses

5. b) $P(t) = \dfrac{4(P_0 - 1) - (P_0 - 4)e^{-3t}}{(P_0 - 1) - (P_0 - 4)e^{-3t}}$

   c) Para $0 < P_0 < 1$, o tempo para extinção é
   $t = -\dfrac{1}{3} \ln \dfrac{4(P_0 - 1)}{P_0 - 4}$

7. $P(t) = \dfrac{5}{2} + \dfrac{\sqrt{3}}{2} \operatorname{tg}\left[-\dfrac{\sqrt{3}}{2} t + \operatorname{tg}^{-1}\left(\dfrac{2P_0 - 5}{\sqrt{3}}\right)\right]$;
   o tempo para extinção é
   $t = \dfrac{2}{\sqrt{3}}\left[\operatorname{tg}^{-1} \dfrac{5}{\sqrt{3}} + \operatorname{tg}^{-1}\left(\dfrac{2P_0 - 5}{\sqrt{3}}\right)\right]$

9. 29,3 g; $X \to 60$ quando $t \to \infty$; 0 g de A e 30 g de B

11. a) $h(t) = \left(\sqrt{H} - \dfrac{4A_h}{A_w} t\right)^2$;
    I está em $0 \le t \le \sqrt{H} A_w / 4A_h$

    b) $576\sqrt{10}$ s ou 30,36 min

13. a) aproximadamente 856,65 s ou 14,31 min
    b) 243 s ou 4,05 min

15. a) $v(t) = \sqrt{\dfrac{mg}{k}} \tgh\left(\sqrt{\dfrac{kg}{m}} t + c_1\right)$,

    onde $c_1 = \tgh^{-1}\left(\sqrt{\dfrac{k}{mg}} v_0\right)$

    b) $\sqrt{\dfrac{mg}{k}}$

    c) $s(t) = \dfrac{m}{k} \ln \cosh\left(\sqrt{\dfrac{kg}{m}} t + c_1\right) + c_2$,

    onde $c_2 = -(m/k) \ln \cosh c_1$

17. a) $m\dfrac{dv}{dt} = mg - kv^2 - \rho V$, onde ρ é o peso específico da água

    b) $v(t) = \sqrt{\dfrac{mg - \rho V}{k}} \tgh\left(\dfrac{\sqrt{kmg - k\rho V}}{m} t + c_1\right)$

    c) $\sqrt{\dfrac{mg - \rho V}{k}}$

19. a) $W = 0$ e $W = 2$
    b) $W(x) = 2 \sech^2(x - c_1)$
    c) $W(x) = 2 \sech^2 x$

21. a) $P(t) = \dfrac{1}{(-0{,}001350 t + 10^{-0{,}01})^{100}}$
    b) aproximadamente 724 meses
    c) aproximadamente 12.839 e 28.630.966

EXERCÍCIOS 3.3

1. $x(t) = x_0 e^{-\lambda_1 t}$
   $y(t) = \dfrac{x_0 \lambda_1}{\lambda_2 - \lambda_1}(e^{-\lambda_1 t} - e^{-\lambda_2 t})$
   $z(t) = x_0\left(1 - \dfrac{\lambda_2}{\lambda_2 - \lambda_1} e^{-\lambda_1 t} + \dfrac{\lambda_1}{\lambda_2 - \lambda_1} e^{-\lambda_2 t}\right)$

3. 5, 20, 147 dias. O tempo no qual $y(t)$ e $z(t)$ são iguais faz sentido, pois a maior parte de A e a metade de B já se foi; portanto, a metade de C deve ter sido formada.

5. $\dfrac{dx_1}{dt} = 6 - \dfrac{2}{25} x_1 + \dfrac{1}{50} x_2$
   $\dfrac{dx_2}{dt} = \dfrac{2}{25} x_1 - \dfrac{2}{25} x_2$

7. a) $\dfrac{dx_1}{dt} = 3 \dfrac{x_2}{100 - t} - 2 \dfrac{x_1}{100 + t}$
      $\dfrac{dx_2}{dt} = 2 \dfrac{x_1}{100 + t} - 3 \dfrac{x_2}{100 - t}$
   b) $x_1(t) + x_2(t) = 150$; $x_2(30) \approx 47{,}4$ lb

13. $L_1 \dfrac{di_2}{dt} + (R_1 + R_2) i_2 + R_1 i_3 = E(t)$
    $L_2 \dfrac{di_3}{dt} + R_1 i_2 + (R_1 + R_3) i_3 = E(t)$

15. $i(0) = i_0$, $s(0) = n - i_0$, $r(0) = 0$

REVISÃO DO CAPÍTULO 3

1. $dP/dt = 0{,}15 P$
3. $P(45) = 8{,}99$ bilhões
5. $x = 10 \ln\left(\dfrac{10 + \sqrt{100 - y^2}}{y}\right) - \sqrt{100 - y^2}$

7. a) $\dfrac{BT_1 + T_2}{1 + B}$, $\dfrac{BT_1 + T_2}{1 + B}$
   b) $T(t) = \dfrac{BT_1 + T_2}{1 + B} + \dfrac{T_1 - T_2}{1 + B} e^{k(1+B)t}$

9. $i(t) = \begin{cases} 4t - \frac{1}{5} t^2, & 0 \le t < 10 \\ 20, & t \ge 10 \end{cases}$

11. $x(t) = \dfrac{\alpha c_1 e^{\alpha k_1 t}}{1 + c_1 e^{\alpha k_1 t}}$, $y(t) = c_2(1 + c_1 e^{\alpha k_1 t})^{k_2/k_1}$

13. $x = -y + 1 + c_2 e^{-y}$

15. a) $K(t) = K_0 e^{-(\lambda_1 + \lambda_2) t}$,
       $C(t) = \dfrac{\lambda_1}{\lambda_1 + \lambda_2} K_0 [1 - e^{-(\lambda_1 + \lambda_2) t}]$,
       $A(t) = \dfrac{\lambda_2}{\lambda_1 + \lambda_2} K_0 [1 - e^{-(\lambda_1 + \lambda_2) t}]$
    b) $1{,}3 \times 10^9$ anos
    c) 89%, 11%

EXERCÍCIOS 4.1

1. $y = \frac{1}{2} e^x - \frac{1}{2} e^{-x}$
3. $y = 3x - 4x \ln x$
9. $(-\infty, 2)$

11. a) $y = \dfrac{e}{e^2 - 1}(e^x - e^{-x})$
    b) $y = \dfrac{\senh x}{\senh 1}$

13. a) $y = e^x \cos x - e^x \sen x$
    b) não há solução
    c) $y = e^x \cos x + e^{-\pi/2} e^x \sen x$
    d) $y = c_2 e^x \sen x$, onde c_2 é arbitrário

15. dependente
17. dependente
19. dependente
21. independente

23. As funções satisfazem a ED e são linearmente independentes no intervalo, pois
$W(e^{-3x}, e^{4x}) = 7e^x \neq 0$; $y = c_1 e^{-3x} + c_2 e^{4x}$.

25. As funções satisfazem a ED e são linearmente independentes no intervalo, pois
$W(e^x \cos 2x, e^x \text{ sen } 2x) = 2e^{2x} \neq 0$;
$y = c_1 e^x \cos 2x + c_2 e^x \text{ sen } 2x$.

27. As funções satisfazem a ED e são linearmente independentes no intervalo, pois
$W(x^3, x^4) = x^6 \neq 0$; $y = c_1 x^3 + c_2 x^4$.

29. As funções satisfazem a ED e são linearmente independentes no intervalo, pois
$W(x, x^{-2}, x^{-2} \ln x) = 9x^{-6} \neq 0$;
$y = c_1 x + c_2 x^{-2} + c_3 x^{-2} \ln x$.

35. b) $y_p = x^2 + 3x + 3e^{2x}$; $y_p = -2x^2 - 6x - \frac{1}{3}e^{2x}$

EXERCÍCIOS 4.2

1. $y_2 = xe^{2x}$
3. $y_2 = \text{sen } 4x$
5. $y_2 = \text{senh } x$
7. $y_2 = xe^{2x/3}$
9. $y_2 = x^4 \ln|x|$
11. $y_2 = 1$
13. $y_2 = x \cos(\ln x)$
15. $y_2 = x^2 + x + 2$
17. $y_2 = e^{2x}$, $y_p = -\frac{1}{2}$
19. $y_2 = e^{2x}$, $y_p = \frac{5}{2}e^{3x}$

EXERCÍCIOS 4.3

1. $y = c_1 + c_2 e^{-x/4}$
3. $y = c_1 e^{3x} + c_2 e^{-2x}$
5. $y = c_1 e^{-4x} + c_2 x e^{-4x}$
7. $y = c_1 e^{2x/3} + c_2 e^{-x/4}$
9. $y = c_1 \cos 3x + c_2 \text{ sen } 3x$
11. $y = e^{2x}(c_1 \cos x + c_2 \text{ sen } x)$
13. $y = e^{-x/3}\left(c_1 \cos \frac{1}{3}\sqrt{2}x + c_2 \text{ sen } \frac{1}{3}\sqrt{2}x\right)$
15. $y = c_1 + c_2 e^{-x} + c_3 e^{5x}$
17. $y = c_1 e^{-x} + c_2 e^{3x} + c_3 x e^{3x}$
19. $u = c_1 e^t + e^{-t}(c_2 \cos t + c_3 \text{ sen } t)$
21. $y = c_1 e^{-x} + c_2 x e^{-x} + c_3 x^2 e^{-x}$
23. $y = c_1 + c_2 x + e^{-x/2}\left(c_3 \cos \frac{1}{2}\sqrt{3}x + c_4 \text{ sen } \frac{1}{2}\sqrt{3}x\right)$

25. $y = c_1 \cos \frac{1}{2}\sqrt{3}x + c_2 \text{ sen } \frac{1}{2}\sqrt{3}x + c_3 x \cos \frac{1}{2}\sqrt{3}x + c_4 x \text{ sen } \frac{1}{2}\sqrt{3}x$

27. $u = c_1 e^r + c_2 r e^r + c_3 e^{-r} + c_4 r e^{-r} + c_5 e^{-5r}$

29. $y = 2 \cos 4x - \frac{1}{2} \text{ sen } 4x$

31. $y = -\frac{1}{3}e^{-(t-1)} + \frac{1}{3}e^{5(t-1)}$

33. $y = 0$

35. $y = \frac{5}{36} - \frac{5}{36}e^{-6x} + \frac{1}{6}xe^{-6x}$

37. $y = e^{5x} - xe^{5x}$

39. $y = 0$

41. $y = \frac{1}{2}\left(1 - \frac{5}{\sqrt{3}}\right)e^{-\sqrt{3}x} + \frac{1}{2}\left(1 + \frac{5}{\sqrt{3}}\right)e^{\sqrt{3}x}$;
$y = \cosh \sqrt{3}x + \frac{5}{\sqrt{3}} \text{ senh } \sqrt{3}x$

49. $y'' - 6y' + 5y = 0$
51. $y'' - 2y' = 0$
53. $y'' + 9y = 0$
55. $y'' + 2y' + 2y = 0$
57. $y''' - 8y'' = 0$

EXERCÍCIOS 4.4

1. $y = c_1 e^{-x} + c_2 e^{-2x} + 3$
3. $y = c_1 e^{5x} + c_2 x e^{5x} + \frac{6}{5}x + \frac{3}{5}$
5. $y = c_1 e^{-2x} + c_2 x e^{-2x} + x^2 - 4x + \frac{7}{2}$
7. $y = c_1 \cos \sqrt{3}x + c_2 \text{ sen } \sqrt{3}x + (-4x^2 + 4x - \frac{4}{3})e^{3x}$
9. $y = c_1 + c_2 e^x + 3x$
11. $y = c_1 e^{x/2} + c_2 x e^{x/2} + 12 + \frac{1}{2}x^2 e^{x/2}$
13. $y = c_1 \cos 2x + c_2 \text{ sen } 2x - \frac{3}{4}x \cos 2x$
15. $y = c_1 \cos x + c_2 \text{ sen } x - \frac{1}{2}x^2 \cos x + \frac{1}{2}x \text{ sen } x$
17. $y = c_1 e^x \cos 2x + c_2 e^x \text{ sen } 2x + \frac{1}{4}xe^x \text{ sen } 2x$
19. $y = c_1 e^{-x} + c_2 x e^{-x} - \frac{1}{2}\cos x + \frac{12}{25}\text{ sen } 2x - \frac{9}{25}\cos 2x$
21. $y = c_1 + c_2 x + c_3 e^{6x} - \frac{1}{4}x^2 - \frac{6}{37}\cos x + \frac{1}{37}\text{ sen } x$
23. $y = c_1 e^x + c_2 x e^x + c_3 x^2 e^x - x - 3 - \frac{2}{3}x^3 e^x$

25. $y = c_1 \cos x + c_2 \operatorname{sen} x + c_3 x \cos x + c_4 x \operatorname{sen} x + x^2 - 2x - 3$

27. $y = \sqrt{2} \operatorname{sen} 2x - \frac{1}{2}$

29. $y = -200 + 200e^{-x/5} - 3x^2 + 30x$

31. $y = -10e^{-2x} \cos x + 9e^{-2x} \operatorname{sen} x + 7e^{-4x}$

33. $x = \frac{F_0}{2\omega^2} \operatorname{sen} \omega t - \frac{F_0}{2\omega} t \cos \omega t$

35. $y = 11 - 11e^x + 9xe^x + 2x - 12x^2 e^x + \frac{1}{2}e^{5x}$

37. $y = 6\cos x - 6(\operatorname{cotg} 1) \operatorname{sen} x + x^2 - 1$

39. $y = \dfrac{-4 \operatorname{sen} \sqrt{3} x}{\operatorname{sen} \sqrt{3} + \sqrt{3} \cos \sqrt{3}} + 2x$

41. $y = \begin{cases} \cos 2x + \frac{5}{6} \operatorname{sen} 2x + \frac{1}{3} \operatorname{sen} x, & 0 \le x \le \pi/2 \\ \frac{2}{3} \cos 2x + \frac{5}{6} \operatorname{sen} 2x, & x > \pi/2 \end{cases}$

EXERCÍCIOS 4.5

1. $(3D - 2)(3D + 2)y = \operatorname{sen} x$

3. $(D - 6)(D + 2)y = x - 6$

5. $D(D + 5)^2 y = e^x$

7. $(D - 1)(D - 2)(D + 5)y = xe^{-x}$

9. $D(D + 2)(D^2 - 2D + 4)y = 4$

15. D^4

17. $D(D - 2)$

19. $D^2 + 4$

21. $D^3(D^2 + 16)$

23. $(D + 1)(D - 1)^3$

25. $D(D^2 - 2D + 5)$

27. $1, x, x^2, x^3, x^4$

29. $e^{6x}, e^{-3x/2}$

31. $\cos \sqrt{5} x, \operatorname{sen} \sqrt{5} x$

33. $1, e^{5x}, xe^{5x}$

35. $y = c_1 e^{-3x} + c_2 e^{3x} - 6$

37. $y = c_1 + c_2 e^{-x} + 3x$

39. $y = c_1 e^{-2x} + c_2 x e^{-2x} + \frac{1}{2} x + 1$

41. $y = c_1 + c_2 x + c_3 e^{-x} + \frac{2}{3} x^4 - \frac{8}{3} x^3 + 8x^2$

43. $y = c_1 e^{-3x} + c_2 e^{4x} + \frac{1}{7} x e^{4x}$

45. $y = c_1 e^{-x} + c_2 e^{3x} - e^x + 3$

47. $y = c_1 \cos 5x + c_2 \operatorname{sen} 5x + \frac{1}{4} \operatorname{sen} x$

49. $y = c_1 e^{-3x} + c_2 x e^{-3x} - \frac{1}{49} x e^{4x} + \frac{2}{343} e^{4x}$

51. $y = c_1 e^{-x} + c_2 e^x + \frac{1}{6} x^3 e^x - \frac{1}{4} x^2 e^x + \frac{1}{4} x e^x - 5$

53. $y = e^x(c_1 \cos 2x + c_2 \operatorname{sen} 2x) + \frac{1}{3} e^x \operatorname{sen} x$

55. $y = c_1 \cos 5x + c_2 \operatorname{sen} 5x - 2x \cos 5x$

57. $y = e^{-x/2} \left(c_1 \cos \frac{\sqrt{3}}{2} x + c_2 \operatorname{sen} \frac{\sqrt{3}}{2} x \right) + \operatorname{sen} x + 2 \cos x - x \cos x$

59. $y = c_1 + c_2 x + c_3 e^{-8x} + \frac{11}{256} x^2 + \frac{7}{32} x^3 - \frac{1}{16} x^4$

61. $y = c_1 e^x + c_2 x e^x + c_3 x^2 e^x + \frac{1}{6} x^3 e^x + x - 13$

63. $y = c_1 + c_2 x + c_3 e^x + c_4 x e^x + \frac{1}{2} x^2 e^x + \frac{1}{2} x^2$

65. $y = \frac{5}{8} e^{-8x} + \frac{5}{8} e^{8x} - \frac{1}{4}$

67. $y = -\frac{41}{125} + \frac{41}{125} e^{5x} - \frac{1}{10} x^2 + \frac{9}{25} x$

69. $y = -\pi \cos x - \frac{11}{13} \operatorname{sen} x - \frac{8}{3} \cos 2x + 2x \cos x$

71. $y = 2e^{2x} \cos 2x - \frac{3}{64} e^{2x} \operatorname{sen} 2x + \frac{1}{8} x^3 + \frac{3}{16} x^2 + \frac{3}{32} x$

EXERCÍCIOS 4.6

1. $y = c_1 \cos x + c_2 \operatorname{sen} x + x \operatorname{sen} x + \cos x \ln |\cos x|$

3. $y = c_1 \cos x + c_2 \operatorname{sen} x - \frac{1}{2} x \cos x$

5. $y = c_1 \cos x + c_2 \operatorname{sen} x + \frac{1}{2} - \frac{1}{6} \cos 2x$

7. $y = c_1 e^x + c_2 e^{-x} + \frac{1}{2} x \operatorname{senh} x$

9. $y = c_1 e^{2x} + c_2 e^{-2x} + \frac{1}{4} \left(e^{2x} \ln |x| - e^{-2x} \int_{x_0}^{x} \frac{e^{4t}}{t} dt \right),\ x_0 > 0$

11. $y = c_1 e^{-x} + c_2 e^{-2x} + (e^{-x} + e^{-2x}) \ln(1 + e^x)$

13. $y = c_1 e^{-2x} + c_2 e^{-x} - e^{-2x} \operatorname{sen} e^x$

15. $y = c_1 e^{-t} + c_2 t e^{-t} + \frac{1}{2} t^2 e^{-t} \ln t - \frac{3}{4} t^2 e^{-t}$

17. $y = c_1 e^x \operatorname{sen} x + c_2 e^x \cos x + \frac{1}{3} x e^x \operatorname{sen} x + \frac{1}{3} e^x \cos x \ln |\cos x|$

19. $y = \frac{1}{4} e^{-x/2} + \frac{3}{4} e^{x/2} + \frac{1}{8} x^2 e^{x/2} - \frac{1}{4} x e^{x/2}$

21. $y = \frac{4}{9} e^{-4x} + \frac{25}{36} e^{2x} - \frac{1}{4} e^{-2x} + \frac{1}{9} e^{-x}$

23. $y = c_1 x^{-1/2} \cos x + c_2 x^{-1/2} \operatorname{sen} x + x^{-1/2}$

25. $y = c_1 + c_2 \cos x + c_3 \operatorname{sen} x - \ln |\cos x| - \operatorname{sen} x \ln |\sec x + \operatorname{tg} x|$

27. $y = c_1 e^x + c_2 e^{-x} + c_3 e^{2x} + \frac{1}{30} e^{4x}$

EXERCÍCIOS 4.7

1. $y = c_1 x^{-1} + c_2 x^2$

3. $y = c_1 + c_2 \ln x$

5. $y = c_1 \cos(2\ln x) + c_2 \operatorname{sen}(2\ln x)$

7. $y = c_1 x^{(2-\sqrt{6})} + c_2 x^{(2+\sqrt{6})}$

9. $y = c_1 \cos\left(\frac{1}{5}\ln x\right) + c_2 \operatorname{sen}\left(\frac{1}{5}\ln x\right)$

11. $y = c_1 x^{-2} + c_2 x^{-2} \ln x$

13. $y = x^{-1/2}\left[c_1 \cos\left(\frac{\sqrt{3}}{6}\ln x\right) + c_2 \operatorname{sen}\left(\frac{\sqrt{3}}{6}\ln x\right)\right]$

15. $y = c_1 x^3 + c_2 \cos(\sqrt{2}\ln x) + c_3 \operatorname{sen}(\sqrt{2}\ln x)$

17. $y = c_1 + c_2 x + c_3 x^2 + c_4 x^{-3}$

19. $y = c_1 + c_2 x^5 + \frac{1}{5}x^5 \ln x$

21. $y = c_1 x + c_2 x \ln x + x(\ln x)^2$

23. $y = c_1 x^{-1} - c_2 x - \ln x$

25. $y = 2 - 2x^{-2}$

27. $y = \cos(\ln x) + 2\operatorname{sen}(\ln x)$

29. $y = \frac{3}{4} - \ln x + \frac{1}{4}x^2$

31. $y = c_1 x^{-10} + c_2 x^2$

33. $y = c_1 x^{-1} + c_2 x^{-8} + \frac{1}{30}x^2$

35. $y = x^2[c_1 \cos(3\ln x) + c_2 \operatorname{sen}(3\ln x)] + \frac{4}{13} + \frac{3}{10}x$

37. $y = 2(-x)^{1/2} - 5(-x)^{1/2}\ln(-x)$, $x < 0$

39. $y = c_1(x+3)^2 + c_2(x+3)^7$

41. $y = c_1 \cos[\ln(x+2)] + c_2 \operatorname{sen}[\ln(x+2)]$

EXERCÍCIOS 4.8

1. $y_p(x) = \frac{1}{4}\int_{x_0}^{x} \operatorname{senh} 4(x-t)f(t)dt$

3. $y_p(x) = \int_{x_0}^{x} (x-t)e^{-(x-t)}f(t)dt$

5. $y_p(x) = \frac{1}{3}\int_{x_0}^{x} \operatorname{sen} 3(x-t)f(t)dt$

7. $y = c_1 e^{-4x} + c_2 e^{4x} + \frac{1}{4}\int_{x_0}^{x} \operatorname{senh} 4(x-t)te^{-t}dt$

9. $y = c_1 e^{-x} + c_2 x e^{-x} + \int_{x_0}^{x}(x-t)e^{x-t}e^{-t}dt$

11. $y = c_1 \cos 3x + c_2 \operatorname{sen} 3x + \frac{1}{3}\int_{x_0}^{x} \operatorname{sen} 3(x-t)(t+\operatorname{sen} t)dt$

13. $y_p(x) = \frac{1}{4}xe^{2x} - \frac{1}{16}e^{2x} + \frac{1}{16}e^{-2x}$

15. $y_p(x) = \frac{1}{2}x^2 e^{5x}$

17. $y_p(x) = -\cos x + \frac{\pi}{2}\operatorname{sen} x - x\operatorname{sen} x - \cos x \ln|\operatorname{sen} x|$

19. $y = \frac{25}{16}e^{-2x} - \frac{9}{16}e^{2x} + \frac{1}{4}xe^{2x}$

21. $y = -e^{5x} + 6xe^{5x} + \frac{1}{2}x^2 e^{5x}$

23. $y = -x\operatorname{sen} x - \cos x \ln|\operatorname{sen} x|$

25. $y = (\cos 1 - 2)e^{-x} + (1+\operatorname{sen} 1 - \cos 1)e^{-2x} - e^{-2x}\operatorname{sen} e^x$

27. $y = 4x - 2x^2 - x \ln x$

29. $y = \frac{46}{45}x^3 - \frac{1}{20}x^{-2} + \frac{1}{36} - \frac{1}{6}\ln x$

31. $y(x) = 5e^x + 3e^{-x} + y_p(x)$,

    onde $y_p(x) = \begin{cases} 1 - \cosh x, & x < 0 \\ -1 + \cosh x, & x \geq 0 \end{cases}$

33. $y = \cos x - \operatorname{sen} x + y_p(x)$,

    onde $y_p(x) = \begin{cases} 0, & x < 0 \\ 10 - 10\cos x, & 0 \leq x \leq 3\pi \\ -20\cos x, & x > 3\pi \end{cases}$

35. $y_p(x) = (x-1)\int_0^x tf(t)dt + x\int_x^1 (t-1)f(t)dt$

37. $y_p(x) = \frac{1}{2}x^2 - \frac{1}{2}x$

39. $y_p(x) = \dfrac{\operatorname{sen}(x-1)}{\operatorname{sen} 1} - \dfrac{\operatorname{sen} x}{\operatorname{sen} 1} + 1$

41. $y_p(x) = -e^x \cos x - e^x \operatorname{sen} x + e^x$

43. $y_p(x) = \frac{1}{2}(\ln x)^2 + \frac{1}{2}\ln x$

EXERCÍCIOS 4.9

1. $x = c_1 e^t + c_2 t e^t$
   $y = (c_1 - c_2)e^t + c_2 t e^t$

3. $x = c_1 \cos t + c_2 \operatorname{sen} t + t + 1$
   $y = c_1 \operatorname{sen} t - c_2 \cos t + t - 1$

5. $x = \frac{1}{2}c_1 \operatorname{sen} t + \frac{1}{2}c_2 \cos t - 2c_3 \operatorname{sen}\sqrt{6}t - 2c_4 \cos\sqrt{6}t$
   $y = c_1 \operatorname{sen} t + c_2 \cos t + c_3 \operatorname{sen}\sqrt{6}t + c_4 \cos\sqrt{6}t$

7. $x = c_1 e^{2t} + c_2 e^{-2t} + c_3 \operatorname{sen} 2t + c_4 \cos 2t + \frac{1}{5}e^t$
   $y = c_1 e^{2t} + c_2 e^{-2t} - c_3 \operatorname{sen} 2t - c_4 \cos 2t - \frac{1}{5}e^t$

9. $x = c_1 - c_2 \cos t + c_3 \operatorname{sen} t + \frac{17}{15}e^{3t}$
   $y = c_1 + c_2 \operatorname{sen} t + c_3 \cos t - \frac{4}{15}e^{3t}$

11. $x = c_1 e^t + c_2 e^{-t/2}\cos\frac{\sqrt{3}}{2}t + c_3 e^{-t/2}\operatorname{sen}\frac{\sqrt{3}}{2}t$
    $y = \left(-\frac{3}{2}c_2 - \frac{\sqrt{3}}{2}c_3\right)e^{-t/2}\cos\frac{\sqrt{3}}{2}t$
    $\quad + \left(\frac{\sqrt{3}}{2}c_2 - \frac{3}{2}c_3\right)e^{-t/2}\operatorname{sen}\frac{\sqrt{3}}{2}t$

13. $x = c_1 e^{4t} + \frac{4}{3}e^t$
    $y = -\frac{3}{4}c_1 e^{4t} + c_2 + 5e^t$

15. $x = c_1 + c_2 t + c_3 e^t + c_4 e^{-t} - \frac{1}{2}t^2$
    $y = (c_1 - c_2 + 2) + (c_2 + 1)t + c_4 e^{-t} - \frac{1}{2}t^2$

17. $x = c_1 e^t + c_2 e^{-t/2} \operatorname{sen} \frac{\sqrt{3}}{2}t + c_3 e^{-t/2} \cos \frac{\sqrt{3}}{2}t$
    $y = c_1 e^t + \left(-\frac{1}{2}c_2 - \frac{\sqrt{3}}{2}c_3\right) e^{-t/2} \operatorname{sen} \frac{\sqrt{3}}{2}t$
    $\quad + \left(\frac{\sqrt{3}}{2}c_2 - \frac{1}{2}c_3\right) e^{-t/2} \cos \frac{\sqrt{3}}{2}t$
    $z = c_1 e^t + \left(-\frac{1}{2}c_2 + \frac{\sqrt{3}}{2}c_3\right) e^{-t/2} \operatorname{sen} \frac{\sqrt{3}}{2}t$
    $\quad + \left(-\frac{\sqrt{3}}{2}c_2 - \frac{1}{2}c_3\right) e^{-t/2} \cos \frac{\sqrt{3}}{2}t$

19. $x = -6c_1 e^{-t} - 3c_2 e^{-2t} + 2c_3 e^{3t}$
    $y = c_1 e^{-t} + c_2 e^{-2t} + c_3 e^{3t}$
    $z = 5c_1 e^{-t} + c_2 e^{-2t} + c_3 e^{3t}$

21. $x = e^{-3t+3} - te^{-3t+3}$
    $y = -e^{-3t+3} + 2te^{-3t+3}$

23. $mx'' = 0$
    $my'' = -mg$
    $x = c_1 t + c_2$
    $y = -\frac{1}{2}gt^2 + c_3 t + c_4$

EXERCÍCIOS 4.10

3. $y = \ln|\cos(c_1 - x)| + c_2$

5. $y = \frac{1}{c_1^2} \ln|c_1 x + 1| - \frac{1}{c_1}x + c_2$

7. $\frac{1}{3}y^3 - c_1 y = x + c_2$

9. $y = \frac{2}{3}(x+1)^{3/2} + \frac{4}{3}$

11. $y = \operatorname{tg}\left(\frac{1}{4}\pi - \frac{1}{2}x\right), -\frac{1}{2}\pi \le x \le \frac{3}{2}\pi$

13. $y = -\frac{1}{c_1}\sqrt{1 - c_1^2 x^2} + c_2$

15. $y = 1 + x + \frac{1}{2}x^2 + \frac{1}{2}x^3 + \frac{1}{6}x^4 + \frac{1}{10}x^5 + \cdots$

17. $y = 1 + x - \frac{1}{2}x^2 + \frac{2}{3}x^3 - \frac{1}{4}x^4 + \frac{7}{60}x^5 + \cdots$

19. $y = -\sqrt{1 - x^2}$

REVISÃO DO CAPÍTULO 4

1. $y = 0$

3. falso

5. $y = c_1 \cos 5x + c_2 \operatorname{sen} 5x$

7. $x^2 y'' - 3xy' + 4y = 0$

9. $y_p = x^2 + x - 2$

11. $(-\infty, 0); (0, \infty)$

13. $y = c_1 e^{3x} + c_2 e^{-5x} + c_3 x e^{-5x} + c_4 e^x + c_5 x e^x + c_6 x^2 e^x$;
    $y = c_1 x^3 + c_2 x^{-5} + c_3 x^{-5} \ln x + c_4 x + c_5 x \ln x$
    $\quad + c_6 x (\ln x)^2$

15. $y = c_1 e^{(1+\sqrt{3})x} + c_2 e^{(1-\sqrt{3})x}$

17. $y = c_1 + c_2 e^{-5x} + c_3 x e^{-5x}$

19. $y = c_1 e^{-x/3} + e^{-3x/2}\left(c_2 \cos \frac{\sqrt{7}}{2}x + c_3 \operatorname{sen} \frac{\sqrt{7}}{2}x\right)$

21. $y = e^{3x/2}\left(c_2 \cos \frac{\sqrt{11}}{2}x + c_3 \operatorname{sen} \frac{\sqrt{11}}{2}x\right) + \frac{4}{5}x^3$
    $\quad + \frac{36}{25}x^2 + \frac{46}{125}x - \frac{222}{625}$

23. $y = c_1 + c_2 e^{2x} + c_3 e^{3x} + \frac{1}{5} \operatorname{sen} x - \frac{1}{5}\cos x + \frac{4}{3}x$

25. $y = e^x (c_1 \cos x + c_2 \operatorname{sen} x) - e^x \cos x \ln|\sec x + \operatorname{tg} x|$

27. $y = c_1 x^{-1/3} + c_2 x^{1/2}$

29. $y = c_1 x^2 + c_2 x^3 + x^4 - x^2 \ln x$

31. a) $y = c_1 \cos \omega x + c_2 \operatorname{sen} \omega x + A \cos \alpha x + B \operatorname{sen} \alpha x$, $\omega \ne \alpha$;
    $y = c_1 \cos \omega x + c_2 \operatorname{sen} \omega x + Ax \cos \omega x + Bx \operatorname{sen} \omega x, \omega = \alpha$

    b) $y = c_1 e^{-\omega x} + c_2 e^{\omega x} + A e^{\alpha x}, \omega \ne \alpha$;
    $y = c_1 e^{-\omega x} + c_2 e^{\omega x} + Ax e^{\omega x}, \omega = \alpha$

33. a) $y = c_1 \cosh x + c_2 \operatorname{senh} x + c_3 x \cosh x + c_4 x \operatorname{senh} x$

    b) $y_p = Ax^2 \cosh x + Bx^2 \operatorname{senh} x$

35. $y = e^{x-\pi} \cos x$

37. $y = \frac{13}{4}e^x - \frac{5}{4}e^{-x} - x - \frac{1}{2}\operatorname{sen} x$

39. $y = x^2 + 4$

43. $x = -c_1 e^t - \frac{3}{2}c_2 e^{2t} + \frac{5}{2}$
    $y = c_1 e^t + c_2 e^{2t} - 3$

45. $x = c_1 e^t + c_2 e^{5t} + t e^t$
    $y = -c_1 e^t + 3c_2 e^{5t} - t e^t + 2e^t$

EXERCÍCIOS 5.1

1. $\frac{\sqrt{2}\pi}{8}$

3. $x(t) = -\frac{1}{4}\cos 4\sqrt{6}t$

5. a) $x\left(\frac{\pi}{12}\right) = -\frac{1}{4}; x\left(\frac{\pi}{8}\right) = -\frac{1}{2}; x\left(\frac{\pi}{6}\right) = -\frac{1}{4};$
    $x\left(\frac{\pi}{4}\right) = \frac{1}{2}; x\left(\frac{9\pi}{32}\right) = \frac{\sqrt{2}}{4}$

    b) 4 pés/s; para baixo

    c) $t = \frac{(2n+1)\pi}{16}, n = 0, 1, 2, \ldots$

7. a) a massa de 20 kg
   b) a massa de 20 kg; a massa de 50 kg
   c) $t = n\pi$, $n = 0, 1, 2, \ldots$; na posição de equilíbrio; a massa de 50 kg está se movendo para cima enquanto a de 20 kg está se movendo para cima quando n é par e para baixo quando é ímpar.

9. a) $x(t) = \frac{1}{2}\cos 2t + \frac{3}{4}\operatorname{sen} 2t$
   b) $x(t) = \frac{\sqrt{13}}{4}\operatorname{sen}(2t + 0{,}588)$
   c) $x(t) = \frac{\sqrt{13}}{4}\cos(2t - 0{,}983)$

11. a) $x(t) = -\frac{2}{3}\cos 10t + \frac{1}{2}\operatorname{sen} 10t = \frac{5}{6}\operatorname{sen}(10t - 0{,}927)$
    b) $\frac{5}{6}$ pés; $\frac{\pi}{5}$
    c) 15 ciclos
    d) 0,721 s
    e) $\frac{(2n+1)\pi}{20} + 0{,}0927$, $n = 0, 1, 2, \ldots$
    f) $x(3) = -0{,}597$ pés
    g) $x'(3) = -5{,}814$ pés/s
    h) $x''(3) = 59{,}702$ pés/s^2
    i) $\pm 8\frac{1}{3}$ pés/s
    j) $0{,}1451 + \frac{n\pi}{5}$; $0{,}3545 + \frac{n\pi}{5}$, $n = 0, 1, 2, \ldots$
    k) $0{,}3545 + \frac{n\pi}{5}$, $n = 0, 1, 2, \ldots$

13. 120 lb/pés; $x(t) = \frac{\sqrt{3}}{12}\operatorname{sen} 8\sqrt{3}\, t$

17. a) acima
    b) dirigindo-se para cima

19. a) abaixo
    b) dirigindo-se para cima

21. $\frac{1}{4}$s, $\frac{1}{2}$s, $x(\frac{1}{2}) = e^{-2}$; isto é, a altura está aproximadamente 0,14 pé abaixo da posição de equilíbrio.

23. a) $x(t) = \frac{4}{3}e^{-2t} - \frac{1}{3}e^{-8t}$
    b) $x(t) = -\frac{2}{3}e^{-2t} + \frac{5}{3}e^{-8t}$

25. a) $x(t) = e^{-2t}(-\cos 4t - \frac{1}{2}\operatorname{sen} 4t)$
    b) $x(t) = \frac{\sqrt{5}}{2}e^{-2t}\operatorname{sen}(4t + 4{,}249)$
    c) $t = 1{,}294$ s

27. a) $\beta > \frac{5}{2}$
    b) $\beta = \frac{5}{2}$
    c) $0 < \beta < \frac{5}{2}$

29. $x(t) = e^{-t/2}\left(-\frac{4}{3}\cos\frac{\sqrt{47}}{2}t - \frac{64}{3\sqrt{47}}\operatorname{sen}\frac{\sqrt{47}}{2}t\right) + \frac{10}{3}(\cos 3t + \operatorname{sen} 3t)$

31. $x(t) = \frac{1}{4}e^{-4t} + te^{-4t} - \frac{1}{4}\cos 4t$

33. $x(t) = -\frac{1}{2}\cos 4t + \frac{9}{4}\operatorname{sen} 4t + \frac{1}{2}e^{-2t}\cos 4t - 2e^{-2t}\operatorname{sen} 4t$

35. a) $m\frac{d^2x}{dt^2} = -k(x-h) - \beta\frac{dx}{dt}$ ou
    $\frac{d^2x}{dt^2} + 2\lambda\frac{dx}{dt} + \omega^2 x = \omega^2 h(t)$,
    onde $2\lambda = \beta/m$ e $\omega^2 = k/m$
    b) $x(t) = e^{-2t}\left(-\frac{56}{13}\cos 2t - \frac{72}{13}\operatorname{sen} 2t\right) + \frac{56}{13}\cos t + \frac{32}{13}\operatorname{sen} t$

37. $x(t) = -\cos 2t - \frac{1}{8}\operatorname{sen} 2t + \frac{3}{4}t\operatorname{sen} 2t + \frac{5}{4}t\cos 2t$

39. b) $\frac{F_0}{2\omega}t\operatorname{sen}\omega t$

45. 4,568 C; 0,0509 s

47. $q(t) = 10 - 10e^{-3t}(\cos 3t + \operatorname{sen} 3t)$
    $i(t) = 60e^{-3t}\operatorname{sen} 3t$; 10,432 C

49. $q_p = \frac{100}{13}\operatorname{sen} t + \frac{150}{13}\cos t$
    $i_p = \frac{100}{13}\cos t - \frac{150}{13}\operatorname{sen} t$

53. $q(t) = -\frac{1}{2}e^{-10t}(\cos 10t + \operatorname{sen} 10t) + \frac{3}{2}$; $\frac{3}{2}$ C

57. $q(t) = \left(q_0 - \frac{E_0 C}{1 - \gamma^2 LC}\right)\cos\frac{t}{\sqrt{LC}} + \sqrt{LC}\,i_0 \operatorname{sen}\frac{t}{\sqrt{LC}} + \frac{E_0 C}{1 - \gamma^2 LC}\cos\gamma t$
    $i(t) = i_0\cos\frac{t}{\sqrt{LC}} - \frac{1}{\sqrt{LC}}\left(q_0 - \frac{E_0 C}{1 - \gamma^2 LC}\right)\operatorname{sen}\frac{t}{\sqrt{LC}} - \frac{E_0 C\gamma}{1 - \gamma^2 LC}\operatorname{sen}\gamma t$

EXERCÍCIOS 5.2

1. a) $y(x) = \frac{w_0}{24EI}(6L^2x^2 - 4Lx^3 + x^4)$

3. a) $y(x) = \frac{w_0}{48EI}(3L^2x^2 - 5Lx^3 + 2x^4)$

5. a) $y(x) = \frac{w_0}{360EI}(7L^4x - 10L^2x^3 + 3x^5)$
   c) $x \approx 0{,}51933$, $y_{máx} \approx 0{,}234799$

7. $y(x) = -\dfrac{w_0 EI}{P^2}\cosh\sqrt{\dfrac{P}{EI}}\, x$

$+\left(\dfrac{w_0 EI}{P^2}\operatorname{senh}\sqrt{\dfrac{P}{EI}}\, L - \dfrac{w_0 L\sqrt{EI}}{P\sqrt{P}}\right)\dfrac{\operatorname{senh}\sqrt{\dfrac{P}{EI}}\, x}{\cosh\sqrt{\dfrac{P}{EI}}\, L}$

$+\dfrac{w_0}{2P}x^2 + \dfrac{w_0 EI}{P^2}$

9. $\lambda_n = n^2$, $n = 1, 2, 3, \ldots$; $y = \operatorname{sen} nx$

11. $\lambda_n = \dfrac{(2n-1)^2\pi^2}{4L^2}$, $n = 1, 2, 3, \ldots$;

$y = \cos\dfrac{(2n-1)\pi x}{2L}$

13. $\lambda_n = n^2$, $n = 0, 1, 2, \ldots$; $y = \cos nx$

15. $\lambda_n = \dfrac{n^2\pi^2}{25}$, $n = 1, 2, 3, \ldots$; $y = e^{-x}\operatorname{sen}\dfrac{n\pi x}{5}$

17. $\lambda_n = n^2$, $n = 1, 2, 3, \ldots$; $y = \operatorname{sen}(n \ln x)$

19. $\lambda_n = n^4\pi^4$, $n = 1, 2, 3, \ldots$; $y = \operatorname{sen} n\pi x$

21. $x = L/4$, $x = L/2$, $x = 3L/4$

25. $\omega_n = \dfrac{n\pi\sqrt{T}}{L\sqrt{\rho}}$, $n = 1, 2, 3, \ldots$; $y = \operatorname{sen}\dfrac{n\pi x}{L}$

27. $u(r) = \left(\dfrac{u_0 - u_1}{b - a}\right)\dfrac{ab}{r} + \dfrac{u_1 b - u_0 a}{b - a}$

EXERCÍCIOS 5.3

7. $\dfrac{d^2 x}{dt^2} + x = 0$

15. a) 5 pés
    b) $4\sqrt{10}$ pés/s
    c) $0 \leq t \leq \dfrac{3}{8}\sqrt{10}$; 7,5 pés

17. a) $xy'' = r\sqrt{1 + (y')^2}$
    Quando $t = 0$, $x = a$, $y = 0$, $dy/dx = 0$.
    b) Quando $r \neq 1$,
    $y(x) = \dfrac{a}{2}\left[\left(\dfrac{1}{1+r}\left(\dfrac{x}{a}\right)\right)^{1+r} - \left(\dfrac{1}{1-r}\left(\dfrac{x}{a}\right)\right)^{1-r}\right]$
    $+ \dfrac{ar}{1 - r^2}$

    Quando $r = 1$,
    $y(x) = \dfrac{1}{2}\left[\dfrac{1}{2a}(x^2 - a^2) + \dfrac{1}{a}\ln\dfrac{a}{x}\right]$.

    c) Os caminhos cruzam-se quando $r < 1$.

19. a) $\theta(t) = \omega_0\sqrt{\dfrac{l}{g}}\operatorname{sen}\sqrt{\dfrac{g}{l}}\, t$
    b) use em θ_{max}, $\operatorname{sen}\sqrt{g/l}\, t = 1$
    c) use $\cos\theta_{max} \approx 1 - \tfrac{1}{2}\theta_{max}^2$
    d) $v_b \approx 21{,}797$ cm/s

REVISÃO DO CAPÍTULO 5

1. 8 pés

3. $\tfrac{5}{4}$ m

5. Falso; poderia haver uma força externa agindo sobre o sistema.

7. superamortecido

9. $y = 0$ com $\lambda = 9$ não é um autovalor

11. 14,4 lb

13. $x(t) = -\tfrac{2}{3}e^{-2t} + \tfrac{1}{3}e^{-4t}$

15. $0 < m \leq 2$

17. $\gamma = \dfrac{8\sqrt{3}}{3}$

19. $x(t) = e^{-4t}\left(\dfrac{26}{17}\cos 2\sqrt{2}t + \dfrac{28\sqrt{2}}{17}\operatorname{sen} 2\sqrt{2}t\right) + \dfrac{8}{17}e^{-t}$

21. a) $q(t) = -\dfrac{1}{150}\operatorname{sen} 100t + \dfrac{1}{75}\operatorname{sen} 50t$
    b) $i(t) = -\tfrac{2}{3}\cos 100t + \tfrac{2}{3}\cos 50t$
    c) $t = \dfrac{n\pi}{50}$, $n = 0, 1, 2, \ldots$

25. $m\dfrac{d^2 x}{dt^2} + kx = 0$

27. $mx'' + f_k \operatorname{sgn}(x') + kx = 0$

EXERCÍCIOS 6.1

1. $(-1, 1]$, $R = 1$

3. $[-\tfrac{1}{2}, \tfrac{1}{2})$, $R = \tfrac{1}{2}$

5. $(-5, 15]$, $R = 10$

7. $[0, \tfrac{2}{3}]$, $R = \tfrac{1}{3}$

9. $(-\tfrac{75}{32}, \tfrac{75}{32})$, $R = \tfrac{75}{32}$

11. $\displaystyle\sum_{n=0}^{\infty} \dfrac{(-1)^n}{n!\, 2^n} x^n$

13. $\displaystyle\sum_{n=0}^{\infty} \dfrac{(-1)^n}{2^{n+1}} x^n$

15. $\displaystyle\sum_{n=1}^{\infty} \dfrac{-1}{n} x^n$

17. $\sum_{n=0}^{\infty} \dfrac{(-1)^n}{(2n+1)!}(x-2\pi)^{2n+1}$

19. $x - \dfrac{2}{3}x^3 + \dfrac{2}{15}x^5 - \dfrac{4}{315}x^7 + \cdots$

21. $1 + \dfrac{1}{2}x^2 + \dfrac{5}{24}x^4 + \dfrac{61}{720}x^6 + \cdots, (-\pi/2, \pi/2)$

23. $\sum_{k=3}^{\infty}(k-2)c_{k-2}x^k$

25. $\sum_{k=0}^{\infty}[(k+1)c_{k+1} - c_k]x^k$

27. $2c_1 + \sum_{k=1}^{\infty}[2(k+1)c_{k+1} + 6c_{k-1}]x^k$

29. $c_0 + 2c_2 + \sum_{k=1}^{\infty}[(k+2)(k+1)c_{k+2} - (2k-1)c_k]x^k$

35. $y = c_0 \sum_{k=0}^{\infty} \dfrac{1}{k!}(5x)^k$

37. $y = c_0 \sum_{k=0}^{\infty} \dfrac{1}{k!}\left(\dfrac{x^2}{2}\right)^k$

EXERCÍCIOS 6.2

1. 5; 4

3. $y_1(x) = c_0\left[1 - \dfrac{1}{2!}x^2 - \dfrac{3}{4!}x^4 - \dfrac{21}{6!}x^6 - \cdots\right]$
   $y_2(x) = c_1\left[x + \dfrac{1}{3!}x^3 + \dfrac{5}{5!}x^5 + \dfrac{45}{7!}x^7 + \cdots\right]$

5. $y_1(x) = c_0$
   $y_2(x) = c_1\left[x + \dfrac{1}{2!}x^2 + \dfrac{1}{3!}x^3 + \dfrac{1}{4!}x^4 + \cdots\right]$

7. $y_1(x) = c_0\left[1 + \dfrac{1}{3 \cdot 2}x^3 + \dfrac{1}{6 \cdot 5 \cdot 3 \cdot 2}x^6 + \dfrac{1}{9 \cdot 8 \cdot 6 \cdot 5 \cdot 3 \cdot 2}x^9 + \cdots\right]$
   $y_2(x) = c_1\left[x + \dfrac{1}{4 \cdot 3}x^4 + \dfrac{1}{7 \cdot 6 \cdot 4 \cdot 3}x^7 + \dfrac{1}{10 \cdot 9 \cdot 7 \cdot 6 \cdot 4 \cdot 3}x^{10} + \cdots\right]$

9. $y_1(x) = c_0\left[1 - \dfrac{1}{2!}x^2 - \dfrac{3}{4!}x^4 - \dfrac{21}{6!}x^6 - \cdots\right]$
   $y_2(x) = c_1\left[x + \dfrac{1}{3!}x^3 + \dfrac{5}{5!}x^5 + \dfrac{45}{7!}x^7 + \cdots\right]$

11. $y_1(x) = c_0\left[1 - \dfrac{1}{3!}x^3 + \dfrac{4^2}{6!}x^6 - \dfrac{7^2 \cdot 4^2}{9!}x^9 + \cdots\right]$
    $y_2(x) = c_1\left[x - \dfrac{2^2}{4!}x^4 + \dfrac{5^2 \cdot 2^2}{7!}x^7 - \dfrac{8^2 \cdot 5^2 \cdot 2^2}{10!}x^{10} + \cdots\right]$

13. $y_1(x) = c_0;\ y_2(x) = c_1 \sum_{n=1}^{\infty} \dfrac{1}{n}x^n$

15. $y_1(x) = c_0\left[1 + \dfrac{1}{2}x^2 + \dfrac{1}{6}x^3 + \dfrac{1}{6}x^4 + \cdots\right]$
    $y_2(x) = c_1\left[x + \dfrac{1}{2}x^2 + \dfrac{1}{2}x^3 + \dfrac{1}{4}x^4 + \cdots\right]$

17. $y_1(x) = c_0\left[1 + \dfrac{1}{4}x^2 - \dfrac{7}{4 \cdot 4!}x^4 + \dfrac{23 \cdot 7}{8 \cdot 6!}x^6 - \cdots\right]$
    $y_2(x) = c_1\left[x - \dfrac{1}{6}x^3 + \dfrac{14}{2 \cdot 5!}x^5 - \dfrac{34 \cdot 14}{4 \cdot 7!}x^7 - \cdots\right]$

19. $y(x) = -2\left[1 + \dfrac{1}{2!}x^2 + \dfrac{1}{3!}x^3 + \dfrac{1}{4!}x^4 + \cdots\right] + 6x$
    $= 8x - 2e^x$

21. $y(x) = 3 - 12x^2 + 4x^4$

23. $y_1(x) = c_0\left[1 - \dfrac{1}{6}x^3 + \dfrac{1}{120}x^5 + \cdots\right]$
    $y_2(x) = c_1\left[x - \dfrac{1}{12}x^4 + \dfrac{1}{180}x^6 + \cdots\right]$

EXERCÍCIOS 6.3

1. $x = 0$, ponto singular irregular

3. $x = -3$, ponto singular regular;
   $x = 3$, ponto singular irregular

5. $x = 0, 2i, -2i$, pontos singulares regulares

7. $x = -3, 2$, pontos singulares regulares

9. $x = 0$, ponto singular irregular;
   $x = -5, 5, 2$, pontos singulares regulares

11. para $x = 1$: $p(x) = 5$, $q(x) = \dfrac{x(x-1)^2}{x+1}$
    para $x = -1$: $p(x) = \dfrac{5(x+1)}{x-1}$, $q(x) = x^2 + x$

13. $r_1 = \dfrac{1}{3}, r_2 = -1$

15. $r_1 = \dfrac{3}{2}, r_2 = 0$
    $y(x) = C_1 x^{3/2}\left[1 - \dfrac{2}{5}x + \dfrac{2^2}{7 \cdot 5 \cdot 2}x^2 - \dfrac{2^3}{9 \cdot 7 \cdot 5 \cdot 3!}x^3 + \cdots\right]$
    $+ C_2\left[1 + 2x - 2x^2 + \dfrac{2^3}{3 \cdot 3!}x^3 - \cdots\right]$

17. $r_1 = \dfrac{7}{8}, r_2 = 0$

$$y(x) = C_1 x^{7/8}\left[1 - \dfrac{2}{15}x + \dfrac{2^2}{23\cdot 15\cdot 2}x^2 - \dfrac{2^3}{31\cdot 23\cdot 15\cdot 3!}x^3 + \cdots\right] + C_2\left[1 - 2x + \dfrac{2^2}{9\cdot 2}x^2 - \dfrac{2^3}{17\cdot 9\cdot 3!}x^3 + \cdots\right]$$

19. $r_1 = \dfrac{1}{3}, r_2 = 0$

$$y(x) = C_1 x^{1/3}\left[1 + \dfrac{1}{3}x + \dfrac{1}{3^2\cdot 2}x^2 + \dfrac{1}{3^3\cdot 3!}x^3 + \cdots\right] + C_2\left[1 + \dfrac{1}{2}x + \dfrac{1}{5\cdot 2}x^2 + \dfrac{1}{8\cdot 5\cdot 2}x^3 + \cdots\right]$$

21. $r_1 = \dfrac{5}{2}, r_2 = 0$

$$y(x) = C_1 x^{5/2}\left[1 + \dfrac{2\cdot 2}{7}x + \dfrac{2^2\cdot 3}{9\cdot 7}x^2 + \dfrac{2^3\cdot 4}{11\cdot 9\cdot 7}x^3 + \cdots\right] + C_2\left[1 + \dfrac{1}{3}x - \dfrac{1}{6}x^2 - \dfrac{1}{6}x^3 - \cdots\right]$$

23. $r_1 = \dfrac{2}{3}, r_2 = \dfrac{1}{3}$

$$y(x) = C_1 x^{2/3}\left[1 - \dfrac{1}{2}x + \dfrac{5}{28}x^2 - \dfrac{1}{21}x^3 + \cdots\right] + C_2 x^{1/3}\left[1 - \dfrac{1}{2}x + \dfrac{1}{5}x^2 - \dfrac{7}{120}x^3 + \cdots\right]$$

25. $r_1 = 0, r_2 = -1$

$$y(x) = C_1 \sum_{n=0}^{\infty}\dfrac{1}{(2n+1)!}x^{2n} + C_2 x^{-1}\sum_{n=0}^{\infty}\dfrac{1}{(2n)!}x^{2n} = C_1 x^{-1}\sum_{n=0}^{\infty}\dfrac{1}{(2n+1)!}x^{2n+1} + C_2 x^{-1}\sum_{n=0}^{\infty}\dfrac{1}{(2n)!}x^{2n}$$

$$= \dfrac{1}{x}[C_1\,\text{senh}\,x + C_2\cosh x]$$

27. $r_1 = 1, r_2 = 0$

$$y(x) = C_1 x + C_2[x\ln x - 1 + \dfrac{1}{2}x^2 + \dfrac{1}{12}x^3 + \dfrac{1}{72}x^4 + \cdots]$$

29. $r_1 = r_2 = 0$

$$y(x) = C_1 y(x) + C_2\left[y_1(x)\ln x + y_1(x)\left(-x + \dfrac{1}{4}x^2 - \dfrac{1}{3\cdot 3!}x^3 + \dfrac{1}{4\cdot 4!}x^4 - \cdots\right)\right],\ \text{onde}\ y_1(x) = \sum_{n=0}^{\infty}\dfrac{1}{n!}x^n = e^x$$

33. b) $y_1(t) = \sum_{n=0}^{\infty}\dfrac{(-1)^n}{(2n+1)!}(\sqrt{\lambda}t)^{2n} = \dfrac{\text{sen}\,\sqrt{\lambda}t}{\sqrt{\lambda}t}$

$y_2(t) = t^{-1}\sum_{n=0}^{\infty}\dfrac{(-1)^n}{(2n)!}(\sqrt{\lambda}t)^{2n} = \dfrac{\cos\sqrt{\lambda}t}{t}$

c) $y = c_1 x\,\text{sen}\left(\dfrac{\sqrt{\lambda}x}{x}\right) + c_2 x\cos\left(\dfrac{\sqrt{\lambda}x}{x}\right)$

EXERCÍCIOS 6.4

1. $y = c_1 J_{1/3}(x) + c_2 J_{-1/3}(x)$

3. $y = c_1 J_{5/2}(x) + c_2 J_{-5/2}(x)$

5. $y = c_1 J_0(x) + c_2 Y_0(x)$

7. $y = c_1 J_2(3x) + c_2 Y_2(3x)$

9. $y = c_1 J_{2/3}(5x) + c_2 J_{-2/3}(5x)$

11. $y = c_1 x^{-1/2} J_{1/2}(\alpha x) + c_2 x^{-1/2} J_{-1/2}(\alpha x)$

13. $y = x^{-1/2}[c_1 J_1(4x^{1/2}) + c_2 Y_1(4x^{1/2})]$

15. $y = x[c_1 J_1(x) + c_2 Y_1(x)]$

17. $y = x^{1/2}[c_1 J_{3/2}(x) + c_2 Y_{3/2}(x)]$

19. $y = x^{-1}[c_1 J_{1/2}(\tfrac{1}{2}x^2) + c_2 J_{-1/2}(\tfrac{1}{2}x^2)]$

23. $y = x^{1/2}[c_1 J_{1/2}(x) + c_2 J_{-1/2}(x)] = C_1\,\text{sen}\,x + C_2\cos x$

25. $y = x^{-1/2}[c_1 J_{1/2}(\tfrac{1}{8}x^2) + c_2 J_{-1/2}(\tfrac{1}{8}x^2)]$
    $= C_1 x^{-3/2}\,\text{sen}(\tfrac{1}{8}x^2) + C_2 x^{-3/2}\cos(\tfrac{1}{8}x^2)$

35. $y = c_1 x^{1/2} J_{1/3}(\tfrac{2}{3}\alpha x^{3/2}) + c_2 x^{1/2} J_{-1/3}(\tfrac{2}{3}\alpha x^{3/2})$

45. $P_2(x), P_3(x), P_4(x)$ e $P_5(x)$ são dados no texto,
$P_6(x) = \tfrac{1}{16}(231x^6 - 315x^4 + 105x^2 - 5)$
$P_7(x) = \tfrac{1}{16}(429x^7 - 693x^5 + 315x^3 - 35x)$

47. $\lambda_1 = 2, \lambda_2 = 12, \lambda_3 = 30$

53. $y = x - 4x^3 + \tfrac{16}{5}x^5$

REVISÃO DO CAPÍTULO 6

1. Falso

3. $\left[-\tfrac{1}{2}, \tfrac{1}{2}\right]$

7. $x^2(x-1)y'' + y' + y = 0$

9. $r_1 = \tfrac{1}{2}, r_2 = 0$
$y_1(x) = C_1 x^{1/2}\left[1 - \tfrac{1}{3}x + \tfrac{1}{30}x^2 - \tfrac{1}{630}x^3 + \cdots\right]$
$y_2(x) = C_2\left[1 - x + \tfrac{1}{6}x^2 - \tfrac{1}{90}x^3 + \cdots\right]$

11. $y_1(x) = c_0[1 + \frac{3}{2}x^2 + \frac{1}{2}x^3 + \frac{5}{8}x^4 + \cdots]$
    $y_2(x) = c_1[x + \frac{1}{2}x^3 + \frac{1}{4}x^4 + \cdots]$

13. $r_1 = 3, r_2 = 0$
    $y_1(x) = C_1 x^3 \left[1 + \frac{1}{4}x + \frac{1}{20}x^2 + \frac{1}{120}x^3 + \cdots\right]$
    $y_2(x) = C_2 \left[1 + x + \frac{1}{2}x^2\right]$

15. $y(x) = 3\left[1 - x^2 + \frac{1}{3}x^4 - \frac{1}{15}x^6 + \cdots\right]$
    $- 2\left[x - \frac{1}{2}x^3 + \frac{1}{8}x^5 - \frac{1}{48}x^7 + \cdots\right]$

17. $\frac{1}{6}\pi$

19. $x = 0$ é um ponto ordinário

21. $y(x) = c_0\left[1 - \frac{1}{3}x^3 + \frac{1}{3^2 \cdot 2!}x^6 - \frac{1}{3^3 \cdot 3!}x^9 + \cdots\right]$
    $+ c_1\left[x - \frac{1}{4}x^4 + \frac{1}{4 \cdot 7}x^7 - \frac{1}{4 \cdot 7 \cdot 10}x^{10} + \cdots\right]$
    $+ \left[\frac{5}{2}x^2 - \frac{1}{3}x^3 + \frac{1}{3^2 \cdot 2!}x^6 - \frac{1}{3^3 \cdot 3!}x^9 + \cdots\right]$

EXERCÍCIOS 7.1

1. $\frac{2}{s}e^{-s} - \frac{1}{s}$

3. $\frac{1}{s^2} - \frac{1}{s^2}e^{-s}$

5. $\frac{1 + e^{-\pi s}}{s^2 + 1}$

7. $\frac{e^{-s}}{s} + \frac{e^{-s}}{s^2}$

9. $\frac{1}{s} - \frac{1}{s^2} + \frac{e^{-s}}{s^2}$

11. $\frac{e^7}{s - 1}$

13. $\frac{1}{(s - 4)^2}$

15. $\frac{1}{s^2 + 2s + 2}$

17. $\frac{s^2 - 1}{(s^2 + 1)^2}$

19. $\frac{48}{s^5}$

21. $\frac{4}{s^2} - \frac{10}{s}$

23. $\frac{2}{s^3} + \frac{6}{s^2} - \frac{3}{s}$

25. $\frac{6}{s^4} + \frac{6}{s^3} + \frac{3}{s^2} + \frac{1}{s}$

27. $\frac{1}{s} + \frac{1}{s - 4}$

29. $\frac{1}{s} + \frac{2}{s - 2} + \frac{1}{s - 4}$

31. $\frac{8}{s^3} - \frac{15}{s^2 + 9}$

33. Use $\operatorname{senh} kt = \dfrac{e^{kt} - e^{-kt}}{2}$ para mostrar que
    $\mathcal{L}\{\operatorname{senh} kt\} = \dfrac{k}{s^2 - k^2}$.

35. $\frac{1}{2(s - 2)} - \frac{1}{2s}$

37. $\frac{2}{s^2 + 16}$

39. $\frac{4\cos 5 + (\operatorname{sen} 5)s}{s^2 + 16}$

43. $\frac{\sqrt{\pi}}{s^{1/2}}$

45. $\frac{3\sqrt{\pi}}{4s^{5/2}}$

EXERCÍCIOS 7.2

1. $\frac{1}{2}t^2$

3. $t - 2t^4$

5. $1 + 3t + \frac{3}{2}t^2 + \frac{1}{6}t^3$

7. $t - 1 + e^{2t}$

9. $\frac{1}{4}e^{-t/4}$

11. $\frac{5}{7}\operatorname{sen} 7t$

13. $\cos \frac{t}{2}$

15. $2\cos 3t - 2\operatorname{sen} 3t$

17. $\frac{1}{3} - \frac{1}{3}e^{-3t}$

19. $\frac{3}{4}e^{-3t} + \frac{1}{4}e^{t}$

21. $0,3e^{0,1t} + 0,6e^{-0,2t}$

23. $\frac{1}{2}e^{2t} - e^{3t} + \frac{1}{2}e^{6t}$

25. $\frac{1}{5} - \frac{1}{5}\cos\sqrt{5}t$

27. $-4 + 3e^{-t} + \cos t + 3\operatorname{sen} t$

29. $\frac{1}{3}\operatorname{sen} t - \frac{1}{6}\operatorname{sen} 2t$

31. $y = -1 + e^t$

33. $y = \frac{1}{10}e^{4t} + \frac{19}{10}e^{-6t}$

35. $y = \frac{4}{3}e^{-t} - \frac{1}{3}e^{-4t}$

37. $y = 10\cos t + 2\operatorname{sen} t - \sqrt{2}\operatorname{sen}\sqrt{2}t$

39. $y = -\frac{8}{9}e^{-t/2} + \frac{1}{9}e^{-2t} + \frac{5}{18}e^{t} + \frac{1}{2}e^{-t}$

41. $y = \frac{1}{4}e^{-t} - \frac{1}{4}e^{-3t}\cos 2t + \frac{1}{4}e^{-3t}\operatorname{sen} 2t$

EXERCÍCIOS 7.3

1. $\dfrac{1}{(s-10)^2}$

3. $\dfrac{6}{(s+2)^4}$

5. $\dfrac{1}{(s-2)^2} + \dfrac{2}{(s-3)^2} + \dfrac{1}{(s-4)^2}$

7. $\dfrac{3}{(s-1)^2+9}$

9. $\dfrac{s}{s^2+25} - \dfrac{s-1}{(s-1)^2+25} + 3\dfrac{s+4}{(s-1)^2+25}$

11. $\frac{1}{2}t^2 e^{-2t}$

13. $e^{3t}\operatorname{sen} t$

15. $e^{-2t}\cos t - 2e^{-2t}\operatorname{sen} t$

17. $e^{-t} - te^{-t}$

19. $5 - t - 5e^{-t} - 4te^{-t} - \frac{3}{2}t^2 e^{-t}$

21. $y = te^{-4t} + 2e^{-4t}$

23. $y = e^{-t} + 2te^{-t}$

25. $y = \frac{1}{9}t + \frac{2}{27} - \frac{2}{27}e^{3t} + \frac{10}{9}te^{3t}$

27. $y = -\frac{3}{2}e^{3t}\operatorname{sen} 2t$

29. $y = \frac{1}{2} - \frac{1}{2}e^t \cos t + \frac{1}{2}e^t \operatorname{sen} t$

31. $y = (e+1)te^{-t} + (e-1)e^{-t}$

33. $x(t) = -\dfrac{3}{2}e^{-7t/2}\cos\dfrac{\sqrt{15}}{2}t - \dfrac{7\sqrt{15}}{10}e^{-7t/2}\operatorname{sen}\dfrac{\sqrt{15}}{2}t$

37. $\dfrac{e^{-s}}{s^2}$

39. $\dfrac{e^{-2s}}{s^2} + 2\dfrac{e^{-2s}}{s}$

41. $\dfrac{s}{s^2+4}e^{-\pi s}$

43. $\frac{1}{2}(t-2)^2 \mathcal{U}(t-2)$

45. $-\operatorname{sen} t\, \mathcal{U}(t-\pi)$

47. $\mathcal{U}(t-1) - e^{(t-1)}\mathcal{U}(t-1)$

49. (c)

51. (f)

53. (a)

55. $f(t) = 2 - 4\mathcal{U}(t-3);\ \mathcal{L}\{f(t)\} = \dfrac{2}{s} - \dfrac{4}{s}e^{-3s}$

57. $f(t) = t^2\mathcal{U}(t-1);\ \mathcal{L}\{f(t)\} = 2\dfrac{e^{-s}}{s^3} + 2\dfrac{e^{-s}}{s^2} + \dfrac{e^{-s}}{s}$

59. $f(t) = t - t\mathcal{U}(t-2);\ \mathcal{L}\{f(t)\} = \dfrac{1}{s^2} - \dfrac{e^{-2s}}{s^2} - 2\dfrac{e^{-2s}}{s}$

61. $f(t) = \mathcal{U}(t-a) - \mathcal{U}(t-b);\ \mathcal{L}\{f(t)\} = \dfrac{e^{-as}}{s} - \dfrac{e^{-bs}}{s}$

63. $y = [5 - 5e^{-(t-1)}]\mathcal{U}(t-1)$

65. $y = -\frac{1}{4} + \frac{1}{2}t + \frac{1}{4}e^{-2t} - \frac{1}{4}\mathcal{U}(t-1)$
    $\quad - \frac{1}{2}(t-1)\mathcal{U}(t-1) + \frac{1}{4}e^{-2(t-1)}\mathcal{U}(t-1)$

67. $y = \cos 2t - \frac{1}{6}\operatorname{sen} 2(t-2\pi)\mathcal{U}(t-2\pi)$
    $\quad + \frac{1}{3}\operatorname{sen}(t-2\pi)\mathcal{U}(t-2\pi)$

69. $y = \operatorname{sen} t + [1 - \cos(t-\pi)]\mathcal{U}(t-\pi)$
    $\quad - [1 - \cos(t-2\pi)]\mathcal{U}(t-2\pi)$

71. $x(t) = \frac{5}{4}t - \frac{5}{16}\operatorname{sen} 4t - \frac{5}{4}(t-5)\mathcal{U}(t-5)$
    $\quad + \frac{5}{16}\operatorname{sen} 4(t-5)\mathcal{U}(t-5) - \frac{25}{4}\mathcal{U}(t-5)$
    $\quad + \frac{25}{4}\cos 4(t-5)\mathcal{U}(t-5)$

73. $q(t) = \frac{2}{5}\mathcal{U}(t-3) - \frac{2}{5}e^{-5(t-3)}\mathcal{U}(t-3)$

75. a) $i(t) = \dfrac{1}{101}e^{-10t} - \dfrac{1}{101}\cos t + \dfrac{10}{101}\operatorname{sen} t$
    $\quad - \dfrac{10}{101}e^{-10(t-3\pi/2)}\mathcal{U}\left(t - \dfrac{3\pi}{2}\right)$
    $\quad + \dfrac{10}{101}\cos\left(t - \dfrac{3\pi}{2}\right)\mathcal{U}\left(t - \dfrac{3\pi}{2}\right)$
    $\quad + \dfrac{1}{101}\operatorname{sen}\left(t - \dfrac{3\pi}{2}\right)\mathcal{U}\left(t - \dfrac{3\pi}{2}\right)$

    b) $i_{\max} \approx 0{,}1$ em $t \approx 1{,}7$, $i_{\min} \approx -0{,}1$ em $t \approx 4{,}7$

77. $y(x) = \dfrac{w_0 L^2}{16EI}x^2 - \dfrac{w_0 L}{12EI}x^3 + \dfrac{w_0}{24EI}x^4$
    $\quad - \dfrac{w_0}{24EI}\left(x - \dfrac{L}{2}\right)^4 \mathcal{U}\left(x - \dfrac{L}{2}\right)$

79. $y(x) = \dfrac{w_0 L^2}{48EI}x^2 - \dfrac{w_0 L}{24EI}x^3 +$
    $\quad \dfrac{w_0}{60EIL}\left[\dfrac{5L}{2}x^4 - x^5 + \left(x - \dfrac{L}{2}\right)^5 \mathcal{U}\left(x - \dfrac{L}{2}\right)\right]$

81. a) $\dfrac{dT}{dt} = k(T - 70 - 57{,}5t - (230 - 57{,}5t)\mathcal{U}(t-4))$

EXERCÍCIOS 7.4

1. $\dfrac{1}{(s+10)^2}$

3. $\dfrac{s^4 - 4}{(s^2+4)^2}$

5. $\dfrac{6s^2 + 2}{(s^2 - 1)^3}$

7. $\dfrac{12s - 24}{[(s - 2)^2 + 36]}$

9. $y = -\frac{1}{2}e^{-t} + \frac{1}{2}\cos t - \frac{1}{2}t\cos t + \frac{1}{2}t\,\text{sen}\,t$

11. $y = 2\cos 3t + \frac{5}{3}\,\text{sen}\,3t + \frac{1}{6}t\,\text{sen}\,3t$

13. $y = \frac{1}{4}\,\text{sen}\,4t + \frac{1}{8}t\,\text{sen}\,4t - \frac{1}{8}(t-\pi)\,\text{sen}\,4(t-\pi)\mathcal{U}(t-\pi)$

17. $y = \frac{2}{3}t^3 + c_1 t^2$

19. $\dfrac{6}{s^5}$

21. $\dfrac{s - 1}{(s + 1)[(s - 1)^2 + 1]}$

23. $\dfrac{1}{s(s - 1)}$

25. $\dfrac{s + 1}{s[(s + 1)^2 + 1]}$

27. $\dfrac{1}{s^2(s - 1)}$

29. $\dfrac{3s^2 + 1}{s^2(s^2 + 1)^2}$

31. $e^t - 1$

33. $e^t - \frac{1}{2}t^2 - t - 1$

37. $f(t) = \text{sen}\,t$

39. $f(t) = -\frac{1}{8}e^{-t} + \frac{1}{8}e^t + \frac{3}{4}te^t + \frac{1}{4}t^2 e^t$

41. $f(t) = e^{-t}$

43. $f(t) = \frac{3}{8}e^{2t} + \frac{1}{8}e^{-2t} + \frac{1}{2}\cos 2t + \frac{1}{4}\,\text{sen}\,2t$

45. $y(t) = \text{sen}\,t - \frac{1}{2}t\,\text{sen}\,t$

47. $i(t) = 100[e^{-10(t-1)} - e^{-20(t-1)}]\mathcal{U}(t-1) - 100[e^{-10(t-2)} - e^{-20(t-2)}]\mathcal{U}(t-2)$

49. $\dfrac{1 - e^{-as}}{s(1 + e^{-as})}$

51. $\dfrac{a}{s}\left(\dfrac{1}{bs} - \dfrac{1}{e^{bs} - 1}\right)$

53. $\dfrac{\text{cotgh}(\pi s/2)}{s^2 + 1}$

55. $i(t) = \frac{1}{R}(1 - e^{Rt/L}) + \frac{2}{R}\sum_{n=1}^{\infty}(-1)^n(1 - e^{-R(t-n)/L})\mathcal{U}(t-n)$

57. $x(t) = 2(1 - e^{-t}\cos 3t - \frac{1}{3}e^{-t}\,\text{sen}\,3t)$
$+ 4\sum_{n=1}^{\infty}(-1)^n[1 - e^{-(t-n\pi)}\cos 3(t - n\pi) - \frac{1}{3}e^{-(t-n\pi)}\,\text{sen}\,3(t - n\pi)]\mathcal{U}(t - n\pi)$

EXERCÍCIOS 7.5

1. $y = e^{3(t-2)}\mathcal{U}(t - 2)$

3. $y = \text{sen}\,t + \text{sen}\,t\,\mathcal{U}(t - 2\pi)$

5. $y = -\cos t\,\mathcal{U}\left(t - \frac{\pi}{2}\right) + \cos t\,\mathcal{U}\left(t - \frac{3\pi}{2}\right)$

7. $y = \frac{1}{2} - \frac{1}{2}e^{-2t} + \left[\frac{1}{2} - \frac{1}{2}e^{-2(t-1)}\right]\mathcal{U}(t - 1)$

9. $y = e^{-2(t-2\pi)}\,\text{sen}\,t\,\mathcal{U}(t - 2\pi)$

11. $y = e^{-2t}\cos 3t + \frac{2}{3}e^{-2t}\,\text{sen}\,3t$
$+ \frac{1}{3}e^{-2(t-\pi)}\,\text{sen}\,3(t - \pi)\mathcal{U}(t - \pi)$
$+ \frac{1}{3}e^{-2(t-3\pi)}\,\text{sen}\,3(t - 3\pi)\mathcal{U}(t - 3\pi)$

13. $y(x) = \begin{cases} \dfrac{P_0}{EI}\left(\dfrac{L}{4}x^2 - \dfrac{1}{6}x^3\right), & 0 \le x < \dfrac{L}{2} \\ \dfrac{P_0 L^2}{4EI}\left(\dfrac{1}{2}x - \dfrac{L}{12}\right), & \dfrac{L}{2} \le x \le L \end{cases}$

EXERCÍCIOS 7.6

1. $x = -\frac{1}{3}e^{-2t} + \frac{1}{3}e^t$
$y = \frac{1}{3}e^{-2t} + \frac{2}{3}e^t$

3. $x = -\cos 3t - \frac{5}{3}\,\text{sen}\,3t$
$y = 2\cos 3t - \frac{7}{3}\,\text{sen}\,3t$

5. $x = -2e^{3t} + \frac{5}{2}e^{2t} - \frac{1}{2}$
$y = \frac{8}{3}e^{3t} - \frac{5}{2}e^{2t} - \frac{1}{6}$

7. $x = -\frac{1}{2}t - \frac{3}{4}\sqrt{2}\,\text{sen}\,\sqrt{2}t$
$y = -\frac{1}{2}t + \frac{3}{4}\sqrt{2}\,\text{sen}\,\sqrt{2}t$

9. $x = 8 + \dfrac{2}{3!}t^3 + \dfrac{1}{4!}t^4$
$y = -\dfrac{2}{3!}t^3 + \dfrac{1}{4!}t^4$

11. $x = \frac{1}{2}t^2 + t + 1 - e^{-t}$
$y = -\frac{1}{3} + \frac{1}{3}e^{-t} + \frac{1}{3}te^{-t}$

13. $x_1 = \frac{1}{5}\,\text{sen}\,t + \dfrac{2\sqrt{6}}{15}\,\text{sen}\,\sqrt{6}t + \frac{2}{5}\cos t - \frac{2}{5}\cos\sqrt{6}t$
$x_2 = \frac{2}{5}\,\text{sen}\,t - \dfrac{\sqrt{6}}{15}\,\text{sen}\,\sqrt{6}t + \frac{4}{5}\cos t + \frac{1}{5}\cos\sqrt{6}t$

15. b) $i_2 = \dfrac{100}{9} - \dfrac{100}{9}e^{-900t}$
$i_3 = \dfrac{80}{9} - \dfrac{80}{9}e^{-900t}$

c) $i_1 = 20 - 20e^{-900t}$

17. $i_2 = -\dfrac{20}{13}e^{-2t} + \dfrac{375}{1469}e^{-15t} + \dfrac{145}{113}\cos t + \dfrac{85}{113}\,\text{sen}\,t$
$i_3 = \dfrac{30}{13}e^{-2t} + \dfrac{250}{1469}e^{-15t} - \dfrac{280}{113}\cos t + \dfrac{810}{113}\,\text{sen}\,t$

19. $i_1 = \frac{6}{5} - \frac{6}{5}e^{-100t}\cosh 50\sqrt{2}t - \dfrac{9\sqrt{2}}{10}e^{-100t}\,\text{senh}\,50\sqrt{2}t$
$i_2 = \frac{6}{5} - \frac{6}{5}e^{-100t}\cosh 50\sqrt{2}t - \dfrac{6\sqrt{2}}{5}e^{-100t}\,\text{senh}\,50\sqrt{2}t$

REVISÃO DO CAPÍTULO 7

1. $\dfrac{1}{s^2} - \dfrac{2}{s^2}e^{-s}$

3. falso

5. verdadeiro

7. $\dfrac{1}{s+7}$

9. $\dfrac{2}{s^2+4}$

11. $\dfrac{4s}{(s^2+4)^2}$

13. $\tfrac{1}{6}t^5$

15. $\tfrac{1}{2}t^2 e^{5t}$

17. $e^{5t}\cos 2t + \tfrac{5}{2}e^{5t}\operatorname{sen} 2t$

19. $\cos\pi(t-1)\mathcal{U}(t-1) + \operatorname{sen}\pi(t-1)\mathcal{U}(t-1)$

21. -5

23. $e^{-k(s-a)}F(s-a)$

25. $f(t)\mathcal{U}(t-t_0)$

27. $f(t-t_0)\mathcal{U}(t-t_0)$

29. $f(t) = t - (t-1)\mathcal{U}(t-1) - \mathcal{U}(t-4)$;
$\mathcal{L}\{f(t)\} = \dfrac{1}{s^2} - \dfrac{1}{s^2}e^{-s} - \dfrac{1}{s}e^{-4s}$;
$\mathcal{L}\{e^t f(t)\} = \dfrac{1}{(s-1)^2} - \dfrac{1}{(s-1)^2}e^{-(s-1)} - \dfrac{1}{s-1}e^{-4(s-1)}$

31. $f(t) = 2 + (t-2)\mathcal{U}(t-2)$;
$\mathcal{L}\{f(t)\} = \dfrac{2}{s} + \dfrac{1}{s^2}e^{-2s}$;
$\mathcal{L}\{e^t f(t)\} = \dfrac{2}{s-1} + \dfrac{1}{(s-1)^2}e^{-2(s-1)}$

33. $y = 5te^t + \tfrac{1}{2}t^2 e^t$

35. $y = -\tfrac{6}{25} + \tfrac{1}{5}t^2 + \tfrac{3}{2}e^{-t} - \tfrac{13}{50}e^{-5t} - \tfrac{4}{25}\mathcal{U}(t-2)$
$- \tfrac{1}{5}(t-2)^2 \mathcal{U}(t-2) + \tfrac{1}{4}e^{-(t-2)}\mathcal{U}(t-2)$
$- \tfrac{9}{100}e^{-5(t-2)}\mathcal{U}(t-2)$

37. $y(t) = e^{-2t} + [-\tfrac{1}{4} + \tfrac{1}{2}(t-1) + \tfrac{1}{4}e^{-2(t-1)}]\mathcal{U}(t-1)$
$- 2[-\tfrac{1}{4} + \tfrac{1}{2}(t-2) + \tfrac{1}{4}e^{-2(t-2)}]\mathcal{U}(t-2)]$
$- 2[-\tfrac{1}{4} + \tfrac{1}{2}(t-3) + \tfrac{1}{4}e^{-2(t-3)}]\mathcal{U}(t-3)]$

39. $y = 1 + t + \tfrac{1}{2}t^2$

41. $x = -\tfrac{1}{4} + \tfrac{9}{8}e^{-2t} + \tfrac{1}{8}e^{2t}$
$y = t + \tfrac{9}{4}e^{-2t} - \tfrac{1}{4}e^{2t}$

43. $i(t) = -9 + 2t + 9e^{-t/5}$

45. $y(x) = \dfrac{w_0}{12EIL}\left[-\dfrac{1}{5}x^5 + \dfrac{L}{2}x^4 - \dfrac{L^2}{2}x^3 + \dfrac{L^3}{4}x^2 \right.$
$\left. + \dfrac{1}{5}\left(x - \dfrac{L}{2}\right)^5 \mathcal{U}\left(x - \dfrac{L}{2}\right)\right]$

47. a) $\theta_1(t) = \dfrac{\theta_0 + \psi_0}{2}\cos\omega t + \dfrac{\theta_0 - \psi_0}{2}\cos\sqrt{\omega^2 + 2K}\,t$
$\theta_2(t) = \dfrac{\theta_0 + \psi_0}{2}\cos\omega t - \dfrac{\theta_0 - \psi_0}{2}\cos\sqrt{\omega^2 + 2K}\,t$

49. a) $x(t) = (v_0\cos\theta)t,\ y(t) = -\tfrac{1}{2}gt^2 + (v_0\operatorname{sen}\theta)t$

b) $y(x) = -\dfrac{g}{2v_0^2\cos^2\theta}x^2 + \dfrac{\operatorname{sen}\theta}{\cos\theta}x$; resolva $y(x) = 0$ e use a fórmula do ângulo duplo para sen 2θ

c) aproximadamente 2729 pés; aproximadamente 11,54 s

EXERCÍCIOS 8.1

1. $\mathbf{X}' = \begin{pmatrix} 3 & -5 \\ 4 & 8 \end{pmatrix}\mathbf{X}$, onde $\mathbf{X} = \begin{pmatrix} x \\ y \end{pmatrix}$

3. $\mathbf{X}' = \begin{pmatrix} -3 & 4 & -9 \\ 6 & -1 & 0 \\ 10 & 4 & 3 \end{pmatrix}\mathbf{X}$, onde $\mathbf{X} = \begin{pmatrix} x \\ y \\ z \end{pmatrix}$

5. $\mathbf{X}' = \begin{pmatrix} 1 & -1 & 1 \\ 2 & 1 & -1 \\ 1 & 1 & 1 \end{pmatrix}\mathbf{X} + \begin{pmatrix} 0 \\ -3t^2 \\ t^2 \end{pmatrix} + \begin{pmatrix} t \\ 0 \\ -t \end{pmatrix} + \begin{pmatrix} -1 \\ 0 \\ 2 \end{pmatrix}$,
onde $\mathbf{X} = \begin{pmatrix} x \\ y \\ z \end{pmatrix}$

7. $\dfrac{dx}{dt} = 4x + 2y + e^t \qquad \dfrac{dy}{dt} = -x + 3y - e^t$

9. $\dfrac{dx}{dt} = x - y + 2z + e^{-t} - 3t$
$\dfrac{dy}{dt} = 3x - 4y + z + 2e^{-t} + t$
$\dfrac{dz}{dt} = -2x + 5y + 6z + 2e^{-t} - t$

17. Sim; $W(\mathbf{X}_1, \mathbf{X}_2) = -2e^{-8t} \neq 0$ implica que $\mathbf{X}_1$ e $\mathbf{X}_2$ são linearmente independentes em $(-\infty, \infty)$.

19. Não; $W(\mathbf{X}_1, \mathbf{X}_2, \mathbf{X}_3) = 0$ para todo t. Os vetores solução são linearmente dependentes em $(-\infty, \infty)$. Observe que $\mathbf{X}_3 = 2\mathbf{X}_1 + \mathbf{X}_2$.

EXERCÍCIOS 8.2

1. $\mathbf{X} = c_1 \begin{pmatrix} 1 \\ 2 \end{pmatrix} e^{5t} + c_2 \begin{pmatrix} -1 \\ 1 \end{pmatrix} e^{-t}$

3. $\mathbf{X} = c_1 \begin{pmatrix} 2 \\ 1 \end{pmatrix} e^{-3t} + c_2 \begin{pmatrix} 2 \\ 5 \end{pmatrix} e^t$

5. $\mathbf{X} = c_1 \begin{pmatrix} 5 \\ 2 \end{pmatrix} e^{8t} + c_2 \begin{pmatrix} 1 \\ 4 \end{pmatrix} e^{-10t}$

7. $\mathbf{X} = c_1 \begin{pmatrix} 1 \\ 0 \\ 0 \end{pmatrix} e^{t} + c_2 \begin{pmatrix} 2 \\ 3 \\ 1 \end{pmatrix} e^{2t} + c_3 \begin{pmatrix} 1 \\ 0 \\ 2 \end{pmatrix} e^{-t}$

9. $\mathbf{X} = c_1 \begin{pmatrix} -1 \\ 0 \\ 1 \end{pmatrix} e^{-t} + c_2 \begin{pmatrix} 1 \\ 4 \\ 3 \end{pmatrix} e^{3t} + c_3 \begin{pmatrix} 1 \\ -1 \\ 3 \end{pmatrix} e^{-2t}$

11. $\mathbf{X} = c_1 \begin{pmatrix} 4 \\ 0 \\ -1 \end{pmatrix} e^{-t} + c_2 \begin{pmatrix} -12 \\ 6 \\ 5 \end{pmatrix} e^{-t/2} + c_3 \begin{pmatrix} 4 \\ 2 \\ -1 \end{pmatrix} e^{-3t/2}$

13. $\mathbf{X} = 3 \begin{pmatrix} 1 \\ 1 \end{pmatrix} e^{t/2} + 2 \begin{pmatrix} 0 \\ 1 \end{pmatrix} e^{-t/2}$

19. $\mathbf{X} = c_1 \begin{pmatrix} 1 \\ 3 \end{pmatrix} + c_2 \left[\begin{pmatrix} 1 \\ 3 \end{pmatrix} t + \begin{pmatrix} \frac{1}{4} \\ -\frac{1}{4} \end{pmatrix} \right]$

21. $\mathbf{X} = c_1 \begin{pmatrix} 1 \\ 1 \end{pmatrix} e^{2t} + c_2 \left[\begin{pmatrix} 1 \\ 1 \end{pmatrix} t e^{2t} + \begin{pmatrix} -\frac{1}{3} \\ 0 \end{pmatrix} e^{2t} \right]$

23. $\mathbf{X} = c_1 \begin{pmatrix} 1 \\ 1 \\ 1 \end{pmatrix} e^{t} + c_2 \begin{pmatrix} 1 \\ 1 \\ 0 \end{pmatrix} e^{2t} + c_3 \begin{pmatrix} 1 \\ 0 \\ 1 \end{pmatrix} e^{2t}$

25. $\mathbf{X} = c_1 \begin{pmatrix} -4 \\ -5 \\ 2 \end{pmatrix} + c_2 \begin{pmatrix} 2 \\ 0 \\ -1 \end{pmatrix} e^{5t} + c_3 \left[\begin{pmatrix} 2 \\ 0 \\ -1 \end{pmatrix} t e^{5t} + \begin{pmatrix} -\frac{1}{2} \\ -\frac{1}{2} \\ -1 \end{pmatrix} e^{5t} \right]$

27. $\mathbf{X} = c_1 \begin{pmatrix} 0 \\ 1 \\ 1 \end{pmatrix} e^{t} + c_2 \left[\begin{pmatrix} 0 \\ 1 \\ 1 \end{pmatrix} t e^{t} + \begin{pmatrix} 0 \\ 1 \\ 0 \end{pmatrix} e^{t} \right]$
$+ c_3 \left[\begin{pmatrix} 0 \\ 1 \\ 1 \end{pmatrix} \frac{t^2}{2} e^{t} + \begin{pmatrix} 0 \\ 1 \\ 0 \end{pmatrix} t e^{t} + \begin{pmatrix} \frac{1}{2} \\ 0 \\ 0 \end{pmatrix} e^{t} \right]$

29. $\mathbf{X} = -7 \begin{pmatrix} 2 \\ 1 \end{pmatrix} e^{4t} + 13 \begin{pmatrix} 2t+1 \\ t+1 \end{pmatrix} e^{4t}$

31. Correspondendo ao autovalor $\lambda_1 = 2$ de multiplicidade cinco, os autovetores são

$$\mathbf{K}_1 = \begin{pmatrix} 1 \\ 0 \\ 0 \\ 0 \\ 0 \end{pmatrix}, \mathbf{K}_2 = \begin{pmatrix} 0 \\ 0 \\ 1 \\ 0 \\ 0 \end{pmatrix}, \mathbf{K}_3 = \begin{pmatrix} 0 \\ 0 \\ 0 \\ 1 \\ 0 \end{pmatrix}.$$

33. $\mathbf{X} = c_1 \begin{pmatrix} \cos t \\ 2\cos t + \sen t \end{pmatrix} e^{4t} + c_2 \begin{pmatrix} \sen t \\ 2\sen t - \cos t \end{pmatrix} e^{4t}$

35. $\mathbf{X} = c_1 \begin{pmatrix} \cos t \\ -\cos t - \sen t \end{pmatrix} e^{4t} + c_2 \begin{pmatrix} \sen t \\ -\sen t + \cos t \end{pmatrix} e^{4t}$

37. $\mathbf{X} = c_1 \begin{pmatrix} 5\cos 3t \\ 4\cos 3t + 3\sen 3t \end{pmatrix} + c_2 \begin{pmatrix} 5\sen 3t \\ 4\sen 3t - 3\cos 3t \end{pmatrix}$

39. $\mathbf{X} = c_1 \begin{pmatrix} 1 \\ 0 \\ 0 \end{pmatrix} + c_2 \begin{pmatrix} -\cos t \\ \cos t \\ \sen t \end{pmatrix} + c_3 \begin{pmatrix} \sen t \\ -\sen t \\ \cos t \end{pmatrix}$

41. $\mathbf{X} = c_1 \begin{pmatrix} 0 \\ 2 \\ 1 \end{pmatrix} e^{t} + c_2 \begin{pmatrix} \sen t \\ \cos t \\ \cos t \end{pmatrix} e^{t} + c_3 \begin{pmatrix} \cos t \\ -\sen t \\ -\sen t \end{pmatrix} e^{t}$

43. $\mathbf{X} = \begin{pmatrix} 28 \\ -5 \\ 25 \end{pmatrix} e^{2t} + c_2 \begin{pmatrix} 4\cos 3t - 3\sen 3t \\ -5\cos 3t \\ 0 \end{pmatrix} e^{-2t}$
$+ c_3 \begin{pmatrix} 3\cos 3t + 4\sen 3t \\ -5\sen 3t \\ 0 \end{pmatrix} e^{-2t}$

45. $\mathbf{X} = -\begin{pmatrix} 25 \\ -7 \\ 6 \end{pmatrix} e^{t} - \begin{pmatrix} \cos 5t - 5\sen 5t \\ \cos 5t \\ \cos 5t \end{pmatrix}$
$+ 6 \begin{pmatrix} 5\cos 5t + \sen 5t \\ \sen 5t \\ \sen 5t \end{pmatrix}$

EXERCÍCIOS 8.3

1. $\mathbf{X} = c_1 \begin{pmatrix} -1 \\ 1 \end{pmatrix} e^{-t} + c_2 \begin{pmatrix} -3 \\ 1 \end{pmatrix} e^{t} + \begin{pmatrix} -1 \\ 3 \end{pmatrix}$

3. $\mathbf{X} = c_1 \begin{pmatrix} 1 \\ -1 \end{pmatrix} e^{-2t} + c_2 \begin{pmatrix} 1 \\ 1 \end{pmatrix} e^{4t} + \begin{pmatrix} -\frac{1}{4} \\ \frac{3}{4} \end{pmatrix} t^2 + \begin{pmatrix} \frac{1}{4} \\ -\frac{1}{4} \end{pmatrix} t + \begin{pmatrix} -2 \\ \frac{3}{4} \end{pmatrix}$

5. $\mathbf{X} = c_1 \begin{pmatrix} 1 \\ -3 \end{pmatrix} e^{3t} + c_2 \begin{pmatrix} 1 \\ 9 \end{pmatrix} e^{7t} + \begin{pmatrix} \frac{55}{36} \\ -\frac{19}{4} \end{pmatrix} e^{t}$

7. $\mathbf{X} = c_1 \begin{pmatrix} 1 \\ 0 \\ 0 \end{pmatrix} e^{t} + c_2 \begin{pmatrix} 1 \\ 1 \\ 0 \end{pmatrix} e^{2t} + c_3 \begin{pmatrix} 1 \\ 2 \\ 2 \end{pmatrix} e^{5t} - \begin{pmatrix} \frac{3}{2} \\ \frac{7}{2} \\ \frac{7}{2} \end{pmatrix} e^{4t}$

9. $\mathbf{X} = 13 \begin{pmatrix} 1 \\ -1 \end{pmatrix} e^{t} + 2 \begin{pmatrix} -4 \\ 6 \end{pmatrix} e^{2t} + \begin{pmatrix} -9 \\ 6 \end{pmatrix}$

11. $\mathbf{X} = c_1 \begin{pmatrix} 1 \\ 1 \end{pmatrix} + c_2 \begin{pmatrix} 3 \\ 2 \end{pmatrix} e^{t} - \begin{pmatrix} 11 \\ 11 \end{pmatrix} t - \begin{pmatrix} 15 \\ 10 \end{pmatrix}$

13. $\mathbf{X} = c_1 \begin{pmatrix} 2 \\ 1 \end{pmatrix} e^{t/2} + c_2 \begin{pmatrix} 10 \\ 3 \end{pmatrix} e^{3t/2} - \begin{pmatrix} \frac{13}{2} \\ \frac{13}{4} \end{pmatrix} t e^{t/2} - \begin{pmatrix} \frac{15}{2} \\ \frac{9}{4} \end{pmatrix} e^{t/2}$

15. $\mathbf{X} = c_1 \begin{pmatrix} 2 \\ 1 \end{pmatrix} e^{t} + c_2 \begin{pmatrix} 1 \\ 1 \end{pmatrix} e^{2t} + \begin{pmatrix} 3 \\ 3 \end{pmatrix} e^{t} + \begin{pmatrix} 4 \\ 2 \end{pmatrix} t e^{t}$

17. $\mathbf{X} = c_1 \begin{pmatrix} 4 \\ 1 \end{pmatrix} e^{3t} + c_2 \begin{pmatrix} -2 \\ 1 \end{pmatrix} e^{-3t} + \begin{pmatrix} -12 \\ 0 \end{pmatrix} t - \begin{pmatrix} \frac{4}{3} \\ \frac{4}{3} \end{pmatrix}$

19. $\mathbf{X} = c_1 \begin{pmatrix} 1 \\ -1 \end{pmatrix} e^{t} + c_2 \begin{pmatrix} t \\ \frac{1}{2} - t \end{pmatrix} e^{t} + \begin{pmatrix} \frac{1}{2} \\ -2 \end{pmatrix} e^{-t}$

21. $\mathbf{X} = c_1 \begin{pmatrix} \cos t \\ \operatorname{sen} t \end{pmatrix} + c_2 \begin{pmatrix} \operatorname{sen} t \\ -\cos t \end{pmatrix} + \begin{pmatrix} \cos t \\ \operatorname{sen} t \end{pmatrix} t$
$\quad + \begin{pmatrix} -\operatorname{sen} t \\ \cos t \end{pmatrix} \ln|\cos t|$

23. $\mathbf{X} = c_1 \begin{pmatrix} \cos t \\ \operatorname{sen} t \end{pmatrix} e^t + c_2 \begin{pmatrix} \operatorname{sen} t \\ -\cos t \end{pmatrix} e^t + \begin{pmatrix} \cos t \\ \operatorname{sen} t \end{pmatrix} te^t$

25. $\mathbf{X} = c_1 \begin{pmatrix} \cos t \\ -\operatorname{sen} t \end{pmatrix} + c_2 \begin{pmatrix} \operatorname{sen} t \\ \cos t \end{pmatrix} + \begin{pmatrix} \cos t \\ -\operatorname{sen} t \end{pmatrix} t$
$\quad + \begin{pmatrix} -\operatorname{sen} t \\ \operatorname{sen} t \operatorname{tg} t \end{pmatrix} - \begin{pmatrix} \operatorname{sen} t \\ \cos t \end{pmatrix} \ln|\cos t|$

27. $\mathbf{X} = c_1 \begin{pmatrix} 2\operatorname{sen} t \\ \cos t \end{pmatrix} e^t + c_2 \begin{pmatrix} 2\cos t \\ -\operatorname{sen} t \end{pmatrix} e^t + \begin{pmatrix} 3\operatorname{sen} t \\ \frac{3}{2}\cos t \end{pmatrix} te^t$
$\quad + \begin{pmatrix} \cos t \\ -\frac{1}{2}\operatorname{sen} t \end{pmatrix} e^t \ln|\operatorname{sen} t| + \begin{pmatrix} 2\cos t \\ -\operatorname{sen} t \end{pmatrix} e^t \ln|\cos t|$

29. $\mathbf{X} = c_1 \begin{pmatrix} 1 \\ -1 \\ 0 \end{pmatrix} + c_2 \begin{pmatrix} 1 \\ 1 \\ 0 \end{pmatrix} e^{2t} + c_3 \begin{pmatrix} 0 \\ 0 \\ 1 \end{pmatrix} e^{3t}$
$\quad + \begin{pmatrix} -\frac{1}{4}e^{2t} + \frac{1}{2}te^{2t} \\ -e^t + \frac{1}{4}e^{2t} + \frac{1}{2}te^{2t} \\ \frac{1}{2}t^2 e^{3t} \end{pmatrix}$

31. $\mathbf{X} = \begin{pmatrix} 2 \\ 2 \end{pmatrix} te^{2t} + \begin{pmatrix} -1 \\ 1 \end{pmatrix} e^{2t} + \begin{pmatrix} -2 \\ 2 \end{pmatrix} te^{4t} + \begin{pmatrix} 2 \\ 0 \end{pmatrix} e^{4t}$

33. $\begin{pmatrix} i_1 \\ i_2 \end{pmatrix} = 2\begin{pmatrix} 1 \\ 3 \end{pmatrix} e^{-2t} + \frac{6}{29}\begin{pmatrix} 3 \\ -1 \end{pmatrix} e^{-12t} - \frac{4}{29}\begin{pmatrix} 19 \\ 42 \end{pmatrix} \cos t$
$\quad + \frac{4}{29}\begin{pmatrix} 83 \\ 69 \end{pmatrix} \operatorname{sen} t$

EXERCÍCIOS 8.4

1. $e^{\mathbf{A}t} = \begin{pmatrix} e^t & 0 \\ 0 & e^{2t} \end{pmatrix}; \quad e^{-\mathbf{A}t} = \begin{pmatrix} e^{-t} & 0 \\ 0 & e^{-2t} \end{pmatrix}$

3. $e^{\mathbf{A}t} = \begin{pmatrix} t+1 & t & t \\ t & t+1 & t \\ -2t & -2t & -2t+1 \end{pmatrix}$

5. $\mathbf{X} = c_1 \begin{pmatrix} 1 \\ 0 \end{pmatrix} e^t + c_2 \begin{pmatrix} 0 \\ 1 \end{pmatrix} e^{2t}$

7. $\mathbf{X} = c_1 \begin{pmatrix} t+1 \\ t \\ -2t \end{pmatrix} + c_2 \begin{pmatrix} t \\ t+1 \\ -2t \end{pmatrix} + c_3 \begin{pmatrix} t \\ t \\ -2t+1 \end{pmatrix}$

9. $\mathbf{X} = c_3 \begin{pmatrix} 1 \\ 0 \end{pmatrix} e^t + c_4 \begin{pmatrix} 0 \\ 1 \end{pmatrix} e^{2t} + \begin{pmatrix} -3 \\ \frac{1}{2} \end{pmatrix}$

11. $\mathbf{X} = c_1 \begin{pmatrix} \cosh t \\ \operatorname{senh} t \end{pmatrix} + c_2 \begin{pmatrix} \operatorname{senh} t \\ \cosh t \end{pmatrix} - \begin{pmatrix} 1 \\ 1 \end{pmatrix}$

13. $\mathbf{X} = \begin{pmatrix} t+1 \\ t \\ -2t \end{pmatrix} - 4\begin{pmatrix} t \\ t+1 \\ -2t \end{pmatrix} + 6\begin{pmatrix} t \\ t \\ -2t+1 \end{pmatrix}$

15. $e^{\mathbf{A}t} = \begin{pmatrix} \frac{3}{2}e^{2t} - \frac{1}{2}e^{-2t} & \frac{3}{4}e^{2t} - \frac{3}{4}e^{-2t} \\ -e^{2t} + e^{-2t} & -\frac{1}{2}e^{2t} + \frac{3}{2}e^{-2t} \end{pmatrix};$
$\mathbf{X} = c_1 \begin{pmatrix} \frac{3}{2}e^{2t} - \frac{1}{2}e^{-2t} \\ -e^{2t} + e^{-2t} \end{pmatrix} + c_2 \begin{pmatrix} \frac{3}{4}e^{2t} - \frac{3}{4}e^{-2t} \\ -\frac{1}{2}e^{2t} + \frac{3}{2}e^{-2t} \end{pmatrix}$ ou
$\mathbf{X} = c_3 \begin{pmatrix} 3 \\ -2 \end{pmatrix} e^{2t} + c_4 \begin{pmatrix} 1 \\ -2 \end{pmatrix} e^{-2t}$

17. $e^{\mathbf{A}t} = \begin{pmatrix} e^{2t} + 3te^{2t} & -9te^{2t} \\ te^{2t} & e^{2t} - 3te^{2t} \end{pmatrix};$
$\mathbf{X} = c_1 \begin{pmatrix} 1+3t \\ t \end{pmatrix} e^{2t} + c_2 \begin{pmatrix} -9t \\ 1-3t \end{pmatrix} e^{2t}$

23. $\mathbf{X} = c_1 \begin{pmatrix} \frac{3}{2}e^{3t} - \frac{1}{2}e^{5t} \\ \frac{3}{2}e^{3t} - \frac{3}{2}e^{5t} \end{pmatrix} + c_2 \begin{pmatrix} -\frac{1}{2}e^{3t} + \frac{1}{2}e^{5t} \\ -\frac{1}{2}e^{3t} + \frac{3}{2}e^{5t} \end{pmatrix}$ ou
$\mathbf{X} = c_3 \begin{pmatrix} 1 \\ 1 \end{pmatrix} e^{3t} + c_4 \begin{pmatrix} 1 \\ 3 \end{pmatrix} e^{5t}$

REVISÃO DO CAPÍTULO 8

1. $k = \frac{1}{3}$

5. $\mathbf{X} = c_1 \begin{pmatrix} 1 \\ -1 \end{pmatrix} e^t + c_2 \left[\begin{pmatrix} 1 \\ -1 \end{pmatrix} te^t + \begin{pmatrix} 0 \\ 1 \end{pmatrix} e^t \right]$

7. $\mathbf{X} = c_1 \begin{pmatrix} \cos 2t \\ -\operatorname{sen} 2t \end{pmatrix} e^t + c_2 \begin{pmatrix} \operatorname{sen} 2t \\ \cos 2t \end{pmatrix} e^t$

9. $\mathbf{X} = c_1 \begin{pmatrix} -2 \\ 3 \\ 1 \end{pmatrix} e^{2t} + c_2 \begin{pmatrix} 0 \\ 1 \\ 1 \end{pmatrix} e^{4t} + c_1 \begin{pmatrix} 7 \\ 12 \\ -16 \end{pmatrix} e^{-3t}$

11. $\mathbf{X} = c_1 \begin{pmatrix} 1 \\ 0 \end{pmatrix} e^{2t} + c_2 \begin{pmatrix} 4 \\ 1 \end{pmatrix} e^{4t} + \begin{pmatrix} 16 \\ -4 \end{pmatrix} t + \begin{pmatrix} 11 \\ -1 \end{pmatrix}$

13. $\mathbf{X} = c_1 \begin{pmatrix} \cos t \\ \cos t - \operatorname{sen} t \end{pmatrix} + c_2 \begin{pmatrix} \operatorname{sen} t \\ \operatorname{sen} t + \cos t \end{pmatrix} - \begin{pmatrix} 1 \\ 1 \end{pmatrix}$
$\quad + \begin{pmatrix} \operatorname{sen} t \\ \operatorname{sen} t + \cos t \end{pmatrix} \ln|\operatorname{cossec} t - \operatorname{cotg} t|$

15. b) $\mathbf{X} = c_1 \begin{pmatrix} -1 \\ 1 \\ 0 \end{pmatrix} + c_2 \begin{pmatrix} -1 \\ 0 \\ 1 \end{pmatrix} + c_1 \begin{pmatrix} 1 \\ 1 \\ 1 \end{pmatrix} e^{3t}$

EXERCÍCIOS 9.1

1. para $h = 0{,}1$, $y_5 = 2{,}0801$;
para $h = 0{,}05$, $y_{10} = 2{,}0592$

3. para $h = 0{,}1$, $y_5 = 0{,}5470$;
para $h = 0{,}05$, $y_{10} = 0{,}5465$

5. para $h = 0{,}1$, $y_5 = 0{,}4053$;
para $h = 0{,}05$, $y_{10} = 0{,}4054$

7. para $h = 0,1$, $y_5 = 0,5503$;
   para $h = 0,05$, $y_{10} = 0,5495$

9. para $h = 0,1$, $y_5 = 1,3260$;
   para $h = 0,05$, $y_{10} = 1,3315$

11. para $h = 0,1$, $y_5 = 3,8254$;
    para $h = 0,05$, $y_{10} = 3,8840$;
    em $x = 0,5$ o valor é $y(0,5) = 3,9082$

13. a) $y_1 = 1,2$

    b) $y''(c)\dfrac{h^2}{2} = 4e^{2c}\dfrac{(0,1)^2}{2} = 0,02e^{2c} \le 0,02e^{0,2} = 0,0244$

    c) O valor real é $y(0,1) = 1,2214$. O erro é $0,0214$.

    d) Se $h = 0,05$, $y_2 = 1,21$.

    e) O erro com $h = 0,1$ é $0,0214$. O erro com $h = 0,05$ é $0,0114$.

15. a) $y_1 = 0,8$

    b) $y''(c)\dfrac{h^2}{2} = 5e^{-2c}\dfrac{(0,1)^2}{2} = 0,025e^{-2c} \le 0,025$ para $0 \le c \le 0,1$.

    c) O valor real é $y(0,1) = 0,8234$. O erro é $0,0234$.

    d) Se $h = 0,05$, $y_2 = 0,8125$.

    e) O erro com $h = 0,1$ é $0,0234$. O erro com $h = 0,05$ é $0,0109$.

17. a) O erro é $19h^2 e^{-3(c-1)}$.

    b) $y''(c)\dfrac{h^2}{2} \le 19(0,1)^2(1) = 0,19$

    c) Se $h = 0,1$, $y_5 = 1,8207$. Se $h = 0,05$, $y_{10} = 1,9424$.

    e) O erro com $h = 0,1$ é $0,2325$. O erro com $h = 0,05$ é $0,1109$.

19. a) O erro é $\dfrac{1}{(c+1)^2}\dfrac{h^2}{2}$.

    b) $\left|y''(c)\dfrac{h^2}{2}\right| \le (1)\dfrac{(0,1)^2}{2} = 0,005$

    c) Se $h = 0,1$, $y_5 = 0,4198$. Se $h = 0,05$, $y_{10} = 0,4124$.

    d) O erro com $h = 0,1$ é $0,0143$. O erro com $h = 0,05$ é $0,0069$.

EXERCÍCIOS 9.2

1. $y_5 = 3,9078$; o valor real é $y(0,5) = 3,9082$

3. $y_5 = 2,0533$

5. $y_5 = 0,5463$

7. $y_5 = 0,4055$

9. $y_5 = 0,5493$

11. $y_5 = 1,3333$

13. a) $35,7130$

    c) $v(t) = \sqrt{\dfrac{mg}{k}}\,\text{tgh}\,\sqrt{\dfrac{kg}{m}}\,t$; $v(5) = 35,7678$

15. a) para $h = 0,1$, $y_4 = 903,0282$;
    para $h = 0,05$, $y_8 = 1,1 \times 10^{15}$

17. a) $y_1 = 0,82341667$

    b) $y^{(5)}(c)\dfrac{h^5}{5!} = 40e^{-2c}\dfrac{h^5}{5!} \le 40e^{2(0)}\dfrac{(0,1)^5}{5!} = 3,333 \times 10^{-6}$

    c) O valor real é $y(0,1) = 0,8234134413$. O erro é $3,225 \times 10^{-6} \le 3,333 \times 10^{-6}$.

    d) Se $h = 0,05$, $y_2 = 0,82341363$.

    e) O erro com $h = 0,1$ é $3,225 \times 10^{-6}$. O erro com $h = 0,05$ é $1,854 \times 10^{-7}$.

19. a) $y^{(5)}(c)\dfrac{h^5}{5!} = \dfrac{24}{(c+1)^5}\dfrac{h^5}{5!}$

    b) $\dfrac{24}{(c+1)^5}\dfrac{h^5}{5!} \le 24\dfrac{(0,1)^5}{5!} = 2,0000 \times 10^{-6}$.

    c) Do cálculo com $h = 0,1$, $y_5 = 0,40546517$. Do cálculo com $h = 0,05$, $y_{10} = 0,40546511$.

EXERCÍCIOS 9.3

1. $y(x) = -x + e^x$; $y(0,2) = 1,0214$, $y(0,4) = 1,0918$, $y(0,6) = 1,2221$, $y(0,8) = 1,4255$; aproximações são dadas no Exemplo 1

3. $y_4 = 0,7232$

5. para $h = 0,2$, $y_5 = 1,5569$;
   para $h = 0,1$, $y_{10} = 1,5576$

7. para $h = 0,2$, $y_5 = 0,2385$;
   para $h = 0,1$, $y_{10} = 0,2384$

EXERCÍCIOS 9.4

1. $y(x) = -2e^{2x} + 5xe^{2x}$;
   $y(0,2) = -1,4918$, $y_2 = -1,6800$

3. $y_1 = -1,4928$, $y_2 = -1,4919$

5. $y_1 = 1,4640$, $y_2 = 1,4640$

7. $x_1 = 8,3055$, $y_1 = 3,4199$;
   $x_2 = 8,3055$, $y_2 = 3,4199$

9. $x_1 = -3,9123$, $y_1 = 4,2857$;
   $x_2 = -3,9123$, $y_2 = 4,2857$

11. $x_1 = 0{,}4179, y_1 = -2{,}1824;$
    $x_2 = 0{,}4173, y_2 = -2{,}1821$

EXERCÍCIOS 9.5

1. $y_1 = -5{,}6774, y_2 = -2{,}5807, y_3 = 6{,}3226$

3. $y_1 = -0{,}2259, y_2 = -0{,}3356, y_3 = -0{,}3308,$
   $y_4 = -0{,}2167$

5. $y_1 = 3{,}3751, y_2 = 3{,}6306, y_3 = 3{,}6448,$
   $y_4 = 3{,}2355, y_5 = 2{,}1411$

7. $y_1 = 3{,}8842, y_2 = 2{,}9640, y_3 = 2{,}2064,$
   $y_4 = 1{,}5826, y_5 = 1{,}0681, y_6 = 0{,}6430,$
   $y_7 = 0{,}2913$

9. $y_1 = 0{,}2660, y_2 = 0{,}5097, y_3 = 0{,}7357,$
   $y_4 = 0{,}9471, y_5 = 1{,}1465, y_6 = 1{,}3353,$
   $y_7 = 1{,}5149, y_8 = 1{,}6855, y_9 = 1{,}8474$

11. $y_1 = 0{,}3492, y_2 = 0{,}7202, y_3 = 1{,}1363,$
    $y_4 = 1{,}6233, y_5 = 2{,}2118, y_6 = 2{,}9386,$
    $y_7 = 3{,}8490$

13. c) $y_0 = -2{,}2755, y_1 = -2{,}0755, y_2 = -1{,}8589,$
    $y_3 = -1{,}6126, y_4 = -1{,}3275$

REVISÃO DO CAPÍTULO 9

1. Comparação de Métodos Numéricos com $h = 0{,}1$

x_n	Euler	Euler aprimorado	Runge-Kutta
1,10	2,1386	2,1549	2,1556
1,20	2,3097	2,3439	2,3454
1,30	2,5136	2,5672	2,5695
1,40	2,7504	2,8246	2,8278
1,50	3,0201	3,1157	3,1197

Comparação de Métodos Numéricos com $h = 0{,}05$

x_n	Euler	Euler aprimorado	Runge-Kutta
1,10	2,1469	2,1554	2,1556
1,20	2,3272	2,3450	2,3454
1,30	2,5409	2,5689	2,5695
1,40	2,7883	2,8269	2,8278
1,50	3,0690	3,1187	3,1197

3. Comparação de Métodos Numéricos com $h = 0{,}1$

x_n	Euler	Euler aprimorado	Runge-Kutta
0,60	0,6000	0,6048	0,6049
0,70	0,7095	0,7191	0,7194
0,80	0,8283	0,8427	0,8431
0,90	0,9559	0,9752	0,9757
1,00	1,0921	1,1163	1,1169

Comparação de Métodos Numéricos com $h = 0{,}05$

x_n	Euler	Euler aprimorado	Runge-Kutta
0,60	0,6024	0,6049	0,6049
0,70	0,7144	0,7193	0,7194
0,80	0,8356	0,8430	0,8431
0,90	0,9657	0,9755	0,9757
1,00	1,1044	1,1168	1,1169

5. $h = 0{,}2$: $y(0{,}2) \approx 3{,}2$; $h = 0{,}1$: $y(0{,}2) \approx 3{,}23$

7. $x(0{,}2) \approx 1{,}62, y(0{,}2) \approx 1{,}84$

EXERCÍCIOS DO APÊNDICE I

1. a) 24
   b) 720
   c) $\dfrac{4\sqrt{\pi}}{3}$
   d) $-\dfrac{8\sqrt{\pi}}{15}$

3. 0,297

EXERCÍCIOS DO APÊNDICE II

1. a) $\begin{pmatrix} 2 & 11 \\ 2 & -1 \end{pmatrix}$
   b) $\begin{pmatrix} -6 & 1 \\ 14 & -19 \end{pmatrix}$
   c) $\begin{pmatrix} 2 & 28 \\ 12 & -12 \end{pmatrix}$

3. a) $\begin{pmatrix} -11 & 6 \\ 17 & -22 \end{pmatrix}$
   b) $\begin{pmatrix} -32 & 27 \\ -4 & -1 \end{pmatrix}$
   c) $\begin{pmatrix} 19 & -18 \\ -30 & 31 \end{pmatrix}$
   d) $\begin{pmatrix} 19 & 6 \\ 3 & 22 \end{pmatrix}$

5. a) $\begin{pmatrix} 9 & 24 \\ 3 & 8 \end{pmatrix}$
   b) $\begin{pmatrix} 3 & 8 \\ -6 & -16 \end{pmatrix}$
   c) $\begin{pmatrix} 0 & 0 \\ 0 & 0 \end{pmatrix}$
   d) $\begin{pmatrix} -4 & -5 \\ 8 & 10 \end{pmatrix}$

7. a) 180
   b) $\begin{pmatrix} 4 & 8 & 10 \\ 8 & 16 & 20 \\ 10 & 20 & 25 \end{pmatrix}$
   c) $\begin{pmatrix} 6 \\ 12 \\ -5 \end{pmatrix}$

9. a) $\begin{pmatrix} 7 & 38 \\ 10 & 75 \end{pmatrix}$
   b) $\begin{pmatrix} 7 & 38 \\ 10 & 75 \end{pmatrix}$

11. $\begin{pmatrix} -14 \\ 1 \end{pmatrix}$

13. $\begin{pmatrix} -38 \\ -2 \end{pmatrix}$

15. singular

17. não singular; $\mathbf{A}^{-1} = \frac{1}{4}\begin{pmatrix} -5 & -8 \\ 3 & 4 \end{pmatrix}$

19. não singular; $\mathbf{A}^{-1} = \frac{1}{2}\begin{pmatrix} 0 & -1 & 1 \\ 2 & 2 & -2 \\ -4 & -3 & 5 \end{pmatrix}$

21. não singular; $\mathbf{A}^{-1} = -\frac{1}{9}\begin{pmatrix} -2 & -2 & -1 \\ -13 & 5 & 7 \\ 8 & -1 & -5 \end{pmatrix}$

23. $\mathbf{A}^{-1}(t) = \frac{1}{2e^{3t}}\begin{pmatrix} 3e^{4t} & -e^{4t} \\ -4e^{-t} & 2e^{-t} \end{pmatrix}$

25. $\frac{d\mathbf{X}}{dt} = \begin{pmatrix} -5e^{-t} \\ -2e^{-t} \\ 7e^{-t} \end{pmatrix}$

27. $\frac{d\mathbf{X}}{dt} = 4\begin{pmatrix} 1 \\ -1 \end{pmatrix}e^{2t} - 12\begin{pmatrix} 2 \\ 1 \end{pmatrix}e^{-3t}$

29. a) $\begin{pmatrix} 4e^{4t} & -\pi\,\text{sen}\,\pi t \\ 2 & 6t \end{pmatrix}$

　　b) $\begin{pmatrix} \frac{1}{4}e^8 - \frac{1}{4} & 0 \\ 4 & 6 \end{pmatrix}$

　　c) $\begin{pmatrix} \frac{1}{4}e^{4t} - \frac{1}{4} & (1/\pi)\,\text{sen}\,\pi t \\ t^2 & t^3 - t \end{pmatrix}$

31. $x = 3, y = 1, z = -5$

33. $x = 2 + 4t, y = -5 - t, z = t$

35. $x = -\frac{1}{2}, y = \frac{3}{2}, z = \frac{7}{2}$

37. $x_1 = 1, x_2 = 0, x_3 = 2, x_4 = 0$

41. $\mathbf{A}^{-1} = \begin{pmatrix} 0 & \frac{2}{3} & \frac{1}{3} \\ 0 & -\frac{1}{3} & -\frac{2}{3} \\ \frac{1}{3} & -\frac{2}{3} & 0 \end{pmatrix}$

43. $\mathbf{A}^{-1} = \begin{pmatrix} 5 & 6 & -3 \\ 2 & 2 & -1 \\ -1 & -1 & 1 \end{pmatrix}$

45. $\mathbf{A}^{-1} = \begin{pmatrix} -\frac{1}{2} & -\frac{2}{3} & -\frac{1}{6} & \frac{7}{6} \\ 1 & \frac{1}{3} & \frac{1}{3} & -\frac{4}{3} \\ 0 & -\frac{1}{3} & -\frac{1}{3} & \frac{1}{3} \\ -\frac{1}{2} & 1 & \frac{1}{2} & \frac{1}{2} \end{pmatrix}$

47. $\lambda_1 = 6, \lambda_2 = 1, \mathbf{K}_1 = \begin{pmatrix} 2 \\ 7 \end{pmatrix}, \mathbf{K}_2 = \begin{pmatrix} 1 \\ 1 \end{pmatrix}$

49. $\lambda_1 = \lambda_2 = -4, \mathbf{K}_1 = \begin{pmatrix} 1 \\ -4 \end{pmatrix}$

51. $\lambda_1 = 0, \lambda_2 = 4, \lambda_3 = -4,$
$\mathbf{K}_1 = \begin{pmatrix} 9 \\ 45 \\ 25 \end{pmatrix}, \mathbf{K}_2 = \begin{pmatrix} 1 \\ 1 \\ 1 \end{pmatrix}, \mathbf{K}_3 = \begin{pmatrix} 1 \\ 9 \\ 1 \end{pmatrix}$

53. $\lambda_1 = \lambda_2 = \lambda_3 = -2, \mathbf{K}_1 = \begin{pmatrix} 2 \\ -1 \\ 0 \end{pmatrix}, \mathbf{K}_2 = \begin{pmatrix} 0 \\ 0 \\ 1 \end{pmatrix}$

55. $\lambda_1 = 3i, \lambda_2 = -3i, \mathbf{K}_1 = \begin{pmatrix} 1 - 3i \\ 5 \end{pmatrix}, \mathbf{K}_2 = \begin{pmatrix} 1 + 3i \\ 5 \end{pmatrix}$